ZIDONGHUA YU YIBIAO
GONGCHENGSHI SHOUCE

自动化与仪表

工程师手册

王树青　乐嘉谦　主编

化学工业出版社

·北京·

图书在版编目（CIP）数据

自动化与仪表工程师手册/王树青，乐嘉谦主编. —北京：
化学工业出版社，2010.1（2025.1重印）
ISBN 978-7-122-03950-7

Ⅰ.自…　Ⅱ.①王…②乐…　Ⅲ.自动化仪表-技术手册
Ⅳ.TH86-62

中国版本图书馆 CIP 数据核字（2008）第 165717 号

责任编辑：刘　哲　宋　辉　陈逢阳　　　　文字编辑：徐卿华
责任校对：凌亚男　　　　　　　　　　　　装帧设计：周　遥

出版发行：化学工业出版社（北京市东城区青年湖南街 13 号　邮政编码 100011）
印　　装：北京盛通数码印刷有限公司
787mm×1092mm　1/16　印张 57½　插页 1　字数 1549 千字　2025 年 1 月北京第 1 版第 11 次印刷

购书咨询：010-64518888　　　　　　　售后服务：010-64518899
网　　址：http://www.cip.com.cn
凡购买本书，如有缺损质量问题，本社销售中心负责调换。

定　　价：188.00 元

编委会名单

前 言

在迅速变化的全球环境中，过程制造企业和公司面临激烈的市场竞争与挑战。为了使企业能在竞争中取得成功，必须做好节能减排与安全生产、努力降低产品制造成本、延长设备使用寿命、更好地为客户提供服务等工作。大量的实践表明，采用工业过程自动化技术对于提高企业的效益和性能更为有效。

工业自动化是一门多科学的技术，包括测量仪表、执行器和过程控制系统等内容。它的基础知识包括微电子技术、计算机技术、通信技术和工业生产过程的工艺、设备、流程的基本知识。通过自动化技术的应用，使工业生产过程仪表化、操作自动化、管理科学化。真正实现生产过程安全、稳定、长期、满负荷和优化地运行。因此，自动化仪表和自动控制系统的知识已成为现代技术人员必备的知识。为适应现代科学技术的迅速发展和工程技术人员的需求，特编写本手册。

关于自动控制和仪表已有许多教材和参考书。然而，结合工业实际和应用的手册比较少。本手册从工业生产过程实际出发，着重从应用角度进行介绍，尽量避免过多的数学描述与理论证明。本手册的特点是：①介绍一般工业生产过程控制对象的基本知识和模型建立方法；②从应用角度出发介绍检测仪表、计算机控制系统、现场总线及网络；③以实例介绍控制系统、先进控制系统和优化控制方法；④介绍工业自动化控制系统设计、规范和设计文件。

本手册共分6篇，32章。第1篇是自动控制系统知识，由乐嘉谦负责组织编写。在这一篇中除了介绍自动控制系统基本知识以外，还着重介绍了工业生产过程的工艺、设备、安全以及环境工程方面的基本知识，为测量和控制系统设计提供大量被控过程和对象的工艺机理知识。第 2 篇是测量仪表与执行器，由蒋爱萍负责组织编写，分别介绍了各种测量仪表、在线分析仪表、显示仪表、特殊测量仪表以及执行器。第 3 篇是计算机控制系统，由张永德、黄文君、冯冬芹组织编写，分别介绍国内外主要的集散型(DCS) 控制系统、可编程逻辑控制器 (PLC)、现场总线控制系统以及工业计算机技术。第 4 篇是先进控制与企业综合自动化，由王树青、金晓明、刘金琨组织编写，常用的复杂控制系统、过程建模方法、软测量技术、先进控制系统、过程监督控制、企业综合自动化技术及示例。第 5 篇是工业生产过程自动控制应用示例，由潘立登、白瑞祥、马竹梧组织编写，介绍化工单元过程控制、炼油工业生产过程控制、火力发电过程控制、钢铁工业生产过程以及轻工造纸生产的控制。第 6 篇是仪表、控制系统工程设计基础，由沈世昭组织编写，介绍了仪表控制系统设计条件、资料、标准及规范，流程工业常用控制系统的工程设计，仪表控制系统和测量方法的选择、仪表控制系统设计内容及文件。

参加本手册编写的人员众多，有来自高等院校的教授，也有来自设计、研究等单位具有实践经验的高级工程技术人员。因此，手册中不但有基础理论和方法，而且有大量的实际应用示例，使手册更具参考作用。

由于时间有限，疏漏之处在所难免，恳请读者不吝赐教。

编者

目 录

第1篇 基础知识

第2篇　测量仪表与执行器

第3篇　计算机控制系统

第4篇　先进控制与综合自动化

第5篇　工业生产过程自动控制应用示例

第 6 篇　仪表控制系统设计基础

第①篇
基础知识

第 1 章
自动控制系统

◎ ## 1.1　自动控制基本原理与组成

1.1.1　自动控制系统的组成

简单控制系统是由被控对象（常称对象）、一个测量元件及变送器、一个控制器和一个执行器所组成的单回路负反馈控制系统。它是最基本、最常见、应用最为广泛的控制系统，约占控制回路的 80% 以上。

例如一个液位自动调节系统，如图 1-1 所示。

一个液体储罐（A）作为被控对象、一个液位变送器（LT），一个液位控制器（LC）和一个执行器（V）组成一个简单的控制系统，它通过执行器的开度变化调节输出量 q_o 的量值大小，从而实现储罐液面稳定保持在一定范围内。

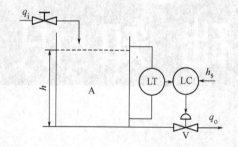

图 1-1　液位自动控制系统

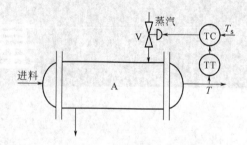

图 1-2　蒸汽加热器温度自动控制系统

又如一个蒸汽加热器作为被控对象（A）、一个温度变送器（TT）、一个温度控制器（TC）和一个蒸汽流量控制阀作为执行器（V）组成一个蒸汽加热器温度自动控制系统，如图 1-2 所示。

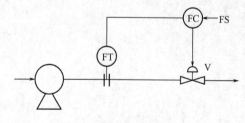

图 1-3　流量自动控制系统

再如一个流量自动控制系统，如图 1-3 所示。其中，管理系统作为被控对象、一个流量计（FT）、一个流量控制器（FC）和一个流量控制阀作为执行器。

在自动控制中常用方框图来表达控制系统各环节的组成、特性和相互间的信号联系。图 1-4 表示一个自动控制系统的方框图。

图中的名词意义如下。

① 被控对象（常称对象）　指需要控制的设备或装置，如反应器、锅炉汽包等。它包括

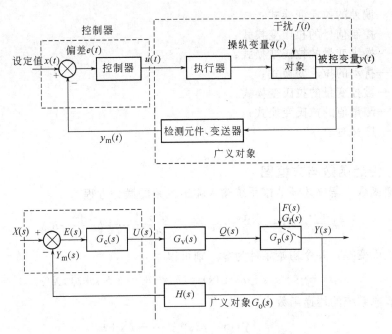

图 1-4　单回路负反馈控制系统方框图

由输入信号到输出信号之间的整个工业过程区间。当其输入信号为操纵变量而引起输出信号（即被控变量）变化时，称它为被控对象的调节通道；当输入信号为扰动作用而引起被控变量变化时，称它为被控对象的扰动通道。

　　② 被控变量 $y(t)$　指需要控制的工艺参数，如上述三例中的储罐的液位、蒸汽加热器的温度和工艺管路中的液位流量。它是被控对象的输出信号。在控制系统方框图中，它也是自动控制系统的输出信号。由测量变送器输出的信号是被控变量的测量值 $y_m(t)$。

　　③ 操纵变量 $q(t)$　受控于执行器，用于调节被控变量大小的物理量称为操纵变量。在图 1-1 中，它是储罐出水流量 q_o，在图 1-2 中，它是用于加热的蒸汽流量；在图 1-3 中，液体的流量既是被控对象也是操纵变量。

　　④ 设定值 $x(t)$　它对应于生产过程中被控变量需要保持的值。当它由控制器内部给出时，称为内设定值，内设定值通常是一个常数；当它由外部输入至控制器时称为外设定值，外设定值通常是一个变量。

　　⑤ 偏差信号 $e(t)$　它是比较元件的输出信号，其值是设定值 $x(t)$ 和测量值反馈信号 $y_m(t)$ 之差。在反馈控制系统中，调节器根据偏差信号的大小去控制操纵变量。

　　⑥ 干扰 $f(t)$　在自动控制系统中，各个环节实际上或多或少都会受到外界的扰动，例如气源压力波动、电源电压波动、环境温度变化等。在自动控制系统中，除操纵变量外，作用于被控对象并对被控变量影响较大的输入作用都称为干扰。

　　⑦ 控制信号 $u(t)$　是由控制器按一定规律给出的。

　　图中：

　　$G_c(s)$——控制器的传递函数；

　　$G_v(s)$——执行器的传递函数；

　　$G_p(s)$——对象控制通道的传递函数；

　　$G_f(s)$——对象扰动通道的传递函数；

　　$H(s)$——检测及变送装置的拉氏变换式；

　　$X(s)$——给定值的拉氏变换式；

3

$E(s)$——偏差的拉氏变换式；

$U(s)$——控制信号的拉氏变换式；

$Q(s)$——操纵变量的拉氏变换式；

$F(s)$——扰动的拉氏变换式；

$Y(s)$——被控变量的拉氏变换式；

$Y_m(s)$——测量值的拉氏变换式；

$G_o(s)$——广义对象。

1.1.2 传递函数与方框图

（1）传递函数 若描述环节或系统输入输出关系的微分方程为

$$a_n \frac{d^n y}{dt^n} + \cdots + a_1 \frac{dy}{dt} + a_0 y = b_m \frac{d^m x}{dt} + \cdots + b_1 \frac{dx}{dt} + b_0 x \tag{1-1}$$

将两边进行拉氏变换，并令初始条件为零，则可得

$$(a_n s^n + \cdots + a_1 s + a_0)Y(s) = (b_m s^m + \cdots + b_1 s + b_0)X(s)$$

并定义该环节或系统的传递函数为

$$G(s) = \frac{Y(s)}{X(s)} = \frac{b_m s^m + \cdots + b_1 s + b_0}{a_n s^n + \cdots + a_1 s + a_0} \tag{1-2}$$

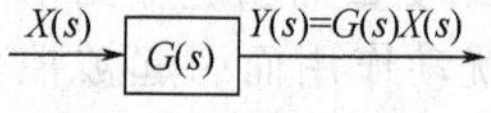

$G(s) = \dfrac{Y(s)}{X(s)}$ 可用图 1-5 表示。

图 1-5 传递函数

即输入信号 $X(s)$ 经传递函数 $G(s)$ 作用后得到输出信号 $Y(s)$。

典型环节的传递函数见表 1-1。

表 1-1 典型环节的传递函数

环节名称	微分方程	传递函数	系数名称	典型实例
放大环节	$y = Kx$	K	K 放大系数	比例调节器、压力测量元件、电子放大器、气动放大器、电/气转换器、调节阀、位置继动器、杠杆机构、齿轮减速机构等
一阶惯性环节	$T \dfrac{dy}{dt} + y = Kx$	$\dfrac{K}{Ts+1}$	K 放大系数 T 时间常数	单个液体储槽、压力容器、简单加热器、测温热电偶、热电阻、气动薄膜执行机构、温包、水银温度计等
积分环节	$y = \dfrac{1}{T_i} \int_0^t x dt$	$\dfrac{1}{T_i s}$	T_i 积分作用时间常数	输入输出流量差恒定的液体或气体容器、电动执行机构等
二阶环节	$\dfrac{d^2 y}{dt^2} + 2\xi\omega_0 \dfrac{dy}{dt} + \omega_0^2 y = K\omega_0^2 x$	$\dfrac{K\omega_0^2}{s^2 + 2\xi\omega_0 s + \omega_0^2}$	ω_0 固有频率 ξ 衰减系数 K 放大系数	两个液体储槽串联、夹套加热器、有保护套的热电偶、热电阻、温包等测温元件及 U 形差压计、RLC 电路、惯性弹簧系统等
一阶微分环节	$y = T_D \dfrac{dx}{dt} + x$	$T_D s + 1$	T_D 微分作用时间常数	理想比例微分调节器、微分校正装置等
超前滞后环节	$T_1 \dfrac{dy}{dt} + y = K\left(T_2 \dfrac{dx}{dt} + x\right)$	$\dfrac{K(T_2 s+1)}{T_1 s+1}$	K 放大系数 T_1 滞后时间常数 T_2 超前时间常数	气动或电子阻尼器、前馈补偿环节、校正装置、实际微分调节器等
时滞环节	$y(t) = x(t-\tau)$	$e^{-\tau s}$	τ 纯滞后时间	皮带输送机、管道输送过程、钢板压制过程、信号脉冲导管等

（2）方框图 方框图表示控制系统中各环节（或元件）的作用关系。每个方框图表示

一个具体的元件，用箭头指向方框的线段表示输入信号，箭头离开方向的线段表示输出信号，方框内可写入该环节的名称或传递函数。见图1-4。

方框图中用符号 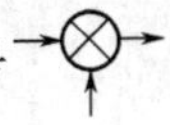 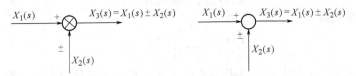 或 ⊕ 表示加减法元件，并用"＋"或"－"号表示加或减性质。如图1-6所示。

$X_1(s)$　＋　$X_3(s)=X_1(s) \pm X_2(s)$　　$X_1(s)$　＋　$X_3(s)=X_1(s) \pm X_2(s)$

±　$X_2(s)$　　　　±　$X_2(s)$

图1-6　加减法元件

用符号 ↓→ 表示分支点，指同一信号引向各处。

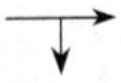

方框图的特点是作用呈单向性，即方框的输入信号引起输出信号变化，而输出信号不能直接反向使输入信号变化。

根据上述方框图的原则，绘制出图1-4单回路负反馈控制系统方框图。其中，上图方框内写环节名称，下图方框内写环节传递函数。

方框图的基本运算法则有以下三种。

① 环节串联　有三个环节串联，它们的传递函数分别是 $G_1(s)$、$G_2(s)$ 和 $G_3(s)$，见图1-7。其中

$$G_1(s)=\frac{X_2(s)}{X_1(s)}, \ G_2(s)=\frac{X_3(s)}{X_2(s)}, \ G_3(s)=\frac{X_4(s)}{X_3(s)}$$

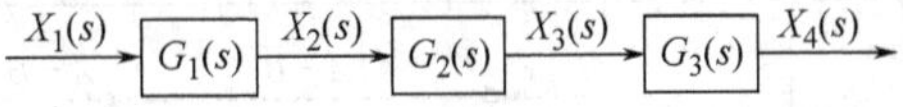

三个环节串联后等效传递函数 $G(s)$ 为各环节传递函数的乘积，即

$$G(s)=G_1(s)G_2(s)G_3(s)=\frac{X_2(s)}{X_1(s)} \times \frac{X_3(s)}{X_2(s)} \times \frac{X_4(s)}{X_3(s)}=\frac{X_4(s)}{X_1(s)} \tag{1-3}$$

$X_1(s)$ → $G_1(s)$ → $X_2(s)$ → $G_2(s)$ → $X_3(s)$ → $G_3(s)$ → $X_4(s)$

图1-7　环节串联

所示环节串联，等效传递函数为各环节相乘。

② 环节并联　有三个环节并联，如图1-8所示，当各环节具有相同的输入信号时，环节的输出信号相加。

$$X_5(s)=X_2(s)+X_3(s)+X_4(s)=[G_1(s)+G_2(s)+G_3(s)]X_1(s)=G(s)X_1(s) \tag{1-4}$$

所示环节并联时，等效传递函数为各环节传递函数之和。

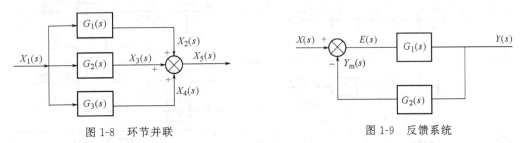

图1-8　环节并联　　　　　　　图1-9　反馈系统

③ 反馈系统　图1-9所示一个反馈系统，图中，$G_1(s)$ 为系统前向通道传递函数，$G_2(s)$ 为系统反馈通道传递函数。

因

$$Y(s)=G_1(s)E(s) \tag{1-5}$$

$$E(s)=X(s)-Y_{\mathrm{m}}(s) \tag{1-6}$$

$$Y_{\mathrm{m}}(s)=G_2(s)Y(s) \tag{1-7}$$

所以可得

$$Y(s)=G_1(s)[X(s)-Y_m(s)]=G_1(s)[X(s)-G_2(s)Y(s)] \tag{1-8}$$

或

$$\frac{Y(s)}{X(s)}=\frac{G_1(s)}{1+G_1(s)G_2(s)} \tag{1-9}$$

当系统为负反馈时

$$\frac{Y(s)}{X(s)}=\frac{G_1(s)}{1+G_1(s)G_2(s)} \tag{1-10}$$

当系统为正反馈时

$$\frac{Y(s)}{X(s)}=\frac{G_1(s)}{1-G_1(s)G_2(s)} \tag{1-11}$$

某些控制系统不一定是上述三种基本连接方式,可以通过等效变换,将方框图逐步简化为这三种基本形式,并应用基本运算法则求取系统等效传递函数。

等效变换的方法可以归纳为下列几种。

① 各支路信号的加减与先后次序无关。

② 在环节前加入信号可变换成环节后加入。

③ 在环节后加入信号可变换成在环节前加入。

④ 信号的负号可在串联环节中移动,但不能超过比较点或分支点。

方框图等效变换的代数法则见表1-2。

表 1-2　方框图等效变换的代数法则

序号	原 方 框 图	等 效 方 框 图
1	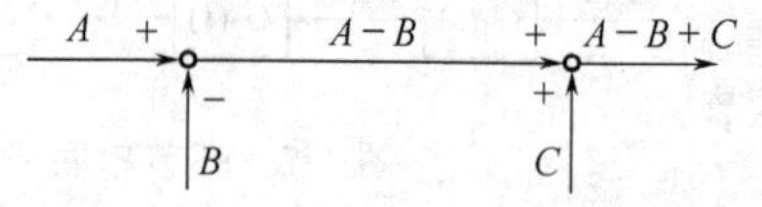	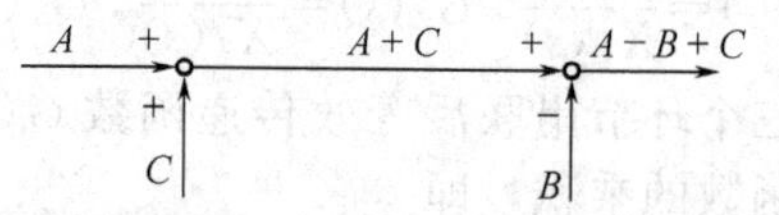
2	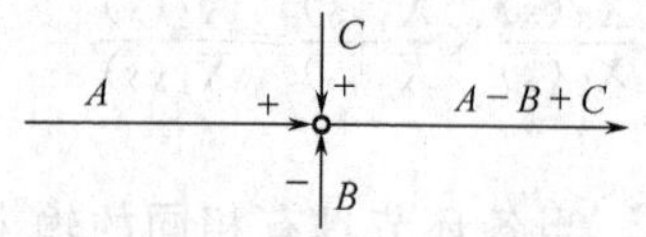	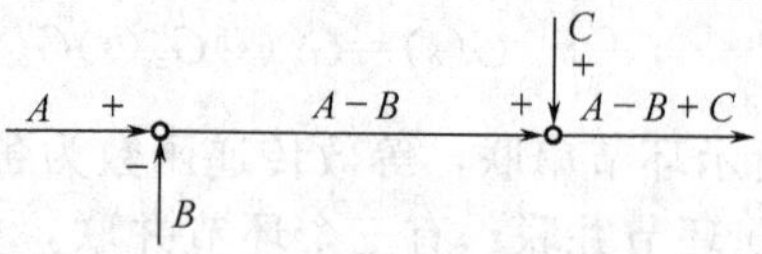
3	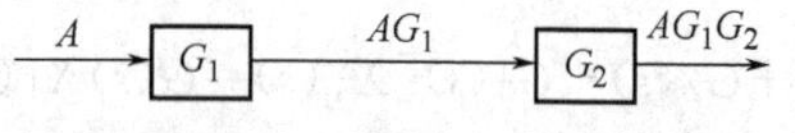	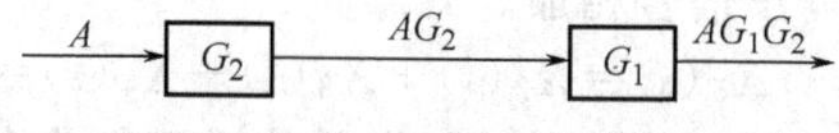
4	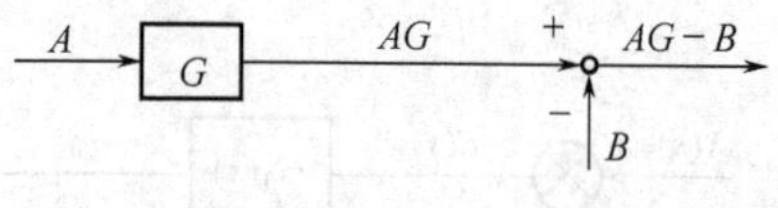	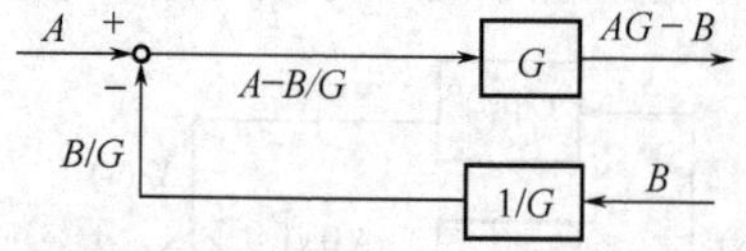
5	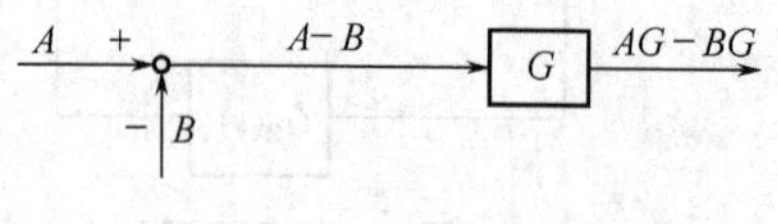	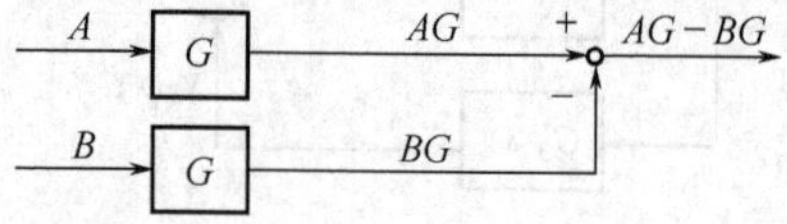
6	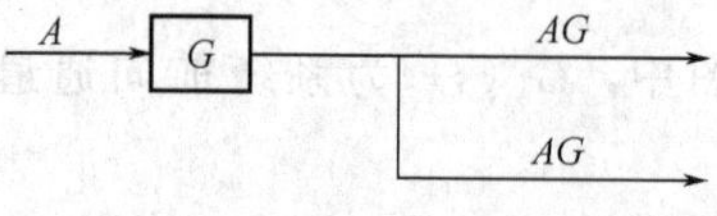	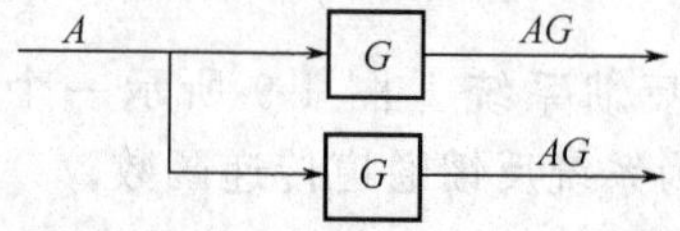
7	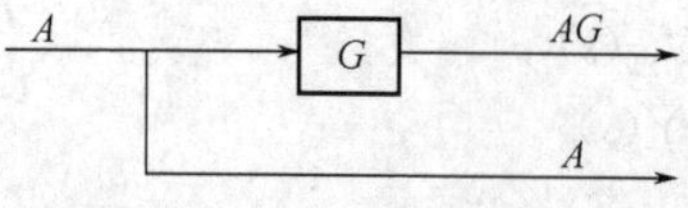	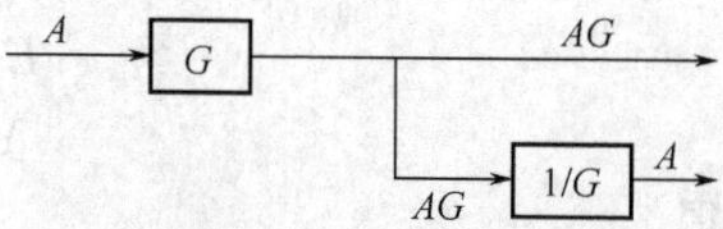

序号	原 方 框 图	等 效 方 框 图
8	A $+$ $-B$ 输出 $A-B$	$-B$, $+$ $A-B$；A $+$ $A-B$ $+B$
9	A → G_1 AG_1 → AG_1+AG_2；G_2 AG_2	A → G_2 AG_2 → $\frac{1}{G_2}$ A → G_1 AG_1 AG_1+AG_2；AG_2
10	A $+$ $-$ → G_1 B；G_2	A → $\frac{1}{G_2}$ $+$ $-$ → G_2 → G_1 B
11	A $+$ $-$ → G_1 B；G_2	A $+$ → G_1 B；-1 ← G_2

1.1.3 频率特性与单位阶跃

(1) 频率响应及频率特性

① 频率响应　线性系统在正弦信号输入下，其输出响应达稳态后应是一个相同频率的正弦信号，但输入及输出正弦信号的振幅和相位不一定相同，它们和系统的动态特性及输入信号的频率 ω 有关。称系统对正弦输入的稳态响应为频率响应，并称输出信号的振幅 A_y 与输入正弦信号的振幅 A_x 之比为振幅比：

$$M=\frac{A_y}{A_x}$$

而输出正弦信号相对输入正弦信号的相位移动为相位差 ϕ。

② 频率特性（或频率响应特性）　若有一线性系统的传递函数为 $G(s)$，令 $s=\mathrm{j}\omega$ 代入，则称 $G(\mathrm{j}\omega)$ 为正弦传递函数，它是一个复数，可写为

$$G(\mathrm{j}\omega)=M(\omega)\mathrm{e}^{\mathrm{j}\phi(\omega)}=P(\omega)+\mathrm{j}Q(\omega) \tag{1-12}$$

式中，$M(\omega)$ 为模，$\phi(\omega)$ 为相角。$M(\omega)$ 和 $\phi(\omega)$ 亦是系统频率响应的振幅比 A_y/A_x 和相位差 ϕ。称正弦传递函数 $G(\mathrm{j}\omega)$ 为频率特性，它表征了线性系统在不同频率 ω 的正弦输入下系统的响应特性，并称 $M(\omega)$ 为幅频特性，$\phi(\omega)$ 为相频特性，$P(\omega)$ 为实频特性，$Q(\omega)$ 为虚频特性，且有

$$M(\omega)=\sqrt{P^2(\omega)+Q^2(\omega)} \tag{1-13}$$

$$\phi(\omega)=\arctan\frac{Q(\omega)}{P(\omega)} \tag{1-14}$$

若系统的传递函数为 $G(s)\dfrac{K}{Ts+1}$，则频率特性为

$$G(\mathrm{j}\omega)=\frac{K}{T\omega\mathrm{j}+1}=\frac{K}{(T\omega)^2+1}-\mathrm{j}\frac{KT\omega}{(T\omega)^2+1}$$

$$=\frac{K}{\sqrt{(T\omega)^2+1}}\mathrm{e}^{-\mathrm{j}\arctan T\omega}$$

其中　实频特性　　　　　　　　　　　　$P(\omega)=\dfrac{K}{(T\omega)^2+1}$

虚频特性	$$Q(\omega)=\dfrac{-KT\omega}{(T\omega)^2+1}$$
幅频特性	$$M(\omega)=\dfrac{K}{\sqrt{(T\omega)^2+1}}$$
相频特性	$$\phi(\omega)=-\arctan T\omega$$

（2）频率特性图　令频率 ω 在规定的范围内变化，可作出频率特性曲线，称为频率特性图。常见的频率特性图如下。

① 极坐标图（或称幅相特性图、奈奎斯特图）当 ω 由 0 变化到 $+\infty$ 时，矢量 $G(j\omega)=|G(j\omega)|\angle G(j\omega)$ 的端点在复平面上的轨迹称极坐标图，如图 1-10 所示。

② 对数坐标图　由两张图组成。一张以 $20\lg|G(j\omega)|$ 为纵坐标（单位为 dB），以 $\lg\omega$ 为横坐标的图，称为对数幅频特性图。另一张以相位差 $\phi(\omega)$ 为纵坐标［单位为 rad 或（°）］，以 $\lg\omega$ 为横坐标的图，称为对数相频特性图。如图 1-11 所示。

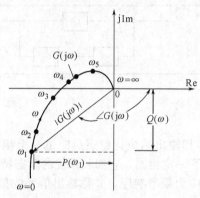

图 1-10　极坐标图

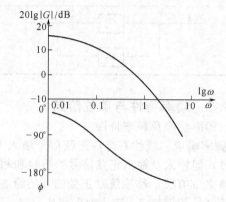

图 1-11　对数坐标图

用对数坐标的优点是可以将环节串联相乘的运算简化为图形相加。如若有

$$G(j\omega)=G_1(j\omega)G_2(j\omega)G_3(j\omega)$$

或　　$$|G(j\omega)|e^{j\phi(\omega)}=|G_1(j\omega)||G_2(j\omega)||G_3(j\omega)|e^{j[\phi_1(\omega)+\phi_2(\omega)+\phi_3(\omega)]}$$

则有　　$$20\lg|G(j\omega)|=20\lg|G_1(j\omega)|+20\lg|G_2(j\omega)|+20\lg|G_3(j\omega)| \tag{1-15}$$

和　　$$\phi(\omega)=\phi_1(\omega)+\phi_2(\omega)+\phi_3(\omega) \tag{1-16}$$

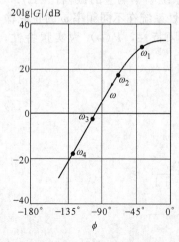

图 1-12　对数幅相特性图

③ 对数幅相图　利用上述对数坐标图的数据，以 $20\lg|G(j\omega)|$（dB）为纵坐标，相位差 ϕ 为横坐标，频率 ω 为参变量所作出的频率特性图，称为对数幅相特性图，如图 1-12 所示。

（3）单位阶跃响应　系统在阶跃函数输入下产生的输出响应称为阶跃响应。当输入是单位阶跃函数时，其输出称单位阶跃响应。由于它评价过渡过程动态品质具有简单实用的优点，故在控制系统分析设计中经常应用。

传递函数为 $G(s)$ 的线性定常系统，其单位阶跃响应可如下求得。

$$y(t)=\mathscr{L}^{-1}[y(s)]=\mathscr{L}^{-1}\left[G(s)\times\frac{1}{s}\right] \tag{1-17}$$

若系统传递函数为 $G(s)=\dfrac{K}{Ts+1}$，则其单位阶跃响应为

$$y(t) = \mathscr{L}^{-1}\left(\frac{K}{Ts+1} \times \frac{1}{s}\right) = K(1 - e^{-\frac{t}{T}}) \tag{1-18}$$

典型环节的频率特性及单位阶跃响应见表1-3。

表 1-3　典型环节的频率特性及单位阶跃响应

序号	传递函数	频　率　特　性	单 位 阶 跃 响 应
1	K	①极坐标图 ②对数坐标图 ③对数幅相特性图	
2	$\dfrac{K}{Ts+1}$	① ②	

序号	传递函数	频率特性	单位阶跃响应
2	$\dfrac{K}{Ts+1}$	③	
3	$\dfrac{1}{T_i s}$	① ② ③	
4	$\dfrac{K\omega_0^2}{s^2+2\xi\omega_0 s+\omega_0^2}$	①	

序号	传递函数	频 率 特 性	单位阶跃响应
4	$\dfrac{K\omega_0^2}{s^2+2\xi\omega_0 s+\omega_0^2}$	② ③	
5	$T_D s+1$	① ② ③	

序号	传 递 函 数	频 率 特 性	单 位 阶 跃 响 应
6	$\dfrac{T_1 s + 1}{T_2 s + 1}$	当 $T_2/T_1 = a > 1$ ① $\phi_m = \arcsin\dfrac{1-a}{1+a}$ ② ③	
7	$e^{-\varpi}$	① ② ③	

1.1.4　影响自动控制系统的因素

① 信号的测量问题　流程工业生产过程的物料与能量流基本上在密闭的容器和工艺管线中传递，进行传热传质或进行化学反应。这些物料大部分具有易燃、易爆、腐蚀和毒性等特点。工业生产过程的变量很难在线测量，有些虽然可以测量但可能测不准，特别是物料的组分以及有关产品质量的一些参数，只能通过取样送实验室化验分析才能获得，对于负反馈控制系统而言，它完全依赖于工业生产过程信号测量的准确性。

② 执行器特性　作为一个自动控制系统，由测量环节、控制器、被控过程和执行器四部分组成，执行器的静态和动态特性，直接影响控制系统的品质指标。

③ 被控过程的滞后特性　被控过程或被控对象存在各种纯滞后或称时滞。一个控制系统的输出作用希望能尽快在被控变量中反映出来，然而由于纯滞后的存在，其动态响应不及时，影响控制品质。

④ 被控对象的时间常数不一样　如流量控制的被控对象时间常数小，而加热炉则时间常数大，时间常数大小将影响到自动控制的品质。

⑤ 非线性特性　工业生产过程一般都具有非线性的特性，这种非线性特性使得控制校正和扰动在不同的工作区域会有不同的作用特性。

⑥ 时变性　例如生物发酵过程，生物质浓度的增长随着时间而变化，相应的原料消耗与产物的形成都是时间的函数。

⑦ 本征不稳定性　一些化学反应过程与生化反应过程，在某些操作范围内系统本身是不稳定的。如果过程进入不稳定的操作区域，其过程变量的变化，如化学反应温度与压力，可能会以指数形式增加，在这时候系统可能会进入循环振荡而不稳定，这时自动控制系统会显得无能为力。

◎ 1.2　自动控制的分类

自动控制系统的分类方法很多，可以按系统输出信号对操纵变量的影响区分，也可按系统补偿干扰的方法区分，还可按设定值的特点区分等。

（1）按设定值的特点区分　根据设定值的不同情况，自动控制系统可分为定值控制系统、随动控制系统和程序控制系统。

① 定值控制系统　当设定值为不变的常数，而系统的输入信号是干扰作用时，称为定值控制系统。这种系统要求在干扰作用之下被控变量尽可能地不变。

② 随动控制系统　当设定值是系统的输入信号时，该系统称为随动控制系统。工业控制系统的设定值重新调整或该控制系统为外设定工作时，就成为随动控制系统。随动控制系统要求系统的被控变量应尽可能地跟随设定值一起变。例如雷达跟踪系统，测量仪表中的变送器本身亦可以看成是一个随动控制系统，它的输出（被控变量）应迅速和正确地随着输入即被测信号（设定值）而变化。

自动平衡电子电位差计是一个典型的随动系统，它的输出跟随输入变化，输出与输入之间存在着单值比例关系，见图 1-13。
工业生产中常用的比值控制系统如图 1-14 所示，也是一个随动控制系统。

③ 程序控制系统　程序控制系统的设定值也是变化的，它是按事先设定的时间程序变化，例如程序控制机床、冶金工业中退火炉的温度控制等。

（2）按系统输出信号对操纵变量的影响区分

① 闭环控制系统　闭环控制系统的输出信号的改变会返回，影响操纵变量，所以操纵

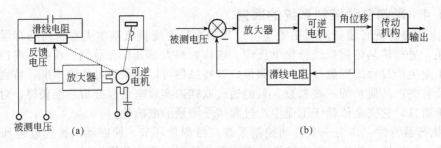

图 1-13　自动平衡电子电位差计示意图及方框图

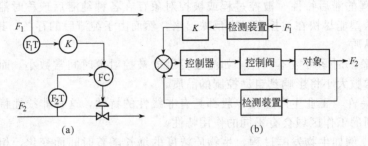

图 1-14　比值控制系统示意图及方框图

变量不是独立的自变量，它依赖于输出变量。闭环控制系统最常见的形式是负反馈控制系统。当操纵变量使系统的输出信号增大时，输出反馈影响操纵变量的结果是使输出信号减小。负反馈是使系统稳定的基本条件。一个单回路自动控制系统，当控制器投入自动运行时，就是一个闭环控制系统。

闭环控制的特点是按偏差进行控制，所以不论什么原因引起被控变量偏离设定值，只要出现偏差，就会产生控制作用，使偏差减小或消除，达到被控变量与设定值一致的目的，这是闭环控制的优点。

由于闭环控制系统按照偏差进行控制，所以尽管干扰已经发生，但在尚未引起被控变量变化之前，是不会产生控制作用的，这就使自动控制不够及时。此外，如果系统内部各环节配合不当，系统会引起剧烈振荡，甚至使控制系统失去控制，这些是闭环控制系统的缺点。

② 开环控制系统　开环控制系统的操纵变量不受系统输出信号的影响。为了使控制系统的输出满足事先规定的要求，必须周密而精确地计算操纵变量的变化规律。一个闭环控制系统，当反馈回路断开或控制器置于"手动操作"位置时，就成为开环控制系统。

开环控制系统控制方式不需要对被控变量进行测量，只根据输入信号进行控制。由于不测量被控变量，也不与设定值相比较，所以系统受到干扰作用后，被控变量偏离设定值，开环控制系统无法消除偏差，这是开环控制的缺点。

数字程序控制机床中广泛应用的精密定位控制系统，它是一个开环控制系统，见图 1-15。工作台位移是被控变量，它只根据控制信号（控制脉冲）而变化。步进电机是一种由"脉冲数"控制的电机，只要输入一个脉冲，电机就转过一定角度。所以根据工作台所需要移动的距离，输入端给予一定数量的脉冲。系统中既不对被控变量进行测量，也不将其与控制信号进行比较，系统结构比较简单，如果因为外界干扰，步进电机多走或少走几步，系统并不能"觉察"，从而造成误差。

图 1-15　精密定位开环控制系统方框图

图 1-16 所示是开环液位控制系统。它用蒸汽流量来控制给水量。这种开环控制仅在蒸汽干扰信号对液位影响时才进行控制，而对其他影响液位的干扰无控制作用。

（3）按系统补偿干扰的方法区分

① 反馈控制系统　当干扰使系统的被控变量发生改变时，被控变量反馈至输入端，与设定值相比较，并得出偏差信号，经控制器和执行器影响操纵变量，以补偿和减弱被控变量的变化，见图 1-17。

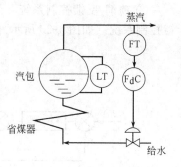

图 1-16　开环液位控制系统

这种反馈作用若使输出减弱则称负反馈，反之若使输出增强则称正反馈。工业生产过程控制一般都是负反馈系统。

构成一个负反馈控制系统，必须要了解系统中各环节的作用方向。环节的输出信号随输入信号增加而增加称为正作用环节，若环节的输出信号随输入信号增加而减小则称为反作用环节。图 1-18 表示一个负反馈控制系统。图中各环节都标上了表征它们作用方向的符号。

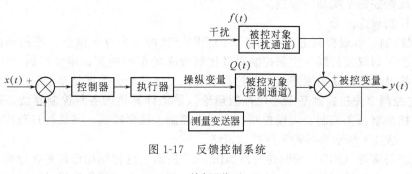

图 1-17　反馈控制系统

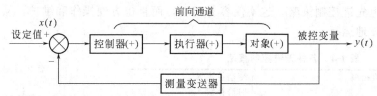

图 1-18　负反馈控制系统

② 前馈控制系统　当扰动发生时，控制系统测得扰动信号，并输入前馈补偿环节，由前馈补偿环节的输出去控制操纵变量，以达到补偿和减弱被控变量变化的目的，如图 1-19 所示。

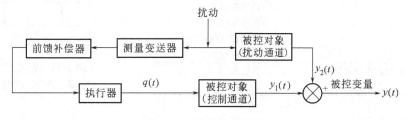

图 1-19　前馈控制系统

图 1-16 所示的开环液位控制系统实际上就是前馈控制系统，图中的 F_dC 就是前馈补偿器或称前馈控制器。当蒸汽扰动时，通过流量变送器 FT 测得扰动信号，通过前馈补偿器 F_dC，再通过执行器改变或控制操纵变量即锅炉汽包补充水，从而达到被控变量汽包水位的变化减缓，达到控制的目的。

15

③ 前馈-反馈控制系统　当反馈控制系统和前馈控制系统复合在一起时，构成了前馈-反馈控制系统。如图 1-20 所示。

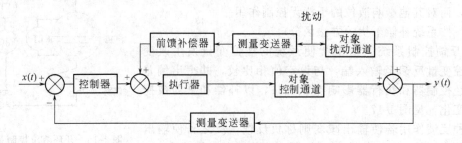

图 1-20　前馈-反馈控制系统

这类控制系统的优点在于当扰动产生时通过前馈控制系统使被控变量不变，若前馈补偿不完全，还可以通过反馈控制系统加以修正。当控制系统受其他扰动影响，或系统设定值改变时，则由反馈控制系统加以控制。

（4）按控制理论区分

① 常规控制　常规控制是指采用经典的 PID（比例＋积分＋微分）控制算法或其他简单的控制算法，如双位控制、比例控制以及比较复杂的前馈控制、串级控制、比值控制等。这种控制系统最典型的是单回路负反馈控制系统。上述几种分类都是基于经典控制理论。

② 先进控制　先进控制基于现代控制理论，采用计算机的各种控制算法。现在已有应用的算法包括模型预测控制、内模控制、自适应控制、推断控制、非线性过程控制以及智能控制方法等。表 1-4 所示为各种先进控制策略。

先进控制与常规（PID）控制的关系如图 1-21 所示。这种结构形成是在原来常规控制方案基础上，加上先进控制策略，这不仅容易实现，而且也方便操作和维护，从而保证先进控制系统安全可靠地运行。

表 1-4　各种先进控制策略

第一类	经典先进控制	变增益控制
		时滞补偿
		改进 PID 算法
第二类	流行先进控制	模型预测控制
		统计质量控制
		内模控制
		自适应控制
第三类	正在试用的先进控制	专家系统
		模糊控制
		神经元控制
		最优控制（LQG）
		非线性控制
第四类	正在研究的先进控制	鲁棒控制
		$H\infty$ 和 μ 综合

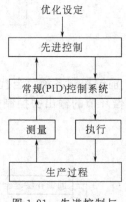

图 1-21　先进控制与常规（PID）控制关系

◎ 1.3　自动控制系统性能指标

1.3.1　自动控制系统的状态

自动控制系统在运行中有两种状态：一种状态是稳态或称静态，另一种状态是动态。

静态是指系统没有受到任何外来扰动，同时设定值保持不变，因而被控变量也不会随时间变化，整个系统处于平衡的工况。要注意的是，这里所说的静态，并非指系统内没有物料与能量的流动，而是指各个参数的变化率为零，即参数保持不变。此时输出与输入之间的关系称为系统的静态特性。

　　动态是指当系统受到外来扰动的影响，或者在改变了设定值以后，原来的稳定状态遭到破坏，系统中各环节的输入、输出量都相应发生变化，尤其是被控变量也将偏离原稳态值而随时间变化，这时系统处于动态。

　　当系统的平衡受到破坏时，被控变量发生变化，自动控制系统通过输出信号的负反馈作用，各个环节相继动作进行控制，克服扰动的影响或者设定值变化的影响，从而达到新的平衡，系统又恢复到稳定平衡工况。这种从一个稳态到达另一个稳态的历程称为过渡过程。

　　上述是对系统而言，对于系统中的任何一个环节来说，当输入变化时，也引起输出的变化，其间的关系称为环节的动态特性。

1.3.2　自动控制系统的过渡过程

　　(1) 阶跃输入　在流程工业中，扰动是随机的，它没有固定的形式和时间，在研究分析控制系统时，为了统一和方便，选取一些典型的输入形式。最常用的是阶跃输入，见图1-22。

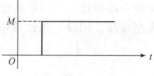

图 1-22　阶跃输入

　　阶跃输入的特点：一是突然性，系统输入突然阶跃式变化，并继续保持在这个幅值上；二是阶跃输入的扰动性很大，比实际工况中出现的扰动要剧烈。如果一个控制系统能够有效地克服阶跃的影响，那么对于其他比较缓慢的扰动都能克服，满足其性能指标要求。所以这里讨论的过渡过程都是在阶跃输入情况下自动控制系统的过渡过程。

　　(2) 过渡过程　在阶跃输入下，系统的过渡过程可以分为非周期过程和振荡过程。

　　非周期过程是指控制系统受到扰动后，在控制作用下，被控变量的变化是单调地增大或减小的过程。非周期过程可以分为非周期发散过程和非周期衰减过程。当被控变量的变化是单调的上升或减小，偏离设定值愈来愈远时，为非周期发散过程，见图1-23(a)，当被控变量的变化速度愈来愈慢，逐步地趋近设定值而稳定下来，称为非周期衰减过程，见图1-23(b)。

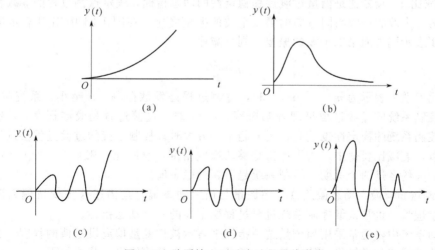

图 1-23　阶跃输入下过渡过程几种形式

振荡过程是指当系统受到扰动作用后，在控制作用下，被控变量在其设定值附近上下波动的过程。如果系统受到扰动后，被控变量的波动幅度愈来愈大，称为发散振荡过程，如图1-23(c) 所示；如果系统受到扰动后，被控变量始终在其设定值附近波动，而且波动幅值相等，称为等幅振荡过程，如图1-23(d) 所示；第三种情况是系统受到扰动时，被控变量的波动幅值越来越小，最后逐渐趋于稳定，称为衰减振荡过程，如图1-23(e) 所示。

衰减振荡过程是所要研究的对象，控制过程性能指标是以这种曲线为基础加以研究和描述的。

1.3.3 控制过程的性能指标

一个自动控制系统在受到外界扰动作用或设定值变化的影响时要求被控变量在控制器的作用下，能够迅速、平稳、准确地趋近或恢复到设定值，使控制系统达到稳定状态。因此，克服扰动造成的偏差而回到设定值的准确性、平稳性和快速性成为衡量系统优劣的性能指标。

通常采用两类性能指标：以阶跃响应曲线的几个特征参数作为性能指标和偏差积分性能指标。

（1）以阶跃响应曲线的几个特征参数为性能指标　在流程工业过程控制中经常采用时域方面的单项指标，并以阶跃作用下的过渡过程为准。图1-24(a) 为设定值阶跃变化时过渡过程典型曲线，图(b) 为扰动作用阶跃变化时过渡过程典型曲线。

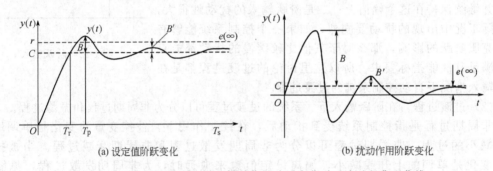

(a) 设定值阶跃变化　　　　　　　　　　(b) 扰动作用阶跃变化

图1-24　设定值阶跃变化时和扰动作用阶跃变化时过渡过程典型曲线

设被控变量最终稳定值是 C，超出其最终值的最大瞬态偏差为 B。

① 衰减比 n　衰减比是衡量过渡过程稳定性的动态指标，表示振荡过程的衰减程度。它的定义是第一个波的振幅与同方向的第二个波的振幅之比。在图1-24中用 B 表示第一个波的振幅，B' 表示同方向第二个波的振幅，则衰减比

$$n = \frac{B}{B'} \tag{1-19}$$

衰减比习惯上表示为 $n:1$。$n<1$ 时，过渡过程是发散振荡，n 越小，系统越不稳定。$n=1$ 时，控制系统的过渡过程呈现等幅振荡。$n>1$ 时，过渡过程是衰减振荡，n 越大，衰减越大，控制系统的稳定性也越高，当 n 趋于无穷大时，控制系统的过渡过程接近于非振荡过程。所以，衰减比要适中，为了保持足够的稳定裕度，衰减比一般取 $4:1\sim10:1$ 之间。也就是说，大约经过两个周期，控制系统趋于新的稳态值。

② 超调量 σ 与最大动态偏差 A　超调量与最大动态偏差是描述被控变量偏离设定值最大程度的物理量，也是衡量控制系统过渡过程稳定性的一个动态指标。

在随动系统中，通常采用超调量这一指标来表示被控变量偏离设定值的程度，它的定义是第一个波的峰值与最终稳态值之差。一般超调量以百分比给出，公式如下：

$$\sigma = \frac{B}{C} \times 100\% \tag{1-20}$$

若整个闭环控制系统可看成二阶振荡环节，则超调量 σ 与衰减比 n 有着一一对应的关系。

$$\sigma = \frac{1}{\sqrt{n}} \times 100\% \tag{1-21}$$

对于定值控制系统而言，最终稳态值 C 是零或是很小的数值，仍用超调量 σ 作为超调情况的指标就不合适了。通常改用最大动态偏差 A 作为指标。

最大动态偏差 A，是指在单位阶跃下，最大振幅 B 与最终稳态值 C 之和的绝对值

$$|A| = |B+C| \tag{1-22}$$

③ 余差 $e(\infty)$　余差 $e(\infty)$ 是系统的最终稳态偏差，即过渡过程终了时新稳态值与设定值之差。

$$e(\infty) = r - y(\infty) = r - C \tag{1-23}$$

对于定值控制系统，$r=0$，则 $e(\infty) = -C$。

④ 调节时间 T_s 和振荡频率 ω　调节时间，也称回复时间 T_s，是控制系统在受到阶跃作用后，被控变量从原有稳态值达到新的稳态值所需要的时间。过渡过程要绝对地达到新的稳态，理论上需要无限长的时间，一般认为当被控变量进入新稳态值附近 $\pm5\%$ 或 $\pm2\%$ 以内区域，并保持在该区域内时，过渡过程结束，此时所需要的时间称为调节时间 T_s。调节时间是反映控制系统快速性的一个指标。

过渡过程振荡频率 ω 与振荡周期 P 的关系为

$$\omega = \frac{2\pi}{P} \tag{1-24}$$

在同样的振荡频率下，衰减比越大，则调节时间越短。因此，振荡频率在一定程度上可以作为衡量控制系统快速性的指标。

⑤ 峰值时间 T_p 和上升时间 T_r　被控变量达到最大值时所需时间称为峰值时间 T_p，见图 1-24(a)。它们都是反映系统快速性的指标。

(2) 偏差积分性能指标　以阶跃响应曲线为基础的几个特征参数性能指标是单项控制指标，偏差积分指标则是描述控制系统的综合性指标。

偏差积分指标，它是过渡过程中偏差 e 和时间 t 的某些函数沿时间轴的积分，可表示为

$$J = \int_0^\infty f(e,t)\,\mathrm{d}t \tag{1-25}$$

式中，J 为积分鉴定值，e 为动态偏差，t 为回复时间。

由式可见，无论是偏差的幅度或是偏差存在的时间，都与指标有关，可以兼顾衰减比、超调量、调节时间各方面的因素，因此，它是一个综合性指标。动态偏差 e 越大，回复时间 t 越长，积分鉴定值 J 越大，说明控制品质越差。

偏差积分指标通常采用以下几种表达形式。

① 偏差积分 IE

$$\mathrm{IE} = \int_0^\infty e\,\mathrm{d}t \tag{1-26}$$

② 平方偏差积分 ISE

$$\mathrm{ISE} = \int_0^\infty e^2\,\mathrm{d}t \tag{1-27}$$

③ 绝对偏差积分 IAE

$$\mathrm{IAE} = \int_6^\infty |e|\,\mathrm{d}t \tag{1-28}$$

④ 时间与偏差绝对值乘积的积分 ITAE

$$ITAE = \int_6^\infty t|e|\,dt \tag{1-29}$$

对于存在余差的系统，e 不会最终趋于零，上述指标都趋于无穷大，无法进行比较。为此，可定义偏差为

$$e(t) = c(t) - e(\infty) \tag{1-30}$$

作为动态偏差项代入。

上述几种表达形式各有特点。

IE 指标的缺点是不能保证控制系统具有合适的衰减比。例如一个等幅振荡过程，IE 却等于零，显然不合理，所以该指标很少应用。

ISE 指标用偏差的平方值来加大对偏差的考虑程度，着重于抑制控制过程中的大偏差。采用 ISE 数学处理上较为方便。

IAE 指标是偏差面积积分。这种指标对出现在设定值附近的偏差面积与出现在远离设定值的偏差面积是同等看待的。根据这一指标设计的二阶或近似二阶的系统，在单位阶跃输入信号下，具有较快的过渡过程和不大的超调量（约为 5%），是一种常用的误差性能指标。

ITAE 指标，实质上是把偏差面积积分用时间来加权。同样的偏差积分面积，由于在过渡过程中出现时间的前后差异，目标值 J 是不同的。出现时间越迟，J 值越大；反之，出现时间越早，J 值越小。所以该指标对初始偏差不敏感，而对后期偏差非常敏感。用这个性能指标设计的控制系统会出现被控变量初始偏差较大，而随着时间推移，偏差很快降低。它的阶跃响应曲线将会呈现出较大的最大动态偏差 A。

对于控制系统性能指标，需要说明的是对于设定值变动的随动控制系统和设定值不变的定值控制系统，控制要求各有不同，相同点是系统必须稳定，但定值系统的衰减比可以低一点，随动系统的衰减比应该更高一点。随动系统的重点在于跟踪，要跟得稳、跟得快、跟得准，而定值控制系统关键在于定值，克服扰动要快、要稳，准确回到设定值。

◎ 1.4 自动控制系统各环节特性分析

由简单控制系统的组成可知构成自动控制系统的各环节为控制器（控制环节）、执行器（执行环节）、检测元件及变速器（检测环节）和对象（被控对象）。有关控制环节的特性在 1.5 中叙述。

对于测量变送环节，作线性处理后，一般可表示为一阶加纯滞后特性，即

$$G_m(s) = \frac{K_m}{T_m s + 1} e^{-\tau_m s} \tag{1-31}$$

式中　T_m——时间常数；

　　　τ_m——纯滞后常数。

对于检测变送环节，它是广义对象的一部分，减小 τ_m 和 T_m，对控制品质有好处。

对于执行环节，其信号传输过程是：控制器输出信号 u 改变了阀的行程 L，进而引起流通截面 A 的变化和流量 F 的改变。执行环节输入输出关系如图 1-25 所示。

执行环节最常用的是气动薄膜控制阀，它通常被描述为一阶惯性环节，其惯性滞后主要发生在执行机构，是在传送信号时由气动管线和膜头容量造成的。有关执行环节在后面章节中将有详细叙述。

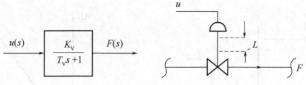

图 1-25　执行环节输入输出对应关系

对象特性是自动控制系统各环节特性中的主角,下面重点介绍。

1.4.1　典型被控对象特性

多数工业过程的特性分属四种类型。

(1) 自衡的非振荡过程　如图 1-26 所示液体储罐,系统处于平衡状态。在进水量阶跃增加后,进水量超过出水量,过程原来的平衡状态被打破,液位上升;但随着液位的上升,出水阀前的静压增加,出水量也增加;这样,液位的上升速度逐步变慢,最终建立新的平衡,液位达到新的稳态值。像这样无需外加任何控制作用,过程能够自发地趋于新的平衡状态的性质称为自衡性。

在过程控制中,这类过程是最常遇到的。在阶跃作用下,被控变量 $c(t)$ 不振荡,逐步地向新的稳态值 $c(\infty)$ 靠近。图 1-27 是典型的自衡非振荡过程的响应曲线。

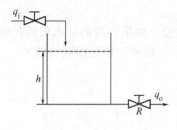

图 1-26　液位过程

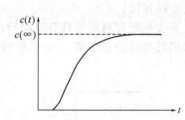

图 1-27　自衡非振荡过程

自衡非振荡过程传递函数通常可以写成下列形式。

$$G_{\mathrm{p}}(s) = \frac{K\mathrm{e}^{-\tau s}}{Ts+1} \tag{1-32}$$

$$G_{\mathrm{p}}(s) = \frac{K\mathrm{e}^{-\tau s}}{(T_1 s+1)(T_2 s+1)} \tag{1-33}$$

$$G_{\mathrm{p}}(s) = \frac{K\mathrm{e}^{-\tau s}}{(Ts+1)^n} \tag{1-34}$$

尤其以第一种形式使用最广,式中的各参数可根据阶跃响应曲线用图解法或曲线拟合的方法求得。

(2) 无自衡的非振荡过程　如图 1-28 所示液位过程,出水用泵排送。水的静压变化相对于泵的压头可以近似忽略,因此泵转速不变时,出水量恒定。当进水量稍有变化,如果不依靠外加的控制作用,则储罐内液体或者溢满或者抽干,不能重新达到新的平衡状态。这种特性称为无自衡。

这类过程在阶跃作用下,输出 $c(t)$ 会一直上升或下降。其响应曲线如图 1-29 所示。

无自衡的非振荡过程传递函数一般可写为

$$G(s) = \frac{K}{Ts}\mathrm{e}^{-\tau s} \tag{1-35}$$

$$G(s) = \frac{K}{s(Ts+1)}\mathrm{e}^{-\tau s} \tag{1-36}$$

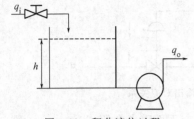

图 1-28　积分液位过程

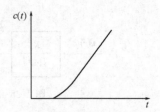

图 1-29　无自衡非振荡过程

这类过程比第一类过程难控一些，因为它们缺乏自平衡的能力。

（3）有自衡的振荡过程　在阶跃作用下，$c(t)$ 会上下振荡，多数是衰减振荡，最后趋于新的稳态值，称为有自衡的振荡过程。其响应曲线见图 1-30，传递函数一般可写为

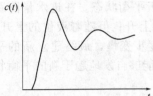

$$G_p(s) = \frac{Ke^{-\tau s}}{T^2 s^2 + 2\xi Ts + 1} \qquad (0 < \xi < 1) \tag{1-37}$$

在过程控制中，这类过程很少见，它们的控制比第一类过程困难一些。

（4）具有反向特性的过程　在阶跃作用下，$c(t)$ 先降后升，或先升后降，过程响应曲线在开始的一段时间内变化方向

图 1-30　有自衡的振荡过程

与以后的变化方向相反。

锅炉汽包液位是经常遇到的具有反向特性的过程。如果供给的冷水成阶跃增加，汽包内沸腾水的总体积乃至液位会呈图 1-31 所示的变化。这是两种相反影响的结果。

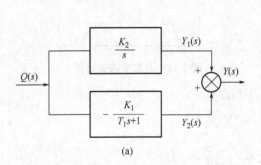

(a)

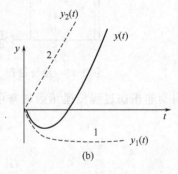

(b)

图 1-31　具有反向响应的过程

呈反向响应的过程，它的传递函数总具有一个正的零点。作为一般情况，若呈反向响应的过程传递函数用下式表示，即

$$G(s) = \frac{b_m s^m + b_{m-1} s^{m-1} + \cdots + b_1 s + b_0}{a_n s^n + a_{n-1} s^{n-1} + \cdots + a_1 s + a_0} \tag{1-38}$$

则传递函数有正实部的零点，属于非最小相位过程，所以反向响应又称非最小相位的响应，较难控制，需特殊处理。

工业过程除按上述类型分类外，还有些过程具有严重的非线性特性，如中和反应器和某些生化反应器，在化学反应器中还可能有不稳定过程，它们的存在给控制带来了严重的问题。

1.4.2　广义对象各环节特性对控制品质的影响

过程控制中一阶惯性加纯滞后的过程是最常遇到的，以下主要针对这类过程，讨论过程

参数 K、T、τ 对控制品质的影响，以及如何选择操纵变量。

对广义对象来说，外作用有两类：一是控制作用 $u(t)$；二是扰动作用 $f(t)$。两条通道的过程参数不一定相同，而且它们的影响也不一样，需要区别开来分析。如图 1-32 所示，设控制通道、扰动通道的传递函数分别为

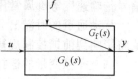

$$G_o(s)=\frac{K_o e^{-\tau_o s}}{T_o s+1}, \quad G_f(s)=\frac{K_f e^{-\tau_f s}}{T_f s+1} \tag{1-39}$$

图 1-32 控制通道、扰动通道的传递函数

（1）增益（放大系数）K 的影响 在其他因素相同的条件下，即在 T，τ 相同的条件下，控制通道的增益 K_o 越大，则控制作用 $u(t)$ 的效应越强；反之，K_o 越小，则 $u(t)$ 的影响越弱。要达到同样的控制效果，控制作用 $u(t)$ 需按 K_o 值作相应的调整。假定控制器的增益为 K_c，则在 K_o 大的时候，K_c 应该取得小一些，否则难以保证闭环系统有足够的稳定裕度；在 K_o 小的时候，K_c 必须取大一些，否则克服偏差的能力太弱，消除偏差的进程太慢。在使用 DCS 或单元组合控制仪表时，$u(t)$ 和 $y(t)$ 的量纲相同，K_o 是无量纲的数，因此 K_o 值的大小，很便于直接进行比较。

扰动通道增益 K_f 的情况要复杂一些。特别是在 K_f 采用有量纲形式表示时，不同扰动的 K_f 值的大小，并不能直接反映各扰动的稳态影响的强弱，例如，大的 K_f 值乘上很小的 f 值，其效应并不强。因此，不如用 $K_f f$ 这一乘积作为比较的尺度，这里的 f 应取正常情况下的波动值。$K_f f$ 的量纲与 c 和 y 都相同，代表了在系统没有闭合时所引起的偏差。在对系统进行分析时，应该着重考虑 $K_f f$ 乘积大的扰动，必要时应设法消除这种扰动。

K_o 和 K_f 都反映稳态关系。在不同工作点和不同负荷下，K_o 是否恒定也是需要考虑的问题。只有在 K_o 基本恒定时，系统才有可能在这些工作点上都控制得令人满意。

（2）时间常数 T 的影响 在控制通道方面，如果只有一个时间常数 T_o，则在 K_o 和 τ/T_o 保持恒定的条件下，T_o 的变动主要影响控制过程的快慢，T_o 越大，则过渡过程越慢。而在 K_o 和 τ 保持不变的条件下，T_o 的变动将同时影响系统的稳定性。T_o 越大，系统越易稳定，过渡过程越平稳。一般地说，T_o 太大则变化过慢，T_o 太小则变化过于急剧。

如果有两个或更多个时间常数，则最大的时间常数决定过程的快慢，而 T_{o2}/T_{o1} 则影响系统易控的程度。T_{o2} 与 T_{o1} 拉得愈开，即 T_{o2}/T_{o1} 的比值愈小，则愈接近一阶环节，系统愈易稳定。设法减小 T_{o2} 值往往是提高系统控制品质的一条可行途径，这在设备设计与检测元件选型时很值得考虑。

在扰动通道方面，与其取 T_f 值来比较，不如用 T_f/T_o 作为尺度。在闭环情况下

$$\frac{Y(s)}{F(s)}=\frac{G_f(s)}{1+G_c(s)G_o(s)}=\frac{G_o(s)}{1+G_c(s)G_o(s)}\times\frac{G_f(s)}{G_o(s)} \tag{1-40}$$

$$\frac{Y(s)}{U(s)}=\frac{G_o(s)}{1+G_c(s)G_o(s)} \tag{1-41}$$

因此，扰动通道与控制通道在闭环传递函数上的差别是扰动通道乘上了 $G_f(s)/G_o(s)$ 项。一般地说，如果 $G_f(s)$ 和 $G_o(s)$ 都没有不稳定的极点，则 T_f 的数值并不影响闭环系统的稳定性。但从动态上分析，如 $T_f>T_o$，则 $G_f(s)/G_o(s)$ 等效于一个滤波器，能使过渡过程的波形趋于平坦；如 $T_f<T_o$，则 $G_f(s)/G_o(s)$ 成为一个微分器，将使波形更为陡峭。因此，T_f/T_o 的比值越大，过渡过程的品质越好。

（3）时滞 τ 的影响 对控制通道来说，取 τ_o/T_o 作为衡量时滞影响的尺度更为合适。

τ_o/T_o 是一个无量纲的值，它反映了时滞的相对影响。这就是说，在 T_o 大的时候，τ_o 的值稍大一些也不要紧，过渡过程尽管慢一些，但很易稳定；反之，在 T_o 小的时候，即使

τ_o 的绝对数值不大，影响却可能很大，系统容易振荡。一般认为 $\tau_o/T_o \leqslant 0.3$ 的对象较易控制，而 $\tau_o/T_o > 0.5 \sim 0.6$ 的对象较难处理，往往需用特殊控制规律。

在设计和确定控制方案时，设法努力减小 τ_o 值是必要的，像减小信号传输距离，提高信号传输速度等都属常用方法。

扰动通道的时滞 τ_f 不影响控制系统的品质，是仅对反馈控制来说的，对于前馈控制，τ_f 值将影响到前馈控制规律。

（4）操纵变量的选择　操纵变量的选择可遵循如下一些指导原则。

① 选择对所选定的被控变量影响比较大的那些输入变量作为操纵变量，这就意味着操纵变量到被控变量之间的控制通道的增益要选得比较大。

② 应选择输入变量对被控变量作用效应比较快的那些作为操纵变量，这样控制的动态响应就比较快。

③ 应选择输入变量中变化范围比较大的，这样可使被控变量比较容易控制。

④ 使 τ_o/T_o 尽量减小。

◎ 1.5　常用 PID 控制算法特性

常用的 PID 控制器具有在时间上连续的线性 PID 控制规律。

理想 PID 控制规律的数学表达式为

$$u(t) = K_c \left[e(t) + \frac{1}{T_i} \int e(t) \mathrm{d}t + T_d \frac{\mathrm{d}e(t)}{\mathrm{d}t} \right] + u(0) \tag{1-42}$$

式中，$u(t) = \Delta u(t) + u(0)$，$u(0)$ 为控制器初始输出值，即 $t = 0$ 瞬间偏差为 0 时的控制器输出。控制器运算规律通常都是用增量形式表示，即

$$\Delta u(t) = K_c \left[e(t) + \frac{1}{T_i} \int e(t) \mathrm{d}t + T_d \frac{\mathrm{d}e(t)}{\mathrm{d}t} \right] \tag{1-43}$$

其传递函数表示为

$$G_c(s) = \frac{U(s)}{E(s)} = K_c \left(1 + \frac{1}{T_i} s + T_d s \right) \tag{1-44}$$

式中，第一项为比例（P）部分，第二项为积分（I）部分，第三项为微分（D）部分。K_c 为比例增益；T_i 为积分时间；T_d 为微分时间。

1.5.1　比例控制算法

（1）比例控制算法　比例控制器的输出信号 $u(t)$ 与输入偏差信号 $e(t)$ 的关系为

$$u(t) = K_c e(t) + u_0 \tag{1-45}$$

或

$$\Delta u(t) = K_c e(t) \tag{1-46}$$

其传递函数

$$G_c(s) = \frac{U(s)}{E(s)} = K_c \quad 或 \quad G_c(\mathrm{j}\omega) = K_c \tag{1-47}$$

式中，K_c 为控制器增益；u_0 为当偏差 $e(t)$ 为零时的输出信号值，它反映了比例控制的工作点。

由式(1-45)可知，比例控制器的输出变化量与输入偏差成正比例，在时间上没有延滞。其开环输出特性如图 1-33。

比例控制器的振幅比和相角都是恒定的，分别为 K_c 和 0°。见图 1-35(a)。

工业用比例控制器通常用比例度 δ 来表示，比例度 δ 和比例增益 K_c 的关系为

$$\delta = \frac{1}{K_c} \times 100\% \qquad (1-48)$$

由式可见，比例度 δ 与比例增益 K_c 成反比。δ 越小，则 K_c 越大，比例控制作用越强；反之，δ 越大，则 K_c 越小，比例控制作用越弱。

（2）比例增益对系统控制品质的影响　在比例控制系统中比例增益 K_c 的变化对系统过渡过程有一定的影响，图 1-34 表示 K_c 的变化对被控变量过渡过程的影响。随着 K_c 的变化，过渡过程各项指标亦发生变化，见表 1-5。

由表 1-5 可以看到，负反馈比例控制系统中比例增益调整中的基本矛盾：K_c 增加能使控制精度提高，但使系统的稳定度变差；相反，K_c 减小，控制系统稳定度增加，但控制精度下降。

图 1-33　阶跃偏差作用下
比例控制器的开环输出特性

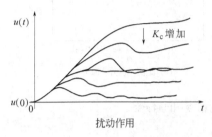
扰动作用

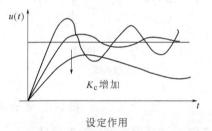
设定作用

图 1-34　比例增益 K 对过渡过程的影响

表 1-5　比例增益 K_c 变化对过渡过程各项指标的影响

项　目	比例增益变化	性能指标变化	项　目	比例增益变化	性能指标变化
衰减比 n	小→大	大→小	最大偏差	小→大	大→小
稳定程度	小→大	逐渐降低	余差	小→大	大→小

1.5.2　比例积分控制算法

（1）比例积分控制算法　比例积分控制器的控制算法为

$$u(t) = K_c \left[e(t) + \frac{1}{T_i} \int_0^t e(t) \mathrm{d}t \right] + u_0 \qquad (1-49)$$

或

$$\Delta u(t) = K_c \left[e(t) + \frac{1}{T_i} \int_0^t e(t) \mathrm{d}t \right] \qquad (1-50)$$

式中，T_i 为积分时间，$K_c e(t)$ 为比例项；$K_c/T_i \int_0^t e(t) \mathrm{d}t$ 为积分项。

其传递函数为

$$G_c(s) = K_c \left(1 + \frac{1}{T_i s} \right) \qquad (1-51)$$

$$G_c(\mathrm{j}\omega) = K_c \left(1 + \frac{1}{T_i \mathrm{j}\omega} \right) \qquad (1-52)$$

由式可见，它可看成是一个积分环节和一个超前环节的组合，其幅频-相频特性表示在图 1-35（b）中。

在幅值为 A 的阶跃偏差作用下，比例积分控制器的开环输出特性如图 1-36 所示。

由图可见，在低频时，振幅比很大，频率趋于零时，振幅比趋于无穷大，相角趋于 $-90°$。这意味着具有积分的控制器，其静态增益为无穷大，因而可以消除余差。积分作用

25

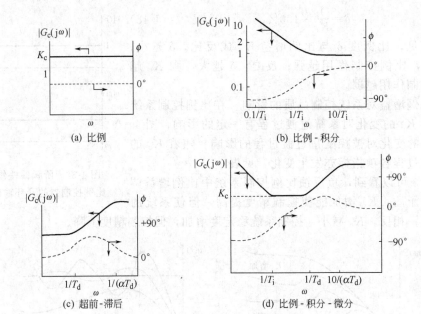

图 1-35　控制器的幅频-相频特性

引起的相角滞后会恶化系统的动态性能。

　　从比例积分控制器开环输出特性分析，如图 1-36 所示，当偏差的阶跃幅度为 A 时，比例输出立即跳变至 K_cA，然后积分输出随时间线性增长，其输出特性为截距为 K_cA、斜率为 K_cA/T_i 的直线。直线的斜率取决于积分时间 T_i 的大小，T_i 越大，直线越平坦，积分作用越弱；反之，积分时间 T_i 越小，直线越陡，积分作用越强。

　　（2）积分时间 T_i 对系统控制品质的影响　在一个闭环控制系统中，若保持控制器比例增益 K_c 不变，积分时间 T_i 减小，积分作用增强，消除余差较快，但控制系统的振荡加剧，系统的稳定性下降；T_i 过小，可能导致系统不稳定。T_i 减小，扰动作用下的最大偏差下降，振荡频率增加。

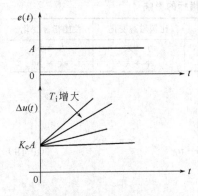

图 1-36　阶跃偏差作用下比例
积分控制器开环输出特性

　　比例积分控制器中，积分作用的优点是能够消除余差，然而降低了系统的稳定性；若要保持系统原有的衰减比，必须相应减小比例增益，这会使系统的其他控制指标下降。所以在比例积分控制器中，比例增益和积分时间要视具体对象而定。

　　对于积分时间 T_i 对系统控制质量的影响，可以一个实例加以说明。

　　例如一个广义对象，其传递函数为

$$G_p(s) = \frac{K_p}{(T_1 s + 1)^2 (T_2 s + 1)} \tag{1-53}$$

式中，$T_1 = 1$，$T_2 = 0.1$。

开环频率特性

$$G(j\omega) = K_c \left(1 + \frac{1}{T_i \omega j} \right) \frac{K_p}{(T_1 \omega j + 1)^2 (T_2 \omega j + 1)} \tag{1-54}$$

分别选取三个积分时间：$T_{i1}=10$，$T_{i2}=1$，$T_{i3}=0.1$。由此得到的开环频率特性如图1-37所示。从图中可看到：

① $\omega_1 > \omega_2 > \omega_3$；

② $G_1 < G_2 < G_3$。

根据临界振荡条件，$K_p K_{c\,max}$ 与 G 成反比，由此推得

$$K_p K_{c1\,max} > K_p K_{c2\,max} > K_p K_{c3\,max}$$

纵观上述三种情况，可以得出结论：积分作用使系统稳定性降低。为了维持原有稳定性，控制器增益必须降低，这使系统频率也降低。

积分时间 T_i 对系统的质量影响见表1-6。

（3）积分饱和及防止　积分饱和指的是一种积分过量现象。在控制系统中，由于积分作用的存在，只要被控变量与设定值之间存在偏差，控制器的积分作用就会使它的输出不停地变化。如果给予足够时间，积分作用将达到某个限值并停留在该值，这种情况称为积分饱和。积分饱和的限值一般要比使控制阀全开-全关的信号范围大得多。如气动薄膜控制阀的输入有效信号范围是 $0.02\sim0.1\text{MPa}$，而气动控制器的积分饱和上限约等于气源压力（$0.14\sim0.16\text{MPa}$），下限接近于大气压（表压0MPa）。

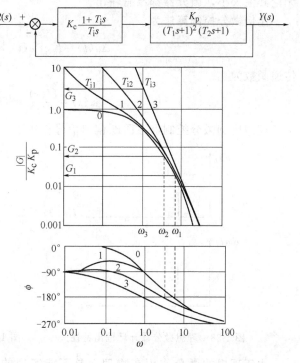

图1-37　系统开环频率特性

0—对象频率特性；

1，2，3—经 T_{i1}、T_{i2}、T_{i3} 叠加后系统开环特性

表1-6　积分时间对系统质量影响

积分时间 T_1	开环特性曲线	临界频率 ω_c	$G' = \dfrac{\lvert G(j\omega_c)\rvert}{K_c K_p}$	控制器临界增益 $K_{c\,max}$
10	1	ω_{c1}	G'_1	$K_{c1\,max}$
1	2	ω_{c2}	G'_2	$K_{c2\,max}$
0.1	3	ω_{c3}	G'_3	$K_{c3\,max}$

解决积分饱和问题的常用方法是使控制器实现 PI-P 控制规律。即当控制器的输出在某一范围之内时，它是 PI 控制作用；当输出超过某一限值时，它是 P 作用，防止积分饱和。

1.5.3　比例微分控制算法

理想的微分控制规律为输出信号 $u(t)$ 变化与输入偏差信号 $e(t)$ 的导数成正比。

$$\Delta u(t) = T_d \frac{de(t)}{dt} \tag{1-55}$$

式中，T_d 为微分时间。

传递函数为

$$G_c(s) = \frac{U(s)}{E(s)} = T_d s \tag{1-56}$$

理想微分器在阶跃偏差信号作用下的开环输出特性是一个幅度无穷大、脉冲宽度趋于零的尖脉冲，如图1-38所示。微分器的输出只与偏差变化的速度有关。当偏差固定不变时，

无论其值大小，微分器都没有输出。

比例微分控制算法为

$$\Delta u(t)=K_{\mathrm{c}}\left[e(t)+T_{\mathrm{d}}\frac{\mathrm{d}e(t)}{\mathrm{d}t}\right] \tag{1-57}$$

传递函数为

$$G_{\mathrm{c}}(s)=\frac{U(s)}{E(s)}=K(1+T_{\mathrm{d}}s) \tag{1-58}$$

理想比例微分控制器在阶跃偏差信号作用下，开环输出特性如图 1-39 所示。

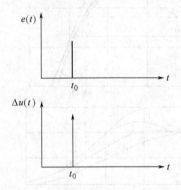

图 1-38 理想微分器开环输出特性　　图 1-39 理想比例微分控制器开环输出特性

由于理想的微分作用在物理上是不能实现的，一般用超前-滞后单元来产生近似微分作用。

实际比例微分控制算法的数学表达式为

$$\frac{T_{\mathrm{d}}\mathrm{d}\Delta u(t)}{K_{\mathrm{d}}\mathrm{d}t}+\Delta u(t)=K_{\mathrm{c}}\left[e(t)+T_{\mathrm{d}}\frac{\mathrm{d}e(t)}{\mathrm{d}t}\right] \tag{1-59}$$

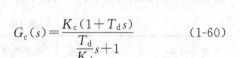

传递函数为

$$G_{\mathrm{c}}(s)=\frac{K_{\mathrm{c}}(1+T_{\mathrm{d}}s)}{\dfrac{T_{\mathrm{d}}}{K_{\mathrm{d}}}s+1} \tag{1-60}$$

式中，K_{d} 为微分增益。

在幅值为 A 的阶跃偏差信号作用下，实际比例微分控制器的输出为

$$\Delta u(t)=K_{\mathrm{c}}A+K_{\mathrm{c}}A(K_{\mathrm{d}}-1)\exp\left(-\frac{t}{T}\right) \tag{1-61}$$

其中，$T=T_{\mathrm{d}}/K_{\mathrm{d}}$。其开环输出特性见图 1-40 所示。

当输入偏差 $e(t)$ 跳变 A 时，输出 $u(t)$ 幅度为比例输出 K_{d} 倍，即 $K_{\mathrm{d}}K_{\mathrm{c}}A$，然后按指数规律下降，当 $t\to\infty$ 时，仅有比例输出 $K_{\mathrm{c}}A$。

当 $K_{\mathrm{d}}<1$ 时，称为反微分，在噪声较大的系统中，会起到较好的滤波作用。

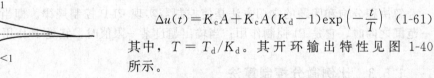

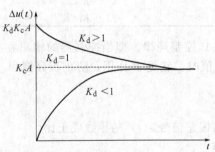

图 1-40 实际比例微分开环输出特性

1.5.4 比例积分微分控制算法 PID

(1) PID 控制算法　理想的 PID 控制数学表达式和传递函数见式(1-46) 和式(1-48)。

实际的 PID 控制器，其微分算法用超前-滞后单元来替代，传递函数为

$$G(s) = \frac{T_d s + 1}{\alpha T_d s + 1} \tag{1-62}$$

式中，α 值在工业控制器中取 $\frac{1}{6} \sim \frac{1}{20}$。相应的幅频-相频特性见图 1-35(c)。图中表明频率在 $\frac{1}{T_d} \sim \frac{1}{\alpha T_d}$ 之间，它提供了相位超前。它和 PI 一起组成 PID 控制器，其传递函数为

$$G_c(s) = K_c \left(1 + \frac{1}{T_i s}\right) \frac{T_d s + 1}{\alpha T_d s + 1} \tag{1-63}$$

相应的频率特性表示在图 1-35(a)。

若将上式近似为

$$G_c(s) = K_c \left(1 + \frac{1}{T_i s}\right)(T_d s + 1) \tag{1-64}$$

转化成理想的 PID 形式

$$G_c(s) = K_c' \left(1 + \frac{1}{T_i' s} + T_d' s\right) \tag{1-65}$$

$$K_c' = K_c \left(1 + \frac{T_d}{T_i}\right) \approx K_c F$$

$$T_i' = T_i \left(1 + \frac{T_d}{T_i}\right) \approx T_i F$$

$$T_d' = \frac{T_d}{1 + \frac{T_d}{T_i}} \approx \frac{F_d}{F}$$

式中，F 称扰动系数，它随 T_d / T_i 的增加而增加。

实际 PID 控制器在幅度为 A 的阶跃作用下，其开环输出特性如图 1-41 所示，可以看成是比例、积分和微分三部分作用的叠加：

$$\Delta u(t) = K_c A \left[1 + \frac{t}{T_i} + (K_d - 1) \exp\left(-\frac{K_d t}{T_d}\right)\right] \tag{1-66}$$

(2) 微分作用对系统过渡过程的影响 引入微分作用的目的，是改进高阶过程的控制品质。调整 T_d 使它等于广义对象中的第二大时间常数，则通过零极点相消，把这时间常数消去后，新的第二大时间常数一般会小得多，这使 K_{max}、ω_c 均得到增加，控制系统质量得到改善。

或者说，当控制器在感受到偏差后再进行控制，过程已经受到较大幅度扰动的影响，引入微分作用后，当被控变量一有变化，根据变化趋势适当加大控制器的输出信号，将有利于克服扰动对被控变量的影响，抑制偏差的增长，有利于提高系统的稳定性，提高系统控制的性能指标。

当然，微分作用也要调整得适当，微分作用过强反而会降低系统的稳定裕度。从图 1-35(d) 可见，微分环节的相角是超前的。随着频率变化，存在一

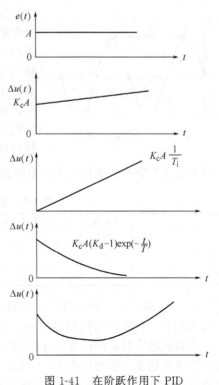

图 1-41　在阶跃作用下 PID
控制器开环输出特性

个极值。频率 ω 进一步增加，相角 ϕ 的超前作用几乎不再增加。从幅频特性图可见，微分环节的振幅比总是大于 1，而且随着频率增加而增加。大的振幅比会使系统稳定裕度降低，对系统控制品质不利。所以引入微分作用要适度。

微分作用在高频下有较大的振幅比，对高频噪声起到了放大作用，所以存在高频噪声的地方不适宜用微分。

对纯滞后来说，由于在纯滞后阶段 $\dfrac{\mathrm{d}e}{\mathrm{d}t}=0$，微分作用为零，所以附加微分作用对纯滞后是不起作用的。

以上介绍的是常规 PID 控制算法。对于离散 PID 控制算法，它应用于离散系统中，在计算机控制系统中将会详细叙述。

◎ 1.6 PID 控制参数整定方法

一个自动控制系统的过渡过程或者控制质量，与被控对象的特性、干扰形式与大小、控制方案的确定及控制器的参数整定有着密切关系。对象特性和干扰情况是受工艺操作和设备特性限制的。在确定控制方案时，只能尽量设计合理，并不能任意改变它。一旦方案确定之后，对象各通道的特性就已成定局，这时控制质量只取决于控制器参数的整定了。所谓控制器参数的整定，就是按照已定的控制方案，求取使控制质量最好时的控制器参数值。具体来说，就是确定最合适的控制器比例度 δ、积分时间 T_i 和微分时间 T_d。

整定的方法很多，这里介绍几种工程上最常用的方法。

① 临界比例度法　这是目前使用较多的一种方法。它是先通过试验得到临界比例度 δ_k 和临界周期 T_k，然后根据经验总结出来的关系求出控制器各参数值。具体做法如下。在闭合的控制系统中，先将控制器变为纯比例作用，即将 T_i 放在"∞"位置上，T_d 放在"0"位置上，在干扰作用下，从大到小地逐渐改变控制器的比例度，直到系统产生等幅振荡（即临界振荡），如图 1-42 所示，这时的比例度叫临界比例度 δ_k，周期为临界振荡周期 T_k，记下 δ_k 和 T_k，然后按表 1-7 中的经验公式计算出控制器的各参数整定数值。

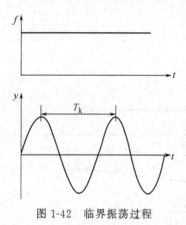

图 1-42　临界振荡过程

表 1-7　临界比例度法参数计算公式表

控制作用	比例度 $\delta/\%$	积分时间 T_i/min	微分时间 T_d/min	控制作用	比例度 $\delta/\%$	积分时间 T_i/min	微分时间 T_d/min
比例	$2\delta_k$			比例＋微分	$1.8\delta_k$		$0.1T_k$
比例＋积分	$2.2\delta_k$	$0.85T_k$		比例＋积分＋微分	$1.7\delta_k$	$0.5T_k$	$0.125T_k$

② 衰减曲线法　衰减曲线法是通过使系统产生衰减振荡来整定控制器的参数值的，具体做法如下。在闭的控制系统中，先将控制器变为纯比例作用，比例度放在较大的数值上，在达到稳定后，用改变给定值的办法加入阶跃干扰，观察记录曲线的衰减比，然后从大到小改变比例度，直至出现 4∶1 衰减比为止，见图 1-43（a），记下此时的比例度 δ_s（4∶1 衰减比例度），并从曲线上得出衰减周期 T_s，然后根据表 1-8 中的经验公式，求出控制器的参数整定值。

表 1-8　4∶1 衰减曲线法控制器参数计算表

控制作用	比例度 $\delta/\%$	积分时间 $T_i/\min$	微分时间 $T_d/\min$	控制作用	比例度 $\delta/\%$	积分时间 $T_i/\min$	微分时间 $T_d/\min$
比例	δ_s			比例＋积分＋微分	$0.8\delta_s$	$0.3T_s$	$0.1T_s$
比例＋积分	$1.2\delta_s$	$0.5T_s$					

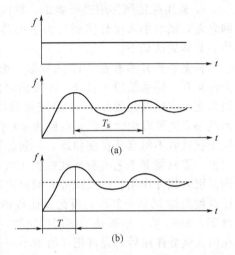

图 1-43　4∶1 和 10∶1 衰减振荡过程

有的过程 4∶1 衰减仍嫌振荡过强,可采用 10∶1衰减曲线法。方法同上,得到 10∶1衰减曲线,见图 1-43(b),记下此时的比例度 δ_s' 和最大偏差时间 T(又称上升时间),然后根据表 1-9 中的经验公式,求出相应的 T_i、T_d 值。

采用衰减曲线法必须注意以下几点。

a. 加的干扰幅值不能太大,要根据生产操作要求来定,一般为额定值的 5% 左右,也有例外的情况。

b. 必须在工艺参数稳定情况下才能施加干扰,否则得不到正确的 δ_s、T_s 或 δ_s' 和 T 值。

c. 对于反应快的系统,如流量、管道压力和小容量的液位控制等,要在记录曲线上得到 4∶1 衰减曲线比较困难,一般被控变量来回波动两次达到稳定,就可以近似地认为达到 4∶1 衰减过程了。

表 1-9　10∶1 衰减曲线法控制器参数计算表

控制作用	比例度 $\delta/\%$	积分时间 $T_i/\min$	微分时间 $T_d/\min$	控制作用	比例度 $\delta/\%$	积分时间 $T_i/\min$	微分时间 $T_d/\min$
比例	δ_s'			比例＋积分＋微分	$0.8\delta_s'$	$1.2T$	$0.4T$
比例＋积分	$1.2\delta_s'$	$2T$					

衰减曲线法比较简单,适用于一般情况下的各种参数的控制系统。但对于干扰频繁,记录曲线不规则,不断有小摆动时,由于不易得到正确的衰减比例度 δ_s 和衰减周期 T_s,使得这种方法难以应用。

③ 经验凑试法　经验凑试法是在长期的生产实践中总结出来的一种整定方法。它是根据经验先将控制器参数放在一个数值上,直接在闭合的控制系统中通过改变给定值施加干扰,在记录仪上观察过渡过程曲线,运用 δ、T_i、T_d 对过渡过程的影响为指导,按照规定顺序,对比例度 δ、积分时间 T_i 和微分时间 T_d 逐个整定,直到获得满意的过渡过程为止。

各类控制系统中控制器参数的经验数据列于表 1-10 中,供整定时参考选择。

表 1-10　各类控制系统中控制器参数经验数据表

被控变量	特　点	$\delta/\%$	$T_i/\min$	$T_d/\min$
流量	对象时间常数小,参数有波动,δ 要大,T_i 要短,不用微分	40～100	0.3～1	
温度	对象容量滞后较大,即参数受干扰后变化迟缓,δ 应小,T_i 要长,一般需加微分	20～60	3～10	0.5～3
压力	对象的容量滞后一般,不算大,一般不加微分	30～70	0.4～3	
液位	对象时间常数范围较大。要求不高时,δ 可在一定范围内选取,一般不用微分	20～80		

表中给出的只是一个大体范围，有时变动较大。例如，流量控制系统的δ值有时需在200％以上；有的温度控制系统，由于容量滞后大，T_i往往在15min以上。另外，选择δ值时应注意测量部分的量程和控制阀的尺寸。如果量程范围小（相当于测量变送器的放大系数K_m大）或控制阀尺寸选大了（相当于控制阀的放大系数K_v大）时，δ应选得适当大一些。

整定的步骤有以下两种。

a. 先用纯比例作用进行凑试，待过渡过程已基本稳定并符合要求后，再加积分作用消除余差，最后加入微分作用是为了提高控制质量。按此顺序观察过渡过程曲线进行整定工作，具体做法如下。

根据经验并参考表1-10的数据，选出一个合适的δ值作为起始值，把积分阀全关、微分阀全开，将系统投入自动。改变给定值，观察记录曲线形状。如曲线不是4∶1衰减（这里假定要求过渡过程是4∶1衰减振荡的），例如衰减比大于4∶1，说明选的δ值偏大，适当减小δ值再看记录曲线，直到为4∶1衰减为止。注意，当把控制器比例度盘拨小后，如无干扰就看不出衰减振荡曲线，一般都要改变一下给定值才能看到，若工艺上不允许改变给定值，那只能等工艺本身出现较大干扰时再看记录曲线。δ值调整好后，如要求消除余差，则要引入积分作用。一般积分时间可先取衰减周期的一半值，并在积分作用引入的同时，将比例度增加10％～20％，看记录曲线的衰减比和消除余差的情况，如不符合要求，再适当改变δ和T_i值。如果是三作用控制器，则在已调整好δ和T_i的基础上再引入微分作用，而在引入微分作用后，允许把δ值缩小一点，把T_i值也再缩小一点。微分时间T_d也要凑试，以使过渡过程时间短，超调量小，控制质量满足生产要求。

经验凑试法的关键是"看曲线，调参数"。因此，必须弄清楚控制器参数值变化对过渡过曲线的影响关系。一般来说，在整定中，观测到曲线振荡很频繁，需把比例度增大以减小振荡；当曲线最大偏差大且趋于非周期过程时，需把比例度减小。当曲线波动较大时，应增大积分时间；曲线偏离给定值后，长时间回不来，则需减小积分时间，以加快消除余差的过程。如果曲线振荡得厉害，需把微分作用减到最小，或者暂时不加微分作用，以免加剧振荡；曲线最大偏差大而衰减慢，需把微分时间加长。经过反复凑试，一直调到过渡过程振荡两个周期后基本达到稳定，品质指标达到工艺要求为止。

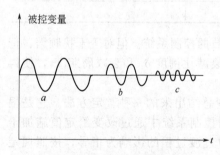

图1-44 三种振荡曲线比较图

在一般情况下，比例度过小、积分时间过小或微分时间过大，都会产生周期性的激烈振荡。但是，积分时间过小引起的振荡周期较长；比例度过小，振荡周期较短；微分时间过大，振荡周期最短。见图1-44所示。

曲线a的振荡是积分时间过小引起的，曲线b是比例度过小引起的，曲线c的振荡是微分时间过大引起的。

比例度过小、积分时间过小和微分时间过大引起的振荡，还可以这样进行判别：从输出气压（或电流）指针动作之后，一直到测量指针发生动作，如果这段时间短，应把比例度增加；如果这段时间长，应把积分时间增大；如果时间最短，应把微分时间减小。

如果比例度过大或积分时间过大，都会使过渡过程变化缓慢。一般地说，比例度过大，曲线东跑西跑、不规则地较大地偏离给定值，而且，形状像波浪般地绕大弯变化，如图1-45曲线a所示。如果曲线通过非周期的不正常路径，慢慢地回复到给定值，就说明积分时间过大，如图1-45曲线b所示。应当引起注意，积分时间过大或微分时间过大，超出允许的范围时，不管如何改变比例度，都是无法补救的。

b. 经验凑试法还可以按下列步骤进行：先按表1-10中给出的范围把T_i定下来，如要引入微分作用，可取 $T_d = (1/3 \sim 1/4)T_i$，然后对 δ 进行凑试，凑试步骤与前一种方法相同。

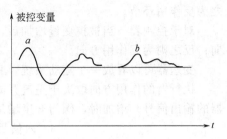

图 1-45　比例度过大、积分时间过大两种曲线比较图

一般来说，这样凑试可较快地找到合适的参数值。但是，如果开始 T_i 和 T_d 设置得不合适，则可能得不到所要求的记录曲线。这时应将 T_d 和 T_i 作适当调整，重新凑试，直至记录曲线合乎要求为止。

经验凑试法的特点是方法简单，适用于各种控制系统，因此应用非常广泛。特别是外界干扰作用频繁，记录曲线不规则的控制系统，采用此法最为合适。但是此法主要是靠经验，在缺乏实际经验或过渡过程本身较慢时，往往费时较多。为了缩短整定时间，可以运用优选法，使每次参数改变的大小和方向都有一定的目的性。值得注意的是，对于同一个系统，不同的人采用经验凑试法整定，可能得出不同的参数值，而且不同的参数匹配有时会使所得过渡过程衰减情况一样。例如某初馏塔塔顶温度控制系统，如采用如下两组参数：

$$\delta = 15\%, \quad T_i = 7.5\text{min}$$
$$\delta = 35\%, \quad T_i = 3\text{min}$$

系统都得到 10∶1 的衰减曲线，超调量和过渡时间基本相同。

最后必须指出，在一个自动控制系统投运时，控制器的参数必须整定，才能获得满意的控制质量。同时，在生产进行的过程中，如果工艺操作条件改变，或负荷有很大变化，被控对象的特性就要改变，控制器的参数必须重新整定。

◎ 1.7　单回路控制系统投用

控制系统投用应包括投用前的准备工作和控制系统投用两部分。

(1) 投运前的准备工作　要熟悉工艺过程，了解主要工艺流程、主要设备的功能、控制指标和要求，以及各种工艺参数之间的关系；熟悉控制方案，全面掌握设计意图，熟悉各控制方案的构成，对测量元件和控制阀的安装位置、管线走向、工艺介质性质等都要心中有数。投运前必须对测量元件、变送器、控制器、控制阀和其他仪表装置以及电源、气源、管线和线路进行全面检查，尤其是要对气压信号管路进行试漏。

① 仪表检查　检测仪表在安装前已校验合格，但投运前仍应在现场校验一次。确认仪表工作正常后才可考虑投运。

对于记录控制仪表，除了要观察测量指示是否正常外，还特别要对控制器控制点进行复校。当将给定值指针与测量值指针重合时，一个比例积分控制器的输出就应该稳定在某一数值不变。如果输出稳定不佳（还在继续增大或减小），说明该控制器的控制点有偏差。当控制点偏差超过允许值时，必须重新校正控制器的控制点。

② 检查控制器的正、反作用和执行器的气开、气关型式　控制器的正反作用与执行器（控制阀）的气开、气关型式关系到单回路控制系统是否正常运行与安全操作的重要问题，投运前必须仔细检查。

组成自动控制系统的各个环节如被控对象、测量变送器、控制阀，都有各自的作用方向，如果组合不当，使总的作用方向构成了正反馈，则控制系统不但不能起控制作用，反而破坏了生产过程的稳定。

在 1.2 中已谈到过对于一个环节，当输入增加时，环节的输出也增加为正作用环节，反

33

之为反作用环节。

对于控制器，当被控变量增加后，引起输入偏差增加，控制器输出也增加，称正作用方向；反之则为反作用方向。

变送器可以看成一个随动系统，其作用方向一般都是正作用方向。

执行器的作用方向取决于是气开阀还是气关阀。当执行器的输入信号（在系统中为控制器的输出信号）增加时，阀门开度增加即气开阀的开度增加，为正作用方向；当执行器的输入信号增加时，阀的开度减小即气关阀，为反作用方向。

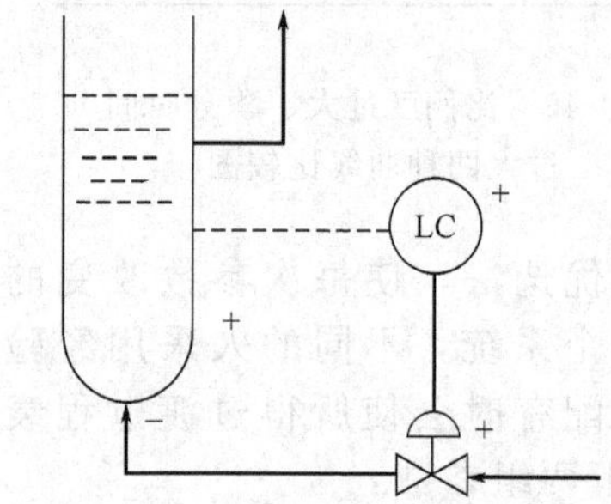

被控对象的作用方向随具体对象而定，可能是正作用方向，也可能是反作用方向。

对于一个安装好的控制系统，被控对象和变送器的作用方向都已确定。控制阀为气开或气关主要从工艺安全角度来选定，所以，在系统投运前，主要是确定控制器的作用方向。控制器的正、反作用可以通过改变控制器上的正、反作用开关自行选择。

例如一个简单的液位控制系统及方框图，如图 1-46 和图 1-47 所示。

图 1-46 液位控制系统

根据工艺要求，控制阀采用气开阀，这是因为一旦停止供气时，阀门自动关闭，以免罐内物料流走，所以控制阀是正作用方向，用＋号表示；变送器是正作用方向；被控对象是反作用方向，因为当输入信号增加时（即控制阀开度增大），其输出信号减小（被控变量液面下降）。要组成负反馈控制系统，这时控制器的方向必须为正作用方向。

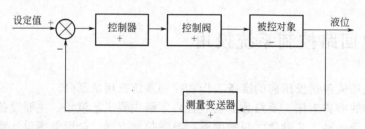

图 1-47 液位控制系统方框图

③ 控制阀的投运　控制阀的安装情况一般如图 1-48 所示

开车时，有两种操作步骤：一种是先人工操作旁路阀，然后过渡至控制阀手动遥控；另一种是直接采用手动遥控。手动遥控可采用定值器或手操器遥控，也可以用控制器切换至"手动"位置进行或者用定值器改变控制器设定值进行遥控。

一般说来，当系统达到稳定操作时，阀门膜头压力应为 0.03～0.085MPa 范围内的某一数值，否则表明阀的尺寸

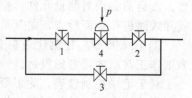

图 1-48 控制阀安装示意图
1—上游阀；2—下游阀；
3—旁路阀；4—控制阀。

不合适，应重新选用控制阀。当压力超过 0.085MPa 时，所剩控制余量很小，说明选用的控制阀尺寸偏小（对气开阀而言），虽然可以利用旁路阀来辅助调节，但它使阀的流量特性变坏，控制质量下降，不是根本解决问题的办法。如果生产量不断增加，原设计控制阀太小时，改变旁路阀的开度来调整流量也不能使控制系统正常工作，这时无论怎样整定控制器的参数，都不能得到满意的控制质量，甚至危及自动控制系统的运行，自动控制系统不得不切入自动状态。

（2）控制系统投运

① 手动-自动切换　控制系统投运就是将手动切换到自动的过程。

控制系统投运，首先通过手动遥控控制阀，使工况趋于稳定，然后根据不同控制系统，采用经验法，大致确定控制器各参数，再将控制器由手动切换到自动，实现自动操作。

由手动切换到自动，或由自动切换到手动，由于仪表型号及连接线路不同，有不同的切换程序和操作方法，总的要求是要做到无扰动切换。所谓无扰动切换，就是不因切换操作给被控变量带来干扰。无扰动切换的标指，对于气动薄膜控制阀而言，只要切换时无外界扰动，切换过程中就应保证阀膜头上的气压不变。

② 控制器参数的整定　控制器切换到自动后，接下来是对控制器参数进行整定，整定方法在上一节已叙述。

第 2 章
流程工业常用工艺知识

◎ 2.1 流程工业物流、能源流平衡关系计算方法

流程工业（或称化工过程）多种多样，它可归结为由混合、分离和化学反应三种基本过程所构成。化工过程根据其操作方式可以分成间歇操作、连续操作以及半连续操作三类。

（1）连续操作过程 在整个操作期间，原料不断稳定地输入生产设备，同时不断从设备中排出同样数量的物料。设备的进料和出料量连续流动的。在整个操作期间，设备内各部分组成与条件不随时间而变化。

（2）间歇操作过程 原料在生产操作开始时一次加入，然后进行反应式其他操作，一直到操作完成后，物料一次排出。间歇过程的特点是在整个操作时间内，再无物料进出设备，设备中各部分的组成、条件随着时间不断变化。

（3）半连续操作过程 操作时物料一次输入或分批输入，而出料是连续的；或连续输入物料，而出料是一次或分批的。

连续操作过程在正常操作期间，整个化工过程的操作条件（如温度、压力、物料量及组成等）不随时间变化而变化，只是设备内不同点有差别，称为稳定状态操作过程，或称稳定过程。

间歇操作过程及半连续操作过程是不稳定状态操作。

2.1.1 物料衡算算式

物料衡算的理论依据是质量守恒定律，即在一个孤立物系中，不论物质发生任何变化，它的质量始终不变。

对任何封闭体系，质量是守恒的。对敞开体系，进入体系的质量和离开体系的质量差额等于体系内部质量的积累。物料衡算的基本关系式应该表示为

$$\boxed{输入物料量} = \boxed{输出物料量} + \boxed{积累物料量} \tag{2-1}$$

如果体系内发生化学反应，则对任一种组分或任一种元素作平衡时，必须把由反应消耗或生成的量考虑在内。

$$\boxed{输入物料量} \begin{array}{c} + \boxed{反应生成物料量} \\ - \boxed{反应消耗物料量} \end{array} = \boxed{输出物料量} + \boxed{积累物料量} \tag{2-2}$$

如果体系内不积累物料，如一个储槽，流入物料和流出物料相等，储槽内维持原来物料

量，则

$$\boxed{输入物料量} = \boxed{输出物料量} \tag{2-3}$$

如果体系为稳定状态，又有化学反应，则对反应物或生成物作衡算时应为

$$\boxed{输入物料量} \begin{array}{c} + \boxed{反应生成物料量} \\ - \boxed{反应消耗物料量} \end{array} = \boxed{输出物料量} \tag{2-4}$$

根据质量守恒定律，可以有以下几种平衡关联方式用作物料平衡计算式。

（1）总质量平衡关联　任何体系对象，虽然某一组分的质量或物质的量不一定守恒，但其总质量是守恒的。化学反应过程中，体系中的组分质量和物质的量发生变化，而且许多情况下总物质的量也发生变化，只有总质量是不变的。这种情况下，选用质量平衡关联式。

（2）组分平衡关联　在物理过程中，体系内各组分的质量和物质的量都是守恒的。化学反应过程中，体系内不发生化学反应的惰性组分的质量和物质的量也是守恒的。对参与化学反应的组分，需考虑该组分在反应过程中质量或物质的量的变化。该组分进入体系的质量或物质的量为该组分质量或物质的量的增加；离开体系的质量或物质的量为该组分的消耗［见式(2-2)］。

（3）元素平衡关联　元素平衡是物料平衡的一种重要形式，包括元素质量平衡和元素物质的量平衡。无论是物理过程还是化学反应过程，元素平衡都是成立的。对于化学反应过程，在进行物料平衡计算时，经常用到组分平衡与元素平衡，特别是当化学反应计量系数未知或很复杂情况下，用元素平衡最为方便，有时甚至只能用元素平衡才能解决。

2.1.2　物料衡算方法

物料衡算的方法与步骤和物料衡算体系的类型有关。体系可以是一个设备或几个设备，也可以是一个单元操作或整个化工过程。所以物料平衡体系可分为两大类：一类是单元设备的物料衡算；另一类是复杂化工过程的物料衡算。单元设备的物料衡算体系又可分为物理过程体系和化学反应过程体系；复杂化工过程的物料衡算体系一般既涉及物理过程又涉及化学反应过程。

常用的物料衡算有下列三种。

① 直接解法　该法用来求解单元设备的简单体系，根据已知数据，用四则运算直接算出结果。

② 联系物解法　该法在单元设备的简单体系和复杂体系中应用。由于化工过程中的惰性物质或惰性组分不发生化学反应，若一种或多种惰性物质由一股物流全部转入另一股物流，可由惰性物质将两股物流的流量联系起来，利用它们和物料总流量的比例关系，由已知物流的总量而计算出未知物流的总流量。

③ 代数解法　该法对于单元设备以及复杂化工过程的各种体系，含有多个未知变量和多个方程式的情况很适用。

无论采用哪一种方法，在物料衡算时，首先应该根据给定的条件画出流程简图。图中用简单的方块表示流程中的设备，用线条和箭头表示每个流股的途径和方向。在线条旁标出每个流股的已知变量及单位。对一些未知的变量，可以用符号表示。

例如无化学反应的连续过程物料流程。图中方块表示一个体系，虚线表示体系边界。共有 3 个流股：进料 A 及出料 B 和 C。每个流股的流量和组成如图 2-1 所示。

又如有 200mol 天然气，其含量为 CH_4 90%，C_2H_6 为 10%，与空气在混合器中混合，得到的混合气体含 CH_4 为 10%，通过物料衡算欲计算出应加入的空气量及得到的混合气量。所画的物料流程简图如图 2-2 所示。

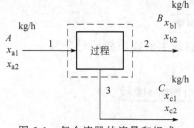
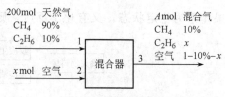

图 2-1 每个流股的流量和组成　　　　　　图 2-2 物料流程简图

除了画流程简图之外，还应当合理选择计算基准，对于不同化工过程选用不同的基准。当进料的组成未知时（例如以煤、原油作为燃料），只能选单位质量为基准；当密度已知时，也可以选体积作基准。对有化学反应的体系，可以选某一个反应物的物质的量（物质的量）作基准，因为化学反应是按反应物之间的摩尔比进行的。

根据不同过程的特点，选择计算基准时，应考虑以下几点。

① 选择已知变量数最多的流股作为计算基准。

② 对液体或固体的体系，选取单位质量作基准。

③ 对连续流动体系，用单位时间作计算基准较为方便，例如以一小时、一天等投料量或产品量作为基准。对间歇过程体系，则选择加入设备的批量作计算基准。

2.1.3 物料衡算步骤

① 搜集计算数据。如输入或输出的物料流量、压力、温度、组分等。所有收集的数据，应该使用统一单位制。

② 画出物料流程简图。

③ 确定物料衡算体系。根据已知条件及计算要求确定，可在流程图中用虚线表示体系边界。

④ 写出化学反应方程式，包括主反应和副反应，标出有用的分子量。

⑤ 选择计算基准。

⑥ 列出各种关系式。

⑦ 选择合适的解题方法进行题解。

⑧ 将计算结果列成输入-输出物料表。

⑨ 整理计算结果并进行验算。

2.1.4 物料衡算种类

（1）物料衡算类型

① 物理过程单元操作设备的物料衡算　物质在物理单元操作过程中，只有一些物理变化，不发生化学反应，或者说物种不发生变化，只是它们的相态和浓度发生变化。该物理过程主要有混合、蒸馏、蒸发、干燥、吸收、结晶、萃取等。

这些过程的物料衡算都可以根据物料衡算式(2-3)列出总物料和各组分的衡算式，再用代数法求解。

根据图 2-1，若每个流股有几个组分，则可以列出下列方程式。

$$A = B + C \tag{2-5}$$
$$Ax_{a1} = Bx_{b1} + Cx_{c1} \tag{2-6}$$
$$Ax_{a2} = Bx_{b2} + Cx_{c2} \tag{2-7}$$

......

$$Ax_{an} = Px_{bn} + Cx_{cn} \tag{2-8}$$

式中，A 为输入物料，kg/h；B 和 C 为输出物料，kg/h；x_a、x_b、x_c 分别为 A、B、C 中同一种组分的质量分数。

同一个物料中，各组分的质量分数之和等于 1，即

$$x_{a1} + x_{a2} + \cdots x_{an} = 1 \tag{2-9}$$

$$x_{b1} + x_{b2} + \cdots x_{bn} = 1 \tag{2-10}$$

$$x_{c1} + x_{c2} + \cdots x_{cn} = 1 \tag{2-11}$$

② 反应器物料衡算　在反应器中进行的化学反应是多种多样的，有单一反应的简单反应过程，也有同时进行多种反应的复杂反应过程。无论反应器中进行的化学反应是何种类型，但反应器是一个整体，可通过化学平衡常数或转化率，用组分平衡和元素平衡列出物料平衡关联式进行物料衡算。

③ 复杂化工过程物料衡算　复杂化工过程包括多个单元设备，各单元设备由物流或能流联系起来。复杂化工过程中有设备串联、设备并联、物料循环和排放等。对于这类复杂化工过程的物料衡算，可以采用分解法和联合运算法进行计算。联合运算法是对各个单元设备和各组分建立各种方程，然后解联合方程组；分解法是将复杂化工过程分解为基本形式，或者经过简化、等价后进行计算。

（2）简单过程的物料衡算　简单过程是指仅有一个设备或一个单元操作或者整个过程可以简化成一个设备的过程。在物料流程简图中，设备边界就是体系边界。

混合过程物料衡算举例如下

工艺条件：组成为 23% HNO_3、57% H_2SO_4，20% H_2O 的废酸，加入 93% 的浓 H_2SO_4 及 90% 的浓 HNO_3，混合组成含 27% HNO_3 及 60% H_2SO_4 的混合酸。欲达到此要求，所需废酸以及加入浓酸的数量为多少。

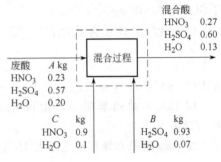

图 2-3　混合过程物料流程简图

假设 A 为废酸量，kg；B 为浓 H_2SO_4 量，kg；C 为浓 HNO_3 量，kg。

画出物料平衡流程简图见图 2-3。

选择计算基准：可以选废酸或浓酸为基准，也可以用混合酸的量为基准。因为它们的组成均已知，任选一个基准，计算都很方便。

列出物料衡算式。该体系有三种组分，可列出三个独立方程。

基准：1000kg 混合酸。

总物料衡算式
$$A + B + C = 1000 \tag{2-12}$$

H_2SO_4 衡算式
$$0.57A + 0.93B = 1000 \times 0.6 = 600 \tag{2-13}$$

HNO_3 衡算式
$$0.23A + 0.90C = 1000 \times 0.27 = 270 \tag{2-14}$$

求解上述方程，得到 $A = 418$kg；$B = 390$kg；$C = 192$kg。

也就是说由 418kg 废酸加入 390kg 浓 H_2SO_4 和 192kg 浓 HNO_3 可以混合成 1000kg 混合酸。

（3）有化学反应过程物料衡算　对有化学反应过程的物料衡算，由于各组分在过程中发生了化学反应，必须考虑化学反应中生成或消耗的量。对于有化学过程的物料衡算可以分为一般反应过程的物料衡算和有平衡反应过程的物料衡算。一般反应过程物料衡算常用直接求解法，元素衡算式用联系组分作衡算；有平衡反应过程的物料衡算，除了需要建立物料或元素衡算式外，常常还需要利用反应的平衡关系来计算产物的平衡组成。

① 直接求解法　例如 2000kg 对硝基氯苯 $ClC_6H_4NO_2$，用含 20% 游离 SO_3 的发烟硫酸

磺化，规定反应终止时，废酸中含游离 SO_3 7%（假定反应转化率为100%）。

化学反应式为

$$ClC_6H_4NO_2 + SO_3 \longrightarrow ClC_6H_3(SO_3H)NO_2 \tag{2-15}$$

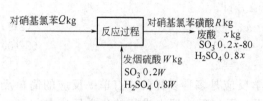

图2-4 有化学过程物料流量简图

通过物料衡算求出：

20% SO_3 的发烟硫酸用量 W；

废酸生成量；

对硝基氯苯磺酸生成量。

画出有化学反应过程物料流量简图见图2-4。

选取 1kmol 对硝基氯苯为基准。

各化工原料分子量见表2-1。

表 2-1 原料的分子量

对硝基氯苯 $ClC_6H_4NO_2$	三氧化硫 SO_3	发烟硫酸 H_2SO_4	对硝基氯苯磺酸 $ClC_6H_3(SO_3H)NO_2$
157.5	80	98	237.5

1kmol 对硝基氯苯磺化消耗 SO_3 1kmol，为 80kg，

该反应的输入量为：对硝基氯苯 1kmol，为 157.5kg；发烟硫酸，其中 SO_3 为 0.2Wkg，H_2SO_4 为 0.8Wkg。

输出量：对硝基氯苯磺酸 1kmol，为 237.5kg；废酸，其中 SO_3 为 0.2$W-80$kg，H_2SO_4 为 0.8W kg。

已知废酸中 SO_3 含量为 7%，则

$$\frac{0.2W-80}{(0.2W-80)+0.8W}=7\% \tag{2-16}$$

由式(2-16)解得 $W=572$kg。

即 1kmol 对硝基氯苯，生成 1kmol 对硝基氯苯磺酸，需 20% SO_3 的发烟硫酸量为 572kg。

2000kg 对硝基氯苯磺化需要 20% SO_3 的发烟硫酸为

$$\frac{2000}{157.5}\times 572 = 7264\text{kg}$$

废酸生成量

$$\frac{2000}{157.5}\times(572-80)=6248\text{kg}$$

生成对硝基氯苯磺酸量

$$\frac{2000}{157.5}\times 237.5 = 3016\text{kg}$$

验算：

输入量　　　　　　2000＋7264＝9264kg

输出量　　　　　　6248＋3016＝9264kg

输入与输出量相符合。

② 元素衡算　工艺过程为甲烷、乙烷与水蒸气用镍催化剂进行转化反应，生成氢气，反应器出口气体组成（干基）为（摩尔比）：CH_4 4.6；C_2H_6 2.5；CO 18.6；CO_2 4.6；H_2 69.7。

当原料中只含 CH_4 和 C_2H_6 两种碳氢化合物，要求出这两种气体的摩尔比，用 2000m³

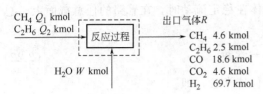

图 2-5　化学反应流程简图

原料气，需要加入的反应蒸汽量。

根据工艺条件画出化学反应流程简图 2-5。

计算基准为 100kmol 干燥产物气体。

列出元素衡算式如下。

输入水中 O 原子

$$W = 18.6(CO) + 4.6 \times 2(CO_2) = 27.8 \tag{2-17}$$

输入 CH_4 和 C_2H_6 中 C 原子

$$Q_1 + 2Q_2 = 4.6(CH_4) + 2 \times 2.5(C_2H_6) + 18.6(CO) + 4.6(CO_2) = 32.8 \tag{2-18}$$

输入 CH_4、C_2H_6、H_2O 中 H 原子

$$4Q_1 + 6Q_2 + 2W = 4 \times 4.6 (CH_4) + 6 \times 2.5 (C_2H_6) + 2 \times 69.7 (H_2)$$
$$= 172.8 \tag{2-19}$$

解上述三方程得

$$W = 27.8 \text{kmol}$$
$$Q_1 = 18.8 \text{kmol}$$
$$Q_2 = 7.0 \text{kmol}$$

因此 CH_4 / C_2H_6 摩尔比为

$$\frac{Q_1}{Q_2} = \frac{18.8}{7.0} = 2.69$$

2000m³ 原料气需加入的水蒸气量（将标准体积数转化为谱尔量）为

$$\frac{2000}{22.4} = 89.29 \text{mol（原料气）}$$

$$89.29 \times \frac{W}{Q_1 + Q_2} \times 18 = 89.29 \times \frac{27.8}{18.8 + 7.0} \times 18 = 1731.8 \text{kg}$$

2.1.5　能量衡算基本方法与步骤

能量衡算的基础是物料衡算，只有在进行完备的物料衡算后才能作出能量衡算。能量衡算的依据是能量守恒定律。能量衡算的基本公式可表示为

输入的能量－输出的能量＝积累的能量

能量衡算有热量衡算、机械能衡算等。

（1）机械能衡算　对于连续稳定流动过程机械能衡算式

$$g\Delta z + \frac{\Delta p}{\rho} + \frac{\Delta u^2}{2} = W - F \tag{2-20}$$

式中　z——物体离基准面的高度，gz 是位能；

　　　g——重力加速度；

　　　p——压力；

　　　ρ——物体的密度；

　　　u——物体的速度；

　　　W——流体经泵等获得的机械能；

　　　F——单位质量流体在输送过程中因摩擦而损失的机械能。

如果没有摩擦损失，也没有输送机械对流体做功，则 $F = 0$，$W = 0$，机械能量衡算式可简化成

$$\frac{\Delta p}{\rho} + \frac{\Delta u^2}{2} + g\Delta z = 0 \tag{2-21}$$

41

这也就是理想液体的伯努利方程。或者说理想液体在稳定流动时，在管路的任意截面上，总能量保持不变，即

$$\frac{p}{\rho}+\frac{u^2}{2}+gz=\text{常数} \qquad (2\text{-}22)$$

对于实际液体，要加上一项摩擦损失，才能保持常数，即

$$\frac{p}{\rho}+\frac{u^2}{2}+gz+\text{摩擦损失}=\text{常数} \qquad (2\text{-}23)$$

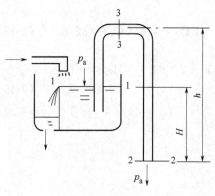

图 2-6 虹吸管

例如虹吸管的机械能量衡算。

图 2-6 表示水从高位槽通过虹吸管流出，其中 $h=8\text{m}$，$H=6\text{m}$。设槽中水面保持不变，不计流动阻力损失，试求管出口处水的流速及虹吸管最高处水的压强。

取水槽液面 1—1 及管出口截面 2—2 列伯努利方程，忽略截面 1 的速度 u_1 可得

$$u_2=\sqrt{2gH}=\sqrt{2\times9.81\times6}=10.8\text{m/s}$$

为求虹吸管最高处（截面 3—3）水的压强，可取截面 3—3 与截面 2—2 列伯努利方程得

$$\frac{p_3}{\rho}+\frac{u_3^2}{2}+hg=\frac{p_a}{\rho}+\frac{u_2^2}{2} \qquad (2\text{-}24)$$

因 $u_2=u_3$，所以

$$p_3=p_a-\rho gh=1.013\times10^5-1000\times9.81\times8$$
$$=2.28\times10^4\text{Pa}=22.8\text{kPa}$$

该截面的真空度为

$$p_a-p_3=\rho gh$$
$$=1000\times9.81\times8=7.85\times10^4\text{Pa}=78.5\text{kPa}$$

（2）**热量衡算**

① **热量衡算公式**　热量衡算就是计算在指定条件下输入物料与输出物料之间的焓差，从而确定过程传递的热量。

对于连续稳定流动过程热量衡算的基本式为

$$Q=H_2-H_1=\Delta H \qquad (2\text{-}25)$$

或

$$\sum Q=\sum H_2-\sum H_1 \qquad (2\text{-}26)$$

式中　　　　Q——传给每千克流体的热量；

　　　　$\sum Q$——过程换热量之和，亦包括热损失一项；

　H_1，H_2——输入、输出物料的焓；

$\sum H_1$，$\sum H_2$——输入、输出物料的焓的总和。

② **热量衡算步骤**

a. 建立以单位时间为基准的物料流程图（或平衡表）。也可以以 100mol 或 100kmol 原料为基准。

b. 在物料流程框图上标明已知温度、压力、相态等条件。

c. 收集物性数据，查出或计算出每个物料组分的焓值。

d. 选择衡算的计算基准和能量基准，例如通常采用 298K 为基准温度，这样计算比较方便。

e. 列出各种关系式，包括热量衡算式、焓方程式及物料衡算方程式与限制关系式。

f. 计算结果整理列成热量平衡表，并进行验算。

◎ 2.2 流程工业中的传热原理及示例

化工生产过程由化学反应过程和物理过程组成。物理过程有诸多状态和工艺，可以统称为单元操作。常见的化工单元操作见表2-2。

表 2-2 化工常用单元操作

单元操作	目的	物态	原理	传递过程
流体输送	输送	液或气	输入机械能	动量传递
搅拌	混合或分散	气-液；液-液；固-液	输入机械能	动量传递
过滤	非均相混合物分离	液-固；气-固	尺度不同的截留	动量传递
沉降	非均相混合物分离	液-固；气-固	密度差引起的沉降运动	动量传递
加热、冷却	升温、降温，改变相态	气或液	利用温度差而传入或移出热量	热量传递
蒸发	溶剂与不挥发性溶质的分离	液	供热以汽化溶剂	热量传递
气体吸收	均相混合物分离	气	各组分在溶剂中溶解度不同	物质传递
液体精馏	均相混合物分离	液	各组分挥发度不同	物质传递
萃取	均相混合物分离	液	各组分在溶剂中溶解度不同	物质传递
干燥	去湿	固体	供热汽化	热、质同时传递
吸附	均相混合物分离	液或气	各组分在吸附剂中的吸附能力不同	物质传递

各化工单元操作中所发生的过程虽然多种多样，但从物理本质上说只有三种：动量传递过程（单相或多相流动）；热量传递过程——传热；物质传递过程——传质。

动量传递过程的化工单元操作工艺相对简单。化工单元操作比较复杂的是传热、传质过程。

热量传递有导热、对流和辐射三种基本方式。这三种传热方式很少单独存在，而往往是以一种形式为主的复合传热过程。

导热是热量从物体内温度较高的部分传递到温度较低的部分，或者传递到与之接触的温度较低的另一物体的过程。热传导时，物体在宏观上不发生相对位移。

对流是在流体内由于流体质点发生相对位移而引起的热量传递过程。这种流体质点的移动，可能是由于温度差引起密度差而产生的自然对流，也可能是由于机械作用而产生的强制对流。当强制对流速度很低时，自然对流可能会产生很重要的影响。

辐射是电磁波通过空间运动将热能从一个物体传递到不与其接触的另一物体。辐射传热可以在真空进行，无需任何传递介质。

2.2.1 热传导

1. 傅里叶定律

傅里叶定律表明导热的热流密度与法向温度梯度成正比，即

$$q = -\lambda \frac{\mathrm{d}t}{\mathrm{d}x} \qquad (2-27)$$

式中　　q——热流密度，W/m^2；

43

$-\dfrac{\mathrm{d}t}{\mathrm{d}x}$——法向温度梯度，℃/m，负号表示热流方向与温度梯度方向相反；

  λ——热导率，W/(m·℃)。

热导率是材料导热性能的一个参数。热导率同材料的种类有关，同一材料的热导率常随温度变化。

固体材料的热导率随温度而变，绝大多数质地均匀的固体，热导率与温度近似成线性关系，可用下式表示。

$$\lambda=\lambda_0(1+\alpha t) \tag{2-28}$$

式中 λ——固体在温度 t 时的热导率，W/(m·℃)；

  λ_0——固体在 0℃时的热导率，W/(m·℃)；

  α——温度系数，℃$^{-1}$；对大多数金属材料为负值，而对大多数非金属材料为正值。

2.2.2 对流传热

对流传热过程可以分为如下四种类型。

流体无相变化的传热过程：强制对流传热；自然对流传热。

发生相变化的传热过程：蒸汽冷凝传热；液体沸腾传热。

在工业换热器中进行的传热过程，大多数传热情况是一种流体的热量通过固体壁面传递给另一种流体。由于流体的黏性作用，在紧靠壁面处有一个相对静止的流体层，即层流内层，以分子对流方式传递热量。尽管层流内层非常薄，但存在很大的温度梯度，成为从壁面到流体的主要热阻。

流体与固体壁面之间的局部对流传热系数通常由牛顿冷却定律来定义。

流体被加热时 $q=\alpha(t_w-t)$ (2-29)

流体被冷却时 $q=\alpha(T-T_w)$ (2-30)

式中 α——对流传热系数，W/(m^2·℃)；

 T,t——流体主体的平均温度，℃；

T_w,t_w——与流体接触的壁面温度，℃。

求取对流传热系数有三个基本途径：理论解法、数学模型和实验研究法。目前经验关联式仍然是求解的重要手段。

对流传热系数 α 可表示为

$$\alpha=f(u,\rho,l,\mu,\beta g\Delta t,\lambda,C_p) \tag{2-31}$$

式中 u——强制对流的流速；

  ρ——流体的密度；

  μ——流体的动力黏度；

  C_p——流体的热容；

  λ——流体的热导率；

  l——固体表面的特征尺寸；

 $\beta g\Delta t$——自然对流的特征速度，由单位质量流体的浮力表征。

将上式无因次化，则

$$Nu=ARe^aPr^bGr^c \tag{2-32}$$

式中 $Nu=\dfrac{\mathrm{d}l}{\lambda}$——努塞尔数；

  $\dfrac{\rho lu}{\mu}=Re$——雷诺数；

$$\frac{C_p\mu}{\lambda}=Pr$$ ——普朗特数;

$$\frac{\beta g\Delta t l^3\rho^2}{\mu^2}=Gr$$ ——格拉斯霍夫数。

2.2.3 辐射传热

辐射是物体通过电磁波传播能量的过程。热辐射专指波长为 $0.1\sim100\mu m$ 的热射线在空间传播能量的现象。

黑体的辐射能力遵循斯蒂芬-波尔兹曼定律,即

$$E_0=\sigma T^4=C_0\left(\frac{T}{100}\right)^4 \tag{2-33}$$

式中 $\sigma=5.67\times10^{-8}W/(m^2\cdot h\cdot K)$ ——斯蒂芬-波尔兹曼常数;

$C_0=5.67$;

T ——黑体的热力学温度,K。

实际物体的辐射能力只有黑体的 ε 倍,即

$$E=\varepsilon E_0=\varepsilon\sigma T^4=\varepsilon C_0\left(\frac{T}{100}\right)^4 \tag{2-34}$$

ε 为发射率或称为黑度。对于黑体,$\varepsilon=1$;而 $\varepsilon<1$ 的物体称为灰体。

Kirchhoff 定律表明:一物体的发射率 ε 和吸收率 A 在同温度下是相等的。ε 由实验测定,它取决于物质种类、物体表面的状况和温度。表 2-3 给出了几种物质的 ε 数值。

表 2-3　几种物质的黑度

表面	T/K	黑度	表面	T/K	黑度
磨光铝	500	0.039	磨光铜	353	0.018
	850	0.057	石棉板	296	0.96
磨光铁	450	0.052	油漆,所有颜料	373	0.92~0.96
氧化铁	373	0.74	水	373	0.95

2.2.4 蒸发

(1) 蒸发操作及特点　含有不挥发性溶质(如盐类)的溶液在沸腾条件下受热,使部分溶剂汽化为蒸气的操作称为蒸发。

图 2-7 为典型的蒸发装置示意图。蒸发器内备有足够的加热面,使溶液受热沸腾。

蒸发操作可连续或间歇地进行,工业上大量物料的蒸发通常是连续的定态过程。

尽管蒸发操作的目的是物质的分离,但其过程的实质是热量传递而不是物质传递,溶剂汽化的速率取决于传热速率,因此,蒸发操作属于传热过程。

① 浓溶液在沸腾汽化过程中常在加热表面上析出溶质而形成垢层,使传热过程恶化。

② 液的性质往往对蒸发器的结构设计提出特殊的要求。

③ 溶剂汽化需吸收大量汽化热,因此蒸发操作是大量耗热的过程,节能是蒸发操作应予以考虑的重要问题。

工业蒸发所处理的溶液,基本上是水溶液,热源是加热蒸汽,产生的仍是水蒸气(称二次蒸汽),两者的区别是温位(或压强)不同。导致蒸汽温位降低的主要原因有两个:一是传热需要有一定的温差为推动力,所以汽化温度必低于加热蒸汽的温度;二是在指定外压下,由于溶质的存在造成溶液的沸点升高。

例如,以 120℃ (表压约 0.1MPa) 的饱和水蒸气作加热剂在常压下蒸发 NaOH 溶液,

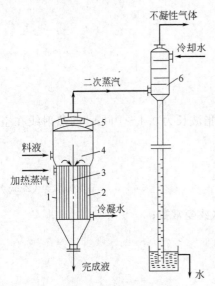

图 2-7 蒸发装置示意图
1—加热室；2—加热管；3—中央循环管；
4—蒸发室；5—除沫器；6—冷凝器

当蒸发器内溶液浓度为 20% 时，溶液的沸点为 111℃。汽化的二次蒸汽刚离开液面时虽为 111℃ 的过热蒸汽，但因设备的热损失，此过热蒸汽很快成为操作压强下的饱和蒸气，故二次蒸汽的温度为 100℃。显然，与加热蒸汽比较，温位降低了 20℃，其中 9℃ 是传热推动力所需要，11℃ 是由于沸点升高所造成。

蒸发操作是高温位的蒸汽向低温位的转化，较低温位的二次蒸汽的利用在很大程度上决定了蒸发操作的经济性。

(2) 单效蒸发的计算

① 物料衡算　单效蒸发过程如图 2-8 所示。

水分蒸发量 W（kg/h）为

$$W = F\left(1 - \frac{X_0}{X}\right) \tag{2-35}$$

式中　F——溶液加料量，kg/h；

X_0——料液中溶质的浓度（质量分数）；

X——完成液中溶质的浓度（质量分数）。

② 热量衡算

$$Qr_0 = F(h_1 - h_0) + W(H' - h_1) + Q_损 r \tag{2-36}$$

式中　Q——加热蒸汽消耗量，kg/h；

h_0、h_1——加料液与完成液的热焓，kJ/kg；

r_0，r——加热蒸汽与二次蒸汽的汽化热，kJ/kg；

H'——二次蒸汽的热焓，kJ/kg；

$Q_损$——热损失，可视具体条件取加热蒸汽放热量（Qr_0）的某一百分数。

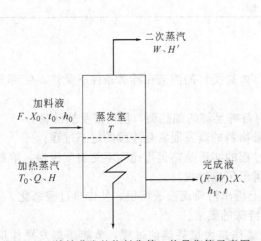

图 2-8　单效蒸发的物料衡算、热量衡算示意图

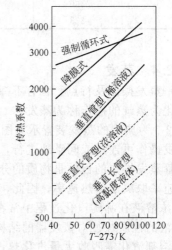

图 2-9　蒸发室的总传热系数

③ 蒸发速率　蒸发过程的实质是热量传递而不是质量传递，蒸发速率由传热速率决定。传热速率方程为

$$Q = KA\Delta t \tag{2-37}$$

式中　K——蒸发器总传热系数，按 2.2.4 节中有关公式，由内外壁的对流及管壁热阻、污垢热阻各项求出（图 2-9 给出几种蒸发器的传热系数范围，可供参考）；

A——传热面积；

Δt——热汽饱和蒸气温度与冷流体沸点温度之差。

④ 溶液的沸点升高　在相同压力下溶液的沸点总是比纯溶剂的沸点高，两者之差就称为溶液的沸点升高。不同性质的溶液在不同的浓度范围内，沸点升高（Δ）的数值是不同的，即

$$\Delta = t - T' \tag{2-38}$$

或

$$t = T' + \Delta \tag{2-39}$$

式中　t——溶液的沸点；

T'——相同压力下水的沸点，亦即二次蒸汽的饱和温度；

Δ——溶液沸点升高。

溶液的沸点 t，除可由手册直接查取，亦可先求得 Δ，再用上式求得。

沸点升高 Δ 主要是由于溶液的蒸气压降低、液柱静压头引起的，所以

$$\Delta = \Delta' + \Delta'' \tag{2-40}$$

溶液蒸气压降低引起的沸点升高 Δ' 可直接查有关手册或由实验测得的溶液沸点 t 反求得到。图 2-10 给出不同浓度水溶液的沸点直线和沸点升高 Δ'。例如，溶液温度为 133℃时，22％ $CaCl_2$ 水溶液的沸点升高为 5.4℃。

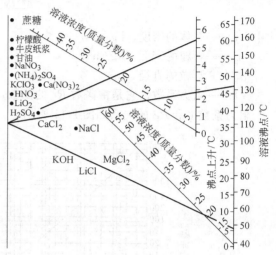

图 2-10　各种水溶液的沸点升高值

液柱静压头引起的沸点升高 Δ'' 可粗略按液面和底层的平均压力估算。

$$p_m = p + \frac{\rho g L}{5} \tag{2-41}$$

式中　p——液面处压力，亦即二次蒸汽的压力，Pa；

L——液面高度，m。

由液面处压力 p 求得水的沸点为 T_p（℃），由平均压力 p_m 求得的沸点为 T_{pm}（℃），则

$$\Delta'' = T_{pm} - T_p \tag{2-42}$$

沸点升高对蒸发过程的影响主要是使它的传热温差减小。若蒸发的为纯溶剂，传热温差为加热蒸汽温度与二次蒸汽温度之差，即 $\Delta t_r = T - T'$。由于沸点升高，有效传热温差

$$\Delta t = \Delta t_r - \Delta \tag{2-43}$$

◎ 2.3　流程工业分离原理、方法及示例

流程工业的分离过程可以分为机械分离和传质分离。

机械分离过程如气体与固体的分离、液体和固体的分离。传质分离有两种类型：一是在原料中加入分离剂而形成两相，组分在两相中传质而被分离，如吸收、吸附和萃取，这种分离过程都有两股或两股以上进料物流和出料物流；另一种是给原料物流加入能量或除去能量，即加热或冷却原料物流，使之分成两相，例如精馏、冷凝和结晶，这种分离过程一般为

一股进料物流、两股或多股出料物流。

2.3.1 气固分离

气固分离是一个重要的化工单元操作，它的作用是回收有用的物料，获得洁净的气体，净化废气，保护环境。

（1）颗粒沉降速度　球形颗粒自由沉降速度 u 的计算式为

$$u=\sqrt{\frac{4(\rho_p-\rho)gd_p}{3\rho\zeta}} \tag{2-44}$$

式中　ρ——气体的密度，kg/m^3；

　　　ρ_p——颗粒的密度，kg/m^3；

　　　d_p——颗粒的直径，m；

　　　ζ——阻力系数，它是雷诺数 Re 的函数，$\zeta=f(Re)$。

阻力系数 ζ 和 Re 的关系如图 2-11 所示。

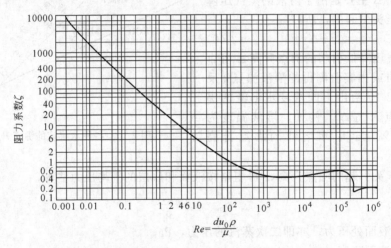

图 2-11　球形颗粒阻力系数 ζ 与雷诺数 Re 的关系图

当 $Re\leqslant2$ 时，$\zeta=\dfrac{24}{Re}$（层流区域）

当 $Re=2\sim500$ 时，$\zeta=\dfrac{18.5}{Re^{0.6}}$（过渡区域）

当 $Re=500\sim2\times10^5$ 时，$\zeta=0.44$（湍流区域）

（2）分离形式　气固分离方式可归纳为四大类：机械力分离、电除尘分离、过滤分离和洗涤分离。

采用机械力将颗粒从气流中分离出来的设备有重力降尘室、惯性分离器和旋风分离器等。这类设备结构都比较简单，能在高温、高压、高含尘浓度等十分苛刻的条件下工作。

电除尘器对 $0.01\sim1\mu m$ 微粒有很好的分离效率，但要求颗粒的电阻率在 $10^4\sim5\times10^{10}$ $\Omega\cdot cm$ 之间，所含颗粒浓度一般在 $30g/m^3$ 以下为宜。

过滤法可将 $0.1\sim1\mu m$ 微粒有效地捕集下来，只是滤速不高，设备庞大，排料清灰较困难。

洗涤分离一定要用某种洗涤液，只能在较低温度下使用，且要有液体回收及循环系统，所以应用受到很大的限制。

气固分离方法与相应设备见表 2-4。

表 2-4 气固分离方法与相应设备

分离方式	机械力分离			电除尘分离	过滤分离	洗涤分离
设备形式	重力降尘室	惯性分离器	旋风分离器	电除尘器	袋滤器、空气过滤器、颗粒层过滤器	喷淋塔、喷射洗涤器、文氏洗涤器、填料塔、泡沫洗涤器等
主要作用力	重力	惯性力	离心力	库仑力	惯性碰撞、拦截、扩散等	惯性碰撞、拦截、扩散等
分离界面	流动死区	器壁	器壁	沉降电极	滤料层	液滴表面
排料	重力	重力	重力、气流拽力	振打	脉冲反吹	液体排走
气速/(m/s)	1.5~2	15~20	20~30	0.8~1.5	0.01~0.3	0.5~100
压降	很小	中等	较大	很小	中等	中等到较大

2.3.2 液固分离

液固分离常用重力沉降分离和过滤。

（1）重力沉降分离　利用悬浮液中粒子的沉降现象，使澄清液与稠厚料浆进行液固分离。它包括从稀浆液中获得上清液的澄清操作，以及将较高浓度的浆液增稠的沉淀操作。

沉降分离适合于处理液固相密度差较大、固含量不高且处理量较大的悬浮液。

（2）过滤　过滤是将液固混合物有效地加以分离的常用方法，借过滤操作可获得清净的液体或固体颗粒作为产品。

过滤操作有两种方式：饼层过滤和深层过滤。深层过滤常用于净化含固量很少（0.1%）的悬浮液。在化工生产中广泛采用的是饼层过滤。

过滤操作中的过滤介质主要有：织物介质，如纤维或金属丝编制的滤布、滤网等；多孔性固体介质，如素瓷、塑料管、烧结金属等；堆积介质，如砂、木炭、滤毡等；滤膜，如微孔滤膜、超滤膜等。过滤介质的选择要根据悬浮液的含固量及粒度范围、介质所能承受的温度以及化学稳定性、机械强度等因素考虑。

2.3.3 吸收

（1）气体吸收工作原理　利用混合气体中各组分在同一液体（溶剂）中溶解度的不同而实现分离的过程称为气体吸收。

吸收操作是气液两相之间的接触传质过程；是气体混合物中（或多种）组分从气相转移到液相，从而实现组分间分离的过程。

混合气体中，能够溶解于溶剂中的组分称为吸收质或溶质，以 A 表示；不溶解的组分称为惰性组分，以 B 表示；吸收所采用的溶剂称为吸收剂，以 S 表示；吸收操作完成时得到的溶液称为吸收液，其成分为吸收剂 S 和溶质 A；排出的气体称为吸收尾气，其主要成分是惰性组分 B 和未被吸收的组分 A。吸收过程常在吸收塔中进行。吸收塔既可以是填料塔，也可以是板式塔。图 2-12 为逆流操作的填料吸收塔示意图。

（2）气体吸收分类

① 物理吸收和化学吸收　在吸收过程中，如果溶质与溶剂之间不发生明显的化学反应的，称为物理吸收。可看作是气体中可溶组分单纯溶解于液相的物理过程，如用水吸收二氧化碳、用洗油吸收芳烃等过程都属于物理吸收。如果溶质与溶剂发生明显

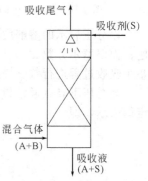

图 2-12　吸收操作示意图

的化学反应，称为化学吸收，如用硫酸吸收氨，用碱液吸收二氧化碳等。

② 等温吸收和非等温吸收　气体溶解于液体时液相温度没有明显变化的，称为等温吸收。反之为非等温吸收。

③ 单组分吸收和多组分吸收　若混合气体中只有一个组分进入液相，其余组分不溶解于溶剂中，称为单组分吸收；如果混合气中有两个或多个组分进入液相，称为多组分吸收。

④ 低浓度吸收与高浓度吸收　溶质在气、液两相中浓度均不太高的吸收为低浓度气体吸收。反之，若溶质在气、液两相浓度都比较高，则称为高浓度吸收。

⑤ 膜基气体吸收　随着膜分离技术应用领域的扩大，绝大多数气体的吸收和脱吸都可采用微孔膜来进行操作。

（3）气液相平衡

① 平衡溶解度　在一定温度下气液两相长期或充分接触后，两相趋于平衡。此时溶质组分在两相中的浓度服从某种确定的关系，即相平衡关系。

气液两相处于平衡状态时，溶质在液相中的含量称为溶解度，它与温度、溶质在气相中的分压有关。若在一定温度下，将平衡时溶质在气相中的分压 p_e 与液相中的摩尔分数 x 相关联，即得溶解度曲线。图 2-13 为不同温度下氨在水中的溶解度曲线。从此图可以看出，温度升高，气体的溶解度降低。

溶解度及溶质在气液相中的组成也可用其他单位表示。例如，以摩尔分数 y 或 x 表示，以及物质的量浓度 c（简称浓度，其单位为 $kmol/m^3$）。图 2-14 为在 101.3kPa 下 SO_2 在水中的溶解度曲线，图中，气、液两相中的溶质含量分别以摩尔分数 y、x 表示。

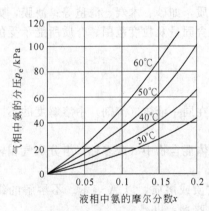

图 2-13　氨在水中的平衡溶解度

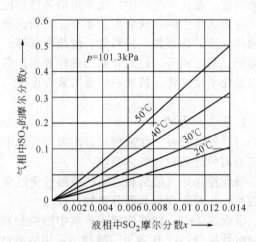

图 2-14　101.3kPa 下 SO_2 在水中的溶解度

以分压表示的溶解度曲线直接反映了相平衡的本质，可直截了当地用以思考和分析问题；而以摩尔分数 x 与 y 表示的相平衡关系，则可方便地与物料衡算等其他关系式一起对整个吸收过程进行数学描述。

当总压不高（通常指不超过 0.5MPa），温度恒定时，稀溶液的气液平衡关系可用亨利定律表示，即

$$p_c = Ex \qquad (2-45)$$

$$p_c = Hc \qquad (2-46)$$

$$yc = mx \qquad (2-47)$$

式中　p_c——溶质在气相中的分压，kPa；

x——溶质在液相中的摩尔分数；

y——溶质在气相中的摩尔分数；

c——溶质在液相中的浓度；

E——亨利系数；

H——溶解度系数；

m——相平衡常数。

在较宽的含量范围内，溶质在两相中含量的平衡关系可用相平衡方程表示为

$$yc = f(x) \tag{2-48}$$

② 相平衡与吸收过程的关系　假设在 101.3kPa、20℃下稀氨水的相平衡方程为 $y_e = 0.94x$。当含氨摩尔分数 $y=0.1$ 的混合气与 $x=0.05$ 的氨水接触〔图 2-15(a)〕时，因实际气相摩尔分数 y 大于与溶液摩尔分数 x 成平衡的气相摩尔分数 $y_e=0.047$，故两相接触时将有部分氨自气相转入液相，即发生吸收过程。

同样，此吸收过程也可理解为实际液相摩尔分数 x 小于与气相摩尔分数 y 成平衡的液相摩尔分数 $x_e=y/m=0.106$，故两相接触时部分氨自气相转入液相。

反之，若以 $y=0.05$ 的含氨混合气与 $x=0.1$ 的氨水接触〔图 2-16(b)〕，则因 $y<y_e$ 或 $x>x_e$，部分氨将由液相转入气相，即发生解吸过程。

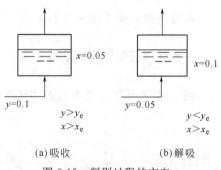

(a) 吸收　　　　(b) 解吸

图 2-15　判别过程的方向

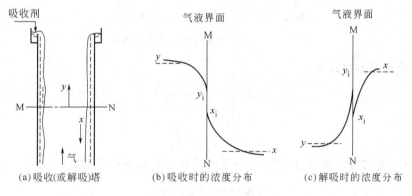

(a) 吸收(或解吸)塔　　(b) 吸收时的浓度分布　　(c) 解吸时的浓度分布

图 2-16　相际传质

（4）对流传质　物质传递的机理主要是分子扩散与对流传质。通常传质设备中的流体都是流动的，流动流体与相界面之间的物质传递称为对流传质。对流传质与对流传热类似，有层流和湍流之分。

气相与界面的传质速率方程为

$$N_A = k_G(p - p_i) \tag{2-49}$$

$$N_A = k_y(y - y_i) \tag{2-50}$$

式中　p，p_i——溶质 A 在气相主体与界面处的分压，kPa；

　　　　y，y_i——溶质 A 在气相主体与界面处的摩尔分数；

　　　　k_G——以分压表示推动力的气相传质系数，$kmol/(s \cdot m^2 \cdot kPa)$；

　　　　k_y——以摩尔分数差表示推动力的气相传质系数，$kmol/(s \cdot m^2)$。

(5) 相际传质　吸收过程涉及两相间的物质传递，亦称相际传质，它包括以下三个步骤（参见图 2-16）。

① 溶质由气相主体传递到两相界面，气相与界面的对流传质；

② 溶质在相界面上的溶解，由气相转入液相，也就是溶质在界面上溶解；

③ 溶质由界面传递至液相主体，液相与界面的对流传质。

气相对流传质方程与液相对流传质方程为

$$N_A = k_y(y - y_i) \tag{2-51}$$

$$N_A = k_x(x - x_i) \tag{2-52}$$

界面上气体的溶解服从相平衡方程

$$y_i = f(x_i) \tag{2-53}$$

对稀溶液，物系服从亨利定律

$$y_i = mx_i \tag{2-54}$$

平衡线可近似作直线处理，即

$$y_i = mx_i + a \tag{2-55}$$

图 2-17 表示气、液两相的主体含量（点 a）及界面含量（点 b）的相对位置。

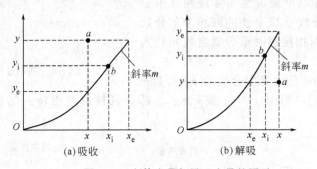

图 2-17　主体含量与界面含量的图示

相际传质速率方程式为

$$N_A = K_y(y - y_e) \tag{2-56}$$

$$K_y = \cfrac{1}{\cfrac{1}{k_y} + \cfrac{m}{k_x}}$$

其中，K_y 称以气相摩尔分数差（$y - y_e$）为推动力的总传质系数，$kmol/(s \cdot m^2)$。

$$N_A = K_x(x_e - x) \tag{2-57}$$

$$K_x = \cfrac{1}{\cfrac{1}{k_y m} + \cfrac{1}{k_x}}$$

其中，K_x 称以液相摩尔分数差（$x_e - x$）为推动力的总传质系数，$kmol/(s \cdot m^2)$。

2.3.4　萃取

(1) 萃取过程原理　液液萃取是分离液体混合物的一种方法，利用液体混合物各组分在某溶剂中溶解度的差异而实现分离。

设有一溶液含 A、B 两组分，为将其分离，加入某溶剂 S。溶剂 S 与原溶液不互溶或只是部分互溶，于是混合体系构成两个液相，如图 2-18 所示。为加快溶质 A 由原混合液向溶剂的传递，将物系搅拌，使一液相以小液滴形式分散于另一液相中，造成很大的相际接触表面。然后停止搅拌，两液相因密度差沉降分层。这样，溶剂 S 中出现了 A 和少量 B，称为萃取相；被分离混合液中出现了少量溶剂 S，称为萃余相。

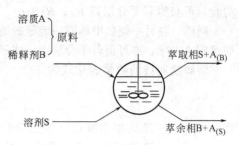

图 2-18 萃取操作示意图

以 A 表示原混合物中的易溶组分，称为溶质；以 B 表示难溶组分，习惯上称稀释剂。

萃取相内 A、B 两组分浓度之比 y_A/y_B 大于萃余相内 A、B 两组分浓度之比 x_A/x_B。

$$\frac{y_A}{y_B} > \frac{x_A}{x_B} \qquad (2\text{-}58)$$

理想情况是组分 B 与溶剂 S 完全不互溶。此时如果溶剂也几乎完全不溶于被分离混合物，那么，此萃取过程与吸收过程十分类似。唯一的重要差别是吸收中处理的是气液两相，萃取中则是液液两相。

（2）三角形相图——液液组成表示方法   在双组分溶液的萃取分离中，萃取相及萃余相一般均为三组分溶液。如各组分均以质量分数表示，为确定某溶液的组成，必须规定其中两个组分的质量分数，而第三组分的质量分数可由归一条件决定。溶质 A 及溶剂 S 的质量分数 x_A、x_S 规定后，组分 B 的质量分数为

$$x_B = 1 - x_A - x_S \qquad (2\text{-}59)$$

可见，三组分溶液的组成包含两个自由度。这样，三组分溶液的组成须用平面坐标上的一点（如图 2-19 的 R 点）表示，点的纵坐标为溶质 A 的质量分数 x_A，横坐标为溶剂 S 的质量分数 x_S。因三个组分的质量分数之和为 1，故在图 2-19 所示的三角形范围内可表示任何三元溶液的组成。三角形的三个顶点分别表示三个纯组分，而三条边上的任何一点则表示相应的双组分溶液。

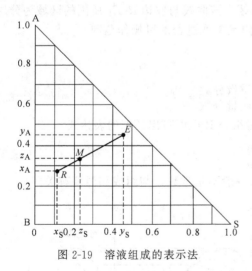

图 2-19 溶液组成的表示法

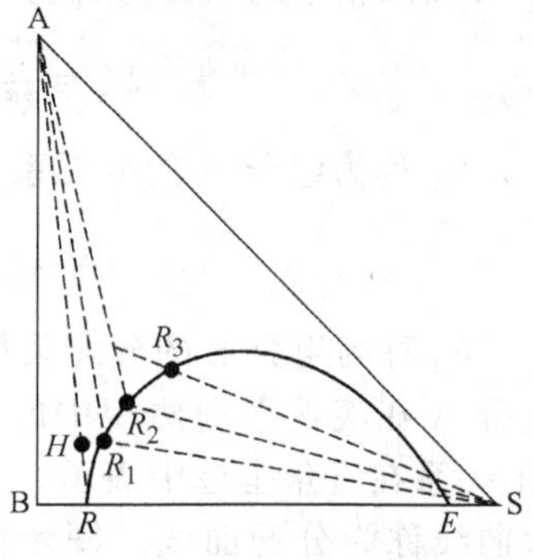

图 2-20 溶解度曲线

（3）溶解度曲线   在恒定温度下取一定量的纯组分 B，逐渐滴加溶剂 S，不断摇动使其溶解。由于 B 中仅能溶解少量溶剂 S，故滴加至一定数量后混合液开始发生浑浊，即出现了溶剂相。滴加的溶剂量，即为溶剂 S 在组分 B 中的饱和溶解度。饱和溶解度可用直角三角形相图（图 2-20）中的点 R 表示，该点称为分层点。

在上述溶液中滴加少量溶质 A。溶质的存在增加了 B 与 S 的互溶度，使混合液变成透明，此时混合液的组成在 $\overline{AR}$ 连线上的 H 点。如再滴加数滴 S，溶液再次呈现浑浊，从而可算出新的分层点 R_1 的组成，此时 R_1 必在 $\overline{SH}$ 连线上。在溶液中交替滴加 A 与 S，重复上述

实验，可获得若干分层点 R_2、R_3……

同样，在另一烧瓶中称取一定量的纯溶剂 S，逐步滴加组分 B 可获得分层点 E。再交替滴加溶质 A 与 B，亦可得若干分层点。将所有分层点连成一条光滑的曲线，称为溶解度曲线。

溶解度曲线的数学表达式为

$$y_S = \varphi(y_A) \tag{2-60}$$
$$x_S = \psi(x_A) \tag{2-61}$$

式中　y_A——萃取相中溶质 A 质量分数；

　　　y_S——萃取相中溶剂 S 质量分数；

　　　x_A——萃余相中溶质 A 质量分数

　　　x_S——萃余相中溶剂 S 质量分数。

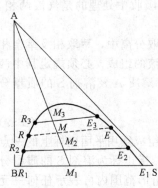

图 2-21　平衡连接线

若一个三组分溶液，指定 x_A、x_S，则 x_B 由 $x_A + x_B + x_S = 1$ 决定。

（4）平衡连接线　利用所获得的溶解度曲线，可以方便地确定溶质 A 在互成平衡的两液相中的组成关系。现取组分 B 与溶剂 S 的双组分溶液，其组成以图 2-21 中的 M_1 点表示，该溶液必分为两层，其组成分别为 E_1 和 R_1。

在此混合液中滴加少量溶质 A，混合液的组成将沿连线 $\overline{AM_1}$ 移至点 M_2。其组成分别在点 E_2、R_2。互成平衡的两相称为共轭相，E_2、R_2 的连线称为平衡连接线，M_2 点必在此平衡连接线上。

逐次加入溶质 A，可得若干条平衡连接线，每一条平衡连接线的两端为互成平衡的共轭相。

图 2-21 中溶解度曲线将三角形相图分成两个区。该曲线与底边 R_1E_1 所围的区域为分层区或两相区，曲线以外是均相区。溶解度曲线以内是萃取过程的可操作范围。

（5）分配曲线

组分 A 在两相中的平衡组成也可用下式表示。

$$k_A = \frac{\text{萃取相中 A 的质量分数}}{\text{萃余相中 A 的质量分数}} = \frac{y_A}{x_A} \tag{2-62}$$

其中，k_A 称为组分 A 的分配系数。同样，对组分 B 也可写出类似的表达式。

$$k_B = \frac{y_B}{x_B} \tag{2-63}$$

其中，k_B 称为组分 B 的分配系数。分配系数一般不是常数，与组成和温度有关。

将组分 A 在液液平衡两相中的组成 y_A、x_A 之间的关系在直角坐标中表示，如图 2-22 所示，该曲线称为分配曲线。图示的分配曲线可用某种函数形式表示，即

$$y_A = f(x_A) \tag{2-64}$$

此即为组分 A 的相平衡方程。

（6）液液相平衡与萃取过程的关系

级式萃取过程如图 2-23(a) 所示，A、B

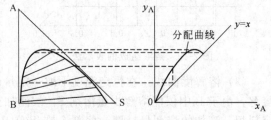

图 2-22　三角形相图与分配曲线

双组分溶液，其组成用图 2-23(b) 中的 F 点表示。现加入适量纯溶剂 S，其量应足以使混合液的总组成进入两相区的某点 M。经充分接触两相达到平衡后，静置分层获得萃取相为 E，萃余相为 R。现将萃取相与萃余相分别取出，在溶剂回收装置中脱除溶剂。在溶剂被完全脱

除的理想情况下，萃取相 E 将成为萃取液 $E°$，萃余相 R 则成为萃余液 $R°$，于是，整个过程是将组成为 F 点的混合物分离成为含 A 较多的萃取液 $E°$ 与含 A 较少的萃余液 $R°$。

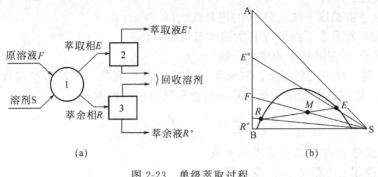

(a)　　　　　　　　　(b)

图 2-23　单级萃取过程
1—萃取器；2,3—溶剂回收装置

2.3.5　精馏

（1）精馏过程原理　精馏过程是利用液体混合物中各组分挥发度的差异而进行分离的一种单元操作。其原理是将料液加热，使它部分汽化，易挥发组分在蒸汽中增浓，而难挥发组分在液体中增浓。经过多次部分汽化和部分冷凝，就可以使轻重组分得以分离。

图 2-24 为连续精馏过程。料液自塔的中部某适当位置连续地加入塔内，塔顶设有冷凝器，将塔顶蒸汽冷凝为液体。冷凝液的一部分回入塔顶，称为回流液，其余作为塔顶产品（馏出液）连续排出。在塔内上半部（加料位置以上）上升蒸汽和回流液体之间进行着逆流接触和物质传递。塔底部装有再沸器（蒸馏釜）以加热液体产生蒸汽，蒸汽沿塔上升，与下降的液体逆流接触并进行物质传递，塔底连续排出部分液体作为塔底产品。

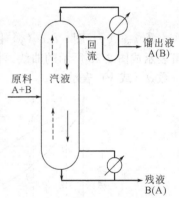

图 2-24　连续精馏过程

在塔的加料位置以上，上升蒸汽中所含的重组分向液相传递，而回流液中的轻组分向气相传递。如此使上升蒸汽中轻组分的浓度逐渐升高。到达塔顶的蒸汽将成为高纯度的轻组分。塔的上半部称为精馏段。

在塔的加料位置以下，下降液体（包括回流液和加料中的液体）中的轻组分向气相传递，上升蒸汽中的重组分向液相传递。这样，到达塔底的液体中所含的轻组分可降至很低，从而获得高纯度的重组分。塔的下半部称为提馏段。

（2）精馏操作分类　根据精馏操作的不同特点，可以有不同的分类方法。

① 按操作流程分类，可以分为连续精馏与间歇精馏。

② 按物系中组分的数目分类，可以分为双组分精馏、多组分精馏。

③ 按精馏操作方法分类，可以分为简单蒸馏、精馏、水蒸气蒸馏、恒沸精馏、萃取精馏。

④ 按操作压强分类，可以分为常压精馏、加压精馏、减压精馏。

（3）气液相平衡　在一定压力下，气相（或液相）组成与温度之间一一对应；气相、液相组成之间亦一一对应。

① 泡点方程　在一定压强下，液体混合物开始沸腾产生第一个气泡的温度，称泡点温度，简称泡点。泡点方程表示平衡物系温度和液相组成的关系。

根据拉乌尔定律和道尔顿分压定律得到泡点方程为

$$x_A = \frac{p - p_B^\circ}{p_A^\circ - p_B^\circ} \tag{2-65}$$

式中　p——外压；

　　　p_A°——在平衡温度下纯组分 A 的饱和蒸气压，Pa；

　　　p_B°——在平衡温度下纯组分 B 的饱和蒸气压，Pa；

　　　x_A——组分 A 在液相中的摩尔分数。

② 露点方程　在一定压强下，混合蒸汽冷凝开始出现第一个液滴的温度，称为露点温度，简称露点。露点方程表示平衡物系的温度和气相组成的关系。

$$y_A = \frac{p_A}{p} = \frac{p_A^\circ x_A}{p_A^\circ x_A + p_B^\circ (1 - x_A)} \tag{2-66}$$

式中　y_A——组分 A 在气相中的摩尔分数；

　　　p_A——液相上方组分 A 的蒸汽压。

③ 气液两相平衡组成间的关系式

$$y_A = \frac{p_A}{p} = \frac{p_A^\circ x_A}{p} \tag{2-67}$$

$$y_A = K x_A \tag{2-68}$$

其中相平衡常数

$$K = \frac{p_A^\circ}{p} \tag{2-69}$$

④ t-x（y）图　t-x（y）图在总压 p 为恒定的条件下，气（液）相组成与温度的关系可表示成图 2-25 所示的曲线。该图的横坐标为液相（或气相）的组成，皆以轻组分的摩尔分数 x（或 y）表示。

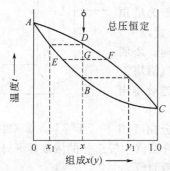
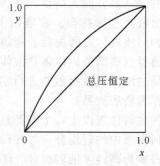

图 2-25　双组分溶液的温度-组成图　　　　图 2-26　y-x 图

图 2-25 中 $\overline{AEBC}$ 称为泡点线。组成为 x 的液体在给定总压下升温至 B 点达到该溶液的泡点，产生第一个气泡的组成为 y_1。曲线 $\overline{ADFC}$ 称为露点线。一定组成的气相冷却至 D 点达该混合气的露点，凝结出第一个液滴的组成为 x_1。当某混合物的温度与总组成位于 G 点时，则此物系必分成互成平衡的气液两相，液相的组成在 E 点，气相组成在 F 点。

⑤ y-x 图　图 2-26 表示在恒定总压、不同温度下互成平衡的气液两相组成 y 与 x 的关系，亦称相平衡曲线对于理想物系。气相组成 y 恒大于液相组成 x，故相平衡曲线必位于对角线的上方。此外，应注意在 y-x 曲线上各点所对应的温度是不同的。

⑥ 相对挥发度 α

$$\alpha = \frac{y_A / y_B}{x_A / x_B} \tag{2-70}$$

式中　y_A，x_A——组分 A 在气相、液相中的摩尔分数；

　　　y_B，x_B——组分 B 在气相、液相中的摩尔分数。

它表示气相中两组分的摩尔分数比为与之平衡的液相中两组分摩尔分数比的 α 倍。此时的相平衡方程为

$$y = \frac{\alpha x}{1+(\alpha-1)x} \tag{2-71}$$

相对挥发度为定值时溶液的相平衡曲线如图 2-27 所示。相对挥发度等于 1 时的相平衡曲线即为对角线 $y=x$。α 值愈大，同一液相组成 x 对应的 y 值愈大，可获得的提浓程度愈大。因此，α 的大小可作为用蒸馏分离某物系难易程度的标志。

（4）简单蒸馏　简单蒸馏过程物料衡算式为

$$\ln\frac{W_1}{W_2} = \int_{x_2}^{x_1}\frac{\mathrm{d}x}{y-x} \tag{2-72}$$

式中，W_1、W_2 为釜内初始、终了残液量；x 为某瞬间釜中液体的浓度，它由初态 x_1 降至终态 x_2；y 为某瞬间釜中蒸出的气相浓度。

根据 y 与 x 的平衡关系，对上式积分。若为理想溶液，$y=\dfrac{\alpha x}{1+(\alpha-1)\,x}$，则有

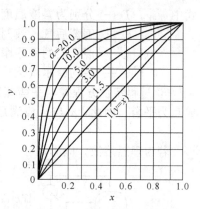

图 2-27　相对挥发度 α 为定值的相平衡曲线（恒压）

$$\ln\frac{W_1}{W_2} = \frac{1}{\alpha-1}\Big(\ln\frac{x_1}{x_2}+\alpha\ln\frac{1-x_2}{1-x_1}\Big) \tag{2-73}$$

若 y 与 x 无简明表达式，则由数值积分求取。

馏出液平均浓度由物料衡算式获得，即

$$\overline{y_\mathrm{D}} = \frac{W_1 x_1 - W_2 x_2}{W_1 - W_2} \tag{2-74}$$

（5）闪蒸　闪蒸又称平衡蒸馏，系连续定态过程。

① 物料衡算（见图 2-28）

总物料衡算 $\hspace{6em} F = D + W \tag{2-75}$

易挥发组分的物料衡算 $\hspace{4em} Fx_\mathrm{F} = Dy + Wx \tag{2-76}$

两式联立可得 $\hspace{8em} \dfrac{D}{F} = \dfrac{x_\mathrm{F}-x}{y-x} \tag{2-77}$

式中　$F,\ x_\mathrm{F}$——加料流率（kmol/s）及料液组成摩尔分数；

$\hspace{2.5em} D,\ y$——气相产物流率（kmol/s）及组成摩尔分数；

$\hspace{2.5em} W,\ x$——液相产物流率（kmol/s）及组成摩尔分数。

设液相产物占加料流率 F 的分率为 q，汽化率为 $D/F=1-q$，代入上式整理可得

$$y = \frac{qx}{q-1} - \frac{x_\mathrm{F}}{q-1} \tag{2-78}$$

显然，将组成为 x_F 的料液分为任意两部分时必满足此物料衡算式。

② 热量衡算（见图 2-28）　加热炉的热流量 Q 为

$$Q = FC_{\mathrm{m,p}}(T-t_\mathrm{F}) \tag{2-79}$$

物料放出显热即供自身的部分汽化，故

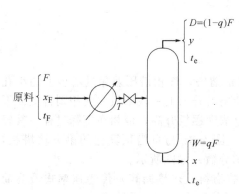

图 2-28　平衡蒸馏的物料与热量衡算

57

$$FC_{m,p}(T-t_e)=(1-q)Fr \tag{2-80}$$

料液加热温度为

$$T=t_e+(1-q)\frac{r}{C_{m,p}} \tag{2-81}$$

式中 t_F，T——分别为料液温度与加热后的液体温度，K；

t_e——闪蒸后气、液两相的平衡温度，K；

$C_{m,p}$——混合液的平均摩尔热容，kJ/(kmol·K)；

r——平均摩尔汽化热，kJ/kmol。

③ 过程特征方程式　平衡蒸馏中可设气、液两相处于平衡状态，即两相温度相同，组成互为平衡。因此，y 与 x 应满足相平衡方程

$$y=f(x) \tag{2-82}$$

若为理想溶液，应满足

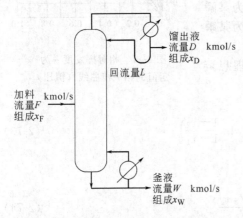

$$y=\frac{\alpha x}{1+(\alpha-1)x}$$

平衡温度 t_e 与组成 x 应满足泡点方程，即

$$t_e=\Phi(x) \tag{2-83}$$

式(2-82)、式(2-83) 皆为平衡蒸馏过程特征方程式。

（6）精馏过程

① 全塔物料衡算　如图 2-29 所示，对空气连续过程总物料衡算可得

$$F=D+W \tag{2-84}$$

式中 F——加料流量，kmol/s

D——馏出液流量，kmol/s

W——釜液流量，kmol/s

图 2-29　全塔物料恒算

作轻组分物料衡算可得

$$Fx_F=Dx_D+Wx_W \tag{2-85}$$

式中，x_F，x_D，x_W 分别为加料液、馏出液和釜液轻组分的摩尔分数。

由以上两式求出

$$\frac{D}{F}=\frac{x_F-x_W}{x_D-x_W} \tag{2-86}$$

$$\frac{W}{F}=1-\frac{D}{F} \tag{2-87}$$

式中 $\dfrac{D}{F}$——馏出液的采出率；

$\dfrac{W}{F}$——釜液的采出率。

② 塔板的物料衡算与热量衡算　图 2-30 为板式精馏塔。气相借压差穿过塔板上的小孔与板上液体接触，两相进行热、质交换。气相离开液层后升入上一块塔板，液相则自上而下逐板下降。两相经多级逆流传质后，气相中的轻组分浓度逐板升高，液相在下降过程中其轻组分浓度逐板降低。整个精馏塔由若干块塔板组成。图 2-31 为自塔顶算起的第 n 块塔板，进出该塔板气液两相流量（kmol/s）以及组成（摩尔分数）如图所示。

通过引入理论板及恒摩尔流的假定使塔板过程的物料、热量衡算及传递速率式最终简化为

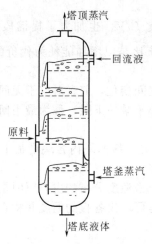

图 2-30 板式精馏塔

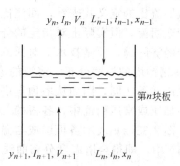

图 2-31 塔板的热量衡算和物料衡算

物料衡算式
$$Vy_{n+1}+Lx_{n-1}=Vy_n+Lx_n \tag{2-88}$$

相平衡方程
$$y_n=f(x_n) \tag{2-89}$$

此方程组对精馏段、提馏段每一块塔板均适用（对有物料加入或引出的塔板不适用）。

热量衡算式简化为

$$(V_{n+1}-V_n)r=(L_n+V_n-L_{n-1}-V_{n+1})i \tag{2-90}$$

$$I=i+r \tag{2-91}$$

式中　I——饱和蒸气的焓；

　　　i——泡点液体的焓；

　　　r——汽化潜热。

③ 加料板　设第 m 块板为加料板，进出该板各股物流的流量、组成与热焓如图 2-32 所示，通过上述假定和简化加料板亦可得到相应的方程式。

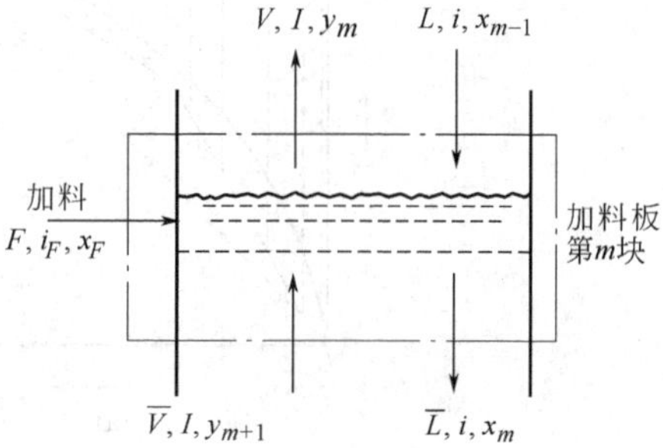

物料衡算式　$Fx_F+\overline{V}y_{m+1}+Lx_{m-1}=\overline{V}y_m+\overline{L}x_m$

$$\tag{2-92}$$

图 2-32　加料板的物料与热量衡算

相平衡方程
$$y_m=f(x_m) \tag{2-93}$$

热量衡算式

$$Fi_F+Li+\overline{V}I=\overline{L}i+VI \tag{2-94}$$

式中，$\overline{V}$，$\overline{L}$ 分别表示提馏段上升气体和下降液体流量。

（7）精馏操作影响因素

① 加料状况　加料热状态参数 q，其数值大小等于每加入 1kmol 的原料使提馏段液体所增加的物质的量。q 值的大小可以看出加料的状态及温度的高低。

$q>1$，冷液进料，进料液体的温度低于泡点，提馏段上升蒸汽将其加热至泡点，因此 q 值大于 1；

$q=1$，泡点加料；

$0<q<1$，气液混合物加料；

$q=0$，饱和蒸气加料；

$q<0$，过热蒸气加料，入塔后放出显热成为饱和蒸气，使加料板上液体部分汽化，因此

$q<0$。

② 回流比　增大回流比，既加大了精馏段的液气比 L/V，也加大了提馏段的气液比 $\overline{V}/\overline{L}$，两者均有利于精馏过程中的传质。但是，增大回流比是以增加能耗为代价的，因此，回流比的选择是一个经济问题。

从回流比的定义式来看，回流比可以在零至无穷大之间变化，前者对应于无回流，后者对应于全回流，但实际上对指定的分离要求回流比不能小于某一下限，称为最小回流比，这不是个经济问题，而是技术上对回流比选择所加的限制。

③ 精馏塔的温度分布　溶液的泡点与总压及组成有关。精馏塔内各块塔板上物料的组成及总压并不相同，因而从塔顶至塔底形成某种温度分布。

在加压或常压精馏中，各板的总压差别不大，形成全塔温度分布的主要原因是各板组成不同。图 2-33(a) 表示各板组成与温度的对应关系，于是可求出各板的温度并将它标绘在图 2-33(b) 中，即得全塔温度分布曲线。

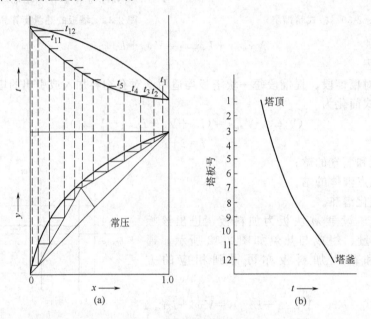

图 2-33　精馏塔的温度分布

减压精馏中，蒸汽每经过一块塔板有一定压降，如果塔板数较多，塔顶与塔底压强的差别与塔顶绝对压强相比，其数值相当可观，总压降可能是塔顶压强的几倍。因此，各板组成与总压的差别都是影响全塔温度分布的重要原因，且后一因素的影响往往更为显著。

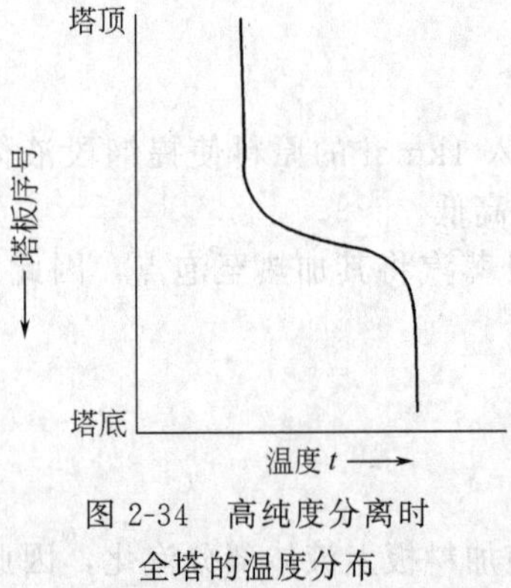

④ 灵敏板　一个正常操作的精馏塔当受到某一外界因素的干扰（如回流比、进料组成发生波动等）时，全塔各板的组成将发生变动，全塔的温度分布也将发生相应的变化。因此，有可能用测量温度的方法预示塔内组成尤其是塔顶馏出液组成的变化。

在一定总压下，塔顶温度是馏出液组成的直接反映。高纯度分离时，在塔顶（或塔底）温度变化极小，典型的温度分布曲线如图 2-34 所示。这样，当塔顶温度有了可觉察的变化，馏出液组成的波动早已超出允许的范围。以乙苯-苯

图 2-34　高纯度分离时全塔的温度分布

乙烯在 8kPa 下减压精馏为例，当塔顶馏出液中含乙苯由 99.9% 降至 90% 时，泡点变化仅为 0.7℃。高纯度分离时一般不能用测量塔顶温度的方法来控制馏出液的质量。

从温度分布曲线可见在精馏段或提馏段的某些塔板上，温度变化最为显著。这些塔板的温度对外界干扰因素的反应最灵敏，故将这些塔板称为灵敏板。将感温元件安置在灵敏板上可以较早觉察精馏操作所受到的干扰；而且灵敏板比较靠近进料口，可在塔顶馏出液组成尚未产生变化之前先感受到进料参数的变动并及时采取调节手段，以稳定馏出液的组成。

◎ 2.4　流程工业化学反应原理及示例

2.4.1　化学反应过程分类

化学反应类型繁多，可以按下列 10 个方面进行分类。

① 按反应特性分类　有氧化、还原、加氢、脱氢、歧化、异构化、烷基化、羰基化、水解、水合、偶合、聚合、缩合、酯化、磺化、硝化、卤化、重氮化等反应。

② 按反应机理的不同分类　可以分为简单反应和复杂反应。同一组反应物只生成一种生成物的反应称为简单反应，它不存在反应选择性的问题。复杂反应是指由一组特定反应物同时或连续进行几个反应的反应过程，其形式很多，主要有平行反应、连串反应、平行-连串反应等。

③ 按是否使用催化剂分类　有催化反应和非催化反应。催化剂与反应物均一相态时称为均相催化反应，催化剂与反应物具有不同相态时称为非均相催化反应。

④ 按反应过程的热效应分类　化学反应可分为吸热反应和放热反应。

⑤ 按反应可能进行的方向分类　有可逆反应和不可逆反应。可逆反应，就是可向生成物生成的方向进行，同时又可向反应物生成的方向进行。可逆反应受化学平衡的限制，反应只能进行到一定的程度。不可逆反应是只可向一个方向进行的反应，就是只可向生成物生成的方向进行。一般不可逆反应能进行到底，反应物几乎全部转变为生成物。

⑥ 按反应物系的相态分类　有均相反应（单相反应）和非均相反应（多相反应）。前者指反应组分（反应物和反应产物）在反应过程中始终处于同一相态的反应，后者是指反应组分在反应过程中处于两相或三相的反应。

⑦ 按反应过程控制的温度条件分类　可分为等温反应过程、绝热反应过程和非绝热变温反应过程。

⑧ 按反应过程控制的压力条件分类　可分为常压反应过程、负压反应过程和加压反应过程。加压反应过程根据压力的高低又分为高压、中压和低压反应过程。

⑨ 按操作方式的不同分类　化学反应过程可分为间歇反应过程、连续反应过程和半连续反应过程。这是分类方法中最常用、最重要的一种。

⑩ 从化学动力学角度分类　可按反应分子数和反应级数区分化学反应。有单分子反应、双分子反应和个别三分子反应；有零级反应、一级反应、二级反应和分数级反应等。

2.4.2　化学反应过程主要技术指标

（1）转化率　转化率是指某一反应物参加反应转化的数量占该反应物起始量的百分数，用符号 X 表示。其定义式为

$$X = \frac{某一反应物的转化量}{该反应物的起始量} \times 100\% \tag{2-95}$$

转化率表示原料的转化程度，反映了反应进度。对于同一反应，若反应物不止一个，则

不同反应组分的转化率在数值上可能不同。对于反应

$$\nu_A A + \nu_B B \longrightarrow \nu_R R + \nu_S S \tag{2-96}$$

反应物 A 和 B 的转化率分别是

$$X_A = \frac{n_{A,0} - n_A}{n_{A,0}} \tag{2-97}$$

$$X_B = \frac{n_{B,0} - n_B}{n_{B,0}} \tag{2-98}$$

式中 X_A，X_B——分别为组分 A 和 B 的转化率；

$n_{A,0}$，$n_{B,0}$——分别为组分 A 和 B 的起始量，mol；

n_A，n_B——分别为组分 A 和 B 的剩余量，mol；

ν_A，ν_B，ν_R，ν_S——化学计量系数。

所谓关键反应物指的是反应物中价值最高的组分，为使其尽可能转化，常使其他反应组分过量。对于不可逆反应，关键反应物的转化率最大为 100%；对于可逆反应，关键反应物的转化率最大，为其平衡转化率。

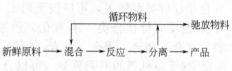

图 2-35 循环式反应物料流程示意

对于可逆反应，采用循环流程（图 2-35）时，则有单程转化率和全程转化率（又称总转化率）之分。单程转化率指一次通过反应器的转化率。例如，原料中的组分 A 的单程转化率为

$$X_A = \frac{\text{组分 A 在反应器中的转化量}}{\text{反应器进口物料中组分 A 的量}} \times 100\% \tag{2-99}$$

全程转化率指新鲜原料从进入到离开反应系统所达到的转化率。例如，原料中组分 A 的全程转化率为

$$X_{A,tot} = \frac{\text{组分 A 在反应器中的转化量}}{\text{新鲜原料中组分 A 的量}} \times 100\% \tag{2-100}$$

（2）选择性 对于复杂反应体系，同时存在着生成目的产物的主反应和生成副产物的副反应，只用转化率衡量是不全面的。因为尽管有的反应体系原料转化率很高，但大多数转化成副产物，目的产物很少，意味着很多原料浪费了，所以需用选择性这个指标评价反应过程的效率。选择性指体系中转化成目的产物的某一反应物量与参加所有反应而转化的该反应物总量之百分数。选择性一般是对产物而言，用符号 S 表示，其定义式如下。

$$S_R = \frac{\text{转化为目的产物 R 的某一反应物的量}}{\text{该反应物的总的转化量}} \times 100\% \tag{2-101}$$

选择性也可按下式计算。

$$S_R = \frac{\text{实际所得到的目的产物 R 的量}}{\text{按某反应物的转化总量计算应得到的产物 R 的理论量}} \times 100\% \tag{2-102}$$

上式中分母是按主反应的化学计量关系来计算的，并假设转化了的所有反应物全部转变成目的产物 R。

在复杂反应体系中，选择性是很重要的指标，它表达了主、副反应进行程度的大小，能反映原料的利用是否合理。

（3）收率 收率也称为产率，也是从反应产物的角度描述反应过程的效率。收率指某反应物的起始量中转化为目的产物 R 的该反应物量所占的百分数，用符号 Y 表示，其定义式为

$$Y_R = \frac{\text{转化为目的产物 R 的某反应物的量}}{\text{该反应物的起始量}} \times 100\% \tag{2-103}$$

根据转化率、选择性和收率的定义可知，相对于同一反应物而言，三者有以下关系。

$$Y = SX \tag{2-104}$$

无副反应的物系，$S=1$，故收率在数值上等于转化率，转化率越高则收率越高；有副反应的物系，$S<1$，希望在选择性高的前提下转化率尽可能高。但是，通常使转化率提高的反应条件往往会使选择性降低，反之，在选择性高的条件下转化率却很低。所以，不能单纯追求高转化率或高选择性，而要兼顾两者，使目的产物的收率最高。

有循环物料时，也有单程收率和总收率之分。与转化率相似，对于单程收率而言，式(2-103)中的分母系指反应器进口处混合物中的该原料量，即新鲜原料与循环物料中该原料量之和。而对于总收率，式(2-103)中分母系指新鲜原料中该原料量。

(4) 反应速率 反应速率一般用单位时间、单位体积内参加反应的物质的量来表示。如果反应在恒压下进行，则反应过程中体积可能会不断地变化。若在平均体积 $\overline{V}$ 中，在时间间隔 Δt 内，反应物物质的量减少了 Δn，这时平均反应速率若为 $\bar{r}$，则

$$\bar{r} = \pm \frac{\Delta n}{\Delta t} / \overline{V} \tag{2-105}$$

因为反应速率不仅可以用反应物减少表示，也可以用产物增加表示，为了保持 $\bar{r}$ 为正值，用反应物减小表示时，右边取 $-$ 号，否则取 $+$ 号。

在反应过程中，反应物浓度随时都在减小，反应速率当然也在不断变化，式(2-104)表示的是平均速率。严格的反应速率应当是瞬时速率，即

$$r = \pm \frac{1}{V} \times \frac{dn}{dt} \tag{2-106}$$

对于恒容反应，V 为常数，所以式(2-125)可写成

$$r = \pm \frac{1}{V} \times \frac{dn}{dt} = \pm \frac{d\left(\frac{n}{V}\right)}{dt} = \pm \frac{dc}{dt} \tag{2-107}$$

式中，c 为物质的量浓度，即单位体积内的物质的量，mol/L。

因此，恒容条件下的反应速率是浓度随时间的变化率。它的物理意义仍然是单位时间、单位体积内物质的量的变化，只不过是指在时间 t 瞬间的变化而已。

(5) 化学反应平衡常数 对于任一气体间的化学反应

$$aA(p_A) + bB(p_B) \Longleftrightarrow lL(p_L) + mM(p_M) \tag{2-108}$$

其中，a、b、l、m 分别表示组分 A、B、L、M 在上述化学反应方程式中的系数。

设反应物及产物均为理想气体，或由理想气体构成的混合物；并且无论物系的起始组成和起始状态如何，在一定的温度、压力及适当条件下，都能够自动地达到平衡状态。平衡状态时反应物及产物的平衡分压力分别为 p_A、p_B、p_L、p_M，物系的压力 $p = \sum p_i$。

用下式定义化学反应平衡常数 K_p，即

$$K_p = \frac{p_L^l p_M^m}{p_A^a p_B^b} \tag{2-109}$$

(6) 平衡转化率和平衡收率 可逆反应达到平衡时的转化率称为平衡转化率，此时所得产物的收率（产率）为平衡收率。平衡转化率和平衡收率是反应能达到的极限值（最大值），但是，反应达平衡往往需要相当长的时间。随着反应的进行，正反应速率降低，逆反应速率升高，所以净反应速率不断下降直到零。在实际生产中应保持高的净反应速率，不能等到反应达到平衡，故实际转化率和收率比平衡值低。

2.4.3 化学反应过程中的催化剂

在化学反应过程中，能改变反应速率而本身的组成和质量在反应后保持不变的物质称为催化剂。据统计，当今 90% 的化学工业均含有催化过程，催化剂在化工生产中占有重要的地位。

（1）催化剂的作用

① 提高反应速率和选择性　有许多反应，虽然在热力学上是可能进行的，但反应速率太慢或选择性太低，不具有实用价值，而使用催化剂，则可实现工业化。例如，合成氨工业就是以催化作用为基础建立起来的。近年来合成氨催化剂的性能不断改善，提高了氨收率。许多有机反应之所以在化学工业中应用，在很大程度上依赖于开发和采用了具有优良选择性的催化剂。例如，乙烯与氧反应，如果不用催化剂，乙烯会完全氧化成 CO_2 和 H_2O，毫无应用意义，当采用了银催化剂后，则促使乙烯选择性地氧化为环氧乙烷（C_2H_4O）。

② 改变操作条件　采用或改进催化剂可以降低反应温度和压力，提高化学加工过程的效率。例如，乙烯聚合反应若以过氧化物为引发剂，要在 200~300℃ 及 100~300MPa 下进行，采用烷基铝-四氯化钛配合物催化剂后，反应只需在 85~100℃ 及 2MPa 压力下进行，条件十分温和。

高选择性的催化剂可以明显提高反应过程的效率，因为副产物大大减少，从而提高了原料的原子经济性，可简化分离流程，也减少了污染。

③ 催化剂有助于开发新的反应过程，开发新的化工技术　工业上一个成功的例子是甲醇羰基合成乙酸的过程。工业乙酸原由乙醛氧化法生产，原料价贵，生产成本高。在 20 世纪 60 年代，德国 BASF 公司借助钴配合物催化剂，开发出以甲醇和 CO 羰基合成乙酸的新反应过程和工艺；美国孟山都公司于 20 世纪 70 年代又开发出铑配合物催化剂，使该反应的条件更温和，乙酸收率高达 99%，成为当今乙酸生产的先进工艺。

④ 催化剂在能源开发和治理污染中可起重要作用　催化剂在石油、天然气和煤的综合利用中起重要作用，借助催化剂能生产出数量更多、质量更好的二次能源；一些新能源的开发也需要催化剂，例如光分解水获取氢能源，其关键是催化剂；燃料电池中的电极也是由具有催化作用的镍、银等金属细粉附着在多孔陶瓷上做成的。在治理污染物的诸方法中，催化法具有巨大潜力。例如汽车尾气的催化净化，工厂含硫尾气的克劳斯催化法回收硫，有机废气的催化燃烧，废水的生物催化净化和光催化分解等。

（2）催化剂的分类

① 按催化反应体系的物相均一性分　有均相催化剂和非均相催化剂（固体催化剂）。

② 按反应类别分　有加氢、脱氢、氧化、裂化、水合、聚合、烷基化、异构化、芳构化、羰基化、卤化等催化剂。

③ 按反应机理分　有氧化还原性催化剂、酸碱催化剂等。

④ 按使用条件下的物态分　有金属催化剂、氧化物催化剂、硫化物催化剂、酸催化剂、碱催化剂、配合物催化剂和生物催化剂等。

金属催化剂、氧化物催化剂、硫化物催化剂等是固体催化剂，它们是当前使用最广泛的催化剂，在石油炼制、有机化工、精细化工、无机化工、环境保护等领域广泛采用。

配合物催化剂是液态，以过渡金属如 Ti、V、Mn、Fe、Co、Ni、Mo、W、Ag、Pd、Pt、Ru、Rh 等为中心离子，通过共价键或配位键与各种配位体构成配合物，过渡金属价态的可变性及其与不同性质配位体的结合，给出了多种多样的催化功能。这类催化剂分子以分子态均匀地分布在液相反应体系中，所以催化效率很高。同时，在溶液中每种催化剂都具有同等性质的活性单位，因而只能催化特定反应，选择性很高。

（3）工业催化剂的性能指标

① 活性　是指在给定的温度、压力和反应物量（或空塔速率）下，催化剂使原料转化的能力。活性越高则原料的转化率越高。或者在转化率及其他条件相同时，催化剂活性越高，需要的反应温度越低。工业催化剂应有足够高的活性。

② 选择性　是指反应所消耗的原料转化为目的产物的程度。选择性越高，生产目的产物的原料消耗定额越低，也越有利于产物的后处理。当催化剂的活性与选择性难以两全其美时，若反应原料昂贵或分离产物困难，宜选用选择性高的催化剂；若原料价廉易得或产物易分离，则可选用活性高的催化剂。

③ 寿命　是指其使用期限的长短，寿命的表征是生产单位量产品所消耗的催化剂量，或在满足生产要求的技术水平上催化剂能使用的时间长短。有的催化剂使用寿命可达数年，有的可能只使用数月。虽然理论上催化剂在反应前后化学性质和数量不变，可以反复使用。但实际上当生产运行一定时间后催化剂性能会衰退，导致产品数量和质量均达不到要求的指标，此时，应该再生或更换催化剂。影响催化剂寿命的因素有以下几方面。

a. 化学稳定性。是指催化剂的化学组成和化合状态在使用条件下发生变化的难易程度。在一定的温度、压力条件下，与反应组分长期作用，有些催化剂的化学成分可能流失；有的化合状态发生变化，都会使催化剂的活性和选择性下降。

b. 热稳定性。是指催化剂在反应条件下耐热破坏的能力。在受热状态下，催化剂中的一些物质的晶型可能转变，微晶逐渐烧结，配合物分解，生物菌种和酶死亡等，这些变化导致催化性能衰退。

c. 机械稳定性。表示固体催化剂在反应条件下是否具有足够的强度。若反应中固体催化剂易破裂或粉化，会使反应器内流体流动状况恶化，严重时发生堵塞，迫使生产非正常停工，造成经济损失。

d. 耐毒性。是指催化剂对有毒物质的抵抗能力。多数催化剂容易受到一些物质的毒害，中毒后的催化剂活性和选择性显著降低或完全失去，缩短了它的使用寿命。常见对催化剂有毒害的物质有砷、硫、氯的化合物及铅等重金属，不同催化剂对其有毒害的物质是不同的。在有些反应中，特意加入某种物质去毒害催化剂中促进副反应的活性中心，从而提高了其选择性。

第 **3** 章
流程工业常用设备

◎ 3.1 流体输送设备及特性

3.1.1 流体输送设备分类

流体包含液体和气体，由于气体的密度和压缩性与液体有显著区别，所以液体和气体输送设备在结构和特性上有很大的差异。通常用以输送液体的设备称为泵；用以输送气体的设备分别称为通风机、鼓风机、压缩机和真空泵。

（1）泵的分类

① 按工作原理　分为：

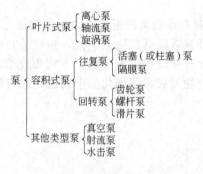

② 按被输送液体的性质　分为水泵、耐腐蚀泵、油泵、杂质泵等。

③ 按液体被吸入的方式　分为单吸泵和双吸泵。

④ 按一台泵内叶轮的数目　分为单级泵和多级泵。

⑤ 按泵轴的位置　分为卧式泵和立式泵。

⑥ 按轴承支承的位置　分为悬臂泵和两端支承泵。

⑦ 按泵产生的压力

a. 低压泵：压力在 2MPa 以下。

b. 中压泵：压力在 2～6MPa 范围内。

c. 高压泵：压力在 6MPa 以上。

各种泵的适用范围参见图 3-1 和图 3-2。

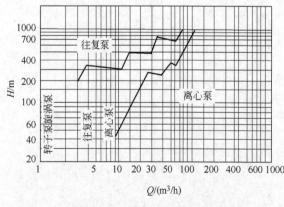

图 3-1　各种泵的工作范围

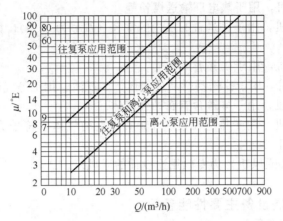

图 3-2　离心泵和往复泵适用的黏性介质范围

（2）风机的分类

① 按工作原理分

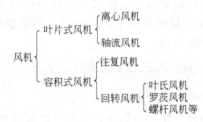

② 按风机产生的风压分

a. 通风机，终压不大于 $14.7 \times 10^3 Pa$（表压）。

b. 鼓风机，终压为 $14.7 \times 10^3 \sim 294 \times 10^3 Pa$（表压），压缩比小于 4。

c. 压缩机，终压在 $294 \times 10^3 Pa$（表压）以上，压缩比大于 4。❶

③ 通风机按压力大小分

a. 低压通风机，出口风压低于 $0.9807 \times 10^3 Pa$（表压）。

b. 中压通风机，出口风压为 $0.9807 \times 10^3 \sim 2.942 \times 10^3 Pa$（表压）。

c. 高压通风机，出口风压为 $2.942 \times 10^3 \sim 14.7 \times 10^3 Pa$（表压）。

各种风机的使用范围如图 3-3 所示。

④ 按用途不同分

a. 一般通用离心通风机，常用于建筑物的通风换气。

b. 锅炉离心通风机（包括锅炉通、引风机），用于电站和其他工业蒸汽锅炉送风及排烟等。

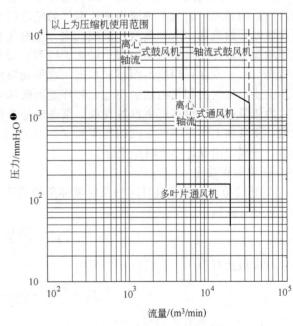

图 3-3　各种风机的使用范围

---

❶　$1mmH_2O = 9.80665Pa$，下同。

c. 煤粉离心通风机，用于热电厂输送煤粉等。

d. 排尘离心通风机，用于排送含有灰尘的空气（符号为"C"），如砂轮磨粒、锯屑、刨花等。

e. 矿井离心通风机，用于矿井通风换气。

f. 防爆离心通风机，用于排送易燃易爆气体，如石油、化工等气体。

g. 防腐离心通风机，用于排送含有腐蚀性气体。

h. 高温离心通风机，用于排送温度为250℃以上的气体（符号为"W"），主要用于冶金、电站、化工等部门。

i. 其他用途的离心通风机，为专门用途设计的通风机。

3.1.2 流体输送设备主要性能参数

（1）泵的主要性能参数

① 流量 Q　泵在单位时间内抽吸或排送液体的体积数，一般以 m^3/h 或 L/s 表示。

叶片式泵流量与扬程有关，见泵特性曲线。泵的操作流量指泵的扬程流量性能曲线与管网系统需要扬程流量曲线交点处流量值。容积式泵流量与扬程无关，几乎为常数。

② 泵的扬程　指泵输送单位量液体由泵进口至出口的能量增加值，它包括液体静压头、速度头和几何位能等能量增加值总和。

$$H=\frac{p_2-p_1}{\gamma}+\frac{v_2^2-v_1^2}{2g}+Z_2-Z_1 \tag{3-1}$$

此项指标由泵制造厂提供的样本或说明书中可查得。

③ 必需汽蚀余量（NPSHr）　泵在运转中，若某过流部分的局部区域（通常是叶轮叶片进口稍后的某处）因为某种原因抽送液体的绝对压力下降到当时温度下的汽化压力时，液体便在该处开始汽化，产生蒸汽，形成气泡。这些气泡随液体向前流动，至某高压处时，气泡周围的高压液体使气泡急剧地缩小以至于破裂（凝结）。在气泡凝结的同时，液体质点以高速填充空穴，发生互相撞击而形成水击，这种现象发生在固体壁上将使过流部件受到腐蚀破坏。上述产生气泡和气泡破裂使过流部件遭到破坏的过程就是泵中的汽蚀过程。

为使泵在工作时不产生汽蚀现象，泵进口处必须具有超过输送温度下液体的汽化压力的能量，使泵在工作时不产生汽蚀现象所必须具有的富余能量——必需汽蚀余量，用 NPSHr 表示，并规定由设计制造时给出。

④ 功率和效率

a. 有效功率，指单位时间内泵对液体所做的功。

对叶片式泵

$$P_0=\frac{QH\rho}{102} \tag{3-2}$$

对容积式泵

$$P_0=\frac{(p_d-p_a)\times10^5Q}{102} \tag{3-3}$$

式中　P_0——泵的有效功率，kW；

　　　Q——输送温度下泵的流量，m^3/s；

　　　H——扬程，m；

　　　ρ——输送温度下液体的密度，kg/m^3；

　　　p_d——泵出口压力，MPa；

　　　p_a——泵入口压力，MPa；

68

b. 效率 η，是指泵的有效功率 P_0 与泵轴功率 P 之比。

$$\eta = \frac{P_0}{P} \times 100\% \tag{3-4}$$

c. 轴功率 P，由原动机传给泵的功率。

对叶片式泵

$$P = \frac{QH\rho}{102\eta} \tag{3-5}$$

对容积式泵

$$P = \frac{(p_d - p_a) \times 10^5 Q}{102\eta} \tag{3-6}$$

泵样本给出的功率和效率都是用清水试验得出的，当液体为烃类或其他化工品时，应按照性能换算方法校正 Q、H、η、NPSHr 值。

d. 驱动机的配用功率 P'。

e. 驱动机的额定功率，驱动机的额定功率应不小于驱动机的配用功率。

⑤ 比转数 n_s　是泵的一个综合性参数，比转数的大小与叶轮形状和泵性能曲线形状有密切关系。

（2）风机的主要性能参数

① 流量 Q　指风机在单位时间内所输送气体的体积数。

② 风机的全压 p　指每立方米气体流过风机时所获得的全压增加值。

$$p = \left(p_2 + \frac{\gamma v_2^2}{2g} \right) - \left(p_1 + \frac{\gamma v_1^2}{2g} \right) \tag{3-7}$$

式中　p_1，p_2——风机进口和出口断面的压力，Pa；

　　　v_1，v_2——风机进口和出口断面的平均速度，m/s；

　　　　　γ——气体重力密度，N/m³；

　　　　　g——重力加速度，m/s²。

③ 功率

a. 有效功率 P_e：指单位时间内通过风机的流体所获得的功率，亦即风机的输出功率。

b. 轴功率 P：原动机传递给风机轴上的功率。

原动机的配套功率 P_g 通常选择得比轴功率 P 大些，即有

$$P_g > P > P_e$$

④ 效率 η　有效功率与轴功率之比即为总效率 η。

$$\eta = \frac{P_e}{P} \times 100\% \tag{3-8}$$

⑤ 转速 n　指风机转轴每分钟的转数。当转速改变时，流量 Q、全压 p 以及轴功率 P 都将随之改变，故必须按照说明书或铭牌上规定的转速运转，否则将达不到设计要求，或者将导致部件超速损伤。

⑥ 比转数 n_y　它是包括流量 Q、全压 p 及转速 n 等设计参数在内的综合相似特征数，风机的比转数一般采用下式计算。

$$n_y = \frac{n\sqrt{Q}}{p_{20}^{3/4}} \tag{3-9}$$

式中，p_{20} 为进口为常态状况下（$t = 20℃$，$p_a = 100$kPa）气体的全压，Pa。

当进气状况为非常态时，需要考虑气体密度的变化，则采用下式计算比转数（常态下空气的密度为 1.2kg/m³）。

$$n_y = \frac{n\sqrt{Q}}{\left(\frac{1.2p}{\rho}\right)^{3/4}} \qquad (3-10)$$

式中　　p——非常态时气体的全压，Pa；

　　　　ρ——非常态时气体的密度，kg/m³。

3.1.3　离心泵

（1）**离心泵工作原理**　离心泵的主要部件是叶轮和泵壳，当泵叶轮高速转动时（1000～3000r/min），叶轮的叶片驱使流体一起转动，使流体产生了离心力，在此离心力的作用下，流体沿叶片流道被甩向叶轮出口，经扩压器、蜗壳送入排出管。流体从叶轮获得能量，使压力能和速度能增加。在流体被甩向叶轮出口的同时，叶轮中心入口处的压力显著下降，瞬间形成了真空，入口管的流体经泵吸入室进入叶轮的中心，这样当叶轮不停地旋转，流体就不断地被吸入和排出，将流体送到管道或容器中。

离心泵的工作过程，就是在叶轮转动时将机械能传给叶轮内的流体，使它转换为流体的流动能，当流体经过扩压器时，由于流道截面大，流速减慢，使一部分动能转换成压力能，流体的压力升高了。

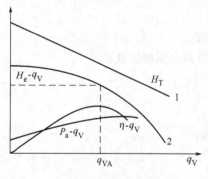

图 3-4　离心泵的特性曲线

流体在泵内经过两次能量转换，从机械能转换成流体动能，该动能部分地又转换为压力能，从而泵就完成了输送液体的任务。

（2）**泵的特性曲线**　离心泵的有效压头 H_e（扬程）、效率 η、轴功率 P_a 均与输液量 q_V 有关，其间关系可用泵的特性曲线表示，其中尤以扬程和流量的关系最为重要。图 3-4 为离心泵的特性曲线。

离心泵的水力损失难以定量计算，因而泵的扬程 H_e 与流量的关系只能通过实验测定。离心泵出厂前均由泵制造厂测定 H_e-q_V、η-q_V、P_a-q_V 三条曲线，列于产品样本中。

（3）**总扬程**　泵从吸入液面吸入液体，将其输送排出液面。排出液面与吸入液面的压力差加上两液面的垂直距离为泵的实际扬程，用 h_a 表示。泵所产生的扬程叫总扬程 H_e，见图 3-5。

泵的总扬程除实际扬程外还要加上速度头、管路和管件摩擦损失水头，所以

$$H_e = h_a + h_v + h_f \qquad (3-11)$$

式中　　H_e——泵的总扬程，m；

　　　　h_a——泵的实际扬程，m；

　　　　h_v——排出管末端残余速度头，m；

　　　　h_f——管路摩擦损失水头，m。

以图 3-5 为例说明。

$$h_a = [(p_d - p_s)/(\rho g)] + (h_d - h_s)$$

式中　　p_d——作用于排出液面的静压力（表压），MPa；

　　　　p_s——作用于吸入液面的静压力（表压），MPa；

　　　　h_d——从泵中心到排出液面的垂直距离，m；

　　　　h_s——从泵中心到吸入液面的垂直距离，m。

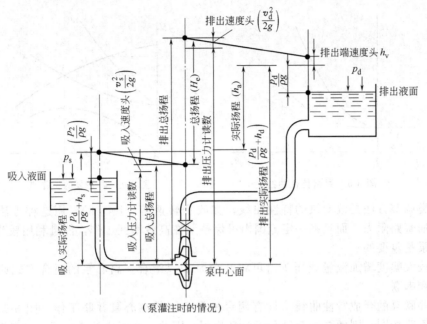

（泵灌注时的情况）

图 3-5 泵的扬程说明

（4）流量调节

① 管路特性方程

$$H = \frac{\Delta \phi}{\rho g} + K q_v^2 \qquad (3-12)$$

式中　H——泵的扬程；

　$\dfrac{\Delta \phi}{\rho g}$——管路面端单位重量流体的势能差；

　q_v——流量；

　K——管路阻力系数。

管路特性曲线如图 3-6 所示。

② 离心泵的工作点　若管路内的流动处于阻力平方区，安装在管路中的离心泵其工作点（扬程和流量）必同时满足：

管路特性方程　　　　　　　　$H = f(q_v)$ 　　　　　　　　　$(3-13)$

泵的特性方程　　　　　　　　$H_e = \phi(q_v)$ 　　　　　　　　$(3-14)$

联立求解此两方程即得管路特性曲线和泵特性曲线的交点，见图 3-7。此交点为泵的工作点。

③ 流量调节　如果工作点的流量大于或小于所需要的输送量，应设法改变工作点的位置，即进行流量调节。

最简单的调节方法是在离心泵出口处的管路上安装调节阀。改变阀门的开度即改变管路阻力系数 K，改变管路特性曲线的位置，使调节后管路特性曲线与泵特性曲线的交点移至适当位置，满足流量调节的要求。如图 3-7 所示，关小阀门，管路特性曲线由 a 移至 a'，工作点由 1 移至 $1'$，流量由 q_v 减小为 q_v'。

这种通过管路特性曲线的变化来改变工作点的调节方法，不仅增加了管路阻力损失（在阀门关小时），且使泵在低效率点工作，在经济上很不合理。但用阀门调节流量的操作简便、灵活，故应用很广。

71

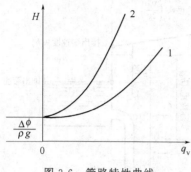

图 3-6 管路特性曲线

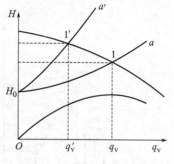

图 3-7 离心泵的工作点

另一类调节方法是改变泵的特性曲线，如改变转速等（图 3-8）。用这种方法调节流量不额外增加管路阻力，而且在一定范围内可保持泵在高效率区工作，能量利用较为经济，这对大功率泵是重要的。

当需较大幅度增加流量或压头时可将几台泵加以组合。离心泵的组合方式原则上有两种：并联和串联。

（5）并联泵的合成特性曲线　设有两台型号相同的离心泵并联工作（图 3-9），而且各自的吸入管路相同，则两泵的流量和压头必相同。因此，在同样的压头下，并联泵的流量为单台泵的 2 倍。这样，将单台泵特性曲线 A 的横坐标加倍，纵坐标保持不变，便可求得两泵并联后的合成特性曲线 B。

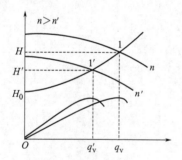

图 3-8 改变泵特性曲线的调节

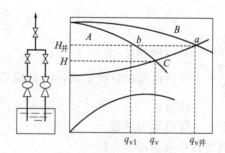

图 3-9 离心泵的并联操作

并联泵的流量 $q_{v并}$ 和压头 $H_并$ 由合成特性曲线与管路特性曲线的交点 a 决定，并联泵的总效率与每台泵的效率（图中 b 点的单泵效率）相同。由图可见，由于管路阻力损失的增加，两台泵并联的总输送量 $q_{v并}$ 必小于原单泵输送量 q_v 的 2 倍。

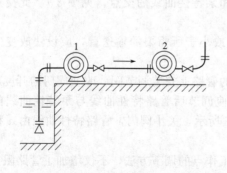

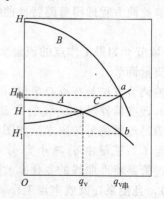

图 3-10 离心泵的串联操作

（6）串联泵的合成特性曲线　两台相同型号的泵串联工作时，每台泵的压头和流量也是相同的。因此，在同样的流量下，串联泵的压头为单台泵的 2 倍。将单台泵的特性曲线 A 的纵坐标加倍，横坐标保持不变，可求出两泵串联后的合成特性曲线 B（图 3-10）。

同理，串联泵的总流量和总压头也是由工作点 a 所决定。由于串联后的总输液量 $q_{v串}$ 即是组合中的单泵输液量 q_v，故总效率也为 $q_{v串}$ 时的单泵效率。

3.1.4　往复泵

（1）往复泵工作原理　往复泵主要由泵缸、活柱（或活塞）和活门组成，图 3-12 为曲柄连杆机构带动的往复泵。活柱在外力推动下作往复运动，由此改变泵缸内的容积和压强，交替地打开和关闭吸入、压出活门，达到输送液体的目的。

往复泵是通过活柱的往复运动直接以压强能的形式向液体提供能量的。

往复泵有单动往复泵与双动往复泵之分。

① 单动往复泵活柱往复一次只吸液一次和排液一次。

② 双动往复泵活柱两边都在工作，每个行程均在吸液和排液。

（2）往复泵流量曲线　活塞的往复运动若由等速旋转的曲柄机构变换而得，则其速度变化服从正弦曲线规律。在一个周期内，泵的流量也必经历同样的变化，流量曲线如图 3-13 所示。

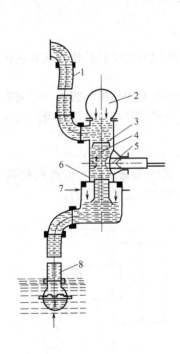

图 3-11　往复泵的作用原理

1—压出管路；2—压出空气室；3—压出活门；4—缸体；
5—活柱；6—吸入活门；7—吸入空气室；8—吸入管路

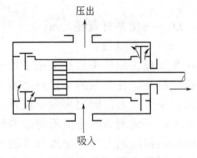

图 3-12　双动往复泵

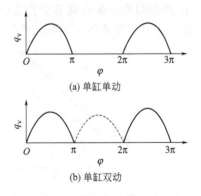

(a) 单缸单动

(b) 单缸双动

图 3-13　往复泵的流量曲线

流量的不均匀是往复泵的严重缺点，它不仅使往复泵不能用于某些对流量均匀性要求较高的场合，而且使整个管路内的液体处于变速运动状态，不但增加了能量损失，且易产生冲击，造成水锤现象、并会降低泵的吸入能力。

提高管路流量均匀性的常用方法有如下两个。

73

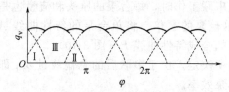

图 3-14 三缸单动往复泵的流量曲线

① 采用多缸往复泵 多缸泵的瞬时流量等于同一瞬时各缸瞬时流量之和。只要各缸曲柄的相对位置适当，就可使流量较为均匀（参见图 3-14）。

② 装置空气室 空气室是利用气体的压缩和膨胀来储存或放出部分液体，以减小管路中流量的不均匀性。空气室的设置可使流量较为均匀，但不可能完全消除流量的波动。

（3）往复泵流量与流量调节 往复泵的理论流量决定于活塞往复一次的全部体积，对于一定形式的往复泵，理论流量是恒定的，单作用泵平均理论流量

$$q_v = 2\pi V_s/60 = (2n_s/240)\pi D^2 \quad (m^3/s) \tag{3-15}$$

式中 $V_s = (\pi D^2/4)s$——无活塞杆侧的行程容积，m^3；

n_s——每秒往复次数；

D——活塞直径，m；

s——活塞行程，m。

双作用往复泵时平均理论流量为

$$q_v = zn(V_s + V_s')/60 = (zn_s/240)\pi D^2(z - D_r^2) \quad (m^3/h) \tag{3-16}$$

式中 V_s'——活塞杆侧的行程容积，m^3；

$$V_s' = (\pi D^2/4)(2 - D_r^2 D^2)s$$

D_r——活塞杆直径，m；

z——泵缸数。

往复泵提供的压头则只决定于管路情况。这种特性称为正位移特性，具有这种特性的泵称为正位移泵。往复泵的工作点如图 3-15 所示。

离心泵可用出口阀门来调节流量，但对往复泵此法却不能采用。因为往复泵流量与管路特性无关，安装调节阀非但不能改变流量，而且还会造成危险，一旦出口阀门完全关闭，泵缸内的压强将急剧上升，导致机件破损或电机烧毁。

往复泵的流量调节采用以下两种方式。

① 旁路调节 旁路调节如图 3-16 所示。因往复泵的流量一定，通过阀门调节旁路流量，使一部分压出流体返回吸入管路，便可以达到调节主管流量的目的。

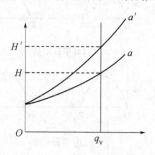

图 3-15 往复泵的工作点

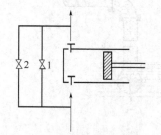

图 3-16 往复泵旁路调节流量示意图
1—旁路阀；2—安全阀

② 改变曲柄转速和活塞行程 电动机是通过减速装置与往复泵相连接的，改变减速装置的传动比可以更方便地改变曲柄转速，达到流量调节的目的。

3.1.5 旋涡泵

（1）旋涡泵工作原理 旋涡泵的结构如图 3-17 所示，其主要工作部分是叶轮及叶轮与

泵体组成的流道。流道用隔舌将吸入口和压出口分开。叶轮旋转时，在边缘区形成高压强，因而构成一个与叶轮周围垂直的径向环流。在径向环流的作用下，液体自吸入至排出的过程中可多次进入叶轮并获得能量。

（2）旋涡泵的特性曲线　特性曲线呈陡降形，见图3-18。

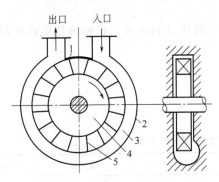

图 3-17　旋涡泵的结构示意

1—隔舌；2—泵壳；3—流道；4—叶轮；5—叶片

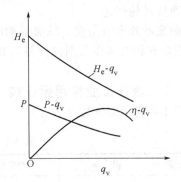

图 3-18　旋涡泵的特性曲线

旋涡泵的效率相当低，一般为 $20\%\sim30\%$。

3.1.6　轴流泵

（1）轴流泵工作原理　轴流泵的简单结构如图3-19所示。转轴带动轴头转动，轴头上装有叶片2。液体顺箭头方向进入泵壳，经过叶片，然后又经过固定于泵壳的导叶3流入压出管路。

叶片本身作等角速度旋转运动，而液体沿半径方向角速度不等，显然，两者在圆周方向必存在相对运动。也就是说，液体以相对速度逆旋转方向对叶片作绕流运动。正是这一绕流运动在叶轮两侧形成压差，产生输送液体所需要的压头。

（2）轴流泵的特性曲线　轴流泵的特性曲线如图3-20所示。从特性曲线可以看出轴流泵有下列特点。

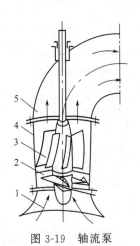

图 3-19　轴流泵

1—吸入室；2—叶片；3—导叶；4—泵体；5—出水弯管

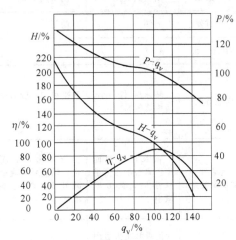

图 3-20　轴流泵的特性曲线

① $H\sim q_v$ 特性曲线很陡，最大压头（$q_v=0$ 时）可能达到额定值的 1.5～2 倍。

② 与离心泵不同，轴流泵流量越小，所需功率越大。在 $q_v=0$ 时，其功率可能超过额

定点的 20%～40%。

③ 高效操作区很小，在额定点两侧效率急剧下降。

轴流泵一般不设置出口阀，调节流量是采用改变泵的特性曲线的办法实现的。常用方法如下。

① 改变叶轮转速。

② 改变叶片安装角度。轴流泵的叶片可以做成可调形式，借助液压或机械结构进行调整，可使泵在较大操作范围内保持高效率。

3.1.7 流程工业常用泵比较

流程工业常用泵比较见表 3-1。

表 3-1 流程工业常用泵的比较

泵的类型		离心泵	轴流泵	旋涡泵	往复泵	旋转泵
流量	均匀性	均匀	均匀	均匀	不均匀	尚可
	恒定性	随管路特性而变			恒定	恒定
	范围	广,易达大流量	大流量	小流量	较小流量	小流量
扬程		不易达到高压头	压头低	压头较高	高压头	较高压头
效率		稍低,愈偏离额定值愈小	稍低,高效区窄	低	高	较高
操作	流量调节	小幅度调节用出口阀,很简便,大泵大幅度调节可调转速	小幅度调节用旁路阀,有些泵可以调节叶片角度	用旁路阀调节	小幅度调节用旁路阀,大幅度调节可调节转速、行程等	用旁路阀调节
	自吸作用	一般没有	没有	部分型号有自吸能力	有	有
	启动	出口阀关闭	出口阀全开	出口阀全开	出口阀全开	出口阀全开
	维修	简便	简便	简便	麻烦	较简便
NPSHr/m		4～8	—	2.5～7	4～5	4～5
构造特点		转速高,体积小,运转平稳,基础小,设备维修较易	与离心泵基本上相同,叶轮较离心式叶片结构简单,制造成本低	转速低,能力(排量)小,设备外形庞大,基础大,与原动机连接较复杂		同离心泵
流量与轴功率关系		依泵比转数而定。离心泵当流量减小时,轴功率减小	依泵比转数而定。轴流泵当流量减小时,轴功率增加	流量减小,轴功率增加	当排出压力一定时,流量减小,轴功率减小	同活塞式
适用范围		流量和压头适用范围广,尤其适用于较低压头、大流量。除高黏度物料不太适合外,可输送各种物料	特别适宜于大流量、低压头	高压头、小流量的清洁液体	适宜于流量不大的高压头输送任务;输送悬浮液要采用特殊结构的隔膜泵	适宜于小流量、较高压头的输送,对高黏度液体较适合

3.1.8 离心式通风机

（1）离心式通风机工作原理 离心式通风机工作原理和离心式鼓风机、离心泵完全一样，图 3-21 为低压离心式通风机。

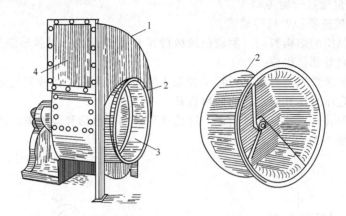

图 3-21 低压离心式通风机
1—机壳；2—叶轮；3—吸入口；4—排出口

（2）离心式通风机的特性曲线

和离心泵一样，通风机在出厂前必须通过试验测定其特性曲线（图 3-22），试验介质是压强为 0.1MPa、温度为 20℃的空气（$\rho'=1.2kg/m^3$）。

离心式通风机的主要参数和离心泵相似，主要包括流量（风量）、全压（风压）、功率和效率。

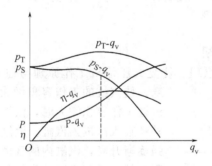

图 3-22 离心通风机的特性曲线

3.1.9 罗茨鼓风机

（1）罗茨鼓风机的工作原理 罗茨鼓风机壳体内装有一对腰形渐开线的叶轮转子，通过主、从动轴上一对同步齿轮的作用，以同步等速向相反方向旋转，将气体从吸入口吸入，气流经过旋转的转子压入腔体，随着腔体内转子旋转腰形容积变小，气体受压排出出口，被送入管道或容器内。工作原理如图 3-23 所示。

罗茨鼓风机属于正位移型，其风量与转速成正比，与出口压强无关，转速一定时，其风量不变。罗茨鼓风机风量为 0.03～9m³/s，出口压强不超过 80kPa。

（2）罗茨鼓风机分类

① 按结构形式分

a. 立式型：罗茨鼓风机两转子中心线在同一垂直平面内，气流水平进，水平出。

b. 卧式型：罗茨鼓风机两转子中心线在同一水平面内，气流垂直进，垂直出。

② 按传动方式分

a. 风机和电机直连式。

b. 风机和电机通过带轮传动式。

c. 风机通过减速器和电机传动式。

（3）罗茨鼓风机的结构特点　罗茨鼓风机的结构主要是由一对腰形渐开线转子、齿轮、轴承、密封和机壳等部件组成。

由于在制造罗茨鼓风机时要求两转子和壳体的装配间隙很小，故其气体在压缩过程中回流现象较小，而且压力比其他形式的鼓风机高。

罗茨鼓风机的转子由叶轮和轴组成，叶轮又可分为直线形和螺旋形，叶轮的叶数一般有两叶、三叶，如图 3-24 所示。

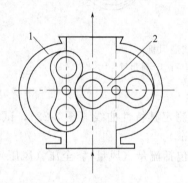

图 3-23　罗茨鼓风机工作原理图
1—外壳；2—转子

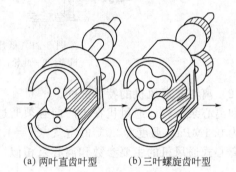

(a) 两叶直齿叶型　　(b) 三叶螺旋齿叶型

图 3-24　罗茨鼓风机转子结构

3.1.10　往复式压缩机

（1）往复式压缩机工作原理　往复式压缩机工作原理与往复泵相似，靠往复运动的活塞，使汽缸的工作容积增大或减小，进行吸气或排气。汽缸工作容积增大时，汽缸中压强降低，低压气体从缸外经吸入阀进入汽缸。汽缸工作容积减小时，汽缸中压强逐渐升高，汽缸内的气体变为高压气体，从排出阀排到缸外。活塞不断地作往复运动，汽缸交替地吸进低压气体和排出高压气体，见图 3-25。

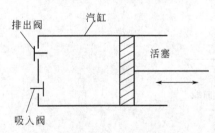

图 3-25　单级往复式压缩机示意

图 3-26 为单作用往复式压缩机的工作过程。图中 p 为汽缸中气体的压强，V 为容积。当活塞运动至汽缸的最左端（图中 A 点）时，压出行程结束。但因为机械结构上的原因，虽然活塞已达行程的最左端，汽缸左侧还有一些容积，称为余隙容积。由于余隙的存在，吸入行程开始阶段为余隙内压强为 p_2 的高压气体膨胀过程，直至气压降至吸入气压 p_1（图中 B 点）吸入活门才开启，压强为 p_1 的气体被吸入缸内。在整个吸气过程中，压强 p_1 基本保持不变，直至活塞移至最右端（图中 C 点），吸入行程结束。当压缩行程开始时，吸入活门关闭，缸内气体被压缩。当缸内气体的压强增大至稍高于 p_2（图中 D 点）时，排出活门开启，气体从缸体排出，直至活塞移至最左端，排出过程结束。

压缩机的一个工作循环由膨胀（AB 段）、吸入（BC 段）、压缩（CD 段）和排出（DA

段）四个阶段组成。四边形 *ABCD* 所包围的面积，为活塞在一个工作循环中对气体所做的功。

（2）往复式压缩机排气量调节　往复式压缩机排气量调节有下述几种方法。

① 补充余隙调节法　调节原理是在汽缸余隙的附近，装置一个补充余隙容积，打开余隙调节阀时，补充余隙便与汽缸余隙相通，实质上等于增大汽缸余隙，使汽缸容积系数降低，减小吸气量，从而减小排气量。这是大型压缩机常用的经济的调节方法。

② 顶开吸入阀调节法　在吸入阀处安装一顶开阀门装置，在排气过程中，强行顶开吸入阀，使部分或全部气体返回吸入管道，以减小送气量。空载启动时常应用此法。

③ 旁路回流调节法　在排气管与吸气管之间安装旁路阀。调节旁路阀，使排出气体的一部分或全部回到吸入管道，减小送到排出管的气量。一般在启动时短时间内应用，或在操作中为调节及稳定各中间压强时应用。

④ 降低吸入压强调节法　部分关闭吸入管路的阀门，使吸入气体压强降低，密度下降，使质量流量降低，达到调节的目的。一般适用于空气压缩机站。

⑤ 改变转速调节法　最直接而经济的方法，适用于以蒸汽机或内燃机带动的压缩机。

⑥ 改变操作台数调节法　当选用的压缩机台数较多时，可根据工作需要，决定工作台数，以增加或减小全系统的排气量。

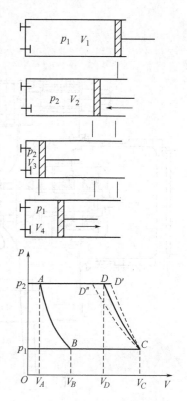

图 3-26　往复式压缩机的工作过程

3.1.11　离心式压缩机

（1）离心式压缩机工作原理　离心式压缩机又称透平压缩机，其结构、工作原理与离心式鼓风机相似，只是叶轮的级数更多，通常在 10 级以上。叶轮转速高，一般在 5000r/min 以上，因此可以产生很高的出口压强。由于气体的体积变化较大，温度升高也较显著，故离心式压缩机常分成几段，每段包括若干级，叶轮直径逐段缩小，叶轮宽度也逐级有所缩小。段与段间设有中间冷却器，将气体冷却，避免气体终温过高。

图 3-27 为离心式压缩机（用于合成气压缩）高压缸结构，图 3-28 为氨压缩机转子结构。

（2）离心式压缩机特性曲线　离心式压缩机的性能曲线与离心泵的特性曲线相似，是由实验测得。图 3-29 所示为离心式压缩机典型的性能曲线，它与离心泵的特性曲线很相像，但其最小流量不等于零，而等于某一定值。离心式压缩机也有一个设计点，实际流量等于设计流量时，效率最高；实际流量与设计流量偏离越大，则效率越低；一般流量越大，压缩比越小，即进气压强一定时出口压强越小。

（3）喘振　当实际流量小于性能曲线所标明的最小流量时，离心压缩机就会出现一种不稳定工作状态，称为喘振。喘振现象开始时，由于压缩机的出口压强突然下降，不能送气，出口管内压强较高的气体就会倒流入压缩机。发生气体倒流后，压缩机内的气量增大，至气量超过最小流量时，压缩机又按性能曲线所示的规律正常工作，重新把倒流进来的气体压送

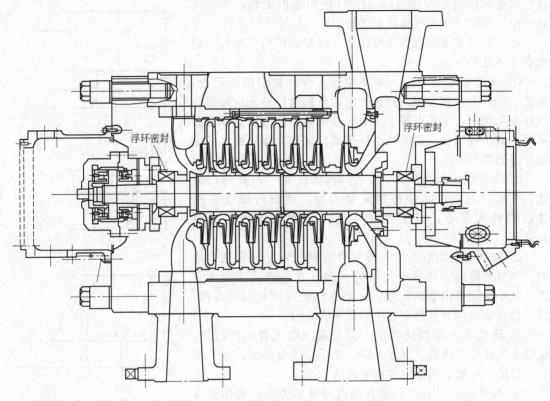

图 3-27　合成气压缩机高压缸（2BCL）结构

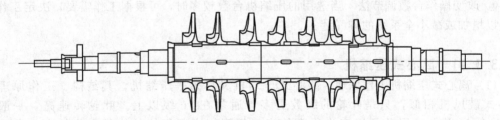

图 3-28　氨压缩机 2MCI528 转子结构

出去。压缩机恢复送气后，机内气量减少，至气量小于最小流量时，压强又突然下降，压缩机出口外压强较高的气体又重新倒流入压缩机内，重复出现上述的现象。这样周而复始地进行气体的倒流与排出。在这个过程中，压缩机和排气管系统产生一种低频率高振幅的压强脉动，使叶轮的应力增加，噪声严重，整个机器强烈振动，无法工作。由于离心式压缩机有可能发生喘振现象，它的流量操作范围受到相当严格的限制，不能小于稳定工作范围的最小流量。一般最小流量为设计流量的 70%～85%。压缩机的最小流量随叶轮的转速的减小而降低，也随气体进口压强的降低而降低。

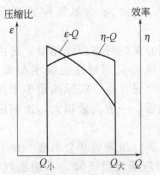

图 3-29　离心式压缩机
典型的性能曲线

（4）离心式压缩机排气量调节　离心式压缩机的排气量调节方法如下。

①调整出口阀的开度　方法很简便，但使压缩比增大，消耗较多的额外功率，不经济。

② 调整入口阀的开度 方法很简便，实质上是保持压缩比，降低出口压强，消耗额外功率较上述方法少，使最小流量降低，稳定工作范围增大。这是常用的调节方法。

③ 改变叶轮的转速 是最经济的方法。

3.1.12 真空泵

真空泵是将气体由大气压以下的低压气体经过压缩而排向大气的设备，也是一种压缩机。虽然称为"泵"，但实际上是气体输送设备。

真空泵与一般压缩机不同在于以下几点。

① 进气压力与排气压力差最多是 1.0133×10^5 Pa，但随着进气压力逐渐趋于真空，压缩比将变得很高。

② 随着真空度的提高，设备中的液体及其蒸气也将越来越容易与气体同时抽吸进来，使真空度下降。

③ 气体密度很小，汽缸容积和功率对比比较大。

（1）真空泵主要性能参数

① 极限真空度（残余压力） 它是真空泵所能达到的最高真空度。习惯上以绝对压强表示，单位为 Pa。

② 抽气速率 单位时间内真空泵在残余压力和温度条件下所能吸入的气体体积，亦即真空泵的生产能力，单位为 m^3/h，L/s。

（2）流程工业中常用的真空泵

① 往复式真空泵 往复式真空泵的构造和原理与往复式压缩机基本相同。但是，真空泵的压缩比很高（例如，对于 95% 的真空度，压缩比约为 20 左右），所抽吸气体的压强很小，故真空泵的余隙容积必须更小。

往复式真空泵所排放的气体不应含有液体，即它属于干式真空泵。

② 水环真空泵 水环真空泵的外壳呈圆形，其中有一叶轮偏心安装，如图 3-30 所示。水环真空泵工作时，泵内注入一定量的水，当叶轮旋转时，由于离心力的作用，将水甩至壳壁形成水环。此水环具有密封作用，使叶片间的空隙形成许多大小不同的密封室。由于叶轮的旋转运动，密封室由小变大形成真空，将气体从吸入口吸入；继而密封室由大变小，气体由压出口排出。

水环真空泵在吸气中可允许夹带少量液体，属于湿式真空泵。

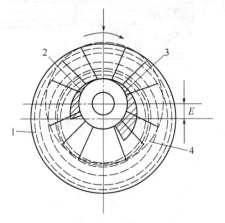

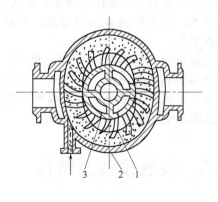

图 3-30　水环真空泵
1—水环；2—排气口；3—吸入口；4—转子

图 3-31　液环真空泵
1—叶轮；2—泵体；3—气体分配器

水环真空泵可作为鼓风机用，所产生的风压（表压）不超过 0.1MPa。

③ 液环真空泵　液环真空泵又称纳氏泵，在流程工业中应用很广，其结构如图 3-31 所示。液环真空泵外壳呈椭圆形，其中装有叶轮，叶轮带有很多爪形叶片。当叶轮旋转时，液体在离心力作用下被甩向四周，沿壁成一椭圆形液环。壳内充液量应使液环在椭圆短轴处充满泵壳与叶轮的间隙，而在长轴方向上形成两月牙形的工作腔。和水环真空泵一样，工作腔也是由一些大小不同的密封室组成的。但是，水环真空泵的工作腔只有一个，是由于叶轮的偏心所造成，而液环真空泵的工作腔有两个，是由于泵壳的椭圆形状所形成。

由于叶轮的旋转运动，每个工作腔内的密封室逐渐由小变大，从吸入口吸进气体，然后由大变小，将气体强行排出。液环真空泵在工作时，所输送的气体不与泵壳直接接触。

液环真空泵除用作真空泵外，也可用作压缩机，产生的压强（表压）可高达 0.5～0.6MPa。

④ 旋片真空泵　旋片真空泵的工作原理见图 3-32。当带有两个旋片 7 的偏心转子按箭头方向旋转时，旋片在弹簧 8 的压力及自身离心力的作用下，紧贴泵体 9 内壁滑动，吸气工作室不断扩大，被抽气体通过吸气口 3 经吸气管 4 进入吸气工作室，当旋片转至垂直位置时，吸气完毕，此时吸入的气体被隔离。转子继续旋转，被隔离的气体逐渐被压缩，压强升高。当压强超过排气阀片 2 上的压强时，则气体经排气管 5 顶开阀片 2，通过油液从泵排气口 1 排出。泵在工作过程中，旋片始终将泵腔分成吸气、排气两个工作室，转子每旋转一周，有两次吸气、排气过程。

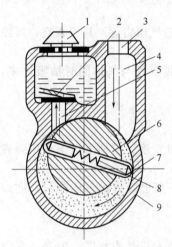

图 3-32　旋片真空泵
工作原理

1—排气口；2—排气阀片；
3—吸气口；4—吸气管；
5—排气管；6—转子；
7—旋片；8—弹簧；9—泵体

旋片真空泵的主要部分浸没于真空油中，目的是密封各部件间隙，充填有害的余隙和得到润滑。此泵属于干式真空泵。

旋片真空泵可达较高的真空度（绝压约为 0.67Pa），抽气速率比较小，适用于抽除干燥或含有少量可凝性蒸气的气体。

⑤ 喷射真空泵　喷射真空泵（图 3-33）是利用高速流体射流时压强能向动能转换所造成的真空，将气体吸入泵内，并在混合室通过碰撞、混合以提高吸入气体的机械能，气体和工作流体一并排出泵外。

喷射真空泵的工作流体可以是水蒸气，也可以是水，前者称为蒸汽喷射泵，后者称为水喷射泵。

单级蒸汽喷射泵仅能达到 90% 的真空度。为获得更高的真空度，可采用多级蒸汽喷射泵，工程上最多采用五级蒸汽喷射泵，其极限真空（绝压）可达 1.3Pa。

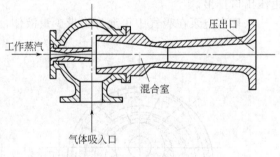

图 3-33　单级蒸汽喷射泵

◎ 3.2　换热设备及特性

3.2.1　换热器分类

（1）按传热特征分类　可分为三类：直接接触式、蓄热式和间壁式。

① 直接接触式　冷热流体在换热器内是以直接混合的方式进行热量交换的。常用于气体的冷却或水蒸气的冷凝，如冷水塔等。

② 蓄热式　蓄热式换热器主要由热容较大的蓄热室构成，室中可充填耐火砖等填料。当冷热两流体交替地通过同一蓄热室时，蓄热室即可将得自热流体的热量传递给冷流体，达到换热的目的。常用于高温气体热量的利用或冷却，蓄热室可分为回转式和固定式两种。

③ 间壁式　间壁式换热器是冷热两流体间用一固体壁（金属、石墨或塑料等材料）隔开，以使两流体进行热量传递而不相互混合。这是化工生产中应用最广泛的类型。

（2）按使用目的分类

① 冷却器　冷却工艺物流的设备。一般冷却剂多采用水，当冷却温度低时，可采用氨或者氟里昂为冷却剂。

② 加热器　加热工艺物流的设备。一般采用水蒸气、热水和烟道气等作为加热介质，当温度要求高时，可采用导热油、熔盐等作为加热介质。

③ 再沸器　用于蒸馏塔底汽化物料的设备。

④ 冷凝器　将气态物料冷凝变成液态物料的设备。

⑤ 蒸发器　专门用于蒸发溶液中的水分或者溶剂的设备。

⑥ 过热器　对饱和蒸气再加热升温的设备。

⑦ 废热锅炉　由工艺的高温物流或者废气中回收其热量而产生蒸汽的设备。

（3）按结构、材料分类

（4）间壁式换热器按传热面的形状和结构分类　见表 3-2。

3.2.2　换热器主要参数

（1）物流方向　一般按以下原则安排物料流向。

走管程：不洁净或易结垢的物料，需提高流速的流体，腐蚀性物料，压力较高的物料。

走壳程：饱和蒸气，黏度大或流量较小的物料，被冷却物料。

（2）流速　流体在管程或壳程中的流速，不仅直接影响传热系数，而且影响污垢热阻。表 3-3 及表 3-4 列出一些工业上常用的流速范围。

表 3-2　间壁式换热器的分类及特点

分　类	名　称	特　　性	相对费用	耗用金属 /(kg/m²)
管壳式	固定管板式	使用广泛,已系列化;壳程不易清洗,管壳两物流温差大于 60℃时应设置膨胀节,最大使用温差不应大于 120℃	1.0	30
	浮头式	壳程易清洗;管壳两物料温差大于 120℃,内垫片易渗漏	1.22	46
	填料函式	优缺点同浮头式,造价高,不宜制造大直径	1.28	
	U 形管式	制造、安装方便,造价较低,管程耐高压;但结构不紧凑,管子不易更换和不易机械清洗	1.01	
板式	板翅式	紧凑,效率高,可多股物料同时热交换,使用温度不大于 150℃		16
	螺旋板式	制造简单、紧凑,可用于带颗粒物料,温位利用好;不易检修	0.6	50
	伞板式	制造简单、紧凑,成本低,易清洗,使用压力不大于 1.18MPa		
	波纹板式	紧凑,效率高,易清洗,使用温度不大于 150℃,使用压力不大于 1.47MPa		16
管式	空冷器	投资和操作费用一般较水冷低,维修容易,但受周围空气温度影响大	0.8~1.8	
	套管式	制造方便,不易堵塞,耗金属多,使用面积不宜大于 20m²	0.8~1.4	150
	喷淋管式	制造方便,可用海水冷却,造价较套管式低,对周围环境有水雾腐蚀	0.8~1.1	60
	箱管式	制造简单,占地面积大,一般作为出料冷却	0.5~0.7	100
液膜式	升降膜式	接触时间短,效率高,无内压降。浓缩比不大于 5		
	刮板薄膜式	接触时间短,适于高黏度、易结垢物料。浓缩比 11~20		
	离心薄膜式	受热时间短,清洗方便,效率高。浓缩比不大于 15		
其他形式	板壳式	结构紧凑,传热好,成本低,压降小,较难制造		24
	热管	高导热性和导温性,热流密度大,制造要求高		

表 3-3　列管换热器内常用流速范围

流体种类	流速/(m/s)	
	管程	壳程
一般液体	0.5~3	0.2~1.5
易结垢液体	>1	>0.5
气体	5~30	3~15

表 3-4　液体在列管换热器中的流速

液体黏度/10⁻³Pa・s	最大流速/(m/s)
>1	2.4
1~35	1.8
53~100	1.5
100~500	1.1
500~1000	0.75
>1500	0.6

（3）压降　换热器管程及壳程的压降常常控制在一定允许范围内。对于液体压降常控制在 10~100kPa 范围内,对于气体压降则以 1~10kPa 为宜。此外,也可根据操作压力不同而有所差别,可参见表 3-5。

表 3-5　换热器操作允许压降

换热器操作压力 p/kPa	允许压降
<100(绝压)	0.1p
0~100(绝压)	0.5p
>100(绝压)	>50kPa

① 管程压降　管程总压降可用下式计算。

$$\Delta p_t = (\Delta p_i + \Delta p_r) F_t N_s N_p \qquad (3-17)$$

式中，每程直管压降 $\Delta p_{\mathrm{i}}=\lambda\dfrac{l}{d}\times\dfrac{u^2\rho}{2}$；每程回管压降 $\Delta p_{\mathrm{r}}=3\times\dfrac{u^2\rho}{2}$；$F_{\mathrm{t}}$ 为管程压降结垢校正系数，对 FA 型为 1.5，FB 型为 1.4；N_{s} 为壳程数；N_{p} 为管程数。

② 壳程压降　壳程压降计算方法很多，差异也较大。一般壳程总压降 Δp_{s} 可按管束压降和折流板缺口压降计算。

（4）管子的规格和排列　我国目前实行的系列标准中规定采用的管子是 $\phi25\mathrm{mm}\times2.5\mathrm{mm}$ 和 $\phi19\mathrm{mm}\times2\mathrm{mm}$ 两种规格。此外，还有 $\phi38\mathrm{mm}\times2.5\mathrm{mm}$、$\phi57\mathrm{mm}\times2.5\mathrm{mm}$ 的无缝钢管和 $\phi25\mathrm{mm}\times2\mathrm{mm}$、$\phi38\mathrm{mm}\times2.5\mathrm{mm}$ 的耐酸不锈钢管。管子分为 1.5m、2m、3m、4.5m 和 6m 几种，而以 3m 和 6m 更为普遍。管子在管板中的排列方法常用的有等边三角形、正方形直列和正方形错列三种。

（5）传热量及传热温差

（6）传热面积

3.2.3　蒸发器

（1）蒸发器组成　蒸发器不论结构形式如何，均由加热室、流动（或循环）通道、汽液分离空间三部分组成。

（2）蒸发器种类

（3）各类型蒸发器的结构与特点　各类蒸发器的结构与特点见表 3-6。

表 3-6　各类蒸发器的结构与特点

名　称	结　构	特　点
垂直短管式蒸发器	加热室由管径为 $\phi25\sim75\mathrm{m}$，长为 $1\sim2\mathrm{m}$ 垂直列管组成，管外通加热蒸汽。管束中央有一根直径很大的管子，截面积为其余加热管总截面积 $40\%\sim100\%$	中央循环管式 自然对流 循环速度 $0.1\sim0.5\mathrm{m/s}$ 料液滞留量大
外加热式蒸发器	采用长加热管，管长与直径之比 $L/D=50\sim100$	循环管不再受热 循环速度 $1.5\mathrm{m/s}$ 自然对流
强制循环式蒸发器	列管结构基本同上，加循环泵增加料液流动速度	强制对流 循环速度 $1.8\sim5\mathrm{m/s}$
升膜式蒸发器	加热管束 $3\sim10\mathrm{m}$ 溶液由加热管底进入，汽液混合物由管口高速冲出	有较高的传热系数 管上端出口速度 $20\sim50\mathrm{m/s}$ 不适用于黏度大于 $0.05\mathrm{Pa\cdot s}$ 的物料
降膜式蒸发器	料液从加热室顶部加入，经液体分布器后呈膜状向下流动	用于黏度较大的物料（$0.05\sim0.45\mathrm{Pa\cdot s}$）
旋转刮片式蒸发器	加热管为一根较粗的直立圆管，中、下部设有两个夹套进行加热，圆管中心装有旋转刮板	专门用于高黏度易结晶、结垢的浓溶液的蒸发

垂直短管式蒸发器结构见图 3-34，外加热式蒸发器结构见图 3-35，强制循环式蒸发器结构见图 3-36，升膜式蒸发器结构见图 3-37，降膜式蒸发器结构见图 3-38，旋转刮片式蒸发器结构见图 3-39。

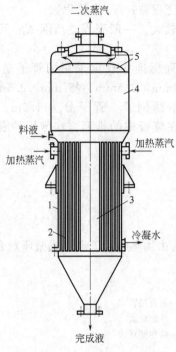

图 3-34　垂直短管式蒸发器
1—外壳；2—加热室；3—中央循环管；
4—蒸发室；5—除沫器

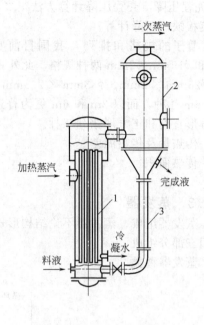

图 3-35　外加热式蒸发器
1—加热室；2—蒸发室；3—循环管

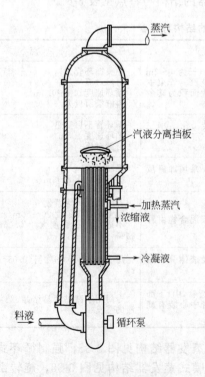

图 3-36　强制循环式蒸发器

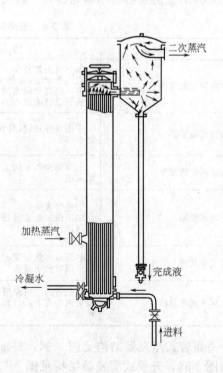

图 3-37　升膜式蒸发器

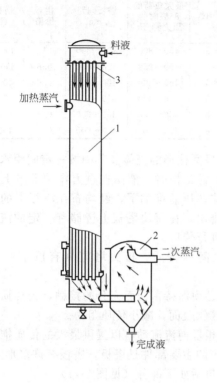
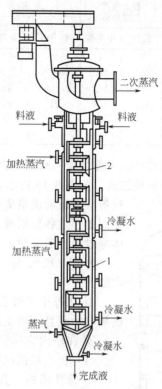

图 3-38　降膜式蒸发器　　　　　　图 3-39　旋转刮片式蒸发器
1—加热室；2—分离器；3—液体分布器　　　　1—夹套；2—刮板

◎ 3.3　分离设备及特性

3.3.1　概述

前一章叙述化工分离过程，它包括机械分离和传质分离，那么分离设备也就是机械分离设备与传质分离设备。机械分离设备主要用于气固分离；化工传质设备，有气（汽）液传质设备，它主要用于气体吸收和精馏（蒸馏）；液液传质设备用于液体萃取；液固传质设备主要用于结晶。

气液传质设备种类繁多，但基本上可以分为两大类：逐级接触式（板式塔）和微分接触式（填料塔）。

3.3.2　板式塔

（1）板式塔分类　大致可分为两类。

① 有降液管塔板（错流式）：筛板、浮阀板、泡罩板、导向筛板、舌形板、多降液管塔板等。

② 无降液管塔板（逆流式）：穿流筛板、穿流栅板、波纹穿流塔板等。

工业上通常选用筛板塔和浮阀塔两种。

（2）板式塔性能　板式塔结构性能比较见表 3-7。

87

表 3-7　板式塔结构性能比较

塔板类型	板上蒸汽相对负荷		效率/%		操作弹性	最大负荷的85%时的压力降/Pa	塔板间距/mm	相对价格	塔板压力/(N/m²)
	低值	中等值	85%最大负荷时	在允许可变负荷之下					
泡罩	1	1	80	60～80	4～5	450～800	400～800	1	900～1400
槽形泡罩	0.7	0.8	60～70	55～60	3～4	500～850	400～600	0.8	800～1400
S形泡罩	1.1	1.2	80～90	60～80	4～5	450～800	400～800	0.6	400～700
T形泡罩	1.1	1.2	85	70～90	4～6	450～600	300～600	0.8	400～700
盘式浮阀	1.2	1.3	80	70～90	5～8	450～600	300～600	0.7	400～700
重盘式浮阀	1.2	1.5	80	70～90	5～8	400～600	300～600	0.7	400～600

（3）板式塔的工作过程　板式塔由一个通常呈圆柱形的壳体及其中按一定间距水平设置的若干块塔板所组成。如图 3-40 所示，板式塔正常工作时，液体在重力作用下自上而下通过各层塔板后由塔底排出；气体在压差推动下，经均布在塔板上的开孔由下而上穿过各层塔板后由塔顶排出，在每块塔板上皆储有一定的液体，气体穿过板上液层时，两相接触进行传质。

为有效地实现气液两相之间的传质，板式塔应具有以下两方面的功能。

① 在每块塔板上气液两相必须保持密切而充分的接触，为传质过程提供足够大而且不断更新的相际接触表面，减小传质阻力。

② 在塔内应尽量使气液两相呈逆流流动，以提供最大的传质推动力。

（4）板式塔的结构　板式塔的主要部件是塔板，塔板有许多形式。

① 筛孔塔板　其主要构造包括如下部分（见图 3-41）。

a. 塔板上的气体通道——筛孔。塔板上均匀地开有一定数量筛孔作为气体自下而上流动的通道。

筛孔的直径通常是 3～8mm，也有直径为 12～25mm 的大孔径筛板。

b. 溢流堰。为保证气液两相在塔板上有足够的接触表面，塔板上必须储有一定量的液体。为此，在塔板的出口端设有溢流堰。最常见的溢流堰其上缘是平直的。通常溢流堰的高度以 h_w 表示，长度以 l_w 表示。

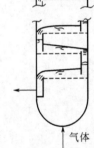

图 3-40　板式塔结构简图

c. 降液管。作为液体自上层塔板流至下层塔板的通道，每块塔板通常附有一个降液管。板式塔在正常工作时，液体从上层塔板的降液管流出，横向流过开有筛孔的塔板，翻越溢流堰，进入该层塔板的降液管，流向下层塔板。

降液管一般为弓形［图 3-41（a）］，偶尔也有采用圆形降液管［图 3-41（b）］。在圆形降液管的出口附近应设置堰板，称为入口堰。

降液管的下端必须保证液封，使液体能从降液管底部流出而气体不能窜入降液管。为此，降液管下缘的缝隙 h_0 必须小于堰高 h_w。

通常一块塔板只有一个降液管，当塔径或液体流量很大时，降液管的数目将不止一个。

② 泡罩塔板　泡罩塔板的气体通路是由升气管和泡罩构成的（图 3-42）。升气管是泡罩塔区别于其他塔板的主要结构特征。

由于升气管的存在，泡罩塔板即使在气体负荷很低时也不会发生严重漏液，因而具有很大的操作弹性。

③ 浮阀塔板　在塔板开孔上方设有浮动的盖板——浮阀（图 3-43）。浮阀可根据气体的流量自行调节开度。这样，在低气量时阀片处于低位，开度较小，气体仍以足够气速通过环隙，避免过多的漏液；在高气量时阀片自动浮起，开度增大，使气速不致过高，从而降低了高气速时的压降。

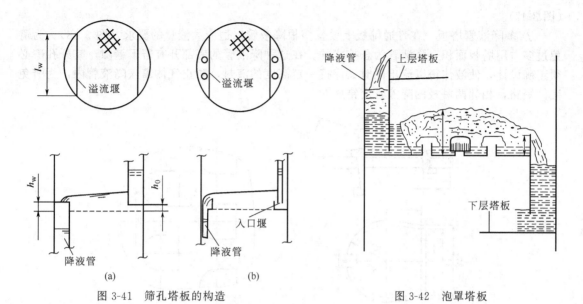

图 3-41　筛孔塔板的构造　　　　　　　图 3-42　泡罩塔板

④ 舌形塔板　图 3-44 所示为舌形塔板。

舌孔的张角一般为 20°左右，由舌孔喷出的气流方向近于水平，产生的液滴几乎不具有向上的初速度。因此，这种舌形塔板液沫夹带量较小，在低液气比下，塔板生产能力较高。

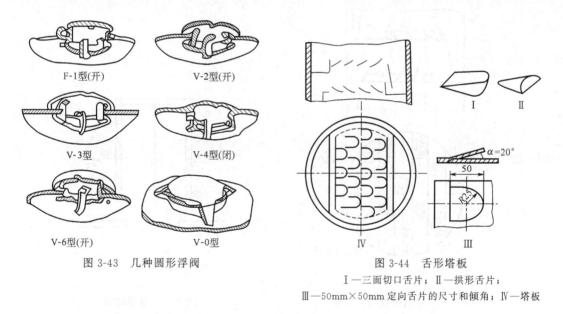

图 3-43　几种圆形浮阀　　　　　　　　图 3-44　舌形塔板

　　　　　　　　　　　　　　　Ⅰ—三面切口舌片；Ⅱ—拱形舌片；
　　　　　　　　　　　　　　　Ⅲ—50mm×50mm 定向舌片的尺寸和倾角；Ⅳ—塔板

为使舌形塔板能够适应低负荷生产，提高其操作弹性，采用浮动舌片，这种塔板称为浮舌塔板（图 3-45）。

⑤ 网孔塔板　网孔塔板采用冲有倾斜开孔的薄板制造（图 3-46），具有舌孔塔板的特点，并易于加工。这种塔板还装有若干块用同样薄板制造的碎流板，碎流板对液体起拦截作用，避免液体被连续加速，使板上液体滞留量适当增加。同时，碎流板还可以捕获气体夹带的小液滴，减少液沫夹带量。

⑥ 垂直筛板　垂直筛板是在塔板上开有若干直径为 $100\sim200$mm 的大圆孔，孔上设置圆柱形泡罩，泡罩的下缘与塔板有一定间隙，使液体能进入罩内。泡罩侧壁开有许多筛孔

（图 3-47）。

⑦ **多降液管塔板** 在普通筛板上设置多根降液管以适应大液量的要求（图 3-48）。为避免过多占用塔板面积，降液管为悬挂式的。在这种降液管的底部开有若干缝隙，其开孔率必须正确设计，使液体得以流出同时又保持一定高度的液封，防止气体窜入降液管内，为避免液体短路，相邻两塔板的降液管交错成 90°。

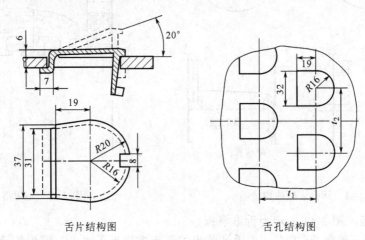

舌片结构图　　　　　　　　　　舌孔结构图

图 3-45　浮舌塔板

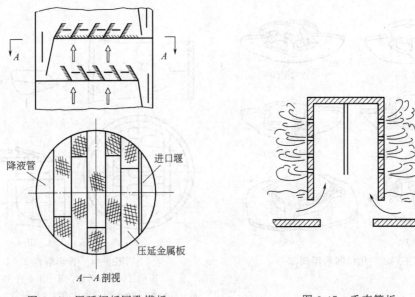

图 3-46　压延钢板网孔塔板　　　　　图 3-47　垂直筛板

⑧ **林德筛板** 林德筛板是专为真空精馏设计的高效低压降塔板。林德筛板如图 3-49 所示，它在整个筛板上布置一定数量的导向斜孔；并在塔板入口处设置鼓泡促进装置。

导向斜孔的作用是利用部分气体的动量推动液体流动，以降低液层厚度并保证液层均匀。

鼓泡促进装置可使气流分布更加均匀。在普通筛板入口处，因液体充气程度较低，液层阻力较大而气体孔速较小。

林德筛板压降小而效率高（一般为 80%～120%），操作弹性也比普通筛板有所增加。

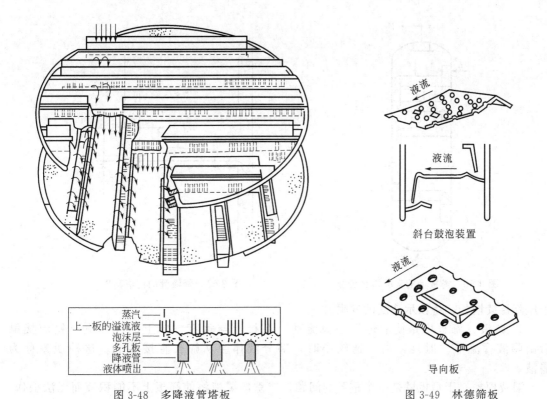

蒸汽
上一板的溢流液
泡沫层
多孔板
降液管
液体喷出

图 3-48 多降液管塔板

液流

液流

斜台鼓泡装置

液流

导向板

图 3-49 林德筛板

（5）板式塔的不正常操作现象

① 夹带液泛 从图 3-50 可以看出，当净液体流量为 L 时，液沫夹带使塔板上和降液管内的实际液体流量增加为 $L+e'$。若维持净液体流量 L 不变，增大气速，夹带量 e' 增大，进入塔板的实际液体流量 $L+e'$ 亦增大。

为使更多的液体横向流过塔板，板上的液层厚度必相应增加。液层厚度的增加，相当于板间距减小，在同样气速下，夹带量 e' 将进一步增加。这样，在塔板上可能产生恶性循环。

当液层厚度较低时，液层厚度的增加对液沫夹带量的影响不大，恶性循环不会发生，塔设备可正常地进行定态操作。

对一定的液体流量，气速越大，e' 越大，液层越厚，液层厚度的增加对夹带量 e' 的影响越显著。当气速增至某一定数值时，塔板上必将出现恶性循环，板上液层不断地增厚而不能达到平衡。最终液体将充满全塔，并随气体从塔顶溢出，这种现象称为夹带液泛。

塔板上开始出现恶性循环的气速称为液泛气速。液泛气速与液体流量有关，液体流量越大，液泛气速越低。

② 溢流液泛 因降液管通过能力的限制而引起的液泛称为溢流液泛。

降液管是沟通相邻两塔板空间的液体通道，其两端的压差即为板压降。液体自低压空间流至高压空间。塔板正常工作时，降液管的液面必高于塔板入口处的液面，其差值为板压降 h_f 与液体经过降液管的阻力损失 $\sum h_f$ 之和（图 3-51）。

板压降太大通常是使降液管内液面太高的主要原因。如塔内某块塔板的降液管有堵塞现象，液体流过该降液管的阻力损失 $\sum h_f$ 急剧增加，该塔板降液管内的液面首先升至溢流堰上缘。此时，该层塔板将产生积液，并依次使其上面诸板的降液管内泡沫层高度上升，最终使其上各层塔板空间充满液体造成液泛。

液泛现象，无论是夹带液泛还是溢流液泛皆导致塔内积液。在操作时，气体流量不变而

91

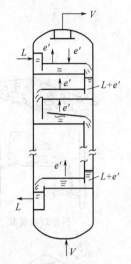

图 3-50 塔板上的实际液体流量

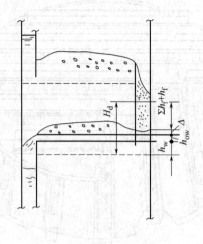

图 3-51 降液管的清液高度

板压降持续增长，将预示液泛的发生。

③ 漏液 筛板塔是使液体沿塔板流动，在板上与垂直方向上的气体进行错流接触后由降液管流下。但是，当气速较小时，部分液体会从筛孔直接落下。这种现象称为漏液。

漏液现象对于筛板塔是一个重要的问题，严重的漏液将使筛板上不能积液而无法操作。长期以来，漏液现象成为筛板塔不能推广应用的主要障碍。要避免漏液，气体必须分布均匀，使每一个筛孔都有气体通过。

3.3.3 填料塔

（1）填料塔的结构 典型填料塔的结构如图 3-52 所示。塔体为一圆筒，筒内堆放一定

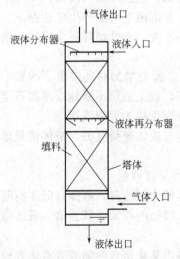

图 3-52 填料塔的结构

高度的填料。操作时，液体自塔上部进入，通过液体分布器均匀喷洒于塔截面上，在填料表面呈膜状流下。填充高度较高的填料塔可将填料分层，各层填料之间设置液体再分布器，收集上层流下的液体，并将液体重新均布于塔截面。气体自塔下部进入，通过填料层中的空隙由塔顶排出。离开填料层的气体可能挟带少量液沫，必要时可在塔顶安装除沫器。

（2）几种常用填料 常用填料有散装填料和规整填料两大类，前者可以在塔内乱堆，也可以整砌。各种填料的形状如图 3-53 所示。

① 拉西环 它是一段高度和外径相等的短管，可用陶瓷和金属制造。拉西环形状简单，制造容易。

② 鲍尔环 鲍尔环的构造是在拉西环的壁上沿周向冲出一层或两层长方形小孔，但小孔的母材不脱离圆环，而是将其向内弯向环的中心。鲍尔环这种构造提高了环内空间和环内表面的有效利用程度，使气体流动阻力大为降低，因而对真空操作尤为适用。鲍尔环可用陶瓷、金属或塑料制造。

③ 矩鞍形填料 矩鞍形填料又称英特洛克斯鞍（Intalox saddle）。这种填料结构不对称，填料两面大小不等，堆积时不会重叠，填料层的均匀性大为提高。

④ 阶梯环　阶梯环的构造与鲍尔环相似，环壁上开有长方形孔，环内有两层交错 45° 的十字形翅片。阶梯环比鲍尔环短，高度通常只有直径的一半。阶梯环的一端制成喇叭口形状，因此，在填料层中填料之间呈多点接触，床层均匀且空隙率大。与鲍尔环相比，气体流动阻力可降低 25% 左右，生产能力可提高 10%。

⑤ 金属英特洛克斯填料　金属英特洛克斯填料把环形结构与鞍形结构结合在一起，气体压降低，可用于真空精馏，处理能力大。

⑥ 网体填料　以金属网或多孔金属片为基本材料制成的填料，通称为网体填料。网体填料也可制成不同形状，如网环和鞍形网等 [见图 3-53 (f)、(g)]。

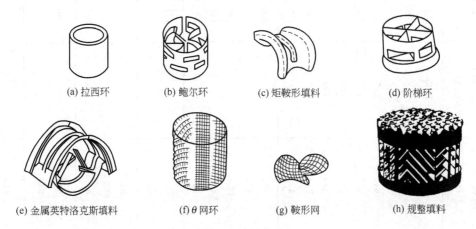

(a) 拉西环　　(b) 鲍尔环　　(c) 矩鞍形填料　　(d) 阶梯环

(e) 金属英特洛克斯填料　　(f) θ 网环　　(g) 鞍形网　　(h) 规整填料

图 3-53　填料的形状

网体填料的特点是网材薄，填料尺寸小，比表面积和空隙率都很大，液体均布能力强。因此，网体填料的气体阻力小，传质效率高。

⑦ 规整填料　是将金属丝网或多孔板压制成波纹状并叠成圆筒形整块放入塔内。对大直径的塔，可分块拼成圆筒形砌入塔内。表 3-8 为几种常用填料的特性数据。

（3）填料特性的评价　气液两相在填料表面进行逆流接触，填料不仅提供了气液两相接触的传质表面，而且促使气液两相分散，并使液膜不断更新。填料性能可由下列三方面予以评价。

① 比表面积 a　填料应具有尽可能多的表面积以提供液体铺展，形成较多的气液接触界面。单位填充体积所具有的填料表面称为比表面积 a，单位为 m^2/m^3。对同种填料，小尺寸填料具有较大的比表面积，但填料过小不但造价高，而且气体流动的阻力大。

② 空隙率 ε　在填料塔内气体是在填料间的空隙内通过的。流体通过颗粒层的阻力与空隙率 ε 密切相关。为减小气体的流动阻力，提高填料塔的允许气速（处理能力），填料层应有尽可能大的空隙率。

③ 填料的几何形状　比表面积、空隙率大致接近而形状不同的两种填料在流体力学与传质性能上可有显著区别。形状理想的填料为气液两相提供了合适的通道，气体流动的压降低，通量大，且液流易于铺展成液膜，液膜的表面更新迅速。

对具有代表性的九种填料的十方面性能指标，采用模糊数学方法进行综合评估，得到了九种填料的综合性能，可供设计时参考，见表 3-9。

（4）填料塔操作状况

① 填料塔中的持液量　在填料塔中流动的液体占有一定的体积，操作时单位填充体积所具有的液体量称为持液量（m^3/m^3）。

表 3-8　几种常用填料的特性数据

填料名称	尺寸/mm	材质及堆积方式	比表面积 a/(m²/m³)	空隙率 ε/(m³/m³)	每立方米填料个数	堆积密度 ρ_p/(kg/m³)	干填料因子 (a/ε³)/m⁻¹	填料因子 φ/m⁻¹	备注
拉西环	10×10×1.5	瓷质乱堆	440	0.70	720×10³	700	1280	1500	
	10×10×0.5	钢质乱堆	500	0.88	800×10³	960	740	1000	
	25×25×2.5	瓷质乱堆	190	0.78	49×10³	505	400	450	
	25×25×0.8	钢质乱堆	220	0.92	55×10³	640	290	260	
	50×50×4.5	瓷质乱堆	93	0.81	6×10³	457	177	205	直径×高×厚
	50×50×4.5	瓷质整砌	124	0.72	8.83×10³	673	339		
	50×50×1	钢质乱堆	110	0.95	7×10³	430	130	175	
	80×80×9.5	瓷质乱堆	76	0.68	1.91×10³	714	243	280	
	76×76×1.5	钢质乱堆	68	0.95	1.87×10³	400	80	105	
鲍尔环	25×25	瓷质乱堆	220	0.76	48×10³	505		300	直径×高
	25×25×0.6	钢质乱堆	209	0.94	61.1×10³	480		160	直径×高×厚
	25	塑料乱堆	209	0.90	51.1×10³	72.6		170	直径
	50×50×4.5	瓷质乱堆	110	0.81	6×10³	457		130	
	50×50×0.9	钢质乱堆	103	0.95	6.2×10³	355		66	
阶梯环	25×12.5×1.4	塑料乱堆	223	0.90	81.5×10³	97.8		172	直径×高×厚
	33.5×19×1.0	塑料乱堆	132.5	0.91	27.2×10³	57.5		115	
金属英特洛克斯	25	钢质	228	0.962		301.1			名义尺寸
	40	钢质	169	0.971		232.3			
	50	钢质	110	0.971	11.1×10³	225	110	140	
矩形鞍	25×3.3	瓷质	258	0.775	84.6×10³	548		320	名义尺寸×厚
	50×7	瓷质	120	0.79	9.4×10³	532		130	
θ网环	8×8	镀锌铁丝网	1030	0.936	2.12×10³	490			40目,丝径0.23～0.25mm
散形网	10	丝网	1100	0.91	4.56×10³	340			60目,丝径0.152mm

表 3-9　九种填料综合性能评定

填　料	评估值	语言值	排序	填　料	评估值	语言值	排序
丝网波纹填料	0.86	很好	1	金属鲍尔环	0.51	一般好	6
孔板波纹填料	0.61	相当好	2	瓷矩鞍形	0.41	较好	7
金属矩鞍形	0.59	相当好	3	瓷鞍形环	0.38	略好	8
金属鞍形环	0.57	相当好	4	瓷拉西环	0.36	略好	9
金属阶梯环	0.53	一般好	5				

持液量与填料表面的液膜厚度有关。液体喷淋量大，液膜增厚，持液量也加大。在一般填料塔操作的气速范围内，由于气体上升对液膜流下造成的阻力可以忽略，气体流量对液膜厚度及持液量的影响不大。

② 气体在填料层内的流动　气体通过干填料层（液相流量 $L=0$）的压降与流速的关系如图 3-54 中直线所示，其斜率为 1.8～2.0。

当气液两相逆流流动时，液膜占去了一部分气体流动的空间。在相同的气体流量下，填料空隙间的实际气速有所增加，压降也相应增大。同理，在气体流量相同的情况下，液体流量越大，液膜越厚，压降越大，如图 3-54 所示。

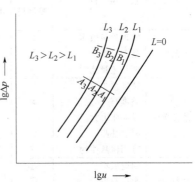

图 3-54　填料塔压降与
空塔速度的关系

③ 气液两相流动的交互影响和载点　低气速操作时，膜厚随气速变化不大，液膜增厚所造成的附加压降增高并不显著。如图 3-54 所示，此时压降曲线基本上与干填料层的压降曲线平行。高气速操作时，气速增大引起的液膜增厚对压降有显著影响，此时压降曲线变陡，其斜率可远大于 2。

图 3-54 中 A_1、A_2、A_3 等点表示在不同液体流量下，气液两相流动的交互影响开始变得比较显著。这些点称为载点。

④ 填料塔的液泛　自载点以后，气液两相的交互作用越来越强烈。当气液流量达到某一定值时，两相的交互作用恶性发展，将出现液泛现象，在压降曲线上，出现液泛现象的标志是压降曲线近于垂直。压降曲线明显变为垂直的转折点（图 3-54 中的 B_1、B_2、B_3 等点）称为泛点。

3.3.4　萃取设备

（1）液液萃取设备的分类　萃取设备与气液传质设备一样，必须要求两相充分接触并有效分离。液液萃取设备种类很多，目前已有 30 余种不同形式的萃取设备在工业上获得应用。若根据两相接触方式，萃取设备可分为逐级接触式和微分接触式两类，而每一类又可分为有外加能量和无外加能量两种，表 3-10 列出几种常用的萃取设备。

表 3-10　液液萃取设备的分类

类　型		逐级接触式	微分接触式
无外加能量		筛板塔	喷洒萃取塔 填料萃取塔
有外加能量	搅拌	混合-澄清槽 搅拌-填料塔	转盘塔 搅拌挡板塔
	脉动		脉冲填料塔 脉冲筛板塔 振动筛板塔
	离心力	逐级接触离心式萃取器	连续接触离心式萃取器

（2）液液萃取设备的选择　萃取设备的种类很多，每种设备均有各自的特点。从技术和经济两方面看，某一种设备不可能对所有的溶剂萃取过程都适用，应该根据萃取体系的物理化学性质、处理量、萃取要求及其在其他一些方面的适应能力来评价和选择萃取设备。

表 3-11 给出根据工艺要求和操作特性进行萃取设备选择的一般原则。

表 3-11　萃取设备选择原则

比　较　项　目		设　备　名　称						
		喷洒塔	填料塔	筛板塔	转盘塔	脉冲筛板塔 振动筛板塔	离心萃取器	混合-澄清槽
工艺条件	需理论级数多	×	○	○	⊙	⊙	○	○
	处理量大	×	×	○	⊙	×	×	○
	两相流量比大	×	×	×	○	○	⊙	⊙
系统费用	密度差小	×	×	○	○	○	⊙	○
	黏度高	×	×	○	○	○	⊙	○
	界面张力大	×	×	×	○	○	⊙	○
	腐蚀性高	⊙	⊙	○	○	○	×	×
	有固体悬浮物	⊙	×	×	⊙	○	×	○
设备费用	制造成本	⊙	○	○	○	○	×	○
	操作费用	⊙	○	○	○	○	×	○
	维修费用	⊙	○	○	○	○	×	○
安装场地	面积有限	⊙	⊙	⊙	⊙	⊙	⊙	×
	高度有限	×	×	×	○	○	⊙	⊙

注：⊙表示适用，○表示可以，×表示不适用。

（3）萃取设备的结构

① 多级混合-澄清槽　是一种典型的逐级接触式液液传质设备，其每一级包括混合器和澄清槽两部分（图 3-55）。实际生产中，混合-澄清槽可以单级使用，也可以多级按逆流、并流或错流方式组合使用。

② 筛板塔　用于液液传质过程的筛板塔的结构及两相流动情况，与气液系统中的筛板塔颇为相似。轻、重两相在塔内作逆流流动，而在每块塔板上两相呈错流接触。如果轻液为分散相，塔的基本结构与两相流动情况如图 3-56 所示。

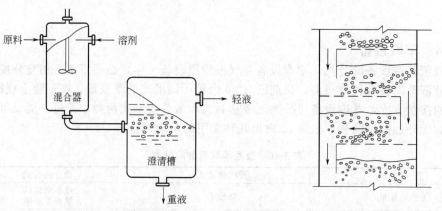

图 3-55　混合-澄清槽　　　　　　　　图 3-56　轻相为分散相的筛板塔

③ 喷洒塔　是由无任何内件的圆形壳体及液体引入和移出装置构成的，是结构最简单的液液传质设备（图 3-57）。

喷洒塔在操作时，轻、重两液体分别由塔底和塔顶加入，并在密度差作用下呈逆流流动。轻、重两液体中，一液体作为连续相充满塔内主要空间，而另一液体以液滴形式分散于连续相，从而使两相接触传质。塔体两端各有一个澄清室，以供两相分离。

④ 填料塔　用于液液传质的填料塔结构与气液系统的填料塔基本相同，也是由圆形外壳及内部填料所构成。在气液系统中所用的各种典型填料，如鲍尔环、拉西环、鞍形填料及其他各种新型填料对液液系统仍然适用。填料层通常用栅板或多孔板支承。为防止沟流现象，填料尺寸不应大于塔径的1/8。分散相液体必须直接引入填料层内，通常应深入填料层25～50mm。

⑤ 脉冲填料塔　在普通填料塔内提供外加机械能以造成脉动，这种填料塔称为脉冲填料塔。脉动的产生，通常可由往复泵来完成。在特殊情况下，也可用压缩空气来实现。

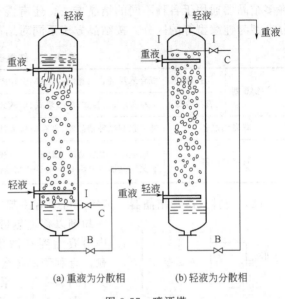

(a) 重液为分散相　　(b) 轻液为分散相

图 3-57　喷洒塔

⑥ 脉动筛板塔　脉动筛板塔的结构见图 3-58，轻、重液体皆穿过塔内筛板呈逆流接触，分散相在筛板之间不凝聚分层。周期性的脉动在塔底由往复泵造成。筛板塔内加入脉动，同样可以增加相际接触表面及其湍动程度而没有填料重排问题，故传质效率可大幅度提高。

⑦ 振动筛板塔　振动筛板塔的基本结构特点是塔内的无溢流筛板不与塔体相连，而固定于一根中心轴上。中心轴由塔外的曲柄连杆机构驱动，以一定的频率和振幅往复运动（图3-59）。

⑧ 转盘塔　转盘塔的主要结构特点是在塔体内壁按一定间距设置许多固定环，而在旋转的中心轴上按同样间距安装许多圆形转盘（图 3-60）。

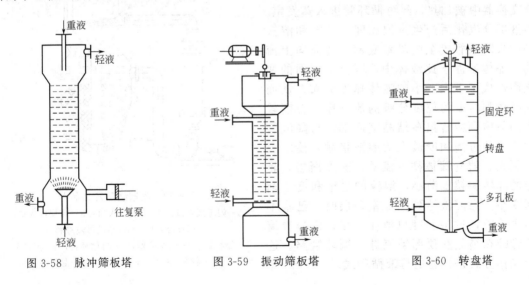

图 3-58　脉冲筛板塔　　　　图 3-59　振动筛板塔　　　　图 3-60　转盘塔

3.3.5　结晶设备

（1）结晶器分类　结晶器种类繁多，有许多形式的结晶器专用于某一种结晶方法，又有许多结晶器通用于各种不同的结晶方法。还有混合型与分级型、母液循环型与晶浆循环型、分批型与连续型等的区分。按结晶方法不同对结晶器分类见表3-12。

表3-12　结晶器的分类

冷却结晶器	间接冷却	混合悬浮混合出料结晶器（MSMPR）、外循环式冷却结晶器、锥形分级结晶器（Howard）
	直接冷却	简单釜状、回转式、湿壁塔式、淋洒式、Cerny直冷式
蒸发结晶器		外部强制循环结晶器、带有机械搅拌的结晶器
真空结晶器		Swenson强迫循环结晶器、Oslo流化床型结晶器、DTB带有导流筒及挡板的结晶器、双螺旋桨结晶器（DP型）、Standard Messo湍流结晶器

（2）搅拌式冷却结晶器　搅拌釜可装有冷却夹套或内螺旋管，在夹套或内螺旋管中通入冷却剂以移走热量。釜内搅拌以促进传热和传质速率，使釜内溶液温度和浓度均匀，同时使晶体悬浮，与溶液均匀接触，有利于晶体各晶面均匀成长。这种结晶器既可连续操作又可间歇操作。采用不同的搅拌速度可制得不同的产品粒度。

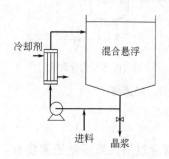

图3-61　外循环搅拌式
冷却结晶器

图3-61所示为外循环搅拌式冷却结晶器，它由搅拌结晶釜、冷却器和循环泵组成。从搅拌釜出来的晶浆与进料溶液混合后，在泵的输送下经过冷却器降温形成过饱和度进入搅拌釜结晶。泵使晶浆在冷却器和搅拌结晶釜之间不断循环，外置的冷却器换热面积可以做得较大，这样大大强化了传热速率。

（3）奥斯陆蒸发结晶器　图3-62所示为奥斯陆蒸发结晶器。结晶器由蒸发室与结晶室两部分组成。蒸发室在上，结晶室在下，中间由一根中央降液管相连接。结晶室的器身带有一定的锥度，下部截面较小，上部截面较大。母液经循环泵输送后与加料液一起在热交换器中被加热，经再循环管进入蒸发室，溶液部分汽化后产生过饱和度。过饱和溶液经中央降液管流至结晶室底部，转而向上流动。晶体悬浮于此液体中，因流道截面的变化而形成了下大上小的液体速度分布，从而使晶体颗粒成为粒度分级的流化床。粒度较大的晶体颗粒富集在结晶室底部，与降液管中流出的过饱和度最大的溶液接触，使之长得更大。随着液体往上流动，速度渐慢，悬浮的晶体颗粒也渐小，溶液的过饱和度也渐渐变小。当溶液达到结晶室顶层时，已基本不含晶粒，过饱和度也消耗殆尽，作为澄清的母液在结晶室顶部溢流进入循环管路。这种操作方式是典型的母液循环式。

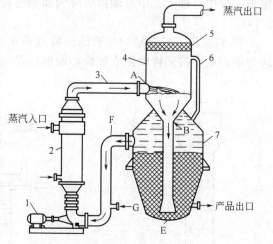

图3-62　奥斯陆蒸发结晶器

A—闪蒸区入口；B—介稳区入口；E—床层区入口；
F—循环流入口；G—结晶母液进料口
1—循环泵；2—热交换器；3—再循环管；4—蒸发室；
5—筛网分离器；6—排气管；7—悬浮室

3.3.6　气固分离设备

工业上实用的气固分离设备一般可归纳为四大类，见表3-13。

表 3-13　气固分离方法与设备

分类	机械力分离			电除尘	过滤分离	洗涤分离
设备形式	重力降尘室	惯性分离器	旋风分离器	电除尘器	袋滤器、空气过滤器、颗粒层过滤器	喷淋塔、喷射洗涤器、文氏洗涤器、填料塔、泡沫洗涤器等
主要作用力	重力	惯性力	离心力	库仑力	惯性碰撞、拦截、扩散等	惯性碰撞、拦截、扩散等
分离界面	流动死区	器壁	器壁	沉降电极	滤料层	液滴表面
排料	重力	重力	重力、气流曳力	振打	脉冲反吹	液体排走
气速/(m/s)	1.5~2	15~20	20~30	0.8~1.5	0.01~0.3	
压降	很小	中等	较大	很小	中等	中等到较大
经济除净粒径/μm	≥100	≥40	≥5~10	≥0.01~0.1	≥0.1	≥0.1~1
使用温度	不限	不限	不限	对温度敏感	取决于滤料	常温
造价	低	低	低	很高	高	中等
操作费	很低	很低	低	中	较高	中等到高

◎ 3.4　化学反应设备及特性

3.4.1　化学反应器的分类

化学反应器的形式多种多样，按不同的分类方法可将其分为不同的类型。

按物料的聚集状态可以把反应器分为均相和非均相两种类型。均相反应器又可分为气相和液相反应器两种；非均相反应器则包括气固、气液、液液、液固、气液固反应器五种类型。均相反应器没有相界面，反应速度只和温度、浓度（压力）有关；非均相反应器存在相界面，反应速度不但与温度、浓度（压力）有关，还与物质的传递速率有关，因而受相界面积的大小和传质系数大小的影响。

根据反应物的相态，可以将化学反应作如下分类。

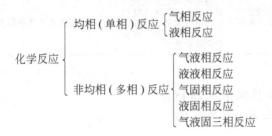

相应地，工业反应器分类如下。

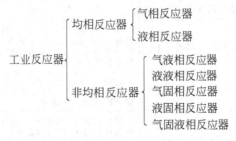

按反应器的形状和结构可以把反应器分为釜式（槽式）、管式、塔式、固定床、流化床、移动床等类型。釜式反应器的应用十分广泛，常见的是用于液相均相或非均相反应；管式反

应器大多用于气相和液相均相反应过程，以及气固、气液非均相反应过程；固定床、流化床、移动床大多用于气固相反应过程。

按反应器与外界有无热量交换，可以把反应器分为绝热式和外部换热式两种类型。绝热式反应器在反应过程中，不向反应区加入或取出热量，当反应吸热或放热强度较大时，常把绝热式反应器做成多段，在段间进行加热或冷却；外部换热式有直接换热式（混合式、蓄热式）和间接换热式两种；此外还有自热式反应器，利用反应本身的热量来预热原料，以达到反应所需的温度，此类反应器开工时需要外部热源。

按反应器内温度是否相等、恒定，可以把反应器分为恒温式和非恒温式两类。恒温式反应器是反应器内各点温度相等且不随时间变化的反应器，工业生产中所用的反应器多为非恒温式。

按操作方式可以把反应器分为间歇式和连续式。

反应器的分类见表 3-14，传热方式见表 3-15。

表 3-14　化学反应器的分类

聚 集 状 态	结 构 形 式	操 作 方 法	传 热 情 况
均相：气相 液相 非均相： 气液相 气固相 液液相 液固相 气液固相	釜式：单个 多个串联 管式 塔式：填料塔 板式塔 鼓泡塔 固定床 流化床	间歇式 连续式	恒温式 非恒温式： 绝热式 外热式 自热式

表 3-15　反应器的传热方式

方　式	运　用　场　合	方　法　特　征	控　制　要　点	生　产　举　例
绝热式	不需要加热或冷却的反应，反应热可使原料加热到所需温度及对温度不敏感的反应	完全依靠进出物料的显热变化维持温度状态	进料温度及组成	绝热式乙苯脱氢
直接混合式	要求瞬间升温或急冷的情况，特别适于高温快速反应	将冷热两股物流快速混合，混入的流体也可以是惰性物质。直接混合后，反应物浓度降低影响反应速度	混合流体的流量和温度	部分氧化法天然气裂解和急剧，多层中间冷激式合成氨

3.4.2　化学反应器的形式与特点

化学反应器的形式与特点见表 3-16。

表 3-16　反应器的形式与特性

形　式	通用的反应	优　缺　点	生　产　举　例
搅拌釜一级或多级串联	液相、液液相、液固相	适用性强，操作弹性大，连续操作时，温度、浓度易控制，产品质量均一，但高转化率时，反应器的容积大	氯乙烯聚合
管式	气相液相	返混小，所需反应器的容积较小，比传热面大，但对慢速反应，管要很长，压降大	轻油裂解、甲基丁炔醇合成
空塔或搅拌塔	液相、液液相	结构简单，返混程度与高径比及搅拌有关，轴向温差大	苯乙烯的本体聚合、己内酰胺缩合
鼓泡搅拌釜	气液相、气液固（催化剂）相	返混程度大，传质速度快，需耗动力	苯甲酸氧化、苯的氯化

形　　式	通用的反应	优　缺　点	生　产　举　例
鼓泡塔或挡板鼓泡塔	气液相、气液固(催化剂)相	气相返混小,但液相返混大,温度较易控制,气体压降大,流速有限制,有挡板可减少返混	二甲苯氧化
填料塔	液相、气液相	结构简单,返混小,压降小,有温差,填料装卸麻烦	丙烯连续聚合
板式塔	气液相	逆流接触,气液返混均小,流速有限制,如需传热,常在板间另加传热面	苯连续磺化、异丙苯氧化
喷雾塔	气液相快速反应	结构简单,液体表面积大,停留时间受塔高限制,气流速度有限制	氯乙醇制丙烯腈、高级醇的连续磺化
湿壁塔	气液相	结构简单,液体返混小,温度及停留时间易调节,处理量小	苯的氯化
固定床	气固(催化或非催化)相	返混小,高转化率时催化剂用量小,催化剂不易磨损,传热温度不易控制,催化剂装卸麻烦	乙炔法制氯乙烯、乙烯法制乙酸乙烯、乙苯脱氢
流化床	气固(催化或非催化)相,特别是催化剂很快失去活性的反应	传热好,温度均匀,易控制,催化剂有效系数大,粒子输送容易,但磨损大,床内返混大,对高转化率不利,操作条件限制较大	萘氧化制苯酐、丙烯氨氧化制丙烯腈、乙烯氧氯化制二氯乙烷、石油催化裂化
移动床	气固(催化或非催化)相,催化剂很快失去活性的反应	固体返混小,气固比可变性大,粒子传送容易,床内温差大,调节困难	石油催化裂化
气输管	气固(催化或非催化)相	结构简单,处理量大,瞬间传热好,固体传送方便,停留时间有限制	石油催化裂化
蓄热床	气相、以固相为热载体	结构简单,材质容易解决,调节范围较宽,但切换频繁,温度波动大,收率较低	石油裂解、天然气裂解
回转筒式	气固相、固固相、高黏度液相、液固相	粒子返混小,相接触界面小,传热效率低,设备容积大	苯酐转位成对苯二甲酸、十二烷基苯的磺化
喷嘴式	气相、高速反应的液相	传热和传质速度快,流体混合好,反应物急冷易,但操作条件限制较严	天然气裂解制乙炔、氯化氢合成
螺旋挤压机	高黏度液相	停留时间均一,传热较困难,能连续处理高黏度物料	聚乙烯醇的醇解

3.4.3　烃类热裂解——管式裂解炉

(1) 管式裂解炉体结构

所谓管式炉就是外部加热的管式反应器,所以管式炉主要由炉体和裂解炉管两大部分组成。炉体用钢构件和耐火材料砌筑,分为对流室和辐射室,原料预热管和蒸汽加热管安装在对流室内,裂解炉管布置在辐射室内。在辐射室的炉侧壁和炉顶或炉底,安装一定数量的燃料烧嘴。

① 炉管　炉管分为辐射炉管(常称反应管)和对流炉管两类,管形一般为圆形,又推广一种椭圆形炉管,可使原料处理能力大大增加,并缩短原料的停留时间。

对流炉管除在一般情况下使用光管外,为增大传热面积,多采用翅片管和钉头管,见图3-63和图3-64。

② 燃烧器　管式炉液体或气体燃料的燃烧设备称为燃烧器,简称烧嘴或火嘴。燃烧器主要分为液体燃烧器、气体燃烧器和油-气联合燃烧器。

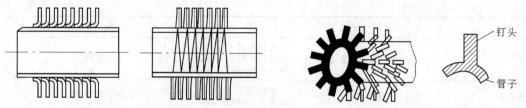

图 3-63　翅片管示意图　　　　　　　　　　　图 3-64　钉头管示意图

　　a. 液体燃烧器。液体燃料在雾化剂的作用下，形成雾状液滴，并与空气混合均匀，于气态下进行燃烧，实现以上燃烧过程的燃烧器称为液体燃烧器。液体雾化的方法有三种：机械雾化；低压空气雾化；高压水蒸气雾化。在石油化工厂中，由于蒸汽供应比较方便，且又十分安全，故一般多采用高压水蒸气雾化法。

　　高压水蒸气雾化燃烧器有两种：一种是蒸汽与液体燃料在燃烧器内不预混，两者由不同的孔道分别喷出；另一种是蒸汽与液体燃料在燃烧器混合室内预混形成泡沫状，再由小孔喷入空气流中，常称为内混式蒸汽雾化燃烧器。前者雾化能力差，蒸汽耗量多，火焰长，目前已较少采用。后者雾化效果好，蒸汽耗量低，火焰有较固定的方向且刚直有力，故广为各工业炉使用。其结构见图 3-65。

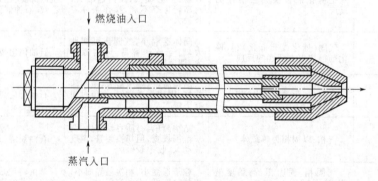

图 3-65　内混式蒸汽雾化燃烧器

　　b. 气体燃烧器。一般分为内预混式和混合式两种。前者是利用高压油气通过喷嘴时产生的动能将空气吸入，并通过文丘里管式混合器预混后再进行燃烧。无焰炉用的无焰燃烧器（图 3-66 、图 3-67）即属此类，它具有过剩空气系数小，燃烧强度大，燃烧完全等优点；但要求燃料气组成稳定，具有较高压强，并容易发生回火。

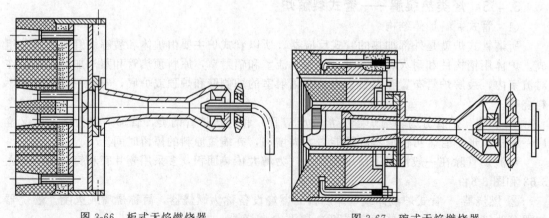

图 3-66　板式无焰燃烧器　　　　　　　　图 3-67　碗式无焰燃烧器

混合式燃烧器较为常用的是环式细流燃烧器（图3-68），环圈上有许多小孔向内开并交于中心线上，还有小孔向外开，使喷出的气体闪过火道表面，形成白热高温区用以稳定火焰。与其相似的有桶状细流燃烧器（图3-69），所有喷口方向都朝外。这两种燃烧器都装有百叶窗式空气调节器，以利于形成旋转气流而加速混合。

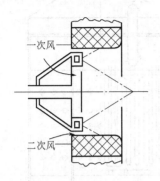

图3-68　环式细流燃烧器

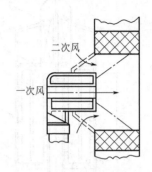

图3-69　桶状细流燃烧器

c. 油-气联合燃烧器。见图3-70。吸气式烧嘴和蒸汽雾化烧嘴联合应用，既可单独使用气体或液体燃料，也可两种燃料同时使用。它由以下三部分组成。

油嘴：蒸汽和燃料油在喷头下混合，由喷头呈雾状喷出，成中空状的圆锥形雾层。

气嘴：由六个排成一圈，燃料气向内以一定角度喷出。

火道：呈流线型，并设有一次风门和二次风门调节空气用量，单独使用气体燃料时，多用二次风门调节风量。

（2）管式裂解炉的炉型　由于裂解管布置方式和烧嘴安装位置及燃烧方式的不同，管式裂解炉的炉型有多种。目前国内外一些有代表性的裂解炉型有美国鲁姆斯公司开发的短停留时间SRT型裂解炉；美国斯通-韦勃斯特超选择性USC型裂解炉；美国凯洛格公司开发的MSF型毫秒裂解炉等十几种，尽管各种炉型外观结构各具特色，但共同点都是按高温、短停留时间、低烃分压的裂解原理进行设计制造的。

① SRT型短停留时间裂解炉　图3-71为SRT型裂解炉示意图。表3-17为SRT-Ⅰ、Ⅱ、Ⅲ、Ⅳ型裂解炉工艺参数。从表中可看出，SRT型裂解炉每经过一次改型，都使乙烯收率提高1%～2%。

② 超选择性USC型裂解炉　超选择性裂解炉连同两段急冷（USX＋TLX）构成三位一体的裂解系统，每

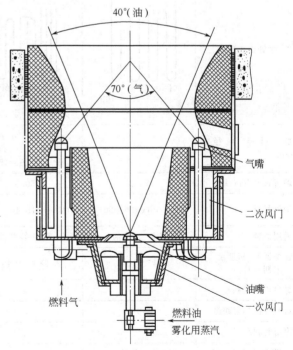

图3-70　油-气联合燃烧器

台USC裂解炉有16组管，每组4根炉管成W形，每两台炉构成一个门式结构。如图3-72所示。

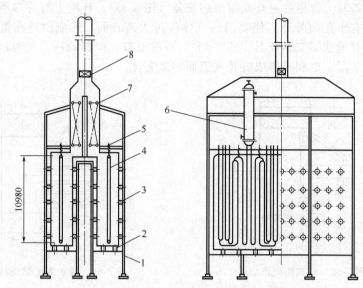

图 3-71　SRT-ⅡHS型管式裂解炉示意图

1—炉体；2—油-气联合烧嘴；3—气体烧嘴；4—辐射炉管；

5—弹簧吊架；6—急冷锅炉；7—对流段；8—引风机

表 3-17　SRT 型炉管排布及工艺参数

炉　型	SRT-Ⅰ	SRT-Ⅱ（HC）	SRT-Ⅲ	SRT-Ⅳ
炉管排布形式	1P　　　8 ～10P	1P 2P 3～6P	1P 2P 3P 4P	1P　　2P 3～4P
炉管外径（内径）/mm	127	1P:89(63) 2P:114(95) 3～6P:168(152)	1P:89(64) 2P:114(89) 3～4P:178(146)	1P:70; 2P:103; 3～4P:189
炉管长度/(m/组)	73.2	60.6	48.8	38.9
炉管材质	HK-40(Cr25Ni20)	HK-40	HP-40(Cr25Ni35)	HP-40-Nb (Cr25Ni35Nb)
适用原料	乙烷-石脑油	乙烷-轻柴油	乙烷-减压柴油	轻柴油
管壁温度(初期至末期)/℃	945～1040	980～1040	1015～1100	～1115
每台炉管组数	4	4	4	4
对流段换热管组数	3	3	4	
停留时间/s	0.6～0.7	0.475	0.37～0.431	0.35
乙烯收率(质量)/%	27(石脑油)	23(轻柴油)	23.25～24.5(轻柴油)	27.5～28(轻柴油)
炉子热效率/%	87	87～91	92～93.5	93.5～94

注：1.P——程，炉管内物料走向，一个方向为1程，如3P指第3程。

2.HC——代表高生产能力炉。

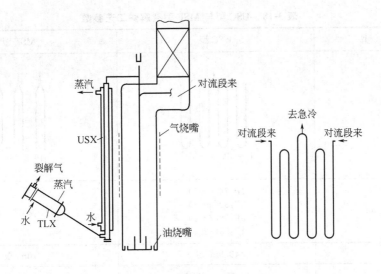

图 3-72 超选择性裂解炉和两段急冷（USX+TLX）示意图

③ MSF 型毫秒裂解炉 毫秒裂解炉的特点是在高裂解温度下，物料在炉管内的停留时间缩短到 100ms 左右，仅为一般裂解炉停留时间的 $\frac{1}{4} \sim \frac{1}{6}$。裂解炉管由一程单排垂直管构成，管径 25~30mm，管长 10m。阻力降小，烃分压低。因此乙烯收率比其他炉型高。其结构如图 3-73 所示。表 3-18 为上述两种炉型的工艺参数。

（3）裂解气急冷换热器 从裂解管出来的裂解气是富含烯烃的气体和大量水蒸气，温度在 727~927℃，烯烃反应性很强，若任它们在高温下长时间停留，仍会继续发生二次反应，引起结焦。烯烃收率下降及生成许多经济价值不高的副产物，因此必须使裂解气急冷以终止反应。

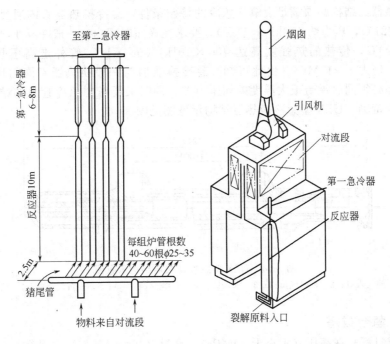

图 3-73 毫秒裂解炉示意图

表 3-18　USC 型与 MSF 型裂解炉工艺参数

炉　型	USC 型	MSF 型
炉管排布形式	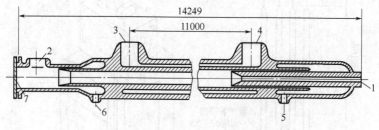 1～4P　4～1P	1P
炉管外径(内径)/mm	1P:74(63.5) 2P:80(69.8) 3P:88(76.2) 4P:95(82.5)	1P:40(28.6)
炉管长度	43.9m/组	10m/根
炉管材质	1～2P　HK-40 3～4P　HP-40	800H(或 HP)
适用原料	乙烷-轻柴油	乙烷-轻柴油
管壁温度(初期至末期)/℃	1015～1100	1015～1100
每台炉管组数	16	2(每组 36 根并联)
停留时间/s	0.281～0.304	0.05～0.10
单程乙烯收率(质量)/%	40/24.76	31/29.9
炉子热效率/%	91.8～92.4	93

急冷的方法有两种：一种是直接急冷；另一种是间接急冷。

急冷换热器的结构必须满足裂解气急冷的特殊条件，急冷换热器管内通过高温裂解气，入口温度约 827℃，压力约 110kPa(表压)，要求在极短时间内 (一般在 0.1s 以下) 将温度降至 350～600℃，传热的热强度高达 $400×10^3\,kJ/(m^2·h)$，管外走高压热水，温度约 320～330℃，压力 8～13MPa。由此可知，急冷换热器与一般换热器不同的地方是高热强度，管内、外必须同时承受很大温度差和压力差，同时又要考虑急冷管内的结焦清焦操作，操作条件极为苛刻。USX 型急冷换热器结构示意图见图 3-74。

图 3-74　USX 型急冷换热器结构示意图
1—裂解气入口；2—裂解气出口；3—水入口；4—气水混合物出口；5,6—蒸汽入口；7—清焦口

3.4.4　氨合成塔

氨的合成过程是在高压(不小于 10MPa)、高温 (400～450℃) 下进行。

在高温下，吸附在钢材表面的氢分子会向钢体内扩散，结果造成钢材的氢腐蚀和氢脆，

温度愈高，时间愈长，损害愈严重。

合成塔的结构一是耐高压，二是耐高温。不仅对其结构和材质要求较高，而且特别要求在高温下强度、塑性和冲击韧性好，具有抗蠕变和松弛的能力。

（1）氨合成塔的特点 氨合成塔具有如下几个特点。

① 承受高压的部位不承受高温，而承受高温的部位不承受高压。所以任何形式的合成塔均由外筒和内筒两个主要部件构成。外筒是承受高压的，壁很厚，机械强度高，但不能接触高温，避免了钢材的脆化，可以用低合金钢。而内筒虽然接触高温，但不承受压力，因而较安全，可用高合金钢。

② 单位空间利用率高，以节省钢材，阻力小，内筒内尽可能多装催化剂，其结构要满足阻力尽可能小的要求。

③ 开孔少，保证筒体的强度，只留必要的开孔，以便安装和维修。

合成塔内筒主要包括催化剂筐、器内换热器和加热器。大型合成氨采用器外加热炉代替器内加热器，新开发的合成塔还把加热器移到器外，简化了合成塔结构，也便于维修。

（2）氨合成塔分类 反应器的形式按气流方向分，有轴向流型、径向流型以及两者相结合的轴径向流型。轴径混合流新型反应器已成为当今大型反应器的主流。

按移走反应热的方式可分为连续换热式和间歇换热式两种。连续换热式是在连续的催化剂床层中，设置换热单元，连续地移走反应放出的热量。间歇换热式是指反应过程与换热过程交替进行。此类换热又分为直接冷激式和间接换热式两种。

（3）氨合成塔的具体结构

① 轴向多层冷激式氨合成塔 图 3-75 是典型的轴向多层冷激式合成塔。它的上部较小的圆筒内设置列管式热交换器，下部大圆筒内分装四层催化剂，催化剂床层间有气体冷激混合装置。

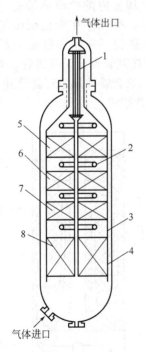

图 3-75 轴向多层冷激式合成塔
1—热交换器；2—冷激气分布管；3—催化剂筐；
4—外壳；5～8—催化剂床

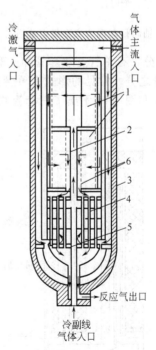

图 3-76 托普索双层径向合成塔
1—径向催化剂床；2—中心管；3—外筒；
4—热交换器；5—冷副线管；6—多孔套筒

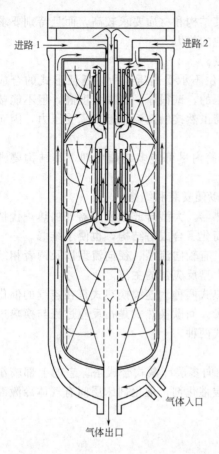

图 3-77 轴向径向混合流型氨合成塔

② 径向多段冷激式氨合成塔 径向冷激合成塔是近年来出现的新塔型。

a. 托普索径向合成塔。托普索双层径向合成塔如图 3-76 所示。托普索径向合成塔包括上下两个催化剂床，是由两个多孔的同心套筒组成，催化剂装填在套筒的环形空间内，催化剂下面为热交换器。气体分三路进入合成塔，气流主体和冷激气体由合成塔顶部进入，而副线冷气体（为控制第一催化剂床层进口温度用）则从合成塔底部进入。预热后的气体经中心管进入第一层催化剂，由内向外径向流过催化剂床层，在外环隙与冷激气混合后进入第二层催化剂，由外向内流过催化剂床层后进入热交换器。

托普索双层径向合成塔的内部结构简单，牢固，控制方便，催化剂生产强度大，压力降小，最大单塔生产能力已达 1500t/d。

b. 轴径向混合流型氨合成塔。Casale 公司在研究轴向流型和径向流型反应器的优缺点以后，开发出一种轴向流与径向流同时存在的轴向径向混合流型氨合成塔，如图 3-77 所示。

③ 内部间接连续换热式氨合成塔 内部间接连续换热式氨合成塔是轴向流动型，其内部结构是把换热管设置在催化剂床层中，反应产生的一部分热量能及时地被冷却管内的冷流体带走。单层轴向内冷式内件的形式，按气体在催化剂床层和冷管中流动方向来分，有逆流、并流和折流三种；按冷管元件的结构来分，有单管、双套管和三套管三种，而单管按其管形分又有圆管、扁平管、翅片管和 U 形管之分。常见的形式有单管逆流、单管并流、双套管并流、三套管并流等。

图 3-78 和图 3-79 示出了三套管并流与单管并流示意结构。

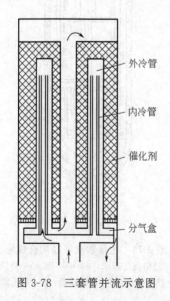

图 3-78 三套管并流示意图

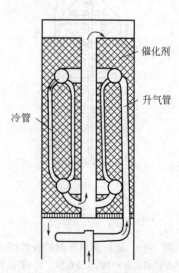

图 3-79 单管并流示意图

3.4.5 均相反应器

均相反应器是指用于气相或均一液相中进行的反应器，其特点是反应系统中不存在相界面，反应速度只和温度、浓度（压力）有关，不必考虑传质对反应过程的影响，因而反应器结构比较简单，反应结果只决定于化学反应本身的动力学规律。

应用于均相反应过程的反应器主要有釜式反应器和管式反应器两种，釜式反应器用于液相反应，管式反应器用于气相或液相反应。

（1）釜式反应器　釜式反应器是各类反应器中结构简单而又应用较广的一种反应器，主要用于液液均相反应过程，在气液、液液非均相反应过程也有应用，既可用于间歇操作过程，又可单釜或多釜串联连续操作。它具有适应性强，操作弹性大，连续操作时温度、浓度容易控制，产品质量均一等特点。但若应用于需要较高转化率时，则有需要较大容积的缺点。釜式反应器通常在操作条件比较缓和的情况下使用，如常压、温度较低且低于物料沸点时，应用此类反应器最为普遍。

釜式反应器主要由壳体、搅拌器、夹套等部分组成，其结构见图3-80。

（2）管式反应器　管式反应器主要用于气相或液相连续反应过程，有单管和多管之分，多管中又有多管平行连接和多管串联连接两种形式。单管（直管或盘管）式因其传热面积较小，故一般仅适用于热效应较小的反应过程。多管反应器具有比表面积大、有利于传热的优点。其中多管串联连接式物料流速大，传热系数较大；多管平行连接式虽然物料流速较低，传热系数较小，但压力损失小。几种典型的管式反应器见图3-81。

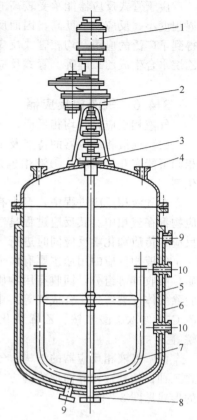

图 3-80　釜式反应器结构示意图
1—电动机；2—变速器；3—密封装置；
4—加料管口；5—壳体；6—夹套；
7—搅拌器；8—出料管口；9—夹套
进出口；10—液面计接口

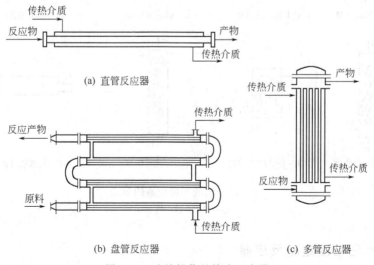

(a) 直管反应器

(b) 盘管反应器　　(c) 多管反应器

图 3-81　连续操作的管式反应器

由于管式反应器能承受较高的压力，故用于加压反应尤为合适。管式反应器中物料的返混程度小，反应物浓度高，因而反应速度较快，这在许多场合下是有利的，使得管式反应器得到了广泛的应用。均相管式反应器的应用实例有石油烃裂解制乙烯、丙烯；硫酸催化环氧乙烷水合生成乙二醇等。管式反应器还广泛用于气固和液固非均相催化反应过程。

3.4.6 气液相反应器

气液相反应属非均相反应，气液相反应过程所使用的反应器称为气液相反应器。

（1）气液相反应器的特点及工业应用 在气液相反应体系中，气相往往是反应物，而液相则可能有几种情况：①液相也是反应物；②液相是催化剂；③液相中既有反应物又有催化剂。

在气液相反应过程中，至少有一种反应物在气相，另一些反应物在液相，也可能几种反应物都在气相中。其反应过程是气相中的反应物传递到气液相界面并溶解于液相中进行化学反应，传质和化学反应同时进行。

气液相反应的用途主要有两个方面：一是用于气体的净化和分离，清除气体中的有害杂质，吸收难溶组分，回收有用物质；二是用于生产化工产品。第一方面的例子有用碱性溶液脱除气体（裂解气、合成气等）中的酸性气体 H_2S、CO_2 等；第二方面的例子有用氨水吸收 CO_2 制取碳酸氢铵、乙烯氧化制乙醛、苯烷基化制乙苯、乙烯液相加氯制 1,2-二氯乙烷等。

（2）气液相反应器的结构 气液相反应器的种类很多，从外形上可分为塔式、管式和釜式三种；从气液相界面形成的方式上可分为鼓泡式、机械搅拌式和膜式三种。气液相反应器的形式见图 3-82。

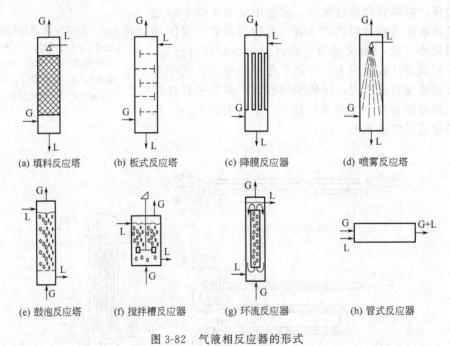

(a) 填料反应塔　(b) 板式反应塔　(c) 降膜反应器　(d) 喷雾反应塔

(e) 鼓泡反应塔　(f) 搅拌槽反应器　(g) 环流反应器　(h) 管式反应器

图 3-82　气液相反应器的形式

L—液体；G—气体

3.4.7 气固相固定床反应器

凡是流体通过不动的固体物料形成的床层而进行化学反应的设备都称为固定床反应器，

其中尤以利用气态的反应物料，通过由固体催化剂所构成的床层进行化学反应的气固相催化反应器，在有机化工生产中应用最为广泛。

固定床反应器按反应中与外界有无热量交换可以分为绝热式和换热式两大类。

（1）绝热式固定床反应器 绝热式固定床反应器在反应过程中，床层不和外界进行热量交换，其最外层为隔热材料层（耐火砖、矿渣棉、玻璃纤维等），常称作保温层，作用是防止热量的传入或传出，减少能量损失，维持一定的操作条件。绝热式固定床反应器又分为单段绝热式和多段绝热式两种类型。

① 单段绝热式反应器 一般为一高径比不大的圆筒体，除在筒体下部装有栅板外，内部无其他构件，栅板上均匀堆置催化剂。反应气体预热到适当温度后，从筒体上部通入，经过气体分布器均匀通过催化剂层进行反应，反应后的气体由底部引出。如图 3-83 所示。

② 多段绝热式反应器 将固体催化剂分成几段装填到反应器中，在段与段之间进行换热，将反应混合物冷却或加热，这样每段实现的转化率都不太高，可以避免进出口温差太大，超过允许值，并且可以使整个过程在接近最佳温度序列的条件下进行。

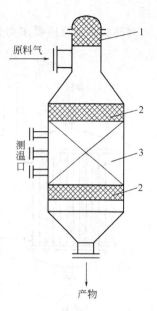

图 3-83　圆筒绝热式反应器
1—渣棉；2—瓷环；3—催化剂

多段绝热式反应器又分为间接换热式和冷激式，见图 3-84。间接换热式是在段间装有换热器，利用换热介质将上一段的反应气冷却或加热。冷激式是直接换热式反应器，又分原料气冷激和非原料气冷激两种。它是用低温的冷激气直接与反应器内的气体混合，以达到冷却降温的目的。在一氧化碳变换、氨合成、甲醇合成以及二氧化硫催化氧化过程中得到广泛应用。冷激式绝热反应器如图 3-85 所示。

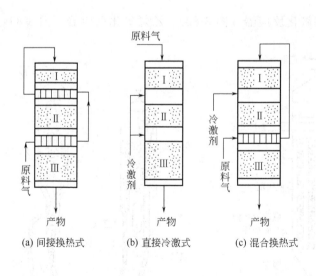

图 3-84　多段绝热式固定床反应器

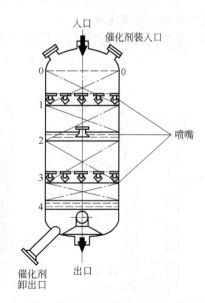

图 3-85　冷激式绝热反应器结构示意图

（2）换热式固定床反应器 当反应热效应较大时，为了维持适宜的温度条件，必须利用换热介质来移走或供给热量。按换热介质的不同，可分为对外换热式反应器和自身换热式反

111

应器。

对外换热式反应器多为列管式结构，见图 3-86。自身换热式反应器见图 3-87。

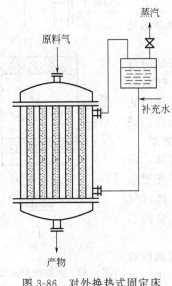

图 3-86 对外换热式固定床
催化反应器结构示意图

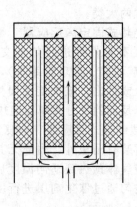

图 3-87 自身换热式固定床
催化反应器结构示意图
（双套管催化床）

3.4.8 流化床反应器

气体或液体自下而上通过固体颗粒床层，当流体速度增加到一定程度时，颗粒被流体托起作悬浮运动，这种现象叫固体流态。

流化床反应器的结构形式很多，一般可以分为以下几种类型。

（1）按固体颗粒是否在系统内循环分 按固体颗粒是否在系统内循环，流化床分为单器流化床和双器流化床。

单器流化床的应用最为广泛，如萘氧化反应器（图 3-88）、乙烯氧化反应器（图 3-89）

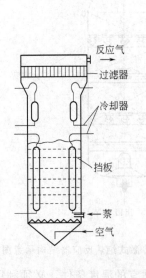

图 3-88 萘氧化反应器

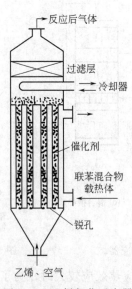

图 3-89 乙烯氧化反应器

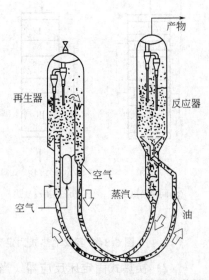

图 3-90 SOD Ⅳ型流化催化裂化装置

112

等。这类反应器多用于催化剂使用寿命较长的气固相催化反应过程。

双器流化床多用于催化剂使用寿命较短，容易再生的气固相催化反应过程，如石油炼制工业中的催化裂化装置，见图 3-90。

（2）按床层的外形分　按床层的外形，流化床分为圆筒形流化床和圆锥形流化床。

（3）按反应器层数分　按反应器层数，流化床分为单层流化床和多层流化床。

气固相催化反应主要使用单层流化床，但单层流化床的气固相间不能进行逆相操作，反应的转化率低，气固相接触时间短，而且满足不了某些过程需要不同阶段控制不同反应温度的要求，这时以采用多层流化床为好。在多层流化床中，气体自下而上通过各段床层，流态化的固体颗粒沿溢流管从上往下依次流过各层分布板。用于石灰石焙烧的多层式流化床的结构，见图 3-91。

（4）按床层中是否设置内部构件分　按床层中是否设置内部构件，流化床分为自由床和限制床。

床层中设置构件的称限制床，反之称为自由床。设置内部构件的目的在于增进气固相接触，减少气体返混，改善气体停留时间分布，提高床层稳定性，从而使高床层和高流速操作成为可能。

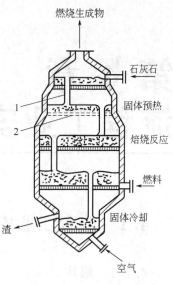

图 3-91　石灰石焙烧的
多层式流化床示意图
1—溢流管；2—气固分布板

第 4 章
流程工业安全与保护系统

◎ 4.1 流程工业安全与保护基本知识

4.1.1 爆炸

（1）爆炸特征 爆炸是物质的一种急剧的物理、化学变化。爆炸表现有以下特征。

① 爆炸的内部特征 物系爆炸大量能量在有限体积内突然释放或急骤转化，并在极短时间内在有限体积中积聚，造成高温高压，对邻近介质形成急剧的压力突跃和随后的复杂运动。

② 爆炸的外部特征 爆炸介质在压力作用下，表现出不寻常的移动或机械破坏效应，以及介质受振动而产生的音响效应。

一般将爆炸现象分两个阶段：一是某种形式的能量以一定的方式转变为单物质，或产物的压缩能；二是物质由压缩状态膨胀，在膨胀过程中做机械功，进而引起附近介质的变形破坏和移动。

（2）爆炸分类 爆炸可以按爆炸性质分类，可以按爆炸速度分类，还可以按反应相进行分类。爆炸分类见表 4-1。

表 4-1 爆炸分类

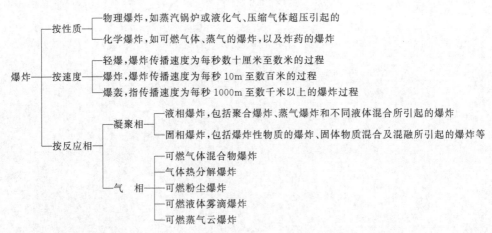

（3）可燃性气体爆炸

① 单一气体分解爆炸

a. 乙炔热分解爆炸。压缩乙炔有爆炸危险，但压力降到临界压力（1.4kgf/cm^2 [1]）以下

---

❶ $1 \text{kgf/cm}^2 = 98.0665 \text{kPa}$，下同。

就不会爆炸。

b. 乙烯分解爆炸。乙烯在 0℃下分解爆炸临界压力为 40atm**❶**。

c. 氮氧化物分解爆炸。N_2O 分解爆炸临界压力为 $2.5kgf/cm^2$；NO 分解爆炸临界压力为 $15kgf/cm^2$。

d. 环氧乙烷分解爆炸。环氧乙烷分解爆炸临界压力为 $0.38kgf/cm^2$。

② 混合气体爆炸

a. 可燃气体（蒸气）/空气混合气。将可燃气体或蒸气按一定比例与空气混合均匀，一经点燃，化学反应瞬间完成并形成爆炸。

b. 可燃气体（蒸气）/氧气混合气。用氧气代替空气，与可燃气体/空气所形成的爆炸无本质上的区别。与可燃气体/空气混合气比较，爆炸上限明显提高，而爆炸下限变化不大。

c. 可燃气体/其他助燃气混合气。可燃气体或可燃蒸气与其他助燃性气体混合亦可导致爆炸。如氯/氢混合气在一定比例时具有爆炸性。当氢中含氯为 50% 时，发生的爆炸作用最强烈。在给定条件下相应的数值为：爆炸下限为 5%（体积）；爆炸上限为 85%（体积）；最大爆炸压力为 $8.67kgf/cm^2$。

③ 爆炸极限　爆炸极限的物理意义是可燃气体或可燃液体蒸气与空气或氧气混合物，在引火源作用下能引起爆炸的范围。其最低浓度叫爆炸下限，最高浓度叫爆炸上限。

④ 最小点燃能量　最小点燃能量是在规定条件下能引起爆炸性混合物发生燃爆的最小电火花所具有的能量。

最小点燃能量与化学结构的关系如下：

a. 点燃能量按链烷＞链烯＞炔烷的顺序降低；

b. 链的长度增加和支链增多使点燃能量增加；

c. 共轭键结构一般使点燃能量降低；

d. 凡有负取代基者，点燃能量按 $SH < OH < Cl < NH_2$ 的顺序增大；

e. 伯胺比叔胺、仲胺的点燃能量大；

f. 醚、硫醚、酯、酮能增大点燃能量；

g. 过氧化物能降低点燃能量；

h. 芳香烃的点火能量与具有相同数量碳的脂肪烃有同样的倾向。

⑤ 爆炸性气体、蒸气特性　爆炸性气体、蒸气特性见表 4-2。

表 4-2　爆炸性气体、蒸气特性

物　质　名　称	引燃温度组　别	引燃温度/℃	闪　点/℃	爆炸极限(容积)/%		蒸气相对密度(空气=1)
				下　限	上　限	
I						
甲烷	T1	537	气体	5.0	15.0	0.55
II A						
丙烯腈	T1	481	0	2.8	28.0	1.83
乙醛	T4	140	−37.8	4.0	57.0	1.52
乙腈	T1	524	5.6	4.4	16.0	1.42
丙酮	T1	537	−19.0	2.5	13.0	2.00
氨	T1	630	气体	15.0	28.0	0.59
异辛烷	T2	410	−12.0	1.0	6.0	3.94

---

❶　1atm＝101325Pa，下同。

物质名称	引燃温度组别	引燃温度/℃	闪点/℃	爆炸极限(容积)/%		蒸气相对密度(空气＝1)
				下限	上限	
异丁醇	T2	426	27.0	1.7	19.0	2.55
甲异丁酮	T1	475	14.0	1.2	8.0	3.46
异戊烷	T2	420	<−51.1	1.4	7.6	2.48
一氧化碳	T1	605	气体	12.5	74.0	0.97
乙醇	T2	422	11.1	3.5	19.0	1.59
乙烷	T1	515	气体	3.0	15.5	1.04
丙烯酸乙酯	T2	350	15.6	1.7		3.50
乙醚	T4	170	−45.0	1.7	48.0	2.55
甲乙酮	T1	505	−6.1	1.8	11.5	2.48
3-氯-1,2-环氧丙烷	T2	385	28.0	2.3	34.4	3.29
氯丁烷	T3	245	−12.0	1.8	10.1	3.20
辛烷	T3	210	12.0	0.8	6.5	3.94
邻二甲苯	T1	463	172.0	1.0	7.6	3.66
间二甲苯	T1	525	25.0	1.1	7.0	3.66
对二甲苯	T1	525	25.0	1.1	7.0	3.66
氯化苯	T1	590	28.0	1.3	11.0	3.88
乙酸	T1	485	40.0	4.0	17.0	2.07
乙酸正戊酯	T2	375	25.0	1.0	7.5	4.99
乙酸异戊酯	T2	379	25.0	1.0	10.0	4.49
乙酸乙酯	T2	460	−4.4	2.1	11.5	3.04
乙酸乙烯树脂	T2	385	−4.7	2.6	13.4	2.97
乙酸丁酯	T2	370	22.0	1.2	7.6	4.01
乙酸丙酯	T2	430	10.0	1.7	8.0	3.52
乙酸甲酯	T1	475	−10.0	3.1	16.0	2.56
氰化氢	T1	538	−17.8	5.6	41.0	0.93
溴乙烷	T1	511	<−20.0	6.7	11.3	3.76
环己酮	T2	420	33.8	1.3	9.4	3.38
环己烷	T3	260	−20.0	1.3	8.3	2.90
1,4-二氧杂环乙烷	T4	180	12.2	2.0	22.0	3.03
1,2-二氯乙烷	T2	412	13.3	6.2	16.0	3.40
二氯乙烯	T1	451	−10.0	5.6	16.0	3.35
二丁醚	T4	175	25.0	1.5	7.6	4.48
二甲醚	T3	240	气体	3.0	27.0	1.59
苯乙烯	T1	490	32.0	1.1	8.0	3.59
噻吩	T2	395	−1.1	1.5	12.5	2.90
癸烷	T3	205	46.0	0.7	5.4	4.90
四氢呋喃	T3	230	−13.0	2.0	12.4	2.50
1,2,4-三甲苯	T1	485	50.0	1.1	7.0	4.15
甲苯	T1	535	4.4	1.2	7.0	3.18
1-丁醇	T2	340	28.9	1.4	11.3	2.55
丁烷	T2	365	气体	1.5	8.5	2.05
丁醛	T3	230	−6.7	1.4	12.5	2.48
呋喃	T2	390	0	2.3	14.3	2.30
丙烷	T1	466	气体	2.1	9.5	1.56
异丙醇	T2	399	11.7	2.0	12.0	2.07
己烷	T3	233	−21.7	1.2	7.5	2.79
庚烷	T3	215	−4.0	1.1	6.7	3.46
苯	T1	555	11.1	1.2	8.0	2.70

物 质 名 称	引燃温度组 别	引燃温度/℃	闪 点/℃	爆炸极限(容积)/%		蒸气相对密度(空气＝1)
				下 限	上 限	
三氟甲基苯	T1	620	12.2			5.00
戊醇	T3	300	32.7	1.2	10.5	3.04
戊烷	T3	285	<−40.0	1.4	7.8	2.49
醋酐	T2	315	49.0	2.0	10.2	3.52
甲醇	T1	455	11.0	5.5	36.0	1.10
丙烯酸甲酯	T2	415	−2.9	2.4	25.0	3.00
甲基丙烯甲酯			10.0	1.7	8.2	3.60
2-甲基乙烷	T3	280	<0			3.46
3-甲基己烷	T3	280	<0			3.46
硫化氢	T3	260	气体	4.3	45.0	1.19
汽油	T3	280	−42.8	1.4	7.6	3.40
壬烷	T3	205	31	0.7	5.6	4.43
环戊烷	T2	380	<−20			2.42
甲基环戊烷	T2					
乙基环丁烷	T3	210	<−20	1.2	7.7	2.90
乙基环戊烷	T3	260	<21	1.1	6.7	3.39
萘烷	T3					
丙烯	T2		气体	2.0	11.7	1.49
甲基苯乙烯	T1					
二甲苯	T1	465	30	1.0	7.6	3.66
乙苯	T2	430	15	1.0	7.8	3.66
三甲苯	T1	485	50	1.1	6.4	4.15
萘	T1	540	80	0.9	5.9	4.42
异丙基苯	T2		31	0.8	6.0	4.15
甲基异丙基苯	T2					
松节油	T3					
石脑油	T3					
煤焦油石脑油	T3					
丙醇	T2	405	15	2.1	13.5	2.07
丁醇	T2	340	29	1.4	10.0	2.55
己醇	T3					
环乙醇	T3					
甲基环己醇	T3	295	68			3.93
苯酚	T1					
甲酚	T1					
双丙酮醇	T1					
戊间二酮(乙酰丙酮)	T2					
甲酸甲酯	T2	450	<−20	5.0	20.0	2.07
乙酰基醋酸乙酯	T2					
氯代甲烷(甲基氯)	T1	625	气体	7.1	18.5	1.78
氯乙烷	T1	510	气体	3.6	14.8	2.22
苯胺	T1					
正氯丙烷	T1	520	<−20	2.6	11.1	2.71
二氯丙烷	T1	555	15	3.4	14.5	3.90
氯苯	T1					
苄基苯	T1					
二氯苯	T1		66	2.2	12	5.07
烯丙基氯	T2					

物 质 名 称	引燃温度组别	引燃温度/℃	闪 点/℃	爆炸极限(容积)/%		蒸气相对密度(空气=1)
				下 限	上 限	
氯乙烯	T2	413	气体	3.8	29.3	2.16
二氯甲烷	T1	605		13.0	22.0	2.93
乙酰氯	T3					
氯乙醇	T2	425	55	5	16	2.78
乙硫醇	T3					
四氢噻吩	T3					
亚硝酸乙酯	T6					
硝基甲烷	T2	415	36	7.1	63	2.11
硝基乙烷	T2	410	28			2.58
甲胺	T2	430	气体	5.0	20.7	1.07
二甲胺	T2		气体	2.8	14.4	1.55
三甲胺	T4		气体	2.0	11.6	2.04
二乙胺	T2		<-20	1.7	10.1	2.53
三乙胺	T1					
正丙胺	T2		<-20	2.0	10.4	2.04
正丁胺	T2					
环己胺	T3					
二氨基己烷	T2					
N,N-二甲基苯胺	T3					
甲苯胺	T1					
吡啶	T1	550		1.7	10.6	2.73
ⅡB						
异戊间二烯	T3	220	-53.8	1.0	9.7	2.35
乙烯	T2	425	气体	2.7	34.0	0.97
环氧乙烷	T2	428	气体	3.0	100.0	1.52
环氧丙烷	T2	430	-37.2	1.9	24.0	2.00
1,3-丁二烯	T2	415	气体	1.1	12.5	1.87
城市煤气	T1		气体	5.3	32.0	
环丙烷	T1	495	气体	2.4	10.4	1.45
1,3-丁二烷	T2					
乙基甲基醚	T4	190	气体	2.0	10.1	2.07
乙醚	T4	170	-45.0	1.7	48.0	2.55
1,4-二噁烷	T2					
1,3,5-三噁烷	T2	410		3.6	29.0	3.11
四氢糖醇	T3					
丙烯酸乙酯	T2					
丁烯醛	T3					
丙烯醛	T3		<-20	2.8	31.0	1.94
焦炉煤气	T1					
四氟乙烯	T2					
ⅡC						
乙炔	T2	305	气体	1.5	82.0	0.90
氢	T1	560	气体	4.0	75.6	0.07
二硫化碳	T5	102	-30	1.0	60.0	2.64
水煤气	T1		气体	7.0	72.0	
硝酸乙酯	T6					

（4）可燃粉尘爆炸

① 粉尘爆炸机理　粉尘爆炸是因其粒子表面氧化而发生的，其爆炸过程（图4-1）包括以下几个阶段。

a. 粒子表面接受热能时，表面温度上升。

b. 粒子表面的分子产生热分解或干馏作用成为气体排放在粒子周围。

c. 该气体同空气混合成为爆炸性混合气体，发火产生火焰。

d. 这种火焰产生的热，进一步促进粉末的分解而不断成为气相，放出可燃气体与空气混合而发火、传播。

② 爆炸极限　许多工业可燃粉尘的爆炸下限在 $20\sim60g/m^3$ 之间，爆炸上限在 $2\sim6kg/m^3$ 之间。

粉尘爆炸极限受以下因素影响。

a. 粒度。粉尘爆炸下限受粒度的影响很大，粒度越高（粒径越小）爆炸下限越低。

b. 水分。含尘空气有水分存在时，爆炸下限提高，甚至失去爆炸性。

c. 氧的浓度。粉尘与气体的混合物中，氧气浓度增加将导致爆炸下限降低。

d. 点燃源。粉尘爆炸下限受点燃源温度、表面状态的影响。温度高、表面积大的点燃源，可使粉尘爆炸下限降低。

③ 最小点燃能量与最易点燃浓度　粉尘的最小点燃能量指最易点燃的混合物经 20 次连续试验刚好不能点燃时的能量值。粉尘的最小点燃能量与其浓度有很大关系，而且每种粉尘都有一个最易点燃的浓度。浓度向较低或较高方向变动，即引起最小点燃能量上升。装置在开车及停车时往往易达到最易点燃浓度，因此许多爆炸发生在此时。

④ 易燃易爆粉尘和可燃纤维特性　易燃易爆粉尘和可燃纤维特性见表4-3。

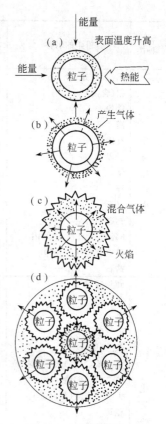

图 4-1　粉尘爆炸过程

表 4-3　易燃易爆粉尘和可燃纤维特性

粉尘种类	粉尘的名称	引燃温度组别	高温表面沉积粉尘（5mm 厚）的引燃温度/℃	云状粉尘的引燃温度/℃	爆炸下限浓度/(g/m³)	粉尘平均粒径/μm	危险性种类
火药	一号硝化棉	T13	154			100 目	爆
	吸收药(片状药)	T13	154			片状	爆
	吸收药(小粒药)	T13	150			小粒	爆
	2/1 药粉	T13	146			100 目	爆
	双基小粒药	T13	140				爆
	片状双基药	T13	164				爆
	黑火药	T12	230			100 目	爆
炸药	TNT	T12	220				爆
	2 号硝铵煤矿炸药	T12	218				爆
	2 号硝铵岩石炸药	T13	198				爆
	8321 炸药	T13	198				爆
	黑索金(钝感品)	T13	194				爆
	黑索金	T13	159				爆
	泰安	T13	157				爆
	泰安(钝感品)	T13	158				爆

粉尘种类	粉尘的名称	引燃温度组别	高温表面沉积粉尘（5mm 厚）的引燃温度/℃	云状粉尘的引燃温度/℃	爆炸下限浓度/(g/m³)	粉尘平均粒径/μm	危险性种类
金属与矿物	铝（表面处理）	T11	320	590	37～50	10～15	爆
	铝（含油）	T12	230	400	37～50	10～20	爆
	铁粉	T12	242	430	153～240	100～150	易导
	镁	T11	340	470	44～59	5～10	爆
	红磷	T11	305	360	48～64	30～50	易
	炭黑	T12	535	＞690	36～45	10～20	易导
	钛	T11	290	375			爆
	锌	T11	430	530	212～284	10～15	易导
	电石	T11	325	555		＜200	易
	钙硅铝合金	T11	290	465			易导
	8％钙-30％硅-55％铝	T11	＞450	640			易导
	硅铁合金（45％硅）	T11	445	555		＜90	易导
	锆石	T11	305	360	92～123	5～10	易导
化学药品	硬脂酸锌	T11	熔融	315		8～15	易
	萘	T11	熔融	575	28～38	80～100	易
	蒽	T11	熔融升华	505	29～39	40～50	易
	己二酸	T11	熔融	580	65～90		易
	苯二（甲）酸	T11	熔融	650	60～83	80～100	易
	无水苯二（甲）酸（粗制品）	T11	熔融	605	52～71		易
	苯二（甲）酸腈	T11	熔融	＞700	37～50		易
	无水马来酸（粗制品）	T12	熔融	500	82～113		易
	硫黄	T11	熔融	235		30～50	易
	乙酸钠酯	T11	熔融	520	51～70	5～8	易
	结晶紫	T11	熔融	475	46～70	15～30	易
	四硝基卡唑	T11	熔融	395	92～129		易
	二硝基甲酚	T11	熔融	340		40～60	易
	阿司匹林	T11	熔融	405	31～41	60	易
	肥皂粉	T11	熔融	575		80～100	易
	青色染料	T11	350	465		300～500	易
	萘酚染料	T11	395	415	133～184		易
合成树脂	聚乙烯	T11	熔融	410	26～35	30～50	易
	聚丙烯	T11	熔融	430	25～35		易
	聚苯乙烯	T11	熔融	475	27～37	40～60	易
	苯乙烯（70％）丁二烯（30％）粉状聚合物	T11	熔融	420	27～37		易
	聚乙烯醇	T11	熔融	450	42～55	5～10	易
	聚丙烯酯	T11	熔融炭化	505	35～55	5～7	易
	聚氨酯（类）	T11	熔融	425	46～63	50～100	易
	聚乙烯四酞	T11	熔融	480	52～71	＜200	易
	聚乙烯氮戊环酮	T11	熔融	465	42～58	10～15	易
	聚氯乙烯	T11	熔融炭化	595	63～86	4～5	易
	氯乙烯（70％）苯（30％）粉状聚合物	T11	熔融炭化	520	44～60	30～40	易
	乙烯（30％）粉状聚合物	T11					易
	酚醛树脂（酚醛清漆）	T11	熔融炭化	520	36～49	10～20	易

粉尘种类	粉尘的名称	引燃温度组别	高温表面沉积粉尘（5mm厚）的引燃温度/℃	云状粉尘的引燃温度/℃	爆炸下限浓度/(g/m³)	粉尘平均粒径/μm	危险性种类
合成树脂	磷苯二甲酸	T11	熔融	650		80～100	易
	磷苯二甲酸酐	T11	熔融	605		500～1000	易
	顺丁烯二(酸)酐	T11	熔融	500		500～1000	易
橡胶、天然树脂	钠丁间酮酸酯	T11	熔融	520		5～8	
	聚丙烯腈	T11	炭化	505		5～7	
	聚氯酯	T11	熔融	425		50～100	
	有机玻璃粉	T11	熔融炭化	485			易
	骨胶(虫胶)	T11	沸腾	475		20～50	易
	硬质橡胶	T11	沸腾	360	36～49	20～30	易
	软质橡胶	T11	沸腾	425		80～100	易
	天然树脂	T11	熔融	370	38～52	20～30	易
	玷玴树脂	T11	熔融	330	30～41	20～50	易
	松香	T11	熔融	325		50～80	易
	货贝胶 W	T11	结壳	475		20～50	易
	壳胶	T11	结壳	590		500～600	易
沥青、蜡类	硬蜡	T11	熔融	400	26～36	30～50	易
	绕组沥青	T11	熔融	620		50～80	易
	硬沥青	T11	熔融	620		50～150	易
	煤焦油沥青	T11	熔融	580			易
	软沥青(EP54)	T11	熔融	620		50～80	易
农产品	裸麦粉(未处理)	T11	325	415	67～93	30～50	易
	裸麦谷物粉(未处理)	T11	305	430		50～100	易
	裸麦筛落品(粉碎品)	T11	305	415		30～40	易
	小麦粉	T11	炭化	410		20～40	易
	小麦谷物粉	T11	290	420		15～30	易
	小麦筛落粉(粉碎品)	T11	290	410		3～5	易
	乌麦、大麦谷物粉	T11	270	440		50～150	易
	筛米粉	T11	270	410		50～100	易
	玉米淀粉	T11	炭化	430		20～30	易
	马铃薯淀粉	T11	炭化	430		60～80	易
	布丁粉	T11	炭化	395		10～20	易
	糊精粉	T11	炭化	400	71～99	20～30	易
	砂糖粉	T11	熔融	360	77～99	20～40	易
	砂糖粉(含奶粉)	T11	熔融	450	83～100	20～30	易
	黑麦谷粉	T11	305	430		50～100	易
	黑麦面粉	T11	325	415		30～50	易
	黑麦滤过的粉末(磨碎)	T11	305	415		30～40	易
	豆麻饼子和磨坊粉末	T11	285	470			易
	米滤过的粉末	T11	270	420		50～100	易
纤维类粉	可可子粉(脱脂品)	T12	245	460		30～40	易
	咖啡粉(精质)	T11	收缩	600		40～80	易
	啤酒麦芽粉	T11	285	405		100～150	易
	紫苜蓿	T11	280	480		200～500	易
	亚麻粕粉	T11	285	470			易
	菜种渣粉	T11	炭化	465		400～600	易
	鱼粉	T11	炭化	485		80～100	易
	烟草纤维	T11	290	485		50～100	易

粉尘种类	粉尘的名称	引燃温度组别	高温表面沉积粉尘（5mm厚）的引燃温度/℃	云状粉尘的引燃温度/℃	爆炸下限浓度/(g/m³)	粉尘平均粒径/μm	危险性种类
纤维类粉	木棉纤维	T11	385				易
	人造短纤维	T11	305				易
	亚硫酸盐纤维素粉	T11	380				易
	木质纤维	T11	250	445		40～80	易
	纸纤维	T11	360				易
	椰子粉	T11	280	450		100～200	易
	软木粉	T11	325	460	44～59	30～40	易
	针叶树(松)粉	T11	325	440		70～150	易
	硬木(丁钠橡胶)粉	T11	315	420		70～100	易
燃料	泥煤粉	T11	260	450		60～90	导
	褐煤粉(褐煤)	T11	260		49～68	2～3	导
	褐煤粉(炼焦用)	T11	230	485		3～5	导
	有烟煤粉	T11	235	595	41～57	5～10	导
	瓦斯煤粉	T11	225	580	35～48	5～10	导
	焦炭用煤粉	T11	280	610	33～45	5～10	导
	贫煤粉	T11	285	680	34～45	5～7	导
	水炭粉(质硬)	T11	340	595	39～52	1～2	易导
	泥煤焦炭粉	T11	360	615	40～54	1～2	易导
	裸煤焦炭粉	T11	235			4～5	易导
	石墨	T11	不着火	＞750		15～25	
	炭黑	T11	535	＞690		10～20	

4.1.2 燃烧

（1）燃料条件与燃烧过程　燃烧是可燃物与助燃物（氧或氧化剂）发生的一种发光放热的化学反应。是在单位时间内产生的热量大于消耗热量的反应。它包括产生局部急剧反应带的发火过程和反应带向未反应部分传播的传播过程。

① 燃烧条件　燃烧必须同时具备下述三个条件：可燃性物质；助燃性物质；点火源。三者同时存在，相互作用，燃烧方可产生。

② 燃烧过程　可燃物质状态不同，燃烧过程也不同，如图 4-2 所示。

a. 气体最易燃烧，燃烧所需热量只用于本身的氧化分解，并使其达到燃点。

b. 液体在点火源作用下，先蒸发成蒸气，然后蒸气氧化分解而燃烧。

c. 固体燃烧分两种情况：对于硫磷等简单物质，受热时首先熔化，继而蒸发变为蒸气进行燃烧，无分解过程；对于复杂物质，受热时首先分解为物质的组成部分，生成气态和液态产物，然后气态、液态产物的蒸气着火燃烧。

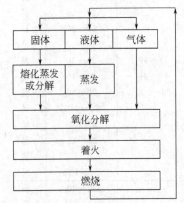

图 4-2　物质燃烧过程

（2）燃烧参数

① 闪燃与闪点　易燃、可燃液体（包括具有升华性的可燃固体）表面挥发的蒸气与空气形成的混合气，当火源接近时会产生瞬间燃烧，这种现象称为闪燃。引起闪燃的最低温度称闪点。

可燃气体、蒸气的闪点见表 4-2。

② 燃点　可燃物质在空气充足条件下，达到某一温度时与火源接触即行着火（出现火焰或灼热发光），并在移去火源之后仍能继续燃烧的最低温度称为该物质的燃点或着火点。易燃液体的燃点约高于其闪点 1～5℃。

③ 自燃与自燃点　自燃可以分为受热自燃与自热燃烧。

受热自燃指可燃物质在外部热源作用下温度升高，达到自燃点而自行燃烧的现象。

自热燃烧指可燃物在无外部热源影响下，其内部发生物理的、化学的或生化过程而产生热量，并经长时间积累达到该物质自燃点而自行燃烧的现象。

引起物质自燃发热的原因有：分解热（如赛璐珞）、氧化热（如不饱和油脂）、吸附热（如活性炭）、聚合热（如液体氰化氢）、发酵热（如干草）等。

自燃点是指可燃物在没有火焰、电火花等火源直接作用下，在空气或氧气中被加热而引起燃烧的最低温度（引燃温度）。可燃气体、蒸气的自燃点见表 4-2。

一般液体相对密度越小，其闪点越低，而自燃点越高；液体相对密度越大，闪点越高，而自燃点越低。如汽油、煤油、轻柴油、重柴油、蜡油、渣油的闪点随其相对密度增大而逐渐升高，自燃点逐渐降低，见表 4-4。

表 4-4　一些液体闪点与自燃点

物　质	闪点/℃	自燃点/℃	物　质	闪点/℃	自燃点/℃	物　质	闪点/℃	自燃点/℃
汽油	<28	510～530	轻柴油	45～120	350～380	蜡油	>120	300～380
煤油	28～45	380～425	重柴油	>120	300～330	渣油	>120	230～240

4.1.3　静电

（1）静电产生

① 接触起电　接触起电可发生在固体-固体、液体-液体或固体-液体的分界面上。

② 破断起电　不论材料破断前其内电荷分布是否均匀，破断后均可能在宏观范围导致正负电荷分离，即产生静电，这种起电即破断起电。固体粉碎、液体分裂过程的起电都属于破断起电。

③ 感应带电　任何带电体周围都有电场，放入此电场中的导体能改变周围电场的分布；同时在电场作用下，导体上分离出极性相反的两种电荷。如果该导体与周围绝缘则将带有电位，称为感应带电。由于导体带有电位，加上它带有分离开来的电荷，因此，该导体能够发生静电放电。

④ 电荷迁移　当一个带电体与一个非带电体相接触时，电荷将按各自电导率所允许的程度在它们之间分配，这就是电荷迁移。当带电雾滴或粉尘撞击在固态物体上（如静电除尘）时，会产生有力的电荷迁移。当气体离子流射在初始不带电的物质上时，也会出现类似的电荷迁移。

（2）静电引燃　静电放电能否引燃易燃混合物，取决于混合物的成分和温度、放电能量以及能量随时间的分布和在空间的分布。如图 4-3 中的曲线所示，对于一种给定的可燃物，能够使其引燃的最小能量是其在空气中浓度的函数。对应于曲线最低点的能量即最小引燃能量。最小引燃能量可以测量。

大多数有机蒸气和烃类气体的最小引燃能量都在 0.01～0.1mJ 之间。乙炔和氢在空气中的最小引燃能量都

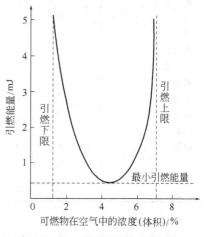

图 4-3　引燃能量与可燃物浓度的关系

是 0.02mJ 左右，而炸药的最小引燃能量可低至 0.001mJ。

一些气体、蒸气与空气形成的混合物的最小引燃能量见表 4-5、一些粉体与空气形成的混合物的最小引燃能量见表 4-6。

表 4-5　气体、蒸气最小引燃能量　　　　　　mJ

名　称	最小引燃能量	名　称	最小引燃能量
丙烯腈	0.16	乙酸乙酯	0.46
乙炔	0.019	二乙醚	0.19
乙醛	0.376	二甲醚	0.29
丙酮	1.15	环己烷	0.22
异丁烷	0.52	氢	0.019
乙烷	0.25	甲苯	2.5
乙胺	2.4	二硫化碳	0.009
氨	680	丁烷	0.25
丁酮	0.27	丙醛	0.32
乙烯	0.096	丙烯	0.282
环氧乙烷	0.065	苯	0.20
氯丁烷	1.2	庚烷	0.24
氯丙烷	1.08	甲醇	0.14
乙酸	0.62	硫化氢	0.077
甲烷	0.28	1,3-丁二烯	0.13
丙烷	0.25	己烷	0.24
丙烯乙醛	0.13	异戊烷	0.21
环丙烷	0.17	异辛烷	1.35
环戊烷	0.23	异丙醇	0.65
三乙胺	1.15	氯化丙烷	0.23

表 4-6　粉体最小引燃能量　　　　　　mJ

名　称	悬浮状	层积状	名　称	悬浮状	层积状
铝	10	1.6	酞酸酐	—	15
铁	20	7	阿司匹林	25	160
镁	20	0.24	聚乙烯	15～30	—
钛	10	0.008	聚苯乙烯	15	—
锆	5	0.0004	酚醛树脂	10	40
硅	80	2.4	醋酸纤维	10	—
硫	15	1.6	环氧树脂	9	—
硬脂酸铝	10	40	聚甲基丙烯酸甲酯	15	—
聚氯乙烯	40	—	米	40	—
聚丙烯腈	20	—	小麦淀粉	25	—
尼龙	20	—	软木	35	—
人造丝	240	—	砂糖	30	—
橡胶	50	—	大豆	100	—
虫胶	50	—	玉米	50	—
麻	35	—	奶粉	50	—
纸	60	—	棉花	25	—
小麦	40	—	木质素	20	—

（3）静电危害

① 固体静电危害　绝缘材料的带电给生产带来危害有两方面：其一是由于电场力作用使生产不能顺利进行，例如印刷业纸张的相吸、纺织业纺丝的不整齐等；其二是对于化工工

业生产环境中存在有可燃气体的场合，静电放电可成为引燃引爆的点火源。

② 液体静电危害　当液体带电时，电场存在于其内部及其周围空间，当这些场强足够高时，就会发生放电。一般来说，发生在液体内部的放电没有引燃危险，但可以引起化学变化。这种变化能改变液体的性能或引起有关设备的腐蚀。

对地电阻 $10^6\,\Omega$ 以上的导体或非导体在带电液体的作用下可以带电，一旦发生放电，危险性极大。

放置在带电液体周围的孤立物体都可能带电，而且是十分危险的。

◎ 4.2　危险性划分及安全措施

4.2.1　爆炸性物质及危险场所划分

（1）爆炸性物质分类　爆炸性物质是指与空气形成混合物在一定条件下能发生燃爆的物质。爆炸性物质分为以下三类：Ⅰ类，矿井甲烷；Ⅱ类，爆炸性气体、蒸气；Ⅲ类，爆炸性粉尘、纤维。

爆炸性混合物是指在大气条件下，气体、蒸气、薄雾、粉尘或纤维以一定的比例与空气混合，一经点燃，燃爆能在整个范围内传播的混合物。

（2）爆炸性物质分级分组

① 按引燃温度分组　爆炸性气体、蒸气、薄雾按引燃温度分为六组，其相应的引燃温度范围见表4-7。

爆炸性粉尘、纤维按引燃温度分为三组。其相应的温度范围见表4-8。

表 4-7　气体、蒸气、薄雾按引燃温度分组

组　别	新标准	T1	T2	T3	T4	T5	T6
	老标准	a	b	c	d	e	—
引燃温度/℃		>450	≤450 >300	≤300 >200	≤200 >135	≤135 >100	≤100 >85

表 4-8　粉尘、纤维按引燃温度分组

组　别	T1-1	T1-2	T1-3
引燃温度/℃	>270	≤270 >200	≤200 >140

② 按最小点燃电流比（MICR）分级　最小点燃电流比是在规定试验条件下，气体、蒸气、薄雾爆炸性混合物的最小点燃电流与甲烷爆炸性混合物的最小点燃电流之比。气体、蒸气、薄雾爆炸性混合物按最小点燃电流比分级见表4-9。

表 4-9　气体、蒸气、薄雾爆炸性混合物按 MICR 分级

级　别	Ⅰ	ⅡA	ⅡB	ⅡC
MICR	1.0	≤1.0 >0.8	≤0.8 >0.45	≤0.45

③ 按最大试验安全间隙（MESG）分级　最大试验安全间隙是衡量爆炸性物品传爆能力的性能参数，是指在规定试验条件下，两个经长 25mm 的间隙连通的容器，一个容器内燃爆能引起另一个容器内发生燃爆的最小连通间隙。气体、蒸气、薄雾爆炸性混合物按最大试验安全间隙分级见表4-10。

表 4-10 气体、蒸气、薄雾爆炸性混合物按 MESG 分级

级别	Ⅰ	ⅡA	ⅡB	ⅡC
MESG/mm	1.14	≤1.14 >0.9	≤0.9 >0.5	≤0.5

一些爆炸性气体混合物的分级、分组见表 4-11（新标准）。表 4-11 中，按最大试验安全间隙与按最小点燃电流比的分级近似相等。

表 4-11 爆炸性气体混合物分级和分组

类和级	最大试验安全间隙 MESG /mm	最小点燃电流比 MICR	引燃温度(℃)与组别					
			T1	T2	T3	T4	T5	T6
			$T>450$	$450≥$ $T>300$	$300≥$ $T>200$	$200≥$ $T>135$	$135≥$ $T>100$	$100≥$ $T>85$
Ⅰ	MESG=1.14	MICR=1.0	甲烷					
ⅡA	0.9< MESG< 1.14	0.8< MICR< 1.0	乙烷、丙烷、丙酮、苯乙烯、氯乙烯、氯苯、甲苯、苯、氨、甲醇、一氧化碳、乙酸乙酯、乙酸、丙烯腈	丁烷、乙醇、丙烯、丁醇、乙酸丁酯、乙酸戊酯、乙酸酐	戊烷、己烷、庚烷、癸烷、辛烷、汽油、硫化氢、环己烷	乙醚、乙醛		亚硝酸乙酯
ⅡB	0.5< MESG≤ 0.9	0.45< MICR≤ 0.8	二甲醚、民用煤气、环丙烷	环氧乙烷、环氧丙烷、丁二烯、乙烯	异戊二烯			
ⅡC	MESG≤ 0.5	MICR≤ 0.45	水煤气、氢、焦炉煤气	乙炔			二硫化碳	硝酸乙酯

粉尘、纤维按其导电性和爆炸性分为ⅢA级和ⅢB级，其分级、分组见表 4-12。

表 4-12 爆炸性粉尘分级和分组

类和级	组别 / 粉尘物质 引燃温度/℃	T1-1	T1-2	T1-3
		$T>270$	$270≥T>200$	$200≥T>140$
ⅢA	非导电性可燃纤维	木棉纤维、烟草纤维、纸纤维、亚硫酸盐纤维素、人造毛短纤维、亚麻	木质纤维	
	非导电性爆炸性粉尘	小麦、玉米、砂糖、橡胶、染料、聚乙烯、苯酚树脂	可可、米糖	
ⅢB	导电性爆炸性粉尘	镁、铝、铝青铜、锌、钛、焦炭、炭黑	铝（含油）、铁、煤	
	火炸药粉尘		黑火药,TNT	硝化棉、吸收药、黑索金、特屈儿、泰安

（3）危险场所分级与判断 危险场所分为气体爆炸危险场所、粉尘爆炸危险场所和火灾危险场所。

场所爆炸和火灾的危险程度决定于危险性物质的类别和状态、爆炸性混合物出现的频度和持续时间（发生爆炸和火灾的可能性）、爆炸性混合物中可燃物质的浓度、危险物质的储量以及燃爆后果的严重程度。

① 危险场所分区（级）

a. 气体爆炸危险场所分区。气体、蒸气、薄雾与空气形成爆炸性混合物的场所，按其危险程度分为 0 区（0 级区域）、1 区（1 级区域）和 2 区（2 级区域）。

0 区：指正常运行情况下连续出现或长时间出现或短时间频繁出现气体爆炸性混合物的

126

区域。

1 区：指正常运行情况下周期性出现或偶然出现气体爆炸性混合物的区域。

2 区：指正常运行情况下不出现，即使出现也只能是不频繁且短时间出现气体爆炸性混合物的区域。

b. 粉尘爆炸危险场所分区。按危险程度，将粉尘爆炸危险场所分为 10 区（10 级区域）和 11 区（11 级区域）。

10 区：指正常运行情况下连续出现或长时间出现或短时间频繁出现粉尘爆炸性混合物的区域。

11 区：指正常运行情况下不出现，而只能偶然短时间出现爆炸性混合物的区域。

c. 火灾危险场所。火灾危险场所是危险物质不致形成爆炸性混合物，但可能引起火灾的场所。按危险物质种类分为 21 区、22 区和 23 区。

21 区：有闪点高于环境温度的可燃液体，并且在数量和配置上能引起火灾的场所。

22 区：有悬浮状或堆积状粉尘或纤维，并且在数量和配置上能引起火灾的场所。

23 区：有可燃固体，并且在数量和配置上能引起火灾的场所。

② 危险场所判断

判断场所危险程度需考虑危险物料性质、释放源特征、通风状况等因素。

a. 危险物料。除应考虑危险物料种类外，还必须考虑物料的闪点、爆炸极限、密度、引燃温度等理化性能，还必须考虑其工作温度和压力以及其数量和配置。例如，闪点低、爆炸下限低都会导致危险范围扩大，密度大会导致水平范围扩大等。

b. 释放源。应考虑释放源的布置和工作状态，注意其泄漏或放出危险物品的速率、泄放量和混合物的浓度以及扩散情况和形成爆炸性混合物的范围。

释放源主要分为三级：连续释放或预计长期释放或短时连续释放的为连续级释放源；正常运行时周期性和偶然释放的为一级释放源；正常运行时不释放或只是偶然短暂释放的为二级释放源。

c. 通风。室内原则上应视为阻碍通风，即爆炸性混合物可以积聚的场所；但如安装了能使全室充分通风的强制通风设备，则不视为阻碍通风场所。室外危险源周围有障碍处亦应视为阻碍通风场所。

d. 综合判断。对危险场所，首先应考虑释放源及其布置，再分析释放源的性质，划分级别，并考虑通风条件。

4.2.2 石油、化工企业火灾危险性及危险场所分类

根据 YHS—78 炼油化工企业设计防火规定，炼油、石化企业火灾危险性分生产和储存物品两部分。

炼油企业生产的火灾危险性分为五类，即甲类、乙类、丙类、丁类、戊类，其中甲类中又分 A、B、C 三小类。分类依据见表 4-13，危险场所分类见表 4-14。

表 4-13　炼油企业生产的火灾危险性分类

类	别	特　征
甲	A	使用或产生液化石油气(包括气态)
	B	使用或产生氢气
	C	不属于甲 A、甲 B 的其他甲类,使用或产生下列物质: ①闪点小于 28℃的易燃液体; ②爆炸下限小于 10%的可燃气体; ③温度等于或高于自燃点的易燃、可燃液体

类 别	特 征
乙	使用或产生下列物质: ①闪点不小于 28℃至小于 60℃的易燃、可燃液体; ②爆炸下限不小于 10%的可燃气体; ③助燃气体; ④化学易燃危险固体,如硫黄
丙	使用或产生下列物质: ①闪点不小于 60℃的可燃液体; ②可燃固体
丁	具有下列情况的生产: ①对非燃烧物质进行加工,并在高温或熔化状态下经常产生强辐射热、火花或火焰; ②将气体、液体、固体进行燃烧,但是不用这种明火对其他可燃气体、易燃和可燃液体、可燃固体进行加热
戊	常温下使用或加工非燃烧物质的生产

表 4-14　炼油企业火灾危险场所分类

项目	甲 A	甲 B	甲 C	乙	丙	丁、戊
加热炉	丙烷脱沥青加热炉,叠合加热炉,烷基化加热炉	制氢转化炉,加氢反应器的加热炉,铂重整预加氢反应器的加热炉	常减压蒸馏的常压炉和减压炉,延迟焦化、催化裂化和减黏的加热炉,酮苯脱蜡的滤液及蜡液加热炉,硫黄回收的燃烧炉,沥青氧化的加热炉	煤油分子筛脱蜡加热炉,糠醛精制和酚精制的加热炉	柴油热载体加热炉,轻柴油分子筛脱蜡加热炉	一氧化碳锅炉,惰性气体发生炉
反应器和塔	液化石油气分馏塔,石油气脱硫吸收塔,丙烷脱沥青的抽提塔和蒸发塔,催化裂化的稳定塔和吸收塔,叠合反应器,烷基化反应器	加氢裂化和加氢精制的反应器,制氢的中变、低变及甲烷化反应器,二氧化碳吸收塔	常减压蒸馏塔,延迟焦化、加氢裂化、加氢精制和催化裂化的分馏塔和焦炭塔,铂重整的原料预分馏塔,芳烃抽提塔,芳烃及非芳烃水洗塔和苯及甲苯的精馏塔,酮苯脱蜡的滤液及蜡液蒸发塔,沥青氧化的氧化塔,硫黄回收转化器	煤油分子筛脱蜡的吸附塔和分馏塔,糠醛精制和酚精制的抽提塔和溶剂回收蒸发塔	轻柴油分子筛脱蜡的吸附塔和分馏塔,润滑油和石蜡白土精制的白土蒸发塔	
容器和冷却器、换热器	液化石油气的原料缓冲罐、碱洗罐和水洗罐,液化石油气的冷却器和换热器,二硫化碳容器	加氢的高压气液分离器和低压气液分离器,氢气和含氢气体的冷却器和换热器	汽油馏分的回流罐、水洗罐、碱洗罐和电化学精制罐,苯、甲苯、二甲苯和丙酮的容器,原油、汽油、苯、甲苯和二甲苯的冷却器和换热器,硫黄回收的冷凝器和捕集器,热油的容器、冷却器和换热器	煤油的电化学精制罐,氨的容器,煤油和氨的冷却器和换热器	轻柴油的电化学精制罐,石蜡罐、石蜡发汗罐,润滑油和石蜡缓冲罐,沥青缓冲罐,燃料油罐,上述物料的冷却器和换热器	水的容器、压缩空气罐,惰性气体储罐
压缩机、泵和建筑物	石油气压缩机及其厂房,液化石油气泵和泵房,二硫化碳添加房间	氢气压缩机及其厂房	原油、汽油、苯、甲苯、二甲苯和丙酮的泵和泵房,酮苯脱蜡的真空过滤机厂房和套管结晶器厂房	煤油泵和泵房,氨压缩机及硫黄成型机及其厂房	柴油、石蜡、润滑油、燃料油和沥青的泵和泵房,石蜡和沥青成型机及其厂房,石蜡仓库,沥青仓库	水泵和水泵房,空气压缩机及其厂房,惰性气压缩机及其厂房,白土仓库,仪表室,配电室

炼油企业储存物品火灾危险性分为三类,即甲类、乙类、丙类,其中丙类又分 A、B 两小类。分类依据见表 4-15,危险性分类举例见表 4-16。

表 4-15　炼油企业储存物品火灾危险性分类

类别		特　　征
甲		闪点小于 28℃的易燃液体和设计储存温度接近(低 10℃以内)或超过其闪点的易燃、可燃液体
乙		闪点不小于 28℃至小于 60℃的易燃、可燃液体
丙	A	闪点 60~120℃的可燃液体
	B	闪点大于 120℃的可燃液体

表 4-16　炼油企业储存物品火灾危险性分类举例

类　别		举　　例
甲		原油、汽油、苯、甲苯、间二甲苯、对二甲苯、二硫化碳、丙酮
乙		煤油、糠醛、邻二甲苯
丙	A	轻柴油、重柴油、酚
	B	蜡油、渣油、液体沥青、润滑油

化工企业生产的火灾危险性分为甲类、乙类、丙类、丁类、戊类五类。分类依据见表 4-17，危险场所分类见表 4-18。

表 4-17　化工企业生产的火灾危险性分类

生产类别	特　　征
甲	生产中使用或产生下列物质： ①闪点小于 28℃ 的易燃液体； ②爆炸下限小于 10% 的可燃气体； ③常温下能自行分解或在空气中氧化即能导致迅速自燃或爆炸的物质； ④常温下受到水或空气中水蒸气的作用，能产生可燃气体并引起燃烧或爆炸的物质； ⑤遇酸、受热、撞击、摩擦以及遇有机物或硫黄等易燃无机物，极易引起燃烧或爆炸的强氧化剂； ⑥受撞击、摩擦或与氧化剂、有机物接触时能引起燃烧或爆炸的物质； ⑦在压力容器内物质本身温度超过自燃点的生产
乙	生产中使用或产生下列物质： ①闪点不小于 28℃ 至小于 60℃ 的易燃、可燃液体； ②爆炸下限不小于 10% 的可燃气体； ③助燃气体和不属于甲类的氧化剂； ④不属于甲类的化学易燃危险固体； ⑤排出浮游状态的可燃纤维或粉尘，并能与空气形成爆炸性混合物
丙	生产中使用或产生下列物质： ①闪点不小于 60℃ 的可燃液体； ②可燃固体
丁	具有下列情况的生产： ①对非燃烧物质进行加工，并在高热或熔化状态下经常产生辐射热、火花或火焰的生产； ②利用气体、液体、固体作为燃料或将气体、液体进行燃烧作其他用的各种生产； ③常温下使用或加工难燃烧物质的生产
戊	常温下使用或加工非燃烧物质的生产

表 4-18　化工企业火灾危险场所分类

生产装置	过　程　名　称	类别	生产装置	过　程　名　称	类别
甲烷部分氧化制乙炔装置	部分氧化 乙炔提浓、净化 溶剂处理	甲 甲 甲	醋酸装置	乙醛氧化 醋酸精制	甲 甲
管式炉裂解乙烯装置	裂解、急冷 裂解气压缩，乙烯、丙烯制冷 分离	甲 甲 甲	裂解汽油加氢装置	氢气压缩机 汽油加氢、分馏	甲 甲
异丁烯分离（硫酸法）装置	压缩精馏 吸收精馏	甲 甲	芳烃抽提装置	芳烃抽提 精馏	甲 甲
丁烯氧化脱氢制丁二烯装置	氧化反应冷却 反应气体压缩	甲 甲	对二甲苯装置	甲苯歧化及混合二甲苯异构化 分馏	甲 甲
合成酒精装置	乙烯水合反应 精馏	甲 甲	丙烯腈装置（丙烯氨氧化法）	空气压缩 反应 精制 氰化钠制造 含氰污水烧结	戊 甲 甲 戊 丁
直接法乙醛装置	乙烯氧化（一，二段法） 乙醛精制	甲 甲	苯酚丙酮装置	苯烃化，精馏 异丙苯氧化分解 精馏	甲 甲 甲

生产装置	过 程 名 称	类别	生产装置	过 程 名 称	类别
氧氯化法氯乙烯装置	乙烯循环气压缩 直接氯化,氧氯化,精馏 二氯乙烷裂解 氯乙烯精馏 残液烧却	甲 甲 甲 甲 丁	高压聚乙烯装置	乙烯压缩 催化剂配制 聚合,造粒,洗涤,过滤 掺和,包装	甲 甲 甲 丙
电石法氯乙烯装置	乙炔发生 合成氯化氢 合成氯乙烯,精馏	甲 甲 甲	聚丙烯装置	催化剂配制 聚合 醇解,洗涤,过滤 溶剂回收 干燥,掺和,包装	甲 甲 甲 甲 丙
丁辛醇装置	合成气压缩 羰基合成,蒸馏,重组分处理 缩合反应,加氢,蒸馏 催化剂制备	甲 甲 甲 戊	聚乙烯醇装置	合成醋酸乙烯 聚合,醇解 回收甲醇 包装 残液烧却	甲 甲 甲 丙 丁
醋酐装置	醋酸裂解 吸收,精馏 稀醋酸回收	甲 甲 乙	聚酯装置	空气压缩 对苯二甲酸 对苯二甲酸二甲酯 酯交换(对苯二甲酸二乙酯) 聚合 造粒,包装	戊 乙 甲 甲 丙 丙
环氧氯丙烷装置	丙烯压缩 氯化,精馏 次氯酸化,精馏	甲 甲 甲			
苯乙烯装置	苯烃化 乙基苯脱氢 乙苯和苯乙烯精馏	甲 甲 甲	块状聚苯乙烯装置	聚合 造粒,包装	甲 丙
乙二醇装置	空气压缩 循环乙烯气压缩(加氧气的循环乙烯压缩) 氧化,吸收,精馏 环氧乙烷水合 乙二醇精馏	戊 (甲) 甲 甲 乙	ABS塑料装置	聚合 后处理(脱水,造粒) 包装	甲 丙 丙
			低压聚乙烯装置	催化剂配制 聚合 醇解,洗涤,过滤 溶剂回收 干燥,包装	甲 甲 甲 甲 丙
丁苯橡胶装置	碳氢相配制 水相配制 聚合及脱气 胶浆罐区 后处理(凝聚、干燥、包装)	甲 戊 甲 丙 丙	尼龙66装置	苯酚加氢,氧化制己二酸 己二酸氨化,脱水制己二腈 己二腈加氢制己二胺 聚合(尼龙66) 包装	甲 乙 甲 丙 丙
丁腈橡胶装置	碳氢相配制 水相配制 聚合及脱气 后处理(凝聚、干燥、包装)	甲 戊 甲 丙	合成氨、合成甲醇装置	粉煤的制备、破碎、筛分和储存输送 粉煤造气 煤焦和煤的备料、干燥及运输 煤焦造气,水煤气脱硫 天然气、轻油和焦炉气脱硫 焦炉气净化 天然气、轻油、焦炉气、炼厂气的蒸汽转化 重油、天然气、焦炉气、炼厂气的部分氧化和变换 脱CO_2 铜洗,甲烷化 氢分,氮洗 水煤气及氢氮气压缩 合成 氨冷冻,氨水吸收 粗甲醇精馏	乙 甲 丙 甲 甲 甲 甲 甲 甲 甲 甲 甲 甲 乙 甲
乙丙橡胶装置	催化剂及助剂配制 聚合,凝聚 单体及溶剂回收 后处理(脱水、干燥、包装)	甲 甲 甲 丙			
顺丁橡胶装置	催化剂及助剂配制 聚合,凝聚 单体及溶剂回收 后处理(脱水、干燥、包装)	甲 甲 甲 丙			
氯丁橡胶装置	合成乙烯基乙炔 合成氯丁二烯 聚合,凝聚 后处理(脱水、干燥、包装)	甲 甲 甲 丙			
异戊橡胶装置	催化剂及助剂配制 聚合,凝聚 单体及溶剂回收 后处理(脱水、干燥、包装)	甲 甲 甲 丙	尿素生产装置	CO_2压缩 尿素合成,汽提,氨泵,甲胺泵 分解,吸收 蒸发,造粒,输送 联尿(变换气汽提法)	戊 乙 乙 丙 甲
尼龙6(己丙酰胺)装置	苯加氢,氧化制环己酮 苯酚加氢,脱氢制环己酮 环己酮精馏 肟化,转位,中和 萃取精制 切片包装	甲 甲 甲 丙 乙 丙	碳酸氢铵装置	吸氨及氨水储罐 碳化 离心分离,包装	乙 甲 丁
聚氯乙烯装置	氯乙烯聚合 离心过滤,干燥,包装	甲 丙	硝酸装置	空气净化、压缩 接触氧化(常压、加压) 常压、加压吸收和尾气处理 发烟硝酸吸收 硝酸镁法提浓硝酸	戊 乙 戊 乙 乙

生产装置	过 程 名 称	类别	生产装置	过 程 名 称	类别
硝酸铵装置	中和 结晶或造粒,输送,包装	乙 甲	空气分离装置	空气净化,压缩,冷却 空气分馏塔氧气压缩装瓶 氮气压缩装瓶	戊 乙 戊
亚硝酸钠装置	蒸发,结晶,分离,干燥,包装	甲	空气氮洗联合装置		甲

化工企业储存物品火灾危险性亦分为甲、乙、丙、丁、戊五类。分类依据见表 4-19,分类举例见表 4-20。

表 4-19 化工企业储存物品的火灾危险性分类依据

储存物品类别	特 征
甲	①常温下能自行分解或在空气中氧化即能导致迅速自燃或爆炸的物质 ②常温下受到水或空气中水蒸气的作用,能产生可燃气体并引起燃烧或爆炸的物质 ③受撞击、摩擦或与氧化剂、有机物接触时能引起燃烧或爆炸的物质 ④闪点小于 28℃的易燃液体 ⑤爆炸下限小于 10%的可燃气体,以及受到水或空气中水蒸气的作用,能产生爆炸下限小于 10%的可燃气体的固体物质 ⑥遇酸、受热、撞击、摩擦以及遇有机物或硫黄等易燃的无机物极易引起燃烧或爆炸的强氧化剂
乙	①不属于甲类的化学易燃危险固体 ②闪点不小于 28℃至小于 60℃的易燃、可燃液体 ③不属于甲类的氧化剂 ④助燃气体 ⑤爆炸下限不小于 10%的可燃气体 ⑥常温下与空气接触能缓慢氧化,积热不散引起自燃的危险物品
丙	①闪点不小于 60℃的可燃液体 ②可燃固体
丁	难燃烧物品
戊	非燃烧物品

4.2.3 化学反应危险性评价

在化学反应中,有的是放热反应、爆炸反应,有的是在反应中生成爆炸性混合物和有害物质的反应。例如,氧化反应和过氧化物的反应时常会引起燃烧,有时还会生成高压而造成爆轰,结果产生剧烈的爆炸现象;卤化反应以及在制造金属有机化合物所用的烷烃化反应是在反应过程中会生成爆炸性混合物或有害物的反应。因此,必须要进行反应危险性评价,从而划分出危险性大的反应和普通的化学反应。各种典型的化学反应的危险性等级分类列于表 4-21。

表 4-20 化工企业储存物品的火灾危险性分类举例

储存物品类别	举 例
甲	①三乙基铝,三异丁基铝,一氯二乙基铝,二氯二乙基铝,硝化棉,硝化纤维胶片,黄磷,三甲硼,丁硼烷 ②钾,钠,钙,锶,锂,氢化钾,氢化钠,氢化钙,磷化钙,活性镍 ③过氧化苯甲酰,偶氮二异丁腈,赤磷,五硫化磷,硝酸钾,硝酸钠,硝酸钙,硝酸铵 ④乙醚,汽油,石油醚,二硫化碳,乙烷,戊烷,石脑油,乙醛,环己烷,丙酮,二乙胺,甲酸甲酯,苯,甲苯,环氧丙烷,甲醇,异戊二烯,乙醇,二氯乙烷,三氯乙烯,醋酸乙烯,乙苯,甲乙酮,丙烯腈,丁醛,氢氰酸,对二甲苯,间二甲苯,醋酸甲酯,醋酸乙酯,羰基镍,醋酸正丁酯,醋酸异戊酯,丙烯酸甲酯,甲基丙烯酸甲酯,原油,硝酸乙酯,呋喃,三聚乙醛,乙基苯 ⑤乙炔,氢,乙烯,甲醚,环氧乙烷,甲烷,甲醛,氯乙烯,丁二烯,丁烯,丙烷,丙烯,异丁烯,异丁烷,液化石油气,乙烷,水煤气,半水煤气,丁烷,焦炉煤气,硫化氢,一氯乙烷,甲胺,一氯甲烷,电石 ⑥过氧化氢,过氧化钾,过氧化钠,氯酸钾,氯酸钠,过硫酸钾,亚硝酸钠
乙	①五氯化磷,五氧化二磷,硫黄,镁粉,铝粉,锌粉,蒽,萘,樟脑,松香,三氯化铝,三聚甲醛 ②氯化苯,丁醇,异丙苯,苯乙烯,异戊醇,煤油,邻二甲苯,松节油,乙二胺,冰醋酸,醋酐,环氧氯丙烷,福尔马林,丙烯,环丁砜,环己酮,氯丙醇,四乙基铅 ③高锰酸钾,铬酸钾,重铬酸钾,重铬酸钠,硝酸铜,硝酸汞,硝酸钴,发烟硫酸,漂白粉,漂粉精,溴 ④氧,氯,氧化亚氮 ⑤一氧化碳,氨,发生炉煤气

储存物品类别	举例
丙	①糠醛,柴油,二甲基甲酰胺,苯甲醛,环己醇,乙二醇丁醚,糠醇,丁酸,苯胺,辛醇,磷甲基胺,一乙醇胺,乙醇胺,乙二醇,二苯醚,邻甲酚,酚,甲酚,甲羧,己醇,正硅酸乙酯,二甲基亚砜,二氯甲烷 ②二乙醇胺,三乙醇胺,苯二甲酸二甲酯,苯二甲酸二辛酯,二甲酸二丁酯,二甲酸二辛酯,渣油,蜡油,润滑油,机油,甘油,石油沥青,亚麻仁油,二乙二醇醚,三乙二醇醚,环丁砜 ③己二酸,联苯,对二苯酚,苯二甲酸,苯二甲酸酐,有机玻璃,合成和天然橡胶及其制品,聚氯乙烯,聚苯乙烯,尿素,玻璃钢,聚酯,尼龙6,尼龙66,聚乙烯醇,聚乙烯醇缩醛,ABS塑料,氯化铵,硫铵,聚乙烯,聚丙烯
丁	聚甲醛,氨基塑料,碳酸铵,碳酸氢铵,烧碱,纯碱,碳酸氢钠,酚醛塑料,尿醛塑料
戊	氮气,二氧化碳,水蒸气,氦,氩,石棉,硅藻土,玻璃棉,泡沫混凝土,硅酸,灰绿岩,陶瓷,水泥蛭石,膨胀珍珠岩,氟里昂,食盐,过磷酸钙,沉淀磷酸钙

表 4-21 化学反应危险性等级分类表

反应类别	危险性等级				
	A(危险)	B(特殊)	C(特殊)	D(普通)	E(普通)
还原反应	罗申蒙德(Rosenmund)反应(RCOCl的Pd催化加氢还原) 高压催化反应	锂镁加氢还原 二烷基铝加氢 低压催化还原		克莱门逊(Clemmensen)(羟基加Zn+HCl还原) 汞钠齐 米尔文-庞道夫(Meerwein-Pun-driff)反应(醛、酮类加羟基铝还原)	锌-醋酸 锌-盐酸 锌-苛性钠 硫酸亚铁铵 四醋酸铅
氧化反应	臭氧分解 亚硝酸 过氧化物(低分子物或有两到三个阳离子基团的化合物)	电解氧化 高分子量过氧化物	次氯酸丁酯(Butyl Hypochlorid)	空气或I₂(RSH→R₂S) 奥盆诺尔(Oppenauer)反应(仲醇的丙酮化合物经间-丁氧基铝氧化生成酮类化合物)	过氧化氢(稀释溶解) 硝酸、过锰酸盐、二氧化锰、铬酸、重铬酸盐的水溶液
烷烃化反应	乙炔的碱金属化合物 阿尔登特-埃斯特尔特(Arndt-Eistert)反应(重氮甲烷与酰基作用生成重氮酮类化合物) 重氮烷烃与醛类化合物的反应	格里雅(Grignard)反应(卤代烷烃在无水醚中与金属镁反应,生成反应试剂) 有机金属化合物,例如,二烃基锌、二烃基镉、脂肪族或芳烃族锂	碱金属 碱金属酰胺及其加氢化合物 醛类或酮类化合物与氰酸	碱金属的烃氧基化合物 狄尔斯-阿尔德(Diels-Alder)二烯烃反应	雷福尔马茨基(Refelmatsky)反应(卤代酯与羰基酸的化合物在锌的作用下发生的反应) 迈克尔(Michael)反应(活性甲基化合物在盐基催化剂的存在下生成α-、β-不饱和羧酸的化合物)
碳-氧反应	重氮烷烃		环氧乙烷	威廉逊(Williamson)反应(烷氧基钠与烷基卤化物反应生成醚)	甲醛盐酸
碳-氮反应			氰甲基化 环氧乙烷	氯甲基化 季胺化	
缩合反应	二硫化碳和氨基乙酰胺反应生成噻唑酮		偶姻缩合 二酮与硫化氢反应	厄仑美尔(Erlenmeyer)反应[由乙醛和马尿酸(苯酰氨基醋酸)反应,合成丫内酯] 佩金(Perkin)反应(α、ω-二卤化物在烃氧基金属化合物的存在下合成活性亚甲基化合物的缩合反应) 醋酸乙酯 醇醛缩合反应[乙醛与氢氧化钠作用,生成三羟基丁醛(Aldol)] 克莱森(Claisen)反应(酯类化合物与金属钠反应,生成β-酮酸的缩合反应) 诺文葛尔(Knoevenagel)反应(碳基化合物与活性亚甲基化合物以	采用下列催化剂进行的缩合反应:磷酸,AlCl₃,ZnCl₂,SnCl₄,H₂SO₄,NaHSO₄,HCl,FeCl₃

反应类别	危险性等级				
	A(危险)	B(特殊)	C(特殊)	D(普通)	E(普通)
缩合反应	二硫化碳和氨基乙酰胺反应生成噻唑酮		偶姻缩合 二酮与硫化氢反应	及胺类化合物和氨等进行的脱水反应) 二酮与二胺反应,生成喹唑啉(Quinazolin) 二酮与半卡巴肼(Semicarbazide)反应,生成吡唑(Pyrazole) 二酮与氨反应,生成吡唑 氰与乙二胺反应,生成咪唑啉(Imidazoline)	采用下列催化剂进行的缩合反应:磷酸,$AlCl_3$,$ZnCl_2$,$SnCl_4$,H_2SO_4,$NaHSO_4$,HCl,$FeCl_3$
胺化反应		液氨	氨基碱金属		氨水
酯化反应	羟酸与重氮甲烷(Diazomethan) 乙炔与羧酸乙烯基酯的反应	卤化烷烃基镁(Alcoxylmagnesium)		有机:醇酸、酰基氯或酸酐烷基硫酸(Alkyl Sulfonic Acid)的碱金属盐氯亚硫酸烷基酯(Alkyl Chlorsulfite)与羧酸碱金属盐的酯交换	有机,无机:羧酸的银盐的卤化反应
腈的水溶液和酯的加水反应					腈的水溶液加水分解
简单的复分解置换反应				简单复分解置换反应	
过氧化物及过酸的制造及其反应	浓缩状态			稀释状态	
热分解		加压		常压	
施密特(Schmidt)反应		施密特反应(羰基化合物与叠氮化氢酸在强酸的存在下反应,生成含氮化合物)			
曼尼期(Mannich)反应				曼尼期反应(活性亚甲基与胺类化合物作用,形成氨甲基化反应)	
卤化反应			Cl_2,Br_2		

4.2.4 常见危险性及安全措施

生产过程中常见危险性及其安全措施见表 4-22。

表 4-22 通用设备的危险性及其安全措施

可能会发生的危险性	安全对策
反应的各项条件(如生成物的组成、反应压力、反应温度等)由于某种原因而发生变化,造成失控,结果使温度或压力上升,成为灾害的原因	为防止温度、压力上升,配备下列设施: ①利用控制阀将反应物料送至安全场所的设备 ②报警或自动停车装置
在反应的同时,发生有危险性的副反应 ①生成有害物质或爆炸性物质的副反应 ②由于副反应物质的影响,使传热表面迅速遭受污染;装置内部有造成堵塞的危险 ③生成气体或挥发性物质,反应压力有上升的危险 ④副反应是放热反应,结果使释放的热量比正常反应大(例如氧化反应,卤化反应等)。当反应速度大时,危险性更大	采取以下的对策: ①在反应物料中掺入游离的抑制剂,借以抑制异常副反应 ②如果需要防止生成爆炸性物质以及由此形成的爆炸性混合物,要设置连续检测报警装置或者其他防止危险的措施

可能会发生的危险性	安 全 对 策
由于反应物料的配比不当,生成爆炸性混合物	采用联锁装置,使反应物料的配比不会超过规定的范围
因投料量急剧增加,出现异常的释放热量	设置能够按照正确的给量投料的装置;冷却能力要充足
冷却效果恶化,发生危险反应 ①冷却热量与反应温度的变化成直线关系,一旦热量有急剧变化,很难控制热量 ②冷媒停止流动,反应热量升高	采取以下措施,改进冷却效果: ①设计能够适应释放热量增大的冷却性能 ②设置在冷媒停止流动时能够自动停车的装置
由于压力升高,结果使反应速度加快,反应热增大	设置泄压装置
在反应过程中生成的液体排放困难,液面升高,造成故障	设置与蒸馏设备同样的液位控制装置
进行危险性化学反应的设备	①与其他相同的设备布置在一起。不要靠近使用大量可燃性物质的设备 ②将非常危险反应的设备分别单个设置在防爆墙内
使用毒性或可燃性气体的反应设备	露天布置。如设在室内,要设法换气,并安装气体检测器

针对各种不同的危险性采取的安全措施见表 4-23。

表 4-23 针对各种危险性的各种安全措施

针对目标	一 般 措 施
可燃性物质	①在燃点以下的温度条件下进行处理 ②在爆炸范围以外的浓度状态下运转 ③如在爆炸范围以内或附近的状态下运转,应设置浓度计,或者采用稀释法、设置控制爆炸装置及爆炸压力释放装置 ④如果储罐中的可燃性物质有可能排入大气,形成爆炸性混合物,应在储罐排气口处装设阻火器,或利用惰性气体进行气封
特殊可燃性物质	①氧化剂应储存在与其他可燃性物质互相隔离的防火区内 ②禁水性物质若与水接触,会生成可燃性气体,储存时要与水源隔离;若已生成可燃性气体,应设法置换 ③设置控制自燃性物质的冷却系统和辅助冷却系统 ④设置抑制自燃性聚合物聚合的抑制系统,设置释放聚合压力的系统 ⑤设置能够承受爆炸分解压力或爆炸压力的设备,设置安全装置及温度、压力控制装置
化学反应危险性	①在可能会由于化学反应升温的设备上应设置泄压装置 ②对于有特大危险性的反应,除了要设置泄压装置以外,还要设置爆炸抑制装置,并在此装置与其他装置连接系统的出入口上设置防止爆炸传播的装置 ③在进行放热反应的反应器上装设冷却装置和急冷装置 ④在进行氧化反应的反应器上装设精确计量的输氧装置和检测输氧过量的报警装置
由于工作条件的影响造成的危险性	①凡是难以控制的工艺过程,都要按最高危险度进行设置,同时另外装设泄压装置和反应物质的迅速排放装置 ②在高压设备上设置适当的泄压装置 ③在负压设备上采取下列基本措施: 　a. 对于用以防止空气侵入为主的设备,应使用仅只装设管件和阀门的结构 　b. 为了保持负压,应设置适当联锁装置和压力报警装置 　c. 在采用喷射器的减压装置上,应采用水封装置进行平衡,以便在蒸汽停供的情况下保持负压 ④在高温条件下使用的设备的材料应能在相应的温度条件下保持足够的强度 ⑤在低温条件下使用的设备,应选用在低温条件下不会出现脆性的材料。同时还要考虑到由于误操作可能达到的低温范围 ⑥在粉尘或雾滴状态下运转的设备,要注意以下事项: 　a. 研讨有无产生粉尘爆炸的危险 　b. 如果的确存在粉尘爆炸的危险,要设置泄放爆炸压力的泄压装置和防止爆炸的装置 ⑦对于在爆炸危险度很大的状态下运转的设备,要采取以下措施: 　a. 凡是使用可燃性气体或液体的设备,如果会有气体或液体泄漏,由于液体会立即汽化,在一定的压力和温度的条件下会在大面积的范围内形成处于爆炸范围的气体浓度,因此,应将此类设备设在通风流畅的场所;考虑在设备的周围设置可燃性气体报警器,还可以设置与报警器联动的排放系统,以便从设备中排出内容物,同时使设备停运 　b. 凡是由于爆炸会造成污染物累积的设备(例如可能会造成乙炔积累的空气分离器),要设置消除污染物的装置(例如,在空气分离器上装设乙炔氧化装置),以及压力泄放装置和爆炸抑制装置,同时还要装设检测仪表

针对目标	一 般 措 施
针对设备和装置采取的措施	①工艺装置和设备的结构,应以最高危险条件为设计基准,借以设计成不会泄漏和破坏的结构。对于加热炉的调整方式、操作平台和梯子的栏杆以及安全爬梯等的安全性,都要进行详细研讨 ②应当设置能够在早期发现静止设备和转动机器在运转状态下发生位移和小量泄漏的仪器 ③为了防止设备在运转中由于压力上升造成爆炸,要设法采取下列措施: 　a. 在会有升压危险的设备上要设置泄压装置(安全阀、爆破膜、爆破门等) 　b. 根据具体情况,设置爆炸抑制装置 　c. 为了使设备在异常条件下仍然处在爆炸范围以外,要设置惰性气体气封系统
防止气体积聚的措施	①尽可能采用露天设备 ②如果采用室内设备,要设置通风换气装置,防止气体积聚 ③为了防止液体积聚而产生气体,在设置装置的地面上要做斜坡,并且要采用阻止液体渗透的地面结构
着火源管理	①电气设备要适应危险区的划分,采用适当的防爆结构 ②装置内的明火(锅炉、加热炉、火炬等),除了设备自身要采用适当的结构以外,还要布置在适当的位置上 ③使用电导率低的可燃性液体时,为了防止在灌装过程中产生静电,要做接地或做接地连接 ④设置避雷针,防止构筑物因遭受雷击破坏。要做接地或做接地连接,防止产生杂散电流

4.2.5　储罐安全

化工厂的储罐多种多样,分别用于储存原料、中间产品和成品。在大型炼油厂中,储罐在设备中占有很大的比例。

各种类型的储罐及其特点和用途,见表4-24。

表 4-24　各种储罐的安全特性

储罐类型	结构及其使用范围	安 全 特 性
锥顶罐	圆顶立式储罐,适于在常压或接近大气压的条件下储存用。建造费用便宜	储存挥发性液体时,由于呼吸作用使蒸气从排气口大量逸散(约5%)。罐内形成爆炸性混合气体,预防火灾困难
球顶罐	仅罐顶是圆形的,其他同锥顶罐。可以在稍高的压力下使用(压力在350mmH$_2$O左右)	①可以用来储存汽油一类的挥发性高的液体。遇到破坏性引燃时,爆炸的危险性要比锥顶罐大 ②可以用氮气一类的惰性气体在液面上进行气封,借以防止内容液体的氧化、分解或聚合
浮顶罐	储罐有浮顶。浮顶与储罐内壁之间有密封结构。浮顶可以随同液面自由升降。用于储存原油、航空燃料油和汽油等	①由于液面随同浮顶升降,几乎没有蒸发损耗和爆炸性混合气体,所以火灾危险性很小 ②在降雨和降雪量大的地方,浮顶有下沉的危险 ③若采用机械密封,遇到地震时储罐会成为引火源
地下罐	在地下建造的储罐,多为圆筒罐。用于在市区地面狭窄的地段储存可燃性气体	①由于储罐建在地下,温度变化小,可以有效地预防火灾 ②由于储罐要受到排气和地下潮气的侵蚀,一定要注意防腐
球罐	由于结构方面的有利条件,可以储存高压物料。用于储存在常压下不能储存的液化气和城市煤气。有利于在常温高压下作储存之用	①球罐比圆筒罐的强度高,壁厚小 ②若用于储存液化石油气等一类的可燃性液体,必须要采用耐火结构,也可以设置喷水灭火设施
低温罐	单层壁或夹套壁储罐。有保冷层。用于在低温常压下储存液化气和沸点温度极低的乙烯、液化石油气和液化天然气	①由于是在常温或在低温条件下储存,缓和了对容器本身要求的苛刻条件。适合于储存大量物料 ②由于压力为0.01～0.005MPa,储罐在破坏时不会出现爆炸的危险性,流出的液体处于低温状态,汽化时要从周围环境中吸收大量的热量,所以不易大量扩散。如果建有拦液围堰,能够减少由于扩散造成的火灾 ③缺点是保冷材料从大气中吸取潮气,从而使保冷性能劣化

针对各种类型储罐的危险性,列出相应的安全措施,见表4-25。

表 4-25　各种储罐的危险性及安全措施

出现的危险性		一 般 措 施
锥顶罐	储罐超压或由于产生负压造成破坏的危险	①根据内容液的挥发性,设置适当的排气口或安全阀 ②采用可以从上方泄压的罐顶 ③设置喷水设施,防止由于外界气温上升、产生蒸气而造成超压

出现的危险性	一般措施
锥顶罐 由于罐内产生的爆炸性混合气体引燃产生爆炸的危险	①使储罐与其他设备保持适当的距离,以减少火灾蔓延,便于消防活动 ②在排气管上装设阻火器 ③装设接地系统,防止由于静电积累、雷击或者由于产生火花形成引火源,将灌输口设在面对检尺口的对面一侧 ④设置灭火用的固定式灭火器
由于腐蚀等各种原因造成泄漏危险	①设置拦油(液)围堰,防止漏液流出扩散 ②针对腐蚀性液体以及液体中掺杂的腐蚀性物质,采用耐蚀性材料制造储罐壳体,或在储罐中做耐蚀衬里 ③为了防止罐底接触地面产生电腐蚀,在储罐底板外侧涂防锈涂料;并在与罐底接触的基础上 10mm 的范围内浸涂含硫量低的重油或沥青 ④为了防止液面异常上升,除了要装设能够大致测出液量的液位指示计以外,还要设置检尺口,以便准确检测液量
由于呼吸作用的影响,在液体中混入水分,从而使水分漏入连接在储罐上的其他装置	①在罐底装设排水管 ②装设升降管,使水分可以直接返回到加热装置
由于结构和强度不适配,造成储罐破坏	①采用足够的强度和结构(耐振、耐风压结构) ②采用铸钢制造的储罐专用截止阀。凡是与配管连接的接头一律装设缓冲装置,防止损坏储罐
球罐 由于气温上升,球罐温度升高	①装设喷水冷却装置 ②装设泄压装置 ③设计压力取球罐(裸罐)壳体温度在 55℃ 时的液化气压力
由于装灌过量造成破坏	装设液位计,加装自动止回阀,从而可以预先知道液量,有时还可以装设防止装灌过量的安全阀
由于在储罐上连接的配管破坏造成大量泄漏	装设紧急断阀和执行机构
由于发生火灾,使储罐受热,温度上升,使球罐破坏	①设置冷却裸球罐用的喷水冷却装置,在球罐的支腿上装设隔热保护层 ②留出安全距离
低温罐 低温脆性造成破坏	选用无低温脆性的材料 -46℃ 以上(丙烷)采用铝镇静钢;-46℃ 以下采用 2.5% 或 3.5% 镍钢;达到 -196℃(天然气)时采用 9% 镍钢或渗铝钢
储罐与基础连接的部分由于土地中的水分冻结将罐底拱起,或者由于基础的温差造成弯曲破坏	①在罐底浇灌隔热性强的珍珠岩混凝土,作为保冷层 ②在基础中预留缝隙通道,使空气能够通畅流通;或者在基础中预埋电加热设施;或者敷设防冻液的循环管路
气温上升,结果使罐中的内压上升,造成夹套壁罐的内壁破坏	利用压缩机打循环,使罐内蒸气重新液化,防止内压上升
由于内层壁破坏,造成泄漏危险	①在内、外壁之间的保冷材料层中封入干燥氮气,防止保冷材料吸湿 ②装设爆炸性混合气体检测器,检测内壁与外壁之间有无爆炸性混合气体 ③设置拦油(液)堤
邻近的火灾蔓延造成的危险	留出足够的安全距离

◎ 4.3 压力容器和电气设备安全

4.3.1 压力容器分类

压力容器使用广泛,品种繁多,分类方法见表 4-26。

从安全管理和技术监督的角度来考虑,压力容器一般分为两大部分,即固定式容器和移动式容器,见表 4-27。

表 4-26 压力容器的分类方法

按器壁厚度分	薄壁容器 $\left(K=\dfrac{D_o}{D_i}\leqslant 1.1\sim1.2^{①}\right)$	按工作压力分	低压容器
	厚壁容器 $(K>1.1\sim1.2)$		中压容器
按壳体几何形状分	球形容器		高压容器
	圆桶形容器		超高压容器
	轮胎形容器	按工作壁温分	低温容器 $(\leqslant-20℃)$
按结构材料分	钢制容器		常温容器
	铸铁容器		高温容器 $(>350℃)$
	有色金属容器	按安全管理分	固定式容器
	非金属容器		移动式容器
按介质形态分	气态容器	按工艺用途分②	反应容器(代号 R)
	液态容器		换热容器(代号 H)
按承压方式分	内压容器		分离容器(代号 S)
	外压容器		储运容器(代号 T)
按制造方法分	焊接容器	按介质危险程度分	非易燃、无毒介质容器
	铆接容器		易燃或有毒介质容器
	锻造容器		剧毒介质容器
	绕板容器	按我国《容规》③分	一类容器
	绕带容器		二类容器
	复层容器		三类容器
按安放形式分	立式容器		
	卧式容器		

① 式中，K 为直径比，D_o 为容器外径，D_i 为内径。
② R—reaction，H—heat transfer，S—separation，T—transports and storage vessels。
③ 即原国家劳动总局 1981 年 5 月颁发的《压力容器安全监察规程》。

(1) 按压力等级划分 压力是压力容器最主要的一个工作参数。为了便于对固定式压力容器的分级管理和进行技术监督，可按其设计压力 (p) 的大小分为低压、中压、高压和超高压四个压力等级，详见表 4-28。

(2) 按工艺用途分类 按生产工艺过程中的作用原理进行分类，见表 4-29。

(3) 按危险程度分类 基于安全管理和国家安全监察的需要，根据压力容器的工作压力高低、介质的危险性和危害程度、压力和容积的乘积值以及在生产过程中的作用，将压力容器划分为三类，详见表 4-30。

(4) 按容器种类分类 按照我国《压力容器安全监察规程》，国家对于压力容器的分类见表 4-31。

(5) 介质的划分 压力容器介质可分为无毒介质、非易燃介质、剧毒介质、有毒介质和易燃介质等，详见表 4-32。

4.3.2 压力容器事故危害

压力容器爆炸的危害有物理危害和化学危害。物理危害是指压力容器爆炸时，其爆破能量产生的冲击波对爆破现场及附近设施所造成的危害。化学危害是指压力容器介质为毒性或

表 4-27　压力容器安全管理分类

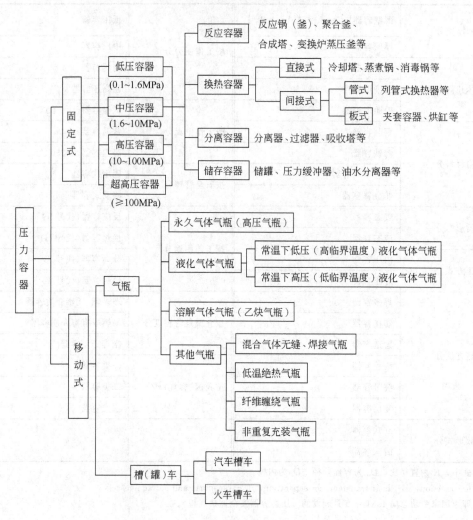

表 4-28　压力等级划分　[Pa(kgf/cm²)]

压力等级	工作压力范围	压力等级	工作压力范围
低压	$9.81\times10^4(1)\leqslant p<156.96\times10^4(16)$	高压	$981\times10^4(100)\leqslant p<9810\times10^4(1000)$
中压	$156.96\times10^4(16)\leqslant p<981\times10^4(100)$	超高压	$p\geqslant9810\times10^4(1000)$

表 4-29　压力容器按工艺过程中的作用原理分类

压力容器名称	作用原理	举例
反应容器	主要是用来完成介质的化学反应	反应器、发生器、反应釜、分解锅、分解塔、聚合釜、高压釜、超高压釜、合成塔、变换炉等
换热容器	主要是用来完成介质的热量交换	热交换器、冷却器、冷凝器、蒸发器、加热器、硫化锅、消毒锅、蒸压釜、蒸煮器、染色器等
分离容器	主要是用来完成介质的流体压力平衡和气体净化、分离	分离器、过滤器、集油器、缓冲器、储能器、洗涤器、吸收塔、铜洗塔、干燥塔等
储运容器	主要是用来盛装生产和生活用的原料气体、液体、液化气体	各种形式的储罐、槽车(铁路槽车、汽车槽车)

表 4-30　压力容器按介质危险程度分类

介质 \ 用途 \ 压力	低压容器		中压容器			高压、超高压容器	废热锅炉		
	分离、换热	反应、储运	分离、换热	反应	储运		低压		中压
							$D_i<1m$	$D_i\geqslant 1m$	
非易燃、无毒	Ⅰ	Ⅰ	Ⅱ	Ⅱ	Ⅱ		Ⅱ	Ⅲ	Ⅲ
易燃或有毒	Ⅰ	Ⅱ	Ⅱ	Ⅱ ($p_wV<4.9\times10^5$)	Ⅱ ($p_wV<4.9\times10^6$)	Ⅲ			
				Ⅲ ($p_wV\geqslant4.9\times10^5$)	Ⅲ ($p_wV\geqslant4.9\times10^6$)				
剧毒	Ⅱ($p_wV<1.96\times10^5$) Ⅲ($p_wV\geqslant1.96\times10^5$)		Ⅲ						

注：p_w—最高工作压力，Pa；V—容积，m^3；p_wV 的单位是 Pa·m^3。

表 4-31　我国压力容器分类

根据压力 (p)、p_wV、介质、用途不同的综合分类

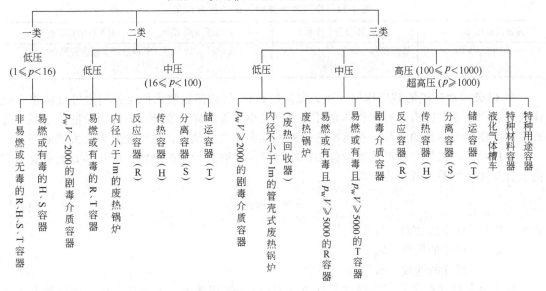

注：p_w—最高工作压力，kgf/cm^2；V—容器容积，L。

表 4-32　介质的界限划分

分类	界限	举例
剧毒介质	是指进入人体量小于 2mg/L 即会引起肌体严重损伤或致死作用的介质	氯、氟、氢氟酸、氢氰酸、光气、氟化氢、碳酰氟等
有毒介质	是指进入人体量不大于 2mg/L 即会引起人体正常功能损伤的介质	二氧化硫、氨、一氧化碳、氯乙烯、甲醇、氯化乙烯、硫化乙烯、乙炔、二硫化碳、硫化氢等
易燃介质	是指与空气混合的爆炸下限小于 10% 或爆炸上限和下限之差值大于 20% 的气体	一甲胺、乙烷、乙烯、氯甲烷、环氧乙烷、环丙烷、丁烷、氢、三甲胺、丁二烯、丁烯、丙烷、丙烯、甲烷等

可燃介质，容器发生爆破时，除造成物理危害外，由于毒性气体或可燃气体的迅速外泄扩散造成对环境的污染和对人体的毒害，或造成空间爆炸和引发火灾等。因此，压力容器爆炸的

危害性是较为严重的。

（1）压力容器爆炸能量造成的破坏作用　压力容器爆破时，气体爆炸的能量除了很少一部分消耗于容器进一步撕裂和将容器或其碎片抛出以外，大部分产生了空气冲击波。

① 爆炸冲击波及其破坏作用　在爆炸中心附近，空气冲击波的 Δp 可以达到几个甚至十几个大气压，极具破坏力，爆炸中心附近的建筑物、设备、管道等在如此高的压力冲击下，将被摧毁。冲击波的超压对建筑物的破坏作用见表 4-33。

表 4-33　不同超压对建筑物的破坏作用

超压 Δp/MPa	对建筑物的破坏情况	超压 Δp/MPa	对建筑物的破坏情况
0.005～0.006	门窗玻璃部分破碎	0.06～0.07	木建筑厂房柱折断,房架松动
0.006～0.01	受压面的门窗玻璃大部分破碎	0.07～0.10	砖墙倒塌
0.015～0.02	窗框损坏	0.10～0.20	防震钢筋混凝土破坏,小房屋倒塌
0.02～0.03	墙体产生裂缝	0.20～0.30	大型钢架结构破坏
0.04～0.05	墙体大裂缝,屋瓦掉下		

冲击波除破坏建筑物外，它的超压还会直接危害在它所波及范围内的人身安全。表 4-34 是空气冲击波对人体的伤害作用。

表 4-34　空气冲击波对人体的伤害作用

冲击波超压 Δp/MPa	对人体的伤害作用	冲击波超压 Δp/MPa	对人体的伤害作用
0.02～0.03	轻微损伤	0.05～0.10	内脏严重损伤或死亡
0.03～0.05	听觉器官损伤或骨折	>0.10	大部分人员死亡

② 爆破碎片造成的破坏作用　压力容器破裂时，气体高速喷出的反作用力可以将整个壳体向开裂的反方向推出，有些壳体则可能裂成大小不等的碎块或碎片向四周分散，这些具有较高速度或较大质量的碎片，在飞出的过程中具有较大的动能，也可能造成较大的危害。

碎片对人体的伤害程度或对设备的损坏程度主要取决于它的动能。碎片具有的动能与它的质量及速度的平方成正比，即

$$E = \frac{1}{2} m v^2 \tag{4-1}$$

式中　E——碎片的动能，J；

　　　m——碎片的质量，kg；

　　　v——碎片的速度，m/s。

压力容器碎片在离开壳体时常具有 80～120m/s 的初速度，即使在飞离较远的地方也会有 20～30m/s 的速度。在此速度下，质量为 1kg 的碎片，动能即可达 200～450J，足以致人受伤或死亡。此外，碎片还可能损坏附近的设备、管道，引起连续爆炸或酿成火灾，造成更大危害。碎片对周围环境的破坏能力，可以其穿透能力来衡量。对于被击物为钢板等一类塑性材料，碎片的穿透能力可按式(4-2)计算。

$$S = \frac{KE}{A} \tag{4-2}$$

式中　S——碎片能穿透的厚度，mm；

　　　E——碎片所具有的动能，J；

　　　A——碎片穿透方向的截面积，mm²；

　　　K——材料的穿透系数（对钢板，$K=1$，对木材，$K=40$，对钢筋混凝土，$K=10$）。

（2）毒性介质压力容器破裂所造成的危害　毒性介质的压力容器一旦破裂，毒性物质迅速外泄，在空气中扩散，造成一定面积的毒害区域，对毒害区域内的人和动植物造成较大的

伤害，甚至污染水源。特别是液化气体压力容器，因其所充装的液化气体中有很多是有毒物质，如液氨、液氯、二氧化硫、二氧化氮、氢氰酸等，故容器破裂时，这些液化气体容器中的饱和液体瞬间大量蒸发，生成体积庞大的有毒蒸气，并在空气中迅速扩散。在常温下，大多数液化气体蒸气爆炸生成的蒸气体积约为液体体积的 100～250 倍。这些蒸气生成以后，在周围的大气中很快就形成足以令人死亡或严重中毒的毒气浓度。压力容器中常见有毒气体的危害浓度及其对人体危害见表 4-35。

表 4-35 有毒气体的危害浓度及其对人体的危害

有毒气体名称	吸入 5～10min 致死的浓度/%	吸入 0.5～1h 致死的浓度/%	吸入 0.5～1h 致重病的浓度/%
氨	0.5		
氯	0.09	0.0035～0.005	0.0014～0.0021
二氧化硫	0.05	0.053～0.065	0.015～0.019
硫化氢	0.08～0.1	0.042～0.06	0.036～0.05
二氧化氮	0.05	0.032～0.053	0.011～0.021
氢氰酸	0.027	0.011～0.014	0.01

（3）压力容器事故造成的火灾危害　压力容器发生破裂爆炸等事故时往往伴随而来的是火灾。因为很多压力容器的介质都是可燃介质，特别是可燃液化气介质的压力容器，这些可燃气体大量外泄，与空气混合，除发生二次爆炸外，还会酿成重大的火灾事故。这些火灾事故造成的危害有时甚至超过容器本体爆炸造成的危害。以可燃液化气体储罐为例，储罐破裂时，虽然只有一部分液体被蒸发生成气体，但由于这部分气体在空气中的爆炸，另一部分未被蒸发而以雾状液滴散落在空气中的液体也会与周围的空气混合而起火燃烧。所以这种容器一旦破裂，并在器外发生二次爆炸时，器内的全部可燃液化气体几乎是全部烧净的。这些可燃气体爆炸燃烧所放出的热和燃烧后生成的气体（水蒸气、二氧化碳）及空气中的氮气升温膨胀，因而形成体积巨大的高温燃气团，使周围很大一片地区变成火海，在这一片地区范围内的所有可燃物都将起火燃烧，在此范围内的人员也会被烧伤，且随周围可燃物的燃烧，高温气团不断膨胀、扩大，使燃烧范围不断扩大，造成恶性事故。

除了可燃介质压力容器发生事故会引发火灾外，非可燃高温气体介质也会因压力容器事故而引发火灾，但这种火灾往往不是直接而是间接火灾。

4.3.3　防爆电器分类与通用要求

（1）防爆电器的分类　防爆电器根据使用地点不同，主要分为矿用防爆电器和厂用防爆电器两大类。根据 JB/T 3139—91 标准，将防爆电器及矿用一般型电器产品分为以下 11 大类：

a. 断路器；

b. 启动器；

c. 继电器；

d. 主令电器；

e. 制动电器；

f. 插接电器；

g. 接线盒；

h. 保护装置；

i. 电控设备；

j. 箱类；

k. 其他类。

根据我国目前使用情况来看，有防爆配电箱、防爆断路器、防爆电磁启动器、防爆主令电器、防爆接插件、防爆继电保护、防爆仪表、其他类 8 类产品使用范围较广。

（2）选型原则

① 在符合总体防爆要求的原则下，做到安全可靠、经济合理。

② 应符合爆炸危险场所的分类、分级和区域范围的划分。见表 4-36。

表 4-36　气体爆炸危险场所用电气设备防爆类型选型

爆炸危险区域	适用的防护形式	
	电气设备类型	符号
0 区	①本质安全型(ia 级)	ia
	②其他特别为 0 区设计的电气设备(特殊型)	s
1 区	①适用于 0 区的防护类型	
	②隔爆型	d
	③增安型	e
	④本质安全型(ib 级)	ib
	⑤充油型	o
	⑥正压型	p
	⑦充砂型	q
	⑧其他特别为 1 区设计的电气设备(特殊型)	s
2 区	①适用于 0 区或 1 区的防护类型	
	②无火花型	n

③ 符合爆炸危险场所内气体的级别、组别和有关特征数据。

④ 符合电气设备的种类和规定的使用条件。

⑤ 选用的电气设备型号不应低于该场所内爆炸危险物质的级别和组别选用。

⑥ 选用的电气设备型号应符合使用环境条件的要求，如防腐、防潮、防霉、防雨雪、防风沙等，以保障运行条件下不会降低其防爆性能。

（3）防爆电器型号组成　产品全型号的组成如下：

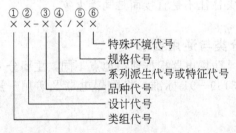

① 类组代号。用三个汉语拼音字母表示产品名称，类组代号见表 4-37。

② 设计代号。用阿拉伯数字表示，矿用防爆电器和矿用一般型电器产品的设计代号为 1～49，工厂气体防爆电器产品的设计代号为 51～99，粉尘防爆电器设计代号从 101 往后续排。

③ 品种代号。用阿拉伯数字表示，位数不限，根据产品主要参数确定，一般用电流、电压或容量表示。

④ 系列派生代号或特征代号。用一个汉语拼音字母，表示系列产品变化的特征，见表 4-38。

⑤ 规格代号。用数字表示（位数不限），需进一步说明的产品特征，如接线盒的接

通数。

⑥ 特殊环境代号。表示产品可适应的特殊环境，防爆电器产品的特殊环境，代号见表4-39。粉尘防爆电器矿用一般型电器产品无此代号。

表 4-37　防爆电器产品型号类组代号

代号	名称	组别代号												
		A	B	C	D	F	H	J	K	L	P	Q	S	X	Y	Z
BL	断路器								空气							真空
BQ	启动器				电磁								手动			
BJ	继电器							检漏	控制	电流						
BZ	主令电器	按钮		操作柱										行程开关		转换开关
BD	制动电器			电磁制动								气压制动			液压制动	
BC	插接电器							插销开关	连接器					插销		
BH	接线盒				电缆		电话							信号		
BB	保护装置									漏电						综合
BG	高压开关					负荷开关					配电装置					
BS	电控设备			充电				绞车	控制			起重			运输	
BX	箱类		保护						控制		配电					
BA	其他类				打点器				电铃				电风扇			

表 4-38　系列派生代号或特征代号

系列派生代号	字母	代表意义
	A B C D…	结构有改进或变化
特征代号	Z	真空
	N	可逆
	S	双速
	J	减压
	G	高压

表 4-39　特殊环境条件代号

字母	代表意义
TH	湿热带
TA	干热带
F1	户内防中等腐蚀
F2	户内防强腐蚀
W	户外防轻腐蚀
WF1	户外防中等腐蚀
WF2	户外防强腐蚀

例 BQD53-40/30N，表示设计代号53，额定电流40A，整定电流30A，可逆厂用防爆电磁启动器。

例 BLK52-63/3WF1，表示设计代号52，额定电流63A，三极，户外防中等腐蚀的厂用防爆断路器。

例 BQD3-200Z，表示设计代号3，额定电流200A，矿用隔爆型真空磁力启动器。

（4）防爆电气设备的通用要求

① 防爆电气设备防爆标志　每台防爆电气设备的外壳明显位置需有永久性的"Ex"标志，通常铸造外壳，该标志在铸造时形成。有了该标志的设备，代表该设备是防爆的。除了该标志外，在铭牌上还应有防爆类型、防爆类别、防爆级别、温度组别等的代表符号。Ⅱ为工厂用防爆电气设备，Ⅰ为煤矿用防爆电气设备。

防爆电气设备类型和标志见表4-40。

表 4-40　防爆电气设备类型和标志

类　　型	标志	类　　型	标志
增安型	e	通风充气型（正压型）	p
隔爆型	d	本质安全型	i
充油型	o	无火花型	n
充砂型	q	特殊型	s

对于仪表而言，例如 LUB 型涡街流量变送器，LWGY 型高压涡轮流量传感器，其防爆等级为 dⅡBT3，其中符号含义如下：d 表示隔爆型；ⅡB 表示爆炸物质类别和级别；T3 表示爆炸物质组别。

再如 1751DP 型差压变送器，防爆等级有两种：dsⅡBT5 和 iaⅡCT5。dsⅡBT5 符号含义与上述相同，iaⅡCT5 含义如下：ia 表示本质安全型，本安型有 ia 和 ib 之分，ia 高于 ib；ⅡC 表示爆炸物质类别Ⅱ类 C 级，T5 表示组别。iaⅡCT5 说明除硝酸乙酯之外，几乎所有工艺介质均可以使用这类本安型仪表。

② 最高表面温度　隔爆型设备最高表面温度指外壳表面温度；其他各型设备指与爆炸性混合物接触表面的温度。

Ⅰ类设备表面可能堆积粉尘时，最高表面温度为＋150℃；采取措施能防止堆积粉尘时为＋450℃。

Ⅱ类设备最高表面温度不得超过表 4-41 的规定。

表 4-41　Ⅱ类设备最高表面温度

组　　别	T1	T2	T3	T4	T5	T6
最高表面温度/℃	450	300	200	135	100	85

对于总表面积不超过 $10cm^2$ 的部件，其最高表面温度允许提高，但 T1、T2、T3 组不得超过相应组别引燃温度＋50℃；T4、T5、T6 组不得超过相应组别引燃温度＋25℃。

③ 环境温度　电气设备运行环境温度一般为－20～＋40℃。若环境温度范围不同，需在铭牌上标明，并以最高环境温度为基础计算电气设备的最高表面温度。

④ 闭锁　电气设备上凡能从外部拆卸的紧固件，如开关箱盖、观察窗、机座、测量孔盖、放油阀或排油螺丝等，均必须有闭锁结构。其目的是防止非专职人员拆开这些保持防爆性能所必需的螺塞等紧固件。闭锁结构必须是使用旋具、扳手、钳子等一般工具不能松开或难以松开的紧固装置。

⑤ 外部连接　进线装置必须有防松和防止拉脱的措施，并有弹性密封垫或其他密封措施。接线盒的电气间隙、漏电距离均应符合要求。

接地端子应有接地标志，保持连接可靠，并有防松、防锈措施。

（5）爆炸性危险场所使用电气设备的分类、分级与分组　防爆电气设备在爆炸危险场所使用也需要划分成类、级或组别，以便与使用的场所相对应，便于对号选用。划分的方法与场所是一致的，Ⅰ类设备表示煤矿用；Ⅱ类设备表示工厂用，Ⅱ类设备中又分ⅡA、ⅡB、ⅡC 三级和 T1～T6 六个组别。

粉尘场所用防爆电气设备根据电气设备外壳的防护能力分为两个等级：

DT 级表示尘密结构型，防护能力为 IP6X，可以使用在 10 区；

DP 级为防尘结构型，防护能力为 IP5X，可以用在 11 区存在有非导电粉尘的地方。

4.3.4　防爆电气设备防爆类型及原理

防爆电气设备防爆类型有多种，以下主要讲述本质安全型。本质安全型防爆电气设备是指在正常工作或规定的故障状态下产生的电火花或热效应均不能引起可燃性混合物燃烧或爆炸的电气设备。这种设备的防爆原理是将电路参数设计成本安电路，使电路所产生的火花或热效应在正常工作或规定的故障状态均不能点燃可燃性混合物。

① 本质安全电路等级　本安型电气设备及其关联设备按本安电路使用场所和安全程度分为 ia 和 ib 两个等级。

a. ia 等级。在正常工作时，一个故障和两个故障时均不能点燃爆炸性混合物的电气设备。

正常工作时，安全系数为 2.0；一个故障时安全系数为 1.5；两个故障时安全系数为 1.0。

正常工作有火花的触点需加隔爆外壳、气密外壳或加倍提高安全系数。

b. ib 等级。在正常工作和一个故障时不能点燃爆炸性混合物的电气设备。

正常工作时，安全系数为 2.0；一个故障时安全系数为 1.5。

正常工作有火花的触点需加隔爆外壳或气密外壳保护，并且有故障自显示的措施，一个故障时安全系数为 1.0。

② 本质安全型防爆电气设备结构要求

a. 导线允许电流。本安型电气设备对元器件的选择、绝缘、结构、安装、工艺以及保护装置等都有严格的规定和要求。本安型电气设备的防爆原理是限制电路中出现危险的电能，以及电路元件发热产生危险的温度，电能的限制是从工作电压、电流及储能元件电容、电感的数值来考虑，设计中有明确规定。温度限制主要是考虑选择容量较大的器件和导线。导线允许电流需符合表 4-42。

表 4-42　铜导线的温度组别（最高环境温度为 40℃）

直径/mm	横截面面积 /mm²	温度组别的最大允许电流/A		
		T1～T4、Ⅰ类	T5	T6
0.035	0.000962	0.53	0.48	0.43
0.05	0.00196	1.04	0.93	0.84
0.1	0.00785	2.1	1.9	1.7
0.2	0.0314	3.7	3.3	3.0
0.35	0.0962	6.4	5.6	5.0
0.5	0.196	7.7	6.9	6.7

b. 导线布置。本安电路导线的布置应尽量减小分布电感和分布电容的影响。当外部连接导线或电缆的长度对本安性能有影响时，应规定其分布电容、电感或电感与电阻的比值 L/R。

c. 元件的安装。元件和导线连接应牢固安装，不得由于运输、工作振动等造成元件损坏，不得减小电气间隙和爬电距离。采用树脂胶封时，不得损坏元件和导线。

d. 外壳。本安型电气设备及其关联设备一般应具有 IP20 的防护外壳。特殊环境用电气设备的外壳需具有与环境相适应的防护等级。

特殊电路允许不设外壳。煤矿井下采掘工作面用本安型电气设备的外壳等级应为 IP54。

e. 外部连接。本安型电气设备和关联设备，如果需要与外部电路连接时，则应设有接线装置。

③ 元件和组件

a. 元件额定值。与本安性能有关的元件（变压器除外）在正常工作状态时，电流、电压或功率不得大于其额定值的 2/3。

145

b. 电池和蓄电池。在危险场所的电池和蓄电池，为了安全需要而串联限流电阻时，必须具有下列措施之一：

　　ⅰ. 电池或蓄电池与限流电阻胶封为一体；

　　ⅱ. 具有防止电池和蓄电池直接短路的措施，并置于 IP54 防护外壳中；

　　ⅲ. 电池或蓄电池必须具有防止限流电阻短路的措施，并置于隔爆外壳中。

采用后两种措施时还必须加"危险场所不许开盖"字样的警告牌。

c. 电源变压器。直接向安全栅或本安型电气设备供电的电源变压器输入绕组应用熔断器或断路器保护。本安电路端子与其他端子分两侧布置，端子间的电气间隙、爬电距离不小于规定值。变压器铁芯应接地。

d. 耦合变压器。耦合变压器、电流变换器等的绝缘按要求的绝缘规定进行介电强度试验。

e. 阻尼绕组。无缝钢管、焊接的短路裸线圈等阻尼绕组可视为可靠性元件。

f. 限流电阻。金属薄膜电阻等可作为限流电阻，不宜采用碳膜电阻。限流电阻装配应能防止电阻两端短路。

g. 隔离电容。两个具有高度可靠性的电容器串联可作为隔离电容，不宜采用电解电容和钽电容。

h. 分流元件。电感线圈两端并接二极管、齐纳二极管等保护性元件，分流元件与被保护元件应连接可靠，当其处于危险场所时，应胶封为一体。特殊情况可以采用相应措施。桥式连接的二极管组件可作为双重化分流元件。

i. 保护性晶体管组件。双重化的保护性晶体管组件被认为是可靠组件。

j. 元件额定值。保护性元件和可靠元件额定值必须符合下列规定。

限流电阻使用功率在正常工作状态下不大于其额定值的 2/3，故障状态下不大于其额定值。

每个晶体管元件在正常工作和故障状态下的电流、电压或功率不大于其额定值的 2/3，晶体管元件应老化筛选。

分流电容器可能承受的最高电压应不大于其额定值的 1/3。

用在本安电路与非本安电路之间的隔离电容器，每个均应承受（$2U+1000$）V（U 为电容器两端可能承受的最高电压）耐压试验而不击穿。

④ 二极管安全栅　二极管安全栅是一种可靠组件，是关联设备之一，由限流元件（金属膜电阻、非线性组件等）、限压元件（二极管、齐纳二极管等）和特殊保护元件（快速熔断器等）组成。晶体管元件均需双重化。

⑤ 本质安全型防爆电气设备的试验

a. 火花试验装置。采用标准的火花试验装置，也可使用具有同等灵敏度的其他结构形式的火花试验装置。

b. 试验气体。试验用气体与常压下空气混合的浓度如下。

Ⅰ：8.3%±0.3%甲烷。

ⅡA：5.3%±0.2%丙烷。

ⅡB：7.8%±0.5%乙烯。

ⅡC：21%±2%氢气。

特定爆炸性气体混合物环境用电气设备，采用该种混合物最易点燃的浓度进行试验。

c. 温度试验。本安电路和设备在正常工作和故障状态下，元件和导线等的最高表面温度不高于规定的最高表面温度。

d. 绝缘介电强度试验。试验用变压器的容量至少为 500V·A。试验电压的频率可以是 48～62Hz。绝缘介电强度按规定电压经 1min 耐压试验不得击穿闪络。

◎ 4.4 工业防腐

4.4.1 腐蚀机理

金属与非金属都会被腐蚀。

(1) 金属腐蚀原理　金属腐蚀主要是电化学腐蚀和化学腐蚀。

① 化学腐蚀　化学腐蚀是指容器金属与周围介质直接发生化学反应而引起的金属腐蚀。这类腐蚀主要包括金属在干燥或高温气体中的腐蚀以及在非电解质溶液中的腐蚀。典型的化学腐蚀有高温氧化、高温硫化、钢的渗碳与脱碳、氢腐蚀等。

a. 高温氧化。指金属在高温下与介质或周围环境中的氧作用而形成金属氧化物的过程。

b. 高温硫化。指金属在高温下与含硫介质（如硫蒸气、硫化氢、二氧化硫）作用生成硫化物的过程。

c. 钢的渗碳与脱碳。高温下某些碳化物（如 CO 和烃类）与钢铁接触时发生分解生成游离碳渗入钢内生成碳化物称渗碳，它降低了钢材的韧性。

d. 氢腐蚀。指钢受高温高压氢的作用引起组分的化学变化，使钢材的强度和塑性下降，断口呈脆性断裂的现象。

② 电化学腐蚀　容器金属在电解质中，由电化学反应引起的腐蚀称为电化学腐蚀。电化学腐蚀中既有电子的得失，又有电流形成。电化学反应是指一个反应过程可以分为两个或更多的氧化和还原反应。

电化学腐蚀是微电池的存在造成微电池腐蚀，是金属腐蚀的主要原因。

(2) 非金属腐蚀原理　绝大多数非金属材料是非电导体，所以和金属材料不同，非金属材料的腐蚀主要是化学和物理的作用，而不是电化学腐蚀。

① 当非金属材料表面和介质接触后，溶液（或氢气）会逐渐扩散到材料内部，表面和内部都可能产生一系列变化。橡胶和塑料受溶剂作用后可能全部或部分溶解或溶胀；溶液浸入材料内部后可引起溶胀或增重，表面可能起泡、变粗糙、变色或失去透明，内部也可能变色；高分子有机物受化学介质作用可能分解，受热也可能分解。

② 非金属材料通常由几种物质组成。例如塑料中除合成树脂外，还有填料（如玻璃纤维、石英粉、石墨粉）、增塑剂、硬化剂等。这些物质的耐蚀性并不完全相同，在腐蚀环境中有时一种或几种成分有选择性地溶出或变质破坏，整个材料也就被破坏了。在氢氟酸中，玻璃纤维或其他硅质填料被腐蚀，材料也就解体。这是非金属材料的选择性腐蚀。

③ 非金属也会产生应力腐蚀破坏。例如聚乙烯、有机玻璃、不透性石墨在化学介质和应力的同时作用下会破裂。

(3) 金属和非金属腐蚀特点　金属腐蚀和非金属腐蚀的特点见表 4-43。

表 4-43　金属腐蚀和非金属腐蚀的特点

类型	腐蚀原理	腐蚀状况	主要特征	类型	腐蚀原理	腐蚀状况	主要特征
金属	化学腐蚀 电化学腐蚀	表面腐蚀	失重	非金属	化学腐蚀 物理腐蚀	表面腐蚀 内部腐蚀 选择性腐蚀	物理、力学性能变化 或外形的破坏

4.4.2 金属腐蚀分类

金属腐蚀的分类方法很多，详见表 4-44。

表 4-44　金属腐蚀分类

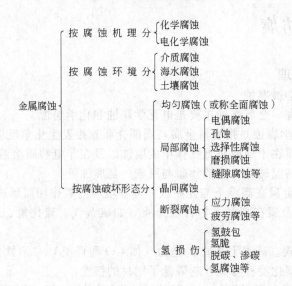

非金属腐蚀分类见表 4-45。

表 4-45　非金属腐蚀分类

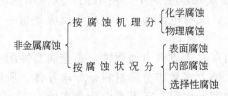

4.4.3　防腐方法

表 4-46 中列举了防护方法及其适用的场合。

表 4-46　防护方法选择

防护方法	主要防护项目	适用的场合	备　注
电化学保护	阴极保护	腐蚀不强烈的场合,如土壤、海水、盐类溶液	不能用于强酸、碱介质中的保护
	阳极保护	适用于碳钢、不锈钢等设备对盐溶液、强腐蚀性介质的保护	不能钝化的金属不得选用
	护屏保护	适用于海水、土壤及盐溶液对设备重要部件的保护	不适用于强腐蚀介质中对碳钢的保护
	阴极保护与涂料联合法	地下管道、油罐防腐	广泛用于石油、天然气地下管道和油罐保护
缓蚀剂保护	缓蚀剂单独保护	各种酸类介质都有特定的物质作缓蚀剂,可用于酸洗、油井防腐除垢等场合	适合特殊的场合,不适合温度较高的场合
	缓蚀剂与阴极保护联合保护法	应用于特殊的场合防酸腐蚀	适用于31%工业盐酸等介质中
	水质稳定处理	具备防腐蚀防结垢的特性,适用于工业循环水处理	
金属表面覆盖层保护	电镀	适合于防锈、装饰与某些介质中防腐蚀	不适合于强腐蚀介质中
	喷镀	防大气、海水和某些盐类介质腐蚀	表面必须用涂料封闭
	热浸镀	适合于防锈蚀	常用于包装容器、食品包装等

防护方法	主要防护项目	适用的场合	备注
金属表面覆盖层保护	金属搪焊层	适用于强腐蚀介质的防护,以搪铅为代表,常用于复合衬里的底层	多为非金属覆盖层代替
	金属衬里层	最常用的有衬铅、衬不锈钢,可节约有色金属与合金	衬不锈钢应用逐渐广泛
	无机涂层和搪瓷涂层	涂层强度高,密实性好,但不抗冲击,易破损,可耐多种介质腐蚀	具有传热作用,是重要的化工设备,不适应复杂形状设备搪烧
	搪玻璃层	用玻璃吹制贴衬设备表面,与搪瓷具有同样作用	可用于管道内壁防腐蚀
	胶泥防护层	以合成树脂胶泥为主,若加鳞片玻璃填料效果更好,可降低防腐蚀施工成本	目前国内处于推广阶段
	防腐蚀涂料	适用于大气、海水、土壤和腐蚀性不强烈场所	不适用于强腐蚀介质中
	防腐蚀涂料与阴极保护并用	适用于地下管道、油罐、含硫污水罐防腐蚀	目前国内已推广应用,多用于自来水管、油管、地下管道、油罐
	砖板衬里	适用于各种介质防腐蚀,石墨衬里还具有耐腐蚀导热性能	适应性最强的防腐方法
	橡胶衬里	适用很广,工艺成熟,可用于强腐蚀介质	今后应广泛用合成橡胶常温硫化衬里,适用于大型设备,现场施工方便
	衬玻璃钢	树脂以环氧、聚酯、酚醛、呋喃四类为主。可在强腐蚀介质中应用	目前应用最多,适用较广
	塑料衬里	可用于多种设备衬里,品种不断增加,可用于强腐蚀介质中	分为软塑和硬塑、酚醛、石棉塑料衬里
	塑料喷涂层	乙烯、四氟、环氧、聚酯粉末喷涂,适用于强腐蚀介质	施工难度大,造价高,现已在各工业领域中应用
选择有色金属和合金材料制作设备	铬钢	具有良好的耐酸性能,应用广泛	适用于铸件加工
	奥氏体不锈钢	具有良好的耐酸性能,有多种牌号,应用广泛	有发生晶间腐蚀的倾向,需正确选用
	含钼不锈钢	可用于还原性酸防护	价格高
	低合金钢	适合于海水等场合,品种较多	国内有多种钢号。含稀土钢应用在发展
	铅锑合金设备	可用于硫酸工业制作大型设备,如电除雾	价格较高
	铝	对大气、一些盐溶液稳定,对浓硝酸稳定	不适合稀硝酸及碱介质中应用
	钛制设备	对次氯酸、湿氯稳定,对甲苯磺酸盐稳定	推广应用价格高
	铜设备	对海水、碱、稀酸稳定	用于发电厂、石化厂作铜质凝汽器、换热器。国防工业应用广泛
	硅铁设备	耐强酸腐蚀良好,设备较脆,易损坏	国内可制作直径1m的塔节
选择非金属结构设备	塑料设备	可制作大型槽设备,不耐压,常压使用	以聚乙烯、聚丙烯等为主
	玻璃钢设备	可作各种大型储罐、反应塔、管道、凉水塔、耐酸泵。强度高、质量轻,耐腐蚀	用途广泛,目前国内大力发展
	不透性石墨设备	唯一导热非金属材料,可作换热器、吸收塔、衬里设备	国内有耐酸型、耐酸碱型两种不透性石墨
	耐酸混凝土设备	耐酸混凝土储酸槽	造价低,施工要求严格,防腐效果好
	合成树脂混凝土设备	以环氧树脂和不饱和聚酯为主,可制地坪、储槽	工艺成熟,可推广应用
	天然石材设备	以花岗岩为主,可制罐槽,可整体加工一些设备,可作腐蚀地坪	资源丰富,造价低。国内为推广阶段

4.4.4 耐腐蚀材料性能

金属与非金属材料耐腐蚀性能如下。

（1）常用的金属材料

① 不锈钢（奥氏体） 镍铬不锈钢（Cr18Ni9）、Cr18Ni12Mo（Ti）（奥氏体）的主要化学成分和中外牌号对照表见表4-47、表4-48和表4-49。

表 4-47 Cr18Ni9 型号和化学成分

钢 号	主要化学成分（YB10-59）/%								
	C	Si	Mn	Cr	Ni	S	P	Ti	N
0Cr18Ni9	≤0.06	≤0.80	≤2.00	17～19	8～11	≤0.03	≤0.035	—	—
1Cr18Ni9	≤0.14	≤0.80	≤2.00	17～19	8～11	≤0.03	≤0.035	—	—
1Cr18Ni9Ti	≤0.12	≤0.80	≤2.00	17～19	8～11	≤0.03	≤0.035	—	—
Cr25Ni20	≤0.25			24～26	19～22			～0.80	—
Cr18Mn8Ni5	≤0.10	≤1.00	7.5～10.0	17～19	4～6	≤0.03	≤0.06	—	≤0.25
Cr17Mn13N	≤0.12	≤0.80	13～15	17～19	—	≤0.03	≤0.045	—	0.3～0.4

表 4-48 Cr18Ni12Mo（Ti）型号与化学成分

钢 号	主要化学成分（YB10-59）/%								
	C	Si	Mn	Cr	Ni	Mo	Ti	S	P
Cr18Ni12Mo2Ti	≤0.12	≤0.80	≤2.0	16～19	11～14	2～3	0.3～0.6	<0.03	<0.035
Cr18Ni12Mo3Ti	≤0.12	≤0.80	≤2.0	16～19	11～14	3～4	0.3～0.6	<0.03	<0.035
Cr18Mn10Ni5Mo3	≤0.10	≤1.00	8.5～12.0	17～19	4～6	2.8～3.5	～0.25	≤0.03	≤0.06
Cr17Mn14Mo2N(A4)	≤0.08	≤0.80	13～15	16.5～18	0	1.8～2.2	0.23～0.30	≤0.03	≤0.04
Cr26Mo1	0.002			26～29	0	1	0.008		

表 4-49 中、外牌号对照表

中国 CB 3280 牌号	日本 JIS	国际标准 ISO 683/13 ISO 683/16	美国 AISI ASTM	英国 BS 970 Part4 BS 1449 Part2	德国 DIN 17440 DIN 17224	法国 NFA 35—572 NFA 35—576～582 NFA 35—584	前苏联 ГОСТ5632
1Cr17Mn6Ni5N	SUS201	A—2	201 S20100				12Х17Г9АН4
1Cr18Mn8Ni5N	SUS202	A—3	202 S20200	284S16			12Х17Г9АН4
2Cr13Mn9Ni4							20Х13Н4Г9
1Cr17Ni7	SUS301	14	301 S30100	301S21		Z12CN17.07	
1Cr17Ni8	SUS301J1				X12CrNi177		
1Cr18Ni9	SUS302	12	302 S30200	302S25	X12CrNi188	Z10CN18.09	12Х18Н9
1Cr18Ni9Si3	SUS302B		302B S30215				
0Cr19Ni9	SUS304	11	304 S30400	304S15	X5CrNi189	Z6CN18.09	08Х18Н10
00Cr19Ni11	SUS304L	10	304L S30403	304S12	X2CrNi189	Z2CN18.09	03Х18Н11
0Cr19Ni9N	SUS304N1		304N S30451				
0Cr19Ni10NbN	SUS304N2		XM21 S30452				

中国 CB 3280 牌号	日本 JIS	国际标准 ISO 683/13 ISO 683/16	美国 AISI ASTM	英国 BS 970 Part4 BS 1449 Part2	德国 DIN 17440 DIN 17224	法国 NFA 35—572 NFA 35—576～582 NFA 35—584	前苏联 ГОСТ5632
00Cr18Ni10N	SUS304LN				X2CrNiN1810	Z2CN18.10N	
1Cr18Ni12Ti	SUS305	13	305 S30500	305S19	X5CrNi1911	Z8CN18.12	12X18H12T
0Cr23Ni13	SUS309S		309S S30908				
0Cr25Ni20	SUS310S		310S S31008				
0Cr17Ni12Mo2	SUS316	20,20a	316 S31600	316S16	X5CrNiMo1810	Z6CND17.12	08X17H13M2T
00Cr17Ni14Mo2	SUS316L	19,19a	316L S31603	316S12	X2CrNiMo1810	Z2CND17.12	03X17H13M2
0Cr17Ni12Mo2N	SUS316N		316N S31651				
00Cr17Ni13Mo2N	SUS316LN				X2CrNiMoN1812	Z2CND17.12N	
0Cr18Ni12Mo2Ti				320S17	X10CrNiMoTi1810	Z6CNDT17-12	08X17H13M2T
1Cr18Ni12Mo2Ti							10X17H13M2T
0Cr18Ni12Mo2Cu2	SUS316J1						
00Cr18Ni14Mo2Cu2	SUS316J1L						
0Cr18Ni12Mo3Ti						Z6CNDT17-13	08X17H15M3T
1Cr18Ni12Mo3Ti							10×17H13M3T
0Cr19Ni13Mo3	SUS317	25	317 S31700	317S16			08X17H15M3T
0Cr19Ni13Mo3	SUS317L	24	317L S31703	317S12	X2CrNiMo1816	Z2CND19.15	03X16H15M3
0Cr18Ni16Mo5	SUS317J1						
0Cr18Ni11Ti	SUS321	15	321 S32100	321S12 321S20	X10CrNiTi189	Z6CNT18.10	08X18H10T
1Cr18Ni9Ti					X10CrNiTi189		12X18H10T
0Cr18Ni11Nb	SUS347	16	347 S34700	347S17	X10CrNiNb189	Z6CNNb18.10	08X18H12T
0Cr18Ni13Si4	SUSXM15J1		XM15 S38100				
00Cr18Ni5Mo3Si2							
1Cr18Ni11Si4AlTi							15X18H 12-C4T10
1Cr21Ni5Ti							1X21H5T
0Cr26Ni5Mo2	SUS329J1						
0Cr13Al	SUS405	2	405 S40500	405S17	X7CrAl13	Z6CA13	
00Cr12	SUS410L						
1Cr15	SUS429		429 S42900				
1Cr17	SUS430	8	430 S43000	430S15	X8Cr17	Z8C17	12X17

中国 CB 3280 牌号	日本 JIS	国际标准 ISO 683/13 ISO 683/16	美国 AISI ASTM	英国 BS 970 Part4 BS 1449 Part2	德国 DIN 17440 DIN 17224	法国 NFA 35—572 NFA 35—576~582 NFA 35—584	前苏联 ГOCT5632
00Cr17	SUS430LX						
1Cr17Mo	SUS434	90	434 S43400	434S19	X6CrMo17	Z8CD17.01	
00Cr17Mo	SUS436L						
00Cr18Mo2	SUS444		18Cr2Mo				
00Cr30Mo2	SUS447J1						
00Cr27Mo	SUSXM27		XM27 S44625			Z01CD26.1	
1Cr12	SUS403		403 S40300	403S17			
1Cr13	SUS410	3	410	410S21	X10Cr13	Z12C13	12X13
0Cr13	SUS410S	1	410S S41000		X7Cr13	Z6C13	08X13
2Cr13	SUS420J1	4	420 S42000	420S37	X20Cr13	Z20C13	20X13
3Cr13	SUS420J2	5		420S45			30X13
3Cr16	SUS429J1						
7Cr17	SUS440A		440A S44002				
1Cr17Ni2	SUS431	9	431 S43100	431S29	X22CrNi17	Z15CN16—02	14X17H2
0Cr17Ni7Al	SUS631	2[②]	631 S17700		X7CrNiAl177	Z8CNA17.7	09X17H710

② 哈氏合金　哈氏合金是镍铬铁钼合金，有哈氏 A、哈氏 B、哈氏 C、哈氏 D、哈氏 F、哈氏 N 等型号，在仪表中使用最多的是哈氏 B 和哈氏 C。

哈氏 B 含钼（＞15％），对沸点下一切浓度的盐酸都有良好的耐蚀性，绝大多数金属和合金都不能抵抗这种强腐蚀介质。同时它也耐硫酸、磷酸、氢氟酸、有机酸等非氧化性酸、碱、非氧化性盐液和多种气体的腐蚀。

哈氏 C 能耐氧化性酸，如硝酸、混酸或铬酸与硫酸的混合物等腐蚀，也耐氧化性的盐类，如 Fe 离子、Cu 离子或其他氧化剂的腐蚀。它对海水的抗力非常好，不会发生孔蚀，但在盐酸中则不及哈氏合金 B 耐腐蚀。

哈氏合金型号与化学成分见表 4-50。

表 4-50　哈氏合金型号及化学成分

合金型号	主要化学成分/％				
	镍	铬	铁	钼	其他
A	55~60	—	18~20	20~22	
B	60~65	—	4~7	26~30	
C	54~60	14~16	4~7	15~18	钨 4~5,
D	余	<1	<2		硅 8~11,铜 3~5
F	47	22	17~24	6	
N	71	7	5	16	

③ 蒙乃尔合金　蒙乃尔合金即为 Ni70Cu30 合金，它是应用最早、最广泛的镍合金。蒙乃尔合金的耐蚀性与镍和铜相似，但在一般情况下更优越。对非氧化性酸，特别对氢氟酸的耐蚀性能非常好。对热浓碱液有优良的耐蚀性，但不如纯镍的耐蚀性好。

蒙乃尔合金的化学成分见表 4-51。

表 4-51　蒙乃尔合金化学成分

	主要化学成分/%					
Ni70Cu30	镍	铜	碳	锰	铁	硅
	63～70	29～30	<0.30	<1.25	<2.5	<5

④ 钛和钛合金　钛本质是活性金属，但在常温下能生成保护性很强的氧化膜，因而具有非常优良的耐蚀性能，能耐海水、各种氯化物和次氯酸盐、湿氯、氧化性酸（包括发烟硝酸）、有机酸、碱等的腐蚀，不耐硫酸、盐酸等还原性酸的腐蚀。

因为钛的耐蚀性是依靠氧化膜，所以焊接时需在惰性气体内进行。钛和钛合金不宜用于高温，一般情况下只在 530℃ 以下使用。

⑤ 钽　金属钽的耐腐性能非常优良，和玻璃相似，除了氢氟酸、氟、发烟硫酸、碱外，几乎能耐一切化学介质的腐蚀，包括能耐在沸点的盐酸、硝酸和 175℃ 以下的硫酸腐蚀。

(2) 常用非金属材料　常用非金属材料有环氧树脂、酚醛树脂、呋喃树脂、氯丁橡胶、聚氯乙烯、聚三氟氯乙烯、聚乙烯等树脂涂料、塑料、橡胶类材料。

(3) 金属与非金属材料防腐蚀性能　常用金属材料防腐蚀性能见表 4-52。

表 4-52　常用金属材料防腐蚀性能

分类	介质名称	浓度/%	温度/℃	碳钢	304 304L	316 316L	哈氏 B	哈氏 C	蒙乃尔	钛	钽
无机酸	硫酸	20	25	C	C	B	A	A	C	C	A
			100	O	C	C	A	C	O	C	A
		98	25	B	B	B	A	A	C	C	A
			100	O	C	O	A	A	O	C	A
	发烟硫酸		25	C	C	C	A	B	C	C	C
			100	O	C	C	C	B	C	C	C
	硝酸	70	25	C	A	A	C	A	C	A	A
			100	O	A	O	C	O	C	A	A
	盐酸	20	25	C	C	C	A	A	C	B	A
			100	O	C	C	B	C	C	C	A
	磷酸	20	25	C	C	A	A	A	C	B	A
			100	O	C	A	A	A	C	C	A
		90	25	C	C	C	B	B	C	A	A
			100	O	C	C	B	B	C	C	A
	氢氟酸	40	25	C	C	C	A	A	A	C	O
			100	O	C	C	C	A	A	C	O
		90	25	B	C	C	B	B	O	C	O
			100	C	C	C	O	O	O	C	O
	氢溴酸	<60	25	C	C	C	B	O	C	A	A
			100	A	C	C	C	C	C	A	A
	氢氰酸		25	B	B	B	B	B	B	O	A
			100	A	O	B	B	B	B	O	A
	亚硫酸		25	C	B	B	B	B	C	A	A
			100	O	O	B	B	B	C	A	A

153

分类	介质名称	浓度/%	温度/℃	碳钢	304 304L	316 316L	哈氏B	哈氏C	蒙乃尔	钛	钽
无机酸	碳酸	10	25	B	A	B	A	A	A	A	A
			100	O	A	C	O	O	A	A	A
		100	25	B	A	A	A	A	B	A	A
			100	O	A	A	O	O	A	A	A
	铬酸	<50	25	C	B	C	O	B	C	A	A
			100	O	C	C	O	B	C	A	A
		>50	25	A	C	C	O	B	C	A	A
			100	O	C	C	O	O	C	A	A
	氯酸	10	25	C	C	C	O	B	C	O	A
			100	O	C	C	O	O	C	O	A
	次氯酸		25	C	C	C	O	A	C	A	A
			100	O	C	C	O	O	C	O	A
	硼酸	0~100	25	C	B	A	A	A	B	A	A
			100	C	B	A	A	A	B	A	A
	氯磺酸	10	25	C	O	C	B	B	C	O	A
			100	C	O	C	O	O	C	O	A
		100	25	B	B	B	A	A	C	A	A
			100	O	O	B	A	A	C	A	A
	王水		25	C	C	C	C	C	C	A	A
			100	C	C	C	C	C	C	B	O
有机酸	甲酸	10	25	C	C	O	A	A	O	B	A
			100	O	C	O	A	A	C	B	A
		100	25		C	O	A	A	C	B	A
			100		C	O	A	A	C	B	A
	乙酸	<100	25	C	B	A	A	A	C	A	A
			100	O	B	A	A	A	C	A	A
		100	25		B	B	A	A	B	A	A
			100		C	B	A	A	B	A	A
	丙酸	60~90	25	C	O	B	A	A	B	C	A
			100		O	B	A	A	B	C	A
	丁酸		25	C	B	A	A	A	B	A	A
			100		B	A	A	A	B	A	A
	丁烯酸		25	C	B	B	B	B	B	O	A
			100		B	B	B	B	B	O	A
	硬脂酸		25		A	A	A	A	B	A	A
			100	C	A	A	A	A	O	A	A
	脂肪酸		25	O	B	A	A	A	B	A	A
			100		B	A	A	A	B	A	A
	乙醇酸		25	C	B	B	B	B	B	A	A
			100		B	B	B	B	B	A	A
	焦木酸	10	25	C	A	A	B	B	B	O	A
			100		A	A	O	O	B	O	A
		100	25	A	B	B	A	A	B	O	A
			100		B	O	O	O	B	O	A
	一氯乙酸	<70	25	C	B	C	B	B	B	A	A
			100			C	B	B	B	A	A
		100	25	B	B	B	A	A	B	A	A
			100		B	O	A	A	B	A	A

分类	介质名称	浓度/%	温度/℃	碳钢	304 304L	316 316L	哈氏B	哈氏C	蒙乃尔	钛	钽
有机酸	乳酸	<20	25	C	B	A	B	B	C	A	A
			100		B	B	B	B	C	A	A
		>70	25		A	A	B	B	B	A	A
			100		C	B	B	B	B	A	A
	草酸		25		A	B	B	B	B	B	A
			100		A	C	B	B	B	C	A
	丁二酸	<50	25	B	B	B	B	B	B	A	A
			100	B	B	B	B	B	B	A	A
		100	25	B	B	B	B	B	B	A	A
			100	B	B	B	B	B	B	A	A
	苯甲酸	<70	25	C	B	B	A	A	B	A	A
			100		B	B	A	A	B	A	A
	柠檬酸	0~100	25	C	B	A	A	A	B	A	A
			100		B	A	A	A	B	A	A
	水杨酸		25	C	B	B	B	B	B	O	A
			100	C	B	B	O	O	B	O	A
	氨基苯甲酸		25	B	B	B	B	B	B	A	A
			100	B	B	B	B	B	B	A	A
	苯磺酸	0~100	25	C	O	B	B	B	B	A	A
			100	C	O	O	B	B	B	A	A
	萘磺酸	100	25	C	A	B	A	A	B	O	A
			100		O	O	A	A	B	O	A
碱和氢氧化物	氢氧化钠	10	25	A	A	A	A	A	A	A	C
			100	B	C	A	A	A	A	A	C
		70	25	B	B	A	A	A	A	B	C
			100	C	C	B	A	A	A	B	C
	氢氧化钾	<60	25	B	B	A	B	B	A	A	C
			100	B	B	A	B	B	A	A	C
	氢氧化钾	100	25	B	A	A	B	B	A	B	C
			100	O	A	A	O	O	A	C	C
	氢氧化铵	0~100	25	A	A	A	A	A	A	A	O
			100	B	A	B	A	A	A	A	O
	氢氧化钙	<50	25	B	A	A	O	A	B	A	A
			100	B	A	A	O	A	B	A	A
	氢氧化镁	100	25	B	A	A	A	A	A	A	A
			100	B	A	A	A	A	A	A	A
	氢氧化锂	10	25	B	B	B	B	B	B	O	O
			100	B	B	B	B	B	B	O	O
	氢氧化铝	10	25	B	A	A	B	B	B	A	A
			100	B	A	A	A	A	B	A	A
盐	硫酸铵	<40	25	C	O	B	B	B	B	A	A
			100	O	C	B	B	B	B	A	A
	硝酸铵	10	25	A	A	A	B	B	C	A	A
			100	A	A	A	B	B	C	A	A
	碳酸铵	100	25	B	A	B	B	B	B	A	A
			100	O	B	B	B	B	B	A	A
	氯化铵	<40	25	C	C	A	A	A	B	A	A
			100	C	C	A	A	A	B	A	A

分类	介质名称	浓度/%	温度/℃	碳钢	304 304L	316 316L	哈氏B	哈氏C	蒙乃尔	钛	钽
盐	氯化铵	100	25	B	C	O	B	B	B	O	A
			100	O	C	O	B	B	B	O	A
	乙酸铵	0~100	25	A	A	A	A	A	A	O	O
			100	A	O	A	A	A	A	O	O
	亚硫酸铵	<30	25	C	O	B	B	B	C	O	A
			100	O	O	B	B	B	C	O	A
	硫酸钠	<40	25	A	A	A	A	A	A	A	A
			100	O	A	A	A	A	A	A	A
	碳酸钠	10	25	A	A	A	A	A	A	A	A
			100	A	A	A	A	A	A	A	A
		100	25	A	B	B	B	B	B	O	A
			100	A	C	B	B	B	B	C	A
	次氯酸钠	<20	25	B	C	C	B	B	C	A	A
			100	O	C	C	B	B	C	A	A
	氯化钠	<30	25	C	B	B	B	B	A	A	A
			100	C	B	C	B	B	B	A	A
	硫酸氢钠	<30	25	C	B	A	B	B	B	A	A
			100	C	C	C	B	B	B	A	A
	亚硝酸钠		25	A	A	A	A	A	B	A	A
			100	B	A	A	A	A	B	A	A
	乙酸钠	<60	25	A	B	A	B	B	A	A	A
			100	A	B	A	B	B	A	A	A
	苯甲酸钠	<60	25	B	B	B	B	B	B	B	B
			100	B	B	B	B	B	B	B	B
	硫酸钾	<20	25	B	A	A	A	A	A	A	A
			100	C	A	A	A	A	A	A	A
	硝酸钾	<100	25	B	B	A	B	B	B	A	A
			100	B	B	A	B	B	B	C	A
	碳酸钾	<50	25	O	A	B	B	B	B	A	O
			100	O	A	B	B	B	B	A	C
	高氯酸钾	10	25	C	B	B	B	B	B	A	O
			100	B	B	B	B	B	B	A	O
	氯化钾	<30	25	B	B	A	B	B	B	A	A
			100	O	B	A	B	B	B	A	A
	溴化钾	<30	25	O	B	B	B	B	B	A	A
			100	O	B	B	B	B	B	A	A
	铬酸钾	<30	25	B	B	B	A	A	B	A	A
			100	B	B	B	A	A	B	A	A
	高锰酸钾	10	25	B	B	B	B	B	B	A	O
			100	O	B	B	B	B	B	O	O
	硫酸铝	<50	25	C	A	A	A	A	A	A	A
			100	O	A	A	A	A	C	A	A
	氯化铝	0~100	25	C	C	B	A	A	A	B	A
			100	O	C	O	A	A	C	C	A
	硫酸镁	<50	25	A	A	A	A	A	A	A	A
			100	A	A	A	A	A	A	A	A
	硝酸镁		25	B	A	B	O	B	B	B	A
			100	B	A	B	O	B	B	B	A

分类	介质名称	浓度/%	温度/℃	碳钢	304 304L	316 316L	哈氏 B	哈氏 C	蒙乃尔	钛	钽
盐	氯化镁	<40	25	B	B	B	A	A	B	A	A
			100	C	O	B	A	A	B	A	A
	硫酸钙	10	25	B	A	A	B	B	B	A	A
			100	B	A	A	B	B	B	A	A
	硝酸钙	10	25	B	A	B	B	B	B	A	A
			100	C	A	B	B	B	B	A	A
	碳酸钙	100	25	B	A	B	B	B	B	A	A
			100	B	A	O	B	B	B	A	A
	磷酸钙	10	25	B	B	B	B	B	B	A	A
			100	B	B	B	B	B	B	A	A
	氯化钙	<80	25	A	A	B	A	A	A	A	A
			100	A	C	B	A	A	A	A	A
元素、气体及其无机化合物	氯	干	25	B	B	B	A	A	B	C	A
			100	B	B	B	B	B	B	C	A
		湿	25	C	C	C	B	B	C	A	A
			100	C	C	C	C	C	C	A	A
	溴	干	25	C	C	C	A	A	A	C	A
			100	C	C	C	B	B	A	C	A
		湿	25	C	C	O	O	A	C	C	A
			100	C	C	O	O	A	C	C	A
	磷		25	B	A	A	A	A	C	O	O
			100		A	A	O	O	C	O	O
	钠		370	A	A	A	A	A	A	A	A
	氯化氢	100	25	A	A	A	A	A	A	B	A
			100	A	A	A	A	A	A	B	A
	二氧化硫	10	25	C	B	A	A	A	C	A	O
			100	C	B	A	A	A	C	A	O
		90~100	25	A	B	B	B	B	C	A	O
			100	B	B	B	B	B	C	A	O
	三氯化磷	干	25	A	A	A	A	A	A	A	A
			100	A	O		A	A	A	A	A
	三氯化砷	10	25	C	C	C	B	B	C	O	O
			100	C	C	C	B	B	C	O	O
	过氧化钠	10	25	B	A	A	B	B	B	C	O
			100	B	A	A	B	B	B	C	O
醇、醛、醚、酮、酯	甲醇		25	B	A	A	A	A	A	A	A
			100	A	A	A	A	A	A	A	A
	乙醇		25	A	A	A	A	A	A	A	A
			100	A	B	A	A	A	A	A	A
	甲醛	<70	25	C	A	A	B	B	A	A	A
			100	C	A	A	B	B	A	A	A
	乙醛		25	A	A	A	O	A	A	A	A
			100	A	A	A	O	O	B	A	A
	(二)甲醚		25	B	B	B	B	B	B	A	A
			100	B	B	B	B	B	B	A	A
	(二)乙醚		25	A	A	A	B	B	A	A	A
			100	B	A	A	B	B	A	A	A
	丙酮		25	B	A	A	A	A	A	A	A

157

分类	介质名称	浓度/%	温度/℃	碳钢	304 304L	316 316L	哈氏B	哈氏C	蒙乃尔	钛	钽
醇、醛、醚、酮、酯	丙酮		100	B	A	A	A	A	A	A	A
	丁酮	<100	25	B	B	B	B	B	B	A	A
			100	B	B	B	B	B	B	A	A
	甲酸甲酯	<30	25	B	A	B	B	B	B	A	B
			100	B	A	B	B	B	B	A	B
	乙酸乙酯		25	A	A	A	B	B	A	A	A
			100	B	A	A	B	B	A	A	A
烃及石油产品	甲烷		25	A	A	A	A	A	A	A	A
			100	A	A	A	A	A	A	A	A
	苯		25	B	A	A	B	B	B	A	A
			100	B	A	A	B	B	B	A	A
	甲苯		25	A	A	A	A	A	A	A	A
			100	A	A	A	A	A	A	A	A
	苯酚	90	25	A	B	B	A	A	B	A	A
			100	O	B	B	A	A	A	A	A
	丙烯腈		25	A	A	A	A	A	A	A	A
			100	A	A	A	A	A	A	A	A
	尿素	<50	25	B	B	B	B	B	A	A	A
			100	C	B	B	B	B	A	A	A
	硝化甘油		25	A	A	A	A	A	A	A	A
			100	A	A	A	O	O	O	O	A
	硝基甲苯		25	A	A	A	B	B	B	B	A
			100	A	A	A	B	B	B	B	A
其他	海水		25	C	A	A	A	A	A	A	A
			80	C	A	A	A	O	O	O	A
	盐水		25	B	B	B	A	A	A	A	A
			80	O	B	B	A	A	O	O	A

注：A—防腐性能优良；B—防腐性能良好，可用；C—不用；O—没有资料。

常用非金属材料聚四氟乙烯耐腐蚀特性见表 4-53，聚三氟氯乙烯耐腐蚀特性见表 4-54。

表 4-53　聚四氟乙烯耐腐蚀性能

介质名称	浓度/%	温度/℃	腐蚀	介质名称	浓度/%	温度/℃	腐蚀
盐酸	浓	25～100	耐	氢氟酸	浓	25～100	耐
硝酸	浓	25～85	耐	氢氧化钠	50	25～100	耐
硝酸	发烟	80	耐	氢氧化钾	50	25～100	耐
硫酸	浓	25～300	耐	过氧化钠		100	耐
硫酸	发烟	60	耐	氯磺酸		25	耐
王水		30	耐	臭氧		25	耐
金属钠		200	尚耐	有机酸		25～100	耐
亚硫酸		200	耐	氯气	(1atm[①])	25～100	耐
高锰酸钾	5	25～100	耐	氨水		25	耐
过氧水	30	25	耐	苯甲酸		25～100	耐
铬酸		25	耐				

① 1atm≈10^5Pa。

表 4-54　聚三氟氯乙烯耐腐蚀性能

介质名称	浓度/%	温度/℃	耐腐蚀性	介质名称	浓度/%	温度/℃	耐腐蚀性
硫　酸	25	常温	耐	氢氧化铵	30	常温	耐
硫　酸	50	常温	耐	硫酸铵	27	常温	耐
硫　酸	75	常温	耐	苯　胺	100	常温	尚耐
硫　酸	92	常温	耐	苯	100	常温	尚耐
硫　酸	92	100	耐	乙酸丁酯	100	常温	尚耐
硫　酸	98	常温	耐	二氧化碳	100	常温	尚耐
硝　酸	10	常温	耐	四氧化碳	100	常温	不耐
硝　酸	25	常温	耐	三氯甲烷	100	常温	不耐
硝　酸	50	常温	耐	硫酸铜	15	常温	尚耐
硝　酸	60	常温	耐	二乙醚	100	常温	尚耐
盐　酸	10	常温	耐	乙酸乙酯	100	常温	尚耐
盐　酸	20	常温	耐	汽　油		常温	耐
盐　酸	35~38	100	耐	过氧化氢	3	常温	尚耐
乙　酸	10	常温	耐	过氧化氢	30	常温	耐
乙　酸	50	70	尚耐	王　水		常温	耐
乙　酸	100	常温	耐	硝基苯	100	常温	尚耐
乙　酸	100	70	尚耐	糠　醇	100	常温	耐
磷　酸	50	常温	耐	铬酸钾	5	常温	尚耐
磷　酸	75	常温	耐	铬酸钾	10	常温	耐
磷　酸	85	100	耐	高锰酸钾	5	常温	耐
铬　酸	100	常温	耐	食盐溶液	26	常温	耐
铬　酸	50	70	尚耐	氢氧化钠	10	常温	耐
铬　酸	25	常温	耐	氢氧化钠	50	70	尚耐
氢氟酸	20	常温	耐	次氯酸钠		70	耐
氢氟酸	40	常温	尚耐	亚硝酸钠	40	常温	尚耐
甲　酸	25	常温	耐	硫化钠	16	常温	尚耐
甲　酸	90	常温	耐	亚氯酸钠	10~15	100	耐
次氯酸	30	常温	耐	氢氧化钾	40	100	耐
油　酸	100	常温	尚耐	二甲苯	100	100	尚耐
草　酸	9	常温	尚耐	氯　苯		100	尚耐
发烟硫酸		常温	耐	煤　油		常温	耐
烟道气（SO₂）		110	耐	甲　苯	100	常温	尚耐
亚硫酸	19	常温	尚耐	三氟乙烯	100	常温	不耐
甲　醛	36	常温	耐	异丙醇气体		40	耐
乙　醛	100	常温	尚耐	三氯乙烷		10~25	耐
丙　酮	100	常温	耐	三氯乙醛		30~45	耐
丙烯腈		常温	耐	氟硅酸	34	常温	尚耐
氯化铵	27	常温	耐	糠　醛	100	常温	耐

◎ 4.5　流程工业安全保护方法及示例

4.5.1　安全仪表系统

　　安全仪表系统（Safety Instrumented System，简称 SIS）根据美国仪表学会（ISA）对安全控制系统的定义而得名，也称紧急停车系统（ESD）、安全联锁系统（SIS）或仪表保护系统（IPS）。

　　安全仪表系统用于监视生产装置或独立单元的操作，如果生产过程超出安全操作范围，可以使其进入安全状态，确保装置或独立单元具有一定的安全度。安全仪表系统不同于批量

159

控制、顺序控制及过程控制的工艺联锁，当过程变量（温度、压力、流量、液位等）越限，机械设备故障，系统本身故障或能源中断时，安全仪表系统能自动（必要时可手动）地完成预先设定的动作，使操作人员、工艺装置处于安全状态。

安全仪表系统是指能实现一个或多个安全功能的系统。

（1）冗余及冗余系统　冗余（redundant）指为实现同一功能，使用多个相同功能的模块或部件并联。冗余也可定义为指定的独立的 $N:1$ 重元件，且可自动地检测故障，并切换到备用设备上。

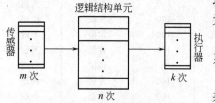

图 4-4　安全仪表系统的冗余组成

冗余系统（redundant system）指并行使用多个系统部件，并具有故障检测和校正功能的系统。

对于采用微处理器（MPU）逻辑单元的安全仪表系统，其冗余的选择是基于可靠性、安全性的要求来配置的。安全仪表系统的冗余由两部分组成，如图 4-4 所示：其一是逻辑结构单元本身的冗余；其二是传感器和执行器的冗余。这只是硬件配置，不仅如此，还要考虑冗余部件之间的软件逻辑关系。针对不同的场合，冗余的次数及实现冗余的软逻辑不同。

（2）冗余逻辑表决方式　表决（voting）指冗余系统中用多数原则将每个支路的数据进行比较和修正，从而最后确定结论的一种机理。

例如：

1oo1D（1 out of 1D）	1 取 1 带诊断
1oo2（1 out of 2）	2 取 1
1oo2D（1 out of 2D）	2 取 1 带诊断
2oo3（2 out of 3）	3 取 2
2oo4D（2 out of 4D）	4 取 2 带诊断

在选择了冗余后，对冗余表决逻辑则根据情况编相应的软件程序。

① 二选一表决逻辑 1oo2 方式　如图 4-5 所示，正常状态下，A、B 状态为 1，只要 A、B 任一信号为 0，发生故障，通过表决器执行命令执行器执行相应动作。适用于安全性较高的场合。

② 二选二表决逻辑 2oo2 方式　如图 4-6 所示，正常状态下，A、B 状态为 1，只有当 A、B 信号同时为 0 发生故障时，表决器才命令执行器执行相应动作。适用于安全性要求一般，而可使用性较高的场合。

2oo2 选择能有效防止安全故障的发生，从而大大提高系统的可使用性，这是从另一角度出发选择的冗余表决逻辑，但系统极有可能造成严禁故障的发生。因此，从安全的角度讲，2oo2 方式是不可选的，德国 YUV 标准禁止 2oo2 方式使用在 ESS 系统上。

图 4-5　二选一表决逻辑 1oo2 方式　　图 4-6　二选二表决逻辑 2oo2 方式

通过对以上二重化表决逻辑的分析可以看出，1oo2 和 2oo2 都有缺陷，当出现 A、B 两个状态相异时，究竟哪个正确、哪个错误呢？在这种情况下，要辨别出正误是相当困难的。

③ 三选一表决逻辑 1oo3 方式　如图 4-7 所示，正常情况下，A、B、C 状态为 1，只要 A、B、C 任一信号为 0，发生故障，表决器就命令执行器执行相应的联锁动作。适用于安全性很高的场合，而不顾及其他情况。

三选一 1oo3 方式表决逻辑出自高度安全的角度，它最有效地防止了严禁故障的发生，比

1oo2 方式更严格，但增大了安全故障发生的机会。它的安全故障发生率是单一系统的 3 倍。

④ 三选二表决逻辑 2oo3 方式　如图 4-8 所示，正常情况下，A、B、C 状态为 1，当 A、B、C 中任两个组合信号同时为 0 发生故障时，表决器就命令执行器执行相应的联锁动作。适用于安全性、使用性高的场合。

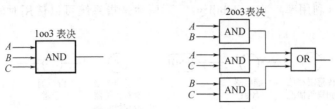

图 4-7　三选一表决逻辑 1oo3 方式　　图 4-8　三选二表决逻辑 2oo3 方式

三选二 2oo3 表决逻辑是比较合理的选择，它能克服二重化系统不辨真伪的缺陷，任一通道不管发生什么故障，系统通过表决后照常工作，其安全性和可使用性保持在合理的水平。

（3）容错、容错技术及容错系统

① 容错（fault tolerant）是指功能模块在出现故障或错误时，可以继续执行特定功能的能力。

进一步讲容错是指对失效的控制系统元件（包括硬件和软件）进行识别和补偿，并能够在继续完成指定的任务、不中断过程控制的情况下进行修复的能力。容错是通过冗余和故障屏蔽（旁路）的结合来实现的。

② 容错技术是发现并纠正错误，同时使系统继续正确运行的技术，包括错误检测和校正用的各种编码技术、冗余技术、系统恢复技术、指令复轨、程序复算、备件切换、系统重新复合、检查程序、论断程序等。

③ 容错系统是对系统中的关键部件进行冗余备份，并且通过一定的检测手段，能够在系统中软件和硬件故障时切换到冗余部件工作，以保证整个系统能够不因这些故障而导致处理中断，在故障修复后，又能够恢复到冗余备份状态。具备此种能力的系统即为容错系统。容错系统又分为硬件容错系统和软件容错系统，硬件容错系统在 SIS 系统中更有优势。

（4）安全仪表系统常用术语

① 故障（failure）　针对控制系统的安全，把故障分成安全故障和严禁故障。安全故障即此故障不会引起生产装置发生灾难性事故；严禁故障是指一旦故障发生，会引起装置灾难性后果。

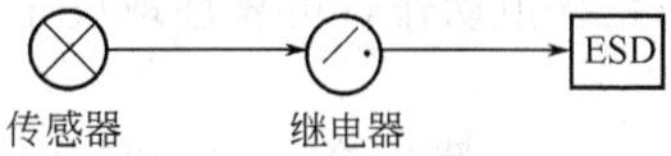

在此以紧急停车系统（ESD）为例来说明安全故障和严禁故障的区别。

图 4-9 为 ESD 的一个典型通道，该图从传感器—继电器—ESD 工作正常。

图 4-9　ESD 的通道

图 4-10 为安全故障示例。在图 4-11（a）中，传感器处于正常状态，而继电器则由于触点粘死等故障而引起 ESD 动作造成停工。在图 4-13（b）中，生产装置正常，传感器本身故障发出停车信号，ESD 执行命令使装置停工。

图 4-10　安全故障示例

161

图 4-11 为严禁故障示例。在图 4-11(a) 中，传感器检测到了装置的异常情况，但继电器出现故障而对此没有相应的反应，ESD 不动作。在图 4-11(b) 中，生产装置处于危险状态，传感器却照常输出假性正常信号，造成 ESD 不动作。这两种情况都会给生产带来严重后果，为严禁发生的故障。

② 可用性（利用率）（availability） 可用性是指系统可以使用时间的概率，用字母 A 表示。

传感器检测　　继电器　　　　　　传感器过程　　继电器
到异常情况　　故障　　　　　　　异常传感器　　正常
　　　　　　　　(a)　　　　　　没有检测到　　(b)

图 4-11　严禁故障示例

从定义里看出，故障状态和停车检修显然不在可用状态。根据定义，其表达式为

$$A = \frac{\text{平均工作时间（MTTF）}}{\text{平均工作时间（MTTF）} + \text{平均修复时间（MTTR）}}$$

如表 4-55 所示，它以 ESD 为例，说明了系统的可用性（利用率）情况。在第①种情况下，ESD 与装置两者都处于可用状态；在第②种情况下，ESD 与装置都在不可用状态；在第③种情况下，ESD 不在可使用状态，而装置则继续运行，处于危险的可使用状态。分析表 4-55 可知，追求高的可使用性，其安全风险大，追求高的安全性，则可使用性就要降低。

表 4-55　系统的可用性举例

ESD 状况	装置状况	ESD 状况	装置状况
①ESD 正常	装置运行正常	③ESD 出现严禁故障	装置继续运行
②ESD 出现安全故障	装置停车		

③ 可靠性（reliability） 可靠性是指系统在规定的时间间隔内发生故障的概率，用字母 R 表示。

较为具体地解释，可靠性指的是安全联锁系统在故障危险模式下，对随机硬件或软件故障的安全度。可靠性计算是根据故障（失效）模式来确定的，故障模式有显性故障模式（失效-安全型模式）和隐性故障模式（失效-危险型模式）两种。显性故障模式表现为系统误动作，可靠性取决于系统硬件所包含的元器件总数，一般由 MTBF 表示。隐性故障模式表现为系统拒动作，可靠性取决于系统的拒动作率（PFD），一般表示为

$$R = 1 - \text{PFD}$$

④ 故障安全 故障安全是安全仪表系统在故障时按一个已知的预定方式进入安全状态。

故障安全是指 ESD 系统发生故障时，不会影响到被控过程的安全运行。ESD 系统在正常工况时处于励磁（得电）状态，故障工况时应处于非励磁（失电）状态。当发生故障时，ESD 系统通过保护开关将其故障部分断电，称为故障旁路或故障自保险，因而在 ESD 自身故障时，仍然是安全的。

具体地说在设计安全停车系统时，有下列两种不同的安全概念。

a. 故障安全停车：在出现一个或多个故障时，安全仪表系统立即动作，使生产装置进入一个预定义的停车工况。

b. 故障连续工作：尽管有故障出现，安全仪表系统仍然按设计的控制策略继续工作，并不使装置停车。对应于上述两种情况的 ESD 系统分别称为故障-安全（fail-safe）型系统和容错（fault-tolerant）型系统。

⑤ 故障性能递减 故障性能递减指的是在 SIS 系统 CPU 发生故障时，安全等级降低的

一种控制方式。故障性能递减可以根据使用的要求通过程序来设定。如图 4-12，1oo2D 2 取 1 带自诊断方式即系统故障时性能递减方式为 2—1—0，表示当第一个 CPU 被诊断出故障时，该 CPU 被切除，另一个 CPU 继续工作，当第二个 CPU 再被诊断出故障时，系统停车。

又如图 4-13 所示，采取 3 取 2 表决方式，即 3 个 CPU 中若有一个运算结果与其他两个不同，即表示该 CPU 故障，然后切除，其他两个 CPU 则继续工作，当其他两个 CPU 运算结果不同时，则无法表决出哪一个正确，系统停车。

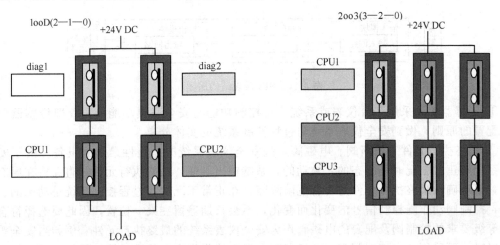

图 4-12　2 取 1 带自诊断 2—1—0 方式　　　图 4-13　3 取 2 3—2—0 方式

在双重化 2 取 1 带自诊断 2oo4D 方式，系统故障时，递减方式为 4—2—0，系统中两个控制模块各有两个 CPU，同时工作，又相对独立，当一个控制模块中 CPU 被检测出故障时，该 CPU 被切除，切换到 2—0 工作方式；其余一个控制模块中两个 CPU 以 1oo2D 方式投入运行，若这一控制模块中再有一个 CPU 被检测出故障时，系统停车。

总之，在出现 CPU 故障时，安全等级下降，但仍能保持一段时间的正常运行，此时必须在允许故障修复时间修复，否则系统将出现停车。如 3—2—0 方式允许的最大修复时间为 1500h。对于不同的系统、不同的安全等级故障修复时间不同。

（5）安全仪表系统分类与特点　安全仪表系统可以分为继电器系统、固态电路系统和可编程电子系统。

① 继电器系统

a. 采用单元化结构，由继电器执行逻辑，通过重新接线来重新编程。

b. 可靠性高，具有故障安全特性，电压适用范围宽，一次性投资较低，可分散于工厂各处，抗干扰能力强。

c. 系统庞大而复杂，灵活性差，进行功能修改或扩展不方便，无串行通信功能，无报告和文档功能。易造成误停车，无自诊断能力。用户维修周期长，费用高。

② 固态电路系统

a. 采用模块化结构，采用独立固态器件，通过硬接线来构成系统，实现逻辑功能。

b. 结构紧凑，可进行在线测试，易于识别故障，易于更换和维护，可进行串行通信，可配置成冗余系统。

c. 灵活性不够，逻辑修改或扩展必须改变系统硬连线，大系统操作费用较高，可靠性不如继电器系统。

③ 可编程电子系统

163

a. 以微处理器技术为基础的 PLC，采用模块化结构，通过微处理器和编程软件来执行逻辑。

b. 强大、方便灵活的编程能力，有内部自测试和具有高安全性、覆盖范围宽的自诊断功能，可进行双重化串行通信，可配置成冗余或三重模块冗余（TMR）系统，可带操作和编程终端，可带时序事件记录（SER）。

（6）安全仪表系统的组成　基本组成大致可分为三部分：传感器单元，逻辑运算单元，最终执行器单元。详见图 4-14。

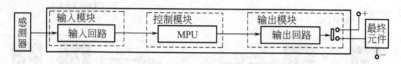

图 4-14　SIS 系统结构简图

① 传感器单元采用多台仪表或系统，将控制功能与安全联锁功能隔离，即传感器分开独立配置的原则，做到安全仪表系统与过程控制系统的实体分离。

② 最终执行元件（切断阀、电磁阀）是安全仪表系统中危险性最高的设备。由于安全仪表系统在正常工况时是静态的、被动的，系统输出不变，最终执行元件一直保持在原有的状态，很难确认最终执行元件是否有危险故障。在正常工况时，过程控制系统是动态的、主动的，控制阀动作随控制信号的变化而变化，不会长期停留在某一位置，因此要选择符合安全度等级要求的控制阀及配套的电磁阀作为安全仪表系统的最终执行元件。例如当安全等级为 3 级时，可采用一台控制阀和一台切断阀串联连接作为安全仪表系统的最终执行元件。

③ 逻辑运算单元由输入模块、控制模块、诊断回路、输出模块四部分组成。依据逻辑运算单元自动进行周期性故障诊断，基于自诊断测试的安全仪表系统，系统具有特殊的硬件设计，借助于安全性诊断测试技术保证安全性。逻辑运算单元可以实现在线诊断 SIS 的故障。SIS 故障有两种：显性故障（安全故障）和隐性故障（危险性故障）。显性故障（如系统断路等），由于故障出现使数据产生变化，通过比较可立即检测出，系统自动产生矫正作用，进入安全状态。显性故障不影响系统安全性，仅影响系统可用性，又称为无损害故障（fail to nuisance，FTN）。隐性故障（如 I/O 短路等），开始不影响数据，仅能通过自动测试程序方可检测出，它不会使正常得电的元件失电，又称为危险故障（fail to danger，FTD），系统不能产生动作进入安全状态。隐性故障影响系统的安全性，隐性故障的检测和处理是 SIS 系统的重要内容。

安全仪表系统的逻辑单元结构选择见表 4-56。

表 4-56　安全仪表系统的逻辑单元结构选择

逻辑单元结构	IEC61508 SIL	TüV AK	DIN V 19250
1oo1	1	AK2,AK3	1,2
1oo1D	2	AK4	3,4
1oo2	2	AK4	3,4
1oo2D	3	AK5,6	5,6
2oo3	3	AK5,6	5,6
2oo4D	3	AK5,6	5,6

（7）SIS 与 DCS 的区别　安全仪表系统（SIS）与分散控制系统（DCS）在石油、石化生产过程中分别起着不同的作用，如图 4-15 所示。

生产装置从安全角度来讲，可分为三个层次，参见图 4-15。第一层为生产过程层；第二层为过程控制层；第三层为安全仪表系统停车保护层。

生产装置在最初的工程设计、设备选型及安装阶段，都对过程和设备的安全性进行了考虑，因此装置本身就构成了安全的第一道防线。

采用控制系统对过程进行连续动态控制，使装置在设定值下平稳运行，不但生产出各种合格产品，而且将装置的风险又降低了一个等级，是安全的第二道防线。

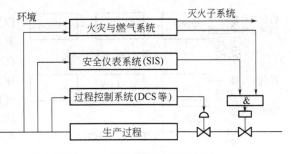

图 4-15　生产装置的安全层次

在过程之上要设置一套安全仪表系统，对过程进行监测和保护，把发生恶性事故的可能性降到最低，最大限度地保护生产装置和人身安全，避免恶性事故的发生，构成了生产装置最稳固、最关键的最后一道防线。因此，SIS 与 DCS 在生产过程中所起的作用是截然不同的。SIS 和 DCS 是两种功能上不同的系统，详见表 4-57。

表 4-57　DCS 与 SIS 的区别

DCS	SIS
DCS 用于过程连续测量、常规控制（连续、顺序、间歇等）、操作控制管理，保证生产装置平稳运行	SIS 用于监视生产装置的运行状况，对出现异常工况迅速进行处理，使故障发生的可能性降到最低，使人和装置处于安全状态
DCS 是"动态"系统，它始终对过程变量连续进行检测、运算和控制，对生产过程动态控制，确保产品质量和产量	SIS 是静态系统，在正常工况下，它始终监视装置的运行，系统输出不变，对生产过程不产生影响，在异常工况下，它将按着预先设计的策略进行逻辑运算，使生产装置安全停车
DCS 可进行故障自动显示	SIS 必须测试潜在故障
DCS 对维修时间的长短的要求不算苛刻	SIS 维修时间非常关键，严重的会造成装置全线停车
DCS 可进行自动/手动切换	永远不允许离线运行，否则生产装置将失去安全保护屏障
DCS 系统只作一般联锁、泵的开停、顺序等控制，安全级别要求不像 SIS 那么高	SIS 与 DCS 相比，在可靠性、可用性上要求更严格，IEC61508，ISA S84.01 强烈推荐 SIS 与 DCS 硬件独立设置

（8）SIS 系统几种配置方式　DCS 实现控制和联锁的五种形式，见图 4-16。

① a 型　控制系统和联锁系统全部由 DCS 控制站完成。过程控制信息由通信网络传给操作站显示报警，操作员的操作指令由操作站通过通信网络传给控制站执行，即控制、联锁一体化形式。

② b 型　控制系统信号由一组控制站完成，报警联锁信号由另一组控制站完成。两站信息由通信网络送到操作站，操作员指令由操作站经通信网络送达各个控制站执行，即控制、联锁站站分开型。

③ c 型　控制信号由 DCS 独立执行。联锁信号由 PLC 独立执行，PLC 由独立的编程器进行软件编写，重要的信息送操作台显示或由操作台发出硬开关动作指令。PLC 联锁报警的非重要信号由通信接口送到通信网络并传到操作站进行显示，部分非重要指令由操作站发出，送 PLC 执行，即 DCS+PLC 型。

④ d 型　控制报警信号由 DCS 系统执行，重要的联锁信号由继电器系统完成。由开关及组成的操作台进行显示和操作，即 DCS+PLY 型。

⑤ e 型　控制信号由 DCS 独立完成，联锁报警信号由三重化冗余的紧急联锁控制器 ESD 完成。软件编程器独立设置，重要动作及操作指令由独立操作台显示和发出，非重要信号和指令由通信接口经通信网络送操作站显示和发出，即 DCS+ESD 型。

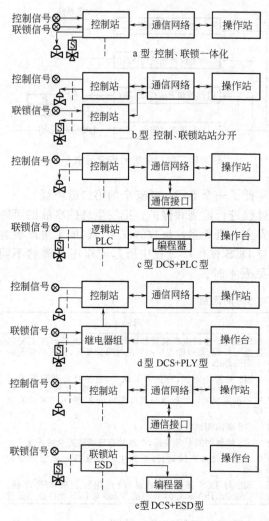

图 4-16　DCS 实现控制和联锁的五种形式

总之，SIS 原则上应单独设置，独立于 DCS 和其他系统，并与 DCS 进行通信；SIS 应具有完善的诊断测试功能，其中包括硬件（CPU、I/O 通信电源等）和软件（操作系统、用户编程逻辑等），SIS 应采用经 TüV 安全认证的 PLC 系统；SIS 关联的检测元件、执行机构原则上单独设置；SIS 中间环节应保持最少；SIS 应采用冗余或容错结构，如 CPU、通信、电源等单元；SIS 应设计成故障安全型，I/O 模件应带电磁隔离或光电隔离，通道之间应相互隔离，可带电插拔；来自现场的 3 取 2 信号应分别接到 3 个不同的输入卡，当模拟量输入信号同时用于 SIS、DCS 时，应先接到 SIS 的 AI 卡，采用 SIS 系统对变送器进行供电。

4.5.2　TRICON 三重化冗余控制

（1）TRICON 三重化冗余控制系统　某乙烯装置改扩建工程紧急停车系统（ESD）采用 TRICON 三重化冗余控制器系统。TRICON 系统构成如图 4-17 所示。

（2）TRICON 三重化冗余控制器

① 三重化冗余工作原理　TRICON 三重化冗余容错控制器，容错是通过三重模件冗余结构（TMR）来完成的。TRICON 不论是部件的硬件故障，还是内部或外部的瞬时故障，都能做到无差错，不会中断控制。

TRICON 的组成从输入模件经主处理器到输出模件完全是三重化的，见图 4-18 TRICON 控制器的三重化结构。

由图 4-18 可见，现场信号分三路，在相应输入分电路 A、B、C 读入过程数据并传送到主处理器 A、B、C，三个主处理器利用其专有的高速三总线（TRIBUS）进行相互通信。每扫描一次，三个主处理器通过三总线与其相邻的两个主处理器进行通信，达到同步传送，同时进行表决和数据比较，如发现不一致，信号值以 3 取 2 表决法取值，一次不相同还可从不同的取样时间用不同数据进行判别，以修正存储器内数据。在每次扫描后，TRICON 控制器要用内部的差错分析程序判别输入数据，表决出一个正确数据，输入到每个主处理器。主处理器执行各种控制算法，并算出输出值送到各输出模件，在输出模件中进行输出数据表决，这样可使其尽可能与现场靠近，对三总线表决与驱动现场的最终输出之间可能发生的任何错误进行检测和补偿。

② TRICON 系统构成　TRICON 三重化冗余容错控制器由处理器模件、通信总线、数字输入模件、数字输出模件、模拟输入模件、模拟输出模件、端子模件、通信模件、电源模件、编程用 TRISTATION 站和 TRIVIEN 工作站组成。TRIVIEN 工作站可以用 IBM 或 COMPAQ 个人计算机。

a. TRICON 主处理器模件。TRICON 系统有三个主处理器模件。主处理器模件是 32

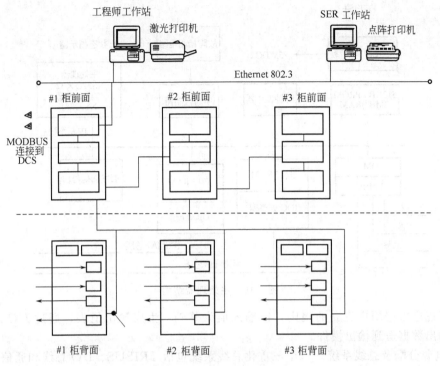

图 4-17　TRICON 系统构成

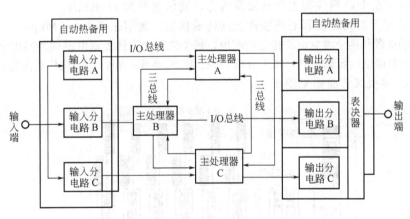

图 4-18　TRICON 控制器的三重化结构

位微处理器，它是控制器的中枢。主处理器结构如图 4-19 所示。

I/O 处理器管理主处理器和 I/O 模件之间的数据交换，I/O 连接用扩展总线，机架扩充时，扩展总线应相应延伸。

通信处理器是通过通信总线和广播协议来管理主处理器和通信模件间的数据交换。

专用三总线是在三个主处理器之间进行信息的同步传送时，同步进行表决和数据比较。如果发现不一致，信号值在目录内以 3 取 2 表决读取值，一次不相同还可从不同的取样时间用不同数据进行鉴别以修正存储器内数据。因此，在每次扫描后，TRICON 控制器内部的故障分析程序判别是否有个别模件发生差错。经 TRIBUS 传输后，输入数据表决出一个正确输入值后作为主处理器的输入进行控制程序的执行。每个 32 位主处理器带协处理器，同时并行地执行控制程序。

167

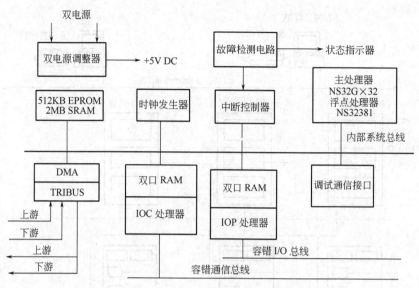

图 4-19　主处理器结构

控制程序根据用户建立的规则，以输入值为基础，生成输出值表，通过 I/O 总线将计算后的输出数据送到输出模件。

b. 电源分配及总线系统。三个三重化总线系统包括 TRIBUS、I/O 总线和通信总线。

TRIBUS 有三条独立的串行链路，通信速率为 4Mbps。

I/O 总线传送 I/O 模件和主处理器间信息，通信速率为 375Kbps。

通信总线用于主处理器和通信模件之间传输信息，通信速率为 0.5Mbps。

机架上的电源用两个独立电源排进行配电，每个机架内模件经双电源调整器供电。在每个输入输出模件上有四组电源调整器，每个分电器 A、B、C 各用一组，另一组作状态指示 LED 用。

TRICON 主机架背面图见图 4-20。

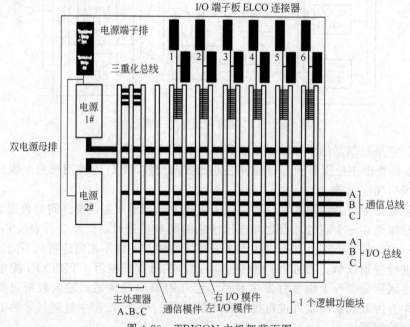

图 4-20　TRICON 主机架背面图

c. 通信模件。TRICON 通信模件是作为与外部设备进行通信的接口，TRICON 通信模件有五种：增强型智能通信模件（EICM）、高速通道接口模件（HIM）、安全管理模件（SMM）、网络通信模件（NCM）、先进通信模件（ACM）等。TRICON 模件通信如图 4-21 所示。

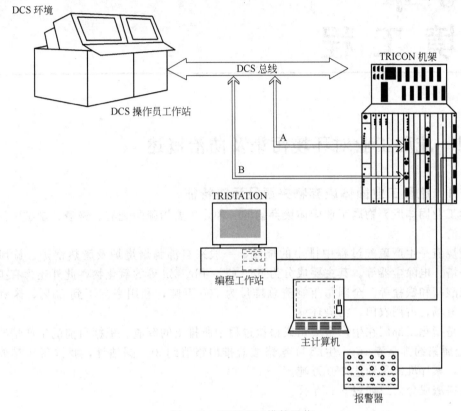

图 4-21 TRICON 模件通信

第 **5** 章
环 境 工 程

◎ **5.1 流程工业对环境污染及防治概述**

5.1.1 流程工业固体废弃物来源及污染特征

化学工业固体废弃物属工业固体废弃物的一种，主要指硫酸烧渣、铬渣、制碱废渣和磷肥工业废渣。

硫酸烧渣是生产硫酸过程中排出的烧渣，一般来自沸腾焙烧炉及废热锅炉、旋风除尘器、洗涤塔、电除尘器等。其主要成分为 Fe、Cu、Pb、Zn 等的氧化物，此外还含有少量硫化物、硫酸盐和铁盐等。全国每年烧渣总排量为 700 万吨，利用率却不到 20%，未利用的渣堆放在渣场，占用农田，污染环境。

铬渣是指化工部门在生产金属铬或铬盐过程中所排出的废渣。根据目前的生产情况，每生产 1t 金属铬约排铬渣 15t；生产 1t 重铬酸盐排出铬渣约 3t。据估计，我国每年排放铬渣十几万吨，累计堆放量约达 250 万吨。

国内铬渣成分大致如表 5-1 所示。

表 5-1 铬渣成分

组分	Cr_2O_2	CaO	MgO	Al_2O_3	Fe_2O_3	SiO_2	水溶性 Cr^{6+}	酸溶性 Cr^{6+}
含量/%	2.5~4	29~36	20~33	5~8	7~11	8~11	0.28~1.34	0.9~1.49

铬渣的危害主要是渣中六价铬引起的。铬渣中六价铬化合物主要是四水铬酸钠、铬酸钙、铬铝酸钙和碱式铬酸盐四种。此外，尚有一部分六价铬包藏在铁铝酸四钙、硅酸二钙固熔体中。渣中的这些六价铬经雨淋溶于水中，进入地表渗入地下而污染水源和土壤，危害农田，损害人、畜和其他生物。

制碱废渣是在氨碱法生产过程中排出的废渣。每生产 1t 纯碱需排渣（以干基计）约 300~500kg。这些废渣主要来自碳化过滤母液蒸氨过程中排出的蒸馏废液（含固渣的悬浊液），其次来自石灰碳酸铵法精制盐水时产生的一次泥（氢氧化镁）和二次泥（碳酸钙）。其蒸馏废液中的液相组成主要是氯化钙和氯化钠（每升清液约含 82~100g 氯化钙，50~55g 氯化钠）；固相组成主要是碳酸钙、氢氧化镁、氯化钙、二氧化硅、硫酸钙、铁铬氯化物等。

磷肥工业废渣是指以磷矿和硫酸为原料生产磷酸、速效磷肥和其他磷酸盐工厂排出的磷石膏，其主要成分是 $CaSO_4 \cdot 2H_2O$，还含有少量磷、硅、铁、铬、镁的氯化物和氟化物。每生产 1t 磷酸约排出 4~5t 磷石膏，它不仅占有大量土地，而且污染环境，特别是渣中的磷酸、氟化物对环境危害尤为严重。

5.1.2 大气排放标准

大气排放标准有《大气污染物综合排放标准》（GB 16297—1996），《工业窑炉大气污染物排放标准》（GB 9078—1996），《工业炉窑大气污染物排放标准》（GB 9078—1996），《火电厂大气污染物排放标准》（GB 13223—1996），《水泥厂大气污染物排放标准》（GB 4915—1996），《恶臭污染物排放标准》（GB 14554—93），《炼焦炉大气污染物排放标准》（GB 16171—1996）以及有关各类机动车排气污染物排放标准系列（GB 14761.1～5—93）等 15 个方面。

5.1.3 污水排放标准

污染物的排放按性质分为两类：第一类污染物排放标准见表 5-2；第二类污染物排放标准见表 5-3。部分行业污染物排放标准见表 5-4。

第二类污染物指其长远影响小于第一类的污染物质，在排污单位排出口取样。

表 5-2　第一类污染物最高允许排放浓度　　　　　　　　　　　　　　　　（mg/L）

污染物	最高允许排放浓度	污染物	最高允许排放浓度	污染物	最高允许排放浓度
总汞	0.05①	总铬	1.5	总铅	1.0
烷基汞	不得检出	六价铬	0.5	总镍	1.0
总镉	0.1	总砷	0.5	苯并[a]芘②	0.00003

① 烧碱行业（新建、扩建、改建企业）采用 0.005mg/L

② 为试行标准，二级、三级标准区暂不考核。

表 5-3　第二类污染物最高允许排放浓度　　　　　　　　　　　　　　　　（mg/L）

标准值及污染物	一级标准		二级标准		三级标准
	新扩改	现有	新扩改	现有	
pH 值	6～9	6～9	6～9	6～9①	6～9
色度(稀释倍数)	50	80	80	100	
悬浮物	70	100	200	250②	400
生化需氧量(BOD$_5$)	30	60	60	80	300③
化学需氧量(COD$_{Cr}$)	100	150	150	200	500③
石油类	10	15	10	20	30
动植物油	20	30	20	40	100
挥发酚	0.5	1.0	0.5	1.0	2.0
氰化物	0.5	0.5	0.5	0.5	1.0
硫化物	1.0	1.0	1.0	2.0	2.0
氨氮	15	25	25	40	
氟化物	10	15	10	15	20
	—	—	20④	30④	
磷酸盐(以 P 计)⑤	0.5	1.0	1.0	2.0	
甲醛	1.0	2.0	2.0	3.0	
苯胺类	1.0	2.0	2.0	3.0	
硝基苯类	2.0	3.0	3.0	5.0	5.0
阴离子合成洗涤剂(LAS)	5.0	10	10	15	20
铜	0.5	0.5	1.0	1.0	2.0
锌	2.0	2.0	4.0	5.0	5.0
锰	2.0	5.0	2.0⑥	5.0⑥	5.0

① 现有火电厂和黏胶纤维工业二级标准 pH 值放到 9.5。

② 磷肥工业悬浮物放宽至 300mg/L。

③ 对排入带有二级污水处理厂的城镇下水道的造纸、皮革、食品、洗毛、酿造、发酵、生物制药、肉类加工、纤维板等工业废水，BOD$_5$ 可放宽至 600mg/L；COD$_{Cr}$ 可放宽至 1000mg/L，具体限度还可以与市政府部门协商。

④ 为低氟地区（系指水体含氟量小于 0.5mg/L）允许排放浓度。

⑤ 为排入蓄水性河流和封闭性水域的控制指标。

⑥ 合成脂肪酸工业新扩改为 5mg/L，现有企业为 7.5mg/L。

表 5-4　部分行业最高允许排水定额及污染物最高允许排放浓度[①]

行业类别			企业性质	最高允许排水量或最低允许水循环利用率	污染物最高允许排放浓度/(mg/L)							
					BOD₅		COD_Cr		悬浮物		其他	
					一级	二级	一级	二级	一级	二级	一级	二级
矿山工业	冶金系统选矿		新扩改	（90%）						300		
	有色金属系统选矿		新扩改	（75%）								
	其他矿山工业采矿、选矿、选煤等		新扩改	（选煤90%）								
	冶金系统选矿		现有	大中（75%）小（60%）					150	400		
	有色金属系统选矿		现有	大中（60%）小（50%）								
	其他矿山工业采矿、选矿、选煤等		现有	（选煤85%）								
	黄金矿山[②]	脉金矿选矿 重选	新扩改	16.0m³/t 矿石						500		
		浮选		9.0m³/t 矿石								
		氰化		8.0m³/t 矿石								
		炭浆		8.0m³/t 矿石								
		重选	现有	16.0m³/t 矿石						500		
		浮选		9.0m³/t 矿石								
		氰化		8.0m³/t 矿石								
		炭浆		8.0m³/t 矿石								

行业类别		企业性质	最高允许排水量或最低允许水循环利用率	污染物最高允许排放浓度/(mg/L)									
				BOD₅		COD_Cr		悬浮物		其他			
										石油类		硫化物	
				一级	二级	一级	二级	一级	二级	一级	二级	一级	二级
钢铁、铁合金、钢铁联合企业（不包括选矿厂）		新扩改	（缺水区90%）						200				
			（南方丰水区80%）										
		现有	（缺水区85%）					150	300				
			（南方丰水区60%）										
焦化企业（煤气厂）		新扩改	1.2m³/t 焦炭				200						
		现有	缺水区 3.0m³/t 焦炭				350						
			南方丰水区 6.0m³/t 焦炭										
有色金属冶炼及金属加工		新扩改	（80%）						200				
		现有	（60%）					150	300				
陆地石油开采	普通油田	新扩改	（回注率90%～95%）				200		200				
		现有	（回注率85%～90%）				200	150	300				
	气田及高含盐油田	新扩改	（回注率75%～80%）				200		200				
		现有	（回注率60%～65%）				200	300	500	30			5

行业类别	企业性质	最高允许排水量或最低允许水循环利用率	污染物最高允许排放浓度/(mg/L)									
			BOD₅		CODCr		悬浮物		其他			
									石油类		硫化物	
			一级	二级	一级	二级	一级	二级	一级	二级	一级	二级
石油炼制工业 (不包括直排水炼油厂) 加工深度分类 A类:燃料型炼油厂 B类:燃料＋润滑油型炼油厂 C类:燃料＋润滑油型＋炼油化工型炼油厂(包括加工高含硫原油、页石油和石油添加剂生产基地的炼油厂)	新扩改	A 1.0m³/t原油(＞500万吨) / 1.2m³/t原油(250～500万吨) / 1.5m³/t原油(＜250万吨)				100				10		1.0
		B 1.5m³/t原油(＞500万吨) / 2.0m³/t原油(250～500万吨) / 2.0m³/t原油(＜250万吨)				100				10		1.0
		C 2.0m³/t原油(＞500万吨) / 2.5m³/t原油(250～500万吨) / 2.5m³/t原油(＜250万吨)				120				15		1.0
	现有	A 1.0m³/t原油(＞500万吨) / 1.5m³/t原油(250～500万吨) / 2.0m³/t原油(＜250万吨)			100	120			10	10	1.0	1.0
		B 2.0m³/t原油(＞500万吨) / 2.5m³/t原油(250～500万吨) / 3.0m³/t原油(＜250万吨)			100	150			10	10	1.0	1.5
		C 3.5m³/t原油(＞500万吨) / 4.0m³/t原油(250～500万吨) / 4.5m³/t原油(＜250万吨)			150	200			15	20	1.0	1.5

行业类别		企业性质	最高允许排水量或最低允许水循环利用率	污染物最高允许排放浓度/(mg/L)									
				BOD₅		CODCr		悬浮物		其他			
										LAS		有机磷农药(以P计)	
				一级	二级	一级	二级	一级	二级	一级	二级	一级	二级
合成洗涤剂工业	氯化法生产烷基苯	新扩改	200.0m³/t烷基苯								15		
	裂解法生产烷基苯		70.0m³/t烷基苯										
	烷基苯生产合成洗涤剂		10.0m³/t产品										
	氯化法生产烷基苯	现有	250.0m³/t烷基苯							15	20		
	裂解法生产烷基苯		80.0m³/t烷基苯										
	烷基苯生产合成洗涤剂		30.0m³/t产品										

行业类别	企业性质	最高允许排水量或最低允许水循环利用率	BOD5 一级	BOD5 二级	CODCr 一级	CODCr 二级	悬浮物 一级	悬浮物 二级	LAS 一级	LAS 二级	有机磷农药(以P计) 一级	有机磷农药(以P计) 二级
合成脂肪酸工业	新扩改	200.0m³/t 产品				200						
合成脂肪酸工业	现有	300.0m³/t 产品				350						
湿法生产纤维板工业	新扩改	30.0m³/t 板			90	200						
湿法生产纤维板工业	现有	50.0m³/t 板			150	350						
石油化工工业(大、中型)②	新扩改				60	150						
石油化工工业(大、中型)②	现有		60	80	150	200						
石油化工工业(小型)②(排放废水量≤1000m³/d)	新扩改					150						
石油化工工业(小型)②(排放废水量≤1000m³/d)	现有				150	250						
有机磷农药工业	新扩改					200						0.5
有机磷农药工业	现有					250						0.5
造纸工业 制浆造纸④ 木浆及浆粕行业(包括化纤浆粕) 本色	新扩改	150.0m³/t 浆		150		350		200				
造纸工业 制浆造纸④ 木浆及浆粕行业(包括化纤浆粕) 漂白	新扩改	240.0m³/t 浆										
造纸工业 制浆造纸④ 木浆及浆粕行业(包括化纤浆粕) 本色	现有	190.0m³/t 浆 220.0m³/t 浆	150	180	350	400	200	250				
造纸工业 制浆造纸④ 木浆及浆粕行业(包括化纤浆粕) 漂白	现有	280.0m³/t 浆 320.0m³/t 浆										
造纸工业 制浆造纸④ 非木浆 本色	新扩改	190.0m³/t 浆		150		350		200				
造纸工业 制浆造纸④ 非木浆 漂白	新扩改	290.0m³/t 浆										
造纸工业 制浆造纸④ 非木浆 本色	现有	230.0m³/t 浆 270.0m³/t 浆	150	200	350	450	200	250				
造纸工业 制浆造纸④ 非木浆 漂白	现有	330.0m³/t 浆 370.0m³/t 浆										
造纸工业 制浆造纸④ 造纸(无纸浆)	新扩改	60.0m³/t 纸										
造纸工业 制浆造纸④ 造纸(无纸浆)	现有	70.0m³/t 纸 80.0m³/t 纸										

行业类别	企业性质	最高允许排水量或最低允许水循环利用率	BOD5 一级	BOD5 二级	CODCr 一级	CODCr 二级	悬浮物 一级	悬浮物 二级	其他 一级	其他 二级
制糖工业 甘蔗制糖	新扩改	10.0m³/t 甘蔗		100		160		150		
制糖工业 甘蔗制糖	现有	14.0m³/t 甘蔗	100	120	160	200	150	200		
制糖工业 甜菜制糖	新扩改	4.0m³/t 甜菜				400	250	200		
制糖工业 甜菜制糖	现有	6.0m³/t 甜菜	150	250	250	400	200	300		
皮革工业 猪盐湿皮	新扩改	60.0m³/t 原皮		150		300		200		
皮革工业 牛干皮	新扩改	100.0m³/t 原皮								
皮革工业 羊干皮	新扩改	150.0m³/t 原皮								

行业类别		企业性质	最高允许排水量或最低允许水循环利用率	污染物最高允许排放浓度/(mg/L)									
				BOD₅		CODCr		悬浮物		其他			
				一级	二级	一级	二级	一级	二级	一级	二级	一级	二级
皮革工业	猪盐湿皮	现有	70.0m³/t 原皮	150	250	300	400	200	300				
	牛干皮		120.0m³/t 原皮										
	羊干皮		170.0m³/t 原皮										
发酵与酿造工业	酒精行业 以玉米为原料	新扩改	100.0m³/t 酒精	200		350		200					
	以薯类为原料		80.0m³/t 酒精										
	以糖蜜为原料		70.0m³/t 酒精										
	以玉米为原料	现有	160.0m³/t 酒精	200	300	350	450	200	300				
	以薯类为原料		90.0m³/t 酒精										
	以糖蜜为原料		80.0m³/t 酒精										
	味精行业	新扩改	600.0m³/t 味精	200		350		200					
		现有	650.0m³/t 味精	200	300	350	450	200	300				
	啤酒行业（排水量不包括麦芽水部分）	新扩改	16.0m³/t 啤酒										
		现有	20.0m³/t 啤酒										

行业类别		企业性质	最高允许排水量或最低允许水循环利用率	污染物最高允许排放浓度/(mg/L)							
				BOD₅		CODCr		悬浮物		其他	
										氨氮	
				一级	二级	一级	二级	一级	二级	一级	二级
烧碱工业	汞法	新扩改	1.5m³/t 产品								
	隔膜法		7.0m³/t 产品								
	汞法	现有	2.0m³/t 产品								
	隔膜法		7.0m³/t 产品								
铬盐工业		新扩改	5.0m³/t 产品								
		现有	20.0m³/t 产品								
硫酸工业（水洗法）		新扩改	15.0m³/t 硫酸								
		现有	15.0m³/t 硫酸								
合成氨工业		新扩改	引进厂或装置≥30万吨装置，10.0m³/t 氨								50
			≥4.5 万吨装置，80.0m³/t 氨								
			<4.5 万吨装置，120.0m³/t 氨								
		现有	引进厂或装置≥30万吨装置，10.0m³/t 氨								120
			≥4.5 万吨装置，100.0m³/t 氨								80
			<4.5 万吨装置，150.0m³/t 氨								100

行业类别		企业性质	最高允许排水量或最低允许水循环利用率	污染物最高允许排放浓度/(mg/L)						其他			
				BOD$_5$		COD$_{Cr}$		悬浮物		锌		色度（稀释倍数）	
				一级	二级	一级	二级	一级	二级	一级	二级	一级	二级
制药工业	生物制药工业	新扩改						300					
		现有						350					
	化学制药工业	新扩改						150					
		现有						250					
纺织印染及染料工业	染料工业	新扩改				60	200						180
		现有				80	250						200
	苎麻脱胶工业④	新扩改	500.0m³/t 原麻或 700.0m³/t 精干麻			100	300						
		现有	700.0m³/t 原麻或 1050.0m³/t 精干麻			100	300	500					
	纺织印染工业⑤	新扩改	2.5m³/百米布			60	180						100
		现有	2.5m³/百米布	60	80	180	240						160
黏胶纤维工业（单纯纤维）	短纤维（棉型中长纤维、毛型中长纤维）	新扩改	300m³/t 纤维		60		120				5.0		
	长纤维		800m³/t 纤维										
	短纤维（棉型中长纤维、毛型中长纤维）	现有	350m³/t 纤维	50	60	160	200			4.0	5.0		
	长纤维		1200m³/t 纤维										

行业类别	企业性质	最高允许排水量或最低允许水循环利用率	污染物最高允许排放浓度/(mg/L)						其他	
			BOD$_5$		COD$_{Cr}$		悬浮物		大肠菌群数（个/L）	
			一级	二级	一级	二级	一级	二级	一级	二级
肉类联合加工工业	新扩改	5.8m³/t 活畜 6.5m³/t 活畜			100	120			5000	
	现有	7.2m³/t 活畜 7.8m³/t 活畜			120	160			5000	
铁路货车洗刷	新扩改	5.0m³/辆								
	现有	5.0m³/辆								
城市二级污水处理厂（现有城市污水处理厂，根据超负荷情况与当地环保部门协商，指标值可适当放宽）	新扩改		30		120		30			
	现有		30				30			

① 最高允许排水定额不包括间接冷却水，厂区生活排水及厂内锅炉、电站排水。括弧内数字为最低允许水循环利用率。未列最高允许排水量的行业，应由行业或地方环境保护部门补充制定最高允许排水定额。

② 砂金选矿（对环境影响小的边远地区，在矿区处理设施出口检测）悬浮物新扩改 800mg/L，现有 1000mg/L。

③ 有丙烯腈装置的石油化工工业现有企业二级标准氰化物为 1.0mg/L。

④ 制浆、苎麻脱胶工业排水色度暂不考核。

⑤ 印染污水排放定额不包括洗毛、煮茧和单一漂厂及用水量较大的灯芯绒等品种的生产厂。

5.1.4 流程工业过程污染排放及控制实例

以重过磷酸钙生产过程污染物排放及控制为例。

1866.7t/d（560kt/a）化成法重过磷酸钙装置生产过程污染物排放及治理措施如下。

废气有五个来源。

① 原料工段风扫磨排出的含尘废气，经多级旋风分离后再加一级电除尘器进行净化，除尘效率在 99.99%，排放尾气含尘浓度不大于 150mg/m³。

② 混合、化成工序排出的含氟气体，依次通过二级高效文丘里和旋流洗涤器用水洗涤后经主烟囱放空。

③ 造粒干燥机排出的含尘、氟气体，先由旋风除尘器干法除尘，再通过二级文丘里和一级旋流洗涤器洗涤后经主烟囱排放。

造粒机尾气则经一级文丘里和一级旋流洗涤器洗涤后进主烟囱排放。

上述两部分合并后排放，排放气量约为 191550m³/h。排放气含氟 16.5～33mg/m³，含尘 49.60～99.16mg/m³。

④ 沸腾冷却器排出的气体与造粒部分各扬尘设备收尘系统排出的气体，经旋风除尘器、文丘里及除沫器除尘后，再经重钙装置界区内的烟囱排放。排放气量为 220000m³/h。排放气含氟 0.9～4.6mg/m³，含尘 50～136.36mg/m³。

⑤ 原料工段：反应、造粒、干燥系统及成品工段各处扬尘点均使其处于负压操作，或设置通风收尘系统，减少粉尘外逸，改善操作环境。

废液治理：工艺系统在正常情况下无废液排放；混合、化成及造粒工段废气洗涤系统排出的含氟废水，在正常情况下供造粒机使用；停车检修时，设备及地坪冲洗水则收集在地槽中暂存以便在工艺系统重新运行时再陆续返回使用。

为安全起见，装置中还应考虑 10～15m³/h 的不正常事故排放量送污水处理站（污水含TSP 粉尘小于 10%），经二级处理后排放。

重钙装置污染物排放及治理措施见表 5-5。

◎ 5.2 废水检测与处理

5.2.1 表示水质的名词术语

表示水质的名词术语见表 5-6。

5.2.2 水体污染的危害

受污染的水体，大致可分为三类：有毒废水、有害废水和含病原微生物废水。

① 有毒废水是指含有有毒物质，直接或间接、近期或远期对人产生毒害作用的废水。有毒废水可引起人体急性或慢性中毒，有对本代的危害，甚至有对子孙后代的危害。

排放有毒废水的企业见表 5-7。

② 有害废水本身没有毒，但可对环境造成危害，所以称有害废水。

有害废水一是有较多的植物营养素，促使藻类大量繁殖，危害水环境；二是含有某些有机物，在分解这些有机物时消耗大量溶解氧，造成水体缺氧，鱼虾死亡等；三是含有酸碱性盐类，腐蚀管道和建筑物，亦使植物枯死，土壤板结等。

③ 病原微生物废水，是指含有各种病原虫、寄生虫及卵、病菌、病毒和其他致病微生物的废水。

表 5-5　560kt/a 重钙装置污染物排放及治理措施

污染物名称	来源	数量及浓度	温度压力	排放方式	治理措施及预期效果	外排污染物数量及浓度	最终去向	排放标准
废气	(混合)化成机	排放量:29640m³/h (33749kg/h) 含尘:93kg CO₂:1990kg H₂O:1306kg F:51kg	50℃ (出口:39.5℃)	连续	第一级:文丘里加旋流洗涤 第二级:文丘里加旋流洗涤再经120m(φ3m)烟囱排放	排放量:300000m³/h(33714kg/h) 含尘1.5~3.0kg, H₂O1424kg, CO₂1990kg,F0.43~0.85kg F浓度:14.5~29mg/m³	大气	尘小于150mg/m³ F小于10g/TP₂O₅ 进口(美国EPA标准)
	造粒机	排放量:27950m³/h (27763.5kg/h) 含尘85.5kg H₂O:1810kg/h F:16.5kg	70℃	连续	一级文丘里加一级旋流塔湿法洗涤后进120m(φ3m)主烟囱排放	以干燥机尾气合并排气量:161550m³/h(160096kg/h) 含尘6~16kg,F0.14~0.28kg, CO₂4110kg,H₂O19316kg	大气	
	干燥机	排放量:150100m³/h (133275.5kg)/h 含尘:3737.5kg 14611.5kg F:145kg CO₂:4110kg	110℃	连续	一级旋风除尘(干)加二级文丘里洗涤加一级旋流洗涤后经120m(φ3m)主烟囱排放	F浓度:17~34mg/m³	大气	
	沸腾冷却器	(1)40000m³/h (39340kg/h) 含尘:116.5kg F:2kg H₂O:513.5kg (2)74850m³/h (76998kg/h) 含尘:145kg F:0.5kg H₂O:1000.5kg	84.4℃ 67.4℃ (出口:30.3℃)	连续	进旋风除尘加后(2)部分合并进文丘里洗涤加旋风除沫,然后再进装置界区内50m高烟囱排放	与扬尘系统尾气合并后的总排放量:220000m³/h(261017kg/h) 含尘:11~30kg H₂O:0.19~1.0kg H₂O:6935kg F浓度:0.9~4.6mg/m³	大气	
	所有扬尘设备	排放量:126000m³/h (132678kg/h) 含尘:1251kg F:22.5kg H₂O:1746kg	62.8℃	连续	经一级旋风除尘加一级文丘里洗涤加旋风除沫后进冷却器尾气合并与沸腾冷却器尾气合并进装置界区内50m高烟囱排放		大气	
废液	造粒工段 洗涤系统	正常时无废液排放 事故时:10~15m³/h 含TSP小于10%,F约5%	30~40℃	间断	送污水处理站二级处理后统一排放		江河	F:0.2mg/L SS:~200mg/L

表 5-6　表示水质的名词术语

术　语	含　义
色度	水的感官性状指标之一。当水中存在着某种物质时,可使水着色,表现出一定的颜色,即色度。规定 1mg/L 以氯铂酸离子形式存在的铂所产生的颜色称为 1 度
浊度	表示水因含悬浮物而呈浑浊状态,即对光线透过时所发生阻碍的程度。水的浊度大小不仅与颗粒的数量和性状有关,而且同光散射性有关,我国采用 1L 蒸馏水中含 1mg 二氧化硅为一个浊度单位,即 1 度
硬度	水的硬度是由水中的钙盐和镁盐形成的。硬度分为暂时硬度(碳酸盐)和永久硬度(非碳酸盐),两者之和称为总硬度。水中的硬度以"度"表示,1L 水中的钙盐和镁盐的含量相当于 1mg/L 的 CaO 时,叫 1 德国度
溶解氧(DO)	溶解在水中的分子态氧,叫溶解氧。20℃时,0.1MPa 下,饱和溶解氧含量为 9×10^{-6},它来自大气和水中化学、生物化学反应生成的分子态氧
化学需氧量(COD)	表示水中可氧化的物质,用氧化剂高锰酸钾或重铬酸钾氧化时所需的氧量,以 mg/L 表示,它是水质污染程度的重要指标,但两种氧化剂都不能氧化稳定的苯等有机化合物
生化需氧量(BOD)	在好气条件下微生物分解水中有机物质的生物化学过程中所需要的氧量。目前,国内外普遍采用在 20℃下,5 昼夜的生化耗氧量作为指标,即用 BOD 表示,单位以 mg/L 表示
总有机碳(TOC)	水体中所含有机物的全部有机碳的数量。其测定方法是将所有有机物全部氧化成 CO_2 和 H_2O,然后测定所生成的 CO_2 量
总需氧量(TOD)	氧化水体中总的碳、氢、氮和硫等元素的需氧量。测定全部氧化所生成的 CO_2、H_2O、NO 和 SO_2 等的总需氧量
残渣和悬浮物	在一定温度下,将水样蒸干后所留物质称为残渣,它包括过滤性残渣(水中溶解物)和非过滤性物质(沉降物和悬浮物)两大类。悬浮物就是非过滤性残渣
电导度(EC)	又称电导率,是截面为 $1cm^2$,高度为 1cm 的水柱所具有的电导。它随水中溶解盐的增加而增大。电导度的单位为西门子/厘米(S/cm)
pH	指水溶液中氢离子(H^+)浓度的负对数,即 $pH = -lg(H^+)$,为了便于书写,如 pH=7,实际上是 $n(H^+) = 0.0000001 = 10^{-7}$ mol/L,pH 的范围从 0 到 14。pH 值等于 7 时表示中性,小于 7 时表示酸性,大于 7 则为碱性

表 5-7　部分工厂废水有害有毒成分

工厂类型	主要有害有毒物质	工厂类型	主要有害有毒物质
焦化厂	酚类、苯类、氰化物、硫化物、砷、焦油、吡啶、氨、萘	树脂厂	甲酚、甲醛、汞、苯乙烯、氯乙烯、苯、脂类
化肥厂	氨、氟化物、氰化物、酚类、苯类、铜、汞、砷	化纤厂	二硫化碳、胺类、酮类、丙烯腈、乙二醇
电镀厂	氰化物、铬、锌、铜、镉、镍	皮革厂	硫化物、铬、甲酸、醛、洗涤剂
化工厂	汞、铝、氰化物、砷、萘、苯、硫化物、酸、碱等	造纸厂	硫化物、氰化物、汞、酚、砷、碱、木质素
石油化工厂	油、氰化物、砷、吡啶、芳烃、酮类	油漆厂	酚、苯、甲醛、铝、锰、铬、钴
合成橡胶厂	氯丁二烯、二氯丁烯、丁间二烯、苯、二甲苯、乙醛	农药厂	各种农药、苯、氯醛、氯仿、氯苯、磷、砷、铅、氟

5.2.3　水质检测与分析

（1）水的酸碱度　pH 值表示水的酸碱性的强弱,是最常用和最重要的水质指标之一。饮用水的 pH 值需控制在 6.5～8.5 之间；地表水 pH 值也需在 6.5～8.5 范围内才适合各种生物的生长；锅炉用水 pH 值要控制在 7.0～8.5 之间。

pH 值的测定主要有比色法和玻璃电极法两种。

（2）水中溶解氧　溶解在水中的分子态氧称为溶解氧（DO）。废水中因含有大量污染物质,一般溶解氧含量较低。

水中的溶解氧虽然并不是污染物质,但通过溶解氧的测定,可以大体估计水中的有机物为主的还原性物质的含量,是衡量水质优劣的重要指标。溶解氧还影响水生生物的生存,如当溶解氧低于 4mg/L 时,许多鱼类的呼吸会发生困难,甚至窒息而死。

溶解氧的测定主要有碘量法（又称温克勒法，GB 7489—87）、叠氮化钠修正碘量法和膜电极法（GB 11913—89）。其中，碘量法是基于溶解氧的氧化性质采用容量滴定进行定量测定的；而膜电极法是基于分子态氧通过膜的扩散速率所产生的电流来进行定量，适合于现场测定。

（3）水中有机物　水中有机物种类繁多，组成复杂，化学结构和性质千差万别，且往往含量很低，甚至是痕量浓度，在大多数情况下很难——分辨、逐个测定。一般都采用间接方法，即测定一些综合性指标来反映水中有机物的相对含量。最常用的测定手段是利用大部分有机物比较容易被氧化这一共同特性。氧化的方式大致有化学氧化、生物氧化和燃烧氧化三类，主要方法均是以有机物在氧化过程中所消耗的氧化剂的量换算成氧的数量来代表有机物的数量，如化学需氧量（COD）、生化需氧量（BOD）和总需氧量（TOD）都属于综合性指标，而总有机碳（TOC），则是根据碳（C）量的变化来反映有机物的总量。

① 化学需氧量（COD）　化学需氧量是指在一定条件下，水中易被强氧化剂氧化的还原性物质所消耗氧化剂的量，结果以氧的浓度（mg/L）表示。

化学需氧量是一个条件性指标，会受加入的氧化剂的种类、浓度、反应液的酸度、温度、反应时间及催化剂等条件的影响。根据所用氧化剂的不同，化学需氧量（COD）的测定方法又分为重铬酸钾法（一般称其为化学需氧量，用 COD_{Cr} 表示）和高锰酸盐法（一般称其为耗氧量，又称高锰酸盐指数，用 OC 或 COD_{Mn} 表示）。重铬酸钾法已成为国际上广泛认定的 COD 测定的标准方法，适用于生活污水、工业废水和受污染水体的测定。

重铬酸钾法（COD_{Cr}）分为标准法和快速法两种。标准法即为 COD_{Cr} 国家标准分析方法（GB 11914—89）；而快速法则是为了加快氧化反应速度、缩短反应时间而对标准法反应条件进行部分调整后的一种方法。

标准法和快速法基本原理相同。即在强酸性溶液中，一定量的重铬酸钾在催化剂作用下氧化水样中还原性物质，过量的重铬酸钾以试亚铁灵为指示剂，用硫酸亚铁铵溶液回滴，溶液的颜色由黄色经蓝绿色至红褐色即为滴定终点，记录硫酸亚铁铵标准溶液的用量。

COD_{Cr} 测定过程中所涉及的试剂及其作用：重铬酸钾（$K_2Cr_2O_7$）为强氧化剂，一般使用浓度为 0.25mol/L；硫酸亚铁铵[$(NH_4)_2Fe(SO_4)_2 \cdot 6H_2O$]为还原剂，回滴剩余的重铬酸钾，一般使用浓度为 0.1mol/L，临用前用重铬酸钾标准溶液标定；试亚铁灵[$C_{12}H_8N_2 \cdot H_2O + (NH_4)_2Fe(SO_4)_2 \cdot 6H_2O$]为终点指示剂，保存于棕色瓶中；硫酸银（$Ag_2SO_4$）为氧化反应催化剂，一般使用浓度为 1%；硫酸汞（$HgSO_4$）为氯离子络合消除剂，使用 0.4g 最高可络合氯离子量为 40mg。

根据上述氧化反应中硫酸亚铁铵标准溶液的消耗量，可计算 COD_{Cr} 量（以 O_2 计，mg/L）。

$$COD_{Cr} = \frac{(V_0 - V_1) \times c \times 8 \times 1000}{V} \qquad (5\text{-}1)$$

式中　V_0——空白试验时硫酸亚铁铵的用量，mL；

$\quad\quad V_1$——测定水样时硫酸亚铁铵的用量，mL；

$\quad\quad V$——所取水样的体积，mL；

$\quad\quad c$——硫酸亚铁铵标液的浓度，mol/L；

$\quad\quad 8$——与 1mol 硫酸亚铁铵对应的氧的质量，g/mol。

② 生化需氧量（BOD）　生化需氧量是指在一定条件下，好氧微生物分解水中的可氧化物质，特别是有机物的生物化学过程中所消耗溶解氧的量，用 BOD 表示。水中存在的硫化物、亚铁等还原性物质也会消耗部分溶解氧，但通常它们的含量都比较低，因此 BOD 可以间接表示水中有机物质的含量。

有机物分解是一个缓慢的过程。在有氧条件下，水中有机物的分解过程，主要分为碳化和硝化两个阶段进行，如图 5-1 所示。

图中曲线（a）为第一阶段，又称碳氧化阶段，该阶段包括了不含氮有机物的全部氧化，也包括含氮有机物的氨化及其所生成的不含氮有机物的进一步氧化，这就是有机物被转化为无机物的二氧化碳、氨和水的过程，又称有机物的无机化过程。碳氧化阶段所消耗的氧称为碳化生化需氧量，又称完全生化需氧量，以 L_a 或 BOD_u 表示。含氮有机物氨

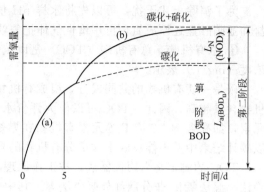

图 5-1　水中有机物分解的两个阶段

化后，在硝化菌作用下，将氨氧化为亚硝酸盐氮，并最终氧化为硝酸盐氮，这个过程称为硝化过程，也要消耗水中的溶解氧，是有机物分解的第二阶段，它所消耗的氧称为硝化生化需氧量，以 L_N 或 NOD 表示。图中曲线（b）表示碳化加硝化两个阶段所消耗总的溶解氧。

通常情况下，要彻底完成水中有机物生物氧化过程时间要大于 100 天。目前采用 20℃下培养 5 天所消耗的溶解氧作为生化需氧量的数值，称为 5 日生化需氧量，用 BOD_5 表示。

BOD_5 测定方法有直接测定法、稀释与接种法（GB 7488—87）、压力传感器法、减压式库仑法、微生物电极法（HJ/T 86—2002）和相关估算法等。

③ 总需氧量（TOD）　总需氧量（TOD）是指水中的还原性物质，主要是有机物质在燃烧中变成稳定的氧化物所需要的氧量，结果以 O_2 的含量（mg/L）计。

TOD 是用燃烧法测定的，它能反映出几乎全部有机物质（C、H、O、N、P、S）经燃烧后变成 CO_2、H_2O、NO、P_2O_5 和 SO_2 时所需要的氧量，比 BOD 和 COD 都更接近理论需氧量的值。

TOD 分析仪的测定原理是：将少量水样与含一定量氧气的惰性气体（氮气）一起送入装有铂催化剂的高温燃烧管中（900℃），水样中的还原性物质在 900℃温度下被瞬间燃烧氧化，测定惰性气体中氧气的浓度，根据氧的减少量求得水样的 TOD 值。

TOD 测定在专用测试仪中进行，其装置如图 5-2 所示。TOD 仪与 TOC 仪相比，最大的不同在于：测试过程中，TOD 仪能精确控制载气（精确配制的标准氧气和氮气为介质气并作载气）的流量，进而可准确得到测试的实际消耗的氧量。

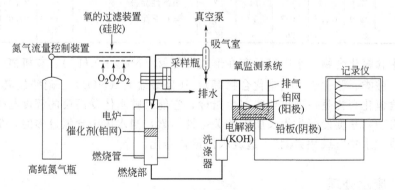

图 5-2　TOD 测定装置

当水样中含有溶解氧或含有在高温催化条件下反应产生氧的物质时，均会干扰 TOD 的准确测定，使测试值偏低。如当水样中含较多硝酸盐和亚硝酸盐时，由于它们在 900℃高温及催化条件下会放出氧气，从而使得 TOD 测定值偏低。

181

为了消除上述干扰，可以先将水样 pH 值调至 10 以上，加入还原性金属粉末，使硝酸盐和亚硝酸盐还原成氨，再用惰性气体把氨吹脱，以消除其干扰。

④ 总有机碳　总有机碳（TOC）是以碳的含量表示水中有机物质的总量，结果以碳的浓度（mg/L）表示。

碳是一切有机物的共同成分，组成有机物的主要元素，水的 TOC 值越高，说明水中有机物含量越高，因此，TOC 可以作为评价水质有机污染的指标。当然，由于它排除了其他元素，如高含 N、S 或 P 等元素有机物在燃烧氧化过程中，同样参与了氧化反应，但 TOC 以碳计结果中并不能反映出这部分有机物的含量。

TOC 的测定是采用仪器法，按工作原理不同，可分为燃烧氧化-非分散红外吸收法、电导法、湿法氧化-非分散红外吸收法等。其中燃烧氧化-非分散红外吸收法流程简单、重现性好、灵敏度高，在国内外被广泛采用。

⑤ 有机物综合测试方法比较　由于测定 TOC 和 TOD 所采用的是燃烧法，能将有机物几乎全部氧化，比 COD 和 BOD_5 测定时有机物氧化得更为彻底，因此，TOC 和 TOD 更能直接表示水中有机物质的总量。另外，TOC 和 TOD 的测定不像 COD 与 BOD_5 的测定受许多因素的影响，干扰较少，只要用少量的水样（通常仅 $20\mu L$）在很短的时间（数分钟）就可得到测定结果。目前，TOC 和 TOD 这两个指标的应用远远不如 COD 和 BOD_5 广泛，这主要是由测定 TOC 和 TOD 的仪器价格较贵，普及率不高所致。

常见有机化合物的 TOD、TOC、COD 和 BOD_5 的氧化率列于表 5-8。

表 5-8　常见有机化合物的 TOD、TOC、COD 和 BOD_5 的氧化率

有机物名称	TOD /%	TOC /%	COD_{Cr} /%	COD_{Mn} /%	BOD_5 /%	有机物名称	TOD /%	TOC /%	COD_{Cr} /%	COD_{Mn} /%	BOD_5 /%
糖类						芳香族化合物					
葡萄糖	95.8	102.7	98	59	56	苯	—	—	17.0	0.0	0
蔗糖	99.0	103.7	95.1	75	59	苯酚	100.7	101.1	92.2	73	61
乳糖	97.0	100.6	101	70	59	甲苯	—	—	22.7	<1	1
醇类						苯胺	96.4	99.5	133	108	3
甲醇	100.0	102.1	96.0	27	68	氨基酸					
乙醇	98.5	99.5	95.2	11	72	甘氨酸	97.7	102.4	104	3	15
1,4-丁二醇	—	—	97.7	20.3	—	谷氨酸	101.1	100.1	105	6	58
脂肪酸类						淀粉类					
甲酸	97.6	99.6	77.7	14	52	可溶性淀粉			86.9	61	
乙酸	92.9	102.5	96.3	7	85	马铃薯淀粉			94.0	0	
丙酸	96.7	104.4	96	8	80						

（4）水中含氮化合物　水中氮的存在形式有氨氮（$NH_3 + NH_4^+$）、有机氮（蛋白质、尿素、氨基酸、胺类、腈化物、硝基化合物等）、亚硝酸盐氮（NO_2^-）、硝酸盐氮（NO_3^-）。

水中的含氮化合物是一项重要的卫生指标，它能反映水体受污染的程度与进程。

氮（还有磷）是促使藻类生长所需的关键性因素，当水体中含氮过多时，促使藻类等大量繁殖，形成"水华"或"赤潮"，造成水体富营养化。

5.2.4　废水处理

（1）废水处理的基本方法与分类　废水处理的基本方法按处理方法的原理通常分为物理法、化学法、物理化学法、生物法四大类。而按处理程度要求一般划分为一级处理、二级处理和三级处理（又称深度处理）。物理法常用于废水的一级处理，主要是分离和回收废水中的悬浮物质。生物法是最常用的二级处理法，主要去除废水中溶解的和胶体的有机污染物

质。化学法是利用化学反应来分离或回收废水中的胶体物质、溶解性物质等污染物，以达到回收有用物质、降低废水中的酸碱度、去除重金属离子、氧化某些有机物等目的。物理化学法是利用相转移过程，即传质过程来分离废水中溶解性物质，回收有用成分，是一种深度处理方法。

废水的处理方法见表 5-9。

表 5-9 废水的处理方法

方 法 名 称			主 要 设 备	处 理 对 象
分离原理	澄清法	沉淀法	沉淀池,隔油池	悬浮物
		混凝沉淀法	混凝池和沉淀池,澄清池	悬浮物,胶状物
		浮选(气浮)法	浮选(气浮)池	悬浮物,胶状物
	离心法		离心机,旋液分离器	悬浮物
	过滤法		滤筛,滤池,滤机	悬浮物
	化学沉淀法		反应池和沉淀池	某些溶解物
	吸附法		反应池和沉淀池,滤池	某些溶解物,胶状物
	离子交换法		滤池	某些溶解物
	膜析法	扩散渗析法	渗析槽	某些溶解物
		电渗析法	渗析槽	某些溶解物
		反渗透法	渗透器	某些溶解物
		超过滤法	过滤器	悬浮物,胶状物
	电解法		电解槽	某些溶解物
	结晶法		蒸发器和结晶器	某些溶解物
	萃取法		萃取器和分离器	某些溶解物
	精馏法		精馏器	某些溶解物
转化原理	生物法	化学法		某些溶解物
		生物膜法	生物滤池和沉淀池	有机物,硫、氰等无机物
		活性污泥法	曝气池和沉淀池	有机物
		厌氧生物处理法	消化池	有机物

(2) 废水的物理处理方法 物理处理方法主要用于分离废水中的悬浮性物质，一方面可从废水中回收有用物质，另一方面也使废水得到一级处理。常用的物理处理方法有重力分离法、过滤法、离心分离法、上浮法及蒸发结晶法。

(3) 废水的化学处理方法 化学处理方法通过化学反应改变废水中污染物的化学性质或物理性质，使它或从溶解、胶体或悬浮状态转变为沉淀或漂浮状态，或从固态转变为气态，进而从水中除去。该法的主要处理对象是废水中的溶解性或胶体性的污染物质。废水化学处理法可分为中和法、化学混凝和沉淀法、氧化还原法等。

(4) 废水的物理化学处理方法 物理化学处理方法是运用物理和化学的综合作用使废水得到净化的方法。主要用于分离废水中溶解的有害污染物质，回收有用组分。物理化学处理通常是指由物理方法和化学方法组成的废水处理系统。它既可以是独立的处理系统，也可以是生物处理的后续处理措施。其工艺的选择取决于废水水质、排放或回收利用的水质要求、处理费用等。

物理化学处理法通常包括吸附法、离子交换法、萃取法、电解法、吹脱与汽提法等。

(5) 废水的生物处理方法 利用微生物的代谢作用除去废水中有机污染物的方法是生物处理方法，亦称废水生物化学处理法，简称废水生化法。分为好氧（好气）生物处理法和厌氧（厌气）生物处理法两大类（见表 5-10）。生物处理法投资少，处理费用低，操作简便，效果稳定，广泛应用于石油、化工、焦化、轻工、纺织印染等工业部门的废水处理中。

183

表 5-10　生物处理法的分类及简况

分类	处理方法		简况
好气处理	活性污泥法	普通曝气法	废水和回流污泥是从池首端入池,呈推流式至池末端流出。吸附和污泥再生是连续进行的,其有机物和需氧率均沿池长而降低。对有机物处理效果较高,但废水浓度要求稳定,曝气时间长,负荷不高,目前很少采用
		逐步(阶段)曝气法	与普通曝气法不同之处是废水分多段沿池长而引入,使有机物和需氧情况比较均衡。此法主要用于石油化工废水处理
		吸附再生曝气法	吸附和再生在两池内分开进行,是一种不完全或中等程度处理流程。其特点是池子小,节约空气用量
		完全混合曝气法	其负荷高于普通曝气法,其特点是混合液在池内循环流动,进水很快和全池混合,池内需氧率是均匀的,使微生物与进水接触保持相对稳定,适应废水浓度变化。易发生污泥膨胀
		延时曝气法	其特点是负荷低,相应池容积要大。此法不仅去除污染物,而且氧化某些细胞质。所产生的污泥量少,对印染废水的去色有较好的效果。出水水质稳定,其污泥不经消化,可直接脱水
	生物膜法	普通生物滤池	废水通过表面充满生物膜的滤料,供给充足的空气,利用微生物氧化废水中有机物
		生物转盘	是用塑料等材料制成的圆盘,转盘使生物群交替通过废水和空气,转盘上形成生物膜,经不断接触,将有机物分解。动力消耗小,生成污泥少是本法的特点
		塔式生物滤池	废水由上进入,经过填料生物膜分解有机物。处理效率较高,对水质水量变化适应性较强。操作管理简单,适用于各种有机工业废水处理
		流化床法	微生物附着生长在细砂表面,载体在床内呈流化状态,巨大的表面积使本工艺单位体积内保持高的微生物量,只要供氧合适,本法是一种高效处理构筑物,目前实际应用较少
厌气处理	厌气性稳定池		由沉淀池排出的污泥,含水率较高,一般宜先进行浓缩稳定后,再送至消化池或外运作肥料
	厌气性消化池		分常温消化池、加温消化池。此法已受到人们重视,并在屠宰、肉类加工、制糖、酒精、脂肪酸、罐头加工等废水处理中广泛应用

◎ 5.3　废气控制与处理

5.3.1　气体监测中常用的术语和定义

气体监测过程中常用的一些术语和定义如下。

① 总悬浮颗粒物（TSP）　指悬浮在空气中,空气动力学当量直径不大于 $100\mu m$ 的颗粒物。

② 可吸入颗粒物（PM_{10}）　指悬浮在空气中,空气动力学当量直径不大于 $10\mu m$ 的颗粒物。

③ 氮氧化物（以 NO_2 计）　指空气中主要以一氧化氮和二氧化氮形式存在的氮的氧化物。

④ 总挥发性有机化合物（TVOC）　利用 Tenax GC 或 Tenax TA 采样,非极性色谱柱（极性指数小于 10）进行分析,保留时间在正己烷和正十六烷之间的挥发性有机化合物。

⑤ 铅（Pb）　指存在于总悬浮颗粒物中的铅及其化合物。

⑥ 苯并 [a] 芘（B [a] P）　指存在于可吸入颗粒物中的苯并 [a] 芘。

⑦ 氟化物（以 F 计）　以气态及颗粒态形式存在的无机氟化物。

⑧ 年平均　指任何一年的日平均浓度的算术均值。

⑨ 季平均　指任何一季的日平均浓度的算术均值。

⑩ 月平均　指任何一月的日平均浓度的算术均值。

⑪ 日平均　指任何一日的平均浓度。

⑫ 1h平均　指任何1h的平均浓度。

⑬ 植物生长季平均　指任何一种植物生长季、月平均浓度的算术均值。

⑭ 环境空气指人群、植物、动物和建筑物所暴露的室外空气。

⑮ 标准状态　指温度为273K，压力为101.325kPa时的状态。

5.3.2　废气监测

（1）二氧化硫监测　测定二氧化硫的方法主要有四氯汞钾溶液吸收-盐酸副玫瑰苯胺分光光度法（GB 8970—88）、甲醛缓冲溶液吸收-盐酸副玫瑰苯胺分光光度法（GB/T 15262—94）、钍试剂分光光度法、紫外荧光法、电导法、库仑滴定法、火焰光度法、定电位电解法（HJ/T 57—2000）。

这几种方法各有特点，采用哪一种方法测试主要取决于分析的目的、时间及实验室条件等因素。

（2）氮氧化物监测　氮氧化物主要来源于石化燃料高温燃烧和硝酸、化肥等生产排放的废气以及汽车排气。

氮氧化物包括 NO、NO_2、N_2O、N_2O_3、N_2O_4、N_2O_5 等，主要是 NO 和 NO_2。

大气中氮氧化物的测定可分为化学法和仪器法两类。

化学法中最常用的是 Saltzman 法（GB/T 15435—95）、酸性高锰酸钾溶液氧化法、三氧化铬-石英砂氧化法。仪器法有化学光化法和库仑原电池法等。

Saltzman 法仅适于测 NO_2 的含量，酸性高锰酸钾溶液氧化法、三氧化铬-石英砂氧化法可以检测大气中氮氧化物总量。

（3）空气质量自动监测系统　空气质量自动监测系统是自动采样技术、自动分析技术、计算机技术和数据通信技术组合而成的空气质量监测网络系统。该系统利用空气的物理和化学特征，采用光电法原理（即干法）对空气中的污染物（主要项目为 SO_2、NO_x、CO、O_3、TSP、PM_{10}、NMHC 等）进行连续自动监测，同时分析结果可被迅速传送到控制中心。该法灵敏度高，响应时间快，具有良好的时间分辨率，且仪器稳定性好，日常维护量小，维修操作简便，可以近乎连续地监测污染物浓度，并可记录短期峰值（小时级甚至分钟级的峰值）以及日、月和年平均值。由于自动监测系统监测频率高，可随机监测污染物浓度变化，对各子站可实现实时监控，具有极高的时间分辨率，所以许多国家不仅将它用于城市空气质量的例行监测，也用于空气污染事件警报。

（4）污染源在线监测　目前的气体污染源在线监测系统主要用于燃烧烟气的监测，其中又以燃煤烟气的监测系统居多。

① 烟气在线监测系统结构　烟气在线监测系统可分为五部分：烟气采样系统、烟气分析系统和烟气流量测量系统、数据接收处理系统及后备辅助设备系统。烟气采样系统通过采样探头从烟道中采集烟气样品，然后通过烟气输送管道将样品输送到烟气分析系统；烟气分析系统包括 SO_2 分析仪、NO_x 分析仪、烟尘仪等，分析烟气污染物浓度；烟气流量测量系统用于测量烟气流量，再结合烟气成分浓度得出各污染物的总排放量；数据接收处理系统负责数据的采集、处理、存储并打印各种报表，并与生产装置主控系统或环保监理机构显示系统连接；后备辅助设备系统包括各种后备设备相辅助设备，以提高烟气排放在线监测系统运行的可靠性。

② 烟气在线监测系统分类　烟气在线监测系统可按烟气采样方法的不同分为三种：内

置式、全抽取式和稀释抽取式。

内置式烟气在线监测系统是将烟气分析仪通过法兰直接安装在烟道壁上，对烟气各污染物就地测量（见图 5-3）内置式烟气采样系统无需将烟气从烟道中抽取出来，不需样品传输，不存在样品滞后问题。而且不需对样气进行前处理，环节简单，成本较低。由于烟道环境恶劣，仪器的维修工作量大且需要很高的维修专业知识；另外，内置式烟气采样系统通常同时测量几种烟气成分浓度，一旦监测仪不能正常工作或需要进行维护时，就会使几种烟气成分得不到测量。

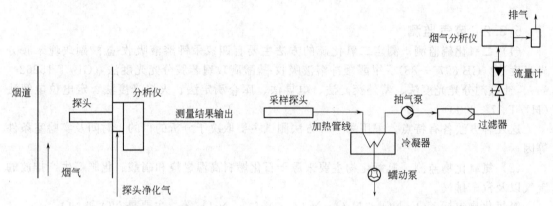

图 5-3　内置式烟气在线监测系统　　　　图 5-4　全抽取式烟气在线监测系统

全抽取式烟气在线监测系统将烟气从烟道中抽取出来，通过传输管道输送到分析仪进行分析，如图 5-4 所示。全抽取式有以下优点：采样探头比稀释法的探头简单；不需对烟气样品进行稀释，因此不需要高质量的压缩空气；成本比稀释法低。缺点是：烟气传输管道要加热，以防止烟气中的水分凝结下来，造成分析成分的损失；烟气进入分析仪前要经过过滤、除水分等预处理环节，维护复杂；因为在负压状态下操作，需配备样品泵；还要测出烟道内烟气的水分浓度来校正测量结果，而水分测量又增加了系统的复杂性。

稀释抽取式是湿法测量。它采用一种特殊的烟气采样探头——稀释探头，使烟气样品的抽入、稀释在探头一步完成，大大简化了操作环节（见图 5-5）。稀释探头用洁净的干空气按一定比例来稀释烟气样品，将样品中的水分露点降至周围环境温度之下，因此在样品传输管道没有水分凝结所带来的问题，不需对传输管道进行加热。同时，烟气样品不需进行预处理便可直接送入分析仪，省去了烟气预处理等复杂环节。稀释抽取式采样系统存在的不足是：取样探头结构复杂，成本高；需要一个探头控制器控制探头的稀释率；需要高质量的稀释用压缩气体。

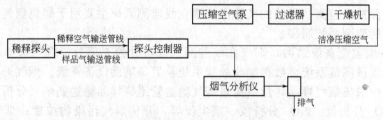

图 5-5　稀释抽取式烟气在线监测系统

5.3.3　废气处理

（1）化工废气处理基本方法　化工废气处理根据其物理性质和化学性质，通常采用吸收法、吸附法、催化转化法、燃烧法和冷凝法。

① 气体吸收法 气体吸收法就是使工业气中有害气体与溶液或溶剂接触，废气中的一种或几种组分由气相转入液相，使有害气体得到回收或分离的方法。不同溶液或溶剂可吸收不同的有害物质。吸收法又分物理吸收和化学吸收。

吸收流程一般多采用逆流操作流程，即在吸收设备中，被吸收气体由下而上流动，而吸收剂则由上向下流动，在气液逆向接触中完成吸收剂的传质过程。吸收流程按工艺可分为非循环过程和循环过程两种。非循环过程即没有吸收剂的解吸过程；吸收循环过程为吸收剂封闭循环过程，在循环中对吸收剂进行再生，因此流程中需设置吸收剂的解吸装置。

② 气体吸附法 某些多孔性固体具有从流体混合物中有选择性地吸着某些组分的能力，将从气相中或者液相的混合物中吸着某种组分进行分离的操作称为吸附法。

吸附现象根据吸附剂表面与吸附剂之间的作用力不同可分为物理吸附和化学吸附。表5-11 表示物理吸附和化学吸附的特点。工业中常用的吸附剂的性质如表 5-12 所示。吸附过程分为固定床吸附过程、移动床吸附过程和流化床吸附过程。

表 5-11　物理吸附和化学吸附的特点

特　点	物　理　吸　附	化　学　吸　附
吸附力	分子间引力	未平衡的化学键力
作用范围	与表面覆盖度无关，可多层吸附	随表面覆盖厚度增加而减少，只能单层吸附
吸附稳定性	不稳定	较稳定，易解吸
吸附热	与吸附剂升华热相近	与化学反应热相近
吸附剂性质	不变	改变
等压线特点	吸附量与压力(浓度)成正比	较复杂
等温线特点	吸附量随温度升高而升高	到一定温度下开始吸附，高温有一峰值

表 5-12　常用吸附剂的性质

性　质	粒状活性炭	粉状活性炭	硅　胶	活性氧化铝	分子筛
真密度/(g/cm³)	2.0~2.2	1.9~2.2	2.2~2.3	3.0~3.3	2.0~2.5
粒密度/(g/cm³)	0.6~1.0		0.8~1.3	0.9~1.9	0.9~1.3
充填密度/(g/cm³)	0.35~0.6	0.15~0.6	0.5~0.85	0.5~1.0	0.55~0.75
孔隙率/%	33~45	45~75	40~45	40~45	22~42
细孔容积/(cm³/g)	0.5~1.1	0.5~1.4	0.3~0.8	0.3~0.6	0.4~0.6
平均孔径/10⁻¹nm	1.2~4.0	1.5~4.0	2~12	4.0~15	3~10
气流速度范围/(m/s)	0.1~0.6		0.1~0.5	0.1~0.5	<0.6
比表面/(m²/g)	700~1500	700~1600	200~600	150~350	400~750

③ 燃烧法 将废气中可燃性污染物燃烧或高温分解，使其转化为无害物质的方法。常用于净化有机废气或一氧化碳废气。目前常用的方法有直接燃烧、热力燃烧和催化燃烧，其特点列于表 5-13。

表 5-13　燃烧法分类及其特点

方　法	适应范围	燃烧温度/℃	燃烧产物	设　备	特　　点
直接燃烧	含有可燃组分浓度高或热值高的废气	>1100	CO_2、H_2O、N_2	一般窑炉或火炬管	有火焰燃烧，燃烧温度高，可燃烧掉废气中的炭粒
热力燃烧	含可燃组分浓度低或热值低的废气	720~820	CO_2、H_2O	热力燃烧炉	有火焰燃烧，需加辅助燃烧，火焰为辅助燃料火焰，可燃烧掉废气中炭粒
催化燃烧	基本上不受可燃组分的浓度与热值限制，但废气中不允许有尘粒、雾滴及催化剂毒物	300~450	CO_2、H_2O	催化燃烧炉	无火焰燃烧，燃烧温度最低，有时需电加热点火或维持反应温度

④ 催化法　催化法净化气态污染物是利用催化剂的催化作用，将废气中的气体有害物质转变为无害物质或易于去除的物质的一种废气治理方法。此法与吸收、吸附法不同，应用催化法治理污染物的过程中，无需将污染物与主气流分离，可直接将有害物转变为无害物，这不仅可避免产生二次污染，而且可简化操作过程。目前，此法已成为一项重要的大气污染治理技术。

筛选合适的催化剂是催化法的关键，一般要求选用的催化剂具有很好的活性和选择性、足够的机械强度、良好的热稳定性和化学稳定性以及经济性。常用的催化剂见表 5-14。

表 5-14　净化气态污染物常用的几种催化剂的组成

用　　途	主要活性物质	载　　体
烟气脱硫（$SO_2 \rightarrow SO_3$）	V_2O_5（含量 6%～12%）	硅藻土（助催化剂 K_2SO_4）
硝酸尾气脱硝 （$NO_2 \rightarrow N_2$）	Pt，Pd（含量 0.5%） $CuCrO_2$	Al_2O_3-SiO_2 Al_2O_3-MgO
碳氢化合物净化 （$CO+HC \rightarrow CO_2+H_2O$）	Pt，Pd CuO、Cr_2O_3、Mn_2O_3 稀土金属氧化物	Ni、NiO、Al_2O_3 Al_2O_3
汽车尾气净化	Pt（0.1%） 碱土、稀土和过渡金属氧化物	硅铝小球、蜂窝陶瓷 Al_2O_3

⑤ 冷凝法　物质在不同温度下具有不同的饱和蒸气压，利用这一性质，采用降低系统温度或提高系统压力，使处于蒸气状态的污染物冷凝并从废气中分离出来的过程称为冷凝法。一般分为接触冷凝和表面冷凝两种方式。

（2）含硫废气处理　高浓度 SO_2 烟气可采用接触氧化直接制取硫酸，而低浓度 SO_2 烟气需要进行脱硫净化。目前，国内外防治 SO_2 污染，主要采用低硫燃料、高烟囱扩散稀释、燃料脱硫、改革工艺流程及烟气脱硫等方法。烟气脱硫大多分为干法和湿法两大类：干法采用粉状或粒状吸附剂或催化剂来脱除烟气的 SO_2；湿法则采用液体吸收剂洗涤烟气吸收 SO_2。目前，世界各国多采用湿法脱硫。主要烟气脱硫方法见表 5-15。

表 5-15　烟气脱硫方法分类

分类	吸收流或吸附剂	反应生成物	方　法	处理方式	副产品
干法	活性炭	H_2SO_4	活性炭吸附法	水洗、加热、惰性气体、水蒸气脱吸	稀 H_2SO_4、浓 H_2SO_4、S、$CaSO_4 \cdot 2H_2O$ 等
	粉状 $CaCO_3$ 或 $Ca(OH)_2$	$CaSO_4$	石灰/石灰石粉直接喷射法		$CaSO_4$ 或废弃
	MnO_2	$MnSO_4$	活性氧化锰法	添加 NH_4OH 分解（湿式）	$(NH_4)_2SO_4$
	CuO	$CuSO_4$	氧化铜吸收法	利用 H_2 还原	浓 SO_2
	催化剂		催化氧化法		H_2SO_4 或 $(NH_4)_2SO_4$
半干法	$CaCO_3$ 或 $Ca(OH)_2$ 浆液	$CaSO_4$	石灰/石灰石半干法		$CaSO_4$ 或废弃
湿法	$CaCO_3$ 或 CaO $Ca(OH)_2$ 浆液	$CaSO_3 \cdot 1/2H_2O$	湿式石灰/石灰石-石膏法	氧化	$CaSO_4 \cdot 2H_2O$
	NaOH 或 Na_2CO_3 吸收液	$NaHSO_3$	钠盐循环法	$NaHSO_3$ 热解后循环使用	浓 SO_2
			亚硫酸钠法	添加 Na_2SO_3 中和结晶	Na_2SO_3 结晶
			双碱法	添加 $CaCO_3$ 或 $Ca(OH)_2$ 吸收液循环使用	$CaSO_4 \cdot 2H_2O$

分类	吸收流或吸附剂	反应生成物	方　法	处理方式	副产品
湿法	NH_4OH 或 $(NH_4)_2SO_3$ NH_4HCO_3 吸收液	NH_4HSO_3	氨-酸法	用 H_2SO_4 分解	浓 $SO_2 \cdot (NH_4)_2SO_4$
			氨-亚硫酸铵法	添加 NH_4HCO_3 中和	$(NH_4)_2SO_3$
			氨-石膏法	添加 $Ca(OH)_2$ 或 $CaCO_3$ 氧化,吸收液循环使用	$CaSO_4 \cdot 2H_2O$
			氨-硫黄法	加热分解,添加 H_2S	S
	MgO 浆液	$Mg(HSO_3)_2$ $MgSO_3 \cdot 6H_2O$	氧化镁法	脱水干燥、煅烧分解、MgO 水化后循环使用	浓 SO_2
	$Mg(OH)_2$-$CaCO_3$ 混合浆液	$Mg(HSO_3)_2$ $Ca(HSO_3)_2$	氧化镁-石膏法	氧化、再生、添加 $CaCO_3$ 浆液后重新使用	$CaSO_4 \cdot 2H_2O$
	$Al_2(SO_3)_3 \cdot Al_2O_3$ 水溶液	$Al_2(SO_4)_3 \cdot Al_2(SO_3)_3$	碱式硫酸铝法	氧化、中和、分离、吸收液、循环使用	$CaSO_4 \cdot 2H_2O$
	H_2O 或稀 H_2SO_4 （Fe 催化剂）	H_2SO_4	水或稀硫酸吸收法	添加 $CaCO_3$ 氧化	$CaSO_4 \cdot 2H_2O$

◎ 5.4　废渣处理

5.4.1　化工废渣分类

化工废渣是指流程工业生产过程中产生的固体和泥浆废弃物，包括流程工业生产过程中排出的不合格产品、副产品、废催化剂、废溶剂、蒸馏残液以及废水处理产生的污泥等。

按化学性质分类，可以分为有机废渣和无机废渣。

按对人体和环境危害性分类，可以分为一般工业废渣和危险废渣。

按流程工业的行业和工艺过程进行分类，如硫酸生产过程产生的硫铁矿烧渣、铬盐生产过程产生的铬渣、电石乙炔法聚氯乙烯生产过程中产生的电石渣、磷肥工业产生的磷石膏等。

5.4.2　化工废渣常用处理方法

化工废渣处理方法如下。

（1）填埋法　在陆地或山谷填埋有害废渣。填埋场选址应远离居民区，场区应有良好的水文地质条件，填埋场要设计可靠的浸出液、雨水收集和控制系统，为防止废渣滤出液对地下水和地表水污染，填埋场应设计不渗透或低渗透衬层。对两种或两种以上废渣混合填埋时，要考虑废渣的相容性。防止不同废渣间发生反应、燃烧、爆炸或产生有害气体。

（2）固化法　使用固化剂通过物理或化学作用将有害废物包裹在固体本体中，以降低或消除有害成分的流失。常用的固化剂包括水泥、沥青或热塑性物质等。本方法常用于处理含有重金属和有毒的无机废渣。固化后的废渣再行填埋处理。

（3）化学处理法　根据废渣的种类、性质，采用化学方法处理废渣，包括酸碱中和法、氧化还原处理法以及化学沉淀处理法等。

（4）生物处理法　有机化工废渣中的有机物在微生物作用下，发生生物化学反应而降解，形成一种类似腐殖土土壤的物质，用作肥料并改良土壤。固体废物堆肥处理就是生化处理的典型例子。

（5）焚烧处理法　焚烧处理法主要用于处理有机废渣，有机物经高温氧化分解为二氧化碳和水蒸气，并产生灰分。对于含氮、硫、磷和卤素等元素的有机物，经焚烧后还会产生相应的氮氧化物、二氧化硫、五氧化二磷以及卤化氢等。焚烧处理法效果好，解毒彻底，占地少，对环境影响小。但焚烧处理法设备结构复杂，操作费用大，焚烧过程产生的废气和废渣有时需进一步处理，防止二次污染。

5.4.3　铬渣处理

铬渣是金属铬和铬盐生产中产生的一种固体废物，其中含有的水溶性铬和酸溶性六价铬污染环境，影响人体健康。目前我国生产铬盐的工艺大体属于同一类型，各厂排出渣的成分也大致相同，其主要成分的含量见表 5-16。

表 5-16　部分工厂铬渣的平均化学组成　　　　　　　　　　　　　　　%

工厂	以 Cr_2O_3 计			CaO	MgO	Al_2O_3	Fe_2O_3	SiO_2	烧失量
	总铬	Cr^{6+}							
		水溶性	酸溶性						
A	3.58	1.50	1.50	37.13	25.34	6.24	10.07	12.30	5.34
B	5.60	1.42	1.12						
C	5.27	0.67	1.16	19.01	39.52	7.03	10.92	5.66	
D	2.50～4.00			25.00～28.00	20.00～22.00	5.50～7.00	12.00～14.00	7.50～9.00	
E	3.00～5.00	0.50～0.90		26.00～30.00	28.00～32.00	5.00～9.00	6.00～11.00	5.00～11.00	
F	5.53	1.11	1.11	28.44	28.44	5.12	6.79	11.35	14.00～19.00

（1）铬渣处理方法　铬渣的解毒和综合利用技术，如表 5-17 所示。

表 5-17　铬渣处理处置技术

序号	项目名称	生产工艺	优点	缺点
1	铬渣烧制玻璃着色剂	解毒铬渣—烘干—粉碎—筛分（60～140 目）—包装 铬渣掺入量为 5%～7%（掺入量小于 2% 呈淡绿色，3%～5% 呈翠绿色，6% 呈深绿色）	工艺简单、成熟，有一定经济效益，可以替代铬铁矿作玻璃着色剂	生产过程有粉尘污染，吃渣量小
2	铬渣烧制钙镁磷肥	（磷矿石、铬渣、硅石、焦炭）—高炉/电炉（1400℃）—熔料水淬—干燥—粉碎—成品包装 铬渣掺入量为 12%～18%	六价铬解毒彻底，吃渣量比较大	产品有效磷含量较低，成本较高，销售不畅。生产中应防止粉尘污染
3	铬渣烧制铸石	（铬渣、硅砂、烟道灰、氧化铁皮）—平炉（1450～1550℃）熔融—浇铸—结晶—退火—成品 铬渣掺入量为 1%～40%	解毒比较彻底，无二次污染，有一定的经济效益	投资大，成本高，销售量有限
4	铬渣制砖	（铬渣、黏土、原煤＋水）—制砖—干燥—隧道窑焙烧—成品 铬渣掺入量为 15%	工艺简单，成品砖抗压抗折强度达到建材标准要求	铬渣在砖中代替黏土作用，产品成本较高，销售难，铬渣运输可能造成二次污染
5	铬渣制彩色水泥	［石灰石、黏土、矿化剂、解毒铬渣（着色剂）］—窑炉焙烧—冷却—粉碎—过筛—成品 铬渣掺入量为 15%	工艺简单，解毒彻底，彩色水泥色泽鲜艳，不易褪色，抗冻性好，其性能完全符合 GB 1344—77 矿渣硅酸盐水泥标准	
6	铬渣制钙铁粉（防锈涂料）	铬渣—粉碎—加水和处理剂制浆—过滤—烘干—粉碎—研磨—过筛—成品 每吨钙铁粉耗渣为 1.1～1.2t	防锈性能好，可代替氧化铁红配制防锈漆，价格远低于氧化铁红和红丹	生产过程产生含铬废水，必须处理。应注意防止粉尘污染
7	铬渣制建筑骨料	（解毒铬渣、黏土、粉煤灰）—粉碎—混合—成型—干燥—窑烧结（1200～1300℃）—缓冷—建筑骨料 铬渣掺入量可达到 40%	工艺简单，解毒彻底，吃渣量大，可制成轻质骨料、耐火骨料、耐酸碱骨料	能耗大，成本高

序号	项目名称	生产工艺	优点	缺点
8	铬渣制矿渣棉	（铬渣、石英砂、黏土、钡渣、水泥）—粉碎—混合（压制成型＋焦炭）—冲天炉—（四辊离心成纤机＋酚醛树脂黏合剂）—固化炉—成品（用作保温管，隔音装饰板）	解毒彻底，最高使用温度40℃，成棉综合能耗25413.88MJ/t，与岩棉相当	
9	铬渣烧制水泥熟料	（铬渣、黏土、石灰石、铁矿石、粉煤灰）—粉碎—混匀—焙烧（1450℃）—熟料磨细—成品 铬渣掺入量为10%～20%（具体掺入量以氧化镁在成品中含量小于5%为宜）	制成的水泥强度可达425#铬渣水泥，当氧化镁含量小于5%时，其各项指标均可达到国家标准	由于水泥组成碱度系数高，回转窑不宜用来烧作水泥，立窑法应防止二次污染
10	铬渣制水泥混合材	解毒铬渣—烘干—粉碎—磨细—成品 铬渣掺入量为水泥成品的10%	替代高炉水淬渣，与水泥熟料、石膏一起磨成水泥，无二次污染	
11	铬渣制水泥砂浆	解毒铬渣—烘干—粉碎—（筛分＋水＋水泥）—水泥砂浆	其砌体强度等指标优于同标号的水泥混合砂浆，且可节省30%左右的水泥，解毒铬渣是水溶性胶凝材料，细磨的还原渣28d，抗压强度为9.4MPa	
12	铬渣制水泥早强剂	（铬渣、造纸废液、FeSO4）—混匀—加热—喷雾干燥—成品（水泥早强度剂）	对混凝土有早强、减水、防冻作用，用量少，其解毒作用优于Na2S或FeSO4等湿法解毒	
13	铬渣用于炼铁	铬渣中的CaO、MgO含量与白云石、石灰石含量相近，用铬渣代替白云石、石灰石炼铁是可行的，同样可以达到造渣目的 （铁矿粉、焦炭粉、石灰石、铬渣、返矿）—混匀—烧结—筛分—（烧结矿＋焦炭）—高炉冶炼—生铁—浇铸成型	高炉冶炼过程六价铬还原解毒彻底，吃渣量大，炼1t生铁耗用铬渣600kg	生铁中铬含量上升，含铬生铁销售不畅，投资较大，应防止粉尘污染
14	铬渣烧制炻器制品	［铬渣、基料（砂子类）、煤粉］—混匀—成型—窑炉/电炉（1100～1250℃）—成品（玻璃相含量为15%～45%） 铬渣掺入量为15%～20%	吃渣量大，工艺简单，解毒效果好，抗压强度为25～42MPa	铬渣掺入量大于30%时，其抗压强度低于不掺铬渣制品

（2）铬渣作玻璃着色剂　用铬渣代替铬矿粉作绿色玻璃的着色剂在我国已实现工业化生产，质量完全符合要求。在高温熔融状态下，铬渣中的六价铬离子与玻璃原料中的酸性氧化物、二氧化硅作用，转化为三价铬离子而分散在玻璃体中，达到解毒和消除污染的目的，同时铬渣中的氧化镁、氧化钙等组分可代替玻璃配料中的白云石和石灰石原料，大大降低了玻璃制品生产的原材料消耗和生产成本。铬渣制玻璃着色剂生产工艺流程如图5-6所示。

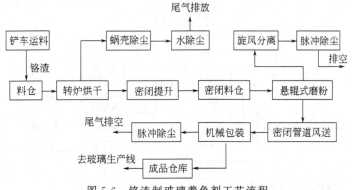

图 5-6　铬渣制玻璃着色剂工艺流程

用铲车将铬渣运至料仓，经槽式给料机送至颚式破碎机，粗碎至40mm以下，然后用皮带输送机经磁力除铁器除去铁后，送往转筒烘干机烘干。热源由燃煤式燃烧室提供，热烟

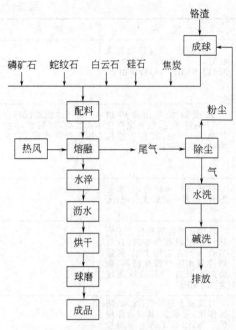

图 5-7　铬渣制钙镁磷肥工艺流程

气经过烘干机与铬渣顺流接触，最后经旋风除尘器及水浴除尘，由引风机将尾气排入大气。

烘干后的铬渣用密闭斗式提升机送到密闭料仓内，用电磁振动给料机定量送入磁力除铁器，进一步除铁。再将物料送入悬辊式磨粉机粉碎至40目以上。铬渣粉由密闭管道送到包装工序，包装后作为玻璃着色剂出售。悬辊式磨粉机装有旋风分离器和脉冲收尘器，收集的粉尘返回密闭料仓。

（3）铬渣作熔剂生产钙镁磷肥　高炉法生产钙镁磷肥，是将磷矿石与蛇纹石等助熔剂在高温下熔融，经水骤冷、干燥、磨细等工艺过程而制得产品。铬渣可以代替蛇纹石，作为钙镁磷肥的助熔剂。

在高温还原状态下，铬渣中的六价铬被还原为三价铬，或进而还原成金属铬，以 Cr_2O_3 形式进入磷肥半成品玻璃体内被固定下来，从而达到解毒效果。

以铬渣为熔剂生产钙镁磷肥工艺流程见图 5-7。

将磷矿石、蛇纹石、白云石、硅石、铬渣及焦炭按一定配比投入高炉，经过高温熔融，水淬骤冷，使晶态磷酸三钙转变成松脆的无定形、易被植物吸收的玻璃体物质。

（4）旋风炉附烧铬渣解毒技术　旋风炉附烧铬渣解毒技术工艺流程如图 5-8 所示。

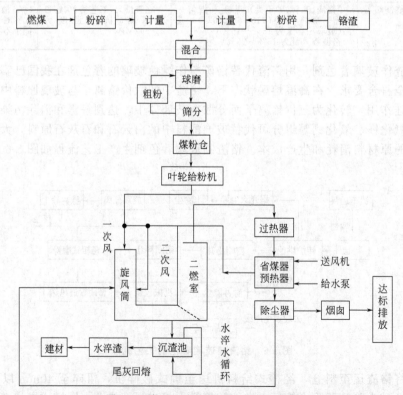

图 5-8　旋风炉附烧铬渣工艺流程框图

由图可以看到，燃煤和铬渣分别送入破碎机粉碎计量，按预定配比（100∶25 或 100∶30）混匀，再由球磨机研磨成粒径为 160 目的细粉，经筛分，粗粉返回球磨机进一步研磨，细粉送至料仓，经叶轮给粉机由一次风送入旋风筒，在二次风强力旋转扰动下燃烧，与此同时六价铬在还原区内还原成三价铬。燃渣沿旋风筒筒壁下流，未燃尽的煤渣进入二燃室继续被燃烧还原，熔渣流入炉底，从排渣口排出炉外。熔渣经水淬固化成玻璃体，在沉渣池内沉降，用捞渣斗捞出，用作建筑材料或水泥掺和料。水淬水循环利用，不排放。飞灰经二级除尘器（机械法和静电法）收集，通过管道由二次风送入炉内，进行回熔，进一步还原解毒。烟气达标排放。

◎ 5.5 清洁生产与自动化

5.5.1 清洁生产的定义

清洁生产（Clearer Production）是由联合国环境规划署工业与环境规划行动中心（UNEP IE/PAC）提出的，用以表征从产品生产到产品使用全过程的广义污染防治途径。

清洁生产是一项实现与环境协调发展的环境策略，其定义为"清洁生产是一种新的创造性的思想"，该思想将整体预防的环境战略持续应用于生产过程、产品和服务中，以增加生态效率和减少人类及环境的风险。

① 对生产过程，要求节约原材料和能源，淘汰有毒原材料，减降所有废弃物的数量和毒性。

② 对产品，要求减少从原材料提炼到产品最终处置的全生命周期的不利影响。

③ 对服务，要求将环境因素、废物的数量和毒性纳入设计和所得供的服务中。

从上述中定义中可以看出，实行清洁生产包括清洁生产过程、清洁产品和服务三个方面。对生产过程而言，它要求采用清洁生产工艺和技术，提高资源、能源的利用率，通过源削减、废物回收利用来减少和降低所有废物的数量和毒性。对产品和服务而言，实行清洁生产要求对产品的全生命周期实行全过程管理控制，不仅考虑生产工艺、生产的操作管理，有毒原材料替代，节约能源资源，还要考虑配方设计、包装与消费方式，直至废弃后的资源回收利用等环节，并且要将环境因素纳入到设计和所提供的服务中，从而实现经济与环境协调发展。

5.5.2 清洁生产的主要内容

清洁生产要求实现可持续发展，即经济发展要考虑自然生态环境的长期承受能力，使环境与资源既能满足经济发展要求的需要，又能满足人民生活的现实需要和后代人的潜在需求；同时，环境保护也要充分考虑到一定经济发展阶段下的经济支持能力，采取积极可行的环境政策，配合与推进经济发展进程。

可持续发展的关键是处理好经济发展与资源环境的关系。经济发展与资源环境二者相互促进而又彼此制约。一方面，资源环境是经济发展的前提，只有保持资源环境不被破坏，才能保证经济的持续快速发展；另一方面，持续快速的经济发展又为资源环境的保护提供技术保证和物质基础。

可持续发展战略总的要求如下：

① 人类以人与自然相和谐的方式组织生产；

② 把环境与发展作为一个相容整体出发，制定出社会、经济发展的政策；

③ 发展科学技术、改革生产方式和能源结构；

193

④ 以不损害环境为前提，控制适度的消费和工业发展的生态规模；

⑤ 从环境与发展最佳相容性出发确定其管理目标和优先次序；

⑥ 加强资源环境保护的管理；

⑦ 发展绿色文明和生态文化。

清洁生产应包括如下主要内容：政策与管理研究；企业审计；宣传教育；信息交换；清洁技术转让推广；清洁生产技术研究、开发和示范。

清洁生产强调的是解决问题的战略，而实现清洁生产的基本保证是清洁生产技术的研究和开发。因此，清洁生产也具有一定的时段性，随着清洁生产技术的不断研究和发展，清洁生产水平也将逐步提高。

从清洁生产的概念来看，实现清洁生产的基本途径为清洁生产工艺和清洁产品。清洁生产工艺是既能提高经济效益，又能减少环境污染的工艺技术。它要求：①在提高生产效率的同时必须兼顾削减或消除危险废物及其他有毒化学品用量；②改善劳动条件，减少对人体健康的危险；③生产安全的与环境兼容的产品。清洁产品则是从产品的可回收利用性、可处置性和可重新加工性等方面考虑，要求产品设计者本着产品促进污染预防的宗旨设计产品。

（1）清洁原料　碳酸二甲酯（DMC）是清洁原料。DMC分子中具有甲基、甲氧基、羰基等多种基团，故有多种反应活性，能进行羰基化反应、甲基化反应、羰基甲氧基反应及酯交换反应，从而制备很多化工产品，在化工领域应用十分广阔。由于它毒性很小，可代替剧毒的硫酸二甲酯（DMS）、光气和氯甲烷，在有机合成中应用很广，是一种清洁的化工产品。DMC与DMS、$COCl_2$、CH_3Cl物性比较见表5-18。

表5-18　DMC与DMS、$COCl_2$、CH_3Cl物性比较

性　能	DMC	DMS	$COCl_2$	CH_3Cl
外观	无色液体	无色液体	无色气体	无色气体
分子量	90.07	126.13	98.92	50.49
熔点/℃	4	−27	−118	−97.6
沸点/℃	90.3	188	8.2	−23.7
相对密度(d_4^{20})	1.071	1.3322	1.432(0℃)	0.921
折射率(n_D^{20})	1.366	1.3874	—	1.3712
气味	无味无毒	刺激剧毒	刺激剧毒	刺激剧毒
水溶性(质量分数)/%	14.53(40℃)	2.72(18℃)	微溶	微溶
有机溶解性	溶于酸碱及各种有机溶剂	各种有机溶剂	各种有机溶剂	各种有机溶剂
毒性/(mg/kg)	小鼠经口	小鼠经口	小鼠吸入	小鼠吸入
	$LD_{50}=6400\sim12800$	$LD_{50}=440$	$LC=50$	$LC=3150$

DMC是绿色化工产品，它已应用于以下几个方面。

① 西维因合成　在西维因生产中，用DMC代替剧毒的光气和异氰酸酯，使生产安全性大为提高。

② 苯甲醚合成

$$\text{（苯环）—OH} + \text{DMC} \longrightarrow \text{（苯环）—OCH}_3 + CH_3OH + CO_2 \tag{5-2}$$

用DMC代替剧毒的DMS，无需处理副产物，并保障了安全。

③ 环丙沙星　环丙沙星是近年来开发的产品，为我国DMC第二大消费者，占总消费的20%。

④ 聚碳酸酯（PC）　DMC与苯酚生成碳酸二苯酯（DPC），再与双酚在熔融状态下酯交换，生成PC。用DMC代替光气，不用含氯原料，PC质量更高，可用于生产光盘等电子材料。

⑤ 烯丙基二甘醇碳酸酯　该产品是透明的热固性树脂，有优良的光学性质，耐磨、耐腐蚀、重量轻，可生产眼镜片和光电子材料。用 DMC 代光气生产，安全无腐蚀。

⑥ 均二氨基脲　均二氨基脲可代替肼作锅炉清洗剂。肼有致癌和爆炸危险，而均二氨基脲是既方便又安全的锅炉清洗剂，已在欧美广泛使用。

⑦ 四甲基醇铵（TMAH）　TMAH 是一种挥发性强碱物质，用于大规模集成电路制造的光刻工艺中。传统工艺采用剧毒的氯甲烷（CH_3Cl）与三甲胺反应合成氯化四甲胺，再电解得到 TMAH。用 DMC 生产 TMAH 为绿色工艺，它替代了氯甲烷。

⑧ 用于制造"三光气"　"三光气"是稳定的固体结晶，避免了直接使用光气所带来的危险。

⑨ 作清洁溶剂　DMC 自身的物化特性，不但与其他溶剂的相容性好，而且蒸发速度快，与水有一定的互溶度，脱脂能力比石油系烃高，因此成为性能优良的溶剂。

清洁原料除 DMC 外，还有有机硅、芳香胺等化工原料。

（2）清洁的化工生产工艺

① 氯碱工业　电解 NaCl 制 NaOH 方法有三种，即汞阴极法、隔膜法和离子膜法。汞阴极法制 NaOH 质量好，但由于汞污染严重，现在主要应用隔膜法和离子膜法。

隔膜法中电解槽是采用石棉纤维或石棉纤维添加聚合物作隔膜，此法无汞污染，但存在石棉和铅的污染。其工艺见图 5-9。

离子膜法是采用高聚物做成的离子交换膜，可获 30% 以上的 NaOH 和 99.5% 的 Cl_2、99.9% 的 H_2，NaOH 纯度较高，其工艺见图 5-10。

三种制碱工艺对比见表 5-19。

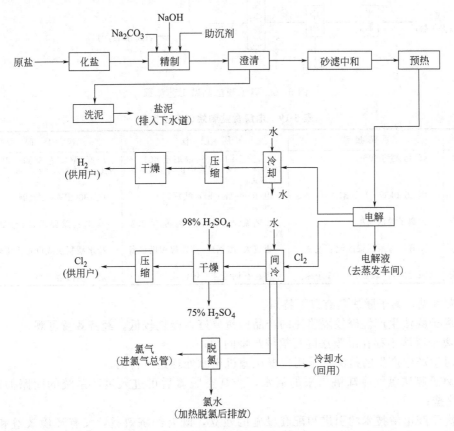

图 5-9　隔膜法制碱工艺流程

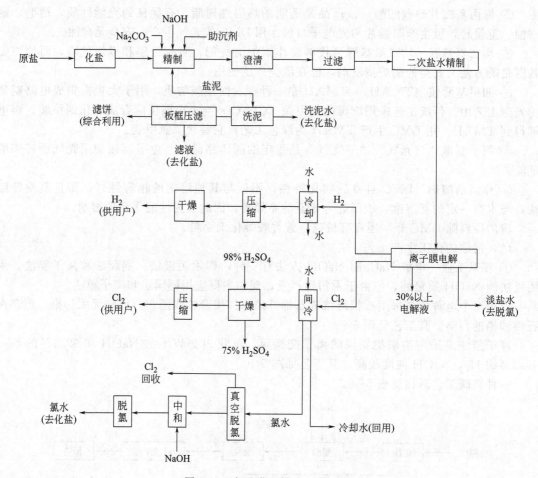

图 5-10　离子膜法制碱工艺流程

表 5-19　电解食盐制烧碱方法比较

项　目	汞阴极法	隔　膜　法	离　子　膜　法
产品质量	好,浓度约40%	差,浓度约10%,浓缩至40%～50%时NaOH溶液中仍含有1%～2%NaCl	较好,浓度为30%～36%,其中NaCl含量为0.02%～0.20%
能耗	电2500kW·h/t(碱)	电3500kW·h/t(碱) 汽4t/t(碱)	电2300kW·h/t(碱)
工艺过程	比离子膜法简单	工艺流程较长,但易配套,盐水需纯化	盐水质量要求高,精制系统较复杂
投资	需有治理汞污染的配套设施	投资大,需锅炉、蒸发等辅助设备	盐水精制系统设备投资较大
环境影响	汞污染,1t碱流失5～10g汞	存在石棉绒和铅的污染	对环境污染较小

由表可见，离子膜法具有以下特点：

a. 离子膜法生产烧碱较隔膜法的产品质量要好，能耗较低，经济效益可观；

b. 离子膜法不存在隔膜法的石棉绒污染问题；

c. 对生产中产生的盐泥，采用板框压滤机压滤处理是可行的；

d. 离子膜法氯气冷却塔出来的氯水，经真空脱氯后可进入生产系统的闭路循环管线，回用于化盐；

e. 离子膜电解技术的引进和配套设施的建立，既有经济效益，又有环境效益和社会效益，是烧碱行业实行清洁生产的首选工艺。

② 苯胺　苯胺是重要的有机中间体。旧工艺采用苯为原料，用混酸硝化制硝基苯，然后将酸与硝基苯分离。产生的废酸用苯萃取其中的硝基苯，返回硝化系统，得到的硝基苯用 NH_3 进行净化。由于用 NH_3 净化后仍需大量水洗涤，故产生大量废水。

旧工艺流程见图 5-11。每生产 1t 苯胺产生 4t 废水和 2.5t 氧化铁渣。

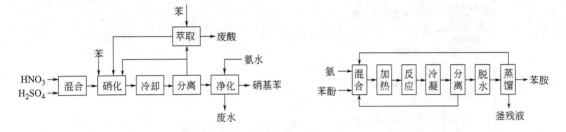

图 5-11　苯硝化制取硝基苯的工艺流程　　　图 5-12　苯胺生产新工艺流程

以苯酚为原料的新工艺图 5-12 所示。该流程基本上是闭合的，只排出釜底残液及反应中生成的水。每吨产品仅产生 $0.19m^3$ 废水，废水中除苯胺外，不含其他污染物，经抽提后可进行生物处理。流程简单，设备投资仅为硝基苯还原装置的 25％，产品质量明显提高，生产成本可降低 10％～15％。

（3）生物质资源的利用　生物质是由各种植物组成的再生资源。

① 生物质　生物质包括以下几方面：

a. 以含糖质和淀粉为主的农产物；

b. 以含油脂为主的农产物；

c. 农、林、牧生产的有机废料。

② 生物质的利用　生物质的利用可以分为两大部分：

a. 利用生物质开发生产出一些化工产品；

b. 利用生物质转化为各种形式的能量。

③ 由生物质生产化工产品

a. 由植物的壳类生产的化工产品见图 5-13。

b. 由糠醛生产的有机产品见图 5-14。

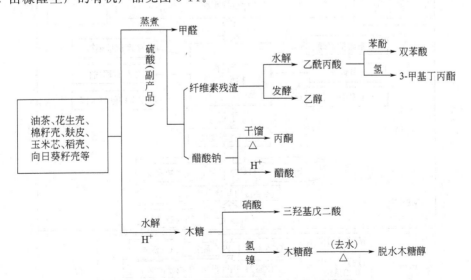

图 5-13　由植物的壳类生产的化工产品

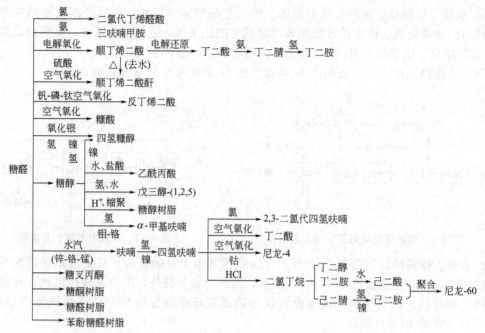

图 5-14　糖醛的衍生物

5.5.3　清洁生产与自动化

清洁生产不仅涉及流程工业生产过程的各个方面，例如要用清洁的原材料，清洁能源，

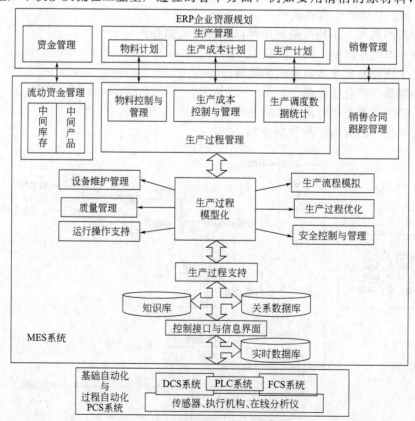

图 5-15　企业集成信息管理系统图

清洁催化剂，清洁的生产工艺，要保证产品的质量，尽量减少不合格产品和副产品，要安全生产，废弃物回收重复使用等，而且关系到整个企业的管理系统。没有一个以信息技术为中心的企业生产综合控制系统，很难实现整个企业的清洁生产。清洁生产与自动化是密不可分的。

企业集成信息管理系统，可以看成企业自动化的最高境界。也就是说在健康安全及环保方面有可靠保证，系统实施高质量过程测量控制，友好的人机界面；做到由控制系统故障引起非计划停车次数最少；提供现代化企业的管理和操作报告；提供现代化企业的技术数据、历史数据、维修计划、存量控制和采购计划；提供现代化企业的计划调度和优化，满足市场需求并获得最大的利润；现代化企业、供应商和客户管理信息系统集成在同一个互联电子商务网络上；提供最好的操作培训支持和人力配置水平。

信息集成的级别可分为三级：第一级由以设备综合控制为核心的过程控制系统（PCS）提供的过程信息；第二级由以优化管理和优化运行为核心的制造执行机构（MES）提供的工厂信息；第三级为以财务、销售经营、安全环保、计划为中心的系统（ERP）提供的企业信息。一个现代化企业集成管理系统如图 5-15 所示。

参考文献

[1] 王树青等编著. 工业过程控制工程. 北京：化学工业出版社，2002.

[2] 俞金寿主编. 过程自动化及仪表. 北京：化学工业出版社，2003.

[3] 周春辉主编. 过程控制工程手册. 北京：化学工业出版社，1993.

[4] 乐嘉谦主编. 仪表工手册. 第2版. 北京：化学工业出版社，2003.

[5] 陆德民主编. 石油化工自动控制设计手册. 第3版. 北京：化学工业出版社，2001.

[6] 金以慧主编. 过程控制，北京：清华大学出版社，1993.

[7] 葛婉华，陈鸣德编. 化工计算. 北京：化学工业出版社，1990.

[8] 陈敏恒，丛德滋，方图南，齐鸣斋编. 化工原理. 第2版. 北京：化学工业出版社，1999.

[9] 邝主鲁主编. 化学工程师技术全书. 北京：化学工业出版社，2002.

[10] 朱宝轩，霍琦编. 化工工艺基础. 北京：化学工业出版社，2004.

[11] 刘佩田，闫晔主编. 化工单元操作过程. 北京：化学工业出版社，2004.

[12] 国家医药管理局上海医药设计院编. 化工工艺设计手册. 北京：化学工业出版社，1989.

[13] 崔继哲编著. 化工机器与设备检修技术. 北京：化学工业出版社，2000.

[14] 王明明，蔡仰华，徐桂容编著. 压力容器安全技术. 北京：化学工业出版社，2004.

[15] 冯肇瑞，杨有启主编. 化工安全技术手册. 北京；化学工业出版社，1993.

[16] 秦国治，田志明编著. 防腐蚀技术应用实例. 北京：化学工业出版社，2002.

[17] 乐嘉谦主编. 化工仪表维修工. 北京：化学工业出版社，2004.

[18] 陈玲，赵建夫主编. 环境监测. 北京：化学工业出版社，2003.

[19] 化学工业部环境保护设计技术中心站编写. 化工环境保护设计手册. 北京：化学工业出版社，1998.

[20] 廖巧丽，米镇涛主编. 化学工艺学. 北京：化学工业出版社，2001.

[21] 曾之平，王扶明主编. 化工工艺学. 北京：化学工业出版社，2000.

[22] 李健秀，王文涛，文福姬编著. 化工概论. 北京：化学工业出版社，2005.

[23] 王尽余，潘妙琼，王　编著. 防爆电器. 北京：化学工业出版社，2005.

第2篇
测量仪表与执行器

第 6 章
测量技术基础

◎ 6.1　测量的基本概念

6.1.1　概述

测量是用实验的方法，将被测量与同性质的标准量相比，并求出比值的过程。测量的概念可以用下式描述：

$$X = \alpha U \tag{6-1}$$

式中　X——被测量；

U——标准量，即测量单位；

α——测量量，即测量获得的比值。

从公式中可以看出测量具有三要素：测量单位（即标准量），测量方法（即被测量与单位相比的实验方法）和测量工作（即求比值的具体过程使用的仪器、仪表）。

从公式中可以看出测量结果由测量单位、比值组成，准确地讲测量结果还应包含测量误差。

6.1.2　测量方法

测量方法是指被测量与标准量相比较得到比值的方法。从不同的角度，测量方法有不同的分类方法。

（1）按实验数据的处理方法分　测量方法可分为直接测量、间接测量与组合测量。用已知标准的仪器仪表，对某未知量直接测量，不需任何运算，直接得到测量值的方法称为直接测量；对与被测量有关的物理量进行直接测量，然后根据函数关系计算得到被测量的测量方法称为间接测量；将直接测量与间接测量相结合得到测量值的方法称为组合测量。

直接测量的优点是测量过程简单迅速，多用于工程实际；间接测量复杂费时，一般用于解决直接测量不便、误差较大或缺少直接测量手段的物理量的测量，多用于实验室研究；组合测量是一种精度高的测量方法，一般用于科学实验或特殊场合。

（2）按测量工具方式分　测量方法可以分为偏差式测量法、零位式测量法与微差式测量法。测量中用仪表指针位移表示被测量的方法称为偏差式测量法；测量中用零位检测系统检测系统是否平衡，系统平衡时用已知的基准量确定被测量的方法称为零位式测量法，也称补偿式或平衡式测量法；测量中先用零位法将被测量与标准量相比，得到比值，再用偏差法求偏差值的方法称为微差式测量法。

偏差式测量法的优点是简单迅速，但精度不高，多用于工程测量；零位式测量法测量精度高，但比较费时，因此不适合快速变化信号的测量，普遍用于工程实际和实验室测量；微差式测量法结合了偏差式和零位式的优点，精度高、反应快，在工程实践中得到了广泛的应用，适合在线参数测量。

此外，根据其他分类依据，测量还可以分成接触测量与非接触测量、绝对测量与相对测量、等精度测量与非等精度测量、单项测量与综合测量等。

◎ 6.2 误差分析及测量不确定度

测量的目的是通过测量获得被测量的真实值，但由于测量方法不完善、外界干扰、测量人员读数习惯、仪器本身特点等原因，往往造成测量值与实际值之间存在差异。衡量这个差异的物理量就是测量误差。

6.2.1 误差的定义及分类

误差定义为测量值与真实值之间的差值，反映了测量质量的好坏，误差有多种表示方法。

（1）绝对误差　测量值与真实值之差，即

$$\Delta = X - L$$

式中　Δ——绝对误差，与真实值和测量值具有相同的单位；

　　　X——测量值；

　　　L——真实值。

真实值一般来讲是未知的。通常，提到真实值有三种含义：①理论真值，理论上存在、可以通过计算推导出来；②约定真值，国际上公认的最高基准值；③相对真值，利用高一等级精度的仪器或装置的测量结果作为近似真值。求测量误差时使用的是相对真值。

绝对误差有时并不能准确反映测量质量的好坏。

（2）相对误差　绝对误差与真值之比，即

$$\delta = \frac{\Delta}{L} \times 100\% \approx \frac{\Delta}{X} \times 100\%$$

式中　δ——相对误差，通常用百分比表示，无单位；

　　　Δ——绝对误差；

　　　L——真实值；

　　　X——测量值。

相对误差可以反映一个测量点处的测量质量好坏。

（3）引用误差　绝对误差与仪器仪表满量程之比，即

$$\gamma = \frac{\Delta}{A} \times 100\%$$

式中　γ——引用误差，通常用百分比表示，无单位；

　　　Δ——绝对误差；

　　　A——仪表量程，A=仪表测量范围上限－仪表测量范围下限。

（4）基本误差　基本误差是指仪表在规定的标准使用条件下，仪表整个量程范围内各点示值误差中绝对值最大的误差的绝对值。基本误差是仪表在规定的标准条件下使用所具有的误差。

（5）允许误差　允许误差指测量仪器在规定使用条件下可能产生的最大误差范围。允许误差是对一类仪表而言的，是一个极限值。允许误差去掉百分号"％"就得到仪表的精度

203

等级。

（6）附加误差　当仪表使用条件偏离标准使用条件时产生的误差称为附加误差。

（7）按误差性质对误差分类　根据测量数据中误差呈现的规律，可以把误差分为系统误差、随机误差及粗大误差。

① 系统误差（system error）　对同一个被测量进行多次等精度测量，按一定规律出现的误差称为系统误差。系统误差是可分析的，找到误差原因，经过改进可以减小系统误差。

② 随机误差（random error）　对同一个被测量进行多次等精度测量，按统计规律出现的误差称为随机误差。随机误差产生的原因比较复杂。多次测量求平均值可以减小随机误差。

任何一次测量中，系统误差和随机误差一般都是同时存在的，一定条件下会相互转换。

③ 粗大误差（abnormal error）　明显偏离实际值的误差称为粗大误差。产生粗大误差的原因可能是仪表突然失灵、读错数据等。含粗大误差的测量值是坏值，应该在处理数据时予以剔除。

6.2.2　测量不确定度

测量不确定度的含义是：表征合理地赋予被测量之值的分散性，与测量结果相联系的参数。测量不确定度实质上就是对真值所处范围的评定，是对测量误差可能大小的评定，也是对测量结果不能肯定的程度的评定。不确定度理论将不确定度按照测量数据的性质分类。符合统计规律的，称为 A 类不确定度；而不符合统计规律的统称为 B 类不确定度。

合成标准不确定度：当测量结果是若干个其他分量求得时，由其他各量的方差或（和）协方差算得的标准不确定度。

6.2.3　测量不确定度与测量误差的联系与区别

测量误差是一个值，而且是一个明确的值；测量不确定度是一个范围，而且是一个"模糊"的范围。测量不确定度评定就是测量误差或被测量值可能所处的范围的评定，就是把测量误差或被测量值的范围看成随机变量，研究它的统计规律并定量计算的过程。

第7章
测量仪表

◎ **7.1 温度测量**

7.1.1 概述

7.1.1.1 温度的定义及温标

温度的概念是建立在热平衡基础上的：从宏观来讲，温度是表征物体冷热程度的物理量；从微观来讲，温度是反映物体分子作无规则热运动的平均动能大小的物理量。温度是一个抽象的概念，因而不能直接测量，只能通过温度不同的物体之间的热交换或者物体的某些物理性质随温度变化而变化的特性进行间接测量。

定量地衡量物体温度大小的标准尺度简称温标。温标规定了温度的读数起点（零点）和测量温度的基本单位等表示温度的一整套规则。目前国际上用得较多的温标有摄氏温标（℃）、华氏温标（℉）、热力学温标和国际温标。

（1）华氏温标（Fahrenheit scale）　此温标是由德国物理学家 Daniel Gabriel Fahrenheit 提出的，当时规定冰、水、盐混合物形成的温度为 0 度，健康人体温定为 100 度。经过发展，华氏温标把水的冰点和沸点定为基准点，规定标准大气压下纯水的冰点为 32 度，沸点为 212 度，中间划分 180 等份，每份为华氏 1 度，符号为℉。所用标准仪器是水银温度计。

（2）摄氏温标（Celsiur scale）　华氏温标出现不久，瑞典天文学家 Anders Celsius 提出了另一种温标，规定标准大气压下纯水的冰点为 0 度，沸点为 100 度，中间等分成 100 份，每份代表 1 摄氏度，符号为℃，该温标被称为摄氏温标，也叫百度温标。所用标准仪器是水银玻璃温度计。摄氏温度值 t_C 和华氏温度值 t_F 的关系可表示为

$$t_C = \frac{5}{9}(t_F - 32)(\text{℃})$$

摄氏温标和华氏温标都是建立在水银热胀冷缩性质基础之上的温标，这两种温标至今仍被广泛使用。此类经验温标依赖于测温物质的具体性质，因此具有一定的随意性和局限性。

（3）热力学温标（thermodynamic scale）　19 世纪中叶，英国物理学家 William Thomson Kelvin 根据热力学卡诺循环理论提出了热力学温标，也称开尔文温标或绝对温标，规定分子运动停止时的温度为绝对零度，标准条件下水的三相点（液体、固体、气体状态的水同时存在的点）温度为 273.16K，记符号为 K。

热力学温标是一种不依赖于任何物质具体性质的、客观的理想温标。热力学温标是建立

在热力学卡诺循环理论基础之上的，由于卡诺循环是理想循环，因此热力学温标也是无法实现的。

（4）国际温标（international temperature scale） 1968年各国计量部门通过了一个国际协议性温标，称为国际温标。该温标在数值上尽可能接近热力学温度，复现精确度高，使用方便，而且性能理想。

随着科学技术的发展，国际温标也先后经历了几次重大修正。修改的原因主要是温标的内插仪器、固定点和内插公式有所改变。1988年国际度量衡委员会推荐，第十八届国际计量大会及第77届国际计量委员会作出决议，从1990年1月1日起在全世界范围内采用重新修订的国际温标——1990年国际温标，代号为ITS-90。与以往的国际温标比较，1990年国际温标取消了"实用"二字。因为随着科学技术水平的提高，这一温标已经相当接近于热力学温标。我国也决定从1991年7月1日起开始实行1990年国际温标，并于1994年1月1日起全面实行ITS-90。

7.1.1.2 测温仪表分类

从测温方式的角度来看大体可以把温度测量仪表分成两类：接触式测温仪表和非接触式测温仪表。接触式测温仪表在测温过程中测温元件与被测物体相接触，通过热传递来测量物体温度。这类温度计结构简单、可靠性好，测量精度较高。但是由于测温过程要通过热传递实现，所以这类仪表在测温过程中延迟较严重，不适合测量快速变化的温度；同时，接触式测温过程"接触"是测量的关键，所以对于运动物体的温度测量采用此类方法比较困难；接触式测温要通过热传递实现，会带来仪表和被测物体间的热量迁移，很容易破坏被测物体的温度场；受测温材料的限制，此类方法不适合高温、腐蚀物体的温度测量。非接触式测温仪表元件和被测物体不接触，通过测量物体的辐射能来判断物体温度。因此，这类仪表测量响应快，测温范围广，不会破坏被测物体温度场；但由于辐射能在传递过程中受到物体的发射率、测量距离、烟尘和水汽等外界因素的影响较大，使此类仪表的测量误差较大。

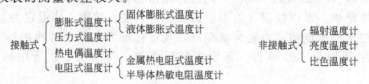

7.1.2 膨胀式温度计

膨胀式温度计是依据物体热胀冷缩的特性进行测温的。根据感温元件可以分成液体膨胀式和固体膨胀式两种。这种测温仪表的优点是结构简单、价格低廉，缺点是仪表的精度不高，量程和使用范围受到限制。

7.1.2.1 双金属温度计

双金属温度计是一种测量中、低温度的现场温度检测仪表，常由高锰合金、殷钢轧成，可以直接测量－80～500℃范围内液体、蒸汽和气体的温度，温度显示直观方便，安全可靠，使用寿命长，更适合有振动、易受冲击或安装位置离观察者较远的场合。

（1）工作原理 双金属温度计是利用不同金属的线胀系数不同的性质制成的。内部由两种不同材质的金属做成片状或杆状感温元件，一端固定，另一端可自由移动，受热膨胀时，自由端带动指针旋转，工作仪表便显示出所测温度，其工作原理如图7-1所示。

（2）主要技术参数

产品执行标准：JB/T 8803—1998，GB 3836—83

标度盘公称直径：60mm、100mm、150mm

精度等级：1.0、1.5

热响应时间：≤40s

防护等级：IP55

角度调整误差：应不超过其量程的1.0%

回差：应不大于基本误差限的绝对值

重复性：应不大于基本误差限绝对值的1/2

（3）正常工作大气条件（见表7-1）

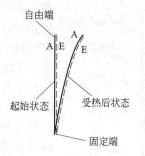

图7-1　双金属温度计工作原理

表7-1　双金属温度计正常工作大气条件

工作场所	温度/℃	相对湿度/%
掩蔽场所	−25～+25	5～100
户外场所	−40～+85	5～100

（4）分类　按双金属温度计指针盘与保护管的连接方向可以把双金属温度计分成轴向型、径向型、135°向型和万向型四种。

① 轴向型：指针盘与保护管垂直连接，见图7-2(a)。

② 径向型：指针盘与保护管平行连接，见图7-2(b)。

③ 135°向型：指针盘与保护管成135°连接，见图7-2(c)。

④ 万向型：指针盘与保护管连接角度可任意调整，见图7-2(d)。

(a) 轴向型　　(b) 径向型　　(c) 135°向型　(d) 万向型

图7-2　双金属温度计

（5）安装固定形式　为了适应实际生产的需要，双金属温度计具有不同的安装固定形式：可动外螺纹管接头、可动内螺纹管接头、固定螺纹接头、卡套螺纹接头、卡套法兰接头和固定法兰。

（6）型号命名方式

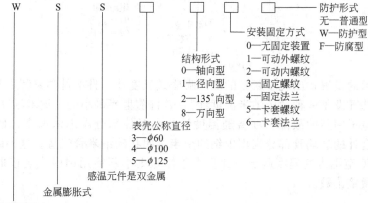

（7）选型须知

在选用双金属温度计时要充分考虑实际应用环境和要求，如表盘直径、精度等级、安装固定方式、被测介质种类及环境危险性等。除此之外，还要重视性价比和维护工作量等因

207

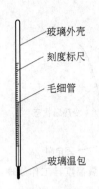

图 7-3 玻璃管
液体温度计

（标注：玻璃外壳、刻度标尺、毛细管、玻璃温包）

素。例如，某生产环境要求安装一台径向型、表面直径 60mm、测温范围在 0～200℃、精度是 1.5 级的双金属温度计，根据要求可以选择型号为 WSS312 的双金属温度计，这种型号的温度计采用可动内螺纹 M27×2 固定，长度为 150mm。

此外，双金属温度计在运输、安装、使用过程中，应避免碰撞温度探杆，为保证测量的准确性，探杆插入被测介质的长度应不小于探杆长度的 2/3，安装时禁止扭动仪表外壳。关于工业双金属温度计的相关信息可参考自动化仪表与装置行业标准 ZBN11008-88。

7.1.2.2　玻璃管液体温度计

玻璃管液体温度计是应用最广泛的一种测温仪表，化工、制药、酿造、印染及其机械制造等领域都有广泛应用，同时也适用于各种科研、教育、医疗机关的实验室、化验室的温度测量。常见的体温计就是典型的液体膨胀式温度计。玻璃管液体温度计具有结构简单、使用方便、测量准确、价格低廉的优点，但是由于受玻璃熔点的影响，这类仪表的测量上限不高，并且易碎，信号不便远传，适合用于精度要求不高的就地指示。

（1）工作原理　玻璃管液体温度计一般是在有刻度标尺的玻璃细管中冲入水银或酒精，利用液体体积随温度变化而变化的特性进行工作，当管内液体温度发生变化时液面会在毛细管中上升或下降，由玻璃管上的标尺可以读出当前温度值。

（2）结构　玻璃管液体温度计一般由外壳、毛细管、温包和刻度标尺等几部分组成，如图 7-3 所示。由于玻璃外壳易碎，工业上经常使用在玻璃内标式温度计外安装一个金属防护套的金属防护套温度计，俗称"金属套温度计"，它可直接安装在锅炉或机械设备上，金属防护套起安全抗压保护作用。

（3）分类　按用途分类，玻璃管温度计可以分为工业、标准和实验室用三种。标准和实验室用温度计相仿，有外标尺和内标尺两种；工业用玻璃管温度计一般是内标尺型的，按尾部的形状可以分成直形、90°和135°三种。按液柱浸入被测介质的方式分成全浸式和部分浸式。全浸式精度相对较高，多用于标准和实验室；部分浸式多用于工业测温。

（4）工业用玻璃管温度计型号命名方式

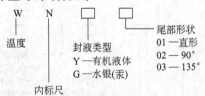

```
        W  N  □  □
        │  │  │  └── 尾部形状
        │  │  │      01——直形
        温度 │  │      02——90°
           │  │      03——135°
           │  └── 封液类型
           │      Y——有机液体
           │      G——水银(汞)
           └── 内标尺
```

随着新技术的发展，出现了新型的液体膨胀式温度计。日本科学家利用碳原子排列成筒状的新材料成功开发了一种"碳纳米温度计"，是目前世界最小的"纳米温度计"，可用于检查半导体纳米电子回路的故障。在普通温度计的水银柱部分碳纳米温度计使用了液态金属镓，在普通温度计的玻璃管部分则用极细的呈半透明状碳纳米管代替。这种碳纳米温度计最适合 30～1000℃ 范围内的温度测定，并且由于体积太小不能用肉眼直观读取测量结果，必须借助电子显微镜读数。

7.1.3　压力式温度计

压力式温度计是通过测量密闭容器内液体或气体受温度影响后压力的变化来测量温度的，将温度的测量转化成压力的测量。这类温度计结构简单、价格低廉，具有耐振、安全防爆等优点,适用于无法近距离读数或有振动的场合,如露天设备或交通工具的机械温度指示等。这类温度计的缺点是精度低、信号滞后大。

(1) 压力式温度计的结构及工作原理　压力式温度计一般由温包、毛细管和压力元件组成,如图7-4所示。温包、毛细管和压力元件构成一个封闭的系统,其中充满工作介质。温包用来插入被测介质感受被测温度,温包中工作介质的压力会随着被测温度的变化而变化,毛细管将这个反映被测温度变化的压力量传递给压力元件,通过压力元件测量工作介质的压力,进而获得被测温度的测量值。

(2) 压力式温度计的分类　按照温包中所充的工作介质的不同可以把压力式温度计分成蒸气压力式温度计、气体压力式温度计和液体压力式温度计三种。液体压力式温度计的温包多充入有机液体(如甲苯、戊烷等)或水银作工作介质;气体压力式温度计多采用氢气或氮气作感温介质;蒸气压力式温度计以丙酮、乙醚等低沸点液体作工作介质。

按温度计测量的介质不同,可以把压力式温度计分成普通型压力温度计和防腐型压力温度计。普通型适用于测量无腐蚀性的液体、气体和蒸汽的温度;防腐型全部采用不锈钢材料,适用于中性腐蚀液体和气体的温度测量。

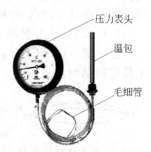

图7-4　压力式温度计

(3) 压力式温度计的基本参数 (见表7-2)

表7-2　压力式温度计的基本参数

参数特性		气体压力式温度计	液体压力式温度计	蒸气压力式温度计
工作介质		氢气、氮气等	水银、甲苯、甲醇、甘油等	丙酮、乙醚、氯甲烷等
测量范围		$-100\sim+500$℃	$-50\sim+500$℃	$-20\sim+500$℃
精度等级		1.0,1.5	1.0,1.5	1.5,2.5
温包部分	长度/mm	150,200,300	100,150,200	
	插入长度/mm	200,250,300,400,500	150,200,250,300,400	
	安装固定螺纹	M33×2	M27×2	
	材料	紫铜(T2),不锈钢(1Cr18Ni9Ti)		
	耐公称压力/kPa	1600,6400		
毛细管部分	内径/mm	$\phi 0.4\pm0.005$		
	外径/mm	$\phi 1.2\pm0.02$		
	长度/m	1,2.5,5,10,20,30,40,60	1,2.5,5,10,20	1,2.5,5,10,20,30,40,60
	材料	紫铜(T2),不锈钢(1Cr18Ni9Ti)		
	外保护材料	铜质,铝质蛇皮软管、包塑、不锈钢		
指示仪表部分	表壳直径/mm	100,150,200		
	材料	胶木、铝合金		
	安装方式	凸装、嵌装、墙装		
	标度盘形式	白底黑字,黑底白字,黑底荧光粉字		
工作环境条件		温度5~60℃,相对湿度不大于80%		

7.1.4 热电偶温度计

热电偶温度计是工业生产自动化领域应用最广泛的一种测温仪表，某些高精度的热电偶被用作复现热力学温标的基准仪器。热电偶温度计由热电偶、显示仪表及连接二者的中间环节组成。热电偶是整个热电偶温度计的核心元件，能将温度信号直接转换成直流电势信号，便于温度信号的传递、处理、自动记录和集中控制。热电偶温度计具有结构简单、使用方便、动态响应快、测温范围广、测量精度高等特点，这些优点都是膨胀式温度计所无法比拟的。一般情况热电偶温度计被用来测量−200～1600℃的温度范围，某些特殊热电偶温度计可以测量高达2800℃的高温或低至4K的低温。

7.1.4.1 热电偶的工作原理

热电偶（thermocouple）是热电偶温度计的检测元件即传感器。热电偶测温是工作在热电效应的基础之上的。

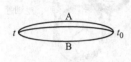

图7-5 热电偶结构原理

将两种不同材质的导体或半导体构成如图7-5所示的闭合回路，该闭合回路称为热电偶。构成热电偶的两种不同材料称为热电极。热电极有两个连接点：其中一个连接点在工作时插入被测温度场，感受被测温度信号，称该点为测量端、工作端或热端；另一个连接点在工作时一般处于周围环境中，称为参比端、自由端、固定端或冷端。

由热电效应原理可知，对于A、B两种材质组成的热电偶，两端温度分别为t、t_0时产生的热电势大小$E_{AB}(t,t_0)$可用下式表示，即

$$E_{AB}(t,t_0)=e_{AB}(t)-e_{AB}(t_0) \tag{7-1}$$

式中 $E_{AB}(t,t_0)$——A、B两种材质组成的热电偶，两端温度分别为t、t_0时产生的热电势；

$e_{AB}(t)$——热电偶测量端的热电势；

$e_{AB}(t_0)$——热电偶参比端的热电势；

t,t_0——测量端、参比端温度。

当热电偶材料已知且均匀时，固定参比端温度t_0，热电势$E_{AB}(t,t_0)$将只与测量端温度t有关，这就建立了热电势与被测温度间一一对应的函数关系。因此通过测量热电势就可以知道被测温度的大小，这就是热电偶测温的依据。

热电偶的热电势与温度间的数学关系称为热电偶的热电特性。热电偶的热电特性由热电极材料的化学成分和物理性能决定，到目前为止，热电偶的热电特性都是通过实验测得的，不能由理论计算得到。热电势的大小只与组成热电偶的材料和热电偶两端温度有关，与热电偶的形状、尺寸、长短及粗细无关。

关于热电势的几点说明如下。

① 热电偶的热电势与温度之间是非线性的关系，目前采用热电特性曲线和分度表（各种热电偶的热电势与温度的对照表）两种形式描述二者的关系。

② 热电极有正、负之分，热电势也有正负极性之分。

$$E_{AB}(t,t_0)=-E_{AB}(t,t_0)=-E_{AB}(t_0,t)$$

③ 使用热电偶测温时只有保证t_0保持不变，热电势$E_{AB}(t,t_0)$与被测温度t才是一一对应的关系，如果t_0发生变化，即使t保持不变，$E_{AB}(t,t_0)$也会发生变化，给测量带来附加误差。

④ 如果组成热电偶的两种热电极材料相同，无论两个接触点的温度如何，热电势保持为零。

⑤ 如果两个接触点的温度相同，即使组成热电偶的两种热电极材料不同，热电势也会为零。

7.1.4.2 热电偶的基本定律

（1）均质导体定律　各处成分、材质均相同的导体称为均质导体。由均质导体构成闭合回路如图 7-6 所示，在该回路中无论温度如何分布，无论导体形状、粗细和长短如何，回路中都无法产生热电势。该定律可以用来验证热电极的均质性。

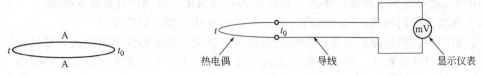

图 7-6　均质导体闭合回路　　　　　图 7-7　热电偶测量显示回路

均质导体定律说明由两种均质导体构成的热电偶，其热电势的大小只决定于热电偶两个接点的温度，与沿热电极的温度分布和热电极的长短、粗细无关。另一方面，构成热电偶的热电极材料一定要均质，否则会引入附加热电势，给测量带来附加误差。

（2）中间导体定律　热电偶只是将温度转化成热电势值，本身没有显示热电势大小的功能，实际测量中有赖于通过显示仪表显示热电偶产生的热电势，进而获得被测温度，两者之间通过导线相连，如图 7-7 所示，这种热电偶测量显示回路相当于在热电偶测温回路中引入了第三种导体——连接导线。经研究证明：在热电偶回路的任意位置引入任意第三种（或多种）均质导体，只要保证引入导体的两端温度相同，对热电偶产生的热电势无影响。这就是中间导体定律。

有了中间导体定律，就可以在热电偶冷端任意接入导线、显示仪表等，只要保证接入部分的两端温度相同就不会影响到热电势。这大大方便了信号的远传、控制、测量等。此外，焊接热电偶测量端的导体也可以看作是第三种导体，这种焊接不会影响到热电势。同时，还可以用没有焊接的两根热电极直接测量等温导体。

（3）中间温度定律　由均质导体 A、B 构成的热电偶回路，两端温度为 t，t_0，如果存在中间温度 t_1、t_2、$\cdots$、t_n，如图 7-8 所示，由式（7-1）经推导可以得到总热电势与分段热电势的关系，可表示成中间温度定律式（7-2）。

$$E_{AB}(t,t_0) = E_{AB}(t,t_1) + E_{AB}(t_1,t_2) + \cdots E_{AB}(t_n,t_0) \tag{7-2}$$

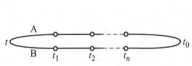

图 7-8　热电偶中间温度定律

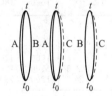

图 7-9　热电偶标准电极定律

中间温度定律为热电偶测温的计算问题特别是冷端补偿问题提供了依据，也是热电偶配接补偿导线进行冷端迁移的理论依据。式（7-2）最常用的表述形式为式（7-3）、式（7-4）。通过这两个公式可以将冷端在 t_0℃的热电势转换成冷端在 0℃的热电势，便于通过分度表确定被测温度。

$$E_{AB}(t,0) = E_{AB}(t,t_0) + E_{AB}(t_0,0) \tag{7-3}$$

$$E_{AB}(t,t_0) = E_{AB}(t,0) - E_{AB}(t_0,0) \tag{7-4}$$

（4）标准电极定律　如图 7-9 所示，三种均质导体 A、B、C 两两构成热电偶，并具有相同的冷、热端温度，三支热电偶产生的热电势之间的关系可由式（7-5）表示，这一定律称为标准电极定律。

$$E_{AB}(t,t_0) = E_{AC}(t,t_0) - E_{BC}(t,t_0) \tag{7-5}$$

标准电极定律为确定任意组合热电偶的热电势提供了便利。例如将上述三种导体中的 A 导体确定成某种标准电极（如铂），只要确定标准电极分别与 B、C 构成热电偶时的热电势，就能利用标准电极定律确定 B、C 构成的热电偶的热电势的大小，方便热电偶的选配。

7.1.4.3 热电偶的种类

从理论上讲任意两种不同材料的均质导体或半导体焊接在一起都能产生热电势，但是实际应用中仅能产生热电势是不够的，热电极还必须满足一系列的计量技术要求。

① 测温范围内物理、化学性质稳定，即热电特性不随时间变化。

② 相同冷、热端温差下能产生的热电势尽可能大，热电特性尽可能接近线性。

③ 电阻温度系数小，热电极的电阻随温度变化不大，不会对测量造成大的影响。

④ 材料的延展性好，便于生产，复现性好。

基于以上的各种要求，实际生产中常用的热电极材料可分成四类：廉价金属，如铁、铜等；贵金属，如铂等；难熔金属，如钨、铼等；非金属材料，如石墨等。由这些热电极构成的热电偶，按电动势与温度的关系可分成两类：一大类是具有统一的分度号、分度表，满足生产过程的基本要求，这类热电偶称为标准化热电偶，也叫定型热电偶；另一类没有统一的分度号，是为了满足生产过程中特殊的使用场合而生产的，称为非标准化热电偶，也叫未定型热电偶。国际电工委员会（IEC）在 1977 年制定了标准热电偶的国际统一标准。此后，我国也制定了相应的国家标准。从 1988 年 1 月 1 日起，我国的热电偶均按 IEC 标准设计、生产。目前 IEC 推荐的标准化热电偶有 8 种，见表 7-3。

表 7-3 标准化热电偶的主要性能指标

名 称	分度号	测温上限			允许偏差					
					Ⅰ级		Ⅱ级		Ⅲ级	
		偶丝直径/mm	长期/℃	短期/℃	测温范围/℃	允差/℃	测温范围/℃	允差/℃	测温范围/℃	允差/℃
铂铑10-铂	S	$0.5^{-0.02}$	1300	1600	0～1100 1100～1600	± 1 $\pm[1+(t-1100)\times 0.003]$	0～600 600～1600	± 1.5 $\pm 0.25\%t$	0～1600 ≤600 >600	$\pm 0.5\%t$ ± 3 $\pm 0.5\%t$
铂铑13-铂	R	$0.5^{-0.02}$	1300	1600	0～1100 1100～1600	± 1 $\pm[1+(t-1100)\times 0.003]$	0～600 600～1600	± 1.5 $\pm 0.25\%t$	—	
铂铑30-铂铑6	B	$0.5^{-0.015}$	1600	1800	—		600～1700	$\pm 0.25\%t$	600～800 800～1700	± 4 $\pm 0.5\%t$
镍铬-镍硅（铝）	K	0.3 0.5 0.8 1.0 1.2 1.5 2.0 2.5 3.2	700 800 900 1000 1100 1200	800 900 1000 1100 1200 1300	0～400 400～1100	± 1.6 $\pm 0.4\%t$	0～400 400～1300	± 3 $\pm 0.75\%t$	−200～0	$\pm 1.5\%t$
镍铬-康铜（铜镍）	E	0.3 0.5 0.8 1.2 1.6 2.0 3.2	350 450 550 650 750	400 500 650 750 850	−40～800	± 1.5 或 $\pm 0.4\%t$	−40～900	± 2.5 或 $\pm 0.75\%t$	−200～40	± 2.5 或 $\pm 1.5\%t$
铜-康铜（铜镍）	T	0.2 0.3 0.5 1.6	150 200 250	200 250 300	−40～350	± 0.5 或 $\pm 0.4\%t$	−40～350	± 1 或 $\pm 0.75\%t$	−200～40	± 1 或 $\pm 1.5\%t$
铁-康铜（铜镍）	J	0.3 0.5 0.8 1.2 1.6 2.0 3.2	300 400 500 600	400 500 600 750	−40～750	± 1.5 或 $\pm 0.4\%t$	−40～750	± 2.5 或 $\pm 0.75\%t$	—	
镍铬硅-镍硅	N	0.3 3.2	700 1200	800 1300	−40～1100	± 1.5 或 $\pm 0.4\%t$	−40～1300	± 2.5 或 $\pm 0.75\%t$	−200～40	± 2.5 或 $\pm 1.5\%t$

注：1. 表中温度 t 表示测量端温度。

2. 允许偏差有两种表示方法，采用二者计算值较大的那个。

8 种标准化热电偶中，最常使用的是铂铑 10-铂热电偶和镍铬-镍硅热电偶。铂铑 10-铂热电偶是一种测量精度很高的贵金属热电偶，性能稳定，耐高温，不易被氧化，不仅在实验室及生产过程中广泛使用，还被用作温标传递系统中 603.74～1064.43℃温度范围复现温标的基准器，也被用作热电偶检定过程的标准热电偶。S 型热电偶的非线性较大，灵敏度差，不宜用在还原气体和真空环境。镍铬-镍硅热电偶是廉价金属热电偶中性能最稳定的。这种热电偶的热电特性的线性度很好，并且在相同的温差下能产生更大的热电势，即测量灵敏度高，高温下抗氧化能力强。

由表 7-3 可以看出，标准化热电偶的测温上、下限受到限制。为了满足超高温、低温、快速测温等场合的需要，需要一些特殊的热电偶——非标准化热电偶。这类热电偶没有统一的分度号、分度表，常见的非标准化热电偶特性见表 7-4。

表 7-4　非标准化热电偶的主要性能指标

名　称	测温范围	允许偏差/℃	特　点	用　途
镍铬-金铁系列	2～273K	±1.0	低温下仍能保持较高的灵敏度,稳定性好	超导,宇航等超低温环境
非金属热电偶	最高可到 2000～2400℃		热电势远大于金属热电偶,熔点高,在含碳环境中仍然性能稳定;缺点是复现性差	主要用于高温测量或含碳环境温度测量
钨铼系热电偶	短期 2000℃ 长期 2800℃	≤1000 为±10 >1000 为±1.0%t	热电势大,测温上限高,热电特性的线性度好	主要用于高温测量,并且适用于真空,还原性和惰性气体的温度测量
铂铑系热电偶	最高可到 1400～1800℃	≤600 为±3.0 >600 为±0.5%t	高温下抗氧化能力强,力学性能好	主要用于高温测量
铱铑系热电偶	短期 1900℃ 长期 2200℃	≤1000 为±10 >1000 为±1.0%t	热电特性的线性好;缺点是热电势小,寿命短	宇航技术的温度测量,各种高温场合,真空、氧化、惰性气体

7.1.4.4　热电偶的结构

按热电偶的结构可以将热电偶分为普通插入式热电偶和特殊热电偶。

（1）普通插入式热电偶　普通插入式热电偶一般做成棒状，由热电极、绝缘子、保护套管及接线盒四部分组成，见图 7-10。

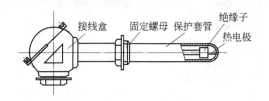

图 7-10　普通插入式热电偶结构

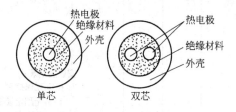

图 7-11　铠装热电偶断面结构

热电极是热电偶的测量部分，一般做成丝状。

绝缘子用作热电极之间、热电极与保护套管之间的电气绝缘，常用氧化铝管或耐火陶瓷。

保护套管在热电极和绝缘子外面，作用是隔离热电极和被测介质，防止热电极受到化学腐蚀或机械损伤。其结构形式主要有直形、锥形和 90°角形。为了将热电偶安装到被测对象上，保护套管上附有固定装置。常见的固定形式有螺纹安装、法兰安装、焊接安装和无固定安装几种。

接线盒内有接线端子，热电偶和导线连接通过接线端子连接在一起，接线盒可以保护接线端子。接线盒通常由铝合金制成，分普通式、防溅式、防水式、防爆式、插座式等几种。

（2）特殊热电偶

① 铠装热电偶（缆式热电偶） 普通热电偶由于体积较大，对被测温度场影响较大，不适合测量热容量较小的对象。近30年发展起来的铠装热电偶很好地解决了这个问题。所谓的铠装热电偶是将绝缘材料包在热电偶丝外，再穿入保护套管内，经整体复合拉伸工艺加工成可弯曲的线材。其横断面见图7-11。

铠装热电偶突出的优点就是动态特性好，适宜测量变化频繁的温度。同时，铠装热电偶可以做得很细很长，能弯曲，适宜复杂结构温度的测量。

② 薄膜式热电偶 为了快速测量物体表面温度，薄膜式热电偶应运而生。薄膜式热电偶是通过真空蒸镀、化学涂层和电泳等工艺将热电极材料做成薄膜，固定在绝缘基板上构成的，见图7-12。这种薄膜式热电偶的热容量很小，适宜用来测量变化频繁的表面温度或微小面积的温度测量。目前主要有铁-镍、铁-康铜和铜-康铜三种薄膜式热电偶。

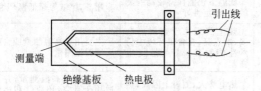

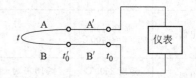

图7-12 薄膜式热电偶结构　　　　图7-13 热电偶补偿导线连接示意图

此外，根据特殊需要还有热套式热电偶、高温耐磨热电偶、高性能实体热电偶、表面热电偶、快速消耗型热电偶等特殊热电偶类型。这些特殊热电偶有效地补偿了普通热电偶的不足，对一些特殊的温度测量十分有效。

7.1.4.5 热电偶型号命名规则

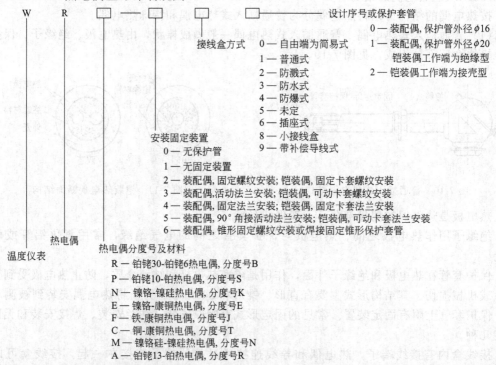

7.1.4.6 热电偶冷端处理及补偿

由热电偶测温原理可知，只有保持冷端温度 t_0 固定不变时热电势 $E_{AB}(t, t_0)$ 与测量端温度 t 才是一一对应的函数关系。但实际应用中，由于外界环境温度波动等无法保持冷端温度的恒定，如果不对冷端进行处理，必然给测量带来误差。此外，随着控制系统规模的不断扩大，就地显示已不能满足实际生产的需要，很多情况下要求对热电势信号进行远传，如果全部采用热电偶材料进行信号远传，必然会带来成本的提高。同时，标准热电偶的分度表只给出了冷端在 0℃时测量端温度 t 与热电势 $E_{AB}(t, t_0)$ 的对应关系，实际应用中冷端往往不在 0℃。为了解决以上问题，保持热电偶冷端温度恒定，远传热电势信号，获得任意冷端温度下的热电势，在实际热电偶应用中要对热电偶进行冷端处理和补偿。常用的冷端处理方法有以下几种。

(1) 冷端温度校正法（又称计算修正法） 当热电偶冷端温度偏离 0℃，但稳定在 t_0 时，可按式(7-3)修正仪表指示值，得到冷端在 0℃的热电势 $E(t,0)$，通过查分度表确定被测温度 t。

(2) 冷端恒温法 冷端恒温法就是把热电偶冷端置于温度恒定的装置中，当恒温装置的温度为 0℃时，这种方法也被称为冰点法或冰浴法。为了防止短路，这种方法要做好绝缘工作。因为该方法使用到冰点槽等恒温装置，相对比较麻烦，多用于实验室测量，工业测量一般不采用。

(3) 补偿导线延伸法（又称延伸热电极法） 为了使热电偶冷端的温度保持不变，可以把热电偶延长，使冷端延伸到温度比较稳定的地方，远离被测温度的影响。为了减小贵金属热电偶延伸的成本，可以采用在一定温度范围内与需延伸热电偶热电特性相近的廉价金属代替贵金属，实现冷端延伸，如图 7-13 所示，图中 t_0' 表示迁移前热电偶冷端温度，t_0 表示迁移后新的热电偶冷端温度。这种专用的导线称为补偿导线，常用热电偶补偿导线的性能指标见表 7-5。根据所用材料，可将补偿导线分成补偿型补偿导线（C）和延伸型补偿导线（X）两种。补偿型补偿导线材料与热电极材料不同，多用于贵金属热电偶；延伸型补偿导线材料与热电极材料相同，多用于廉价金属热电偶。按精度等级可以将补偿导线分为精密级（S）和普通级两类。按使用温度可以将补偿导线分为一般用（G）和耐热用（H）两类。

表 7-5　常用热电偶补偿导线的性能指标

补偿导线类型	补偿导线型号	配用热电偶的分度号	代号	补偿导线线芯材料		绝缘层颜色		等　级	温度范围/℃
				正极	负极	正极	负极		
铜-铜镍 0.6 补偿型导线	SC 或 RC	S 或 R	SC-G SC-H SC-GS	铜	铜镍	红	绿	一般用普通级 耐热用普通级 一般用精密级	0～70,0～100 0～200 0～70,0～100
铁-铜镍 22 补偿型导线	KCA		KCA-G KCA-H KCA-GS KCA-HS	铜	康铜	红	蓝	一般用普通级 耐热用普通级 一般用精密级 耐热用精密级	0～70,0～100 0～200 0～70,0～100 0～200
铜-铜镍 40 补偿型导线	KCB	K	KCB-G KCB-GS					一般用普通级 一般用精密级	0～70,0～100 0～70,0～100
镍铬 10-镍铬 3 延长型导线	KX		KX-G KX-H KX-GS KX-HS	镍铬	镍铬	红	黑	一般用普通级 耐热用普通级 一般用精密级 耐热用精密级	−20～70,−20～100 −25～200 −20～70,−20～100 −25～200
铁-铜镍 18 补偿型导线	NC	N	NC-G NC-H NC-GS NC-HS	铁	铜镍	红	灰	一般用普通级 耐热用普通级 一般用精密级 耐热用精密级	0～70,0～100 0～200 0～70,0～100 0～200
镍铬 14-镍铬硅延长型导线	NX		NX-G NX-H NX-GS NX-HS	镍铬	镍铬硅	红	灰	一般用普通级 耐热用普通级 一般用精密级 耐热用精密级	−20～70,−20～100 −25～200 −20～70,−20～100 −25～200

补偿导线类型	补偿导线型号	配用热电偶的分度号	代号	补偿导线线芯材料		绝缘层颜色		等　级	温度范围/℃
				正极	负极	正极	负极		
镍铬 10-铜镍 45 延长型导线	EX	E	EX-G EX-H EX-GS EX-HS	镍铬	铜镍	红	棕	一般用普通级 耐热用普通级 一般用精密级 耐热用精密级	$-20\sim70$，$-20\sim100$ $-25\sim200$ $-20\sim70$，$-20\sim100$ $-25\sim200$
铁-铜镍 45 延长型导线	JX	J	JX-G JX-H JX-GS JX-HS	铁	铜镍	红	紫	一般用普通级 耐热用普通级 一般用精密级 耐热用精密级	$-20\sim70$，$-20\sim100$ $-25\sim200$ $-20\sim70$，$-20\sim100$ $-25\sim200$
铜-铜镍 45 延长型导线	TX	T	TX-G TX-H TX-GS TX-HS	铜	铜镍	红	白	一般用普通级 耐热用普通级 一般用精密级 耐热用精密级	$-20\sim70$，$-20\sim100$ $-25\sim200$ $-20\sim70$，$-20\sim100$ $-25\sim200$

为保证准确无误地起到迁移冷端的作用，使用补偿导线时应注意以下几点。

① 不同的热电偶配不同的补偿导线，使用时热电偶和补偿导线一定要配套。

② 注意补偿导线的使用温度范围，如果要求较高的测量精度，要保证补偿导线和热电偶连接处温度在 100℃以下。

③ 补偿导线有正、负极之分，使用时注意极性不能接错。

④ 补偿导线只是将冷端迁移，并不能固定冷端，因此，如果新冷端温度有波动，仍要采用其他冷端补偿方法恒定冷端温度。

⑤ 由于补偿导线的热电特性与相应热电偶的热电特性不完全相同，因此，使用补偿导线迁移冷端会引入一定的测量误差。

⑥ 保证补偿导线与热电极连接处的两个接点温度相等。

（4）仪表零度校正法（又称仪表机械零位调整法）　如果热电偶冷端温度 t_0 恒定，配套的显示仪表又具有零点调整功能，可以直接将仪表零点调整到热电偶冷端温度处，相当于在热电偶的热电势中加入了一个热电势 $E(t,0)$。此时，输入仪表的热电势等于 $E(t,t_0)$ $+E(t_0,0)=E(t,0)$，显示仪表显示的温度为实际测量温度 t。

（5）补偿电桥法（又称冷端温度补偿器）　这是最常用的一种补偿冷端的方法，特别是在冷端温度波动较大时。如图 7-14 所示，利用不平衡电桥产生的不平衡电压来补偿因冷端温度变化引起的热电势的变化。

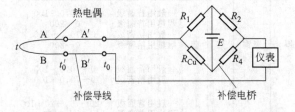 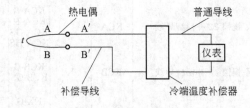

图 7-14　冷端温度补偿器　　　　　　图 7-15　测量一点温度的热电偶测温线路

使用冷端温度补偿器时要注意以下几点。

① 热电偶与冷端温度补偿器一定要配套。

② 冷端温度补偿器接入测温系统时正、负极不能接错。

③ 显示仪表的零位要调整到冷端温度补偿器的平衡点温度。

④ 由于冷端温度补偿器的输出电压与相应热电偶的热电特性不完全相同，因此，补偿电桥在补偿温度范围内只有在两个点完全补偿，其他点上不能完全补偿，会引入一定的测量误差。

（6）软件处理法 在计算机系统中，可以采用软件处理法进行冷端温度补偿。利用其他温度传感器将冷端温度 t_0 送入计算机，按照预先设定的程序自动补偿冷端温度。

实际热电偶测温回路中常常是将多种补偿方式结合使用，最大程度地减小冷端温度波动给测量带来的影响。

7.1.4.7 热电偶常见故障及处理方法（见表7-6）

7.1.4.8 热电偶常用测温线路

（1）测量一点温度的基本线路 图7-15是典型的热电偶测量单点温度的测温线路。必须注意的是仪表的机械零位要调整到冷端温度补偿器的平衡点温度。

表 7-6 热电偶常见故障及处理方法

故障现象	可能原因	处理方法
热电势比实际值小（显示仪表指示值偏低）	热电极短路	找出短路原因；如因潮湿造成短路，需要干燥热电极；如因绝缘子损坏导致短路，需要更换绝缘子
	热电偶的接线柱处积灰造成短路	清扫积灰
	补偿导线线间短路	找出短路点，加强绝缘或更换补偿导线
	热电极变质	长度允许时剪去变质段，重新焊接，或者更换热电偶
	补偿导线与热电偶极性接反	重接热电偶和补偿导线
	补偿导线与热电偶不配套	更换配套的补偿导线
	冷端温度补偿器与热电偶不配套	更换配套的冷端温度补偿器
	冷端温度补偿器与热电偶极性接反	重接热电偶和冷端温度补偿器
	显示仪表与热电偶不配套	更换配套的显示仪表
	显示仪表未进行机械零点校正	正确进行仪表机械零点调整
	热电偶安装位置不当或插入深度不符合要求	按规定重新安装
热电势比实际值大（显示仪表指示值偏高）	补偿导线与热电偶不配套	更换配套的补偿导线
	显示仪表与热电偶不配套	更换配套的显示仪表
	冷端温度补偿器与热电偶不配套	更换配套的冷端温度补偿器
	有直流干扰信号	找到干扰源，消除直流干扰信号
热电势输出不稳定	热电偶接线柱与热电极接触不良	拧紧接线柱螺钉
	热电偶测量线路绝缘破损，引起断续短路或接地	找出故障点，修复绝缘
	热电偶安装不牢或外部振动	紧固热电偶，消除振动或采用减振措施
	热电极将断未断	修复或更换热电偶
	外界干扰（如交流漏电、电磁场等）	找出干扰源，采取屏蔽措施
热电势误差大	热电极变质	更换热电偶
	热电偶安装位置不当	更换安装位置
	保护套管表面积灰	清除积灰

（2）测量两点温差的测量线路 将两支同型号的热电偶如图7-16所示反向串联可以用来测量两点的温度差。

（3）测量平均温度的测量线路 将 n 支同型号的热电偶如图7-17所示并联可以用来测量多点温度的平均值。

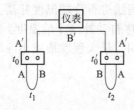

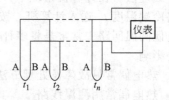

图 7-16　热电偶反向串联测温线路　　　　　图 7-17　热电偶并联测温线路

（4）测量多点温度和的测量线路　将 n 支同型号的热电偶如图 7-18 所示同向串联可以用来测量多点温度和，也可以测量多点的平均温度。

7.1.5　热电阻温度计

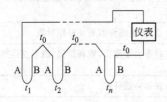

图 7-18　热电偶同向串联测温线路

测量温度较低时，热电偶产生的热电势较小，测量精度较低。因此，中低温区常采用热电阻温度计测量温度。热电阻温度计由热电阻、显示仪表及连接两者的中间环节组成。热电阻是整个热电阻温度计的核心元件，能将温度信号转换成电阻的变化。热电阻温度计具有性能稳定、测量准确度高等特点。热电阻温度计被广泛用于 $-200\sim650℃$ 范围的温度测量，其中标准铂电阻被定为 $13.8033K\sim961.78℃$ 的温度量值传递基准仪器。

7.1.5.1　热电阻的工作原理及热电阻材料

热电阻是根据热电阻阻值与温度呈一定函数关系的原理实现温度测量的。根据材料不同，热电阻分为金属热电阻和半导体热电阻两类，半导体热电阻又称为热敏电阻。金属热电阻的阻值会随着温度的升高而变大；热敏电阻的阻值会随着温度的升高而减小。

金属热电阻材料应具备以下特点：高温度系数、高电阻率；整个测温范围内物理、化学性能温度；具有良好的线性或者接近线性特性；良好的工艺性，便于加工，低成本和批量生产。适合制作热电阻的材料有铂（Pt）、铜（Cu）、镍（Ni）、铁（Fe）等，低温、超低温测量中则使用铟、锰和碳。使用最广泛的是铂和铜。铂热电阻具有精度高、性能稳定、抗氧化性好、复现性好等优点；缺点是电阻温度系数小、电阻与温度成非线性关系、价格高。铜热电阻的优点是价格便宜、电阻与温度关系的线性度好、电阻温度系数大；缺点是电阻率低、易被氧化、热惯性较大。

热敏电阻通常采用钴、锰、镍、铁等金属的氧化物粉末高温烧结而成。与金属热电阻相比，热敏电阻具有灵敏度高、体积小、热惯性小、响应速度快等优点；但是热敏电阻存在的主要缺点是复现性、互换性、稳定性差，非线性严重，不适合高温下使用。随着半导体技术的发展，热敏电阻的性能不断提高。作为一种温度传感器，热敏电阻适合于电压电平或功率电平控制，已广泛应用到医疗、家电、汽车、办公自动化、电信及军事等领域。

7.1.5.2　金属热电阻

（1）金属热电阻的种类及性能　规定了热电阻材料，0℃阻值 R_0，100℃、0℃阻值比 R_{100}/R_0，分度号，分度表，允许误差等参数的热电阻称为标准化热电阻；为了满足特殊测温需要生产、没有统一分度号等参数规定的热电阻称为非标准化热电阻。表 7-7 列出了常用热电阻的性能指标。

表 7-7 常用热电阻的性能指标

名称	分度号	测温范围/℃	0℃时的电阻值/Ω		电阻比 R_{100}/R_0		基本误差	
			公称值	允许误差	公称值	允许误差	测温范围/℃	允许值/℃
铂热电阻	Pt10	0~850	10	A级±0.006 B级±0.012	1.385	±0.001	A级 −200~650	±(0.15+0.002|t|)
	Pt100	−200~850	100	A级±0.006 B级±0.012			B级 −200~850	±(0.30+0.005|t|)
铜热电阻	Cu50	−50~150	50	±0.05	1.428	±0.002	−50~150	±(0.3+0.006|t|)
	Cu100			±0.1				
镍热电阻	Ni100	−60~180	100	±0.1	1.617	±0.003	−60~0	±(0.2+0.002|t|)
	Ni300		300	±0.3			0~180	±(0.2+0.01|t|)
	Ni500		500	±0.5				
铟热电阻		3.4~90K	100					
铑铁热电阻		2~300K	20、50、100		$R_{4.2K}/R_{273K}\approx0.07$			
铂钴热电阻		2~100K	100		$R_{4.2K}/R_{273K}\approx0.07$			

（2）金属热电阻的结构 按热电阻的结构可以将热电阻分为普通热电阻和特殊热电偶。

① 普通热电阻 从外观看普通热电阻与普通热电偶相同，一般由热电阻体、绝缘套管、保护套管及接线盒四部分组成，见图 7-19，各部分作用与普通热电偶相似。热电阻与接线盒接线端子的连接称为引线，铂热电阻用银线做引线，高温时用镍线。为了减小引线电阻，要求引线比热电阻丝粗。

② 特殊热电阻

a. 铠装热电阻。类似铠装热电偶，铠装热电阻直径小、易弯曲、热惯性小、抗振性好，适合安装在普通热电阻无法安装的场所，特别是恶劣使用条件下。

b. 隔爆型热电阻。隔爆型热电阻采用特殊的接线盒，阻隔热电阻内部可能产生的爆炸向外部传播，适合安装在有爆炸危险的场所。

c. 端面热电阻。端面热电阻的感温元件由特殊处理的材料绕制而成，紧贴温度计端面，测量速度快，适合测量机件端面温度。

此外，还有轴承热电阻、锅炉炉壁热电阻、电机绕组铜电阻等特殊热电阻。这些特殊热电阻有效地补偿了普通热电阻的不足，适合测量特殊场合的温度。

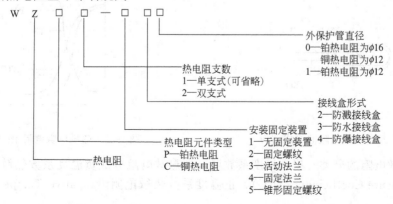

图 7-19 普通热电阻结构

接线盒接线端子 保护套管 绝缘套管 电阻体

（3）金属热电阻型号命名规则

```
W  Z  □  □  —  □  □□
```

外保护管直径
0—铂热电阻为φ16
铜热电阻为φ12
1—铂热电阻为φ12

热电阻支数
1—单支式（可省略）
2—双支式

接线盒形式
2—防溅接线盒
3—防水接线盒
4—防爆接线盒

安装固定装置
1—无固定装置
2—固定螺纹
3—活动法兰
4—固定法兰
5—锥形固定螺纹

热电阻元件类型
P—铂热电阻
C—铜热电阻

热电阻

（4）导线的连接方式　使用热电阻测温时，热电阻与指示、记录仪表的连接是通过导线实现的。如果用两根导线连接热电阻，必然会将导线电阻叠加到热电阻上，带来测量误差。

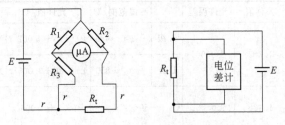

图 7-20　热电阻三线制、四线制连接方式

为了减小导线电阻对测量的影响，工业上多采用三线制或四线制连接方式解决（见图 7-20）。三线制即热电阻一端与一根导线连接，另一端同时连两根导线。四线制即热电阻两端各有两根导线连到电阻上。一般四线制多用在直流电位差计配热电阻测温中。

（5）热电阻常见故障　热电阻常见故障是热电阻短路或断路，可以用万用表×1Ω挡判断。热电阻温度计常见故障及处理方法见表 7-8。

表 7-8　热电阻温度计常见故障及处理方法

故障现象	可能原因	处理方法
显示仪表指示值比实际值低或示值不稳	保护管内有金属、灰尘，接线柱间脏污或热电阻短路	除去金属，清扫灰尘、水滴等，找到短路点，加强绝缘等
显示仪表指示无穷大	热电阻或引线断路，接线端子松开	更换电阻体，或焊接、拧紧接线螺钉等
阻值-温度关系发生变化	热电阻丝材料受腐蚀氧化	更换热电阻
仪表显示负值	显示仪表与热电阻接线错或热电阻短路	改正接线，或找到短路处，加强绝缘

7.1.5.3　半导体热电阻（又称热敏电阻）

（1）热敏电阻的结构　根据使用要求，热敏电阻可制成珠状、片状、杆状、垫圈状等各种形式，一般为二端器件，也可做成三端或四端器件，典型热敏电阻结构如图 7-21 所示。它主要由热敏探头、引线、壳体等部分组成，见图 7-22。

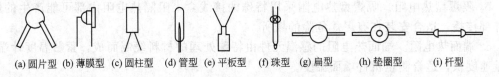

(a)圆片型　(b)薄膜型　(c)圆柱型　(d)管型　(e)平板型　(f)珠型　(g)扁型　(h)垫圈型　(i)杆型

图 7-21　热敏电阻的结构形式

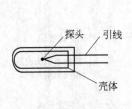

图 7-22　热敏电阻的组成结构

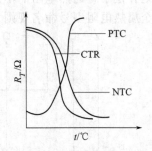

图 7-23　热敏电阻电阻-温度特性

（2）热敏电阻的分类　根据温度系数可以把热敏电阻分成负温度系数热敏电阻（Negative Temperature Coefficient，NTC）、正温度系数热敏电阻（Positive Temperature Coefficient，PTC）和临界型热敏电阻（Critical Temperature Resistor，CTR）三类。NTC 型热敏电阻的温度系数是负的，随着温度的升高电阻值将减小；PTC 型热敏电阻的温度系数是正的，随着温度的升高电阻值将增加。CTR 型热敏电阻也是 NTC 型热敏电阻，其特点是在某个温度范围内阻值急剧下降。图 7-23 给出了三种热敏电阻的电阻-温度特性。

（3）热敏电阻的使用温度范围

① NTC 热敏电阻测温范围　超低温 100K～1MK；低温 −130～0℃；常温 −50～350℃；中温 150～750℃；高温 500～1300℃；超高温 1300～2000℃。

② PTC 热敏电阻测温范围　−50～150℃。

③ CTR 热敏电阻测温范围　0～150℃。

（4）热敏电阻型号命名规则　热敏电阻的型号由 4 部分组成：第 1 部分为主称，用字母表示；第 2 部分为类别，用字母表示；第 3 部分为用途或特征，用数字表示；第 4 部分为代表某种规格、性能的序号，用数字或字母与数字混合表示。

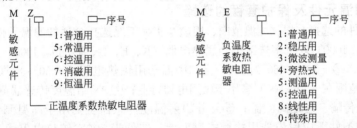

7.1.6　新型测温方式

（1）PN 结温度传感器　PN 结温度传感器利用了在一定电流条件下 PN 结正向压降随温度变化而变化的特性。PN 结温度传感器的优点是体积小、响应快、线性好。分立元件型 PN 结温度传感器的互换性和稳定性不够理想。将感温晶体管与放大、补偿等外围电路集成封装成的集成温度传感器实现了测温传感器小型化，克服了分立型 PN 结温度传感器互换性、稳定性不理想的缺点，使用方便，已经广泛用于温度测量、控制、补偿等方面。由于受 PN 结耐热能力的限制，只能测量 −50～150℃范围内的温度。

PN 结温度传感器使用时要注意以下问题：

① 控制工作电流，减小 PN 结自热温升对测量的影响；

② 恒电流下工作，保证传感器的线性。

（2）红外温度传感器　红外温度传感器是利用测量物体辐射出来的辐射能进行测温的，物体温度越高其辐射能越高。红外温度测温方式属于非接触测温，具有灵敏度高、反应速度快、测温范围广（−50～3500℃）等优点，适合测量小物体、运动、高温等情况下的温度。

（3）石英晶体温度传感器　石英晶体的固有振荡频率会随着温度的变化而变化，石英的这种性质可以用来进行温度测量。石英温度传感器具有体积小、灵敏度高、分辨率高、测量准确度高、稳定性好、响应速度快等特点，同时，由于输出信号是频率，很容易实现数字显示，主要用于高准确度、高分辨率的温度测量和作为量值传递标准温度计。石英温度传感器使用时要注意防止机械振动和冲击。石英温度传感器的测温范围一般在 −50～200℃范围内。

（4）光导纤维温度传感器　光导纤维温度传感器是以光导纤维作为温度敏感元件或是用光导纤维传输信号的温度传感器。前一类利用某种参数随温度变化而变化的特性进行测温，称为功能型；后一类光导纤维只是用来传递信息，称为传导型。根据光导纤维所起的作用光导纤维传感器可以分成全光导纤维型（功能型）、传光型（非功能型）和拾光型；按使用方法可以分为接触式和非接触式；根据调制原理光导纤维温度传感器可分为相干型和非相干

221

型：相干型中有偏振干涉型、相位干涉型及分布式温度传感器；非相干型中有辐射温度计、半导体吸收式温度计及荧光温度计。

由于光导纤维具有抗电磁干扰、耐腐蚀等特点，光纤温度计具有良好的电磁绝缘性，传输的信息量大、损耗小、强度高、可弯曲、灵敏度高、测温上限（3000℃）高、体积小、重量轻、结构简单、便于安装使用、安全防爆。目前光纤温度计在工业中的应用还不是特别广泛，主要用于以下几种常规温度计无法测量的情况：①高电压大电流、强电磁干扰、强辐射、易燃易爆等恶劣环境的温度测量；②高温测量；③无法观察或狭小空间的温度测量。随着光纤技术的不断发展，光纤温度计将大有用武之地。

除以上讨论的几种新型温度测量仪表，还有表面波 SAW 温度传感器（把温度转换成频率）、利用核四重极共振现象的 NQR 温度计（共振吸收频率随着温度的上升而下降）等新型温度传感器。

7.1.7 测温元件及保护套管的选择

（1）测温元件的选择　根据测温范围、用途及实际工况选择合适的测温元件：①500～800℃温区首选热电偶，1000℃以下多选廉价金属热电偶（K、E、N、T、J），1000～1200℃选择 S、B 等贵金属热电偶；②－200～560℃温区，高、中温选用铂热电阻，－50～120℃选用铜热电阻；③热敏电阻测温范围在－50～300℃多用于民用电器行业；④PN 结温度传感器测温范围在－50～120℃，适合长线传输、远距离测温；⑤红外辐射温度传感器主要用于高温测量；⑥为提高测量精度，在允许条件下应优先选用接触式温度计；⑦低于 500℃铂热电阻优于热电偶。

（2）保护管的选择　保护管主要起到保护测温元件、延长温度计使用寿命，支撑和固定测温传感器的作用。实际选择保护管时要注意以下原则：①能承受被测介质的温度和压力；②在高温下，物理、化学性能稳定；③高温下能承受冲击、振动；④抗热冲击性能良好，不因温度骤变而损坏；⑤有足够的气密性；⑥不产生对元件有害的气体；⑦导热性好；⑧对被测介质无影响、无污染。

保护管材料有金属、非金属及金属陶瓷几种。金属保护管用在机械强度要求高的场合，不锈钢用得最多；非金属有石英、氧化铝、刚玉等。

◎ 7.2　压力测量

7.2.1　概述

压力是工业生产过程中反映生产过程好坏、保证工业生产正常进行、高效节能的重要参数之一。工业过程中需要测量的压力范围宽、精度要求多样，因此压力测量仪表也是种类繁多。

7.2.1.1　压力的定义、分类及单位

工程上所说的"压力"实质是物理学"压强"的概念，即垂直而均匀地作用在单位面积上的力。根据参考点的选择不同，工业上涉及的压力分为绝对压力和表压力。以绝对压力零点为参考点的压力称为绝对压力 $P_绝$；以大气压力 $P_气$ 为参考点的压力称为表压力 $P_表$。可见 $P_绝 = P_表 + P_气$。$P_表 > 0$ 为正表压，简称表压；$P_表 < 0$ 为负表压，其绝对值称为真空度。生产过程有时还需测量两点的压力差值，称为差压 ΔP。根据所测压力类型的不同，压力表的称谓也有所不同。测量绝对压力的压力表称为绝对压力表；测量表压的压力表称为压力表；测量真空的压力表称为真空表或负压表；既能测表压又能测真空的压力表称为压力真空表；测量差压的压力表称为差压表。

压力单位是一个导出单位。国际单位制中定义压力的单位为：1 牛顿（N）的力垂直而

均匀地作用在 $1m^2$ 面积上产生的力为 1 帕斯卡（简称帕，Pa）。除 Pa 之外还有很多非法定压力单位。各种压力单位的换算见表 7-9。

表 7-9　压力单位换算表

单位	帕 Pa (N/m²)	巴 (bar)	毫米水柱 (mmH₂O)	标准大气压 (atm)	工程大气压 (kgf/cm²)	毫米汞柱 (mmHg)	磅力/英寸² (lbf/in²)
帕 Pa(N/m²)	1	1×10^{-5}	1.019716×10^{-1}	0.986924×10^{-5}	1.019716×10^{-5}	0.75006×10^{-2}	1.450442×10^{-4}
巴 (bar)	1×10^{5}	1	1.019716×10^{4}	0.986924	1.019716	0.75006×10^{3}	14.50442
毫米水柱 (mmH₂O)	9.80665	0.980665×10^{-4}	1	0.9678×10^{-4}	1×10^{-4}	0.73556×10^{-1}	1.4223×10^{-3}
标准大气压 (atm)	1.01325×10^{5}	1.01325	1.033227×10^{4}	1	1.0332	0.76×10^{3}	14.696
工程大气压 (kgf/cm²)	0.980665×10^{5}	0.980665	1×10^{4}	0.9678	1	0.73556×10^{3}	14.22398
毫米汞柱 (mmHg)	1.333224×10^{2}	1.333224×10^{-3}	13.5951	1.316×10^{-3}	1.35951×10^{-3}	1	1.934×10^{-2}
磅力/英寸² (lbf/in²)	0.68046×10^{4}	0.68046×10^{-1}	0.70307×10^{3}	0.6805×10^{-1}	0.70307×10^{-1}	0.51715×10^{2}	1

7.2.1.2　压力仪表分类与选择

根据测量原理来分，压力表可以分成两大类：根据压力的定义直接测量压力的大小，如液柱式压力计和活塞式压力计等；根据压力作用于物体后产生的物理效应测量压力的大小，如压电式压力传感器和压阻式压力传感器等。

生产过程中要根据被测压力信号的大小、是否需要远传、报警或自动记录、显示要求、被测介质特性（如黏度大小、温度高低，腐蚀性、清洁程度等）、要求测量精度、周围环境条件（诸如温度、湿度、振动等）等选择合适的压力计。总之，正确选用仪表类型是保证安全生产及仪表正常工作的重要前提。

（1）信号传送距离　就地显示压力可以选择液柱式、浮标式、膜片式、波纹管压力表等；需要远传压力信号或对压力信号进行控制时，可以选择压电式、压阻式、压磁式、霍尔式等测压仪表。

（2）测点个数　需要同时测量多点压力时可以选择压力巡测仪表。

（3）量程　根据被测压力大小选择合适的压力表量程。稳定压力，被测压力应落在 1/3～2/3 量程之间；脉动压力，最大压力应不超过满量程的 1/2；高压，最大压力应不超过满量程的 3/5。

（4）精度　根据生产过程允许的最大测量误差选择，兼顾经济性、可靠性与耐用性。

（5）外形尺寸　就地指示仪表一般选择表盘直径为 $\phi100mm$，较差照明条件下可增大到 $\phi200\sim\phi250mm$；盘装仪表表盘直径一般选为 $\phi150mm$。

（6）被测介质特性　黏稠、易结晶、具有腐蚀性或含固体颗粒的被测介质应选用膜片压力表或带化学密封装置的压力表；蒸汽或高温介质应选不锈钢压力表或安装冷凝圈；脉动压力测量要加阻尼器或选防振压力表；测含液体的气体压力时要加气液分离器；测特殊化工介质要选用专用压力表，如含氨介质选氨用压力表，含硫介质选抗硫压力表等。

7.2.2　液柱式压力表

液柱式压力表以流体静力学原理为基础，利用一定高度的液柱产生的压力平衡被测压力，用相应的液柱高度反映被测压力的大小。这类压力表结构简单、显示直观、使用方便、价格便宜。缺点是体积大、读数不便、玻璃管易碎、精度较低。此类压力计适合就地测量指示及精度要求不高且环境不复杂的条件。受液柱高度的限制，这类压力表的测量上限较低，只限于测量低压、微压或压差。液柱式压力表种类很多，主要有 U 形管压力计、单管压力计、多管压力计、斜管压力计、补偿式微压计、差动式微压计、钟罩式压力计等。一般采用水、酒精或汞作产生平衡压力的液柱。图 7-24 给出了几种常见液柱式压力表的结构。

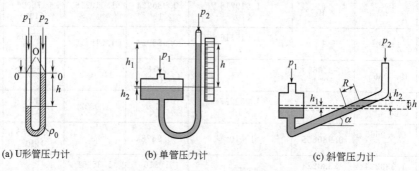

(a) U形管压力计   (b) 单管压力计   (c) 斜管压力计

图 7-24　液柱式压力计

液柱式压力计使用时应注意以下几点。

① 使用汞封液压力计时，由于汞有毒，应装收集器。

② 读数时注意液体毛细现象和表面张力的因素。凹形液面（如水）以液面最低点为准，凸形液面（如汞）以液面最低点为准。

③ 直管材料为玻璃时，为了保证玻璃管的安全，要注意压力计工作环境的温度和振动。

④ 压力计维修时，如果更换了液体，要重新标度压力计。

⑤ 如果被测介质与工作液混合或发生化学反应，则应更换其他工作液或加隔离液。

近年来液柱式压力计在工业上应用已日益减少，特别是汞压力计已趋于淘汰，只有在科学实验中还经常使用。

7.2.3　弹性式压力表

弹性式压力表是工业生产中使用最广泛的一种历史悠久的压力测量仪表。弹性式压力表是根据弹性元件受压产生的弹性变形（即机械位移）与所受压力成正比的原理工作的。弹性式压力表的特点是结构简单、使用方便、价格低廉、性能可靠、防水防爆防腐，若增设附加机构（如记录机构、控制元件、电气转换装置等）可制成压力记录仪、电接点式压力表、压力控制报警器等。它主要用来测量真空度、压力，可以就地指示、远传集中控制、记录或报警。若采用膜片式或隔膜式结构可测量结晶及腐蚀性介质的压力。

（1）弹性元件　弹性元件主要有弹簧管（单圈、多圈）、膜片（平薄膜、波纹膜、挠性膜）、膜盒、波纹管等，见图 7-25。膜片式、波纹管式弹性元件只能用来测量微压、低压；弹簧管式弹性元件应用范围广泛，为提高相同输入下的输出信号，可以用多圈式代替单圈式。挠性膜和弹簧管两种弹性元件输出特性的线性度较好。

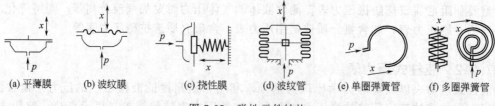

(a) 平薄膜   (b) 波纹膜   (c) 挠性膜   (d) 波纹管   (e) 单圈弹簧管   (f) 多圈弹簧管

图 7-25　弹性元件结构

224

（2）弹簧管压力表　弹簧管压力表是工业生产中应用最广泛的压力表，其中又以单圈结构最多，单圈弹簧管压力表的结构如图7-26所示。从精度等级上分弹簧管压力表可分为普通压力表和精密压力表两类。普通压力表适用于测量不结晶、不凝固、对金属无腐蚀的液体、气体或蒸汽的压力，性能指标见表7-10；精密压力表用来作普通压力表的校验标准表，性能指标见表7-11。弹性式压力表型号中，常用汉语拼音缩写表示某种意义，表7-12给出了部分字母的物理意义。

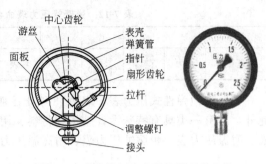

图 7-26　弹簧管压力表结构原理及实物

表 7-10　普通弹簧管压力表主要技术参数

型　号	结构	接头螺纹/mm	公称直径/mm	测量范围/MPa	精度等级	用途
Y-40	径向	M10×1	φ40	0～0.1,0.16,0.25,0.4,0.6,1		测量对铜合金不起腐蚀的液体、气体、蒸汽压力
Y-40Z	轴向无边					
Y-60	径向	M14×1.5	φ60	0～0.1,0.16,0.25,0.4,0.6 0～1,1.6,2.5,4,6 −0.1～0,−0.1～0～0.06, −0.1～0.15,−0.1～0.3, −0.1～0.5, −0.1～0.9, −0.1～1.5,−0.1～2.4	2.5	
Y-60T	径向带后边					
Y-60Z	轴向无边					
Y-60ZQ	轴向带前边					
Y-100	径向	M20×1.5	φ100	0～0.1,0.16,0.25,0.4,0.6 0～1,1.6,2.5,4,6 −0.1～0,−0.1～0～0.06,−0.1～0.15, −0.1～0.3,−0.1～0.5,−0.1～0.9, −0.1～1.5,−0.1～2.4	1.5	测量对铜和钢合金不起腐蚀的液体、气体或蒸汽的压力或真空度
Y-100T	径向带后边					
Y100ZQ	轴向带前边					
Y-100TQ	径向带前边					
Y-150	径向		φ150			
Y-150T	径向带后边					
Y-150ZQ	轴向带前边					
Y-150TQ	径向带前边					
Y-250	径向		φ250			

表 7-11　精密弹簧管压力表主要技术参数

型　号	结构	公称直径/mm	测量范围/MPa	精度等级	用途
YB-160		径向	φ160	−0.1～0,0～0.1,0.16,0.4,0.6,1,1.6,2.5,4,6,10,16,25,40,60 生产(0～0.1)～(0～6)	0.25 0.4	可作普通压力表校验用标准压力表或精密测量液体、气体、蒸汽压力和负压
YB-160A	带调零装置				
YB-160B	带镜面				
YB-160C	径向中压				
YB-254	径向	φ254	−0.1～0,0～0.06,0.1,0.16,0.25,0.4		
YBT-254	手提台式	φ254	−0.1～0,0～0.06,0.1,0.16,0.25,0.4		

225

表 7-12 弹簧管压力表命名规则涉及符号的物理意义

符号	Y	Z	B	J	A	X	P	E	数字	尺寸后的符号
物理意义	压力	真空(阻尼)	标准(防爆)	精密(矩形)	氨表	信号(电接点)	膜片	膜盒	表盘尺寸(mm)	结构或配接的仪表

(3) 其他弹性式压力表 表 7-13 给出了膜盒式、膜片式、波纹管式压力表的性能参数。此外,还有一类具有特殊设计结构和材料、用于特殊场合及用途的专用压力表,如绝对压力表、耐振压力表、耐腐蚀压力表、耐高温压力表等,此处不作详细阐述。

表 7-13 其他弹性式压力表的技术参数

压力表		测量范围/MPa	精度	用途
膜片式		0～(0.06～2.5);—0.1～(0.06～2.4)	1.5,2.5	测量腐蚀性、易结晶或黏稠介质的压力
膜盒式	圆形	0～(4～40kPa)	1.5	测量无腐蚀性气体的微压或负压
	矩形	0～(0.25～40kPa);(—0.25～—40kPa)～0;—2～—0.25kPa	2.5	微压测量;制成带电接点的形式,用于位式控制
波纹管式		0～(0.025～0.4)	1.5,2.5	适合作压力记录仪

7.2.4 物性式压力表 (固态测压仪表)

利用某些元件的物理特性随压力变化而变化可以制成物性式压力表,如压电式、压磁式、压阻式等。这类压力仪表由于内部没有运动部分,因此仪表可靠性高。物性式压力表因结构简单、耐腐蚀、精度高、抗干扰能力强、响应快、测量范围宽、利于信号远传、控制等特点成为压力检测仪表的重要组成部分,广泛用于工业生产自动化、航空工业等领域。

(1) 压阻式压力表 某些固体受到作用力后其电阻会发生变化,这种现象称为压阻效应。利用压阻效应可以制成压阻式压力表,将压力转换成电阻,经电桥测量转换成电信号输出。20 世纪 70 年代前的压阻元件主要是半导体式;70 年代以后,利用微电子技术和计算机技术,研制出了扩散性压阻传感器。

压阻式压力传感器的优点是易于微型化、灵敏度高、测压范围宽、精度高、工作可靠、频率响应好、易于集成化和智能化,已成为代表型的新型传感器。缺点是应变电阻值受环境温度的影响较大,大应变情况下输出的非线性较大,抗干扰能力较差。使用压阻式压力表应注意温度补偿和修正,将应变片贴在不会受到介质污染、氧化、腐蚀的位置。

(2) 压电式压力表 某些介质沿一定方向受外力作用变形时,内部会产生极化现象,同时两个相对表面上产生电荷;外力去掉后,又恢复不带电状态,这种现象称为压电效应。具有压电效应的材料称为压电材料。压电材料可分成压电晶体和压电陶瓷两类,常见的压电材料有天然石英晶体、人造压电陶瓷、锆钛酸铅、钛酸钡等。

压电效应可以用来测量压力。压电式压力表体积小、重量轻、工作频率宽,是一种可以测量快速变化压力、进行信号远传的压力表,血压计就是一种典型的压电式压力计。压电式压力表已广泛应用于空气动力学、爆破力学中的压力测量。压电式压力表使用时要注意环境温度和湿度(温度升高,压电材料的绝缘电阻明显下降),并做好抗干扰工作。

(3) 压磁式压力表 某些铁磁材料受到外力作用时,材料的磁导率会发生变化,这种现象称为压磁效应。利用压磁效应可以测量压力的大小。压磁材料有硅钢片、坡莫合金和一些铁氧体。

压磁式压力传感器具有输出电势较大(甚至只需滤波整流,无需放大处理)、抗干扰能力强、过载性能好、结构简单、能在恶劣环境下工作、寿命长等一系列优点;缺点是测量精度不高、反应速度低。但由于上述优点，尤其是寿命长、对使用条件要求不高两点，压磁式压力传感器很适合在重工业、化学工业等部门应用。压磁式压力传感器在使用中应注意两点：①防止因侧向力干扰而破坏硅钢的叠片结构；②由于铁磁材料的磁化特性会随温度发生变化，因此要进行温度补偿。

7.2.5　压力信号的电测法

工业过程的很多情况下需要对压力信号远传，进行集中测量、显示、控制、管理等。弹性式压力表仅能将压力转换成弹性元件的位移信号，利用信号转换元件将弹性元件的弹性变形转换成电信号，可以实现压力信号的电测。

（1）应变式压力传感器　金属或半导体电阻受力时会产生压阻效应。利用压阻效应测量弹性元件的应变，可以将弹性变形转换成电信号输出。

（2）霍尔式压力传感器　当一块通有电流的金属或半导体薄片（霍尔片）垂直地放在磁场中时，薄片的两端就会产生电势（霍尔电势），这种现象称为霍尔效应。霍尔电势与霍尔片通过的电流和磁感应强度成正比，固定电流，改变磁感应强度，霍尔电势就会发生变化。霍尔式压力传感器就是采用这种检测方式，将霍尔片与弹簧管自由端相连，弹簧管自由端带动霍尔片移动，改变了通过霍尔片的磁感应强度，从而实现压力－位移－霍尔电势的转换。由于霍尔片均是半导体材料，因此使用时也要注意环境温度对传感器性能的影响，采取恒温或温度补偿措施。

（3）电容式压力传感器　采用弹性元件作电容器的极板，当弹性元件受压变形时会改变电容器的电容量，通过测量电容，便可以测量压力的大小，实现压力－电容转换。改变电容的方法有改变极板间距离和改变面积两种，但改变极板间距离更实用。电容式压力传感器在结构上有单端式和差动式两种形式。因为差动式灵敏度高，非线性误差小，所以常采用这种形式。电容式压力传感器因抗振性好、精度高等优点近年来获得广泛应用。

（4）电感式压力传感器　利用电磁感应原理，把压力变化转换成自感或互感系数变化，通过测量电感，便可以测量压力的大小，实现压力-电感转换。

（5）谐振式压力传感器（频率式压力传感器）　谐振式压力传感器是通过压力形成的应力改变弹性元件的谐振频率，实现压力-频率转换。适合与计算机配合，进行集中压力测量、显示、控制。根据谐振原理可以将谐振式压力传感器分为电式、机械式、原子式三种。

（6）光纤式压力传感器　光纤式压力传感器主要有三种类型：强度调制型光纤压力传感器，大多是基于弹性元件受压变形发生位移变化，改变光纤与弹性元件的距离，从而改变了光纤接收到的反射光量，对光强进行调制；相位调制型光纤压力传感器，利用光纤本身作为敏感元件，压力引起变形器产生位移，导致光纤弯曲而调制光强度；偏振调整型光纤压力传感器，主要是利用晶体的光弹性效应（晶体受压后折射率发生变化，呈现双折射现象）。这类传感器抗干扰能力强、灵敏度高，适合高压、易燃易爆介质的压力测量。

◎ 7.3　流量测量

7.3.1　概述

7.3.1.1　流量的定义、分类及单位

流体移动的量称为流量。根据时间可以把流量分为瞬时流量和累积流量。单位时间里流过工艺管道或明渠有效截面的流体的量称为瞬时流量 q；一定时间间隔 $[t_1, t_2]$ 内流过该有效截面的流体总量称为总量或累积流量 Q。测量瞬时流量的仪表称为流量计；测

量累积流量的仪表称为总量表或计量表。可见，累积流量是瞬时流量在该时间间隔上的积分，即

$$Q = \int_{t_1}^{t_2} q\mathrm{d}t$$

根据计算流体数量的办法或单位的不同，流量可分成体积流量 q_v 和质量流量 q_m。根据质量和体积的关系可知体积流量与质量流量的关系为

$$q_m = \rho q_v$$

式中，ρ 表示流体的密度。由于密度是温度、压力的函数，因此必须注意不同压力、不同温度下相同体积流量对应的质量流量是不同的。液体的密度受压力影响不大，可以忽略；要求测量精度较高或温度变化很大的情况下要考虑温度对液体密度的影响，其他情况可以忽略。气体的密度受压力、温度影响均很大，测量气体体积流量的同时要指明其工作压力和温度状态。定义 20℃ 温度、101325Pa 压力下的气体体积流量为标准体积流量。通过气体状态方程可以进行其他状态下体积流量和标准体积流量的相互转换。

体积流量和质量流量有不同的单位，表 7-14、表 7-15 分别给出了常用的体积流量、质量流量单位及其换算。

表 7-14　体积流量单位换算表

单位	升/分(L/min)	米³/小时(m³/h)	英尺³/小时(ft³/h)	英加仑/分(UKgal/min)	美加仑/分(USgal/min)	(美国)桶/天(bbl/d)
升/分(L/min)	1	0.06	2.1189	0.21997	0.264178	9.057
米³/小时(m³/h)	16.667	1	35.314	3.667	4.403	151
英尺³/小时(ft³/h)	0.4719	0.028317	1	0.1038	0.1247	4.2746
英加仑/分(UKgal/min)	4.546	0.02727	9.6325	1	1.20032	41.1
美加仑/分(USgal/min)	3.785	0.02273	8.0208	0.8326	1	34.28
美国桶/天(bbl/d)	0.1104	0.006624	0.23394	0.02428	0.02917	1

表 7-15　质量流量单位换算表

单位	千克/小时(kg/h)	千克/分(kg/min)	千克/秒(kg/s)	吨/小时(t/h)	磅/小时(lb/h)	磅/秒(lb/s)
千克/小时(kg/h)	1	16.7×10^{-3}	278×10^{-6}	0.001	2.205	612×10^{-6}
千克/分(kg/min)	60	1	16.7×10^{-3}	0.06	132.3	36.7×10^{-3}
千克/秒(kg/s)	3600	60	1	3.6	7.94×10^3	2.205
吨/小时(t/h)	1000	16.7	278×10^{-3}	1	2205	612×10^{-3}
磅/小时(lb/h)	0.454	27.2	126×10^{-6}	0.454×10^{-3}	1	278×10^{-6}
磅/秒(lb/s)	1633	0.006624	0.454	1.633	3600	1

7.3.1.2　流量的测量方法

流量是一个动态量，处于运动状态的液体不仅内部存在着黏性摩擦作用，还会产生不稳定的旋涡和二次流等复杂流动现象。因此，流量计是少数几种使用比制造艰难的仪表之一。

由于流量的应用领域广泛，流体种类繁多，流量分类多样等原因决定了流量仪表的种类繁多。目前已投入使用的流量计已超过100种。从不同的角度出发，流量计有不同的分类方法。

（1）根据测量对象是封闭管道内流体还是明渠内流体分　流量仪表分成封闭管道流量计和明渠流量计。封闭管道流量计在工业过程用得较多，明渠流量计较为广泛地用于环保及农业工程。

（2）按测量原理分

① 电学原理　电磁式、差动电容式、电感式、应变电阻式等。

② 声学原理　超声波式、声学式（冲击波式）等。

③ 热学原理　热量式、直接量热式、间接量热式等。

④ 光学原理　激光式、光电式等。

⑤ 物理原理　核磁共振式、核辐射式等。

⑥ 其他原理　如标记原理、相关原理等。

（3）按流量计检测信号反映的是体积流量还是质量流量分

① 体积流量计　容积式、速度式、差压式、流体阻力式、旋涡式、电磁式、热式等。

② 质量流量计　直接测量式、推导式等。

7.3.1.3　流量计的选型原则

流量计选型要根据生产要求，从被测流体的性质及流动情况的实际出发，综合考虑测量的安全性、准确性和经济性，合理选择取压装置的方式和测量仪表的形式及规格。

安全可靠性上首先要保证测量方式可靠，即在运行中不会因机械强度或电气回路故障引起事故；其次测量仪表无论在正常生产或故障情况下都不致影响生产系统的安全。因此，一般优先选用标准节流装置，而不选插入式流量计等非标准测速装置，以及结构强度低的靶式、涡轮流量计等。

环境条件对流量计选型也起到了至关重要的作用。易燃易爆场合应选用防爆型仪表；为保证流量计使用寿命及准确性，选型时还要注意仪表的防振要求；湿热地区要选择湿热式仪表等。

选型时还要充分考虑被测介质的物理、化学特性。仪表的耐压程度应稍大于被测介质的工作压力，一般取1.25倍，以保证不发生泄漏或意外。

量程范围（最大流量、最小流量、常用流量）的选择，主要是量程上限的选择。过小易过载，损坏仪表；过大有碍于测量的准确性。一般可选为实际运行中最大流量的1.2～1.3倍。

安装在管道上长期运行的接触式仪表，还应考虑流量测量元件带来的能量损失。一般情况下，在同一生产管道中不应选用多个压损较大的测量元件，如节流元件等。

总之，应在对各种测量方式和仪表特性作全面比较的基础上选择适于生产要求的、既安生可靠又经济耐用的最佳仪表类型。表7-16给出了流量计选型应考虑的因素。

表7-16　流量计选型考虑因素

仪表性能	精确度、重复性、线性度、测量范围、压损、信号输出特性、响应时间
流体特性	压力、温度、密度、黏度、润滑性、化学性质、磨损、腐蚀、结垢、脏污、气体压缩系数、等熵指数、比热容、电导率、声速、热导率、多相流、脉动流
安装条件	管道布置方向、流动方向、上下游管道长度、管道口径、维护空间、管道振动、接地、电/气源、附属设备（过滤、消气）、防爆
环境条件	环境温度、湿度、安全性、电磁干扰、维护空间
经济因素	购置费、安装费、维修费、校验费、使用寿命、运行费（能耗）、备品

7.3.1.4 流量测量涉及的几个重要流体性能参数

（1）黏度 流体的黏性是指流体内部有抗拒变形、阻碍流体流动的特性。衡量流体黏性大小的物理量称为黏度，分为动力黏度和运动黏度。

（2）雷诺数 雷诺数是表征流体流动时惯性力与黏性力之比的物理量。雷诺数是判断流体流动状态的准则。

（3）层流与紊流 层流指流体在细管中流动的流线平行于管轴时的流动；紊流指流体在细管中流动的流线相对混乱的流动。根据雷诺数可以判断流体是处在层流还是紊流状态。流体处在层流与紊流两种不同流动状态时，其管内的速度分布大不相同。

7.3.2 节流式流量计

节流式流量计（又称为差压式流量计，变压降式流量计）是一类历史悠久、技术成熟完善的流量仪表。它具有结构简单、安装方便、工作可靠、成本低、设计加工已经标准化等优点。这些优点决定了节流式流量计是工业领域应用最广泛的流量测量仪表，特别适合大流量测量。这类流量计的缺点是压损较大、精度不高、对被测介质特性比较敏感、属非通用仪表。因此，尽管节流式流量计发展较早，但随着其他各种形式的流量仪表的不断完善和开发，随着工业发展对流量计测量要求的不断提高，节流式流量计在工业测量中的地位正在逐渐地被先进的、高精度的、便利的其他流量仪表所取代。

7.3.2.1 工作原理

节流式流量计是利用流体流动过程中一定条件下动能和静压能可以相互转换的原理进行流量测量的。节流式流量计由节流装置及差压测量装置两部分组成。节流装置安装在被测流体的管道中，流体流经节流装置时产生节流现象，动能与静压能相互转换，节流装置前后产生与流量（流速）成比例的差压信号；差压测量装置接收节流装置产生的差压信号，将其转换为相应的流量进行显示。

在质量守恒、能量守恒以及流体连续性基础上可以推导出节流装置前后压差与流量的关系式为

$$q_m = \frac{C}{\sqrt{1-\beta^4}} = \varepsilon \frac{1}{4} \pi d^2 \sqrt{2\rho_1 \Delta p} \tag{7-6}$$

$$q_v = \frac{C}{\rho_1 \sqrt{1-\beta^4}} = \varepsilon \frac{1}{4} \pi d^2 \sqrt{\frac{2}{\rho_1} \Delta p} \tag{7-7}$$

式中 q_m——瞬时质量流量；

q_v——瞬时体积流量；

C——流出系数；

β——节流件开孔尺寸、管道直径比，$\beta = \dfrac{d}{D}$；

ε——可膨胀性系数，对不可压缩流体 $\varepsilon=1$，可压缩流体 $0<\varepsilon<1$；

d——工作温度下节流件开孔直径；

ρ_1——流体流经节流件前的密度；

Δp——节流件前后差压。

采用工业过程惯用单位：q_m，kg/h(t/h)；q_v，m³/h；d、D，mm；ρ_1，kg/m³；Δp，Pa 以后，式(7-6)、式(7-7) 变为

$$q_m = 0.004 \frac{C}{\sqrt{1-\beta^4}} = \varepsilon d^2 \sqrt{\rho_1 \Delta p}$$

$$q_v = 0.004 \frac{C}{\sqrt{1-\beta^4}} = \varepsilon d^2 \sqrt{\frac{1}{\rho_1} \Delta p}$$

7.3.2.2 节流装置

(1) 节流装置分类　节流式流量计有标准化和非标准化两类。关于节流式流量计的标准化，1980 年国际标准组织（ISO）出版了 ISO 5167，1993 年国内出版了采用 ISO 5167-1（1991）的节流式流量计的国家标准 GB/T 2624—93。按标准设计、制造、安装、使用的节流装置称为标准节流装置，可直接使用，无需进行实验标定。标准节流装置由节流件、取压装置及测量所需直管段（一般由厂家提供，要求内壁光滑）三部分组成。非标准节流装置多用于脏污介质、低雷诺数、高黏度、非圆管道、超大或超小管径等情况下的流量测量，是对标准节流装置的一种补充。需要注意的是无论是标准节流装置还是非标准节流装置，都是非通用型的，需要按照具体要求设计、安装、使用，只适用于设计工况。

(2) 节流件　用于标准节流装置的节流件称为标准节流件，主要包括标准孔板 [图 7-27(a)]、标准喷嘴 [图 7-27(b)] 及文丘里管 [图 7-27(c)] 三类。ISO5167-1 及 GB/T 2624—93 中对标准节流件的参数有详细规定，设计、安装、使用时都要严格按规定进行。标准孔板是最典型、最简单、最实用的标准节流件，性能稳定可靠、使用期限长、价格低廉，但是压损比较大；标准喷嘴、文丘里管相对孔板压损较小，但是结构复杂、不易生产。对压损要求不高情况时首选孔板。相同差压下经典文丘里管压损最小，并且要求的上游最小直管段最短。

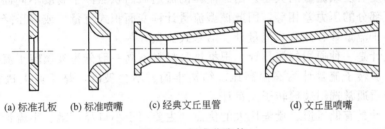

(a) 标准孔板　　(b) 标准喷嘴　　(c) 经典文丘里管　　　　(d) 文丘里喷嘴

图 7-27　标准节流件

标准节流件使用方便，但管道直径、直径比、雷诺数、管内壁粗糙度等均有严格限制，不适用于动流和临界流的流量测量。因此，需要用非标准节流件来进行补充，表 7-17 列出了部分特殊用途的非标准节流件。

表 7-17　非标准节流件

用途	节流件名称
低雷诺数节流装置	1/4 圆孔板、锥形入口孔板、双重孔板
测量脏污流体流量	圆缺孔板、偏心孔板、楔形孔板
低压损装置	道尔管、罗洛斯管、通用文丘里管、弯头、环形管、均速管
小管径装置	内藏孔板、一体化流量传感器
宽范围度装置	线性孔板
临界流装置	临界流文丘里喷嘴

(3) 取压方式　常用的取压方式有角接取压、法兰取压、径距取压（也称 D 和 $D/2$ 取压）、理论取压及管接取压五种，角接取压用得最多，其次是法兰取压。GB/T 2624—93 规定角接取压装置和法兰取压装置是标准取压装置。为了保证测量精度及防止取压口堵塞，各种取压方式都规定了取压口位置、取压口直径、取压口加工及配合等，必须严格遵守，否

则，微小变化都会带来较大的测量误差。表 7-18 给出这五种取压方式中取压口位置。标准孔板可以采用角接取压、法兰取压或径距取压；标准喷嘴采用角接取压；长径喷嘴采用径距取压；文丘里喷嘴上游采用角接取压，下游采用理论取压；经典文丘里管上游采用入口圆筒段上取压，下游采用理论取压。

表 7-18　常见取压方式

取压方式	上、下游取压口位置（D 为管道直径）
角接取压	上、下游侧取压口中心至孔板（或喷嘴）的前后端面处
法兰取压	上、下游取压口至孔板上、下游侧端面的距离均为（25.4±0.8）mm
径距 （D 和 $D/2$）取压	上游侧取压口中心至孔板（或喷嘴）上游端面的 距离为 $D\pm0.1D$，下游侧取压口中心至孔板（或喷嘴）下游端面的距离为 0.5D
理论取压	上游侧取压口中心至孔板上游端面的距离为 $D\pm0.1D$，下游侧取压口中心位于理论上流束最小截面处
管接取压	上游侧取压口中心至孔板上游端面的距离为 2.5D，下游侧取压口中心至孔板下游端面的距离为 8D

7.3.3　转子流量计（又称浮子流量计）

当流体自下而上地流经一个上宽下窄的锥形管时，垂直放置的转子（浮子）因受到自下而上的流体的作用力而移动。当此作用力与浮子的重力相平衡时，浮子即静止在某个高度。浮子静止的高度可反映流量的大小。由于流体的流通截面积随浮子高度不同而异，而浮子稳定不动时上下部分的压力差相等，因此该型流量计称变面积式流量计或等压降式流量计。这类流量计有转子流量计、冲塞式流量计、活塞式流量计等。

转子流量计是一种通用的流量计。根据锥管材料不同一般分为玻璃转子流量计和金属转子流量计。金属转子流量计耐高温高压、结构牢固、不会破碎，是工业上最常用的。小管径、腐蚀性介质通常选用玻璃转子流量计。

转子流量计具有低压损、量程比大的优点，主要用于小口径，微、小流量，小雷诺数情况下的流量测量。缺点是精度较低；流量和转子位置是非线性的关系；受被测介质物性参数影响较大，当测量的被测介质与仪表刻度标度时的被测介质不同或工况变化时，都要对转子流量计重新标定。

转子流量计必须垂直安装，被测流体自下而上地流过锥管。

7.3.4　动压式流量计

(1) 工作原理　通过测量流体的动量来测量流量的流量计称为动量式流量计。由流体力学中的伯努利方程可知流动流体的动量与流速有一定关系，流速又反映了流量的大小。因此，通过测量动量可以测量流量。动量式流量计大多是利用检测元件把动量转换为压力、位移或力等，然后测量流量。典型的仪表有靶式流量计、挡板流量计、动压管流量计、皮托管等。

(2) 靶式流量计　靶式流量计是 20 世纪 60 年代发展起来的一种动量式流量计。这类仪表是将流动流体的动量转换成阻力体受力，通过测力实现流量测量。靶式流量计的特点是：流量系数几乎不受雷诺数的影响，因此适宜测量高黏度、低雷诺数流体的流量；阻力体——靶悬于管道中央，因此不易堵塞及冻结，适宜测量含悬浮物、沉淀物流体的流量；通用性强；日常维护工作量小。靶式流量计的缺点是流量与检测信号间是非线性关系，并且仪表精度不高。

(3) 动压管流量计　动压管流量计是将管道弯成半圆形，通过测量流体对弯曲管道的作用力测量流体流量。这类流量计的最大特点是测量几乎不受黏度的影响，适合高黏度、低雷诺数的流体流量测量；同时，由于管道内没有凸出部件，适合测量含悬浮物、沉淀物的流体流量。

（4）皮托管流量计、均压管流量计（又称阿牛巴流量计）　皮托管及在其基础上发展起来的测量评价流量的均压管可以直接测量动压力。均压管适用的管径范围宽，压损小，性能稳定，是一种节能仪表。缺点是仪表输出信号小，量程比小。这类仪表使用时要注意测量管正对来流方向，前后要有足够长的直管段，被测介质清洁。

7.3.5　容积式流量计

（1）工作原理　容积式流量计又称定排量流量计或正排量流量计（Positive Displacement Flow Meter），简称 PD 或 PDF，是流量仪表中精度最高的一类。它利用特殊形状的测量元件把流体连续不断地分割成单个已知的体积部分。根据计量室逐次、重复地充满和排放该体积部分流体的次数来测量流量体积总量。

容积式流量计的种类很多，常用的有椭圆齿轮（奥巴尔）流量计、腰轮（罗茨）流量计、双转子流量计、刮板流量计、旋转活塞流量计、往复活塞流量计、圆盘流量计、皮膜流量计（煤气表）等。

（2）容积式流量计的特点及适应范围　容积式流量计的优点是：①计量准确度高，通常容积式流量计被用来计量昂贵介质或用于要求高精度的测量场合；②对上游的流动状态不敏感，不要求有较长的前后测量所需直管段；③量程比宽；④操作简单；⑤流体密度、黏度等参数对测量影响不大，适合高黏度流体流量测量；缺点是：①结构复杂，体积笨重，价格昂贵，一般仅用于中、小口径管道；②适应范围较窄；③检测元件易卡死，安全性差，只能测量清洁介质的流量。

（3）容积式流量计的选择　容积式流量计选型时要综合考虑被测介质特性、测量范围、工作压力、温度等工况、价格、性能等各种因素，选择合适的流量计。

① 被测介质是液体　高黏度的油类可以采用刮板式容积流量计；低黏度的油类以及水的流量测量，可以采用椭圆齿轮式、腰轮式等容积流量计；准确度要求不高的场合，也可采用旋转活塞式或刮板式容积流量计。

② 被测介质是气体　对于气体流量的测量，一般可采用转筒式或旋转活塞式容积流量计。煤气计量中，最常用皮膜式容积流量计。一些准确度要求较高的测量中，有时也采用齿轮型气体容积流量计。

③ 量程选择　流量测量下限 q_{min} 根据流量计误差特性来决定，即 q_{min} 时的误差必须在允许误差范围之内；流量测量上限 q_{max} 要根据流量计运动部件的磨损情况而决定。流量过大，会导致流量计运动部件加速磨损而引起泄漏量增加，误差增加。一般选择为 $q_{max} \approx 5 \sim 10 q_{min}$。

（4）容积式流量计使用时的注意事项

① 由于容积式流量计内部有可动部分，因此，要保证被测流体清洁，使用时要在容积式流量计前加过滤器，测量含气体的液体的流量时需设消气器。

② 由于温度对零件性能有很大影响，因此，容积式流量计一般不适合高低温场合，大致使用范围是 $-30 \sim 160℃$、小于 $100MPa$。

③ 容积式流量计可以水平或垂直安装。垂直安装只适合小口径管道。水平安装流量计装在主管道，垂直安装流量计装在副管道。

④ 如果使用时被测介质的流量过小，仪表的泄漏误差的影响就会突出，不能再保证足够的测量精度。因此，不同型号规格的容积式流量计对最小使用流量有一允许值，实际被测

233

流量必须大于该下限流量允许值。

⑤ 避免强磁场干扰，避免环境有振动。

7.3.6 电磁流量计

7.3.6.1 工作原理

电磁流量计是 20 世纪 60 年代随着电子技术的发展而迅速发展起来的新型流量测量仪表，由传感器、转换器和显示仪表组成，利用法拉第电磁感应定律工作，将流量测量转换成感应电势的测量。如图 7-28，均匀磁场中垂直于磁场方向放置一个不导磁管道，导电液体在管道中以一定流速流动时切割磁力线，将在与流体流动方向和磁场方向都垂直的方向上产生感应电势。可以证明，当管道直径确定并保持磁场磁感应强度不变时，感应电势与体积流量具有线性关系。在管道两侧插入电极，通过测量感应电势可以实现流量测量。

7.3.6.2 电磁流量计的特点及应用

（1）电磁流量计的优点

① 由于电磁流量计不受液体压力、温度、黏度、电导率等物理参数的影响，所以测量精确度高、工作可靠。

② 测量管内无阻流件或凸出部分，因此无附加压力损失。

③ 只要合理选择电极材料，即可达到耐腐蚀、耐磨损的要求，因此，使用寿命长，维护要求低。

④ 可以测定水平或垂直管道中正、反两个方向的流量。

⑤ 输出信号可以是脉冲、电流或频率等方式，比较灵活。

⑥ 测量范围大，可以任意改变量程。

⑦ 无机械惯性，因此反应灵敏，可以测量瞬时脉动流量。

（2）电磁流量计的缺点

① 电磁流量计造价较高。

② 信号易受外界电磁干扰。

③ 只能测量导电流体，不能用于测量气体、蒸气以及含有大量气体的液体。

④ 目前还不能用来测量电导率很低的液体，对石油制品或者有机溶剂等还无能为力。

⑤ 由于测量管绝缘衬里材料受温度的限制，目前还不能测量高温高压流体。

⑥ 不能测含气泡的流体，易引起电势波动。

这些不足严重影响了电磁流量计在工业管道流量测量中的广泛应用。近年来，随着电子技术等相关行业的发展，电磁流量计不断改进更新，新产品不断涌现，已向微机化发展。

（3）电磁流量计的应用领域 电磁流量计在工业上广泛应用于化工化纤、食品、矿冶、环保、钢铁、石油、制药等领域，用来测量各种酸碱盐溶液、泥浆、矿浆、纸浆、纤维浆、糖浆、石灰乳、污水、冷却原水、给排水、双氧水、啤酒、麦汁、各种饮料、黑液等导电流体介质的体积流量。从工作原理上可知电磁流量计只适合导电流体的流量测量。同时，由于电磁流量计内部无可动部分，不会堵塞，特别适合测量含悬浮物、固体颗粒、纤维等杂质的液体流量；流量公式几乎不受被测介质物性参数影响，因此适合测量高黏度流体流量；只要合理选择电极材料，即可测量腐蚀性流体流量。近年来，电磁流量计在大管径流量计量方面的优势凸显；同时，稍加改动就可实现双向流动流体的流量测量。

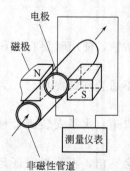

电极
磁极
N
S
测量仪表
非磁性管道

图 7-28 电磁流量计原理

7.3.6.3 电磁流量计的选用、安装及使用注意事项

（1）电磁流量计的选用原则

① 电磁流量计的传感器口径通常选用与管道系统相同的口径。

② 仪表满量程要大于被测介质的最大预计流量值；常用流量大于满量程的 1/2。

③ 根据被测介质的压力和温度情况选择合适的电磁流量计，保证流量计安全可靠。

（2）电磁流量计的安装使用注意事项

① 保证电磁流量计上、下游直管道要求：上游至少有 5D，下游至少有 3D。

② 在电磁流量计的安装中，传感器接地环要接地可靠，接地电阻要小于 10Ω。

③ 做好抗电磁干扰和抗振动工作。

④ 必要时安装整流器，保证稳定流体流动状态，保证测量精度。

⑤ 环境要求：温度在 $-10\sim45℃$ 之间；空气的相对湿度不大于 85%。

7.3.7　流体振动式流量计（又称旋涡式流量计）

（1）工作原理　流体振动式流量计是一类相对新型的流量仪表，利用流体振动原理测量流量。根据旋涡形式的不同，旋涡式流量计分成两类：利用流体自然振动的卡门涡街流量计（也叫卡门型旋涡流量计、涡街流量计）和利用流体强迫振动的旋进旋涡流量计。旋涡式流量计已经广泛应用在石油化工、冶金、机械、纺织、制药等工业领域，是一类发展迅速、前景广阔的流量计。

① 卡门涡街流量计　涡街流量计的工作原理是流体力学的卡门涡街原理。垂直放置一个非流线型对称形状物体，流体绕过阻流元件时出现附面层分离，在阻流元件左右两侧的后方交替产生旋涡，旋涡稳定情况下旋涡的释放频率与正比于流过旋涡发生体的流体平均速度，即振动频率与流量存在对应关系。

② 旋进旋涡流量计　旋进旋涡流量计的工作原理是流体强迫振动。在管道中放置旋涡发生器，强迫流体产生围绕流动轴线旋转的旋涡，成为旋转流继续旋进。雷诺数、马赫数一定前提下，旋进频率与流体的体积流量成线性关系。

（2）旋涡式流量计的特点及应用　旋涡式流量计具有以下优点：结构简单、测量范围宽；输出脉冲数字信号，与微机联网便利；仪表内部无机械可动部分，因此不堵、不卡、不易结垢、可靠性高；几乎不受介质的密度、黏度、温度、压力的影响，同时，耐高温高压，安全防爆；与节流式流量计相比压损失小等。

受检测原理限制，旋涡式流量计的局限性主要表现在：对入口管路直管段长度的要求高；测量管径不能太大；测量所需流动雷诺数下限较高；在靠近强烈振动时，可靠性变差。

鉴于以上特点，旋涡式流量计特别适用于恶劣环境下的流量测量，已广泛用于石油化工、冶金、造纸等行业，越来越受到人们的重视，正处在不断发展完善中，具有广阔的发展前途。涡街流量计可以测量液体、气体和蒸气的流量，旋进旋涡流量计目前还只能用于气体流量测量。

（3）光纤旋涡流量计　光纤旋涡流量计是采用光导纤维做阻流元件。光纤受到流体旋涡的作用而振动，通过该振动对光纤中的光进行调制、传输、检测。

这种流量计具有测量可靠，压损小等优点，广泛用于纯流体的液体和气体测量。

7.3.8　涡轮流量计

（1）工作原理　涡轮流量计是以动量守恒原理为基础的。在管道中安装一个可以绕轴旋转的叶轮或涡轮，当流体冲击叶轮或涡轮时产生动力，相对于轴心形成动量矩。旋转角速度随着动量矩的变化而变化，即流量随着动量矩的变化而变化。涡轮流量计是典型的速度式流量计。随着科学的不断发展，涡轮流量计将向着小型化、高度集成化、智能化方向发展。

（2）特点、应用及安装　涡轮流量计具有准确度高、量程比大、适应性强、反应迅速等优点，并且能够输出数字信号。因此广泛用于工矿、石油、化工、冶金、造纸等行业，因传感器全部采用非金属材料，在水处理行业上使用尤为适用，民用水表就是典型的涡轮流量计。

因为涡轮流量计中存在旋转的叶轮或涡轮，所以被测介质必须是清洁、无腐蚀性的；同时，涡轮流量计受介质密度、黏度影响较大，必要时要对密度、黏度进行补偿、修正。

涡轮流量计只能水平安装，并保证其前后有足够的直管段，保证流体的流动方向与仪表外壳的箭头方向一致，不得装反。

7.3.9　超声波流量计

超声波流量计是近十几年来随着集成电路技术迅速发展才开始应用的一种非接触式仪表。超声波流量计由超声波换能器、电子线路及流量显示和累积系统三部分组成。超声波换能器用来发射和接收超声波；超声波流量计的电子线路包括发射、接收、信号处理和显示电路；测得的瞬时流量和累积流量值用数字量或模拟量显示。

超声波在流体中的传播速度受被测流体流速的影响，超声波流量计就是根据这一点进行流量测量的。根据检测的方式，可分为传播速度差法、多普勒法、波束偏移法、噪声法及相关法等不同类型的超声波流量计。

直接时差法、时差法、相位差法、频差法等都属于传播速度差法，其中时差法和频差法应用最广泛。传播速度差法通过测量超声波脉冲顺流和逆流传播时速度之差来反映流体的流速。传播速度差法主要用来测量洁净的流体流量，此外它也可以测量杂质含量不高的均匀流体，如污水等介质的流量。

多普勒法是利用声学多普勒原理，通过测量不均匀流体中散射体散射的超声波多普勒频移来确定流体流量。只能用于测量含有适量能反射超声波信号的颗粒或气泡的流体。

相关法是利用相关技术测量流量。测量与流体温度、浓度等无关，因而测量准确度高，适用范围广，但相关器件价格贵，线路比较复杂。

噪声法（听音法）是利用管道内流体流动时产生的噪声与流体的流速有关的原理，通过检测噪声表示流速或流量值。其方法简单，设备价格便宜，但准确度低。

一般说来，由于工业生产中工质的温度常不能保持恒定，故多采用频差法及时差法，只有在管径很大时才采用直接时差法。

超声波流量计适于测量不易接触和观察的流体以及大管径流量。管外安装不会改变流体的流动状态，不产生附加阻力，仪表的安装及检修均可不影响生产管线运行，因而是一种理想的节能型流量计。超声测量仪表的流量测量准确度几乎不受被测流体温度、压力、黏度、密度等参数的影响，适合测量强腐蚀性、非导电性、放射性及易燃易爆介质的流量。

在具有高频振动噪声的场合，超声波流量计有时不能正常工作。超声波流量计目前所存在的缺点主要是可测流体的温度范围受限制。

7.3.10　质量流量计

上述介绍的流量计大都是测量流体的体积流量的。在工业生产中，很多情况下需要的都是质量，因此，需要对质量流量进行测量。实现质量流量测量的方法有两类：一类是通过体积流量乘以密度换算得到质量流量，称为推导式（外补偿式）；一类是直接测量质量流量，称为直接式（内补偿式）。

直接式质量流量计又可分成热量式、科氏力式、角动量式和差压式等。差压式质量流量计的工作原理是马格纳斯诱导回流效应；科氏力质量流量计是通过测量科里奥利力进行流量测量；角动量式根据动量原理通过检测流体动量实现质量流量测量；热量式质量流量计通过测量随流体流动的热量来测量质量流量。生产过程中大量使用的直接式质量流量计是科氏力式和热量式，特别是科氏力流量计在原理上消除了温度、压力、流体状态、密度等参数对测量的影响，可以适应气体、液体、两相流、高黏度流体和糊状介质的测量，是一种高精度的适应范围很广的测量方法，还具有压损小、自排空、保持清洁等众多优点，是流量测量的发展方向之一。

推导式质量流量计主要是体积流量计配上密度计，通过运算获得质量流量。计算机技术、智能仪表等技术的发展推动了这类仪表的迅速发展，使该方法得以推广。

◎ 7.4　物位测量

7.4.1　概述

关于物位测量，在生产生活中随处可见。所谓物位指存储容器或生产设备里液体、固体、气体高度或位置。液体液面的高度或位置称为液位；固体粉末或颗粒状固体的堆积高度或表面位置称为料位；气-气、液-液、液-固等分界面称为界位。液位、料位、界位统称为物位。物位测量就是正确测量容器或设备中储存物质的容积、质量等。物位不仅反应了物料消耗、产量计量，也是保证生产连续、安全进行的重要因素。

物位测量仪表的种类很多，按照测量原理来分大致可以分成直读式、浮力式、差压式、电学式、声学式、核辐射式及射流、激光、微波、振动式等；按照被测介质的种类，物位测量仪表可分成液位计、界位计和料位计。

国内物位测量市场庞大，竞争激烈。国内物位仪表生产厂家众多，但大多技术含量较低。高档的现代新型仪表大多进口，特别是大型企业用的物位仪表基本都是进口仪。因此，开发、生产高档先进的物位仪表仍然是国内物位仪表市场的关键。

7.4.2　浮力式液位计

浮力式液位计是应用最早的一类液位仪表，根据浮力原理测量液位。此类仪表通过检测浮子位置的变化或浮子所受浮力的变化来进行液位的测量。配备计算机后，可以具有自检、自诊断和远传的功能，利用它可以高精度地测量大跨度的液位。浮力式液位计结构简单、价格低廉，在工业生产中得到广泛应用。

根据浮子所受浮力的不同，浮力式液位计可以分为恒浮力式和变浮力式两类。

（1）恒浮力式　如图 7-29 所示，对浮在液面的浮子受力分析，浮子本身的重力与所受浮力之差和重物重力平衡，浮子浮在液体表面。因浮子静止时受到的浮力是恒定的，因此，这种液位测量方法称为恒浮力式液位测量。浮球液位计、磁翻板式液位计、浮子钢带式液位计都是典型的恒浮力式液位计。

（2）变浮力式　如图 7-30 所示，浮子在液体中浸没的高度不同，所受的浮力大小也会发生变化，这种液位测量方法称为变浮力液位测量。扭力管式浮筒液位计、轴封膜片式浮筒液位计是典型的变浮力式液位计。

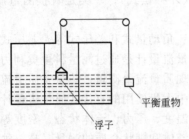

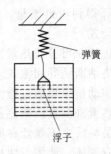

图 7-29　恒浮力式液位测量　　　　图 7-30　变浮力式液位测量

　　浮力式液位计结构简单、读数直观、可靠性高、价格较低，适于各种储罐的测量，尤其是变浮力式液位计还能实现远传和自动调节。恒浮力式液位计的缺点是存在摩擦，引入测量误差。采用大直径的浮子能够有效地减小摩擦误差；变浮力式液位计的缺点是测量与液体密度有关，使用中要注意进行密度修正。

7.4.3　差压式液位计

　　(1) 工作原理与应用　密封容器内的液位测量通常采用差压式液位计。由于差压式液位计测量差压的仪表与压力、流量测量仪表通用，仪表结构简单，安装方便，使得这类仪表的使用相当普遍，尤其是广泛用于石油化工领域。如图 7-31 所示，高度为 H 的液柱在 A、B 间产生的差压可表示为

$$\Delta p = H \rho g \tag{7-8}$$

　　式中　Δp——高度为 H 的液柱产生的差压；

　　　　　H——液柱高度；

　　　　　ρ——被测介质密度；

　　　　　g——重力加速度。

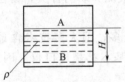

图 7-31　差压式液位计原理

　　从式(7-8)中可以看出液柱产生的差压与本身高度成正比，通过测量差压可以测量液位。当采用法兰式差压计、用隔离膜隔离被测液体与仪表、用硅油传递压力时差压式液位计可以用来测量腐蚀性、大黏度、含悬浮颗粒、易凝固的液体。

　　(2) 零点迁移　当差压计安装位置低于最低液位或中间有隔离罐时，差压计输出零点与最低液位不再对应，此时要进行零点迁移，使被测液位为零时差压计输出为起始值。零点迁移示意图如图 7-32 所示。

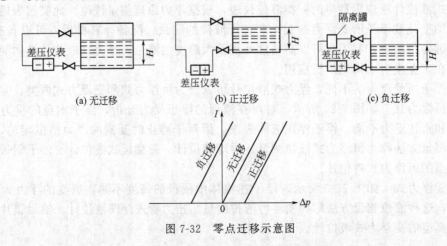

图 7-32　零点迁移示意图

7.4.4　电容式物位计

电容式物位计是通过测量电容的变化来测量物位的变化。特点是无可动部分，因此测量与物料密度无关，适合测量各种导电、非导电液体或粉末固体的物位测量，是应用最广的一种物位传感器。

（1）电容式物位计的工作原理与应用　电容式物位计由测量电极、前置放大及指示仪表组成。测量敏感元件是两个导体电极（通常把容器壁作为一个电极）。当被测物位在容器内上下移动时，会改变极间介电常数或极板长度，进而改变了圆筒电容器的电容，通过测量电容变化量可以反映物位变化。

（2）射频电容式物位计　射频电容式物位计比普通电容式物位计的工作频率高很多，从而克服了普通电容式物位计抗干扰能力低、温漂大、工作灵敏度低等缺点。更适合高粉尘、涡流、蒸汽或介质易挂料的情况下的物位测量。

7.4.5　超声波物位计

超声波物位计是一种非接触式的物位计，利用超声波在气体、液体或固体中的衰减、穿透能力和声阻抗不同的性质来测量两种介质的界面，应用领域十分广泛。

各种介质对声波的传播都有一定的阻抗，声阻抗与介质的特性有关。根据声波在两种介质界面处的传递方向可以将超声波物位计分成透射式和反射式两类。工作时向界面发射一束超声波，被其反射后，传感器再接收此反射波。当声速一定时，根据声波往返的时间就可以计算出超声波发生器到界面距离，即测量出界面位置。

超声波物位计的优点是检测元件与被测介质不接触，仪表内部没有可动部分，精度高、反应快。因此此类仪表可以检测高黏度液体和粉状体的物位。要注意的是使用时被测介质中不能有气泡和悬浮物，且不适用高温情况。

7.4.6　现代物位检测技术

随着检测手段的提高，检测技术的发展，新的物位检测方式不断涌现。多数应用到环境恶劣、高温高压等情况下的物位检测。核辐射物位计、微波物位计、激光物位计是这类物位测量的代表。

微波物位计（也称雷达物位计）为短量程到长量程连续物位测量提供了可靠的方法，即使极限温度、极限压力、强腐蚀介质、易挥发介质、带搅拌涡流、结垢挂料及高度飞灰粉尘等工况下也能可靠测量。

激光式物位传感器是一种性能优良的非接触式高精度物位传感器。其工作原理与超声波物位传感器相同，只是把超声波换成光波。激光从照射到接收的时间很短，可用于连续物位测量。同时，还可以应用于狭窄开口容器以及高温、高精度的物位检测。

放射性同位素产生的射线能穿透物质，射线强度随着物质厚度变化而变化。通过检测射线强度测量物位的物位计就是核辐射物位计。这类物位计的优点是仪表与被测介质无需接触，测量范围宽，可靠性高，可连续工作。因此适合高温高压、低温、高黏度、腐蚀性、易燃易爆等特殊物位测量。缺点是射线对人体有害，要做好防护措施。

此外，近年来随着高科技的发展，出现了数字式智能化的物位计。这是一种先进的数字式物位测量系统。将其测量部件技术与微处理器的计算功能结合为一体，使得物位测量仪表至控制仪表成为全数字化系统。数字式智能化物位传感器的综合性能指标、实际测量准确度比传统的模拟式物位传感器提高了3～5倍。总之，随着传感器技术的发展，物位测量仪表的形式将会多种多样，应以非接触式为研制重点，向着小型化、智能化、多功能化的方向发展。

第 8 章
在线分析仪表

◎ 8.1 概述

分析仪表是对物质的组成和性质进行分析和测量、并直接指示物质的成分及含量的仪表。分析仪表分为实验室用仪表和工业用自动分析仪表两类，前者由人工现场采样，然后由人工进行分析，其分析结果较准确；后者用于连续生产过程，能自动采样，自动分析，自动指示、记录、打印分析结果，也称为在线分析仪表。

8.1.1 特点及应用场合
在线分析仪表有以下主要特点：
① 仪表专用性强，品种多，批量小，价格高；
② 仪表结构复杂；
③ 机械加工要求高，电子元件要求严格；
④ 使用条件苛刻。
在线分析仪表的主要应用场合见表 8-1。

表 8-1　在线分析仪表的主要应用场合

工艺监督	在生产过程中,合理选择在线分析仪表能迅速准确地分析出参与生产过程的有关物质的成分,以便进行及时的控制,达到最佳生产过程的条件,实现稳产、高效的目的
安全生产	在生产过程中,使用在线分析仪表可进行有害性气体或可燃性气体的含量分析,以确保生产安全,防止事故发生
节约能源	在生产过程中,用在线分析仪表及时分析过程参数,了解加热系统的燃烧情况,对节能降耗可以起到一定的作用
污染监测	在生产过程中,使用在线分析仪表对生产中排放物进行分析,能对环境污染进行监督和控制,使排放物中的有害成分不超过环保规定的数值

8.1.2 分类
在线分析仪表中应用的物理、化学原理广泛而且复杂，因此在线分析仪表的种类繁多，根据测量原理的分类见表 8-2。

表 8-2　在线分析仪表的分类

电化学式分析仪表	如电导仪、酸度计、氧化锆氧分析仪、离子浓度计等
热学式分析仪表	如热导式氢分析仪、可燃气体测爆仪等
磁学式分析仪表	如热磁式氧分析仪、磁力机械式氧分析仪
光学式分析仪表	如红外线分析仪、光电比色式分析仪、分光光度计等
色谱式分析仪表	如气相色谱仪、液相色谱仪等
射线式分析仪表	如 X 射线分析仪、微波分析仪等
物性测量仪表	如水分仪、密度计等

8.1.3 仪表的组成

如图 8-1 所示，较大型的在线分析仪表一般由以下几部分组成。

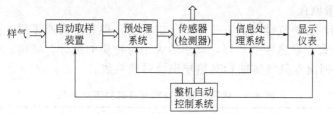

图 8-1 较大型工业在线分析仪表的基本构成

（1）自动取样装置 自动取样装置的作用是定时、定量地从被测对象中取出具有代表性的待分析样品，送至预处理系统。

根据不同的对象和不同分析仪表的要求，有不同的取样方式，如正压取样和负压取样。

（2）预处理系统 预处理系统的作用是对从生产过程中取出的待分析样品加以处理，如稳压、升温、稳流、除尘、除水、清除样品中的干扰组分及对仪表有害的物质等。

预处理系统包括各种化学或物理的处理设备。

（3）传感器（或称检测器） 传感器的作用是将被分析物质的成分含量或物理性质转换成电信号，不同的分析仪表具有不同形式的传感器。

传感器是分析仪器的核心部分，仪表的技术性能在很大程度上取决于传感器的性能。

（4）信息处理系统 信息处理系统的作用是对传感器输出的微弱信号进行放大、对数转换、模/数转换、数学运算、线性补偿等处理，给出便于显示仪表显示的电信号。

（5）显示仪表 显示仪表以指针位移量、数字量或屏幕图文等方式显示分析所获得的结果。

（6）整机自动控制系统 整机自动控制系统的作用是控制仪表各部分自动而协调地工作，如周期地进行自动调零、校准、采样分析、显示等循环过程，以及消除或降低客观条件对测量的影响。

8.1.4 主要性能指标

各种在线分析仪表的主要性能指标包括以下几个方面。

（1）精度（准确度等级） 指仪表分析结果与人工化验分析结果之间的偏差（目前在线分析仪表的精度为 1.0、1.5、2.0、2.5、4.0、5.0 等）。

（2）再现性 指同类产品仪表分析相同样品时，仪表输出信号的误差。

（3）灵敏度 指仪表识别样品最小变化量的能力，即仪表输出信号变化与被测样品浓度变化之比。

（4）稳定性 指在规定的时间内，连续分析同一样品，仪表输出信号的误差。

（5）测量范围 指仪表所能测出最大值和最小值之间的范围。

（6）可靠性 指在正常的使用条件下，无故障连续工作的能力。

（7）时间常数 指若被测量为阶跃变化时，仪表从响应到输出信号达到最终稳定值的 63% 之间的时间间隔。

◎ 8.2 气体分析仪

8.2.1 热导式气体分析仪

热导式气体分析仪是一种使用最早的物理式气体分析仪，用于分析气体混合物中的某个组分的含量。由于具有结构简单、工作稳定、体积小等优点，在生产过程中得以广泛应用，主要用于分析混合气体中的 H_2、CO_2、SO_2、Ar、NH_3 等气体的含量。

8.2.1.1　测量原理

由传热学可知，各种气体都具有一定的导热能力，但程度有所不同，通常用热导率 λ 来表示。热导率 λ 愈大，导热性能愈好，其值的大小与物质的组分、结构、密度、温度、压力等有关，表 8-3 中列出常见气体的相对热导率及温度系数。

表 8-3　常见气体的相对热导率和温度系数

气体名称	相对热导率(100℃时)	温度系数(0～100℃)	气体名称	相对热导率(100℃时)	温度系数(0～100℃)
空气	1.00	0.0028	一氧化碳	0.962	0.0028
氢	7.10	0.0027	二氧化碳	0.700	0.0048
氮	0.996	0.0028	二氧化硫	—	—
氧	1.014	0.0028	氯	0.370	—
氩	0.696	0.0030	甲烷	1.450	0.0048
氨	1.04	0.0048	水蒸气	0.775	—

混合气体的热导率 λ 可以近似为各组分热导率的加权平均值，即

$$\lambda = \lambda_1 C_1 + \lambda_2 C_2 + \cdots + \lambda_n C_n = \sum_{i=1}^{n} \lambda_i C_i \tag{8-1}$$

式中　λ——混合气体的热导率；

λ_i——混合气体中第 i 组分的热导率；

C_i——混合气体中第 i 组分的体积分数。

当某一组分的含量发生变化时，必然会引起混合气体的热导率的变化。热导式气体分析仪就是利用气体的这一性质，通过测量混合气体的热导率来检测混合气体中某一组分（称为待测组分）的含量。

8.2.1.2　热导分析法的使用条件

对于多组分的混合气体，要利用公式(8-1)达到分析混合气体中待测组分含量的目的，必须满足以下两个使用条件。

① 混合气体中除待测组分外，其余各组分的热导率必须相同或十分接近（愈接近，测量精度愈高）。

② 待测组分的热导率与其余各组分的热导率要有明显的差别（差别愈大，测量愈灵敏）。

大多数工业混合气体是不满足使用条件的，因此必须对混合气体进行预处理（又称净化），使其符合测量条件，以保证测量结果的准确性。

8.2.1.3　传感器

热导式气体分析仪的传感器将气体热导率的变化转换成热敏电阻值的变化，以便能通过测量热敏电阻值来分析出待测组分的体积分数。

（1）工作原理　图 8-2 为热导传感器（或称热导池）的原理图。在由金属制成的圆筒形腔体内悬挂作为热敏电阻的铂丝（热敏电阻与腔体之间的电绝缘良好），通过两端的引线通以一定强度的电流 I，产生热量并向四周散发。被测气体从气室的下口流入，

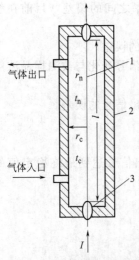

图 8-2　热导传感器原理图
1—热敏电阻；2—热导池
腔体；3—绝缘物

从上口流出，流量被控制成恒定且很小，从而可以忽略气体带走的热量。

在忽略其他方式（热对流、热辐射以及电阻丝轴向热传导等）散发的热量时，当电阻元件产生的热量与气体热传导散失的热量（通过气体传向热导池气壁）相等时，就达到热平衡（即 $Q_1=Q_2$），从而可以导出电阻值和气体热导率之间近似为单值的函数关系。

$$r_n = r_0(1+\alpha t_c) + K \frac{I^2}{\lambda} r_0^2 \alpha \tag{8-2}$$

式中　r_n——电阻元件在平衡温度为 t_n 时的阻值；

　　　r_0——电阻元件在 0℃时的阻值；

　　　α——电阻材料的电阻温度系数；

　　　t_c——气室内壁温度；

　　　λ——混合气体在平均温度 $\dfrac{t_n - t_c}{2}$ 下的热导率；

　　　K——仪表常数，$K = \dfrac{\ln \dfrac{r_c}{r_n}}{2\pi L}$，其中 r_c 为气室的内半径，r_n 为电阻元件的半径。

（2）结构　热导池的结构有分流式、对流式、扩散式和对流扩散式四种，各种结构形式的特点见表 8-4。

表 8-4　热导池的结构形式及特点

结构示意图	特点	结构示意图	特点
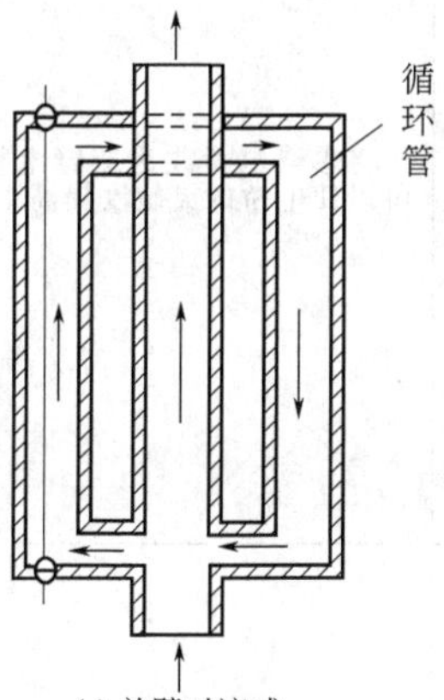 (a) 单臂对流式	反应速度快，滞后小； 气体流量变化对测量有一定的影响； 必须有严格的稳压、稳流措施，才能保证分析结果的可靠性	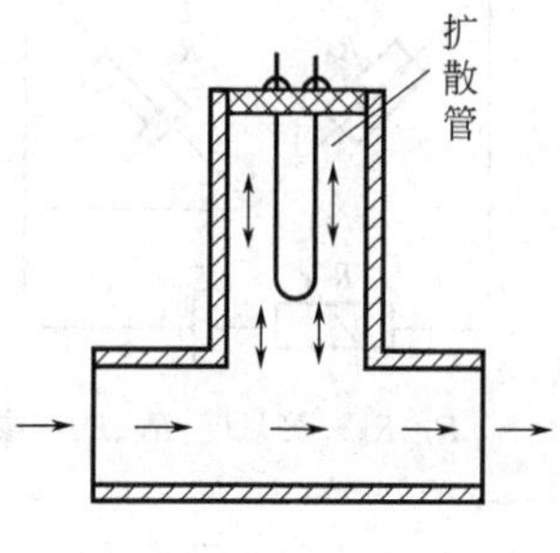 (c) 单臂扩散式	滞后小，适用于分析质量小而扩散系数大的气体； 测量气室内的气体以扩散方式运动，故气体的流量波动不影响分析结果
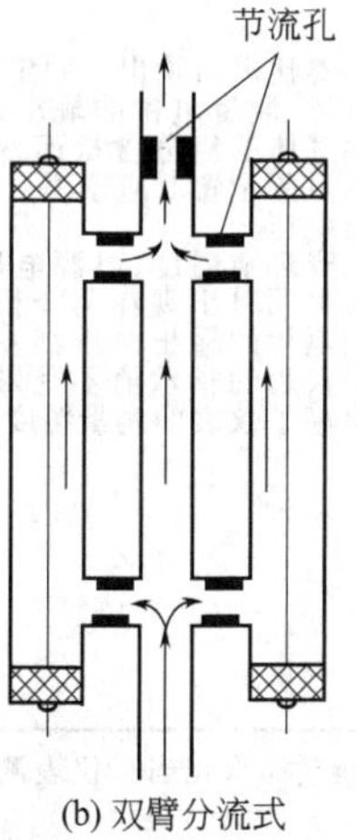 (b) 双臂分流式	待测气体流量变化对测量影响不大； 反应速度慢，滞后大； 动态特性差	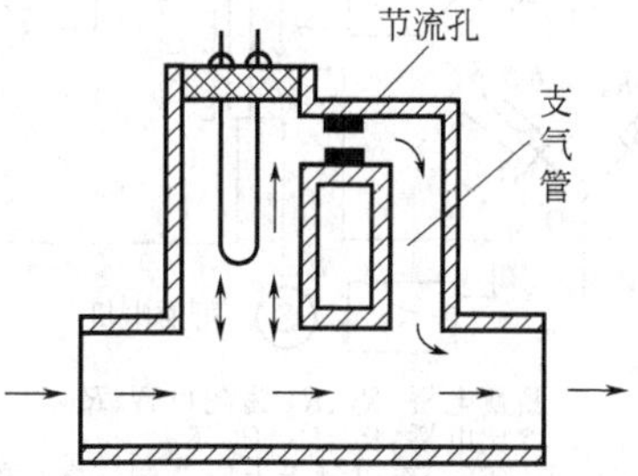 (d) 单臂对流扩散式	综合了对流式和扩散式的优点，反应速度快、滞后小，且气体流量的波动影响小

8.2.1.4　测量电路

热导池将待测组分含量的变化转换成电阻值的变化后，通常采用具有线路简单、灵敏度和精度较高等优点的电桥法来测量电阻值，包括单电桥测量电路和双电桥测量电路，其结构见表 8-5。

表 8-5　电桥测量电路的结构及工作原理

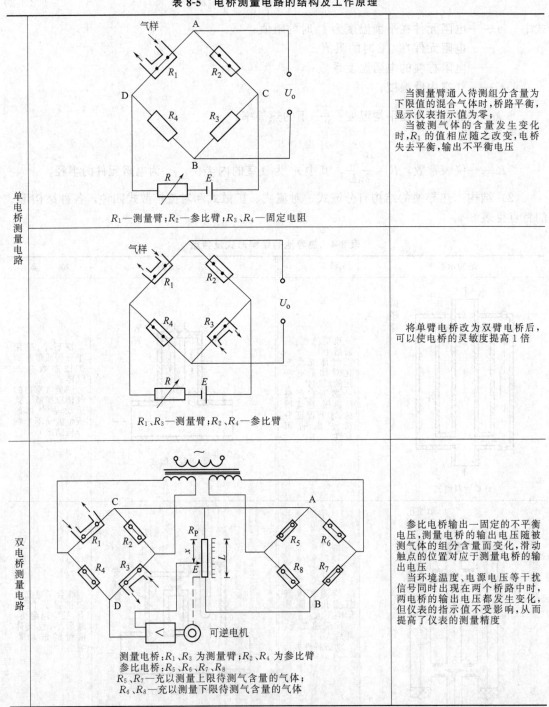

单电桥测量电路		当测量臂通入待测组分含量为下限值的混合气体时，桥路平衡，显示仪表指示值为零； 当被测气体的含量发生变化时，R_1 的值相应随之改变，电桥失去平衡，输出不平衡电压
	R_1—测量臂；R_2—参比臂；R_3、R_4—固定电阻	
		将单臂电桥改为双臂电桥后，可以使电桥的灵敏度提高 1 倍
	R_1、R_3—测量臂；R_2、R_4—参比臂	
双电桥测量电路	测量电桥：R_1、R_3 为测量臂；R_2、R_4 为参比臂 参比电桥：R_5、R_6、R_7、R_8 R_5、R_7—充以测量上限待测气含量的气体； R_6、R_8—充以测量下限待测气含量的气体	参比电桥输出一固定的不平衡电压，测量电桥的输出电压随被测气体的组分含量而变化，滑动触点的位置对应于测量电桥的输出电压 当环境温度、电源电压等干扰信号同时出现在两个桥路中时，两电桥的输出电压都发生变化，但仪表的指示值不受影响，从而提高了仪表的测量精度

注：表中测量桥臂是置于流经被测气体的测量室内的电阻；参比桥臂是置于封有标准气样（相当于仪表测量下限值）的参比室内的电阻。

8.2.2 红外气体分析仪

红外气体分析仪是一种光学式分析仪表，应用气体对红外线光吸收原理而制成。它具有灵敏度高、反应快、分析范围宽、选择性好、抗干扰能力强等特点，被广泛应用于石油、化工、冶金等工业生产中，主要用于分析 CO、CO_2、CH_4、NH_3 等气体的浓度。

8.2.2.1 测量原理

各种气体的分子本身都具有一个特定的振动和转动的频率，当红外光谱的频率与分子本身的特定频率相一致时，分子就能吸收红外线。红外线法正是利用分子所具有的这种选择性能力来对气体的组成进行分析的。

根据朗伯-贝尔定律，气体对红外线的吸收可以用公式表示为

$$I = I_0 e^{-KCL} \tag{8-3}$$

式中　I_0——红外线通过待测组分前的平均光强度；

I——红外线通过待测组分后的平均光强度；

K——待测组分的吸收系数（常数）；

C——待测组分的浓度；

L——红外线通过待测组分的长度（气室的长度）。

即红外线透过待测组分后的光强是随组分浓度的增加而以指数规律下降的。当 KCL 很小时，式(8-4)可以近似为线性关系，即

$$I = I_0(1 - KCL) \tag{8-4}$$

因此，测出红外线通过待测组分后的平均光强度 I，就能知道待测组分的浓度。为保证仪表的读数与浓度呈线性关系，当待测组分的浓度较大时，选用较短的气室；而当待测组分的浓度较小时，选用较长的气室。

8.2.2.2 分类

红外气体分析仪的结构形式很多，主要分为两大类，即分光（色散）型与非分光（非色散）型。

分光型红外气体分析仪根据待测组分的特征吸收波长，采用一套光学分光系统，使通过分析气室的辐射光谱与待测组分的特征吸收光谱吻合，进而测定待测组分的浓度。这种分析仪虽然有选择性和灵敏度高的优点，但由于分光后光束的能量很小，而且其光学系统的任何元件都不能有微小的位移，故一般在工作条件很好的实验室中使用。

非分光型红外气体分析仪使光源的连续光谱全部投射到待测样品上，由待测组分吸收其特征波长的红外线。工业过程中主要应用这类分析仪，其主要类型见表8-6。

表 8-6　非分光型红外气体分析仪的类型

非分光型	直读式 结构比较简单； 工作的可靠性与测量元件的质量关系很大,易产生零点漂移和放大系数不稳定等问题	单光路 　利用旋转的调制盘上能通过不同波长的干涉滤光片,对单光源发出的单束红外线实现分时的双光路,使检测器在不同时间接收不同波长的红外线
		双光路 　用两个相同的光源发出两路彼此平行的红外光束,分别经过相同的几何光路进入检测室
	补偿式(双光路) 性能稳定可靠； 外界干扰影响小	机械补偿
		光源补偿
		气室补偿

8.2.2.3 检测器

红外气体分析仪包括光学系统和电气系统两部分。光学系统中的检测器用于检测被测组分吸收红外线后所引起的能量的微弱变化量，是红外气体分析仪的心脏。

目前应用的检测器有光电导式和薄膜电容式两种。

（1）薄膜电容检测器　薄膜电容检测器又称薄膜微音器或电容微音器，有单通式和双通式两种。如图8-3和图8-4所示，微音器是一个容器，内由金属薄膜（作为电容器的动极）隔成两个室，充以待测气体作为电容器的介质。

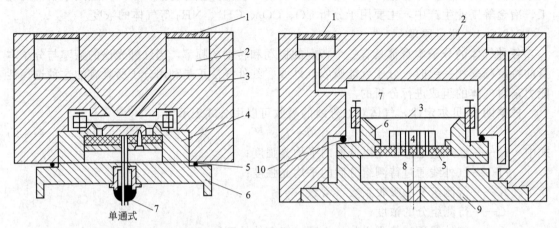

图 8-3　单通式检测器结构简图　　　　　　　图 8-4　双通式检测器结构简图

1—晶片；2—气室；3—壳体；4—薄膜电容检测器；　　　1—晶片；2—壳体；3—薄膜；4—定片；5—绝缘体；

5—密封圈；6—后盖；7—电极引线　　　　　　　6—支持器；7，8—薄膜两侧的空间；9—后盖；10—密封垫圈

从参比边检测室和工作检测室出来的两束红外线的强度由于其中一束已被待测气体吸收过一次而不同，经过工作室的光束温度较低，所具有的压力小；经过参比室的光束温度较高，所具有的压力则大，使得电容器的动极相对于固定极板移动，从而把被测介质的浓度变化所引起的压力变化转换成电容的变化。

薄膜电容检测器具有选择性好、灵敏度高、制造工艺简单等优点，在工业红外气体分析仪中被广泛使用。

（2）光电导检测器　光电导检测器对某一波长范围内的红外线能量都能吸收，故称为非选择性检测器，它必须和滤波效果较好的干涉滤光片（仅允许某一特定波长的红外线通过）配合使用。光电导检测器采用的材料有锑化铟、硒化铅、硫化铅等，用得最多的是锑化铟。图8-5是一种采用锑化铟光电导检测器的红外气体分析仪的组成框图。

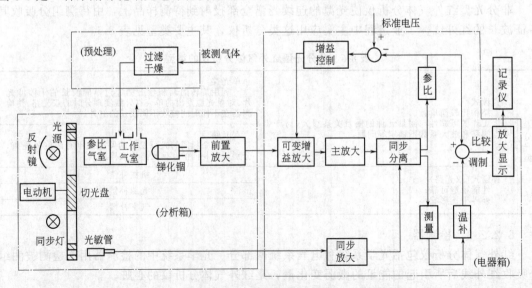

图 8-5　一种时间双光路红外气体分析仪的组成框图

切光盘上装有四组干涉滤光片，两组为测量滤光片，其透射波长与待测气体的特征吸收波长相同；交叉安装的另两组为参比滤光片，其透射波长是不被任何气体吸收的波长。

光源发出的红外线在切光盘转动时被调制成交替变化的双光路，使两种波长的红外线轮流通过参比气室和测量气室，由锑化铟光电导检测器接收红外辐射并转换出与两种红外线强度相对应的参比信号和测量信号。由于测量光束在经过工作气室时，能量被吸收，使光电导检测器接收到的测量信号小于参比信号，二者的差值将与待测气体的浓度成正比。

光电导检测器具有体积小、结构简单、制造容易、成本低、寿命长、反应快、可高频调制等优点，现在国外大部分的红外气体分析仪都采用光电导检测器。

8.2.3　流程分析仪

由于包括了微处理器和计算机接口等，流程分析仪除了具有标准的分析功能，不仅能提供实时测量的气体浓度外，还具有信号传递和数字显示、故障检测、校准显示、报警等功能。

图 8-6 是美国德康公司产品 model1000 流程分析器，可以实时测量天然气管道、尾气管道、硫回收器管道中 H_2S 和 CO_2 的浓度。其中 H_2S 的浓度采用金属氧化物（MOS）探测元件，CO_2 的浓度采用 NDIR 红外测试仪，全部气体样本数据可以在标准的系统面

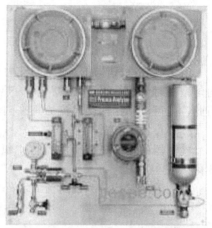

图 8-6　model1000 流程分析器

板上显示。该产品除了具有连续测量、运行时间长、操作简单、维护方便等优点外，还具有标准输出，即 4～20mA、RS-485、三个继电器，以便于对被测气体的控制。

◎ 8.3　氧分析仪

8.3.1　热磁式氧分析仪

热磁式氧分析仪利用氧的磁化特性来分析待测气体中的氧含量，具有结构简单、操作及维护方便、响应时间快等优点，一般用于石化、化工等行业的氧气浓度的分析。

8.3.1.1　测量原理

任何物质都具有一定的磁性，在外界磁场的作用下被磁化。各种物质具有不同的磁化率，磁化率为正的物质称为顺磁性物质，在外界磁场中被吸引；磁化率为负的物质在外界磁场中被排斥。表 8-7 中给出一些常见气体的磁化率与氧磁化率的比值，可见氧为顺磁性物质，其磁化率与其他气体（一氧化氮、二氧化氮除外）相比要大得多，故可以通过测量磁化率来测量气体的氧含量。

表 8-7　常见气体的相对磁化率

气体名称	相对磁化率	气体名称	相对磁化率	气体名称	相对磁化率
氧	+100.0	氢	−0.11	二氧化碳	−0.57
一氧化氮	+36.2	氮	−0.22	氨	−0.57
空气	+21.1	氯	−0.40	氩	−0.59
二氧化氮	+6.16	水蒸气	−0.40	甲烷	−0.68
氪	−0.06	氖	−0.41		

247

磁化率的绝对值是很小的，难以直接测量，但气体的磁化率受温度的影响。由居里定律可以导出，顺磁性气体的磁化率与温度的关系为

$$\kappa = \frac{CMp}{RT^2} \tag{8-5}$$

式中　κ——气体磁化率；

　　C——居里常数；

　　M——气体相对分子质量；

　　p——气体压力；

　　R——理想气体常数；

　　T——气体温度

由于顺磁性气体的磁化率与热力学温度的平方成反比，当顺磁性气体在有温度梯度的不均匀磁场时，就会形成磁风（称为热磁对流），而磁风的强弱由混合气体中氧含量所决定。因此，就可以利用热磁对流原理来测量氧含量。

8.3.1.2　检测器

检测器的作用是将待测气体中氧含量的变化转换成热磁对流的变化，再转换成电阻的变化。

检测器的结构分为内对流式和外对流式两类。在内对流式检测器中，待测气体不与检测器直接接触，而是通过内通道的管壁传热来影响检测元件的电阻值；在外对流式检测器中，待测气体直接与检测元件进行热交换，从而影响检测元件的电阻值。

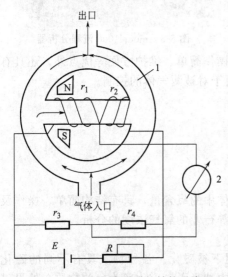

图 8-7　内对流式检测器的结构示意图
1—测量环室；2—显示仪表

图 8-7 是内对流式检测器的结构示意图。永久磁铁 N-S 产生一个稳定的强力非均匀磁场，$r_1 \sim r_4$ 构成惠斯顿电桥，当电桥接通电源工作时，中间通道因铂电阻 r_1 和 r_2 被加热。待测气体从环形气室中通过，在无外磁场存在时，两侧气流对称，中间水平通道中无气流流过。

在磁场的作用下，高磁化率的氧气被吸入水平通道。由于通道内温度较高，氧的磁化率急剧下降；而在通道的入口处，冷氧气的磁化率较高，受外磁场的吸引力较大，因而产生一个推力，不断把气体推向右测，形成磁风，其速度与待测气体中的氧含量成正比。

在热对流的作用下，冷气体将通道中的热量带走。由于磁风对 r_1 的冷却作用强于 r_2，使 r_2 的电阻值大于 r_1，电桥输出不平衡电压，其大小反映了待测气体中的氧含量。

8.3.1.3　热磁式氧分析仪的使用条件

① 因一氧化氮和二氧化氮的磁化率也不低，会使分析结果有很大误差，所以应该在不含有或者能去除一氧化氮和二氧化氮的场合使用。

② 因氢气的热导率很高，对铂丝的散热有影响，从而干扰测量，所以样品气体中的氢气含量不能超过 0.5%。

③ 样品气体的温度直接影响铂丝的温度，对氧含量的测量有直接的影响，所以样品气体的温度变化不能太大，且温度要降到仪表的工作范围。

8.3.2 氧化锆氧分析仪

氧化锆氧分析仪利用氧化锆固体电解质原理来分析待测气体中的氧含量，属于电化学分析方法，具有结构简单、稳定性好、灵敏度高、响应时间快等优点，一般用于石化、化工等行业的烟道气中的氧气浓度的分析。

8.3.2.1 测量原理

具有某种离子导电性质的固体物质称为固体电解质，而能够传导氧离子的固体电解质则称为氧离子固体电解质。

在纯二氧化锆（ZrO_2）中掺入氧化钙（CaO）或氧化钇等稀土氧化物后，Ca 将置换 Zr 原子的位置。由于 Ca^{2+} 和 Zr^{4+} 离子价不同，将在晶体中

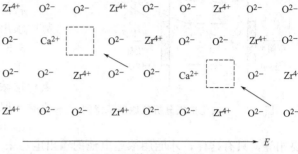

图 8-8 ZrO_2（$+CaO$）固体电解质与导电机理示意图

形成许多氧空穴（见图 8-8）。在高温（750℃以上）下，如有外加电场，就会形成氧离子（O^{2-}）占据空穴的定向运动而导电，其导电性能与温度有关，温度越高，导电性能越强。

通过二氧化锆组成氧浓差电池，当二氧化锆管的内外两侧气体中氧分压不同时，氧离子从浓度高的一侧迁移到浓度低的一侧，产生电势。电势的大小与二氧化锆管两侧的氧分压和工作温度的函数关系可以用公式表示为

$$E = \frac{RT}{NF} \ln \frac{p_1}{p_2} \tag{8-6}$$

式中　E——氧浓差电池电势，mV；

　　　R——理想气体常数，$8.3145 mol^{-1} \cdot K^{-1}$；

　　　T——热力学温度，K；

　　　N——原子价；

　　　F——法拉第常数，96500C/mol；

　　　p_1——参比气体氧分压；

　　　p_2——待测气体氧分压。

如果待测气体的总压力与参比气室的总压力相等，则式(8-7) 可以表示为：

$$E = \frac{RT}{NF} \ln \frac{c_1}{c_2} \tag{8-7}$$

式中　c_1——参比气体中氧的体积分数；

　　　c_2——待测气体中氧的体积分数。

当参比气体的氧含量 c_1 与气体温度 T 一定时，浓度电势只是待测气体氧含量 c_2 的函数。

8.3.2.2 氧浓差电池（二氧化锆探头）

如图 8-9 所示，在掺有氧化钙的二氧化锆固体电解质片的两侧，用烧结方法制成几微米到几十微米厚的多孔铂层，并焊上铂丝作为引线，构成两个多孔性铂电极，形成一个浓差电池。

浓差电池的左侧为待测气体，右侧为参比气体（一般为空气）。当两侧气体的氧分压不同时，吸附在电极上的氧分子离解得到 4 个电子，形成两个 O^{2-}，进入固体电解质。由于参比气侧和待测气侧含氧浓度不同，两侧的氧离子浓度也不同，从而形成氧离子浓度差，使氧离子在高温下从高浓度向低浓度转移，在两电极间产生电势。

电势的大小由式(8-8)确定，若用空气作为参比气体（氧含量一般为 20.8%），再将 R、

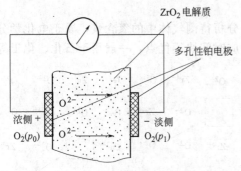

图 8-9 二氧化锆氧分析仪原理示意图

F 等值代入后，得到电势与温度及待测气体氧含量的关系为

$$E = 0.04961T \lg \frac{20.8}{c_2} \text{(mV)} \qquad (8-8)$$

将温度控制在一定值上，就可以从输出的电势中求出待测气体的氧含量。

8.3.2.3 二氧化锆分析仪的使用条件

① 二氧化锆探头工作温度的变化直接影响二氧化锆浓差电势的大小，应在恒定温度下工作，或者采取温度补偿措施（图 8-10）。

② 使用过程中，参比气体与待测气体的压力要相等，只有这样，才能用浓差电池的输出电势来表示待测气体中的氧含量。

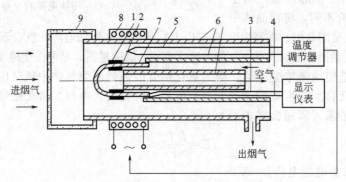

图 8-10 带温控的二氧化锆探头原理结构图

1，2—内外铂电极；3，4—铂电极引线；5—热电偶；
6—Al$_2$O$_3$；7—二氧化锆管；8—加热炉丝；9—过滤陶瓷

◎ 8.4 气相色谱分析仪

气相色谱分析仪根据不同物质在色谱柱中具有不同分配系数的原理来对多组分混合物进行分离，而后确定各组分的成分和含量。气相色谱分析是现代重要的分析手段之一，具有取样量少、效能高、分析速度快、定量结果准确、可与控制器或计算机配合对生产过程进行自动控制等优点，广泛应用于石油、化工、冶金、环境科学等领域中。

8.4.1 测量原理

色谱法是一种物理分离技术，被分离的混合组分分布在互不相溶的两相中，其中固定不动的一相称为固定相（图 8-11 中的色谱柱），通过或沿着固定相作相对移动的另一相称为流动相（图 8-11 中的样气和载气）。

由于各种组分在色谱柱上的吸附或溶解能力不同，而使各种组分在色谱柱上的分配系数不同。当样气在载气的带动下连续流过色谱柱时，各组分与固定相进行多次的吸附、脱吸，或溶解、挥发。如图 8-12 所示，样气中吸附或溶解能力大的组分因较难脱吸或挥发，向前移动的速度就慢些，停留在色谱柱中的时间就长些；反之，吸附或溶解能力小的组分停留在色谱柱中的时间会短些，而不吸附或不溶解的组分将随载气首先流出色谱柱。

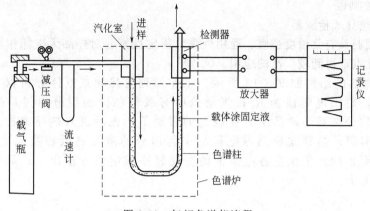

图 8-11　气相色谱仪流程

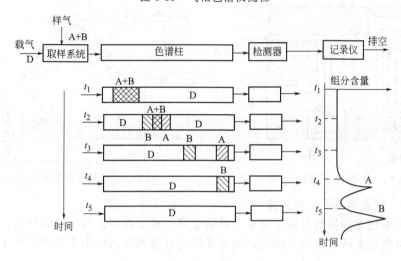

图 8-12　混合物在色谱柱中的分离过程

在不同时间里流出的不同组分，先后进入检测器。检测器将分离出的组分转换成电信号，由记录仪记录各组分的峰形（色谱峰）。从进样开始到各色谱峰顶时的时间可确定相应的组分，每个峰形的面积大小可反映相应组分的含量。

8.4.2　气相色谱仪的分类

表 8-8 所示为气相色谱仪的分类。

表 8-8　气相色谱仪的分类

按固定相的状态分类	固定相是固体吸附剂，称为气-固色谱
	固定相是液体，称为气-液色谱
按分离原理分类	固定相是一种固体吸附剂，因吸附剂对混合物中各组分吸附作用力大小不同而使流动相中各组分流过固定相时移动速度有差异，从而实现分离
	液体涂在固定颗粒表面或毛细管内壁表面作为固定相，利用不同组分在流动相与固定相中的分配系数不同而实现分离
按色谱柱分类	将固体吸附剂或带有固定液的固体柱体装在玻璃毛细管或金属毛细内，称为填充色谱柱
	将固定液涂在玻璃毛细管或金属毛细内壁上，称为空心毛细管色谱柱
按检测器分类	浓度型：检测器的响应值和某组分的浓度成正比，如热导式检测器
	质量型：检测器的响应值和单位时间内进入检测器的某组分浓度成正比，如氢火焰离子化检测器

8.4.3 检测器

8.4.3.1 热导式检测器

热导式检测器具有灵敏度适宜、通用性强、稳定性好、对样品无破坏作用、结构简单、线性范围宽等优点，得到较广泛的应用。

热导式检测器的结构如图 8-13 所示，工作原理与热导式气体分析仪相似。参比池只有载气通过，热敏电阻值为 R_1；测量池中有载气和样品组分通过，热敏电阻值为 R_2。经过色谱柱分离后的样品组分在载气的带动下，先后进入热导式检测器。由于各组分的热导率不同，热导式检测器把样品中各组分的浓度高低转换成电阻值的变化，再由电桥（见图 8-14）依次把各电阻值的变化转换成电信号输出，让显示仪表显示出各组分浓度的大小。

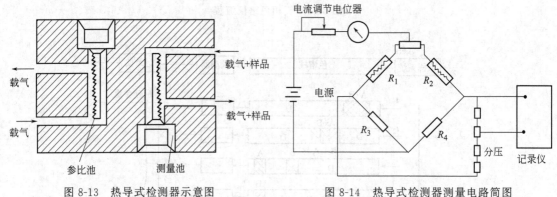

图 8-13　热导式检测器示意图　　　　图 8-14　热导式检测器测量电路简图

8.4.3.2 氢火焰离子化检测器

氢火焰离子化检测器具有结构简单、灵敏度高、稳定性好、响应快等特点，但是它仅对在火焰上被电离的含碳有机物有响应，而对无机化合物或在火焰中不电离或很少电离的组分没有响应。

氢火焰离子化检测器的结构如图 8-15 所示，一般用不锈钢制成。氢、载气与样品气体进入检测器后，先混合，然后在氢火焰中燃烧分解，并与火焰外层中的氧气进行化学反应，产生正负电性的离子和电子。这些离子和电子在收集电极和发射电极之间的电场作用下作定向运动，形成电流，经放大后记录下来。由于电流的大小与组分中的碳原子数成正比，因此，可以用电流的大小来反映待测组分的浓度。

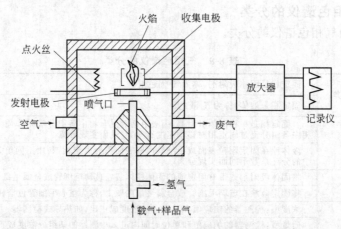

图 8-15　氢火焰离子化检测器原理图

8.4.4 气相色谱仪的结构

工业气相色谱仪的基本结构如图 8-16 所示，包括如下部分。

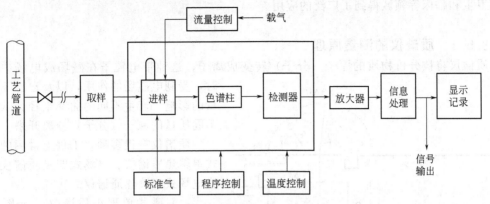

图 8-16 工业气相色谱仪的基本组成

（1）取样系统 取样系统从工艺管道或设备上取出纯净、不聚合、不结焦的被测样品。

（2）预处理系统 预处理系统用于除去样品中的固体物，以免影响色谱仪；对于汽化液体，则要达到色谱仪要求的压力、温度和流量，并恒定在某一要求的值上，以保证气相分析。

（3）流路选择系统 流路选择系统用于实现各个流路的分时自动分析，并对每个将要被分析的流路进行预吹扫，防止各流路样品之间的混淆。

（4）载气系统 载气是构成流动相的主要成分，在色谱仪中连续流动，将样品气体载入及载出色谱柱。载气系统提供干净、有一定纯度、稳定的载气。

（5）色谱单元 色谱单元包括进样阀、柱切换阀、色谱柱、检测器及恒温箱。进样阀：受程序器控制，周期性地把定量样品注入色谱柱，并且不会引起相态变化。柱切换阀：按分析的目的，以一定的程序切换多柱色谱仪的各色谱柱的进口及出口。恒温箱：由温度调节系统保持放在恒温箱内的柱切换阀、色谱柱和检测器等的恒定温度。

（6）程序控制器 程序控制器按预先确定的循环时间，用动作指令和解除指令让色谱系统有序地工作，保证分析仪正常运行（其功能见图 8-17）。

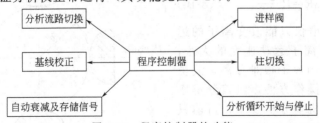

图 8-17 程序控制器的功能

（7）信号处理和显示装置 信号处理和显示装置用于实现被测气体浓度的指示记录，以及自动控制等功能。

◎ 8.5 工业质谱仪及色谱-质谱联用仪

按原子（分子）质量顺序排列的图谱称为质谱，质谱可用来测定化合物的组成、结构及含量。质谱具有下列两大突出的优点：①质谱的灵敏度非常高；②质谱是唯一可以确定分子式的方法，而分子式对推测结构是至关重要的。因此，质谱是结构分析不可缺少的分析手段，在有机化学、生物化学、石油化工、环境保护化学、食品化学、农业科学、生命科学、医药卫生和临床等领域得到了广泛的应用。

8.5.1 质谱仪的测量原理

质谱仪将被分析物质的原子（分子）转变成离子，这种带电粒子在磁场或电场中运动时，受到电磁场的作用，以及自己不同质量的影响，产生不同的曲率半径，从而把不同质量的原子（分子）分离开来。

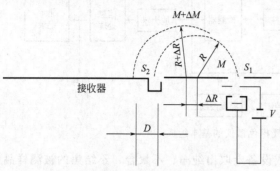

图 8-18　半圆形质谱仪测量原理图

质谱仪有很多种，工程上常用的有磁式单聚焦质谱仪、电场式四极质谱仪和磁式电场式双聚焦质谱仪。

（1）磁式单聚焦质谱仪　如图 8-18 所示，质量为 M、电荷量为 e 的正离子，在加速电压 V 的作用下获得初始速度 v_0 后，从 S_1 口射入场强为 H、横向均匀的半圆形磁场。在磁场作用下，该离子以半径 R 偏转 $180°$后通过 S_2 口，被接收器所检测。当电荷采用电子电荷（$e=1$）时，该半径与离子质量的关系为

$$R=\frac{143.95}{H}\sqrt{MV} \tag{8-9}$$

式中　H——磁场强度，Mx/cm^2（$1Mx=10^{-8}Wb$）；

　　　V——电压，V；

　　　R——半径，cm；

　　　M——原子质量，采用原子质量单位。

对于质量为 $M+\Delta M$ 的离子，在磁场中的偏转半径则为 $R+\Delta R$，其到达离子接收器将有距离为 D 的偏移。D 被称为质量色散，与质量及半径有如下关系。

$$D=2\Delta R=R\frac{\Delta M}{M} \tag{8-10}$$

磁式单聚焦质谱仪只能改变离子的运动方向，不能改变离子运动速度的大小，使得相邻两种质量的离子很难分离，故虽然分析结构简单，操作方便，但其分辨率很低，不能满足有机物分析要求，目前只用于同位素质谱仪和气体质谱仪。

（2）电场式四极质谱仪　如图 8-19 所示，四极质谱仪没有磁场，而是在四根平行放置的双曲面杆之间加上高频和直流电压，产生动态变化的电场，其瞬间电压 ϕ 为

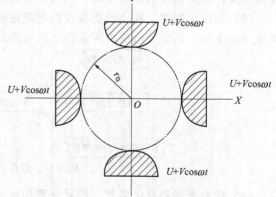

图 8-19　四极质谱仪测量原理图

$$\phi=V\cos\omega t+U \tag{8-11}$$

式中　V——高频电压幅值；

　　　ω——高频电压角频率；

　　　U——直流电压值。

杆间形成双曲面场，质量为 M、电荷量为 e 的离子沿垂直于 X、Y 平面的 Z 轴射入场

内，以马修方程形式运动，在场半径 r_0 限定的空间内振荡。对于质荷比 $\frac{m}{e}$ 符合一定值的离子，其振幅是有限的，因而可以通过四极场到达检测器。而其余离子则因振幅不断增大，分别撞击 X、Y 电极而被"过滤"掉。这样，利用电压或频率扫描就能快速检测不同质量的离子。

四极质谱仪有结构轻巧、扫描速度快、参数调节方便、刻度线性等优点，但是对电压的要求很高，如果电压不稳定将使其可靠性下降。

（3）双聚焦质谱仪　如图 8-20 所示，双聚焦质谱仪将磁场式质量分析器（MA）和电场式质量分析器（EA）串联起来，其中 ϕ_e 和 R_e 分别为电场开角和离子束中央轨道半径，ϕ_m 和 R_m 分别为磁场开角和离子束中央轨道半径。

来自离子源出口缝 S_1、具有一定角度分散和能量分散的离子束先通过电场式质量分析器。由于质量相同而能量不同的离子经过静电电场后会彼此分开，因此只有

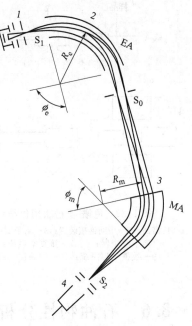

图 8-20　双聚焦质谱仪测量原理图

一定速度的离子才能通过狭缝 S_0 而进入磁场式质量分析器。这样只要是质量相同的离子，经过电场和磁场后可以会聚在检测器入口 S_2 处（即实现角度与速度的双聚焦）。

双聚焦分析器的优点是分辨率高，缺点是扫描速度慢，操作、调整比较困难，而且仪器造价也比较昂贵。

8.5.2　质谱仪的组成

质谱仪的组成如图 8-21 所示，除了在测量原理中介绍的质量分离部件外，还包括以下几部分。

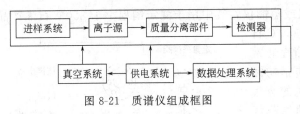

图 8-21　质谱仪组成框图

（1）离子源　离子源的作用是把样品中的原子（分子）电离成离子，目前已经有十几种离子源，分别采用粒子轰击、场致电离、气体放电、离子-分子反应等工作原理。选用离子源时要考虑使用范围、离子流的强度、稳定度、角度分散和速度分散，以配合适当的质量分离部件和检测器。

（2）检测器　检测器的作用是检测从质量部件中出来的电子，即接收离子后将其变成电流，或者溅射出二次电子且被逐级加速倍增后成为电信号输出。检测器一般采用法拉第筒、电子倍增检测器、后加速式倍增检测器。

（3）真空系统　真空系统的作用是使进样系统、离子源、质量分离部件和检测器保持一定的真空度，以保证离子在离子源及分析系统中没有不必要的粒子碰撞、散射效应、离子-分子反应和复合效应。

（4）电学系统　电学系统包括供电系统和数据处理系统。

8.5.3　色谱-质谱联用仪

虽然质谱仪的鉴别能力非常强，但仅适用于对单一组分的定性分析，而气相色谱仪则具

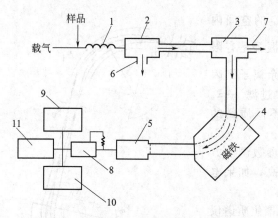

图 8-22　色谱-质谱联用仪结构原理图

1—色谱柱；2—中间连接装置；3—离子室；4—质量分析器；
5—离子收集器；6,7—接真空系统；8—放大器；
9—数据处理系统；10—记录仪；11—计算机

有对混合物分离能力强、灵敏度高、定量比较精确、结构操作比较简单等优点。色谱-质谱联用仪结合了两者的优点，能够实现对多组分有机物的定性及定量分析，在化工、医药、轻工、食品等领域中得到广泛的应用。

图 8-22 为色谱-质谱联用仪的结构原理图，气相色谱柱的末端连接质谱仪。被分析样品的各组分先在气相色谱中得到高效分离，各谱带进入质谱仪检测，得出每一扫描时间内的质谱图以及总离子流强度色谱图，由计算机自动谱库检索定性，并根据总离子流强度色谱图的峰高及峰面积定量。

◎ 8.6　石油物性分析仪表

在石油生产过程中，为控制产品的质量指标，需要测定和控制产品的各种物理特性。由于石油及其产品本身的组成十分复杂，其中一些物性（如馏程、闪点、倾点、辛烷值等）需要专用的分析仪表来进行测定。

8.6.1　馏程在线分析仪

石油产品是由大量不同相对分子质量的烃类物质组成，其沸点有一个很宽的范围，这个范围通常称为馏程。馏程是石油产品的一个重要的理化性质，在生产过程中被作为控制产品质量和工艺参数的手段。

测定馏程的专用仪表称为馏程分析仪或蒸馏仪，其中用于测定馏程小于 350℃ 石油产品的称为常压蒸馏仪，用于测定馏程大于 350℃ 石油产品的称为减压蒸馏仪。石油产品的馏程通常以不同馏出体积的油蒸气温度来表示，包括初馏点（第一滴液体从蒸馏仪冷凝管中流出时的蒸气温度）、终馏点（或称干点，即蒸馏末期油蒸气所能达到的最高温度）、各中间馏分点（如 5%、10%、20%……的蒸气温度）。

根据工业生产中的不同用途，馏程在线分析仪有很多种类型，其中单点馏程分析仪只测定馏程中的某一特定点，如初馏点分析仪、干点分析仪、中间馏分单点分析仪等，多点馏程分析仪则可以测定不同的馏分点。

图 8-23 是一种常用的多点馏程分析仪的工作原理，其测定过程是模拟实验室的分析方法。定量采样阀将精确体积的试样引入蒸馏烧瓶，加热器按程序控制要求加热试样，加热生成的油蒸气

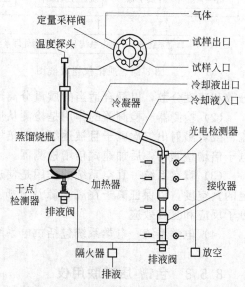

图 8-23　馏程在线分析仪原理图

256

在冷凝器中凝结成液体流出至接收器。当光电检测器检测到第一滴液体从冷凝器中滴下时，由温度探头测出的蒸气温度即为初馏点；在接收器的不同高度（代表要测定的馏出体积）上也装有检测器，当液面达到此高度时，温度探头测出的蒸气温度为该馏分点；当最后一滴液体蒸出时，蒸馏烧瓶底部的温度会迅速升高，由置于蒸馏烧瓶底部的温度探头（干点检测器）测出此时的蒸气温度（即干点）。测定程序完成以后，仪器进入冲洗和冷却程序，为下一个蒸馏周期做好准备。

8.6.2 在线闪点分析仪

石油产品加热时产生的蒸气（可燃气体）与空气形成混合气体，当混合气体中的蒸气浓度处于一定范围内时，遇到明火就会爆炸。如果蒸气浓度处于该范围的下限，遇到明火仅会发生闪火（即微小的爆炸），此时的温度称为闪点。可见，闪点是石油产品重要的特性指标和安全指标，对于确定石油产品的储存和运输条件以及燃料油的燃烧性能等都有重要的指导作用，在很多石油产品的质量指标中也有对闪点的要求。

测定石油产品闪点的方法主要有两种：闭口杯法和开口杯法。其中闭口闪点仪是测定石油产品在密闭容器内因蒸发而产生的油气与空气混合后遇到明火时能闪火的最低温度，适用于测定如煤油、航空燃料、柴油等较轻质的石油产品；而开口闪点仪则是测定石油产品在敞口容器内因蒸发而产生的油气与空气混合后遇到明火时能闪火的最低温度，适用于测定如各种馏分油、润滑油、重油、渣油等较重的石油产品。

图 8-24 是一种在线闪点分析仪的原理图，采用连续进油、程序加热升温、间歇式闪火的方法来测量闪火时的温度。从生产管线引出的试样经恒速泵送入分析仪，被热交换器降温至预闪点以下约 17℃ 后进入加热器，空气则经恒

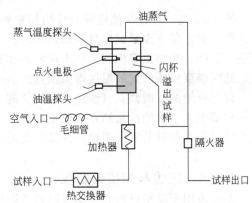

图 8-24　在线闪点分析仪原理图

速泵并经毛细管与加热后的试样混合，然后进入闪杯。闪杯内有两个电极，以每秒一次的频率产生高压电火花。当试样蒸气达到闪点时，发生闪火并使蒸气温度升高，此时蒸气温度探头检测到的温度即为闪点。测定程序结束后，加热器和电火花电压都被切断，使闪杯内的温度逐渐恢复到起始状态，为下一次的加热周期做好准备。

8.6.3 在线倾点（浊点）分析仪

石油产品是多种烃类的复杂混合物，随着温度的下降，具有较高凝固点的物质首先生成微小的石蜡结晶，随着结晶的不断生长，使油品逐渐失去流动性。油品尚能流动的温度称为倾点，是石油产品的一个重要特性。

浊点也是石油产品的一个低温指标，指的是某些石油产品在规定条件下冷却时，由于石蜡结晶的出现，清晰液体变浑或出现雾状时的温度，主要用于测定灯用煤油和军用柴油以及一些浅色润滑油等。

图 8-25 是一种在线倾点分析仪的简单原理图。被测试油产品经过滤、脱水、降压等预处理后进入样池（样池中只保留约 2mL 的试样，其余从出口排出）后，关闭进样阀门，制冷器开始工作，投射光束自试样液面反射至光电管。在试样的冷却过程中，测量室由垂直慢慢倾斜 10°，再返回。当试样达到倾点时，液体便随着测量室的倾斜而移动，使反射光束离开光电管，此时温度探头测到的温度即为倾点。

257

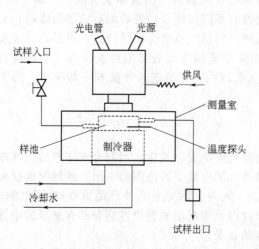

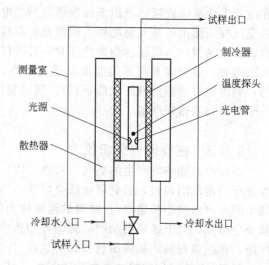

图 8-25　在线倾点分析仪原理图　　　　图 8-26　在线浊点分析仪原理图

图 8-26 是一种在线浊点分析仪的简单原理图。被测试油产品经脱水、降压等预处理后进入测量室，留下少量试样后从出口排出。进样阀门关闭后，制冷器开始工作，使试样的温度逐渐下降。当测量室内的试样出现浑浊和雾状时，光源投射到光电管上的光强度会有所减弱，此时温度探头测到的温度即为浊点。

以上介绍的在线倾点（浊点）分析仪的工作原理是模拟经典的实验室分析方法，另外还有一种基于光学法的油品倾点（浊点）分析仪，其工作原理是：在不断制冷的条件下，用检测光反射和光散射的方法来检测油品变化的状态。

8.6.4　在线辛烷值分析仪

辛烷值用于表示点燃式发动机燃料抗爆性的一个约定数值，等于在标准实验条件下与试验式样具有相同抗爆性的标准燃料（异辛烷与正庚烷的混合物）中异辛烷的体积分数，是评价汽油产品质量优劣的重要指标之一。

根据不同的实验条件，辛烷值可分为马达法辛烷值（MON）和研究法辛烷值（RON）。辛烷值的测定可以由一台专门设计的 ASTM-CFR 发动机（辛烷值机）来完成，但仪器设备的硬件和软件都比较复杂，要实现连续检测也比较困难。目前较多使用近红外在线分析仪来测定辛烷值，即通过测定试样的红外谱图，并与已建立的基于实验室分析的数据库和模型对比，关联出辛烷值来。

近红外在线分析仪主要由硬件系统、软件系统和分析模型三部分组成。

硬件系统如图 8-27 所示，主要包括光谱仪（NIR）、光纤测量附件（光纤和流通池）、样品预处理系统、防爆系统等部分。

从装置的主流路引出一旁路，被测样品经过预处理后流入流通池，由光纤将流通池中的样品信息传输给光谱仪进行检测（也可以采用直接插入式光纤探头，直接插入主流路）。光谱仪是近红外在线分析仪的心脏，用于测定样品的红外谱图；现场分析小屋则为仪器提供所需的气体、电源、电缆等，并为仪表提供良好的操作运行环境。

近红外在线分析仪的软件具备以下的功能：

① 测量与分析功能；

② 化学计量学软件；

③ 数据与信息显示功能；

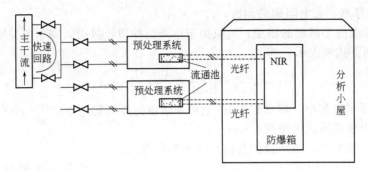

图 8-27 近红外在线分析仪的硬件组成示意图

④ 数据管理功能；

⑤ 通信功能；

⑥ 故障诊断与安全功能；

⑦ 监控功能。

所谓分析模型，就是光谱与样品性质之间的函数关系。模型的建立需要收集大量在组成和性质分布上具有代表性的样品，并测量其近红外光谱和采用标准方法或参考方法测定其组成或性质数据，然后采用先进的化学计量学方法对光谱和性质进行关联，建立两者之间的函数关系。

有了分析模型，就可以通过样品的光谱和分析模型，得到样品的辛烷值。

◎ 8.7　工业电导仪

工业电导仪是以测量溶液浓度的电化学性质为基础，通过测量溶液的电导来间接测量电解质溶液或气体的浓度。具有结构简单、维护操作方便、使用范围广泛等特点，可以用于纯水、酸碱浓度、盐量以及微量 SO_2、H_2S、NH_3、Cl_2、CO、CO_2、HCl 等。

8.7.1　测量原理

如图 8-28 所示，当电解质溶液中插入一对电极并通以电流时，由于电解质溶液中存在着正负离子，在外电场的作用下，分别向两电极移动，完成电荷的传递。因此，电解质溶液可以称为液体导体，其电阻根据欧姆定律能用公式表示为

$$R=\rho \frac{l}{A} \tag{8-12}$$

式中　R——溶液的电阻，Ω；

　　　l——导体的长度，即电极间的距离，m；

　　　ρ——溶液的电阻率，$\Omega \cdot m$；

　　　A——导体的截面积，即电极的面积，m^2。

电阻值的大小是由离子数所决定，即主要取决于溶液的浓度。对于液体来说，其电阻温度系数是负的，故通常使用电导和电导率来表示液体的导电特性，即

$$G=\frac{1}{R}=\frac{1}{\rho} \times \frac{A}{l}=\kappa \frac{A}{l} \tag{8-13}$$

式中　G——溶液的电导，Ω^{-1}；

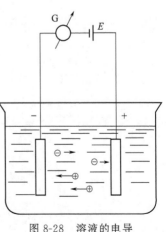

图 8-28　溶液的电导

κ——电导率，是电阻率的倒数，$\Omega^{-1} \cdot m^{-1}$。

电导率不仅取决于溶液的浓度，也取决于溶液的性质，故引入摩尔电导率的概念，使溶液的电导可以用下式来表示，即

$$G = \kappa \frac{A}{l} = \frac{\Lambda_m c_m}{1000} \times \frac{A}{l} = \frac{K}{1000} \Lambda_m c_m \qquad (8\text{-}14)$$

式中　Λ_m——摩尔电导率，即含有 1mol 电解质溶液的导电能力，$\Omega^{-1} \cdot cm^2 \cdot mol^{-1}$；

c_m——电解质溶液的浓度，$mol \cdot m^{-3}$

K——电极常数，与电极的几何尺寸和距离有关。

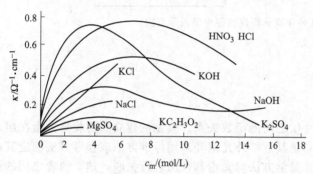

图 8-29　20℃时，几种电解质溶液的电导率
与浓度的关系曲线

当电解质溶液的摩尔电导率为常数时，两电极之间的电导 G（或电阻 R）就与溶液的浓度 c_m 成正比，故可以通过测量两电极之间的电导 G（或电阻 R）来测量溶液的浓度。

8.7.2　电导法的使用条件

从式（8-13）中可以看出，只有当电导率 κ 正比于浓度 c_m 时，摩尔电导率 Λ_m 才为常数。图 8-29 中的某些电解质在 20℃时电导率与浓度的关系曲线显示，只有在溶液浓度很低或较高的情况下，电导率与浓度之间才有线性关系，而中间一段则不是单值函数关系，不能使用电导法来测量浓度。

8.7.3　溶液电导的测量

在实际测量中是通过测量两电极之间的电阻来求取溶液电导的。

因为使用直流电会电解溶液，使电极发生极化作用而产生测量误差，所以测量溶液电阻只能采用交流电源。通常可以用电桥法来测量溶液电阻，图 8-30 为平衡电桥法的原理图。调整 a 触点的位置可以使电桥平衡，电桥平衡时有

$$R_x = \frac{R_3}{R_2} R_1 \qquad (8\text{-}15)$$

即通过平衡时的触点位置就可知 R_x 的大小，进而确定溶液浓度的大小。

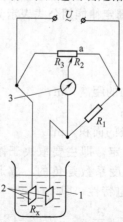

图 8-30　平衡电桥法测量原理线路图
1—电导池；2—电极片；3—检流计

◎ 8.8 pH 计

pH 计利用测定某种对氢离子浓度有敏感性的离子选择性电极所产生的电极电位来测定 pH 值。具有使用简便、迅速，并能取得较高精度等特点，用于工业生产过程中水溶液的酸碱度（pH 值）的自动、连续的检测及控制。

8.8.1 测量原理

纯水是一种弱电解质，可以电离成氢离子 H^+ 和氢氧根离子 OH^-，且水中的氢离子和氢氧根离子的浓度相等（都为 $10^{-7} mol/L$），称为中性。若在水中加入酸，氢离子的浓度增大；若在水中加入碱，则氢氧根离子的浓度增大。

酸、碱、盐溶液都用氢离子浓度来表示溶液的酸碱度。但由于氢离子浓度的绝对值很小，为方便表示，通常使用 pH 值。pH 值与氢离子浓度 $[H^+]$ 及溶液酸碱性之间的关系见表 8-9。

表 8-9 pH 值与 $[H^+]$ 的关系

$[H^+]$	10^{-1}	10^{-2}	10^{-3}	10^{-4}	10^{-5}	10^{-6}	10^{-7}	10^{-8}	10^{-9}	10^{-10}	10^{-11}	10^{-12}	10^{-13}	10^{-14}
pH 值	1	2	3	4	5	6	7	8	9	10	11	12	13	14
酸碱性				⇦酸性增加			中性		碱性增加⇨					

如图 8-31 所示，pH 计中包括两个电极（参比电极和指示电极），当待测溶液流经时，两个电极和待测溶液就形成一个化学原电池。由于各个电极的电极电位不同，两电极之间就会产生电势。该电势的大小将与待测溶液的氢离子浓度成正比，从而可以通过测量原电池的电势来测量溶液的 pH 值。

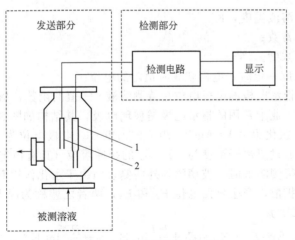

图 8-31 pH 计组成示意图
1—参比电极；2—指示电极

8.8.2 参比电极和指示电极

（1）参比电极 参比电极是原电池中的基准电极，其电极电位恒定不变，作为另一电极的参照物。工业中常用的参比电极是甘汞电极，其结构如图 8-32 所示。

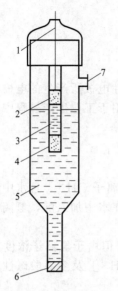

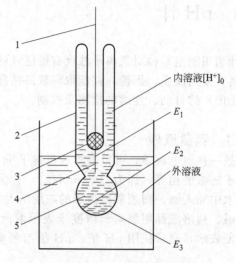

图 8-32 甘汞电极

1—引出线；2—汞；3—甘汞（糊状）；4—棉花；
5—饱和 KCl 溶液；6—多孔陶瓷；7—注入口

图 8-33 玻璃电极

1—引出线；2—支持玻璃；3—锡封；
4—Ag-AgCl 电极；5—敏感玻璃

甘汞电极包括内管和外管。内管的上部装有少量的汞（Hg），并插入导电的引线，汞的下面是糊状的甘汞（Hg_2Cl_2），从而组成甘汞电极，产生电极电位 E_0；作为盐桥，外管装有饱和的 KCl 溶液，并通过下端的多孔陶瓷塞渗透到溶液中，使甘汞电极能与被测溶液进行电的联系。

甘汞电极的电极电位表达式为

$$E = E_0 - \frac{RT}{F} \ln [Cl^-] \tag{8-16}$$

式中　E_0——电极的标准电位，取决于电极的材料；

　　　R——气体常数；

　　　T——电极和溶液温度，K；

　　　F——法拉第常数；

　　$[Cl^-]$——氯离子浓度。

当 KCl 溶液的浓度一定时，电极就具有恒定的电位。

（2）指示电极　指示电极的电极电位是待测溶液 pH 值的函数，指示出待测溶液中氢离子浓度的变化情况。工业中常用的指示电极是玻璃电极，其结构如图 8-33 所示。

玻璃电极包括银-氯化银（Ag-AgCl）组成的内电极（电极电位为 E_1）和敏感玻璃泡做成的外电极，两电极通过氢离子浓度为 $[H^+]_0$ 的缓冲溶液（具有恒定的 pH 值）相连。

当玻璃电极浸入待测溶液时，玻璃膜内外两侧表面由于水化作用而形成水化层，在其表面发生离子的交换及扩散，产生界面电位 E_2 和 E_3，两者之差称为膜电位 E_M。因此，玻璃电极的电极电位表达式为

$$E = E_1 + E_M = E_1 + \frac{RT}{F} \ln [H^+]_0 - \frac{RT}{F} \ln [H^+]_x$$

$$= E_1 + 2.303 \frac{RT}{F} (pH_x - pH_0) \tag{8-17}$$

式中　E_1——电极的标准电位，取决于电极的材料；

　　pH_x——待测溶液的 pH 值；

　　pH_0——内溶液的 pH 值。

在内溶液的 pH 值一定时，玻璃电极的电极电位是待测溶液 pH 值的函数。

第9章
显示仪表

◎ **9.1　概述**

在检测和控制系统中，准确地显示和记录过程中的参数变化是非常重要的工作，因此，显示记录仪表是自动检测和控制系统中必不可少的环节。

在早期的仪表中，测量和显示为一体化结构，一般作就地指示用。随着生产过程向高度自动化方向不断地发展，所需测量的参数不断增加，各参数的测量范围也视对象不同而有异，从而使仪表的规格增多，而且许多信号需要远传，实行集中控制。因此，只能就地指示的仪表远远不能满足生产的需要，使得显示技术也跟随着自动检测、控制及数据处理等技术的发展而成为一门新的学科。

一般所指的显示记录仪是没有检测功能只有显示记录功能的仪表，其接收传感器（如热电偶或热电阻）或各种变送器送来的信号，将其转换成容易识别的形式，如指针的位移、光柱的长短、数字、图形、图像等，加以显示或记录下来。

显示记录仪表可以分成三大类，即模拟式显示记录仪表、数字式显示记录仪表和屏幕（图像）显示记录仪表。

（1）模拟式显示记录仪表　模拟式显示记录仪表使用人们易于精确观察的物理量（通常为指针的偏转、光柱的长短变化等）来连续地反映被测物理量的变化。

由于模拟式显示仪表的历史悠久，其原理、结构、元器件及制造工艺都相当成熟。与传感器配套的显示记录仪表包括动圈式仪表和自动平衡式仪表。前者的结构为开环模式，线路简单、价格低，但精度差、线性度差、信息能量传递效率低；后者的结构为闭环模式，虽然线路复杂、价格较贵，但精度高，线性度好，灵敏度和信息传递效率都较高。由变送器输出的标准信号（直流电压或电流），则可以使用通用的记录仪加以显示和记录。

（2）数字式显示记录仪表　数字式显示仪表内包含有模/数转换模块及 CPU 模块，不但可以把连续变化的模拟量转化成断续的数字量，以数字的形式加以显示（或同时保存在仪表的内存中），而且可以进行信号滤波、非线性处理等运算。

随着现代微电子技术、数字技术、计算机技术的不断发展，数字式显示仪表的成本越来越低，而功能却越来越强，显示手段越来越丰富。不仅有测量速度快、抗干扰性能好、精度高、读数直观等优点，而且具有自动报警、自动量程切换、自动检测、参数自整定等功能，已在相当广泛的领域里完全取代了模拟显示记录仪表。

（3）屏幕（图像）显示记录仪表　屏幕（图像）显示记录仪表是现代大型企业计算机控制体系的一个终端设备，可以对工艺参数不仅用文字符号，而且可以配以图像、动画等手段在大屏幕上加以显示。

◎ 9.2　自动平衡式显示仪表

　　自动平衡式显示仪表包括自动电子电位差计记录仪和自动平衡电桥记录仪，主要用于电势和电阻信号的测量，与各种相应的传感器或变送器配合后，可以对生产过程中工艺参数（如温度、压力等）的测量结果加以显示和记录。有些自动平衡式显示仪表还附加简单的调节功能，以实现控制的要求。

　　自动平衡式显示仪表的结构原理如图9-1所示，测量电路、放大器和可逆电机及平衡机构形成负反馈的闭环回路。被测电量在测量电路中与标准电量加以比较，若比较的结果不为零，由放大器产生的输出控制可逆电机的旋转，调整测量电路中的标准电量的大小，直至与被测电量相等，使系统达到平衡，由指示及记录机构显示被测电量。由于组成了闭环系统，当放大器的放大系数足够大时，测量精度主要取决于其反馈环节，即测量电路。

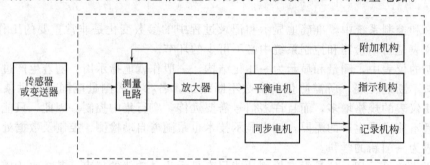

图 9-1　自动平衡式显示仪表结构原理图

　　两种不同的显示仪表除测量电路的结构不相同外，其他部分都是相同的。以下主要介绍各种自动平衡式显示仪表的测量原理及测量电路。

9.2.1　自动电子电位差计记录仪

　　自动电子电位差计记录仪是利用电动势平衡的原理来实现显示和记录功能的，因此主要适合与热电偶配合进行温度测量，也可对直流电压或由直流电流转换成的电压进行测量。

9.2.1.1　测量原理

　　电位差计的测量原理是将被测电势与标准电势加以比较，通过调整标准电势使两者的差值为零，此时的标准电势就等于被测电势。图9-2中，E_x 为被测电势，R 是均匀分布的线性电阻，电流 I 是恒定的，标准电势（$E_S = IRL_{AK}/L_{AB}$）可以由滑触点 K 加以调整。当检流计 G 中没有电流流过时，标准电势等于被测电势，从而实现对微电势的测量。

　　自动电子电位差计的测量原理见图9-3。为实现连续、精确的测量，用电子放大器来代替检流计，以自动检测标准电势是否与被测电势达到平衡；用可逆电机及一套机械传动机构根据放大器的输出来自动调整滑线电阻的位置，即代替人工调整

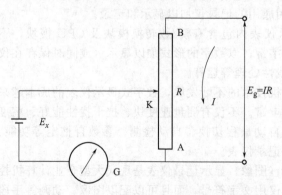

图 9-2　电位差计测量原理

标准电势的大小；用稳压电源供电来保证工作电流的恒定，达到自动显示和记录的目的。

9.2.1.2 测量电路

测量电路是自动电子电位差计的主要组成部分，我国生产的 XW 系列中普遍采用电桥电路（图 9-3），由电桥的输出电压 U_{ab} 作为标准电势，与被测电势进行比较。当两者相等时，滑线电阻的滑触点停留在与被测电势相对应的位置上。

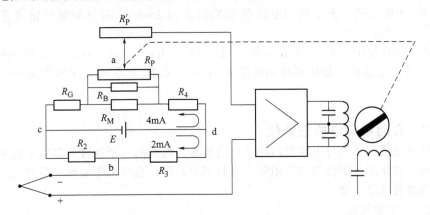

图 9-3　自动电子电位差计测量原理

采用这样结构的测量电桥与传感器或变送器配套使用时，测量信号的下限不仅可以是零，也可以是大于零的值或小于零的值，而且可以在与热电偶配套使用时，提供冷端温度补偿的功能。

测量桥路包括两条支路，即上支路和下支路，其工作电流是恒定的，分别为 4mA 和 2mA（与热电偶配套时，会有一些小的波动），由稳压电源提供。

为保证测量精度，测量桥路中的电阻除 R_2（与热电偶配套时，使用铜电阻）外，都由阻值不随温度变化的锰铜丝绕制。

测量桥路的输出电压为

$$U_{ab} = U_{R_P} + I_1 R_G - I_2 R_2 \tag{9-1}$$

当被测电势达到测量下限时，滑线电阻 R_P 的触点位于最左端（即 $U_{R_P}=0$）；当被测电势达到测量上限时，滑线电阻 R_P 的触点位于最右端。

测量桥路中的各电阻的作用如下。

（1）起始电阻 R_G　　R_G 是决定仪表刻度起始值的电阻。从式(9-1)中可以看出，被测电势的下限值越高，R_G 越大。R_G 一般由 R_G' 和 r_g 串联而成，其中 r_g 作微调，既便于调整，又能降低对 R_G' 的精度要求。

（2）桥臂电阻 R_2　　一般情况下，R_2 与 R_G 配合实现被测电势下限值的要求。当电子电位差计与热电偶配套使用时，R_2 将用铜丝以无感双线法绕制而成，其阻值的大小还将与热电偶的分度号以及热电偶的冷端温度有关，即可以实现热电偶的冷端温度补偿。

（3）滑线电阻 R_P　　测量桥路输出电压的变化通过触点在滑线电阻上的移动来实现，其性能的优劣将对仪表的示值误差、记录误差、灵敏度以及仪表运行的平滑性等产生较大的影响，因此对滑线电阻的线性度、耐磨性、抗氧化性、接触可靠性以及绝缘性能等方面都有较高的要求。

（4）工艺电阻 R_B　　滑线电阻的阻值是很难绕制得十分精确的，为此采用工艺电阻与滑线电阻并联的方法，并使得并联后的阻值为 $R_B /\!/ R_P = (90 \pm 0.1)\ \Omega$，从而使滑线电阻的阻值不必十分精确，以便于计算，也便于成批生产。而且当滑线电阻长期使用，阻值因磨损发生变化后，可以通过调整工艺电阻的阻值使并联的阻值仍为 90Ω。

265

（5）量程电阻 R_M　量程电阻 R_M 与滑线电阻 R_P 及 R_B 并联，以决定量程的大小。由于 R_P 与 R_B 的并联阻值为 90Ω，是固定的值，工作电流也是恒定的，改变 R_M 的值，就能改变仪表的量程范围。假定 R_M 增大，则流过 R_M 的电流减少，而流过 R_P 的电流增大，使量程范围增大；反之，则量程减小。R_M 一般由 R_M' 和 r_m 串联而成，其中 r_m 作微调。

（6）限流电阻 R_3 及 R_4　下支路限流电阻 R_3 与 R_2 配合，保证下支路的工作电流为 $2mA$（若 R_2 为铜电阻，下支路的电流在 $25℃$ 时才为 $2mA$），对其阻值的精度有较高的要求，一般在 $\pm0.2\%$ 以内。

上支路限流电阻 R_4 与 R_G 及 R_{nP}（$R_{nP}=R_P//R_B//R_M$）配合，保证上支路回路的工作电流为 $4mA$。由于上支路回路中有可调电阻 r_g 和 r_m，对 R_4 的精度要求可以降低，允许达到 $\pm0.5\%$。

9.2.2　自动平衡电桥记录仪

自动平衡电桥记录仪将电阻类敏感元件直接接入电桥的一个桥臂，是以电桥平衡的原理进行工作的，因此主要适合与热电阻配合进行温度测量，也可用于显示记录其他电阻类敏感元件对被测参数的测量值。

9.2.2.1　测量原理

平衡电桥的测量原理如图 9-4 所示，将被测电阻放在与滑线电阻相邻的桥臂上（为减小连接导线电阻因环境温度影响而引起的测量误差，采用三线制连接），调整滑线电阻的触点位置，使检流计中没有电流流过，电桥即处于平衡状态（电桥对角的电阻乘积相等），此时的触点位置对应于被测电阻的阻值。

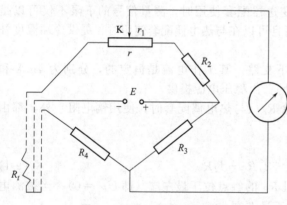

图 9-4　配热电阻的平衡电桥

设被测电阻的阻值在始点时（$R_t=R_{t0}$），触点位于滑线电阻的最右端处电桥平衡，则平衡关系为

$$R_3(R_{t0}+r)=R_2R_4 \tag{9-2}$$

当被测电阻的阻值在其测量范围中的某一点时，触点位于滑线电阻中间某一点处电桥平衡，平衡关系为

$$R_3(R_{t0}+\Delta R_t+r-r_1)=(R_2+r_1)R_4 \tag{9-3}$$

从式（9-2）和式（9-3）中可以得到

$$r_1=\frac{R_3}{R_3+R_4}\Delta R_t \tag{9-4}$$

可见，当被测电阻的阻值在响应的测量范围内变化时，改变触点位置可以使电桥重新达到平衡，而触点移动产生的阻值变化 r_1 与被测电阻的变化 ΔR_t 之间有线性关系。

自动平衡电桥的测量原理见图 9-5。与电子电位差计相似，即为了实现连续的、精确的测量，用电子放大器来代替检流计，以自动检测电桥是否达到平衡；用可逆电机及一套机械传动机构根据放大器的输出来自动调整滑线电阻的位置；并用稳压电源供电来保证工作电流的恒定。

9.2.2.2　测量电路

将图 9-5 与图 9-3 比较，可以看出自动平衡电桥和自动电子电位差计的测量电桥构成是基本相同的。图中的各电阻都是锰铜电阻，阻值不随环境温度的变化而变化。其中，R_2、

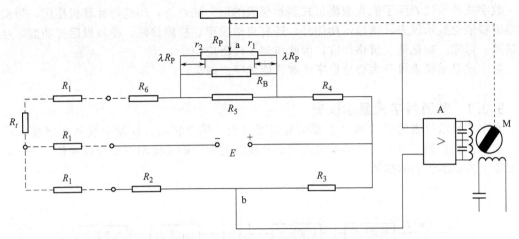

图 9-5　自动平衡电桥测量原理

R_3、R_4 为桥路的固定电阻，R_5 为量程电阻，R_6 为起始电阻，R_P 和 R_B 分别为滑线电阻和工艺电阻（并联阻值也为 90Ω）。当量程改变或所配热电阻的分度号改变或两者同时改变时，只需要改变 R_5 和 R_6。

因自动平衡电桥测量的是电阻 R_t 的阻值，为减小连接导线随环境温度的变化所带来的测量误差，对被测电阻 R_t 采用三线制连接，使连接导线电阻 R_1 分别引入相邻的桥臂中，且规定 $R_1=2.5\Omega$（不足 2.5Ω 时，要用锰铜电阻补足）。采用三线制后，虽不能实现完全补偿，但导线误差将在 10^{-4} 的数量级以下。

自动平衡电桥和电子电位差计的测量电路有以下几方面的区别。

（1）仪表平衡时的桥路状态　当放大器的输入为零时，仪表处于平衡状态。此时，自动平衡电桥的桥路输出也为零，即处于平衡状态；而电子电位差计的桥路输出电压则与被测电势相等，即桥路处于不平衡状态。

（2）感测元件的位置　自动平衡电桥的感测元件（被测电阻）位置在桥路的某一桥臂之中；而电子电位差计的感测元件（如热电偶）在桥路输出的对角线上。

（3）桥臂电阻 R_2　自动平衡电桥的桥路中的 R_2 是锰铜电阻，无冷端温度补偿的作用；电子电位差计的桥路中的 R_2 可以是铜电阻（与热电偶配套使用），有冷端温度补偿的作用。

（4）连接导线　自动平衡电桥必须采用三线制连接方式，且连接导线的阻值为规定值；电子电位差计则不需要考虑热电偶连接导线的阻值大小。

（5）电源　自动平衡电桥的桥路可以采用交流和直流两种电源，其中交流电桥的结构比较简单，但在要求有良好的抗干扰性能与防爆场合不能使用；而电子电位差计采用的是直流电源。

◎ 9.3　数字式显示仪表

与数字式显示仪表相比，模拟式显示仪表的缺点为：仪表的精度低（动圈仪表的精度一般为 1 级，自动平衡式显示仪表也只有 0.5 级），且结构复杂，成本高；测量速度慢（动圈仪表和自动平衡式显示仪表的显示平衡时间一般为 3～5s），对于被测参数变化极快时，无法正常工作；要对记录式模拟仪表所记录的历史信息进行分析、统计及处理需要增加许多设备，花费许多时间，比较困难；传输距离受到限制，环境干扰对此类仪表的影响也较大。

267

数字式显示仪表除了能克服模拟式显示仪表的以上缺点外，还能与计算机连用，带微处理器的智能化显示仪表，除显示功能外，还有自动校正、故障诊断、参数设定等功能，且结构简单、可靠、功耗低、价格便宜，因此得到了广泛应用。

数字式显示仪表可分为普通数字式和智能数字式两类。

9.3.1　普通数字式显示仪表

数字式显示仪表的组成部分主要包括前置放大、模数转换、标度变换和数字显示等电路。如果被测参数与检测元件的输出之间成非线性关系，则需要增加非线性补偿。图 9-6 为普通数字式显示仪表的框图。

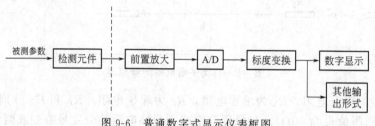

图 9-6　普通数字式显示仪表框图

9.3.1.1　模数转换

模数转换简称 A/D 转换，作为数字式显示仪表的一个关键部分，其功能是将连续变化的模拟量转换成断续变化的数字量。转换的过程包括采样和量化两部分，即先以大于信号最高频率两倍的速率采样，将模拟量转换成离散量，然后再用一定的量化单位对采样值整量化，得到近似的数字量。

理想的 A/D 转换器的输入与输出之间的关系可表示为

$$D \equiv \left[\frac{u_x}{u_R} \right] \tag{9-5}$$

式中　D——数字输出信号；

$\quad$ u_x——模拟量输入信号；

$\quad$ u_R——量化单位。

式中的恒等号和括号的定义是：D 最接近于 u_x/u_R。

在实际应用中，D 通常为二进制，其数学表达式为

$$D = a_1 2^{-1} + a_2 2^{-2} + \cdots + a_n 2^{-n} = \sum_{i=1}^{n} a_i 2^{-i} \tag{9-6}$$

式中　a_i——第 i 位的数字码；

$\quad$ n——A/D 转换器的位数。

可见，量化过程实际是将被测信号的变化范围划分成若干层（量化层），只有那些正好处于量化层上的离散值才能被精确转换为代表该层的数字值，而处于层与层之间的离散值只能被归到最接近的量化层去。因此，量化过程中一定会产生误差，称为量化误差，是表征 A/D 转换器性能的重要指标。

量化误差是指 u_x/u_R 与 D 之间的差值，其大小与 A/D 转换器的量化单位 u_R 有关，u_R 越小，量化误差就越小。而量化单位 u_R 则与 A/D 转换器的位数及输入信号范围有关，位数越多或输入信号的范围越小，量化单位就越小。为使用方便，对 A/D 转换器采用标准化的输入信号范围，如 0~10mV、0~30mV、0~50mV、0~1.25V、0~2.5V、0~5V 等。

A/D 转换的方法很多，可以将模拟信号先转换成脉冲信号，计数后得到相应的数字量；也可以将模拟信号直接转换成对应的二进制编码，目前在数显仪表中更多使用的是后者。

9.3.1.2 标度变换

A/D转换器只是将输入的电压信号转换成数字形式，如果要求显示的是工业过程的参数，如温度、压力、物位、流量等，就存在一个量纲还原的问题，通常称为标度变换。

标度变换实际上是一种系数运算，使得所显示数字值的单位与被测参数的单位一致。如果被测参数与检测元件的输出之间成线性关系，则系数的大小按"数值一致"的要求，预先整定一次输入，且在测量中是固定不变的。

从图9-7所示的几种普通数字显示仪表原理框图中可以看出，标度变换可以在模拟部分完成，也可以在数字部分完成。前者称为模拟量标度变换，后者称为数字量标度变换。

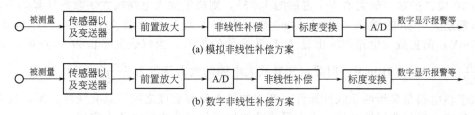

图 9-7　普通数字显示仪表的几种组成方案

（1）数字量标度变换　如果A/D转换时，是将模拟信号先转换成脉冲信号，可以采用所谓"系数运算"的数字量标度变换，即在进入计数显示之前，通过扣除脉冲数（即乘以某一系数）的方法来实现。

如图9-8所示，输入脉冲A和控制脉冲B同时作为"与"门的输入。当控制脉冲B是负脉冲时，"与"门的输出F即为低电位，因此可以通过控制脉冲B来改变输入脉冲A的频率。在该图中，每10个输入脉冲被扣除了2个，即输出脉冲F是输入脉冲A的0.8倍，相当于乘了一个0.8的系数。

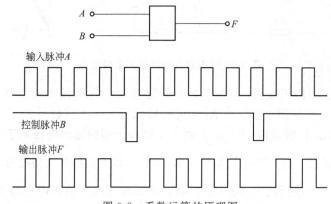

图 9-8　系数运算的原理图

如果被测参数与检测元件的输出之间呈非线性关系，则可以增加一个EPROM线性化器（其中固化了一个表格），将A/D转换器的输出作为访问EPROM的地址，通过查表取出表格内容，作为显示器的显示值，来同时实现数字量的标度变换及非线性补偿。

例如，数显仪表与K型热电偶配合使用，测温范围是0～800℃。假定前置放大电路的放大倍数为100倍；A/D转换器的输入为0～4V，输出为10位二进制（最大值为十进制的1023）。

当被测温度为800℃时，热电偶产生的热电势为33.275mV，A/D转换器的输出为$\frac{33.275\times100\times1023}{4000}=851$，应在EPROM地址为851单元中存放800。

当被测温度为 400℃时，热电偶产生的热电势为 16.397mV，A/D 转换器的输出为 $\dfrac{16.397 \times 100 \times 1023}{4000} = 419$，则应在 EPROM 地址为 419 单元中存放 400。

以此类推，就能保证数显仪表的显示值与热电偶的被测温度一致，即同时实现了标度变换和线性化处理。

（2）模拟量标度变换　模拟量的标度变换包括电势、电流和电阻等信号的变换。

如果数显仪表的输入信号是电势，只要调整前置放大电路中的放大倍数即可。例如，数显仪表与 K 型热电偶配合使用，测温范围是 0～1000℃。假定 A/D 转换器的输入为 0～4V，输出为 10 位二进制（最大值为十进制的 1023），则前置放大电路放大倍数的计算如下。

前置放大电路的输入是热电偶的输出电势，当被测温度为 1000℃时，该电势为 41.276mV；前置放大电路的输出是 A/D 转换器的输入，当仪表显示值为 1000 时，该信号应为 $\dfrac{4000}{1023} \times 1000 = 3910$mV；因此，前置放大电路的放大倍数为 $\dfrac{3910}{41.276} = 94.73$。

由于热电偶是典型的非线性元件，产生的热电势与温度之间不具有线性关系，也需要增加线性化器来进行非线性补偿，大多采用非线性元件组成折线电路来实现。

假定 K 型热电偶的测温范围是 0～900℃，将测量范围分成五段，然后用折线来加以近似。图 9-9 中示出其中三段的非线性校正电路原理图，工作过程如下。

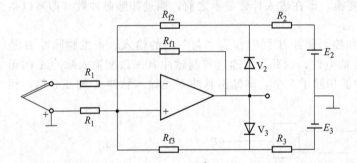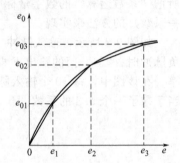

图 9-9　热电偶非线性校正电路原理

输入电压处于第一段折线内（0～e_{01}）时，运算放大器的输出电压低于 E_2、E_3，因此 V_2 和 V_3 都不导通，使反馈电阻仅为 R_{f1}，此时放大器的放大倍数为 $K_1 = R_{f1}/R_1$。

输入电压处于第二段折线内（0～e_{02}）时，运算放大器的输出电压高于 E_2 但低于 E_3，因此 V_2 导通、V_3 不导通，使反馈电阻为 $R_{f1} /\!/ R_{f2}$，此时放大器的放大倍数为 $K_2 = \dfrac{R_{f1} /\!/ R_{f2}}{R_1}$。

输入电压处于第三段折线内（0～e_{03}）时，运算放大器的输出电压高于 E_2 和 E_3，因此 V_2 和 V_3 都导通，除反馈电阻 $R_{f1} /\!/ R_{f2}$ 接入外，正反馈电阻 R_{f3} 也接入，此时放大器的放大倍数为 $K_3 = \dfrac{(R_{f1} /\!/ R_{f2})(R_1 + R_{f3})}{R_1[R_{f3} - (R_{f1} /\!/ R_{f2})]}$。

可见，当输入的热电势处于不同的范围时，放大倍数将自动加以调整，从而实现了非线性参数的线性化。

如果数显仪表的输入信号是电阻，则可通过电桥或电阻网络来实现标度变换。

9.3.1.3　数字显示

普通数字显示仪表的数字显示元件有两种：数码发光二极管（LED）和数码液晶显示器。由 A/D 转换器输出的二进制数经过锁存/译码后直接驱动显示，但只能显示数码或部分简单的符号。

9.3.2　智能式数字显示仪表

智能式数字显示仪表的结构框图如图 9-10 所示，与普通数字显示仪表的区别在于增加了微处理器芯片（CPU）。由于 CPU 具有强大的运算功能和逻辑判断功能，从而使显示仪表的功能大大增加，而且性能也有很大的提高。因此这类仪表代表仪表设计与应用的趋势。

图 9-10　智能式数字显示仪表结构框图

智能式数字显示仪表的主要特点如下。

① 用软件方式实现标度变换和线性化处理，使仪表结构简单，且提高了可靠性和精度。

② 可以方便地对仪表加以设定，如放大倍数的设定、不同检测元件的选择、显示形式和单位的切换等。

③ 具有通信功能，可以与储存设备相连以保存历史数据或查看历史数据，也可以与计算机一起构成网络式或总线式测量系统。

④ 可以具有自动校正、故障诊断等功能。

◎ 9.4　数字模拟混合记录仪

传统的模拟显示仪表主要优点是直观，除了用指针或光柱指示被测参数的瞬时值外，还可以自动记录，即将一个或多个被测参数直接地、连续地绘制在记录纸上。因此，被测参数的变化过程一目了然，很容易从曲线上得知被测参数的变化趋势、稳定程度、波动频率，以及是否超出允许的变化范围等。

与模拟仪表相反，全数字式自动记录仪则是通过打印数据来完成对被测参数的记录的，虽然具有较高的记录精度，但是对数据的记录是不连续的，而且不经过相应的处理，无法从中得出对被测参数变化过程的全面而完整的直观印象。

数字模拟混合纪录仪在数字式显示仪表的基础上，增加了模拟式的记录显示部分，即集数字显示和模拟过程记录为一体。这种新一代的显示记录仪表不仅小巧、灵活，而且精确、可靠。

图 9-11 中是 XJD 型数字显示记录仪的原理框图，来自热电偶、热电阻的电势、电阻信号，通过测量桥路、前置放大器及线性化电路的处理，转换成统一的线性信号。LED 数码管直接显示仪表的测量值，记录笔则同时记录下测量值的变化过程。

除显示和记录的功能外，该仪表还附加有报警功能和 PID 控制功能。

图 9-12 是数字模拟混合记录及显示仪表结构框图，增加了包括微处理器芯片 CPU、内存 ROM 及 RAM 在内的微机单元。所增加的功能如下。

① 数据和曲线打印　除保留了传统的曲线绘制功能外，还实现了被测参数的采样数据打印，以提供对被测参数直观、精确的显示。

② 数字显示　可采用多种方式显示不同时间下各输入通道的被测参数。

③ 多种设定功能　包括时钟设定、量程设定、报警上下限设定、走纸速度设定、扫描速度设定等。

④ 故障诊断及报警　可定期或不定期进行系统的故障诊断，根据故障情况发出报警信号。

⑤ 断电保护　提供意外情况下短期断电的数据保护，以实现测量过程中重要数据的保存。

271

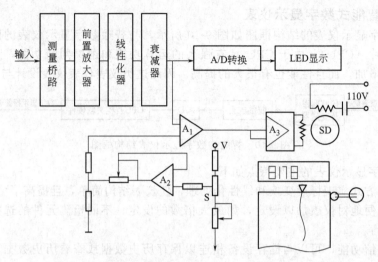

图 9-11　XJD 型数字显示记录仪原理框图

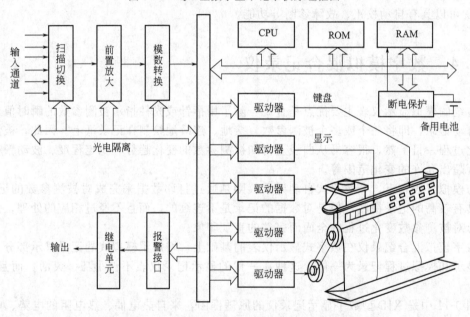

图 9-12　数字模拟混合记录及显示仪表结构框图

◎ 9.5　无纸记录仪

无纸记录仪也是一种智能式的数字显示仪表，是计算机技术在显示仪表中的典型应用。由于具有强大的显示功能和数据处理、数据存储能力，可以同时输入多个测量信号，根据用户设定要求，完成从信号采集、显示、记录、追忆到传送的全过程，近年来发展极为迅速，有逐渐取代传统记录仪表的趋势。

9.5.1　仪表结构

无纸记录仪的一般结构如图 9-13 所示。

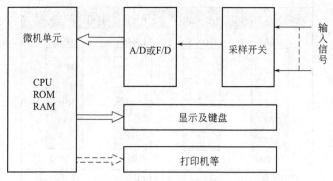

图 9-13　无纸记录仪一般结构

采样开关负责对多个被测参数的输入实现周期采样。如果被测参数是模拟量，即由 A/D 单元进行量化处理；如果被测参数是频率信号或开关量，则由 F/D 单元转换为数字信号。

微机单元中的微处理器主要完成仪表的远行管理、数据处理及交换、故障诊断等；大容量半导体存储器则是数据记录的载体。

显示单元一般为 LCD 图形显示屏或 LED 屏，显示各种功能画面；仪表的各种设定和命令则通过组态方式由键盘完成。

打印接口使得无纸记录仪可以直接与打印机连接，完成定时打印、即时打印或报警打印；串行通信接口使得无纸记录仪可以与上位机进行数据传输，实现记录数据的集中管理。

9.5.2　主要的功能特点

（1）多功能的显示画面，信息量大　以 SWP-CSR 系列彩色无纸记录仪为例，其显示画面以丰富的图文数据显示测量时间、测量数据、曲线图表、数据含义、工程单位等（图 9-14），以及百分比棒图（图 9-15）、报警状况（图 9-16）等。

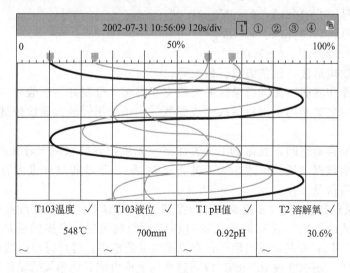

图 9-14　实时多通道显示画面

（2）可以接收多种类型的输入信号，通用性强　无纸记录仪可以与不同分度号的热电偶、热电阻及各种变送器、传感器配合使用，其输入信号通常包括以下几种。

273

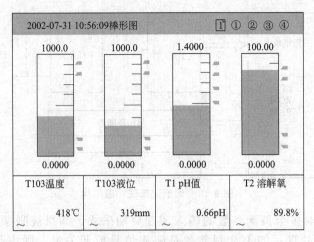

图 9-15　百分比棒图

2002-07-31　10:56:09　当前报警　①②③④																
当前报警显示屏																
通道	1	2	3	4	5	6	7	8	9	10	11	12	13	14	15	16
AL1																
AL2																
AL3			L	L												
AL4			L	L												

图 9-16　报警状况图

常用的热电偶：如 B、E、J、K、S、T。

常用的热电阻：如 Pt100、Cu50。

标准Ⅱ型信号：0～10mA、0～5V。

标准Ⅲ型信号：4～20mA、1～5V。

毫伏信号：0～20mV、0～100mV。

脉冲信号：如矩形波、正弦波或三角波等。

（3）便捷的操作界面　无纸记录仪的人机交互界面十分友好。一般以中文菜单引导组态操作，由快捷的中文菜单提示用户逐级完成参数设定；采用轻触式面板按键，方便用户进行各种操作。

（4）高容量的存储空间，且掉电不丢失数据　无纸记录仪采用大容量的半导体存储器，用以保存足够多的数据（最长可达 365 天的记录数据）。还可通过外置大容量 FLASH 存储棒等对数据进行备份及转存。

各种无纸记录仪都有断电保护措施（如内置 FLASH 存储器），以保存设置参数和历史数据。

（5）多种方式的输出　无纸记录仪通过相应的参数设定，可提供模拟量输出信号（如 4～20mA、1～5V 等）；开关量输出信号；直流馈电电源输出；通过打印机接口实现数据打印；通过串行通信接口（RS-232 或 RS-485）以高速率与上位机或其他相关的设备进行信息交换。

（6）强大的记录追忆功能　各种无纸记录仪都有记录追忆功能，以查阅历史数据。追忆的方式很多，如单步追忆、自动连续追忆、按时间查询追忆、通过移动定位轴来查看历史数据及曲线等。

第10章
特殊测量及仪表

在参数的测量中，介质的流量及物性测量是比较复杂的，除以上章节中介绍的常规测量外，本章中再介绍一些特殊的测量及所用的仪表。

◎ 10.1 微小流量的测量

小流量的测量指的是测量流过小口径管道的气体、液体，或者是测量流动非常缓慢的流体的流速。对于小流量的范围没有明确的定义，只是人们一般认为的范围。

测量小流量的仪表包括三类：①为微小流量专门设计的仪表，如热式质量流量计；②对一般流量计的结构加以改造，如内藏孔板的微小流量变送器；③采用一般流量计，但选择适宜的小流量范围，如转子流量计、容积式流量计等。

10.1.1 热式质量流量计

热式质量流量计是利用传热原理，即流动中的流体与热源（流体中的加热物体或测量管外的加热物体）之间热量交换关系来测量流量的仪表，当前主要用于测量气体。

热式质量流量计无活动部件，压力损失较小，使用性能相对可靠；结构简单，出现故障概率小；气体的比热容在所使用的温度、压力变化不大时可视为常数。但是，热式质量流量计响应慢；被测量气体组分变化较大的场所，测量值会产生较大误差；测气体若在管壁沉积垢层影响测量值，需定期清洗；对脉动流在使用上将受到限制。

热式质量流量计用得最多的有两类：①利用流动流体传递热量改变测量管壁温度分布的热传导分布效应的热分布式流量计（theamal profile flowmeter），曾称为量热式流量计；②利用热消散（冷却）效应的金氏定律（King's law）热式流量计。

（1）热分布式流量计　热分布式流量计的工作原理如图10-1所示，细长的薄壁测量管的外壁中央绕着加热器的线圈，提供恒定的热量，通过线圈绝缘层、管壁和流体边界层将热量传导给管内的流体。在加热线圈两边对称位置处绕有两个感温热电阻 R_1 和 R_2，与另外两个电阻 R_3 及 R_4 组成惠斯登电桥，来测量上、下游管壁的温度差 $\Delta T = T_2 - T_1$。

在流量为零时，测量管上的温度分布如图中的虚线所示，相对于测量管中心的上下游是对称的，电桥处于平衡状态；当流体流动时，流体将上游的部分热量带给下游，导致温度的分布发生变化（如实线所示）。由电桥测出两组线圈电阻值的变化，即可求得两组线圈的平均温度差 ΔT，而流体的质量流量 q_m 与温度差 ΔT 的关系为

$$q_m = K \frac{A}{c_p} \Delta T \tag{10-1}$$

式中 A——感温元件周围环境热交换系统间的热传导系数；

  c_p——被测气体的比定压热容；

  K——仪表系数。

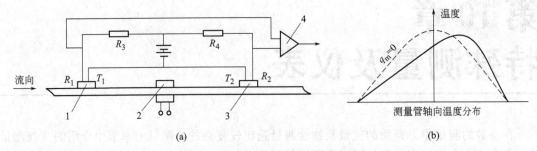

图 10-1 热分布式流量计的工作原理

1,3—感温元件；2—加热器；4—放大器

热传导系数 A 的变化主要是流体边界层热导率的变化，当流量计用于测量某一特定范围的流体时，可将 A、c_p 均视为常量，使流体的质量流量 q_m 仅与绕组平均温度差 ΔT 成正比。

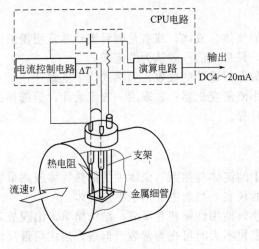

图 10-2 浸入式流量计的工作原理

另外，为了获得良好的线性输出，流体必须保持层流流动，因此测量管内径 D 设计得很小而长度 L 很长，即有很大 L/D 比，使流速低，流量小；还可在主管道内装层流阻流件，以恒定比值分流部分流体到流量传感部件；有些型号仪表也有用文丘里喷嘴等代替层流阻流件。

（2）基于金氏定律的浸入型热式流量计 如图 10-2 所示，两个温度传感器（热电阻）分别置于气流中两金属细管内，其中一个热电阻测量气流温度 T；另一细管由功率恒定的加热器加热，其温度 T_v 高于气流温度。气体在流量为零时，温度 T_v 最高；随着流量的增加，气流带走更多热量，使温度下降，产生温度差 $\Delta T = T_v - T$。

根据金氏定律，热丝的热散失率与各参数之间的关系为

$$H/L = \Delta T[\lambda + 2(\pi\lambda c_V \rho v d)^{1/2}] \tag{10-2}$$

式中 H/L——单位长度热散失率，J/(m·h)；

  ΔT——热丝高于自由流束的平均升高温度，K；

  λ——流体的热导率，J/(h·m·K)；

  c_V——比定容热容，J/(kg·K)；

  ρ——流体密度，kg/m³；

  v——流体的流速，m/h；

  d——热丝直径，m。

在恒功率的情况下，可以根据温差 ΔT 算出质量流速（ρv），进而求出质量流量 q_m（$q_m = \rho v A$），称为温度差测量法。

10.1.2 微小流量变送器

微小流量变送器是带内藏孔板的差压变送器，内藏孔板将所测量的微小流量转换成差压信号，再由差压变送器转换成 4~20mA 的直流信号。

微小流量变送器与普通的差压式流量计的区别在于以下几方面。

① 前者是传感器与变送器合为一体（见图 10-3），后者是传感器与变送器相分离。

② 为在小流量时获得较高的压差，前者适用小于 50mm 的管径（典型值为 10mm 和 20mm），而标准节流装置仅适用 50mm 和 50mm 以上的管径，否则加工时会发生困难。

③ 前者采用实流标定的方法来保证测量的精确度，而后者若使用标准节流装置就无需进行标定。

④ 前者只适合安装在水平管道上，后者则无此限制。

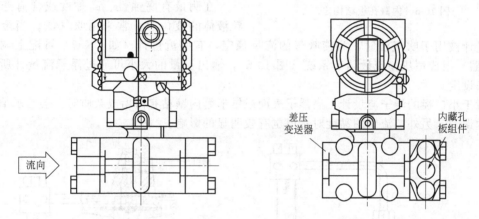

图 10-3　内藏孔板差压变送器

微小流量变送器的常见结构有两种：一种是流体流过差压变送器的高低压室（图 10-4）；另一种是流体不流过差压变送器的高低压室（图 10-5）。对于前一种结构，由于流过高低压室的流量与流过节流件的流量相等，因此只有在流量为零时，差压变送器测量到的压差才与节流件两端的压差相等。当流量增大后，差压变送器测量到的压差将明显高于节流件两端的压差，从而带来测量误差。

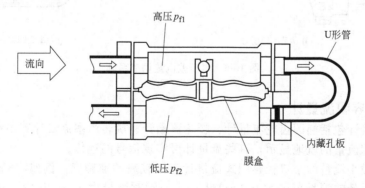

图 10-4　内藏孔板结构之一

微小流量变送器内藏的孔板可以有不同的内径，如 EJA115 型微小流量变送器的内藏孔板有 6 种内径，范围从 0.508~6.350mm，以满足不同的测量要求。用手持终端器设置差压变送器的压差上限，以改变流量计的量程。

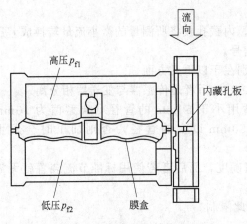

图 10-5　内藏孔板结构之二

高压 p_{f1}

内藏孔板

低压 p_{f2}　膜盒

流向

10.1.3　浮子流量计

小口径的浮子流量计的流量测量范围可以做得很小（如水 0.3～3L/h，空气 5～50L/h）。由于浮子流量计属中低精度的仪表，一般用于流量的监测。

玻璃浮子流量计只适合测量气体和透明度较高的液体，否则将看不清浮子在锥形管中的高度。一般用于现场指示和报警。

金属浮子流量计对被测介质没有限制，且除了现场指示外，可以输出 4～20mA 或 1～5V 的远传信号。

在测量有腐蚀性、高黏度或含有悬浮颗粒液体的液位时，常采用吹气法。当金属浮子流量计被用于吹气法时，为使吹气的流量稳定，有些流量计（如 DK37）可配上调节器（恒流器）组成恒压差流量调节系统（图 10-6），输出流量的大小可通过浮子流量计所带的阀门来设定。

对于小口径的浮子流量计，当浮子表面或锥形管内壁粘有污垢或杂质时，会给示值带来明显的误差；另外，流体的黏度对示值也有较明显的影响。

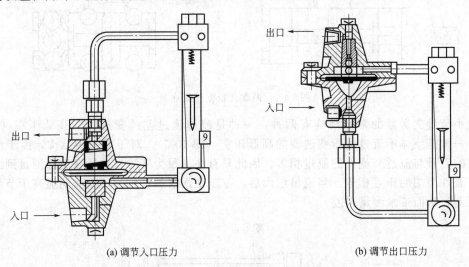

(a) 调节入口压力　　　　　　　　　　(b) 调节出口压力

图 10-6　恒压差流量调节系统

10.1.4　容积流量计

容积式流量计包括椭圆齿轮流量计、腰轮流量计、旋转活塞流量计等多种形式，以实现瞬时流量、累积流量的就地显示，有些流量计可实现信号的远传。

用于测量微小流量的小口径容积式流量计有比较高的准确度，例如，KEROMATE-RN 型椭圆齿轮流量计的测量范围为 0.1～10L/h，当瞬时流量大于 1L/h 后，其基本误差小于 ±1%。

容积式流量计的共同要求是，仪表前面足够近的地方要加装过滤器，以减少运动件在转动时的磨损，延长仪表的使用寿命。仪表口径越小、过滤网的目数应越高，有些微小流量容积式流量计在出厂时就配有过滤器。

◎ 10.2 大流量的测量

对大流量的测量分为液体大流量和气体大流量。液体大流量指工业用水渠及直径 1m 以上的管道（如上水管、下水管、污水管等）水流量；气体大流量指城市煤气、天然气、风管、锅炉或炉窑烟气等的管道气流量。

10.2.1 明渠的流量测量

明渠指的是，敞开式排水渠道和虽不敞开、但在非受压非满水状态下的下水渠道。明渠中的水是靠水路本身坡度形成的自由表面而流动的，采用明渠流量计加以测量。

明渠流量计包括传感器和液位计两部分，其中传感器将流量转换成水位，再由液位计测量水位并采用相应的方法换算出流量值。

（1）测量原理　测量明渠流量的方法有很多种，工业上主要采用堰式和槽式两大类。

明渠流量计的测量原理是，在明渠中设置标准化了的量水堰槽，并在规定位置测量水位，使流过堰槽的流量与水位成单值关系；测量出水位，根据相应的流量公式或经验公式将其换算成流量值来。

以三角堰（图 10-7）为例，在明渠中垂直水流方向处安装具有三角形缺口并加工成堰口的薄壁堰体，堰口顶面是一平面，与堰板上游面相交处成锐缘状态；在堰板上游规定距离处设置一只静水井（静水井与明渠之间用连通管相连），用于测定水位。

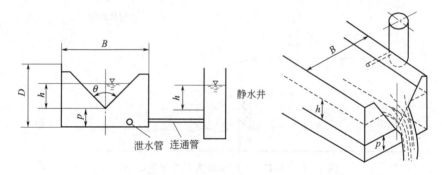

图 10-7　三角堰示意图

三角堰的流量与水位之间的关系可以在 ISO 1438/1 中查到函数表格的形式，也可以按照一些经验公式去计算，如汤姆逊公式：

$$q_v = 1.4h^{5/2} \tag{10-3}$$

图 10-8 中是一些常见量水堰槽的剖面，其中堰式的特点是结构简单，测量精度高，但水头损失大，且上游易堆积固型物；帕氏槽（Parshall flume，简称 P 槽）的水位抬高比堰式小，且水中的固态物质几乎不沉积，适用于矩形明渠；而 P-B 槽（Parshall Bowlus flume）则为圆形暗渠专用。

（2）非接触式超声波液位计　明渠流量计都是通过液位计来计算流量的，包括浮子式、电容式、压力式和超声波式等，其中超声波液位计用得比较广泛。

在明渠中的流体常常是污水，难免存在沾污和腐蚀性。若采用接触式液位计，容易因污垢和腐蚀性而引起仪表故障，超声波液位计则由于不需要与流体接触而显示出其明显的优越性。

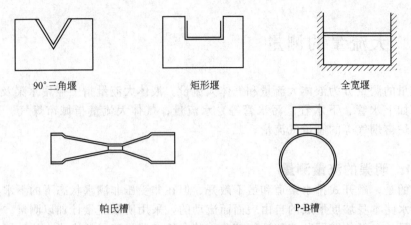

90°三角堰   矩形堰   全宽堰

帕氏槽   P-B槽

图 10-8　常见量水堰槽的剖面图

图 10-9 为 MLF-900 系列堰槽明渠流量计的示意图，超声液位传感器固定在堰槽静水井的上方，探头向水面发射超声波。声波遇到水面后产生反射波，被探头所接收。根据回声测距的原理，可以从声波从发射到接收所经历的时间求出水位的高度，再由转换器按流量与水位的关系用查表和线性插值的方法求得流量。

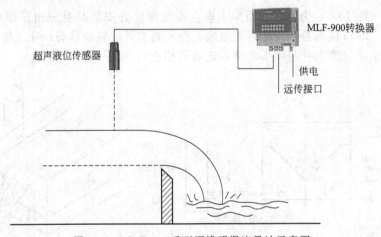

MLF-900转换器

超声液位传感器

供电

远传接口

图 10-9　MLF-900 系列堰槽明渠流量计示意图

10.2.2　大口径管道的液体流量测量

测量大口径管道的液体流量时，选择流量计要考虑以下因素：压力损失应越小越好；由于流速不高（以降低运行成本），管道内壁易沉积污垢、淤泥；所用流量计的测量范围要特别大，以适应不同时间段的流量的悬殊差别；流量计的防护等级也要满足所处环境的要求。

常用于测量大口径管道液体流量的流量计有以下几种。

（1）电磁流量计　电磁流量计是根据法拉第电磁感应定律制成的，被广泛应用于工业过程中各种导电液体的流量测量。

电磁流量计的主要特点为如下。

① 管道内无可动部件，无阻流部件，测量中几乎没有附加压力损失。

② 测量结果与流速分布、流体压力、温度、密度、黏度等物理参数无关。

③ 测量精度高（高达$\pm 0.3\%$），测量范围大（高达 200∶1）。

④ 直管段要求相对较低，易于满足。

⑤ 有大口径及满足防护要求的产品。

⑥ 大口径产品的价格较高，且口径越大价格增长越快。

(2) 超声流量计　超声流量计是利用声波在静止流体中的传播速度与在流动流体中的传播速度不同的原理制成的，既可以测量导电介质，也可以测量非导电介质的流量。

超声流量计的主要特点如下。

① 探头可以安装在管道的外边（外夹式），不妨碍管道内流体的流动状况，以减小压力损失。

② 测量精度与管道口径有关，管径越大，有可能得到的精度越高（采用多声段）。

③ 外夹式超声流量计的价格与管径无关。

(3) 插入式流量计　在测量精度要求不高的场合，可以采用插入式流量计来测量大流量。因为插入式流量计的主要优点是价格低（只有其他结构的几分之一），而且这种流量计重量轻、压损小、也易于安装及维修。

插入式流量计有两种结构形式，即点流速计型和径流速计型。

① 点流速计型传感器　点流速计型的传感器（图 10-10）由测量头、插入杆、插入机构和转换器组成。常见的点流速计型的传感器包括插入式涡街流量计、插入式涡轮流量计、插入式超声流量计和插入式电磁流量计等。

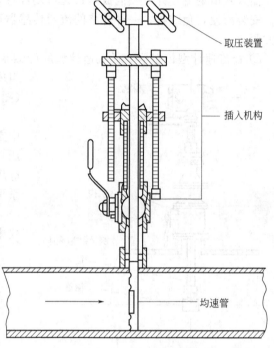

图 10-10　点流速计型传感器

点流速计型传感器的测量头插于管道中的特定位置（一般为管道轴线或管道平均流速处），测量该处的局部流速，然后根据管道内流速分布和传感器的几何尺寸等推算出管道内的流量。以脉冲-频率型（涡轮、涡街等）为例，其测量头的计算公式为

$$q_{\mathrm{v}} = \frac{f}{K} \tag{10-4}$$

式中　q_{v}——流体的质量流量，$\mathrm{m^3/s}$；

　　f——流量计的频率信号，Hz；

　　K——流量计的仪表系数，$K = \dfrac{K_0}{A\alpha\beta\gamma}$；

　K_0——测量头的仪表系数；

　A——测量管道的横截面面积，$\mathrm{m^2}$；

　α——速度分布系数；

　β——阻塞系数；

　γ——干扰系数。

几种常用的点流速计型传感器的主要特点如下。

281

插入式涡轮流量计——价格较低，但只适合测量洁净液体的流体，否则极易导致涡轮卡滞（在大口径的管路上加装网目数满足要求的过滤器不太现实）。

插入式涡街流量计——耐脏性比插入式涡轮流量计好，测量精度也不差（可达±1%），但可测流速的下限不能太低（测量水流量时，流速下限只能达到0.3m/s），否则将不能胜任。

插入式超声流量计——不受温度、压力、密度和电导率变化的影响；传感器结构简单，无节流体，不堵塞；安装时不用停产断电。

插入式电磁流量计——低成本；无可动部件，与介质接触部分为不锈钢材料，使用寿命长；安装简便，免维护；一种规格的流量传感器可用于多种管道直径，给选型及使用带来许多方便。

② 径流速计型传感器 径流速计型的传感器由检测件（均速管）、插入机构和取压装置组成。常见的径流速计型传感器包括差压式（图10-11）和热式。

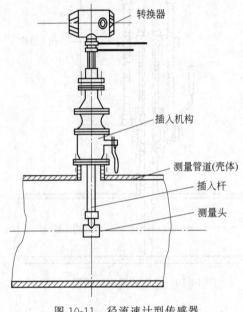

图10-11 径流速计型传感器

差压式均速管是一根横贯管道直径的金属中空杆，其迎流面有多点测量孔（用于测量总压），背流面有一点或多点测压孔（用于测量静压）。管道内的流量与总压和静压之差的关系可表示为

$$q_m = \alpha \varepsilon A (2\rho \Delta p)^{1/2} \qquad (10-5)$$

式中 q_m ——流体的质量流量，kg/s；

α ——流量系数；

ε ——可膨胀性系数；

A ——管道的横截面面积，m^2；

ρ ——被测介质密度，kg/m^3；

Δp ——总压与静压之差，Pa。

差压式均速管流量计由于结构简单、价格便宜、维修方便，在大口径的水流量测量中用得较多。不足之处在于：水中的泥沙易将取样孔堵住而引起故障，需视流体中泥沙含量的大小进行定期清除；当相对流量较小时，误差将增大，故只适合一般的检测和控制。

10.2.3 大口径管道的气体流量测量

测量大口径管道的气体流量时，选择流量计要考虑以下因素：口径大（难以保证直管段）；静压低、流速低（允许的压力损失很小）；流速变化范围大（要求仪表有较大的测量范围）；流体的成分（是否含有粉尘、具有腐蚀性、组分变化不定等）、温度、湿度等。

常用于测量大口径管道气体流量的流量计除了前一节已介绍过的插入式涡街流量计、插入式涡轮流量计、超声流量计和差压式均速管流量计外，还有热式气体流量计和弯管流量计等。

(1) 热式气体流量计 一种热式气体流量计的测量原理如图10-12所示，传感部分为圆形检测杆，其端部有两个热敏元件（测量热敏元件放置在气体的流路中，参比热敏元件则与气体的流动相隔离），与另外两个电阻组成惠斯登电桥。工作时，流路内的气流将测量热敏元件的热量带走，导致温度变低，阻值变小，使得桥路的输出发生变化（气体流量越大，桥路输出越大），其输出电压与气体的质量流量成正比。

热式气体流量计也可以基于金氏定律（TMF），即将一个温度传感器加热到与另一只传感器（参比传感器）恒定的温度差。此时，为了达到恒定的温度差，测量电路消耗的功率和被测气体的质量流量成一定比例关系。

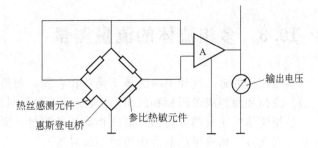

图 10-12　热式气体流量计测量原理

（2）弯管流量计　弯管流量计是利用流体离心力原理来测量管道内气体流量的。当流体在弯曲管道中流动时，受到离心力的作用，其大小与管道的曲率半径、流体的密度以及流体的流动速度等因素有关，并可以通过弯管内的内侧壁和外侧壁处的压力差反映出来。因此，当弯管的形状和流体的性质一定时，可以测量弯管内外侧管壁的压力差以得到流体的流量值。

MLW 系列弯管流量计（图 10-13）由传感器、转换器、压差变送器及一些管道阀门组成（当流量测量需要温度、压力补偿时，还可以配备压力变送器、温度变送器）。弯管有不同的形状（图 10-14），可根据需要加以选取。

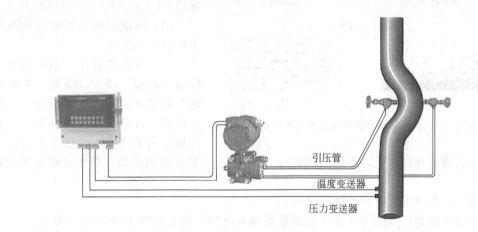

引压管

温度变送器

压力变送器

图 10-13　MLW 系列弯管流量计

安装在管道的自然转弯处

大弯径比传感器(弯径比大于1.5)
可用于测量中温中压蒸汽

安装在任意空间状态的直管上

图 10-14　不同形状的弯管

弯管流量计的优点是：传感器处的取压孔直径大，不易堵塞，特别适合测量不纯净的介质；测量范围宽；无附加压力损失；现场无需维护，运行费用低。

283

◎ 10.3 多相流体的流量测量

多相流指的是，流动中的流体不是单相物质，而是同时存在两种不同相的物质（液相和气相、液相和固相或者固相和气相），甚至是三种不同相的物质（气相、液相和固相）。

多相流体的流量测量包括气液两相流量的测量、固液两相流量的测量和固气两相流量的测量（固气液三相流可近似地作为两相流处理）。

对于两相流体，其流量有两种，即两相流的总流量和各相的流量。流量计测量到的是两相混合流的总量。

10.3.1 固液两相流量的测量

固液两相流的流动结构非常复杂，其流动方式随悬浊粒子的相对密度、粒径、粒度分布以及流速、浓度、媒液种类的不同而不同。图 10-15 为水平管道中的固液两相流的流动结构，当流速低于临界流速时，固相会发生沉淀；当流速超过临界流速时，混合物则成为浮游流动。

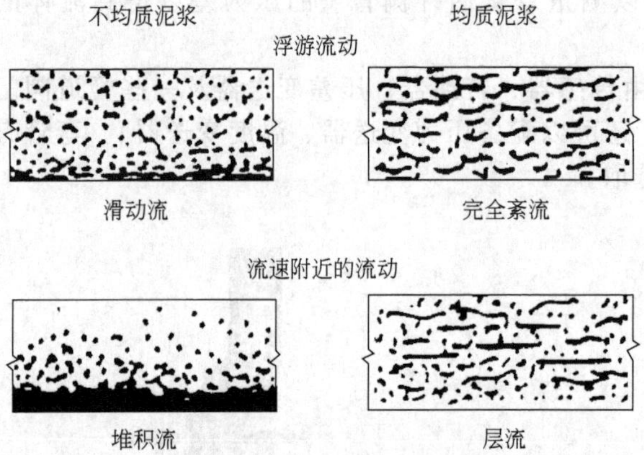

图 10-15 水平管道中固液两相流的流动结构

用于测量固液两相流量的流量计主要有以下几种。

（1）电磁流量计 在测量电导率较高的矿浆、煤浆、泥浆、纸浆等固液两相流时，首选电磁流量计。其优点在于：测量准确度高（可比差压式流量计高若干倍）；无堵塞问题（传感器与工艺管道直径相同，不增加阻力）；低速时不易发生沉积现象（测量管可安装在垂直管道上）。

要注意的是测量管内衬的磨损问题。

（2）超声流量计 超声流量计的测量原理有两种：时差法和多普勒法（频差法）。在测量泥浆、纸浆等流量时，要选择多普勒超声流量计。

采用外夹式的传感器结构，可以使磨损及堵塞问题都由工艺管道去承担；将传感器安装在垂直管道上，可以避免由于重相靠管底流动而引入的误差。

（3）科氏力质量流量计 科氏力质量流量计是 20 世纪 80 年代出现的质量流量计，是利用流体在振动管中流动时能产生与流体质量流量成正比的科里奥利力（Coriolis，简称科氏力）的原理制成的。

如图 10-16 所示，当质量为 δ 的质点以匀速 u 在一个围绕转轴 P 以角速度 ω 旋转的管道内轴向移动时，该质点将获得两个加速度分量，即法向加速度 a_r 和切向加速度 a_t，其中切向加速度 a_t 的获得是由于质点受到来自管壁的大小等于 $2\omega u\delta_m$ 的力，而反作用于管壁面上的力就是质点施加于管道上的科氏力 F_C，即 $F_C = 2\omega u\delta_m$。如果是密度为 ρ 的流体以恒定速度 u 沿旋转管流动时，长度为 ΔX 的管道上受到的科氏力 ΔF_C 与质量流量成正比，即

$$\Delta F_C = 2\omega u\rho A\Delta X = 2\omega q_m\Delta X \tag{10-6}$$

式中，A 为管道的截面积。

因此，只要能直接或间接地测量出在旋转管道中流动的流体作用在管道上的科氏力，就可以得到利用流体通过管道的质量流量。

从理论上说，科氏力质量流量计可以对任何流动介质进行计量。但是，为保证一定的测量精度，应将其用于测量混合较均匀的固液两相流，或是测量含有少量固体颗粒的液体流量。

科氏力质量流量计的测量管道可以是 U 形、环形或直管形，当固体含量较高或固体粒度较大时，最好选用单根直管形，以防出现堵塞问题。

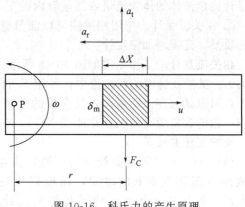

图 10-16　科氏力的产生原理

（4）差压式流量计　差压式流量计用于测量各种浆状流体已有几十年的历史，一般采用文丘里管作为节流件，以保证固体颗粒不会沉淀在节流件上。

注意到，使用差压式流量计来测量固液两相流的流量时，由于流体中的轻相流速要比重相流速快，两相之间的滑动现象将会引入一定的误差，从而使得流量计的精度明显降低；另外，还有文丘里管的喉部磨损问题及导压管被堵塞的问题。

10.3.2　气液两相流量的测量

气液两相流与固液两相流相比，有更多的流动类型（图 10-17），而且气体和液体之间存在相对速度，使两相截面产生能量的损失。另外，在气液两相的流动中，有时还伴随着相变（如冷凝、蒸发或结晶等）。

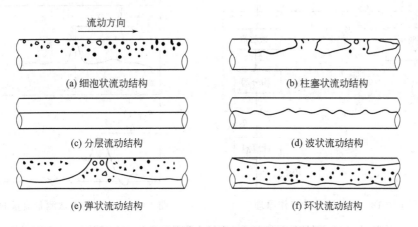

图 10-17　水平管道中气液两相流的流动结构

气液两相流的测量方法如下。

① 对于离散相浓度不高的两相流，根据制造商提供的资料以及一些来自用户的报道表明，可以使用下列的几种流量计。

a. 电磁流量计。当液体中含有少量气体，在液体中的分布呈微小气泡状时，电磁流量计仍能正常工作，所测得的为气液混合物的体积流量。

b. 科氏力质量流量计。当液体中含有百分之几体积比的游离气体，且所含气泡小而均匀时，对科氏力质量流量计的正常测量影响不大。

c. 超声流量计。当液体中含有适量的能给出强反射信号的气泡时，可以用多普勒超声流量计测量流体的体积流量或测量管内的平均流速。

② 相关流量计。应用相关法可以测量管道内流体的流速或体积流量，若要测量两相流体的质量，还需增加密度计。

相关流量计的工作原理如图 10-18 所示。在测量管段内取两个控制截面 A 和 B，相隔距离为 L。虽然在管内的两相流中，各相不可能混合得十分均匀，但由于两个截面之间的距离很短，可以认为在该距离内各相含量的分布没有变化。在截面 A 处布置一台探测器测定两相中一相的含量随时间的变化曲线 $X(t)$，在截面 B 处布置另一台探测器测定同一相的含量随时间的变化曲线 $Y(t)$。

从图 10-19 可知，曲线 $X(t)$ 的峰值与曲线 $Y(t)$ 的峰值之间的距离 Δt 应代表流体由截面 A 流到截面 B 的时间，而根据相关函数的性质，互相关函数 $R_{XY}(\tau)$ 的最大值之处的 τ 就是 Δt。因此，使用互相关仪后就能得到 Δt，而两相流的体积流量则可按下式来计算。

$$q_{\mathrm{v}} = \frac{KAL}{\Delta t} \tag{10-7}$$

式中　K——考虑速度偏差的系数；

　　　A——管道的截面积。

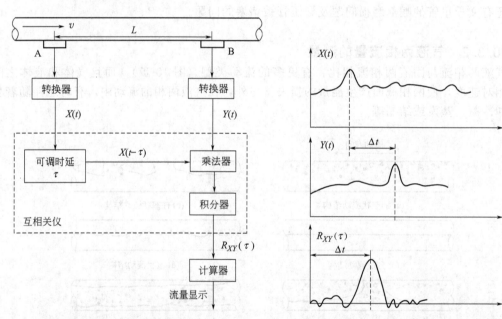

图 10-18　相关流量计工作原理　　　　图 10-19　应用相关法测量流量的关系曲线

应用相关法测量两相流的优点是适应面广，既可测量气液两相流，也可测量各种脏污流体、浆液等液固两相流，但昂贵的价格影响其推广应用。

③ 用分离设备将气液两相分离后再分别加以测量，例如测量含气石油中的石油流量、测量饱和蒸气流量等。

10.3.3　固气两相流量的测量

固气两相流的流动模型的分类方法与固液两相流的分类类似，只是其非对称浓度分布的流速范围更宽。

固气两相流的固相质量流量，如热电厂锅炉燃用煤粉的流量测量（气体带着煤粉颗粒流动），一般采用双参数的测量方法，即分别测出固相的浓度和固相的运动速度，然后再根据两者的乘积求出固相的质量流量（图 10-20）。

固相的浓度一般采用电容传感器来测量，这是因为电容传感器具有非接触、非插入、响应快、结构简单、坚固耐用、成本低等优点。

如图 10-21 所示，电容传感器是在氧化铝陶瓷管上安装一对金属电极所组成。当电容传感器的结构参数固定时，传感器的输出电容 C 与管道内的相对介电常数 ε 成正比，即

$$C(t) = K_1 \varepsilon(t) \tag{10-8}$$

式中，K_1 为比例系数。

已知在两相流的情况下，相对介电常数 ε 与固相的体积浓度 ϕ 成正比，即

$$\varepsilon(t) = K_2 \phi(t) \tag{10-9}$$

式中，K_2 为比例系数。

因此，传感器的输出电容 C 与固相的体积浓度 ϕ 成正比。

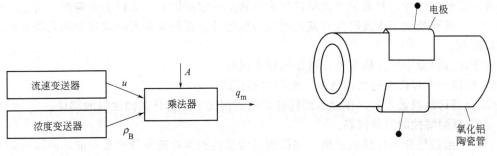

图 10-20　相关式粉粒流量计方框图　　　　　图 5-21　电容传感器

固相的运动速度可以采用前面介绍过的相关法来求得，且可以直接采用两个电容传感器作为探测器，则计算器输出的就是固相的质量流量。

工厂中含尘气体的流量测量也属于固气两相流的测量问题。由于气体流量的复杂性，特别是大管径的含尘气体（低压力、高粉尘、湿度大、温度及压力经常变化）的流量测量，仪表的精度和可靠性都不容易保证。

以下是一些在大管径含尘气体的流量测量中应用较成功的气体流量计。

① 环形孔板节流装置　该装置的结构特点是：流体的流通截面不是中心圆孔，而是与管轴同心的环形，使流体中的杂质顺着管壁流走，不再像标准孔板那样堆积在孔板的前角和后角。另外，管壁上均匀布置的多个取压口通过"均压环"连在一起，使差压变送器得到的是平均值，从而有效补偿由于流体畸变造成的误差，降低了对直管段的要求。

② 经典文丘里管　其结构和设计计算完全符合 ISO 5167-1 的规定，由于仪表内部没有流动死角，不会造成杂质的堆积；而且仪表的压力损失比较小。该仪表的缺点是仪表体积大，成本高，测量低速流体时的误差较大。

③ 低压损流量管　该仪表是对经典文丘里管改进而成，保留了经典文丘里管工作可靠、压力损失小、不易被杂质堵塞等优点，而且结构紧凑、成本低。但是，在测量低速流体时的精度仍不高。

④ 插入式（内藏式）双文丘里管　内藏式双文丘里管是将一个"短而小"的文丘里管同心地藏在一个"大而长"的文丘里管内，插在工艺流程圆管的中央，以增大有用的压差信号；插入式双文丘里管的两个管子则各自插在平均流速点上。

插入式或内藏式双文丘里管比经典文丘里管取得的压差信号大，压力损失小，体积和质量也较小。但是，由于检测的不是工艺管道的全部流量、流场分布的畸变或插入管轴线与工

艺管轴线不平行等因素，容易造成无法估计的误差。另外，流体中的粉尘或黏稠物质在其取压管内沉积、结垢后很难清理。

⑤ 均速管流量计　均速管流量计属于插入式传感器，其优点是：拆装方便、维护工作量小、成本低。但是，由于插入杆只占流通截面很少的一部分，而用这一部分的平均流速来代表整个截面的平均流速，在流速分布不规则时，产生的误差是无法估计的。另外，插入杆所处的实际流通面积会因积水、沉淀物、锈蚀或管变形等而变化，给仪表的显示带来误差。

◎ 10.4　腐蚀性介质的流量测量

腐蚀是金属在其环境中由于化学作用而遭受破坏的现象。在化工生产中酸、碱、盐等介质均有一定的腐蚀性，对测量其流量的仪表将造成一定的影响，如仪表的寿命、精度、使用范围等，甚至可能由于未及时发现或及时处理腐蚀性介质的渗漏而酿成安全和人身事故，必须加以重视。

对于流体测量中的介质腐蚀，可采取以下措施。

① 根据介质对仪表的腐蚀速度，定期更换仪表。

② 合理选择测量方案，在能达到同样目的的情况下，避开腐蚀性强的部位。

③ 选择耐腐蚀的流量仪表。

（1）一般酸性介质的仪表选型　涡街流量传感器和涡轮流量传感器与流体的接触部分为耐酸钢，适用于一般的酸性液体和气体的测量。若需要对一般酸性介质进行精确计量，则可选用耐酸钢制成的椭圆齿轮流量计。

（2）导电液体的仪表选型　电磁流量计的测量管内衬材料有多种，电极材料也有好几种，能够满足绝大多数腐蚀性介质的需要。表 10-1 中是上海光华爱而美特公司提供的电磁流量计电极材料耐腐蚀特性表，在机械工业出版社 1990 年出版的《流量测量工程手册》中列有（美）Foxboro 公司的"衬里和电极材料选用表"，可供用户参考。

表 10-1　常用电极材料及其适用范围

电极材料	特点及适用范围
耐酸钢 1Cr18Ni9Ti 含钼耐酸钢 0Cr18Ni12MoTi（相当于 316L）	主要用于生活及工业用水、原水、下水废物水，以及稀酸、稀碱等弱腐蚀酸、碱、盐液，价格最低
哈氏合金 B	适用低浓度盐酸等非氧化性酸和非氧化性盐液；不适用硝酸等氧化性酸
哈氏合金 C	对常温硝酸、其他氧化性酸、氧化性盐液有耐腐蚀性；不适用盐酸等还原性酸和氯化物
钛	耐腐蚀性略优于耐酸钢，对氯化物、次氯酸盐、海水有优良的耐腐蚀性，对常温硝酸等氧化性酸有耐腐蚀性；不适用于盐酸、硫酸等还原性酸
钽	具有和玻璃相似的优越耐腐蚀性，除氢氟酸、发烟硫酸等少数酸外，适用大部分酸液；不适用氢氧化钠等碱液
铂、铂铱合金	对几乎所有酸碱液耐腐蚀，不适用王水、铵盐等少数介质；价格昂贵

（3）不导电液体的仪表选型　夹装式超声流量计因工作时不与流体接触，可以适用各种腐蚀性流体。其中时差法的超声流量计适用于洁净单相流体，而多普勒法的超声流量计则适用于固相含量较多或含有气泡的液体。

（4）腐蚀性气体的仪表选型　使用夹装式超声流量计，没有仪表的耐腐蚀问题。但管道使用耐腐蚀内衬时,若内衬与金属管之间存在气隙,会给测量带来麻烦。

使用节流式差压流量计,可以采用隔离器或隔离液来防止腐蚀性气体对流量计的影响。图10-22中是采用隔离器的节流式差压流量计,隔离器是在含钼不锈钢膜片上再贴一层聚四氟乙烯隔离膜片所组成。若防腐蚀效果仍不理想,可以进一步采用钽膜片双法兰差压变送器。图10-23中是采用隔离液的节流式差压流量计,隔离液一般为矿物油和合成有机油,强腐蚀气体常用氟油,隔离容器需用耐腐蚀材料制造。

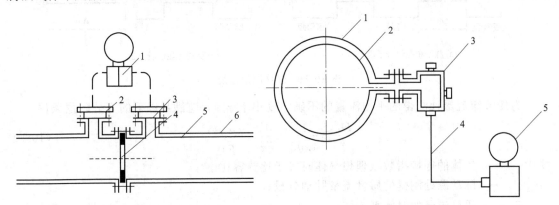

图 10-22　采用隔离器的节流式差压流量计
1—双法兰差压变送器;2—测量头;3—聚四氟乙烯膜片;
4—耐腐蚀孔板;5—工艺管道内衬;6—工艺管道

图 10-23　采用隔离液的节流式差压流量计
1—工艺管道;2—工艺管道内衬;
3—耐腐蚀材料制隔离容器;
4—引压管;5—差压变送器

◎ 10.5　脉动流量的测量

流场中各点处的流速、压力、密度和温度等参数都不随时间变化的流动状态称为定常流(稳定流),否则称为非定常流。

脉动流就是一种非定常流的流动状态,其特点是流量虽为时间的函数,但在足够长的时间间隔内的平均值是一个常数。脉动流的产生是由于工程上使用着许多脉动机械,如旋转式或往复式原动机、压气机、鼓风机、真空泵、活塞式水泵等。另外,管道运行和控制系统的振荡也是流动脉动可能的来源。

脉动流的频率范围从几分之一赫兹到几百赫兹,脉动幅度从平均流量的百分之几到百分之一百,甚至更大。

工业上常用的流量计都是在定常流的状态下进行标定的,因此,其标定数据通常只适用于定常流动时的流量测量。实际上,各类流量计都有一个允许的非定常流的界限值(阈值),如果碰到脉动流的脉动幅值超出了阈值,就会对流量计产生影响,可能出现较大的误差。

脉动流量的测量方法包括以下三种。

(1) 使用电磁流量计　根据电磁感应定律的原理制成的电磁流量计可以直接用于测量脉动流量。因此,如果被测介质是导电的液体,选择激励频率较高的电磁流量计,就可以对脉动流量作出快速的响应。

用于测量脉动流量的电磁流量计要在三个方面满足使用要求:①激励频率可调,以便得到与脉动频率相适应的激励频率;②流量计的模拟信号处理部分能防止脉动峰值到来时进入饱和状态;③对显示部分作平滑处理,以能读出流量的平均值。

（2）用适当的方法将脉动衰减到足够小的幅值，然后用普通流量计进行测量

① 气体阻尼系统　如图 10-24 所示，脉动源与节流装置之间的节流管阻和气容组成滤波环节（类似于电路中的 RC 滤波器），对气体或蒸气的脉动能加以阻尼，以衰减脉动流的幅值。

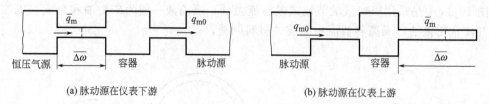

(a) 脉动源在仪表下游　　　　　　　　　(b) 脉动源在仪表上游

图 10-24　气体阻尼系统

为使节流流量计测得的平均流量的不确定度小于 $\varphi\%$，应满足以下的充分阻尼条件。

$$\frac{H_0}{\kappa} \geqslant \frac{1}{4\pi\sqrt{2}} \times \frac{1}{\sqrt{\varphi}} \times \frac{q'_{m0.\,rms}}{\bar{q}_m} \tag{10-10}$$

式中　κ——气体的等熵指数（理想气体时等于比热容比 γ）；

$q'_{m0.\,rms}$——脉动源处测得的质量流量脉动分量；

$\bar{q}_m$——质量流量的时间平均值；

$\varphi\%$——脉动流下流量计示值的最大允许不确定度。

H_0——霍奇森数（Hodgson Number），用于决定容器的最小容积，$H_0 = \dfrac{V}{\bar{q}_v / f_p} \times \dfrac{\overline{\Delta\omega}}{p}$；

V——脉动源与流量计之间的阻尼容器容积；

$\bar{q}_v / f_q$——一个脉动周期的时间平均体积流量；

$\overline{\Delta\omega}$——恒压下脉动源与阻尼容器之间的时间平均压力损失；

p——阻尼容器中的平均绝对压力；

② 液体阻尼系统　若是液体脉动流，由于液体没有压缩性，即使采用充满液体的刚性容器，流量的变动也得不到衰减。为使脉动流得到衰减，可以在脉动源和节流式流量计之间安装调压室或空气容室（见图 10-25 和图 10-26）。

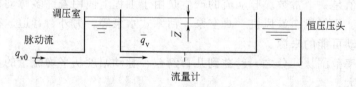

图 10-25　调压室液体阻尼系统

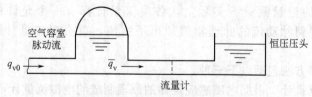

图 10-26　空气容室液体阻尼系统

为使节流流量计测得的平均流量的不确定度小于 $\varphi\%$，调压室阻尼系统和空气容室阻尼系统应分别满足以下的充分阻尼条件。

调压室：
$$\frac{\overline{Z}A}{\bar{q}_v / f_p} \geqslant \frac{1}{4\pi\sqrt{2}} \times \frac{1}{\sqrt{\varphi}} \times \frac{q'_{v0.\,rms}}{\bar{q}_v} \tag{10-11}$$

空气容室：
$$\frac{1}{\kappa}\times\frac{V_0}{\overline{q}_v/f_p}\times\frac{\overline{\Delta\omega}}{p_0}\times\frac{1}{1+V_0\rho g/(p_0\kappa A)}\geqslant\frac{1}{4\pi\sqrt{2}}\times\frac{1}{\sqrt{\varphi}}\times\frac{q'_{v0.\,rms}}{\overline{q}_v}\qquad(10\text{-}12)$$

式中　$\overline{Z}$——调压室与恒压压头容器之间的时间平均位差；

　　　A——调压室的横截面面积或空气阻尼室中液体的自由表面面积；

　　　V_0——空气容室中空气的体积；

　　　κ——空气的等熵指数；

　　　ρ——被测液体的密度；

　　　g——重力加速度；

　　　$\overline{\Delta\omega}$——空气阻尼室与恒压压头容器之间的时间平均压差；

　　　p_0——空气阻尼室中的空气静压；

其余符号同上。

（3）对不同流量计在脉动流状态下测得的流量值进行误差校正

① 节流式差压流量计　脉动流对节流式差压流量计的影响主要是平方根、动量惯性引起的误差和流出系数的变化。与节流装置配用的是响应不快的差压变送器，其输出中已包含了平方根误差和动量惯性误差。因此，在使用了满足阻尼条件的阻尼系统后，可以通过测量脉动附加不确定度 E_T，然后用 $1-E_T$ 作为修正系数，对节流装置的流出系数进行修正。

E_T 的估算公式为

$$E_T=\sqrt{\frac{1}{2}\left\{1+\left[1-\left(\frac{\Delta p_{p.\,rms}}{\Delta p_p}\right)^2\right]^{1/2}\right\}}-1\qquad(10\text{-}13)$$

式中　$\Delta p_{p.\,rms}$——差压脉动分量的均方根值；

　　　Δp_p——脉动流时节流装置取压口处的压差，$\Delta p_p=\overline{\Delta p_p}+\Delta p'_p$；

　　　$\overline{\Delta p_p}$——差压的时间平均值；

　　　$\Delta p'_p$——差压的脉动分量。

公式的应用条件为

$$\frac{\Delta p_{p.\,rms}}{\Delta p_p}\leqslant0.58$$

另外，还应该采取以下措施：节流装置尽量远离脉动源；适当减小管径；两根差压引压管的阻力对称。

② 涡轮流量计　广泛用于测量液体和气体的涡轮流量计在测量脉动流时所产生的平均流量误差 δ 可以由图 10-27 表示，图中

$$\alpha=\frac{q_{vmax}-q_{vmin}}{2\overline{q}_v}\qquad(10\text{-}14)$$

$$\beta=bf_p\sqrt{q_v}$$

式中　q_v——实际瞬时流量；

　　　f_p——脉动流的频率；

　　　b——流量计的动态响应参数，典型值见表 10-2。

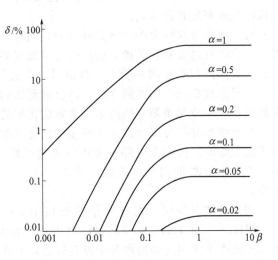

图 10-27　平均流量误差同 α、β 参数的理论关系

291

表 10-2　典型涡轮流量计的动态响应参数

流量计			设计流体	b/m^{-3}
直径/in①	叶片数	叶片材质		
2	12	塑料	气体	0.0046
3	16	金属	气体	0.023
4	12	塑料	气体	0.016
4	16	塑料	气体	0.017
4	16	金属	气体	0.035
4	16	金属	气体	0.065(气体密度 0.935kg/m³)
6	20	金属	气体	0.156(气体密度 0.935kg/m³)
6	20	金属	气体	0.183(气体密度 0.935kg/m³)
8	20	金属	气体	0.261(气体密度 1.105kg/m³)
2	10	不锈钢	水	0.009
1	6	不锈钢	水	0.0012
7/8	6	金属	煤油	0.002
3/4	6	金属	水	0.001

① 1in＝25.4mm，下同。

◎ 10.6　介质含水量的测量

在石油、化工、轻工等工业生产中，检测并控制物质中的水分含量是很重要的。习惯上称空气或气体中的水分含量为湿度（有时也称为水分），而液体及固体中的水分含量则称为水分或含水量。

介质含水量的检测方法很多，以下介绍几种目前常用的水分仪的测量原理。

（1）红外水分仪　由于水分子对波长范围处于 $1.2 \sim 1.5\mu m$；$1.8 \sim 2.0\mu m$；$2.5 \sim 3.0\mu m$；$5.0 \sim 8.0\mu m$ 的红外线的吸收是很多的，因此可以根据含水介质对红外线的反射或吸收原理来测定其含水量。

红外线水分仪可分为穿透式和反射式两种，图 10-28 是结构示意图。用钨丝灯泡作为光源，其光线穿过安装在转盘上的狭带光涉滤光器，由透镜变成平行光。如果是穿透式结构，平行光直接照射到被测介质上，再由另一个透镜进行聚焦后进入检波器；如果是反射式结构，平行光被棱镜引向被测介质，再反射到凹面镜上进行聚焦后进入检波器。检波器输出的光脉冲被转换成与被测介质的水分含量成比例的电信号。

红外线水分仪可以做到在线非接触式连续测量，且物料的温度、形状和环境杂光对测量准确度无影响。采用双光路多光束的光学系统后，能够获得很高的可靠性、准确性及稳定性。主要用于测量烟草、造纸、煤炭、电力、玻璃、粮食、食品、陶瓷等行业物料的含水率。

（2）微波水分仪　微波是指波长在 1mm～1m 范围内的电磁波，其对应的频率极高（300MHz～300GHz）。如果将微波电磁场加在含水介质的两端，就会使原先排列杂乱无章并不停地作不规则运动的水分子发生极化，并在电场的作用下重新排列，而且其振动频率与微波频率相同。

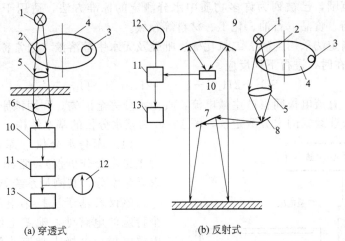

(a) 穿透式   (b) 反射式

图 10-28　红外线水分仪结构图

1—光源；2，3—狭带光涉滤光器；4—转盘；5，6—透镜；7，8—棱镜

9—凹面镜；10—检波器；11—放大器；12—指示仪；13—记录仪

　　水分子振动时，因其转动动能的增加以及为克服阻力而将吸收电磁波能量。水分子所吸收的电磁波功率可以通过转动动能公式和振动阻力计算公式的推导后，用下式表示。

$$\Delta W = k f^3 \tag{10-15}$$

式中　ΔW——水分子吸收的电磁功率；

　　　f——水分子的振动频率；

　　　k——比例系数，与水分子的质量、直径等参数有关。

　　由于电磁波在水中被水分子吸收的功率与其频率的立方成正比，因此频率极高的微波通过含水的物质时，其功率被大量吸收。可见，微波功率的衰减量能够极其灵敏地反映物质含水量的多少，通过检测微波功率的衰减量就可以得知物质的含水量。

　　微波传输过程中功率的衰减量与衰减系数（正比于物质的介电常数）、传输距离有关，当传输距离不变时，功率的衰减量与衰减系数成正比，即

$$d \propto \varepsilon \tag{10-16}$$

式中　d——功率的衰减量；

　　　ε——含水物质的复合介电常数，$\varepsilon \approx \varepsilon_{\text{干}} + s\varepsilon_{\text{水}}$；

　　　$\varepsilon_{\text{干}}$——干物质的介电常数；

　　　$\varepsilon_{\text{水}}$——水的介电常数；

　　　s——物质中的百分含水量。

　　上式表明，检测出的微波的功率衰减量与物质中含水量的百分数

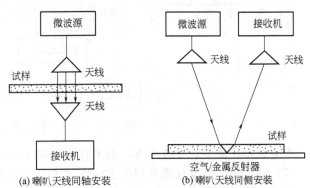

(a) 喇叭\天线同轴安装　　(b) 喇叭\天线同侧安装

图 10-29　自由空间型微波水分传感器的基本结构

成比例。测量微波功率衰减量方法很多，图 10-29 是最经典的自由空间型传感器的基本结构，能够测定试样表面和内部所含的全部水分。

　　微波水分测定仪具有测量时间短、操作方便、准确度高、适用范围广等特点，适用于粮食、造纸、木材、纺织品和化工产品等的颗粒状、粉末状及黏稠性固体试样中的水分测定，还可应用于石油、煤油及其他液体试样中的水分测定。

　　（3）卡尔·费休水分仪　卡尔·费休法属经典方法，经过近年来改进，大大提高了准确

293

度，扩大了测量范围，已被列为许多物质中水分测定的标准方法，适用于固体、液体和气体，广泛用于制药、食品、石油、化工、材料等领域。

卡尔·费休滴定法采用含碘、二氧化硫、吡啶及无水甲醇溶液（通常称为卡尔·费休溶液），在有水分存在时，进行下列反应。

$$SO_2 + 2H_2O + I_2 \longrightarrow 2HI + H_2SO_4$$

反应过程中，直流电极间将产生微电流，直至水分完全消失。利用该原理，再配上自动采样系统便能制成连续式的水分测定仪，图 10-30 为该水分仪的基本结构。

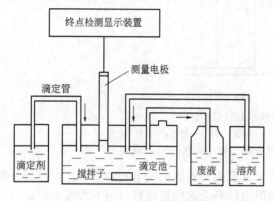

图 10-30　卡尔·费休水分仪基本结构

（4）库仑水分仪　库仑水分仪（或称为微量水分分析仪），常用来测定气体中所含微量水分，其测量系统如图 10-31 所示。

该仪表基于法拉第电解定律，内有一个特殊的电解池，池壁上绕有两根并行的电解电极，电极上加有直流电压，电极间涂有水化的五氧化二磷（P_2O_5）薄膜。由于 P_2O_5 具有很强的吸水性，当被测气体经过电解池时，其中的水分被 P_2O_5 完全吸收，出现导电性，使电极间产生直流电流；而此电流又使被吸附的水分电解，产生 H_2 和 O_2，并使 P_2O_5 恢复干燥状态。当被测气体的流速、温度、压力不变时，根据法拉第定律，流过电极的直流电流与水分的含量成正比。

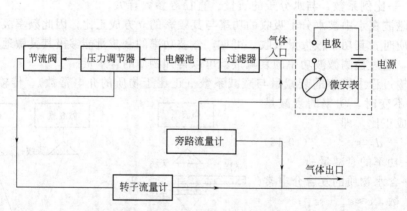

图 10-31　库仑水分仪的测量系统

库仑法操作简便，反应迅速，但不宜用于碱性物质或共轭双烯烃的测定。

（5）露点仪　露点仪通常用于永久性气体中微量水分的测定。

气体中的水分含量（即湿度）可以有不同的表示方法，如绝对湿度、相对湿度、露点温度等，各种表示方法之间有一定的关系，相互之间可以换算。

采用露点温度来表示湿度的仪表称为露点仪，目前较多使用电容式传感器来测量气体中的水分含量，有精度高、体积小、测量范围大、响应迅速等优点，其测量原理如下。

对一定几何结构的电容器，其电容量与两极间的介电常数 ε 成正比。由于水的 ε 值为81，比一般介质的 ε 值（2.0～5.0）大得多，当介质中含有水分时，就使介质的 ε 值发生变化，从而引起电容器电容量的变化。

电容式传感器（图 10-32）是以铝和能渗透水的黄金膜为极板，两极板间填以氧化铝微孔介质。多孔性的氧化铝可以从含有水分的气体中吸收水汽，使电容器两个极板之间介质的介电常数ε发生变化，而电容量的变化则与直接的含水量有线性关系。

另外，还有一些专用的水分测定仪也在市场中占有越来越突出的地位。这些水分测定仪具有专一性，操作简单等优点，普遍用于工业生产的在线控制分析，工农业产品的质量鉴定，如油中水分测定仪、土壤水分测定仪、烟草水分测定仪、谷物水分测定仪、木材水分测定仪、混凝土水分测定仪、纸水分测定仪等。

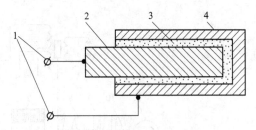

图10-32　电容式传感器结构示意图
1—电极引线；2—铝棒；3—多孔氧化铝；4—黄金膜

◎ 10.7　溶液浓度的测量

对于溶液浓度的自动的、连续的测量，将为溶液的加工生产、工厂的废液处理等提供有力的手段。根据不同的测量原理，常见的浓度计包括光学式和电磁式等。

10.7.1　光学式浓度计

光学式浓度计有两种：自动折光浓度计和自动旋光浓度计。

根据光学原理，光线在传播中遇到两种不同介质的界面时，光线会发生反射和折射，而当入射角增加到使折射角不小于90°时，光线将发生全反射（只有反射而无折射）。图10-33是全反射式自动折光浓度计的示意图，仪器有一个棱镜与被测液体相接，用于产生全反射，Q_c为临界角（90°），大于临界角的光线全部反射到光电池组上（出现"亮区"），小于临界角的光线被折射到被测溶液中去（光电池上出现"暗区"，即图中的阴影部分）。

临界角的大小与溶液的折射率有关，而溶液的折射率又与溶液的浓度有关，当被测溶液的浓度发生变化时，折射率和临界角也随之变化，使得光电池产生的光电流跟随溶液浓度变化而变化。

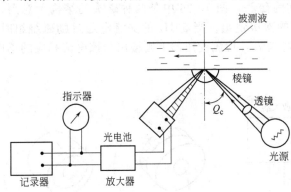

图10-33　全反射式自动折光浓度计

全反射式自动折光浓度计广泛应用于石油、化工、食品、饮料、造纸、制药及酿酒等工业中的浓度连续测量。

图10-34是自动旋光浓度计的示意图，旋光管内充满被测溶液，来自光源的光线经起偏振器产生偏振光。偏振光通过旋光管后被磁光调制器加以调制，而后射到光电管上，产生电信号。该信号放大后带动可逆电机，使石英补偿器中的一个石英楔片缓慢移动，以调整旋光度。

当溶液的浓度发生变化时，石英楔片产生相应的移动量，在引起旋光度产生一定的变化量的同时使差动变压器的铁芯上下移动，将溶液的浓度变化转换成电信号自动连续地输出。

自动旋光浓度计广泛用于医药、食品、有机化工等各个领域。

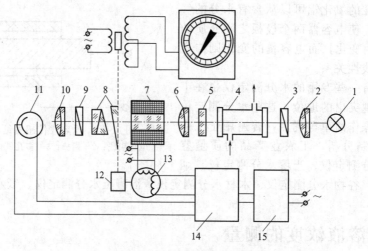

图 10-34　自动旋光浓度计

1—光源；2—聚光镜；3—起偏振器；4—旋光管；5—滤光片；6，10—物镜；
7—磁光调制器；8—石英补偿器；9—检偏振器；
11—光电管；12—减速器；13—可逆电机；14—放大器；15—电源

10.7.2　电磁式浓度计

电磁式浓度计是利用电磁原理来测量溶液电导率与其浓度关系的。

图 10-35 是常用的测量系统示意图，主要由两个环形变压器和电测系统组成。励磁变压器 T_1 与检测变压器 T_2 组成传感元件（称为磁头，图 10-36 中是两种磁头的结构示意图），被测溶液构成一短路线圈作为励磁变压器的次级绕组。当 50Hz 的交流电通过励磁绕组时，短路线圈中流过与被测溶液浓度成比例的电流 i_1，检测变压器上则输出与该电流相应的感应电势 e，并采用平衡法加以测量。

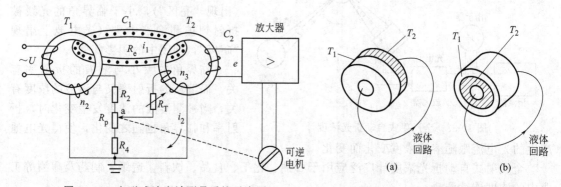

图 10-35　电磁式浓度计测量系统示意图　　　　图 10-36　两种磁头结构示意图

电磁式浓度计主要用于连续测量工业生产过程中各种酸、碱、盐溶液的浓度。

◎ 10.8　其他的物性测量

10.8.1　自动密度计

在生产过程中，有很多场合需要对介质的密度进行测量，以确认生产过程的正常进行、对产品质量进行检查、或者以测量流体的质量流量。

（1）测量原理

密度的测量方法很多，表 10-3 中列出一些常用自动密度计的测量原理、特点及用途。

表 10-3 密度测量方法的原理、特点及用途

方法	测定原理	特点及用途
浮子法	基于阿基米得原理，将浮子位移变换成电或机械的检测信号	有漂浮式和全浸式两种，能用于腐蚀和高温条件下。主要用于工业用液体，但不适用含有污垢较多或高黏性的液体
静压法	基于液体静压力与其密度的关系	使用最广的是吹泡式密度计。用于连续测量腐蚀性酸、碱液或泥状悬浊液的密度
连续称量法	基于测定液体连续通过一固定容积的质量	精度不高且仪器结构庞大，主要有弹簧式和 U 形管式密度计。主要用于连续测量钻井泥浆、石灰乳及水泥浆的密度
射线法	基于电离辐射吸收特性与其密度的关系	可用于各种恶劣工矿条件下的测量，常用 γ 射线密度计。用于管线输送的泥浆、矿浆、水泥浆或分散状固体或气体粉末密度的连续测量
声学法	基于声波特性与其密度的关系	常用超声波密度计，用于液体和气体
振动法	基于振动元件的振动频率与其密度的关系	精度高、用途广、性能稳定，在诸多测量密度方法中被优先采用。常用于测量管线天然气、乙烯气、液化石油气以及原油、成品油的密度。用得最广的是管式密度计。这种方法也适合于较高压力的流体密度测量

（2）振动式密度计

振动管自由振动的频率随被测液体的密度增大而减小，测定出振动频率就得知液体密度的大小。

图 10-37 是单管振动式密度计的示意图，仪表的传感器包括导磁的不锈钢外管和镍合金制成的振动管（也是导磁体）。振动管装在外管内，其内部和外部都有被测液体流过，外管上绕有驱动线圈及检测线圈。当振动管振动时，通过电磁感应，由检测线圈将管的振动变为电信号送给放大器；放大器的交流输出又正反馈到驱动线圈，使磁性振动管在交变磁场中产生振动，从而达到维持振动管持续地自由振动的目的。同时，输出放大器的输出与振动频率相对应。

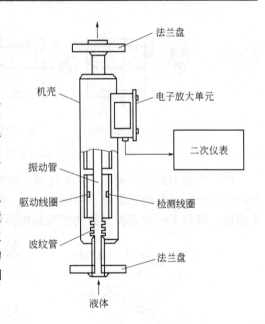

图 10-37 单管振动式密度计示意图

10.8.2 浊度计

当透明液体中含有不溶性物质时，液体将呈浑浊状态，可用浊度来表征不溶性物质的存在而引起液体透明度的降低程度。对液体浊度的测量在工业生产过程中日益受到重视。

定量测量浊度主要采用光学方法，图 10-38 是浊度计的基本结构。入射光通过悬浮液时由于吸收和散射使其强度发生变化，即光的吸收使光强衰减，而散射使透射光强和散射光强发生变化。因此，通过对光衰减量和散射光强的检测就可以测出悬浮液的浊度。

浊度计的测量原理主要有以下几种。

（1）透射式 如图 10-39 所示，发自光源的光经准直透镜成为平行光，射入试样槽中的被测悬浮浊液。由于散射和吸收导致光强度的衰减，经过悬浮浊液后到达光探测器变成光电流。被测液的浊度越高，散射和吸收导致的光衰减就越大，产生的光电流就越小。

透射式的优点是结构简单，可测定高浊度溶液，并可进行连续测定；缺点是易受干扰。

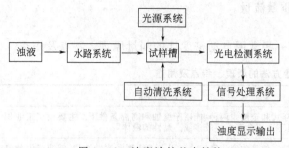

图 10-38 浊度计的基本结构

（2）散射式 如图 10-40 所示，按照被测散射光与入射光的角度不同，散射式包括直角散射式、向前散射式和向后散射式。当平行光束投射到被测液体中时，由于悬浮物的存在而发生散射，其散射光的强度与浊度成正比，即散射光强度越高，浊度越高。

与透射式相比，散射式浊度测定法的线性度较好，灵敏度也可相对提高，浊液色度的影响也较小，在低浊度的测量中使用较多。

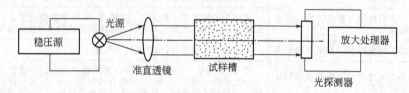

图 10-39 透射式浊度计原理图

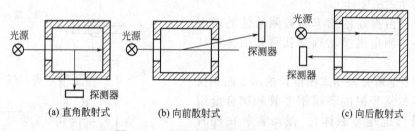

(a) 直角散射式　　(b) 向前散射式　　(c) 向后散射式

图 10-40 散射式浊度测定法示意图

（3）表面散射式 如图 10-41 所示，被测液面是经溢流而获得的无泡且平稳的流层，被很窄的光束以很低的入射角（一般为 15°）射到试液表面。如果试液中有浑浊颗粒，就会发生散射，被位于试液表面上方的探测器检测出部分散射光。

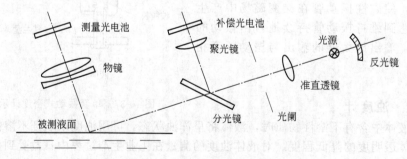

图 10-41 表面散射式浊度计原理图

由于探测的是试液近表面层的散射光，受试液色度的影响较小；而且因光线直接作用在开口容器的液面上，不存在测量窗口的积污和冷凝水汽对测量结果的干扰。该仪器的测量范围很宽，适用的行业也很广，如城市污水、造纸业的白色悬浮液、电厂锅炉水、食品饮料业产生的污水等。

（4）比率式 透射光的强度和散射光的强度之间是向相反方向差动的，从而可以利用散射光强度与透射光强度的比值来测量浊度（称为比率式浊度计），不仅大大提高了浊度测量的检测灵敏度，还可以采用多种结构形式来提高浊度计的性能。

图 10-42 是一种单光源单探测器的散射透射比式浊度计的原理图，光源发出的光被分成两路（一路为散射光，另一路为透射光），相互垂直地进入测量槽。被测液浊度正比于散射光强度 I_1 和透射光强度 I_2 之比。

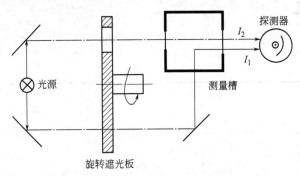

图 10-42　散射透射比式浊度计原理图

第11章 执行器

11.1 概述

执行器根据调节器的输出，改变被控介质物料或能量的大小，实现对被控对象的控制目的，是构成控制系统的重要组成部分。

执行器由执行机构和调节机构组成。

执行机构是执行器的推动装置，它接收调节器的输出信号，产生相应的推力或位移，对调节机构产生推动作用。按照执行机构所使用的能源，可以将执行器分为电动执行器、气动执行器和液动执行器，各自的主要特性见表11-1。在实际生产中主要应用电动执行器和气动执行器。

表11-1 执行器的主要特性

主要特性	气动执行器	电动执行器	液动执行器	主要特性	气动执行器	电动执行器	液动执行器
系统结构	简单	复杂	简单	推动力	适中	较小	较大
安全性	好	较差	好	维护难度	方便	有难度	较方便
响应时间	慢	快	较慢	价格	便宜	较贵	便宜

调节机构是执行器的调节装置，受执行机构的操纵，直接控制能量或物料的输送量。常见的调节机构是调节阀，通过改变阀门的开度来调节阀芯与阀座间的流通面积，以控制被控介质的流量。调节阀要直接与被控介质接触，因此，阀芯与阀体有不同的结构形式，所用的材料也各不相同，以适应不同的应用场合。

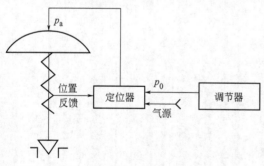

图11-1 阀门定位器功能示意图

阀门定位器是气动执行器的主要附件，与执行机构构成一个负反馈系统（见图11-1），以确保调节阀的正确定位，并能减少调节信号的传输滞后，从而提高控制系统的调节精度。由于电动执行器中包含有位置发送器，能将位置信号反馈到输入端，构成负反馈系统，来确保调节阀的正确定位，故不需要附加的定位器。

11.2 电动执行机构

通常在防爆要求不高且无合适的气源的情况下，使用电动执行机构作为调节机构的推动装置。

11.2.1 工作原理

电动执行机构有角行程与直行程两种，两者的电气原理完全相同，都是将调节器输出的 0～10mA 或 4～20mA 直流电流信号，转换成对应的位移信号（角位移或直线位移），去操纵调节机构。以角行程执行机构为例，输出与输入信号之间的关系可表示为

$$\theta = KI_i \qquad\qquad (11\text{-}1)$$

式中　θ——输出轴转角；

　　K——比例系数；

　　I_i——输入电流。

角行程执行机构的基本结构如图 11-2 所示。伺服放大器对 4～20mA 的输入信号 I_i 与位置反馈信号 I_f 加以比较，并将差值进行功率放大，其输出用于驱动两相伺服电动机正转或反转。

减速器把伺服电机高转速、小力矩的输出功率转换成低转速、大力矩的输出功率，带动执行机构输出轴改变转角 θ（电机正转，转角增大；电机反转，转角减小）。

位置发送器将输出轴的转角（0～90°）线性转换成 4～20mA 的反馈电流 I_f，送到伺服放大器与输入电流 I_i 相比较，从而构成负反馈系统。当两电流的差值为零时，伺服电动机停止转动，输出轴稳定在与输入电流 I_i 相对应的位置上。

操作器用于实现控制系统的自动操作和手动操作的相互切换。当操作器的切换开关处于手动位置时，可以由按钮直接控制电动机的电源，以实现电动机的正转和反转。

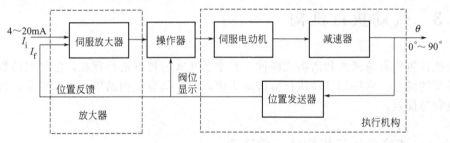

图 11-2　电动执行机构方框图

11.2.2 伺服放大器

如图 11-3 所示，伺服放大器由信号隔离器、综合放大电路、触发电路和固态继电器等组成。

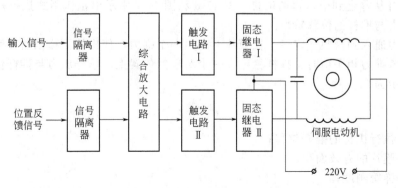

图 11-3　伺服放大器原理框图

隔离器采用光电隔离集成电路，把 4～20mA 的输入信号和反馈信号转换成 1～5V 的电压信号，送至综合放大电路。

综合放大电路将输入信号和反馈信号相减，并对差值进行放大后去驱动触发电路。当两个输入信号相等时，综合放大电路的输出为零。

如果是正偏差，触发电路Ⅰ输出高电平，使固态继电器Ⅰ动作，驱动伺服电动机正转；如果是负偏差，触发电路Ⅱ输出高电平，使固态继电器Ⅱ动作，驱动伺服电动机反转。当偏差为零时，两个继电器都不动作。

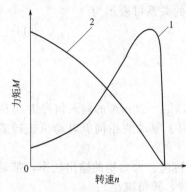

图 11-4　电动机的特性曲线
1—普通感应电动机；2—伺服电动机

11.2.3　伺服电动机

伺服电动机由转子、定子和电磁制动器等组成。

电磁制动器的制动线圈与电机绕组并联，与电机同时得电，产生电磁力将制动片打开，使电机得以转动。当电动机失电时，制动线圈也同时失电，由制动片靠弹簧力把电动机的转子刹住。

由于电动执行器的输出轴位置需要频繁变化来满足控制的要求，因此伺服电动机经常处于启动的状态。这就使得伺服电动机的特性与一般的电动机不同，即需要具有低启动电流、高启动转矩等特点，且具有足够的力矩使执行机构能迅速从静止状态转到动作状态。其特性曲线如图 11-4 所示。

◎ 11.3　气动执行机构

气动执行机构有薄膜式和活塞式两种。其中活塞式的特点是行程长，但价格昂贵，只用于特殊需要的场合。常用的气动执行机构是薄膜式的，具有结构简单、动作可靠、维修方便和价格便宜等优点。

11.3.1　薄膜式执行机构的工作原理

气动执行机构接收电/气转换器（或电/气阀门定位器）输出的 20～100kPa 气压信号，将其转换成推杆相应的直线位移。薄膜式气动执行机构按动作方式可分为正作用式和反作用式两种，图 11-5 为正作用式执行机构的结构。

信号压力增大推杆向下动作的称正作用式执行机构，当信号压力从 20kPa 增大到 100kPa，推杆从零走到全行程的位置。图 11-6 和图 11-7 中示出正作用式执行机构的动作原理及信号压力与推杆的位移特性。

信号压力通入到薄膜气室后，在膜片上产生一个推力，使推杆下移压缩弹簧。当弹簧的反作用力与该推力相平衡时，推杆稳定在一个对应的位置上。信号压力与推杆位移的关系可以用公式表示为

$$l = \frac{A_e}{K} p \tag{11-2}$$

式中　l——执行机构的推杆位移；

　　　A_e——膜片的有效面积；

　　　K——弹簧刚度；

　　　p——输入信号压力。

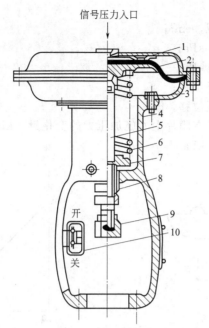

图 11-5　正作用式气动薄膜执行机构结构

1—上膜盖；2—波纹膜片；3—下膜片；4—支架；5—推杆；
6—压缩弹簧；7—弹簧座；8—调节件；9—螺母；10—行程标尺

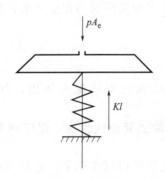

图 11-6　正作用式执行机构的动作原理

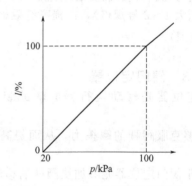

图 11-7　正作用式执行机构的信号
压力与推杆位移特性

　　实际上，膜片的弹性变化、弹簧的刚度变化及阀杆与填料之间的摩擦力等因素，将使执行机构产生非线性偏差和正、反行程变差，需要通过阀门定位器的作用来加以克服。

　　信号压力增大推杆向上动作的称反作用式执行机构。与正作用式执行机构不同的是，反作用式执行机构的信号压力通入到膜片的下方，在信号压力增加时，推杆上移。当信号压力从 20kPa 增大到 100kPa，推杆从全行程走到零的位置。图 11-8 和图 11-9 中示出反作用式执行机构的动作原理及信号压力与推杆位移特性。

11.3.2　薄膜式执行机构的输出力

　　薄膜式执行机构的输出力是指信号压力在膜片上产生的推力与弹簧的反作用力之差，可以用公式表示为

$$\pm F = A_e\left(p - p_i - p_r\frac{l}{L}\right) = A_e p_F \tag{11-3}$$

303

式中　F——输出力，N；

　　　A_e——膜片的有效面积，cm^2；

　　　p——输入信号压力，kPa；

　　　p_i——弹簧初始压力，kPa；

　　　l——执行机构的推杆位移；

　　　L——执行机构全行程位移，cm；

　　　p_r——全行程时，弹簧在膜片上所施加压力的变化量，kPa；

　　　p_F——有效输出压力，kPa。

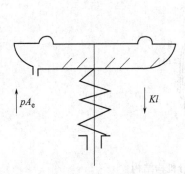 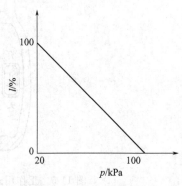

图 11-8　反作用式执行机构的动作原理　　图 11-9　反作用式执行机构的信号压力与推杆位移特性

从上式可知，要提高薄膜执行机构的输出力，可以通过增大膜片的有效面积 A_e（即把膜头尺寸选大 1~2 号规格），或提高有效输出压力 p_F（即使用阀门定位器来提高信号压力 p 的变化范围）。

11.3.3　阀门定位器

阀门定位器是气动执行器的辅助装置，与气动执行机构配合使用，其主要作用如下。

① 能够克服阀杆的摩擦力，从而提高信号和阀位之间的线性度，保证调节阀的正确定位。

② 由于阀门定位器能够加快阀杆的移动速度，从而可以减少调节信号的传递滞后，改善调节系统的动态性能。

③ 因阀门定位器能够增大执行机构的输出力，在高压差、大口径、黏性流体等场合，可以克服介质对阀芯的不平衡力。

阀门定位器包括电/气阀门定位器和气动阀门定位器，输出的都是 20~100kPa 或 40~200kPa 气压信号，但前者可直接接收调节器输出的 4~20mA 直流电流信号，而后者的输入信号则是 20~100kPa 气压信号。

另外，还有数字式阀门定位器，与电/气阀门定位器不同之处在于可以把控制阀的位移信号（数字）通过 HART 通信协议传到 DCS 系统或个人计算机中进行双向通信。

电/气阀门定位器按力矩平衡的原理工作，其结构如图 11-10 所示。来自调节器的 4~20mA 直流电流信号输入到线圈中，与永久磁钢的恒定磁场共同作用，在杠杆上产生电磁力矩。当信号增加时，杠杆逆时针偏转，因挡板靠近喷嘴而使放大器的背压升高。随之而增大的放大器的输出信号作用在执行机构的膜头上，阀杆便下移，经反馈装置在杠杆上产生反馈力矩，使杠杆顺时针偏转。当电磁力矩与反馈力矩平衡时，阀杆就稳定在一个位置上，实现输入的电流信号与阀杆位移的对应关系。

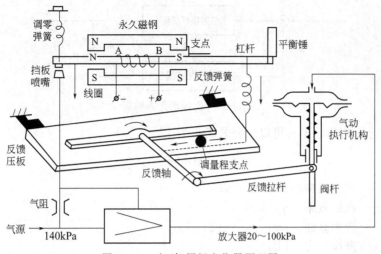

图 11-10　电/气阀门定位器原理图

11.3.4　活塞式执行机构

活塞式执行机构（见图 11-11）的主要部件是汽缸，其允许的操作压力很大（可达 0.5MPa），故具有很大的输出力，是一种强力的气动执行机构，适用于高静压、高压差的场合。

汽缸内的活塞随汽缸两侧压差的变化而移动，按照动作方式，活塞式执行机构可分为二位动作和比例动作。

所谓二位动作就是根据通入到活塞两侧的操作压力大小，由高压侧推向低压侧，使推杆由一个极端位置走到另一个极端位置。操作压力可以一侧固定，另一侧变化，也可以两侧都变化。图 11-12 为活塞一侧通入变化压力 p_1 时的二位动作。

所谓比例动作就是执行机构的信号压力与推杆位移成比例关系，信号压力在 20～100kPa 范围变化时，推杆成比例地在全行程范围内作相应的变化。若压力信号增加时活塞带动推杆下移，称为正作用；若压力信号增加时活塞带动推杆上移，称为反作用。

要实现比例动作，必须在活塞式执行机构上安装一个阀门定位器，通过阀门位置的反馈，使汽缸的二位动作变成比例动作，其方框图如图 11-13 所示。

图 11-11　活塞式执行机构结构

1—活塞；2—汽缸；3—推杆；

4—支架；5—行程标尺

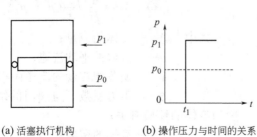

　(a) 活塞执行机构　　　　　(b) 操作压力与时间的关系　　　　(c) 推杆位移特性

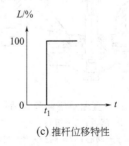

图 11-12　活塞一侧通入变化压力时的二位动作

305

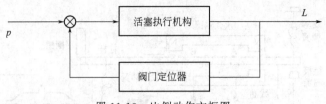

图 11-13　比例动作方框图

活塞式执行机构的输出力可以用公式表示为

$$\pm F=\frac{\pi}{4}\eta D^2(p_1-p_0) \tag{11-4}$$

式中　F——执行机构的输出力，N；

η——汽缸效率，$\eta=0.9$；

D——活塞直径，cm；

p_1-p_0——操作压力，kPa

可见，当操作压力不变时，输出力的大小主要取决于活塞直径的大小。

◎ 11.4　调节阀

调节阀是各种执行器的调节机构，安装在流体管道上，其阀芯可在阀体内移动。调节阀通过改变流体的流通面积来控制被控介质的流量，以达到调节工艺变量的目的。

11.4.1　工作原理

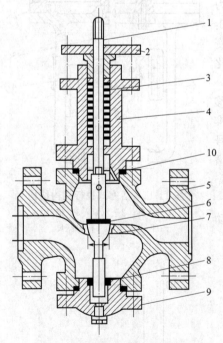

图 11-14　直通单座调节阀结构

1—阀杆；2—压板；3—填料；4—上阀盖；
5—阀体；6—阀芯；7—阀座；8—衬套；
9—下阀盖；10—斜孔

常用的直通单座调节阀的结构如图 11-14 所示，其阀杆与执行机构的推杆相连。在推杆的带动下，阀杆及下端的阀芯在阀体内上下移动，从而使阀芯和阀座之间的流通面积作相应的变化。

当流体经过调节阀时，由于阀芯及阀座所造成的流通面积的局部缩小，可以把调节阀看成是一个局部阻力可变的节流元件，流体将在该处产生能量的损失，形成压力差（p_1-p_2）。对于不可压缩流体，该压力差与流体的动能及阻力系数的关系为

$$p_1-p_2=\xi\rho\frac{v^2}{2} \tag{11-5}$$

从而可以导出调节阀的流量方程为

$$Q=Av=\frac{A}{\sqrt{\xi}}\sqrt{\frac{2}{\rho}(p_1-p_2)} \tag{11-6}$$

式中　Q——流体的流量；

v——流体的平均流速；

A——调节阀接管的流通面积；

ξ——阻力系数，与阀门的结构形式、开度和流体的性质有关；

ρ——流体的密度；

p_1，p_2——阀前、阀后的压力。

当阀杆由执行机构带动上下移动时，改变阀门的开度，使阻力系数发生变化，从而使流过调节阀的流量得以改变。

11.4.2 调节阀的流量特性

调节阀的流量特性是指被控介质流过阀门的相对流量与阀门的相对开度之间的关系，即

$$\frac{Q}{Q_{max}} = f\left(\frac{l}{L}\right) \tag{11-7}$$

式中　$\dfrac{Q}{Q_{max}}$——相对流量，即调节阀在某一开度的流量 Q 与全开度流量 Q_{max} 之比；

$\dfrac{l}{L}$——相对开度，即调节阀的某一开度行程 l 与全行程 L 之比。

从式(11-6) 中可以看出，流过调节阀的介质流量不仅与阀门的开度有关，还与阀门两端的压差有关，故流量特性有理想特性与工作特性之分。

在阀门两端的压差固定的情况下，流量特性完全取决于阀芯的形状，不同的阀芯曲面可以得到不同的流量特性。这是调节阀固有的流量特性，称为理想流量特性。目前常用的调节阀中有四种典型的理想流量特性（见图 11-15），它们对应的阀芯形状如图 11-16 所示。

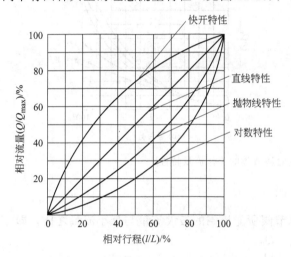

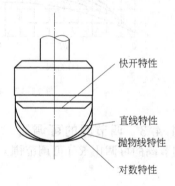

图 11-15　调节阀典型理想流量特性曲线　　　图 11-16　不同流量特性的阀芯曲面形状

（1）直线流量特性

$$\frac{Q}{Q_{max}} = \frac{1}{R} + \left(1 - \frac{1}{R}\right)\frac{l}{L} \tag{11-8}$$

式中，R 为调节阀的可调比。

采用具有直线流量特性的阀芯时，调节阀的放大倍数是常数。在小开度处有较大的流量相对变化值，调节作用强，但易产生振荡；在大开度处有较小的流量相对变化值，调节作用弱，调节缓慢。

（2）等百分比流量特性（对数流量特性）

$$\frac{Q}{Q_{max}} = R^{\frac{l}{L}-1}$$

或

$$\frac{Q}{Q_{max}} = e^{(\frac{l}{L}-1)\ln R} \tag{11-9}$$

采用具有等百分比流量特性的阀芯时，调节阀的放大倍数随流量增大而增大，但流量的相对变化值是相等的。在小开度处放大倍数小，调节作用缓和、平稳；在大开度处放大倍数

大，调节作用灵敏、有效。

（3）抛物线流量特性

$$\frac{Q}{Q_{max}} = \frac{1}{R}\left[1 + \left(\sqrt{R} - 1\right)\frac{l}{L}\right]^2 \tag{11-10}$$

采用具有抛物线流量特性的阀芯时，可弥补直线特性在小开度时调节性能差的缺点，其曲线介于直线与等百分比特性曲线之间。

（4）快开流量特性　快开流量特性没有一定的数学表达式。

采用具有快开流量特性的阀芯时，在开度较小时就有较大的流量，随着开度的增大，流量很快就达到最大值，适用于迅速启闭的切断阀或双位调节系统。

在实际应用中，调节阀需要与其他的阀门、设备、管道等串联或并联，因此阀前后的压差将随流量的变化而变化，使得调节阀的工作流量特性不同于理想流量特性。压差变化越大，流量特性的畸变程度也越大。图 11-17 为串联管道时调节阀的工作流量特性，其中 s 表示调节阀全开时前后压差与管路的总压差之比。

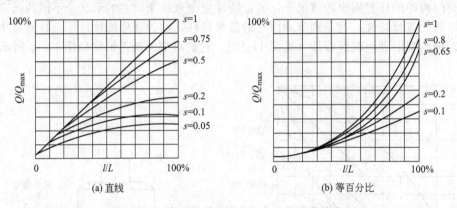

图 11-17　串联管道时调节阀的工作流量特性

11.4.3　调节阀的可调比

调节阀的可调比 R（可调范围）是指调节阀所能控制的最大流量与最小流量之比，即

$$R = \frac{Q_{max}}{Q_{min}} \tag{11-11}$$

式中，Q_{min} 指的是调节阀可调流量的下限值，一般为最大流量的 $2\% \sim 4\%$。

当调节阀前后压差不变时得到的是理想可调比，一般为 $R = 30$。在实际应用中，管道的阻力随流量的增加而增加，使调节阀的最大流量减小，从而降低了实际的可调比。

11.4.4　调节阀的分类

调节阀由阀体和阀的内件组成，对其分类主要是按阀体的结构形式来分。根据不同的使用要求，在实际生产中应用较广泛的主要包括直通单座阀、直通双座阀、角形阀、三通阀、高压阀、蝶阀、球阀、隔膜阀、偏心旋转阀、小流量阀等。

（1）直通单座阀　直通单座阀（图 11-14）只有一个阀芯和一个阀座，其特点是关闭时的泄漏量小（只有直通双座阀的 1/10），不平衡力大，适用于低压差场合，否则必须选用大推力的气动执行机构或配上阀门定位器。

直通单座阀使用的阀芯有两种：平板形和柱塞形（图 11-18）。从而构成切断型调节阀（使用平板形阀芯，实现两位式控制）和调节型调节阀（使用柱塞形阀芯）。

柱塞形阀芯有单导向和双导向两种结构。对于双导向的柱塞形阀芯，有正装和反装两种形式,以实现正、反调节作用。正装时,阀杆下移使阀芯与阀座间的流通面积减小;反装时,阀杆下移使阀芯与阀座间的流通面积增大。而单导向结构的阀芯只能正装不能反装。

(2) 直通双座阀 直通双座阀(图 11-19)有两个柱塞形阀芯(双导向结构)和两个阀座,流体作用在上、下阀芯上的推力大小接近相等而方向相反,故不平衡很小,允许的压差较大;与同口径的单座阀相比,流通能力要增大 20%～25%,但泄漏量也较大。直通双座阀适用于阀两端的压差较大,对泄漏量要求不高的场合;且由于阀体的流路比较复杂,不适用于高黏度和含纤维介质的场合。

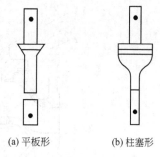

(a) 平板形 　　(b) 柱塞形

图 11-18　阀芯形式

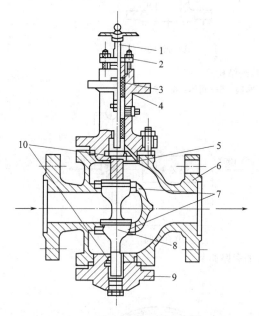

图 11-19　直通双座阀结构

1—阀杆；2—压板；3—填料；4—上阀盖；5—圆柱销钉；
6—阀体；7—阀座；8—阀芯；9—下阀盖；10—衬套

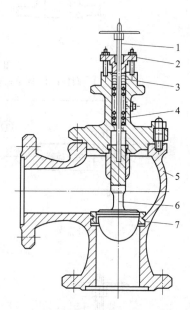

图 11-20　角形阀结构

1—阀杆；2—压板；3—填料；4—上阀盖；
5—阀体；6—阀芯；7—阀座

(3) 角形阀 角形阀(图 11-20)除阀体为直角外,其他结构与直通单座阀相似,但其阀芯的结构是单导向的。角形阀的流路简单,阻力小,适用于高压差、高黏度、含悬浮物和颗粒状物料的调节。

在一般的应用场合,流体底进侧出,使调节阀有较好的稳定性,但阀芯的密封面易受损伤。因此,在高压差的场合,为保护阀芯可采用侧进底出,但不应工作在小开度处,以免发生振荡。

(4) 三通阀 三通阀(图 11-21)上有三个通道与管道相连,按作用方式可分为合流型和分流型两种。合流型是两种流体通过阀时混合产生第三种流体;分流型则是把一种流体分成两路。其中合流型的流通能力要比分流型大,调节也较灵敏。

三通阀常用于热交换器的旁通调节,装在旁通入口时用分流型,装在旁通出口时用合流型(图 11-22)。使用中,流体的温差应小于 150℃,否则会造成连接处的损坏和泄漏。

(5) 高压阀 高压阀(图 11-23)的最大公称压力可达 32MPa,多为角形单座,有单级阀芯和多级阀芯两种结构。由于高压差产生汽蚀现象而损伤阀芯和阀座,使前者的使用寿命较短;而后者将几个阀芯串联使用,让每级阀芯分担一部分压差,以改善高压差对阀芯和阀座的冲刷及汽蚀作用。高压阀广泛应用于化肥和石油、化工生产中。

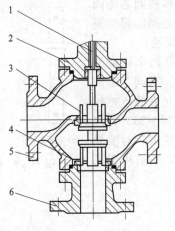
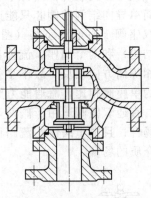

(a) 合流阀   (b) 分流阀

图 11-21　三通阀结构

1—阀杆；2—阀盖；3—阀芯；4—阀座；5—阀体；6—连接管

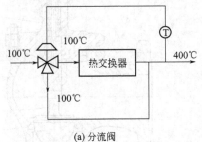

(a) 分流阀   (b) 合流阀

图 11-22　三通阀的旁路调节

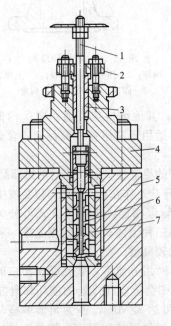 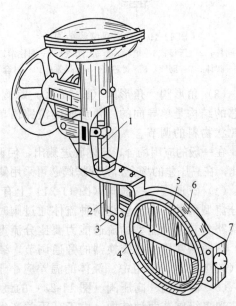

图 11-23　多级阀芯高压阀结构

1—阀杆；2—压板；3—填料；4—上阀盖；
5—阀体；6—阀芯；7—套筒

图 11-24　常温蝶阀与薄膜执行机构组合图

1—推杆；2—连杆；3—曲柄；4—轴；
5—阀板；6—阀体；7—轴承座

（6）蝶阀 蝶阀（图11-24）主要由阀体、阀板、曲柄、轴、轴承座等零件组成，当气动执行机构的推杆向下移动时，阀板在阀体内旋转，使流通面积发生变化，以调节介质的流量。

蝶阀结构紧凑、价格便宜、流通能力大，但泄漏量也较大，适用于低压差、大流量气体和带有悬浮物流体的场合。当蝶阀的转角大于70°时，转矩加大，使工作不稳定，流量特性也不好，所以蝶阀一般工作在0°～70°范围内。

按使用要求，蝶阀可分为常温蝶阀（−20～450℃）、高温蝶阀（450～850℃）、低温蝶阀（−40～−200℃）、高压蝶阀（$PN32MPa$）和防腐型蝶阀。

（7）球阀 球阀（图11-25和图11-26）分O形球阀和V形球阀两种。

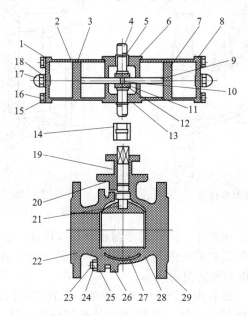

图11-25 O形球阀结构

1—汽缸盖；2—汽缸；3—O形圈；4—转动轴；5—挡圈；6—汽缸接体；7—活塞；8，26—垫片；9—连杆；10—滑动销；11—拨叉；12—滑块；13—衬套；14—连接套；15—弹垫；16—螺栓；17—调节螺母；18，25—垫圈；19—填料压盖；20—填料；21—阀杆；22—阀盖；23—螺柱；24—螺母；27—球体；28—阀座；29—阀体

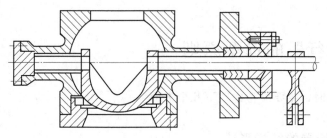

图11-26 V形球阀结构

O形球阀的阀芯是带圆孔的球体，在气动活塞执行机构的带动下转动90°，实现球阀的开关动作，通常用于二位式开关控制，如紧急切断、顺序控制等场合。

V形球阀是在O形球阀的基础上发展起来的，球体上开有一个V形口，随着球阀的旋转改变流体的流通面积。当V形口转入阀体内，球体和阀体上的密封圈紧密接触，达到良好关闭的效果。V形球阀具有流通能力大（相当于同口径的直通双座阀的2～2.5倍）、流量

311

调节范围大（可调比 200～300：1）等特点，且由于 V 形口与阀座之间具有剪切作用，特别适用于纤维、纸浆及含有颗粒等黏性介质的调节和切断。

（8）隔膜阀　隔膜阀（图 11-27）采用耐腐蚀衬里的阀体和耐腐蚀的隔膜，以避免强酸、强碱、强腐蚀介质损伤金属阀体。

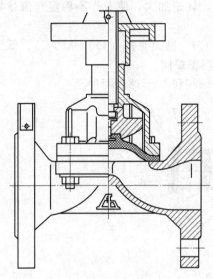

图 11-27　隔膜阀结构

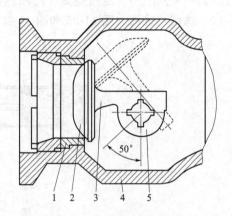

图 11-28　偏心旋转阀结构
1—阀座；2—阀芯；3—柔臂；4—阀体；5—轮壳

隔膜阀具有结构简单、流阻小、关闭时泄漏量极小等优点，适用于高黏度、含悬浮颗粒的流体。但是，受隔膜和衬里材料的限制，隔膜阀的使用压力一般小于 1.0MPa，使用温度一般小于 150℃，否则会影响阀的使用寿命。

（9）偏心旋转阀　偏心旋转阀（图 11-28）是在一个直通阀体内装有一个球面阀芯，而球面阀芯的中心线偏离转轴的中心线。当转轴带动阀芯偏心旋转（0°～50°）时，使阀芯向前下方进入阀座。

因偏心运动减少了所需的操作力矩，使得操作稳定，且可以在较小的作用力下获得严密封的效果。此外，偏心旋转阀还具有流阻小、体积小、重量轻、通用性强等优点，适用于黏度大的场合。

◎ 11.5　执行器的选型原则

在选择执行器时，主要应考虑以下几个方面。

11.5.1　执行器的结构形式

（1）执行器的作用方式的选择　气动执行器有两种作用方式：气开式和气关式。所谓气开式，是指无压力信号时阀门全关，阀门的开度随压力信号增大而增大；所谓气关式，是指无压力信号时阀门全开，阀门的开度随压力信号增大而减小。

作用方式的选择原则是满足工艺生产安全的要求，即发生故障信号压力中断时，要保证设备和工作人员的安全。因此，若此时阀门处于打开位置的危害性较小，应选用气关式；反之，则应选用气开式。

由于执行机构有正作用和反作用两种方式，某些调节机构也有正装和反装两种结构，因此可以有四种不同的组合方式（图11-29）来实现执行器的气开或气关。

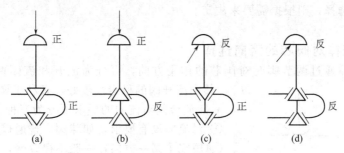

图 11-29 执行器气开、气关的组合方式
(a)、(d) 气关式；(b)、(c) 气开式

（2）调节机构的选择 在选择调节机构的结构形式时，要考虑被控流体的特性（是否为高压、高黏度、强腐蚀介质）、被控流体的流动状态（小流量或大流量、分流或合流）以及控制要求，并参照各种阀门的结构特点。

在满足使用要求的前提下，如果适合的阀门有几种，还应综合经济效益来考虑，即选用使用寿命长、结构简单、维护方便、价格合适的产品。

（3）执行机构的选择 从可靠性和防爆性的角度来考虑，通常选用气动执行机构；在缺乏压缩空气作为气源时，则选用电动执行机构。

对于气动执行机构来说，通常选用薄膜式。如果要求执行机构有较大的输出力，可以配上阀门定位器，也可以考虑选用活塞式执行机构。

11.5.2 调节阀阀芯的选择

不同形状的调节阀阀芯具有不同的流量特性，以适应不同的控制系统。常用的流量特性是直线、等百分比和快开，其中快开特性用于需要快速切断的系统中。对于直线和等百分比特性的选择，则可从以下几方面加以考虑。

对于一个控制系统，希望其总的放大系数在整个操作范围内保持不变，这样即使负荷发生变化，也能保持预定的控制品质。由于系统的放大系数的变化主要是由被控对象特性的变化所引起，因此对于具有非线性特性的对象，可以通过选择合适的调节阀流量特性来补偿对象放大系数的变化。

从图11-17中可以看出，当调节阀全开时的压差与管路的总压差之比 s 较小时，调节阀的流量特性会发生较大的畸变（直线趋向于快开，等百分比趋向于直线）。因此，若要求工作特性为直线时可选用等百分比特性。

流量特性不同时，所能适应的负载变化也不同。若阀芯的流量特性为直线，因流量的相对变化量在小开度时很大，易振荡而不能适应负荷变化较大的场合。若阀芯的流量特性为等百分比，则因流量的相对变化量是恒定的，负荷较小时，阀的放大系数小；负荷变大时，阀的放大系数也跟着变大，具有较强的适应性。

另外，也可以按照国内外工程公司的设计经验来确定阀的流量特性。通常，对于液位调节系统采用直线特性；对温度、压力和流量调节系统则采用等百分比特性。

11.5.3 调节阀材料的选择

材料的选择包括阀体材料的选择和阀芯材料的选择。

选择阀体材料时，主要考虑材料的强度、硬度、耐腐蚀和耐高温、低温的特性。首先满

313

足安全可靠的要求；还要考虑使用性能、使用寿命以及经济性；若在寒冷地区使用或介质是蒸汽的场合，应尽量不用铸铁阀体。

阀芯材料的选择，则根据需要来决定。

11.5.4 流体对阀芯的流向选择

流向即为流体通过调节阀时对阀芯的作用方向，可分为流开和流闭两种形式（图 11-30），其中流开阀的稳定性较好，有利于调节。

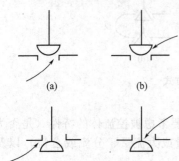

图 11-30 两种不同流向的调节阀
(a)、(d) 流开阀；(b)、(c) 流闭阀

一般调节阀对流向的要求可分为三种情况：

① 对流向没有要求，如球阀、普通蝶阀；

② 规定了某一方向，一般不得改变，如三通阀；

③ 应根据工艺条件选择流向，主要为单向阀，如直通单座阀、角形阀、高压阀。

对于高压阀，当阀座直径 $d_g \leq 20mm$ 时，选用流闭型；$d_g > 20mm$ 时，因稳定性问题，根据具体情况而定。

对于角形阀，若流体为高黏度、悬浮液、含固体颗粒的介质，因要求自洁性好，应选用流闭型；否则就应选用流开型。

对于直通单座阀，通常选用流开型。

参考文献

[1] 徐甲强，张全法，范福玲. 传感器技术. 哈尔滨：哈尔滨工业大学出版社，2004.

[2] 陈杰，黄鸿. 传感器与检测技术. 北京：高等教育出版社，2002.

[3] 徐泽善. 传感器与压电器件——信息装备的特种元件. 北京：国防工业出版社，1999.

[4] 魏永广，刘存. 现代传感技术. 沈阳：东北大学出版社，2001.

[5] 王大珩. 现代仪器仪表技术与设计（上卷）. 北京：科学出版社，2002.

[6] 洪水棕. 现代测试技术. 上海：上海交通大学出版社，2002.

[7] 施仁，刘文江，郑辑光. 自动化仪表与过程控制. 第3版. 北京：电子工业出版社，2003.

[8] 刘灿军. 实用传感器. 北京：国防工业出版社，2004.

[9] 吴道悌. 非电量电测技术. 第3版. 西安：西安交通大学出版社，2004.

[10] 蒋斌斌，李文英. 非电量测量与传感器应用. 北京：国防工业出版社，2005.

[11] 左国庆，明赐东. 自动化仪表故障处理. 北京：化学工业出版社，2003.

[12] 程大亨. 热工过程检测仪表. 北京：中国电力出版社，1997.

[13] 范玉久. 化工测量及仪表. 第2版. 北京：化学工业出版社，2002.

[14] 乐嘉谦. 仪表工手册. 第2版. 北京：化学工业出版社，2004.

[15] 蔡夕忠. 化工仪表. 北京：化学工业出版社，2004.

[16] 陆德民. 石油化工自动控制设计手册. 第3版. 北京：化学工业出版社，2000.

[17] 王森. 仪表常用数据手册. 北京：化学工业出版社，1998.

[18] 蔡武昌，孙淮清，纪纲. 流量测量方法和仪表的选用. 北京：化学工业出版社，2001.

[19] 蔡武昌. 流量测量应用技术的进展. http://www.dzjs.com/list.asp?id=1107.

[20] 刘欣荣. 超声波流量计介绍. http://www.sensorok.com/tech/link09.htm.

[21] 张宏建等. 自动检测技术与装置. 北京：化学工业出版社，2004.

[22] 张宝芬等. 自动检测技术及仪表控制系统. 北京：化学工业出版社，2005.

[23] 王化祥. 自动检测技术. 北京：化学工业出版社，2004.

[24] 王永红. 过程检测仪表. 北京：化学业工业出版社，1999.

[25] 蒋宗文等. 自动显示仪表. 武汉：华中工学院出版社，1985.

[26] 吴勤勤. 控制仪表及装置. 北京：化学工业出版社，2002.

[27] 朋赐东. 调节阀计算. 选型与使用. 成都：成都科技出版社，1999.

[28] 李玉忠. 物性分析仪器. 北京：化学工业出版社，2005.

[29] 纪纲. 流量测量仪表应用技巧. 北京：化学工业出版社，2003.

[30] ［日］川田裕朗等. 流量测量手册. 罗泰等译. 北京：计量出版社，1982.

[31] 陆水钧等. 化工过程的特殊测量. 北京：化学工业出版社，1989.

[32] 吴道悌. 非电量电测技术. 第3版. 西安：西安交通大学出版社，2004.

[33] 蒋斌斌，李文英. 非电量测量与传感器应用. 北京：国防工业出版社，2005.

第3篇
计算机控制系统

第12章
计算机控制系统概述

◎ 12.1 计算机控制系统的概念和分类

12.1.1 概念

12.1.1.1 计算机控制系统工作原理和工作方式

（1）工作原理 图 12-1 所示的单回路控制系统包括两部分，图（a）是单回路仪表控制系统，其核心装置是模拟式调节器。图（b）是单回路计算机控制系统，其核心装置是计算机。对于单回路仪表控制系统，当系统出现偏差 e 时，调节器按照预先设定的调节规律，对偏差 e 进行运算，输出一个变化量 u 到执行器，使其产生一个可以减小偏差的控制作用，当系统满足控制要求时，调节器的输出 u 稳定在一个定值上不变。而单回路计算机控制系统虽然用计算机替代了模拟式调节器，其工作原理和仪表控制系统大体相同。但是测量值是由检测装置把压力、流量、温度、液位等物理量转换成的标准电压信号或电流信号，依旧是模拟量。而计算机处理的是数字量，必须进行模/数转换。而计算机输出的控制信号也是一个数字量，必须进行数/模转换，才能送到执行器上。除了上述的模/数转换和数/模转换之外，还必须有采样器和保持器，前者把模拟信号转变成脉冲信号，后者把离散信号恢复成模拟信号。

图（a）所示的模拟式调节器通常是一台调节器控制一个回路，图（b）所示的计算机通常是一台计算机控制若干个回路。由于计算机具有很强的计算、比较和存储功能，因此计算机可以实现模拟式调节器难以实现的先进和复杂的控制策略，例如自适应控制、预测控制、先进控制和智能控制等，更好地满足日益复杂化的工业过程提出的控制要求。如果把计算机控制技术、数字通信技术、网络技术、数据库技术、现代管理技术等结合起来，可在整个工厂或企业实现计算机集成制造系统。

一般情况下，计算机在控制系统中至少完成以下三个任务。

① 实时数据处理 对来自测量变送装置的被控变量数据进行巡回采集、分析处理、性能计算以及显示、记录、制表等。

② 实时监督决策 对系统中的各种数据进行超限报警、事故预报与处理，根据需要进行设备自动启停，对整个系统进行诊断与管理等。

③ 实时控制及输出 根据生产过程的特点和控制要求，选择合适的规律，包括复杂的先进控制策略，然后按照给定的控制策略和实时的生产情况，实现在线、实时控制。

（2）工作方式

① 在线方式与离线方式 在计算机控制系统中，生产过程和计算机系统直接连接，接受计算机直接控制的方式称为在线方式；若生产过程不和计算机系统相连，或虽相连接但不

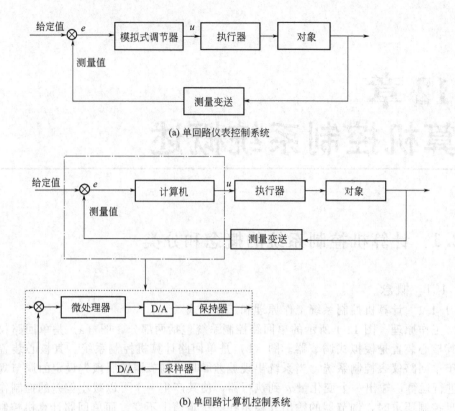

(a) 单回路仪表控制系统

(b) 单回路计算机控制系统

图 12-1　单回路控制系统

受计算机控制，而是靠人工进行联系和操作的方式称为离线方式。

　　② 实时性　实时性是计算机控制系统的特点之一，它和具体的过程密切相关。其含义是指信号的输入、计算和输出都要在一定的时间内完成，对输入信号必须用足够快的速度进行控制，超过规定的时限则失去了控制的时机。实时系统必定是在线系统，而在线系统不一定是实时系统。

　　12.1.1.2　计算机控制系统的信号

　　(1) 信号形式　因为计算机控制系统的控制对象通常是连续变化的物理量，而计算机处理的又是数字量，所以计算机控制系统的信号形式是模拟信号和数字信号的混合形式。如图 12-2 所示，模拟量通过测量变送装置转换成标准的电压或电流信号 $y(t)$，采样器定时采入信号，通过 A/D 转换器转换成数字量 $y(kT)$ 送入计算机。计算机按预定控制策略经数字运算和逻辑处理后，得到的数字信号 $u(kT)$，经 D/A 转换和保持器，将离散信号 $u(kT)$ 转换成连续信号 $u(t)$，输出到执行器上，施加于被控对象。

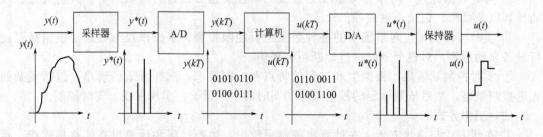

图 12-2　计算机控制系统信号形式

计算机控制系统的工作过程可以看成是信号的采集、处理和输出的过程。在这个过程中，信号在时间上有连续信号与离散信号之分，在量值上有模拟量与数字量之分，综合起来共有以下四种形式。

① 连续模拟信号　如各测量变送器的输出信号 $y(t)$ 及 D/A 变换后保持器的输出信号 $u(t)$，它们均为时间上是连续，量值上是模拟的信号。

② 离散模拟信号　如采样器的输出 $y^*(t)$ 和 D/A 的输出 $u^*(t)$，它们是周期性或非周期性的脉冲序列信号，在相邻两脉冲之间没有输出。对周期性信号而言，任何相邻两脉冲之间的间隔就叫采样周期 T。

③ 连续数字信号　这种信号在时间上虽是连续的，但在量值上已由模拟量转化为由数码表示信号的大小，如在计算机内部存储和处理的信号。

④ 离散数字信号　这种信号在时间上是离散的，量值由数码表示，如 A/D 变换器的输出 $y(kT)$ 及计算机输出 $u(kT)$。

从离散模拟信号 $y^*(t)$ 到数字信号 $y(kT)$ 的变化过程称为量化（整量化），即用一组二进制数码来逼近采样得到的模拟信号值。由于计算机总是有限字长，所以量化过程会带来量化误差。量化误差的大小取决于量化单位 q，若被转换的模拟量电信号满量程为 M，转换成二进制数字量（A/D）的位数为 n，则量化单位 q 定义为 $q=M/2^n$，而量化误差定义为 $e=\pm q/2$。显然，n 越大，量化误差越小。但 n 过大会导致计算有效字长的增加。

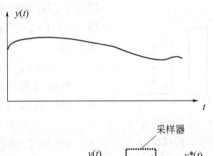

（2）采样器　把时间和量值均连续的模拟信号，按一定的时间间隔（采样周期 T）转变为只在 0、1T、2T、…、kT 才有脉冲信号输出的过程称为信号采样。实现采样的装置称为采样器，如图 12-3 所示。

采样器的输入信号 $y(t)$ 称为原信号，输出信号 $y^*(t)$ 称为采样信号。当采样器的闭合时间 $t \ll T$（采样周期）时，可以把

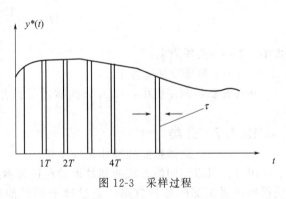

图 12-3　采样过程

实际采样器看成理想状态，并认为采样信号 $y^*(t)$ 是原信号 $y(t)$ 在采样器闭合时的瞬时值。经过 A/D 转换后，采样信号 $y^*(t)$ 转变成数字脉冲序列 $y(T)$、$y(2T)$、…、$y(kT)$。$y^*(t)$ 和 $y(kT)$ 之间仅差 A/D 转换过程中的量化误差。采样信号 $y^*(t)$ 可以描述为

$$y^*(t) = y(t) \sum_{k=0}^{\infty} \delta(t-kT) \tag{12-1}$$

式中，$\delta(t-kT)$ 表示发生在 $t=kT$ 时刻的理想采样脉冲。

因为假设为理想采样脉冲，所以 $y^*(t)$ 只与 $y(t)$ 在脉冲出现瞬间的值 $y(kT)$ 有关，而与采样时刻以外的值无关。可将式(12-1)改写为

$$y^*(t) = \sum_{k=0}^{\infty} y(kT)\delta(t-kT) \tag{12-2}$$

在计算机控制系统中，合理选择采样周期 T 非常重要，T 过大会损失必要的信息，T 过小会使计算机的负担加重。

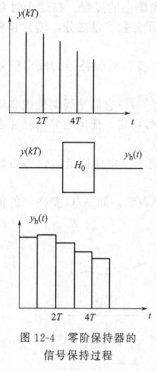

图 12-4　零阶保持器的
信号保持过程

香农定理认为采样频率 ω_s 必须大于原信号频谱中最高频率 $\omega_{\max}$ 的 2 倍,才能根据采样信号 $y^*(t)$ 唯一地复现原信号 $y(t)$。τ 的选择应保证在 τ 时间内,原信号基本保持不变,同时尽可能小一些,以便在采样时间 T 内实现多路采样。

(3)保持器　保持器的原理是根据现在或过去时刻的采样值,用常数、线性函数和抛物线函数等去逼近两个采样时刻之间的原信号。保持器可分为零阶保持器、一阶保持器和高阶保持器。其中零阶保持器是最常用的一种,其信号的保持过程如图 12-4 所示。

零阶保持器的作用是把当前采样时刻 kT 的采样值 $y(kT)$,简单地保持到下一个采样时刻 $(k+1)T$,也就是说,零阶保持器由 kT 时刻的采样值 $y(kT)$ 按常数外推,直至下一个采样时刻 $(k+1)T$ 到来后,换成新的采样值 $y[(k+1)T]$,继续外推。即

$$Y_h(kT+t)=y(kT),\ 0\leqslant t<T,\ k=0,\pm1,\pm2\cdots$$

由零阶保持器将采样信号 $y(kT)$ (图 12-4 中折线的定点值)转换成的连续模拟信号 $y_h(t)$ 与原信号 $y(t)$ 的比较如图 12-5 所示。只有当采样周期 T 足够小时,保持器的恢复信号 $y_h(t)$ 才会比较接近原信号 $y(t)$。根据零阶保持器的特性,可得

其传递函数为

$$H(s)=\frac{1-e^{-Ts}}{s} \tag{12-3}$$

式中　T——采样周期;

　　　s——拉普拉斯运算子。

在计算机控制系统中,D/A 转换器通常具有零阶保持器的功能。

12.1.2　分类

12.1.2.1　巡回检测和操作指导系统

用计算机以巡回的方式周期性地检测过程参数,完成数据处理的任务称为巡回检测。系统根据过程工况的各种数据,通过确定的性能指标与控制策略,对现场数据进行分析、计算和处理,发出一个操作指导信息,供操作人员参考,叫操作指导系统,如图 12-6 所示。

这种系统是一种开环系统。过程参数经测量变送器、过程输入通道,定时地被送入计算机,由计算机对来自现场的数据进行分析和处理后,根据一定的控制策略或管理方法进行计算,然后通过 CRT 或打印机输出操作指导信息。

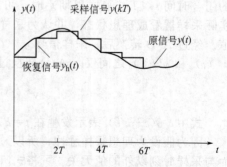

图 12-5　零阶保持器的信号恢复

12.1.2.2　直接数字控制系统(DDC)

计算机通过过程输入通道对多个生产过程进行巡回检测,根据给定值及控制策略,计算出控制指令,经由过程输出通道直接去控制执行机构,将各被控变量保持在给定值上,就叫直接数字控制系统,如图 12-7 所示。

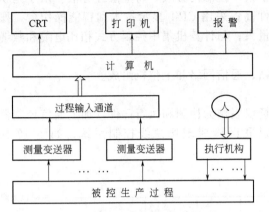

图 12-6　巡回检测和操作指导系统

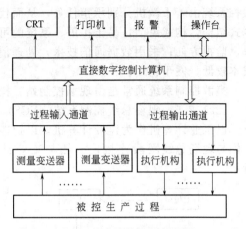

图 12-7　直接数字控制系统

这种系统是一种闭环系统，只要改变程序即可实现一些较复杂的控制策略；它还可以与计算机监督控制系统结合起来构成分级控制系统，实现最优控制；同时也可作为计算机集成制造系统的最底层——直接过程控制层，与过程监控层、生产调度层、企业管理层、经营决策层等一起实现企业综合自动化。

由于生产过程现场环境恶劣、干扰多，一方面要求直接数字控制系统计算机可靠性高，实时性好，抗干扰能力强，能独立工作；另一方面必须采取抗干扰措施来提高整个系统的可靠性，并合理设计应用软件。所以一般选用微型机和工业计算机。

12.1.2.3　监督控制系统（SSC）

根据生产工艺数据和现场采集的生产状况，一方面按照被控过程的数学模型和某种最优目标函数，计算出被控过程的最佳给定值，送给直接数字控制系统或调节器；另一方面对生产状况进行分析，作出故障的诊断与预报，如图 12-8 所示。

监督控制系统是不连接执行器的，只是给出下一级的最佳给定值由它们去连接执行器。若下一级采用直接数字控制系统时，监督控制计算机侧重处理某个最佳性能指标的修正与实施。其特点是：它在计算时可以考虑调节器不能考虑的因素，如环境温度和湿度对生产过程的影响；可以进行过程操作的在线优化，使生产过程在最优状态下运行；可以实现先进复杂的控制规律，满足产品的高质量控制要求；可以进行故障的诊断与预报，可靠性好。值得注意的是，生产过

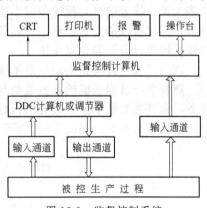

图 12-8　监督控制系统

程的数学模型往往是监督控制系统能否实现以及运行好坏的关键之一。目前这种控制方式已越来越多地被应用于较为复杂的工业过程控制中。

由于监督控制系统的计算机承担先进控制、过程优化与部分管理的任务，信息存储量大，计算任务繁重，要求有较大的内存、外存和较为丰富的软件。故一般选用高档微型机或小型机。

12.1.2.4　集散控制系统（DCS）

控制、危害、负荷分散，操作、显示、管理集中，称为集散控制系统。如图 12-9 所示。

在计算机控制应用于工业过程控制中期，由于计算机价格高，为了充分利用计算机，对工业过程采用的是集中控制方式，由于过分集中，一旦计算机出现故障，就要影响全局。集

散控系统由若干微机分别承担任务,从而代替了集中控制的方式,将危险性分散。由于是积木式结构,构成灵活,易于扩展;系统的可靠性高;采用 CRT 显示技术和智能操作台,操作、监视方便;采用数据通信技术,处理信息量大;与计算机集中控制方式相比电缆和敷缆成本较低,便于施工。

集散控制系统通常是由现场控制站、操作站、通信网络和上位机组成。

12.1.2.5 现场总线控制系统(FCS)

以工业计算机作为监控计算机,以智能现场仪表作为检测和执行部件,加上通信控制器一侧与现场总线网段连接,一侧与工业计算机联网构成现场总线控制系统,如图 12-10 所示。

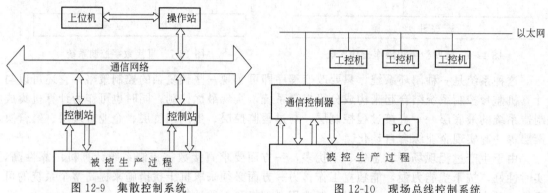

图 12-9 集散控制系统   图 12-10 现场总线控制系统

智能现场仪表可以把控制单元、测量变送单元或操作单元合成一体,因此在被控生产过程现场就可以构成完整的基本控制系统。智能现场仪表具有通信功能,可以和多个智能现场仪表沟通。综合信息,便于构成多变量精确测量系统和复杂控制系统。智能现场仪表的通信特点,不仅可以传递、测量、控制信息,还可以传递设备标识、运行状况、故障诊断等信息报表,构成设备资源管理系统。

12.1.2.6 计算机集成制造系统

随着生产过程规模的日益复杂与大型化,要求计算机不仅要完成面向过程的控制和优化任务,而且要对整个生产过程进行综合管理、指导调度和经营管理。这些功能的集合就叫计算机集成控制系统,如图 12-11 所示。

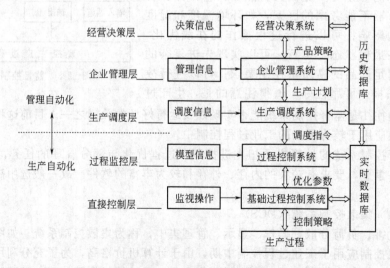

图 12-11 计算机集成制造系统

图示为一个流程工业的计算机集成制造系统。它除了常见的过程直接控制、先进控制与过程优化功能之外，还具有生产管理、经济信息收集、计划调度和产品订货、销售、运输等非传统控制的诸多功能。因此，计算机集成制造系统所要解决的不再是局部最优问题，而是一个企业总任务的全局多目标最优，即企业综合自动化问题。最优化的目标函数包括产量最高、质量最好、原料和能耗最小、成本最低、可靠性最高、对环境污染最小等指标，它反映了技术、经济、环境等多方面的综合要求，是工业过程自动化及计算机控制系统发展的一个方向。

◎ 12.2 计算机控制系统的设计与实施

12.2.1 设计

虽然计算机控制系统所控制的对象各不相同，控制方案与具体设计指标也不同，但设计原则却是相同的，即可靠性高，操作性好，实时性强，通用性好，经济效益高。

12.2.1.1 设计步骤

计算机控制系统的设计步骤大致如下。

（1）总体设计　设计之前，全面了解被控工业过程，与工艺技术人员一起在需求分析的基础上确定总体的控制方案，包括计算机控制系统的结构，被控变量、控制变量、检测量及安装位置、报警参数等，并计算出系统总的资金投入与可获经济效益。

（2）建立数学模型　采用过程机理分析、系统辨识或两者相结合的方法，建立被控对象的静态和动态的数学模型。

（3）控制系统综合　对设计的控制系统提出满足一定经济指标及技术指标的目标函数，寻求满足目标函数的控制规律。如在最优控制中广泛采用二次型目标函数，运用极大值原理和动态规划，求出最优控制律使目标函数取到极小值。通常要利用建好的数学模型，采用计算机辅助设计控制系统，并进行计算机数字仿真。

（4）计算机硬件与控制系统工程化设计　对计算机控制系统的硬件提出具体的设计方案，包括对计算机主机及相应外部设备、过程信号检测及变送仪表、过程输入输出接口设备、供电电源及机房、抗干扰措施等提出要求并予以实现。

（5）计算机软件设计　在硬件确定的基础上，选择计算机控制系统的系统软件，如实时操作系统，软件开发平台等，针对实际问题开发具体的应用软件。

（6）测试与完善　系统安装完毕，进行调试运行，针对出现的问题进行改进，逐步完善系统的所有功能。

不同的被控对象对控制系统的要求各不相同，上述步骤需根据实际情况取舍。

12.2.1.2 设计方法

（1）基于连续系统的设计方法　基于连续系统的设计方法，是在建立了连续的过程数学模型基础上，按连续系统的性能指标进行控制器的分析和设计，得到连续的控制规律。为使其在计算机系统中实现，必须要选择合适的采样周期和离散化方法，将控制规律转换成计算机能够实现的离散控制规律。常用的离散化方法有直接差分法，匹配 z 变换法、双线性变换法等。离散后的控制规律应按离散系统检查控制性能，如不满足控制指标，则需要重新选择采样周期，或回到连续系统进行重新设计。

这种设计方法对于熟悉常规控制系统设计方法的设计人员来说比较容易接受和掌握。其缺点是对采样周期的选择有比较严格的限制，如选择不当，控制系统往往达不到设计要求，若控制对象是一个比较慢的过程，影响不大。

323

（2）基于离散系统的设计方法　基于离散系统的设计方法，是在建立了离散的过程数学模型基础上，按离散的目标函数进行控制系统的分析和设计，得到离散系统的控制规律，可在计算机系统中直接实现。这种方法实际上是一种准确的计算机控制系统设计方法，正受到人们的重视。

无论采用哪种设计方法，都可以应用常规控制策略或先进控制策略。控制策略的选择仅仅和控制对象的过程特点、数学模型及系统的控制精度有关，而和采用哪种方法无关。

12.2.2　实施

（1）总体方案　总体方案是要确定计算机控制系统的结构和类型，在硬件方面主要确定系统的结构配置、机柜或机箱的结构外形、现场仪表的选型、人机接口、抗干扰与可靠性措施等。在软件方面主要确定软件平台、功能结构、数学模型、控制策略、算法要求等。

（2）硬件的工程实现　硬件的工程实现要确定系统总线和主机机型、输入输出接口和现场仪表选型。在系统总线和主机机型方面主要确定总线和主机的类型。在输入输出接口方面主要确定接口插件的种类和数量，这需要考虑输入输出参数的类型、数量、要求等。在现场仪表选型方面主要确定变送器和执行器种类和数量，这需要考虑被测参数的类型、量程、环境、精度、控制要求等。

（3）软件的工程实现　软件的工程实现要确定程序结构、资源分配和软件设计。在程序结构方面主要确定系统各个功能模块相互关系和信息传递。在资源分配方面主要确定 RAM 资源的分配。在软件设计方面主要确定数据采集和数据处理、控制算法、控制量输出、实时时钟及中断处理、生产管理、数据通信等。

（4）调试与投运　调试与投运要确定离线仿真和调试、在线调试和投运。离线仿真和调试主要包括硬件调试和软件调试。在线调试和投运主要包括现场调试和开车投运。

第13章 集散控制系统

◎ ## 13.1 概述

13.1.1 集散控制系统的构成

虽然不同的集散控制系统各具特色，但是构成却大同小异，如图13-1所示，基本上分为过程控制层、过程监控层、生产管理层和决策管理层。各国的主要制造商把集散控制系统制造成功能齐全、配置灵活的系列产品。综观构成的特色可以归纳为四点，即硬件积木化、软件模块化、控制组态化、通信网络化。

集散控制系统在企业的应用，提高了资源的利用率，降低了能耗，增强了生产效率，从而使企业的竞争力有所提升，达到了信息化带动工业化的目的。随着企业广泛地应用集散控制系统，也使工业化促进了信息化的发展。

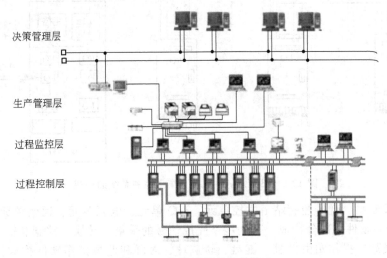

图13-1 集散控制系统的构成

13.1.2 集散控制系统的厂商

国外的主要制造厂商有美国的 Honewell、Foxboro、Emerson、LEEDS & NORTHRMP，日本的 YOKOGAWA、HITACH，德国的 SIEMENS、Hartmann & Braun，瑞士的 ABB 等，国内的主要制造厂商有中控、和利时、上海新华、上仪、四联、威盛等。在应用集散控制系统的过程中，我国科技人员在消化吸收国外技术的同时，自主创新品牌产品。如新华控制工程公司的 XDPS-400、北京和利时公司的 MACS、国电智深公司的

EDPF-NT、华能信息产业公司的 PINECONTROL，在多个电厂试验应用的基础上，经过改造提高达到或接近国外厂家同类产品的水平。

◎ 13.2 国内集散控制系统产品

13.2.1 HOLLiAS-MACS 集散控制系统（北京和利时）
13.2.1.1 构成与特点
（1）构成 HOLLiAS-MACS 集散控制系统的构成如图 13-2 所示。由下列几部分组成。

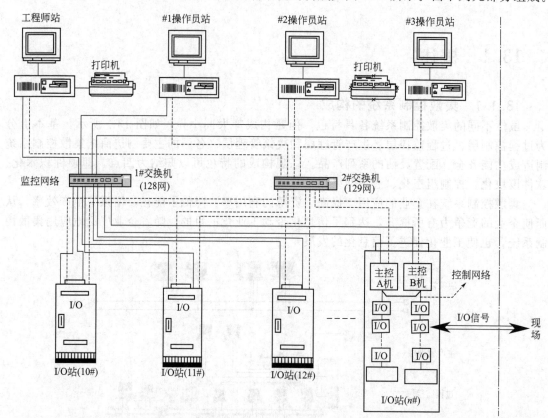

图 13-2 HOLLiAS-MACS 集散控制系统的构成

① 现场控制站 现场控制站由主控单元、I/O 单元、电源单元、通信单元、现场总线、专用机柜和控制软件等部分构成。其功能是完成信号的采集、转换、控制和输出。

② 操作员站 操作站由微机、键盘、轨迹球、触屏和监视操作软件构成。其功能是完成组态图形的调试及显示，现场实时数据、历史数据曲线的显示以及控制、调整、趋势、报警画面的显示及操作。

③ 工程师站 工程师站由微机和组态软件构成，其功能是完成系统数据库、历史库、图形、控制方案、报表的组态、调试及下载。

④ 打印服务器 打印服务器由微机和打印机构成，其功能是完成系统的图形、报警、报表的打印输出。

⑤ 数据服务器 数据服务器由微机构成，其功能是完成实时数据库的管理和存储、数据处理以及数据通信。

⑥ 通信控制站 通信控制站由微机、通信插件和通信软件构成，其功能是完成 HOL-LiAS-MACS 集散控制系统与现场总线仪表、PLC、智能电子设备 IED、RTU 以及其他子系统的通信，具有通信协议的解释和数据格式的转换功能。

⑦ 系统网络 系统网络由冗余的 100Mbps 高速以太网构成，其功能是完成工程师站的数据下载，操作员站、打印服务站的在线数据通信。

⑧ 企业管理网络 企业管理网络由冗余的 100Mbps 高速以太网、冗余的服务器、企业的操作监视站、计算站、通信站、I/O 控制站构成，其功能是完成全厂的综合信息监视，接受上级单位的指令，由专家指导系统，根据全厂的实时数据自动下达各工艺系统的指标。

（2）特点

① 技术先进 采用标准的 Client/Server 结构，应用先进的现场总线技术，支持 OPC 数据处理功能，在统一的系统平台上提供管控一体化解决方案。

② 开放系统 应用开放的操作系统和网络系统，支持 Internet 接入，采用即插即用的硬件结构体系。

③ 应用方便 选用标准的组态软件，提供了方便的数据转移工具，控制软件具有仿真、无扰下装和数据回读功能，系统安装使用极其方便。

④ 安全可靠 具有冗余设计，提供故障监视和转移功能，保证系统硬件和软件的可靠性。

⑤ 系统能力强 具有高速的网络体系，系统的配置能力高，硬件处理能力强，实时响应能力好。

⑥ 扩展方便，维护容易 系统的结构体系配置灵活，纵横扩展方便，日常维护容易。

⑦ 经济性强 多种措施和最新技术使产品成本降低，减少用户的公共费用、施工费用、维护费用以及二次投资，最大限度地为用户创造价值。

13.2.1.2 功能与选用

（1）功能

① 现场控制站的功能 现场控制站由主控单元、I/O 单元、电源单元、现场总线和专用机柜等部分组成，在主控单元和 I/O 单元上，分别固化了实时监控软件和 I/O 单元运行软件。现场控制站内部采用了分布式的结构，主控单元通过现场总线（Profibus-DP）与各个单元实现连接。模件化的结构设计保证了配置方便、扩展容易、安装简单、可维护性高；由于采取了多种可靠性措施，保证了运行安全。

现场控制站具有很强的数据采集功能；可以实现各种反馈控制、智能控制、逻辑控制、顺序控制和批量控制等；还可以连接 PLC、智能仪表等其他现场装置，实现不同装置之间的数据交换。

a. 主控单元。主控单元是一个与 PC 兼容的高性能工业控制机，采用模块化结构。标准配置为两个，每个自带两路接口，形成双冗余网络；两个主控单元互为热备用，同时接收网络信息，一个进行控制运算，一个处于监控状态。一旦发生故障，备份主控单元能够自动无扰动切换到工作状态，保证数据不会丢失。

b. I/O 单元。I/O 单元分为模拟量输入、模拟量输出、状态量输入、状态量输出、脉冲输入、回路控制等几大类。

I/O 单元主要承担现场信号的连接、输入信号的采集与转换、工程单位变换、输出信号的限幅处理等任务。插件采用智能化设计和看门狗定时、多级隔离、自诊断、输出回馈以及系统故障时输出自动切换到安全状态等可靠性措施。模件内部使用独立的 CPU 及存储器，可以完成扫描、整定、运算、线性化、冷端补偿、信号质量判断等功能，并确保在系统电源故障解除后自动恢复其正常的工作。

c. 电源单元。电源单元为插块化结构，功率大，稳定性好，可以构成无扰动切换的冗余配电方式。输出电压 24V DC 给 I/O 插件供电。

d. 危险分散措施。智能化设计有效地将部分采集或控制运算分散到各个 I/O 单元中，降低主控单元的负担，提高可靠性。另一方面，AI、AO 均采用 8 点插件方式，且 D/A、A/D 均与 AO、AI 一一对应，使系统更加分散，危险更加降低。即使主控单元故障，各单元仍能完成基本的输入输出功能，保证发生故障前的数据不会丢失。

e. 故障分散措施。采用光电隔离技术，使 I/O 单元的各单元之间和单元与上位机之间的 CPU 无任何电气联系，从而提高系统的抗干扰能力、可靠性和安全性。系统配备路路隔离 AI 板，DI 采用专用隔离件隔离，对多种接地场均设有隔离，对每一直流供电均有隔离，使现场大电压的窜入尽量限制在小范围发生。在同一单元的不同通道间及逻辑功能侧和现场信号侧，也提供了隔离措施，可消除由于现场地电位差对系统造成的损失。

f. 排除故障措施。现场控制站的所有单元上均带有 CPU，每单元均可进行周期性自诊断。诊断主要包括 CPU 与内存等的自检、开关输出回读比较、模拟输入通道的正确性比较、模拟输出通道的正确性比较等。每秒的诊断结果都上传到上位机的系统状态图中显示。

系统中所有单元上均有状态指示灯，包括运行灯、故障灯、网络通信灯等。打开机柜，各单元运行状态一目了然。

采用了特殊的保护措施，系统中所有的 I/O 单元均可带电拔插，可带电对故障单元进行更换，不会对系统运行产生任何影响。

g. 输出信号。

包括模拟量输出和状态量输出。为了保证输出及时有效，输出信号在采集和控制运算完成后立即进行。

当输出抑制或变量超出量程时，禁止该变量转换和输出，使执行器保持上一次的有效值。

在系统组态数据下装、重装时，保证变量值没有较大的波动，使执行器不会有较大的变化。

当系统故障时，使输出信号保持在故障前的值，或输出系统组态时规定的安全值。

当模拟量输出为电流方式时，如果信号断线则进行断线报警。

模拟量配置为冗余方式时将输出信号同时送给两个模块，由模块根据自身判断决定由哪个模块工作并输出。

② 操作站的功能

a. 图形显示功能。

ⅰ. 综观画面。综观画面显示来自现场信号的概貌信息。

ⅱ. 流程图画面。流程图画面按照用户习惯的流程图形式显示过程信息，可以弹出操作窗口，对任意控制回路进行操作。用户可以指定符号和背景的颜色，定义符号在不同的工况下，显示不同的颜色，以及不同的工作状态的变色和闪烁等。流程图画面的建立方法与 Windows 中的画板方法相似；考虑到眼睛的适应能力以及长期监视的疲劳状况，画面中动态点更新速率一般设为 1s。

ⅲ. 分组画面。按照调节器和指示器的形式显示回路和检测点的信息，如测量值、给定值、输出值、运行方式（MAN/AUTO/CASC）和上下限报警值等，系统中至少有 250 个分组画面，每个分组画面包括 8 个回路，每个回路具有一个编号和标题。既可以是模拟量回路也可以是状态量回路。

ⅳ. 细目显示画面。细目显示画面显示一个工位号的所有组态参数。可以变更控制回路运行方式、给定值和输出值。还可以显示上下限报警值、偏差报警值、输出限幅值、设定参数、滤波常数以及其他相关的信息。

ⅴ. 趋势画面。趋势画面用不同的颜色和时间间隔显示任意组合的五个变量，并有放大和卷动功能。

显示历史及实时趋势。

趋势记录采样周期1s～24h可选；定时趋势采样周期1s～10h可选；历史趋势采样周期1s～600s可选。

历史数据最大容量128组，每组15个数据。

可在其他存储单元上存储历史数据，用于画面的存档和检索。

可以显示测量值、给定值及输出值的实时或历史趋势。

ⅵ. 报警画面。报警汇总画面包括全部的报警点，可按时间顺序列出最近的500个报警，包括工位号、报警内容、开始报警的时间和恢复正常的时间。未经确认的报警点则处于闪烁状态。

报警综合画面包括所有存在的过程报警不管是否确认，均按报警发生的日期、时间、工位号、报警说明加以显示。

ⅶ. 动态画面。动态画面显示工艺装置、图形、自由格式报表、模拟量计算值以及与状态量有关的动态图形等。显示画面用工位号表示工艺设备、管道和仪表。在数据更新区显示以工程量表示的实时信息、状态量信号状态、顺序及报警的状态。

操作人员可以通过这个画面选择组显示或其他画面显示。每个动态画面的活数据小于256个，数据更新时间不大于1s。画面切换时间小于2s。

ⅷ. 系统状态画面。系统状态画面显示所有的系统错误，提供系统单元的细节、地址和状态，并触发报警信号。

ⅸ. 顺序显示画面。顺序显示画面显示顺序控制过程或批量操作的过程。通过画面可以启动/停止顺序控制并驱动相关的装置。

b. 操作功能。操作功能包括调节器自动状态下给定值的变更，手动状态下输出值的变更，以及手动→自动→串级的双向无平衡无扰动切换。操作功能通过操作编组画面或动态画面加以显示。

c. 报警管理功能。报警分为系统故障报警和工艺过程报警。无论处于哪种画面，系统对任何报警都可以用音响和突出显示的方式通知操作员，只要击一次键即可调出有关画面。系统可按时间顺序用加重、划底线等方式打印每个报警，返回正常后恢复常规打印。操作站或打印机上的所有报警都可带工位号、故障描述、日期和时间的标记。

模拟量均可以设置上上限、上限、下限、下下限、变化率上限、设定偏差等报警方式。报警可以由操作员确认，或者由工程师按工艺分区确认。

报警发生后1s内显示。报警点改变颜色并闪烁，直到报警被确认。

如果在确认前报警恢复到正常状态，报警继续存在直至操作员确认。

操作站设有蜂鸣器及消声键。

报警有四种不同的优先级：普通、次急、特急、特特急，根据需要分组。不同级的报警通过声光来区别，可快速区分并从相应的组画面中调出。

d. 报表功能。系统生成类似EXCEL格式的中文报表，指定任一打印机进行打印。

ⅰ. 即时报表。由指定数字信号触发或操作员启动，打印数据库所有变量的当前值。

ⅱ. 定期报表。在每小时、每班、每天、每月结束时打印出某些指定点（包括计算变量）的数值。变量数值类型分为采样值、平均值和累计值。报表可设有报表标题、列标题、变量代号、变量说明、工程单位等信息。小时报表在每小时结束时可自动打印。班报表在每班操作结束时可自动打印。日报表可在每天上午8:00启动打印。系统可保存当前操作班和上一班的所有小时报表，而班报表和日报表则保存一个月。前一期报表可随时请求打印出来，可指定报表格式请求打印当前数据。

ⅲ. 报警汇总报表。可打印出最近 500 个系统报警和过程报警。

ⅳ. 操作记录报表。操作记录报表经请求可打印出最近一周的操作记录，包括操作站编号、操作员编号、操作开始时间和结束的日期时间，以及操作项目（时间记录）。

ⅴ. 系统维护报表。系统维护报表经请求可列出全部系统报警的诊断结果，并标有故障的日期时间和返回正常的日期时间。

e. 打印功能。打印机可用于打印报警、报表信息，每行钟至少打印 132 个字符，每分钟至少打印 120 字符以上。打印机自带测试功能。具有拷屏功能，可按照操作员的拷屏指令对当前的屏幕画面进行拷贝。在正常操作的条件下，一年内死机不大于 2 次。

报表以预先组态好的格式进行打印。报表包括瞬时值、平均值、矫正值和累积值，报表可按周期或指令打印。一些变量的计算值也可根据需要打印。

报警打印自动进行，其优先级最高。当报警发生时，打印的信息及次序与报警显示画面一致。当报警确认时，其工位号、形式及时间也打印输出。

报警打印应包括操作动作报告。

打印机故障时至少有 200 个报警存储在缓冲存取器中。

③ 工程师站的功能　工程师站用于程序开发、系统组态、系统诊断等。在工程师站修改、定义、新组态的扩展系统均能通过数据通信网络加载到在线运行系统上。重新组态的数据被确认后，系统能自动刷新内存。

工程师站具有离线调试功能。

工程师站可与操作员站公用一个硬件平台。完成系统管理、系统注册、实时数据库、历史数据库、工况图、功能块图、梯形图、报表、事故追忆库、计算公式的生成和系统引用。

（2）选用

① 现场控制站的选用

a. 主控单元。主控单元配置，CPU 为 PⅡ233MHz；内存为 34M，其中 2MSRAM；网卡为 100M 以太网卡，DP 主卡。

主控单元输入更新时由 I/O 插件经 Profibus-DP 总线使用双写 RAM 的方法以 50ms 为周期定期更新，现场控制站内部不采用"例外报告法"传输数据。DP 总线速率为 1.5Mbps，主控单元所管理的 I/O 模件小于 56 个，才能保证所有的控制功能在一个控制周期内得到更新的数据。保证估算负荷不超过系统存储、计算、传送能力的 60%。由于主控单元执行程序采用多任务排队的方式，所以系统投入正常运行后不会死机。

主控单元配置留有下列余量，便于部分功能的调整、修改：中央处理单元在繁忙工况下其负荷率不大于 30%，内存余量大于 70%，过程量通道余量大于 15%，电源负荷小于 50%，通信的高峰负荷小于 30%。

b. I/O 单元。I/O 单元能完成扫描、数据整定、数字化输入和输出、线性化、热电偶冷端补偿、过程点质量判断、工程单位换算、防止坏点引起误动作等功能。

控制用 I/O 插件为 8 点，具有隔离功能。一般用 I/O 插件为 16 点。拆卸 I/O 插件不影响其他回路的供电，I/O 插件自动指示内部故障，通知操作员。

系统提供 10～15% I/O 模件的备品及 10～15% 的机柜备用空间。

现场二线制仪表由系统进行供电，电源 1∶1 冗余且单个电源半负荷供电，电压 24V DC。

ⅰ. 技术要点。提供热电偶、热电阻、电压（1～5V、0～10V 等）信号及电流（4～20mA、0～10mA 等）信号的开路、短路以及输入信号超范围的检查及报警的功能，该功能在每次扫描过程中完成。

接入点输入插件设有防抖动滤波处理，如果输入信号在 4ms 之后仍然抖动，插件就不接受该接点信号。因为 SOE 的分辨率高，其防抖动处理和一般状态量不同。当一个 SOE 状态量状态变化后，即打上时间标签，精度可以达到 1ms，但是现场总线并不立即将该点上传，而是等待 4ms，若 4ms 之后该点状态仍然抖动，将该点进抖动表记录、打印，该点 SOE 状态通过软件采用自动抑制，现场总线不往上传直至抖动结束。否则将该点 SOE 信号往上传送，因为 SOE 点自带时间标签，采用这种处理方法，不会影响其 1ms 的 SOE 分辨率。

处理器插件的电源故障不会造成积累的脉冲输入读数丢失。

系统能够自动地、周期性地进行零漂和增益的校正。

冗余输入的热电偶、热电阻、变送器信号的处理，由不同的 I/O 插件来完成。单个 I/O 插件的故障，不引起任何设备的故障或跳闸。

所有 I/O 插件，在误加 250V DC 或 AC 峰-峰电压时，不损坏插件及系统。

每一点模拟量输入有独立的 A/D 转换器，模拟量输出有独立的 D/A 转换器，每一路热电阻输入有单独的桥路。输入通道、输出通道和其工作电源均互相隔离。

在整个运行环境温度范围内，精度如下：模拟量输入信号（高电平）±0.1%；模拟量输入信号（低电平）±0.2%；模拟量输出 ±0.25%；工频交流电压、电流输入信号 ±0.5%。插件不需手动校正即可保证精度要求，且不受时间限制。

接受变送器输入信号的模拟量输入通道，都能承受输入端子的短路，不影响其他输入通道，有单独的保险电阻进行保护。

无论是 4～20mA 输出还是脉冲信号输出，都有过负荷保护措施。系统机柜为每个被控设备提供维护所需的电隔离手段。任一控制设备的电源拆除，即发出报警，并将受此影响的控制回路切至手动。

状态量输入、输出通道板都有单独的熔断器或采取其他保护措施。

ⅱ.I/O 插件。I/O 插件由 FM 系列 I/O 插件和 FM 端子底座组成，一块 I/O 插件配一块端子底座 FM131。端子底座安装在标准 DIN35 导轨上，I/O 插件沿滑槽插在端子插件上。

I/O 插件支持冗余配置，需要时，配备一块冗余端子插件 FM131R 和两块 I/O 插件组成冗余配置。

FM 系列 I/O 插件是智能型的，用于信号处理、状态显示和通信、控制等功能，所有插件均可带电拔插。其主要产品包括模拟量输入、模拟量输出、状态量输入、状态量输出、脉冲量输入等。

• FM147A 8 路热电偶模拟量输入模件

输入通道最大配置：8 路

信号类型：差动热偶（J，K，T，N，E，R，S，B）或毫伏电压信号

精度：0.2% 满量程（J，K，T，N，E）/0.3% 满量程（R，S，B，T）

共模抑制：>80dB

差模抑制：>40dB

过压保护：最大输入电压 ±40V

通信接口：Profibus-DP

• FM143 8 路热电阻模拟量输入模件

输入方式：三线制 RTD

信号类型：Pt100 型热电阻，Cu50 型热电阻

采样精度：0～200℃ 范围内，0.5℃

阻值范围：50～383.02Ω

共模抑制：>80dB

差模抑制：＞40dB

过压保护：最大输入电压±40V

通信接口：Profibus-DP

• FM148 8路大信号模拟量输入模件

输入通道最大配置：8路

供电电压：24V DC

信号类型：0～10mA/4～20mA/0～5V/0～10V

精度：0.1%

共模抑制：＞80dB

差模抑制：＞40dB

过压保护：最大输入电压±40V

通信接口：Profibus-DP

• FM161D 16路触点型开关量输入模件

输入通道最大配置：16路

信号类型：干接点，取样电压 24V/48V

通道触点查询电流：8mA±1mA（当查询电压为 24V DC、触点导通电阻小于 4Ω 时）

现场与系统的隔离电压：1500V（rms）

通信接口：Profibus-DP

• FM171 16路继电器型开关量输出模件

输入通道最大配置：16路

开关类型：常开接点

输出容量：3V/30V DC

使用寿命：＞105 次

最大开关频率：2 次/s

现场与系统的隔离电压：1500V（rms）

通信接口：Profibus-DP

• FM151A 8路模拟量输出模件

输入通道最大配置：8路

信号类型：4～20mA

精度：0.2%

负载能力：最大 750Ω

通信接口：Profibus-DP

• FM162 8路脉冲输入模件

输入通道最大配置：8路

输入阻抗：10kΩ

信号类型：0.5～24V/0～10kHz

计数范围：0～65565 从零开始计数，溢出复位后重新计数

通信接口：Profibus-DP

• FM182 电动执行器模件

输入通道数：模拟量输入 1 路/开关量输入 7 路/开关量输出 4 路

信号类型：4～20mA/0～10mA/0～20mA/1～5V/0～10V

通信接口：Profibus-DP

② 操作站的选用　操作站可按下述配置选用。

21in❶彩色显示器，分辨率为 1280×1024

英特尔奔腾 4 处理器，主频为 1.7GMHz

通信速率：100Mbps

内存：256M

硬盘：40G（SCSI 接口）

光驱：52X

软驱：3.5in

操作员键盘：选配薄膜触敏式按键，轨迹球或鼠标

操作台：PC 机嵌入落地式

13.2.2　ECS-100X 控制系统

ECS-100X 是中控公司（原浙大中控）目前最新型、最成熟的主流控制系统，现已成功地在工业企业得到规模推广应用。

ECS-100X 系统定位于为大、中型电力、石化、化工等行业的自动控制得供整体解决方案，可支持 63 个控制站、64 个操作站，最大容量 20000 点，单站容量 2000 点，网络负荷小于 10%。ECS-100X 系统支持在线下载功能，利用 GPS 信号实现全网时间同步功能。

ECS-100X 控制系统由控制站、操作站节点（操作站节点是工程师站、操作员站、服务器站、数据管理站、时间同步服务器等的统称）及系统网络（过程控制网、操作网）等构成系统整体结构见图 13-3 所示。

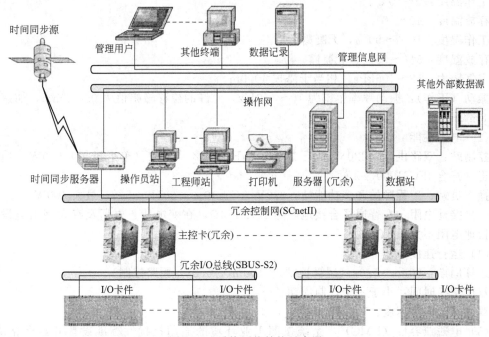

图 13-3　系统网络结构示意图

工程师站是为专业工程技术人员设计的，内装有相应的组态平台和系统维护工具。通过系统组态平台构建适合于生产工艺要求的应用系统，具体功能包括系统生成、数据库结构定义、操作组态、流程图画面组态、报表制作等。而使用系统的维护工具软件可实现过程控制

---

❶　1in=25.4mm，下同。

网络调试、故障诊断、信号调校等。

操作员站是由工业 PC 机、显示器、键盘、鼠标、打印机等组成的人机系统,是操作人员完成过程监控管理任务的人机界面。高性能工控机、卓越的流程图功能、多窗口画面显示功能可以方便地实现生产过程信息的集中显示、集中操作和集中管理。

服务器站可与企业管理计算机网(ERP 或 MIS)交换信息,实现企业网络环境下的实时数据和历史数据采集,从而实现整个企业生产过程的管理、控制全集成综合自动化。通过具有对等 C/S 特征的操作网可实现操作站节点之间的实时数据通信和历史数据查询。

数据管理站用于实现系统与外部数据源的通信,从而实现过程控制数据的统一管理。

时间同步服务器用于实现系统的时间同步。

控制站是系统中直接与工业现场进行信息交互的 I/O 处理单元,由主控卡、数据转发卡、I/O 卡、接线端子板及内部 I/O 总线网络组成,用于完成整个工业过程的实时监控功能。控制站内部各部件可按用户要求冗余配置,确保系统可靠运行。

过程控制网络实现操作站节点和控制站的连接,完成信息、控制命令的传输与发送,过程控制网采用双重化冗余设计,使得信息传输可靠、高速。

操作网采用快速以太网技术,实现 C/S 模式下服务器与客户端的数据通信及操作网节点的时间同步。

13.2.3 系统性能指标

(1) 工作环境

工作温度:0～50℃。

存放温度-40～70℃。

工作湿度:10%～90%,无凝露。

存放湿度:5%～95%,无凝露。

大气压力:62～106kPa,相当于海拔 4000m。

振动(工作):振动频率范围为 10～150Hz,允许的位移峰幅值为 0.075mm,加速度小于 $9.8m/s^2$。

(2) 电源性能

控制站:双路供电,220V AC±10%,50Hz±5%,最大(单个机柜)650W,功率因数校正(符合 IEC61000-3-2 标准)。

操作员站、工程师站和多功能站:220V AC±10%,50Hz±5%,最大 400W。

(3) 接地电阻 在普通场合接地电阻不大于 4Ω,在变电所、电厂及有大型用电设备等场合接地电阻不大于 1Ω。

(4) 运行速度

运算周期:50ms～5.0s(逻辑控制),100ms～5.0s(回路控制)。

双机切换时间:小于一个控制周期。

双机冗余同步速度:16.5Mbps。

(5) 电磁兼容性(EMC) 系统按照工业环境的通用抗扰性标准设计并经严格测试,抗干扰能力强,能满足各种恶劣电磁环境下的工作要求。

① 支持全冗余、无冲击带电插拔。

② 符合 IEC61000 体系 EMC 标准 浪涌 2000V;群脉冲 1000V;静电(接触放电 6000V,气隙放电 8000V)。

③ 点点隔离设计 共模电压 250V,共模抑制比 120dB。

④ 标准输入阻抗 电流输入阻抗 250Ω;电压输入阻抗大于 1MΩ。

334

⑤ 系统满足如下电磁兼容性标准

a. IEC61000-3-2（GB/17625.1—1998）谐波电流限值；

b. IEC61000-3-3 电压波动和闪烁限值；

c. IEC61000-4-2（GB/T 17626.2—1998）静电放电抗扰度；

d. IEC61000-4-3（GB/T 17626.3—1998）射频电磁场辐射抗扰度；

e. IEC61000-4-4（GB/T 17626.4—1998）电快速瞬变脉冲群抗扰度；

f. IEC61000-4-5（GB/T 17626.5）浪涌（冲击）抗扰度；

g. IEC61000-4-8（GB/T 17626.8—1998）工频磁场抗扰度；

h. IEC61000-4-9（GB/T 17626.9—1998）脉冲磁场抗扰度；

i. IEC61000-4-11（GB/T 17626.11）电压暂降、短时中断和电压变化抗扰度；

j. EN50082-2（1995）工业环境的通用抗扰性标准。

13.2.4　系统特点

ECS-100X 系统具有数据采集、控制运算、控制输出、设备和状态监视、报警监视、远程通信、实时数据处理和显示、历史数据管理、日志记录、事故顺序识别、事故追忆、图形显示、控制调节、报表打印、高级计算，以及所有这些信息的组态、调试、打印、下载、诊断等功能。

ECS-100X 系统具有以下鲜明的特点。

（1）开放性　融合各种标准化的软、硬件接口，内嵌国际标准 OPC 服务，方便地接入最先进的现场总线设备和第三方集散控制系统、逻辑控制器等，通过各种远程介质或 lnternet 实现远程操作。

（2）兼容性　符合现场总线标准的数字信号和传统的模拟信号在系统中并存。使企业现行的工业自动化方案和现场总线技术的实施变得简单易行。

（3）设备管理　增加先进的设备管理功能（AMS），能对现场总线的智能变送器进行参数设置等项目实现自动管理，达到了设备管理和过程控制的完美结合。

（4）在线下载　采用基于固定物理地址系统信息检索的内存管理技术，以添加（Append）或者空缺的方式修改和下载更新，不破坏控制站原有数据顺序，做到良好控制参数的记忆性和继承性，实现系统安全的在线修改下载，保证生产稳定和安全性。

（5）安全性　系统安全性和抗干扰性符合工业使用环境下的国际标准。

（6）故障诊断　只有卡件、通道以及变送器或传感器故障诊断功能，智能化程度高，轻松排除热电偶断线等故障。

（7）机械结构　采用 19in 国际标准的机械结构，部件采用标准化的组合方式，方便各种应用环境。

（8）供电电源　本系统采用集中供电方式。交直流电源都采用双重化热冗余供电模式，部件能进行热插拔，方便安装和维护。

（9）远程服务　能够通过远程通信媒体实现远程监控、故障诊断、系统维护、操作指导、系统升级等。

（10）实时仿真　系统具有离线的实时调试和仿真功能，缩短系统在现场的调试周期并降低了方案实施的风险。

（11）系统容量　系统规模灵活可变，可满足从几个回路、几十个 I/O 信息量到几千个控制回路、20000 个 I/O 信息量的用户应用要求。

（12）运行环境　控制机柜内合理的冷却风路设计、防尘设计。

（13）信号配置　提供2点、4点、8点和16点系列I/O卡件，为用户提供了多种选择，优化了系统的配置。

（14）信号精度　I/O卡件采用国际上最新推出的高精度A/D采样技术（Σ-ΔA/D）、选进的信号隔离技术、严格测试下的带电插拔技术以及多层板和贴片技术，使信号的采集精度更高、卡件的稳定性更好。

（15）控制　系统控制组态增加了符合IEC61131-3标准的组态工具FBD、LD、SFC、ST等，使DCS与PLC的控制功能得到统一，实现了局部控制区域内的实时过程信息共享。

（16）集成性　WebField是一个开放的可扩展系统，它可以方便地进行扩展和集成，利用数据站、OPCServer或通信接口卡，可实现与异构系统的互联。

（17）图形界面　提供集成化图形界面组态工具，可以方便、快捷地生成图形画面，提供多种预定义图库对象。

（18）数据管理　收集并管理数据、储存历史数据并将之传到公共数据库，也可以将数据分散到不同的报表中，从而保证过程在一个最佳的状态运行。

（19）报警　采用分布式报警管理系统。可以管理无限报警区域的报警、基于事件的报警、报警优先权、报警过滤以及通过拨号输入/输出管理设备的远程报警。

（20）快速I/O　提供快速AI和AO，AI采样周期可达50ms。

（21）对等C/S网络　ECS-100X系统在网络策略和数据分组的基础上实现了具有对等C/S特征的操作网，在该操作网上实现操作站节点之间包括实时数据、实时报警、历史趋势、历史报警、操作日志等的实时数据通信和历史数据查询。具体功能介绍如下。

① 实时数据传输功能　对于某一个数据组而言，客户端发现有主服务器存在，则向主服务器申请位号，主服务器定时发送数据给客户端，当客户端不需要这些数据时，主服务器在继续发送一段时间后停止发送。数据回写是客户端通过流程图等工具通过操作网向主服务器发送数据。

② 实时报警功能　对于某一个数据组而言，主服务器主动判断是否有客户端，进行实时的发送。冗余服务器也是接收来自主服务器的报警。报警中有产生时间和确认时间。

实时报警的主服务器、冗余服务器和客户端所进行的报警确认是通过操作网传送到其他的实时报警的主服务器、冗余服务器和客户端。实时报警为本地的操作站节点所进行的报警确认只有本操作站节点有效。

③ 历史趋势功能　趋势查询时，如果本站的某一数据组策略设置为服务器或者本地连接，则查询本站记录的趋势，如果本站是客户端，则查询趋势主服务器记录的趋势。

④ 历史报警功能　报警查询时，如果本站的某一数据组策略设置为服务器或者本地连接，则查询本站记录的报警，如果本站是客户端，则查询报警主服务器记录的报警。

⑤ 操作日志功能　操作日志是针对操作站节点而言的。设置为本地连接或者服务器的操作站节点，记录本站产生的操作记录，设置为客户端的操作站节点，发送操作记录到主服务器和冗余服务器。

在查询操作日志时，如果本站是主（冗余）服务器或者本地连接，则查询本站记录的操作日志，如果本站是客户端，则查询操作记录主服务器记录的操作日志。

13.2.5　系统技术

（1）ECS-100X系统单控制域系统负荷　ECS-100X系统在单控制域满负荷运行下保证网络通信和数据库的安全。

20000点应用系统配置如下。

① 设45个控制站，52个操作站节点（46个操作站，4个服务器，2个工程师站）。

② 单控制站配置 430～510 点，控制回路 60 个，用户程序（包括 LD、SFC、FBD 等）共 437K。

③ 操作站单站接入点 8000 点，监控画面 120 幅，最大单屏数据为 283 点。

④ 控制网分 3 个网段，段间以三层交换机连接，段间通信实行用户选择的流向控制。

⑤ 操作网连接所有操作节点，不分段。

20000 点应用系统实测数据如下

① 控制站用户程序耗时 78～86ms，总体控制运算负荷小于 20%。

② 控制网段内最大通信包数小于 620 个，网络负荷小于 5%，常态下约为 3%。

③ 控制网网段间以三层交换机连接，段间通信负荷小于 3%。

④ 操作站单屏数据刷新时间不大于 1s，主机负荷小于 30%。

⑤ 数据服务器可并发提供 28 个历史查询访问（查询跨度 3～22h），平均响应时间≤5s。

（2）ECS-100X 系统的可靠性　为保证 ECS-100X 系统的可靠性，在系统的设计、制造、工程实施各个流程采取了各种措施。

① 结构化设计，功能模块独立分散，减少串联环节。

② 硬件电路可靠性设计，成熟、简洁、规范。

③ 低功耗设计技术。

④ 降额设计技术。

⑤ 故障自检测和隔离切断技术。

⑥ 模块的实时故障自检和报警。

⑦ 硬件故障自动隔离（逻辑锁存、高阻抗输出、总线撤离等）。

⑧ 输入输出数据保持、报警。

⑨ 控制策略手动/自动切换。

⑩ 冗余与无扰动切换技术。

⑪ 故障实时自检。

⑫ 冗余工作情况下的主动让权和撤离。

⑬ 系统功能和性能验证、测试。

ECS-100X 系统设计输出前，都经过严格的 EMC 测试，测试环节包括以下几方面。

① 电快速瞬变脉冲群、浪涌冲击。

② 工频磁场、共串模试验。

③ 静电放电模拟测试。

④ 高精度过程信号测试验证设备。

⑤ 逻辑动作实时性分析试验。

⑥ 虚拟测试仪器动态特性跟踪。

⑦ 振动测试。

⑧ 高低温老化试验。

⑨ 网络流量和负荷测试分析。

⑩ 实时网络监视与分析。

⑪ 系统防雷。防雷是过程控制装置自动控制系统设计的一项设计要点。系统干扰路径如图 13-4 所示。防雷是一项系统工程，从建筑、工艺装置安装、供电电源、变送器施工、桥架、控制系统等各个方面综合考虑。等电位连接和接地的基本思路，防止装置内由于雷电而产生电位严重不平衡，为雷电流提供低阻抗的连续通道泄放到大地。通过工程实施，往往采用的措施包括：

a. 根据地域、装置、当地雷击情况进行专项防雷风险分析评估；

337

b. 采用共用接地网，等电位连接；

c. 电源系统分级设置 SPD；

d. 现场控制室与中央控制室通信线连接采用冗余光纤；

e. 电缆桥架的多点接地；

f. 信号线缆和仪表，应考虑远离建筑物防雷引下线，严禁并行；

g. 隔离安全栅本身具有一定抗雷电流的功能；

h. 选用 EMC 特性较好的控制系统，如达到 EMC 三级指标的 DCS；

i. 对于空旷区域相对高点的设备相关的信号要重点关注，必要时于 DCS 侧设置 SPD。

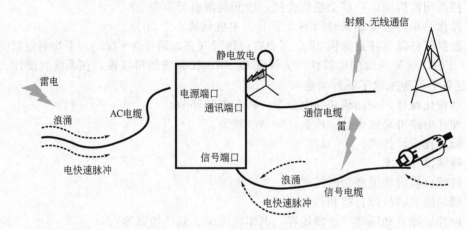

图 13-4 系统干扰路径图

从 ECS-100X 系统设计考虑，雷电对系统的影响形态是强浪涌、瞬间强电磁场形式干扰系统，ECS-100X 系统的防雷手段如下：

a. 系统内部等电位（0.1Ω），降低雷电造成各个设备的电势差；

b. 提供瞬态吸能路径——TVS 管等瞬态抑制器；

c. 远程控制站或远程 I/O 站之间采用光纤通信；

d. I/O 设计达到 EMC 三级指标，浪涌 2000V，抵抗能力强；

e. 卡件——电气隔离；

f. 故障局部原则——仅仅损坏通道或者卡件。

⑫ 供电

a. 系统 AC 供电输入和直流电源均为双冗余配置。

b. 只要有一路 AC 输入正常、一个直流电源正常，控制系统均能正常工作。

c. 操作站供电实现冗余。

d. 正常操作时每个电源的负载不超过其能力的 70%。

e. 对低电压和瞬间过电压的系统响应。

f. 系统设备供电电压为 200～250V AC，50Hz±5%。

g. 建议一路市电、一路 UPS 供电。

（3）ECS-100X 系统大规模的应用设计 ECS-100X 大型应用系统如图 13-5 所示，除了基本的控制单元配置外，系统整体的组网架构和数据库配置相当重要，系统网络采用"分离控制网，统一信息网"的多控制域方式构建，保证大规模系统的高可靠性、数据的安全性、易用性、系统维护方便性等要求。

① 基本原则：数据分类、控制分域、服务分域，实现单元与整体的高可靠性和易用性。

② 分布式服务器：基于控制单元的分布式数据服务和管理。

338

③ 实时数据库技术：高实时性、大容量管理过程信息。

④ 存取和并发访问采用基于数据形态的高效无损压缩专利技术。

⑤ 冗余网络：基于组播的高效信息传输与基于消息的事件报告机理相结合，提高信息传输和带宽使用的效率。

⑥ 开放性技术：OPC、IT 技术的信息传输和共享技术。

⑦ 三层交换技术：实现系统信息的安全性和灵活性。

⑧ 大规模信息处理和传输的优化技术。

⑨ 数据服务故障隔离技术：局部故障不能影响系统整体的功能。

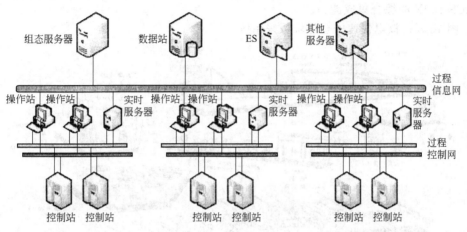

图 13-5　大型应用系统

（4）产品制造、安装、验收主要标准

① GB 8566—1988 计算机软件开发规范。

② GB 8567—1988 计算机软件产品开发文件编制指南。

13.2.6　ECS-100X 系统应用

① 图 13-6 是某电厂 410t 煤粉炉＋110MW 汽轮机项目拓扑图。

本项目实现 1、2、4 机/炉的控制，包括 DEH 系统、ETS 安全系统。共有 7 个 DCS 控

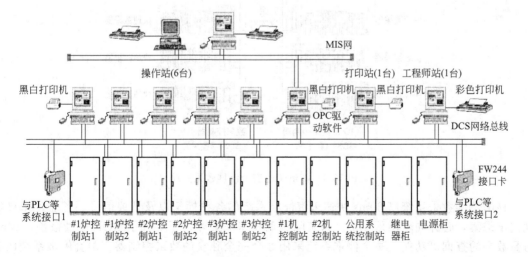

图 13-6　系统拓扑图

339

制机柜，命名为 GL01、GL02、QJ03、QJ04、BH05、R-GL、R-QJ，其中 GL01 为锅炉燃烧控制柜，GL02 为锅炉汽水控制柜，QJ03 为汽轮机 1# 控制柜，QJ04 为汽轮机 2# 控制柜，BH05 为保护控制柜；另厂方需配置继电器柜 4 个，分别命名为 REL01、REL02、REL03、DY04，其中 REL01 为直流继电器柜，REL02、REL03 为固态继电器柜，DY04 为电源分配柜。本项目共有 6 个操作站，其中 2 台锅炉操作站，2 台汽轮机操作站，1 台历史数据操作站，1 台工程师操作站。

② 图 13-7 是日产 200t 竹浆造纸项目。

全系统约一万多点的 I/O 信息量，10 个工段的控制站、操作站联网方案成功实施，证明了 ECS-100X 的综合集成能力。

③ 图 13-8 是核电快速安全停堆数采系统。

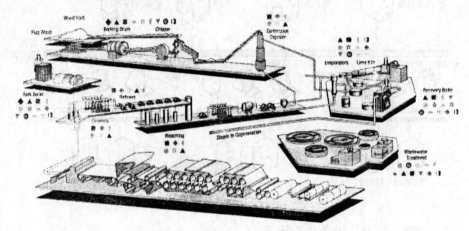

图 13-7　日产 200t 竹浆造纸项目

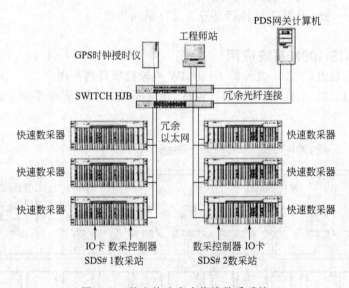

图 13-8　核电快速安全停堆数采系统

核电停堆数采系统以 20ms 快速采集停堆系统的各种模拟以及开关信号，各通道采样实现同步采集，时钟同步误差 1ms。系统除实现高速采集外，还实现了 ROP 裕量报警，20ms 海量数据的查询等功能。每个停堆系统采用 3 个完全独立的数采控制器（两套停堆系统的数采系统共有 6 个数采控制站），实现三冗余结构。

13.3 国外集散控制系统产品

13.3.1 CS3000 集散控制系统（日本横河）

13.3.1.1 构成与特点

（1）构成 CS3000 集散控制系统的构成如图 13-9 所示，它由以下几个基本部分组成。

① 人机界面站 HIS 人机界面站 HIS 是对生产过程进行监视和操作，它配有系统生成、系统维护和测试功能的软件。配备了以太网插件（standard IEEE802.3），可以和上位机进行通信。通过以太网可实现不同操作站之间的数据共享以及打印设备的共享，可以操作监视10 万个工位号。它提供了标准的 OPC、DDE、SQL 软件接口，便于和上位管理机进行通信。它本身装备的 Windows NT 操作系统，可以使用 VC++，VB 等语言进行编程。

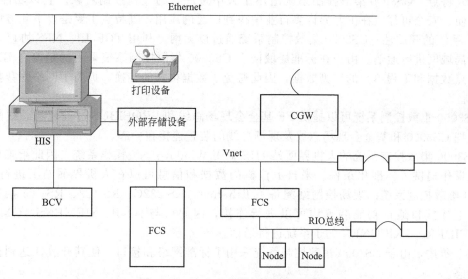

图 13-9　CS3000 集散控制系统的构成

② 现场控制站 FCS 现场控制站 FCS 对生产过程进行控制，它具有反馈、顺序、运算、编程控制的功能。由于 I/O 插件本身带有微处理器，因此在 I/O 级就可以实现输入/输出处理，热电偶冷端温度补偿，信号变换，数字滤波，正确性判断，工程单位换算，输入/输出开路检查，A/D、D/A 转换等功能。并且具有电流/电压由软件设定选择的功能。

现场控制站 FCS 提供的通信接口可以和可编程控制器 PLC 进行连接，也可以利用现场总线通信插件挂接 FF 基金会现场总线仪表和 PROFIBUS 过程现场总线仪表。

③ 网络 CS3000 集散控制系统具有三种不同的网络：控制网 Vnet，以太网 Ethernet，RIO 总线。控制网 Vnet 是用于现场控制站和人工界面站及其他站之间的连接，是一种实时的控制网络，可以进行数据高速传输，采用 IEEE802.4 令牌总线方式。由于采用倍频技术，传输速率可达 10Mbps。以太网 Ethernet 是用于人工界面站和工程师站以及上位机的连接，可以共享以太网 Ethernet 数据。RIO 总线是用于现场控制站中的现场控制单元 FCU 和远程 I/O 节点之间的连接。三种网络的性能比较如表 13-1 所示。

④ 总线转换器 BCV 总线转换器是把 CS3000 集散控制系统与横河公司的其他集散控制系统，如 CENTUM-CS 或 μXL 等集散控制系统连接在一起，实现集中操作和监视。

表 13-1 三种网络的性能比较

类型	传输介质	网络结构	是否冗余	传输距离	通信速度
以太网 Ethernet	同轴电缆	总线型		185m 每段	10Mbps
控制网 Vnet	同轴电缆 光缆	总线型 多点连接	是	500m 最大 20km	10Mbps
RIO 总线	双绞线 光缆	总线型	是	750m 最大 20km	2Mbps

⑤ 通信门单元 CGW 通信门单元是把 CS3000 集散控制系统与管理计算机或个人计算机连接在一起，以便获取或设置现场控制站的数据。由于人工界面站采用 Windows NT 操作系统，不需要通信门单元，直接利用动态数据接口 DDE 或过程数据接口 OPC 也可以进行通信。

CS3000 集散控制系统一个区域配置的 HIS、FCS、BCV、CGW 总数不能超过 64 台，若超过此数，必须利用总线转换器进行扩展。

(2) 特点 CS3000 集散控制系统适用于大中型规模的过程控制对象。它以功能丰富、操作简便、安全可靠，在工业界许多行业中得到广泛的应用，其特点主要是以下几方面。

① 系统的开放性 CS3000 集散控制系统通过以太网，利用 TCP/IP、NFS 协议，可以和标准局域网进行通信。由于在标准局域网上 CS3000 集散控制系统采用的是符合 IEEE 标准的浮点数据和工程单元的实型数据，因此避免了数据格式的转换，提高了网络间数据的传输速度。

CS3000 集散控制系统可以提供 FF 基金会现场总线和 PROFIBUS 过程现场总线的标准接口，把 CS3000 和基金会现场总线及现场总线的装置连接在一起。

CS3000 集散控制系统的人机界面站 HIS 采用 Windows NT 操作系统，因此给工程环境和人工操作提供了标准化条件。来自上位机的数据和信息可以在人机界面站上进行显示。CS3000 集散控制系统的现场控制站配备了 Ethernet、RS-232C、RS-422、RS-485 接口，凡是具有上述接口通信功能装置均可以进行连接，因此可与 A&B、SIEMENS、OMRON、SCHNEIDER、TRICONEX 的子系统进行通信。

综上所述，由于 CS3000 集散控制系统采用了标准网络和接口，使其开放性达到比较完善的状态。

② 系统的可靠性 CS3000 集散控制系统的现场控制站采用 32 位精简指令集（RISC）微处理器、真正的 1∶1 冗余技术来构成系统，四个 CPU 采用冗余及容错技术可实现控制不间断，无扰动切换，使得系统的可靠性得到充分的保证。

CS3000 集散控制系统所有的 I/O 点和回路都有单独的隔离措施。

CS3000 集散控制系统的控制网 Vnet、RIO 总线均采用双重化措施。现场控制单元、节点接口单元也具有冗余功能，供电系统亦可采用双电源系统。

这些措施使 CS3000 集散控制系统的可靠性达到相当高的程度。

③ 系统的可扩性 CS3000 集散控制系统采用浮动资源分配技术，提高了系统的利用率。根据系统的实际配置可分成不同的控制域。每个控制域最多可以连接 64 个站，可同时连接几个控制域，使系统的最大配置达到 256 个站。

④ 系统的综合性 CS3000 集散控制系统以工厂运行自动化为目标，实现了仪表、电气、计算机综合、过程自动化和工厂自动化综合、仪表室的统一、区域的统一、CIM 的构成等。

⑤ 系统的方便性 CS3000 集散控制系统的所有插件都可以带电拔插，不会引起插件故障，也不会影响其他插件的正常工作，插件的编址不受插槽的影响。由于配备了强大的自诊断功能，可以对硬件的情况进行判断，如有的故障可在帮助信息窗口进行显示，以便指导维

护人员进行更换。CS3000 集散控制系统提供了仿真软件和无线调试软件，在设有现场控制站的情况下，可以建立虚拟的现场控制站，直接进行操作、监视、控制等功能的测试。

⑥ 功能的丰富性　CS3000 集散控制系统可以提供反馈控制功能、顺序控制功能、算术运算功能和编程功能等，其中的顺序控制功能的特点采用了四种实施方式，即顺序表、逻辑图、顺序功能图、SEBOL 语言，以满足不同的需求。反馈控制功能仍旧采用功能模块组合实施，其特点是新引进了自整定 PID 调节模块，以及流量和重量测量的批量设定模块，为完善控制功能创造了条件。

13.3.1.2　功能与选用

（1）功能

① 现场控制站的功能　现场控制站的标准功能包括反馈控制功能、顺序控制功能、计算功能、仪表面板功能和单元监视管理功能。可选功能包括子系统通信功能、中断站点模块功能和批量处理功能。

a. 反馈控制功能。根据偏差的大小进行控制的功能称为反馈控制功能，它是由功能模块实现的，其功能模块有九大类 30 个品种，如表 13-2 所示。

表 13-2　完成反馈控制功能的功能模块一览表

种　　类	型　　号	功　　能
输入指示模块	PVI	输入指示模块
	PVI-DV	带偏差报警的输入指示模块
调节模块	PID	PID 调节模块
	PI-HLD	采样 PI 调节模块
	PID-BSW	带批量开关的 PID 模块
	ONOFF	两位置 ON/OFF 调节模块
	ONOFF-G	三位置 ON/OFF 调节模块
	PID-TP	时间比例 ON/OFF 调节模块
	PD-MR	带手动复位的 PD 调节模块
	PI-BLEND	混合 PI 调节模块
	PID-STC	自整定 PID 调节模块
手动操作模块	MLD	手动操作模块
	MLD-PVI	带输入指示的手动操作模块
	MLD-SW	带输出开关的手动操作模块
	MC-2	两位置马达控制模块
	MC-3	三位置马达控制模块
信号设定模块	RATIO	比率设定模块
	PG-LI3	13 段程序设定模块
	BSETU-2	流量测量的批量设定模块
	BSETU-3	重量测量的批量设定模块
信号限幅模块	VELLIM	变化速率限幅模块
信号选择模块	SS-H/M/L	信号选择模块
	AS-H/M/L	自动选择模块
	SS-DUAL	双信号选择模块

种　　类	型　　号	功　　能
信号分配模块	FOUT	串级控制信号发送模块
	FFSUM	前馈控制信号模块
	XCPL	不相互作用的控制输出模块
	SPLIT	分离控制信号发送模块
脉冲计数模块	PTC	脉冲计数输入模块
报警模块	ALM-R	报警模块

b. 顺序控制功能。根据预先设定的步骤逐步进行各个阶段信息处理的功能称为顺序控制功能，它是由功能模块实现的，其功能模块有六大类 24 个品种，如表 13-3 所示。

表 13-3　完成顺序控制功能的功能模块一览表

种　　类	型　　号	功　　能
顺序控制表模块	ST16	顺序控制表模块(基本部分)
	ST16E	顺序控制表扩展模块
逻辑图模块	LC64	逻辑图模块
顺序功能图模块	_SFCSW	三位置开关型功能图模块
	_SFCPB	按钮型功能图模块
	_SFCAS	模拟型功能图模块
开关仪表模块	SI-1	1 点输入开关仪表模块
	SI-2	2 点输入开关仪表模块
	SO-1	1 点输出开关仪表模块
	SO-2	2 点输出开关仪表模块
	SIO-11	1 点输入/1 点输出开关仪表模块
	SIO-12	1 点输入/2 点输出开关仪表模块
	SIO-21	2 点输入/1 点输出开关仪表模块
	SIO-22	2 点输入/2 点输出开关仪表模块
	SIO-12P	1 点输入/2 点输出脉冲仪表模块
	SIO-22P	2 点输入/2 点输出脉冲仪表模块
辅助顺序模块	TM	计时器模块
	CTS	软件计数器模块
	CTP	脉冲输入计数器模块
	CI	代码输入模块
	CO	代码输出模块
	RL	关系表达式模块
	RS	资源调度模块
阀监视器	VLVM	16 点阀门监视模块

c. 计算功能。完成各种各样运算的功能称为计算功能。它是由功能模块实现的，其功能模块有四大类 33 个品种，如表 13-4 所示。

表 13-4 完成计算功能的功能模块一览表

种　　类	型　　号	功　　能
一般运算模块	CALCU	一般运算模块
	CALCU-C	带字符串输入/输出的一般运算模块
数字运算模块	ADD	加法模块
	MUL	乘法模块
	DIV	除法模块
	AVE	平均值模块
模拟运算模块	SQRT	开方模块
	EXP	指数模块
	LAG	对数模块
	INTEG	积分模块
	LD	微分模块
	RAMP	阶跃模块
	LDLAG	超前/滞后模块
	DLAY	纯滞后模块
	DLAY-C	纯滞后补偿模块
	AVE-M	移动平均模块
	AVE-C	累积平均模块
	FUNC-VAR	变量线段功能模块
	TPCPL	温度/压力补偿模块
	ASTM1	ASTM 补偿模块(旧的 JIS)
	ASTM2	ASM 补偿模块(新的 JIS)
辅助运算模块	SW-33	三极三位置选择开关模块
	SW-91	一极九位置选择开关模块
	DSW-16	16 点数据常数选择模块
	DSW-16C	16 点字符串常数选择模块
	DSET	数据设定模块
	DSET-PVI	带输入指示的数据设定模块
	BDSET-1L	带阀限位的单批量设定模块
	BDSET-1C	字符串单批量设定模块
	BDSET-2L	带阀限位的双批量设定模块
	BDSET-2C	字符串双批量设定模块
	BDA-L	带阀限位的批量数据确认模块
	BDA-C	字符串批量数据确认模块

　　d. 仪表面板功能。完成人机界面的功能称为仪表面板功能。它是由功能模块实现的，其功能模块有三大类 7 个品种，如表 13-5 所示。

表 13-5　完成计算功能的功能模块一览表

种　类	型　号	功　能
模拟面板模块	INDST2	2 点指示站模块
	INDST2S	2 点指示操作站模块
	INDST3	3 点指示操作站模块
顺序面板模块	BSI	批量状态指示模块
	PBS5C	增强型 5 按钮开关模块
	PBS10C	增强型 10 按钮开关模块
混合面板模块	HAS3C	扩展操作站模块

e. 单元管理功能。通过一个单元仪表去操作整个单元的过程设备和控制装置的功能称为单元管理功能。它是由功能模块实现的，其功能模块有三大类 8 个品种，如表 13-6 所示。

表 13-6　完成单元监视管理功能的功能模块一览表

种　类	型　号	功　能
单元仪表	_UTSW	3 位置开关单元仪表
	_UTPB	按钮开关单元仪表
	_UTAS	3 指示，5 按钮相关型单元仪表
非存在单元仪表	_UTSW-N	3 位置开关非存在单元仪表
	_UTPB-N	按钮开关非存在单元仪表
	_UTAS-N	3 指示，5 按钮相关型非存在单元仪表
操作	OPSBL	SEBOL 操作
	OPSFC	SFC 操作

② 人机界面站的功能　人机界面站的功能包括通用功能、标准的操作和监视功能、系统维护功能、控制状态显示功能、操作和监视的支持功能、趋势功能和数据开放接口功能。下面侧重介绍部分功能。

a. 通用功能。

ⅰ. 操作屏幕方式。操作屏幕分为全屏幕方式和多窗口方式。全屏幕方式如图 13-10 所

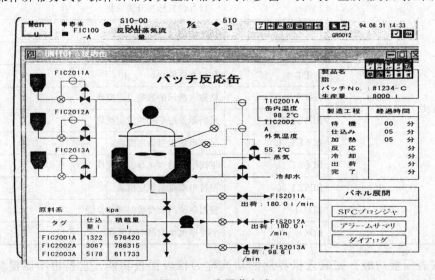

图 13-10　全屏幕方式

示，它由系统信息窗口、主窗口和辅助窗口构成。

多窗口方式如图 13-11 所示，它由系统信息窗口和其他窗口构成。

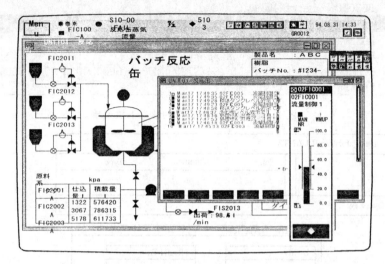

图 13-11　多窗口方式

ⅱ．窗口大小。无论是全屏幕方式还是多窗口方式，窗口的大小均限定三种尺寸之内，如表 13-7 所示。在打开窗口之前可对窗口的大小进行设置，但有些窗口的大小是固定的，比如仪表面板窗口，而历史报告窗口的大小只有大和中两种。

表 13-7　全屏幕和多窗口方式下的窗口显示尺寸

方　　式	显示尺寸		
	大	中	小
全屏幕方式	100%	50%	固定大小
多窗口方式	100%	50%	固定大小

ⅲ．系统信息窗口。系统信息窗口如图 13-12 所示。它由工具条显示区、信息显示区、图像显示区和时间显示区构成。

图 13-12　系统信息窗口

工具条显示区的功能是调出各种窗口，完成多种操作。信息显示区的功能是显示最新未确认的信息，可以是过程报警信息、公告信息和系统报警信息，如图 13-13 所示。在下拉菜单中最多可显示 5 条信息，点击已显示的报警信息可以调出过程报警窗口、系统报警窗口、调整窗口和仪表面板窗口等。图像显示区的功能是显示当前站或系统的状态，一旦事件恢复正常，显示图标自动消隐。时间显示区的功能是显示系统的年、月、日、时、分。

ⅳ．分级窗口。操作监视窗口是按窗口分级结构排列。利用分级窗口，自上而下的方法很容易调出各个窗口，使得低级窗口定义的功能模块报警状态可以联成一体，利用高一级的窗口进行监视。如图 13-14 所示。它分成 3 级，从综观到细目全部窗口均可以看到，

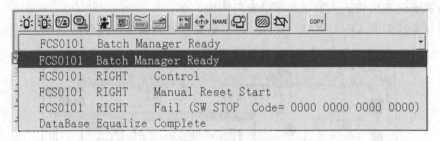

图 13-13　系统信息窗口的信息下拉菜单

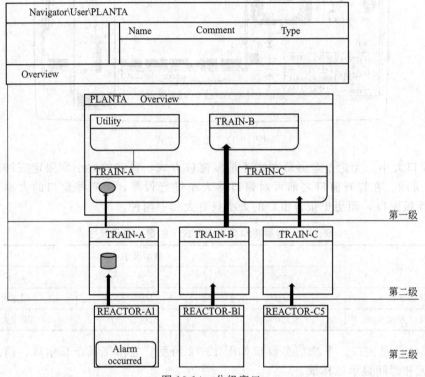

图 13-14　分级窗口

ⅴ. 导航窗口。导航窗口如图 13-15 所示。它由工具条、分级窗口显示区和状态条组成。利用工具条上的按钮可对分级窗口进行打开、修改尺寸等操作。

ⅵ. 画面组。画面组如图 13-16 所示。通过按动按钮在不同的人机界面站上显示一组窗口，通常的操作可以显示一组相关画面，例如流程图、趋势、仪表面板等。系统中经常使用的画面组可以在系统生成时登记，每个画面组最多包括 5 个窗口，最多可定义 200 个不同的画面组。

ⅶ. 动态窗口。动态窗口的概念是动态地保存当前显示的窗口组，等下次操作时再恢复保存的窗口组。动态窗口的操作过程如图 13-17 所示，为保存当前一组窗口，先从所显示的窗口中选择典型窗口，再用鼠标点击系统信息窗口中工具条的动态窗口设置功能按钮，将这组窗口作为一组加以保存。若要显示该组窗口，只需调出典型窗口，这组窗口就会同时显示。若需要取消动态窗口设置功能，只要激活典型窗口，然后点击系统信息窗口中的工具条的动态窗口设置功能按钮旁的图标按钮即可。一个 HIS 最多可设 30 组窗口保存。

b. 标准的操作监视功能。

ⅰ. 流程图窗口。流程图窗口的属性分成四种类型，分别是具有流程图属性的流程图窗口、具有控制属性的流程图窗口、具有综观属性的流程图窗口和具有多功能属性的流程图窗口，如图 13-18 所示。

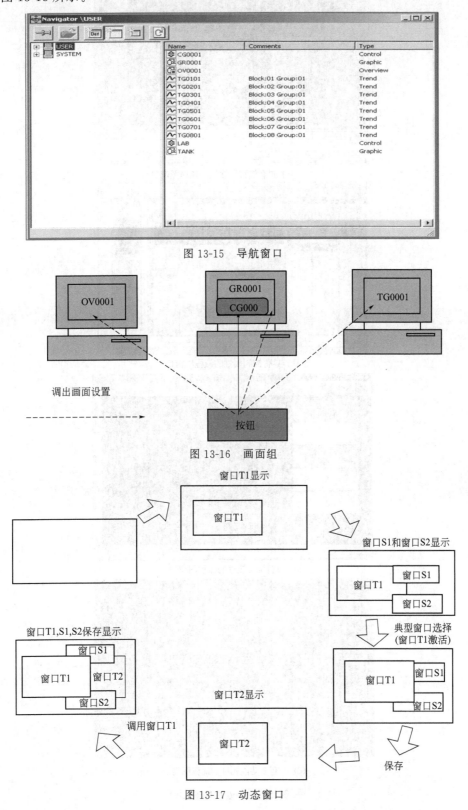

图 13-15　导航窗口

图 13-16　画面组

图 13-17　动态窗口

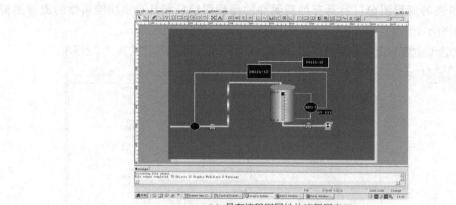

(a) 具有流程图属性的流程图窗口

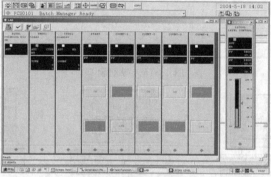

(b) 具有控制属性的流程图窗口

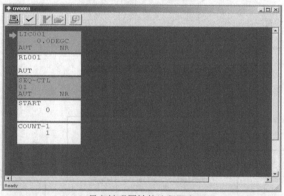

(c) 具有综观属性的流程图窗口

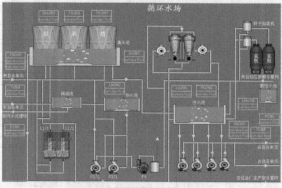

(d) 具有多功能属性的流程图窗口

图 13-18　流程图窗口

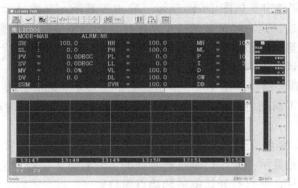

图 13-19　调整窗口

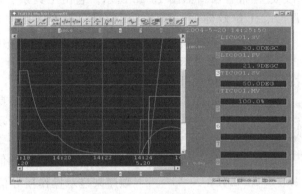

图 13-20　趋势窗口

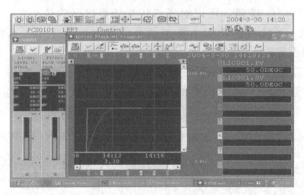

图 13-21　趋势点窗口

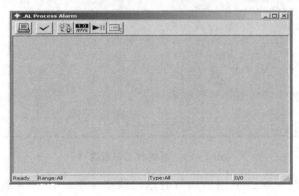

图 13-22　过程报警窗口

351

ⅱ．调整窗口。调整窗口如图 13-19 所示。它由工具条、参数显示区、调整趋势显示区和仪表面板显示区组成。其功能是显示一个功能模块的调整参数、调整趋势曲线以及仪表面板图。由于调整窗口显示的是单个功能模块的详细内容，因此选中一个功能模块，点击图标 [→ | ←]，即可调出调整窗口。

ⅲ．趋势窗口。趋势窗口如图 13-20 所示。它由工具条、趋势图显示区和趋势数据显示区组成。其功能是用不同颜色的曲线显示 8 个工位号过程参数的实时趋势。按 [⤳] 按钮，即可调出趋势窗口。

ⅳ．趋势点窗口。趋势点窗口如图 13-21 所示。它由工具条、趋势图显示区和趋势数据显示区组成。其功能是显示一个工位号过程参数的实时趋势。在趋势窗口上选中某一工位号（即一支笔），双击鼠标，即可打开该笔的趋势点窗口。

ⅴ．过程报警窗口。过程报警窗口如图 13-22 所示。它由工具条、信息显示区和状态条组成，其功能是按照序号、工位号标记、时间、工位号、报警信息、工位号说明、报警状态、当前的过程变量、工程单位、当前报警状态这个顺序来显示过程报警。按 [🔲] 按钮，可以调出过程报警窗口。该窗口最多显示 200 个报警信息，超过 200 个，则自动删除最早出现的信息，按 [√] 按钮，对报警信息进行确认。

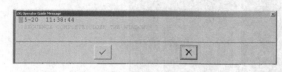

图 13-23　操作指导信息窗口

ⅵ．操作指导信息窗口。操作指导信息窗口如图 13-23 所示。它由工具条、信息显示区组成。其功能是按照序号、工位号标记、时间、指导信息或对话信息这个顺序来显示操作指导信息。按 [📷] 按钮可以调出操作指导信息窗口。该窗口最多显示 40 个操作指导信息，超过 40 个，则自动删除最早出现的信息。按 [√] 按钮，可以对操作指导信息进行确认。

c．系统维护功能。系统维护功能主要包括系统状态综观显示、系统报警、FCS 状态显示、HIS 设置和时间设置对话功能。

ⅰ．系统状态综观窗口。系统状态综观窗口如图 13-24 所示。它由工具条和状态显示区组成。其功能是显示连接在 V 网上所有的 FCS 和 HIS 的状态，总共包括 24 个站和 V 网的状态。

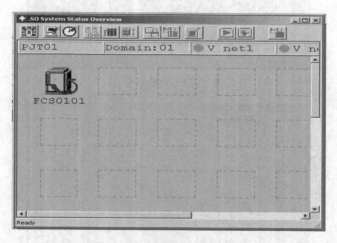

图 13-24　系统状态综观窗口

状态显示区显示同一域上 V 网总线所有站的状态全貌，表 13-8 表 13-9 分别是 FCS 和 HIS 状态显示表。

表 13-8　FCS 状态显示表

显示	FCS 状态	显示	FCS 状态
无标记	通信正常	R-FAIL(红色)	双冗余 CPU 的右边 CPU 故障
红叉标记×	通信出现错误	L-FAIL(红色)	双冗余 CPU 的左边 CPU 故障
READY(绿色)	通信正常	TEST(深蓝色)	系统在测试状态
FAIL(红色)	通信出现错误		

表 13-9　HIS 状态显示表

显示	HIS 状态	显示	HIS 状态
无标记	通信正常	READY(绿色)	通信正常
红叉标记×	通信出现错误	FAIL(红色)	通信出现错误

系统状态综观窗口可以通过资源管理器窗口、工具条窗口上的"系统状态综观窗口"按钮、操作键盘上的"系统状态综观窗口"按钮、系统报警窗口的"系统状态综观窗口"按钮调出。

ⅱ．系统报警窗口。系统报警窗口如图 13-25 所示。它由工具条、信息显示区和状态条组成。其功能是按照序号、标记、时间、站号、报警状态、注释这一顺序显示系统报警信息，告知系统硬件或通信故障的情况。在系统状态综观窗口上可以调出系统报警窗口。

通过系统报警窗口工具条上的［√］和［×］按钮，可对系统报警信息进行确认或对确认的信息进行删除。

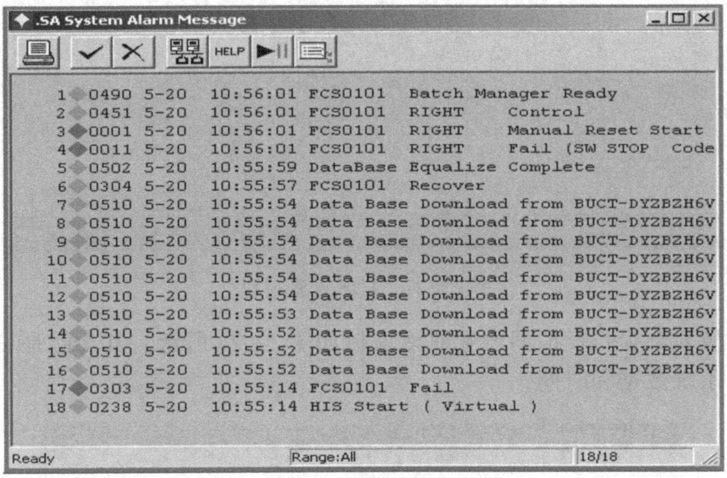

图 13-25　系统报警窗口

ⅲ．FCS 状态显示窗口。FCS 状态显示窗口如图 13-26 所示。它由工具条和状态显示区组成。工具条和系统状态综观窗口的工具条完全相同，不再赘述。状态显示区显示的内容包括站信息、CPU 状态、电源供给状态、V 网状态、IOM 状态和启动条件等。

ⅳ．HIS 设置窗口。HIS 设置窗口如图 13-27 所示。其功能是对人机界面站的 12 种设置类型进行变更，这 12 种设置类型分别是站、打印机、蜂鸣器、显示、窗口切换、控制总线、报警、预置菜单、平衡、功能键、操作标记和多媒体等。图中所示的内容为站信息记录条窗口，它显示了项目、站名、类型、地址、注释、操作系统、版本、接口等一系列信息。用户根据自行需求进行相关信息的设置。

353

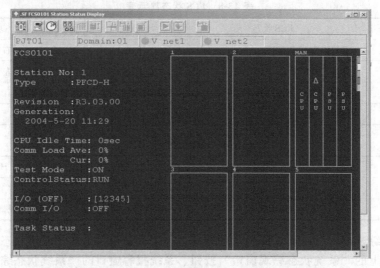

图 13-26　FCS 状态显示窗口

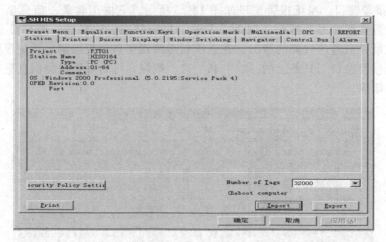

图 13-27　HIS 设置窗口

ⅴ．时间设置对话窗口。时间设置对话窗口如图 13-28 所示。其功能是设置连接在 V 网上的 CS3000 的系统数据和时间。

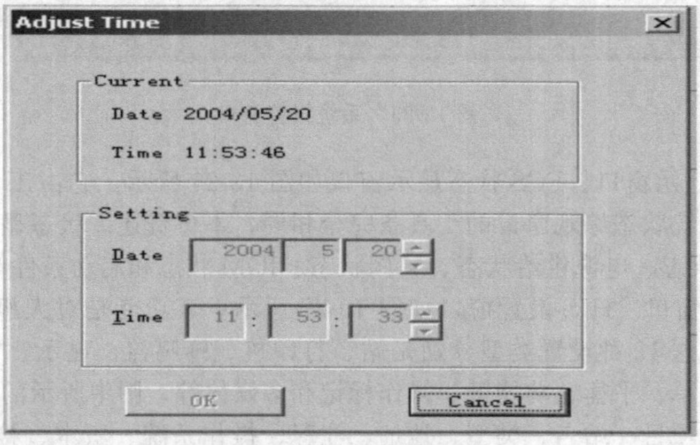

图 13-28　时间设置对话窗口

d. 控制状态显示功能。控制状态显示功能包括控制图、顺序表、逻辑图表、顺序功能图模块的显示。

ⅰ. 控制图窗口。控制图窗口如图 13-29 所示。其功能是显示构成回路的各个功能模块，功能模块的运行方式，功能模块的状态和实时数据，各个功能模块之间的连接形式，I/O 端子和 I/O 插件的关系等。

ⅱ. 顺序表窗口。顺序表窗口如图 13-30 所示。其功能是详细显示顺序表功能模块的条件信号和操作信号、条件规则和操作规则等内容。

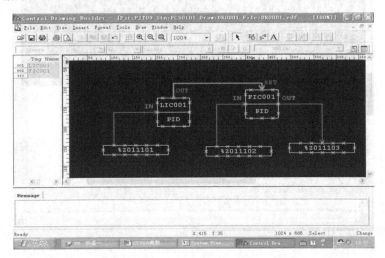

图 13-29　控制图窗口

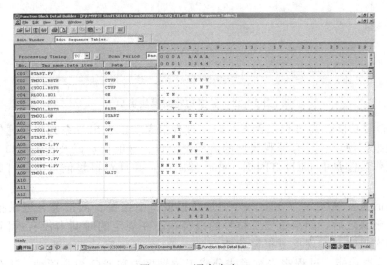

图 13-30　顺序表窗口

ⅲ. 逻辑图表窗口。逻辑图表窗口如图 13-31 所示。其功能是显示逻辑图表程序和目前的程序状态，还可以进入逻辑图表细目窗口，对目前正在执行逻辑图表程序进行详细显示。

ⅳ. 顺序功能图模块窗口。顺序功能图模块窗口如图 13-32 所示。其功能是显示 SFC 的执行状态，还可以调出显示顺序控制每一步的细目窗口，或者暂停顺序控制跳转到其他步序。

e. 操作显示支持功能。操作显示支持功能包括过程报警功能、过程报告功能、历史信息报告功能、安全功能、报表功能和循环功能。

355

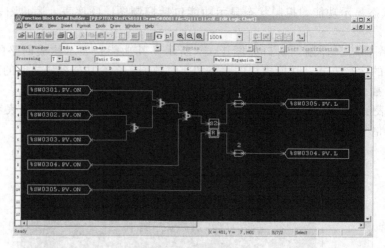

图 13-31　逻辑图表窗口

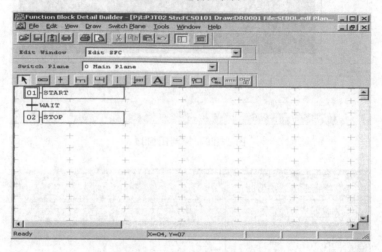

图 13-32　顺序功能图模块窗口

ⅰ. 过程报警功能。当过程报警发生时，过程报警功能发出一系列报警通知，在系统信息窗口、过程报警窗口、具有综观属性的流程图窗口、导航窗口以及相关窗口上发出过程报警信息，使操作员键盘上 LED 灯闪烁，蜂鸣器鸣叫，并且对报警信息进行打印输出、文件存储。

过程报警的重要等级分为 5 级，分别是高报警、中报警、低报警、记录报警和参考报警。在报警被确认之后，如果重要工位号的报警状态在规定的时间内没有返回到正常状态，蜂鸣器可以再次鸣叫，实现反复报警功能。

ⅱ. 过程报告功能。过程报告按形式分成工位号报告和 I/O 报告两种。工位号报告显示每个功能模块的工位号、工位号说明、报警状态、过程数据、运行方式、操作状态、系统工位号名称等，图 13-33 所示为过程报告窗口（工位号）。

I/O 报告显示的是每个工位号输入输出状态的详细内容，图 13-34 所示为过程报告窗口（I/O）。

ⅲ. 历史信息报告功能。历史信息报告显示 FCS 过去所产生的过程报警信息和系统报警信息以及操作日志，可以打印这些历史信息，历史信息报告窗口如图 13-35 所示。

ⅳ. 安全功能。该功能的目的是通过对操作人员权限的识别和操作监视范围的限制来预防操作失误，以保证系统的安全。

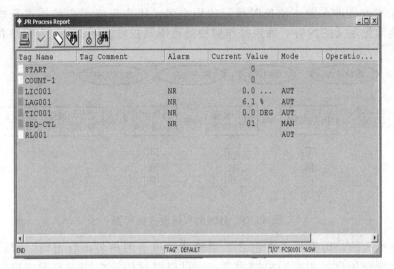

图 13-33　过程报告窗口（工位号）

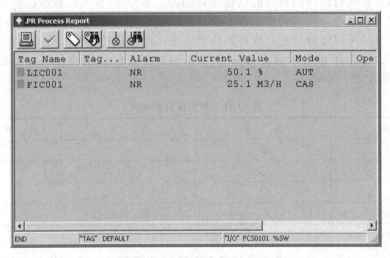

图 13-34　过程报告窗口（I/O）

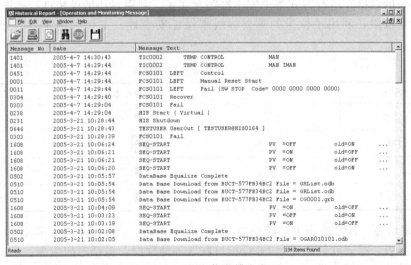

图 13-35　历史信息报告窗口

357

HIS 对操作人员进入操作监视时登记的用户名、用户组或用户准许进行核对，再根据系统生成功能预先定义的内容，确定操作监视的范围及权限。图 13-36 为 HIS 的权限检查流程图。

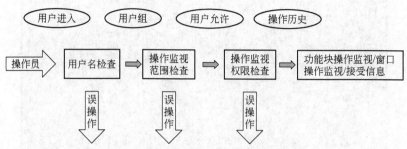

图 13-36　HIS 的权限检查流程图

用户名是唯一的，历史日志中包含了用户名，每个用户名都有密码。密码定义在每个 HIS 上，HIS 根据用户名和密码识别用户，也可以通过用户组和用户准许进一步设置安全权限。用户组定义执行操作监视功能的范围，例如，哪个 FCS 可以显示，哪个 FCS 可以操作，哪些窗口可以显示，哪些操作监视的项目可以限制等。用户准许被用于操作监视功能范围的限制，用户组可以细分成用户准许的几个等级，例如普通操作人员、高级操作人员、管理操作人员等。每个用户组缺省定义 3 个等级 S1、S2、S3。用户也可以自定义 7 个等级 U1～U7，如表 13-10 所示。

表 13-10　用户准许的标准

准许级别	监　视	操　作	维　护
S1	○	×	×
S2	○	○	×
S3	○	○	○
U1～U7	用户设定		

注：○表示允许，×表示不允许。

HIS 除了基于权限等级的安全措施以外，还对功能模块定义了操作标记和重要等级，确保功能模块的数据、运行方式等内容不被随意变更。利用对功能模块进行操作标记的安装和拆除来设定权限，利用工位号的重要等级来保证安全性。工位号的重要等级如表 13-11 所示。

表 13-11　工位号的重要等级

工位号等级	确　认	工位号标志	报警动作
重要工位号	需要	■	高级报警
普通工位号	不需要	■	中级报警
辅助工位号 1	不需要	■	低级报警
辅助工位号 2	不需要	■	记录报警

ⅴ. 报表功能。HIS 的报表功能是以 Excel 作为工具，产生日报表、周报表、月报表等多种模式的报表。报表软件包通过 OPC 接口获取各种数据，包括封闭数据、历史趋势数据、历史报警事件信息、工位号信息、过程数据和批量数据，如图 13-37 所示。

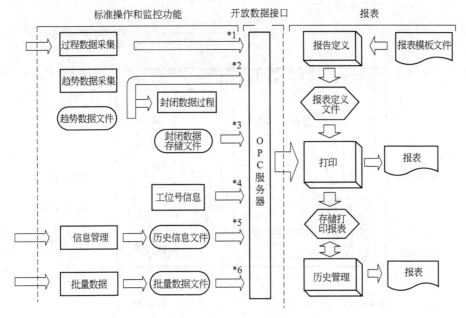

图 13-37　报表功能

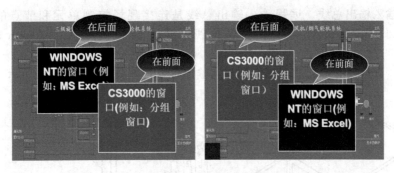

图 13-38　循环功能

ⅵ. 循环功能。循环功能如图 13-38 所示。操作监视窗口可以和 WindowNT 应用窗口（例如 MS Excel）进行切换，无论是在窗口方式下，还是全屏幕方式下均可以实现这一功能。

（2）选用

① 现场控制站选用　现场控制站分为标准型现场控制站 LFCS 和小型现场控制站 SFCS 两种。标准型现场控制站包括现场控制单元 FCS、远程输入输出总线 RIO 和节点 NODE，如图 13-39 所示。其供电电源为 220V AC/110V AC/24V DC，允许电压波动均为±10％；通信接口采用单一或冗余 V 网；主内存为 8MB，停电后主内存保存时间不小于 72h，采用 Ni-Cd 备用电池，充电时间不小于 48h。

a. 现场控制单元。现场控制单元由电源供给单元、远程输入输出总线接口插件、微处理器插件、V 网连接单元、电池单元、外部接口单元、电源分配板、电源输入输出端子、空气过滤器、风扇单元和远程输入输出总线连接单元构成，如图 13-40 所示。其中电源供给单元、微处理器插件、电池单元、风扇单元可以冗余配置。

图 13-39　标准型
现场控制站

359

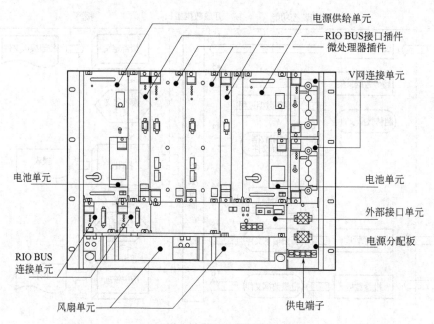

图 13-40　现场控制单元

b. 远程输入输出总线。远程输入输出总线是连接现场控制单元和节点的通信网络。两者的距离小于 750m 时，可采用双绞线；两者的距离不大于 20km 时，可采用光缆。

c. 节点。节点包括节点接口单元和输入输出单元两部分，如图 13-41 所示。

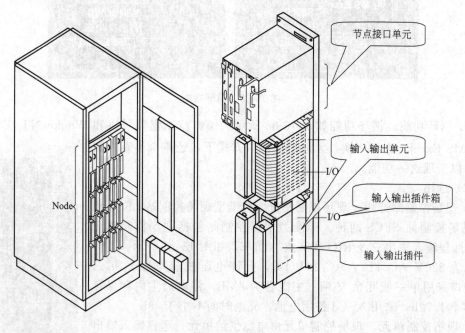

图 13-41　节点

ⅰ. 节点接口单元。节点接口单元由远程输入输出总线接口单元和电源供给单元组成，参见图 13-42。其中远程输入输出总线接口单元含有远程输入输出通信插件，电源供给单元含有电源插件。两者均可以冗余配置。

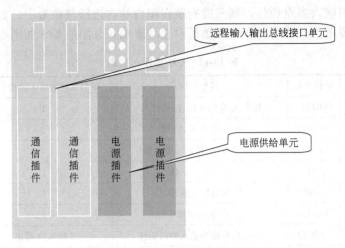

图 13-42　节点接口单元

ⅱ.输入输出单元。输入输出单元由输入输出插件箱（I/O 插件箱）和输入输出插件（I/O 插件）组成，参见图 13-41。

CS3000 集散控制系统使用的 I/O 插件如表 13-12 所示。I/O 插件安装的插件箱里设有导轨和联锁装置，防止损坏或引发故障。带电插拔既不会引起插件故障，也不会影响其他插件正常工作。插件的编址也不受插槽位置的限制。

d. 常用的 I/O 插件。

ⅰ. 电流/电压输入插件 AAM10（简约型）/AAM11。这些插件是单点输入插件，只接收 1 个 1～5V DC 或 4～20mA DC 信号。如果是非标准的电流/电压输入信号也可以接收，需要对信号进行转换处理。

ⅱ. 毫伏、热电偶和热电阻输入插件 AAM21。该插件是单点输入插件，只接收 1 个毫伏信号或热电偶信号或热电阻信号，然后对信号进行转换处理。假如选用 AAM21 作为热电偶输入，还需要配备一个热电偶冷端温度补偿插件。

ⅲ. 电流输出插件 AAM50 和电流/电压输出插件 AAM51。这些插件是单点输出插件，把数字信号转换成 4～20mA DC 电流或者是 0～10V DC 电压作为输出信号，控制执行器的动作。当 AAM50 或 AAM51 设置成双冗余的电流输出方式时，它们在插件箱 AMN11 中必须以奇数插槽开始，相邻安装，比如 1-2、3-4、…、15-16。注意混合安装在同一个插件箱内的 AAM50 和 AMM51 不能进行双冗余设置。

ⅳ. 多点输入输出插件 AMM12T/AMM22M/AMM22T/AMM32T/AMM42T/AMM52T。这些插件都是多点输入或输出插件。输入插件接收 16 个电压信号或毫伏信号或热电偶信号或热电阻信号或二线制变送器信号，然后对信号进行转换处理。输出插件把数字信号转换成 4～20mA DC 输出。

ⅴ. 接点输入插件 ADM11T（16 点，端子型）。该插件是 16 点输入插件，接收 16 个开关量输入信号。

ⅵ. 接点输出插件 ADM51T（16 点端子型）。该插件是 16 点输出插件，输出 16 个开关量信号经电缆和端子板送出。

e. I/O 插件箱安装限制。AMN11 是模拟量 I/O 插件箱，内部最多可安装 16 个模拟量 I/O 插件。AMN31 是端子型 I/O 插件箱，内部最多可安装 2 个多点插件或者是数字量 I/O 插件。这 2 个插件必须是同类的，即 2 个多点插件或 2 个数字量插件，不可混淆。在安装多点插件时，如果是一块二线制变送器输入多点插件，则只能安装在箱内的左边插槽位置上；

如果是一块热电阻输入多点插件，则只能安装在箱内的右边插槽位置上；如果是一块热电偶输入多点插件，要考虑其他插件产生的热量对它的影响，其限制要求如图 13-43 所示。

表 13-12　I/O 插件一览表

信号类型	插件名称	插件类型	每个插件的输入输出点数	信号连接方式
模拟输入输出插件	AAM10	电流/电压输入插件(简约型)	1	端子型
	AAM11	电流/电压输入插件	1	
	AAM21	毫伏、热电偶、热电阻输入插件	1	
	APM11	脉冲输入插件	1	
	AAM50	电流输出插件	1	
	AAM51	电流/电压输出插件	1	
	AMC80	多点模拟控制输入输出插件	8 输入/8 输出	接插型
继电器输入输出插件	ADM15R	继电器输入插件	16	端子型
	ADM55R	继电器输出插件	16	
多点插件	AMM12T	多点电压输入插件	16	
	AMM22M	多点毫伏电压插件	16	
	AMM22T	多点热电偶输入插件	16	
	AMM32T	多点热电阻输入插件	16	
	AMM42T	多点两线制变送器输入插件	16	
	AMM52T	多点电流输出插件	16	
数字输入输出插件	ADM11T	接点输入插件(16 点,端子型)	16	
	AMD12T	接点输入插件(32 点,端子型)	32	
	ADM51T	接点输出插件(16 点,端子型)	16	
	ADM52T	接点输出插件(32 点,端子型)	32	
	ADM11C	接点输入插件(16 点,连接器型)	16	接插型
	ADM12C	接点输入插件(32 点,连接器型)	32	
	ADM51C	接点输出插件(16 点,连接器型)	16	
	ADM52C	接点输出插件(32 点,连接器型)	32	
通信插件	ACM11	RS-232C 通信插件	1ch	
	ACM12	RS-422/RS-485 通信插件	1ch	端子型
通信插卡	ACM21	RS-232C 一般用途通信插卡	1ch	接插型
	ACM22	RS-422/RS-485 一般用途通信插卡	1ch	端子型

② 人机界面站的选用　人机界面站如图 13-44 所示。它采用通用 PC 机和 Windows NT 操作系统构成。其特点是利用了最新的 PC 技术，选用了开放式的操作环境，具有高速数据采集功能和一触式多窗口显示功能。

a. 硬件配置（通用 PC 机）。

CPU：奔腾Ⅲ，≥1GHz

主内存：≥128MHz

硬盘：≥40GB

软盘驱动器：3.5in

光盘驱动器：48 速 CD-ROM

键盘：106 键盘

总线插槽：PCI

并行接口：1 个

打印机接口：RS-232

监视器：21in，1024×1280CRT

鼠标

操作员键盘接口：9 针系列 RS-232

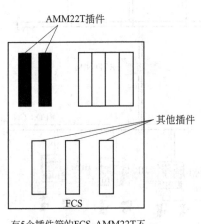

有5个插件箱的FCS，AMM22T不可以采用的形式

图 13-43　热电偶输入多点插件的安装限制示意图

图 13-44　人机界面站的构成

b. 软件配置。CS3000 集散控制系统采用 Windows NT 4.0 或更高版本作为操作系统，256 色，虚拟内存为 200MB。

采用的其他软件如表 13-13 所示。

表 13-13　其他软件一览表

类型	软件名称	版本	注释
操作监视软件包	LHS1100-S11/N0001		标准操作监视软件
	LHS1100-C11/N0001		标准操作监视软件
	LHS6530-S11		报表软件
	LHS2411-S11		OPC 接口软件
工程软件包	LHS5100-S11/N0001		标准组态软件
	LHS5150-S11		流程图组态软件
	LHS5495-S11		电子资料软件
	LHS5420-S11		调试软件
	LFS9053-S1S1		Modbus 通信软件
媒体软件包	LHSDM01-S11		ID 组件和软件媒体
	LHSKM02-C11		
	LHSKM03-C11		
升级软件	Microsoft Visual Basic	5.0	现场控制站用户 VB、VC 语言编程软件
	Microsoft Visual C++	5.0	

13.3.2　TPS 集散控制系统（美国霍尼威尔）

13.3.2.1　构成与特点

（1）构成　TPS 集散控制系统的构成如图 13-45 所示，它由以下几个基本部分组成。

363

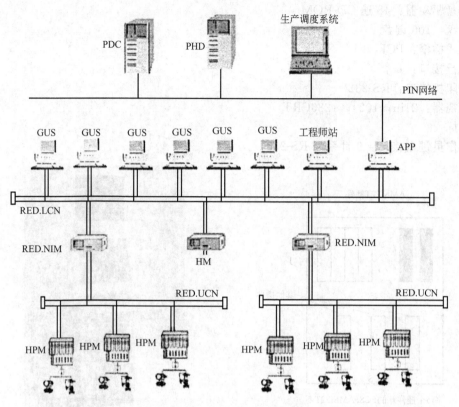

图 13-45　TPS 集散控制系统的构成

① 控制管理网络 TPN 及其节点

a. 控制管理网络 TPN。75Ω 冗余同轴电缆或光缆，每根同轴电缆的最大长度 300m，可挂 40 个节点；每根光缆的最大长度 2000m，通过光缆可扩展到 4.9km，可挂 64 个节点。冗余电缆 A/B 可以自动切换。配备 75Ω 终端电阻和 T 型头。总线型拓扑结构，传输速率为 5Mbps，二进制串行传输，媒介访问控制采用控制令牌（控制令牌按照所有节点共同理解和遵守的规则，从一个节点传到另一个节点，持有控制令牌的节点，可以发送数据帧，数据帧发送完后，把控制令牌传送到下一个节点）。检错方式为 32 位循环冗余校验和报文长度校验。

用于网络上各模块之间的信息传递。通过协议和高速通信保证信息的及时交换，通过冗余配置和信息检错功能保证通信的安全可靠。

b. 全局用户站 GUS。全局用户站 GUS 是 TPS 系统的人机接口，具有 NT 的多窗口操作环境，通过窗口实现对过程和系统的操作与监视、工程组态、与其他网络进行数据的采集与交换。

c. 网络接口模件 NIM。网络接口模件 NIM 是控制管理网络 TPN 和万能控制网络 UCN 之间的接口，实现两个网络之间通信技术和通信协议的转换。

d. 历史模件 HM。历史模件 HM 是文件服务器，具有数据的大量存储和快速访问的功能。

e. 应用模件 AM。用于实现复杂的控制策略，除了具有一组标准的算法之外，允许用户利用控制语言 CL 开发自己的控制算法和策略，通过 APM、HPM、LM、SM 来实现。

f. 增强型 PLC 接口模件 EPLCG。增强型 PLC 接口模件 EPLCG 是过程管理网络 TPN 和 PLC 通信的接口，具有实时数据访问的功能。

g. 网关 NG。网关 NG 是多个过程管理网络 TPN 的接口。

h. 计算机接口模件 CG/工厂网络接口模件 PLNM。计算机接口模件 CG/工厂网络接口模件 PLNM 是过程管理网络 TPN 和 DEC AXP/VAX 通信的接口，具有数据双向通信的功能。

② 万能控制网络 UCN 及其节点

a. 万能控制网络 UCN。75Ω 冗余同轴电缆或光缆，每根同轴电缆的最大长度 300m，可挂 40 个节点；每根光缆的最大长度 2000m，通过光缆可扩展到 4.9km，可挂 32 个节点。冗余电缆 A/B 自动切换。75Ω 终端电阻和 T 型头。总线型拓扑结构，传输速率为 5Mbps，采用二进制串行传输，令牌传递，32 位循环冗余校验和报文长度校验。

实现网络上各模件之间进行信息的传递。通过协议和高速通信保证信息的及时交换，通过冗余配置和信息检错功能保证通信的安全可靠。

b. 高性能过程管理器 HPM。高性能过程管理器 HPM 对过程数据进行采集和控制。存储容量大，数据运算快。

c. 高级过程管理器 APM/过程管理器 PM。高级过程管理器 APM/过程管理器 PM 对过程数据进行采集和控制。

d. 逻辑管理器 LM。逻辑管理器 LM 用于逻辑运算。

e. 安全管理器 SM。安全管理器 SM 具有工厂安全停车的功能，既可以独立操作，也可以接入 TPS 集散控制系统。

（2）特点

① 开放化系统　TPS 基于 Windows NT 操作系统，是一个开放化系统。

② 统一的平台　TPS 实施控制和管理一体化，将商业信息和工厂控制集成为一体。

③ 新技术集成　TPS 将 OLE 技术、ODBC 数据库技术、OPC 技术等各种新技术集成在自己的系统中。

④ 唯一的人机接口　TPS 唯一人机接口装置是全局用户站 GUS，它是基于 Windows 界面。

⑤ 安全的工业网络　TPS 使用的工厂控制网络 PCN、控制管理网络 TPN、万能控制网络 UCN 均为安全的工业网络。

13.3.2.2　功能与选用

（1）功能

① 历史模件 HM 的功能　历史模件 HM 由前盖、电源模件、风扇、硬盘模件、右硬盘托盘、左硬盘托盘、LCN I/O 卡件、SPC I/O 卡件、WDI I/O 卡件、扁平跨接电缆、K4LCN-4、SPC 5 槽卡件箱组成，如图 13-46 所示。其中硬盘模件总共有三种：WERN1、WERN2、WERN3。容量分别为 27.6M、66.2M、136.9M。第一、二种硬盘可选 1 个或 2 个，要求规格相同，可冗余也可不冗余。不冗余则容量可加大一倍。第三硬盘可选 4 个，可冗余也可不冗余。

历史模件配备了 HMI 初始化属性软件和 HMO 在线操作属性软件，可以实现大量数据的存储和快速访问功能。

a. 系统软件。系统软件用于支持系统的正常工作，系统软件分成两部分：初始化属性软件 HMI 和在线操作属性软件 HMO。两种属性的软件不能同时驻留在 HM 中，当系统运行初始化软件时，可以对 HM 进行初始化，也就是对硬盘进行格式化，并在 HM 中建立用户卷，一旦初始化后，原来硬盘中存放的数据将全部丢失。当系统运行在线操作属性软件时，可以对过程历史数据进行存储，万一 HM 掉电时，系统可以利用在线操作属性软件自行启动。

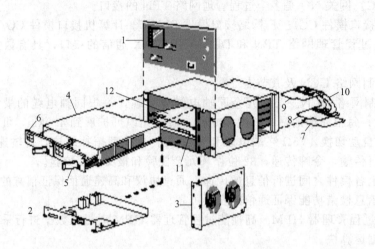

图 13-46 历史模件 HM 的构成
1—前盖；2—电源模件；3—风扇；4—硬盘模件；5—右硬盘托盘；6—左硬盘托盘；
7—LCN I/O 卡件；8—SPC I/O 卡件；9—WDI I/O 卡件；10—扁平跨接电缆；
11—K4LCN-4；12—SPC5 槽卡件箱（在卡件箱后面有 5 个相应的 I/O 插槽）

当系统启动时，把系统软件拷贝到 HM 中，在需要时，由硬盘向各模件装入相应的系统软件。

b. 应用软件。应用软件是用户编制的应用数据库、控制语言 CL 程序、操作画面等，为了便于操作和维护，应该存在用户自定义的用户卷目或用户目录中。一般来说，应用软件可以分成三个卷目：用户数据库卷、CL 源程序卷、用户画面卷。

c. 过程历史数据。过程历史数据由 HM 自动采集、自动存储。采集的时间可分为 5s、10s、20s、60s 四挡，采集的数据可分为瞬时值数据、平均值数据、杂记值数据。存储的常规报表包括日报表、周报表和月报表。存储的历史事件包括过程报警、系统硬件自诊断和操作员的操作。

② 网络接口模件 NIM 的功能 网络接口模件 NIM 由 K4LCN 板和 EPNI 板构成，如图 13-47 所示。配有 NMO 在线操作属性软件。

网络接口模件是 TPN 和 UCN 之间的接口，可以进行 TPN 和 UCN 之间的通信技术和通信协议的转换。可以让 TPN 上的模件对 UCN 上模件的数据进行读写。可以把在 TPN 所属的模件制作的程序或数据下载到 UCN 上的模件，如 APM 中，也可以把 UCN 上模件产生的报警信息和操作提示信息传送到 TPN 上。因此支持了组态、通信、报警、UCN 网络安全、命令处理、NIM 冗余、系统时钟广播、其他 TPN 模件的数据采集请求等功能。

每条 TPN 网络最多允许 10 个冗余的 NIM 对，每个 NIM 允许处理 8000 个有名点，每秒可通过 8000 个参数。

③ 过程管理器 PM 的功能 过程管理器 PM 是由过程管理器模件（PMM）和输入输出子系统 （I/O）构成的。过程管理器模件包括通信处理器、调制解调器、输入输出链路接口处理器和控制处理器；输入输出子系统包括输入输出链路和智能输入输出处理器。

用于数据采集和控制过程，控制功能主要包括反馈控制、逻辑控制、顺序控制。

④ 高级过程管理器 APM 的功能 高级过程管理器 APM 是由电源系统、卡件箱、高性能过程管理站模件 APMM、输入输出处理器 IOP、现场端子板 FTA 和电缆构成的。

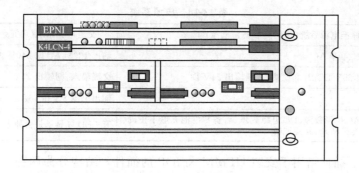

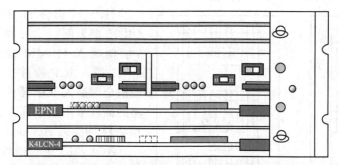

图 13-47　网络接口模件 NIM 的构成

用于数据采集和信号调整，完成全部的控制和操作。

（2）选用

① 全局用户站 GUS 的选用

a. 硬件。

ⅰ. 主机箱。LCNP 主板，选用 Pentium Ⅱ 300MHz 的 CPU，带 MMX 功能、512KB 高速缓存、64MB 内存、4MB 显存、4GBSCSI 接口硬盘、CD-ROM 光盘驱动器、3in 软盘驱动器和 ZIP/TAP 可选驱动器。

ⅱ. 21in CRT 彩色显示器。

ⅲ. PC 键盘或 IKB 键盘。

ⅳ. 鼠标或球标。

ⅴ. 键锁。

ⅵ. 10/100 Base-T 以太网接口。

b. 软件。

操作系统软件：Windows NT Workstation4.0。

GUS 应用软件：Base Software/Display Server/Personality Software/Display Builder/Saferview/File Transfer/ TPS Builder/Multipled Display/Display Translater/TPS DDE/Display Migration。

TPN 软件：TPN Network Software。

② 高性能过程管理站 HPM 的选用

a. 构成。HPM 由电源系统、插件箱、高性能过程管理站插件 HPMM、输入输出处理器 IOP、现场端子板 FTA 和电缆等构成。其中，电源系统、高性能过程管理站插件 HPMM、输入输出处理器 IOP 可以冗余，电缆入口可以安装在机柜的底部或顶端。

ⅰ. 电源系统（见表 13-14）

367

表 13-14　电源系统

标准电源系统(可另配后备蓄电池)	交流电源系统(可冗余)(可另配 UPS)
输入 120V AC 或 240V AC	输入 120V AC 或 240V AC
交流输入,则输出 25V DC;蓄电池输入,则输出 24V DC	交流输入,则输出 25V
输出电流 20A	输出电流 8A 和 16A
有 LED 灯显示:AC 电源故障、DC 电源故障、后备蓄电池充电不正确、后备蓄电池故障或连接断开、温度过高	有 LED 灯显示是否掉电

ⅱ. 插件箱。插件箱用于安装 HPMM 和 IOP 的插件,结构分为两种:3 个插件箱(均为 15 个插槽)/1 个 HPM;4 个插件箱(均为 7 个插槽)/1 个 HPM。如图 13-48 所示。

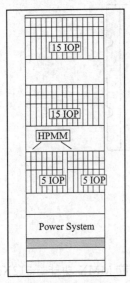

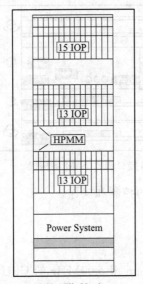

7-Slot File Version　　15-Slot File Version

图 13-48　插件箱的结构

HPMM 插件和 IOP 插件安装位置(以 15 槽为例):1 号和 2 号插件箱的 1～4 插槽插入 HPMM 插件,5 插槽甩空,6～15 插入 IOP 插件。3 号插件箱 1～15 插槽全部插入 IOP 插件。1 号和 2 号插件箱的插件采用上下冗余方式,例如,1-14 和 2-14 均插入 AO 插件。

不冗余的 IOP 插件或冗余的 IOP 插件对最多允许的数量为 40 个。

HPMM 插件:

高性能通信/控制插件　　HPCC
高性能输入输出连接插件　　HPIOL
高性能 UCN 接口插件　　HPUCNI

ⅲ. 现场端子板。现场端子板有本质安全型和非本质安全型两种,本质安全型——电流隔离型 FTA,非本质安全型——现场端子板 FTA,现场端子板通过电缆和 IOP 相连,其功能是传递现场来的信号和送到现场的信号。现场端子板的电缆长度可达 50m。现场端子板的端子分为两种:一种是压接型端子;一种是螺旋型端子。

b. 功能。高性能过程管理站的功能主要是完成数据采集和控制运算,其分工为 IOP 完成数据采集和信号调整;HPMM 完成反馈控制、顺序控制、逻辑控制等。

ⅰ. IOP 的功能。

HLAI——输入 1～5V、0～5V、4～20mA、10～50mA、热电偶和热电阻信号。

LLAI——输入 1～5V、0～5V、0～100mA、热电偶和热电阻信号。

LLMUX——输入热电偶和热电阻信号。

AO——输出 4～20mA 信号。

DI——输入 120(90～132) V AC、24(18～30) V DC 开关信号。

24V DC DI——输入 24(15～30) V DC 开关信号。

DISOE——输入 120(90～132) V AC、24(18～30) V DC 开关信号。

DO——输出 24V DC、3～30V DC、120～240V AC、31～200V DC、继电器信号。

STI-MV——可以和 16 种智能变送器进行双向数字通信。

SDI——采用串行通信(EIA-232D 和 EIA-485D)的方式和现场装置进行双向数据通信。

SI——可以和 Modbus 兼容子系统相连，支持 Modbus 的 RTU 协议，使用 ETA-232D 或 ETA-422、485D 进行通信，同时支持 PLC 的多分支网络。也可以和 Allen-Bradley 兼容子系统相连，支持 A-B 的 DF-1 协议，使用 ETA-232D 进行通信。

PI——输入脉冲传感器（旋涡流量计、透平、变容计等）的输出信号。

输出信号：将输出值转换成 4～20mA 电流信号送到执行器。每个通道都有独立的 D/A 转换器和电源调制器。

功能如下：

具有正反输出功能；

当 IOP 故障时，输出的响应可以采用掉电方式，也可以采用保持方式；

输出具有 5 段折线函数转换功能；

读入并检查实际的输出电流；

控制方式支持手动操作或直接数字控制（DDC）；

可 1∶1 冗余配置；

软件校验。

AO 点的形式选择：

全点（FULL）——包括该点的全部参数，可以作为操作员对过程操作的接口，具有报警功能；

半点（COMPONENT）——包括该点的部分参数，没有报警功能。

- 状态量输入插件（Digital Input）。

输入信号：通过选择不同的 FTA，可以隔离式输入 24V DC、110V AC、220V AC 的开关信号。

功能如下：

输入信号的采样间隔为 20ms；

PV 输入方式（自动、手动、程序设定）；

选择不同的 FTA，就可以处理不同的开关信号，比如 24V DC、110V AC、220V AC；

具有冗余功能；

状态报警检查；

32 路输入信号中的每一路都可以构成状态输入、锁存输入（可将最小 40ms 的信号锁存至 1.5s，用于按钮输入）、累加输入（对脉冲信号进行计数累计）。

状态输入有下列属性：

输入正反向（正常打开/正常关闭）选择；

可以选择 PV 源；

具有状态输入报警和状态输入变化量报警；

报警具有保持时间。

锁存输入有下列属性：

输入正反向（正常打开/正常关闭）选择；

可以选择 PV 源；

输入信号从开到关可保持 1.5s，因此可以看到逻辑算法。

累加输入有下列属性：

脉冲频率最大为 15Hz；

具有升/降计算能力；

可设置累计器的运行、停止及复位；

累计值≥目标值时，发出通知；

369

累计值可达 32767。

- 状态量输出插件。

输出信号：接收控制算法的输出，通过 FTA 转换成 24V DC、110V AC、220V AC 的开关信号。

ⅱ．HPMM 的功能。HPMM 的功能主要包括三大部分：通信处理器、输入输出连接接口处理器和控制处理器。控制处理器——CPU 选用 68040，可以完成反馈控制、逻辑控制、顺序控制、用户程序控制，这些控制算法均由"数据点"完成，它们是调节 PV 点、调节控制点、数字复合点、逻辑点、设备控制点、过程模件点、数组点、标志点、数值点、计时器点、字符串点、时间点。

- 调节 PV 点。

调节 PV 点接收 HLAI、LLAI、LLMUX 等模拟量输入插件的标准信号，其输出信号供给调节控制点或指示点使用。它不具备初始化功能，当它下游的控制信息流中断时，它本身不会初始化，也不会向上游发出初始化请求，从而使控制系统失去了部分无扰动切换的功能，降低了系统操作的可靠性。如果 HLAI、LLAI、LLMUX 出现输出开路时，它上游的控制点不会显示初始化提示信息，从而给故障判断带来麻烦。

算法见表 13-15。

表 13-15　算法及其对应的功能

算　法	功　　能
数据采集 流量补偿 三选一的选择 高/低/平均值选择 加法 流量累计器 超前滞后补偿 折线函数补偿 可编程计算	PV 源选择（自动、手动、替换） PV 钳位 工程单位转换和扩展 PV 量程 PV 值状态检查和传输 PV 滤波 PV 报警（PV 异常、PV 上限/下限、PV 上上限/下下限、PV 显著变化、PV 变化率＋/－、报警旁路）

- 调节控制点

调节控制点接收调节 PV 点的运算信号，其输出信号供给模拟量输出插件使用。

算法见表 13-16。

表 13-16　算法及其对应的功能

算　　法	功　　能	算　　法	功　　能
PID 带前馈的 PID 带外部复位反馈的 PID 带位置比例的 PID 位置比例 比率控制 斜坡变化（爬升/保持） 自动/手动操作站	控制方式（自动、手动、串级、后备串级） 控制方式属性（操作员、程序） 正常方式设定 远距离串级，远距离请求和远距离组态 初始化（无扰动切换） 抗积分饱和 超驰选择的传输 外部方式切换	多回路输出变化量加法器 切换开关 超驰选择器 加法器 乘法器/除法器	安全停车 目标值处理 目标值设定固定或自动变化的比率和偏差 报警处理 范围设定（输出、目标值、比率、偏差） PV 源选择、PV 报警 PV 坏值时，运行方式自动安全保护

- 复合数据点

功能如下。

复合数据点是一种多输入多输出点，它提供对马达、泵、电磁阀等离散设备的控制操作面板。

状态

一个复合数据点可以在 GUS 的分组画面上显示及操作现场设备的两个或三个状态：

两个状态——状态 1、状态 0，可控制 2 个位置的执行机构；

三个状态——状态 1、状态 0、状态 2，可控制 3 个位置的执行机构。

注意：状态 0 是复合数据点的缺省、安全状态。

通过组态 MOMSTATE 参数可定义某状态的命令输出为瞬时状态。

输入输出

最多可连接 2 个输入和 3 个输出，它们可以是同一 HPM 内的 I/O 点或 FLAG 标志寄存器。

输入输出连接可按控制方案需要组态，彼此互相独立。

联锁参数

提供多种外部逻辑联锁接口参数，可处理及显示相关联锁条件。

报警设置如下。

OFFNORMAL 异常状态报警。

COMMAND DISAGREE 命令不一致报警、COMMAND FAIL 失败报警、UNCOMMANDED CHANGE 无命令状态变化报警。

• 逻辑点。

逻辑点提供逻辑运算和数据传送功能。它包括多个逻辑运算模块，处理能力相当于 1～2 页梯形图所实现的功能。一个逻辑点由逻辑运算块、内部标志量寄存器、内部数值寄存器、用户自定义说明、输入连接和输出连接组成。

一个逻辑点的输入、输出、逻辑块的数量可有三种组合方式，见表 13-17。

表 13-17　逻辑点的输入输出、逻辑块数量的三种组合方式

逻辑最小选项	输入连接数量	逻辑运算块数量	输出连接数量
12-24-4	12	24	4
12-16-8	12	16	8
12-8-12	12	8	12

逻辑点内部处理顺序：输入条件→逻辑块→输出，每一步都按升序扫描。

输入连接

一个逻辑点最多可指定 12 个"点．参数"形式的输入条件，分别对应参数 L1～L12，这些输入条件可以是同一 UCN 网络设备中的任何布尔型、整数型、实数型、枚举型、自定义枚举型的参数。

内部寄存器

内部标志量（FLAG）寄存器：一个逻辑点提供 12 个内部标志量寄存器，分别对应参数 FL1～FL12，FL1～FL6 由 HPM 设定，FL7～FL12 由用户设定。

内部数值（NUMERIC）寄存器：一个逻辑点提供 8 个存储常数的内部数值寄存器，分别对应参数 NN1～NN8。

逻辑运算块

一个逻辑点可组态最多 24 个逻辑块，每个逻辑块包括最多 4 个输入、1 个逻辑算法，1 个布尔输出。逻辑块之间的连接关系由定义逻辑块的输入参数完成，它们来自 L1～L2、FL1～FL2、NN1～NN8、SO1～SO24。

逻辑块提供 26 种算法：

逻辑比较——AND、OR、NOT、NAND、NOR、XOR、QUALIFIED-OR2、QUALI-

FIED-OR3、DISCREP3；

实数比较——EQ、NE、GE、LT、LE；

延时——ONDELAY、OFFDELAY、DELAY；

脉冲发生器——FIXPULSE、MAXPULSE、MINPULSE；

看门狗定时器——WATCHDOG；

触发器——FLIP-FLOP；

坏值检查器——CHECK FOR BAD；

开关——SWITCH；

变化检查器——CHANGE DETECT。

输出连接

一个逻辑点最多可组态 12 个输出连接，用于将逻辑点的内部参数赋值给指定的外部点参数。输出源、输出允许控制和输出目的，其中，输出源和输出允许控制来自逻辑点的内部参数，输出目的可以是同一 UCN 网络设备中的任何布尔型、整数型、实数枚举型、自定义枚举型的参数。

一个逻辑点可以组态 4 个用户报警，报警源可来自 L1～L2、FL1～FL2、SO1～SO24、置空（由 CL 程序触发的报警）。

一个逻辑点最多可对 12 个内部参数进行定义说明。

13.3.3 SIMATIC PCS 7 集散控制系统（德国西门子）

13.3.3.1 构成与特点

（1）构成 SIMATIC PCS 7 集散控制系统的构成如图 13-49 所示，它由以下几个基本部分组成。

① 数据处理器 CPU SIMATIC PCS 7 的数据处理器是选用 S7-400 系列的 CPU，其中包括 S7-414、S7-416、S7-417 等，CPU 具有处理速度快、程序容量大、稳定性能好等特点。

② 信号处理模块 SIMATIC PCS 7 的信号处理模块采用的是 S7-300 系列的信号处理模块，其中包括 SM321（DI）、SM322（DO）、SM331（AI）和 SM332（AO）等，这些模块具有体积小、抗干扰能力强、处理信号齐全等特点。

③ 通信模块 SIMATIC PCS 7 通信模块把信号处理模块的信息传达到 CPU，采用 IM153-1 模块，支持 PROFIBUS-DP 协议，通信速率可达 12Mbps。

④ 控制程序组态软件和人机界面组态软件 SIMATIC PCS 7 的软件主要包括控制程序组态软件（STEP7、CFC）和人机界面组态软件（WINCC）。两者集成在一起，公用统一的数据库，只要程序组态已经完成，人机界面软件的数据库就自动建立了，省去了重复工作。

控制程序组态部分包括了 CFC 组态软件，该软件是可视化的，进行组态就像在画逻辑图。只要在模块库里将功能模块拖出，用鼠标连接就可以了，非常简单。

SIMATIC PCS 7 也支持常规的梯行图编程，而且可以和功能模块融合在一起。这样既有处理模拟量的功能，又保留了处理复杂逻辑的功能。

在 SIMATIC PCS 7 的人机界面的组态中，开发了许多专用的控制面板，省去了自己制作的麻烦，比如，在 WINCC 中就有了 PID 控制面板，只要将该面板与程序组态的功能块相连接就可以了。

（2）特点 SIMATIC PCS 7 是基于全集成自动化思想的集散控制系统。最新版本 6.0 的 SIMATIC PCS 7 极大地提高系统的各项性能指标，扩展了系统的应用范围，主要特点如下。

① 全集成自动化 通过全集成自动化（TIA），从输入物流、生产流程直到输出物流，

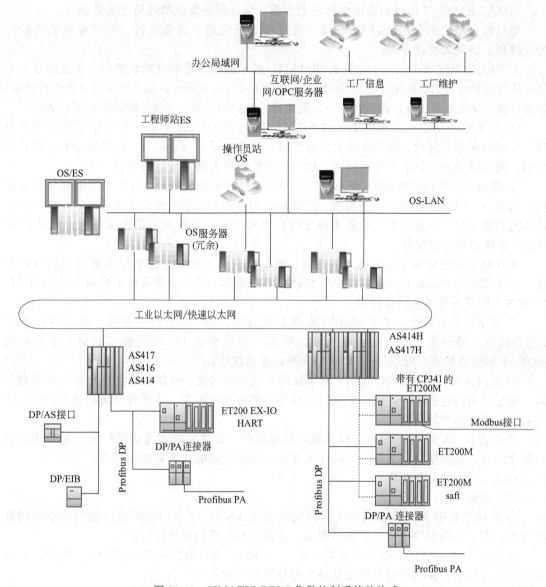

图 13-49　SIMATIC PCS 7 集散控制系统的构成

实现了单一平台提供全过程通用自动化技术的目标。通用自动化技术还可以优化企业的所有业务流程，从企业资源计划级、管理执行系统级、控制级直到现场级。

②　横向集成　横向集成意味着所有生产流程，从输入物流、生产过程直到输出物流，都使用统一的 SIMATIC 系列标准的硬件和软件。

SIMATIC PCS 7 采用 TIA 系统中的标准硬件和软件，借助于通用的数据维护、通信和设计功能，提供一种基于开放式平台的先进经济的自动化解决方案，用于过程、加工和综合工业的所有领域。

通过全集成自动化，SIMATIC PCS 7 不仅可以承担过程控制的相关任务，而且能够完成生产过程的辅助流程或输入输出物流的自动化。

③　纵向集成　纵向集成将实现从 ERP 平台、MES 平台、控制台直到现场平台的通用透明的数据通信。通过自动化技术、信息技术和标准化技术，实现信息网络的自动化。由此可以实现整个工艺流程的模块化和标准化，提高生产的灵活性。

373

SIMATIC PCS 7 的纵向集成包括两个方面：信息网络集成和现场技术集成。

通过将自动化平台连接到 IT 环境，将过程数据应用于设备运行、生产业务流程的评价、规划、协同和优化方面。

④ 强大的系统结构 基于先进的 SIMATIC 技术的模块化和开放式架构、工业标准的继承性使用以及控制的高性能，使用 SIMATIC PCS 7 可以实现所有控制项目中设备的性价比高、经济性强，从规划、工程、调试和培训，到运行、维护和保养，直到扩展和完善都是如此。

SIMATIC PCS 7 充分利用了 PROFIBUS 技术。PROFIBUS 是一种简单可靠的现场总线，广泛地应用于过程、加工和综合工业领域。该总线系统具有冗余、故障安全和在线扩展功能，既可以安装在标准工业环境中，也可以安装在具有爆炸危险的场合。

⑤ 通用而协同的完整系统 SIMATIC PCS 7 可以单独使用，也可以和其他部件结合使用，构成一个通用而协同的完整系统。随着对通用自动化技术的要求不断提高，竞争和价格压力的不断增加，以及对生产设备柔性度的要求和对生产效率的期望越来越大，SIMATIC PCS 7 的优势越来越明显。

尤其是自动化技术与信息技术的融合，将使越来越多的通用系统平台的纵向和横向集成，实现所谓的"Best-of-Breed 产品"自动化解决方案。采用全集成自动化理念的 SIMATIC PCS 7 即可满足这种最佳要求。

⑥ 灵活性和扩展性 基于 SIMATIC 的标准程序、硬件和软件的架构，SIMATIC PCS 7 可以满足不同的客户要求和设备规格，扩展性表现在从 160 个测量点的单一系统直到 60000 个测量点的客户机/服务器架构的分布式多站系统。

⑦ 面向未来 SIMATIC PCS 7 基于硬件和软件的构架，可以无缝经济地进行扩展和创新，通过长期稳定的接口，面向未来。尽管创新速度越来越快，生产寿命周期越来越短，它仍旧可以保护用户的投资。

SIMATIC PCS 7 的开放性不仅体现在系统架构、纵横集成和通信网络上，而且还表现在程序编写、数据接口、图形文本的导入导出，采用全新的技术和国际标准。

13.3.3.2 功能与选用

(1) 功能

① 自动化系统 AS 414-3 的功能 自动化系统 AS 414-3 专门为配置较低的小型应用量身打造。作为一种模块化和可扩展的系统，满足小型应用的经济性要求。

自动化系统 AS 414-3 包括子机架、电源、CPU、储存卡以及 PROFIBUS-DP 接口，以成套的方式供货，在供货时已经安装好并进行了预调试。

AS 414-3 的工作存储器为 768K（384K 用于代码，384K 用于数据）。

可以选择使用 AC 120/230V 或 24V DC 电源。

② 自动化系统 AS417-4 的功能 自动化系统 AS417-4 为配置较高的中型应用而设计，主要安装在中型设备中。

自动化系统 AS417-4 包括子机架、电源、CPU、储存卡以及 PROFIBUS-DP 接口，以成套的方式供货，在供货时已经安装好并进行了预调试。

AS 417-4 的工作存储器为 4000K（2000K 用于代码，2000K 用于数据）。

③ 操作员站单站的功能 操作员站单站的硬件和软件都可以冗余，多功能的 VGA 图形卡最多可以连接 4 台监视器。显示器和监视器既可以用于办公环境，也可以用于工业环境，信号模板用于报警信息和视频信号的传输，芯片卡阅读器用于访问保护。由于操作员站单站具有 BCE 通信功能，也可以配置 CP1613 通信，为此需要配备 CP1613 和 S7-1613，前者为连接到工业以太网的 PCI 插卡，后者为用于 CP1613 S7 通信的驱动软件。

(2) 选用

① 自动化系统 AS414-3 的选用　CPU 414-3，带有集成的 PROFIBUS-DP 接口，768K 工作存储器（384K 用于用户存储器），存储卡 1M RAM，后备电池 2 个，通信模板 CP 443-1，用于连接到工业以太网系统总线。

电源 PS407 AC120/230V，10A，带有子机架。

——UR1（18 个插槽）；

——UR2（9 个插槽）。

电源 PS405 24V DC，10A，带有子机架。

——UR1（18 个插槽）。

② 自动化系统 AS417-4 的选用　CPU 417-4，带有集成的 PROFIBUS-DP 接口，4000K 工作存储器（2000K 用于用户存储器），存储卡 4M RAM，后备电池 2 个，通信模板 CP 443-1，用于连接到工业以太网系统总线。

电源 PS407；AC120/230V，10A，带有子机架。

——UR1（18 个插座）和存储卡，4M RAM；

——UR2（9 个插座）和存储卡，4M RAM；

——UR2（9 个插座）和存储卡，8M RAM。

电源 PS405 24V DC，10A，带有子机架。

——UR1（18 个插槽）；

——UR2（9 个插槽）。

③ 操作员站单站的选型　SIMATIC PC 采用机架式安装，19″❶安装技术，Pentium4 以上，2.4GHz，1G RAM，EIDE-RAID1，2 个 60G 硬盘，集成图形卡，动态视频存储器，CD-RW IDE，鼠标集成 FastEthernet，RJ45 OS-LAN 接口，没有监视器和键盘，Windows 2000 Professional MUI。

PCS 7ES/OS IL 40 S BCE 系统总线接口，通过基本通信以太网（BCE），带有 FastEthernetRJ45 网卡（PIC 卡）。

PCS 7ES/OS IL 40 S IE 系统总线接口，通过工业以太网，带有通信处理器 CP 1613。

---

❶　$1″ = 1in = 25.4mm$，下同。

第14章
可编程控制器（PLC）

可编程控制器是一种数字运算操作的电子系统，专为工业控制而设计的一种计算机，实际上和一般微型计算机基本相同，也是由硬件系统和软件系统构成。

硬件系统由主机、输入输出扩展部件和外围设备构成。主机包括 CPU、存储器、输入输出单元、输入输出扩展接口、外部设备接口和电源单元；输入输出扩展部件包括简约型扩展部件和智能型扩展部件；外围设备包括编程器、彩色图形显示器和打印机。

软件系统由系统程序和用户程序构成。系统程序包括系统管理程序、用户指令解释程序和系统调用的标准模块程序；用户程序包括开关量逻辑控制程序、模拟量运算控制程序和操作站系统程序。

◎ 14.1 国内可编程控制器产品

14.1.1 HOLLiAS-LEC G3 可编程控制器（杭州和利时）

14.1.1.1 构成与特点

（1）构成 HOLLiAS-LEC G3 可编程控制器的构成如图 14-1 所示，它由以下几个基本部分组成。

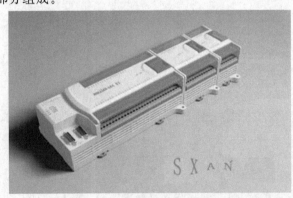

① CPU 模块 CPU 模块包括 CPU、电源、状态量 I/O 插件和特殊功能插件，主要完成控制、调度、监控和诊断的功能。

② I/O 扩展模块 I/O 扩展模块包括状态量 I/O 扩展模块和模拟量 I/O 扩展模块，主要完成状态量和模拟量的功能扩展要求，比如热电偶输入。

③ 专用功能扩展模块 专用功能扩展模块包括多种接口模块，主要完成通信功能。

图 14-1 HOLLiAS-LEC G3 可编程控制器的构成

（2）特点

① 丰富的控制功能 除了数据传递、比较、跳转、嵌套、循环、运算、网络通信之外，还具有避免产生峰值的软启动、SP 倾斜功能的 PID 控制。不仅可以对温度、流量、压力进行控制，还可以对直线、圆周运动的位置、速度、加速度进行控制。

② 标准的编程语言 编程软件 PowerPro 符合 IEC1131-3 国际标准，具有 LD、ST、IL、FBD、SFC 五种编程语言，并且可以相互转换。

③ 实用的离线仿真功能　独到的仿真功能，使程序调试极其方便。

④ 通用的人机界面　具有标准的人机界面接口，可以连接 HITECH、Proface、Eview 等人机界面。

⑤ 独特的掉电保护功能　特殊的存储技术，可以永久保护用户数据。

14.1.1.2　功能与选用

(1) 功能

① CPU 模块的功能　CPU 模块的运行方式采用滑动开关进行选择，给定值的设定采用可调电位器实现，运行时间的记录以及对过程进行时间控制采用实时时钟。CPU 模块和扩展模块之间的高速数据传输采用同步通信脉冲，可以进行状态量的输入输出处理和高速输入输出处理。

CPU 模块有多种产品，覆盖不同的功能，如表 14-1 所示。

表 14-1　CPU 模块的种类一览表

模块种类	模块型号	基本规格
CPU	LM3104	DC24V 供电,自带 14 点 I/O,DI8×DC24V,DO6×DC24V 晶体管
	LM3105	AC220V 供电,自带 14 点 I/O,DI8×DC24V,DO6×继电器
	LM3106	DC24V 供电,自带 24 点 I/O,DI14×DC24V,DO10×DC24V 晶体管
	LM3106A(运动控制专用)	DC24V 供电,自带 24 点 I/O,DI14×DC24V,DO10×DC24V 晶体管单相计数器:3 点,100kHz。两相计数器:2 点,100kHz。加、减双计数器和 90°正交计数脉冲 PWM:2 点,100kHz。PTO:2 点,50kHz。方向控制:2 点
	LM3107	AC220V 供电,自带 24 点 I/O,DI14×DC24V,DO10×继电器
	LM3108	DC24V 供电,自带 40 点 I/O,DI24×DC24V,DO16×DC24V 晶体管
	LM3109	AC220V 供电,自带 40 点 I/O,DI24×DC24V,DO16×继电器

② I/O 扩展模块的功能　I/O 扩展模块具有模拟量和状态量扩展功能，多种模拟量和状态量的模块可以使控制系统的设计更加完善和方便，给用户提供了更大的选择余地。

③ 专用功能扩展模块功能　专用功能扩展模块基本上是通信接口功能模块，适用于和 RS-485、PROFIBUS-DP、FF、CAN、LonWorks、Ethernet 等计算机、现场总线、以太网通信的连接。

(2) 选用

① CPU 模块的选用　在选用 HOLLiAS-LEC G3 可编程控制器时，它的工作电压、存储器容量、编程方法都是需要注意的事项，在 CPU 模块的介绍中对上述几个方面均有涉及，选用时可以参见表 14-2。程序是整个 HOLLiAS-LEC G3 可编程控制器的“心脏”，编制的好坏直接影响到整个控制系统的运作。编程方法有梯形图（LD）、指令表（IL）、功能块图（FBD）、顺序功能图（SFC）和结构化文本（ST）等常用的国际标准方法。

表 14-2　CPU 模块一览表

型号	LM3104	LM3105	LM3106	LM3107	LM3108	LM3109
供电电压	DC24V	AC220V	DC24V	AC220V	DC24V	AC220V
DI	8×DC24V	8×DC24V	14×DC24V	14×DC24V	24×DC24V	24×DC24V
DO	6×晶体管	6×继电器	10×晶体管	10×继电器	16×晶体管	16×继电器
24V DC 输出	300mA	200mA	300mA	200mA	400mA	
程序存储空间	36K 字节		36K 字节/120K 字节		120K 字节	
输入存储区	256 字节		256/512 字节		512 字节	

377

型号	LM3104	LM3105	LM3106	LM3107	LM3108	LM3109
输出存储区	256 字节		256/512 字节		512 字节	
中间存储区	1K 字节		1K 字节/8K 字节		8K 字节	
全局区	2K 字节		2K 字节/24K 字节		24K 字节	
掉电保持区	无		512 字节/6K 字节		6K 字节	
定时器	超长不限点(1ms 为最小单位,最长可达 49 天)					
计数器	不限点					
密码保护	有					
实时时钟	无		有			
实时时钟掉电保持时间	无		10 天			
用户程序掉电保持时间	10 年					
运算速度	0.65μs(基本指令)					
编程语言	符合 IEC61131-3 国际标准,有 5 种编程语言:梯形图(LD)、指令表(IL)、功能块图(FBD)、顺序功能图(SFC)、结构化文本(ST)					

② I/O 扩展模块的选用 I/O 扩展模块适用于扩展控制系统功能,使之多样化、方便化。参见表 14-3。

表 14-3 I/O 扩展模块一览表

	LM3210	8×DC24V 输入
	LM3211	8×AC220V 输入
	LM3212	16×DC24V 输入
	LM3213	16×AC220V 输入
	LM3214	32×DC24V 输入
	LM3215	32×AC220V 输入
	LM3220	8×DC24V 晶体管输出
I/O 扩展模块	LM3221	16×DC24V 晶体管输出
	LM3222	8×继电器输出
	LM3223	16×继电器输出
	LM3224	32×DC24V 晶体管输出
	LM3225	32×继电器输出
	LM3230	DI4×DC24V,DO4×DC24V 晶体管
	LM3231	DI4×DC24V,DO4×继电器
	LM3232	DI4×DC24V,DO8×DC24V 晶体管

	LM3233	DI4×DC24V,DO8×继电器
	LM3234	DI4×DC24V,DO16×DC24V 晶体管
	LM3235	DI4×DC24V,DO16×继电器
	LM3236	DIO8×DC24V 晶体管
	LM3310	4 通道模拟量输入(4~20mA/0~20mA/0~10V 可选)
I/O 扩展模块	LM3311	4 通道热电偶输入(J、K、E、N、T、B、R、S 型)
	LM3312	4 通道热电阻输入(Cu50,Pt100 型)
	LM3313	8 通道模拟量输入(4~20mA/0~20mA/0~10V 可选)
	LM3314	8 通道热敏电阻(NTC)
	LM3320	2 通道模拟量输出(4~20mA/0~10V 可选)
	LM3330	4 通道模拟量输入、1 通道模拟量输出(4~20mA/0~20mA/0~10V 可选)

③ 专用功能扩展模块的选用 专用功能扩展模块如表 14-4 所示,除了 LM3500 之外,全是通信接口功能模块,适用于和 RS-485、PROFIBUS-DP、FF、CAN、LonWorks、Ethernet 等计算机、现场总线、以太网通信的连接。当 HOLLiAS-LEC G3 可编程控制器和其他仪表装置进行连接时,需要选用相关模块。

表 14-4 专用功能扩展模块一览表

	LM3400	无协议或自动协议 RS-485 通信模块
	LM3401	PROFIBUS-DP 协议从站接口模块
	LM3402	DeviceNet 协议接口模块
	LM3403	Ethernet 接口模块
专用功能扩展模块	LM3404	Modem 接口模块
	LM3405	LonWorks 接口模块
	LM3406	CANopen 接口模块
	LM3407	FF 接口模块
	LM3408	GPRS/GSM 接口模块
	LM3500	定位/运动控制模块,脉冲输出最大 200kHz

14.1.2 RD200 系列可编程控制器 (兰州全志电子有限公司)

14.1.2.1 构成与特点
(1) 构成 RD200 系列可编程控制器的构成如图 3-2 所示,它由以下几个基本部分组成:状态量输入单元、模拟量输入单元、状态量 I/O 扩展单元和模拟量 I/O 扩展单元。

(2) 特点
① RD200 系列产品可以替代宽范围的各种通用继电器,体积小巧,运行可靠性高。
② RD200 系列产品是多功能逻辑控制模块,应用广泛,功能强。
③ 简便的操作和各种不同的控制形式,提供了极大的灵活性和实用性。
④ 在任何实际应用领域中都具有很高的性能价格比,可以安装在 DIN 导轨上。

14.2.2.2 功能与选用

379

图 14-2 RD200 系列可编程控制器的构成

（1）功能 主机具有 24～40 点状态量输入/输出，具有一般逻辑控制、时序控制和简单算术运算功能。具有 RS-485 组网通信功能，直线通信距离可以达到 1000m，通信联网台数达 32 台。具有状态量输入/输出、模拟量输入/输出、热电偶等特殊功能扩展单元。DIN 导轨安装，体积：197mm×80mm×62mm。

（2）选用 RD200 系列产品有 6 个品种，如表 14-5 所示。每个主机最多可以接入 2 个扩展单元。目前可选的 2 个扩展单元为 4 入 8 出状态量扩展单元 RD200E01 和 4 入 2 出模拟量扩展单元 RD200E02。

表 14-5 RD200 系列产品一览表

型号	供电电压	状态量输入	模拟量输入	RS-485 通信	时钟
RD200A26	250V AC	14×24V DC	10×250V AC 8A		
RD200D26	24V DC	14×24V DC	10×24V DC 5A		有
RD201A26	250V AC	14×24V DC	10×250V AC 8A	有	
RD201D26	24V DC	14×24V DC	10×24V DC 5A		
RD200A40	250V AC	24×24V DC	16×250V AC 8A		有
RD200D40	24V DC	24×24V DC	16×24V DC 5A		有

14.1.3 FC 系列可编程控制器（无锡信捷科技电子有限公司）

14.1.3.1 构成与特点

（1）构成 FC 系列可编程控制器的构成如图 3-3 所示，它是把电源、CPU、输入输出集成为一体的紧凑型 PLC，由以下几个基本部分组成。

图 14-3 FC 系列可编程控制器的构成

① 电源 交流电源和直流电源，交流电源的允许范围是 90～265V AC，直流电源的允许范围是 21.6～26.4V DC。

② 通信口 1 8 针型 RS-232C 接口，通过编程电缆可以由计算机下载、调试程序。

③ 通信口 2 RS-232C 或 RS-485 接口，可以连接外部通信装置或者组成网络。

④ 输入端 接收传感器信号或者开关信号。

⑤ 输出端　把信号输出到继电器或者接触器等元器件。

（2）特点

① 固有配置　本机固有配置为输入 18 点，输出 14 点。通过扩展口可以增加其他配置。

② FlashROM　采用 FlashROM 存储用户程序以及保存部分数据寄存器。

③ 内置时钟锂电池　采用锂电池进行掉电数据保护。

④ 人机接口汉字化　可配置汉字显示设定器，便于人机对话的实现。

⑤ 具备两个通信接口　两个通信接口 RS-232C 和 RS-485 可以任意选择，使用方便。

⑥ 指令丰富，编程简便　指令功能强大，编程简单易行。

14.1.3.2　功能与选用

（1）功能

① 模拟量扩展模件的功能　模拟量扩展模件的可分为模拟量输入模件、模拟量输出模件、模拟量输入/输出模件和温度采集模件等。现场的压力、温度、液位、流量等模拟量信号通过传感器变成标准的 $1\sim5V$ 电压信号或者 $4\sim20mA$ 电流信号，再通过 A/D 转换，以数字量的形式传送给 PLC 进行处理。该数字量与现场模拟量具有某种函数对应关系，在设计程序时，将数字量按照确定的函数关系进行转换，就可以得到现场模拟量。在控制运算中使用的参数一般以实际量的大小进行计算，计算结果也是一个有单位、有符号的实际控制量，输出给控制对象的通常是在一定范围的连续信号，如 $0\sim5V$、$4\sim20mA$ 等。从 PLC 程序计算出的数字量控制结果到输出的连续量之间的转换是由模拟量输出单元（D/A）完成的。在转换的过程中，D/A 转换需要的是控制量在规定范围内的数值，而不是实际控制量本身。再加上由于某些原因引起的系统偏移量，要输出的控制量不能直接送给 D/A 转换器，必须先按确定的函数关系将模拟量形式输出的控制量值转换成相应的数值。

② 电源的功能　交流电源的额定电压为 $110\sim240V$，直流电源的额定电压为 24V。严禁把交流电源接在直流输入输出端子或直流电源端子上。接地端子要用 $2mm^2$ 以上的电线实行单独接地，电源线应用 $2mm^2$ 以上的电线以防止电压下降，即便出现 10ms 以内的断电，PLC 仍可继续工作。当长时间地掉电或异常电压下降时，PLC 停止工作，输出关闭。当电源恢复供电时，PLC 自动开始运行。

（2）选用

① 模拟量扩展模件的选用　模拟量扩展模件的选用可参见表 14-6 和表 14-7。

表 14-6　FC 系列可编程控制器模拟量扩展模件的选用

型号	功　能
FC-4AD	12Bit，4 通道模拟量输入模件，电压、电流可选
FC-8AD	12Bit，8 通道模拟量输入模件，电压、电流可选
FC-2DA	12Bit，2 通道模拟量输出模件，电压、电流可选
FC-4DA	12Bit，4 通道模拟量输出模件，电压、电流可选
FC-4AD2DA	12Bit，4 通道模拟量输入/2 通道模拟量输出模件
FC-4PT	$-150℃\sim350℃$，4 通道 Pt100 温度采集模件，精度 0.2
FC-8PT	$-150℃\sim350℃$，8 通道 Pt100 温度采集模件，精度 0.2
FC-4TC	$0\sim1200℃$，4 通道 K、E 型热电偶温度采集模件，精度 0.5
FC-8TC	$0\sim1200℃$，8 通道 K、E 型热电偶温度采集模件，精度 0.5

表 14-7　FC 系列可编程控制器特殊扩展模件（通信方式扩展）的选用

型号	功　能
MD-8AD	8 通道,12Bit,4～20mA,0～5V,0～10V 模拟量输入
MD-16AD	16 通道,12Bit,4～20mA,0～5V,0～10V 模拟量输入
MD-4AD-PT	4 通道 Pt100 温度采集模件
MD-8AD-PT	8 通道 Pt100 温度采集模件
MD-8AD-TC	8 通道 K、E 型热电偶温度采集模件

② 电源的选用　电源的选用可参见表 14-8。

表 14-8　电源的选用

额定电压	DC24V	AC100～240V
电压允许范围	DC21.6～26.4V	AC90～265V
输入电流(仅基本单元)额定频率	120mA,DC24V	50/60Hz
允许瞬间断电时间	10ms,DC24V	中断时间不大于 0.5 个交流周期,间隔不小于 1s
冲击电流	10A,DC26.4V	最大 40A 5ms 以下/AC100V,最大 60A 5ms 以下/AC200V
最在消耗功率	12W	12W
传感器用电源	24V DC±10%,最大 400mA	24V DC±10%,最大 400mA

◎ 14.2　国外可编程控制器产品

14.2.1　SIMATIC S7-400 可编程控制器（德国西门子）

14.2.1.1　构成与特点

（1）构成　SIMATIC S7-400 可编程控制器的构成如图 14-4 所示，它由以下几个基本部分组成。

图 14-4　SIMATIC S7-400 可编程
控制器的构成

① 电源插件 PS　将 SIMATIC S7-400 连接到 120/230V AC 或 24V DC 电源上。

② 中央处理器 CPU 插件　有多种 CPU 可以选择，有的带内置的 PROFIBUS-DP 接口，适用于各种性能的需求，甚至包括多个 CPU 以加强其性能。

③ 信号插件 SM　供状态量输入/输出和模拟量输入/输出使用的信号插件。

④ 通信插件 CP　用于总线连接和点到点连接。

⑤ 功能插件 FM　用于计数、定位、凸轮等控制任务。

⑥ 接口插板 IM　用于连接中央控制单元和扩展单元。SIMATIC S7-400 中央控制单元最多能连接 21 个扩展单元。

（2）特点

① 性能全面，运行速度快　SIMATIC S7-400 是高性能的中、大型可编程控制器。多种档次、功能逐步升级的 CPU 插件，使用户可以按需选择，以便构成最佳的控制方案。

② 通信能力强　SIMATIC S7-400 和其他 PLC、现场装置、主计算机的通信，不仅有点对点的通信，也有总线型的通信。

③ 可靠性高　带电插拔输入输出插件，由于插槽全相同，插件安装不必考虑排列规则。插件设计坚固耐用，密封时也不需要风扇。

④ 操作方便　TOP 连接器的设计，使传感器和执行器的接线十分简单。参数赋值、编程、数据管理和通信的一致性，使得操作极其方便。

⑤ 易于扩展　种类齐全通用功能的插件，根据需要组合成不同的专用系统。当控制系统规模扩大或变得更加复杂时，适当地增加插件，即可满足系统升级的需求。

14.2.1.2　功能与选用

（1）功能

① 中央处理器 CPU 插件的功能　为完成不同的功能，CPU 插件设计成分档结构。

CPU412-1/2 为初级形式，价格低廉，适用于小规模的控制，用于 I/O 数量较少的系统中。但是组合的 MPI 接口可以使用 PROFIBUS-DP 总线。CPU 412-2 带有的 2 个 PROFI-BUS-DP 总线可以随时使用。

CPU413- 为中级形式，适用于比较简单中规模的控制，带有 PROFIBUS-DP 接口。

CPU414-2/3 为中级形式，适用于比较复杂的中规模的控制，可以满足对程序规模和指令处理速度要求较高的场合。具有 PROFIBUS-DP 接口，可以作为主站直接和现场总线 PROFIBUS-DP 连接。而 CPU414-3，还具有一条额外的 DP 总线，可以和 IF964-DP 接口子插件进行连接。

CPU416-2/3 为高级形式，功能比较强大，适用于大规模的控制。具有 PROFIBUS-DP 接口，可以作为主站直接和现场总线 PROFIBUS-DP 连接。而 CPU416-3 还具有一条额外的 DP 总线，可以和 IF964-DP 接口子插件进行连接。

CPU417-4 为高级形式，功能最强大，适用于大规模的控制。具有 PROFIBUS-DP 接口，可以作为主站直接和现场总线 PROFIBUS-DP 连接。而 CPU417-4 还具有 2 条额外的 DP 总线，可以和 IF964-DP 接口子插件进行连接。

② 电源插件的功能　电源插件通过背板总线向 SIMATIC S7-400 提供 5VDC 和 24V DC 电源。除了含有电源传输的接口，每个机架均需要电源插件。电源插件也给扩展单元中的所有插件供电。采用电源冗余措施时，可以实现电源无故障安全运行。

③ 模拟量 I/O 插件的功能　传感器/执行器可以方便地连接到插件的前连接器。当更换插件时，只要把前连接器插入到相同类型的新插件，不必更换接线。前连接器上的编码可防止插件误插入。每个插件有 8～16 个模拟量通道，可以节省空间。通过 STEP 7 软件进行组态和参数化，取消了拨动开关。数据集中存储，自动传送到更换后的新插件，避免了传送错误。安装新插件时，不要求软件更新。插件具有诊断中断和过程中断的功能，对不正常现象和每一个过程事件可以作出快速判断和响应。

（2）选用

① 中央处理器 CPU 插件的选用　根据应用的需要，从功能细分的角度，兼顾未来的发展，选择合适的 CPU 插件，CPU 插件的技术性能如表 14-9 所示。

② 电源插件的选型　电源插件的选型可以参考表 14-10 提供的规格和型号。

③ 模拟量 I/O 插件的选用　模拟量 I/O 插件的选用可以参考表 14-11 提供的规格和型号。

表 14-9　CPU 插件的技术性能一览表

性能	CPU412-1	CPU413-1 CPU413-2DP	CPU414-1 CPU414-2DP	CPU416-1 CPU416-2DP
编程语言		STEP7(STL,LAD)	S7-SCL,S7-GRAPH	S7-HIGRAPH,CFC
内存 RAM(已集成)	412-1:48K 字节	413-1:72K 字节 413-2DP:72K 字节	414-1:128K 字节 414-2DP: 128/384K 字节	416-1:512K 字节 416-2DP:0.8M/1.6M 字节
装载存储区(根据需要)	存储卡最大 15M 字节	存储卡最大 15M 字节	存储卡最大 15M 字节	存储卡最大 15M 字节
指令执行时间				
一二进制指令	$0.2\mu s$	$0.2\mu s$	$0.1\mu s$	$0.08\mu s$
一装载/传送指令	$0.2\mu s$	$0.2\mu s$	$0.1\mu s$	$0.08\mu s$
一16 位定点数	$0.2\mu s$	$0.2\mu s$	$0.1\mu s$	$0.08\mu s$
一IEEE 浮点数	$1.2\mu s$	$1.2\mu s$	$0.6\mu s$	$0.48\mu s$
I/Os				
一最大地址空间	每个 256 字节	每个 1K 字节	每个 2/4K 字节	每个 4/8K 字节
一过程映像区大小	每个 128 字节	每个 128 字节	每个 256 字节	每个 512 字节
一DI/DO 点数	4096	8192	16384/32768	32768/65536
一AI/AO 通道数	256	512	1024/2048	4096
位存储器	4096	4096	8192	16384
可保持的	(M0.0～M511.7)	(M0.0～M511.7)	(M0.0～M1023.7)	(M0.0～M2047.7)
计数器	256	256	256	512
可保持的	(C0～C255)	(C0～C255)	(C0～C255)	(C0～C511)
定时器	256	256	256	512
可保持的	(T0～T255)	(T0～T255)	(T0～T255)	(T0～T511)
时钟存储器 用户程序中用于循环扫描的位存储器	8(1 存储器字节)字节地址可任选	8(1 存储器字节)字节地址可任选	8(1 存储器字节)字节地址可任选	8(1 存储器字节)字节地址可任选
程序块数				
一FBs	256	256	512	2048
一FCs	256	256	1024	2048
一DBs	511	511	1023	4095
集成接口 MPI	MPI	MPI/MPI+DP	MPI/MPI+DP	MPI//MPI+DP
一波特率	187.5Kbps	187.5Kbps	187.5Kbps	187.5Kbps
一节点数	最大 32	最大 32	最大 32	最大 32
全局数据通信				
一全局数据量	64 字节	64 字节	64 字节	64 字节
一发送/接收 GD 包最大量	8/16	8/16	8/16	8/16
PROFIBUS-DP				
一最大波特率	—	对应 CPU413-2DP12Mbps	对应 CPU414-2DP12Mbps	对应 CPU416-2DP12Mbps
一最大节点数	—	64	64/96	96
一有源连接的节点数 (MPI 和 K 总线节点)	最大 8	最大 16	最大 32	最大 64
总线系统	SIMATIC NET,PROFIBUS-DP,PROFIBUS-FMS,INDUSTRIAL ETHERNET			
专用模件	计数器模件、通信模件、凸轮控制模件、M7 自动化计算机			
尺寸($W\times H\times D$)	482.5mm×290mm×227.5mm 257.5mm×290mm×227.5mm[如应用短机架,模件宽度(单宽度)为 25mm]			

表 14-10　S7-400 电源插件的规格和型号

规　　　格	型　　　号
24V DC 输入、5V DC 输出、4A	6ES7405-0DA01-0AA0
24V DC 输入、5V DC 输出、10A	6ES7405-0KA01-0AA0
24V DC 输入、5V DC 输出、10A(可冗余)	6ES7405-0KR00-0AA0
24V DC 输入、5V DC 输出、20A	6ES7405-0RA01-0AA0
120/230V AC 输入、5V DC 输出、4A	6ES7407-0DA01-0AA0
120/230V AC 输入、5V DC 输出、10A	6ES7407-0KA01-0AA0
120/230V AC 输入、5V DC 输出、10A(可冗余)	6ES7407-0KR00-0AA0
120/230V AC 输入、5V DC 输出、20A	6ES7407-0RA01-0AA0
120/230V AC、110/220V DC 输入、5V DC 输出、20A(宽范围)	6EP8 090-0CA00

表 14-11　S7-400 模拟量 I/O 插件的规格和型号

电压输入

功能	16 点输入标准插件	8 点输入标准插件	电压范围	极快的模拟量采集	以 16 位分辨率产生诊断和过程值中断	面向通道的隔离和诊断/过程值中断的产生
编码器测量范围	±1V 1～5V	±1V ±10V 1～5V	±80mV ±250mV ±500mV ±1V ±25V ±5V ±10V 1～5V	±1V 1～5V ±10V	±25mV ±50mV ±80mV ±250mV ±500mV ±1V ±2.5V ±5V ±10V 1～5V	±25mV ±50mV ±80mV ±250mV ±500mV ±1V ±2.5V ±5V ±10V 1～5V
中断功能	—	—	—	—	√	√
隔离	—	√	√	√	√	√
通道数量	16	8	8	8	16	8
分辨率	13Bit	13Bit	14Bit	14Bit	16Bit	16Bit
每个通道的转换时间	55/65ms	23/25ms	20/23ms	52μs	6/21/23ms	—
MLFB 组	6ES7 431-0HH	6ES7 431-1KF0	6ES7 431-1KF1	6ES7 431-1KF2	6ES7 431-7QH	6ES7 431-7KF0

电流输入

功能	16 点输入标准插件	8 点输入标准插件	8 点输入标准插件	极快的模拟量采集	以 16 位分辨率产生诊断和过程值中断	面向通道的隔离和诊断/过程值中断的产生
编码器测量范围	4～20mA ±20mA	4～20mA ±20mA	4～20mA 0～20mA	4～20mA ±20mA	4～20mA 0～20mA ±5mA ±10mA ±20mA	4～20mA 0～20mA ±5mA ±10mA ±20mA
中断功能	—	—	—	—	√	√
隔离	—	√	√	√	√	√
通道数量	16	8	8	8	16	8
分辨率	13Bit	13Bit	14Bit	14Bit	16Bit	16Bit
每个通道的转换时间	55/65ms	23/25ms	20/23ms	52μs	6/21/23ms	—
MLFB 组	6ES7 431-0HH	6ES7 431-1KF0	6ES7 431-1KF1	6ES7 431-1KF2	6ES7 431-7QH	6ES7 431-7KF0

电阻输入					
功能	标准插件	电压范围	高速模拟量的采集和过程中断的产生	许多测量范围以及产生过程和诊断中断	
编码器测量范围	0～600Ω	0～48Ω,0～150Ω 0～300Ω,0～600Ω	0～600Ω	0～48Ω,0～150Ω 0～300Ω,0～600Ω 0～6000Ω	
中断功能	—	—	—	√	
隔离	√	√	√	√	
通道数量	4	4	4	8	
分辨率	13Bit	14Bit	14Bit	16Bit	
每个通道的转换时间	23/25ms	20/23ms	52μs	6/21/23ms	
MLFB组	6ES7 431-1KF0	6ES7 431-1KF1	6ES7 431-1KF2	6ES7 431-7QH	

热电偶输入			
功能	8通道标准插件	16个通道,带有16位分辨率和产生过程和诊断中断	面向通道的隔离,产生过程和诊断中断
类型	B、E、N、J、K、L、R、S、T、U	B、E、N、J、K、L、R、S、T、U	B、E、N、J、K、L、R、S、T、U
中断功能	—	√	√
隔离	√	√	√
通道数量	8	16	8
分辨率	14Bit	16Bit	16Bit
每个通道的转换时间	20/23ms	6/21/23ms	
MLFB组	6ES7 431-1KF1	6ES7 431-7QH	6ES7 431-7KF0

热电阻输入			
功能	4通道标准插件	16个通道,带有16位分辨率和产生过程和诊断中断	面向通道的隔离,产生过程和诊断中断
类型	Pt100, Pt200, Pt500, Pt1000, Ni100	Pt100, Pt200, Pt500, Pt1000, Ni100, Ni1000	Pt100, Pt200, Pt500, Pt1000, Ni100, Ni1000
中断功能	—	√	√
隔离	√	√	√
通道数量	4	8	8
分辨率	14Bit	16Bit	16Bit
每个通道的转换时间	20/23ms	6/21/23ms	
MLFB组	6ES7 431-1KF1	6ES7 431-7QH	6ES7 431-7KF1

电压、电流输出	
编码器测量范围	±10V,0～10V,1～5V,±20mA,0～20mA,4～20mA
中断功能	—
隔离	3
通道数量	8
分辨率	13Bit
每个通道的转换时间	420ms
MLFB组	6ES7 431-1HF

14.2.2 Modicon TSX Quantum 可编程控制器（美国施耐德）

14.2.2.1 构成与特点

（1）构成 Modicon TSX Quantum 可编程控制器的构成如图 14-5 所示，它由以下几个基本部分组成。

① 处理器插件 处理器插件有 Quantum-Unity 和 Quantum-Concept/ProWORX322 两种，在 Quantum-Unity 处理器插件中还分成基本处理器和高性能处理器，两者的区别主要在于通信接口不同，后者可以连接以太网。

② 电源插件 电源插件有独立型、累加型和冗余型 3 种，区别在于交流电压和直流电压的容量及输出电流有所不同，根据 Quantum 系统是本地 I/O 或远程 I/O 进行选择。

图 14-5 Modicon TSX Quantum
可编程控制器的构成

③ 状态量和模拟量 I/O 插件 状态量 I/O 插件有输入、输出和输入输出 3 种，根据点数、信号种类、负载等加以选择使用。模拟量 I/O 插件有输入、输出和输入输出 3 种，根据通道数、工作范围等要求选择使用。

④ 专用插件 专用插件有本安型 I/O 插件、计数器和锁存中断等专项插件、运动控制插件以及热备系统等。

⑤ 通信插件 通信插件有以太网插件、Modbus 插件、PROFIBUS 插件、Interbus 插件、RS-232 插件等。

（2）特点

① CPU 单元 可选 486、586、Pentium 的处理器，单机支持超过 300 个回路和 65000 点 I/O，背板总线速率高达 80Mbps。

② 冗余热备 提供包括 CPU、电源、远程 I/O、工业控制网络（Modbus Plus）的冗余热备解决方案。

③ 可靠性 所有 I/O 插件均可带电热插拔；提供防爆的本质安全型插件和符合美国军标的表面涂敷涂层插板，能有效抵抗酸碱环境腐蚀；输出插件提供故障状态预设置功能。

④ I/O 方式 本地 I/O、远程 I/O、分布式 I/O。

⑤ 网络和通信 提供 10/100M 自适应 TCP/IP 以太网接口插件，支持光纤双环冗余。同时支持通用的网络设备，如 CISCO、Dlink、3COM、Hyes 等。提供多种控制系统和仪表系统的接口插件，如 PROFIBUS-DP、Interbus、ASCII、LonWorks、HART 等。

14.2.2.2 功能与选用

（1）功能

① 处理器插件的功能 处理器插件具有卓越的扫描时间和 I/O 吞吐量，内置多种通信接口，通过 PCMCIA 内存扩展卡进行内存扩展，具有定时中断和 I/O 中断的能力，可以处理快速任务。在高端产品的前面板上配装了操作 LCD 显示屏以及用户诊断功能。

② 电源插件的功能 电源插件的功能是给系统底板提供电源并且保护系统免遭杂波和额定电压摆动的影响。所有的电源都具有过流保护和过压保护，不需要外加隔离变压器，就能在电气杂波环境中正常使用，发生意外掉电时，电源可以确保系统有充裕的时间安全有序地关闭。电源插件把电能转换成 5V DC，供给 CPU、本地 I/O、设在底板上的通信插件使用，现场传感器、执行器、Quantum 之间的 I/O 不能使用电源插件提供的电能。

③ 状态量和模拟量 I/O 插件的功能 状态量 I/O 插件有交流电压和直流电压输入、继

387

电器输出、组合输入输出功能；模拟量 I/O 插件具有电流、热电阻、热电偶输入，电流、电压输出，多量程输入/电流输出功能。

④ 专用插件的功能　本安型专用插件包括 RTD/电阻和热电偶/毫伏输入、电流输入/模拟量输出、状态量输入输出功能；专项插件包括高速计数、锁存中断、精确时间标记、PLC 时钟同步、LonWorks 通信等功能；运动控制插件包括单轴运动和 MMS 运动控制功能。

⑤ 通信插件的功能　基于 Web 技术，通过以太网 TCP/IP 或者 FactoryCast 实现数据的实时透明访问功能。提供了标准网页服务，可以对本地或远程的自动化系统进行控制、监视、诊断和维护；提供了 FactoryCastHMI 网页服务，可以执行 PLC 插件中包含的 HMI 功能，例如实时 HMI 数据库管理、电子邮件传输等。

（2）选用

① 处理器插件 140CPU65150 的选用　处理器插件 140CPU65150 的选用参见表 14-12

表 14-12　140CPU65150 的选用

机架数 2/3/4/6/10/16 插槽	本地 I/O	2 机架（1 主＋1 扩展）
	远程 I/O	31 个具有 2 机架的工作站（1 主＋1 扩展）
	分布式 I/O	具有 63 个单机架工作站的 3 个网络
最大状态量 I/O 数	本地 I/O	无限制（最多 26 插槽）
	远程 I/O	输入和输出各有 31744 个通道
	分布式 I/O	输入和输出各有 8000 个通道/1 个网络
最大模拟量 I/O 数	本地 I/O	无限制（最多 26 插槽）
	远程 I/O	输入和输出各有 1984 个通道
	分布式 I/O	输入和输出各有 500 个通道/1 个网络
专用模件		本安型 I/O、高速计数、锁存中断、精确时间标记、轴控制、串行连接
通信插件和轴的数量（本地机架上）	以太网 TCP/IP、ModbusPlus、PROFIBUS-DP、SY/Max 以太网、SERCOS、所有组合	6
总线连接	Modbus	1 个集成 RS-232/485ModbusRTU/ASCII 从端口
	AS-接口动作器/传感器总线	本地机架上有限制（最多 26 插槽），远程机架上有 4 个，分布机架上有 2 个
	PROFIBUS-DP/SERCOS MMS(2)	PROFIBUS-DP/SERCOS MMS，本地机架上有 6 个"选件"插件
网络连接	Modbus Plus	1 个集成端口，本地机架上有 6 个"选件"插件
	以太网 TCP/IP	1 个集成端口，本地机架上有 6 个"选件"插件
	USB	1 个保留用于连接编程 PC 的端口
过程控制	控制回路	20～60 个可编程通道
冗余		电源、远程 I/O 网络、Modbus Plus 插件、以太网 TCP/IP 插件
热备可用性		—
没有 PCMCIA 内存扩展卡时的内存容量	IEC 程序	512KB
	定位数据（状态 RAM）	128KB
有 PCMCIA 内存扩展卡时的内存容量	程序和数据存储	最多 7168MB
	数据存储器	8192MB

② 电源插件 140CPS11100 的选用　电源插件 140CPS11100 的选用参见表 14-13

表 14-13　电源插件 140CPS11100 的选用

输入电压	AC100~276V
输入电流	AC115V/0.4A,AC230V/0.2A
输出电流	最大 3.0A
频率	47~63Hz
外部保险丝	1.5A
最长电源中断时间	满负荷时为 1/2 周
报警继电器触点	无

③ 状态量和模拟量 I/O 插件的选用　模拟量 I/O 插件 140ATI03000 的选用参见表 14-14。

表 14-14　模拟量 I/O 插件 140ATI03000 的选用

通道数	8	
工作范围	热电偶： B(-130~+1820℃)、E(-270~+1000℃)、J(-210~+760℃)、K(-270~+1370℃)、R(-50~+1665℃)、S(-50~+1665℃)、T(-270~+400℃)	
	毫伏： -100~+100(回路电源电压小于 30V,$R_{min}=0\Omega$) -25~+25(回路电源电压小于 30V,$R_{min}=0\Omega$)	
接口	1	
输入阻抗	>1MΩ	
冷端补偿	内部冷端补偿工作在 0~600℃ 范围,接头门必须关闭。 可以通过将一个热电偶连接到通道 1 来实现远程冷端补偿,推荐远程冷端补偿使用 J、K 和 T 型热电偶	
分辨率	TC 范围:选择 1℃(缺省),0.1℃,1℉,0.1℉	
	毫伏范围:100mV 范围,3.05μV(16 位) 25mV 范围,0.76μV(16 位)	
通道之间隔离	AC220V,47~63Hz 或最大 DC300V	
寻址要求	10 输入字	
所需总线电流	280mA	

④ 专用插件的选用　专用插件 140EHC10500 的选用参见表 14-15。

表 14-15　专用插件 140EHC10500 的选用

功能	用于增量编码器的 5 个通道,计数器输入频率 100kHz 或 20kHz
输入数/输出数	8/8
数据格式	16 位计数器 dec65535,32 位计数器 dec2147483647
Unity Pro 软件兼容性	是
寻址要求	12 输入字 12 输出字
故障检测	输出的现场掉电,输出短路
所需总线电流	250mA

⑤ 通信插件的选用　通信插件 140NOE77100 的选用参见表 14-16。

389

表 14-16　通信插件 140NOE77100 的选用

物理接口	10BASE-T/100BASE-TX(铜制电缆),100BASE-FX(光纤电缆)
访问方式	CSMA-CD
数据速率	10/100Mbps(铜制电缆),100Mbps(光纤电缆)
介质	屏蔽双绞线、光纤电缆
功能,主要服务	取决于型号的标准网页/FactoryCast 服务,ModbusTCP 信息,I/O 扫描服务;取决于型号的全局数据,FDR 服务器,SNMP 代理;取决于型号的 SMTP 服务(电子邮件)
兼容性	所有的 CPU,软件 UnityPro2.0 版,Concept ProWORX32
功耗	1000mW

14.2.3　SYSMAC CP1H 系列可编程控制器（日本欧姆龙）

14.2.3.1　构成与特点

（1）构成　SYSMAC CP1H 系列可编程控制器包括 X、XA 和 Y 三种类型,其构成如图 14-6 所示,它由以下几个基本部分组成。

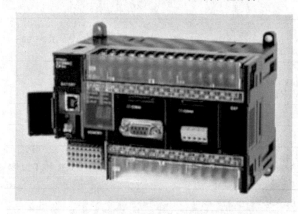

图 14-6　SYSMAC CP1H 系列
可编程控制器的构成图

① CP1HCPU 单元　CP1HCPU 单元包括电池盖、工作指示 LED、外围设备 USB 接口、7 段 LED 显示、模拟电位器、外部模拟设定输入连接器、拨动开关、内置模拟输入输出端子台、内置模拟输入切换开关、存储盒槽位、电源/接地/输入端子台、选件板槽位、输入指示 LED、扩展 I/O 单元连接器、输出指示 LED、DC24V 输出、输出端子台、CJ 单元适配器用连接器。

② RS-232C 选件板　串行通信接口,可以安装到 CP1HCPU 单元的选件板槽位。

③ RS-422A/485 选件板　串行通信接口,也可以安装到 CP1HCPU 单元的选件板槽位。

（2）特点

① 高速计数器功能丰富　可以对高速计数器输入脉冲的频率进行测定,也可以对高速计数器目前值的保持/更新进行切换,通过高速计数器的目前值和设定值的比较触发中断达到高速处理。

② 高速化处理　运算速度、与外围设备的数据交换速度、编程设备服务处理速度都达到了高速化。

③ 脉冲控制的多样性　可以选择脉冲输出的种类;在速度控制中,可改变成根据脉冲输出指令所进行的定位;在定位过程中,当加速或减速所必需的脉冲输出量超过设定目标的脉冲输出量时,可进行三角控制;在定位时,可以变更定位目标的位置;在加速或减速中,可以改变目标速度及加减速率。

④ 多种串行接口　可以提供 USB、RS-232C、RS-422 三种串行通信接口连接计算机、变频器、传感器等外围设备。

⑤ 安全设施　设计了密码保护功能,在读取 CX-PROGRAMMER 的梯形图时,密码输

入错误，则禁止读取程序。如果密码连续 5 次输入错误时，其后 2h 内不接受密码输入。

⑥ 扩展能力强　通过 CJ 单元适配器，可以连接 CJ 系列的特殊 I/O 单元、CPU 总线单元，可以进行与上、下位网络连接及模拟 I/O 的扩展。

⑦ 7 段 LED 显示　可以显示 PLC 的状态，以便进行 PLC 故障的监测，提高了维护性。

14.2.3.2　功能与选用

（1）功能

① 本体功能　CP1HCPU 单元内置输入输出功能，内置输入功能包括 24 点通用输入和 4 个高速计数器输入，内置输出功能包括 16 点通用输出和 4 个脉冲输出。

② 扩展功能　通过扩展 I/O 单元连接器可以外接 CPM1A 系列的扩展 I/O 单元，使 CP1H 最多可达 320 点的输入输出；通过扩展 CJ 单元适配器可以外接 CPM1A 系列的扩展单元，使 CP1H 可以连接模拟量输入输出单元和温度传感器，对功能进行扩展。

③ 通信功能　通过安装选件板，外接 RS-232C 或者 RS-422 接口，可以连接变频器、条形码阅读器等。

（2）选用

① CP1HCPU 的选用　CP1HCPU 的选用参见表 14-17

表 14-17　CPH1CPU 的选用表

名称	电源	型号	通用输入	通用输出	最大连接台数	最大扩展点数	合计最大输入输出点数
CP1HCPU（X 基本型）	AC100～240V	CP1H-X40DR-A	DC 输入 24 点	继电器输出 16 点	7	280	320
	DC24V	CP1H-X40DT-D	DC 输入 24 点	晶体管输出（漏型）16 点	7	280	320
	DC24V	CP1H-X40DT1-D	DC 输入 24 点	晶体管输出（源型）16 点	7	280	320

② CPM1A 系列扩展 I/O 单元的选用

CPM1A 系列扩展 I/O 单元的选用参见表 14-18

表 14-18　CPM1A 系列扩展 I/O 单元的选用表

名称	型号	规格	符合标准
CPM1A 扩展 I/O 单元	CPM1A-8ED	8 点 DC 输入	U,C,CE
	CPM1A-8ER	8 点继电器输出	U,C,CE
	CPM1A-8ET	8 点晶体管输出（漏型）	U,C,CE
	CPM1A-8ET1	8 点晶体管输出（源型）	U,C,CE
	CPM1A-20EDR1	12 点 DC 输入，8 点晶体管输出	U,C,CE
	CPM1A-20EDT	12 点 DC 输入，8 点晶体管输出（漏型）	U,C,CE
	CPM1A-20EDT1	12 点 DC 输入，8 点晶体管输出（源型）	U,C,CE

③ CPM1A 系列扩展单元的选用

CPM1A 系列扩展单元的选用参见表 14-19。

其中，CPM1A-AD041 模拟量输入单元和 CPM1A-DA041 模拟量输出单元的细目情况如表 14-20 所示。

表 14-19　CPM1A 系列扩展单元的选用表

DeviceNet I/O 链接单元	CPM1A-DRT21	32 点输入,32 点输出	U,C,CE
CompoBus/S I/O	CPM1A-SRT21	8 点输入,8 点输出	U,C,CE
模拟量 I/O 单元	CPM1A-MAD01	2 路模拟量输入,1 路模拟量输出(1/256)	U,C,CE
	CPM1A-MAD11	2 路模拟量输入,1 路模拟量输出(1/6000)	U,C,CE
	CPM1A-AD041	4 路模拟量输入(1/6000)	CE,UC1
	CPM1A-DA041	4 路模拟量输出(1/6000)	CE,UC1
	CPM1A-TS001	2 点热电偶输入	U,C,CE
	CPM1A-TS002	4 点热电偶输入	U,C,CE
	CPM1A-TS101	2 点热电阻输入	U,C,CE
	CPM1A-TS102	4 点热电阻输入	U,C,CE

表 14-20　CPM1A-AD041 模拟量输入单元和 CPM1A-DA041 模拟量输出单元的细目表

CPM1A-AD041	电压输入	电流输入
输入数量	4(用 2 个输出字做范围设定)	
输入信号范围	0~5V,1~5V,0~10V,−10~10V	0~20mA,4~20mA
最大额定输入	±15V	±30mA
外部输入阻抗	1MΩ(最小)	250Ω
分辨率	1/6000(满量程)	
精确度	25℃:±0.5%(满量程)	25℃:±0.5%(满量程)
	0~55℃:±1.0%(满量程)	0~55℃:±1.0%(满量程)
转换 A/D 数据	二进制数据(十六进制 4 位) −10~10V 输入范围:满量程=F448~0BB8(Hex) 其他输入范围:满量程=0000~1770(Hex)	
平均值	支持	
断线检测	支持	
转换时间	2ms/点(8ms/4 点),转换时间是指模块的所有模拟量输入完成一次转换所需的时间	
隔离方式	I/O 端子和 PLC 间采用光电耦合隔离(模拟量 I/O 信号间无隔离)	
CPM1A-DA041	电压输入	电流输入
输出数量	4(可同时使用电压输出和电流输出,但总的输出电流不得大于 21mA)	
输出信号范围	1~5V,0~10V,−10~10V	0~20mA,4~20mA
外部输出	2kΩ(最小)	350Ω(最大)
外部输出阻抗	0.5Ω(最大)	—
分辨率	1/6000(满量程)	
精确度	25℃:±0.5%(满量程)	
	0~55℃:±1.0%(满量程)	
DA 数据设定	二进制数据(十六进制 4 位) −10~10V 输入范围:满量程=F448~0BB8(Hex) 其他输入范围:满量程=0000~1770(Hex)	
转换时间	2ms/点(8ms/4 点),转换时间是指模块的所有模拟量输出完成一次转换所需的时间	
隔离方式	I/O 端子和 PLC 间采用光电耦合隔离(模拟量 I/O 信号间无隔离)	

第15章
现场总线控制技术

◎ 15.1 现场总线的构成

现场总线是连接智能现场设备和自动化系统的数字式、双向传输、多分支结构的通信网络，它的关键标志是能支持双向、多节点、总线式的全数字通信。用于过程自动化、制造自动化、楼宇自动化等领域的现场智能设备互连通信网络。它作为工厂数字通信网络的基础，沟通了过程现场、控制设备和管理层之间的联系。不仅是一个基层网络，而且还是一种开放式、新型全分布控制系统。这项以智能传感、控制、计算机、数字通信等技术为主要内容的综合技术，已经成为自动化技术发展的热点，并将导致自动化系统结构与设备的深刻变革。现场总线设备的工作环境处于过程设备的底层，作为工厂设备级基础通信网络，要求具有协议简单、容错能力强、安全性好、成本低的特点，具有一定的时间确定性和较高的实时性要求，还具有网络负载稳定，多数为短帧传送、信息交换频繁等特点。

（1）FF 总线　目前，支持 FF 现场总线的产品越来越多。

现场总线系统已经逐步在大型和超大型规模系统中得到采用。石油、天然气、石油化工、化工领域的工程项目数占 FF 总线全部项目数的 44.9%。

（2）PROFIBUS 总线　PROFIBUS 是德国国家标准 DIN 19245 和欧洲标准 prEN 50170 的现场总线。由 PROFIBUS-DP、PROFIBUS-FMS、PROFIBUS-PA 组成了 PRO-FIBUS 系列。DP 用于分散外设间的高速传输，适合于加工自动化领域的应用，FMS 用于纺织、楼宇自动化、可编程控制器、低压开关等一般自动化，而 PA 用于过程自动化的总线类型，它遵从 IEC1158-2 标准。该项技术是由西门子公司为主的十几家德国公司、研究所共同推出的。它采用了 OSI 模型的物理层、数据链路层，由这两部分形成了其标准第一部分的子集，DP 型隐去了 3～7 层，而增加了直接数据连接拟合作为用户接口，FMS 型只隐去第 3～6 层，采用了应用层，作为标准的第二部分。PA 型的标准目前还处于制定过程之中，其传输技术遵从 IEC1158-2（1）标准，可实现总线供电与本质安全防爆。

（3）LonWorks 总线　LonWorks 本身是一个开放的系统。用它构建的系统可使不同厂家生产的设备及产品进行互连，同时也易于系统的扩展和重组。世界上 20 多个国家的 200 多个公司，包括 ABB、HONETWELL、OLIVETT、Motorola、IBM、TOSHIBA、HP 等公司，组成了一个独立行业协会，负责定义、发布、确认产品的互操作性标准。并且已有多家公司正在生产 LonWorks 产品或将其产品纳入 LonWorks 网络，如 HOMETWEL 已将 LonWorks 技术用于其楼宇自控系统，Rosemount 公司也已将它用于环境检测系统，我国也

393

推出了自己的基于 LonWorks 的产品，分别在酿酒、电力、建筑、工业自动化和化工行业中应用并取得了效果。

由此可见，由于 LonWorks 技术的开放性，产品的选择多样化，网络规模大小灵活，使得设计者可以选择各种网络设备，包括国产的节点、路由器等产品，这样就能以最合理的价格组成符合要求的 LonWorks 网络，有效控制成本。无论是系统升级，或是新系统设计，可以形成不同档次的实用系统，根据客户的要求提出最贴切的实施方案，满足各层次用户的需求，并能方便地对用户节点进行修改和升级。

（4）CAN 总线　CAN 是由德国 BOSCH 公司推出，用于汽车内部测量与执行部件之间的数据通信。其总线规范现已被 ISO 国际标准组织制定为国际标准，得到了 Motorola、Intel、Philips、Siemens、NEC 等公司的支持，已广泛应用在离散控制领域。

◎ 15.2　国内现场总线产品

15.2.1　NCS3000 现场总线（沈阳中科博威）

15.2.1.1　构成与特点

（1）构成　NCS3000 现场总线主要由下列几个部分组成，FF H1 现场总线计算机接口卡 FBC-2010-LM、FF H1 现场总线仪表 FI/IF/PT/TT、FF H1 分布智能 I/OSIACON-H1-DCSTATION、FF HSE 分布智能 I/OSIACON-HSE-DCSTATION、DP/H1 网关和 HSE/H1 网关 SIACON-LD。系统的关键设备是 FF 分布智能 I/O 控制单元和 H1 现场总线仪表。

（2）特点

① FF 分布智能 I/O 控制单元本身具有主控单元，可以完成较为复杂的控制算法。同时，可将标准的现场信号转换成为符合 FF 协议的现场总线信号，是传统设备的理想替代品。

② NCS3000 现场总线控制系统主要应用于过程控制行业，各个智能设备和仪表通过 FF 现场总线连接。通过上位机中的 FF 现场总线接口卡和组态软件完成控制策略的组态、参数修改等功能，通过 HMI 监控组态软件，实现控制过程的实时监控、实时数据采集、生产过程的管理与控制等功能。

15.2.1.2　功能与选用

（1）功能

① 基金会现场总线 PC 接口插件-FBC-2010-LM 的功能　现场总线 PC 接口插件-FBC-2010-LM 是 FF 现场总线控制系统的关键设备之一，用于连接计算机和 FF 现场仪表等设备，是计算机与 FF 现场设备间的信息通道和通信指挥调度中心。该插件是具有 Link Master 功能的主设备，能完成链路调度任务，是国内首家通过 FF 一致性测试的现场总线产品。该插件提供标准的 OPC 接口，用户可以通过该插件对 FF 现场设备进行组态和监控。该插件易于系统集成，可广泛应用于石油、化工、冶金、电力、轻工、食品、水处理等过程控制应用场合。

② 以太网 FF-H1 接口设备的功能　以太网 H1 接口设备是通过以太网连接 FF H1 网段的关键设备。1 个以太网 H1 接口设备最多可以连接 4 个 H1 网段，可以做 H1 网桥设备。

以太网 H1 接口设备主要由信号接口部分和电源接口部分所组成。电源接口是外界提供的 24V 电压；信号接口部分由 4 个 FF H1 协议接口和 1 个以太网接口组成。以太网 H1 接口设备可以将 4 个 H1（31.25Kbit）网段和 1 个 HSE（10M/100M）连接在一起，使两边的系统可以无缝连接。

该设备在 FF H1 协议的基础上，将以太网技术作为底层协议加入到现场总线协议中，构建了基于工业以太网的 H1 接口设备。用户可以通过现场总线的组态软件，完成对多个 FF H1 网段的组态、控制回路组态、控制逻辑组态、功能块连接、报警趋势组态、控制应用下载等功能。

③ 现场总线圆卡的功能　在现场总线仪表当中，有一块圆形的电路板，用于完成现场总线信号到各种模拟信号的转换，该电路板称为现场总线 H1 圆卡。圆卡既可以与 A/D、D/A 等接口卡连接组装成现场总线仪表，将各种传统模拟变送器升级为现场总线变送器，也可以单独工作。现场总线圆卡具有下列功能：可集成 FF H1 通信协议和功能块应用；提供 FF H1 接口；提供与仪表间的接口；总线供电（9～32V），满足本质安全要求；抗电磁干扰性能（EMC）需适应现场工作环境。该卡易于集成，互操作性强，主要用于与传统模拟仪表结合，进行产品升级换代，从而提高市场竞争力。

④ FF 现场总线温度变送器 NCS-1-TT 的功能　FF 现场总线温度变送器 NCS-1-TT 主要通过热电阻传感器将温度信号转换成电压信号，经 A/D 转换后，CPU 将数据按现场总线协议的要求，发送到 FF 现场总线系统中。32K 串行 EEPROM，两线或三线制连接，A/D 芯片采用 AD7705，LCD 液晶显示屏（可选），内嵌实时操作系统，FF 现场总线协议栈软件，满足互操作要求的 FF 标准功能块（AI、PID），具有总线供电功能，防爆、防水，符合本质安全，应用领域为冶金、石化、油田等需温度检测、控制场所。

（2）选用

① 基金会现场总线 PC 接口卡-FBC-2010-LM 的选用

一个 FF（H1）（31.25kb/s）接口，电压模式；

Intel 386EX CPU，50MHz；

512K RAM，512K ROM；

内嵌实时操作系统；

Smar3050 现场总线接口芯片；

FF＿Stack＿LM 协议栈软件；

接口设备 API；

PC 总线为 ISA（16 位槽）；

接口为 9 针 D-SUB；

工作环境为室内；

工作电压为 5V；

尺寸为 200mm×100mm；

无源，非总线供电，不需要隔离；

配置软件为 NCS-Configurator（选配）/OPC Server。

② 以太网 FF-H1 接口设备的选用

支持标准的 FFH1 现场总线协议；

支持设备 IP 修改（提供相关软件工具）；

以太网端口 10/100M BaseTX 以太网接口（RJ-45）；

支持一或四路 H1 接口；

供电 24VDC；

工作温度−25℃～+60℃；

相对湿度＜85％。

③ 现场总线圆卡的选用

圆卡直径115mm；

CPU AT9140800（ARM7TDMI核）；

FLASH 512K×16bit；

RAM 256K×16bit；

现场总线接口芯片 Smar 3050；

支持标准的 FF H1 通信协议，总线传输速率 31.25Kbps-（电流模式）；

支持 Link Master 功能（VCR 32，LINKAGE 32 及 FBSTART 9）

启动时间小于 5s；

支持满足互操作要求的 FF 标准功能块（RES、AI、AO、PID 等）；

通信介质为双绞线；

总线供电 9～32V DC；

总线电流小于 15mA（主频 4MHz）；

工作温度−40～+85℃；

可为用户提供显示、频率、A/D 或 D/A 接口；

组态软件 NCS-Configurator；

监控软件 NCS-Viewer。

④ FF 现场总线温度变送器 NCS-1-TT 的选用

CPU AMD188EM 16/25MHz；

FLASH 512K×16bit；

RAM 256K×16bit；

输入信号热电阻或热电偶电压测量的模拟信号；

输出信号电流模式的总线数字信号；

电源供给总线电源 9～32V DC，电流消耗小于 20mA；

温度限制运行为−40～85℃，保存为−40～120℃；

湿度限制 0～85％（RH）；

启动时间小于 5s；

精确度 0.125％；

周围温度影响±0.05％/℃；

输出电源影响±0.005％/V；

电磁兼容符合 IEC61000-4 标准；

防爆型 dbIIBT5；

本安型 iaIICT5；

传感器选配为热电阻（Cu50、Cu100、Pt10、Pt100、Pt500）。

15.2.2　ie-FCS™FB6000 现场总线（北京华控技术）

15.2.2.1　构成与特点

（1）构成　ie-FCS™FB6000 现场总线系统由工程师站、操作站、控制站、现场总线互连单元和系统（主站）网络组成，如图 15-1 所示。

① 工程师站　工程师站的主要功能是完成系统控制策略组态、系统维护以及设备的管理。

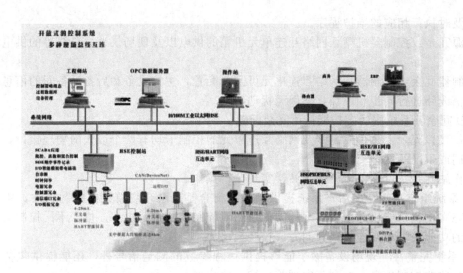

图 15-1 ie-FCS^{TM} FB6000 现场总线系统的构成

② 操作站　操作站的主要功能是完成过程监控操作。主要由工业 PC、显示器、键盘、鼠标、打印机等构成人机交互系统。

③ 控制站　控制站的主要功能是完成对整个工业过程的实时控制。主要由控制器、智能 I/O 插件和远程智能插件构成。

④ 现场总线互连单元　现场总线互连单元的主要功能是把符合 IEC 标准基金会现场总线 FF H1、PROFIBUS、HART 和 DeviceNet 协议的产品和设备集成到系统中，实现互操作。

⑤ 系统（主站）网络　系统（主站）网络的主要功能是实现工程师站、操作站、控制站、现场总线互连单元以及工厂级网络的连接，完成信息、控制命令等传输，该网络是符合 IEC 标准的工业以太网 HSE（TCP/IP），信息的传输开放、高速、可靠。

（2）特点

① 开放性和多种现场总线互连　突破了传统的集散控制系统中通信网络采用专用网络所造成的缺陷，把基于封闭、专用的解决方案变成了公开化、标准化的解决方案，选用符合 IEC 国际标准的现场总线网络。FF H1、PROFIBUS、DeviceNet、CAN、HART 设备通过相应的网络互连单元，集成到基金会高速以太网（HSE），从而实现现场总线的互连和系统的集成。

② 批控、离散和混合控制　实现了现场总线基金会定义的基本、先进和柔性功能块，将这些功能块进行组合，可完成复杂的批控、离散及混合控制等应用。

③ 可互操作性　可互操作性体现在设备互操作和子系统互操作两个方面。

设备的互操作性：凡经基金会注册的不同厂商的设备，均可以直接连入系统，建立真正的无缝、开放系统。

子系统的互操作性：其他现场总线的产品可通过本系统相应的网络互连单元，集成到系统中实现互操作。

④ 系统结构简化　采用符合 IEC 国际标准的网络 HSE 以及标准的用户层协议，其体系结构较传统的控制系统发生较大变化，结构简化，功能增强，多种现场总线互连标准化，工程复杂性及网关数量大大减小。

⑤ 可靠性　系统的自诊断、自校正、故障即时提示、在线故障报告等机制和冗余措施，使得系统的安全可靠性进一步提高。在线诊断结果不仅能报告给操作员，还能为设备自身所

397

使用，及时执行相应的维护程序。

电源冗余：控制器机箱、网络互连单元机箱的供电以及现场仪表、总线等的供电均可冗余配置。

控制器冗余：控制器和网络互连单元可冗余配置，主控设备和后备设备间的信息通过专用的通信线路进行同步和跟踪，确保无扰动切换。

I/O冗余：系统中的多功能板可冗余配置。

通信接口冗余：每台控制器及网络互连单元的控制卡均有两个以太网物理接口，可分别接入相同或不同的网络交换机。

操作站冗余：可配备多个操作站，实现并行操作。

⑥ 系统组态直观、灵活　系统提供了多种符合基金会现场总线的控制算法，用户可按需求动态实例化功能块；采用直观的功能块图对控制策略进行组态。位于不同控制站、互连单元中的功能块可相互连接，共同完成控制策略。

⑦ 系统完整性　现场设备除了能够提供过程参数的测量信号外，还能提供包括设备和过程的某些非控制信息，有利于实现管、控一体化。

⑧ 远程分布式I/O技术　系统中除了符合现场总线的设备和仪表可分散到工业现场之外，I/O插件也可分散到工业现场。突破了传统集散控制系统I/O插件集中分布的限制，节省了信号电缆和维护等费用。远程I/O插件与控制器之间的距离最长达8km，加接中继器则可达更远距离。

⑨ SOE顺序事件记录　通过SOE插件和软件（VSOE），可以永久记录事件的发生顺序，事件分辨率为1ms，多块SOE插件之间时钟保持同步，可以准确地反映出多个点的事件发生顺序。

⑩ 开放的OPC应用接口　OPC服务器根据系统的组态信息，管理所有控制器以及网络互连单元的信息，实时获取现场数据；并同时下传从操作站等主机下达的命令。MMI软件和ERP软件可以方便地从OPC服务器上获取设备和现场的数据。

15.2.2.2　功能与选用

（1）功能

① 控制站的功能　完成工业过程的实时控制。

② 操作站/工程师站的功能　完成过程的显示操作/控制策略组态、系统维护、设备管理等功能。

③ 现场总线互连单元的功能　将FF H1、PROFIBUS、HART、CAN、DeviceNet协议的产品和设备集成到系统中，实现互操作。

（2）选用

① 控制站的选用

a. 控制站机柜采用19in国际标准结构，各部件采用标准化组合方式，满足各种应用环境的要求，具有合理的防尘设计和通风设施。控制站机柜HK-FB6050尺寸（高×深×宽）为800×600×2100；控制站端子柜HK-FB6051尺寸（高×深×宽）为800×600×2100。

b. 控制站的控制器机箱内含总线底板，14个插槽，前2个为控制器插件用槽，后12个为I/O插件用槽。总线电气标准为5V（5A）和24V（3A）。现场信号端子进线不大于2.5mm^2。机箱HK-FB6021尺寸（高×深×宽）为265.9×225×482.6。

控制器机箱电源HK-FB6041，输入220V AC，输出24V DC(6A)，5V DC(10A)。

c. 控制器插件HK-FB6500

32位RISC微处理器；

支持1:1热备用冗余方式；

可带 12 个 I/O 插件和 20 个远程 I/O 插件，如果只配置远程 I/O 插件，则最大可带 32 个；

典型配置为 64 个控制回路；

插件功耗 4W；

双路 TCP/IP 端口，传输速率 10/100Mbps，通信介质五类双绞线、光纤。

d. I/O 插件

模拟量输入插件 HK-FC801；热电偶输入插件 HK-FC802；热电阻输入插件 HK-FC803；脉冲量输入插件 HK-FC804；模拟量输出插件 HK-FC805；状态量输入插件 HK-FC806；状态量输出插件 HK-FC807；继电器输出插件 HK-FC808；SOE 输入插件 HK-FC809；多功能插件 HK-FC810；HART 仪表采集插件 HK-FB6410。

② 操作站/工程师站的选用　操作站/工程师站的选用参见表 15-1。

表 15-1　操作站/工程师站的规格参数选用

项目	工业计算机	一般计算机	项目	工业计算机	一般计算机
处理器	PⅢ550MHz	PⅢ800MHz	显示卡	VGA/SVGA,4MB	VGA/SVGA,4MB
RAM	128MB	128MB	接口	2 个 RS-232C 1 个并口	2 个 RS-232C 1 个并口
运行平台	Windows98/2000/NT	Windows98/2000/NT	网卡	10/100Mbps 网络适配卡	10/100Mbps 网络适配卡
硬盘	≥10GB	≥10GB	监视器	17/19/21in 显示器	17/19/21in 显示器
光驱	≥12X	≥12X			

③ 现场总线互连单元的选用

a. 现场总线互连单元机箱内含总线底板，14 个插槽。机箱 HK-FB6020 尺寸（高×深×宽）为 265.9×285×482.6。

现场总线互连单元机箱 HK-FB6040 电源，输入 220V AC，输出 24V DC(6A)，140W。

b. 现场总线 FF-H1 互连单元控制器插件 HK-FB6100

32 位 RISC 微处理器；

4MB 数据存储区，4MB 闪存程序存储区；

支持 1∶1 热备用冗余方式；

自适应双以太网端口，传输速率 10/100Mbps，通信介质五类双绞线、光纤；

2 路 FF H1 现场总线接口，传输速率 31.25Kbps，通信介质双绞线，隔离电压 2000V DC。

c. 现场总线 PROFIBUS 互连单元控制器插件 HK-FB6200

32 位 RISC 微处理器；

4MB 数据存储区，4MB 闪存程序存储区；

支持 1∶1 热备用冗余方式；

自适应双以太网端口，传输速率 10/100Mbps，通信介质五类双绞线、光纤；

2 路 PROFIBUS 现场总线接口，PA 传输速率 31.25Kbps，DP 传输速率 9600bps～12Mbps，隔离电压 2000V DC，从站地址 1～125。

d. 现场总线 HART 互连单元控制器插件 HK-FB6400

32 位 RISC 微处理器；

4MB 数据存储区，4MB 闪存程序存储区；

支持 1∶1 热备用冗余方式；

自适应双以太网端口，传输速率 10/100Mbps，通信介质五类双绞线、光纤；

16 路 HART，输入阻抗不小于 10kΩ，共模电压输入范围不小于＋40V，隔离电压 2000V DC。

15.2.3 STI-VC2100MA 系列控制插件（上海船舶运输科学研究所）

15.2.3.1 构成与特点

（1）构成 STI-VC2100MA 系列控制插件主要由下列几个部分组成：热电偶输入、铂电阻输入、电流输入、状态量输入、脉冲量输入、控制、继电器输出、A/D 输入、D/A 输出和通信插件。

（2）特点

① 严格按照 LonMark 互通协会的要求进行设计与布线。全部选用高质量低功耗的贴片元器件。

② 根据 Motorola 公司的建议采用 6 层板的 PCB 设计，电源层和地层分开，6 层的电路板与 2 层电路板相比可大大减少电磁干扰，因为附加的层便于 VCC 去耦及更有效地进行逻辑地保护，大大提高插件抗干扰能力。

③ 为了保护芯片上的 EEPROM，当 VDD 低于工作电压时不至于逻辑混乱，采用低电压指示（LVI）芯片保护 EEPROM。选用了 ECHELON 推荐的 DS1233 贴片设计（ECHELON 公司的 LonWorks 产品中大都采用 DS1233）。

④ 与 ECHELON 公司的 FTT 控制插件（Model 55020-10）全兼容，但 ECHELON 的控制插件只有内置 2K RAM，编制较大规模程序时可能出现内存不够，因此在 LonControl 控制插件中增加了 26K 的外部 RAM，可以增大 LonWorks 通信中的发送和接收缓冲区，大大提高实时通信效率，也便于用户编写大型 C 程序。

⑤ 在插件中增加了 SERVICE 指示灯和 SERVICE 按钮，便于用户下载程序和直观地显示运行状态。

⑥ 由于原来的插件只有 11 个 I/O，I/O 脚太少，利用原插件中的 3 个空脚，扩展了 3 个输出，开放给用户使用。

15.2.3.2 功能与选用

（1）功能

① MA2101 铂电阻输入插件的功能 MA2101 铂电阻输入插件可以外接 8 路三线制铂电阻输入信号。

② MA2102 热电偶输入插件的功能 MA2102 热电偶输入插件可以外接 16 路热电偶输入信号。

③ MA2121 通信插件的功能 MA2121 通信插件为 PC 机与 LonWorks 网络的接口卡，采用内存映像的机制，具有速度快、无需配置的优点，可应用于普通工控机、IBM 兼容机中。

④ MA212 控制插件的功能 根据实际需要的控制功能编写控制程序，需要二次开发，应具有开发系统。

（2）选用

① MA2101 铂电阻输入插件的选用

工作温度范围：－25～＋70℃。

相对湿度：＜98％，55℃。

振动：±1.0g。

电磁兼容性：符合 IEC801《电磁兼容性》的要求。

电源电压：18～36V DC 或 24V AC±20％，功耗小于 2W。

A/D、D/A 转换精度：12 位或 16 位。

安装、接线方式：将插件上的卡环卡在导轨槽内，安装在标准的机架或标准机箱中，插件上橘黄色 2 线接线柱外接电源，接线时无极性，线径为 $0.08\sim2.5\mathrm{mm}^2$，灰白色 2 线接线柱是通信电缆接线柱，接线时无极性，通信电缆采用双绞线电缆，在恶劣环境条件下使用，要求采用带屏蔽层的双绞线，用于船舶监控时双绞线电缆表面应加铠装。

接线方式可以为总线型和自由拓扑结构：总线型连接长度为 2700m，超过该长度必须加接 MA2123 中继器，2700m 连线上可以接 64 个 LonWorks 控制插件，双绞线两端应加接终端匹配器。

自由拓扑结构包括环形总线拓扑结构、星形总线拓扑结构等。自由总线拓扑结构的连线总长度小于 500m。

② MA2102 热电偶输入插件的选用

工作温度范围：$-25\sim+70℃$。

相对湿度：$<98\%$，55℃。

振动：$\pm1.0g$。

电磁兼容性：符合 IEC801《电磁兼容性》的要求。

电源电压：$18\sim36\mathrm{V}$ DC 或 24V AC$\pm20\%$，功耗小于 2W

A/D、D/A 转换精度：12 位或 16 位。

安装、接线方式和 MA2101 铂电阻输入插件相同，不再赘述。

③ MA2121 通信插件的选用

工作温度范围：$-25\sim+70℃$。

相对湿度：$<98\%$，55℃。

振动：$\pm1.0g$。

功耗：$<2\mathrm{W}$。

FLASH 存储器容量：32K。

RAM 存储器容量：20K。

信息存储量：4K。

连接报文、网络变量数目：隐式寻址 62 个，显式寻址无限制。

安装、接线方式：将插件插入与 PC_104 的接口总线，安装在相应的机箱中；插件上的 10 芯 DS 端子为网络接入端，PIN1、PIN2 为一组，PIN5、PIN6 为一组，接入网络，接线时无极性，通信电缆采用双绞线电缆，在恶劣环境条件下使用，要求采用带屏蔽层的双绞线；插件上有网络终端匹配器作为备用，使用终端匹配器时，短接跳线 P3、P2，否则断开；用于船舶监控时双绞线电缆表面应加铠装；跳接线 P1 为解决资源冲突所用，应闭合。

接线方式可以为总线型和自由拓扑结构，总线型连接长度为 2700m，超过该长度必须加接 MA2123 中继器，2700m 连线上可以接 60 个 LonWorks 控制模块；双绞线两端应加接终端匹配器。

自由拓扑结构包括环形总线拓扑结构、星形总线拓扑结构等。自由总线拓扑结构的连线总长度小于 500m。

④ MA212 控制插件的选用　兼容 ECHELON 的控制插件，内置 FTT10A、FLASH、RAM。

LonControl 控制插件 J1 引脚定义：

引脚 1，扩展输出 IO1；

引脚 3，外接双绞线通信口；

引脚 4，外接双绞线通信口；

引脚 6，扩展输出 IO2。

控制插件 J2 引脚定义见表 15-2。

表 15-2　控制插件 J2 引脚定义

引脚名	引脚号	引脚功能	引脚名	引脚号	引脚功能
IO-0	2	3150I/O0	IO-8	17	3150I/O8
IO-1	4	3150I/O1	IO-9	14	3150I/O9
IO-2	6	3150I/O2	IO-10	16	3150I/O10
IO-3	8	3150I/O3	RESET	9	复位
IO-4	10	3150I/O4	SERVICE	18	服务申请
IO-5	11	3150I/O5	+5V	12	电源 5V
IO-6	13	3150I/O6	GND	3,5,7	电源地
IO-7	15	3150I/O7	IO3	1	扩展输出 IO3

FLASH、RAM 的地址，见表 15-3。

表 15-3　FLASH、RAM 地址

内存容量	内存分布
32K FLASH	0000～7FFF
26K RAM	8000～E7FF

15.2.4　EPA 分布式网络控制系统

EPA（Ethernet for Plant Automation）是由中控公司与浙江大学联合国内高校和研究所研究开发的工业以太网现场总线控制系统，并已制定出 EPA 国际标准，已被列入现场总线国际标准的 IEC61158（第四版）中的第十四类型。这是我国第一个仪器仪表行业的国际标准。

15.2.4.1　系统结构

EPA 系统是一种分布式系统，它利用 ISO/IEC8802-3、IEEE802.11、IEEE802.15 等协议定义的网络，将分布在现场的若干个设备、小系统以及控制/监视设备连接起来，所有设备一起运作，共同完成工业生产过程和操作中的测量和控制。EPA 系统可以用于制造和过程控制环境。EPA 系统结构提供了一个系统框架，用于描述若干个设备如何连接起来，它们之间如何进行通信，如何交换数据和如何组态。

基于 EPA 标准的分布式网络控制系统体系结构的设计吸收了现场总线控制系统的先进的设计理念，借鉴先进现场总线技术和信息网络技术发展成果，遵循"总体分散、局部集中"的原则，将工业控制网络划分两个层次，即过程监控层网络和工业现场设备层网络（见图 15-2）。其中，过程监控层网络是系统的主干网，用于连接工程师站、操作站、数据服务器、制造执行系统设备等控制室设备，一般由冗余高速以太网等组成。

工业现场设备层网络可根据具体应用实际，按信息交换的耦合程度划分为若干个控制区域。每个控制区域内包括现场控制器、变送器、执行机构、工业以太网交换机（或集线器、

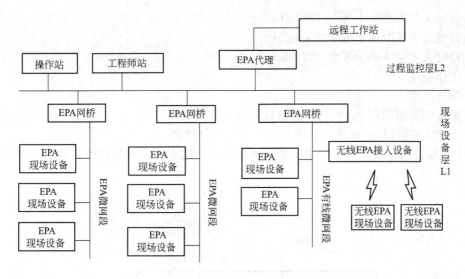

图 15-2 EPA 系统的拓扑结构

网络管理器）等现场设备，它们之间的通信流量集中在本区域内。每个控制区域通过具有报文过滤和网络隔离功能的以太网管理设备连接到主干网上。

这样，所有控制区域之间、控制区域与主干网之间的以太网通信流量不会相互干扰，最大限度地利用了网络带宽资源，又可以通过控制每个控制区域的网络节点，将其通信流量控制在较小的范围内，从而使以太网碰撞概率降到极小，满足工业现场设备间网络通信的实时性要求。

在物理上，过程监控层网络是系统的主干网，可通过光纤（远距离情况下使用）或屏蔽双绞线组成环网，连接现场设备层的各控制区域以及工程师站、操作站、数据服务器、MES 工作站等，而现场设备层各控制区域内则主要采用以屏蔽双绞线与工业以太网交换机（或集线器 HUB）组成的星形网络结构。

EPA 控制系统中的设备有 EPA 主设备、EPA 现场设备、EPA 网桥、EPA 代理、无线接入设备等几类。

EPA 主设备是过程监控层 L2 网段上的 EPA 设备，具有 EPA 通信接口，不要求具有控制功能块或功能块应用进程。EPA 主设备一般指 EPA 控制系统中的组态、监控设备或人机接口等。EPA 主设备的 IP 地址必须在系统中唯一。

EPA 现场设备是指处于工业现场应用环境的设备，如变送器、执行器、开关、数据采集器、现场控制器等。EPA 现场设备必须具有 EPA 通信实体，并包含至少一个功能块实例。EPA 现场设备的 IP 地址必须在系统中唯一。

EPA 网桥是一个微网段与其他微网段连接的设备。一个 EPA 网桥至少有两个通信接口，分别连接两个微网段。EPA 网桥是可以组态的设备，具有通信隔离报文转发与控制的功能。

EPA 系统可达 15 个控制区域，每个控制区域包括：

① IO 设备的节点数达到 128 个；

② AO 点数小于等于 128 点；

③ AI 点数小于等于 384 点；

④ DI 开入点数小于等于 2048 点；

⑤ DO 开出点数小于等于 1024 点；

⑥ 控制回路小于等于 128 个；

403

⑦ 自定义开关量小于等于 4096 点；

⑧ 自定义 2 字节小于等于 2048 点；

⑨ 自定义 4 字节小于等于 1024 点；

⑩ 工作温度 0~50℃；

⑪ 存放温度－40~70℃；

⑫ 采样和控制周期 0.1~5s（逻辑控制）；

⑬ 遵循 IEC61131-3 标准，具有 SFC、ST、LD 功能。

每个现场控制器最多可以挂接 128 个现场设备，这 128 个现场设备如图 15-3 所示。

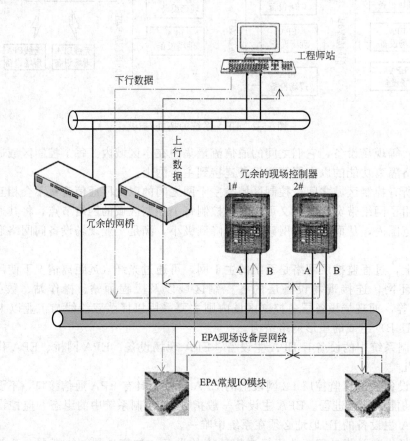

图 15-3　单个控制区域结构

15.2.4.2　各模块功能

（1）EPA 的现场控制器　基于 EPA 并有网络隔离报文过滤和透明传输功能的工业现场控制器包括以太网通信模块（见图 15-4）和运算控制模块（见图 15-5），其中包括微处理器、数据存储器、程序存储器、FLASH 闪存、看门狗电路、时钟电路。与微处理器相连的还有以太网接口电路 A 与以太网接口电路 B，均由以太网收发控制器、E^2PROM 存储器、驱动线圈和 RJ45 接口组成，通过组态配置。控制器的以太网接口电路 A 和以太网接口电路 B 可分别与组态监控计算机和现场智能设备相连。与组态监控计算机相连组成组态监控网络层，实现计算机的组态与监控，与现场智能设备相连组成现场设备层，实现控制器对现场智能设备的控制。在运算控制模块中除了能实现一般控制器所能进行的控制运算、控制参数调整等功能外，还能实现在跨网段的以太网报文安全隔离与过滤功能等。

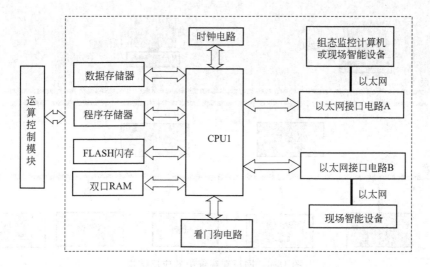

图 15-4　以太网通信模块的原理框图

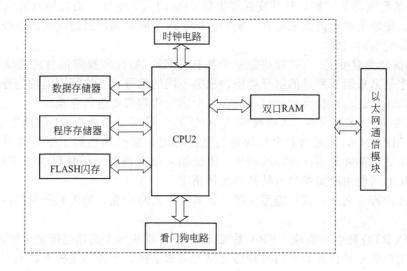

图 15-5　运算控制模块原理框图

（2）EPA 网桥　EPA 系统中的网桥是连接现场控制层和监控层的关键设备，如图 15-6 所示。其作用是隔离两个网络的不相干数据，并且在现场控制层参与 EPA 通信调度，不干扰控制层的正常运行。

EPA 网桥是可以冗余的设备，冗余的要求是在一台监控设备上拥有两个用于监控的网络接口。

除了上述的特点之外，该网桥还能根据用户设置，确定哪些 IP 的数据能够在两个网络中交互，从而保证最有效的数据通过网桥，减轻网络的负担。

（3）EPA VC 标准信号采集模块　基于 EPA 并由总线供电的智能型变送器 EPA VC 由 EPA 通信模块和信号调理模块组成，其中一路为统一隔离的标准信号输入测量模块，该模块将标准的电压、电流信号转换为数字信号上传主控制器。其特点如下。

① 标准信号输入　标准Ⅱ型、Ⅲ型电压信号（0～5V、1～5V）和标准Ⅱ型、Ⅲ型电流信号（0～10mA、4～20mA），可根据现场需要，通过跳线独立设置为标准Ⅱ型、Ⅲ型电压信号输入或标准Ⅱ型、Ⅲ型电流信号输入，不会影响其隔离特性。

405

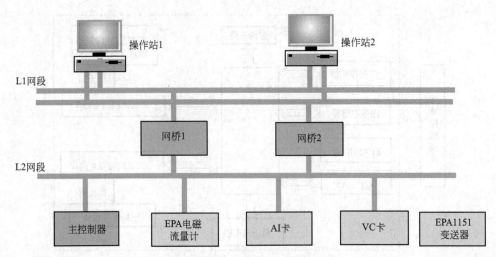

图 15-6　网桥在系统中的应用结构

② 对外的配电功能　能对外部变送器提供 25V 的直流电压，而且还具有电流输出的短路保护功能，使输出的电流值限定在一定的范围之内。同时用户通过配电的跳线设置还可以选择是否对外配电的功能。

③ 输入信号类型可变　VC 模块是一个具有 CPU、A/D 转换器的智能模块，它可以根据上位机组态信息来确定测量的信号类型，根据不同的信号类型进行不同的信号处理。它还具有故障自诊断功能，对自身的运行状态在每个运行周期都要进行自检。

④ 高精度 A/D 采样可变　VC 模块的 A/D 芯片采用了最新的 24 位高精度的 Σ-Δ 型 A/D 转换器 ADS1240，通过对整个模块进行系统标定，使模块达到了很高的采样精度。而且模块在使用之前都针对不同的标准电压、电流输入信号进行了满量程的标定和测试工作，使得模块在长时间使用期间都具有较高的测量精度。

除了上述的特点之外，该智能型变送器还具有以太网功能，能够和任何的以太网设备进行互联。

（4）EPA RTD 热电阻模块　EPA 系统背板 RTD 模块为 1 路热电阻信号输入测量模块，它将 1 路热电阻信号转化为数字信号并通过以太网通信将其上传给主控卡，用于温度信号的测量。EPA 背板 RTD 模块可以接收 0~400Ω 之间任何电阻信号，目前 EPA 系统可以处理的两种电阻信号为 Pt100 和 Cu50。

RTD 模块是通过双排接插针和底板相连接的，其中双排十针的接插件分别连接外部 24V 供电和 CPU 底板 DC/DC 的 5V 电源；另一双排八针的接插件分别接在底板的 I/O 引脚上，A/D 芯片控制信号及其 SPI 接口就是通过该插针和底板的 CPU 模块相连接的；还有一个双排四针的接插件用于背板和底板的固定连接。模拟信号的输入是通过一个单排十针的接插件将外部的模拟信号输入到模块内部的电路进行处理转换。

RTD 模块是一个具有 CPU、A/D 转换器的智能模块，它可以根据上位机组态信息来确定测量的信号类型，根据不同的信号类型进行不同的信号处理。它具有故障自诊断功能，对自身的状态和外部输入信号的通、断路都有自检的功能。

RTD 模块的 A/D 芯片采用了最新的 24 位高精度的 Σ-Δ 型 A/D 转换器 ADS1240，通过对整个模块进行系统的标定，模块达到了很高的采样精度。而且模块在使用之前都针对热电阻满量程进行了标定和测试工作，使得模块在长时间使用期间都具有较高的测量精度。

（5）EPA TC 热电偶模块　EPA 控制系统 TC 模块为 1 路统一隔离的热电偶信号输入测

量模块，该模块可将热电偶信号以及 0～100mV 的小信号转换为数字量上传主控制器。其可调理的热电偶型号有 E、J、K、N、T、S、B 等几种。

TC 模块在测量热电偶信号时，其冷端温度补偿是通过模块上的热敏电阻测量室温来实现的，热电偶的信号和热敏电阻信号的测量是分别通过 A/D 的两个差分通道来实现的。

TC 模块是一个具有 CPU、A/D 转换器的智能模块，它可以根据上位机组态信息来确定测量的热电偶型号的类型，根据不同的热电偶型号类型进行不同的处理方式。

TC 模块的 A/D 芯片采用了最新的 24 位高精度的 $\sum$-Δ 型 A/D 转换器 ADS1240，它具有 4 个差分输入通道，通过其内部寄存器的写操作可对通道进行组态、采样速率、自校准等进行设置。而且利用 ADS1240 内部自带的 $2\mu A$ 的断流源可以对热电偶的断偶实现自动的检测功能。通过对整个模块进行系统标定，可以使模块达到很高的采样精度。其原理如图 15-7 所示。

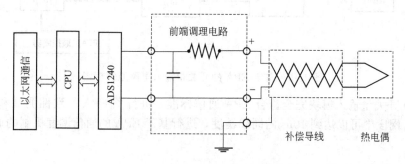

图 15-7　TC 模块工作原理图

（6）EPA DO 开关量输出模块　EPA 系统中的开关量输出模块是四点智能型的模块，提供四路无源的晶体管触点；该模块可通过中间继电器驱动电动控制装置。开关量模块采用统一的光电隔离技术，隔离通道和中间继电器的工作电源要求用户外配电。

开关量模块保证上电初始状态的开关触点全开，具有输出状态锁存功能。模块进行电磁兼容性的设计，具有脉冲群抑制和浪涌吸收的保护功能。

除了上述的特点之外，该开关量输出模块符合以太网通信的功能，能够和任何的以太网设备进行互联。基于 EPA 并由总线供电的开关量输出模块电路原理如图 15-8 所示。

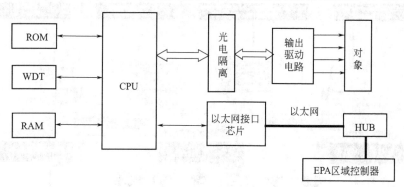

图 15-8　基于 EPA 的开关量输出电路原理框图

（7）EPA DI 开关量输入模块　EPA 系统中的 DI 模块是四点的开关量输入模块，能够快速响应干触点信号和电平信号的输入，实现数字量信号的准确采集，模块具有信号通道的自检功能。信号通道统一隔离，进行了电磁兼容性的设计，具有脉冲群抑制和浪涌的吸收保护功能。具有滤波处理功能，软件滤波则可滤除触点闭合时的抖动。通道的自检：CPU 向输入通道写入不同的状态，然后通过输入通道，将写出的状态读回到 CPU 中，最后，将写入的信号状态和读回的信号状态进行比较；如果两者一致，则表明卡件输入回路的工作状态是正常的，如果两者不一致，则向系统申报模块故障。EPA DI 开关量输入模块原理见图 15-9 所示。

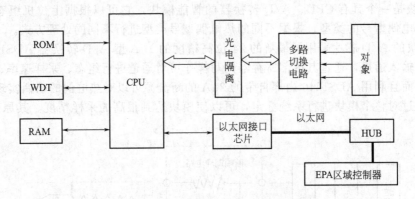

图 15-9　基于 EPA 的开关量输入电路原理框图

EPA DI 开关量输入模块完全符合 EPA 通信标准，进行了 EPA 一致性测试和互可操作测试，在 EPA 网段中可以达到 $10\mu s$ 的同步精度，进行基于 EPA 的通信调度机制的通信传输。

◎ 15.3　国外现场总线产品

15.3.1　FF 基金会现场总线（美国埃默生）

15.3.1.1　构成与特点

（1）构成　基金会现场总线控制系统 Delta V 由以下几个基本部分组成：控制网络、ProfessionalPlus 工作站、工程师工作站、操作员工作站、应用工作站、控制器、I/O 插件和智能现场仪表，如图 15-10 所示。

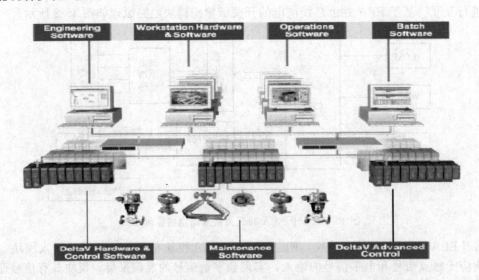

图 15-10　Delta V 现场总线控制系统的构成

（2）特点

① 开放的网络结构与 OPC 技术　具有开放的网络结构，提供 PLC 的集成接口，提供 PROFIBUS、A-SI 等总线接口。由于 OPC 技术的采用，可以将 Delta V 系统与工厂管理网络连接，避免了建立工厂管理网络时进行二次接口开发的工作；通过 OPC 技术可实现各工段、车间及全厂在网络上共享所有信息与数据，提高过程生产效率与管理质量；同时，通过 OPC 技术可以使 Delta V 系统和其他支持 OPC 的系统之间无缝集成，为工厂今后实施 CIMS 的要求奠定基础。

② 基金会现场总线标准的数据结构　系统数据结构完全符合基金会现场总线标准，支持具有 FF 功能的现场总线设备。Delta V 系统可以在接受 4～20mA 信号、1～5V DC 信号、热电阻和热电偶信号、HART 智能信号、开关量信号的同时，非常方便地处理 FF 智能现场仪表的所有信息。

③ 能适应本质安全防爆的要求　控制器和 IO 插件均采用模块化结构设计，符合 I 级 II 区的防爆要求，可以直接安装在现场。

④ 即插即用　能够自动识别系统硬件，所有插件均可以带电插拔，操作维护时不必停车，系统可以实现真正的在线扩展。

⑤ IO 插件采用的分散设计　IO 插件采用 8 通道分散设计，每一通道均与现场隔离，充分体现分散控制安全可靠的特点。

15.3.1.2　功能与选用

（1）功能

① 控制器的功能

a. 提高效率。M3/MD 控制器的主频高达 50～133MHz，内存最大为 16M，减少了 CPU 的资源占用比例，提高了控制策略的功能。

控制器可以自动向控制网络标识自己，由于是唯一的，当它插入时，自动分配一个地址，不需要拨号开关和组态。

控制器能够检测所有安装在子系统上的 I/O 接口通道。IO 插件一插入，控制器就能知道 I/O 插件所连接的现场设备的常用属性，减少了组态的工作量，提高了工作效率。

b. 易于使用。控制器接收 I/O 接口通道信号，实现控制完成通信、管理时间标签、报警记录和趋势记录等。控制策略由控制器实施。在 50ms 内完成从输入通道接收信息、调用控制算法并将输出数据传送给执行器一系列工作。

数据下装到控制器时，系统会保存下装信息。用户在线修改控制器组态时，系统也会保存这些组态更改。

可以将现存控制策略和系统组态导出，然后再将它们导入到新的系统。

c. 方便将来。MD 控制器提供新的批量操作功能和先进控制功能。

控制器将智能 HART 信息从现场装置传送到控制网络中的任何节点。通过运行先进的设备管理软件，对现场 HART 设备或基金会现场总线设备的智能信息进行管理。

系统规模扩大时，可以在线扩展 Delta V 系统。控制策略的复杂性和控制模块的扫描速率决定了控制器的执行和应用规模。冗余的控制器可无扰动地自动切换。

即插即用的系统结构使系统可以从一个控制器逐步扩大，还可以远程安装在 Class 1 Div 2 环境中。

d. 冗余。使用 M3/MD 控制器可以建立一个安全网络以保护过程不受意外控制器故障的影响。

一旦安装冗余控制器，系统就会自动确认它，地址分配和组态均是自动的。

可以在现有系统中增加冗余。这样系统不必增加过程容量就可以大大提高可靠性。

在系统中加入副控制器使其在备用方式下等待，并映像主控制器的操作。故障时，备用控制器就会无扰动地切换为主控制器而不中断过程操作，同时向用户发出控制器切换信息。Delta V 事件记录审查保存每次切换的记录及其发生的原因。以后只要替换故障的控制器，就可以重新开始冗余操作，系统会自动确认新的冗余控制器。

一旦将已获得许可的冗余控制器安装到 Delta V 底板中，系统会自动确认它为冗余控制器，不必对新的控制器进行组态。冗余控制器在浏览器窗口中显示为单个控制器图标。

不必停下工厂操作就可以对整个 Delta V 系统升级。M3/MD 控制器中包含了 ROM，先升级冗余控制器，然后手动将冗余控制器切换为主控制器。这样系统在不停车的情况下升级，然后可以在方便的时候升级"新的"冗余控制器。

② I/O 插件的功能 I/O 插件包括 I/O 插件底板、24V DC 电源插件、I/O 接口插件、模拟量和状态量 I/O 插件。

a. 降低主要设备费用。I/O 插件可以带电安装。每个插件只有 8 个通道，危险更加分散。每个通道都和现场进行隔离。当系统规模扩大时，可以在线加入扩展的 I/O 插件。

I/O 插件的设计可将 I/O 插件底板安装到现场，因此减少了设备占地面积并增加了控制室的可用空间。

由于 I/O 插件能够安装在现场，靠近实际的现场设备，因此减少了接线开支。利用多芯电缆将控制器和 I/O 远程安装在现场更进一步减少了接线开支。

多参数变送器可测量质量流量、温度、密度和体积流量。一个 HART 输入可以通过线路访问所有四个附加数据。如果用传统方法，每个信号需要单独接一条信号线。HART 输出通道可以读取阀门的实际位置而不必增加接线。

I/O 插件增加了与现场设备的通信能力。每 3s 更新现场设备状态一次。只要智能 HART I/O 插件保持与现场设备的通信就可以信任现场信号。HART 输出插件可将阀门诊断信息送到 AMS，了解阀门的行程信息并与标准行程曲线相比较。阀门故障的先期诊断提供了预测性维护的依据，保证生产过程不会因阀门设备故障引起停车。

b. 减少安装时间和费用。即插即用的安装可节约经费，分期安装可以节约时间。

c. 易于使用。I/O 插件和接线板都设有 I/O 功能保护键，它们能够保证 I/O 插件都能插到相应接线板中。这种安全设计使 I/O 插件的安装变得非常快捷有效。在更换 I/O 插件时，功能保护键可以确保安装正确。

d. 提高生产率。在线增加新的 I/O 插件时，执行软件不会关闭。新设备加入后，Delta V 浏览器就会确认并给它分配基本组态信息。

从现场线路的预安装到 I/O 插件的自动组态，都力求节约时间，提高效率。

（2）选用

① 控制器的选用 控制器的选用的规格参数参见表 15-4。

② I/O 插件的选用 I/O 插件的选用规格参数参见表 15-5。

表 15-4 控制器的规格参数

M3/MD 控制器说明	
电源要求（由系统电源通过 2-wide 电源/控制器托板供应）	+3.3V DC,1.2A
最大电流	2.0A
保险丝保护	3.0A
电源分配	典型为 6.0W,最高 10W

M3/MD 控制器说明	
环境说明:	
操作温度	0～60℃
存储温度	－40～85℃
相对湿度	5％～95％,不冷凝
空气污染度	ISA-S71.04-1985 空气尘埃 Class G2
抗冲击能力(正常操作条件)	$10g^{1/2}$正弦波,11ms
抗振动强度(操作限制)	16～150Hz,0.5g
提供给用户的内存	
M3 控制器	3MB
MD 控制器	15MB
LED 指示灯:	亮的时候:
绿灯——电源	表明已经接通 DC 电源
红灯——错误	表明有错误
绿灯——活动	表明控制器正作为主控制器进行操作
绿灯——备用	表明控制器目前只是备份(保留到将来用)
	表明主控制网络通信正常
黄灯,闪烁——主控制网络	表明副控制网络通信正常
黄灯,闪烁——副控制网络	说明正从用户界面软件中用 ping 命令来初始化控制器
除电源外其他的全部闪烁	软件或硬件升级
除电源外其他的全都闪烁,奇数或偶数	
安装	在电源/控制器托板的右槽
外部条件:	
主控制网络	8 针 RJ-45 接头
冗余控制网络	8 针 RJ-45 接头

表 15-5　I/O 插件的规格参数

8 通道,1～5V,AI 卡说明	
通道数目	8
隔离	每个通道在现场
	系统隔离＝100VAC 与系统光隔离(1700VDC 工厂测试)
标称的信号范围(满量程)	1～5V DC
满信号范围	0.19～5.64V DC,有越限检测
本地总线电流(12V DC 额定值),每块卡	典型为 100mA,最大 150mA
现场电路电源,每块卡	100mA(用在卡上)
输入阻抗	2MΩ
超出温度范围的精度	满量程的 0.1％
超出 EMC 条件的精度	满量程的 1.0％
分辨率	16 位
重复性误差	满量程的 0.05％
滚降频率	2.7Hz 时为－3dB,1/2 采样频率时为－20.5dB
标定	没有要求
可选的保险丝	2.5A

8 通道,4~20mA,AI 卡说明	
通道数目	8
隔离	每个通道在现场 系统隔离＝100V AC 与系统光隔离(1700V DC 工厂测试)
标称的信号范围(满量程)	4~20mA
满信号范围	1~23mA,有超限检测
本地总线电流(12V DC 额定值),每块卡	典型为 100mA,最大 150mA
现场电路电源,每块卡	在 24V DC($\pm$10％)时最大为 300mA
超出温度范围的精度	满量程的 0.1％
超出 EMC 条件的精度	满量程的 1.0％
分辨率	16 位
重复性误差	满量程的 0.05％
滚降频率	2.7Hz 时为－3dB,3/4 采样频率时为－20.5dB
标定	没有要求
可选的保险丝	2.5A
8 通道,RTD 输入卡说明	
通道数目	8
分辨率	0.02℃(16 位)
精度	0.1％(传感器的影响除外)
接线	3 线或 4 线变送器
传感器类型	Pt100,Pt200,或用户所选的 RTD
单位	℃;F
温度范围	－200~870℃
传感器供电	卡件提供恒定电流
共模抑制	100dB,60Hz
共模阻抗	＞10MΩ
Normal Mode Rejection	60dB,60Hz
Open RTD 响应时间	1s
扫描时间	1s(滤波器特别实现了真正 1s 的检测)
8 通道,热电偶输入卡声明	
通道数目	8
分辨率	16 位
精度	0.1％(超过最小量程,传感器的影响除外)
隔离	每 4 个通道一组,通道间 100V
传感器类型	B.E,J,K,R,S,T
单位	℃;F
mV 量程	－10~100mV
冷端补偿	集成的带冷端补偿的接线端子。同时,一个输入通道可组态作为外部 冷端补偿

8 通道,热电偶输入卡声明	
共模抑制	100dB,60Hz
共模阻抗	>10MΩ
常模抑制	60dB,60Hz
Open 热电偶响应时间	1s
扫描时间	1s(滤波器特别实现了真正 1s 的检测)

8 通道,4~20mA,AO 卡	
通道数	8
隔离	每个通道在 100V AC 与系统光隔离(1700V DC 工厂测试)
额定的信号范围(满量程)	4~20mA
满信号范围	1~23mA
本地总线电流(12V DC 额定值),每块卡	100mA 典型值,最大为 150mA
现场电路电源,每块卡	最大 300mA
超出温度范围的精度	满量程的 0.25%
分辨率	12 位
输出允许	21.6V DC 电源供应给 700Ω 负载时为 20mA
标定	信息存储于卡中
可选的保险丝	2.0A

8 通道,24V DC,干触点,DI 卡说明	
通道数	8
隔离	每个通道在 250V AC 与系统光隔离
On 时测到的值	>2.2mA
Off 时测到的值	<1mA
输出阻抗	5kΩ(近似)
本地总线电流(12V DC 额定值),每块卡	60mA
现场电路电源,每块卡	24V DC 时为 40mA
可选的保险丝	2.0A

8 通道,24V DC,隔离 DI 卡说明	
通道数	8
隔离	每个通道在 250V AC 与系统光隔离,在 150V AC 与其他通道光隔离
On 时测到的值	>10V DC
Off 时测到的值	<5V DC
输入阻抗	24V 时为 5mA
本地总线电流(12V DC 额定值),每块卡	60mA
现场电路电源,每块卡	无
可选的保险丝	2.0A

8 通道,120V AC,隔离 DI 卡说明	
通道数	8
隔离	每个通道在 250V AC 与系统光隔离,在 150V AC 与其他通道隔离

8 通道,120V AC,隔离 DI 卡说明	
On 时测到的值	84～130V AC
Off 时测到的值	0～34V AC
输入负载(去除触点)	120V AC 时为 2mA
输入阻抗	60kΩ
本地总线电流(12V DC 额定值),每块卡	45mA
现场电路电源,每块卡	无
可选的保险丝	2.0A

8 通道,120V AC,干触点 DI 卡说明	
通道数	8
隔离	每个通道在 250V AC 与系统光隔离
On 时测到的值	＞1.4mA
Off 时测到的值	＜0.56mA
输出阻抗	60kΩ
本地总线电流(12V DC 额定值),每块卡	45mA
现场电路电源,每块卡	120V AC 时为 15mA
可选的保险丝	2.0A

8 通道,230V AC,隔离 DI 卡说明	
通道数	8
隔离	每个通道在 250V AC 与系统光隔离
On 时测到的值	168～250V AC
Off 时测到的值	0～68V AC
输入负载(去除触点)	230V AC 时为 1mA
输入阻抗	238kΩ
本地总线电流(12V DC 额定值),每块卡	45mA
现场电路电源,每块卡	无
可选的保险丝	2.0A

8 通道,230V AC,干触点 DI 卡说明	
通道数	8
隔离	每个通道在 250V AC 与系统光隔离并与其他通道光隔离
On 时测到的值	＞0.71mA
Off 时测到的值	＜0.28mA
输出阻抗	238kΩ
本地总线电流(12V DC 额定值),每块卡	45mA
现场电路电源,每块卡	230V AC 时为 7mA
可选的保险丝	2.0A

8 通道,120/230V AC,隔离 DO 卡说明	
通道数	8
隔离	每个通道在 250V AC 与系统光隔离,在 150VAC 与其他通道光隔离

8 通道,120/230V AC,隔离 DO 卡说明	
输出范围	20～250V AC
输出额定值	每个通道持续为 1.0A
	每块卡最大 2.0A
	每块卡最大 3.0A
Off 状态下的泄漏	120V AC 时最大为 2mA
	230V AC 时最大为 4mA
本地总线电流(12V DC 额定值),每块卡	60mA
现场电路电源,每块卡	无
可组态的通道类型:	输出:
离散输出	输出保持在控制器最近的状态
瞬时输出	输出活动时间为预组态的时间周期(100ms～100s)
连续脉冲输出	输出激活为预组态基本时间周期(100ms～100s)的一个百分数。分辨率为 5ms
可选的保险丝	2.0A

8 通道,120/230V AC,高位 DO 卡说明	
通道数	8
隔离	每个通道在 250V AC 与系统光隔离
输出范围	20～250V AC
输出额定值	每个通道持续为 1.0A
	每块卡最大 2.0A
	每块卡最大 3.0A
Off 状态下的泄漏	120V AC 时最大为 2mA
	230V AC 时最大为 4mA
本地总线电流(12V DC 额定值),每块卡	60mA
现场电路电源,每块卡	120V AC 或 230V AC 时为 3.0A
可组态的通道类型:	输出:
离散输出	输出保持在控制器最近的状态
瞬时输出	
连续脉冲输出	输出活动时间为预组态的时间周期(100ms～100s)
	输出激活为预组态基本时间周期(100ms～100s)的一个百分数。分辨率为 5ms
可选的保险丝	2.0A

8 通道,24V DC,隔离式 DO 卡说明	
通道数	8
隔离	每个通道在 250V AC 与系统光隔离,在 150V AC 与其他通道光隔离
输出范围	2～60V DC
输出额定值	1.5A
Off 状态下的泄漏	最大为 1.2mA
本地总线电流(12V DC 额定值),每块卡	45mA
现场电路电源,每块卡	无
可组态的通道类型:	输出:
离散输出	输出保持在控制器最近的状态
瞬时输出	
连续脉冲输出	输出活动时间为预组态的时间周期(100ms～100s)
	输出激活为预组态基本时间周期(100ms～100s)的一个百分数。分辨率为 5ms

8 通道,24V DC,高位 DO 卡说明	
通道数	8

<table>
<tr><td colspan="2" align="center">8 通道,24V DC,高位 DO 卡说明</td></tr>
<tr><td>隔离</td><td>每个通道在 250V AC 与系统光隔离</td></tr>
<tr><td>输出范围</td><td>2~60V DC</td></tr>
<tr><td>输出额定值</td><td>每个通道持续为 1.5A;每块 I/O 接口卡最大 6.0A</td></tr>
<tr><td>Off 状态下的泄漏</td><td>最大为 1.2mA</td></tr>
<tr><td>本地总线电流(12V DC 标称值),每块卡</td><td>45mA</td></tr>
<tr><td>现场电路电源,每块卡</td><td>每块 I/O 接口卡 24V DC 时为 6.0A</td></tr>
<tr><td>可组态的通道类型:
  离散输出
  瞬时输出
  连续脉冲输出</td><td>输出:
输出保持在控制器最近的状态

输出活动的时间为预组态的时间周期(100ms~100s)
输出激活为预组态基本时间周期(100ms~100s)的一个百分数。分辨率为 5ms</td></tr>
<tr><td>可选的保险丝</td><td>2.0A</td></tr>
<tr><td colspan="2" align="center">多功能卡(现主要用作脉冲卡)说明</td></tr>
<tr><td>通道数</td><td>4</td></tr>
<tr><td>隔离</td><td>每个通道在 250V AC 与系统光隔离</td></tr>
<tr><td>输入阻抗</td><td>24V DC 时为 25mA</td></tr>
<tr><td>On 时测到的值</td><td>4.8V DC</td></tr>
<tr><td>Off 时测到的值</td><td>1.0V DC</td></tr>
<tr><td>精度</td><td>读数的 0.1%(0.1~50kHz 的方波信号或者 10~50Hz 的正弦信号)</td></tr>
<tr><td>Off 状态下的泄漏</td><td>最大为 1.2mA</td></tr>
<tr><td>分辨力</td><td>±1 个脉冲</td></tr>
<tr><td>最小脉宽</td><td>$10\mu s$</td></tr>
<tr><td>最大输入电压</td><td>24V DC±10%</td></tr>
<tr><td>本地总线电流</td><td>最大 250mA</td></tr>
</table>

15.3.2 PROFIBUS 过程总线（德国西门子）

15.3.2.1 构成与特点

（1）构成 PROFIBUS 现场总线是由 PROFIBUS-DP、PROFIBUS-FMS、PROFIBUS-PA 组成的。PROFIBUS-DP 用于加工自动化，PROFIBUS-FMS 用于纺织、楼宇、可编程控制器、低压开关自动化，PROFIBUS-PA 用于过程自动化，它遵从 IEC1158-2 标准。采用了 OSI 模型的物理层、数据链路层，由这两部分形成了其标准第一部分的子集，DP 型隐去了 3~7 层，而增加了直接数据连接拟合作为用户接口，FMS 型隐去第 3~6 层，采用了应用层，作为标准的第二部分。其传输技术遵从 IEC1158-2（1）标准，可实现总线供电与本质安全防爆。

PROFIBUS 支持主-从系统、纯主站系统、多主多从混合系统等几种传输方式。主站具有对总线的控制权，可主动发送信息。对多主站系统来说，主站之间采用令牌方式传递信息，得到令牌的站点可在一个事先规定的时间内拥有总线控制权，事先规定好令牌在各主站中循环一周的最长时间。按 PROFIBUS 的通信规范，令牌在主站之间按地址编号顺序，沿上行方向进行传递。主站在得到控制权时，可以按主-从方式，向从站发送或索取信息，实现点对点通信。主站可采取对所有站点广播（不要求应答），或有选择地向一组站点广播。PROFIBUS 的传输速率为 96～12Kbps，最大传输距离在 12Kbps 时为 1000m，其传输介质可以是双绞线，也可以是光缆，最多可挂接 127 个站点。

（2）特点　PROFIBUS 的最大优点在于具有稳定的国际标准 EN50170 作保证，实际应用验证具有普遍性。目前已应用的领域包括加工制造、过程控制和楼宇自动化等。PROFIBUS 开放性和不依赖于厂商的通信，已在十多万成功应用中得以实现。市场调查确认，在德国和欧洲市场中 PROFIBUS 占开放性工业现场总线系统的市场份额超过 40%。PROFIBUS 有国际著名自动化技术装备的生产厂商支持，它们都具有各自的技术优势并能提供广泛的优质新产品和技术服务。

15.3.2.2　功能与选用

（1）功能

① PROFIBUS-DP 的功能　传输技术：RS-485 双绞线、双线电缆或光缆。波特率从 9.6Kbps 到 12Mbps。

总线存取：各主站间令牌传递，主站与从站间为主-从传送。支持单主或多主系统。总线上最多站点（主-从设备）数为 126。

通信：点对点（用户数据传送）或广播（控制指令）。循环主-从用户数据传送和非循环主-主数据传送。

运行模式：运行、清除、停止。

同步：控制指令允许输入和输出同步。同步模式，输出同步；锁定模式，输入同步。

功能：DP 主站和 DP 从站间的循环用户数据传送；各 DP 从站的动态激活和可激活；DP 从站组态的检查；强大的诊断功能，三级诊断信息；输入或输出同步；通过总线给 DP 从站赋予地址；通过总线对 DP 主站（DPM1）进行配置；每个 DP 从站的输入和输出数据最大为 246 字节。

可靠性和保护机制：所有信息的传输按海明距离 HD＝4 进行；DP 从站带看门狗定时器）；对 DP 从站的输入/输出进行存取保护；DP 主站上带可变定时器的用户数据传送监视。

设备类型：第二类 DP 主站（DPM2）是可进行编程、组态、诊断的设备；第一类 DP 主站（DPM1）是中央可编程序控制器，如 PLC、PC 等；DP 从站是带二进制值或模拟量输入输出的驱动器、阀门等。

系统配置如下。

PROFIBUS-DP 系统配置的描述包括站数、站地址、输入/输出地址、输入/输出数据格式、诊断信息格式及所使用的总线参数。每个 PROFIBUS-DP 系统可包括以下三种不同类型设备。

一级 DP 主站（DPM1）：一级 DP 主站是中央控制器，它在预定的信息周期内与分散的站（如 DP 从站）交换信息。典型的 DPM1 如 PLC 或 PC。

二级 DP 主站（DPM2）：二级 DP 主站是编程器、组态设备或操作面板，在 DP 系统组态操作时使用，完成系统操作和监视目的。

DP 从站：DP 从站是进行输入和输出信息采集和发送的外围设备（I/O 设备、驱动器、HMI、阀门等）。

单主站系统：在总线系统的运行阶段，只有一个活动主站。

多主站系统：总线上连有多个主站，这些主站与各自从站构成相互独立的子系统，每个子系统包括一个 DPM1、指定的若干从站及可能的 DPM2 设备，任何一个主站均可读取 DP 从站的输入/输出映像，但只有一个 DP 主站允许对 DP 从站写入数据。

系统行为：系统行为主要取决于 DPM1 的操作状态，这些状态由本地或总线的配置设备所控制，主要有以下三种状态。

停止：在这种状态下，DPM1 和 DP 从站之间没有数据传输。

清除：在这种状态下，DPM1 读取 DP 从站的输入信息并使输出信息保持在故障安全状态。

运行：在这种状态下，DPM1 处于数据传输阶段，循环数据通信时，DPM1 从 DP 从站读取输入信息并向从站写入输出信息。

DPM1 设备在一个预先设定的时间间隔内，以有选择的广播方式将其本地状态周期性地发送到每一个有关的 DP 从站。

如果在 DPM1 的数据传输阶段中发生错误，DPM1 将有关的 DP 从站的输出数据立即转入清除状态，而 DP 从站将不再发送用户数据。在此之后，DPM1 转入清除状态。

DPM1 和 DP 从站间的循环数据传输：DPM1 和相关 DP 从站之间的用户数据传输是由 DPM1 按照确定的递归顺序自动进行。在对总线系统进行组态时，用户对 DP 从站与 DPM1 的关系作出规定，确定哪些 DP 从站被纳入信息交换的循环周期，哪些被排斥在外。

DPM1 和 DP 从站间的数据传送分三个阶段：参数设定、组态、数据交换。在参数设定阶段，每个从站将自己的实际组态数据与从 DPM1 接收到的组态数据进行比较。只有当实际数据与所需的组态数据相匹配时，DP 从站才进入用户数据传输阶段。因此，设备类型、数据格式、长度以及输入输出数量必须与实际组态一致。

DPM1 和系统组态设备间的循环数据传输：除主-从功能外，PROFIBUS-DP 允许主-主之间的数据通信，这些功能使组态和诊断设备通过总线对系统进行组态。

同步和锁定模式：除 DPM1 设备自动执行的用户数据循环传输外，DP 主站设备也可向单独的 DP 从站、一组从站或全体从站同时发送控制命令。这些命令通过有选择的广播命令发送；使用这一功能将打开 DP 从站的同步及锁定模式，用于 DP 从站的事件控制同步；主站发送同步命令后，所选的从站进入同步模式，在这种模式中，所编址的从站输出数据锁定在当前状态下；在这之后的用户数据传输周期中，从站存储接收到输出的数据，但它的输出状态保持不变，当接收到下一同步命令时，所存储的输出数据才发送到外围设备上；用户可通过非同步命令退出同步模式；锁定控制命令使得编址的从站进入锁定模式；锁定模式将从站的输入数据锁定在当前状态下，直到主站发送下一个锁定命令时才可以更新；用户可以通过非锁定命令退出锁定模式。

保护机制：对 DP 主站 DPM1 使用数据控制定时器对从站的数据传输进行监视，每个从站都采用独立的控制定时器；在规定的监视间隔时间中，如数据传输发生差错，定时器就会超时，一旦发生超时，用户就会得到这个信息；如果错误自动反应功能"使能"，DPM1 将脱离操作状态，并将所有关联从站的输出置于故障安全状态，并进入清除状态；对 DP 从站使用看门狗控制器检测主站和传输线路故障；如果在一定的时间间隔内发现没有主机的数据通信，从站自动将输出进入故障安全状态。

② PROFIBUS-PA 的功能　PROFIBUS-PA 适用于 PROFIBUS 的过程自动化。PA 将自动化系统、过程与现场设备连接起来，PA 可用来替代 4～20mA 的模拟技术。

适合过程自动化应用的行规使不同厂家生产的现场设备具有互换性。PROFIBUS-PA 行规是 PROFIBUS-PA 的一个组成部分。PA 行规的任务是选用各种类型现场设备真正需要通信的功能，并提供这些设备功能和设备行为的一切必要规格。

目前，PA 行规已对所有通用的测量变送器和其他选择的一些设备类型作了具体规定，这些设备是测压力、液位、温度和流量的变送器，数字量输入和输出，模拟量输入和输出，阀门，定位器。

在本质安全地区增加和去除总线站点也不会影响到其他站。

在过程自动化的 PROFIBUS-PA 段与制造业自动化的 PROFIBUS-DP 总线段之间通过耦合器连接，并使可实现两段间的透明通信。

使用与 IEC1158-2 技术相同的双绞线完成远程供电和数据传送。

在潜在的爆炸危险区可使用防爆型"本质安全"或"非本质安全"。

PROFIBUS-PA 采用 PROFIBUS-DP 的基本功能来传送测量值和状态，并用扩展的 PROFIBUS-DP 功能来制定现场设备的参数和进行设备操作。PROFIBUS-PA 第一层采用 IEC1158-2 技术，第二层和第一层之间的接口在 DIN19245 系列标准的第四部分作出了规定。

③ PROFIBUS-FMS 的功能　PROFIBUS-FMS 的设计要解决车间监控级通信。在这一层，可编程控制器（如 PLC、PC 机等）之间需要比现场层更大量的数据传送，但通信的实时性要求低于现场层。

a. PROFIBUS-FMS 应用层。应用层提供了供用户使用的通信服务，这些服务包括访问变量、程序传递、事件控制等。PROFIBUS-FMS 应用层包括下列两部分。

现场总线信息规范（Fieldbus Message Specification，FMS）：描述了通信对象和应用服务。

低层接口（Lower Layer Interface，LLI）：FMS 服务到第二层的接口。

b. PROFIBUS-FMS 通信模型。PROFIBUS-FMS 利用通信关系将分散的应用过程统一到一个共用的过程中。在应用过程中，可用来通信的那部分现场设备称虚拟设备 VFD。在实际现场设备与 VFD 之间设立一个通信关系表。通信关系表是 VFD 通信变量的集合，如零件数、故障率、停机时间等。VFD 通过通信关系表完成对实际现场设备的通信。

c. 通信对象与通信字典（OD）。FMS 面向对象通信，它确认 5 种静态通信对象：简单变量、数组、记录、域和事件。还确认 2 种动态通信对象：程序调用和变量表。每个 FMS 设备的所有通信对象都填入对象字典（OD）。对简单设备，OD 可以予以定义，对复杂设备，OD 可以本地或远程通过组态加到设备中去。静态通信对象进入静态对象字典，动态通信对象进入动态通信字典。每个对象均有一个唯一的索引，为避免非授权存取，每个通信对象可选用存取保护。

d. PROFIBUS-FMS 服务。FMS 服务项目是 ISO 9506 制造信息规范 MMS（Manufacturing Message Specification）服务项目的子集。这些服务项目在现场总线应用中已被优化，而且还加上了通信对象的管理和网络管理。PROFIBUS-FMS 提供大量的管理和服务，满足了不同设备对通信提出的广泛需求，服务项目的选用取决于特定的应用，具体的应用领域在 FMS 行规中规定。

e. 低层接口（LLI）。第七层到第二层服务的映射由 LLI 来解决，其主要任务包括数据流控制和连接监视。用户通过称为通信关系的逻辑通道与其他应用过程进行通信。FMS 设备的全部通信关系都列入通信关系表 CRL。每个通信关系通过通信索引（CREF）来查找，CRL 中包含了 CREF 和第二层及 LLI 地址间的关系。

f. 网络管理。FMS 还提供网络管理功能，由现场总线管理层第七层来实现。其主要功能有上、下关系管理、配置管理、故障管理等。

g. PROFIBUS-FMS 行规。FMS 提供了范围广泛的功能来保证它的普遍应用。在不同的应用领域中，具体需要的功能范围必须与具体应用要求相适应。设备的功能必须结合应用来定义。这些适应性定义称为行规。行规提供了设备的可互换性，保证不同厂商生产的设备具有相同的通信功能。FMS 对行规作了如下规定（括号中的数字是文件编号）：控制间的通信（3.002）、楼宇自动化（3.011）、低压开关设备（3.032）。

（2）选用

① OBT（光纤总线终端）的选用　OBT 可以将一个不带集成光纤接口的 PROFIBUS-DP 站连接到一个光纤线路。通过与具有光纤接口的装置（例如 ET200S FO）相结合，可实现现有 DP 站或网段光纤数据传输的许多优点。OBT 还可以作为连接移动装置（例如编程器）的"插座"，而无需断开总线。

可连接到 OBT 的光纤传输介质有塑料 FO 电缆，预装配有 2×2 单工连接器，最长50m；而 PCF FO 电缆，预装配有 2×2 单工连接器，最长 300m。

② OLM（光纤链路模块）的选用　OLM 可将 PROFIBUS 光纤网络构成总线、环形或星形拓扑结构。光纤链路的传输速率与距离无关，最大可为 12 Mbps，最大光缆长度可达到15km。典型的 OLM 应用包括：基于 PROFIBUS 的系统总线；使用玻璃纤维光缆楼宇间组网；由电气和光纤段组成的混合网络；长距离网络（道路隧道，交通控制系统）；具有高可用性要求的网络（冗余环网络）；OLM/G12-EEC 可用在温度达−20℃的环境下。

③ 用于 PLC S7 200/300/400 的 PROFIBUS 网卡　通信处理器的作用是将 SIMATIC PLC 连接到 PROFIBUS 网络中。通信处理器允许标准 S7 通信、S5 兼容通信以及 PG/OP通信。通过 PROFIBUS，很容易对通信处理器进行组态和编程；利用 S7 路由功能，提供交叉网络编程器通信；不需要编程器就可以更换通信处理器；用几个 PROFIBUS-DP 接口扩展 SIMATICPLC 的过程 I/O；使用几个通信处理器，即可根据子处理器实现一个有针对性的解决方案；使用多功能和 OP 通信，可以实现丰富的 HMI 解决方案；适合于用 SYNC/FREEZE（同步/冻结）和等距总线循环等闭环控制任务；NCM S7 提供丰富的诊断功能，包括通信处理器运行状态、一般诊断和状态功能、连接诊断和诊断缓冲器；使用用于 PRO-FIBUS 的 NCM S7 选件包（集成在 STEP 7 中），可以进行组态；时间同步（使用 CP443-5基本型和扩展型）；通过在 SIMATICS7-400 容错系统中的过程 I/O（例如 ET 200M）的冗余连接，增加了工厂的可用性；运行过程中可添加分布式 I/O（CP 443-5 扩展型）。

④ PC/PG 的 PROFIBUS 网卡的选用　有微处理器的 CP 5613 用于工控机连接到 PRO-FIBUS，一个 PROFIBUS 接口，支持 DP 主站、CP 5613 FO（光纤）从站、PG/OP、S7 通信，OPC Server 软件包已经包括在通信软件中；有微处理器的 CP 5614 用于工控机连接到PROFIBUS，两个 PROFIBUS 接口，支持 DP 主站和 CP 5614FO（光纤）从站、PG/OP、S7 通信，OPC Server 软件包同样包含在通信软件中。无微处理器的 CP 5611 用于工控机连接到 PROFIBUS 和 SIMATIC S7 的 MPI，支持 PROFIBUS 主站和从站、PG/OP、S7 通信，OPC Server 软件包包含在通信软件中，需要 SOFTNET 支持；用于编程器的通信处理器（PCMCIA 插槽）CP 5511 用于将带有 PCMCIA 插槽的编程器/便携式 PC 连接到 PRO-FIBUS 和 CP 5512 SIMATICS7 的 MPI，支持 PROFIBUS 主站和从站、PG/OP、S7 通信，OPC Server 软件包已经包括在通信软件中，需要 SOFTNET 支持。

15.3.3　LonWorks 现场总线（美国埃施朗公司）

15.3.3.1　构成与特点

（1）构成　LonWorks 现场总线采用了 ISO/OSI 模型的全部七层通信协议，采用了面向对象的设计方法，通过网络变量把网络通信设计简化为参数设置，其通信速率从300bps～15Mbps 不等，直接通信距离可达到 2700m（78Kbps，双绞线），支持双绞线、同轴电缆、光纤、射频、红外线、电源线等多种通信介质，并开发相应的本安防爆产品，被称为通用控制网络。

LonWorks 技术所采用的 LonTalk 协议被封装在称为神经元（Neuron）的芯片中并得以实现。集成芯片中有 3 个 8 位 CPU：一个用于完成开放互连模型中第 1～2 层的功能，称为媒体访问控制处理器，实现介质访问的控制与处理；第二个用于完成第 3～6 层的功能，称为网络处理器，进行网络变量处理的寻址、处理、背景诊断、函数路径选择、软件计量时、网络管理，并负责网络通信控制、收发数据包等；第三个是应用处理器，执行操作系统服务与用户代码。芯片中还具有存储信息缓冲区，以实现 CPU 之间的信息传递，并作为网络缓冲区和应用缓冲区。

(2) 特点

① LonWorks 的基本元件 Neuron 芯片，同时具备了通信和控制功能。

② 改善了 CSMA，此技术的应用，使得在网络负载很重时，不会导致网络瘫痪。

③ 网络通信采用了面向对象的设计方法，使网络通信的设计简化成为参数设置，这样不仅节省了大量的设计工作量，同时增加了通信的可靠性。

④ LonWorks 的通信速率在 1.25Mbps 时，直接通信距离可达 2700m，一个监控网络上的节点数可以达到 32000 个。

15.3.3.2 功能与选用

(1) 功能　LonWorks 技术的核心是神经元芯片（Neuron Chip）。该芯片内部装有 3 个微处理器：MAC 处理器完成介质访问控制；网络处理器完成 OSI 的 3～6 层网络协议；应用处理器完成用户现场控制应用。它们之间通过公用存储器传递数据。

在控制单元中需要采集和控制功能，因此神经元芯片设置了 11 个 I/O 口。这些 I/O 口可根据需求不同来灵活配置与外围设备的接口，如 RS-232、并口、定时/计数、间隔处理、位 I/O 等。

神经元芯片还有一个时间计数器，从而能完成 Watchdog、多任务调度和定时功能。神经元芯片支持节电方式，在节电方式下系统时钟和计数器关闭，但状态信息（包括 RAM 中的信息）不会改变。一旦 I/O 状态变化或网线上信息有变，系统便会激活。其内部还有一个最高 1.25Mbps、独立于介质的收发器。由此可见，一个小小的神经元芯片不仅具有强大的通信功能，更集采集、控制于一体。在理想情况下，一个神经元芯片加上几个分离元件便可成为 DCS 系统中一个独立的控制单元。

除了神经元芯片之外 LonWorks 还提供了一套完整的开发平台。工业现场中的通信不仅要将数据实时发送、接收，更多的是数据的打包、拆包、流量处理、差错处理，在这方面 LonWorks 提供了一套完整的建网工具——LonBuild。

首先它提供了一套 C 语言的编译器，从而降低了开发时间。编译器具有 11 个 I/O 非常详尽的库函数。在通信方面提出了一个全新的概念——网络变量。通过网络变量，网络上的通信只需将相关节点上的网络变量连接一下即可。网络变量是应用程序定义的一个特殊静态变量，可以是 ANSI C 所定义的各种类型，也可以是自定义类型，还可以规定优先级、响应方式等。网络变量被定义为输入或输出，当定义为输出的网络变量被赋予新值时，与该输出变量相连的输入网络变量就会被立刻赋予同样的新值。

LonBuild 集开发环境和编译于一体，具备 C 调试器，可在多个仿真器上调试应用程序，并具备网络协议分析和通信分析的功能。

LonTalk 是 LonWorks 的通信协议，固化在神经元芯片内。LonTalk 局部操作网协议是为 LonWorks 中通信所设的框架，支持 ISO 组织制定的 OSI 参考模型的 7 层协议，可以使简短的控制信息在各种介质中非常可靠地传输。LonTalk 协议是直接面向对象的网络协议，具体实现采用网络变量的形式。又由于硬件芯片的支持，使它实现了实时性和接口的直观、简洁等现场总线的应用要求。

介质访问控制（MAC）子层是 OSI 参考模型的数据链路层的一部分。目前，在不同的网络中存在多种介质访问控制协议，其中之一就是 CSMA（载波信号多路侦听），LonTalk 正是使用该协议，但具有自己的特色。

421

CSMA 协议要求一个节点在发送数据前侦听网络是否空闲。一旦监测到线路空闲后，不同的协议动作不同。这样在重负载的情况下，不同协议的执行结果不同。例如 Ethernet 采用 CSMA/CD 协议，一旦检测到碰撞，采用避让算法，这种方法在重负载时导致网络介质传输率变得极低。另一些 CSMA 协议使用时间片规则去访问介质，使节点在限制的时间片访问介质，这样可以大大减少两个数据报文发生碰撞的可能性。P-坚持 CSMA 和 Lon-Talk 的 CSMA 就是使用时间片去访问介质。

LonTalk 协议使用一个改进的 CSMA 介质访问控制协议，称为预测的 P-坚持 CSMA。LonTalk 协议在保留 CSMA 协议优点的同时，注意克服它在控制中的不足。目前存在的 MAC 协议（如 IEEE802.2、802.3、802.4、802.5）都不能在重负载下很好地保持网络高效率、支持大网络系统和多通信介质。

如果有很多网络节点等待网络空闲，一旦网络空闲，这些节点都会马上发送报文而产生碰撞。它们产生碰撞后会后退一段时间，假如这段时间相同，就会发生重复碰撞，这将使网络效率大大降低。在预测的 P-坚持 CSMA 中，所有 LonWorks 节点等待随机时间片间隔访问介质，这就避免了以上情况的发生。在 LonWorks 中，每个节点发送前随机插入 1~16 个很小的随机时间片。在空闲网络中，每个节点发送前平均插入 8 个随机时间片。

在 P-坚持 CSMA 中，当一个节点有信息需要发送时并不立即发送，而是等待一个概率为 P 的随机时间片。而 LonTalk 协议可根据网络负载动态调整 P 值。时间片的增加通过一个 N 值，插入的随机时间片为 $N \times 16$，这个 N 值的取值范围是 1~63。LonTalk 称 N 为网络积压的估计值，是对当前发送周期有多少个节点有报文需要发送的估计。LonTalk 协议根据网络积压动态地调整介质访问，允许网络在轻负载情况下用较短的响应时间片，在重负载情况下用较长的响应时间片。

对照实验表明：36 个 LonWorks 节点互联，采用一般 P-坚持算法，当每秒要传输的报文达 500~1000 包时，碰撞率从 10% 上升到 54%；而采用预测的 P-坚持算法，在 500 包以下时碰撞率与前者相当，在 500~1000 包时稳定在 10%。

对所有令牌环网络，LonTalk 具有对多介质的支持，但这些介质必须在总线上具有环的结构，令牌在这个环线上轮巡。这对使用电力线和无线电作为介质的网络显然不可行，因为网上所有节点几乎能同时收到令牌。同时令牌环网络还需增加令牌丢失时的恢复机制、令牌快速应答机制，这些都增加了硬件上的开销，使网络成本增加。

对令牌总线网络，LonTalk 在令牌中加入网络地址，从而在物理总线上建立一个逻辑环的结构，使令牌在这个逻辑环上轮巡。但是在低速网络中令牌轮巡时间变得很长，另外，令牌总线在有节点上网或下网时都会发生网络重构。在电池供电的系统中会因经常休眠和唤醒而导致网络上下网时频繁重构；在恶劣的环境中常会发生令牌丢失而导致网络重构。这些网络重构会大大降低网络的效率。同时，由于网络地址的限制，每个网络至多只有 255 个节点。常用的 CSMA/CD（如 Ethernet），在轻负载情况下具有很好的性能；在重负载情况下，过多的碰撞使网络效率变得极低。

（2）选用

① DM-20/21 设备管理器的选用　DM20/21 设备管理器是一个基于神经元芯片的设备，它能够在 LonWorks 网络上安装和替换节点。为至多含有 128 个节点和 1 个路由器的 Lon-Works 网络提供自动安装、错误检测以及节点替换；使用 FTT-10A 自由拓扑收发器；在将 LonMaker 集成工具创建的数据库下载到 DM20/21 之后，它的运行不需要本地 PC；利用一个内部的基于 Flash 的事件记录器记录系统活动行为；可以从设备管理器前面板的插孔访问网络；两片式的设计节省安装时间和成本；支持 LonMark3.1 对象和配置属性；支持网络变量（Network Variable）和消息标签（Message Tag）；符合 U L Listed、CE Mark 和 FCC

规范；支持的拓扑结构为 DM-20/21 能够管理包含单个或两个信道的网络。在单信道网络中，信道必须是 FTT-10A 自由拓扑信道（因为 DM 20/21 的制造仅使用自由拓扑收发器）。在双信道网络中，靠近 DM 20/21 端的信道必须是自由拓扑信道，而路由器另一端的信道可以是 LonWorks 技术支持的任何类型的信道。在 LonMaker 制图（Drawing）中的每个子系统中至多有一个路由器。因为 DM 20/21 每次只能应用在一个子系统中，DM 20/21 管理的网络下只能有唯一的一个路由器。

② LonPoint 路由器的选用 LonPoint 路由器为两通道的 LonWorks 路由器，它可以作为两种不同的双绞线信道的接口（例如一个高速的 1.25Mbps TP/XF-1250 主干和 TP/FT-10 自由拓扑信道），以管理网络交通，增加 LonWorks 节点数量或增加系统中的线路总长。LonPoint 路由器可被安装为重复器、配置路由器或自学习路由器。使用 LonMaker 工具，用户可以配置及启动 LonPoint 路由器及其他 LonPoint 模块，以及第三方 LonMark 节点和 LonWorks 节点，从而建立一个互操作性的、分布式的控制系统。

支持 TP/FT-10，TP/XF-78 和 TP/XF-1250LonWorks 信道的路由器；螺钉接线端子接插件；16～30V 交流或直流供电；可通过前面板插孔进入网络；两片装设计可减少安装的时间和费用；符合 UL、cUL、CE、FCC、LonMark 标准。

③ LonWorks U10/U20 USB 网络接口设备的选用 U10 和 U20 USB 是一个低成本、高性能的 LonWorks 网络接口设备，适用于任何具备 USB 的计算机。U10 USB 网络接口设备能够利用其可以随意插拔的连接端子，直接连接 TP/FT-10 自由拓扑双绞线（ANSI/CEA 709.3）LonWorks 信道，并且完全兼容 Link Power 信道。U20 USB 网络接口设备能够通过一个插入式的耦合电路/电源（包含在该产品中）连接 PL-20 电力线（ANSI/CEA 709.2）LonWorks 信道。U20 USB 网络接口设备还可以直接连接到 10～18V 直流电力线上，并且不需要耦合电路。该系列产品为需要使用具备 USB 的、基于 PC 的设备以实现监视、管理和诊断 LonWorks 网络应用而设计的，非常适合工业控制、楼宇自动化、过程控制和交通运输自动化应用。这些产品的特点是安装简便、可自动配置的驱动程序适用于 Windows 2000、XP 和 Server 2003 操作系统，能够和基于 LNS 3 以及 LNS Turbo 版本的应用程序相兼容，同时还能够和基于 OpenLDV 的应用程序相兼容，并支持 LonScanner 协议分析仪软件。U10 和 U20 USB 接口设备通过 USB 设计论坛认证，并兼容 USB 2.0。此外，U10 和 U20 USB 接口设备的设计还遵循微软 Windows XP 兼容性认证检测机构的要求。这些 U10 和 U20 USB 接口设备都包含一根 60cm 长的延长线缆，能够很方便地和不同环境中的笔记本电脑以及台式机进行连接。

低成本的 USB 到 LonWorks® (ANSI/CEA 709.1) 的网络接口设备；支持自由拓扑双绞线（TP/FT-10）和电力线（PL-20C-波段）LonWorks 信道；卓越的网络吞吐量和性能；高低不平的外观设计、连接端子可以随意插拔；即插即用的驱动程序适用于 Windows 2000、XP 和 Server 2003；和基于 LNS® 和 OpenLDV™ 的应用程序相兼容；和 LonScanner™ 协议分析仪软件相兼容；符合 CE、U L、cU L 和 TÜV 规范。

④ FT 3120 和 FT 3150 智能收发器的选用 FT3120 和 FT3150 智能收发器把神经元 3120 和 3150 网络处理器核心分别与自由拓扑双绞线收发器集成在一块芯片上，做成一个低成本的智能收发器。它内嵌了 Echelon 公司的高性能 FT-X1 通信变压器，这使得 FT 3120 和 FT 3150 收发器达到了一个高性能、更稳定、更经济的新水平。智能收发器支持星型、总线型、菊花链型和混合型无极性布线，使得安装人员不必遵守一套严格的布线规则。自由拓扑布线可以快速地、更为经济地进行，减少了节点安装的时间和费用。同样，由于消除了对布线路由、连接、节点安置的限制，从而简化了网络的扩展。

适用于双绞线网络的高性能、低成本的解决方案，集成了 Echelon 公司的自由拓扑收发器和强大的神经元网络处理器核心；对磁干扰和高频共模噪声具有异常的抗干扰能力；支持来自主要供应商的标准通用设备编程器；很容易实现对于上一代 FTT-10A 和神经元的设计升级；FT3120 智能收发器是完整意义的单芯片系统，主要面向应用程序代码不超过 4K 字节的低成本的、小型的节点设计。神经元 3120 核心最高时钟频率为 40MHz，包括 4K 的 EEPROM 和 2K 的 RAM。LonWorks 系统固件是在片内 ROM 中。应用程序代码存储在内嵌的 EEPROM 存储器中，可通过网络更新。FT 3120 收发器提供 32 管脚的 SOIC 封装和 44 管脚 TQFP 封装。FT 3150 智能收发器包含一个 20MHz 神经元 3150 核心、0.5K 字节的 EEPROM 和 2K 字节的 RAM。通过外部存储器总线，FT3150 收发器能够寻址多达 58K 字节的外部存储，其中 16K 字节的外部非易失性存储器保留用于存储 LonWorks 系统的固件。FT 3150 收发器提供 64 管脚 TQFP 封装。

第16章
工业计算机（IPC）技术

◎ 16.1 概述

16.1.1 工业计算机的构成

工业计算机是在个人计算机的基础上，经过改进配上相应的工业用软件而成。主要构成包括主机、外设、输入输出通道、人机接口、通信设备、系统总线、系统软件和应用软件等。

16.1.2 工业计算机的厂商

工业计算机的厂商国内主要有北京康拓、北京四通工控、北京联想工控、北京工控计算机厂、北京宏拓工控、北京长城工控、北工大、北大方正、上海康泰克电子技术公司、华北工控、电子部六所、中国航天工业总公司骊山公司、台湾研华等。国外厂商主要有 Siemens、IBM、日立、Intel、飞利浦、苹果公司等。

◎ 16.2 国内工业计算机

16.2.1 IPC800 系列工业计算机（北京联想）

16.2.1.1 构成与特点

（1）构成 IPC800 系列工业计算机由以下几个基本部分组成：机箱、电源、底板、主板、CPU、内存、硬盘、鼠标等，如图 16-1 所示。

（2）特点

① 全钢机箱 机箱采用全钢的稳固结构，符合 EIA RS-310 19in 上架式标准。

② 主板的节能特性 支持 ACPI 及 ODPM 节能模式。

③ 主板的创新技术 拥有闪电开机的 BootEasy 技术、支持客户使用个性化 Logo 作为启动画面的 LogoEasy 技术、数据备份和安全保护及能恢复系统数据的 RecoveryEasy 技术。

④ 性价比高 "工控品质，PC 价格"，为客户提供高品质、性价比优的工控产品。

16.2.1.2 功能与选用

（1）功能

图 16-1 IPC800 系列工业计算机的构成

① IPC-800A 机箱的功能　4U 19in 工业标准上架系统，482mm（W）×177mm（H）×452mm（D）；前面板驱动器门锁，防止非正常操作；USB 口前置，方便操作；3 个 3.5in 和 2 个 5.25in 磁盘空间；支持 AT/ATX 电源；防振压条，可防止插卡振动；前面板带开关电源、复位系统开关、键盘锁定开关；LED 指示灯标识系统电源和硬盘状态。

② 845GV/L 主板/P4 的功能

CPU 类型：支持 Intel P4/Celeron 至 3.6GHz，外频自动支持至 533MHz。

内存：可支持 DDR 266 至 2GB。

芯片组：采用 Intel 845GV 芯片组。

显示：芯片组整合了 2D/3D 图形显示功能，提供一个板载 VGA 接口。

网络：845GV 型号不带网口；845GV/L 板载 10/100MLAN 接口（采用 Intel82562EX 网络芯片）；845GV/G 板载 10/100/1000M Base-T 接口（采用 Intel82540EM 网络芯片）。

USB 接口：2 个 USB 接口，支持 USB2.0 规范，支持 USB 开机。

其他 I/O 接口：2 个 RS-232 串行接口，1 个并行接口，4 个 IDE 接口，支持 DMA33、66、100，1 个软驱控制口，支持两个软盘控制器，板上提供 PS/2 鼠标/键盘接口。

BIOS：拥有 AWARD BIOS 的版权，支持 2/4M 的 Flash ROM 和即插即用功能，支持光盘或 SCSI 硬盘启动系统。

看门狗：可写入 I/O 地址来启动设置、停止、关闭看门狗计时器。

电子盘：支持 DOM 系列电子盘。

节能特性：支持 ACPI 及 ODPM 节能模式。

③ 工业底板 IM247 的功能　13 槽 PICMG PCI/ISA 底板。

(2) 选用

① IPC800A-P2.0A 的选用　IPC-800A 机箱/845GV/L 主板/P4 2.0GCPU/256M 内存/40G 硬盘//KB/MOUSE（光驱、软驱、显示器可选）

② IPC800A-P2.0B 的选用　IPC-800A 机箱/845GV/L 主板/P4 2.0GCPU/512M 内存/80G 硬盘//KB/MOUSE（光驱、软驱、显示器可选）

③ IPC800A-P2.4A 的选用　IPC-800A 机箱/845GV/L 主板/P4 2.4GCPU/256M 内存/40G 硬盘//KB/MOUSE（光驱、软驱、显示器可选）

④ IPC800A-P2.4B 的选用　IPC-800A 机箱/845GV/L 主板/P4 2.4GCPU/512M 内存/80G 硬盘//KB/MOUSE（光驱、软驱、显示器可选）

⑤ IPC800A-P2.8A 的选用　IPC-800A 机箱/845GV/L 主板/P4 2.8GCPU/256M 内存/40G 硬盘//KB/MOUSE（光驱、软驱、显示器可选）

⑥ IPC800A-P2.8B 的选用　IPC-800A 机箱/845GV/L 主板/P4 2.8GCPU/512M 内存/80G 硬盘//KB/MOUSE（光驱、软驱、显示器可选）

⑦ IPC800B-P2.0G 的选用　IPC-800B 机箱/300W 电源/IM312 底板/845GV/L 主板/P4 2.0GCPU/512M 内存/80G 硬盘*2//KB/MOUSE（光驱、软驱、显示器可选）

⑧ IPC800B-P2.4G　IPC-800B 机箱/300W 电源/IM312 底板/845GV/L 主板/P4 2.4GCPU/512M 内存/80G 硬盘*2//KB/MOUSE（光驱、软驱、显示器可选）

⑨ IPC800B-P2.8G 的选用　IPC-800B 机箱/300W 电源/IM312 底板/845GV/L 主板/P4 2.8GCPU/512M 内存/80G 硬盘*2//KB/MOUSE（光驱、软驱、显示器可选）

16.2.2　NORCO 工业计算机（深圳华北工控）

16.2.2.1　构成与特点

(1) 构成　NORCO 工业计算机由以下几个基本部分组成：机箱、主板、无源底板、电源、主板配件模块等。如图 16-2 所示。

（2）特点

① 标准机箱　钢制 4U、19in 可上架机箱，符合 EIARS-310C 标准。

② 低功耗高性能工业主板　备有多种高性能工业主板，满足 POS 机、网络防火墙、医疗设备、数控机床、工业控制领域的不同需求。

③ 多种工业无源底板　24 种工业无源底板，可满足不同的机箱、插槽和电源的需求。

图 16-2　NORCO 系列工业计算机的构成

16.2.2.2　功能与选用

（1）功能

① RPC-900 4U 工业机箱的功能　4U、19in 可上架，欧美风格，符合 EIARS-310C 标准；最多可安装 10 个 3.5in 驱动器；可选用工业 CPU 卡或商用 PC 主板；前面板带锁，内置键盘锁，防止误操作；前端一个小口键盘及一个 PS/2 鼠标接口；特殊的弧形压梁设计，高度连续可调；指示灯为 Power LED、IDE LED；开关为 PowerON/OFF、Reset、键盘锁。

② NORCO-5730AL（7815）低功耗高性能工业主板的功能　板载嵌入式低功耗 Intel Celeron-M 600MHz（400MHz FSB）处理器；采用 Intel 852GM＋ICH4 芯片组；采用 852GM integrated 自带显示控制器，支持双通道 18bit LVDS 接口，CRT 与 LVDS 同时使用能实现独立显示；一条 184 pin DDR DIMM 内存插槽，支持 200/266MHz DDR 内存，最高达 1GB；2 个 10/100Mbps 以太网口；6 个快速的 COM 口；支持 AC′97 音频输出；提供一个 TV 输出接口。

③ NORCO PBP-10P7 工业无源底板的功能　10 槽无源底板 PCI 3 个，PICMG 2 个，ISA 1 个，单系统 4 层 PCB 板，电源层及地线层分层布置，最大程度降低干扰，支持电源 AT/ATX，尺寸（$W \times D$）270mm×237mm，适用机箱 RPC-500/RPC-600/PRC-900。

（2）选用

① NORCO PBP 工业无源底板的选用　NORCO PBP 系列工业无源底板包括 PBP-03P、PBP-05V、PBP-05V2、PBP-05I、PBP-06I、PBP-06V4、PBP-06P2、PBP-07P3、PBP-08P4、PBP-08I、PBP-09P6、PBP-14P4、PBP-14P10、PBP-14I、PBP-15P7、PBP-15P12、PBP-18D4、PBP-19P4、PBP-20I、PBP-20Q3、PBP-21P17、PBP-13L4、PCI07P6、PS05P3 等可供选择。

② NORCO-5730AL（7815）低功耗高性能工业主板的选用

微处理器：板载嵌入式低功耗 Intel Celeron-M 600MHz（400MHz FSB）处理器。

前端系统总线：66/100/133MHz 系统前端总线。

北桥（GMCH）：采用 Intel 852GM 芯片。

系统存储器：一条 184pin DDR DIMM 内存插槽，支持 200/266MHz DDR 内存，最高达 1GB。

显示控制器（AGP）：采用 852GM integrated 自带显示控制器，支持双通道 18bit LVDS 接口，CRT 与 LVDS 同时使用能实现独立显示。

南桥：Intel ICH4 芯片组。

EIDE 接口：两个 EIDE 接口，其中一个为标准 EIDE，支持 2 个 3.5in EIDE 设备，另

427

一个为 MINI EIDE 接口，支持 2 个 2.5in EIDE 设备，符合 PIO Mode 3/4 模式，支持 UD-MA66/100。

USB 接口：4 个 USB2.0 规范接口。

CF 卡插座：一个标准的 50 pin Compact Flash 插座，支持 Ⅰ/Ⅱ/Ⅲ 型 CF 卡。

网卡：2 个 Intel 82551ER 芯片网络控制芯片，提供 2 个 10/100Mbps 以太网接口，RJ-45 接头。

I/O 芯片：采用 Winbond W83627HF 高级 I/O 芯片。

并口：一个 IDC26 并行接口，支持 SPP/EPP/ECP 模式，并具有防静电保护功能。

串口：6 个快速的 COM 口，COM1 → RS-232，COM2 → RS-232/RS-422/RS-485，COM3～COM6 使用 W83697UF 来扩展。

GPIO：提供 8 个 GPIO，其中 4 个输入、4 个输出。

声卡：AC97 声卡，支持 Microphone in、Line in、CD audio in、line out。

TV-OUT：通过 FS453 扩展。

键盘、鼠标接口：PS/2 MINI-DIN 接口。

BIOS：2MB Flash BIOS；支持 APM 1.2；支持 USB、CD-ROM、LS-120 ZIP 设备启动系统。

PCI 接口：提供 1 个 PICMG 金手指，可扩展 4 个 PCI。

电源：标准 ATX 电源供电。

看门狗：255 级看门狗计时器，可通过软件设置为 Reset/IRQ11。

尺寸：203mm×146mm。

16.2.3 PCI 总线工业计算机（北京康拓）

16.2.3.1 构成与特点

（1）构成 PCI 总线工业计算机由以下几个基本部分组成，即 CPU 插件、A/D 插件、D/A 插件、状态量输入插件、状态量输出插件、状态量输入/输出插件、脉冲输入插件、模拟量输入插件、模拟量输出插件、模拟量输入/输出插件、接口插件和信号调离插件等。如图 16-3 所示。

（2）特点

① CPU 插件功能丰富 CPU 插件功能多，具有所有工业计算机的功能。

② 配备多种插件方便实用 除了 CPU 插件之外，配备了状态量、模拟量、信号调离、A/D 和 D/A 转换等插件，满足不同工业控制的需要。

16.2.3.2 功能与选用

（1）功能

① 康拓 APCI5094B CPU 插件的功能 APCI5094B 是一块高集成化嵌入式低功耗 486CPU 插件，具有在板平板/CRT SVGA 控制器、PCI Ethernet 接口和 USB 接口，主频为 133MHz。它具有所有工业计算机的功能，除了软驱、硬盘外，还包括显示、电子盘等功能。这就意味着 APCI5094B 是嵌入式应用中最好的解决办法之一。在板 AT96 总线为

图 16-3 PCI 工业计算机的构成

428

用户的 I/O 扩展提供了各种可能。在板平板/CRT SVGA 控制器为 CPU 内部集成，支持各种各样的 LCD 形式，包括 TFT、ST 和 EL。在板 Ethernet Realtek RTL 8100BL Ethernet 控制器。APCI5094B 支持 1MB 的 FLASH 电子盘，电子盘可以在线改写，也可以跳线写保护，并且可以直接启动 DOS 系统。只要初始化电子盘后，就可使用电子盘，不需在 CMOS 中设置。APCI5094B 可连接两个 IDE 驱动器，包括大硬盘、CD-ROM 驱动器、磁带驱动器或其他 IDE 驱动器。

② 康拓 PCI5330D 16 路隔离状态量输入/输出插件的功能　PCI-5330D 是 PCI5000 系列模板中的一块通用光电隔离型的状态量插件，包括 16 路开关量输入和 16 路开关量输出，其通道的隔离电压可达 2500V（rms），可保护计算机免受以外电压的损坏。

③ 康拓 PCI5416D PCI 总线 8 通道隔离模拟量输出插件的功能　PCI5416D 是一块 PCI 总线，光电隔离型 12 位 8 路通用 D/A 转换插件。它可提供 8 路电压信号输出或电流信号输出，同时具有上电置零功能。应用于工业过程控制、波形发生器和伺服控制等。

（2）选用

① 康拓 APCI5094B CPU 插件的选用

CPU STPC-ATLAS 133MHz；

BIOS Winbond W29C020CP90B PHOENIX；

内存 64MB 已焊在板上；

增强型 IDE 硬盘接口 1 个，BIOS 自动检测，支持 PIO 模式 4 和总线控制器 20×2 插座，2mm 的间距；

软驱接口 1 个，支持 5.25in 和 3.5in 软驱，17×2 插座，2.54mm 的间距；

CF 卡接口 1 个，支持 COMPACT FLASH 卡；

并口配置为 LPT1、LPT2、LPT3 或不配置，支持 SPP、ECP 和 EPP25 芯 D 型头；

串口 COM1/COM2 为 D 型头 COM3/COM4 从 AT96 用户 IO 接口引出，COM1/COM2 为 RS-232，COM3/COM4 为 RS-232、RS-422 和 RS-485 可选；

标准 PS/2 键盘和 PS/2 鼠标，6 脚接口；

实时时钟/日历 WINBOND 83977；

其他 DMA 通道 7，中断级别 15

以太网接口采用 Realtek RTL8100BL PCI 以太网控制器芯片；

扩展 ROM 1MB FLASH 电子盘可引导 DOS 和固化应用程序；

数字 I/O 接口，4 个 TTL 数字输入位，4 个 Open Collector 数字输出位，口地址 294H，位为 0，1，2，3；

扩展槽 PC/104 连接器；

一个 AT96 总线接口，一个用户 IO 接口；

机械性能和环境为电源电压＋5V，工作温度－20～60℃，模板尺寸 233mm×160mm，质量 0.6kg。

② 康拓 PCI5330D 16 路隔离状态量输入/输出插件的选用

16 路隔离开关量输入通道；

16 路隔离开关量输出通道；

输出驱动能力强；

隔离电压 2500V；

外部信号触发中断；

带电压保护可达 24V 的隔离信号输入；

37 芯 D 型连接器；

隔离开关量输入输出；

光隔输入通道；

通道数 16 路；

电压要求 8～24V；

输入信号频率最高为 20kHz，方波占空比 50%；

光隔输出通道；

通道数 16 路；

负载电源 5～40V；

隔离电压 2500V DC；

负载电流单路最大 200mA；

输出信号频率最高为 10kHz，方波占空比 50%；

输入通道 0 为中断源；

工作温度 0～55℃；

储存温度 -20～80℃；

湿度 40%～90%；

电源 +5V，600mA；

尺寸 98mm（H）×173mm（L）。

③ 康拓 PCI5416D PCI 总线 8 通道隔离模拟量输出插件的选用

模拟量输出 D/A；

输出通道 8 路；

分辨率 12 位串行输入；

输出范围可跳线选择；

双极性 10V，5V；

单极性 0～10V，0～5V；

电流 0～10mA，0～20mA，4～20mA；

转换芯片 DAC7615；

建立时间 20s；

电压输出驱动电流 5mA；

电流输出激励电压最小 +8V，最大 +36V；

数据传送方式由程序控制；

精度 0.1%FSR；

初始状态 0V 或 0mA 或 4mA；

总线类型 32 位 PCI 总线；

用户接口 37 芯 D 型连接器；

工作温度 0～55℃；

储存温度 -20～80℃；

湿度 40%～90%。

16.2.4 IPC 系列工业计算机（台湾研华）

16.2.4.1 构成与特点

（1）构成 IPC 系列工业计算机由以下几个基本部分组成：机箱、主板、键盘、电源、无源底板、CPU 插件、以太网插件、模拟量输入输出插件、计数器插件、热电偶/热电阻输入插件等。如图 16-4 所示。

（2）特点

① 工业机箱的设计适用于恶劣环境的要求，耐冲击，抗振动，可以使用在高温的环境中，支持 300W ATX PFC PS/2 电源。

② 声誉卓越的全长 CPU 卡，高可靠性和高稳定性经过市场的全面检验。

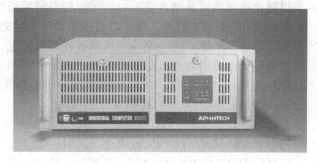
图 16-4　IPC 工业计算机的构成

③ 前置 USB、PS/2 和 I/O 接口，具有多种附加配置，如模拟量输入输出插件、状态量输入输出插件、通信插件、接口插件。

④ 系统开放，易于扩展，稳定可靠，联网方便，易于编程。

⑤ 前置报警 LED 和驱动器。

16.2.4.2　功能与选用

（1）功能

① 研华 IPC-611 工业机箱的功能　IPC-611 是 4U 14 槽的上架式工业机箱，结构稳固，全钢机箱，符合 EIARS-310 19in 上架式标准。IPC-611 带有 4 个防振设计的前端抽取驱动器架，其中 3 个为 5.25in，1 个为 3.5in，机箱内包含有一块可供多样选择的 14 槽无源底板 ATX MB 母板，一个高性能的 250W ATX PFC（功率因数校正）电源及一个可提供足够冷却能力的易维护冷却风扇。IPC-611 最高可支持 12 个扩展槽，适用于需要多扩展槽的高密度应用或最大可以支持到 12in×9.6in 的 M/B 架构。灵活的机械设计可使系统通过变更电源托架来使用单个 PS/2 电源及冗余电源。机器内可安装集成多种 CT 外设，以更好地满足不同 CT 开发应用对关键任务平台的 7×24 连续工作的需求。

② 研华 AIMB744 工业级主机板的功能　Socket478 架构，支持奔腾 4 和赛扬处理器的工业级 ATX 母板，支持 64 位 PCI-X/VGA/双千兆网口/HISA（400/533/800MHz 外频），结实耐用，寿命长。

③ 研华 PCA-6114P4-C 无源底板的功能　PCA-6114P4-C 是一款 14 槽无源底板，有 8 ISA、4PCI 和 2PICMG 槽，它支持 AT 和 ATX 电源，适用于研华 IPC-616、IPC-615、IPC-611 机箱。

（2）选用

① 研华 AIMB744 工业级主机板的选用

支持最多 2 个串型 ATA 设备；

支持双通道 DDR 400 SDRAM；

iIntel 875 芯片组，支持 400/533/800MHz 外频；

64 位 66MHz PCI-X 总线；

支持 10/100/1000M 以太网；

4 个 USB 2.0 接口；

CMOS 支持自动备份和恢复，以防止 BIOS 设置数据丢失；

1 个 AGP 槽/2 个 PCI-X 插槽/4 个 PCI 插槽；

兼容研华 1U、2U、4U、5U 和 7U 的机箱系列。

② 研华 IPC-611 工业机箱的选用

4U 14 槽上架式机箱，带前置风扇；

用户界面友好，带前置滤网，易于维护；

431

可视化的电源以及硬盘指示灯，可增强系统实用性；

兼容 Dialogic CT 板卡，为更广范围内的呼叫处理应用提供方案；

先进的冷却系统，将一个冷却风扇放在最佳位置，对系统的重要部件进行降温；

防振设计的驱动器仓，可以容纳 3 个 5.25in 及 1 个 3.5in 前端抽取式驱动器；

灵活的机械设计支持 300W ATX PFC PS/2 电源和 300W ATX PFC 冗余电源。

③ 研华 PCA-6114P4-C 无源底板的选用

系统数：1。

槽数：8 个 ISA，4 个 PCI，2 个 PICMG 槽。

尺寸：315mm×260mm（12.4in×10.24in）。

◎ 16.3 国外工业计算机

16.3.1 IPC-H 系列 P4 工业计算机（日本康泰克）

16.3.1.1 构成与特点

（1）构成 IPC-H 系列 P4 工业计算机包括 IPC D400/E400/H400/I400 几个品种，它们大多由以下几个基本部分组成：机箱、主板、内存、插槽、硬盘、电源。如图 16-5 所示。

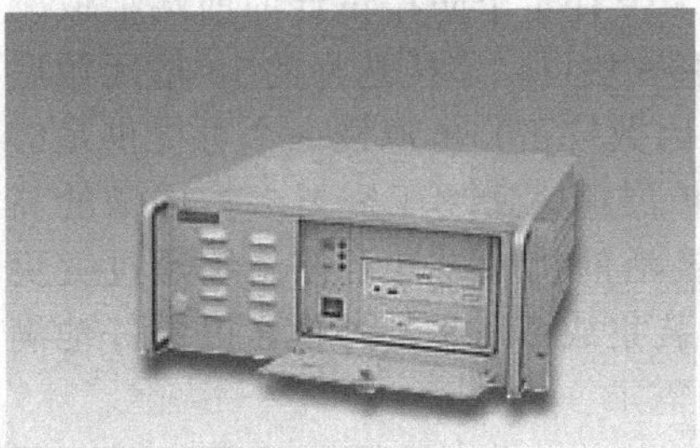

图 16-5 IPC-H 系列 P4 工业计算机的构成

（2）特点

① 一次成型的钢质结构的机箱；

② 支持 Intel Pentium4 2.0G 以上 CPU；

③ 符合 EIA RS-310C 安装标准；

④ 带有可更换空气过滤器的前置级；

⑤ 支持 AT/ATX 电源，可进行冗余配置。

16.3.1.2 功能与选用

（1）功能 IPC-H 系列工业计算机可靠性高、自我监测能力强、系统维护方便。钢质一次成型机箱、高效防尘过滤网和强大的双风扇结构可以在各种恶劣环境下稳定工作，被广泛应用于工程技术、电信通信、科学研究、数据采集、工厂自动化控制等领域。

（2）选用

① IPC-D400 的选用

主板：Intel 82845GV 工业主板，集成显卡、声卡、10/100MB 网卡。

内存：256M～2G。

插槽：8×ISA，4×PCI，2×PICMG。

硬盘：80G，7200r/min。

电源输入：115～230V，50/60Hz

输入功率：300W。

运行温度：0～45℃。

储存温度：0～70℃。

相对湿度：5%～95%，不结露。

振动（运行中）：50.25g，5～200Hz。

冲击（运行中）：1g，10ms 持续时间。

安全性：符合 UL/CE。

外形尺寸：500（D）×483（W）×177（H）（mm）。

质量：16.5kg。

② IPC-E400、IPC-H400、IPC-I400 的选用

由于 IPC-E400、IPC-H400 和 IPC-I400 的主板、内存、插槽、硬盘、电源输入、输入功率、运行温度、储存温度、相对湿度、振动（运行中）、冲击（运行中）、安全性、重量的产品技术指标完全相同，可参照 IPC-D400 进行选择。

16.3.2 APRE-4200 工业计算机（美国 APPRO 国际公司）

16.3.2.1 构成与特点

（1）构成 APRE-4200 工业计算机由以下几个基本部分组成：机箱、主板、接口板、硬盘、电源。如图 16-6 所示。

（2）特点

① 采用 19in 全钢结构可上架工业标准机箱。

② 具有多个扩展槽，可支持 8～20 个 PCI/ISA 插槽，可以构成 4 个独立的系统。

③ 配备智能温控风扇冷却系统供用户选择。

④ 配备双热拔插电源、风扇、驱动器及防冲击驱动器架，供用户选择使用。

⑤ 前面板装有电源开关、报警复位开关、键盘锁开关和系统复位开关、电源指示灯、电源故障报警灯、风扇故障报警灯、过温报警灯和硬盘指示灯。

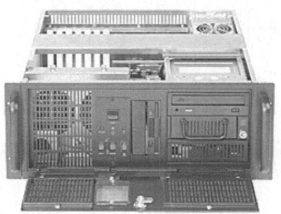

图 16-6 APRE-4200 工业计算机的构成

16.3.2.2 功能与选用

（1）功能 APRE-4200 工业计算机可靠性高、监测能力强、系统维护方便。全钢工业标准机箱、高效防尘过滤网和智能温控风扇冷却系统可使其工作在各种恶劣的工业环境中，因此广泛应用于工程技术、电信通信、科学研究、数据采集、工厂自动控制等领域。

（2）选用

① CPU 板 MC-81 CPU：Intel® Pentium™ III 850MHz～1.2GHz。内存：64～512MB。

② CPU 板 P4-SBC 双 Intel® Pentium™ 4 1.4～2.0GHz。内存：128MB～3GB（支持 ECC）。

③ CPU 板 SLE 双 Intel® Pentium™ III 866MHz～1.26GHz。内存：256MB～3GB（133MHz，带 ECC）。

④ 主板 P4ATX Intel® Pentium™ 4 1.3～2.0GHz。内存：256MB～3GB。

⑤ 主板 Raptor ATX Intel® Pentium™ III 850MHz。内存：64～768MB。

⑥ 主板 Super D Intel® Pentium™ III 800MHz～1.26GHz。内存：256MB～4GB（133MHz），可选 ECC。

433

参考文献

[1] 杨宪惠主编. 现场总线技术及其应用. 北京：清华大学出版社，1998.

[2] 黄步余主编. 分散控制系统在工业过程中的应用. 北京：中国石化出版社，1994.

[3] 王慧主编. 计算机控制系统. 北京：化学工业出版社，2000.

[4] 张永德主编. 过程控制装置. 北京：化学工业出版社，2006.

第4篇
先进控制与综合自动化

第17章
过程动态特性与系统建模

◎ 17.1 系统建模一般原则

对一个系统的动态特性的分析和建模是设计自动控制系统的关键问题。若能用数学模型来描述工业生产过程或一个被控制系统，然后对这一数学模型进行分析研究，这比在实际系统中进行系统分析更容易和方便。所谓数学模型，是指被研究系统一组相关变量之间的关系，这种关系可以用数学方程、表格等来描述。系统建模的基本方法有机理分析方法和系统辨识方法。

对一个被研究的系统列写物料平衡、能量平衡或动量平衡关系式是进行机理建模常用的方法。机理建模是建立在物质和能量守恒的基础上。这些重要的守恒定理如下。

（1）物质平衡

$$\left\{\begin{matrix}物质\\积累量\end{matrix}\right\}=\left\{\begin{matrix}流入物\\质流量\end{matrix}\right\}-\left\{\begin{matrix}流出物\\质流量\end{matrix}\right\} \tag{17-1}$$

第 i 个成分平衡，则

$$\left\{\begin{matrix}第\,i\,个成分\\的积累量\end{matrix}\right\}=\left\{\begin{matrix}第\,i\,个成分\\的进入量\end{matrix}\right\}-\left\{\begin{matrix}第\,i\,个成分\\的出口量\end{matrix}\right\}+\left\{\begin{matrix}第\,i\,个成分\\的产量\end{matrix}\right\} \tag{17-2}$$

守恒方程的形式可以写成由物质的量守恒、原子守恒和分子守恒三种形式。

（2）能量平衡

一般能量守恒定理又称为热力学第一定理，可以表示为

$$\left\{\begin{matrix}能量\\积累量\end{matrix}\right\}=\left\{\begin{matrix}对流进入\\的能量\end{matrix}\right\}-\left\{\begin{matrix}对流流出\\的能量\end{matrix}\right\}+\left\{\begin{matrix}从周围环境\\进入的净功能\end{matrix}\right\} \tag{17-3}$$

热动力系统的总能量 U_{tot} 是进入的能量、动能和势能之和，即

$$U_{tot}=U_{int}+U_{KE}+U_{PE} \tag{17-4}$$

式(17-3) 这个能量平衡也可以写成

$$\frac{dU_{int}}{dt}=-\Delta(w\hat{H})+Q \tag{17-5}$$

其中，U_{int} 是系统内部能量；$\hat{H}$ 是每单位物质的焓；w 是物质流量；Q 是传给系统的热量；Δ 算子代表流出与流入流体之间的差。因此，$-\Delta(w\hat{H})$ 项代表了进入流体的焓减去流出流体的焓。用物质的量来表示的类似方程为

$$\frac{dU_{int}}{dt}=-\Delta(\tilde{w}\tilde{H})+Q \tag{17-6}$$

其中，$\tilde{H}$ 是每摩尔的焓；$\tilde{w}$ 是摩尔流量。

另一种建模的方法是根据系统输入和输出的关系数据来建模，通常称为系统辨识的方法。这种方法获得的模型没有考虑系统的内在机理关系，因此模型的外推性能较差。由于实际系统都比较复杂，一般都具有非线性特性或时变特性等，为此，所建的模型适用于在建模时工作点附近的系统控制中，否则将会有较大模型的误差。

◎ 17.2 典型过程特性

多数工业过程的特性分属四种类型。

（1）自衡的非振荡过程　如图 17-1 所示液体储罐，在系统处于平衡状态时，当进水量作阶跃增加后，进水量超过出水量，过程原来的平衡状态将被打破，液位要上升；但随着液位的上升，出水阀前的静压增加，出水量也将增加；这样，液位的上升速度将逐步变慢，最终将建立新的平衡，液位达到新的稳态值。像这种无需外加任何控制作用，过程能够自发地趋于新的平衡状态的性质称为自衡特性。

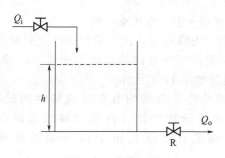

图 17-1　液位过程

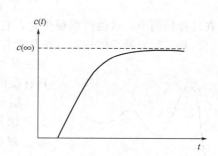

图 17-2　自衡的非振荡过程的响应曲线

在过程控制中，这类过程是最常遇到的。在阶跃作用下，被控变量 $c(t)$ 不振荡，逐步地向新的稳态值 $c(\infty)$ 靠近。图 17-2 是典型的自衡非振荡过程的响应曲线。

自衡的非振荡过程传递函数通常可以写成下列形式。

$$G_p(s) = \frac{Ke^{-\tau s}}{Ts+1} \tag{17-7}$$

$$G_p(s) = \frac{Ke^{-\tau s}}{(T_1 s+1)(T_2 s+1)} \tag{17-8}$$

$$G_p(s) = \frac{Ke^{-\tau s}}{(Ts+1)^n} \tag{17-9}$$

尤其以第一种形式使用最广，式中的各参数可根据阶跃响应曲线用图解法或曲线拟合的方法求得。

（2）无自衡的非振荡过程　如图 17-3 所示液位过程，出水用泵排送。水的静压变化相对于泵的压头可以近似忽略，因此泵转速不变时，出水量恒定。当进水量稍有变化，如果不依靠外加的控制作用，则储罐内要么溢满或者抽干，不能重新达到新的平衡状态，这种特性称为无自衡特性。

这类过程在阶跃作用下，输出 $y(t)$ 会一直上升或下降，其响应曲线一般如图 17-4 所示。

无自衡的非振荡过程传递函数一般可写为

$$G(s) = \frac{K}{Ts}e^{-\tau s} \tag{17-10}$$

$$G(s) = \frac{K}{s(Ts+1)}e^{-\tau s} \tag{17-11}$$

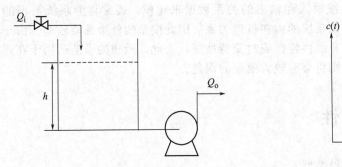

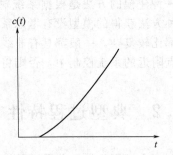

图 17-3　积分液位过程　　　　　　　　图 17-4　无自衡的非振荡过程

这类过程比第一类过程难控一些，因为它们缺乏自平衡的能力。

（3）有自衡的振荡过程　在阶跃作用下，$c(t)$ 会上下振荡，最后趋于新的稳态值，这种系统称为有自衡的振荡过程。其响应曲线见图 17-5，传递函数一般可写为

$$G_p(s) = \frac{K e^{-\tau s}}{T^2 s^2 + 2\xi T s + 1}, 0 < \xi < 1 \tag{17-12}$$

在过程控制中，这类过程很少见，它们的控制比第一类过程困难一些。

（4）具有反向特性的过程　在阶跃作用下，$y(t)$ 先降后升，或先升后降，过程响应曲线在开始的一段时间内变化方向与以后的变化方向相反。具有反向响应的过程如图 17-6 所示。

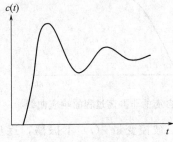

图 17-5　有自衡的振荡过程

锅炉汽包液位是经常遇到的具有反向特性的过程。如果供给的冷水成阶跃地增加，汽包内沸腾水的液位会呈现先降后升的变化，这是由于两种相反影响的结果。

① 冷水的增加引起汽包内水的沸腾突然减弱，水中气泡迅速减少，导致水位下降。设由此导致的液位响应为一阶惯性特性，如图 17-6（b）中曲线 1 所示。

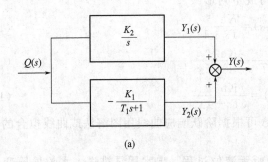

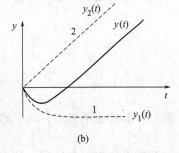

(a) 　　　　　　　　　　　　　　　　　(b)

图 17-6　具有反向特性的过程

$$G_1(s) = -\frac{K_1}{T_1 s + 1} \tag{17-13}$$

② 在燃料供热恒定的情况下，假定蒸汽量也基本恒定，则液位随进水量的增加而增加，并呈积分响应，如图 17-6（b）中的曲线 2。

$$G_2(s) = \frac{K_2}{s} \tag{17-14}$$

③ 两种相反作用的结果，总特性为

$$G(s) = \frac{K_2}{s} - \frac{K_1}{T_1 s + 1} = \frac{(K_2 T_1 - K_1)s + K_2}{s(T_1 s + 1)} \qquad (17\text{-}15)$$

当 $K_2 T_1 > K_1$ 时，在响应初期第二项 $\frac{-K_1}{T_1 S + 1}$ 占主导地位，过程将出现反向响应。若本条件不成立，则过程不会出现反向响应。

当 $K_2 T_1 < K_1$ 时，过程出现一个正的零点，其值为

$$s = \frac{-K_2}{(K_2 T_1 - K_1)} > 0 \qquad (17\text{-}16)$$

工业过程除按上述类型分类外，还有些过程具有严重的非线性特性，如中和反应器和某些生化反应器；在化学反应器中还可能有不稳定过程，这些特性给控制系统带来困难。

◎ 17.3 机理建模方法及举例

机理方法建模是根据工业生产过程的机理，写出各种有关的平衡方程，如物质平衡方程，能量平衡方程，动量平衡方程，相平衡方程以及反映流体流动、传热、传质、化学反应等基本规律的运动方程、物性参数方程和某些设备的特性方程等，从中获得所需的数学模型。

用机理方法建模物理概念清楚、准确，不但给出了系统输入输出变量之间的关系，也给出了系统状态和输入输出之间的关系，使人们对系统有一个比较清晰的了解，故称为"白箱模型"。机理方法建模在工艺过程尚未建立时（如在设计阶段）也可进行，对尺寸不同的设备也可类推。

用机理方法建模的首要条件是生产过程的机理必须已经为人们充分掌握，并且可以比较确切地加以数学描述。用机理方法建模时，有时也会出现模型中某些参数难以确定的情况，这时可以用实验室实验数据或实测工业数据来确定这些参数。

机理建模的一般步骤如下。

(1) 根据建模对象和模型使用目的作出合理假设　任何一个数学模型都是有假设条件的，不可能完全精确地用数学公式把客观实际描述出来；即使可能的话，结果也往往无法实际应用。在满足模型应用要求的前提下，结合对建模对象的了解，把次要因素忽略掉。对同一个建模对象，由于模型的使用场合不同，对模型的要求也不同，假设条件可以不同，最终所得的模型也不相同。如对一加热炉系统建模，若假设加热炉中每点温度一致，则得到用微分方程描述的集中参数模型；若假设加热炉中每点温度非均匀，则得到用偏微分方程描述的分布参数模型。

(2) 根据过程内在机理建立数学模型　建模的主要依据是物料、能量和动量平衡关系式及化学反应动力学。一般形式是

系统内物料（或能量）蓄藏量的变化率＝单位时间内进入系统的物料量（或能量）－单位时间内由系统流出的物料量（或能量）＋单位时间内系统产生的物料量（或能量）

蓄藏量的变化率是变量对时间的导数，当系统处于稳态时，变化率为零。

(3) 简化　从应用上讲，动态模型在满足控制工程要求、充分反映过程动态特性的情况下尽可能简单，是十分必要的。常用的方法如忽略某些动态衡算式，分布参数系统集总化和模型降阶处理等。

在建立过程动态数学模型时，输出变量、状态变量和输入变量可用三种不同形式，即用

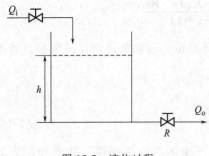

图 17-7　液位过程

绝对值、增量和无量纲形式。在控制理论中，增量形式得到广泛的应用，它可以减少非线性的影响，而且通过坐标的移动，把稳态工作点定为原点，使输出输入关系更加简单清晰，便于运算；在控制理论中广泛应用的传递函数，就是在初始条件为零的情况下定义的。

对于线性系统，增量方程式的列写很方便，只要将原始方程中的变量用它的增量代替即可。对于原来非线性的系统，则需进行线性化，在系统输入和输出的工作点范围内，把非线性关系近似为线性关系。最常用的线性化方法是切线法，它是在静态特性上用经过工作点的切线代替原来的曲线。线性化时要注意应用条件，系统的静态特性曲线在工作点附近邻域没有间断点、折断点和非单值区。

17.3.1　化工过程机理建模例子

(1) 液体储罐的动态模型　如图 17-7 所示液体圆形储罐，进液量和出液量的体积流量分别是 Q_i 和 Q_o，系统要控制的是液位 h。试建立该液体储罐液位与输入液体 Q_i 的动态模型。

液位的变化满足下述物料平衡方程：

液罐内蓄液量的变化率＝单位时间内液体流入量－单位时间内液体流出量

$$A \frac{\mathrm{d}h}{\mathrm{d}t} = Q_i - Q_o \tag{17-17}$$

其中

$$Q_o = k\sqrt{h} \tag{17-18}$$

A 为圆形储罐横截面积。

将(17-18) 代入式(17-17)，得

$$A \frac{\mathrm{d}h}{\mathrm{d}t} = Q_i - k\sqrt{h} \tag{17-19}$$

这就是储罐液位的动态数学模型，它是一个非线性微分方程，如果液位始终在其稳态值附近很小的范围内变化，则上式可线性化。

在平衡工况下

$$0 = Q_{i0} - Q_{o0} \tag{17-20}$$

若以增量形式 (△) 表示各变量偏离起始稳态值的程度，即

$$\Delta h = h - h_0，\Delta Q_i = Q_i - Q_{i0}，\Delta Q_o = Q_o - Q_{o0}$$

则有

$$A \frac{\mathrm{d}\Delta h}{\mathrm{d}t} = \Delta Q_i - \Delta Q_o \tag{17-21}$$

非线性特性存在于液位与流出量之间，线性化方法是将非线性项进行泰勒级数展开，并取线性部分。

$$Q_o = k\sqrt{h} = Q_{o0} + \frac{\mathrm{d}Q_o}{\mathrm{d}t}\bigg|_{h=h_0} (h - h_0) = Q_{o0} + \frac{k}{2\sqrt{h_0}}\Delta h \tag{17-22}$$

$$\Delta Q_o = Q_o - Q_{o0} = \frac{k}{2\sqrt{h_0}}\Delta h \tag{17-23}$$

$$\frac{Q_o(s)}{H(s)} = \frac{k}{2\sqrt{h_0}} = \frac{1}{R} \tag{17-24}$$

R 称为液阻，(17-24) 代入(17-21) 得

$$A \frac{\mathrm{d}\Delta h}{\mathrm{d}t} = \Delta Q_i - \frac{\Delta h}{R} \tag{17-25}$$

整理并省略增量符号，该液位系统的动态模型为

$$A \frac{\mathrm{d}h}{\mathrm{d}t} + h = RQ_i \tag{17-26}$$

液面 h 与输入 Q_i 的关系写成传递函数形式则为

$$\frac{H(s)}{Q_i(s)} = \frac{R}{RAs+1} \tag{17-27}$$

（2）串联液体储罐的动态模型　　如图 17-8 所示液位过程，它有两个串联在一起的储罐。液体首先进入储罐 1，然后再通过阀门 R_1 从储罐 2 流出。试分析液位 h_2 在进水量 Q_i 变化时的动态特性。

由物料平衡方程，列微分方程为

$$A_1 \frac{\mathrm{d}h_1}{\mathrm{d}t} = Q_i - Q_1 \tag{17-28}$$

$$A_2 \frac{\mathrm{d}h_2}{\mathrm{d}t} = Q_1 - Q_o \tag{17-29}$$

$$Q_1 = k_1 \sqrt{h_1 - h_2} \tag{17-30}$$

$$Q_0 = k_2 \sqrt{h_2} \tag{17-31}$$

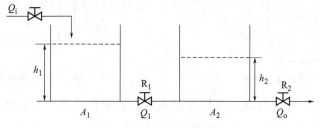

图 17-8　串联液体储罐

注意到流量 Q_1 不仅与液位 h_1 有关，而且与液位 h_2 有关，经线性化处理，可得

$$Q_1 = \frac{h_1 - h_2}{R_1}, \quad Q_o = \frac{h_2}{R_2}$$

首先将各环节进行拉氏变换得

$$H_1(s) = \frac{1}{A_1 s}[Q_i(s) - Q_1(s)]$$

$$Q_1(s) = \frac{H_1(s) - H_2(s)}{R_1}$$

$$H_2(s) = \frac{1}{A_2 s}[Q_1(s) - Q_o(s)]$$

$$Q_o(s) = \frac{H_2(s)}{R_2}$$

各环节传递函数的关系如图 17-9 所示。

方框图经过等效变换，储罐 2 液位 h_2 与输入 Q_i 的传递函数为

$$\begin{aligned}
\frac{H_2(s)}{Q_i(s)} &= \frac{R_2}{(R_1 A_1 R_2 A_2)s^2 + (R_1 A_1 + R_2 A_2 + R_2 A_1)s + 1} \\
&= \frac{K}{T_1 T_2 s^2 + (T_1 + T_2 + T_3)s + 1}
\end{aligned} \tag{17-32}$$

441

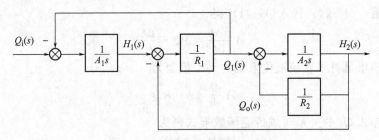

图 17-9　串联液体储罐的方框图

其中，$T_1 = R_1 A_1$；$T_2 = R_2 A_2$；$T_3 = R_2 A_1$；$K = R_2$。

（3）气体储罐压力的动态模型　对于气体压力储罐，需要考虑其压力的动态响应。建立气罐的压力动态模型可以从物料平衡关系式和气体状态方程来进行。图 17-10 所示气体压力储罐，气体经阀 1 进入储罐，然后经阀 2 流出储罐。储罐压力为 p，进口阀前压力为 p_1，出口阀后压力为 p_2。

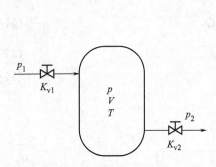

图 17-10　气体压力储罐

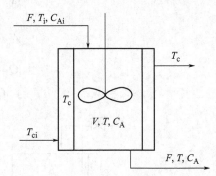

图 17-11　夹套式换热器

假设无化学反应；储罐与周围环境传热良好，温度保持不变，忽略进出口管线的阻力损失。

由物料平衡关系有

$$\frac{\mathrm{d}(NM)}{\mathrm{d}t} = G_i - G_o \tag{17-33}$$

式中　G_i——经阀 1 进入储罐的气体质量流量；

　　　G_o——经阀 2 流出储罐的气体质量流量；

　　　N——气体物质的量；

　　　M——气体摩尔质量。

气罐中压力不高时，气体服从理想气体状态方程，即

$$pV = NRT \tag{17-34}$$

式中，V 为容积；R 为气体常数；T 为气体的热力学温度。

在本例中，由于作为恒温过程看待，各变量对时间求导：

$$\frac{\mathrm{d}p}{\mathrm{d}t} = \frac{RT}{V} \times \frac{\mathrm{d}N}{\mathrm{d}t} \tag{17-35}$$

于是，得到压力储罐的动态模型为

$$\frac{\mathrm{d}p}{\mathrm{d}t} = \frac{RT}{MV}(G_i - G_o) \tag{17-36}$$

（4）夹套式换热器　图 17-11 为夹套式换热器，加热介质在混合釜的外层夹套内流过，以加热釜内液体。假设：夹套内层很薄，忽略加热介质和夹套壁的动态过程；搅拌器充分搅

拌，流体处于完全混合状态，温度均匀；各热容物性参数不变；热损失不计。

根据能量平衡可得

系统内热量变化率＝单位时间进入系统热量－单位时间离开系统热量

对釜内物料作热衡算：

$$V_1\rho_1 c_{p1}\frac{\mathrm{d}T_{1o}}{\mathrm{d}t}=F_1\rho_1 c_{p1}(T_{1i}-T_{1o})+KA(T_{2o}-T_{1o}) \tag{17-37}$$

对夹套内物料作热衡算：

$$V_2\rho_2 c_{p2}\frac{\mathrm{d}T_{2o}}{\mathrm{d}t}=F_2\rho_2 c_{p2}(T_{2i}-T_{2o})-KA(T_{2o}-T_{1o}) \tag{17-38}$$

式中，F_1、F_2 是体积流量；ρ_1，ρ_2 是密度；c_{p1} 和 c_{p2} 是比热容；T_{1i}、T_{2i} 是被加热流体和加热介质进入换热器的温度；T_1 和 T_2 是换热器内和夹套中的温度；K 和 A 分别是传热系数和传热面积。

（5）混合过程建模　如图 17-12 所示，进入系统的两种物流经混合后得到具有所需组成的物流。其中流体 1 是 A 和 B 两种混合物，其质量流量为 w_1，A 的质量分数是 x_1；流体 2 是由纯物质 A 组成，其质量流量为 w_2；混合后流出物质量流量为 w，含有 A 的质量分数是 x。罐中液体质量可以由产品流体体积 V 和它的密度 ρ 来表示。积累的质量流量是 $\mathrm{d}(V\rho)/\mathrm{d}t$，混合系统的非稳态物质平衡式为

$$\frac{\mathrm{d}(V\rho)}{\mathrm{d}t}=w_1+w_2-w \tag{17-39}$$

其中，w_1、w_2 和 w 是质量流量。

假设混合罐中是完全混合，成分 A 的积累率是 $\mathrm{d}(V\rho x)/\mathrm{d}t$，其中 x 为 A 的质量分数，则有

$$\mathrm{d}\frac{(V\rho x)}{\mathrm{d}t}=w_1 x_1+w_2 x_2-wx \tag{17-40}$$

假设液位密度 ρ 是一个常数，则式（17-39）和式（17-40）为

$$\rho\frac{\mathrm{d}V}{\mathrm{d}t}=w_1+w_2-w \tag{17-41}$$

$$\frac{\rho\mathrm{d}(Vx)}{\mathrm{d}t}=w_1 x_1+w_2 x_2-wx \tag{17-42}$$

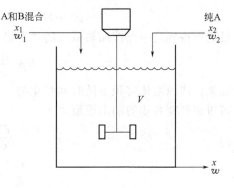

图 17-12　搅拌混合过程

（17-42）中的微分乘积项，展开就可以将其简化为

$$\rho\frac{\mathrm{d}(Vx)}{\mathrm{d}t}=\rho V\frac{\mathrm{d}x}{\mathrm{d}t}+\rho x\frac{\mathrm{d}V}{\mathrm{d}t} \tag{17-43}$$

将式（17-43）代入式（17-32），则有

$$\rho V\frac{\mathrm{d}x}{\mathrm{d}t}+\rho x\frac{\mathrm{d}V}{\mathrm{d}t}=w_1 x_1+w_2 x_2-wx \tag{17-44}$$

用式（17-41）置换式（17-44）中的 $\rho\mathrm{d}V/\mathrm{d}t$，得到

$$\rho V\frac{\mathrm{d}x}{\mathrm{d}t}+x(w_1+w_2-w)=w_1 x_1+w_2 x_2-wx \tag{17-45}$$

重新整理之后，得到混合系统的模型形式为

$$\frac{\mathrm{d}V}{\mathrm{d}t}=\frac{1}{\rho}(w_1+w_2-w) \tag{17-46}$$

$$\frac{\mathrm{d}x}{\mathrm{d}t}=\frac{w_1}{V\rho}(x_1-x)+\frac{w_2}{V\rho}(x_2-x) \tag{17-47}$$

（6）搅拌加热过程　搅拌加热系统如图 17-13 所示。入口液体流为单组分，其流量为

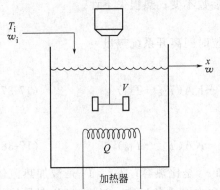

图 17-13　搅拌加热过程

w，温度为 T_i。由电加热器加热。假设由加热器提供热量 Q，罐内搅拌均匀，混合完全，故其出口温度 T 就是罐内温度；流入流量与流出流量相等，$w_i = w$，罐内液体容积 V 是常数；流体的密度 ρ 与比热容 c 可以假设为常数，因而可以忽视它们受温度的影响；热损失可以忽略；在低压或适度的压力下，纯流体的内能 U_{int} 大致等于焓 H，所以 $U_{int} \approx H$，而 H 只取决于温度。

根据能量守恒定理，罐中内能累积量的表达式可以写成

$$\frac{dU_{int}}{dt} = \rho V c \frac{dT}{dt} \tag{17-48}$$

单位质量流体在罐内焓的增加是

$$\widehat{H} - \widehat{H}_{ref} = c(T - T_{ref}) \tag{17-49}$$

其中，$\widehat{H}_{ref}$ 是 $\widehat{H}$ 在参考温度 T_{ref} 时的值。假设 $\widehat{H}_{ref} = 0$，于是式（17-49）可以改写为

$$\widehat{H} = c(T - T_{ref}) \tag{17-50}$$

对入口的流体有

$$\widehat{H}_i = c(T_i - T_{ref}) \tag{17-51}$$

对于流入流体项焓的变化可写成

$$-\Delta(w\widehat{H}) = w[c(T_i - T_{ref})] - w[c(T - T_{ref})] \tag{17-52}$$

最后可得到这一搅拌加热系统的动态模型为

$$V\rho c \frac{dT}{dt} = wc(T_i - T) + Q \tag{17-53}$$

如果说罐内液体容积是随时间变化的，其中 w_1 和 w 分别是输入、输出流体的质量流量，则可得到可变容积的动态模型为

$$\frac{dV}{dt} = \frac{1}{\rho}(w_1 - w) \tag{17-54}$$

$$\frac{dT}{dt} = \frac{w_i}{V\rho}(T_i - T) + \frac{Q}{\rho c V} \tag{17-55}$$

如果假设金属加热元件有较大的热容量，且电加热量 Q 直接影响到加热元件温度而不是液体容积。为简单起见，忽略了由导热引起的加热元件的温度梯度。还假设加热元件有一个相等的温度 T_e，它可以是加热元件的平均温度。搅拌罐和加热元件的非稳态能量方程可以写成

$$mc \frac{dT}{dt} = wc(T_i - T) + h_e A_e(T_e - T) \tag{17-56}$$

$$m_e c_e \frac{dT_e}{dt} = Q - h_e A_e (T_e - T) \tag{17-57}$$

其中，$m = V\rho$，$m_e c_e$ 是加热元件的热容量；$h_e A_e$ 是传热系数和传热面积之乘积。注意，mc 和 $m_e c_e$ 分别是罐内液体容积和加热元件的热容量，Q 是输入量，它是与加热元件瞬时消耗的电能等效的。

如果流量 w 是常数，式（17-56）和式（17-57）可转换为一个简单的二阶微分方程。先对式（17-56）求解得到 T_e，然后微分以得到 dT_e/dt，将 T_e 和 dT_e/dt 代入式（17-57）就可得到该加热系统温度的动态模型为

$$\frac{mm_e c_e}{wh_e A_e} \times \frac{\mathrm{d}^2 T}{\mathrm{d}t^2} + \left(\frac{m_e c_e}{h_e A_e} + \frac{m_e c_e}{wc} + \frac{m}{w}\right)\frac{\mathrm{d}T}{\mathrm{d}t} + T = \frac{m_e c_e}{h_e A_e} \times \frac{\mathrm{d}T_i}{\mathrm{d}t} + T_i + \frac{1}{wc}Q \qquad (17\text{-}58)$$

如果改用蒸汽（或其他加热介质）在搅拌罐里的蛇形管或夹套中冷凝来加热流体，入口流体的压力可通过调节控制阀来改变，冷凝压力 p_s 决定了蒸汽温度 T_s。这可以由热力学关系或类似蒸汽压力-温度对应表的信息来给出：

$$T_s = f(p_s) \qquad (17\text{-}59)$$

假定罐内液体容积不变，并且用蒸汽加热蛇形管加热。假设冷凝液的热容量相对罐液和加热蛇形管管壁的热容量可以忽略不计。根据这一假设，动态模型将由流体和加热管管壁的能量平衡方程组成：

$$mc\frac{\mathrm{d}T}{\mathrm{d}t} = wc(T_i - T) + h_p A_p(T_w - T) \qquad (17\text{-}60)$$

$$m_w c_w \frac{\mathrm{d}T_w}{\mathrm{d}t} = h_s A_s(T_s - T_w) - h_p A_p(T_w - T) \qquad (17\text{-}61)$$

其中，下标 w、s 和 p 分别表示此变量属于加热管壁、蒸汽和过程。

（7）连续搅拌釜反应器　连续搅拌釜反应器（简称 CSTR）在工业上得到了广泛的应用，而且还具有其他类型的反应器的许多特点。与管式反应器和填料床反应器等其他形式的连续反应器相比，CSTR 模型更简单。

对于一个液相不可逆化工反应器，由化学物质 A 反应为物质 B，此反应可以写成 A→B，假设反应速率可以写成组分 A 的一次关系式：

$$r = kc_A \qquad (17\text{-}62)$$

其中，r 是每单位体积下 A 的反应速率，k 是反应常数（单位是时间的倒数），c_A 是 A 的分子浓度。单相反应的反应速率常数与反应温度有非常密切的关系，可以由阿仑尼乌斯（Arrhenius）关系式给出：

$$k = k_0 \exp\left(-\frac{E}{RT}\right) \qquad (17\text{-}63)$$

其中，k_0 是频率因子；E 是活化能；R 是气体常数。虽然式（17-62）与式（17-63）是基于理论分析的，但其中的模型参数 k_0 和 E 通常还要由实验数据拟合而得。

图 17-14 是 CSTR 的简图，其流入是带有分子浓度 c_{Ai} 的纯物质 A。冷却蛇形管用来带走放热反应所释放的热能，从而保持反应所需的温度。CSTR 模型是根据 CSTR 是完全混合；进料流和产品流的质量密度相等，并且为常数，用 ρ 表示；反应器液体体积 V 依靠溢流管而保持常数的假设，推导得到 CSTR 的非稳态物质平衡式为

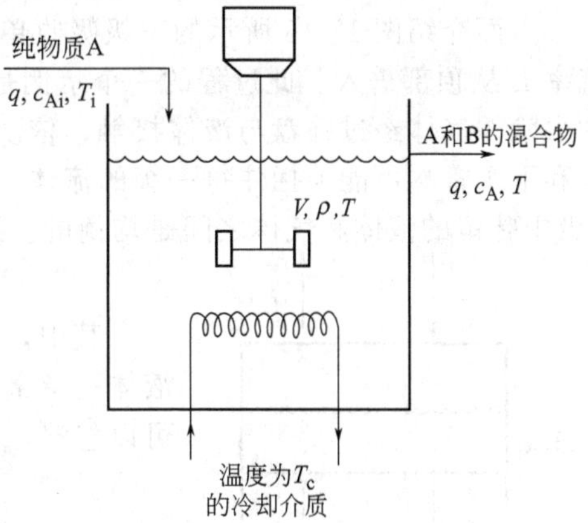

$$\frac{\mathrm{d}(\rho V)}{\mathrm{d}t} = \rho q_i - \rho q \qquad (17\text{-}64)$$

图 17-14　非绝热连续搅拌釜反应器

因为 V 和 ρ 是常数，式（17-64）可以简化为

$$q = q_i \qquad (17\text{-}65)$$

对于所述的假设，A 物料的非稳态成分平衡方程式是

$$V\frac{\mathrm{d}c_A}{\mathrm{d}t} = q(c_{Ai} - c_A) - Vkc_A \qquad (17\text{-}66)$$

然后考虑 CSTR 的非稳态能量平衡。首先假设：冷却剂和冷却管壁的热容量相对于釜中液

体的热容量来说，可以忽略；所有冷却剂都有同样的温度 T_c，即冷却剂通过蛇形管而增加的温度可以忽略不计。

从反应器传到冷却剂的热量由下式给出：

$$Q = UA(T_c - T) \tag{17-67}$$

其中，U 是总传热系数；A 是传热面积。假设这两个模型参数均为常数。

与化学反应的热焓变化相比，进料和釜中流体混合有关的热焓变化以及轴功率和散热可以忽略。

CSTR 的能量平衡方程式是

$$V\rho c \frac{\mathrm{d}T}{\mathrm{d}t} = wc(T_i - T) + (-\Delta H_R)Vkc_A + UA(T_c - T) \tag{17-68}$$

其中，ΔH_R 是每单位分子 A 反应物的反应热。

所以，CSTR 的动态模型由式(17-62)～式(17-68)组成。由于包含了很多乘积项以及在式(17-63)中有关于 k 的指数温度项，所以这个动态模型是非线性的。

（8）多级吸收系统 化工过程，特别是分离过程，常常由许多级组成。在每一级都要使物质紧密接触，以达到各相之间的平衡。多级过程的例子有精馏、吸收和抽提。各级的安排通过采用不可溶物质或部分可溶物质的串联形式进行分离，其流向可以是顺流的，也可以是逆流的。图 17-15 是一种逆向接触，多级过程系统。

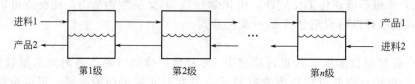

图 17-15 一个逆向流多级过程

多级系统的进料可能在过程的终点，如吸收单元，或者单个进料也可以从中间级进入，如分馏塔。各级物理上的连接可能是垂直的，也可能是水平的，这取决于物料的传输方式。

下面介绍图 17-16 所示的三级吸收单元，气相以摩尔流率 G 从底部进入，吸收液以摩尔流率 L 从顶部进入。此过程的一个示例是利用液体吸收法，将二氧化硫（SO_2）从燃烧气体中去除。气体经过筛盘与液体接触，依次穿过它们。当气体向上通过筛盘时，经过一些溢流板和下水管尽可能地拦住每一级的流体。因为是均匀混合的，可以假设需要吸收的组分在第 i 级中驻留的液体和气体之间是均衡的。通常假设它们之间为简单的线性关系，对 i 级有

$$y_i = ax_i + b \tag{17-69}$$

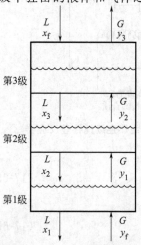

图 17-16 一个三级吸收单元

其中，y_i 和 x_i 是被吸收组分在气体和液体的浓度。假设液体驻留量 H 为常数，每级均能完全混合，并且气体驻留量可以忽略，那么对任意 i 级的组分平衡方程是

$$H \frac{\mathrm{d}x_i}{\mathrm{d}t} = G(y_{i-1} - y_i) + L(x_{i+1} - x_i) \tag{17-70}$$

假设式(17-70)中的液体摩尔流率 L 和气体摩尔流率 G 不受吸收的影响，因为吸收组成的浓度变化很小。L 和 G 大致为常数。将式(17-69)代入式(17-70)，即可得到

$$H \frac{\mathrm{d}x_i}{\mathrm{d}t} = aGx_{i-1} - (L + aG)x_i + Lx_{i+1} \tag{17-71}$$

将上式除以 L，并将 $\tau = H/L$，每级液体停留时间，$\delta = aG/L$，搅拌因子和 $K = G/L$，气液比代入上式，则三级吸收器的模型为

446

$$\tau \frac{dx_1}{dt} = K(y_f - b) - (1+\delta)x_1 + x_2 \qquad (17\text{-}72)$$

$$\tau \frac{dx_2}{dt} = \delta x_1 - (1+\delta)x_2 + x_3 \qquad (17\text{-}73)$$

$$\tau \frac{dx_3}{dt} = \delta x_2 - (1+\delta)x_3 + x_f \qquad (17\text{-}74)$$

式(17-72)~式(17-74) 的每个方程是线性的，但却是关联的，即每个输出变量 x_1、x_2 和 x_3 不仅出现在一个方程中。这一点使得难以将这三个方程转换为单一的高阶方程。

（9）管式换热器的数学模型　管式换热器如图 17-17 所示。流经内管的液体，被管外逆向流动的蒸汽加热。被加热的液体温度不仅随时间变化，而且沿 z 轴方向变化，即由入口的 T_1 变化为出口的 T_2。假设沿管的径向无温度变化，则温度有两个自变量 t 和 z，即 $T(t, z)$，并有 $T(t, 0) = T_1$，$T(t, L) = T_2$，其中 L 为管长度。

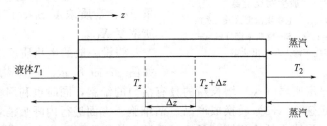

图 17-17　管式换热器

考虑在时间 dt 和微元 dz 间建立能量平衡方程。设内管截面积为 A；管内液体的平均速度 v 为常数；D 为内管的外径；蒸汽与管内液体间的总传热系数为 K；蒸汽的饱和温度为 T_s；ρ 为液体密度，c_p 为液体比热容。

在 dt 时间内液体流入微元 dz 的热量为 $\rho c_p A v T dt$；

在 dt 时间内液体流出微元 dz 的热量为 $\rho c_p A v \left(T + \frac{\partial T}{\partial z} dz \right) dt$；

在 dt 时间内在 dz 部分蓄积的热量为 $\rho c_p A dz \frac{\partial T}{\partial t} dt$；

蒸汽在 dt 时间内传给 dz 内液体的热量为 $\pi D dz K(T_s - T) dt$。

因此，在 dt 时间内在 dz 微元中建立的能量平衡式为

$$\rho c_p A dz \frac{\partial T}{\partial t} dt = \rho c_p A v T dt - \rho c_p A v \left(T + \frac{\partial T}{\partial z} dz \right) dt + \pi D dz K(T_s - T) dt \qquad (17\text{-}75)$$

即有

$$\rho c_p A \frac{\partial T}{\partial t} + \rho c_p A v \frac{\partial T}{\partial z} = \pi D K(T_s - T) \qquad (17\text{-}76)$$

式中，T 为 t 和 z 的函数，$T(t, z)$ 的边界条件为

$$z = 0, T(t, 0) = T_1(t); z = L, T(t, L) = T_2(t) \qquad (17\text{-}77)$$

式(17-76) 是管式换热器内被加热液体沿管长的温度状态方程。可知它是偏微分方程，故管式换热器的模型是分布参数模型。这种偏微分方程可用有限差分近似转换为常微分方程来近似求解。

17.3.2　生物反应器建模

微生物和酶的生物反应器在自然界中起着十分重要的作用。如果没有生物反应器，植物和动物生命就不能存在。生物反应器是提供生产多种多样的药物、保健品和食品等的基础。

447

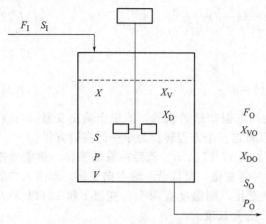

图 17-18　一般生物反应器

F—流速（m^3/h）；X—生物质浓度（kg/m^3）；

P—产物浓度（kg/m^3）；S—物质浓度（kg/m^3）

I，O—相应于输入和输出状态

与生物反应有关的工业过程有发酵和污水处理等。

一般来说，生物反应的特征是将原料或称基质，转换为产品和细胞物质或称生物物质。这种反应器是一种典型的酶催化过程，如果想要产生细胞，则可以加入小量菌种经过生物反应可将基质转换为细胞物质。一个理想的生物反应器如图 17-18 所示。生物反应过程的主要变量是反应器中生物质浓度 X、基质浓度 S、产物浓度 P 和生物反应物体积 V；输入反应器的变量有基质流量 F_I、基质浓度 S_I；输出反应器的变量有反应物流量 F_O、基质浓度 S_O、产物浓度 P_O、生物质浓度 X_O。

假设一般的生物质反应过程的机理模式如图 17-19 所示。在生物反应中，活细胞（X_V）利用物质以一定速率（r_X）增长新的具有活力的细胞，同时也利用物质维持活细胞生长；部分物质以一定速率（r_P）转换成产品。活细胞一方面进行内呼吸消耗内能，另一方面随着老化将会失活，形成无活力细胞（X_D），无活力的细胞不断死亡，进入自溶。图中符号意义如下。

r_S：总物质消耗速率，$kg/(m^3 \cdot h)$。

r_{SX}：产生生物质而消耗物质速率，$kg/(m^3 \cdot h)$。

r_{SP}：形成产品而消耗物质速率，$kg/(m^3 \cdot h)$。

r_X：细胞增长速率，$kg/(m^3 \cdot h)$。

r_{SM}：维持生物生长而消耗物质速率，$kg/(m^3 \cdot h)$。

r_E：呼吸代谢有机质消耗速率，$kg/(m^3 \cdot h)$。

r_P：产品形成速率，$kg/(m^3 \cdot h)$。

r_D：细胞失活速率，$kg/(m^3 \cdot h)$。

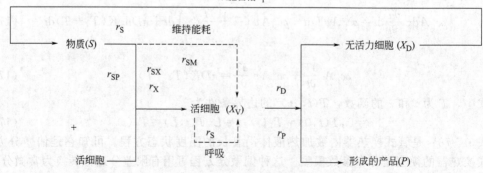

图 17-19　生物反应机理模式

如果假设维持细胞生长所需要的能量也是由物质 S 所提供，输入物质中没有细胞质和产品，那么对活细胞 X_V、失活细胞 X_D，物质 S 和产品 P 的物料平衡方程分别表示如下。

对活细胞

$$累积速率 = \frac{d(VX_V)}{dt} \tag{17-78}$$

输入项

$$生长 = Vr_X \tag{17-79}$$

输出项

$$流出 = F_O X_{VO} \tag{17-80}$$

$$无活力细胞 = Vr_D \tag{17-81}$$

可得

$$\frac{d(VX_V)}{dt} = Vr_X + Vr_D - F_O X_{VO} \tag{17-82}$$

依此类推可得

对无活力细胞

$$\frac{d(VX_D)}{dt} = Vr_D + F_O X_{DO} \tag{17-83}$$

对物质

$$\frac{d(VS)}{dt} = -V(r_{SX} + r_{SM} + r_{SP}) + F_I S_I - F_O S_O \tag{17-84}$$

对产品

$$\frac{d(VP)}{dt} = Vr_P + F_O P_O \tag{17-85}$$

对体积

$$\frac{dV}{dt} = F_I - F_O \tag{17-86}$$

所有的物料平衡方程若写成以单位反应物体积为基础,则理想生化反应过程模型可写成一个通式

$$\frac{1}{V} \times \frac{d(VY)}{dt} = \sum r_{gen} - \sum r_{cons} + DY_I - D\delta Y_O \tag{17-87}$$

式中　Y——X_V、X_D、S 和 P 的状态变量,其注脚 I 表示输入、O 表示输出;

$\sum r_{gen}$——所有产生速率的总和;

$\sum r_{cons}$——所有消耗速率的总和;

D——稀释速率 $D = F_I/V$;

$\delta = F_O/F_I$。

在建立生化反应过程数学模型时,从机理上来说,过程的各种生化反应步骤都可以用动力学方程式来描述,然后把这些方程综合起来描述整个的发酵过程。这种模型从应用技术的角度考虑似乎太复杂了。在工程上,非结构机理模型是把有机物质看作是单一的反应物,把活细胞、物质、无活力细胞和产品看作为反应过程的四个主要组成。另一方面,生物反应的化学计量学是十分复杂的,为了简单起见,只考虑这样一类生物反应过程,它的菌种含有一种单一有限的营养素,也不分具有活力细胞和没有活力细胞,只用细胞质 X 来表示,而且只产生一种产品。基于化学计量学,可以得到产生每单位新细胞质所消耗基质和产生每单位产品所消耗基质的产率系数:

$$Y_{X/S} = \frac{产生的新细胞量}{形成新细胞所消耗的基质} \tag{17-88}$$

$$Y_{P/S} = \frac{产生量}{生产产品所消耗的基质} \tag{17-89}$$

449

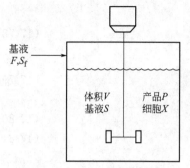

基液 F, S_f

体积 V
基液 S

产品 P
细胞 X

图 17-20　补料分批反应器

许多重要的生物反应器是以半连续方式运行，即一种补料分批操作，如图 17-20 所示。含有基质的进料连续地流入反应器，其中的质量流为 F，基质浓度为 S_f。因为反应器没有流出，生物反应器中的体积 V 随加料过程而增加。补料分批反应器的优点在于基质浓度能够保持在期望的水平上。

补料分批反应器通常用于生产包括抗菌素和蛋白质药物在内的重要的生产。在间歇反应器补料分批反应器中，当菌种接入后，细胞的增长会发生不同的生长阶段。在此只考虑指数增长这一阶段，其中细胞的增长假设正比于细胞浓度。在单一有限基质下，细胞增长率可以用下面的标准反应速率来表达：

$$r_g = \mu X \tag{17-90}$$

其中，r_g 是单位体积下的细胞增长率；X 是细胞量；μ 是用 Monod 公式来确定的特定生长率，Monod 公式为

$$\mu = \mu_{max} \frac{S}{K_S + S} \tag{17-91}$$

其中，μ 的单位是时间的倒数，如 h^{-1}。模型参数 μ_{max} 是最大生长率，因为当 $S \gg K_S$ 时，μ 即为 μ_{max}。第二个模型参数 K_S 称为 Monod 常数。

补料分批反应器的动态模型由基质、细胞量和产品等各自平衡以及总物质平衡组成。每种平衡的一般形式是

$$[积累率] = [进入率] + [产生率] \tag{17-92}$$

各组成平衡是

细胞 $$\frac{d(XV)}{dt} = Vr_g \tag{17-93}$$

产品 $$\frac{d(PV)}{dt} = Vr_P \tag{17-94}$$

基质 $$\frac{d(SV)}{dt} = FS_f - \frac{1}{Y_{X/S}} Vr_g - \frac{1}{Y_{P/S}} Vr_P \tag{17-95}$$

其中，P 是产品浓度；V 是反应器液体体积。r_g 通过式（17-90）和式（17-91）确定。假设产品形成与生物质浓度成正比，则每单位体积的产品率 r_P 可以表达为

$$r_P = Y_{P/X} r_g \tag{17-96}$$

$$Y_{P/X} = \frac{产品量}{产生的新细胞量} \tag{17-97}$$

反应器内反应物体积变化是

$$\frac{dV}{dt} = F \tag{17-98}$$

17.3.3　机电系统建模例子

（1）直流电机　图 17-21 表示一台磁场恒定、用电枢电压控制的直流电动机。假设输入量是电枢电压 $u(t)$，输出量为电动机的转速 $\omega(t)$。现在来求其输入和输出之间的关系。

在电枢回路中，根据电路基本定律可得电压平衡方程

$$L \frac{di}{dt} + Ri + e = u \tag{17-99}$$

考虑到直流电动机的性能，有

$$e = K_e \omega \qquad (17\text{-}100)$$

$$m = K_m i \qquad (17\text{-}101)$$

再由牛顿运动定律，在理想空载情况下，有

$$m = J \frac{\mathrm{d}\omega}{\mathrm{d}t} \qquad (17\text{-}102)$$

式中　u——电枢电压，V，（输入量）；

　　　R——电枢回路总电阻，Ω；

　　　L——电枢回路总电感，H；

　　　i——电枢电流，A；

　　　e——电枢反电势，V；

　　　ω——电动机转速，s^{-1}，（输出量）；

　　　K_e——电势系数，$\mathrm{V} \cdot \mathrm{s}$；

　　　m——电动机转矩，$\mathrm{N} \cdot \mathrm{m}$；

　　　K_m——电动机转矩系数，$\mathrm{N} \cdot \mathrm{m/A}$；

　　　J——转子转动惯量，$\mathrm{kg} \cdot \mathrm{m}^2$。

　　将上述方程联立求解，消去中间变量 i、e、m，即可得到电动机的输入 $u(t)$ 和电动机的输出 $\omega(t)$ 之间的数学表达式，也就是在电枢电压控制下的直流电动机的数学模型。

$$\frac{L}{R} \times \frac{JR}{K_e K_m} \times \frac{\mathrm{d}^2 \omega}{\mathrm{d}t^2} + \frac{JR}{K_e K_m} \times \frac{\mathrm{d}\omega}{\mathrm{d}t} + \omega = \frac{u}{K_e} \qquad (17\text{-}103)$$

或

$$T_a T_m \frac{\mathrm{d}^2 \omega}{\mathrm{d}t^2} + T_m \frac{\mathrm{d}\omega}{\mathrm{d}t} + \omega = \frac{u}{K_e} \qquad (17\text{-}104)$$

式中　T_a——电磁时间常数，$T_a = \dfrac{L}{R}$（s）；

　　　T_m——机电时间常数，$T_m = \dfrac{JR}{K_e K_m}$（s）。

　　为了使分析简化，有时可以忽略例中电动机电枢回路的电感，这样它的数学模型就变成一阶线性常微分方程，即

$$T_m \frac{\mathrm{d}\omega}{\mathrm{d}t} + \omega = \frac{u}{K_e} \qquad (17\text{-}105)$$

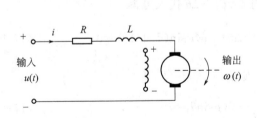

图 17-21　磁场恒定、电枢电压控制的直流电动机

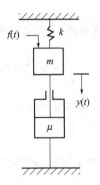

图 17-22　机械阻尼器示意图

　　（2）机械阻尼器　图 17-22 表示一个含有弹簧、运动部件、阻尼器的机械位移装置。其中，k 是弹簧系数，m 是运动部件质量，μ 是阻尼器阻尼系数；外力 $f(t)$ 是系统的输入量，位移 $y(t)$ 是系统的输出量。根据牛顿运动定律，运动部件在外力作用下克服弹簧拉力［ky

(t)〕和阻尼器阻力 $\left[\mu \dfrac{\mathrm{d}y(t)}{\mathrm{d}t}\right]$，将产生加速度力 $\left[m \dfrac{\mathrm{d}^2 y(t)}{\mathrm{d}t^2}\right]$。系统的运动方程为

$$m \frac{\mathrm{d}^2 y(t)}{\mathrm{d}t^2} + \mu \frac{\mathrm{d}y(t)}{\mathrm{d}t} + ky(t) = f(t) \tag{17-106}$$

或者

$$\frac{m}{\mu} \times \frac{\mu}{k} \times \frac{\mathrm{d}^2 y(t)}{\mathrm{d}t^2} + \frac{\mu}{k} \times \frac{\mathrm{d}y(t)}{\mathrm{d}t} + y(t) = \frac{1}{k} f(t) \tag{17-107}$$

（3）单摆运动　图 17-23 是单摆运动的示意图。根据牛顿运动定律可以直接导出此系统的动态方程如下。

$$Ml \frac{\mathrm{d}^2 \theta}{\mathrm{d}t^2} + \mu l \frac{\mathrm{d}\theta}{\mathrm{d}t} + Mg\sin\theta = 0 \tag{17-108}$$

式中　M——摆锤质量，kg；

l——摆杆长度，m；

μ——阻尼系数，N·s/m；

θ——摆幅，rad；

$g = 9.81$——重力加速度，m/s^2。

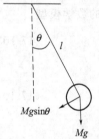

图 17-23　单摆运动示意图

这是一个输入量为零（不加外力），输出量为摆幅 $\theta(t)$ 的二阶微分方程。由于方程中的变量含有非线性正弦函数 $\sin\theta$ 形式，所以方程是非线性的。

在工程实际中，大多数是非线线的，非线性系统的分析一般比线性系统复杂。当控制系统处在自动调节状态的小偏量下运行（即在围绕平衡点附近的小范围内动作）时，可将非线性系统线性化。例如 $y = f(u)$，在稳定工作点 u_0、y_0 附近以小偏量 Δu 展开成泰勒级数，忽略 Δu 的高次项，只保留一次项，从而得到以 Δu 为变量的一次逼近线性表达式，即

$$y = f(u) = f(u_0 + \Delta u) = f(u_0) + \frac{\mathrm{d}y}{\mathrm{d}u}\bigg|_{u_0} \Delta u + \cdots$$

$$= y_0 + \frac{\mathrm{d}y}{\mathrm{d}u}\bigg|_{u_0} \Delta u + \cdots$$

$$\Delta y = y - y_0 \approx \frac{\mathrm{d}y}{\mathrm{d}u}\bigg|_{u_0} \Delta u$$

同样，在单摆运动方程式（17-108）中，将 $\theta = \theta_0 + \Delta\theta$ 代入可得

$$Ml \frac{\mathrm{d}^2}{\mathrm{d}t^2}(\theta_0 + \Delta\theta) + \mu l \frac{\mathrm{d}}{\mathrm{d}t}(\theta_0 + \Delta\theta) + Mg\sin(\theta_0 + \Delta\theta) = 0 \tag{17-109}$$

若选择平衡状态 $\theta_0 = 0$，$\dot{\theta}_0 = 0$，$\ddot{\theta}_0 = 0$，则有

$$Ml \frac{\mathrm{d}^2 \theta_0}{\mathrm{d}t^2} + \mu l \frac{\mathrm{d}\theta_0}{\mathrm{d}t} + Mg\sin\theta_0 = 0 \tag{17-110}$$

且当 $\Delta\theta$ 很小时，$\sin(\Delta\theta) \approx \Delta\theta$，可得

$$Ml \frac{\mathrm{d}^2(\Delta\theta)}{\mathrm{d}t^2} + \mu l \frac{\mathrm{d}(\Delta\theta)}{\mathrm{d}t} + Mg(\Delta\theta) = 0 \tag{17-111}$$

一般起见，可将上式中的变量 $\Delta\theta$ 换成 θ，即

$$Ml \frac{\mathrm{d}^2 \theta}{\mathrm{d}t^2} + \mu l \frac{\mathrm{d}\theta}{\mathrm{d}t} + Mg\theta = 0 \tag{17-112}$$

所以，在小摆幅下，单摆运动方程可以认为是线性的。

◎ 17.4 基于过程数据的实验建模

17.4.1 系统辨识建模方法概述

机理建模是一种很好的建模方法，然而，如果模型要求包含相当数量的过程变量和未知参数的方程，例如化学和物理性质，则对复杂过程设计，严格的理论模型是十分困难的。一种替代方法是直接基于实验数据建立系统模型。

由于可以将待建模的过程看成是不透明的箱子，因此实验模型有时称为黑箱模型。在此，输入和输出变量（分别为 u 和 y）已知，而箱子的内部功能却未知，如图 17-24 所示，其中 $u(t)$、$y(t)$ 和 $d(t)$ 为时变变量，模型 M 是基于 $u(t)$、$y(t)$ 和 $d(t)$ 的数据确定的。如果假设已知模型结构，但包含未知模型参数，则模型参数可利用回归技术获得。无论过程模型是线性的还是非线性的，是理论性的，还是从本质上讲是实验性的，均可利用现有的商业软件进行参数估计，这种建模方法称为过程辨识或系统辨识。一般而言，实验模型比理论模型简单，并可实时求解。

图 17-24　输入-输出过程模型

稳态实验模型可用于仪器校准、过程优化和特定的过程控制。动态实验模型可用于理解在干扰情况下的过程行为，也可用于设计控制系统并分析其性能。典型的动态实验模型为低阶微分方程或传递函数模型，例如一阶或二阶模型，有时包含纯迟延。

系统辨识方法建立动态模型的流程包含以下步骤。

① 确定系统建模的目标，即模型将如何应用，作何用途，功能如何。

② 选择模型的输入输出变量。

③ 评价已有信息，并设计获取辅助数据的实验测试计划。测试计划需表明 u 的值或 $u(t)$ 的形式，例如阶跃变化或其他输入序列。

④ 选择模型结构和模型复杂性程度（例如稳态或动态模型、线性或非线性模型）。

⑤ 利用线性或非线性回归估计未知模型参数。

⑥ 利用输入和输出数据，基于统计考虑评价模型正确性。如果模型不能提供满意的拟合，则返回步骤②尝试其他模型。若可能，必须利用新数据进行模型测试校验；如果模型预测值与这些新数据一致，则认为模型是有效的。

⑦ 对于动态模型，也可以用非统计准则来评价模型，例如响应速度、响应形状、正确的稳定特性和稳态增益。

通常根据实验测试数据用系统辨识方法得到的模型，仅可用于系统操作在与实验测试条件相同或较狭小的范围内的场合。

17.4.2 基于线性或非线性回归方法的建模

假设要建立两个变量，例如过程输入 u 和输出 y 的实验模型，首先画出已有数据之间的曲线，例如，y 相对于 u 的稳态数据，y 和 u 相对于时间的暂态响应数据。根据这些数据的整个趋势曲线，就可以选择合适的模型形式。当选定模型形式后，即可计算未知模型参数并评价模型的准确性。这种参数计算过程称为参数估计或参数回归，这些计算通常基于模型拟合，即模型预测值和数据之间的差值最小。

453

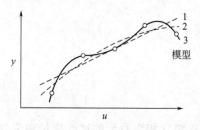

图 17-25 零散数据的 3 个模型

若只考虑稳态模型。假设已知一组稳态输入和输出数据，如图 17-25 中的圆圈。变量 y 代表过程输出，例如反应器的收益，而 u 代表输入变量，例如温度等操作条件。尽管直线模型 1 给出了适当的拟合，但高阶多项式关系模型 2 和模型 3 拟合误差更小。模型 2 和模型 3 对数据给出了更好的一致性，但高阶模型系统需要确定更多模型参数。

图中，如果实际过程行为是线性的，则模型 1 和数据之间的差值可能是由于过程扰动或测量误差所引起。如果模型从物理上讲是合理的，则在实验建模中应该选择最简单的模型结构进行数据拟合。

（1）线性回归方法 统计分析可用于估计未知模型参数，检验辨识模型准确性，也可用来对若干候选模型进行比较。对于线性模型，最小二乘法广泛用于估计模型参数。例如图 17-26 中的线性模型 1，令 Y_i 代表数据点，$\hat{y}_i$ 是对 $u=u_i$ 的模型预测值。那么，对于模型 $y=\beta_1+\beta_2 u+\varepsilon$，每个数据点可表示为

$$Y_i=\beta_1+\beta_2 u_i+\varepsilon_i \tag{17-113}$$

其中，β_1 和 β_2 为待估计的模型参数；ε_i 为对特定数据点的误差。

最小二乘法是计算 β_1 和 β_2 值的标准方法，对任意 N 个数据点最小化误差的平方和 S 为

$$S=\sum_{i=1}^{N}\varepsilon_i^2=\sum_{i=1}^{N}(Y_i-\beta_2 u_i-\beta_1)^2 \tag{17-114}$$

在上式中，Y_i 和 u_i 的值已知，而 β_1 和 β_2 为待估计参数，使误差的平方和 S 最小。对于特定数据集，所得 β_1 和 β_2 的最优估计记为 $\hat{\beta}_1$ 和 $\hat{\beta}_2$。模型预测值由如下回归模型给出：

$$\hat{y}=\hat{\beta}_1+\hat{\beta}_2 u \tag{17-115}$$

残差 e_i 定义为

$$e_i \triangleq Y_i-\hat{y}_i \tag{17-116}$$

如果残差 e_i 在统计意义上独立且服从正态分布，则这种最小二乘估计拟合效果最好。

对于线性模型和 N 个数据点，最小化式 (17-114) 的 $\hat{\beta}_1$ 和 $\hat{\beta}_2$ 的值，可通过令 S、β_1 和 β_2 的导数等于零来求得。由于 S 为二次函数，参数 $\hat{\beta}_1$ 和 $\hat{\beta}_2$ 的解析解为

$$\hat{\beta}_1=\frac{S_{uu}S_y-S_{uy}S_u}{NS_{uu}-S_u^2} \tag{17-117}$$

$$\hat{\beta}_2=\frac{NS_{uy}-S_uS_y}{NS_{uu}-S_u^2} \tag{17-118}$$

其中

$$S_u \triangleq \sum_{i=1}^{N}u_i,\ S_{uu} \triangleq \sum_{i=1}^{N}u_i^2, \tag{17-119}$$

$$S_y \triangleq \sum_{i=1}^{N}Y_i,\ S_{uy} \triangleq \sum_{i=1}^{N}u_iY_i \tag{17-120}$$

这些计算可利用统计软件包或 Excel 表格程序来实现。

这种最小二乘估计法可推广到更一般的模型，其中包括多于一个输入或输出和输入变量 u 的函数，例如多项式和指数，只要未知参数是线性。

参数线性化的一般非线性稳态模型具有如下形式：

$$y=\sum_{j=1}^{p}\beta_j X_j+e \tag{17-121}$$

上式包含 p 个需要估计的未知参数 β_j，X_j 为 u 的 p 个特定函数。

类似于式(17-114)，平方和为

$$S = \sum_{i=1}^{N} (Y_i - \sum_{j=1}^{p} \beta_j X_{ij})^2 \tag{17-122}$$

对于 X_{ij}，第一个下标对应于第 i 个数据点，第二个下标表示 u 的第 j 个函数。该表达式可写成矩阵形式

$$S = (Y - X\beta)^{\mathrm{T}} (Y - X\beta) \tag{17-123}$$

其中，上标 T 表示矢量或矩阵的转置，同时

$$Y = \begin{bmatrix} Y_1 \\ \vdots \\ Y_N \end{bmatrix}, \beta = \begin{bmatrix} \beta_1 \\ \vdots \\ \beta_p \end{bmatrix}, X = \begin{bmatrix} X_{11} & X_{12} & \cdots & X_{1p} \\ X_{21} & X_{22} & \cdots & X_{2p} \\ \vdots & \vdots & & \vdots \\ X_{N1} & X_{N2} & \cdots & X_{Np} \end{bmatrix}$$

$\hat{\beta}$ 最小二乘估计为

$$\hat{\beta} = (X^{\mathrm{T}} X)^{-1} X^{\mathrm{T}} Y \tag{17-124}$$

只要矩阵 $X^{\mathrm{T}} X$ 非奇异，其逆矩阵必然存在。例如，若 $y = \beta_1 + \beta_2 u + \beta_3 u^2 + e$，则 $X_1 = 1$，$X_2 = u$，$X_3 = u^2$。

如果数据点的数量等于模型参数的数量，即 $N = p$，只要 $X^{\mathrm{T}} X$ 非奇异，式(17-124) 就可以为参数估计问题提供唯一解。对于 $N > p$，最小二乘解将使每个数据点与模型预测值之间的误差的平方和最小。式(17-124) 的解为模型参数 β_i 给出了点的估计，但还没有说明准确程度。通常用置信区间准确表示，其形式为 $\hat{\beta}_i \pm \Delta \beta_i$，其中 $\Delta \beta_i$ 可由数据（u，y）对特定置信度的计算来得到。

(2) 非线性回归方法　如果模型的参数是非线性的，则必须利用非线性回归方法。例如，假设反应速率表达式为 $r_A = k c_A^n$，其中，r_A 表示组分 A 的反应速率，c_A 表示反应物浓度，k 和 n 为模型参数。该模型的速率常数 k 是线性的，但反应阶次 n 是非线性的。一般的非线性模型可写成

$$y = f(u_1, u_2, u_3, \cdots, \beta_1, \beta_2, \beta_3, \cdots) \tag{17-125}$$

其中，y 为模型输出；u_i 为输入，β_j 为待估计参数。在此情况下，β_j 在模型中不是线性的。然后仍可定义一个误差平方和准则，并通过选择参数集 β_j 使误差平方和最小，即

$$\min_{\beta_j} S = \sum_{i=1}^{N} (Y_i - \hat{y}_i)^2 \tag{17-126}$$

其中，Y_i 和 $\hat{y}_i$ 分别表示对应于第 i 个数据点的第 i 个输出测量值和模型预测值。同样，最小二乘估计记为 $\hat{\beta}_j$。

基于幅度为 M 的阶跃输入变化下所测量的输出响应，估计一阶和二阶过阻尼动态模型的时间常数。这些阶跃响应的解析表达式如下。

传递函数　　　　　　阶跃响应

$$\frac{Y(s)}{U(s)} = \frac{K}{\tau s + 1} \qquad y(t) = KM(1 - \mathrm{e}^{-t/\tau}) \tag{17-127}$$

$$\frac{Y(s)}{U(s)} = \frac{K}{(\tau_1 s + 1)(\tau_2 s + 1)} \qquad y(t) = KM\left(1 - \frac{\tau_1 \mathrm{e}^{-t/\tau_1} - \tau_2 \mathrm{e}^{-t/\tau_2}}{\tau_1 - \tau_2}\right) \tag{17-128}$$

在阶跃响应方程中，t 为独立变量，替代了先前使用的输入 u；y 为应变量，表示成偏差形式。尽管稳态增益 K 在两个响应方程中均线性出现，但时间常数却以非线性方式出现，这意味着它们不能利用线性回归来估计。

有时可采用变量的变换来转换非线性模型，从而仍可利用线性回归。例如，如果假设

K 已知，则一阶阶跃响应式（17-127），可写成如下形式：

$$\ln\left[1-\frac{y(t)}{KM}\right]=-\frac{1}{\tau}$$

(17-129)

由于 $\ln\left[1-\frac{y(t)}{KM}\right]$ 在每个时刻 t_i 均可求出，因此该模型相对参数 $1/\tau$ 是线性的。从而，该模型具有如式（17-113）所示的标准线性形式，其中式（17-129）的左侧为 Y_i，$\beta_i=0$，$u_i=t_i$。

17.4.3　由阶跃响应曲线辨识模型

在工业生产过程广泛应用阶跃响应法来辨识过程的模型。这种方法首先在不太影响工业生产过程情况下，用实验方法获取阶跃响应过程数据。

一般做法是通过手动操作使过程工作在所需测试的稳态条件下，稳定运行一段时间后，快速改变过程的输入量，并用记录仪或数据采集系统同时记录过程输入和输出的变化曲线。

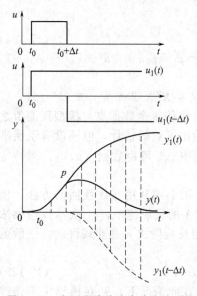

图 17-26　由矩形脉冲响应确定阶跃响应

经过一段时间后，等过程进入新的稳态，得到过程的阶跃响应的记录曲线。

测取阶跃响应的原理很简单，但在实际工业过程中进行这种测试会遇到许多实际问题，例如不能因测试使正常生产受到严重扰动，还要尽量减少其他随机扰动的影响以及系统中非线性因素等。为了得到可靠的测试结果，应注意以下事项。

① 合理选择阶跃扰动信号的幅度。过小的阶跃扰动幅度不能保证获得测试结果，而过大的扰动幅度则使正常生产受到严重扰动甚至危及生产安全。阶跃扰动幅值一般取正常输入值的 5%～15%。

② 试验开始前确保被控对象处于某一选定的稳定工况，试验期间应设法避免发生偶然性的其他扰动。

③ 考虑到实际被控对象的非线性，应选取不同负荷，在被控变量的不同设定值下，进行多次测试。即使在同一负荷和被控变量的同一设定值下，也要在正向和反向扰动下重复测试，以求获取对象的动态特性。

④ 对获得测试数据，应进行数据预处理，剔除明显不合理数据。

为了能够施加比较大的扰动幅度而又不致严重扰动正常生产，可以用矩形脉冲输入代替通常的阶跃输入，即大幅度的阶跃扰动施加一小段时间后立即将它切除。这样得到的矩形脉冲响应当然不同于正规的阶跃响应，但两者之间有密切关系，可以从中求出所需的阶跃响应，如图 17-26 所示。

在图 17-26 中，矩形脉冲输入可视为两个阶跃输入的叠加，它们的幅度相等但方向相反且开始作用的时间不同，因此

$$u(t)=u_1(t)-u_1(t-\Delta t)$$

(17-130)

假定对象无明显非线性，则矩形脉冲响应就是两个阶跃响应之和，即

$$y(t)=y_1(t)-y_1(t-\Delta t)$$

(17-131)

所求的阶跃响应即为

$$y_1(t)=y(t)+y_1(t-\Delta t)$$

(17-132)

根据上式可以用逐段递推的作图方法得到阶跃响应 $y_1(t)$。

根据测定到的阶跃响应数据，可以把它拟合成近似的传递函数模型。用测试法建立被控对象的数学模型，首要是选定模型的结构。典型的工业过程的传递函数可以取以下形式等。

① 一阶惯性加纯滞后

$$G(s) = \frac{Ke^{-\tau s}}{Ts+1} \tag{17-133}$$

② 二阶惯性加纯滞后

$$G(s) = \frac{Ke^{-\tau s}}{(T_1s+1)(T_2s+1)} \tag{17-134}$$

③ 用有理分式表示的传递函数

$$G(s) = \frac{b_ms^m + \cdots + b_1s + b_0}{a_ns^n + \cdots + a_1s + a_0}e^{-\tau s} \tag{17-135}$$

需注意的是，对于非自衡过程，其传递函数应含有一个积分环节，传递函数可取为

$$G(s) = \frac{K}{Ts}e^{-\tau s} \text{ 和 } G(s) = \frac{K}{s(Ts+1)}e^{-\tau s} \tag{17-136}$$

系统模型传递函数形式的选用应根据被控对象的验前知识、建立数学模型的目的和对实验测试数据的初步分析来确定。

当确定了传递函数的形式以后，下一步工作是如何确定模型中的各个参数，使之能与测试出的阶跃响应数据相拟合。

(1) 一阶惯性加纯滞后模型参数确定　一阶惯性加纯滞后模型中参数 K、T 和 τ 可用作图法来求得。如果阶跃响应是一条如图 17-27 所示的 S 形的单调曲线，就可以用式(17-133)去拟合。设阶跃输入为 q，输出响应为 $y(t)$，新稳态值为 $y(\infty)$，注意此处变量均为相对于原稳态值的增量。增益 K 可由输入输出的稳态值直接算出。

$$K = \frac{y(\infty)}{q} \tag{17-137}$$

而 T 和 τ 则可以用作图法确定。为此，在曲线的拐点 p 作切线，它与时间轴交于 A 点，与曲线的稳态渐近线交于 B 点，这样就确定了 T 和 τ 的数值。

显然，这种作图法的拟合程度一般不是很精确。首先，与式(17-133)所对应的阶跃响应是一条向后平移了 τ 时刻的指数曲线，它不可能完美地拟合一条 S 形曲线。其次，在作图中，切线的画法也有较大的随意性，这直接关系到 T 和 τ 的取值。然而作图法十分简单，而且实践证明它可以成功地应用于 PID 调节器的参数整定。它是 J. G. Ziegler 和 N. B. Nichols 早在 1942 年提出的，至今仍然得到广泛的应用。

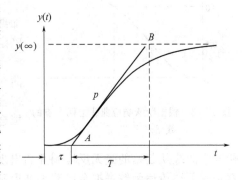

图 17-27　用作图法确定参数 T、τ

另一种确定式(17-133)中参数 K、T 和 τ 的方法是两点法。所谓两点法就是利用阶跃响应 $y(t)$ 上两个点的数据去计算 T 和 τ。增益 K 仍用式(17-137)计算。

为便于处理，首先需要把 $y(t)$ 转换成它的无量纲形式 $y^*(t)$，即

$$y^*(t) = \frac{y(t)}{y(\infty)} \tag{17-138}$$

其中 $y(\infty)$ 为 $y(t)$ 的稳态值。

与式(17-133)相对应的阶跃响应无量纲形式为

457

$$y^*(t) = \begin{cases} 0 & t < \tau \\ 1 - \exp\left(-\dfrac{t-\tau}{T}\right) & t \geqslant \tau \end{cases} \tag{17-139}$$

上式中只有两个参数 T 和 τ，因此只能根据两个点的测试数据进行拟合。为此先选定两个时刻 t_1 和 t_2，其中 $t_2 > t_1 \geqslant \tau$，从测试结果中读出 $y^*(t_1)$ 和 $y^*(t_2)$ 并写出下述联立方程。

$$\begin{cases} y^*(t_1) = 1 - \exp\left(-\dfrac{t_1-\tau}{T}\right) \\ y^*(t_2) = 1 - \exp\left(-\dfrac{t_2-\tau}{T}\right) \end{cases} \tag{17-140}$$

由以上两式可以解出

$$T = \frac{t_2 - t_1}{\ln[1 - y^*(t_1)] - \ln[1 - y^*(t_2)]} \tag{17-141}$$

$$\tau = \frac{t_2 \ln[1 - y^*(t_1)] - t_1 \ln[1 - y^*(t_2)]}{\ln[1 - y^*(t_1)] - \ln[1 - y^*(t_2)]} \tag{17-142}$$

为了计算方便，取 $y^*(t_1) = 0.39$，$y^*(t_2) = 0.63$，则可得

$$T = 2(t_2 - t_1) \tag{17-143}$$

$$\tau = 2t_1 - t_2 \tag{17-144}$$

最后可取另外两个时刻进行校验，即

$$t_3 = 0.8T + \tau, \quad y^*(t_3) = 0.55$$
$$t_4 = 2T + \tau, \quad y^*(t_4) = 0.87 \tag{17-145}$$

两点法的特点是单凭两个孤立点的数据进行拟合，而不顾及整个测试曲线的形态。此外，两个特定点的选择也具有某种随意性，因此所得到的结果需要进行仿真验证，并与实验曲线相比较。

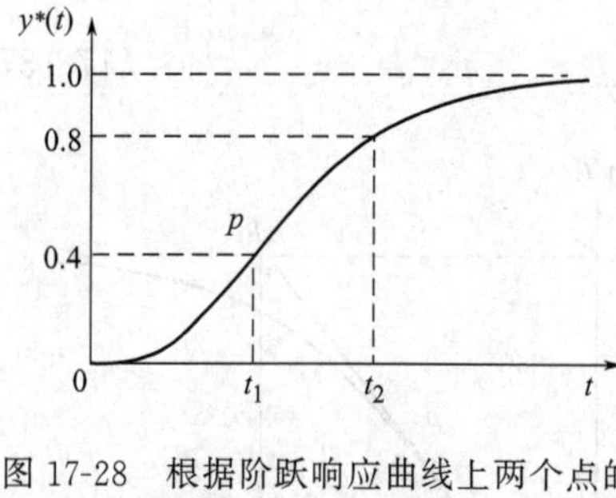

图 17-28　根据阶跃响应曲线上两个点的数据确定 T_1 和 T_2

（2）二阶惯性加纯滞后模型参数的确定　二阶惯性加纯滞后模型有四个模型参数（K、T_1、T_2 和 τ）需要确定。

如果阶跃响应是一条如图 17-28 所示的 S 形的单调曲线，它也可以用二阶惯性加纯滞后公式（17-134）来拟合。由于其中包含两个一阶惯性环节，因此可以期望拟合得更加好。

增益 K 的求取，可用式（17-137）确定。再根据阶跃响应曲线从起始的毫无反应到开始出现变化的时刻，就可以确定参数 τ。此后剩下的问题就是用下述传递函数去拟合已截去纯迟延部分并已化为无量纲形式的阶跃响应 $y^*(t)$。

$$G(s) = \frac{1}{(T_1 s + 1)(T_2 s + 1)}, \quad T_1 \geqslant T_2 \tag{17-146}$$

与上式对应的阶跃响应为

$$y^*(t) = 1 - \frac{T_1}{T_1 - T_2} e^{-\frac{t}{T_1}} - \frac{T_2}{T_2 - T_1} e^{-\frac{t}{T_2}} \tag{17-147}$$

$$1 - y^*(t) = \frac{T_1}{T_1 - T_2} e^{-\frac{t}{T_1}} + \frac{T_2}{T_1 - T_2} e^{-\frac{t}{T_2}} \tag{17-148}$$

根据式（17-148），就可以利用阶跃响应上两个点的数据 $[t_1, y^*(t_1)]$ 和 $[t_2, y^*(t_2)]$ 确定参数 T_1 和 T_2。例如，可以取 $y^*(t)$ 分别等于 0.4 和 0.8，从曲线上定出 t_1 和 t_2，如图 17-29 所示，就可以得到下述联立方程。

$$\begin{cases} \dfrac{T_1}{T_1-T_2}\mathrm{e}^{-\frac{t_1}{T_1}} + \dfrac{T_2}{T_1-T_2}\mathrm{e}^{-\frac{t_1}{T_2}} = 0.6 \\ \dfrac{T_1}{T_1-T_2}\mathrm{e}^{-\frac{t_2}{T_1}} + \dfrac{T_2}{T_1-T_2}\mathrm{e}^{-\frac{t_2}{T_2}} = 0.2 \end{cases} \qquad (17\text{-}149)$$

上式近似解为

$$T_1 + T_2 \approx \frac{1}{2.16}(t_1 + t_2) \qquad (17\text{-}150)$$

$$\frac{T_1 T_2}{(T_1 + T_2)^2} \approx 1.74 \frac{t_1}{t_2} - 0.55 \qquad (17\text{-}151)$$

对于用式（17-134）表示的二阶对象，应有

$$0.32 < \frac{t_1}{t_2} \leqslant 0.46 \qquad (17\text{-}152)$$

当 $T_2 = 0$ 时，式(17-134) 变为一阶对象，而对于一阶对象阶跃响应应有

$$\frac{t_1}{t_2} = 0.32, t_1 + t_2 = 2.12 T_1 \qquad (17\text{-}153)$$

当 $T_2 = T_1$ 时，即式(17-134) 中的两个时间常数相等时，根据它的阶跃响应解析式可知

$$\frac{t_1}{t_2} = 0.46, t_1 + t_2 = 2.18 \times 2 T_1 \qquad (17\text{-}154)$$

如果 $t_1/t_2 > 0.46$，则说明该阶跃响应需要用更高阶的传递函数才能拟合得更好。

除了用较简单的图解法和较严格的解析法外，也可以采用曲线拟合的数值方法，按照以误差的方差为最小的目标，搜索待求的模型参数值。例如，在已经获得了阶跃响应数据，并假定模型形式为 $G(s) = K\mathrm{e}^{-\tau s}/(Ts+1)$ 后，可以对参数进行三维的数值搜索，目标是使 $G(s)$ 的响应曲线数据与实验所得响应曲线数据间误差的方差为最小。这些数据拟合方法都已有相应的软件工具可用，例如 MATLAB 工具箱软件。

第18章
复杂控制系统

◎ ## 18.1 串级控制系统

18.1.1 串级控制基本原理和结构

有一夹套式连续搅拌化学反应器,如图 18-1 所示。控制目标是反应器中混合物温度 θ, 控制手段是冷剂流量 Q_c。影响反应混合物温度的变量有进料温度 θ_f 和流量 Q_f 以及来自冷剂的压力 $p_{f,c}$ 和温度 $\theta_{f,c}$。

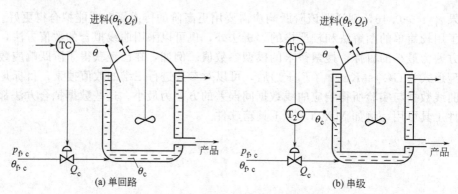

图 18-1　夹套式连续搅拌反应釜的温度控制

由于来自物料温度 θ_f 和流量 Q_f 的变化将很快由 θ 反映出来,一般单回路控制足已克服该干扰。而冷剂压力 $p_{f,c}$ 和温度 $\theta_{f,c}$ 的变化首先影响夹套内冷剂温度 θ_c,然后才影响 θ 的变化。故由 θ-Q_c 组成的单回路控制 [图 18-1(a)] 对冷剂方面的干扰控制不是很及时。若改用 θ_c-Q_c 组成的单回路,则能较快克服这些干扰。然而 θ_c-Q_c 组成的单回路不能克服进料方面干扰对 θ 的影响。为了兼顾这两者的作用,设计成图 18-1(b) 所示的串级控制。图中,θ_c-Q_c 回路主要用以快速克服冷剂方面的干扰,而 θ_c 控制器的设定值接受 θ 控制器的调整,用以克服其他干扰。

一个控制器的输出用来改变另一个控制器的设定值,这样连接起来的两个控制回路称为"串级"控制。两个控制器都有各自的测量输入,但只有主控制器具有自己独立的设定值,只有副控制器的输出信号送给被控制过程的执行器,这样组成的系统称为串级控制系统。图 18-1(b) 即是一个典型的串级控制系统。

图 18-2 是通用的串级系统方块图。图中,y_1 称主变量,保持其平稳是控制的主要目标;y_2 称副变量,它是被控制过程中引出的中间变量;$G_{p2}(s)$ 表示副对象,它反映了副变量与操纵变量之间的过程特性;$G_{p1}(s)$ 表示主控对象,它是主变量与副变量之间的过程

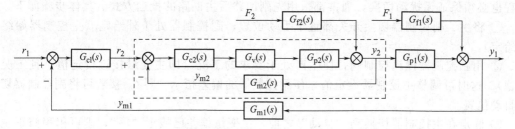

图 18-2 通用的串级控制方块图

特性；$G_{c1}(s)$ 表示主控制器，它接受的是主变量的偏差，其输出用来改变副控制器的设定值；而 $G_{c2}(s)$ 表示副控制器，它接受的是副变量的偏差，其输出去操纵阀门。

由副变量测量变送器、副控制器、控制阀、副对象组成的回路称为副回路。若将副回路看成一个以主控制器输出 r_2 为输入、以副变量 y_2 为输出的等效环节（如图中虚线所示），则串级系统可转化为一个单回路，称这个单回路为主回路。

18.1.2 串级控制系统设计

（1）副变量的选择 从对象中能引出中间变量是设计串级系统的前提条件。当对象有多个中间变量可引出时，这就有一个副变量如何选择的问题。副变量的选择原则是要充分发挥串级系统的优点，为此，人们总是希望：将主要干扰或更多的干扰包含在副回路中；副对象的滞后不能太大，以保持副回路的快速响应性能；将对象中具有显著非线性或时变特性的一部分包含在副对象中；需要流量实现精确的跟踪时，可选流量为副变量。

例如图 18-3 是一个精馏塔提馏段温度控制系统。提馏段某块板的温度定为主变量，控制阀安装在再沸器的加热蒸汽管线上。中间变量可以是加热蒸汽流量、加热蒸汽压力、再沸器工艺介质一侧的气相流量。

应根据这一生产工艺影响提馏段温度的主要扰动源，使该扰动包含在副回路中，来选择这三个辅助中间变量中的一个。

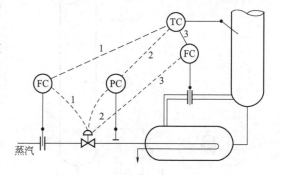

图 18-3 精馏塔提馏段和再沸器的控制

（2）主、副控制器的选型 凡是设计串级控制系统的场合，对象特性总有较大的滞后，主控制器采用三作用 PID 控制器是必要的。

而副回路系随动回路，允许存在余差。从这个角度说，副控制器不需要积分作用。如当温度作副变量时，副控制器不宜加积分环节，这样可以将副回路的开环静态增益调整得较大，以提高克服干扰的能力。但是，当副回路是流量（或液体压力）系统时，它们的开环静态增益都比较小，若不加积分环节，会产生很大余差。因考虑到串级系统有时会断开主回路，让副回路单独运行，这样大的余差是不合适的；又因为流量副回路构成的等效环节比主对象的动态滞后要小得多，副控制器增加积分作用也不太影响主回路性能。所以在实际生产中，流量（或液体压力）副控制器常采用比例加积分形式。

在温度作副变量的系统中，副控制器可以具有微分作用。但要注意，因为副回路是个随动回路，设定值是经常变化的，对于设定值变化，目前常用控制器的微分作用会引起控制阀的大幅度跳动，并引起很大超调，所以在副控制器中，不宜设置微分作用。但是，为克服温度副对象的惯性滞后，副控制器可选用具有"微分先行"的控制器。

（3）串级系统投运及参数整定 和简单控制系统的投运要求一样，串级控制系统的投运

461

过程也必须保证无扰动切换，通常都采用先副回路后主回路的投运方式。具体步骤如下。

① 将主、副控制器切换开关都置于手动位置，副控制器处于外给定（主控制器始终为内给定）。

② 用副控制器操纵控制阀，使生产处于要求的工况（即主变量接近设定值，且工况较平稳）。这时可调整主控制器设定值，使副控制器的偏差指示"零"，接着可将副控制器切换到自动位置。

③ 假定在主控制器切换到"自动"之前，主变量偏差已接近"零"，则可稍稍修正主控制器设定值，使偏差为"零"，并将主控制器切换到"自动"，然后逐渐改变设定值，使它恢复到规定值；假定在主控制器切换到"自动"之前，主变量存在较大偏差，一般的做法是手操主控制器输出，使该偏差减小后再进行上述操作。

串级控制系统参数整定也宜用先副后主方式。因为副回路整定的要求较低，一般可参照一般 PID 参数整定方法来进行。有时为更好地发挥副回路快速性的作用，控制作用可整定得偏强一些（相应的衰减比可略小于 4：1）。整定主控制器的方法与单回路控制时相同。

18.1.3 串级控制系统举例

某精馏塔提馏段工艺流程如图 18-4 所示，要求控制提馏段温度 T，操纵变量为蒸汽流量 Q。图中，u 为调节阀开度；p_v 为蒸汽调节阀阀前压力（蒸汽回路的主要干扰）；p 为蒸汽调节阀阀后压力；F 为进料量（温度回路的主要干扰）；T_m 为 T 的测量值。

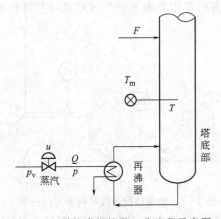

图 18-4　精馏塔提馏段工艺流程示意图

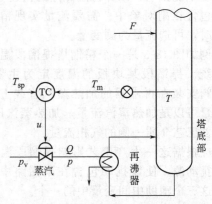

图 18-5　提馏段温度单回路控制方案

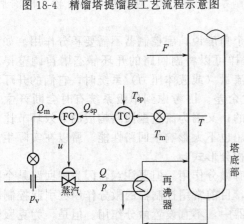

图 18-6　提馏段温度与蒸汽流量串级控制方案

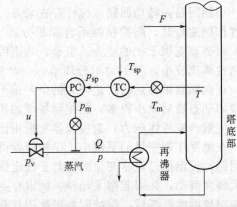

图 18-7　提馏段温度与蒸汽阀阀后压力串级控制方案

对于上述问题，常规的控制方案如图 18-5 所示，即单回路 PID 控制系统。尽管该方案简单，但对于蒸汽回路中所受的外部干扰，如蒸汽调节阀阀前压力的变化，系统的抗干扰能力弱；另外，即使蒸汽流量对提馏段温度的通道特性为线性，并且蒸汽调节阀为线性阀，由于阀前压力的波动，并不能保证控制通道（调节阀开度对提馏段温度）的线性特性。为此，可引入蒸汽流量或蒸汽阀阀后压力作为副参数，与主参数（提馏段温度）组成如图 18-6、图 18-7 所示的串级控制系统，以提高控制系统的抗干扰性能。

◎ 18.2 前馈及比值控制

18.2.1 前馈控制系统的原理和特点

（1）前馈控制和不变性原理 很早以前就有人试图按照干扰量的变化来补偿其对被控量的影响，从而达到被控量完全不受干扰量影响的控制方式，这种按干扰进行控制的开环控制方式称为前馈控制。

反馈控制系统的特点是当被控过程受到扰动后，必须等到被控量出现偏差时，控制器才开始动作以补偿扰动对被控量的影响。而前馈控制方法则无需等到扰动量引起被控量出现偏差时才去控制，而是直接利用测量到的扰动量去补偿扰动对被控量的影响。但这种方法只能用在扰动量可以测量的场合，这也是该方法使用的局限性。

图 18-8 表示一个换热器，物料出口温度 $y(t)$ 需要维持恒定。若考虑干扰量仅是物料流量 $f(t)$，则可组成图 18-1(b) 的前馈控制方案。方案中选择加热蒸汽量 y_s 为控制量。为了便于比较，在图 18-1(a) 中表示了相应的反馈控制方案。图中，$r(t)$ 是物料出口温度设定值。

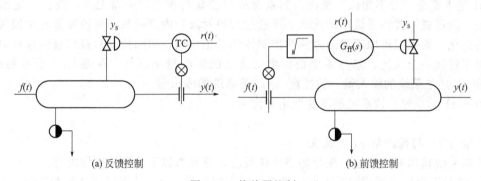

(a) 反馈控制　　　　　　(b) 前馈控制

图 18-8　换热器控制

前馈控制的方块图见图 18-9。

系统的传递函数可表示为

$$\frac{Y(s)}{F(s)} = G_{PD}(s) + G_{ff}(s)G_{PC}(s) \tag{18-1}$$

式中　$G_{PD}(s)$——干扰物料流量 $f(t)$ 对被控变量 $y(t)$ 的传递函数。

　　　$G_{PC}(s)$——控制量加热蒸汽量 y_s 对被控变量 $y(t)$ 的传递函数。

　　　$G_{ff}(s)$——前馈控制器（或称前馈补偿器）的传递函数。

系统对扰动 $f(t)$ 实现全补偿的条件是

$$F(s) \neq 0 \text{ 时}, Y(s) = 0 \tag{18-2}$$

式(18-2) 代入式(18-1) 可得

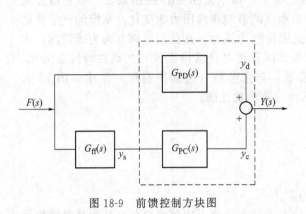

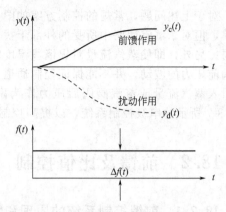

图 18-9　前馈控制方块图　　　　　　　图 18-10　前馈控制系统的全补偿过程

$$G_{ff}(s) = -\frac{G_{PD}(s)}{G_{PC}(s)} \tag{18-3}$$

满足式(18-3) 的前馈补偿装置能使被控变量 $y(t)$ 不受扰动量 $f(t)$ 变化的影响。图 18-10 表示了这种全补偿过程。

在 $f(t)$ 阶跃变化下，$y_c(t)$ 和 $y_d(t)$ 的响应曲线方向相反，幅值相同，所以它们的合成结果，可使 $y(t)$ 达到理想的控制——连续地维持在恒定的设定值上。显然，这种理想的控制性能反馈控制是做不到的，这是因为反馈控制系统是按被控变量的偏差动作的。在干扰作用下，被控变量总要经历一个偏离设定值的过渡过程。前馈控制的另一突出优点是，本身不形成闭合反馈回路，不存在闭环稳定性问题，因而也就不存在控制精度与稳定性矛盾。

（2）不变性原理　不变性原理或称扰动补偿原理是前馈控制的理论基础。

① 基本概念　"不变性"是指控制系统的被控量与扰动量完全无关，或在一定准确度下无关。然而进入控制系统中的扰动必须通过被控对象的内部联系，使被控量发生偏离其给定值的变化。而不变性原理是通过前馈控制器的校正作用，消除扰动对被控量的这种影响。

对于任何一个系统，总是希望被控量受扰动的影响越小越好。在图 18-8 所示系统中，扰动量 $f(t)$ 是系统的输入量，被控量 $y(t)$ 是系统的输出量。

当 $f(t) \neq 0$ 时，该系统的不变性定义为

$$y(t) \equiv 0$$

即被控量 $y(t)$ 与扰动量 $f(t)$ 无关。

按照控制系统输出变量与输入变量的不变性程度，存在着以下几种不变性类型。

② 绝对不变性　所谓绝对不变性是指系统在扰动量 $f(t)$ 的作用下被控量 $y(t)$ 在整个过渡过程中始终保持不变，即控制过程的动态和静态偏差均等于零。

③ 误差不变性　误差不变性实质上是指准确度有一定限制的不变性，或者说与绝对不变性存在一定误差为 ε 的不变性，又称为 ε 不变性。误差不变性系统是指系统在扰动量 $f(t)$ 的作用下，被控量 $y(t)$ 的偏差小于等于一个很小的 ε 值，即

$$|y(t)| \leqslant \varepsilon, y(t) \neq 0$$

误差不变性在工程上具有现实意义。对于大量工程上应用的前馈或前馈-反馈控制系统，由于实际补偿的模型与理想的补偿模型间存在误差，以及测量变送装置精度的限制，有时难以实现绝对不变性控制。因此，总是按照工艺上的要求提出一个允许的偏差 ε 值，依此进行误差不变性系统设计。

④ 稳态不变性　是指系统在稳态工况下被控量与扰动量无关，即系统在扰动量 $f(t)$ 作用下，稳态时被控量 $y(t)$ 的偏差 $y(\infty)$ 恒为零，即

$$\lim_{t \to \infty} y(t) = 0, \quad f(t) \neq 0$$

静态前馈系统就属于这种稳态不变性系统，工程上常将 ε 不变性与稳态不变性结合起来应用，这样构成的系统既能消除静态偏差，又能满足工艺上对动态偏差的要求。

⑤ 选择不变性 被控量往往受到若干个干扰的作用。若系统采用了被控量对其中几个主要的干扰实现不变性就称为选择不变性。

基于不变性原理组成的自动控制系统称为前馈控制系统，它实现了系统对全部干扰或部分干扰的不变性，实质上是一种按照扰动进行补偿的开环系统。

（3）前馈控制系统的特点 前馈控制是按照干扰作用的大小进行控制的，如果控制作用恰到好处，一般比反馈控制要及时。表 18-1 是前馈控制与反馈控制的比较。

表 18-1 前馈控制与反馈控制的比较

控制类型	控制的依据	检测的信号	控制作用的发生时间
反馈控制	被控变量的偏差	被控变量	偏差出现后
前馈控制	干扰量的大小	干扰量	偏差出现前

反馈控制系统是一个闭环控制系统，而前馈控制是一个开环控制系统，前馈控制器按扰动量产生控制作用后，对被控变量的影响并不反回来影响控制器的输入信号（扰动量）。反馈控制由于是闭环控制系统，控制结果能够通过反馈获得检验。而前馈控制的效果并不通过反馈加以检验。因此前馈控制对被控对象的特性了解必须比反馈控制精确得多，才能得到一个比较合适的前馈控制作用。

一般的反馈控制系统均采用通用的 PID 控制器，前馈控制使用的是视对象特性而定的"专用"控制器。对于不同的对象特性，前馈控制器的形式是不同的。

18.2.2 前馈控制系统的几种结构形式

（1）静态前馈 由式(18-3)求得的前馈控制器，已考虑了两个通道的动态情况，是一种动态前馈补偿器。它追求的目标是被控变量的完全不变性。而在实际生产过程中，有时并没有如此高的要求。只要在稳态下，实现对扰动的补偿。令式(18-3)中的 s 为 0，即可得静态前馈控制算式：

$$G_{ff}(0) = -K_{ff} = -\frac{G_{PD}(0)}{G_{PC}(0)} = -\frac{K_{PD}}{K_{PC}} \tag{18-4}$$

式中，K_{PD}、K_{PC} 分别为干扰通道和控制通道的放大系数，它可以用实验的方法测量取得，也可以通过列写对象的有关静态方程来确定。K_{ff} 可以由式(18-4)计算得到。

利用物料（或能量）平衡算式，可方便地获取较完善的静态前馈算式。例如，图 18-8 所示的热交换过程，当物料流量 $f(t)$ 与物料进口温度 $y_0(t)$ 为系统的主要干扰量时，假若忽略热损失，其热平衡关系可表述为

$$f c_p (y - y_0) = y_s H_s \tag{18-5}$$

式中，c_p 为物料比热容；H_s 为蒸汽汽化潜热；y_s 为加热蒸汽量。
由式(18-5)可解得

$$y_s = f \frac{c_p}{H_s} (y - y_0) \tag{18-6}$$

用物料出口温度的设定值 $r(t)$ 代替式(18-6)中的物料出口温度 $y(t)$，可得

$$y_s = f \frac{c_p}{H_s} (r - y_0) \tag{18-7}$$

上式即为静态前馈控制算式，相应的控制系统见图 18-11。图中，虚线方框表示了静态

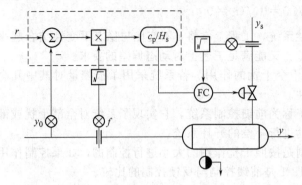

图 18-11　换热器的静态前馈控制系统

前馈控制装置。它是多输入的，能对物料的进口温度、流量和出口温度设定值作出静态前馈补偿。由于在式（18-7）中，$f(t)$ 与 $r-y_0$ 是相乘关系，所以由此构成的静态前馈控制器是一种静态非线性控制器。

（2）动态前馈　静态前馈控制器的结构简单，容易实现，它可以保证在稳态时消除扰动的影响，在一定程度上改善了过程系统的品质，但扰动作用的动态过程中偏差依然存在。

当控制通道和干扰通道的动态特性差异很大时，必须考虑动态前馈补偿。动态前馈的实现是基于绝对不变性原理。

动态前馈控制系统的全补偿过程时域响应曲线如图 18-10 所示。

比较式（18-4）和式（18-3）可见，静态前馈是动态前馈的一种特殊情况。动态前馈可以看作静态前馈和动态前馈补偿两部分结合在一起使用，可以进一步提高控制过程的动态品质。例如在图 18-11 的换热器静态前馈控制系统基础上，再考虑对进料量 y_0 进行动态补偿，则相应的动态前馈控制系统如图 18-12 所示。

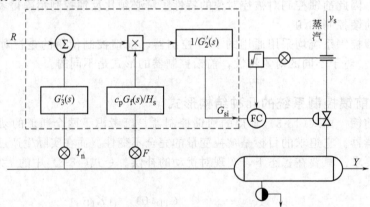

图 18-12　换热器动态前馈控制系统

图 18-12 中 G_{si} 是蒸汽流量控制器设定值。

不难理解，即使工作点转移，从稳态角度讲，图 18-12 的前馈控制器依然具有"全补偿"的性能，而在动态上也有较合适的响应。

（3）前馈-反馈控制系统　在理论上，前馈控制可以实现被控变量的不变性，但在工程实践中，由于下列原因前馈控制系统仍然存在偏差。

① 实际的工业对象会存在多个扰动，有些扰动无法测量。因而一般仅选择几个主要干扰加前馈控制，这样设计的前馈控制器对其他干扰丝毫没有校正作用。

② 受前馈控制模型精度限制。由于在前馈控制系统中，不存在被控变量的反馈，因此，如果控制的结果无法消除被控变量的偏差，系统也无法获得这一信息而作进一步的校正。为了解决前馈控制的这一局限性，在工程上往往将前馈与反馈结合起来应用，构成前馈-反馈控制系统。这样既发挥了前馈校正作用及时的优点，又保持了反馈控制能克服多种扰动及对被控变量最终检验的长处，是一种适合过程控制很好的控制方法。换热器的前馈-反馈控制系统及其方块图分别如图 18-13 和图 18-14 所示。

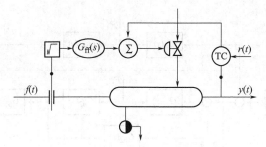

图 18-13　换热器的前馈-反馈控制系统

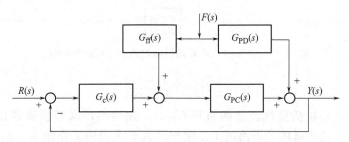

图 18-14　前馈-反馈系统的方块图

图 18-14 所示前馈-反馈系统的传递函数为

$$\frac{Y(s)}{F(s)} = \frac{G_{PD}(s)}{1 + G_c(s)G_{PC}(s)} + \frac{G_{ff}(s)G_{PC}(s)}{1 + G_c(s)G_{PC}(s)} \tag{18-8}$$

应用不变性条件为

$$F(s) \neq 0 \text{ 时}, Y(s) = 0$$

可导出前馈控制器的传递函数为

$$G_{ff}(s) = -\frac{G_{PD}(s)}{G_{PC}(s)} \tag{18-9}$$

由此可知，前馈-反馈控制与单纯前馈系统实现"全补偿"的算式是相同的。

前馈-反馈系统具有下列优点。

从前馈控制角度，由于增添了反馈控制，降低了对前馈控制模型精度的要求，并能对未选作前馈信号的干扰产生校正作用。

从反馈控制角度，由于前馈控制的存在，对干扰作了及时的粗调作用，大大减小了控制的负担。

（4）前馈-串级控制系统　在过程控制中，有的生产过程常受到多个变化频繁而又剧烈的扰动的影响，而生产过程对被控制量的控制精度和稳定性要求又很高，这时就要考虑采用前馈-串级控制系统。

由串级控制系统分析可知，系统对进入副回路的扰动 F_f 有较强的抑制能力，因此前馈-串级控制系统能同时克服进入主回路的系统主要扰动和进入副回路的扰动对被控量的影响。另外，由于前馈控制器的输出不直接加在调节阀门上，而是作为副调节器的给定值，因而可降低对调节阀门的要求。实践证明，这种复合控制系统的动态、静态品质指标都较高。

对于图 18-13 的前馈-反馈控制系统，为了提高前馈控制的精度，可以增添一个蒸汽流量闭合的内回路构成前馈-串级控制系统。前馈控制器的输出是去改变蒸汽流量内回路的设定值，如图 18-15 所示。

作用在内回路上的扰动 F_f 由副回路的反馈作用来消除。仅考虑进入主回路的主要扰动的情况下可将图 18-15 中的虚线框看成等效环节 $G'_{PC}(s)$，则利用式（18-9）可直接写出前馈补偿器的传递函数为

467

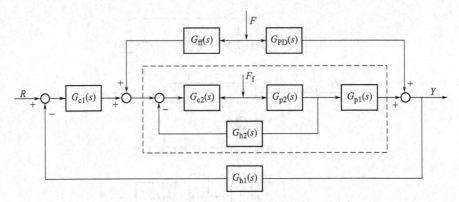

图 18-15 具有蒸汽流量内回路的前馈-串级控制系统

$$G_{ff}(s) = -\frac{G_{PD}(s)}{G'_{PC}(s)} \tag{18-10}$$

式中，$G'_{PC}(s)$ 是包括蒸汽流量回路和 $G_{p1}(s)$ 在内的广义控制通道传递函数。有时，适当地选择 $G_{c2}(s)$ 使流量闭合回路的工作频率远大于主回路工作频率，副回路是个快速随动系统，其等效环节可近似看成"1"，这时 $G'_{PC}(s) \approx G_{p1}(s)$，则

$$G_{ff}(s) \approx -\frac{G_{PD}(s)}{G_{p1}(s)} \tag{18-11}$$

可见，在前馈-串级控制系统中前馈补偿器的数学模型由系统扰动通道与主回路特性之比决定。

（5）多变量前馈控制　多变量前馈系统的方块图示于图 18-16。同单变量前馈系统一样，多变量前馈系统同样可将前馈与反馈结合起来，构成图 18-17 所示的多变量前馈-反馈控制系统。假设多变量反馈的控制矩阵为 $\boldsymbol{B}_{M \times C}$，在这个传递函数矩阵中的每一个元素都是一个个反馈控制器的传递函数。多变量前馈-反馈控制方程为

$$\boldsymbol{M}_{M \times 1} = \boldsymbol{F}_{M \times D} \boldsymbol{D}_{D \times 1} + \boldsymbol{B}_{M \times C} \boldsymbol{C}_{C \times 1} \tag{18-12}$$

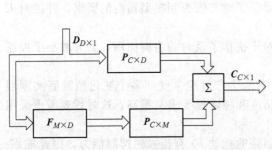

图 18-16　多变量前馈控制系统方块图

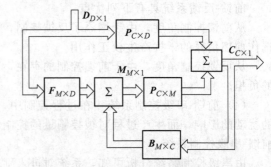

图 18-17　多变量前馈-反馈控制系统方块图

现以一个三元精馏塔为例，说明这一综合方法的应用。一个分离苯、甲苯、二甲苯的精馏塔，参见图 18-18，塔的控制指标是塔顶馏出物中苯的含量 x_D、塔底馏出物中二甲苯的含量 x_B。塔的主要扰动为进料量 F，进料温度 q，进料中苯、甲苯、二甲苯的含量 z_1、z_2、z_3。

为了保证它的控制品质，决定以 F、q、z_1、z_3 四个扰动前馈输入量，塔顶回流量 R 和再沸器的蒸汽流量（即决定了它的上升蒸汽量）V_B 为控制变量，构成一个多变量前馈系统。应用一个线性方程组来描述该塔的动态特性，即

$$x_D = p_{11} R + p_{12} V_B + p_{13} F + p_{14} q + p_{15} z_1 \tag{18-13}$$

468

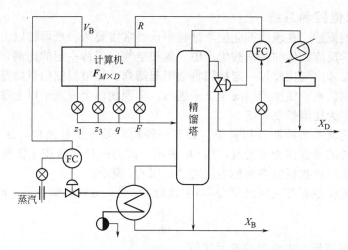

图 18-18 精馏塔的多变量前馈控制系统

$$x_B = p_{21}R + p_{22}V_B + p_{23}F + p_{24}q + p_{25}z_3 \tag{18-14}$$

式中，p_{ij} 为对象有关通道的传递函数。

显然，在这个例子中有关向量可表示为

$$\boldsymbol{C}_{2\times1} = \begin{bmatrix} x_D \\ x_B \end{bmatrix} \qquad \boldsymbol{D}_{4\times1} = \begin{bmatrix} F \\ q \\ z_1 \\ z_3 \end{bmatrix} \qquad \boldsymbol{M}_{2\times1} = \begin{bmatrix} R \\ V_B \end{bmatrix} \tag{18-15}$$

对控制通道与扰动通道的传递矩阵为

$$\boldsymbol{p}_{2\times2} = \begin{bmatrix} p_{11} & p_{12} \\ p_{21} & p_{22} \end{bmatrix} \qquad \boldsymbol{p}_{2\times4} = \begin{bmatrix} p_{13} & p_{14} & p_{15} & 0 \\ p_{23} & p_{24} & 0 & p_{26} \end{bmatrix} \tag{18-16}$$

则式(18-13) 和式(18-14) 可表示为

$$\begin{bmatrix} x_D \\ x_B \end{bmatrix} = \begin{bmatrix} p_{11} & p_{12} \\ p_{21} & p_{22} \end{bmatrix} \begin{bmatrix} R \\ V_B \end{bmatrix} + \begin{bmatrix} p_{13} & p_{14} & p_{15} & 0 \\ p_{23} & p_{24} & 0 & p_{26} \end{bmatrix} \begin{bmatrix} F \\ q \\ z_1 \\ z_3 \end{bmatrix} \tag{18-17}$$

将式(18-16) 代入式 (18-11)，即可求得精馏塔的前馈控制模型为

$$\boldsymbol{F}_{2\times4} = -\begin{bmatrix} p_{11} & p_{12} \\ p_{21} & p_{22} \end{bmatrix}^{-1} \begin{bmatrix} p_{13} & p_{14} & p_{15} & 0 \\ p_{23} & p_{24} & 0 & p_{26} \end{bmatrix} = \begin{bmatrix} F_{11} & F_{12} & F_{13} & F_{14} \\ F_{21} & F_{22} & F_{23} & F_{24} \end{bmatrix} \tag{18-18}$$

通过动态测试，求取有关通道的传递函数 p_{ij}，然后应用式(18-18)，求取一个逆阵与另一个矩阵的乘积，就不难建立多变量前馈的控制矩阵了。可写出精馏塔的控制方程式为

$$\begin{bmatrix} R \\ V_B \end{bmatrix} = \begin{bmatrix} F_{11} & F_{12} & F_{13} & F_{14} \\ F_{21} & F_{22} & F_{23} & F_{24} \end{bmatrix} \begin{bmatrix} F \\ q \\ z_1 \\ z_3 \end{bmatrix} \tag{18-19}$$

该精馏塔的控制流程已示于图 18-18。

469

18.2.3 比值控制系统

（1）比值控制概述　在现代工业生产过程中，经常需要两种或两种以上的物料按一定比例混合或进行化学反应，例如稀硝酸生产中，氨和空气应保持一定的比例，否则将使反应不能正常进行，而氨和空气比超过一定极限将会引起爆炸。比值控制的目的是保持几种物料混合后符合一定比例关系，使生产能安全正常进行。实现使两个或两个以上参数符合一定比例关系的控制系统称为比值控制系统。

在需要保持比值关系的两种物料中，必有一种物料处于主导地位，这种物料称为主物料，表征这种物料的参数称为主流量，用 Q_1 表示；而另一种物料按主物料进行配比，因此称为从物料，表征这种物料的参数称为副流量，用 Q_2 表示。

比值控制系统就是要实现副流量 Q_2 与主流量 Q_1 成一定的比值关系，即

$$K = \frac{Q_2}{Q_1} \tag{18-20}$$

式中，K 为副流量与主流量的流量比值。

（2）定比值控制系统

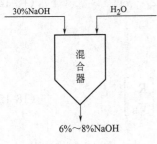

图 18-19　溶液配制

① 开环比值控制　对于图 18-19 所示生产过程，为保证混合后物料的浓度，可设计如图 18-20（a）所示的控制系统，当流量 Q_1 随高位槽液面变化时，通过测量变送器使控制器 RC 的输出按比例变化，控制阀的流量特性若选线性，则 Q_2 也就跟随 Q_1 按比例变化，以满足最终质量要求。系统的方块图如图 18-20（b）所示，因为系统是开环的，故称为开环比值控制系统。由于该系统的副流量 Q_2 无反馈校正，对于副流量本身无抗干扰能力。如本例中的水流量，若入口压力变化，就无法保证两流量的比值。因此，对于开环比值方案，只有当副流量较平稳且流量比值要求不高的场合才可采用。

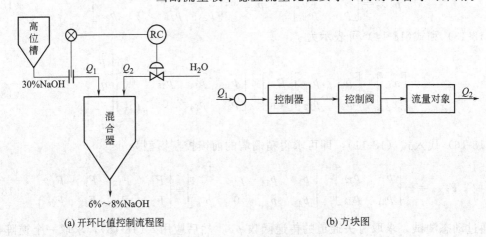

(a) 开环比值控制流程图　　　　　　(b) 方块图

图 18-20　开环比值控制系统

② 单闭环比值控制系统　为了克服开环比值控制系统的弱点，可在副流量对象引入一个闭合回路，组成如图 18-21（a）所示的控制系统。

由图可知，当主流量 Q_1 变化时，其流量信号经测量变送器送到比值计算器 R，比值计算器按预先设置好的比值系数使输出成比例变化，并作为副流量控制器的设定值，此时副流量调节是一个随动系统，Q_2 经调节作用自动跟随 Q_1 变化，当副流量由于自身的干扰而变化时，因为它是一个定值系统，经控制后可以克服自身的干扰。从方块图可以看出，系统只包

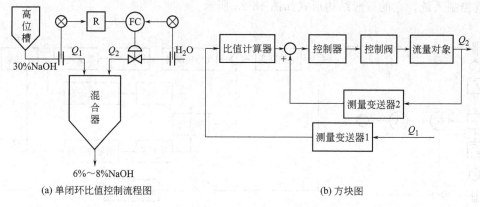

(a) 单闭环比值控制流程图　　　　　　(b) 方块图

图 18-21　单闭环比值控制系统

含一个闭合回路，故称为单闭环比值控制。这类比值控制系统的优点是两种物料流量之比值较为精确，然而，两物料的流量比值虽然可以保持一定，但由于主流量 Q_1 是可变的，所以进入的总流量是不固定的。这对于直接去化学反应器的场合是不太合适的，因为负荷波动会使整个反应器的热平衡遭到破坏，甚至造成严重事故，这是单闭环比值控制系统无法克服的一个弱点。

　　③ 双闭环比值控制系统　为了既能实现两流量的比值恒定，又能使进入系统的总负荷平稳，在单闭环比值控制的基础上又出现了双闭环比值控制。例如，在以石脑油为原料的合成氨生产中，进入一段转化炉的石脑油要求与水蒸气成一定比例，不仅如此，还要求各自的流量比较稳定，所以设计了图 18-22 所示的控制系统，图中，R_1 是流量 Q_1 的给定值。它与单闭环比值控制系统的差别就在于主流量也构成了闭合回路，故称为双闭环比值控制系统。由于有两个流量闭合回路，可以克服各自的外界干扰，使主、副流量都比较平稳，流量间的比值可通过比值计算器实现。这样，系统的总负荷也将是平稳的，克服了单闭环比值控制总流量不稳定的缺点。

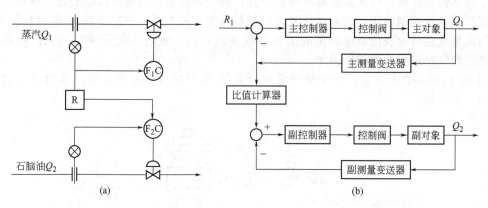

(a)　　　　　　　　　　　　　　(b)

图 18-22　双闭环比值控制系统及方块图

　　（3）变比值控制系统　流量之间实现一定比例的目的仅仅是保证产品质量的一种手段，而定比值控制的各种方案只考虑如何来实现这种比值关系，而没有考虑成比例的两种物料混合或反应后最终质量是否符合工艺要求。因此，从最终质量看这种定比值方案，系统是开环的。由于工业生产过程的干扰因素很多，当系统中存在着除流量干扰以外的其他干扰（如温度、压力、成分以及反应器中催化剂衰老等的干扰）时，原来设定的比值计算器参数就不能保证产品的最终质量，需进行重新设置。但是，这种干扰往往是随机的，且干扰幅度又各不相同，无法用人工经常去修正比值系数，因此出现了按照某一工艺指标自动修正流量比值的变比值控制系统，它的一般结构形式如图 18-23 所示。

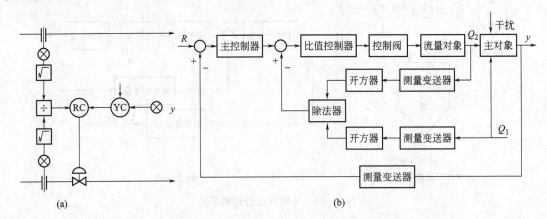

图 18-23　变比值控制系统的一般结构及方块图

流量的检测是靠差压变送器，而只有在差压变送器后加上开方器才能得到线性的流量信号，因而在图 18-23（a）中开方器之后的信号才是线性的流量信号。如果不加开方器而仅仅用差压变送器，则检测到的信号与流量是非线性的关系。

在稳定状态下，主、副流量 Q_1、Q_2 恒定（即 $Q_2/Q_1 = K$ 为某一定值）；它们分别经测量变送器、开方器运算后，送除法器相除，其输出表征了它们的比值，同时作为比值控制器 RC 的测量信号。这时表征最终质量指标的主参数 y 也恒定，所以主控制器 YC 输出信号稳定，且和比值测量信号相等，比值控制器输出也稳定，控制阀开度一定，产品质量合格。

当系统中出现除流量干扰外的其他干扰引起主参数 y 变化时，通过主反馈回路使主控制器输出变化，修改两流量的比值，以保持主参数稳定。对于进入系统的主流量 Q_1 干扰，由于比值控制回路的快速随动跟踪，使副流量 $Q_2 = KQ_1$ 关系变化，以保持主参数 y 稳定，起到了静态前馈作用。对于副流量本身的干扰，同样可以通过自身的控制回路克服，它相当于串级控制系统的副回路。因此这种变比值控制系统实质上是一种静态前馈-串级控制系统。由于两流量比值是由表征最终质量的第三参数 y 给出的，也有人把这种变比值控制系统称为由第三参数给定的比值控制系统。

图 18-24 所示的硝酸生产中氧化炉温度对氨气/空气串级控制系统就是这类变比值控制系统的一个实例。

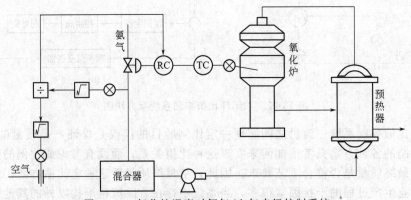

图 18-24　氧化炉温度对氨气/空气串级控制系统

氨氧化生成一氧化氮的过程是放热反应，温度是反应过程的主要指标，而影响温度的主要因素是氨气和空气的比值，保证了混合器的氨气、空气比值，基本上控制了氧化炉的温度。当温度受其他干扰（如催化剂老化等）而发生变化时，则可通过主控制器（此处为温度控制器）改变氨气量即改变氨气、空气比值来补偿，以满足工艺的要求。若把该系统画成方块图，则与上述一般结构形式完全一致，只要将主参数 y 用温度 T 代替即可。

◎ 18.3 特殊控制系统

在过程控制中，单回路 PID 控制是基础，使用也最广泛。除此之外，根据工业生产过程的特殊要求，人们还开发了不同结构或不同算法的控制系统。从开发目的来看，可归为两大类：一类是为了提高控制系统性能指标，如串级控制、前馈控制、预测控制、解耦控制等；另一类是为了满足不同的生产工艺、操作方式乃至特殊的控制性能而开发的控制系统。

18.3.1 均匀控制系统

（1）均匀控制的由来　在过程工业中，其生产过程往往有一个"流程"，按物料流经各生产环节的先后，分成前工序和后工序。前工序的出料即是后工序的进料，而后者的出料又源源不断地输送给其他后续设备作为进料。

均匀控制是针对"流程"工业中协调前后工序的物料流量而提出来的。

以连续精馏的多塔分离过程为例，见图 18-25，前塔塔底的出料作为后塔的进料。前塔出料多，后塔进料也必然多，前塔出料少，后塔进料也必然少，两者是息息相关的。

然而，由于两个塔都力求各自操作平稳，这将引起两塔之间的矛盾。对前塔来

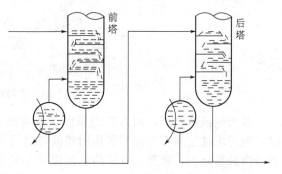

图 18-25　前后精馏塔的供求关系

说，当其经受干扰而使平稳操作破坏时，就要通过物料量的调整来克服，这样就会引起出料量的波动，也就是说出料量的波动是适应前塔操作所必需的；而对后塔来说，为了本塔操作平稳，总是希望进料量越平稳越好。这就给人们提出了这样的课题，怎样将一个变化较剧烈的流量变成一个变化平稳和缓慢的流量。

要使一个变化剧烈的流量变成一个变化较平缓的流量，一种方法是在前后工序之间特意增加一个缓冲罐。但这会增加设备投资和扩大装置占地面积，并且有些化工中间产品，增加停留时间后可能产生副反应，所以额外增加缓冲罐可能不是理想的办法。另一种思路就是利用原有设备的某些容量作为缓冲罐，如图 18-25 连续精馏的情况，前塔塔釜就可看成缓冲罐。将流入塔釜的物料看成前工序的出料；而流出塔釜的物料看成后工序的进料。用缓冲罐来平缓流量时其液位必然会产生波动，如塔釜液位往往与再沸器的工作有关，液位波动过大会严重影响再沸器工作，因而必须兼顾液位的平稳。均匀控制系统就是兼顾流量平稳且液位又在允许区间这一要求的控制系统。

从本质上说，均匀控制可以这样来定义：对于一套控制系统，它能充分利用储罐的缓冲将一个变化剧烈的流量变换成一个变化平缓的流量，这种控制系统称均匀控制（或称均流控制）。因而均匀控制之称是指控制目的而言，而不是指控制系统的结构而言。

在均匀控制中涉及两个指标：

① 储罐的输出流量要求平稳或变化缓慢；

② 在最大干扰时，液位仍在允许的上、下限间波动。

为了将均匀控制与通常的液位控制相区别，在本节称仅以维持液面平稳为指标的控制为"纯液位控制"。

（2）怎样实现均匀控制 实现"液位-流量"均匀控制一般采用单回路控制或串级控制，如图 18-26 所示。由图可见，它们的系统结构与纯液位控制相同，单从控制系统简图是无法判断系统到底是按均匀控制运行还是在作纯液位控制运行的。二者的差异主要反映在液位控制器参数的整定上。

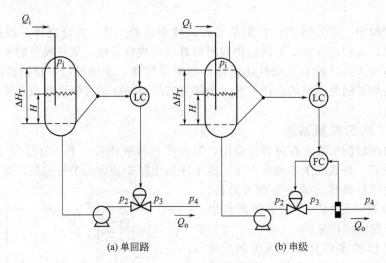

图 18-26　均匀控制系统简图

对于纯液位控制，因为它的操作仅要求液位平稳，所以当液位经受干扰而偏离给定值时，就要求通过强有力的调节作用使液位返回给定值。而所谓强有力的调节作用，反映在调节器参数整定上，就要求有窄的比例度或小的积分时间。在现场往往使用 30%～40% 的比例度，有的甚至仅有 10% 的比例度。这种所谓强有力的调节作用，必然导致作为调节参数的输出流量波动很剧烈。

均匀调节则与其相反，因为它的主要要求是输出流量平稳，而作为被控变量的液位则可以在允许范围里作一定波动。也就是当液面变量有较大偏离时，才要求操纵变量流量作一定的调整，所以均匀控制要求控制作用"弱"。均匀控制是通过将液面控制器调整在宽比例度（即小放大系数）和大的积分时间来实现的。

在均匀控制中，液位控制器模式（控制规律）的选择可按以下原则：

① 推荐采用纯比例控制器；

② 除少数场合，在干扰去除后希望液位回复到给定值的情况外，尽量不使用比例积分；

③ 不用微分。

（3）均匀控制参数工程整定 串级均匀控制的副环流量控制器的参数整定与普通流量控制器整定原则相同，即选用小的放大系数和小的积分时间。而液位控制器的参数整定，使用的是"看曲线，整参数"的方法。

① 先以保证液位不会超过允许波动范围的角度来设置控制器参数。

② 修正控制器参数，使液位最大波动接近允许范围，其目的是充分利用储罐的缓冲作用，使输出流量尽量平稳。

18.3.2　选择性控制系统

一般地说，凡是在控制回路中引入选择器的系统都可称为选择性控制系统。随着自动控制技术的进展，应用计算机逻辑控制算法进行选择性控制十分方便。在这里主要介绍用于设备软保护的一类选择性控制，它又称为"超驰"控制系统。这类系统在应用原理上有一定共性，在具体实施中又会碰到一个共同的问题——防积分饱和。

（1）超驰（Override）控制系统　从整个生产流程控制的角度，所有控制系统可分为三类：物料平衡（或能量平衡）控制、质量控制和极限控制。超驰控制属于极限控制一类。它们一般是从生产安全角度提出来的，如要求温度、压力、流量、液位等参数不能超限。

极限控制的特点是在正常工况下，该参数不会超限，所以也不考虑对它进行直接控制；而在非正常工况下，该参数会达到极限值，这时又要求采取强有力的控制手段，避免超限。

在生产上需防超限的场合很多，一般可采取以下两种做法。

① 参数达到第一极限时报警→设法排除故障→若没有及时排除故障，参数值会达到更严重的第二极限，经联锁装置动作，自动停车。这种做法称硬保护。

② 参数达到极限时报警→设法排除故障→同时，改变操作方式，按使该参数脱离极限值为主要控制目标进行控制，以防该参数进一步超限。这种操作方式一般会使原有控制质量降低，但能维持生产的继续运转，避免停车。这种做法称软保护。

超驰控制就是为实现软保护而设计的控制系统。

（2）超驰控制设计示例　图 18-27(a)、(b) 所示是液氨蒸发器如何从一个能够满足正常生产情况下的控制方案演变成为考虑极限条件下的超驰控制的实例。

液氨蒸发器是一个换热设备，在工业上应用极其广泛。它是利用液氨的汽化需要吸收大量热量，以此来冷却流经管内的物料。在生产上往往要求被冷却物料的出口温度稳定，这样就构成了以被冷却物料出口温度为被控变量，以液氨流量为操纵变量的控制方案，见图 18-27(a)。这一控制方案用的是改变传热面积来调节传热量的方法。因液位高度会影响热交换器的浸润传热面积，因此，液位高度即间接反映了传热面积的变化情况。由此可见，液氨流量既会影响温度，也会影响液位，在正常工况下，当温度得到控制后，液位在一定允许区间。

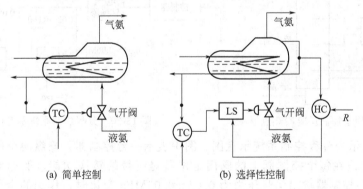

(a) 简单控制　　　　　　　　　　(b) 选择性控制

图 18-27　液氨蒸发器的控制方案

但是，有些干扰影响温度控制系统，使液位不断升高，这将会造成生产事故。因为汽化的氨是要回收重复使用的，液面的升高使氨气带液，液滴会损坏压缩机叶片，所以液氨蒸发器上部必须留有足够的汽化空间，以保证良好的汽化条件。为此，需在原有温度控制基础上，增加一个防液位超限的控制系统。这两个控制系统工作的逻辑规律是：在正常工况下，由温度控制器操纵阀门进行温度控制；而当出现非正常工况，引起氨的液位达到高限时，被冷却物料的出口温度即使仍偏高，但此时温度的偏离暂时成为次要因素，而保护氨压缩机不致损坏已上升为主要矛盾，于是液位控制器应取代温度控制器工作（即操纵阀门）。等引起生产不正常的因素消失，液位恢复到正常区域，此时又应恢复温度控制器的闭环运行。

防超限控制方案如图 4-27(b) 所示。它具有两台控制器，通过选择器对两个输出信号

475

选择来实现对控制阀的两种控制方式。在正常工况下，应选温度控制器输出信号，而当液位到达极限值时，则应选液位控制器的输出。这种控制方式习惯上称为"超驰控制"，也有人称它为"取代控制"，由于系统中具有选择器，所以又归为"选择性控制"大类。

图18-28是超驰控制系统的方块图。从结构上看，这是具有两个被控变量，而仅有一个操纵变量的过程控制问题。

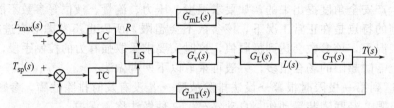

图 18-28 温度和液位选择性控制系统方块图

选择性控制系统除用于软保护外，还可以用于被控变量测量值的选择，例如，固定床反应器中热点温度的控制就是一个例子。热点温度（即最高点温度）的位置可能会随催化剂的老化、变质和流动等原因而有所移动。反应器各处温度都应参加比较，择其高者用于温度控制。其控制方案见图18-29。

18.3.3 分程控制系统

一般来说，一台控制器的输出仅操纵一个控制阀。若一台控制器操纵几个阀门，并且是按输出信号的不同区间操纵不同阀门，这种控制方式习惯上称为分程控制。

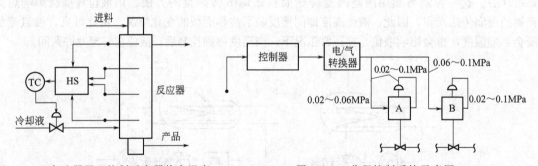

图 18-29 高选器用于控制反应器热点温度　　　　图 18-30 分程控制系统示意图

图18-30所示为分程控制系统示意图。图中表示一台控制器去操纵两个阀。为了分程目的，需借助于附设在每个控制阀上的阀门定位器对信号的转换功能。例如对图中A、B两阀，要求A阀在控制器输出信号压力为0.02～0.06MPa变化时，作阀的全行程动作，即阀门定位器相应输出为0.02～0.1MPa。而B阀上的定位器，应调整成在输入信号为0.06～0.1MPa时，相应输出为0.02～0.1MPa。按照这些条件，当控制器（包括电/气转换器）输出信号小于0.06MPa时A阀动作，B阀不动；当信号大于0.06MPa时，则A阀动至极限，B阀动作，由此实现分程控制过程。

设计分程控制有两方面的目的：一是为扩大控制阀的可调范围，以改善控制系统的品质，如有些工业生产过程的生产负荷变化很大，单用一个阀门可调范围不够，必须采用大、小两个阀门；二是满足工艺上操作的特殊要求。

例如图18-31所示是间歇聚合反应器的温度分程控制。当配置好反应物料后，开始需经历加热升温过程，以引发反应；待反应开始后，由于放出大量反应热，需用冷水及时移走热量。为了满足这种有时需加热，有时需取走热量的要求，需配置两种传热介质——蒸汽和冷

476

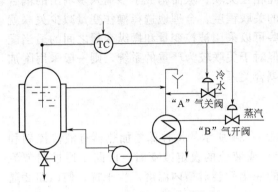

图 18-31　反应器温度分程控制

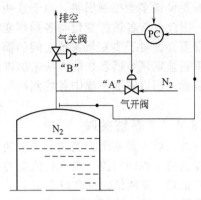

图 18-32　储罐氮封分程控制

水，并分别安装上控制阀；另一方面需设计一套分程控制系统，用温度控制器输出信号的不同区间来控制这两个阀门。

　　另一个例子是图 18-32 所示的储罐氮封分程控制。在炼油厂或石油化工厂中，有许多储罐存放着各种油品或石油化工产品。为使这些油品或产品不与空气中的氧气接触被氧化变质，或引起爆炸危险，常采用罐顶充氮气的办法，使其与外界空气隔绝。实行氮封的技术要求是要始终保持储罐内的氮气微量正压。储罐内储存物料量增减时，将引起罐顶压力的升降，应及时进行控制，当储罐内液面上升时，应停止补充氮气，并将压缩的氮气适量排出。反之，当液面下降时应停止放出氮气，并补充氮气。这一充氮分程控制方案如图 18-32 所示。

18.3.4　阀位控制（VPC）系统

　　在生产上存在这种情况，有两个（或多个）变量均能影响同一个被控变量，但具有良好动态性能的变量，其静态性能（指工艺上的某些性能）却是低劣的。因而从提高被控变量控制品质的角度应采用使动态性能好的变量，但从稳态优化的角度却会是不合适的。对此，为了协调矛盾，可采用阀位控制系统。

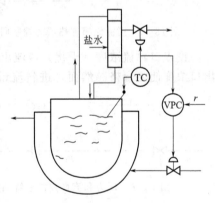

图 18-33　反应釜温度复合控制

　　图 18-33 所示是反应釜的温度控制系统，冷冻盐水和冷水都能影响反应温度，两者相比较，感受冷冻盐水的影响滞后很小，有良好的动态性能，但它的价格比冷水昂贵。在正常工况下，要求通过阀位控制器的调整使冷冻盐水处于小流量，而当经干扰使温度突然升高在冷水阀门位置全开时，又能快速打开冷冻盐水阀。

　　从结构上看，分程控制系统和阀位控制系统都是具有多个控制变量和单个被控变量的过程。分程控制要求各个控制变量交替工作；而阀位控制是要求被选作辅助变量的阀位在稳态时处于某个较小（或较大）值上，以满足另外指标优化的要求。

◎ 18.4　系统关联与解耦控制

　　随着工业的发展，生产规模越来越复杂，对控制的要求越来越高，因此在一个生产过程中，需要设置多个控制回路。由于这些变量之间相互关联，从而构成了多输入多输出的耦合系统。因此分析各被控变量与各操作变量之间的关联程度，合理地选择操作变量减少关联就显得很重要。对于多变量系统之间的耦合，有些可以采用被控变量和操纵变量之间的适当配对或重新整定调节器参数的方法来加以解耦。但对于关联较为严重的系统，则一般采用附加补偿装置，用以解除系统中各控制回路之间的耦合关系。

18.4.1　系统关联

现以两对变量系统为例说明关联的情况。图 18-34 所示的搅拌储槽加热器有液位控制和温度控制两个控制回路。当入口流量 Q_1（负荷）或液位的设定改变时，回路 1 通过调节流出物流量 Q，使液位保持在设定值上。这时 Q 的变化就会对槽内温度产生干扰，使回路 2 通过调节器加热蒸汽进行控制。

另一方面，如果入口流体温度（扰动）或温度设定值变化，回路 2 将通过调节蒸汽流量进行温度控制。此时，液位并不会受到干扰。由此可见，回路 1 对回路 2 有关联，但回路 2 对回路 1 没有关联。这就是说，两个回路是单方向关联的。而图 18-35 所示的连续搅拌反应釜中的浓度控制和温度控制两个回路却是双方向关联的。

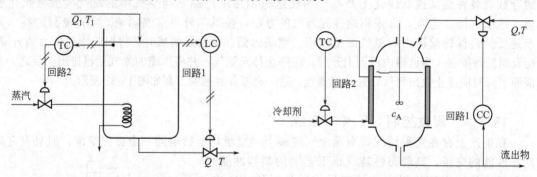

图 18-34　搅拌储槽加热器的控制回路　　　图 18-35　连续搅拌反应釜的控制回路

设入口物流浓度（干扰）或流出物流设定值改变时，回路 1 将通过进料流量 Q 来控制出口浓度使之合格。然而，进料流量变化会使反应釜温度受干扰。同样，当进料温度（干扰）或温度设定值变化时。回路 2 将通过调节夹套冷却剂流量使温度保持在给定值上。但温度的变化又会引起出口浓度的变化。很显然，回路 1 和回路 2 两个控制回路之间互相关联。

图 18-36 具有压力和流量两个系统，

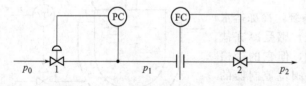

图 18-36　压力和流量控制系统的严重关联

控制阀门 1 与 2 对系统的压力都有相同的影响程度。当管路压力 p_1 偏低而开大控制阀 1 时流量将增大，于是流量控制器将产生作用，关小控制阀 2，其结果又使管路的压力 p_1 上升。这两个系统关联十分紧密。那么如何来分析系统的相关特性呢？其中常用的是相对增益方法。

18.4.2　相对增益

在多变量耦合系统中，相对增益一般是用来定量给出各变量之间静态耦合程度的衡量，虽有一定的局限性，但利用它完全可以选出使回路关联程度最弱的被控变量和操纵变量的搭配关系，是分析多变量系统耦合程度最常用最有效的办法。

（1）相对增益阵定义　布里斯托尔（Bristol E. H.）提出了相对增益的概念和定义。首先在其他所有回路均为开环情况下，即所有其他操纵变量均不改变的情况下，找出该通道的开环增益（第一放大倍数），然后再在所有其他回路都闭合的情况下，即所有其他被控变量都保持不变的情况下，找出该通道的开环增益（第二放大倍数），相对增益定义为第一放大倍数与第二放大倍数之比。如果两次所得开环增益没有变化，即表明该回路既不会影响其他回路，也不会受其他回路的影响，因而它与其他回路不存在关联，这时它的相对增益就是 1。被控变量 c_i 对操纵变量 m_j 的相对增益 λ_{ij} 可定义为

$$\lambda_{ij} \frac{(\partial c_i / \partial m_j)_m}{(\partial c_i / \partial m_j)_c} \tag{18-21}$$

如果当所有其余调节量都保持不变时，c_i 不受 m_j 的影响，则 λ_{ij} 为零。如果存在某种关联，则改变 m_j 将不但影响 c_i，而且也影响其他被控变量。因此，如果其他被控变量均保持不变，则在确定分母上的开环增益时，其余操纵变量必然会改变，这样又使原被控变量发生变化。结果在两个开环增益之间就会出现差异，致使 λ_{ij} 既不是 0 也不是 1。

另一种可能是式(18-21)的分母趋于零。这就是说，其他闭合回路的存在阻碍了 m_j 对 c_i 的影响。这种情况的特征是 λ_{ij} 趋于无穷大，这些被控变量或操纵变量都不是相互独立的。

因为过程一般都用静态和动态增益来描述，所以相对增益也同样应该包含这两个分量。然而在大多数情况下，静态相对增益较容易求得，因此一般只分析静态相对增益。

(2) 相对增益矩阵的性质　可以很方便地把相对增益排成一个矩阵，这个矩阵称为相对增益矩阵（RGA）。

$$\boldsymbol{\Lambda} = \begin{matrix} & m_1 & m_2 & & m_j & & \Sigma \\ c_1 & \begin{bmatrix} \lambda_{11} & \lambda_{12} & \cdots & \lambda_{1j} & \cdots \end{bmatrix} & & & & & 1.0 \\ c_2 & \lambda_{21} & \lambda_{22} & \cdots & \lambda_{2j} & \cdots & 1.0 \\ & \vdots & \vdots & \ddots & \vdots & & \vdots \\ c_i & \lambda_{i1} & \lambda_{i2} & \cdots & \lambda_{ij} & \cdots & 1.0 \\ & \vdots & \vdots & & \vdots & & \\ \Sigma & 1.0 & 1.0 & & 1.0 & & \end{matrix} \tag{18-22}$$

矩阵 $\boldsymbol{\Lambda}$ 的一个性质是每行或每列的相对增益总和都为 1。这样一来，为求出整个矩阵所需要计算的元素减少了。例如，对于一个 2×2 系统，只需求出 λ_{11}，因为 λ_{22} 等于 λ_{11}，且其余元素是它关于 1 的补数。在 3×3 矩阵中，只需计算 4 个相对增益，矩阵中的其余元素可利用差值来求取。

由于有这个性质，矩阵中各元素的数值之间往往具有一定的组合关系。例如，在一个给定的行或列中，所有的数可能在 0 和 1 之间。如果出现大于 1 的数，那么在同一行或同一列上就必定有一个负数。在一个 2×2 系统中，只要任何一个数是在 $0 \sim 1$ 之间，那么所有的数也将如此。但是假如其中任何一个数处于 $0 \sim 1$ 之外，则所有别的数也必定是这样。相对增益在 $0 \sim 1$ 范围内的过程与超出这个范围的过程之间，存在着很大的差别。例如，当所有的增益具有同一绝对值时，说明变量之间关联得最紧密。对于 2×2 系统，例如 λ_{11} 是 0.5 或是 ∞ 就会出现这种情况。0.5 表示该系统是关联的，但仍然是稳定的；而 ∞ 则说明两个被控变量不能同时加以控制。

相对增益是个无量纲的数，因为实际上它是一个参数被其在不同条件下的值相除所得的结果，因此它不受单位、量程等因素的影响。由于同样的原因，相对增益也不受非线性的影响，这大概是由于同一种非线性同时出现在式(18-21)的分子及分母上，因而可以互相抵消的缘故。

(3) 相对增益的计算方法

① 直接微分法　在此方法中，对描述系统各变量间的数学表达式进行直接微分，计算出式(18-21)所定义的相对增益的第一放大倍数和第二放大倍数。

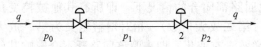

图 18-37 用两串联阀门控制一个
管道中的压力和流量

例 18-1 计算图 18-37 所示的用两串联阀门控制一个管道中的压力-流量过程的相对增益矩阵。

图中的两个阀门的开度变化,均对管道中的流量 q 及管道中部压力 p_1 有影响,具体分析如下。

由流量公式可知,$q = \alpha \varepsilon A \sqrt{\dfrac{2}{\rho_1} \Delta p}$,故可写作 $q^2 = \mu \Delta p$。显然,式中 μ 为与阀门开启度及介质密度有关的系数。依此可得图 18-37 所示两串接阀门系统的关系式为

$$q^2 = \mu_1 (p_0 - p_1) = \mu_2 (p_1 - p_2) \tag{18-23}$$

令 $Q = q^2$,并选其为本系统代表流量的被控变量,于是由上式可得

$$Q = \frac{\mu_1 \mu_2}{\mu_1 + \mu_2} (p_0 - p_2) \tag{18-24}$$

当选阀门 1 控制管道流量 Q,阀门 2 控制压力 p_1 时,则在两个回路都处于开环情况下,由式(18-24)被控变量 Q 对 μ_1 的开环增益即第一放大倍数为

$$\left[\frac{\partial Q}{\partial \mu_1} \right]_{\mu_2} = \left(\frac{\mu_2}{\mu_1 + \mu_2} \right)^2 (p_0 - p_2) \tag{18-25}$$

当压力回路闭合时,由式(18-24)被控变量 Q 对 μ_1 的开环增益即第二放大倍数为

$$\left[\frac{\partial Q}{\partial \mu_1} \right]_{p_1} = p_0 - p_1 = \frac{\mu_2}{\mu_1 + \mu_2} (p_0 - p_2) \tag{18-26}$$

由相对增益的定义式(18-21)可得

$$\lambda_{11} = \lambda_{Q\mu_1} = \frac{\mu_2}{\mu_1 + \mu_2} \tag{18-27}$$

将式(18-24)中的 μ_1 和 μ_2 代入,就可以得到用压差表示的相对增益,即

$$\lambda_{11} = \lambda_{Q\mu_1} = \frac{p_0 - p_1}{p_0 - p_2} \tag{18-28}$$

同理可求出

$$\left[\frac{\partial Q}{\partial \mu_2} \right]_{\mu_1} = \left(\frac{\mu_1}{\mu_1 + \mu_2} \right)^2 (p_0 - p_2) \tag{18-29}$$

$$\left[\frac{\partial Q}{\partial \mu_2} \right]_{p_1} = p_1 - p_2 = \frac{\mu_1}{\mu_1 + \mu_2} (p_0 - p_2) \tag{18-30}$$

由此得

$$\lambda_{12} = \lambda_{Q\mu_2} = \frac{\mu_1}{\mu_1 + \mu_2} \tag{18-31}$$

用式(18-24)中的 μ_1 和 μ_2 代入,则又可得

$$\lambda_{12} = \lambda_{Q\mu_2} = \frac{p_1 - p_2}{p_0 - p_2} \tag{18-32}$$

从式(18-24)中又可得出管道压力 p_1 的表达式为

$$p_1 = p_0 - \frac{Q}{\mu_1} = p_2 + \frac{Q}{\mu_2} = \frac{\mu_1 p_0 + \mu_2 p_2}{\mu_1 + \mu_2} \tag{18-33}$$

重复以上计算,可以确定出另外两个相对增益,即

$$\lambda_{21} = \lambda_{p_1 u_1} = \frac{p_1 - p_2}{p_0 - p_2} \tag{18-34}$$

$$\lambda_{22} = \lambda_{p_1 u_2} = \frac{p_0 - p_1}{p_0 - p_2} \tag{18-35}$$

最后得到此 2×2 耦合系统的相对增益矩阵形式为

$$\Lambda = \begin{array}{c} \\ Q \\ \\ P \end{array} \begin{matrix} \mu_1 & \mu_2 \\ \left[\dfrac{p_0 - p_1}{p_0 - p_2} & \dfrac{p_1 - p_2}{p_0 - p_2} \\[2mm] \dfrac{p_1 - p_2}{p_0 - p_2} & \dfrac{p_0 - p_1}{p_0 - p_2} \right] \end{matrix} \tag{18-36}$$

上式说明以下两个问题。

a. 由于 $p_0 > p_1 > p_2$，所以相对增益矩阵 Λ 中各元素的分母总是大于分子的，因此，各相对增益都在 $0 \sim 1$ 之间。

b. 如何根据 Λ 选择合理的变量配对，这要取决于 $p_0 - p_1$ 和 $p_1 - p_2$ 的大小，假如 $(p_0 - p_1) > (p_1 - p_2)$，则 $\lambda_{11} > \lambda_{12}$，故用阀 1 控制流量 q 较好些；若 $(p_0 - p_1) < (p_1 - p_2)$，则此时 $\lambda_{11} < \lambda_{12}$，故用阀 2 控制流量较好，也就是说用压降较大的阀门去控制流量较好。

当然，在此例中只需计算出一个相对增益，比如 $\lambda_{11} = \lambda_{Qu_1}$，其他三个相对增益值均可按相对增益阵的每一行（列）之和为 1 来计算出。

② 传递函数法　当已知系统方块图或已知耦合系统的传递函数矩阵时，相对增益可以利用各通道的开环增益求得。下面以图 18-38 所示两变量控制系统为例导出由系统开环增益求取相对增益的公式。

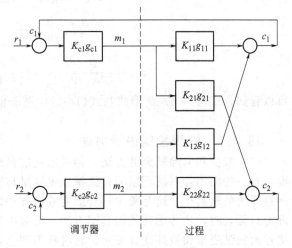

图 18-38　采用单回路控制的 2×2 关联过程系统

a. 所有回路均为开环。　考虑图 18-38 的方块图，其中系数 K_{ij} 表示静态增益，g_{ij} 表示动态矢量。静态关系如下。

$$c_1 = K_{11} m_1 + K_{12} m_2 \tag{18-37}$$
$$c_2 = K_{21} m_1 + K_{22} m_2 \tag{18-38}$$

相对增益 λ_{11} 计算公式中的分子就是

$$\frac{\partial c_1}{\partial m_1} \Big|_{m_2} = K_{11} \tag{18-39}$$

但是在求其分母时，必须用式 (18-38) 中的 c_2 取代式 (18-37) 中的 m_2，即

$$c_1 = K_{11} m_1 + K_{12} \frac{c_2 - K_{21} m_1}{K_{22}} \tag{18-40}$$

$$\frac{\partial c_1}{\partial m_1} \Big|_{c_2} = K_{11} - \frac{K_{12} K_{21}}{K_{22}} \tag{18-41}$$

因而

$$\lambda_{11} = \frac{1}{1 - K_{12} K_{21} / (K_{11} K_{22})} \tag{18-42}$$

式 (18-42) 就是 2×2 系统的通解，它可根据诸 K 值的符号来预测 λ_{11} 的范围。如果 K 值中为正的个数是奇数，则 λ_{11} 必定落在 $0 \sim 1$ 之间；如果是偶数，那么 λ_{11} 就落在 $0 \sim 1$ 之

外。这个关系可用图 18-38 所示过程来说明，这表明四个开环增益中有三个是正的，因而所有相对增益全落在 0～1 之间。

b. 所有回路均为闭环。 过程方程式也可换个写法，使其调节量为被调量的函数，即

$$m_1 = H_{11}c_1 + H_{12}c_2 \tag{18-43}$$

$$m_2 = H_{21}c_1 + H_{22}c_2 \tag{18-44}$$

系数 H_{ji} 是开环增益的倒数，即

$$H_{ji} = \frac{\partial m_j}{\partial c_i}\Big|_c \tag{18-45}$$

如果 H_{ji} 和 K_{ij} 均为已知，则相对增益为它们两者之乘积，即

$$\lambda_{ij} = K_{ij}H_{ji} \tag{18-46}$$

如果只知道一组 H_{ji} 的数值，仍然可以采用与已知一组 K_{ij} 值时相同的方法求得相对增益，即

$$m_1 = H_{11}c_1 + H_{12}\frac{m_2 - H_{21}c_1}{H_{22}} \tag{18-47}$$

$$\frac{\partial m_1}{\partial c_1}\Big|_{m_2} = H_{11} - \frac{H_{12}H_{21}}{H_{22}} \tag{18-48}$$

$$\lambda_{11} = \frac{(\partial m_1/\partial c_1)_{c_2}}{(\partial m_1/\partial c_1)_{m_2}} = \frac{1}{1 - H_{12}H_{21}/(H_{11}H_{22})} \tag{18-49}$$

可以看到，式(18-44) 的形式与式(18-42) 完全相同。

18.4.3 解耦控制设计方法

（1）减少和消除耦合的方法 相对增益定量地给出了操纵变量与被控变量之间的耦合程度，对一些弱耦合系统可以通过选择操纵变量与被控变量之间的合理配对，往往可以使控制回路间的关联最小，这是减少耦合最有效的方法之一，也是首选的方法。通常只有在选择合理配对无效时，才考虑其他的解耦方法。根据控制回路选择原则，应选择接近于 1 的正相关增益的操纵变量和被控变量配对。有时找不到合适的直接配对方案，但如果把操纵变量适当组合，可得到新变量对应的相对增益，有可能找到理想的配对。

如果控制系统都都已安装好，并经过运行，发现系统关联，此时可通过调整控制器参数来改变系统之间的耦合程度。一方面可采用调整控制器增益来减少系统耦合；另一方面，可通过控制器参数的整定，使控制回路工作频率错开来减少耦合程度。

（2）解耦控制方法 在某些情况下，关联可能变得非常严重，以致采用最好的回路配对等方案也不能得到满意的控制效果。如果没有解耦控制，就不可能达到稳定，此时只能设计有关解耦控制系统。

解耦的本质就在于设置一个计算网络，用它去抵消本来就存在于过程中的关联，以便能够进行独立的单回路控制。理论上，似乎只要解耦系统是过程的倒数就能消除关联，但实际上，过程特性的倒数是不能实现的，因为它需要超前和时间提前来补偿过程的时滞和迟延。即使不考虑动态补偿，静态解耦环节也存在操作及稳定性问题。由于这些原因，需要仔细研究可能采用的各种解耦方法，同时还要估计它们在实际情况下的效果。

在过程的输入侧和输出侧都可进行解耦。如果解耦器加在过程的输入侧，则每个调节器应能操纵所有的阀门，以便在控制自己被调量的同时，不干扰其他被调量。如果解耦放在过程的输出侧，它便会产生一组新的被调量，其中每个新被调量只对一个调节量作出响应。在一定条件下，究竟在输入侧还是在输出侧进行解耦更有效，主要取决于这组新变量的情况。

这里通过某实际精馏塔的解耦经验来说明这个问题。该塔有两个并联的再沸器，如图

18-39 所示，其中两个液位和一个温度需要用一个共同的塔底产品阀和两个热油阀来控制。开大一个热油阀将增大这个再沸器的蒸发量，从而提高其蒸汽管线两端的压降。这个作用使该再沸器的液位下降，而使另一个再沸器的液位上升，由于液体总储量逐渐减少，最终两个液位都要下降。

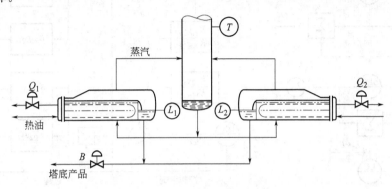

图 18-39 并联再沸器的液位相互关联十分严重

塔底产品流量并不直接影响温度，所以这个装置最初用一个热油阀来控制温度，而用塔底产品流量控制一个液位。但另一个液位却不能用另一个热油阀来控制，因为把该回路闭合之后，三个回路都发生振荡。

此后，对液位测量值进行了解耦，如图 18-40 所示。由于塔底产品流量影响两个液位，故由液位调节器 LC 改变该流量以控制两个液位的总和，它代表液体总储量。为了使两个液位能够平衡，用一个液位作为液位差调节器 ΔLC 的设定值，另一个液位作为其测量值，由该调节器以相反的方向调节两个热油阀，温度调节器 TC 以相同的方向调节这两个热油阀。该系统经过适当调整后能有效地解除这三个被调量之间的关联。调节塔底产品阀门，对两个液位产生同样的影响，因而不会影响它们的差值。液位差调节器以相反的方向驱动两个热油阀，所以不致改变输入总热量。这样它既不影响温度，也不影响液位总储量。虽然温度调节器仍会影响液体总储量，但是由于液位控制回路的响应较快，所以其影响是很轻微的。

可以看到，解耦是加在液位调节器 LC 的输入侧和温度调节器 TC 的输出侧。在此实例中，这样的组合似乎是最简单也最便宜了。

解耦可直接加在调节器的输出信号上，如图 18-41 所示。解耦器所需函数可以由以下过程方程式直接推导出来。

$$c_1 = K_{11}g_{11}m_1 + K_{12}g_{12}m_2 \tag{18-50}$$

$$c_2 = K_{21}g_{21}m_1 + K_{22}g_{22}m_2 \tag{18-51}$$

现在希望 $\mathrm{d}c_1/\mathrm{d}m_2$ 和 $\mathrm{d}c_2/\mathrm{d}m_1$ 等于零。因为 m_1 为

$$m_1 = \frac{c_1 - K_{12}g_{12}m_2}{K_{11}g_{11}} \tag{18-52}$$

为使 $\mathrm{d}c_1/\mathrm{d}m_2$ 等于零，必须有

$$\frac{\mathrm{d}m_1}{\mathrm{d}m_2} = -\frac{K_{12}g_{12}}{K_{11}g_{11}} \tag{18-53}$$

同理，为使 $\mathrm{d}c_2/\mathrm{d}m_1$ 等于零，必须有

$$\frac{\mathrm{d}m_2}{\mathrm{d}m_1} = -\frac{K_{21}g_{21}}{K_{22}g_{22}} \tag{18-54}$$

在图 18-41 所示方案中，存在着初始化和约束运行问题。所谓初始化，就是找到两个调节器的输出初始值 m_{c1} 和 m_{c2}，以便无扰动地投入自动。m_{c1} 的计算不仅取决于已知的 m_1 值，

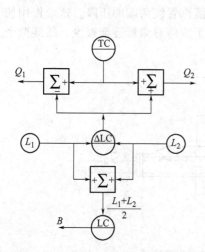

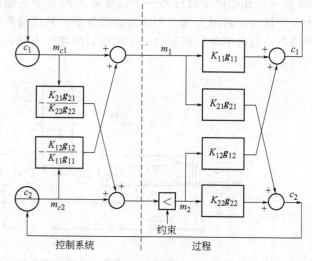

图 18-40　解耦加在液位调节器的输入　　　　　　图 18-41　解耦直接加在调节器输出上
　　　　　侧和温度调节器的输出侧

还取决于未知的 m_{c2}。如果根据任意的 m_{c2} 值来确定 m_{c1} 的初始值，那么当设置 m_{c2} 的初始值时，m_1 就会产生扰动。因此，正确的初始化需要对解耦方程联立求解，以便由已知的 m_1 和 m_2 值同时解出 m_{c1} 和 m_{c2}。

　　初始化问题能够通过一定的程序加以解决，约束运行问题就不那么容易解决了。倘若 m_1 和 m_2 之中有一个受到约束，那么被调量 c_1 和 c_2 两者都不能被控制住，因为这时图 18-41 系统中两个调节器都试图操纵剩下的尚未受到约束的调节量来进行控制。但无论哪一个都得不到满足，结果是未受约束的调节量也会被推到极限值。

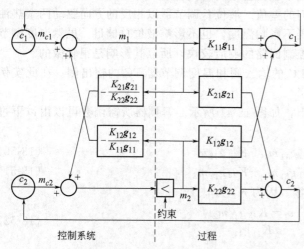

图 18-42　简化初始化，并考虑约束条件的解耦

采用图 18-42 所示的方案，就可以避免上述这些问题。在这里，可以由已知的 m_1 和 m_2 值来计算 m_{c1} 和 m_{c2}，从而简化初始化。此外，当受到约束时，会使一个控制回路完全开环，而受到约束的调节量作为对扰动的前馈补偿仍继续被送到另一回路。

虽然图 18-42 的结构与图 18-41 有着很大的不同，但是它们的解耦器本身却是完全一样的。可是图 18-42 含有一个可能不稳定的回路，它由两个解耦器构成，其增益为两个解耦器增益之积。若 λ_{11} 在 0～1 之间，那么解耦器的符号是相反的，并且它们的反馈回路将是负

的。如 $1 > \lambda_{11} > 0.5$，则反馈回路的静态增益小于 1.0，因而它将是稳定的。若 $\lambda_{11} > 1$，通过解耦器的反馈回路为正，但其增益小于 1.0，那么稳定性要求在所有周期下 $g_{12}g_{21}$ 都小于 $g_{11}g_{22}$。如果 $\lambda_{11} < 0$，则在任何情况下解耦回路都不会稳定。

　　虽然要确定解耦器的函数在理论上应该并不困难，但是要获得它们的理想值就完全是另外一回事了。过程通常是非线性的和时变的，因此对于绝大多数情况来说，解耦器的增益不应为常数。如欲达到最优，则解耦器必须是非线性的，甚至是适应性的。如果它们是线性和

定常的，那么可以预料，解耦将很不完善。在某些情况下解耦器的误差可能引起不稳定。

解耦控制实际上是一种多变量过程控制，现在已有一种控制多变量过程的方法，它把控制系统的所有输入和输出安置在一个矩阵里，其中每个输入通过某种线性关系与每个输出相连，然后对这个生产装置进行测试，以便确定在稳态和非稳态情况下，它是怎样把这些变量联系在一起的，根据这些资料，深入研究控制系统矩阵中的各种关系，从而得出所有变量的最优控制方案。在法国对辨识和控制系统（IDCOM）进行了研究开发，并将它成功地应用于生产，其过程模型是通过在所有输入上进行一系列脉冲试验并分析其输出响应而构成的。另一种线性多变量系统——动态矩阵控制系统（DMC），利用内模控制算法，它是基于闭环控制下对过程进行测试的结果而工作。然而，由于认识到线性模型的局限性，DMC 的研制者们制定了一种在线估计的方法，以更新模型而不致干扰生产过程，这是一种自适应的多变量系统。

这些基于矩阵运算的控制应与单回路调节器和其他结构的系统结合起来对工厂进行全面的控制，这样才能更符合实际工业生产过程的控制要求。

第 19 章
软测量技术及应用

◎ 19.1 软测量概述

随着现代工业过程对控制、计量、节能增效和运行可靠性等要求的不断提高，仅获取流量、温度、压力和液位等常规过程参数的测量信息已不能满足工艺操作和控制的要求，需要获取诸如成分、物性、产率等与过程操作和控制密切相关的质量、效益和安全等实时测量信息。

由于工业过程生产系统涉及物理、化学、生物反应、物质及能量的转换和传递，系统的复杂性、不确定性导致了过程参数检测的困难，许多重要过程参数无法或难以直接用传感器或过程检测仪表进行测量。例如炼油工业中的催化裂化装置，目前仍存在诸如粗汽油干点、轻柴油凝点、催化剂循环量、烧焦比、剂油比、产率分布以及裂化反应热等难以在线测量或测量滞后大的问题。

解决工业过程质量和效益等的测量问题有两条途径：一是采用传统的检测技术发展思路，通过研制新型的过程测量仪表，以硬件形式实现过程参数的直接在线测量，例如基于分析化学以及利用光纤和半导体技术的现代电子设备新技术来设计新型传感器和测量仪器；二是采用间接测量的思路，利用易于获取的测量信息，通过模型计算来实现对被检测量的估计，这种技术通常称为软测量技术，或称为软仪表，也有称为虚拟传感器。

所谓软测量技术就是利用可测过程变量，常称为辅助变量或二次变量（secondary variable），例如工业过程中容易获取的压力、温度等过程参数，依据这些易测过程变量与难以直接测量的待测过程变量，常称为主导变量（primary variable），例如炼油厂精馏塔中的各种产品组分浓度、化学反应器的反应物浓度和反应速率、生物发酵罐中的生物参数，化工、石油、冶金、能源等领域广泛存在的两相流和多相流参数等之间的数学关系，即软测量模型，从而实现对待测过程变量的测量。

软测量技术的基本思想早就在过程控制中得到了应用，例如，在过程控制中很早就采用体积式流量计（例如孔板流量计）结合温度、压力等补偿信号，通过计算来实现气体质量流量的在线测量。早在 20 世纪 70 年代提出的推断控制（inferential control）策略和按计算指标控制至今仍可视为软测量技术在过程控制中应用的范例。然而软测量技术作为一个概念性的科学术语是始于 20 世纪 80 年代中后期。

经过多年的发展，目前已提出了不少构造软仪表的方法，并对影响软仪表性能的因素以及软仪表的在线校正等方面也进行了较为深入的研究，软测量技术在许多实际工业装置上也得到了成功的应用。早期的软测量技术主要用于控制变量或扰动不可测的场合，其目的是实现工业过程的复杂（高级）控制，而现今该技术已渗透到需要实现难测参数的在线测量的各个领域。

◎ 19.2 软仪表构建方法

（1）软测量模型　软测量技术是依据某种最优化准则，利用由辅助变量构成的可测信息，通过软件计算实现对主导变量的测量。软仪表的核心是表征辅助变量和主导变量之间的数学关系的软测量模型，如图 19-1 所示，因此构造软仪表的本质就是如何建立软测量模型，即一个数学建模问题。相应地，建立软测量模型的过程也就是软仪表的构造过程。

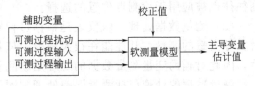

图 19-1　软测量基本框架

由于软测量模型注重的是通过辅助变量来获得对主导变量的最佳估计，而不是强调过程各输入输出变量彼此间的关系，因此它不同于一般意义下的数学模型。软测量模型本质上是要完成由辅助变量构成的可测信息集 θ 到主导变量估计 $\tilde{y}$ 的映射，用数学公式表示即为

$$\tilde{y} = f(\theta) \tag{19-1}$$

因为建模的方法多种多样，且各种方法互有交叉，目前又有相互融合的趋势，因此软测量模型类别也多种多样。通常软测量建模方法分为机理建模、回归分析、状态估计、人工神经网络、模糊数学、模式识别等。

（2）辅助变量选择　软测量技术的核心是建立工业对象精确可靠的模型。因此，在建立软测量模型之前，首先要根据工业装置生产的实际需要确定建模的目标，然后再从工艺原理出发进行分析，以确定与之相关的辅助变量，并找出两者之间的数学关系，建立相关模型。

辅助变量的选择是建立软测量模型的基础，它是以软测量模型的主导变量为核心，以工艺机理、工艺流程及专家经验为依据，选择对主导变量有直接影响的可测参数为软测量模型的辅助变量。

辅助变量的选取步骤如下。

① 围绕主导变量找出其工艺流程并分析其工艺机理，在此基础上选取与之相关的所有可测参数。

② 根据上面确定的参数，找出其历史数据与主导变量的变化数据，逐个参数进行分析，去掉没有影响和影响不大的辅助变量。

③ 对剩余的参数可进一步利用专家经验进行分析或以试验的方法确定其与主导变量的关系是否紧密。

④ 最后留下的参数即可确定为辅助变量，当然，还可以在软测量模型的辨识和试用中进行分析和观察，对其进一步精选。

软测量模型的辅助变量的选取原则主要是数量少而精、便于获取和维护、能满足模型精度的要求。具体体现在如下几个方面。

① 过程适用性，工程上易于在线获取并有一定的测量精度。

② 灵敏性，对过程输出或不可测扰动能作出快速反应。

③ 特异性，对过程输出或不可测扰动之外的干扰不敏感。

④ 准确性，构成的软测量仪表应能够满足精度要求。

⑤ 鲁棒性，对模型误差不敏感等。

辅助变量的选择范围是过程的可测变量集，而且是与主导变量动态特性相近、关系紧密的可测参数。

487

辅助变量个数的下限值为被估计主导变量的个数，使用过多辅助变量会出现过参数化问题，其最佳数目的选择与过程的自由度、测量噪声以及模型的不确定性等有关。一般建议从系统的自由度出发，先确定辅助变量的最少个数，再结合实际过程的特点适当增加。

对于许多实际工业过程，与各辅助变量相对应的检测点位置的选择也是相当重要的。典型的例子就是精馏塔，因为精馏塔可供选择的检测点很多，而每个检测点所能发挥的作用则各不相同。一般情况下，辅助变量的数目和位置常常是同时确定的，用于选择变量数目的准则往往也被应用于检测点位置的选择。

（3）测量数据处理　软仪表是根据过程辅助变量测量数据经过软测量模型计算从而实现对主导变量的测量，其性能在很大程度上依赖于所获过程辅助变量测量数据的准确性和有效性，因此对辅助变量测量数据的处理是软测量技术实际应用的关键。

测量数据的处理包括测量误差处理和测量数据变换两部分。在实际应用中，过程测量数据是来自现场的，受测量仪表精度、可靠性和现场测量环境等因素的影响，不可避免地会带有各种各样的测量误差，采用低精度或失效的测量数据可能导致软仪表测量性能的大幅度下降，严重时甚至导致软测量的失败，因此，对测量数据的误差的正确处理，对保证软仪表正常可靠运行非常重要。

测量数据的误差可分为随机误差和过失误差（gross errors）两大类。随机误差是受随机因素（例如操作过程的微小扰动和测量信号的噪声等）的影响，一般不可避免，但符合一定的统计规律，因此可采用数字滤波方法来消除，例如算术平均滤波、中值滤波和阻尼滤波等。随着系统对精度要求的不断提高，近年来又提出了数据协调（data reconciliation，也称为数据一致性）处理技术，其主要的实现方法有主元分析法和正交分解方法等。

过失误差包括常规测量仪表的偏差和故障（例如堵塞、校准不正确、零点漂移甚至仪表失灵等），以及不完全或不正确的过程模型（泄漏、热损失等不确定因素影响）。在实际过程中，虽然过失误差出现的概率很小，但会严重恶化测量数据的品质，破坏数据的统计特性，因此对过失误差侦破、剔除和校正是误差处理的首要任务。常用的方法有统计假设检验法（如整体检验法、节点检验法、测量数据检验法等）、广义似然比法、贝叶斯法等。统计假设检验法主要应用于测量过程中过失误差的侦破；广义似然比法能处理模型化过失误差，且可应用于非稳态过程；而贝叶斯法则提供了利用过去的错误数据来改进过失误差侦破的手段。同时基于人工神经网络进行过失误差的侦破近年来也越来越受到重视。然而上述种种方法在理论和实际应用之间目前还存在一定距离，有待今后进一步深入研究。对于特别重要的参数，采用硬件冗余方法（如采用相同或不相同的多台检测仪表同时对某一重要参数进行测量），可提高系统的安全性和可靠性。

测量数据变换不仅影响模型的精度和非线性映射能力，而且对数值算法的运行效果也有重要作用。测量数据的变换包括标度、转换和权函数三个方面。

实际过程测量数据可能有着不同的工程单位，各变量的大小间在数值上也可能相差几个数量级，直接使用原始测量数据进行计算可能丢失信息与引起数值计算的不稳定，因此需要采用合适的因子对数据进行标度，以改善算法的精度和计算稳定性。转换包含对数据的直接转换和寻找新的变量替换原变量两方面，通过对数据的转换，可有效地降低非线性等特性。而权函数则可实现对变量动态特性的补偿。

（4）软仪表的在线校正　工业实际装置在运行过程中，随着操作条件的变化，其过程对象特性和工作点不可避免地要发生变化和漂移，因此在软仪表的应用过程中，必须对软测量模型进行在线校正才能适应新的工况。

软测量模型的在线校正包括模型结构的优化和模型参数的修正两方面。通常对软仪表的在线校正仅修正模型的参数，具体的方法有自适应性、增量法和多时标法等。对模型结构的优化（修正）较为复杂，它需要大量的样本数据和较长的时间。为解决软仪表模型结构在线校正和实时性两方面的矛盾，可采用基于短期学习和长期学习的校正方法。

软测量模型校正需考虑校正数据的获取问题以及校正样本数据与过程数据之间在时序上的匹配等问题。在可以方便地获取较多校正数据的情况下，模型的校正一般不会有太大的困难。但在校正数据难以获取的情况下（例如需人工离线取样分析的场合），模型的校正较为困难。

为实现软测量模型的长时间自动更新和校正，一般可设置一软测量模型评价软件模块。该模块首先根据实际情况作出是否需要模型校正和进行何种校正的判断，然后再自动调用模型校正软件对软测量模型进行校正。

◎ 19.3 机理建模软测量方法及应用

基于工艺机理建模的软测量主要是运用化学反应动力学、化学计量学、物料平衡、能量平衡等原理，通过对主导变量过程的机理分析，找出不可测主导变量与可测辅助变量之间的关系，建立机理模型，从而实现主导变量的软测量。对于工艺机理较为清楚的工艺过程，该方法能构造出性能较好的软仪表。这种软测量方法是工程中常用的方法，其特点是简单，工程背景清晰，便于实际应用，但应用效果依赖于对工艺机理的了解程度，因为这种软测量方法是建立在对工艺过程机理深刻认识的基础上的，建模的难度较大。

19.3.1 催化裂化反应再生系统的软测量模型

（1）工艺介绍 催化裂化反应再生系统如图 19-2 所示。它由反应沉降器和两个再生器组成。在催化装置中根据再生器排列方式的不同，可以有同轴、同高并列式和高低并列式几种结构形式，文中以同高并列式为例介绍装置的工艺流程。

催化装置的原料由常压重油、减压渣油和焦化蜡油组成，由原料罐区根据生产需要调和后进装置（常压重油可直接进），然后进入原料缓冲罐，预热后进入提升管，在雾化状态下与从二再来的高温催化剂接触并立即汽化、裂化成液化气、汽油和柴油等轻质油产品及油浆、干气和焦炭等副产品。反应后的油气、水蒸气和活性下降的带焦催化剂混合物经提升管出口的快速旋风分离器将油气和蒸汽与催化剂初步分离，然后夹带少量催化剂的气体部分继续上行，经旋风分离器脱除余下的催化剂，进入主分馏塔底部；催化剂则进入汽提段，在进一步脱除夹带的油气后经再生滑阀进入一再进行烧焦，使活性再生。

从反应器来的再生催化剂经船形分布器后进入一再密相床顶部，在相对缓和的条件下与从再生器底部来的主风接触，烧掉其所带焦炭中全部的氢和部分碳。烧焦后的主风变成烟气，经旋风分离器与催化剂细粉尽可能分离后经一再双动滑阀进入烟道；初步烧焦后的半再生催化剂分别经外取热器和半再生滑阀进入空汽提升管，由增压风为动力提升至第二再生器。

半再生催化剂从二号再生器下部的主风分布环下进入并均匀地分布开，残留在催化剂上的剩余焦炭在富氧条件下进行完全燃烧，全部生成 CO_2，从而使催化剂的活性得以再生。上行的主风烧焦后变成烟气，由旋风分离器脱除其夹带的后经二再双动滑阀、烟气冷却器进入烟道与一再烟气混合进入烟气能量回收系统；再生后具有较高活性的催化剂从二再流出经脱气罐进入再生立管、再生滑阀进入原料提升管，再次与雾化的原料混合，从而完成催化剂的连续循环、保证催化裂化反应的持续进行。

（2）反应再生系统软测量模型 反应再生系统的软测量仪表是以温度、压力、密度和料位等可测参数及烟气的在线分析数据为基础，经过工艺计算和数据处理而得到的计算模型。

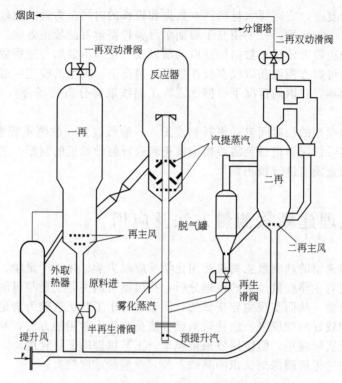

图 19-2 催化裂化装置反应再生系统简要流程图

① 再生器烟气流率及密度 再生器烟气主要是由主风烧焦后产生的 CO_2、CO、O_2 和水组成的，因此，从烟气分析入手，根据已知的烟气在线分析数据、进入再生器的主风流率及操作压力等参数，应用不同的数据处理方法即可得出相应的模型。然后，据此即可得出相应的烟气密度模型。

$$F_v = f_1(w_{CO_2}、w_{CO}、w_{O_2}、F) \qquad (19\text{-}2)$$

$$F_w = f_2(w_{CO_2}、w_{CO}、w_{O_2}、F) \qquad (19\text{-}3)$$

$$\rho_{烟} = \psi(F_v, F_w, p, T) \qquad (19\text{-}4)$$

式中 $f_1(\cdot)$，$f_2(\cdot)$，$\psi(\cdot)$——分别代表相应的函数关系；

w_{CO_2}，w_{CO}，w_{O_2}——分别为再生烟气在线仪表所提供的 CO_2、CO、O_2 等的分析数据（质量分数，%）；

p，T——分别为烟气的压力（kPa）和温度（℃）；

$\rho_{烟}$——为烟气的密度，kg/cm^3；

F，F_v，F_w——进入再生器的主风流率（m^3/h）、自再生器出来的烟气的体积流率（m^3/h）和质量流率（kg/h）。

② 再生器烧焦负荷 建立再生器烧焦负荷的模型是以再生烟气的在线分析数据（CO_2、CO、O_2 的体积分数，%）、进入再生器的主风流率、大气温度、空气相对湿度为基础来进行计算的，具体方法如下。

a. 由进入再生器的主风流率、大气温度和空气相对湿度计算出进入再生器的干空气量 V_1 和 V_3。

$$V_1 = \frac{1}{1+\alpha} V_2 \qquad (19\text{-}5)$$

$$V_3 = \frac{1}{1+\alpha} V_4 \qquad (19\text{-}6)$$

b. 要计算两段再生系统烧焦负荷 W_{COL} 应分别计算其一再、二再烧焦负荷 W_{COL1} 和 W_{COL2}。其中，由于二段再生器的烧焦是富氧操作条件下的完全燃烧，其烟气中的 CO 可以不予考虑。具体算法如下。

$$W_{COL1} = \frac{V_1(3.78 + 0.242\varphi_{CO_2} + 0.313\varphi_{CO} - 0.18\varphi_{O_2})}{100 - (\varphi_{CO_2} + \varphi_{CO} + \varphi_{O_2})} \qquad (19\text{-}7)$$

$$W_{COL2} = \frac{V_3(3.78 + 0.242\varphi_{CO_2} - 0.18\varphi_{O_2})}{100 - (\varphi_{CO_2} + \varphi_{O_2})} \qquad (19\text{-}8)$$

$$W_{COL} = W_{COL1} + W_{COL2} \qquad (19\text{-}9)$$

式中　φ_{CO}，φ_{CO_2}，φ_{O_2}——分别为再生器顶部出口在线分析仪测得的烟气中 CO、CO_2，O_2 的体积分数，%；　❶

　　　　α——空气中水蒸气含量（摩尔比）；

　　　　V_1，V_3——分别为进入一再、二再的干空气量，m^3/h；

　　　　V_2，V_4——分别为进入一再、二再的湿空气量，m^3/h；

W_{COL}，W_{COL1}，W_{COL2}——分别为系统总的烧焦负荷和一再、二再的烧焦负荷，kg/h。

③ 再生器热平衡计算　再生器热平衡示意图如图 19-3 所示。具体计算如下。

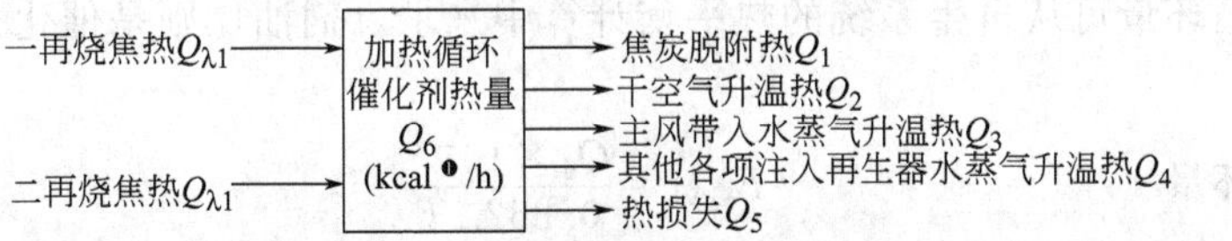

图 19-3　再生器热平衡示意图

$$Q_{\lambda1} = \frac{V_1(1.082\times10^5 - 1725\varphi_{CO_2} - 2075\varphi_{CO} - 5150\varphi_{O_2})}{100 - (\varphi_{CO_2} + \varphi_{CO} + \varphi_{O_2})} \qquad (19\text{-}10)$$

$$Q_{\lambda2} = \frac{V_3(1.082\times10^5 - 1725\varphi_{CO_2} - 2075\varphi_{CO} - 5150\varphi_{O_2})}{100 - (\varphi_{CO_2} + \varphi_{CO} + \varphi_{O_2})} \qquad (19\text{-}11)$$

$$Q_1 = 0.115(Q_{\lambda1} + Q_{\lambda2}) \qquad (19\text{-}12)$$

$$Q_2 = 0.337(V_1\Delta T_1 + V_3\Delta T_2) \qquad (19\text{-}13)$$

$$Q_3 = 0.402(V_1\Delta T_1 + V_3\Delta T_2) \qquad (19\text{-}14)$$

$$Q_4 = 0.5(G_{H_2O}\Delta T_1 + G'_{H_2O}\Delta T_3) \qquad (19\text{-}15)$$

$$Q_5 = 139(W_{COL1} + W_{COL2}) \qquad (19\text{-}16)$$

$$Q_6 = Q_{\lambda1} + Q_{\lambda2} - Q_1 - Q_2 - Q_3 - Q_4 - Q_5 \qquad (19\text{-}17)$$

式中　ΔT_1，ΔT_2，ΔT_3——分别为一再、二再温度与主风温度之差和蒸气温度，℃；

　　　　G_{H_2O}，G'_{H_2O}——分别为注入一再、二再的水蒸气量，kg/h。

④ 反应时间　反应时间即油气在反应器提升管内的停留时间，其算法如下。

提升管入口油气线速是假定总进料全部汽化且没有反应，加上提升管入口下部进入的蒸汽量及再生催化剂夹带的烟气量计算的。

$$v_1 = \frac{0.0021146 f_1 T_1}{p_1} \qquad (19\text{-}18)$$

提升管出口油气线速是按提升管出口物料总量（包含所有产品、反应终止剂、油浆及进入提升管的蒸汽和再生烟气）计算的。

$$v_2 = \frac{0.0021146 f_2 T_2}{p_2} \qquad (19\text{-}19)$$

---

❶ 1cal=4.1868J，下同。

油气在提升管内的平均线速为提升管入、出口油气线速的对数平均值。

$$v = \frac{v_2 - v_1}{\ln(v_2/v_1)} \tag{19-20}$$

油气在提升管内的停留时间为提升管长度与油气在提升管内的平均线速之比值。

$$\tau = \frac{l}{v} \tag{19-21}$$

式中　v、v_1、v_2——分别为油气在提升管内的平均线速和提升管入、出口油气线速，m/s；

$\quad\quad$ f_1，f_2，l——分别为提升管入、出口物料总量（kmol/h）及提升管长度（m）；

$\quad\quad$ T_1，T_2——分别为提升管入、出口温度，K；

$\quad\quad$ p_1，p_2——分别为提升管入、出口压力，kPa；

$\quad\quad$ τ——油气在提升管内的停留时间，s。

⑤ 催化剂循环量和剂油比模型　催化裂化装置控制反应深度的主要手段是通过调节提升管出口温度和原料预热温度来实现的。而上述两参数的变化均将导致催化剂的循环量和剂油比的变化，以便在进料量不变时增加或减少单位原料分子对应的催化剂活性中心，达到控制反应深度的目的。而催化剂是固体物料，在高温油气中是无法用常规的方法来测量的。

催化剂的循环量可从再生系统的热平衡计算中来求，剂油比则是催化剂循环量和总进料的比值。

催化剂循环量
$$F_{CAT} = \frac{Q_6 \times 10^{-3}}{0.262\Delta T} \tag{19-22}$$

剂油比
$$K_{剂/油} = \frac{F_{CAT}}{F_{FOOD}} \tag{19-23}$$

式中　F_{CAT}——催化剂循环量，t/h；

$\quad\quad$ $K_{剂/油}$——剂油比；

$\quad\quad$ F_{FOOD}——装置总进料量，t/h；

$\quad\quad$ ΔT——再生温度与反应温度之差，℃。

19.3.2　汽油饱和蒸气压软测量

（1）机理分析　汽油饱和蒸气压是产品汽油的一个重要质量指标。汽油是由多种烃类组成的复杂混合物，主要组分有 C_4、C_5、C_6、C_7 等，以烷烃、烯烃、芳烃等形式存在。汽油的饱和蒸气压（雷德法）是在 37.8℃ 下测定的。汽油试样从稳定塔底出料管上采出，冷却至 0~1℃ 后转移到蒸气压分析仪的汽油室，并且要注满汽油室，然后将空气室和汽油室连接起来，振荡后，浸入 37.8℃ 的恒温水浴中，汽油试样迅速汽化，分成气、液两相。在多次振荡后，两相基本上达到相平衡。

因为组分越轻其挥发度越大，汽油中 C_5 及其他重组分的含量虽然比 C_4 高，但其饱和蒸气压比 C_4 小得多，而且 C_5 等组分的含量不会有太大的变化，因此，C_4 对汽油的饱和蒸气压起着关键性的作用。根据这个原理，可以把 C_4 作为一个虚拟组分，其他重组分作为另一个虚拟组分，从而把汽油组成简化成二元系统。

（2）汽油饱和蒸气压模型的推导　根据机理分析来推演汽油蒸气压的机理模型：具体分两步推导：第一步，导出气油蒸气压与其 C_4 含量之间的对应关系；第二步，由稳定塔的操纵变量计算出汽油中 C_4 含量为桥梁，可以由稳定塔的操纵变量直接计算出汽油蒸气压。

① 汽油试样蒸气压（$p_油$）与 C_4 含量（Z_4）之间关系的推演　下面模拟雷德法的测试过程，以汽油试样为研究对象。

当试油在雷德分析仪的汽油室与空气室内达到相平衡时，其压力满足道尔顿分压定

律，即

$$p_{油} = p_{4,311} + p_{S,311} \tag{19-24}$$

式中　$p_{4,311}$——37.8℃（311K）下，试油中 C_4 组分的分压，kPa；

　　　$p_{S,311}$——37.8℃下，试油中 C_5 等重组分组成的虚拟组分的分压，kPa

由拉乌尔定律可得

$$p_{4,311} = p^{\circ}_{4,311} x_4 \tag{19-25}$$

$$p_{S,311} = p^{\circ}_{S,311}(1-x_4) \tag{19-26}$$

式中　$p^{\circ}_{4,311}$——37.8℃下，C_4 组分的饱和蒸气压，kPa；

　　　$p^{\circ}_{S,311}$——37.8℃下，C_5 等虚拟组分的饱和蒸气压，kPa；

　　　x_4——试油中液相 C_4 摩尔分率。

蒸气压分析仪空气室与汽油室的体积比为 4:1，由于催化汽油的汽化率很低，只有千分之几，可以认为试油的体积等于其液相的体积，那么试油的气、液两相的体积比也为 4:1。令试油的体积为 V，气相体积为 $4V$。

试油的气相可近似看成理想气体，根据理想气体状态方程得

$$n_4 = \frac{p_{4,311} \times 4V}{RT_c} \tag{19-27}$$

式中　n_4——气相中所含 C_4 的物质的量，kmol；

　　　R——气体常数，8.314J/(mol·K)；

　　　T_c——试油的热力学温度，311K。

气相量对试油总物质的量的影响可以忽略，则

$$n_{总} = \frac{\rho V}{M} \tag{19-28}$$

式中　$n_{总}$——试油的总物质的量，kmol；

　　　ρ——试油在 37.8℃下的密度，kg/m^3；

　　　M——试油的摩尔质量，g/mol。

试油中 C_4 的摩尔分率可由下式计算：

$$Z_4 = \frac{n_{总}\, x_4 + n_4}{n_{总}} = \frac{\dfrac{\rho V}{M} x_4 + \dfrac{p_{4,311} \times 4V}{RT_c}}{\dfrac{\rho V}{M}} = \frac{\dfrac{\rho V}{M} x_4 + \dfrac{p^{\circ}_{4,311} x_4 \times 4V}{RT_c}}{\dfrac{\rho V}{M}} = \left(1 + \frac{4 p^{\circ}_{4,311} M}{RT\rho}\right) x_4$$

$$\tag{19-29}$$

联立式(19-24)、式(19-25)、式(19-26)、式(19-29) 得

$$p_{油} = \frac{p^{\circ}_{4,311} - p^{\circ}_{S,311}}{1 + \dfrac{4 p^{\circ}_{4,311}}{RT\rho}} Z_4 + p^{\circ}_{S,311} \tag{19-30}$$

到此导出了汽油和蒸气压与汽油组分中 C_4 含量之间的对应关系，直接应用式(19-30)时，必须用分析仪测定汽油中的 C_4 含量，这不利于实际生产过程的控制与操作。下面进一步来寻求 C_4 含量与稳定塔操纵变量之间的关系，使得 C_4 含量可由稳定塔的一些可测量参数计算出来。

② C_4 含量与稳定塔操纵变量间关系的推导　以稳定塔底的稳定汽油为研究对象，类似于前面的简化，同样可以把塔底的稳定汽油近似简化由 C_4 组分与 C_5 等其余重组分组成的虚拟二元系。

塔底汽油的压力满足道尔顿分压定律：

$$p_B = p_{4,T} + p_{S,T} \tag{19-31}$$

式中　p_B——稳定塔塔底压力，MPa；

　　　T——稳定塔塔底抽出温度，K；

　　　$p_{4,T}$——T K 下，塔底汽油中 C_4 组分的分压，MPa；

　　　$p_{S,T}$——T K 下，塔底汽油中 C_5 等虚拟组分的分压，MPa。

对两种虚拟组分均应用拉乌尔定律：

$$p_{4,T} = p_{4,T}^\circ Z_4 \tag{19-32}$$

$$p_{S,T} = p_{S,T}^\circ (1 - Z_4) \tag{19-33}$$

式中　$p_{4,T}^\circ$——T K 下，C_4 组分的饱和蒸气压，MPa；

　　　$p_{S,T}^\circ$——T K 下，C_5 等虚拟组分的饱和蒸气压，MPa。

联立式(19-31)、式(19-32)、式(19-33) 三式得

$$Z_4 = \frac{p_B - p_{S,T}^\circ}{p_{4,T}^\circ - p_{S,T}^\circ} \tag{19-34}$$

由克劳修斯-克拉珀龙方程可得

$$\ln \frac{p_2}{p_1} = -\frac{\Delta H}{R}\left(\frac{1}{T_2} - \frac{1}{T_1}\right) \tag{19-35}$$

在选定了一个参考温度 T_0 后，可以求得 C_4 组分与 C_5 等虚拟组分在任意温度下的饱和蒸气压。

$$p_{4,T}^\circ = p_{4,T_0}^\circ e^{-\frac{\Delta H_4}{R}\left(\frac{1}{T} - \frac{1}{T_0}\right)} \tag{19-36}$$

$$p_{S,T}^\circ = p_{S,T_0}^\circ e^{-\frac{\Delta H_S}{R}\left(\frac{1}{T} - \frac{1}{T_0}\right)} \tag{19-37}$$

式中　p_{4,T_0}°——T_0 K 下，C_4 组分的饱和蒸气压，MPa；

　　　p_{S,T_0}°——T_0 K 下，C_5 等虚拟组分的饱和蒸气压，MPa；

　　　ΔH_4——T_0 K 下，C_4 组分的摩尔蒸发热，J/mol；

　　　ΔH_S——T_0 K 下，C_5 等虚拟组分的摩尔蒸发热，J/mol。

将式(19-36)、式(19-37)两式代入式(19-34)得

$$Z_4 = \frac{P_B - p_{S,T_0}^\circ e^{-\frac{\Delta H_S}{R}\left(\frac{1}{T} - \frac{1}{T_0}\right)}}{p_{4,T_0}^\circ e^{-\frac{\Delta H_4}{R}\left(\frac{1}{T} - \frac{1}{T}\right)} - p_{S,T_0}^\circ e^{-\frac{\Delta H_S}{R}\left(\frac{1}{T} - \frac{1}{T_0}\right)}} \tag{19-38}$$

联立式(19-30)、式(19-38)得汽油蒸气压的计算公式：

$$p_{油} = \frac{(p_{4,311}^\circ - p_{S,311}^\circ)\left(p_B - p_{S,T_0}^\circ e^{-\frac{\Delta H_S}{R}\left(\frac{1}{T} - \frac{1}{T_0}\right)}\right)}{\left(1 + \frac{4 p_{4,311}^\circ M}{RT\rho}\right)\left(p_{4,T}^\circ e^{-\frac{\Delta H_4}{R}\left(\frac{1}{T} - \frac{1}{T_0}\right)} - p_{S,T_0}^\circ e^{-\frac{\Delta H_S}{R}\left(\frac{1}{T} - \frac{1}{T_0}\right)}\right)} + p_{S,311}^\circ \tag{19-39}$$

式中的参数除了稳定塔的操纵变量 p_B 和 T 外，其余参数可取稳态工况时汽油试样的分析数据和一些查表数据，按一定的混合规则求得。

19.3.3　气力输送固相流量的软测量

物料的气力输送系统广泛应用于化工、冶金、能源、轻工等领域，其固相物料质量流量的在线测量对气力输送实际工业应用系统的计量、控制以及运行的可靠性等均具有重要意义，但迄今为止实用化的有效检测仪表仍为数很少。如何充分利用气力输送应用实践中所积累的各种经验关系式，基于气力输送过程中压损比与混合比之间的经典比例关系式，通过一定的简化假设，可实现粉料稀相气力输送过程的固相流量软测量。

在物料稀相气力输送过程中，气固两相管程总压降 Δp_{t} 由两部分叠加而成，即

$$\Delta p_{t} = \Delta p_{g} + \Delta p_{s} \qquad (19\text{-}40)$$

式中　Δp_{g}——由输送空气流动产生的压降，Pa；

　　　Δp_{s}——由固相颗粒群流动产生的压降，Pa。

假设物料气力输送为稀相气固两相流动系统，输送气流为充分的湍流，检测管段为水平或垂直上升气力输送的等速段，即忽略加速、入口及出口等效应，则压损比与混合比的关系式可表示为

$$\frac{\Delta p_{t}}{\Delta p_{g}} = 1 + Km \qquad (19\text{-}41)$$

式中　$\dfrac{\Delta p_{t}}{\Delta p_{g}}$——压损比；

　　　m——混合比，即固相流量 m_{s} 和气相流量 m_{g} 之比，可表示为

$$m = \frac{m_{s}}{m_{g}} \qquad (19\text{-}42)$$

　　　K——比例系数。

对于稀相气力输送，由空气流动产生的压力损失 Δp_{g} 可用同等条件下纯空气流动产生的压降来表示，同时，对于垂直上升流动可进一步忽略空气流动的重力压降，则

$$\Delta p_{g} = \lambda_{g} \frac{L}{D} \rho_{g} \frac{v_{g}^{2}}{2} \qquad (19\text{-}43)$$

式中　L——管道长度，m；

　　　D——管直径，m；

　　　ρ_{g}——输送气流密度，kg/m³；

　　　v_{g}——输送空气速度，m/s；

　　　λ_{g}——空气摩擦因数，它可采用下式确定，即

$$\lambda_{g} = \frac{0.3164}{Re^{0.25}}, \quad Re = \frac{\rho_{g} v_{g} D}{\mu} \qquad (19\text{-}44)$$

　　　μ——空气黏度，Pa·s。

式(19-41)中比例系数 K 为一变系数，K 的一般表达式为

$$K = \frac{1}{\lambda_{g}} \left[\lambda_{s} \varphi + \frac{2}{Fr^{2}} \left(\frac{u_{t}}{\varphi v_{g}} + \frac{H}{L} \right) \right] \qquad (19\text{-}45)$$

式中　λ_{s}——固相颗粒群的摩擦因数；

　　　φ——固相速度 v_{s} 和气相速度 v_{g} 之比，即

$$\varphi = \frac{v_{s}}{v_{g}} \qquad (19\text{-}46)$$

　　　Fr——输送气流费劳德数，且

$$Fr = \frac{v_{g}}{\sqrt{gD}} \qquad (19\text{-}47)$$

　　　u_{t}——固相颗粒群悬浮速度，m/s；

　　　H——垂直上升高度，m（若检测管段为水平，则 $H=0$，若为垂直上升，则 $H=L$）。

式(19-45)适用于不同物料（包括粉料、粒料和纤维物料等）的稀相气力输送方程。可以看出，比例系数中包含了 λ_{s}、φ、u_{t} 等众多至今难以确定的复杂因素。正因为此，该比例关系式长期以来主要应用于气力输送系统的定性分析和工程设计，难以在固相流量测量中得

495

以应用。因此，该比例关系式虽为建立基于工艺机理分析的固相流量软测量模型提供了基本依据，但需进一步根据粉料气力输送的实际情况进行简化，才能应用于固相流量的测量。

对于粉料的稀相气力输送，比例系数可采用集总参数的方法进行简化，K 可表示为

$$K=\frac{\lambda_z}{\lambda_g} \tag{19-48}$$

式中，λ_z 为集总参数形式的固相颗粒群的摩擦因数。

国内外大量实验研究表明，粉料稀相气力输送时固相颗粒群的摩擦因数 λ_z 可简化表示为输送气流费劳德数（Fr）的函数，其基本形式为

$$\lambda_z=\frac{a}{Fr^b} \tag{19-49}$$

式中，a、b 为常数，其值由实验标定。

则比例系数 K 可表示为

$$K=\frac{1}{\lambda_g} \times \frac{a}{Fr^b} \tag{19-50}$$

另一个对粉料流量测量有益的研究结果是粉料稀相气力输送时固气速度比 $\varphi \approx 1.0$。由气力输送过程中固气速度比主要为输送物料密度及粒径的函数，密度越小，物料越细，则固气速度相差越小。由于粉料粒径 d_s 很小，悬浮速度很小，因而对于一般的粉料稀相气力输送过程可假设固气速度近似相等，$\varphi \approx 1.0$。例如，当 $d_s < 50 \mu m$ 时，一般情况下大气两相速度相差不到 1%，可忽略。同时需要指出的是粉料稀相气力输送的比例系数 K 和 λ_z 之所以可以采用式(19-49) 和式(19-50) 集总参数的形式，也是隐含地利用这一条件，因为悬浮速度也很小，则悬浮压降占比例很少，此时可将悬浮压降包含于摩擦压降中，将固相颗粒群的输送看成与输送气流一致的单相流体。

根据上述分析，基于压损比和混合比的比例关系式(19-41) 和粉体稀相输送比例系数表达式(19-50)，可采用两种方法实现粉料气力输送中固相流量的软测量：一种是差压-速度法；一种是差压-浓度法。

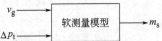

图 19-4　差压-速度法

（1）差压-速度法　差压-速度法顾名思义是以气固两相管程总压降 Δp_t 和输送气流速度 v_g 为辅助变量来实现固相流量的软测量，其技术路线如图 19-4 所示。

差压-速度法的软测量模型推导如下。

由式(19-41)可得

$$m=\left(\frac{\Delta p_t}{\Delta p_g}-1\right)/K \tag{19-51}$$

由混合比定义式(19-42) 可知，粉料的质量流量可表示为

$$m_s=mm_g=mAv_g\rho_g \tag{19-52}$$

式中，A 为管截面积。则以 Δp_t 和 v_g 为辅助变量，联解式(19-44)、式(19-50)、式(19-52)可得流量测量软测量模型为

$$m_s=k_c \frac{\pi}{2}D^3 \frac{\left(\Delta p_t-\lambda_g \frac{L}{D}\rho_g \frac{v_g^2}{2}\right)}{K\lambda_g L v_g} \tag{19-53}$$

其中，k_c 为流量校正因子。

差压-速度法中的差压信号 Δp_t 可由差压变送器测量。输送气流速度 v_g 则相对麻烦一点，它不是在线获取的，而是首先在气源管段用气体流量计获得输送气体的质量流量（若采用的是体积式气体流量计还需温压补偿校正），然后通过一定时延折算成检测管段的输送气流速度。因此该方法一般适用于检测管段与气源管段间距离较短的场合，若距离过长，则时

延估计不准，可能造成较大的测量误差。另外，由于虽为稀相气力输送，固相浓度较小，但固相或多或少总会占据一定空间，因此固相浓度对气流速度折算和流量计算也有一定的影响。

图 19-5　差压-浓度法技术路线

（2）差压-浓度法　差压-浓度法是以气固相管程总压降 Δp_t 和固相浓度 β_s 为辅助变量来实现固相流量的软测量。其软测量过程分为两步：第一步是根据 Δp_t 和 β_s 在线估计出输送气流速度 v_g 值；第二步是根据所获得的 β_s 和 v_g 值估计出固相质量流量 m_s，图 19-5 所示为该软测量方法的技术路线。

软测量模型的具体推导过程如下。

混合比 m 可表示为

$$m=\frac{m_s}{m_g}=\frac{v_s}{v_g}\times\frac{\beta_s}{1-\beta_s}\times\frac{\rho_s}{\rho_g}=\varphi\,\frac{\beta_s}{1-\beta_s}\times\frac{\rho_s}{\rho_g} \tag{19-54}$$

由于粉料稀相气力输送过程速度比 $\varphi=\dfrac{v_s}{v_g}\approx1.0$，式（19-54）可简化为

$$m=\frac{\beta_s}{1-\beta_s}\times\frac{\rho_s}{\rho_g} \tag{19-55}$$

则联解式（19-41）、式（19-43）、式（19-50）以及式（19-55）可得输送气流速度软测量模型为

$$K_1 v_g^{1.75}+K_2 v_g^{(2.0-b)}+K_3=0 \tag{19-56}$$

式中　　　　　　　$K_1=0.1582 D^{-1.25}\mu^{0.25}\rho_g^{0.75}L$

$$K_2=0.5 a\rho_s L D^{(\frac{1}{2}b-1.0)}g^{\frac{1}{2}b}\frac{\beta_s}{1-\beta_s}$$

$$K_3=-\Delta p_t$$

若已知辅助变量 Δp_t、β_s 的测量值，K_1、K_2、K_3 值也就可以计算得出，则根据该气流速度软测量模型，采用合适的计算方法，通过迭代计算，可在线求得输送气流速度 v_g 的估计值。

v_g 求出后，由于 $v_g\approx v_s$，则粉料固相质量流量可采用如下软测量模型求得。

$$m_s=k_c\beta_s A v_s\rho_s \tag{19-57}$$

其中，k_c 为流量校正因子。

差压-浓度法中差压信号 Δp_t 由差压变送器测量，固相浓度 β_s 测量值由浓度传感器（例如两电极电容浓度传感器）获得。输送气流速度 v_g 的估计迭代初值有两种方法：一是采用差压-速度法中所介绍的折算方法；二是根据以往的经验数据，针对各种操作条件建立一个初值数据库，实际应用是根据工况从数据库中调用。

相对于差压-速度法，差压-浓度法不仅可以实现固相流量的测量，而且可以获取当地速度的实时信息，其适用范围较广，可在不同的气力输送段进行测量。同时，由于考虑了固相浓度的影响，因此该方法理论上较为严谨。

差压-浓度法实际应用中需注意的一个问题是要保证浓度测量的准确性，而这一点实现起来有一定难度，因为目前能有效在线测量气固相流固相浓度的仪表还很少。

19.3.4　生物反应中生物参数软测量模型

生物反应中生物参数通常包括生物质呼吸代谢参数、生物质浓度、代谢产物浓度、底物浓度以及生物比生长速率、底物消耗速率和产物形成速率等。

497

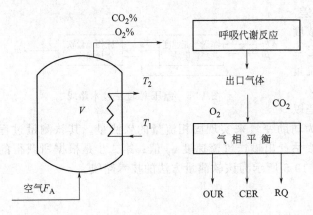

图 19-6　生化反应系统气相物料平衡

关于生物参数，在工业生产中实时在线测量仪表都很少。由于这种原因，使得生物过程的控制比一般的工业生产过程难度更大。

（1）呼吸代谢参数的软测量　微生物的呼吸代谢参数通常有三个，即微生物的氧利用速率（OUR），二氧化碳释放速率（CER）和呼吸商（RQ）。这三个参数的测量，可以基于生物反应器系统气相物料平衡来计算，如图 19-6 所示。由图可见，要测量呼吸代谢参数，必须测量出反应液体积、空气流量、排出气体氧含量和二氧化碳的含量。假设流出反应器的气体流量与空气流入量相等，空气中氧浓度为 21%，二氧化碳的浓度为零，测量到排出气体的氧浓度为 $O_{2出}$%，二氧化碳的浓度为 $CO_{2出}$%，由气相物料平衡计算可得

氧利用速率 $\qquad R_{O_2} = OUR = (21\% - O_{2出}\%)F_A/V$ $\qquad$ (19-58)

二氧化碳释放速率 $\qquad R_{CO_2} = CER = CO_{2出}\%F_A/V$ $\qquad$ (19-59)

呼吸商 $\qquad RQ = \dfrac{R_{O_2}}{R_{CO_2}} = (21\% - O_{2出}\%)/CO_{2出}\%$ $\qquad$ (19-60)

式中　F_A——空气流量，m^3/min；

$\qquad$ V——反应液体积，m^3。

但是实际工业生产过程不是这么理想，需考虑各种因素，才能建立比较准确的呼吸代谢软测量模型。

① 氧利用速率 OUR　以单位时间、单位发酵液体积内细胞消耗的氧量表示的氧利用速率，可以根据氧的动态质量平衡进行估计。在发酵过程中氧既连续进入系统，又连续排出系统，因此，氧的平衡可以表示为氧在系统内的变化率，等于氧气进入系统的速率减去氧排出系统的速率和氧在系统内消耗的速率。若用摩尔氧来表示，则

$$\frac{d(c_{O_2}V)}{dt} = \frac{n_{O_2,i}F_{a,i} - n_{O_2,o}F_{a,o}}{0.0224} - r_{O_2}F \qquad (19-61)$$

式中　c_{O_2}——发酵液中的溶解氧浓度，mol/m^3；

$\qquad$ $F_{a,i}$——进入发酵液的空气在标准状态下的体积流速，m^3/h；

$\qquad$ $F_{a,o}$——排出发酵液空气在标准状态下的体积流速，m^3/h；

$\qquad$ V——发酵液体积，m^3；

$\qquad$ F——补料速率，m^3/h；

$\qquad$ $n_{O_2,i}$——进入发酵液空气中氧的体积分数；

$\qquad$ $n_{O_2,o}$——排出发酵液的空气中氧的体积分数；

$\qquad$ r_{O_2}——氧利用率，$mol/(m^3 \cdot h)$。

将式(19-61) 左边展开，对 r_{O_2} 求解，得氧利用速率的估算式

$$r_{O_2} = \frac{n_{O_2,i}F_{a,i} - n_{O_2,o}F_{a,o}}{0.0224V} - \frac{d(c_{O_2})}{dt} + \frac{c_{O_2}F}{V} \qquad (19-62)$$

由于发酵过程一般只测量进入发酵液的空气体积流量，而排出发酵液的空气体积流量是

不测量的，要通过发酵过程中不发生变化（不溶解也不消耗）的空气中的惰性气体（主要是氮气）为参比进行估计，即

$$F_{a,o} = \frac{n_{i,i}}{n_{i,o}} F_{a,i} \qquad (19\text{-}63)$$

式中　$n_{i,i}$——进入发酵液的空气中惰性气体的体积分数；

　　　$n_{i,o}$——排出发酵液的空气中惰性气体的体积分数。

因此，可将式(19-62)转化为

$$r_{O_2} = \frac{F_{a,i}}{0.0224V}(n_{O_2,i} - \frac{n_{i,i}}{n_{i,o}}n_{O_2,o}) - \frac{d(c_{O_2})}{dt} + \frac{c_{O_2}F}{V} \qquad (19\text{-}64)$$

由式(19-64)可知，在进入发酵液空气体积流速、补料体积流速、发酵液体积、发酵液中溶解氧浓度、进入和排出发酵液的空气中氧和惰性气体的含量（体积分数）等能够在线测量的前提下，可以对发酵过程中氧消耗率进行在线估计。当系统处于准稳定状态，且补料速率 F 相对发酵液体积是很小的话，则式(19-64)可以变成

$$r_{O_2} = \frac{F_{a,i}}{0.0224V}(n_{O_2,i} - \frac{n_{i,i}}{n_{i,o}}n_{O_2,o}) \qquad (19\text{-}65)$$

通常进入发酵液的空气流量 $F_{a,i}$、发酵液体积 V、进入和排出发酵液空气中的氧含量 $n_{O_2,i}$ 和 $n_{O_2,o}$ 可由气体成分分析仪测量得到，这样，通过式(19-64)就可求得氧利用速率。

② 二氧化碳释放速率 CER　在单位时间、单位发酵液体积内细胞释放的二氧化碳量，就称为二氧化碳释放速率或称为二氧化碳生成率，它可以由系统内二氧化碳的动态质量平衡进行估计。这一平衡为：二氧化碳在系统内的变化率等于二氧化碳在系统内生成的速率加上二氧化碳进入系统的速率减去二氧化碳排出系统的速率，即

$$\frac{d(c_{CO_2}V)}{dt} = r_{CO_2}V + \frac{n_{CO_2,i}F_{a,i} - n_{CO_2,o}F_{a,o}}{0.0224} + c_{CO_2}F \qquad (19\text{-}66)$$

式中右边第一项为系统二氧化碳生成速率，第二项为空气带入系统的二氧化碳速率，第三项为补料时带入的二氧化碳速率。

由此得出二氧化碳生成率的估算式

$$r_{CO_2} = \frac{n_{CO_2,o}F_{a,o} - n_{CO_2,i}F_{a,i}}{0.0224V} + \frac{dc_{CO_2}}{dt} - \frac{c_{CO_2}F}{V} \qquad (19\text{-}67)$$

或

$$r_{CO_2} = \frac{F_{a,i}}{0.0224V}(\frac{n_{i,i}}{n_{i,o}}n_{CO_2,o} - n_{CO_2,i}) + \frac{d(c_{CO_2})}{dt} - \frac{c_{CO_2}F}{V} \qquad (19\text{-}68)$$

式中　c_{CO_2}——发酵液中溶解二氧化碳浓度，mol/m^3；

　　　$n_{CO_2,i}$——进入发酵液的空气中二氧化碳的体积分数；

　　　$n_{CO_2,o}$——排出发酵液的空气中二氧化碳的体积分数；

　　　r_{CO_2}——二氧化碳生成率，$mol/(m^3 \cdot h)$；

V 和 F 同式(19-61)。

于是，通过对进入发酵液中的空气体积流速、补料体积流速、发酵体积流速、发酵液中溶解二氧化碳浓度、进入和排出发酵液的空气中二氧化碳和惰性气体的含量（体积分数）等的在线测量，就可以在线估计发酵过程中的二氧化碳释放速率。若系统处于准稳定状态，且补料速率很低，则式(19-68)为

$$r_{CO_2} = \frac{F_{a,i}}{0.0224V}(\frac{n_{i,i}}{n_{i,o}}n_{CO_2,o} - n_{CO_2,i}) \qquad (19\text{-}69)$$

499

式(19-64)和式(19-68)中进入和排出发酵液的空气中惰性气体的体积分数,可以用工业色谱仪测定,也可由下面的算式估计。

进入发酵液的空气中惰性气体的体积分数

$$n_{i,i} = n^*_{i,i}(1 - n_{w,i}) \tag{19-70}$$

排出发酵液的空气中惰性气体的体积分数

$$n_{i,o} = 1 - n_{O_2,o} - n_{CO_2,o} - n_{w,o} \tag{19-71}$$

式中　　　　$n^*_{i,i}$——进入发酵液的干空气中惰性气体的体积分数;

　　　　　　$n_{w,i}$——进入发酵的空气中水分的体积分数;

$n_{O_2,o}$, $n_{CO_2,o}$, $n_{w,o}$——分别为排出发酵液的空气中氧、二氧化碳的水分的体积分数。

进入发酵液的空气中水分的体积分数,由空气的相对湿度按下式计算。

$$n_{w,i} = \Phi n^*_w \tag{19-72}$$

式中　n^*_w——空气在操作温度下饱和水蒸气的体积分数;

　　　Φ——空气的相对湿度,%。

排出发酵液的空气可以认为被水蒸气饱和,即

$$n_{w,o} = n^*_w \tag{19-73}$$

这里必须注意,进入发酵液的空气与排出发酵液的空气操作温度不同,前者是在输入空气管道中与测量湿度同一点上测得的温度,后者等于发酵液温度。

③ 呼吸商 RQ　二氧化碳释放速率除以氧消耗速率所得到的商为呼吸商 RQ,即

$$RQ = \frac{r_{CO_2}}{r_{O_2}} \tag{19-74}$$

呼吸商是各种碳能源在发酵过程中代谢状况的指示值。在碳能源限制及供氧充分的情况下,各种碳能源都趋向于完全氧化,呼吸商应接近于理论值。而当供氧不足时,碳能源不完全氧化,可使呼吸商偏离理论值。

以葡萄糖为碳能源培养酵母的过程为例,呼吸商呈现如下的变化规律:在充分供氧条件下,酵母利用葡萄糖进行生长,呼吸商接近于1;在厌氧条件下,酵母进行发酵,将葡萄糖转化为乙醇,呼吸商显著上升;当葡萄糖耗尽,酵母在供氧条件下利用乙醇作为碳能源进行生长时,呼吸商下降到1以下;如污染其他微生物,在好氧条件下将乙醇氧化为乙酸,则呼吸商进一步显著下降。因此,在工业生产上,已成功地利用呼吸商监控这类发酵过程。

(2) 生物质浓度软测量　在发酵过程中,氧的消耗与 CO_2 的释放分别与微生物的生长速率$\frac{dx}{dt} = r_x$ 和生物生长活力的维持 $m_{O_2} x$ 有关,根据这些基本原理,利用呼吸代谢参数,可以求得生物质的浓度和产物浓度等参数。

假设:CO_2 的释放速率,只与生物生长速率和维持生长有关,即

$$CER = r_{CO_2} = \frac{dx}{dt} \times \frac{1}{Y_{X/CO_2}} + m_{CO_2} x \tag{19-75}$$

根据式(19-75)用积分的办法,就可得

$$x(t) = \exp(-m_{CO_2} Y_{X/CO_2} t)\left[x(0) + \int_0^T Y_{X/CO_2} \exp(m_{CO_2} Y_{X/CO_2} t) r_{CO_2}(t) dt\right] \tag{19-76}$$

式中　Y_{X/CO_2}——产率系数,生物生长时产生的 CO_2 速率,mol/kg;

　　　m_{CO_2}——维持常数,维持生物生长放出的 CO_2 速率,mol/(kg·h);

　　　$x(0)$——在 $t=0$ 时的微生物浓度,kg/m³。

由式(19-76)可知,若假设 CO_2 产率系数 Y_{X/CO_2} 和维持常数 m_{CO_2} 为已知的常数,则可从计算测量到的 CER 值预估出生物质的浓度 $x(t)$。

（3）产物葡萄糖酸的软测量 葡萄糖在微生物氧化反应作用下，生成葡萄糖酸，其反应式为

$$C_6 H_{12} O_6 + \frac{1}{2} O_2 \longrightarrow C_6 H_{12} O_7 \tag{19-77}$$

由此反应可知，产物的形成要消耗氧气。同时，生物的生长也要消耗氧气。对于氧的消耗，可写出下述平衡方程。

$$OUR = r_{O_2} = \frac{dx}{dt} \times \frac{1}{Y_{X/O_2}} + \frac{dp}{dt} \times \frac{1}{Y_{P/O_2}} + m_{O_2} x \tag{19-78}$$

假设微生物释放出的 CO_2 分子数与氧耗分子数相等，即

$$Y_{X/O_2} = Y_{X/CO_2}, \quad 并且 \quad m_{O_2} = m_{CO_2}$$

这样，$\dfrac{dx}{dt}$根据式（19-75）可写成

$$\frac{dx}{dt} = (r_{CO_2} - m_{CO_2} x) Y_{X/CO_2} \tag{19-79}$$

把式（19-79）代入式（19-78）可得

$$OUR = r_{O_2} = \frac{1}{Y_{X/O_2}} (r_{CO_2} - m_{CO_2} x) Y_{X/CO_2} + \frac{1}{Y_{P/O_2}} \times \frac{dp}{dt} + m_{O_2} x$$

$$= r_{CO_2} + \frac{1}{Y_{P/O_2}} \times \frac{dp}{dt} \tag{19-80}$$

由式（19-80）可得到

$$p(t) = p(0) + Y_{P/O_2} \int_0^T (r_{O_2} - r_{CO_2}) dt \tag{19-81}$$

由式（19-81）可知，只要知道 $p(0)$（$t=0$ 时的产物浓度，通常为零），Y_{P/O_2}，产物形成产率系数，此例为$\dfrac{2 分子葡萄糖酸}{1 分子氧}$，从测量得到的 r_{O_2} 和 r_{CO_2}，就可估计出产物浓度随时间的变化。若物质的消耗与生物生长、产品形成和生长维持有如下关系，即

$$\frac{ds}{dt} = -\left[\frac{1}{Y_{X/S}} \times \frac{dx}{dt} + \frac{1}{Y_{P/S}} \times \frac{dp}{dt} + m_s x \right] \tag{19-82}$$

则物质的浓度为

$$s(t) = s(0) - \frac{[x(t) - x(0)]}{Y_{X/S}} - \frac{[p(t) - p(0)]}{Y_{P/S}} - m_s \int_0^T x dt \tag{19-83}$$

在这里，假设 $Y_{X/S}$、$Y_{P/S}$ 和 m_s 是常数。实际上，在整个发酵过程中，不一定能保持不变，而且各个罐批之间亦会不一样。因此，必须用实测数据来校正，或用实验数据拟合求得这些常数。

◎ 19.4 基于回归分析的软测量方法及应用

自然界中存在的许多事物通常可以用精确的数学模型进行描述，模型中所包含的各变量间存在确定的函数关系。但在实际问题中，由于事物运动的复杂性，致使其所包含的诸变量间的关系往往体现出一定的不确定性，甚至对于一些具有明确函数关系的观察变量，由于测量误差的存在，使得各变量间的关系也呈现出一定的不确定性或随机性。数理统计上把变量间的这种不确定关系称为相关关系。可用多种方法确定变量间的相关关系，其中回归分析是一种简单、实用且很成熟的方法，它常用于关联各种过程变量的观察数据，建立相应的软测

量模型，对难以直接测量的过程变量进行估计。以最小二乘原理为基础的一元和多元线性回归技术目前已相当成熟，常用于线性模型的拟合。

对于辅助变量较少的情况，一般采用多元线性回归中的逐步回归技术可获得较好的软测量模型。对于辅助变量较多的情况，通常要借助机理分析，首先获得模型各变量组合的大致框架，然后再采用逐步回归方法获得软测量模型。为简化模型，也可采用主元回归分析法（Principal Component Regression，简记 PCR）和部分最小二乘回归法（Partial-Least-Squares Regression，简记 PLSR）等方法。从应用情况来看，对于线性系统，采用 PCR 和 PLSR 的效果差不多，对于非线性系统则采用 PLSR 的效果较好。

基于回归分析法的软测量，其特点是简单实用，但需要大量的样本（数据），对测量误差较为敏感。

19.4.1　回归分析方法

回归分析有多种形式，按因变量和自变量间是否存在线性关系分为线性回归和非线性回归，而按自变量的个数又可分为一元回归分析和多元回归分析。现以线性回归方法为例介绍此方法。

现研究两个变量 x 和 Y 之间的相关关系，其中 Y 的值并不随之确定，而是按着一定的统计规律取值。这样变量 Y 的取值具有一定的随机性，很难确定变量 x 和 Y 之间相关关系的数量表示。为了克服这个缺点，一般用变量 Y 的数学期望 $E(Y)$ 代替变量 Y，并研究 $E(Y)$ 和变量 x 间的数量关系，以近似地表示变量 x 和 Y 之间的相关关系。令 $y=E(Y)$，一般当自变量 x 的值确定后，y 值随之而定，即 x 和 y 之间存在一种函数关系，描述为

$$y=f(x) \tag{19-84}$$

并称之为回归函数。为了数学上处理方便，一般假设回归函数是线性的，则有

$$y=\beta_0+\beta_1 x \tag{19-85}$$

这个方程只有一个自变量，称为一元线性回归方程；β_0 和 β_1 为待定系数，并称 β_1 为回归函数的回归系数。同时考虑测量过程中不可避免地产生随机误差，则随机变量 Y 可表示为线性部分 y 和随机部分的叠加，即

$$Y=\beta_0+\beta_1 x+\varepsilon \tag{19-86}$$

其中 ε 为随机变量，并且假设 $\varepsilon\sim N(0,\ \sigma^2)$。

在实际问题中，往往涉及多个自变量和一个因变量之间的相关关系。假设 p 个自变量为 $\{x_i:\ 1\leqslant i\leqslant p\}$，一般研究这 p 个自变量和因变量 Y 之间相关关系的数量表示。同一元线性回归分析一样，假设因变量 Y 的均值 $E(Y)=y$ 可表示成自变量 $\{x_i:\ 1\leqslant i\leqslant p\}$ 的线性组合，即

$$y=f(x_1 x_2,\cdots,x_p)=\beta_0+\beta_1 x_1+\beta_2 x_2+\cdots+\beta_p x_p \tag{19-87}$$

其中，$\beta_i(0\leqslant i\leqslant p)$ 为待定系数，并称 $\beta_i(1\leqslant i\leqslant p)$ 为 p 元线性回归函数的回归系数。

为了获得诸变量间的回归关系式，首先必须确定回归函数各项的系数。对于一元线性回归，即要估计 β_0 和 β_1 的值。假设作 n 次独立观察，得到一组数据

$$(x_i,y_i),\ 1\leqslant i\leqslant n \tag{19-88}$$

其中，$x_i(1\leqslant i\leqslant n)$ 为变量 x 的取值，$y_i(1\leqslant i\leqslant n)$ 为相应自变量取值下变量 Y 的值。

由式（19-86）得

$$y_i=\beta_0+\beta_1 x_i+\varepsilon_i,\ 1\leqslant i\leqslant n \tag{19-89}$$

其中，ε_i 相互独立，且 $\varepsilon_i\sim N(0,\sigma^2)$，$1\leqslant i\leqslant n$。由正态分布的性质可知 $Y_i\sim N(\beta_0+\beta_1 x_i,\ \sigma^2)$，且 $Y_i(1\leqslant i\leqslant n)$ 相互独立。设 α_0 和 α_1 分别为 β_0 和 β_1 的估计，则 Y 关于 x 的线性回归方程表示为

$$\hat{Y} = \alpha_0 + \alpha_1 x \tag{19-90}$$

下面以 $\beta_0 + \beta_1 x_i$ 和测量值 y_i 之间的偏差最小为准则，获得 β_0 和 β_1 的估计值 α_0 和 α_1。令

$$Q(\beta_0, \beta_1) = \sum_{i=1}^{n} [y_i - (\beta_0 + \beta_1 x_i)]^2 \tag{19-91}$$

根据最小二乘原理，有

$$Q(\alpha_0, \alpha_1) = \min_{\beta_0, \beta_1}(\beta_0, \beta_1) \tag{19-92}$$

显然 $Q(\beta_0, \beta_1) \geqslant 0$，故其最小值存在。对式(19-90)求导数并整理，得

$$\begin{cases} n\beta_0 + \beta_1 \sum_{i=1}^{n} x_i = \sum_{i=1}^{n} y_i \\ \beta_0 \sum_{i=1}^{n} x_i + \beta_1 \sum_{i=1}^{n} x_i^2 = \sum_{i=1}^{n} x_i y_i \end{cases} \tag{19-93}$$

称式(19-92)为正规方程，其解为 β_0 和 β_1 的最小二乘估计 α_0 和 α_1，即

$$\begin{cases} \alpha_1 = \dfrac{\sum\limits_{i=1}^{n}(x_i - \bar{x})(y_i - \bar{y})}{\sum\limits_{i=1}^{n}(x_i - \bar{x})^2} \\ \alpha_0 = \bar{y} - \alpha_1 \bar{x} \end{cases} \tag{19-94}$$

式中，$\bar{x} = \dfrac{1}{n} \sum\limits_{i=1}^{n} x_i$，$\bar{y} = \dfrac{1}{n} \sum\limits_{i=1}^{n} y_i$。将 α_0 和 α_1 的值代入式(19-89)，回归方程可表示为

$$\hat{Y} = \bar{y} + \alpha_1(x - \bar{x}) \tag{19-95}$$

可以证明，α_0 和 α_1 分别为 β_0 和 β_1 的最小方差无偏估计，亦称最优线性无偏估计。

对于多元线性回归，令

$$\boldsymbol{Y} = \begin{bmatrix} y_1 \\ y_2 \\ \vdots \\ y_n \end{bmatrix} \quad \boldsymbol{X} = \begin{bmatrix} 1 & x_{11} & x_{12} & \cdots & x_{1p} \\ 1 & x_{21} & x_{22} & \cdots & x_{2p} \\ 1 & & \vdots & & \\ 1 & x_{n1} & x_{n2} & \cdots & x_{np} \end{bmatrix} \quad \boldsymbol{\beta} = \begin{bmatrix} \beta_0 \\ \beta_1 \\ \vdots \\ \beta_p \end{bmatrix} \quad \boldsymbol{\alpha} = \begin{bmatrix} \alpha_0 \\ \alpha_1 \\ \vdots \\ \alpha_p \end{bmatrix}$$

其中，$\{x_{ij}: 1 \leqslant i \leqslant n, 1 \leqslant j \leqslant p\}$ 为 p 个自变量的 n 组可观测变量，可得 $\boldsymbol{\beta}$ 的最小二乘估计值为

$$\boldsymbol{\alpha} = (\boldsymbol{X}^{\mathrm{T}} \boldsymbol{X})^{-1} \boldsymbol{X}^{\mathrm{T}} \boldsymbol{Y} \tag{19-96}$$

由此得回归函数

$$\dot{y} = \alpha_0 + \alpha_1 x_1 + \alpha_2 x_2 + \cdots + \alpha_p x_p \tag{19-97}$$

同一元回归分析一样，$\{\alpha_i: 0 \leqslant i \leqslant p\}$ 亦为 $\{\beta_i: 0 \leqslant i \leqslant p\}$ 的最优线性无偏估计。

在回归分析中，自变量的恰当选择是确保获得最优经验回归函数的关键。自变量选择得不好，不但影响回归函数的质量，也常常抵消具有显著作用的自变量在回归分析中的作用。所以剔除回归分析中作用不显著的自变量具有非常重要的意义。自变量的选择主要考虑两个因素：一个希望包括所有具有显著作用的自变量；二是希望自变量的个数尽可能地少，以减少回归分析中的计算量。在应用回归分析解决实际问题时，建议采用如下步骤。

① 确定要求解的目标变量，即主导变量（因变量）。

② 确定影响目标变量的各个可观测变量，即辅助变量（自变量）。

③ 确定回归函数的形式，对所观测到的主导变量和各辅助变量的测量数据进行回归，

得到主导变量和各辅助变量间的函数关联式。

④ 对所得到的各回归系数进行显著性检验，剔除作用不显著的可观测变量，找出对主导变量具有显著作用的可观测变量，获得最后的回归函数，即主导变量的软测量模型。

19.4.2　喷射塔中 SO_2 吸收传质系数的软测量

喷射塔是一种高效吸收设备，其结构简单，处理量大，压降小，因而在化工生产中得到广泛应用。传质特性是评价喷射塔的一项重要性能指标，传质系数是表征塔的传质特性的一个重要参数。卡伐洛夫在 20 世纪 50 年代提出了界面动力状态理论，其界面动力状态可用界面动力学因素 f 来表征，而 f 可以整理成准数方程

$$f=\frac{(\Delta p_{gl}-\Delta p_g)}{\Delta p_g}$$

$$=A\left(\frac{W}{G}\right)^a\left(\frac{\rho_g}{\rho_l}\right)^b\left(\frac{\mu_l}{\mu_g}\right)^c\left(\frac{L}{r}\right)^d \tag{19-98}$$

式中　　Δp_g，Δp_{gl}——分别为在同一气相流速下，气相系统和气液两相系统中的流体阻力，$\mathrm{kgf/m^2}$❶；

A——随设备内流体力学条件而变化的系数；

W，G——液相、气相的质量流量，$\mathrm{kg/(m^2 \cdot h)}$；

ρ_l，ρ_g——液相、气相的密度，$\mathrm{kg/m^3}$；

μ_l，μ_g——液相、气相的黏度，$\mathrm{kg \cdot s/m^2}$；

L，r——设备的几何尺寸，m；

a，b，c，d——各项的指数。

而气液相同的传质方程具有下列形式：

$$Nu'=CRe^m(Pr')^n(1+f) \tag{19-99}$$

式中　　Nu'——传质努塞尔特数，或称舍伍特准数 Sh；

Pr'——传质普兰特数，亦称施密特数 Sc；

Re——雷诺数；

C，m，n，f——随流体力学状态而变化的数值，其变化范围为 m 为 $0\sim1$，n 为 $1/3\sim1$，f 从 0 开始随湍动情况的加剧而不断增大。

式(19-99)中 f 为两相流体的速度、密度及黏度的函数，而旋涡产生的速度与强度亦和两相流体的速率、密度及黏度有关。气液两相极度湍流接触时，$m=1$，$n=1$，则式(19-99)可表示为

$$Nu'=CRePr'(1+f) \tag{19-100}$$

代入 Nu'、Re、Pr' 的值并化简，可得极度自由湍流接触条件下（$f\gg1$）传质系数的计算公式

$$K=Cuf \tag{19-101}$$

式中，u 为气相流速，$\mathrm{m/s}$。将式(19-98) 代入式(19-101)，得

$$K=ACu\left(\frac{W}{G}\right)^a\left(\frac{\rho_g}{\rho_l}\right)^b\left(\frac{\mu_l}{\mu_g}\right)^c\left(\frac{L}{r}\right)^d \tag{19-102}$$

对于特定设备和气液系统，可把物性和几何参数并入常数。考虑到 A 也是 u 的函数，则式(19-102) 可简化为极度湍流下的传质方程

---

❶　① $1\mathrm{kgf/m^2}=9.80665\mathrm{Pa}$，下同。

$$K = A' u^b \left(\frac{W}{G}\right)^a \tag{19-103}$$

即

$$K = B u^b m^a \tag{19-104}$$

式中，m 为液气比。由此可见，处于极度湍流工况下的喷射塔的传质系数被关联成气相流速和液气比的简单函数。

由传质速率

$$N_a = K_{ga} V \Delta c_m \tag{19-105}$$

及物料衡算式

$$N_a = Q(c_1 - c_2) \tag{19-106}$$

可得

$$K_{ga} = \frac{Q(c_1 - c_2)}{V \Delta c_m} \tag{19-107}$$

$$\Delta c_m = \frac{(c_1 - c_1^*) - (c_2 - c_2^*)}{\ln \left[\frac{(c_1 - c_1^*)}{(c_2 - c_2^*)}\right]} \tag{19-108}$$

式中　Q——气体流量，m^3/h；

　c_1，c_2——气相进出口 SO_2 的浓度，g/m^3；

　c_1^*，c_2^*——与进出口液相平衡的气相 SO_2 的浓度，g/m^3；

　Δc_m——传质平均推动力，g/m^3；

　V——吸收塔吸收段体积，m^3。

实验对象是使用无机物吸收脱除低浓度的 SO_2 烟道气。在吸收温度为 60℃、SO_2 浓度为 2000mL/m³（2000ppm）时，吸收后溶液含 SO_2 为 11g/L 左右，喷射塔喷嘴气相流速范围为 13.7～68.3m/s，液气比范围为 6.22～18.7L/m³。在上述范围内测取 25 组数据，用式（19-107）整理后的数据如表 19-1 所示。

表 19-1　不同气相流速和液气比下的传质系数

K_{ga}/h^{-1} ＼ $m/(L/m^3)$ ＼ $u/(m/s)$	6.22	9.33	12.4	15.6	18.7
13.7	238	282	319	370	406
27.3	505	582	676	685	767
41.0	809	883	912	1160	1240
54.6	1250	1490	1730	1900	2010
68.3	1820	2080	2250	2470	2820

将式（19-104）线性化，令

$$\hat{y} = \ln K_{ga} = \ln B + b \ln u + a \ln m \tag{19-109}$$

则有

$$Y = \ln K_{ga} = \ln B + b \ln u + a \ln m + \varepsilon \tag{19-110}$$

其中，ε 服从正态分布 $N(0, \sigma^2)$。令 $\{Y_i \mid i = 1, 2, \cdots, n\}$ 为和 K_{ga} 各观察值相对应的值，n 为观察样本的组数。使用表 19-1 的数据进行多元线性回归，得

$$B = 10.0，a = 0.172，b = 0.606$$

将 B、a、b 的值代入式(19-104)，得到喷射塔的传质系数方程为

$$K_{ga} = 10.0 u^{0.606} m^{0.172} \qquad (19\text{-}111)$$

并得统计量 $F = 263.5$，相关系数 $r = 0.98$。对回归的传质系数方程进行显著性检验：

$$F = \left[\dfrac{\dfrac{U}{p}}{\dfrac{Q}{n-p-1}} \right] \sim F(p, n-p-1)$$

式中　U——回归离差平方和；

　　　Q——剩余离差平方和；

　　　p——需要检验的回归系数的个数。

令 $\hat{y}_i$ ($i = 1, 2, \cdots, n$) 为各观察样本下的计算值，$\overline{Y} = \dfrac{1}{n} \sum\limits_{i=1}^{n} Y_i$，则

$$U = \sum_{i=1}^{n} (\hat{y}_i - \overline{Y})^2 \qquad (19\text{-}112)$$

$$Q = \sum_{i=1}^{n} (Y_i - \hat{y}_i)^2 \qquad (19\text{-}113)$$

查表 $F_{0.01}(2, 22) = 5.72$，$F > F_{0.01}(2, 22)$，可得回归方程在 0.01 置信度下是高度显著的。故在获得喷射塔的气相流速和液气比的情况下，可以采用式(19-111)对塔的传质系数进行预测，从而评价喷射塔的传质效率。

19.4.3　轻柴油 365℃ 含量软测量模型

轻柴油馏程中 365℃ 含量是其馏分组成的轻重和燃烧性能好坏的主要指标。而轻柴油组分的轻重主要是由其抽出层塔板气液相负荷决定的，所以可以建立轻柴油 365℃ 含量与其抽出层气液相负荷的映射关系作为软测量模型。为了保证能够准确地表征其抽出层气液相负荷的变化情况，根据工艺原理分析和对大量的试验数据的总结，选取抽出层塔板的动能参数为其特征变量来建立轻柴油产品 365℃ 含量的软测量模型。其原理框图如图 19-7 所示。

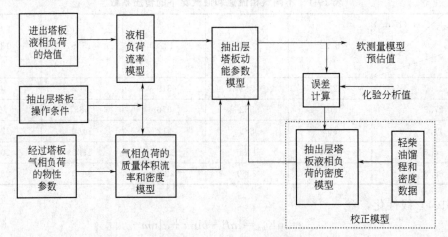

图 19-7　轻柴油 365℃ 含量软测量模型原理框图

由于抽出层塔板动能参数主要与进出塔板的气液相馏分的流率及其密度有关，因此，要建立模型必须首先获得抽出层塔板气液相负荷的流率及其密度模型。

液相负荷流率模型可根据进出抽出层塔板物料的能量平衡原理求得。具体模型为

$$F_1 = \frac{E_入 - E_出}{E_2 - E_1} + F_1 \tag{19-114}$$

式中 $E_入$，$E_出$——分别为进、出抽出层塔板的总能量（热焓）值（kJ/h）（焓值可由 API 焓值计算方法取得）；

E_1、E_2——分别为内回流进出抽出层塔板的单位流率的焓值，kJ/kg；

F_1、F_1——分别为抽出层塔板的液相负荷流率和轻柴油产品馏出量，kg/h。

正常情况下，液相负荷的密度变化不大，可视为常数；在生产方案调整或原料性质明显变化等情况下将有比较明显的变化。所以，从简化计算和减少维护工作量的目的出发将其作为校正模型的主体。密度校正模型为

$$\frac{\rho_0}{\rho_1} = 1.0 - \frac{p}{B_T} \tag{19-115}$$

$$\rho_0 = \frac{MW p_C Z_{RA} \left[1.0 + \left(1.0 - \frac{T}{T_C} \right)^{\frac{2}{7}} \right]}{R T_C} \tag{19-116}$$

式中 T，p——分别为轻柴油抽出层塔板的操作温度（K）和压力（MPa）；

ρ_1——液相负荷在温度 T 和压力 p 下的密度，kg/dm³；

ρ_0——液相负荷在常压下、温度 T 时的密度，kg/dm³；

MW，R——分别为液相负荷的平均分子量和理想气体常数，

$$R = 8.314 dm^3 \cdot MPa/(kmol \cdot K) \tag{19-117}$$

Z_{RA}——经验常数，可由一已知的在某一温度下的相对密度，用 ρ_0 式求得；

T_C，p_C——液相负荷的假临界温度（K）和假临界压力（MPa）；

B_T——等温正割体积模数。

根据轻柴油抽出层塔板的各气相馏分的物料平衡原理可以求得气相负荷的质量流率 F_w（kg/h），再利用相应物料的分子量等物性参数算出其摩尔分子流率 F_M（kg·mol/h），最后应用理想气体状态方程即可推算出其体积流率 F_v（m³/h）和密度模型。

$$F_v = \frac{22.4 F_M T p_0}{273 p} \tag{19-118}$$

式中，p_0 为标准大气压力，MPa。

密度模型为

$$\rho_v = \frac{F_w}{F_v} \tag{19-119}$$

式中，ρ_v 为温度 T 和压力 p 下的气相密度，kg/m³。

根据动能参数模型定义，即可得出其动能参数模型为

$$M = \frac{F_1 \sqrt{\rho_v}}{F_w \sqrt{\rho_1}} \tag{19-120}$$

式中，M 为轻柴油抽出层塔板的动能参数。

在已得到轻柴油抽出层塔板动能参数的前提下，本着实施方便、实用性强的目的，即可应用一元非线性加权回归分析方法获得 365℃ 含量与动能参数 M 关系的模型为

$$Q_L = a_0 + a_1 M + a_2 M^2 + a_3 M^3 + a_4 M^4 \tag{19-121}$$

式中的系数 a_0、a_1、a_2、a_3、a_4 可应用加权最小二乘法原理来求取。具体方法是以化验分析值 Q_{Li} 和模型预估值 $\hat{Q}_{Li}$ 的误差平方和 $\sum_{i=1}^{n} (Q_{Li} - \hat{Q}_{Li})^2$ 最小作为优化判据，再根据函数存在极值的必要条件，将上式中待定的系数问题转化为解线性方程组的问题。最后，即可

507

利用高斯消去法或最小二乘算法求得模型系数。

19.4.4　筛板精馏塔板效率的软测量

塔板效率是评价精馏塔传质效率的一个重要指标，而影响塔板效率的因素很多，因此很难准确计算塔板效率。一般均是把塔板效率和其他易测得的变量进行回归，对塔板效率和这些变量进行经验或半经验关联，建立计算塔板效率的软测量模型，实现对塔板效率的估计。其中半经验关联是建立相界面积、接触时间、传质系数等的关系式，并根据传质机理计算点效率；再由板上液体混合程度，依据点效率和板效率间的关系模型计算板效率。

由实验可以获得精馏塔馏出液流量、板上液相组成、气液相温度等。由于液相施密特数、表面张力数、气相雷诺数等参数为反映精馏结构、塔板上流体力学特性及操作等因素的主要变量，故将精馏塔的液相点效率和这些参数进行关联。

首先计算液相施密特准数 Sc_L

$$Sc_L = \frac{\mu_L}{\rho_L D_L} \tag{19-122}$$

式中　μ_L——液相的黏度；

ρ_L——液相的密度；

D_L——液相的扩散系数。

表面张力数 D_g 由下式计算。

$$D_g = \frac{\sigma_L}{\mu_L u_s} \tag{19-123}$$

式中　u_s——以空塔截面积为基准的气相流速；

σ_L——液相的表面张力。

然后对气相雷诺数 Re_G 修正如下。

$$Re_G = \frac{h_w \rho_G u_s}{\mu_G F} \tag{19-124}$$

式中　h_w——堰高；

F——筛板开孔率；

ρ_G——气相的密度；

μ_G——气相的黏度。

最后由物系平衡关系和液相组成得液相点效率 E_{OL} 和上述三个参数间的关联式。

$$E_{OL} = ASc_L^a D_g^b Re_G^c \tag{19-125}$$

首先将上式线性化，并将表 19-2 所列出的一组典型实测数据进行对数转换，然后用转换后的数据进行多元线性回归，得

$$A = 0.00935，a = 0.15，b = 0.222，c = 0.365$$

则液相点效率 E_{OL} 的计算式为

$$E_{OL} = 0.00935 Sc_L^{0.15} D_g^{0.222} Re_G^{0.365} \tag{19-126}$$

表 19-2　筛板精馏塔的一组典型实测数据

Sc_L	D_g	Re_G	$E_{OL}/\%$
208	158	495	68
51	2019	208	67
51	1554	260	63
228	274	407	59.6

由得到的液相点效率 E_{OL} 便可计算出气相点效率为

$$E_{OG} = \frac{E_{OL}}{E_{OL} + \lambda(1 - E_{OL})} \tag{19-127}$$

式中，λ 为平衡线与操作线斜率之比。

计算点效率的目的是为了计算板效率 E_{mV}，而板效率和点效率间的关系主要取决于塔板上液体的混合程度。为此提出了多种不同的计算模型，目前采用较多的是涡流扩散模型，即

$$\frac{E_{mV}}{E_{OG}} = \frac{1 - \exp[-(\eta + Pe)]}{(\eta + Pe)\left(1 + \frac{\eta + Pe}{\eta}\right)} + \frac{\exp\eta - 1}{\eta\left(1 + \frac{\eta}{\eta + Pe}\right)} \tag{19-128}$$

式中，Pe 为彼克莱数。而 η 由下式确定

$$\eta = \frac{Pe}{2}\left(\sqrt{1 + \frac{4\lambda E_{OG}}{Pe}} - 1\right) \tag{19-129}$$

然后校正雾沫夹带对板效率的影响，即可计算出精馏塔的板效率。

◎ 19.5 基于神经网络软测量模型及应用

19.5.1 神经网络模型简介

大多数工业过程，例如化学反应器和分离系统呈现出非线性行为。许多过程很复杂，很难进行机理分析，建立软测量模型。另一种方法是可根据实验数据来获得经验性的非线性模型。神经网络（Neural Networks，简称 NN）或人工神经网络是一类重要的经验性非线性模型，近年来，神经网络已被广泛用于对诸多物理和化学现象进行建模。

多层前向网络是一种最常见的神经网络结构，如图 19-8 所示。神经元（或节点）按层（输入层、输出层和隐层）组织，隐层（也称隐含层）的每个神经元通过连接权与相邻层的神经元连接。这些权值是未知参数，基于待建模过程的输入-输出数据来估计。未知参数的数量可能很大（例如 50~100），需要强有力的规划算法，利用最小二乘目标函数对数据拟合待求参数。如果利用足够的神经元，则可以证明神经网络模型能够准确地仿真任意输入-输出过程。

如图 19-9 所示，每个神经元的输入来自其他神经元或偏置项，并评价它们的强度或幅度。然后累加这些输入并与阈值进行比较，进而决定恰当的输出。连接权值 W_{ij} 决定了输入的相对重要性。输入的加权和进行一个非线性变换如图所示。图中表示具有 sigmoidal 形状的一种类型的变换，当然还有许多其他选择。

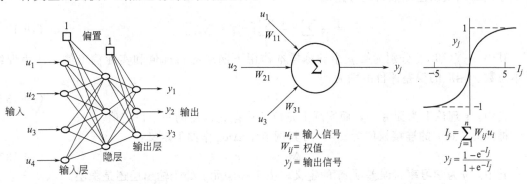

图 19-8 三层神经网络　　　　　　　　图 19-9 一个神经元的信号图

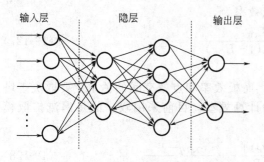

图 19-10　典型的多层前向网络

神经网络的训练是对未知参数的估计，该过程通常利用正常的操作数据，它们是从模型操作范围内的数据中采集的。估计参数后，即网络训练完毕，用另一个大的数据集来检验模型是否准确。有时所得 NN 模型均不满意，则必须改变模型结构，这通常需要反复试验。大量软件商提供的商业软件包能够对复杂过程自动建立实验模型。

作为一种常用神经网络，典型的多层前向网络如图 19-10 所示。它由一个输入层、一个或更多的隐层和一个输出层组成。之所以被称为"隐层"，是因为这一层只接收内部输入，并且只产生内部输出。输入层的神经元相当于缓冲器，用于将输入信号分配给隐层的神经元。每个隐层的神经元对其输入信号根据相应的连接权值计算加权和，经过阈值限制和激励函数（也称为激活函数或基函数）转换，得到这个隐层神经元的输出。以第 j 个隐层神经元为例，它的输入输出关系可由下式表示。

$$y_j = f\left(\sum_i w_{ji} x_i - \theta_j\right) \tag{19-130}$$

其中，x_i 为第 j 个隐层神经元的第 i 个输入值；w_{ji} 为第 i 个输入到第 j 个隐层神经元的连接权值；θ_j 为阈值；f 为激励函数，通常选用 S 型函数；y_j 为第 j 个隐层神经元的输出值。输出层的神经元所作的运算处理与隐层神经元类似。

反向传播（Back Propagation，BP）算法是多层前向网络的最常用的的学习算法。它是一种基于梯度下降的最优化算法，通过调节连续权值，使系统误差函数或其他形式的代价函数极小化。"反向传播"是指其权值

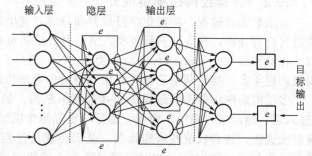

图 19-11　用 BP 算法修正一个多层前向网络

调节的方式。在训练学习阶段，输入样本以一定的顺序提供给网络，并逐层地前向传播，直到在输出层计算出网络的输出。目标输出与实际输出进行比较，形成误差项。此时，网络的连接可以被理解为发生了"反向"，误差作为连接反向后的网络输入，逐层地反向传播，调整权值，如图 19-11。

常用的系统误差函数为均方差函数：

$$E = \frac{1}{P}\sum_{p=1}^{P}\left\{\frac{1}{2}\sum_j \left[y_{pj}^{(t)} - y_{pj}\right]^2\right\} \tag{19-131}$$

其中，$y_{pj}^{(t)}$ 和 y_{pj} 分别为第 p 个训练样本作用下网络的目标值和实际输出值。P 为训练样本总数。相应的误差评价准则为

$$E < \varepsilon \tag{19-132}$$

其中，ε 理论上为无穷小，而实际上是反映误差允许度的一个设定值。

神经元 i 到 j 的连接权值为 w_{ji}，对其调节量 Δw_{ji} 作如下定义：

$$\Delta w_{ji} = \eta \delta_j x_i \tag{19-133}$$

其中，η 为学习率，误差项 δ_j 的定义取决于神经元 j 处于输出层还是隐层。

对于输出层神经元

$$\delta_j = \left(\frac{\partial f}{\partial \mathrm{net}_j}\right)\left[y_j^{(t)} - y_j\right] \tag{19-134}$$

对于隐层神经元

$$\delta_j = \left[\frac{\partial f}{\partial \mathrm{net}_j}\right]\sum_q w_{qj}\delta_q \tag{19-135}$$

其中，net_j 为神经元 j 的输入信号加权和。

由此，以迭代的方式从输出层开始对各层的神经元计算误差项，并确定所有权值的调节量。

BP 算法是一种强有力的学习算法，但它也存在一些问题：学习过程收敛速度慢；算法本身的不确定性，如容易导致网络训练陷入局部极小值，而无法获得问题的全局最优解等。为克服上述缺点，有各种类型的改进 BP 算法。

为获取全局最优解，采用径向基函数（Radial Basis Function，RBF）神经网络是一条有效途径。RBF 网络通常是一种仅有一个隐层的多输入单输出前向网络。RBF 网络解决局部极小值问题的方法是重新编排求解问题，使误差函数曲面不存在局部极小值，由此，基于梯度下降的学习算法将必定能够找到全局最小值。

RBF 网络隐层的形式与 BP 网络的隐层不同，这个隐层有时称为模式层。所用激励函数是径向基函数型。在经过输入缓冲层后，隐层神经元并不直接接收输入向量，而是进行"距离"测量，即测量输入向量到径向基函数中心的距离。具体地说，第 j 个隐层神经元的输入为

$$\alpha_j = \left[\sum_{i=1}^m \frac{(x_i - c_{ji})^2}{\delta_{ji}^2}\right]^{\frac{1}{2}} \tag{19-136}$$

其中，$x_i \in R^m$ 为输入分量；$c_{ji} \in R^m$ 为径向基函数的中心分量；$\delta_{ji} \in R^m$ 为径向基函数的有效半径。

经过径向基函数转换，这个隐层神经元的输出为

$$y_i = \exp\left(-\frac{\alpha_j^2}{2}\right) \tag{19-137}$$

径向基函数仅有一个最大值，即中心。当超出中心的有效半径范围后，函数值将迅速衰减趋近于 0。输出层的神经元对其输入向量 y_j 根据相应的连接权值 w_j 计算加权和，得到网络的输出 z，即

$$z = \sum_{j=1}^n w_j y_j \tag{19-138}$$

采用人工神经网络进行软测量建模有两种形式：一种是利用人工神经网络直接建模，用网络来代替常规的数学模型描述辅助变量和主导变量间的关系，完成由可测信息空间到主导变量的映射，如图 19-12（a）所示；另一种是与常规模型相结合，用人工神经网络来估计常规模型的模型参数，进而实现软测量，如图 19-12（b）所示。

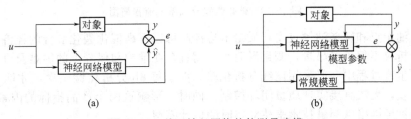

图 19-12　基于神经网络的软测量建模

需要指出的是人工神经网络的种种优点，使得基于人工神经网络的软测量成为目前备受

关注的热点，但该种软测量技术不是万能的。在实际应用中，网络学习训练样本的数量和质量、学习算法、网络的拓扑结构和类型等的选择对所构成的软仪表的性能都有重大关系。

19.5.2 粗汽油干点和轻柴油倾点软测量建模

粗汽油干点和轻柴油倾点是催化裂化装置主分馏塔馏出产品的关键质量指标。主分馏塔的工艺流程如图 19-13 所示。自催化裂化反应器来的高温反应油气进入主分馏塔，经分馏后得到气体、粗汽油、轻柴油和油浆等产品。粗汽油是分馏塔塔顶油气经冷却后进入粗汽油分液罐而得到的主要产品；另一重要产品是从分馏塔第 20 块塔板流出经轻柴油汽提塔而得到的轻柴油。这两种产品是催化裂化的主要产品。

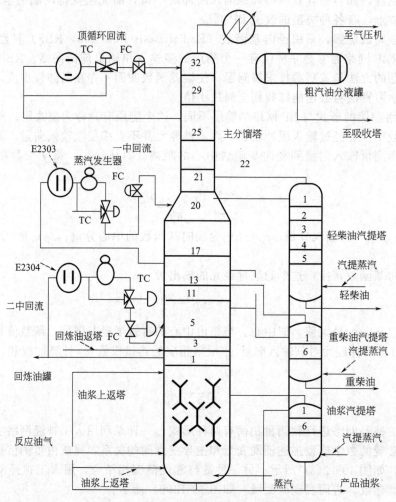

图 19-13　催化装置分馏系统流程简图

对粗汽油干点和轻柴油倾点实行质量卡边控制可以提高催化裂化装置的经济效益。因为在线质量分析仪不仅价格昂贵，测量滞后大，而且存在维护和保养上的困难及可靠性差等问题，目前在生产过程中一般采用离线分析化验。由于每 8h 分析化验一次，才能获得一组数据，实时性差，无法直接实现质量闭环控制。同时，影响这两个产品指标的因素十分复杂，为此，采用神经网络软测量技术来建立实时的估计模型。

（1）粗汽油干点的软测量　根据工艺机理分析，将塔顶温度、塔顶压力和顶循温差作为辅助变量，用于多层前向网络的输入，粗汽油干点作为网络输出，建立了粗汽油干点值的神经网络软测量模型。网络的拓扑结构为 3-6-1，即输入层为 3 个神经元，一个隐层其中包含 6 个神经元，输出层为 1 个神经元。

应用采集 50 组具有代表性的实际工艺数据，其中 30 组数据用于训练样本，另 20 组数据用于模型泛化性能的测试。部分数据组列于表 19-3。其中的干点值为粗汽油干点的化验分析值。训练后的网络对前述的 50 组数据进行了检验，其结果如图 19-14。由图可见，网络模型对粗汽油干点的估计值与化验值的拟合程度较好。模型的最大绝对误差为 1.228℃，平均绝对误差为 0.566℃，满足了估计绝对误差不超过 2℃ 的工艺要求。

表 19-3　部分生产记录数据

序号	塔顶温度/℃	塔顶压力/kPa	顶循温差 ΔT/℃	干点值/℃
0	105.8	96.8	53.0	197.0
1	104.6	94.6	52.5	198.0
2	105.6	93.8	52.3	199.0
3	103.0	95.1	52.7	198.0
4	105.3	93.9	51.5	200.0
5	102.8	93.5	52.9	196.0
6	105.3	95.1	52.7	201.0
7	104.7	96.3	52.6	199.0
8	104.4	92.7	52.6	196.0
9	105.8	93.1	52.8	201.0

（2）轻柴油倾点的软测量建模　首先经过工艺机理分析，确定主分馏塔第 20 层塔板的气相温度能最灵敏地反映出轻柴油倾点的变化。通过第 20 层塔板气相温度，结合工艺计算出的轻柴油气分压和一中循环取热量，在线估计出轻柴油的倾点值。轻柴油倾点的软测量模型结构如图 19-15 所示。

理论上，用于软测量建模的数据集要求覆盖典型操作范围内软测量模型预期有效的整个测量范围。如果这些数据只能适用于一定的生产操作范围，则需要考虑对由此得到的软测量模型进行修正，以适应生产条件的变化。为此，在研究轻柴油倾点软测量模型的基础上，提出了关于这个模型的动态校正方法。考虑到对神经网络模型进行校正的常规方法是通过增加训练样本重新确定网络结构并训练网络而实现的，对于轻柴油倾点而言，其采样化验值是 8h 一次，而重新确定网络结构并训练网络的工作量很大，所以常规校正方法很难在这里应用。根据长期积累的现场经验，研究出一种简单可行的方法，即在进料性质发生变化或其他一些不确定因素作用时，倾点软测量模型输出发生的漂移直接通过附加的在线误差校正机构加以调整。具有动态误差校正功能的轻柴油倾点的计算模块如图 19-16 所示。

误差校正环节能够根据过去几个时刻的误差变化趋势及当前的工况，对超出工艺允许误差（2℃）的输出值进行判别并计算误差修正量作为补偿输出，用如下的线性递归滤波器实现，即

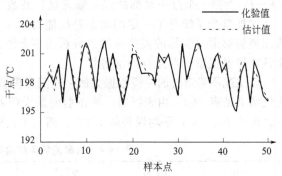

图 19-14　粗汽油干点模型的估计值与化验值的比较

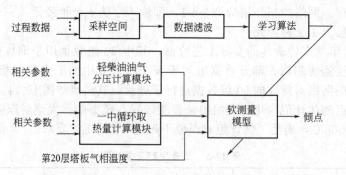

图 19-15　轻柴油倾点的软测量模型结构

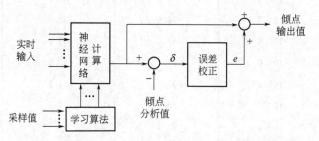

图 19-16　具有动态误差校正功能的轻柴油倾点计算模块

$$e(k+1) = \sum_{i=0}^{m} b(i)\delta(k-i) - \sum_{j=0}^{n} a(j)e(k-j) \qquad (19-139)$$

式中，$e(k+1)$ 为下一时刻的误差修正量；$\delta(k-i)$ 为第 i 个过去时刻的误差值；$e(k-j)$ 为第 j 个过去时刻的误差修正量；系数 $b(i)$、$a(j)$ 由当前的工况和工作经验确定。

这样整个系统有了一定的动态补偿能力，又不必对神经网络重新进行训练。实时倾点的预测值能够通过实际的实验室倾点分析值不断地进行校正，跟踪拟合当前的系统状况，从而保证软测量模型长期运行的准确性。

以工况不稳定时的一段数据为例，软测量模型估计量（校正前与校正后）与化验分析值的比较结果见表 19-4。由表可知，校正前的最大误差是 4.3℃，平均误差是 2.3℃，而校正后的最大误差是 1.9℃，平均误差是 1.1℃，满足工艺提出的估计误差不超过 2℃的精度要求。

表 19-4　软测量的实际输出值与分析值的比较　　　　　　　　　　单位：℃

分析值	校正前	校正后	分析值	校正前	校正后
194.0	192.8	192.8	196.0	198.0	196.8
193.0	192.1	192.1	198.0	202.0	199.8
195.0	193.1	193.1	196.0	199.3	196.9
194.0	191.8	191.8	192.0	195.8	192.9
195.0	190.7	193.4	192.0	193.6	193.6
197.0	193.1	195.4	194.0	194.1	194.1
198.0	194.6	196.7	194.0	194.1	194.1
194.0	193.3	193.3	195.0	193.8	193.8
195.0	195.7	195.7	194.0	193.9	193.9
194.0	195.8	195.8	195.0	194.6	194.6

19.5.3　维生素 C 发酵过程软测量模型

主要研究对象为工业上维生素 C 生产的第二步发酵过程，即 2-酮基-L-古龙酸（2-KLg）

发酵过程。这是一个流加补料过程。如何得到较优的补料轨线来把握生产，是众多生化过程中至今困扰的问题。为了估计 2-KLg 发酵过程中下一时刻的菌体浓度 $X(t+1)$ 和底物 L-山梨糖浓度 $S(t+1)$，从机理角度经过详细分析确定了神经网络的输入为发酵时间 t、当前时刻的 pH(t) 值、补料速率 $F(t)$、菌体浓度 $X(t)$ 和 L-山梨糖浓度 $S(t)$。训练样本集主要来自维生素 C 生产中 2-KLg 发酵车间的报表数据。将训练所得模型应用于测试样本集，得到菌体浓度的平均检验误差为 7.57%，底物浓度的平均检验误差为 15.32%。

一般基于神经网络的辨识模型是"黑箱"模型。"黑箱"建模方法在解决具体问题时也存在局限性。首先，"黑箱"模型的输入在很大程度上仍依赖于先验知识。其次，过多地排除由机理分析所获得的先验知识，对于建立复杂模型，无疑增加了难度。如所涉及的神经网络结构复杂，所需的训练样本繁杂，不仅会使网络的训练开支剧增，也会引入更多影响模型精度的干扰和不确定因素。"灰箱"建模结合了"黑箱"建模方法与"白箱"建模方法的优点，在有条件的情况下，它更为理想的途径。"混合模型"的基本思想是，将过程的某些状态向量及控制向量作为标准神经网络模型的输入，其输出为过程的先验知识，难以确定，但密切反映系统内

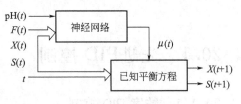

图 19-17　维生素 C 发酵
建模中的混合模型

部机理的一些参数；再将此输出作为已知，与其他所需状态参数一起代入先验模型，从而计算出所要预测的状态量。用于维生素 C 发酵建模的混合模型见图 19-17。混合模型中的神经网络部分不直接用于估计菌体浓度和 L-山梨糖浓度，它的输入与如前所述的标准神经网络模型的输入相同，而输出为当前时刻的菌体比生长速率 $\mu(t)$。这样的输出与神经网络的输入一并代入体系的机理模型，导出下一时刻的菌体浓度值和 L-山梨糖浓度值。该发酵过程机理模型为

$$\frac{\mathrm{d}X}{\mathrm{d}t}=\mu X-\frac{F}{V}X \tag{19-140}$$

$$\frac{\mathrm{d}S}{\mathrm{d}t}=-\left(\frac{1}{Y_{X/S}}\mu X+\frac{1}{Y_{P/S}}\times\frac{V_\mathrm{m}S}{K_\mathrm{m}+S}X+mX\right)+\frac{F}{V}(S_\mathrm{m}-S) \tag{19-141}$$

$$\frac{\mathrm{d}p}{\mathrm{d}t}=\frac{V_\mathrm{m}S}{K_\mathrm{m}+S}X-\frac{F}{V}p \tag{19-142}$$

$$\frac{\mathrm{d}V}{\mathrm{d}t}=F \tag{19-143}$$

由混合模型获得的模型用于检验样本集，菌体浓度的平均检验误差为 3.55%，底物浓度的平均检验误差为 7.73%。这说明混合模型的精度高于标准神经网络模型的精度。

第20章
先进控制技术

◎ 20.1 先进PID控制

20.1.1 数字PID控制

自从计算机进入控制领域以来，用数字计算机代替模拟及各种改进算法调节器组成计算机控制系统，不仅可以用软件实现PID控制算法，而且可以利用计算机的逻辑功能，使PID控制更加灵活。数字PID控制在生产过程中是一种最普遍采用的控制方法，在机电、冶金、机械、化工等行业中获得了广泛的应用。将偏差的比例（P）、积分（I）和微分（D）通过线性组合构成控制量，对被控对象进行控制，故称PID控制器。

数字PID控制是一种采样的PID控制方法，它只能根据采样时刻的偏差值计算控制量。因此，连续PID控制算法不能直接使用，需要采用离散化方法，构成数字式PID控制器。

（1）位置式PID控制算法　按模拟PID控制算法，以一系列的采样时刻点 kT 代表连续时间 t，以矩形法数值积分近似代替积分，以一阶后向差分近似代替微分，即

$$t \approx kT (k=0,1,2,\cdots) \tag{20-1}$$

$$\int_0^t e(t)\mathrm{d}t \approx T\sum_{j=0}^k e(jT) = T\sum_{j=0}^k e(j) \tag{20-2}$$

$$\frac{\mathrm{d}e(t)}{\mathrm{d}t} \approx \frac{e(kT)-e[(k-1)T]}{T} = \frac{e(k)-e(k-1)}{T} \tag{20-3}$$

可得离散PID表达式

$$u(k) = k_\mathrm{p}\left\{ e(k) + \frac{T}{T_\mathrm{I}}\sum_{j=0}^k e(j) + \frac{T_\mathrm{D}}{T}[e(k)-e(k-1)] \right\}$$

$$= k_\mathrm{p}e(k) + k_\mathrm{i}\sum_{j=0}^k e(j)T + k_\mathrm{d}\frac{e(k)-e(k-1)}{T} \tag{20-4}$$

式中，$k_\mathrm{i}=\dfrac{k_\mathrm{p}}{T_\mathrm{I}}$；$k_\mathrm{d}=k_\mathrm{p}T_\mathrm{D}$；$T$ 为采样周期；k 为采样序号，$k=1,2,\cdots$；$e(k-1)$ 和 $e(k)$ 分别为第 $k-1$ 时刻和第 k 时刻所得的偏差信号。

位置式PID控制系统如图20-1所示。

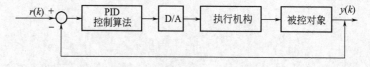

图20-1　位置式PID控制系统

（2）增量式 PID 控制算法　当执行机构需要的是控制量的增量，例如驱动步进电机时，应采用增量式 PID 控制。根据递推原理可得

$$u(k-1) = k_p \left\{ e(k-1) + k_i \sum_{j=0}^{k-1} e(j) + k_d[e(k-1)-e(k-2)] \right\} \tag{20-5}$$

增量式 PID 控制算法

$$u(k) = \Delta u(k) + u(k-1) \tag{20-6}$$

$$\Delta u(k) = k_p[e(k)-e(k-1)] + k_i e(k) + k_d[e(k)-2e(k-1)+e(k-2)] \tag{20-7}$$

（3）积分分离 PID 控制算法　在普通 PID 控制中引入积分环节的目的，主要是为了消除静差，提高控制精度。但在过程的启动、结束或大幅度增减设定值时，短时间内系统输出有很大的偏差，会造成 PID 运算的积分积累，致使控制量超过执行机构可能允许的最大极限控制量，引起系统较大的超调或振荡，这在生产中是绝对不允许的。

积分分离控制基本思路是：当被控量与设定值偏差较大时，取消积分作用，以免由于积分作用使系统稳定性降低，超调量增大；当被控量接近给定值时，引入积分控制，以便消除静差，提高控制精度。其具体实现步骤如下。

① 根据实际情况，人为设定阈值 $\varepsilon > 0$。

② 当 $|e(k)| > \varepsilon$ 时，采用 PD 控制，可避免产生过大的超调，又使系统有较快的响应。

③ 当 $|e(k)| \leqslant \varepsilon$ 时，采用 PID 控制，以保证系统的控制精度。

积分分离控制算法可表示为

$$u(k) = k_p e(k) + \beta k_i \sum_{j=0}^{k} e(j)T + k_d[e(k)-e(k-1)]/T \tag{20-8}$$

式中，T 为采样时间；β 为积分项的开关系数。

$$\beta = \begin{cases} 1 & |e(k)| \leqslant \varepsilon \\ 0 & |e(k)| > \varepsilon \end{cases} \tag{20-9}$$

（4）抗积分饱和 PID 控制算法

① 积分饱和现象　所谓积分饱和现象是指若系统存在一个方向的偏差，PID 控制器的输出由于积分作用的不断累加而加大，从而导致执行机构达到极限位置 X_{max}，例如阀门开度达到最大，如图 20-2 所示。若控制器输出 $u(k)$ 继续增大，阀门开度不可能再增大，此时就称计算机输出控制量超出了正常运行范围而进入了饱和区。一旦系统出现反向偏差，$u(k)$ 逐渐从饱和区退出。进入饱和区愈深则退出饱和区所需时间愈长。在这段时间内，执行机构仍停留在极限位置而不能随偏差反向立即作出相应的改变，这时系统就像失去控制一样，造成控制性能恶化。这种现象称为积分饱和现象或积分失控现象。

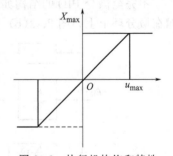

图 20-2　执行机构饱和特性

② 抗积分饱和算法　作为防止积分饱和的方法之一就是抗积分饱和法。该方法的思路是在计算 $u(k)$ 时，首先判断上一时刻的控制量 $u(k-1)$ 是否已超出限制范围。若 $u(k-1) > u_{max}$，则只累加负偏差；若 $u(k-1) < u_{max}$，则只累加正偏差。这种算法可以避免控制量长时间停留在饱和区。

（5）变速积分 PID 算法　在普通的 PID 控制算法中，由于积分系数 k_i 是常数，所以在整个控制过程中，积分增量不变。而系统对积分项的要求是，系统偏差大时积分作用应减弱甚至全无，而在偏差小时则应加强。积分系数取大了会产生超调，甚至积分饱和，取小了又迟迟不能消除静差。因此，如何根据系统偏差大小改变积分的速度，对于提高系统品质是很

重要的。变速积分 PID 可较好地解决这一问题。

变速积分 PID 的基本思想是设法改变积分项的累加速度，使其与偏差大小相对应：偏差越大，积分越慢，反之则越快。

为此，设置系数 $f[e(k)]$，它是 $e(k)$ 的函数。当 $|e(k)|$ 增大时，f 减小，反之增大。变速积分的 PID 积分项表达式为

$$u_i(k) = k_i \left\{ \sum_{i=0}^{k-1} e(i) + f[e(k)]e(k) \right\} T \tag{20-10}$$

系数 f 与偏差当前值 $|e(k)|$ 的关系可以是线性的或非线性的，可设为

$$f[e(k)] = \begin{cases} 1 & |e(k)| < B \\ \dfrac{A - |e(k)| + B}{A} & B \leqslant |e(k)| \leqslant A+B \\ 0 & |e(k)| > A+B \end{cases} \tag{20-11}$$

f 值在 $[0,1]$ 区间内变化，当偏差 $|e(k)|$ 大于所给分离区间 $A+B$ 后，$f=0$，不再对当前值 $e(k)$ 进行继续累加；当偏差 $|e(k)|$ 小于 B 时，加入当前值 $e(k)$，即积分项变为 $u_i(k) = k_i \sum_{i=0}^{k} e(i)T$，与一般 PID 积分项相同，积分动作达到最高速；而当偏差 $|e(k)|$ 在 B 与 $A+B$ 之间时，则累加计入的是部分当前值，其值在 $0 \sim |e(k)|$ 之间随 $|e(k)|$ 的大小而变化，因此，其积分速度在 $k_i \sum_{i=0}^{k-1} e(i)T$ 和 $k_i \sum_{i=0}^{k} e(i)T$ 之间。变速积分 PID 算法为

$$u(k) = k_p e(k) + k_i \left\{ \sum_{i=0}^{k-1} e(i) + f[e(k)]e(k) \right\} T + k_d[e(k) - e(k-1)] \tag{20-12}$$

这种算法对 A、B 两参数的要求不精确，参数整定较容易。

（6）不完全微分 PID 控制算法　在 PID 控制中，微分信号的引入可改善系统的动态特性，但也易引起高频干扰，在误差扰动突变时尤其显出微分项的不足。若在控制算法中加入低通滤波器，则可使系统性能得到改善。

不完全微分 PID 的结构如图 20-3(a)、(b) 所示，其中图 20-3(a) 是将低通滤波器直接加在微分环节上，图 20-3(b) 是将低通滤波加在整个 PID 控制器之后。

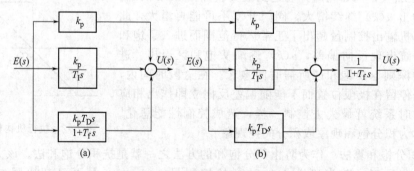

图 20-3　不完全微分算法结构图

以图 20-3(a) 为例进行仿真说明不完全微分 PID 如何改进普通 PID 的性能。由图可知，其传递函数为

$$U(s) = \left(k_p + \frac{k_p / T_I}{s} + \frac{k_p T_D s}{T_f s + 1} \right) E(s) = u_P(s) + u_I(s) + u_D(s) \tag{20-13}$$

将上式离散化为

518

$$u(k) = u_P(k) + u_I(k) + u_D(k) \tag{20-14}$$

因为

$$U_D(s) = \frac{k_p T_D s}{T_f s + 1} E(s) \tag{20-15}$$

写成微分方程为

$$u_D(k) + T_f \frac{du_D(t)}{dt} = k_p T_D \frac{de(t)}{dt} \tag{20-16}$$

取采样时间为 T_s，将上式离散化为

$$u_D(k) + T_f \frac{u_D(k) - u_D(k-1)}{T_s} = k_p T_D \frac{e(k) - e(k-1)}{T_s} \tag{20-17}$$

经整理得

$$u_D(k) = \frac{T_f}{T_s + T_f} u_D(k-1) + k_p \frac{T_D}{T_s + T_f} [e(k) - e(k-1)] \tag{20-18}$$

令 $\alpha = \frac{T_f}{T_s + T_f}$，则 $\frac{T_s}{T_s + T_f} = 1 - \alpha$，显然有 $\alpha < 1$，$1 - \alpha < 1$ 成立，则可得不完全微分算法

$$u_D(k) = K_D(1 - \alpha)[e(k) - e(k-1)] + \alpha u_D(k-1) \tag{20-19}$$

其中，$K_D = k_p T_D / T_s$。

可见，不完全微分的 $u_D(k)$ 多了一项 $\alpha u_D(k-1)$，而原微分系数由 K_D 降至 $K_D(1-\alpha)$。以上各式中，T_s 为采样时间；k_p 为比例系数；T_I 和 T_D 分别为积分时间常数和微分时间常数；T_f 为滤波器系数。

(7) 微分先行 PID 控制算法　微分先行 PID 控制的结构如图 20-4 所示，其特点是只对输出量 $y(k)$ 进行微分，而对给定值 $r(k)$ 不作微分。这样，在改变给定值时，输出不会改变，而被控量的变化通常是比较缓和的。这种输出量先行微分控制适用于给定值 $r(k)$ 频繁升降的场合，可以避免给定值升降时所引起的系统振荡，从而明显地改善了系统的动态特性。

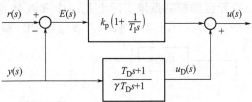

图 20-4　微分先行 PID 控制结构图

令微分部分的传递函数为

$$\frac{u_D(s)}{y(s)} = \frac{T_D s + 1}{\gamma T_D s + 1}, \ \gamma < 1 \tag{20-20}$$

其中，$\frac{1}{\gamma T_D s + 1}$ 相当于低通滤波器。

则

$$\gamma T_D \frac{du_D}{dt} + u_D = T_D \frac{dy}{dt} + y \tag{20-21}$$

由差分得

$$\frac{du_D}{dt} \approx \frac{u_D(k) - u_D(k-1)}{T}$$

$$\frac{dy}{dt} \approx \frac{y(k) - y(k-1)}{T}$$

$$\gamma T_D \frac{u_D(k) - u_D(k-1)}{T} + u_D(k) = T_D \frac{y(k) - y(k-1)}{T} + y(k)$$

$$u_D(k) = \left(\frac{\gamma T_D}{\gamma T_D + T}\right) u_D(k-1) + \left(\frac{T_D + T}{\gamma T_D + T}\right) y(k) - \left(\frac{T_D}{\gamma T_D + T}\right) y(k-1)$$

519

$$u_D(k) = c_1 u_D(k-1) + c_2 y(k) - c_3 y(k-1) \tag{20-22}$$

式中

$$c_1 = \frac{\gamma T_D}{\gamma T_D + T}, \ c_2 = \frac{T_D + T}{\gamma T_D + T}, \ c_3 = \frac{T_D}{\gamma T_D + T} \tag{20-23}$$

PI 控制部分传递函数为

$$\frac{u_{PI}(s)}{E(s)} = k_p \left(1 + \frac{1}{T_I s} \right) \tag{20-24}$$

其中，T_I 为积分时间常数。

离散控制律为

$$u(k) = u_{PI}(k) + u_D(k) \tag{20-25}$$

（8）带死区的 PID 控制算法　在计算机控制系统中，某些系统为了避免控制作用过于频繁，消除由于频繁动作所引起的振荡，可采用带死区的 PID 控制算法，控制算式为

$$e(k) = \begin{cases} 0 & |e(k)| \leqslant |e_0| \\ e(k) & |e(k)| > |e_0| \end{cases} \tag{20-26}$$

式中，$e(k)$ 为位置跟踪偏差；e_0 是一个可调参数，其具体数值可根据实际控制对象由实验确定。若 e_0 值太小，会使控制动作过于频繁，达不到稳定被控对象的目的；若 e_0 太大，则系统将产生较大的滞后。

带死区的控制系统实际上是一个非线性系统，当 $|e(k)| \leqslant |e_0|$ 时，数字调节器输出为零；当 $|e(k)| > |e_0|$ 时，数字调节器有 PID 输出。

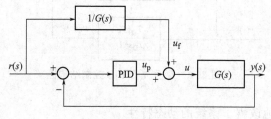

图 20-5　前馈 PID 控制结构

（9）基于前馈补偿的 PID 控制算法　在高精度伺服控制中，前馈控制可用来提高系统的跟踪性能。经典控制理论中的前馈控制设计是基于复合控制思想，当闭环系统为连续系统时，使前馈环节与闭环系统的传递函数之积为 1，从而实现输出完全复现输入。为提高系统跟踪性能，PID 控制结构如图 20-5 所示。

设计前馈补偿控制器为

$$u_f(s) = r(s) \frac{1}{G(s)} \tag{20-27}$$

总控制输出为 PID 控制输出＋前馈控制输出，即

$$u(t) = u_p(t) + u_f(t) \tag{20-28}$$

写成离散形式为

$$u(k) = u_p(k) + u_f(k) \tag{20-29}$$

20. 1. 2　专家 PID 控制和模糊 PID 控制

（1）专家 PID 控制　专家控制（expert control）的实质是基于受控对象和控制规律的各种知识，并以智能的方式利用这些知识来设计控制器。利用专家经验来设计 PID 参数便构成专家 PID 控制。

典型的二阶系统单位阶跃响应误差曲线如图 20-6 所示。对于典型的二阶系统阶跃响应过程作如下分析。

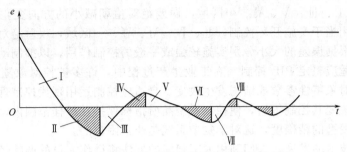

图 20-6　典型二阶系统单位阶跃响应误差曲线

令 $e(k)$ 表示离散化的当前采样时刻的误差值，$e(k-1)$、$e(k-2)$ 分别表示前一个和前两个采样时刻的误差值，则有

$$\Delta e(k)=e(k)-e(k-1) \tag{20-30}$$
$$\Delta e(k-1)=e(k-1)-e(k-2) \tag{20-31}$$

根据误差及其变化，可设计专家 PID 控制器，该控制器可分为以下五种情况进行设计。

① 当 $|e(k)|>M_1$ 时，说明误差的绝对值已经很大。不论误差变化趋势如何，都应考虑控制器的输出应按最大（或最小）输出，以达到迅速调整误差，使误差绝对值以最大速度减小。此时，它相当于实施开环控制。

② 当 $e(k)\Delta e(k)\geqslant0$ 时，说明误差在朝误差绝对值增大方向变化，或误差为某一常值，未发生变化。此时，如果 $|e(k)|\geqslant M_2$，说明误差也较大，可考虑由控制器实施较强的控制作用，以达到扭转误差绝对值朝减小方向变化，并迅速减小误差的绝对值，控制器输出可为

$$u(k)=u(k-1)+k_1\{k_p[e(k)-e(k-1)]+k_ie(k)+k_d[e(k)-2e(k-1)+e(k-2)]\} \tag{20-32}$$

此时，如果 $|e(k)|<M_2$，说明尽管误差朝绝对值增大方向变化，但误差绝对值本身并不很大，可考虑控制器实施一般的控制作用，只要扭转误差的变化趋势，使其朝误差绝对值减小方向变化，控制器输出为

$$u(k)=u(k-1)+k_p[e(k)-e(k-1)]+k_ie(k)+k_d[e(k)-2e(k-1)+e(k-2)] \tag{20-33}$$

③ 当 $e(k)\Delta e(k)<0$、$\Delta e(k)\Delta e(k-1)>0$ 或者 $e(k)=0$ 时，说明误差的绝对值朝减小的方向变化，或者已经达到平衡状态。此时，可考虑采取保持控制器输出不变。

④ 当 $e(k)\Delta e(k)<0$、$\Delta e(k)\Delta e(k-1)<0$ 时，说明误差处于极值状态。如果此时误差的绝对值较大，即 $|e(k)|\geqslant M_2$，可考虑实施较强的控制作用。

$$u(k)=u(k-1)+k_1k_pe_m(k) \tag{20-34}$$

如果此时误差的绝对值较小，即 $|e(k)|<M_2$，可考虑实施较弱的控制作用。

$$u(k)=u(k-1)+k_2k_pe_m(k) \tag{20-35}$$

⑤ 当 $|e(k)|\leqslant\varepsilon$ 时，说明误差的绝对值很小，此时加入积分，减少稳态误差。

式中　　$e_m(k)$——误差 e 的第 k 个极值；

　　　　$u(k)$——第 k 次控制器的输出；

　　$u(k-1)$——第 $k-1$ 次控制器的输出；

　　　　k_1——增益放大系数，$k_1>1$；

　　　　k_2——抑制系数，$0<k_2<1$；

　M_1，M_2——设定的误差界限，$M_1>M_2$；

　　　　k——控制周期的序号（自然数）；

　　　　ε——任意小的正实数。

521

图 20-6 中，Ⅰ、Ⅲ、Ⅴ、Ⅶ、…区域，误差绝对值朝减小的方向变化，此时，可采取保持等待措施，相当于实施开环控制；Ⅱ、Ⅳ、Ⅵ、Ⅷ、…区域，误差绝对值朝增大的方向变化，此时，可根据误差的大小分别实施较强或一般的控制作用，以抑制动态误差。

（2）模糊自适应整定 PID 控制　在工业生产过程中，许多被控对象随着负荷变化或干扰因素影响，其对象特性参数或结构发生改变。自适应控制运用现代控制理论在线辨识对象特征参数，实时改变其控制策略，使控制系统品质指标保持在最佳范围内，但其控制效果的好坏取决于辨识模型的精确度，这对于复杂系统是非常困难的。

随着计算机技术的发展，人们利用人工智能的方法将操作人员的调整经验作为知识存入计算机中，根据现场实际情况，计算机能自动调整 PID 参数，这样就出现了智能 PID 控制器。这种控制器把古典的 PID 控制与先进的专家系统相结合，实现系统的最佳控制。这种控制必须精确地确定对象模型，首先将操作人员（专家）长期实践积累的经验知识用控制规则模型化，然后运用推理便可对 PID 参数实现最佳调整。

由于操作者经验不易精确描述，控制过程中各种信号量以及评价指标不易定量表示，模糊理论是解决这一问题的有效途径，所以人们运用模糊数学的基本理论和方法，把规则的条件、操作用模糊集表示，并把这些模糊控制规则以及有关信息，如评价指标、初始 PID 参数等作为知识存入计算机知识库中，然后计算机根据控制系统的实际响应情况即专家系统的输入条件，运用模糊推理，即可自动实现对 PID 参数的最佳调整，这就是模糊自适应 PID 控制。

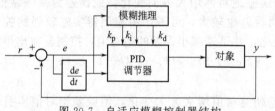

图 20-7　自适应模糊控制器结构

自适应模糊 PID 控制器以误差 e 和误差变化 ec 作为输入，可以满足不同时刻的 e 和 ec 对 PID 参数自整定的要求。利用模糊控制规则在线对 PID 参数进行修改，便构成了自适应模糊 PID 控制器，其结构如图 20-7 所示。

PID 参数模糊自整定是找出 PID 三个参数与 e 和 ec 之间的模糊关系，在运行中通过不断检测 e 和 ec，根据模糊控制原理来对三个参数进行在线修改，以满足不同 e 和 ec 时对控制参数的不同要求，而使被控对象有良好的动、静态性能。

PID 参数的整定必须考虑到在不同时刻三个参数的作用以及相互之间的互联关系。

模糊自整定 PID 是在 PID 算法的基础上，通过计算当前系统误差 e 和误差变化率 ec，利用模糊规则进行模糊推理，查询模糊矩阵表进行参数调整。

模糊控制设计的核心是总结工程设计人员的技术知识和实际操作经验，建立合适的模糊规则表，得到针对 k_p、k_i、k_d 三个参数分别整定的模糊控制表。

① k_p 的模糊规则表，见表 20-1。

表 20-1　k_p 的模糊规则表

Δk_p ＼ ec ／ e	NB	NM	NS	ZO	PS	PM	PB
NB	PB	PB	PM	PM	PS	ZO	ZO
NM	PB	PB	PM	PS	PS	ZO	NS
NS	PM	PM	PM	PS	ZO	NS	NS
ZO	PM	PM	PS	ZO	NS	NM	NM
PS	PS	PS	ZO	NS	NS	NM	NM
PM	PS	ZO	NS	NM	NM	NM	NB
PB	ZO	ZO	NM	NM	NM	NB	NB

② k_i 的模糊规则表，见表 20-2。

表 20-2　k_i 的模糊规则表

Δk_i ＼ ec ／ e	NB	NM	NS	ZO	PS	PM	PB
NB	NB	NB	NM	NM	NS	ZO	ZO
NM	NB	NB	NM	NS	NS	ZO	ZO
NS	NB	NM	NS	NS	ZO	PS	PS
ZO	NM	NM	NS	ZO	PS	PM	PM
PS	NM	NS	ZO	PS	PS	PM	PB
PM	ZO	ZO	PS	PS	PM	PB	PB
PB	ZO	ZO	PS	PM	PM	PB	PB

③ k_d 的模糊控制规则表，见表 20-3。

表 20-3　k_d 的模糊控制规则表

Δk_d ＼ ec ／ e	NB	NM	NS	ZO	PS	PM	PB
NB	PS	NS	NB	NB	NB	NM	PS
NM	PS	NS	NB	NM	NM	NS	ZO
NS	ZO	NS	NM	NM	NS	NS	ZO
ZO	ZO	NS	NS	NS	NS	NS	ZO
PS	ZO	ZO	ZO	ZO	ZO	ZO	ZO
PM	PB	NS	PS	PS	PS	PS	PB
PB	PB	PM	PM	PM	PS	PS	PB

k_p、k_i、k_d 的模糊控制规则表建立好后，可根据如下方法进行 k_p、k_i、k_d 的自适应校正。

将系统误差 e 和误差变化率 ec 变化范围定义为模糊集上的论域。

$$e, ec = \{-5, -4, -3, -2, -1, 0, 1, 2, 3, 4, 5\} \qquad (20\text{-}36)$$

其模糊子集为 e，$ec = \{NB, NM, NS, ZO, PS, PM, PB\}$，子集中元素分别代表负大、负中、负小、零、正小、正中、正大。设 e、ec 和 k_p、k_i、k_d 均服从正态分布，因此可得出各模糊子集的隶属度，根据各模糊子集的隶属度赋值表和各参数模糊控制模型，应用模糊合成推理设计 PID 参数的模糊矩阵表，查出修正参数代入下式计算。

$$k_p = k_p' + \{e_i, ec_i\}_p$$
$$k_i = k_i' + \{e_i, ec_i\}_i$$
$$k_d = k_d' + \{e_i, ec_i\}_d \qquad (20\text{-}37)$$

在线运行过程中，控制系统通过对模糊逻辑规则的结果处理、查表和运算，完成对 PID 参数的在线自校正。

20.1.3　模型 PID 控制

（1）模型 PID 控制概述　常规 PID 控制方法已在工业自动化领域取得广泛成功应用，由于它简单、实用、有一定的鲁棒性，因此 DCS 中基本控制回路绝大部分仍采用这种算法。但它的 PID 参数几乎都是凭工程技术人员的经验设定的，一般很少变更，而生产中工业过程的特性往往会缓慢地变化，而且传感器和控制阀等特性也会变化，这些都会对控制质量造成影响，甚至会影响产品产量和安全生产。如果改善 PID 参数的整定方法，就有可能提高控制系统的控制质量。本节将介绍采用随机数直接搜索的最优化方法来辨识过程模型，再通过优化方法设计控制器 PID 参数的方法，即基于模型的 PID 参数整定方法。

首先采用闭环系统辨识技术，使得建模测试过程既简单又方便，在控制回路正常操作条件下就可进行，对生产影响很小；根据模型参数，用优化方法整定 DCS 中的 PID 控制器参数，实现基于过程模型的先进 PID 控制；使控制速度加快，限制超调量，现场运行结果表明，大大提高控制速度、精度和抗干扰性，对设定值有很好的跟踪功能，并对干扰和模型时变有很强的鲁棒性。

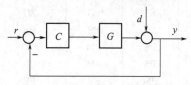

图 20-8　PID 控制器的控制方块图

（2）过程模型的闭环辨识　PID 控制系统方块图见图 20-8，它的闭环传递函数如式（20-38）所示。

$$G_{pid}(s) = \frac{G(s)C(s)}{1 + G(s)C(s)} \tag{20-38}$$

式中，$C(s)$ 为 PID 控制器的传递函数；$G(s)$ 为对象传递函数；$G_{pid}(s)$ 为闭环控制系统传递函数。工业控制过程一般可用一阶加纯滞后过程公式或二阶加纯滞后过程公式来描述：

$$G(s) = \frac{1}{bs + c} e^{-ds} \tag{20-39}$$

$$G(s) = \frac{1}{as^2 + bs + c} e^{-ds} \tag{20-40}$$

式中，a、b、c、d 为对象参数。

根据 DCS 系统提供的 PID 控制算法，选用如下形式：

$$K_c \left(1 + \frac{1}{T_i s}\right)\left(\frac{T_d s + 1}{T_f s + 1}\right) \tag{20-41}$$

该闭环控制系统的传递函数如式（20-38）所示。要辨识过程模型参数，就需要采集在给定的输入下控制系统的输入、输出信号。这里任意选用随机数直接搜索的优化方法来辨识过程模型。首先设定过程初始化参数和搜索范围，用随机数经过转换，直接作为对象模型参数和状态方程初值代入控制系统的状态方程，从而求解出控制系统仿真输出，让它与控制系统实际输出比较，经过反复迭代和优化，最终趋于最优结果，所得到能使误差平方和 ISE 趋于最小的随机数，就是辨识的过程模型参数估计值：

$$\text{ISE} = \int_0^t [y(t) - \hat{y}(t)]^2 \mathrm{d}t \tag{20-42}$$

式中，$y(t)$ 和 $\hat{y}(t)$ 分别为控制系统的阶跃响应的实际输出值和对象模型辨识后仿真计算输出值，曲线如图 20-9 所示。

应当指出，通常采用设定值阶跃作用下的响应数据进行辨识，该设定值变化量只要正常值的 1%～2%，像常压加热炉，约运行在 390℃，只要 0.5% 以内的变化量就可以了，对生产影响很小；不正规的测试信号，甚至使用历史数据，也可用来辨识。

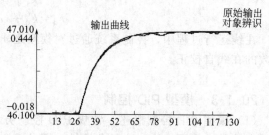

图 20-9　原始输出与对象模型辨识结果仿真输出

（3）过渡过程衰减比的新要求和超调量的约束条件　过去对控制系统的控制器参数整定，通常认为使过渡过程达到 1/4 衰减是比较理想的状态。但是现在，工业过程都规模化，反应强化，过程中各个参数强耦合，互相影响严重，某变量受干扰后，控制系统不及

524

时将它克服，迅速稳定，势必波及到其他变量。基于这种要求，应该采用更高的衰减比，如 1/10 衰减比，甚至整定到无超调量，就可减少变量间互相耦合的影响。过去由于没有采用优化技术，仅凭经验，要使控制速度提高，衰减比变大，随之而来的超调量也变大，很难达到控制系统的要求。现在可以采用上述闭环辨识的对象模型和优化方法，并附加超调量的约束条件，就可轻而易举地解决这个问题。

（4）闭环系统控制器 PID 参数设计　控制系统 PID 参数设计，仍然可以采用优化方法。首先任意设定一组 PID 参数的初始值，使用优化算法，转换为许多组 PID 参数，经比较，保留使性能指标 ITAE 最小的一组。再反复迭代，最后收敛到最优整定参数。图 20-10 为直接进行 PID 参数优化的仿真输出结果。如果有的过程希望没有超调量，可以在设计控制器参数时附加对超调量的约束条件，使超调量为零或小于 1% 等。

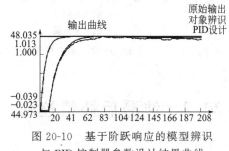

图 20-10　基于阶跃响应的模型辨识与 PID 控制器参数设计结果曲线

经 PID 参数优化后，控制回路的性能指标和鲁棒性得到明显提高，并且该方法的数据获取容易，因为在正常生产中控制回路的设定值改变是时有发生的，而设定值变化前后的数据就是本方法所需数据，故本方法不需要为 PID 做特定的闭环对象特性测试实验。

（5）现场应用示例　基于模型的 PID 先进控制已经在很多装置上应用。图 20-11 给出了催化裂化装置渣油流量控制回路闭环对象辨识与模型 PID 参数设计过程曲线，图 20-12 给出该回路在相同的设定值变化条件下 PID 参数优化前后的结果对比，图 20-13 为苯乙烯装置 TIC309 的模型 PID 控制前后结果对比情况，说明控制质量大为提高。

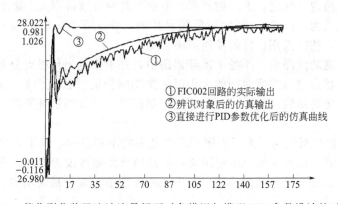

①FIC002回路的实际输出
②辨识对象后的仿真输出
③直接进行PID参数优化后的仿真曲线

图 20-11　催化裂化装置渣油流量闭环对象辨识与模型 PID 参数设计的过程曲线

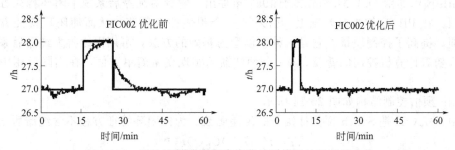

图 20-12　渣油流量模型 PID 控制前后运行结果对比曲线

525

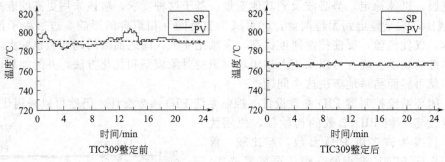

图 20-13　苯乙烯装置 TIC309 的模型 PID 控制前后结果对比

◎ 20.2　纯滞后补偿控制

（1）纯滞后对过程品质的影响　工业生产过程中由于物料传输、热量传递和信号传输需要时间，因此其过程特性经常呈现纯滞后（时滞）现象，如含有管道混合、带传送、成分分析仪表等的过程；而一些分布参数过程或高阶过程，响应曲线的起始部分变化很慢，这种情况可近似作为纯滞后来处理。

纯滞后的存在不利于控制，会使广义对象可控程度明显下降。从时域特性分析，测量仪表的纯滞后使得控制器无法及时响应被控变量的变化，过程的偏差得不到及时的调节；而被控对象的纯滞后使控制作用不能及时产生效应，闭环响应特性变差。

一般地，取过程纯滞后时间 τ 与过程惯性时间常数 T 之比 τ/T 作为衡量纯滞后相对影响的尺度。τ/T 是一个无量纲的值，在 T 大的时候，τ 的值稍大一些也不要紧，过渡过程尽管慢一些，但很易稳定；反之，T 小的时候，即使 τ 的绝对数值不大，影响却可能很大，系统容易振荡。一般认为，$\tau/T \leqslant 0.3$ 的对象较易控制，而 $\tau/T > 0.5 \sim 0.6$ 的对象较难处理，称为大纯滞后过程，往往需用特殊的控制策略。

出现在干扰通道的纯滞后，不处于闭环回路中，并不影响闭环极点分布，所以它不影响系统的稳定性。干扰通道纯滞后时间的大小仅使扰动响应的过渡过程迟一些或早一些开始，而不会影响控制系统的品质。但是，对于前馈控制而言，干扰通道纯滞后时间将影响到前馈控制规律。

（2）Smith 预估控制策略　为了克服纯滞后带来的不利影响，除了在设计和确定控制方案时尽量减小 τ 的值，如减少信号传输距离，提高信号传输速度等之外，采用各种补偿纯滞后的新型控制方法也是一条有效的途径。其中 Smith 预估控制是最常用的一种方法，也称为 Smith 预估器。

Smith 预估器由 O. J. M. Smith 于 1957 年提出。它针对纯滞后系统中闭环特征方程含有纯滞后项，在 PID 反馈控制基础上，引入了一个预估补偿环节，从而使闭环特征方程不含纯滞后项，提高了控制质量。它是一种以模型为基础的方法，可用以改善大纯滞后系统的控制品质。随着计算机控制的普及，Smith 预估器的实现变得简单方便，在实际应用中得到广泛重视。

Smith 预估控制结构如图 20-14 所示。

图中，$G_k(s)$ 是 Smith 预估补偿器的传递函数。为使闭环特征方程不含纯滞后 τ，要求

$$\frac{Y(s)}{R(s)} = \frac{G_c(s)G_p(s)e^{-\tau s}}{1+G_c(s)G_p(s)} \tag{20-43}$$

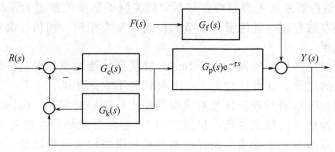

图 20-14　Smith 预估补偿控制系统

$$\frac{Y(s)}{F(s)} = \frac{G'_f(s)}{1 + G_c(s)G_p(s)} \tag{20-44}$$

引入预估补偿器 $G_k(s)$ 后，闭环传递函数是

$$\frac{Y(s)}{R(s)} = \frac{G_c(s)G_p(s)e^{-\tau s}}{1 + G_c(s)G_k(s) + G_c(s)G_p(s)e^{-\tau s}} \tag{20-45}$$

根据式(20-43)与式(20-45)，可以看到，若 $G_k(s)$ 满足

$$G_k(s) = G_p(s)(1 - e^{-\tau s}) \tag{20-46}$$

就能实现上述要求，此时闭环特征方程是

$$1 + G_c(s)G_p(s) = 0 \tag{20-47}$$

这相当于把 $G_p(s)$ 作为对象，用 $G_p(s)$ 的输出作为反馈信号，从而使反馈信号相应提前了 τ 时刻，所以这种控制称为预估补偿控制。由于闭环特征方程不含纯滞后项，所以有可能提高控制器 $G_c(s)$ 的增益，从而明显改善控制质量。

将式(20-46) 代入式(20-45) 可得

$$\frac{Y(s)}{R(s)} = \frac{G_c(s)G_p(s)}{1 + G_c(s)G_p(s)}e^{-\tau s} = G_1(s)e^{-\tau s} \tag{20-48}$$

其中，$G_1(s) = \dfrac{G_c(s)G_p(s)}{1 + G_c(s)G_p(s)}$ 表示没有纯滞后环节时的随动控制的闭环传递函数，同样，从图 20-14 可得定值控制的扰动响应闭环传递函数是

$$\frac{Y(s)}{F(s)} = \frac{G_f(s)[(1 - e^{-\tau s})G_p(s)G_c(s) + 1]}{1 + G_c(s)G_p(s)} = G_f(s)[1 - G_1(s)e^{-\tau s}] \tag{20-49}$$

因此，经过预估补偿后，闭环特征方程中已消去了 $e^{-\tau s}$ 项，也就是消除了纯滞后对控制品质的不利影响。

Smith 预估补偿控制实施需注意的问题如下。

① 预估是基于过程模型已知的情况下进行的，因此，实现 Smith 预估补偿必须已知动态模型，而且在模型与真实过程一致时才有效。

② 对于大多数过程控制，过程模型只能近似地代表真实过程。设 $G_p(s)$ 和 τ 代表真实过程的特性，而过程模型用 $\hat{G}_p(s)$ 和 $\hat{\tau}$ 表示。因此，在利用 $\hat{G}_p(s)$ 和 $\hat{\tau}$ 来建立 Smith 预估补偿控制器时，就有一定的误差存在。由式(20-3)可知，其特征方程式为

$$1 + G_c(s)G_k(s) + G_c(s)G_p(s)e^{-\tau s} = 1 + G_c(s)[\hat{G}_p(s)(1 - e^{-\hat{\tau}s})] + G_c(s)G_p(s)e^{-\tau s}$$
$$= 1 + G_c(s)[\hat{G}_p(s) - \hat{G}_p(s)e^{-\hat{\tau}s} + G_p(s)e^{-\tau s}] \tag{20-50}$$

因此，只有当过程模型与真实过程完全一致时，即 $\hat{G}_p(s) = G_p(s)$，$\hat{\tau} = \tau$ 时，Smith 预估补偿控制才能实现完全补偿。模型误差越大，即 $[G_p(s) - \hat{G}_p(s)]$ 和 $(\tau - \hat{\tau})$ 的值越大，则补偿效果越差。总之，其控制质量对于模型误差（主要是纯滞后时间和增益误差）是很敏感的。

Smith 预估补偿控制系统的参数整定包括常规控制器的参数整定和预估补偿器的参数整定。常规控制器的参数整定与无纯滞后环节的控制器参数相同。预估补偿器的参数应严格按照对象的参数来确定。

(3) 增益自适应纯滞后补偿器 由于 Smith 补偿器性能对模型误差很敏感，所以对严重非线性或时变增益的过程，这种线性的 Smith 补偿是不太适用的。

针对 Smith 预估补偿器的控制性能对模型误差十分敏感的问题，Giles 和 Bartley 提出了增益自适应 Smith 预估补偿控制系统，见图 20-15。它能有效地把控制对象和模型之间的所有差别都看作是增益的误差来处理。通过控制对象和模型输出信号比较来对模型增益作出适应性修正。

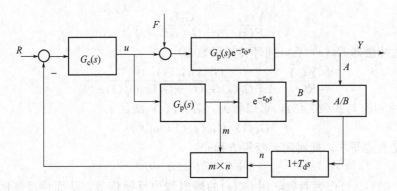

图 20-15 增益自适应 Smith 预估补偿控制

图 20-15 的预估补偿控制结构与 Smith 预估器相似，只是在 Smith 补偿模型之外另加一个除法器，一个一阶微分环节（识别器）和一个乘法器。这样，系统的输出减去模型输出的运算，被系统的输出除以模型的输出的运算所代替，而对预估器输出作修正的加法运算改成了乘法运算。除法器的输出还串联一个超前补偿环节，其超前时间常数等于纯滞后时间。它用来使滞后了的输出比值有一个超前作用。这三个环节的作用是根据预估补偿模型和过程输出信号之间的差值，提供一个能自动校正预估器增益的信号。

在理想情况下，当预估器模型与真实对象的动态特性完全一致时，图中除法器的输出是 1，所以输出也是 1，此时即为 Smith 预估补偿控制。

在实际情况下，预估器模型往往与真实对象动态特性的增益存在有偏差，图 20-15 所示的增益自适应补偿控制能起自适应作用。这是因为从补偿原理可知，若广义对象的增益由 K_p 增大到 $K_p + \Delta K$，则除法器的输出 $A/B = (K_p \pm \Delta K)/K_p$，假设真实对象其他动态参数不变，此时识别器中微分项 $T_d s$ 不起作用，因而识别器输出也是 $(K_p \pm \Delta K)/K_p$。这样，乘法器输出变为 $(K_p + \Delta K)G_p(s)$，可见反馈量也变化了 ΔK，相当于预估模型的增益变化了 ΔK，故在对象增益 K_p 变化 ΔK 后，补偿器模型仍能得到完全补偿。

此外，对于纯滞后过程的补偿控制还有各种观测补偿器方案，其分析方法与 Smith 预估器相似。

◎ 20.3 内模控制

(1) 基本原理 内模控制（Internal Model Control，简称 IMC）是一种基于过程数学模型进行控制器设计的新型控制策略。自 20 世纪 50 年代后期起，许多研究者已开始采用类似内模控制的概念来设计最优反馈控制器，如 Smith 的时滞预估补偿控制器，Francis、

Woham 等人的基于内部模型的调节器设计方法。1974 年，德国学者 Frank 首先在工业过程控制中提出了图 20-16 所示的内模控制结构。1979 年，Brosilow 在其推断控制的基础上，进一步论证了图 20-16 的内模结构是推断控制和 Smith 预估控制器的核心，并给出了内模控制器的设计方法。1982 年，Garcia 和 Morari 在此基础上以典型的单输入单输出系统方块图开始提出一种统一的基本结构，称为内部模型控制。

图中虚线框内是整个控制系统的内部结构，可用模拟硬件或计算机软件来实现。由于该结构中除了有控制器 G_{IMC} 以外，还包含了过程模型 $\widetilde{G}_p$，内模控制因此而得名。对图 20-16 进行等价变换，得到图 20-17 所示的简单反馈控制系统形式。

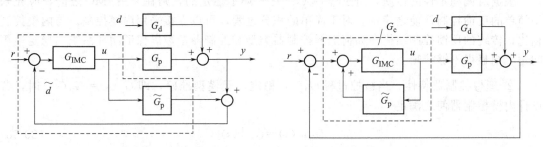

G_{IMC}—内模控制器；G_p—过程；

$\widetilde{G}_p$—过程模型；G_d—扰动通道传递函数

图 20-16　内模控制结构框图

图 20-17　IMC 等价结构

这样，对于图 20-16 中的内环反馈控制器，有

$$G_c(s) = \frac{G_{IMC}(s)}{1 - G_{IMC}(s)\widetilde{G}_p(s)} \tag{20-51}$$

式中，分母含有负号的原因在于 $G_{IMC}(s)$ 的反馈通道是正反馈。经过方块图运算，图 20-17 中的输入输出关系可以表达为

$$\frac{y(s)}{r(s)} = \frac{G_c(s)G_p(s)}{1 + G_c(s)G_p(s)} \tag{20-52}$$

$$\frac{y(s)}{d(s)} = \frac{G_d(s)}{1 + G_c(s)G_p(s)} \tag{20-53}$$

将式(20-51) 代入式(20-52) 和式 (20-53) 中，整理后得

$$\frac{y(s)}{r(s)} = \frac{G_{IMC}(s)G_p(s)}{1 + G_{IMC}(s)[G_p(s) - \widetilde{G}_p(s)]} \tag{20-54}$$

$$\frac{y(s)}{d(s)} = \frac{[1 - G_{IMC}(s)\widetilde{G}_p(s)]G_d(s)}{1 + G_{IMC}(s)[G_p(s) - \widetilde{G}_p(s)]} \tag{20-55}$$

这样，内模控制系统的闭环响应为

$$y(s) = \frac{G_{IMC}(s)G_p(s)r(s)}{1 + G_{IMC}(s)[G_p(s) - \widetilde{G}_p(s)]} + \frac{[1 - G_{IMC}(s)\widetilde{G}_p(s)]G_d(s)}{1 + G_{IMC}(s)[G_p(s) - \widetilde{G}_p(s)]} \tag{20-56}$$

从图 20-16 可知，内模控制的反馈信号为

$$\widetilde{d}(s) = [G_p(s) - \widetilde{G}_p(s)]u(s) + G_d(s)d(s) \tag{20-57}$$

如果模型准确，即 $\widetilde{G}_p(s) = G_p(s)$，且没有外界扰动，即 $d(s) = 0$，则模型的输入 $\widetilde{y}$ 与过程的输出 y 相等，此时反馈信号为零。这样，在没有模型不确定性和无未知输入的条件下，内模控制系统具有开环结构。这就意味着，对开环稳定的过程而言，反馈的目的是克服

529

过程的不确定性。也就是说，如果过程和过程输入都完全清楚，只需要前馈（开环）控制，而不需要反馈（闭环）控制。事实上，在工业过程控制中，克服扰动是控制系统的主要任务，而模型不确定性也是难免的。这样，在图 20-16 所示的 IMC 结构中，反馈信号 $\tilde{d}(s)$ 就反映了过程模型的不确定性和扰动的影响，从而构成了闭环控制结构。

（2）主要性质　内模控制的主要性质如下。

① 对偶稳定性　假设模型是准确的，即 $\tilde{G}_\mathrm{p}(s)=G_\mathrm{p}(s)$，则 IMC 系统内部稳定的充要条件是：过程 $G_\mathrm{p}(s)$ 与控制器 $G_\mathrm{IMC}(s)$ 都是稳定的。

根据对偶稳定性的性质，若过程 $G_\mathrm{p}(s)$ 是开环不稳定的，则在使用 IMC 之前，应先采用简单的反馈控制律使之稳定。对于简单的积分过程，可以直接采用内模控制。与内模控制相比，传统的反馈控制结构在如何选择控制器类型和控制器参数以保证闭环系统的稳定性等问题上则显得不够清晰。

② 理想控制器特性　当被控过程 $G_\mathrm{p}(s)$ 稳定，且模型准确，即 $G_\mathrm{p}(s)=\tilde{G}_\mathrm{p}(s)$ 时，若设计内模控制器使之满足

$$G_\mathrm{IMC}(s)=\tilde{G}_\mathrm{p}^{-1}(s) \tag{20-58}$$

且模型的逆 $\tilde{G}_\mathrm{p}^{-1}(s)$ 存在并可以实现时，由式（20-56）可推导出

$$y(s)=\begin{cases} r(s) & \text{（设定值扰动下）}\\ 0 & \text{（外界干扰扰动下）} \end{cases} \tag{20-59}$$

式（20-59）表明：在所有时间内和任何干扰 d 作用下，系统输出都等于输入设定值，即 $y(s)=r(s)$。这意味着系统对于任何干扰 $d(s)$ 都能加以克服，因而能实现对参考输入的无偏差跟踪。

理想控制器特性是在 $\tilde{G}_\mathrm{p}^{-1}(s)$ 存在且控制器 $G_\mathrm{IMC}(s)$ 可以实现的条件下得到的。然而，由于对象中常见的时滞和惯性环节，$\tilde{G}_\mathrm{p}^{-1}(s)$ 中将出现纯超前和纯微分环节，因此，理想控制器很难实现。此外，对于具有反向特性，即包含不稳定零点的过程，$\tilde{G}_\mathrm{p}^{-1}(s)$ 中甚至含有不稳定极点。总之，当被控对象为一非最小相位过程时，不能直接采用上述理想控制器的设计方法，而应将对象模型进行分解，然后再利用分解出的含有稳定零点和稳定极点的部分设计控制器和滤波器。

③ 零稳态偏差特性　若内模控制系统闭环稳定，即使模型与过程失配，即 $\tilde{G}_\mathrm{p}(s)\neq G_\mathrm{p}(s)$，只要控制器设计满足 $G_\mathrm{IMC}(0)=\tilde{G}_\mathrm{p}^{-1}(0)$，即控制器的稳态增益等于模型稳态增益的倒数，则此系统属于类型 1，且对于阶跃输入和常值干扰均不存在稳态偏差。由图 20-16 可知

$$E(s)=r(s)-y(s)=\frac{[1-G_\mathrm{IMC}(s)\tilde{G}_\mathrm{p}(s)]}{1+G_\mathrm{IMC}(s)[G_\mathrm{p}(s)-\tilde{G}_\mathrm{p}(s)]}[r(s)-d(s)] \tag{20-60}$$

显然，若 $G_\mathrm{IMC}(0)=\tilde{G}_\mathrm{p}^{-1}(0)$，则对于阶跃输入和扰动，由终值定理可知，稳态偏差 $e(\infty)$ 为零。

若内模控制系统闭环稳定，即使模型与对象失配，即 $\tilde{G}_\mathrm{p}(s)\neq G_\mathrm{p}(s)$，只要选择 $G_\mathrm{IMC}(s)$ 使之满足 $G_\mathrm{IMC}(0)=\tilde{G}_\mathrm{p}^{-1}(0)$，且 $\dfrac{\mathrm{d}}{\mathrm{d}s}[\tilde{G}_\mathrm{p}(s)G_\mathrm{IMC}(s)]|_{s=0}=0$，则系统属于类型 2。该系统对

于所有斜坡输入和干扰均不存在稳态偏差。这一性质也可由终值定理得到。

IMC 系统的这一零稳态偏差特性表明：IMC 系统本身具有偏差积分作用，无需在内模控制器设计时引入积分环节。

（3）内模控制器设计　内模控制的理想控制器特性虽然很有价值，但在实际工作中"非理想"情况却是不能不考虑的，主要表现在两个方面：一是模型与各种不同工况下的实际过程总会存在误差；二是 $\hat{G}_p(s)$ 有时不完全可倒，这是指：

① $\hat{G}_p(s)$ 中包含有非最小相位环节（即其零点在右半平面），其倒数会形成不稳定环节；

② $\hat{G}_p(s)$ 中包含有纯滞后环节，其倒数为纯超前，它是不可实现的。

鉴于上述情况，内模控制器的设计可分成两步。

① 将过程模型作因式分解

$$\hat{G}_p = \hat{G}_{p+}\hat{G}_{p-} \tag{20-61}$$

式中，$\hat{G}_{p+}$ 包含了所有的纯滞后和右半平面的零点，并规定其静态增益为 1。

② 控制器设计为

$$G_c^*(s) = \frac{1}{\hat{G}_{p-}}f \tag{20-62}$$

这里 f 为静态增益为 1 的低通滤波器，其典型形式为

$$f = \frac{1}{(T_f s + 1)^r} \tag{20-63}$$

式中，T_f 可选为所希望的闭环时间常数〔假定 $\frac{y(s)}{r(s)}$ 的闭环传递函数可用一阶加纯滞后表达时，该传递函数中的时间常数为闭环时间常数〕；参数 r 是一个正整数，它的选择原则主要是使 $G_c^*(s)$ 成为合理的传递函数（如它的分母阶次至少应等于分子的阶次）。

值得一提的是，在方程式（20-62）中内模控制器仅包含了 $\hat{G}_{p-}(s)$ 的倒数，而不是整个过程模型 $\hat{G}_p(s)$ 的倒数。相反，如果是整个模型 $\hat{G}_p(s)$ 的倒数，那么该控制器就可能会包含纯超前 $e^{+\tau s}$ 项（如果 $\hat{G}_{p+}$ 中有纯滞后）和不稳定极点（如果 $\hat{G}_{p+}$ 中有右半平面的零点）。而利用因式分解算式（20-61），并添加了（20-63）式那样的滤波器 f，则能保证 $G_c^*(s)$ 是物理可实现的，并且是稳定的。另外，因为（20-62）式中的控制器是基于零极点相消原理来设计的，因而这种形式的内模控制算法不能应用于开环不稳定的过程。

假设模型没有误差〔$\hat{G}_p(s) = G_p(s)$〕，将式（20-61）和式（20-62）代入式（20-56），可得

$$y(s) = \hat{G}_{p+}(s)fr(s) + [1 - f\hat{G}_{p+}(s)]D(s) \tag{20-64}$$

设定值变化〔设 $D(s) = 0$〕的闭环传递函数为

$$\frac{y(s)}{r(s)} = \hat{G}_{p+}(s)f \tag{20-65}$$

上式表明，滤波器 f 与闭环性能有非常直接的关系。滤波器中的时间常数 T_f 是个可调整的参数。时间常数越小，y 对 r 的跟踪滞后越小。仅从这个角度看，似乎 T_f 越小越好。但事实上，滤波器在内模控制中还有另一重要作用，即利用它可以调整系统的鲁棒性（即对模型误差的不敏感性）。它的规律是，时间常数越大，系统鲁棒性越好。因而对某个具体系统，滤波器时间常数 T_f 的取值应在兼顾闭环控制精度和系统的鲁棒性中作出折中选择。

通过调整滤波器参数可以调整系统的鲁棒性，这是内模控制的特点，也是比 Smith 预估控制好的一个优点，从而使它更具有实用性。

由于内模控制器的设计思路清晰、步骤简单、跟踪调节性能好、鲁棒性强、能消除不可

测干扰的影响，使它在控制理论界和工程应用领域都得到了普遍重视，现已成为控制系统设计与分析的一种有力工具。

◎ 20.4　推断控制

（1）基本原理　生产过程的被控变量（过程的输出）有时不能直接测得，因而就难以实现反馈控制。如果扰动可测，则尚能采用前馈控制。假若扰动也不能直接测得，则可以采用推断控制。推断控制是利用数学模型，由可测信息将不可测的输出变量推算出来，实现反馈控制，或将不可测扰动推算出来以实现前馈控制。

Brosilow 等人于 1978 年提出了"推断控制"的概念并开发了推断控制系统。其基本思想是借助于与关键输出相关的可测辅助变量如温度、压力、流量等，来推断不可直接测量的扰动对过程主要输出（如产品质量、成分等）的影响，并设法补偿它们对关键输出的影响，以使关键输出达到并保持在设定值。这类系统的结构如图 20-18 所示。

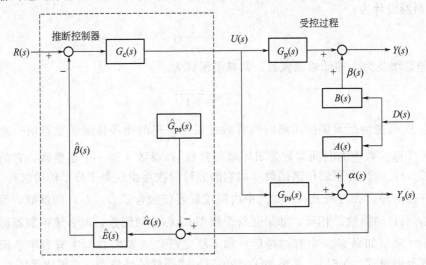

图 20-18　推断控制基本结构

图中，右半部分为受控过程，其输入变量包括控制作用 $U(s)$ 和主要扰动 $D(s)$。$U(s)$ 为单变量，但主要扰动可能不止一个，故 $D(s)$ 为向量。输出变量包括关键输出 $Y(s)$ 和可测量的辅助输出 $Y_s(s)$，$Y(s)$ 为单变量，$Y_s(s)$ 为向量。假设受控过程的传递函数（或传递函数矩阵）$G_p(s)$、$G_{ps}(s)$、$B(s)$、$A(s)$ 可估计得到，则控制作用 $U(s)$ 与扰动 $D(s)$ 对关键输出的影响可通过辅助输出的变化而有所反映。

推断控制部分如图 20-18 左半部分所示，它由 $G_c(s)$、$\hat{E}(s)$ 和 $\hat{G}_{ps}(s)$ 三模块组成。其中传递函数阵 $\hat{G}_{ps}(s)$ 为控制作用对辅助输出的传递函数 $G_{ps}(s)$ 的估计模型；$G_c(s)$ 的输出即为控制作用 $U(s)$，输入为设定值 $R(s)$ 与来自估计器 $\hat{E}(s)$ 的信号 $\hat{\beta}(s)$ 的差值。估计器的作用是产生 $Y(s)$ 在 $D(s)$ 作用下的变化量 $\beta(s)$ 的估计量 $\hat{\beta}(s)$。

（2）设计原则

① 估计器 $\hat{E}(s)$　$\hat{E}(s)$ 的输入来自两方面：一是辅助输出 $Y_s(s)$；二是 $U(s)$ 通过模型 $\hat{G}_{ps}(s)$ 的输出。如果 $\hat{G}_{ps}(s) = G_{ps}(s)$，则 $\hat{E}(s)$ 的输入将是 $D(s)$ 经过 $A(s)$ 通道的输出 $\alpha(s)$ 的估计值 $\hat{\alpha}(s)$。因此，$\hat{E}(s)$ 的功能是将 $\hat{\alpha}(s)$ 转换为 $\hat{\beta}(s)$。由于

$$\alpha(s) = A(s)D(s), \beta(s) = B(s)D(s) \tag{20-66}$$

而 $\hat{\beta}(s) = \hat{E}(s)\hat{\alpha}(s)$。若 $\hat{G}_{ps}(s) = G_{ps}(s)$，则

$$\hat{\beta}(s) = \hat{E}(s)\alpha(s) = \hat{E}(s)A(s)D(s) \tag{20-67}$$

因此，要满足 $\hat{\beta}(s) = \beta(s)$ 的条件为

$$B(s)D(s) = \hat{E}(s)A(s)D(s)$$

即

$$\hat{E}(s)A(s) = B(s) \tag{20-68}$$

当 $D(s)$ 和 $Y_s(s)$ 均为标量时，$A(s)$ 和 $B(s)$ 也为标量，可得到

$$\hat{E}(s) = \frac{\hat{B}(s)}{\hat{A}(s)} \tag{20-69}$$

当 $D(s)$ 和 $Y_s(s)$ 中有一个或两个均为向量时，$A(s)$ 和 $B(s)$ 中也将出现向量或矩阵，此时，式(20-69)应改写为

$$\hat{E}(s)\hat{A}(s)\hat{A}^T(s) = \hat{B}(s)\hat{A}^T(s) \tag{20-70}$$

即

$$\hat{E}(s) = \hat{B}(s)\hat{A}^T(s)[\hat{A}(s)\hat{A}^T(s)]^{-1} \tag{20-71}$$

② 推断控制器 $G_c(s)$ 　推断控制器的设计主要考虑如何补偿扰动对于关键输出的影响。选择推断控制器为 $G_c(s) = 1/\hat{G}_p(s)$，则有

$$Y(s) = -\left[\frac{G_p(s)}{\hat{G}_p(s)}\right]\hat{\beta}(s) \tag{20-72}$$

当 $G_p(s) = \hat{G}_p(s)$ 时，$Y(s) = -\hat{\beta}(s)$。另一方面，$D(s)$ 通过 $B(s)$ 通道，使 $Y(s)$ 发生的变化量为 $\beta(s)$。只要做到 $\hat{\beta}(s) = \beta(s)$，扰动对关键输出的影响将得到完全的补偿。

至于设定值对关键系统输出的影响，由于 $Y(s) = G_p(s)\hat{G}_p^{-1}(s)R(s)$，只要

$$G_p(s)|_{s=0} = \hat{G}_p(s)|_{s=0} \tag{20-73}$$

则 $Y(s) = R(s)$，即控制系统是无余差的。

上述分析表明，对关键输出变量而言，推断控制系统实际上是一种前馈控制方案，当模型正确无误时，这类系统对设定值变化有很好的跟踪性能，并对不可测扰动具有完全补偿能力。然而，实际情况要复杂得多，要获取过程的动态模型并不容易，而要保证模型的正确性就更加困难，因而限制了其工业应用。但是，当关键输出可测，但动态滞后较大或采样周期较长时，就完全可能将推断控制与输出反馈控制结合起来，成为前馈-反馈控制系统，其实际应用效果将显著改善。

(3) 推断反馈控制　单纯的推断控制系统是一种开环系统，因此要进行完全不可直接测量扰动的补偿以及实现无差控制，必须准确地已知过程数学模型以及所有扰动特性，然而这在过程控制中往往是相当困难的。为了克服模型误差以及其他扰动所导致的过程输出稳态误差，在可能的条件下，推断控制常与反馈控制系统结合起来，以构成推断反馈控制系统，相应的结构框图如图 20-19 所示。

在推断反馈控制系统中，考虑反馈回路中含有较大的测量滞后 $G_m(s)$，因此反馈控制部分的设计应作特殊的考虑，而推断控制部分的设计与前述方法一致。

首先，与前馈反馈控制系统的设计一样，为了消除模型不准确以及其他扰动所引起的稳态偏差，所引入的反馈控制部分应该具有较慢的控制作用，因此反馈控制器 $G_c(s)$ 宜采用较大的积分时间和较大的比例度，或者采用纯积分控制器。

其次，在设定值变化时，推断控制部分具有很快的响应速度，而反馈控制部分由于过程主要输出的测量滞后很大，加之采用了较大积分时间的反馈控制器，故其响应速度通常很慢。为了保证两个控制系统与设定值变化的响应相匹配，则在反馈控制部分引入了均衡环节

533

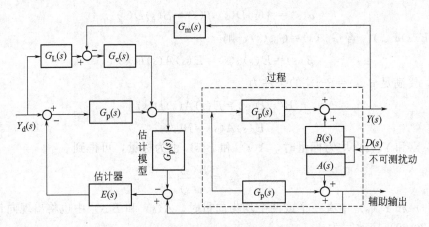

图 20-19　推断反馈控制系统框图

$G_L(s)$，以调整反馈控制部分的响应速率。

（4）广义的推断控制　前面所讨论的推断控制器实际上包括关键输出估计模型与反馈控制器两部分，其中关键输出估计模型（即软测量模型）以可测的控制作用与辅助输出为输入，以关键系统输出的预测值为模型输出；而反馈控制器以软测量模型输出与其设定值之差为输入，以控制作用为控制器输出。将上述两部分完全分离，就得到了图 20-20 所示的广义推断控制系统。图中，$Z(k)$ 为过程测量信号，可同时包括控制输入、可测的扰动输入与过程辅助测量输出；$\hat{y}(k)$ 为软测量仪表的输出。就反馈控制器而言，可将受控过程与软测量模型等效于一个广义对象。

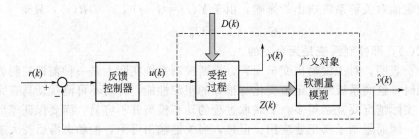

图 20-20　广义推断控制系统的基本结构

由于该广义对象输入可控、输出可直接测量（用软测量仪表的输出代替实际输出），又为相对简单的 SISO 系统，因而反馈控制器可采用几乎所有类型的 SISO 控制器，如单回路 PID、串级 PID、前馈反馈控制器、内模控制器、预测控制器等。实际应用时，需要根据被控过程与软测量模型的具体特点来选择合适的控制器结构与参数。

◎ 20.5　模型预测控制

（1）基本原理　模型预测控制是一类基于对象模型通过预测受控对象的输出并结合反馈校正来决定其最优控制作用的闭环优化控制策略。其算法核心是：可预测过程未来行为的动态模型，在线反复优化计算并滚动实施的控制作用和模型误差的反馈校正。模型预测控制可有效地克服过程的不确定性、非线性和关联性，并能方便地处理过程被控变量和操纵变量中的各种约束。

模型预测控制是从过程控制实践过程中发展起来的一种实用算法，20 世纪 70 年代开始出现的典型预测控制算法有 Richalet 和 Mehra 等提出的建立在非参数模型脉冲响应基础上的模型预测启发控制（Model Predictive Heuristic Control，MPHC）或称为模型算法控制（Model Algorithmic Control，MAC），以及 Cutler 等提出的建立在非参数模型阶跃响应基础上的动态矩阵控制（Dynamic Matrix Control，DMC）。此外，进入 20 世纪 80 年代以后，出现了基于辨识被控过程参数模型且带有自适应机制的一类新型模型预测控制算法，如 Clarke 等人提出的广义预测控制（Generalized Predictive Control，简称 GPC）。为了适应机电类快速响应过程的控制要求，Richalet 等人还在 1986 年提出了预测函数控制，并用于工业机器人的快速高精度跟踪控制。

各类预测控制算法都有一些共同特点，归结起来有三个基本特征，如图 20-21 所示。

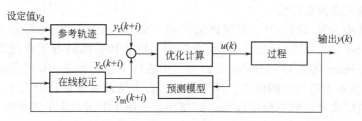

图 20-21　预测控制的基本结构

① 预测模型　预测模型的作用是根据系统的现时刻的控制输入以及过程的历史信息，预测过程输出的未来值。预测模型可有各种模型形式，如脉冲响应模型和阶跃响应模型等非参数模型，传递函数，状态空间模型，还有易于在线辨识并能描述不稳定过程的 CARMA 受控自回归滑动平均模型（Controlled Auto-Regressive Moving Average，简称 CARMA）和受控自回归积分滑动平均模型（Controlled Auto-Regressive Integrated Moving Average，简称 CARIMA）。

② 反馈校正　在预测控制中，采用预测模型进行过程输出值的预估只是一种理想的方式，对于实际过程，由于存在非线性、时变、模型失配和干扰等不确定因素，使基于模型的预测不可能准确地与实际相符。因此，在预测控制结构中，通过过程输出的测量值与模型的预估值进行比较，得出模型的预测误差，再利用模型预测误差来校正模型的预测值，从而得到更为准确的将来输出的预测值。正是这种由模型加反馈校正的过程，使预测控制具有很强的抗干扰和克服系统不确定的能力。

③ 滚动优化　预测控制中的优化与通常的离散最优控制算法不同，不是采用一个不变的全局最优目标，而是采用滚动式的有限时域优化策略。也就是说，优化过程不是一次离线完成的，而是反复在线进行的，即在每一采样时刻，优化性能指标只涉及从该时刻起到未来有限的时间，而到下一个采样时刻，这一优化时段会同时向前推移。

事实上，预测控制的三个基本特征，即预测模型，反馈校正和滚动优化也不过是一般控制理论中模型、反馈和控制概念的具体表现形式。

在预测控制中，考虑到过程的动态特性，为了使过程避免出现输入和输出的急剧变化，往往要求过程输出 $y(k+i)$ 沿着一条所期望的、平缓的曲线达到设定值 y_d。这条曲线通常称为参考轨迹 $y_r(k+i)$，它是设定值经过在线"柔化"后的产物。最广泛采用的参考轨线为一阶指数变化形式，可写为

$$y_r(k+i)=\alpha^i y(k)+(1-\alpha^i)y_d, i=1,2,\cdots \tag{20-74}$$

式中

$$\alpha=e^{\frac{-T_s}{T}}$$

其中，T_s 为采样周期；T 为参考轨迹的时间常数；$y(k)$ 为现时刻过程输出；y_d 为设

定值，当 $y_d = y(k)$，则对应着镇定问题，而 $y_d \neq y(k)$，则对应着跟踪问题。

显然，T 越小，则 α 越小，参考轨迹就能越快地达到设定值 y_d。α 是预测控制中的一个重要设计参数，它对闭环系统的动态特性和鲁棒性都有重要作用。

此外，预测控制中通过求解优化问题，可得到现时刻所确定的一组最优控制 $\{u(k), u(k+1), \cdots, u(k+m-1)\}$，其中，$m$ 为控制的时域长度。然而，在现时刻 k 只施加第一个控制作用 $u(k)$，等到下一个采样时刻 $k+1$，再根据采集到的过程输出，重新进行优化计算，求出新一组最优控制作用，仍只施加第一个控制作用，如此类推，"滚动" 式推进。

由于预测控制的一些基本特征使其具有许多优良性质：对数学模型要求不高且模型的形式是多样化的；能直接处理具有纯滞后的过程；具有良好的跟踪性能和较强的抗干扰能力；对模型误差具有较强的鲁棒性。

（2）模型算法控制（MAC）　模型算法控制（Model Algorithmic Control，简称 MAC）最早是由 Richalet 等人在 20 世纪 60 年代末应用于锅炉和精馏塔等工业过程的控制。20 世纪 70 年代末，Mehra 等人对 Richalet 等人的工作进行了总结和进一步的理论研究。

MAC 算法基本上包括预测模型、反馈校正、参考轨迹和滚动优化几个部分。它采用基于对象脉冲响应的非参数数学模型作为内部模型，适用于渐近稳定的线性对象。下面简要介绍单输入单输出过程的 MAC 算法。

① 预测模型　对于线性对象，如图 20-22 所示，如果已知其单位脉冲响应的采样值为 g_1，g_2…则可根据离散卷积公式，写出其输入输出间的关系，即

$$y(k) = \sum_{i=1}^{\infty} g_i u(k-i) \tag{20-75}$$

其中，u、y 分别是输入量、输出量相对于稳态工作点的偏移值。对于渐近稳定的对象，由于 $\lim\limits_{i \to \infty} g_i = 0$，故对象的动态就可近似地用一个有限项卷积表示的预测模型来描述，即

$$y(k) = \sum_{i=1}^{N} g_i u(k-i) \tag{20-76}$$

其中，N 是建模时域，与采样周期 T_s 有关，NT_s 对应于被控过程的响应时间。

由式（20-76）可得对象在未来第 j 个采样时刻的输出预测值

$$\hat{y}(k+j) = \sum_{i=1}^{N} g_i u(k+j-i) \tag{20-77}$$

其中，$j=1, 2, \cdots, P$，P 为预测时域，M 为控制时域，且 $M \leqslant P \leqslant N$，并且假设在 $k+M-1$ 时刻后控制量不再改变，即有

$$u(k+M-1) = u(k+M) = \cdots = u(k+P-1) \tag{20-78}$$

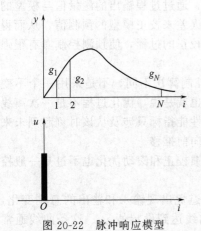

图 20-22　脉冲响应模型

将上述输出预测写成矢量形式

$$\hat{Y}(k+1) = G_1 U(k) + G_2 U(k-1) \tag{20-79}$$

式中　$\hat{Y}(k+1) = [\hat{y}(k+1) \cdots \hat{y}(k+P)]^T$——预测模型输出矢量；

$U(k) = [u(k) \cdots u(k+M-1)]^T$——未来的控制矢量；

$U(k-1) = [u(k-1) \cdots u(k+1-N)]^T$——过去的控制矢量。

$$
\boldsymbol{G}_1 = \begin{bmatrix} g_1 & & & 0 \\ g_2 & g_1 & & \\ \vdots & \vdots & \ddots & \\ g_M & g_{M-1} & \cdots & g_1 \\ \vdots & \vdots & \cdots & \vdots \\ g_P & g_{P-1} & \cdots & \sum\limits_{i=1}^{P-M+1} g_i \end{bmatrix}_{P \times M} \qquad \boldsymbol{G}_2 = \begin{bmatrix} g_2 & \cdots & & g_{N-1} & g_N \\ g_3 & \cdots & & g_N & \\ \vdots & \cdots & & & \\ g_{P+1} & \cdots & g_N & & \end{bmatrix}_{P \times (N-1)}
$$

由式(20-79)可知 MAC 算法预测模型输出包括两部分:过去已知的控制量所产生的预测模型输出部分,它相当于预测模型输出初值;由现在和未来控制量所产生的预测模型输出部分。由于预测输出与对象在 k 时刻的实际输出信息无关,故称其为开环预测。

② 反馈校正　由于实际过程存在时变或非线性等因素,加上系统中的各种随机干扰,使得模型不可能与实际对象的输出完全一致,为了在模型失配时有效地消除静差,需要对上述开环模型预测输出进行修正。在预测控制中常用输出误差反馈校正方法,即闭环预测。设第 k 步的实际对象输出测量值 $y(k)$ 与预测模型输出 $\hat{y}(k)$ 之间的误差为 $e(k)=y(k)-\hat{y}(k)$,利用该误差对预测输出 $\hat{y}(k+j)$ 进行反馈校正,得到校正后的输出预测值 $y_c(k+j)$ 为

$$
y_c(k+j) = \hat{y}(k+j) + he(k) \quad (j=1,2,\cdots,P) \tag{20-80}
$$

式中,h 为误差修正系数。

将式(20-80)表示成向量形式

$$
\boldsymbol{Y}_c(k+1) = \hat{\boldsymbol{Y}}(k+1) + \boldsymbol{H}e(k) \tag{20-81}
$$

式中,$\boldsymbol{Y}_c(k+1) = [y_c(k+1) \ \cdots \ y_c(k+P)]^{\mathrm{T}}$ 为系统输出预测矢量;$\boldsymbol{H} = [h_1 \ \cdots \ h_P]^{\mathrm{T}}$(一般可取 $h=1$)。

③ 参考轨迹　在 MAC 算法中,控制的目的是使系统的输出 y 沿着一条事先规定的曲线逐渐到达设定值 ω,这条指定的曲线称为参考轨迹 y_r,通常参考轨迹采用从现在时刻实际输出值出发的一阶指数函数形式,如图 20-23 所示。它在未来第 j 个时刻的值为

$$
y_r(k+j) = y(k) + [\omega - y(k)](1 - \mathrm{e}^{-jT_s/\tau}) \quad (j=0,1,\cdots) \tag{20-82}
$$

式中,ω 为输出设定值;τ 为参考轨迹时间常数;T_s 为采样周期。

若令 $\alpha = \mathrm{e}^{-T_s/\tau}$,则式(20-82)可写成

$$
y_r(k+j) = \alpha^j y(k) + (1 - \alpha^j)\omega \quad (j=0,1,\cdots) \tag{20-83}
$$

采用上述形式的参考轨迹将减小过量的控制作用,使系统的输出能平滑地到达设定值。还可看出,参考轨迹的时间常数 τ 越大,则 α 值也越大,系统的柔性越好,鲁棒性越强,但控制的快速性却变差。因此,在 MAC 的设计中,α 是一个很重要的参数,它对闭环系统的动态特性和鲁棒性起重要作用。

④ 滚动优化　在 MAC 中,k 时刻的优化目标就是:求解未来一组 M 个

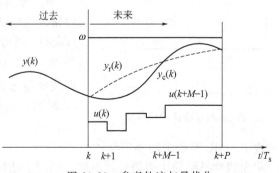

图 20-23　参考轨迹与最优化

控制量,使在未来第 j 个时刻的预测输出 $y_c(k+j)$ 尽可能接近由参考轨迹所确定期望输出 y_r。目标函数可以采用各种不同的形式,通常选用输出预测误差和控制量加权的二次型性能

537

指标，其表示形式为

$$J(k) = \sum_{j=1}^{P} q_j [y_c(k+j) - y_r(k+j)]^2 + \sum_{i=1}^{M} r_i [u(k+i-1)]^2 \tag{20-84}$$

式中，q_j，r_i 为预测输出误差与控制量的加权系数。

将性能指标写成矢量形式

$$\boldsymbol{J}(k) = [\boldsymbol{Y}_c(k+1) - \boldsymbol{Y}_r(k+1)]^T \boldsymbol{Q} [\boldsymbol{Y}_c(k+1) - \boldsymbol{Y}_r(k+1)] + \boldsymbol{U}(k)^T \boldsymbol{R} \boldsymbol{U}(k) \tag{20-85}$$

式中，$Y_r(k+1) = [y_r(k+1) \quad \cdots \quad y_r(k+P)]^T$ 为参考输入矢量；$\boldsymbol{Q}$，$\boldsymbol{R}$ 为加权阵，且 $\boldsymbol{Q} = \mathrm{diag}(q_1, \cdots, q_P)$，$\boldsymbol{R} = \mathrm{diag}(r_1, \cdots, r_M)$。

上式对未知控制矢量 $\boldsymbol{U}(k)$ 求导，即令 $\dfrac{\partial \boldsymbol{J}(k)}{\partial \boldsymbol{U}(k)} = 0$，就可求出最优控制律：

$$\boldsymbol{U}(k) = (\boldsymbol{G}_1^T \boldsymbol{Q} \boldsymbol{G}_1 + \boldsymbol{R})^{-1} \boldsymbol{G}_1^T \boldsymbol{Q} [\boldsymbol{Y}_r(k+1) - \boldsymbol{G}_2 \boldsymbol{U}(k-1) - \boldsymbol{H} \boldsymbol{e}(k)] \tag{20-86}$$

上式中的控制矩阵 $(\boldsymbol{G}_1^T \boldsymbol{Q} \boldsymbol{G}_1 + \boldsymbol{R})^{-1}$ 为一 $M \times M$ 维矩阵，可以一次同时计算出从 $k \sim k+M-1$ 时刻的 M 个控制量。但在实际执行时，由于模型误差、系统的非线性特性和干扰等不确定因素的影响，如按式（20-86）求得的控制律去进行当前和未来 M 步的开环顺序控制，则经过 M 步控制后，可能会偏离期望轨迹较多。为了及时纠正这一误差，可采用闭环控制算法，即只执行当前时刻的控制作用 $u(k)$，而下一时刻的控制量 $u(k+1)$ 再按式（20-86）递推一步重算。因此当前时刻最优控制量可写成

$$u(k) = \boldsymbol{d}_1^T [\boldsymbol{Y}_r(k+1) - \boldsymbol{G}_2 \boldsymbol{U}(k-1) - \boldsymbol{H} \boldsymbol{e}(k)] \tag{20-87}$$

式中

$$\boldsymbol{d}_1^T = [1 \quad 0 \quad \cdots \quad 0] (\boldsymbol{G}_1^T \boldsymbol{Q} \boldsymbol{G}_1 + \boldsymbol{R})^{-1} \boldsymbol{G}_1^T \boldsymbol{Q}$$

MAC 算法在一般情况下会出现静态误差，这是由于它以 u 作为控制量，从本质上导致了比例性质的控制。因此，有必要对基本的 MAC 算法作进一步改进。例如，采用增量预测模型，通过滚动优化计算出控制量增量 Δu，从而在控制器中引入积分因子，形成增量型 MAC 算法。此种算法与下面介绍的动态矩阵控制是等价的。

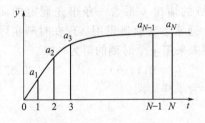

图 20-24　阶跃响应模型

（3）动态矩阵控制（DMC）　动态矩阵控制（Dynamic Matrix Control，简称 DMC）最早在 1973 年就已应用于 Shell 石油公司的生产装置上。DMC 算法是一种基于对象阶跃响应的预测控制算法，适用于有时滞、开环渐近稳定的非最小相位系统。

DMC 算法包括三个部分：预测模型、反馈校正和滚动优化。

① 预测模型　DMC 的预测模型采用被控对象的单位阶跃响应的离散采样数据。图 20-24 是单输入单输出（SISO）渐近稳定对象的单位阶跃响应曲线，其响应序列为 $\{\hat{a}_j\}$（$j=1, 2, \cdots$），且 $\lim\limits_{j \to \infty} \hat{a}_j = a_s$，$a_s$ 为响应曲线的稳态值。这样从 $t=0$ 开始到响应已趋向稳定的 t_N 时刻，可以用单位阶跃响应采样数据的有限集合 $\{\hat{a}_j\}$（$j=1, 2, \cdots, N$）来描述系统的动态特性，该集合构成了 DMC 算法中的模型参数。

根据线性系统的比例和叠加原理，利用上述模型和给定的输入控制增量，可以预测系统未来时刻的输出值。如在 k 时刻加一控制增量 $\Delta u(k)$，在未来 N 个时刻的模型输出值为

$$y_m(k+i) = y_0(k+i) + \hat{a}_i \Delta u(k), \quad i=1,2,\cdots,N \tag{20-88}$$

式中，$y_0(k+i)(i=1,2,\cdots,N)$ 是在 k 时刻不施加控制作用 $\Delta u(k)$ 情况下，由 k 时刻起

未来 N 个时刻的输出预测的初始值。如果所施加的控制增量在未来 M 个采样间隔连续变化，即 $\Delta u(k)$，$\Delta u(k+1)$，$\cdots$，$\Delta u(k+M-1)$，则系统在未来 P 个时刻的预测模型输出值应为

$$y_{\mathrm{m}}(k+i) = y_0(k+i) + \sum_{j=1}^{L} \hat{a}_{i-M+j} \Delta u(k+M-j), i = 1, 2, \cdots, P \tag{20-89}$$

式(20-89)可用向量形式表示为

$$\boldsymbol{y}_{\mathrm{m}}(k+1) = \boldsymbol{y}_0(k+1) + \boldsymbol{A} \Delta \boldsymbol{u}(k) \tag{20-90}$$

其中，矩阵 $\boldsymbol{A}$ 称为动态矩阵，其元素是描述系统动态特性的阶跃响应系数；M 是控制时域长度；P 为优化时域长度，通常 M 和 P 满足 $M \leqslant P \leqslant N$。

$$\boldsymbol{y}_{\mathrm{m}}(k+1) = [y_{\mathrm{m}}(k+1), y_{\mathrm{m}}(k+2), \cdots, y_{\mathrm{m}}(k+P)]^{\mathrm{T}} \tag{20-91}$$

$$\boldsymbol{y}_0(k+1) = [y_0(k+1), y_0(k+2), \cdots, y_0(k+P)]^{\mathrm{T}} \tag{20-92}$$

$$\Delta \boldsymbol{u}(k) = [\Delta u(k), \Delta u(k+1), \cdots, \Delta u(k+M-1)]^{\mathrm{T}} \tag{20-93}$$

$$\boldsymbol{A} = \begin{bmatrix} \hat{a}_1 & & & \\ \hat{a}_2 & \hat{a}_1 & 0 & \\ \vdots & \vdots & \ddots & \\ \hat{a}_M & \hat{a}_{M-1} & \cdots & \hat{a}_1 \\ \vdots & \vdots & & \vdots \\ \hat{a}_P & \hat{a}_{P-1} & \cdots & \hat{a}_{P-M+1} \end{bmatrix}_{P \times M} \tag{20-94}$$

模型输出初值 $\boldsymbol{y}_0(k+1)$ 是由 k 时刻以前施加在系统上的控制增量产生的。如果过程由稳态启动，则可取 $y_0(k+i) = y(k)$。否则，可以按以下方法来计算。

假定从 $k-N \sim k-1$ 时刻加入的控制增量分别为 $\Delta u(k-N)$、$\Delta u(k-N+1)$、$\cdots$、$\Delta u(k-1)$，而在 $k-N-1$ 时刻假定 $\Delta u(k-N-1) = \Delta u(k-N-2) = 0$，则对于 $\boldsymbol{y}_0(k+1)$ 的各个分量而言，有以下关系式：

$$y_0(k+1) = \begin{bmatrix} \hat{a}_N & \hat{a}_N & \hat{a}_{N-1} & \hat{a}_{N-2} & \cdots & & \hat{a}_3 & \hat{a}_2 \\ \hat{a}_N & \hat{a}_N & \hat{a}_N & \hat{a}_{N-1} & \cdots & & \hat{a}_4 & \hat{a}_3 \\ \vdots & \vdots & \vdots & \vdots & \cdots & & \vdots & \vdots \\ \hat{a}_N & \hat{a}_N & \hat{a}_N & \hat{a}_N & \cdots & \hat{a}_{N-1} & \cdots & \hat{a}_{P+2} & \hat{a}_{N-1} \end{bmatrix}_{P \times N} \times \begin{bmatrix} \Delta u(k-N) \\ \Delta u(k-N+1) \\ \vdots \\ \Delta u(k-1) \end{bmatrix}$$

$$= \boldsymbol{A}_0 \Delta \boldsymbol{u}(k-1) \tag{20-95}$$

式中 $\Delta \boldsymbol{u}(k-1) = [\Delta u(k-N) \quad \Delta u(k-N+1) \quad \cdots \quad \Delta u(k-1)]^{\mathrm{T}}$

$$\boldsymbol{A}_0 = \begin{bmatrix} \hat{a}_N & \hat{a}_N & \hat{a}_{N-1} & \hat{a}_{N-2} & \cdots & & \hat{a}_3 & \hat{a}_2 \\ \hat{a}_N & \hat{a}_N & \hat{a}_N & \hat{a}_{N-1} & \cdots & & \hat{a}_4 & \hat{a}_3 \\ \vdots & \vdots & \vdots & \vdots & \cdots & & \vdots & \vdots \\ \hat{a}_N & \hat{a}_N & \hat{a}_N & \hat{a}_N & \cdots & \hat{a}_{N-1} & \cdots & \hat{a}_{P+2} & \hat{a}_{N-1} \end{bmatrix}_{P \times N} \tag{20-96}$$

这样，将式(20-95)代入式(20-90)，可求出预测模型输出为

$$\boldsymbol{y}_{\mathrm{m}}(k+1) = \boldsymbol{A} \Delta \boldsymbol{u}(k) + \boldsymbol{A}_0 \Delta \boldsymbol{u}(k-1) \tag{20-97}$$

上式表明，预测模型输出由两部分组成：第一项为待求的未知控制增量；第二项为过去控制量产生的系统已知输出初值。

② 反馈校正　由于模型误差和干扰等的影响，系统的输出预测值需在预测模型输出的基础上用实际输出误差进行反馈校正，以实现闭环预测，即

$$\boldsymbol{y}_{\mathrm{p}}(k+1) = \boldsymbol{y}_{\mathrm{m}}(k+1) + \boldsymbol{g}_0[y(k) - y_{\mathrm{m}}(k)]$$

$$= \boldsymbol{A} \Delta \boldsymbol{u}(k) + \boldsymbol{A}_0 \Delta \boldsymbol{u}(k-1) + \boldsymbol{g}_0 e(k) \tag{20-98}$$

其中，$y_m(k+1)$ 为模型的预测输出；$y_p(k+1)$ 为反馈校正后的预测输出，且 $y_p(k+1)=[y_p(k+1),y_p(k+2),\cdots,y_p(k+P)]^T$，$g_0=[1,1,\cdots,1]$。$g_0$ 的元素可根据需要取其他值。

考虑到脉冲响应系数和阶跃响应系数之间有如下关系，即

$$\hat{a}_i = \sum_{j=1}^{i} \hat{h}_j \tag{20-99}$$

并假设

$$\left.\begin{array}{l} S_1 = \sum_{j=2}^{N} \hat{h}_j \Delta u(k+1-j) \\[2mm] S_2 = \sum_{j=3}^{N} \hat{h}_j \Delta u(k+2-j) \\[2mm] \vdots \\[2mm] S_P = \sum_{j=P+1}^{N} \hat{h}_j \Delta u(k+P-j) \\[2mm] P_j = \sum_{i=1}^{j} S_i \end{array}\right\} \tag{20-100}$$

而 MAC 控制算法中的闭环预测模型为

$$y_p(k+i) = y(k) + \sum_{j=1}^{N} \hat{h}_j[\Delta u(k+i-j) + \Delta u(k+i-j-1) + \cdots$$
$$+ \Delta u(k+2-j) + \Delta u(k+1-j)] i = 1,2,\cdots,P \tag{20-101}$$

展开式(20-101)并稍加整理，然后将式(20-99)、式(20-100)代入，可以得到闭环预测模型为

$$y_p(k+1) = A\Delta u(k+1) + g_0 y(k) + p \tag{20-102}$$

其中，$g_0=[1,1,\cdots,1]^T$，$p=[P_1,P_2,\cdots,P_P]^T$。

式(20-102)是 DMC 控制算法所用闭环预测模型的另一种表述形式。

③ 滚动优化　DMC 控制算法采用滚动优化目标函数，其目的就是在每一时刻 k，确定从该时刻起的 M 个控制增量 $\Delta u(k)$、$\Delta u(k+1)$、$\cdots$、$\Delta u(k+M-1)$，使过程在其作用下，未来 P 个时刻的输出预测值 $\hat{y}_p(k+1)$、$\hat{y}_p(k+2)$、$\cdots$、$\hat{y}_p(k+P)$ 尽可能地接近期望值 $y_r(k+1)$、$y_r(k+2)$、$\cdots$、$y_r(k+P)$，即优化性能指标为

$$J = \sum_{i=1}^{P} [y_r(k+i) - y_p(k+i)]^2 q_i + \sum_{j=1}^{M} [\Delta u(k+j-1)]^2 r_j \tag{20-103}$$

式中，第二项是对控制增量的约束，目的是不允许控制量的变化过于激烈；q_i 和 r_j 为加权系数，它们分别表示对跟踪误差及控制增量变化的抑制。

性能指标式(20-103)也可以用向量形式表示为

$$J = \| y_r(k+1) - y_p(k+1) \|_Q^2 + \| \Delta u(k) \|_R^2$$
$$= \| y_r(k+1) - A\Delta u(k) - A_0\Delta u(k-1) - g_0 e(k) \|_Q^2 + \| \Delta u(k) \|_R^2 \tag{20-104}$$

式中，$y_r(k+1)$ 为期望值向量，且 $y_r(k+1)=[y_r(k+1) \quad y_r(k+2) \quad \cdots \quad y_r(k+P)]^T$；$Q$ 和 R 分别是误差权矩阵和控制权矩阵，且 $Q=\mathrm{diag}[q_1, q_2, \cdots, q_P]$，$R=\mathrm{diag}[r_1, r_2, \cdots, r_M]$。

上式对未来控制增量向量 $\Delta u(k)$ 求导，即可求出在性能指标式(20-105)下的无约束 DMC 控制律。令 $\partial J / \partial \Delta u(k) = 0$，有

$$\Delta u(k) = (\boldsymbol{A}^\mathrm{T} \boldsymbol{Q} \boldsymbol{A} + \boldsymbol{R})^{-1} \boldsymbol{A}^\mathrm{T} \boldsymbol{Q} [\boldsymbol{y}_\mathrm{r}(k+1) - \boldsymbol{A}_0 \Delta \boldsymbol{u}(k-1) - \boldsymbol{g}_0 e(k)] \qquad (20\text{-}105)$$

它给出了 $\Delta u(k)$、$\Delta u(k+1)$、$\cdots$、$\Delta u(k+M-1)$ 的最优值。但是 DMC 控制算法并不把它们都当作应实施的控制作用，而只是取其中的即时控制增量 $\Delta u(k)$ 构成控制量 $u(k) = u(k-1) + \Delta u(k)$ 施加于被控对象。到下一时刻，根据类似的优化问题递推一步求出 $\Delta u(k+1)$。这就是所谓的"滚动优化"的策略。在 DMC 控制中，每次实际需要的只是向量 $\Delta \boldsymbol{u}(k)$ 中的第一个分量 $\Delta u(k)$。

$$\begin{aligned}
u_2(k) &= (1, 0, \cdots, 0)(\boldsymbol{A}^\mathrm{T} \boldsymbol{Q} \boldsymbol{A} + \boldsymbol{R})^{-1} \boldsymbol{A}^\mathrm{T} \boldsymbol{Q} [\boldsymbol{y}_\mathrm{r}(k+1) - \boldsymbol{A}_0 \Delta \boldsymbol{u}(k-1) - \boldsymbol{g}_0 e(k)] \\
&= \boldsymbol{d}^\mathrm{T} [\boldsymbol{y}_\mathrm{r}(k+1) - \boldsymbol{A}_0 \Delta \boldsymbol{u}(k-1) - \boldsymbol{g}_0 e(k)]
\end{aligned} \qquad (20\text{-}106)$$

式中，$\boldsymbol{d}^\mathrm{T} = (1, 0, \cdots, 0)(\boldsymbol{A}^\mathrm{T} \boldsymbol{Q} \boldsymbol{A} + \boldsymbol{R})^{-1} \boldsymbol{A}^\mathrm{T} \boldsymbol{Q} = [d_1, d_2, \cdots, d_P]$，称为控制参数向量。一旦 $\boldsymbol{Q}$、$\boldsymbol{R}$、M 和 P 确定之后，$\boldsymbol{d}^\mathrm{T}$ 可离线求出，故 $\Delta u(k)$ 的计算是十分简单的。

除了上述基于非参数化模型的预测控制算法外，还有一些基于参数化模型的预测控制算法，如 Clarke 提出的广义预测控制（Generalized Predictive Control，简称 GPC）和 Lelic 提出的广义预测极点配置控制（Generalized Poles Placements Control，简称 GPP）。这类算法保持了 MPC 算法的基本特征，但采用的预测模型是自回归滑动平均模型（Auto-Regressive Moving AverageModel，简称 ARMA）、受控自回归滑动平均模型（Controlled Auto-Regressive Moving Average Model，简称 CARMA）或受控自回归积分滑动平均模型（Controlled Auto-Regressive Integrated Moving Average Model，简称 CARIMA）等。这类算法是在 20 世纪 80 年代初期，人们在研究自适应控制研究的过程中，为了增加自适应控制系统的鲁棒性，在广义最小方差基础上，汲取预测控制中的多步预测优化策略而出现的。由于将自适应机制与预测控制相结合，因而可及时修正参数变化产生的预测模型的预测误差，从而改善系统的动态性能。同 MAC 和 DMC 一样，GPC 在工业过程控制中也获得了大量成功应用。

由 LQ 或 LQG 算法发展起来的滚动时域控制（Receding Horizon Control，简称 RHC），对于状态空间模型，用有限时域二次性能指标加终端约束的滚动时域控制方法来保证系统的稳定性。此外，预测控制还有一些独特的分支，如 Richalet 及 Kuntze 等人提出了一类新型的预测控制算法，即预测函数控制（Predictive Functional Control，简称 PFC），PFC 把控制输入的结构视为关键问题，可以克服其他预测控制可能出现规律不明的控制输入问题。

以上算法均是基于线性模型的预测控制算法，近年来，非线性预测控制也逐步走向成熟并开始进入工业应用，其中，基于神经网络、模糊系统等智能模型作为预测模型的非线性预测控制算法是一个重要的方向。

◎ 20.6 自适应控制

（1）引言 当被控对象在运行过程中其结构与参数及环境有较大变化时，仅用常规的反馈控制技术是得不到满意的结果的，于是自 20 世纪 50 年代开始出现了自适应控制理论与技术。自适应控制建立在系统数学模型参数未知的基础上，是一个具有适应能力的系统，它必须能够辨识过程参数与环境条件变化，在此基础上自动地校正控制规律和/或控制器的参数，以适应其特性的变化，保证整个系统的性能指标达到令人满意的结果。因此自适应控制是辨识与控制技术的结合。

判别一个系统是否具有自适应的标志是看它是否包含性能指标控制环。从广义上看，自适应控制系统是一个具有一定适应能力的系统，它能够认识环境条件的变化（如负荷变化、设备特性的变化和气候条件的变化等）并自动校正控制动作，使系统达到最优或接近最优的

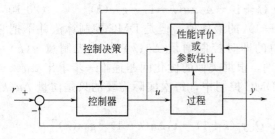

图 20-25　自适应控制系统的一般框图

控制效果。

图 20-25 给出了自适应控制系统的一般框图。该系统在运行过程中，根据参考输入 r、控制输入 u、对象输出 y 和已知外部干扰来量测对象性能指标，从而认识和掌握系统当前的性能指标，然后与给定性能指标进行比较，作出决策，通过适应机构来改变系统参数，或者产生一个辅助的控制输入量，累加到系统上，以保证系统跟踪给定的性能指标，使系统处于最优或接近最优的工作状态。

一个自适应控制系统至少应包含下述三个部分。

① 具有一个测量或估计环节，能对过程和环境进行监视，并有对测量数据进行分类以及消除数据中噪声的能力。这通常体现为对过程的输入输出进行测量，基于此进行某些参数的实时估计。

② 具有衡量系统的控制效果好坏的性能指标，并且能够测量或计算性能指标，判断系统是否偏离最优状态。

③ 具有自动调整控制规律或控制器参数的能力。

自 20 世纪 50 年代末期由麻省理工学院 Wittaker 等人提出第一个自适应控制系统以来，先后出现了许多形式完全不同的自适应系统，大致可分为增益调度自适应控制、模型参考自适应控制（Model Reference Adaptive System，MRAS）和自校正控制（Self-Tuning Controllers，STC）三大类。此外，还有直接优化目标函数自适应控制、模糊自适应控制、多模型自适应控制和自适应逆控制等。

（2）增益调度自适应控制　在很多情况下，过程动态特性随过程的运行条件而变化的关系是已知的，这时就能通过监测过程的运行条件来变更调节器的参数，这种思想称为增益调度。增益调度自适应控制又称程序自适应控制，其调节器的参数按预编程的方式作为运行条件的函数而改变。

在这类控制系统中，一种情况是直接检测引起参数变动的环境条件，根据各种可能出现的环境条件，相应地给出许多组能使系统性能符合要求的补偿参数的组合，然后设计参数调整的控制程序。这种系统能根据所检测到的环境条件而引入相对应的一组参数值，该组参数的引入可以补偿由于环境变化而引起的系统参数的变化，使系统在不同环境下都能满意地工作。这时，补偿参数的调整是建立在预先掌握了被控对象的参数随环境而变动，而且调整工作是按前馈方式进行的。

增益调度自适应控制的优点是具有快速的适应功能；其缺点是它属于一种开环补偿，因此对不正确的调度没有反馈补偿功能，并且在设计时需具备较多的过程机理知识。

增益调度自适应控制的原理如图 20-26 所示，即根据运行状态或外部扰动信号，按照预先规定的模型或增益调度表，直接去修正控制器参数。

与常规的固定参数 PID 控制相比，增益调度自适应控制系统对负荷改变等外部因素具有更强的鲁棒性。

对于对象动态与静态特性不明确的大多数工业过程，实施增益调度自适应控制的最简单方法是采用"查表"

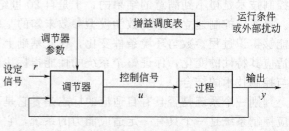

图 20-26　增益调度自适应控制系统

法，即将装置负荷或工况条件（也称"工作点"）分成若干区间，对应不同的工作点选择一套合适的控制器参数值。在实际工程应用中，遇到大幅度提降量或工作点变化较大时，就从增益调度表中换上一套相应的控制参数。只要保证控制参数切换过程无扰动，就能达到控制系统自适应控制的目的。

由上述讨论可知，增益调度自适应控制是一种最简单的自适应控制。它构思简单、易懂，而且确实能明显改进控制质量。对于一个控制器参数需要适应性修正的系统，总是首先考虑采用这种方法。只有当它的局限性——它要求影响对象特性变化的主要因素可测，并且过程特性比较清楚——无法满足时，才考虑采用后面将介绍的较复杂的自适应控制方法。

简单自适应控制系统对环境条件或过程参数的变化用一些简单的方法辨识出来，控制算法亦很简单。在很多情况下，实际上是一种非线性控制系统或采用自整定调节器的控制系统。

（3）模型参考型自适应控制 模型参考自适应控制系统 MRAS 是解决自适应控制问题的主要方法之一。图 20-27 说明了其基本工作原理。对 MRAS 的希望性能用一个参考模型来表示，这个模型给出了对指令信号或设定信号的希望响应性能。MRAS 还有一个由过程和调节器组成的普通反馈回路。调节器的参数根据系统输出 y 与参考模型输出 y_m 之差 e 进行调整。因此，图 20-27 包含两个环路：一个是内环，它是一个普通的反馈控制回路；另一个是外环，它调整内环中的调节器参数。假设内环速度快于外环速度。

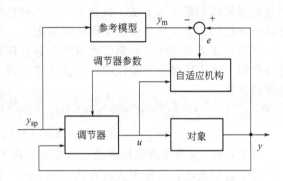

图 20-27 模型参考自适应控制框图

MRAS 的任务就是通过调整内回路中控制器的参数或控制规律，使实际过程的动态输出与参考模型的输出尽可能一致，也就是使 e 最小。

设可调整的参数为 θ，选取平方型性能指标

$$J(\theta) = \frac{1}{2}e^2 \tag{20-107}$$

为了求取最优的 θ，使性能指标 J 最小，采用梯度下降法，可得

$$\frac{d\theta}{dt} = -r\frac{\partial J}{\partial \theta} = -re\frac{\partial e}{\partial \theta} \tag{20-108}$$

如果假设参数变化速度比系统其他变量的变化速度慢得多，则可把 θ 视为常数，进而算出导数 $\partial e/\partial \theta$。导数 $\partial e/\partial \theta$ 为系统的灵敏度函数；r 为灵敏度系数，它决定系统的自适应速度。上述参数调整律称为 MIT 律。

从上述讨论可以看出，采用梯度法的 MIT 参数调整律概念清晰、方法简单；然而，由梯度法设计出的闭环系统不一定是稳定的，因而促使人们采用稳定性理论来重新设计MRAS，例如，李雅普诺夫稳定性理论、波波夫超稳定性理论等。

模型参考型自适应控制方法的应用关键是如何将一类实际问题转化为模型参考型自适应问题。模型参考型自适应控制系统主要用于随动控制，一开始用于飞机自动驾驶方面。人们期望随动控制的过渡过程符合一种理想模式。

（4）自校正控制 自校正控制系统的结构如图 20-28 所示。在一个自适应控制系统中，调节器的参数时时刻刻都在进行调整，这表明调节器的参数在追随过程特性的变化。然而，对这种系统的收敛性和稳定性进行分析却相当困难。为了简单起见，可假设过程参数是恒定

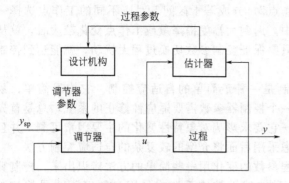

图 20-28　自校正控制系统结构

且未知的。当过程特性已知时，设计过程规定了一组希望的控制器参数；而当过程特性未知时，自适应控制器的参数应当收敛到这些希望的参数值。具有这种性质的调节器称为自校正调节器，这是因为它能把控制器自动校正到希望的性能。

自校正调节器的设计思想，是将未知参数的估计和控制器的设计分开进行。在图 20-28 所示的自校正控制系统结构中，过程特性中的未知参数采用递推最小二乘等算法进行在线估计，估计出的参数就看作是对象真实参数，即不考虑估计的不定性，再在线求解参数已知系统的控制设计问题。控制设计方法可选用最小方差、线性二次、极点配置和模型跟踪等方法。设计方法的选择取决于闭环系统的性能规范，不同的估计方法和设计方法的组合可导出性质不同的调节器。

在自校正调节器中，对象特性采用差分方程形式表示，在每一采样周期，先对过程参数进行辨识，再应用最小方差控制。为便于求取最小方差控制律，Äström 等人采用下列形式的预测方程：

$$\hat{y}(k+d)=a_1 y(k)+a_2 y(k-1)+\cdots+a_m y(k-m+1)+$$
$$\beta_0 u(k)+\beta_1 u(k-1)+\cdots+\beta_p u(k-p) \tag{20-109}$$

式中，m、p 为系统结构参数，与模型阶次及延迟 d 有关。

基于过程数据，可按下式先对式（20-109）中的模型参数进行辨识，

$$y(k)=a_1 y(k-d)+a_2 y(k-d-1)+\cdots+a_m y(k-d-m+1)$$
$$+\beta_0 u(k-d)+\beta_1 u(k-d-1)+\cdots+\beta_p u(k-d-p)+e(k) \tag{20-110}$$

式中，$e(k)$ 为预测误差。

再应用最小方差控制律求取最优控制作用 $u^*(k)$。具体推导过程如下。

令
$$\boldsymbol{\theta}=[a_1,\cdots,a_m,\beta_1,\cdots,\beta_p]^{\mathrm{T}} \tag{20-111}$$
$$\boldsymbol{h}(k)=[y(k),\cdots,y(k-m+1),u(k-1),\cdots,u(k-p)]^{\mathrm{T}} \tag{20-112}$$

则
$$\hat{y}(k+d)=\beta_0 u(k)+\boldsymbol{h}^{\mathrm{T}}(k)\boldsymbol{\theta} \tag{20-113}$$

如果要求 $\hat{y}(k+d)=r(k)$，则最优控制作用为

$$u^*(k)=[r(k)-\boldsymbol{h}^{\mathrm{T}}(k)\boldsymbol{\theta}]/\beta_0 \tag{20-114}$$

上述自校正调节器算法已进行了许多现场应用，包括矿石破碎机、精馏塔、蒸发器、二氧化钛窑炉等。应用结果表明：对于过程非线性显著的场合，该控制律要比 PID 控制好得多。但是，这种控制律也存在不少局限性。首先，它以系统输出方差最小为目标，有时候 $u(k)$ 的变化很大，当 β_0 小时 $u(k)$ 的幅值也很大，工业界难以接受；同时，对于非最小相位系统，会导致不稳定。其次，过程的延迟时间与工作负荷密切相关，当负荷改变时，过程的延迟时间将发生相应的变化，造成与模型结构参数 d 不符，结果将影响控制系统的稳定性。最后，由于过程扰动的存在，辨识得到的模型参数 $\boldsymbol{\theta}$ 并不一定收敛至真实值，由此带来控制系统的鲁棒性与可靠性问题。

为此，出现了多种改进算法，如极点配置自适应调节器、广义最小方差控制、广义预测控制等，一方面提高了控制系统的性能，同时促进了控制理论与方法的发展与完善。

◎ 20.7　非线性过程控制

（1）引言　在构成自动控制系统的许多环节中，当环节的输入输出静态特性呈现非线性关系时，称为非线性环节。此时环节的输出 y 与输入 x 有如下关系：

$$y = f(x) \tag{20-115}$$

这里 $f(x)$ 表示 x 的某种非线性函数。

非线性环节的输入输出特性如图 20-29 所示，曲线上各点的斜率是不相同的，亦即非线性环节的静态增益是变化的，其增益是环节输入的函数。在构成自动控制系统的环节中，有一个或一个以上的环节具有非线性特性时，这样的系统便是一个非线性控制系统。

就单回路控制系统而言，非线性因素主要存在于两个部分：一部分是用于实现控制的测量仪表或执行机构中所包含的非线性，例如调节器中的限幅特性，阀门的等百分比、抛物线和快开等特性，它们一般属于典型的非线性特性；另一部分存在于对象本身，例如对象的增益在很多情况下不是常数，而是负荷等因素的非线性函数，通常称为对象的变增益特性。又例如有些对象动态特性的描述本身就用非线性方程来表示。

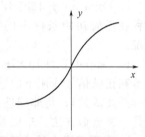

图 20-29　非线性环节特性曲线

严格地说，几乎所有的实际控制系统都是非线性控制系统。当控制系统中的非线性特性在系统工作区域内近似于线性特性时，为了研究与应用上的方便，一般可将系统近似地看成线性系统，用线性控制理论与方法来进行分析设计。但是，当控制系统的非线性特性不可忽视时，若再用线性控制理论与方法来进行分析设计，往往会得出不恰当的或者完全相反的结论。

自动控制系统中的非线性存在于对象特性、控制装置和控制算法等各个环节。如生化反应器和卫星姿态控制中存在对象特性的非线性，而控制装置中由于功率、行程、孔径等限制产生饱和非线性，静摩擦、间隙、触点压力等导致死区、滞环等非线性特性，自适应控制和神经网络控制等控制算法也会带来非线性。

有时，虽然对象是线性的，但为了对它进行高质量的控制，在控制系统中有意识地引进非线性控制律，例如时间最短控制采用 bang-bang 控制。非线性系统表现出输出特性与输入信号大小有关、系统稳定性与系统初始条件有关、自激振荡、混沌等现象，需要用非线性系统控制理论来进行控制系统分析和设计。

非线性过程控制的需求源于以下几方面。

① 对强度比对象机理复杂　产品结构及其工艺的复杂性提高，导致被控对象作用机理复杂，非线性程度高。

② 控制要求提高　复杂工艺和社会对产品质量的追求，要求控制系统的高精度和良好动态特性，近似方法不能满足要求。

③ 生产方式改变　市场经济要求小批量多品种的柔性生产，线性控制系统不能适应操作条件和工艺路线的大幅度变化。

（2）非线性特性补偿方法　大多数控制过程都存在着一定的非线性，只是在程度上有所差异。有的过程可以作线性化处理，应用常规线性控制器就能获得满意的控制质量；有的过程非线性尚不严重，仍可采用常规的线性控制器，只是在参数整定上需考虑控制系统稳定性和适宜的动态响应之间的折中；有些过程的非线性比较严重，此时在系统方案设计中必须加以考虑，否则难以达到预期的控制要求。

545

对于实际过程中所存在的非线性，常用的补偿方法包括以下几种。

① 调节阀特性补偿　通过合理选择调节阀的流量特性，以实现广义对象增益的近似线性。

② 串级控制方式　将过程的主要非线性包含在副回路中，利用串级控制系统的鲁棒特性实现对象非线性的补偿。

③ 引入比值等中间参数　使主回路广义对象的增益为近似线性。

④ 变增益控制器　通过引入对象增益的反函数以使系统的回路增益为线性。

⑤ 自适应控制器　根据控制系统的性能自动调整控制器的增益，以使系统的回路增益为近似线性。

（3）非线性控制系统分析与设计

① 经典方法　经典的非线性控制分析与设计方法有以下几种。

a. Poincare 于 1885 年首先提出的相平面法。通过在相平面上绘制相轨迹，可求出微分方程在任何初始条件下的解，是时域分析法在相空间的推广应用，但仅适用于一、二阶系统。

b. Daniel 于 1940 年提出的描述函数法。其主要思想是在一定的假设条件下，将非线性环节在正弦信号作用下的输出用一次谐波分量来近似，并导出非线性环节的等效近似频率特性（描述函数），将非线性系统等效为一个线性系统。描述函数法不受系统阶次的限制，但它是一种近似方法，难以精确分析复杂的非线性系统。

c. 李雅普诺夫稳定性理论。李雅普诺夫稳定性理论是李雅普诺夫于 1892 年在他的博士论文里提出的，现在仍被广泛应用。非线性系统的基于李雅普诺夫稳定性的控制方法实质在于构造对于该系统的李雅普诺夫函数 V，使其导数 $\dot{V}$ 定号且符号与 V 的相反，则系统在平衡点附近渐近稳定。但它只是判断系统稳定性的充分条件，并且对于任意非线性系统没有一个构造李雅普诺夫函数的通用方法。

d. Taylor 线性化。对于弱非线性系统，对系统模型在工作点附近通过 Taylor 级数展开并略去二阶以上项，得到系统在该工作点附近的线性化模型，再采用线性控制系统分析与设计方法处理。

② 现代方法　上述经典非线性控制方法都存在一定的局限性。现代非线性控制系统分析设计方法有以下几种。

a. 输入输出稳定性（BIBO 稳定性）理论。由 Sanberg 和 Zames 提出，将泛函分析的方法用于系统输入与输出之间关系的分析。系统输入输出稳定定义为：如果一个系统在任意有界输入的作用下其输出都有界，则称该系统输入输出稳定。在范数空间和内积空间中分别运用小增益定理和无源性定理分析非线性系统的 BIBO 稳定性和非线性系统的鲁棒控制。

BIBO 稳定性理论具有如下特点：适用于各种类型的非线性系统；给出的是系统的大范围稳定性；判定方便；给出的定理是充分性定理。

b. 微分几何方法。起源于 20 世纪 70 年代初期，其基本思想是将状态空间按要求分解成一些低维子流形，并通过对低维子流形来了解系统的性质，实际上是将问题转化为对与这些低维子流形相应的向量场及其分布的性质进行研究，其中李导数和李括号是主要工具。目前，包括能控性、能观性、解耦、线性化、实现等非线性系统的微分几何理论已基本形成，并且得到了有效的应用。1986 年 Isidori 发现了微分几何控制理论中的一些病态问题，导致了微分代数控制理论的产生。代数控制理论从微分代数角度研究非线性系统可逆性和动态反馈设计问题，并取得了有意义的成果。微分几何方法适合仿射非线性系统，通过微分同胚映射实现坐标变换，根据变换后的系统设计非线性反馈，可实现非线性系统的精确线性化。其理论系统严谨，要求系统模型高度精确。

c. 逆系统方法作为反馈线性化方法的一种，是近几年提出和发展起来的比较直观适用的非线性控制方法。其基本思想是对于给定的系统，首先利用对象的模型生成一种可用反馈方法实现的原系统的"α阶积分逆系统"，将对象补偿为具有线性传递关系的且已解耦的一种规范化系统（伪线性系统），然后再用线性系统的各种设计理论来完成伪线性系统的综合。逆系统方法已建立了比较完善的设计理论，其中包括逆系统方法原理、可逆理论、解耦与线性化、系统镇定和非线性状态估计等。逆系统方法避免了对微分几何或其他较抽象的专门数学理论的引入，不为控制算法复杂性所困扰，为实际应用提供了一条可行的、简捷的途径。

d. 混沌运动是非线性系统一种比较普遍的运动，在自然界和人类社会中广泛存在，因此如何应用混沌应用成果已成为近年来非线性科学的重要课题之一。混沌运动具有初值敏感性和长时间发展趋势的不可预见性，混沌控制成为混沌应用的关键环节。目前，人们对混沌控制的广义的认识是：人为并有效地影响混沌系统，使之发展到实践需要的状态。这包括：混沌运动有害时，成功地抑制混沌；在混沌有用时，产生所需要的具有某些特定性质的混沌运动，甚至产生出特定的混沌轨道；在系统处于混沌状态时，通过控制，产生出人们需要的各种输出。总之，尽可能地利用混沌运动自身的各种特性来达到控制目的，是所有混沌控制的共同特点。混沌同步与时空混沌控制是混沌控制的重要组成部分。混沌控制不仅为混沌应用准备了必要的手段，而且在理论上促进混沌理论和系统控制理论两个方面研究的深入。

此外，控制工程应用中常采用双线性系统模型、Hammerstein 模型、Wiener 模型、输出仿射模型等特定的非线性模型，研究相关控制系统设计与分析问题。非线性黑箱建模与智能控制、滚动时域优化控制、对非线性系统用多个线性模型来逼近的多模型控制方法也是经常采取的手段。

（4）pH 中和过程控制　在过程工业中往往要求含有一定酸度（或碱度）的溶液去参加化学反应；另外，在污水处理过程中要求确保处理后污水的 pH 值在允许的范围内，以免污染环境。因此，不少场合需要进行溶液 pH 值的控制。

对于化学溶液的酸度和碱度，通常可用氢离子浓度来表示。由于氢离子浓度的绝对值很小，为了实用方便，就用 pH 值来表示溶液的氢离子浓度。pH 值定义为以物质的量浓度（单位为 mol/L）表示的氢离子浓度的负对数：$pH = -\lg[H^+]$ 或 $[H^+] = 10^{-pH}$。因此，当溶液 pH 值改变 ± 1，就相当于溶液的氢离子浓度改变了 10 倍。

① pH 中和过程的滴定曲线　考虑在水溶液中用 m_B mol 的氢氧化钠（NaOH）和 m_A mol 的盐酸（HCl）的中和问题。此时，发生下列反应：

$$HCl + NaOH \longrightarrow H^+ + OH^- + Na^+ + Cl^- \tag{20-116}$$

设总反应容积为 V，由于酸和碱完全离解，所以氯离子的浓度为 $x_A = m_A/V$；而钠离子的浓度为 $x_B = m_B/V$（x_A、x_B 同时也为中和反应前氢离子 H^+ 与氢氧根离子 OH^- 的浓度）。由于正负离子数相等，所以有

$$x_A + [OH^-] = x_B + [H^+] \tag{20-117}$$

利用式（20-117），可得到以下关系：

$$x = x_B - x_A = [OH^-] - [H^+] = \frac{K_w}{[H^+]} - [H^+] = 10^{pH-14} - 10^{-pH} \tag{20-118}$$

式中，K_w 为平衡常数。

进而推导出

$$pH = f(x) = -\lg\left(\sqrt{x^2/4 + K_w} - x/2\right) \tag{20-119}$$

函数 f 随 x 的变化曲线称为滴定曲线，在中和问题中，它是一条典型的非线性曲线。滴定曲线的形状如图 20-30 所示，图中，横坐标为浓度差，x 轴也可用中和剂量重新刻度。

547

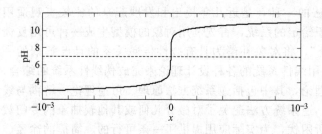

图 20-30　中和过程的滴定曲线

函数 f 的导数为

$$f'(x) = \frac{\lg e}{2\sqrt{x^2/4 + K_w}}$$
$$= \frac{\lg e}{[H^+] + [OH^-]}$$
$$= \frac{\lg e}{10^{-pH} + 10^{pH-14}}。$$

(20-120)

该导数在 pH＝7 时达到最大值，即为 $f' = 2.2 \times 10^6$。对于较大的和较小的 pH 值，该导数将急剧下降。当 pH＝4 或 10 时，$f = 4.3 \times 10^3$。因此，对象增益变化很大，中和过程具有严重的非线性特性，这种系统很难控制。

②pH 中和过程的动态模型　以图 20-31 所示的溢流式中和反应池为例来分析其对象动态特性。假设被调液体呈酸性，流量为 F_1 L/min，pH 值为 pH_1，氢离子浓度为 c_A mol/L；中和液呈碱性，流量为 F_2 L/min，pH 值为 pH_2，氢氧根离子浓度为 c_B mol/L。假设反应池的容积为 V，并设想被调液与中和液先经搅拌调匀，后发生中和反应。令 x_A 和 x_B 分别为未发生化学反应时中和池内的酸与碱浓度（分别用离解后的氢离子与氢氧根离子浓度来描述），则由质量平衡关系，得到

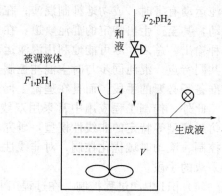

图 20-31　溢流式中和反应池

$$V\frac{dx_A}{dt} = F_1 c_A - (F_1 + F_2)x_A \tag{20-121}$$

$$V\frac{dx_B}{dt} = F_2 c_B - (F_1 + F_2)x_B \tag{20-122}$$

pH 值由式(20-119)确定。为方便起见，假设中和池停留时间

$$T_m = \frac{V}{F_1 + F_2} \tag{20-123}$$

基本不变，则式(20-121) 和 (20-122) 等价于

$$T_m\frac{dx_A}{dt} + x_A = \frac{F_1}{F_1 + F_2}c_A \tag{20-124}$$

$$T_m\frac{dx_B}{dt} + x_B = \frac{F_2}{F_1 + F_2}c_B \tag{20-125}$$

另外，假设 pH 测量变送器的动态特性可用传递函数

$$G_m(s) = \frac{1}{T_1 s + 1}\exp(-\tau_1 s) \tag{20-126}$$

近似。其中，τ_1 为测量延时；T_1 为 pH 测量变送单元的时间常数。

由式(20-124)～式(20-126) 与式(20-119)，可得到中和反应池广义对象的动态数学模型，如图 20-32 所示。当被调液的流量与 pH 值及中和液的 pH 值不变时，中和液流量对反应池混合液 pH 值的阶跃响应如图 20-33 所示。

无论是中和滴定曲线，还是操纵变量（中和液流量）对被控变量（反应池混合液的 pH 值）的动态阶跃响应，从不同侧面反映了 pH 过程严重的非线性。同时，因 pH 测量变送器存在较大的纯延迟与一阶滞后，使得 pH 值的控制系统要比压力、流量、液位、温度等参数

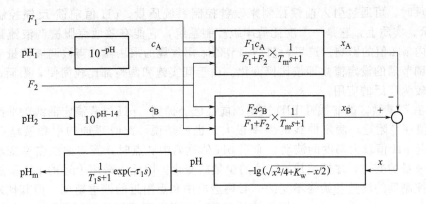

图 20-32　中和反应池的动态数学模型

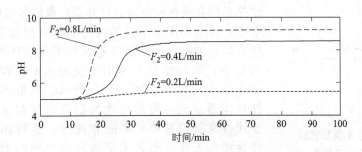

图 20-33　中和液流量对反应池混合液 pH 值的阶跃响应

的控制系统复杂得多。

③ pH 过程的典型控制系统

a. 单回路 PID 控制。对于 pH 中和过程，最简单的控制方案即为图 20-34 所示的单回路 PID 控制系统。它是根据 pH 值来改变调节液（中和液）的流量来实现 pH 值的控制。该方案仅适用于被调液与中和液 pH 值变化范围不大，中和器具有充分混合并配有很灵敏的 pH 值测量系统的场合。由于中和曲线通常在 pH＝7 附近具有最大的灵敏度，即中和液对 pH 值的通道增益最大，因而控制系统极易在 pH＝7 附近产生等幅振荡，使控制系统的调节精度下降，中和液消耗增大。

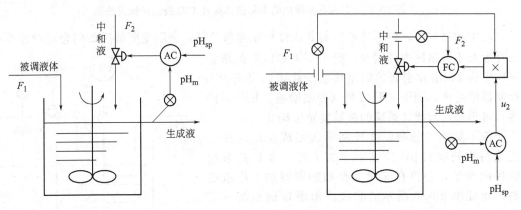

图 20-34　单回路 pH 值控制系统　　　　图 20-35　变比值 pH 值串级控制系统

b. 变比值串级 PID 控制。当被调液的流量变化较大，对中和反应后生成液的 pH 值控制干扰严重时，可通过引入前馈控制来改善控制系统质量。pH 值前馈-反馈控制系统如图 20-35 所示。实质上，它是一个变比值串级控制系统，它能有效地克服被调液流量变化对中和反应器内 pH 值的影响。这里，前馈调节器采用常规的乘法器，当被调液体量变化时，中和液流量调节器的设定值立即按比例变化。由于其实施和调整都比较简便，因而在实际过程中获得了较为广泛的应用。

c. 带有不灵敏区的非线性 PID 控制。前面已经提到，pH 过程滴定曲线的非线性主要表现为 pH 值在 7 附近，滴定曲线的斜率很大。也就是说，此时添加的中和液略有少量的变化，即引起 pH 值较大幅度的波动。而当 pH 值远离中和点时，滴定曲线斜率变小，只有较大的中和液量的变化，才能造成 pH 值的少量的变化。因此，采用上述的 pH 值线性控制系统，由于控制器的增益是始终不变的，必将造成中和点附近的严重超调，而其他地方调节作用不够的现象，难以保证系统的控制质量。

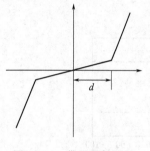

图 20-36　带不灵敏区的
非线性 PID 控制器

为了解决被控对象的严重非线性问题，一种有效的方法是采用非线性控制器，以补偿对象的非线性。在 pH 值控制中，经常采用带不灵敏区的非线性控制器。该控制器的特点是，被控变量控制偏差 E 在不灵敏区内，控制器的增益很小；而当偏差 E 超出不灵敏区时，控制器增益增加数十倍或更多，如图 20-36 所示。用带不灵敏区的非线性控制器取代一般的线性控制器，就有可能用控制器的非线性来补偿被控对象的非线性，最终组成一个近似的线性控制系统。引入不灵敏区的单回路非线性 PID 控制系统方块图如图 20-37 所示。这样在非线性控制器参数

（不灵敏区的宽度、不灵敏区内外的增益）整定适当的前提下，就能保证系统的控制质量基本不变。

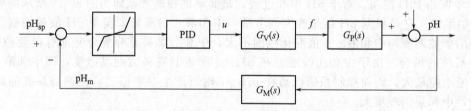

图 20-37　引入不灵敏区的单回路非线性 PID 控制系统方块图

在中和过程中，带不灵敏区的非线性控制器参数整定问题主要解决如何合理设置不灵敏区宽度及不灵敏区内的增益。至于不灵敏区外的增益可确定为 1，由此引起的回路增益变化可归属至 PID 控制器增益中，因而 PID 参数（控制增益、积分时间等）可仍按一般线性系统的参数整定来确定。

带不灵敏区的非线性控制器已经成功地应用于工业污水处理的 pH 控制中。为了进一步提高系统的控制质量，还可在非线性控制的同时加上串级控制，组成图 20-38 所示的非线性串级控制系统。其中主调节器（pH 值控制）采用带不灵敏区的非线性控制器，副调节器（中和液流量控制）仍为常规线性控制器。

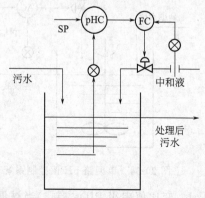

图 20-38　pH 值的非线性串级控制系统

◎ 20.8 智能控制

20.8.1 引言

随着工业过程的日趋复杂化、大型化和集成化，工艺生产对过程控制提出了越来越高的要求。但是，由于过程系统存在着严重的非线性、时变性、不确定性和不完全性等特性，而建模的苛刻假设一般难以满足，所建模型不能表达实际系统，这样，以经典控制和现代控制理论指导的，基于被控对象数学模型的传统控制方法已经显示出其不适应性，而以知识工程为指导的智能控制理论和方法，由于注入了拟人化的智能控制思想，在处理高度复杂性和不确定性方面表现出了其灵活的决策方式和应变能力而受到高度重视。

智能控制理论以众多新兴学科为基础，经过数十年的发展，现已成为继经典控制理论、现代控制理论之后一个新的发展方向。智能控制的基本出发点是采用人工智能方法对复杂、不确定性系统进行有效控制。智能控制方法包括专家系统控制、模糊控制、神经网络控制和仿人智能控制等。从工业应用角度看，智能控制是一类以控制理论为基础，应用拟人化的思维方法及规划、决策策略实现对工业过程优化控制的技术。

智能控制的主要方法有专家控制、模糊控制、神经网络控制、分级递阶智能控制、仿人智能控制、集成智能控制（即将几种智能控制方法或机理融合在一起而构成的智能控制方法）、组合智能控制方法（即将智能控制和传统控制有机地结合起来而形成的控制方法）、混沌控制、小波理论。

工业过程智能控制主要包括两个层次：局部级和全局级。局部级智能控制是指将智能控制策略引入生产过程的某一单元实现工业应用，例如智能 PID 控制器、专家控制器、神经网络控制器和各种基于智能计算方法的软测量以及各种基于智能模型的预测控制等。全局级智能控制主要针对整个生产过程的自动化，包括整个工艺流程的控制、过程的故障诊断和分离以及异常操作情况的处理等。此外，智能控制思想也在逐步渗透到过程控制的优化层和调度层，例如，将统计过程控制和智能软测量相结合的数据挖掘技术、遗传算法等应用于间歇生产过程的智能优化和调度，将 Petri 网和智能计算应用连续与离散相结合的混杂系统建模、优化和调度等。

20.8.2 专家控制

专家系统是一类包含着知识和推理的智能计算机程序，其内部含有大量的某个领域专家水平的知识和经验，能够利用人类专家的知识和解决问题的方法来处理该领域的问题。专家系统的技术特点为解决传统控制理论的局限性提供了重要的启示。将专家系统的理论和技术同控制理论方法与技术相结合，在未知环境下，仿效专家的智能，可有效实现对系统的控制。

专家控制是一种基于专家知识，依靠专家经验进行推理，实现对被控对象的专家级控制的控制方法。专家控制是智能控制的一个重要分支。根据专家系统技术在控制系统中应用的复杂程度，可以分为专家控制系统和专家式控制器两种主要形式。

专家控制系统具有全面的专家系统结构、完善的知识处理功能和实时控制的可靠性能。这种系统有知识基系统、数值算法库和人-机接口三个并发运行的子过程。三个运行子过程之间的通信是通过五个信箱进行的，这五个信箱即出口信箱（out box）、入口信箱（in box）、应答信箱（answer box）、解释信箱（result box）和定时器信箱（timer box）。图 20-39 为一个专家控制系统的典型结构图。

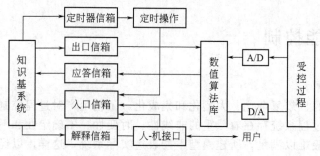

图 20-39　专家控制系统结构

专家控制系统的控制器由位于下层的数值算法库和位于上层的知识基子系统两大部分组成。数值算法库包含的是定量的解析知识，进行数值计算快速、精确，由控制、辨识和监控三类算法组成，按常规编程直接作用于受控过程，拥有最高的优先权。

控制算法根据来自知识基系统的配置命令和测量信号计算控制信号，例如 PID 算法、极点配置算法、最小方差算法、离散滤波器算法等，每次运行一种控制算法。辨识算法和监控算法在某种意义上是从数值信号流中抽取特征信息，可以看作是滤波器或特征抽取器，仅当系统运行状况发生某种变化时，才向知识基系统中发送信息。在稳态运行期间，知识基系统是闲置的，整个系统按传统控制方式运行。

知识基子系统位于系统上层，对数值算法进行决策、协调和组织，包含有定性的启发式知识，进行符号推理，按专家系统的设计规范编码，通过数值算法库与受控过程间接相连，连接的信箱中有读或写信息的队列。内部过程的通信功能如下。

（1）出口信箱　将控制命令、控制算法的参数变更值以及信息发送请求从知识基系统送往数值算法部分。

（2）入口信箱　将算法执行结果、检测预报信号、对于信息发送请求的答案、用户命令以及定时中断信号分别从数值算法库、人-机接口及定时操作部分送往知识基系统。这些信息具有优先级说明，并形成先入先出的队列。在知识基系统内部另有一个信箱，进入的信息按照优先级排序插入待处理信息，以便尽快处理最主要的问题。

（3）应答信箱　传送数值算法对知识基系统的信息发送请求的通信应答信号。

（4）解释信箱　传送知识基系统发出的人-机通信结果，包括用户对知识库的编辑、查询、算法执行原因、推理结果、推理过程跟踪等系统运行情况的解释。

（5）定时器信箱　用于发送知识基子系统内部推理过程需要的定时等待信号，供定时操作部分处理。

人-机接口子过程传播两类命令：一类是面向数值算法库的命令，如改变参数或改变操作方式；另一类是指挥知识基系统去做什么的命令，如跟踪、添加、清除或在线编辑规则等。

专家式控制器多为工业专家控制器，是专家控制系统的简化形式，针对具体的控制对象或过程，着重于启发式控制知识的开发，具有实时算法和逻辑功能。专家控制器通常由知识库（KB）、控制规则集（CRS）、推理机（IE）和特征识别与信息处理（FR&IP）四部分组成。图 20-40 为一种工业专家控制器的框图。由于其结构较为简单，又能满足工业过程控制的要求，因而应用日益广泛。

经验数据集主要存储事实和经验。主要包括控制对象的结构、类型、被控变量变化范围，控制参数的调整范围及幅值，传感器的静态、动态特性参数及阈值，控制系统的性能指标或有关的经验公式等。学习与适应装置的功能是根据在线获取的信息，补充或修改知识库的内容，改进系统性能，提高问题求解能力。专家控制器的知识库用产生式规则来建立，使

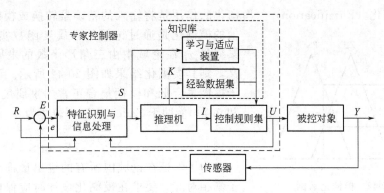

图 20-40　采用专家控制器的控制系统

得每一条规则都可独立地增删或修改，便于知识库的更新，提高知识的组合应用的灵活性。

控制规则集是对被控对象的各种控制模式和经验的归纳总结，而推理机构十分简单，一般采用正向推理方法逐次判别各种规则的条件，执行相应的操作命令。

特征识别与信息处理模块则抽取被控对象动态过程的特征信息，识别系统特征状态，为控制决策和学习适应提供依据。

专家控制器的模型可表示为

$$U=f(E,K,I) \tag{20-127}$$

式中，U 为专家控制器的输出集；$E=(R,e,Y,U)$ 为专家控制器的输入集；I 为推理机构输出集；K 为经验知识集；智能算子 f 为几个算子的复合运算，即

$$f=ghp \tag{20-128}$$

式中

$$g:E \longrightarrow S$$
$$h:S \times K \longrightarrow I$$
$$p:I \longrightarrow U$$

S 为特征信息输出集；g、h、p 均为智能算子，其形式为

$$IF \quad A \quad THEN \quad B$$

其中，A 为前提条件，B 为结论。A 与 B 之间的关系可以是解析表达式、模糊关系、因果关系的经验规则等多种形式。B 还可以是一个子规则集。

20.8.3　模糊控制

模糊控制是基于模糊逻辑，模仿人类控制经验和知识的一种智能控制，如图 20-41 所示。模糊控制器主要由模糊化、知识库、模糊推理和精确化四部分组成。控制时，先把测量的输出精确量模糊化，变为模糊语言变量，按模糊控制规则进行模糊决策，再把模糊决策量转变为精确量去控制被控过程。

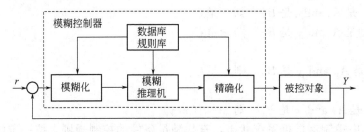

图 20-41　模糊逻辑控制系统基本组成

（1）模糊化（Fuzzification）　模糊化的作用是将输入的精确量转换成模糊化量。输入值的模糊化是通过论域的隶属度函数实现的。例如，某变量 x_i 在论域中由三角形函数的隶属度函数所定义，则其模糊化结果如图 20-42 所示。该输入值对应于模糊集合低和模糊集合正常的隶属度，分别为 0.3 和 0.7。借助于 Zadeh 方法可表述为

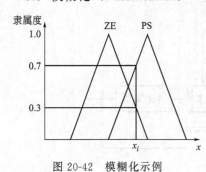

图 20-42　模糊化示例

$$F(x_i) = \frac{0.3}{ZE} + \frac{0.7}{PS} \qquad (20\text{-}129)$$

为了保证在论域内所有的输出量都能与一个模糊子集相对应，要求在模糊化设计时应保证模糊子集的数目和范围必须遍及整个论域。

（2）知识库　知识库主要由数据库和模糊规则库两部分组成。

① 数据库　数据库提供了论域中必要的定义，它主要规定了模糊空间的量化级数、量化方式、比例因子及各模糊子集的隶属度函数等。

例如，对于某一控制过程，数据库中设定模糊空间的分级为 NB（负大）、NS（负小）、ZE（零）、PS（正小）、PB（正大）5 级，量化方式

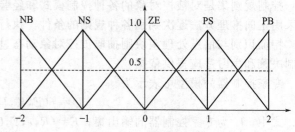

图 20-43　模糊分割图

为均匀线性方式，隶属度函数取三角函数，论域为 $-2 \sim +2$。用图形方式描述则可得图 20-43 所示过程的分级方式。

图 20-43 的量化结果如表 20-4 所示。

表 20-4　量化结果

量化等级	NB	NS	ZE	PS	PB
变化范围	$-2 \sim -1$	$-2 \sim 0$	$-1 \sim 1$	$0 \sim 2$	$1 \sim 2$

关于数据库中的规定有两点注意事项。

a. 分割数目的多少决定了控制性能的粗略程度及控制规则数目的多少，分割数目越多，控制越精确、灵敏，同时也导致了规则数的大幅增加。同样，量化形式也直接影响控制性能，应根据具体过程要求确定。

b. 应注意数据库的完备性。即对于任意的输入均能找到一个模糊子集，使该输入对于该子集的隶属度函数不少于 ε（称为该模糊控制器满足 ε 完备性）。

② 规则库　规则库包含着用模糊语言变量表示的一系列控制规则，是由一系列 IF-THEN 型的模糊条件句所构成，其基本形式为

R_1：如果 x 是 A_1 and y 是 B_1　　则 z 是 C_1

R_2：如果 x 是 A_2 and y 是 B_2　　则 z 是 C_2

……

R_n：如果 x 是 A_n and y 是 B_n　　则 z 是 C_n

或

R_i：如果 x 是 A_i and y 是 B_i　　则 $z = f_i(x, y)$

在实际操作中控制器根据系统状态，查找满足条件的控制规则，按一定的方式计算出控制输出模糊变量，对被控对象施行控制动作。

554

模糊控制规则是实施模糊推理和控制的重要依据，获得和建立适当的模糊控制规则是十分重要的。模糊控制是一种以人的思维方式为基础的拟人控制，因此，规则库的建立主要依据为专家经验及控制工程知识、操作人员的实际控制过程等，这些经验与知识很容易写成条件式构成模糊控制规则。另外，Mamdani 于 1979 年提出了一种基于学习获取控制规则的方案。

（3）推理决策　推理决策是模糊控制的核心，它利用知识库的信息和模糊运算方法，模拟人的推理决策的思想方法，在一定的输入条件下激活相应的控制规则，给出适当的模糊控制输出。

（4）精确化过程　通过模糊化推理得到的结果是一个模糊量，是一组具有多个隶属度值的模糊向量。而控制系统执行的输入信号应是一个确定的信号值，因此，在模糊控制应用中，必须将控制器的模糊输出量转化成一个确定值，这一过程即为精确化过程。常用的两种精确化方法如下。

① 最大隶属度法　若输出量模糊集合的隶属度函数只有一个峰值，则取隶属度函数的最大值为清晰值，选取模糊子集中隶属度最大的元素作为控制量。若输出模糊向量中有多个较大值，则取这些元素的平均值作为控制量。

② 重心法　重心法是取模糊隶属度函数曲线与横坐标围成的面积的中心为模糊推理输出的清晰值，对于具有 n 个输出量化级数的离散域情况有

$$u_0 = \frac{\sum\limits_{i=1}^{n} u_i \mu(u_i)}{\sum\limits_{i=1}^{n} \mu(u_i)} \qquad (20\text{-}130)$$

其中，u_0 为清晰化输出量；u_i 为输出变量；μ 为模糊集隶属函数。与最大隶属度法相比较，重心法具有更平滑的输出推理控制。

与传统的控制方法相比，模糊控制是在操作人员控制经验的基础上实现对系统的控制，无需建立数学模型；模糊控制具有较强的鲁棒性，被控对象的特性和参数变化对控制质量影响小，体现了一定的自适应能力；模糊控制在线计算仅需查"控制查询表"，计算量小，有较好的实时性。

常规模糊控制的两个主要问题在于改进稳态控制精度和提高智能水平与适应能力。在实际应用中，往往是将模糊控制或模糊推理的思想，与其他相对成熟的控制理论或方法结合起来，发挥各自的长处，从而获得理想的控制效果。主要有模糊复合控制、自适应和自学习模糊控制以及模糊控制与其他智能化方法的结合三个方面。

20.8.4　神经网络控制

神经网络控制是一种数据驱动的控制方法，适用于那些具有不确定性、非线性且无模型可利用的控制对象。神经元网络（Artificial Neural Network，ANN）是模仿人类脑神经活动的一种人工智能技术。给 ANN 一些样本，ANN 通过自学习可以掌握样本规律，在输入新的数据和状态信息时，可用 ANN 进行自动推理和控制。

典型的神经网络控制应用主要有如下几种：监督控制、直接逆控制、内模控制和神经网络预测控制。

（1）监督控制　一些复杂的生产过程，由于其输入输出关系非常复杂，具有很强的非线性、大滞后、时变性和不确定性，难以设计建立在被控对象数学模型基础上传统控制器和控制回路。而相应地由有经验的操作人员对生产状态进行监督，不时地修正控制指令，则可实现对该系统的有效控制。因此，利用神经网络学习的控制行为，即可建立起一个有效的神经

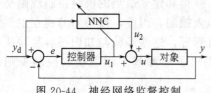

图 20-44 神经网络监督控制

网络监督控制回路。此时，神经网络的输入是被控系统的历史输入输出量，而输出是当前的控制量。图 20-44 给出了此类神经网络控制方法的结构示意图。

从图中可以看出，神经网络监督控制实际就是建立人工控制方式的模型，经过学习，神经网络将记忆人工控制方式的动态特性，具备人工控制相应的能力。在接收到传感器送来的信号后，输出与人工控制相似的控制作用。

（2）直接逆控制 直接逆控制实际上是利用对象系统的逆函模型作为控制器的控制，见图 20-45。

假定动态系统可由下列非线性差分方程表示，即

$$y(k+1)=f[y(k),y(k-1),\cdots,y(k-n+1),u(k),u(k-1),\cdots,u(k-m+1)]$$

$$(20\text{-}131)$$

设上式函数 f 可逆，即有

$$u(k)=f^{-1}[y(k+1),y(k),\cdots,y(k-n+1),u(k-1),u(k-2),\cdots,u(k-m+1)]$$

$$(20\text{-}132)$$

此式即为动态系统的逆模型，注意到上式中对于时刻 k 来说，$y(k+1)$ 是一个周期后的未来值，是未知的，但在计算时可用 $k+1$ 时刻的期望值 $y_d(k+1)$ 来代替，而求出当前的控制值 $u(k)$。

神经网络的直接逆控制就是将控制对象的神经网络逆换型直接与被控对象串联起来，利用 $f^{-1}(\cdot)$ 作为控制器，输入 $k+1$ 时刻系统的期望输出，实现理想控制。

由上面的叙述可知，该法的可用性很大程度上取决于逆模型的准确程度，由于缺乏反馈，简单连接的直接逆控制对于对象的时变性、干扰等非常敏感，鲁棒性很差，因此，一般应使其具有在线学习能力，即逆模型的连接权值必须能够在线修正。

在神经网络直接逆控制结构方案中，NN1 和 NN2 具有完全相同的网络结构，并采用相同学习方法，而 $u(t)$ 和 $u_N(t)$ 的差 $e(t)$ 进一步修正网络权值，实现网络的在线学习。当然，NN2 亦可由其他的更一般的评价函数来代替。

（3）内模控制 内模控制（Internal Model Control）是一种采用系统对象的内部模型和反馈修正的预测控制，有较强的鲁棒性及方便的在线调整功能，是非线性控制的一种重要的方法。神经网络内模控制系统结构如图 20-46 所示。

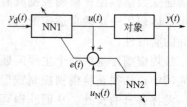

图 20-45 神经网络直接逆控制

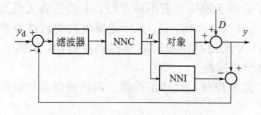

图 20-46 神经网络内模控制

其中，NNC 为神经网络控制器（逆模控制器）；NNI 是被控对象的正向模型，用于充分逼近被控对象的动态特征，亦被称为神经网络状态估计器。

在内模控制中系统的正向模型与实际系统并联，两者输出之差被用作反馈信号。此反馈信号经线性滤波器处理后送给神经网络控制器作为控制器的输入信号，同时亦作为其在线学习的信息。在内模控制中，若 NNI 能够完全准确地表达被控对象的输入输出关系，并且不考虑干扰时，反馈信号等于 0，系统等效于直接逆控制。若由于模型不准确等原因

$y \neq y_d$ 时，由于负反馈的存在仍可使 y 接近于 y_d。因此，该方案有较好的鲁棒性，同时，它保持了直接逆控制的优点，是一种较好的控制方案。

（4）神经网络预测控制　预测控制，又称基于模型的控制，是 20 世纪 70 年代后期发展起来的一类新型计算机控制算法。该法的特征是预测模型、滚动优化和反馈校正。已经证明，该法对非线性系统具有期望的稳定性能。

神经网络预测控制的结构方案，如图20-47所示。其中神经网络预测器建立了非线性被控对象的预测模型，并可在线学习修正。利用此预测模型，就可以自由控制输入 $u(t)$，预报出被控制系统在将来一段时间范围内输出值。

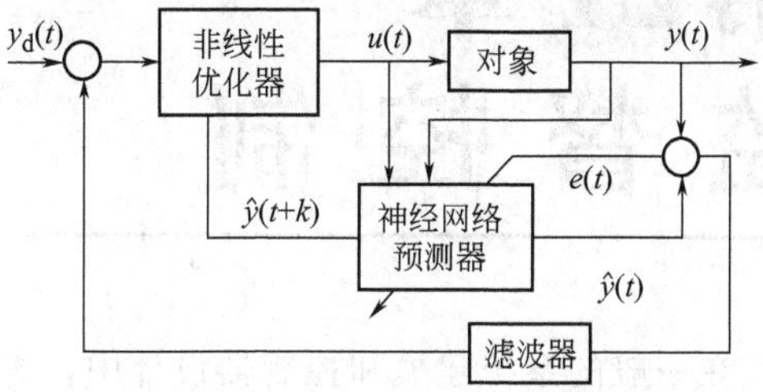

图 20-47　神经网络预测控制

$$y(t+j \mid t), j = N_1, N_1+1, \cdots, N_2$$

其中，N_1、N_2 分别称为最小与最大输出预报水平，反映了所考虑的跟踪误差和控制增量的时间范围。

由于这里的非线性优化器实际上是一个优化算法，因此可以利用动态反馈网络来实现这一算法，并进一步构成动态网络预测器。

智能控制技术在国内外已有了较大的发展，已进入工程化、实用化的阶段，但作为一门新兴的理论技术，它还处在一个发展时期。然而，随着人工智能技术、计算机技术的迅速发展，智能控制必将迎来它的发展新时期。

第21章
监督控制

在一般的系统建模和控制器设计中，着重考虑的是控制系统在设定值变化或生产负荷变化及其他干扰作用下，使系统能快速跟随设定值变化，克服各种扰动，保证系统有好的动态响应过程。关于控制系统的优化设定值，随着实际系统的运行，应如何来确定，这就是最佳设定值的在线计算，也称为实时优化（Real-Time Optimigation，RTO），也有的称为监督控制（Supervisory Control，SC）的问题。

由于工业生产过程越来越复杂，规模也越来越大，安全操作和生产已成为工业过程控制的重要任务。在工厂的运行操作中，许多过程变量需要控制在一定的操作范围之内，如果超过一定范围，就会造成生产事故，如产品不合格，严重的话会产生破坏性的生产事故。由于生产过程操作人员要管理和处理众多的变量信息，难以及时发现众多变量的渐变情况的发生，因此，利用计算机和统计技术，对工业生产过程进行过程监视（process monitoring）和统计过程控制（Statistical Process Control，SPC）与统计过程质量控制（Statistical Process Control，SQC），就成为现代工厂保证运行在所设计目标的重要技术。

◎ 21.1 实时优化

实时优化是在满足操作约束条件的情况下使得过程的利润达到最大化（或成本最小化）。这种优化技术是直接在计算机控制系统中加以实现的。优化模型通常用的是稳态模型，而不是动态模型，因为除了设定值变化以外，过程总是在稳态下运行。

图 21-1 描述了过程控制的递减结构中的 5 个层次，其中包括优化、控制、监视和数据采集等。图中每个方框的相对位置是一种概念性的划分，因为它们在功能的执行过程中可能是重叠的，而且几个层次往往可能用同一个计算平台。每一层执行的相对时间尺度也不一样。将过程数据（流量、温度、压力、成分等）以及包含商业和财务信息的企业数据与有关方法相结合，以便及时地作出决断。最高层（计划与调度）要使生产目标满足需求和约束，并强调应变能力和人为的决策。计划与调度通常动作在相当长的时间尺度上，因此与较低层的活动耦合关系少。例如，石油公司所拥有的所有炼油厂通常都包括一个综合的计划与调度模型，通过优化此模型，得到总目标，各炼油厂原油和产品的配送，各炼油厂的生产目标、库存目标、最优操作条件、物流分配和调和方案等。

在第 4 层中，RTO 用于协调各过程单元，并给出每个单元的设定值，又称为监督控制。第 3b 层对多变量控制或具有实际约束的过程给出设定值变化。单回路或多回路控制等常规控制是在第 3a 层完成的。第 2 层（安全与环境/设备保护）包括了如报警管理和紧急停车等活动。第 1 层（过程测量与执行）提供数据采集和在线分析以及执行功能，还有传感器校验，另外还有各层之间的双向通信，即高层为低层设定目标，而低层将约束和性能等信息传到高层。最高层（计划与调度）决策的时间尺度可能是以月计的，而在较低层执行时间可能小于秒。

从 20 世纪 90 年代开始，流程工业，因为通过对操作条件的反复优化可以增大工厂的利润。最优设定值有时可能天天变化，有时可能在一天内就发生变化。需要对操作条件进行周期性优化的还包括质量的要求、原料价格变化、处理和存储的限制以及产品的需求等。随着计算机和优化软件的发展，RTO 能够很容易地嵌入到计算机控制系统中，在工业生产过程中进行实时优化控制。

21.1.1 最优化概念

最优化的概念是非常复杂和广泛的，通常可分动态最优化控制与稳态最优化。

（1）动态最优化控制　调节操纵变量使有关变量接近规定的目标值，目标值可以是固定的，或者是随时间变化的。控制方法有反馈控制、反馈加前馈控制、自适应控制、非线性控制、多变量控制、模型预测控制及最优控制方法。

动态最优化控制意味着选择最好的控制算法及有关系数。现代控制理论中的线性二次高斯问题（LQG）提出的动态控制算法，是用线性微分方程描述的系统的一个特定二次型性能指标最优。该动态性指标与工厂企业的稳态最优经营目标没有直接的关系，因此，动态最优化控制理论不是连续过程企业全部自动化的完整回答。

（2）稳态最优化　稳态最优化适用于代数方程描述的系统而不是微分方程描述的过程和目标。在实时优化控制中，主要讨论稳态最优化问题。

工业生产过程经常碰到三种不同类型的优化问题，即操作条件、负荷分配和生产计划调度。

操作条件：蒸馏的回流化、中间馏分组成、化学反应器反应温度及压力等。

负荷分配：将一定的资源，如物料、能源等在若干平行的生产设备中进行最优分配。

生产计划调度：生产作业计划的排定，重复进行的清洗、再生、维修或再装配作业这些周期性操作的合理时间安排。

动态控制系统中的设定值通常都是由三个方面来给定。资源分配与操作条件的决定是最容易实现在线最优化的。

控制系统的任务是确保过程自变量在合适的数值上，因此，自变量的个数及其合适范围的值必须确定，而且必须知道自变量对过程因变量和企业经营目标的影响与作用。

自变量对工厂经济效益影响最常见的有以下三种。

① 工厂利润随自变量的增加而单调增加，如图 21-2 中曲线 A 所示的约束利润函数关系。当自变量变化比较大时，会受到自变量本身或其他多个

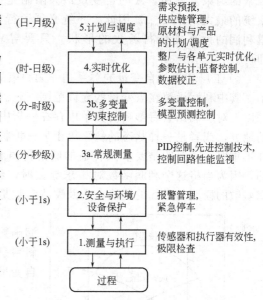

图 21-1　制造过程控制与优化的 5 层结构

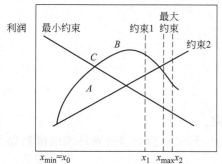

图 21-2　三种不同的利润函数

因素的约束。图中，A 的自变量最大限制是约束 x_1，若自变量增大到约束 x_2，则超过了系统的最大约束 x_{max}。因此，系统必须运行在小于 x_{max} 上，即约束 x_1 点上，因此不需知道利润的大小或利润函数的形状，只要寻求 x_1 的精确值及其与相关约束变量的关系即可。

② 工厂利润与自变量的关系是一无约束的高峰利润函数关系，如图 21-2 中的曲线 B 所示。其中利润函数在自变量的允许范围（$x_{max} - x_{min}$）内达到一最大值。这表明在两种或两种以上对利润函数有影响的竞争中存在一折中方案。自变量最优值出现在利润函数斜率为零的地方，或者是一种状态的斜率等于另一种状态的负斜率。在这种例子中，实际的约束位置并不重要，重要的是要求出合适的经济价值和精确的斜率。利润范围的绝对值也是不重要的，因为当将这个利润函数对 x 求导数时，绝对值项与常数项均为零。但是，必须考虑利润函数的模型与最优的算法，以及哪些参数是关键的变量。

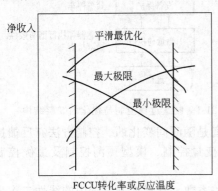

图 21-3　FCCU 最优转化率

③ 工厂利润与自变量的关系是一种最小约束利润函数关系，如图 21-2 中的曲线 C 所示，该曲线的斜率是负的。自变量的最优数值是在 x_{min} 点上，因为自变量的最优解必须处在 x_{min} 与 x_{max} 之间。

上述三种情况基本概括了工业生产过程常见的优化命题，多重峰值的情况尚属少见。由于无约束的高峰工况处理起来非常复杂，因此，用带约束的最优化实现比较简单和容易。

图 21-3 表示实现催化裂化（FCCU）最优转化率的三种可能性。其约束条件包括最小约束，即滑阀的最小开度、主分馏塔的最小负荷等；最大约束包括压缩机最大能力，鼓风机的最大鼓风能力，再生器的最大烧焦能力以及主分馏塔的最大负荷等。通过多个因素的平滑最优化，可得到催化裂化反应装置的转化率（或反应温度）与净收入的优化变化趋势。

21.1.2　实时优化的基本要求

实时优化的稳态模型通常可以从工厂的基础知识或实验数据得到。它利用了每个单元的操作条件，例如温度、压力和流量，来预测诸如产量（干扰）、产率和可检测产品的性质（如纯度、黏度和分子量）等。经济模型包括了原材料成本、产值和与操作条件有关的生产成本、计划销售数等。目标函数与这些量有关，在某些明确的时间段内生产利润可以表达为

$$P = \sum_s F_s V_s - \sum_r F_r C_r - \mathrm{OC} \tag{21-1}$$

式中　P——生产利润/时间；

$\displaystyle\sum_s F_s V_s$——产品量乘以各个产品价值之和；

$\displaystyle\sum_r F_r C_r$——供料量乘以各个单位的成本之和；

　　OC——运行成本/时间。

无论是运行模型还是经济模型，一般都受以下约束。

① 操作条件　过程变量由于阀门的范围（0～100% 开度）而必须受到环境的限制以及其他某些限制。

② 供料和产品量　供料泵最大容许量，销售受到市场的限制。

③ 存储和库存的能力　不能超过存储罐的能力。

④ 产品杂质　可销售的产品必须符合产品规格要求。

适合于运行利润最大化的过程情况包括以下几种。

① 产品限制销售　在这类市场中，销售可能随产品的增加而增加。它可以通过优化操作条件和产品的调度使产品产量最大化。

② 市场限制销售　这种情况只有在目前的生产规模下通过提高效率实现优化来解决。例如，提高热效率可以降低制造成本，使产品在市场中更具有竞争力。

③ 大的产量　大规模生产单元有很大的利润增长潜力。单位产品的成本略微节省或产品产量和收率增加，对于大规模生产均能产生大的利润增长。

④ 原材料和能源消耗大　这些是影响工厂成本的主要因素，因而也提供了潜在的节省空间。例如，在工厂里通过最小化燃料的消耗，找到燃料量和蒸汽的最佳分配，都可以降低成本。

⑤ 产品质量优化规范要求　如果产品质量明显优于用户的要求，则将引起过多的生产成本和过度的能源消耗。使运行结果接近用户的要求将会节省成本。

⑥ 有价值的组分流失　对工厂中空气和水的废料流的化学分析将会指出，有价值的物料是否有流失的现象。例如，调整加热炉中的空/燃比，可减少未燃碳氢化合物的损失并减少氮氧化物的排放。

21.1.3　最优操作条件分析

在流程工业中各个生产单元或装置选择合适的操作条件是稳态最优化的最重要问题之一，这种问题可分为下述三种情况。

(1) 物料平衡　最优物料平衡用来决定主要物流通过工厂如炼油厂最合适的生产流径。在分析物料平衡时，每种工艺物流或自变量是很重要的，由此可以确定是增加还是减少哪种物流量对全厂经济效益最有利。物料平衡通常关系到主要产品的规格或组分损耗，这在分析计算时要用到，但不是独立的最优化变量，而是作为约束条件来处理。物料平衡的目的是使不同并联加工设备的进料（处理量）分配过程最优化。组分最优化在线调和过程决定一个炼油厂（或化工厂）的经济最优产量和生产负荷。

(2) 能量平衡　最优操作工况的第二个问题是过程能量平衡。能量平衡通常会受到装置中循环回流的影响。分馏塔的回流和未转化产品的循环回流会影响能量平衡，装置内，尤其是分馏塔和公用工程供料总管上的压力对能量平衡都会有影响。前面叙述过的物流最优分配对能量平衡也是十分有用的。燃烧过程中的空气或氧气也存在着优化配比问题。由于一个工厂的能量流的测量有一定困难，如燃料热值、蒸汽和瓦斯气流量的测量等都有较大误差，因此，能量平衡计算往往不是很准确。但是，在流程工业中，能耗在产品成本中占有很大比重，能量消耗的优化是提高企业经济效益的重要手段。

(3) 反应条件　最优操作条件的第三个问题是有关化学反应器化学反应条件问题。最优反应条件是表示反应器可获得的最好经济效益，而这种目标是多种经济因素的约束与折中。对化学反应器来说，主要的优化变量是适当的反应温度和目标产品的反应速率。有时，为了达到最大经济效益，反应温度和反应速率之间采用折中的方案。反应过程的循环变量影响着化学反应的选择性、催化剂活性、过剩反应物的数量或反应压力，因此，这也是一个可优化的自变量。

因为从化学反应器最优化所得到的经济效益会远远超过其他类型最优化得到的收益，因而，最优化的工作重点是化学反应器。然而，要成功地实现化学反应器的最优化，一般难度较大。

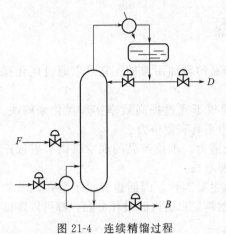

图 21-4 连续精馏过程

上述三个方面的最优化问题，可以分别进行处理。不管能量平衡和反应器的操作状态是否最优，进行物料平衡的优化控制是可以实现的。同样，能量平衡最优控制也是可能的。所以，可以把问题进行分解，从而构造模块化的最优控制系统。

现以精馏过程的优化操作为例来分析最优控制。

精馏过程是流程工业中广泛使用的核心生产装置之一。一个连续的精馏生产过程如图 21-4 所示。该动态过程的目标函数可用式（21-2）来描述，其中包括有价值的产品、原料及能源消耗等因素。

$$J = \$_D D + \$_B B - \$_F F - \$_H H - \$_C C - \$_P P_P$$
$$= \$_D D + \$_B B - \$_F F - (\$_H H + \$_C C + \$_P P_P)$$

$$(21\text{-}2)$$

式中 J——精馏过程生产效益，$\$/h$；

D——塔顶产品流出率，t/h；

B——塔底产品流出率，t/h；

F——原料进料流入率，t/h；

H——再沸器加热量，kJ/h；

C——塔顶冷却水流量，m^3/h；

P_P——回流泵的动力消耗，kW/h；

$\$_i$——单位物料流或动力的价格，$\$/t$ 或 $\$/kJ$。

式（21-2）右边开头的三项，即 $\$_D D + \$_B B - \$_F F$ 表示该物料经过精馏加工后可获得的利益，而后面三项（$\$_H H + \$_C C + \$_P P_P$）是这一精馏过程的操作费用。一般来说，操作费用和产品价值利益是进料处理量的函数，只有处理量在操作点附近作很小的变化时，才可认为操作费用和产品价值是固定不变的。

若假设冷却水和泵的能耗与加热项比较起来可忽略，同时用 $F = D + B$，即 $B = F - D$ 代入式（21-3），可得

$$J = (\$_D - \$_B)D - (\$_F - \$_B)F - \$_H H \qquad (21\text{-}3)$$

若考虑将精馏塔的生产负荷，即进料 F 作为自变量，那么目标函数可写成

$$J^* = \$_D^* D - \$ H \qquad (21\text{-}4)$$

式中，$\$_D^* = \$_D - \$_B$，即 1mol 的从塔底到塔顶产出时的价值裕量，$\$/mol$。

同时，将加热量 H 用 $H_{ev} V_s$ 代替，即精馏塔内的汽化率 V_s 与该物质的汽化潜热 H_{ev} 相乘来代表精馏塔的加热量，并且用进料量 F 除以等式的两边，这样，式（21-4）又可写成

$$J_F = \$_D^* D / F - \frac{\$_H H_{ev} V_s}{F} \qquad (21\text{-}5)$$

在实际精馏塔的优化操作条件选择时，必须考虑精馏塔的操作工艺与机理，也就是说对一确定的精馏塔，必须了解其物理条件的约束。例如，为了节能，一般都提出使回流比最小。这个回流比若太小，节省下来的能量抵不上产品质量的损失，就失去了节能的意义，因此必须使回流比在一经济范围内，如图 21-5 所示。精馏塔的操作压力也是一个重要的优化操作条

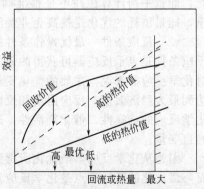

图 21-5 精馏塔最优回流量

件，操作压力最优，意味着相对挥发度达到最大，而使回流量减到最小。但是，这个最优操作压力点是受塔顶冷凝器最大负荷的影响和约束，例如，冬天与夏天冷凝器的负荷就不一样。精馏塔的进料量一般没有一个固定的上限值，通过降低回流量，即分离度可提高精馏塔的处理能力，但是产品纯度要降低，因此，存在着加工能力的收益与产品率降低之间的最优权衡问题。关于操作压力、冷凝器最大负荷、再沸器最大负荷、塔板最大负荷、汽化率和进料之比与精馏塔的目标函数关系见图 21-6。

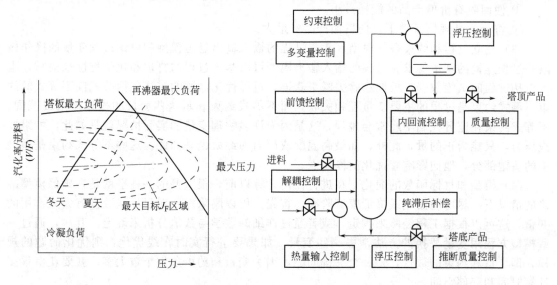

图 21-6　精馏过程最大目标与约束条件关系　　　图 21-7　连续精馏过程优化控制方案

　　最优操作条件的实现，要根据实际精馏过程的特点和要求，特别是要仔细分析影响精馏操作过程的各种干扰因素，从而设计优化控制系统，保证优化条件的实现。图 21-7 是一典型精馏过程各种优化控制方案。例如，以保证塔顶产品质量为目的质量控制，以能量消耗为最小的能量输入和能量优化控制，还有其他的多变量预测控制、解耦控制、前馈控制和内回流控制等。到底选用什么方案，要根据实际精馏生产过程的特点来定。

◎ 21.2　实时优化控制的实施技术

21.2.1　实时优化控制建模

　　当选定一个过程要进行监督控制时，首先要做的是对这一问题进行描述，即用数学公式来表示以及如何求解，例如一个控制系统给定值优化问题，则要选择经济效益模型和过程操作模型，以及过程变量的约束条件。通常一个优化命题的实施分以下几个步骤。

　　(1) 抽取过程变量　被控过程或单元的重要输入和输出变量必须辨别清楚，因为建立经济和操作模型需要这些变量。当要求优化的所有变量列写出来以后，通过过程稳态模型把这些变量关联起来，在这一步先不考虑哪些变量是因变量或是自变量。

　　(2) 选择优化性能判据和建立目标函数的数学表达式　将过程优化目标的定性描述变成适当的定量化表示。通常这些定性的描述包含多个目标及隐含的约束。例如，希望精馏过程不合格的产品最少，而同时又要防止塔的液泛。为了达到基于经济效益的单一目标，其不合格产品可与公用工程和进料费用关联起来，并包含在目标函数里。另一方面，把防止精馏塔的液泛变成为塔的汽化率和进料率的约束条件，这些约束条件通常不一定与目标函数相关。

但是，这些约束条件限制了操作条件的改变，反过来也将会影响目标函数。

目标函数的选取完全依赖于工厂的需求和条件，例如，对于一个精馏塔的操作目标可有以下多种。

① 对于一定的进料量，使有价值的组分产率最大，且满足产品纯度要求。

② 对于一定的进料量，在一定的产率下，产品纯度最高。

③ 保持再沸器和冷凝器生产符合产品规格条件下使能耗最小。

④ 使回收有价值产品的能耗最小。

⑤ 符合产品规格条件下，使精馏产品量最大。

（3）建立过程和约束条件模型　建立过程的输入输出稳态模型和辨识过程变量的操作极限是过程建模的基本要求。过程的输入输出模型可以基于过程的物理和化学特性来描写，也可以从过程的试验数据，根据经验关联来获得。过程优化命题的描述包括等式或不等式的约束。等式约束是过程的主要变量互相关联，而不等式约束表示这些变量的操作极限或范围。不等式约束在监督控制中经常会碰到，这是因为许多物理变量的实际情况就是如此，如组成或压力，只能为正的量，此外，如最高温度或压力的约束也是如此。这些不等式约束是模型中的关键部分，他们影响着优化的操作点。

（4）模型和目标函数的简化　在进行任何计算以前，很重要的一件事就是在确保模型准确的情况下，尽可能简化或降低模型阶次。首先，可以删除一些对目标函数没有太大作用的变量，这可以根据工程经验来判定，或者通过详细的数学与数值分析来确定。其次，通过一些模型方程用变量替换的方法消去一些变量。如果要进行实时在线优化，则优化命题的规模，即变量和约束的数目，是一个关键问题，因为变量和约束条件个数太多，就要花费很多计算时间和存储空间。

（5）优化计算　这一步是如何选取能够获得该优化命题解的求解技术。一般来说，大多数实际优化问题都要求用计算机来计算。过去的几十年，关于优化问题的数值求解计算方法，无论是有效性还是鲁棒性都有了很大的进展。因此，选用哪种方法一般依据为简单实用。不管选用哪一种，所有优化计算方法都是迭代计算，因此，变量初值好的优化估计，可以减少计算时间。

（6）参数灵敏度分析　确切地知道哪些参数在优化问题中起着关键作用，这对优化问题来说是非常有用的。因此，可以通过改变模型中的各个参数，重复计算优化命题，发现比较敏感的参数。

现用一个例子来说明最优化问题的实施方法。例如在一个炼油厂里，有自备透平发电机两台，所用的燃料是燃料油和瓦斯气。瓦斯气是其他装置所产生的废气，不计其成本。两台发电机（G_1 和 G_2）与燃料（瓦斯气 G，燃料油 O）的关系见图 21-8。

如何使这两台发电机在保证一定输出功率下油料消耗最少，因此，这一监督控制的目标是寻求燃料油和瓦斯气的流量给定值，即两个流量控制器的给定值是要寻求的变量。为此，假设这一优化问题的操作目标是两台发电机要提供 50MW 的电力，而使费用最少，这可以通过尽可能多地使用瓦斯气而尽量少用昂贵的燃料油实现。两台发电机各自具有不同的操作特性，G_1 的效率比 G_2 高。两台发电机的出率与燃料的经验关系为

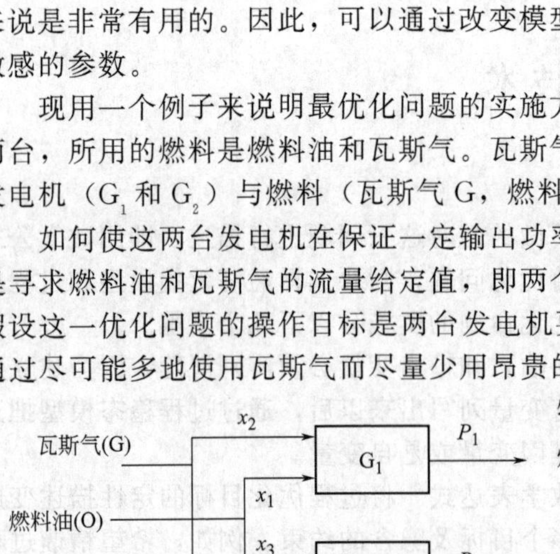

$$P_1 = 4.5x_1 + 4x_2 \quad (21\text{-}6)$$
$$P_2 = 3.2x_3 + 2x_4 \quad (21\text{-}7)$$

式中，P_1 和 P_2 分别表示发电机 G_1 和 G_2 的输出功率，MW；x_1 和 x_2 分别表示发电机 G_1 所用的燃料油和瓦斯气，t/h；x_3 和 x_4 分别表示发

图 21-8　两台透平发电机与燃料关系

电机 G_2 所用的燃料油和瓦斯气，t/h。

瓦斯气总的可用量为 5t/h，每台发电机发出功率要求在一定的范围之内，第一台发电机（G_1）的功率输出范围是 18～30MW，第二台发电机（G_2）的功率输出范围为 14～25MW。

在上述条件下，现在利用本节开头介绍的 6 个步骤，将这一优化问题先用数学公式来描述，然后应用图解线性规划的方法来分析最优的操作条件（x_1、x_2、x_3 和 x_4）。

首先找出过程变量。两台发电机的输出功率 P_1 和 P_2 以及 x_1～x_4，作为过程的变量，这 6 个变量都不是独立的，存在着一些等式约束关系。

第二步是选择目标函数。使得发电成本最小，就是使燃料油消耗最小，这意味着，应当尽可能使用瓦斯气，因为瓦斯气不计成本。因此，目标函数（f）可以定义为使

$$f = x_1 + x_3 \tag{21-8}$$

最小。

第三步是建立过程和约束模型。根据对问题的描述，约束如下。

① 功率关系

$$P_1 = 4.5x_1 + 4x_2 \tag{21-9}$$
$$P_2 = 3.2x_3 + 2x_4 \tag{21-10}$$

② 功率范围

$$18 \leqslant P_1 \leqslant 30 \tag{21-11}$$
$$14 \leqslant P_2 \leqslant 25 \tag{21-12}$$

③ 总的功率

$$P_1 + P_2 = 50 \tag{21-13}$$

④ 瓦斯气供应

$$x_2 + x_4 = 5 \tag{21-14}$$

上述所有变量都为非负。

第四步是模型和目标函数的简化。在前面，关于目标函数和等式与不等式约束中定义了 6 个变量（$N_v = 6$），因为有 4 个等式约束（$N_E = 4$），6 个变量中的 4 个可以消去。因此，根据 $N = N_v - N_E$，可以选择两个自变量（x_1，x_3）。因此，通过方程(21-4)、方程(21-5)、方程(21-8) 和方程(21-9)，可以消去 x_2 和 x_4。根据方程(21-6) 和方程(21-7) 以及发电机功率操作范围，可求出 P_1 和 P_2 为

$$4.5x_1 + 6.4x_3 \geqslant 50 \tag{21-15}$$
$$4.5x_1 + 6.4x_3 \leqslant 62 \tag{21-16}$$
$$4.5x_1 + 6.4x_3 \geqslant 44 \tag{21-17}$$
$$4.5x_1 + 6.4x_3 \leqslant 55 \tag{21-18}$$

同样道理，合并上述 4 个方程，消去 P_1 和 P_2，再应用约束条件，即 x_1 和 x_3 为非负值，则可得

$$2.25x_1 + 1.6x_3 \leqslant 20 \quad (x_2 \geqslant 0) \tag{21-19}$$
$$2.25x_1 + 1.6x_3 \geqslant 15 \quad (x_4 \geqslant 0) \tag{21-20}$$

第五步是优化计算。因为只有两个应变量，在此，用图解线性规划（LP）来求解。首先在 x_1-x_3 平面上作出约束条件平行线，然后，决定 x_1 和 x_3 的可行解的区域，即使 x_1 和 x_3 满足所有的不等式约束方程(21-10)～方程(21-13)。然后通过作 $f(x_1, x_3) = C$ 的直线，其中 C 表示不同成本，在可行解区域里寻找使目标函数 f 最小的点。该优化点通常都在可行解区域中约束条件内部的交叉处。

接下来介绍这一图解 LP 过程。将方程(21-10)～方程(21-13)，在图 21-9 中作出 x_1

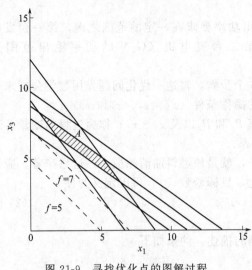

图 21-9　寻找优化点的图解过程
（优化解的可行区是斜线表示的菱形区，
优化操作点是 A 点，虚线表示目标函数线）

和 x_3 的可行解区域，也就是说该优化命题的解必须落在这一区域里。这四根平行线来自约束方程（21-10）～方程（21-13）。类似道理，方程（21-14）和方程（21-15）在 x_1 和 x_3 平面中也是平行线。注意有的约束是多余的，它们不会影响约束可行区。因此，实际可行区是图中的菱形。同时，也在图中作出 $f = x_1 + x_3$（$f = 5$ 和 7）的两条线。这些具有常数值的线是相对于不同的操作条件，即不同的燃料油分配方案。为了使燃料油消耗最小即 f 最小，此虚线必须尽量向右边方向移动靠近可行区的左边，这样不等式的约束首先将得到满足。由图可知，最小的费用点是相应于图中的 A 点，这点也是约束条件（21-15）和（21-20）的交叉点，若操作点从 A 点向可行区内部移动，则相应的燃料油消耗就将增加。在 A 点，$f = 8.45$，$x_1 = 2.2$，$x_3 = 6.25$，这意味着发电机 G_1 所用燃料油为 $2.2t/h$，而发电机 G_2 所用燃料油为 $6.25t/h$，全部瓦斯气用于 G_1，G_2 不用瓦斯气，因为 G_2 效率较低，相应的发电功率分别为 $P_1 = 30MW$，$P_2 = 20MW$。

图解分析优化问题很难用过程控制计算机来实现，此外，图解分析方法只能用在两个自变量系统的优化问题的求解，从而限制了其可应用性。但是从图解分析可知，优化问题的解都发生在两个或多个不等式约束的交叉点上，从而形成一种单纯形数值求解算法，可以用计算机自动地一步步来寻找最优点，这种单纯形数值寻优方法在求解工程中的优化问题很有用，它也可用于处理等式约束问题。对于系统变量和约束条件多的优化命题，通常用线性规划来求解。

21.2.2　在计算机控制中实施实时优化控制

在实时优化控制中，计算机控制系统将完成所有数据传递和最优计算，并将设定值信号送到控制器中。为了实现实时优化控制，需要几个步骤，包括数据采集和校正（或调理），确定工厂的稳态，更新模型参数以满足当前的运行，计算和实施这些新的最优的设定值。

为了确定过程单元是否处于稳态，计算机控制系统中的软件应监视关键的生产测量值（如成分、产率和流量等）和确定生产的操作条件是否足以接近稳态。只有当所有关键测量值在允许的限度内，才能认为生产运行是处于稳态的，最优化计算才能启动。数据有效性检查将自动调整模型更新程序，以反映坏数据或已停运装置的存在。基于物料和能量平衡的数据校正可以用单独的最优软件来实现。数据的有效性和调理对任何优化来说都是极为关键的。

优化软件会利用回归技术刷新模型参数，以便与当前生产数据相匹配。典型的模型参数有热交换器传热系数、反应器性能参数和加热炉效率。这些参数出现在工厂中每个单元的物质和能量平衡以及反映物理性质的基本方程中。在决定什么参数应该更新和什么参数用于更新时，需要大量的工厂知识和经验。在完成参数估计后，应收集与当前生产约束有关的信息、控制状态的数据、供料、产品和公用工程的经济值以及其他操作成本等。负责计划与调度的部门按期更新经济值，然后优化软件计算最优设定值。在优化计算后，要重新检查生产的稳态条件。如果确定各个过程仍然处于同样的稳态，则新的设定值将传送到计算机控制系统，以作为新的优化设定值。

实时优化控制与常规控制相结合可以看成类似于串级控制，如图 21-10 所示。外圈的实时优化控制回路的运作比内回路慢得多。

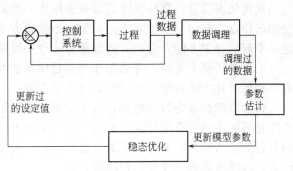

图 21-10　RTO 和常规反馈控制的方块图

◎ 21.3　最优化算法

21.3.1　优化中的约束问题

无约束优化是指这种情况，它没有不等式约束，且所有等式约束均可利用在目标函数中用变量置换的方法加以消除。因为最优化技术实际上是迭代计算的，所以主要关注那些能在线应用的有效算法。许多实时优化应用都是多变量问题，比单变量优化更有挑战性。

（1）单变量优化　实时优化问题是要求确定最大化（或最小化）目标函数的单个独立变量的值。单变量优化的例子是精馏塔中回流比或加热炉中空/燃比的最优化。对于单变量问题优化方法，最有代表性的是假定目标函数 $f(x)$ 在整个搜索区随 x 是单峰值。换句话说，单个最大值（或最小值）只出现在这个区内。为了使用此优化方法，必须规定 x^{opt} 的上限和下限，通过在约束限内估计 x 的值，并观察哪个 $f(x)$ 是最大值（或最小值）来计算 x 的最优值。

有效的单变量（或单方向里）优化方法有牛顿和准牛顿方法以及近似多项式。第二种方法包括二次内插，它利用在不确定区间内的三个点，让二次多项式在区间内拟合 $f(x)$。用 x_{a}、x_{b} 和 x_{c} 表示不确定域内的 x 值，用 f_{a}、f_{b} 和 f_{c} 表示与 $f(x)$ 相应的值。然后，一个二次多项式 $\hat{f}(x)=a_0+a_1x+a_2x^2$ 可以拟合这些数据，以提出一个局部的 $f(x)$ 近似。令 $f(x)$ 微分后的方程等于零，并求出它的最优值，用 x^* 来表示，可以表示为

$$x^* = \frac{1}{2} \times \frac{(x_{\mathrm{b}}^2-x_{\mathrm{c}}^2)\,f_{\mathrm{a}} + (x_{\mathrm{c}}^2-x_{\mathrm{a}}^2)\,f_{\mathrm{b}} + (x_{\mathrm{a}}^2-x_{\mathrm{b}}^2)\,f_{\mathrm{c}}}{(x_{\mathrm{b}}-x_{\mathrm{c}})\,f_{\mathrm{a}} + (x_{\mathrm{c}}-x_{\mathrm{a}})\,f_{\mathrm{b}} + (x_{\mathrm{a}}-x_{\mathrm{b}})\,f_{\mathrm{c}}} \tag{21-21}$$

在一次迭代后，x^* 通常不等于 x^{opt}，因为真实函数 $f(x)$ 未必是二次型的。但是，x^* 有望比 x_{a}、x_{b} 和 x_{c} 更好。保留三个点中最好的两个，在 x^* 点寻找真实的目标值。这种搜索一直继续下去，直到收敛为止。

对于单变量及有约束情况下，可用最简单的黄金分割寻优方法，即 0.618 法。此法简单实用，在工程上应用可获得很好的效果。

（2）多变量优化　在多变量优化问题中，难以保证利用给定的优化技术在一个合适的计算时间内寻找到最优值。一般非线性多变量目标函数的最优化，$f(x)=f(x_1,x_2,\cdots,x_{N_{\mathrm{V}}})$，需要有效且鲁棒的数值计算技术。对于多于 2 个或 3 个变量的问题，通常不能用尝试法。例如，考虑一个 4 个变量的网格搜索，要先确定下来对于每个变量的等空间网格。对于 4 个变量中每个的 10 个值，就需要对 10^4 个函数进行计算，以求得 10^4 网格内插的最好答案。即使这样，这个计算结果也可能得不到接近真实情况的满意最优值。网格搜索对多变量最优问题不太有效。

最优化多变量函数的困难通常用分解为一系列单变量（或一维）搜索来解决。从一个给定的起始点，确定一个搜索方向，用一维搜索方法沿着这个方向得到一个最优点。然后，确定一个新的搜索方向，沿此方向继续另一个一维搜索。

对于多于两个变量，可采用非线性目标函数的导数多变量实时优化方法。其中共轭梯度方法和伪牛顿方法在解决这类问题时十分有效。

许多实际的多变量问题都包含了约束，必须用扩展的无约束优化算法来处理。在约束成为优化问题中的重要部分时，必须应用约束技术，因为无约束方法可能会得到一个违反约束的最佳值，从而导出不可实现的过程变量。一般最优化问题包括了非线性目标函数和非线性约束，因此被称为非线性规划问题，即

$$\max f(x_1, x_2, \cdots, x_{N_V}) \tag{21-22}$$

$$\text{s.t.} : h_i(x_1, x_2, \cdots, x_{N_V}) = 0 \quad (i = 1, \cdots, N_E) \tag{21-23}$$

$$g_i(x_1, x_2, \cdots, x_{N_V}) \leqslant 0 \quad (i = 1, \cdots, N_I) \tag{21-24}$$

此时，有 N_V 个过程变量，N_E 个等式约束和 N_I 个不等式约束。

21.3.2 线性规划

一类重要的有约束优化问题是包括了一个线性目标函数和一些线性约束方程。这类问题的解是结构化的，而且用线性规划（简称 LP）可以很快得到解。此方法已广泛用于实时优化计算。

对于过程工业，常常存在各种线性不等式和等式约束，因而大多采用 LP 方法来求解优化问题。约束条件可以以日甚至以小时为单位而变。过程工业约束条件大致可分以下几种。

（1）生产约束 包括装置生产量的约束、存储限制或市场约束等。这些约束具有 $x_i \leqslant c_i$ 或 $g_i = x_i - c_i \leqslant 0$ 形式。

（2）原材料限制 原材料的供应经常受到供应商供应能力或同一公司内其他工厂生产能力的限制。

（3）安全的制约 最普通的例子是操作温度与压力的限制。

（4）产品规格 最终产品的物理性质或成分的约束。

现以两个输入（u_1 和 u_2）和两个输出（y_1 和 y_2）的多变量过程优化问题介绍 LP 的概念。对于 u 和 y 的不等式约束集，可以视为过程的操作窗口。对有两个需要优化的输入量操作窗，如图 21-11 所示。u_1 和 u_2 的上下限组成了一个矩形区。同样，y_1 和 y_2 有上限，y_2 有下限。对于线性过程模型有

$$y = Ku \tag{21-25}$$

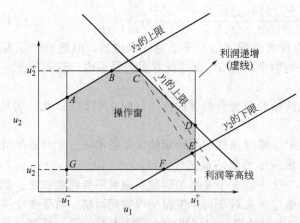

图 21-11 2×2 最优问题的操作窗（虚线是目标函数的等高线，从左到右是增加的。最大利润出现在利润线与约束线相交的顶点 D）

y 的等式约束可以转化为 u 的约束，这样可以降低操作窗的尺寸，如图 21-11 中阴影所示。如果选择线性成本函数，则最优操作条件出现在操作窗边界约束交叉上。图中，这些交叉点称为顶点，最优操作点 u^{opt} 出现在通过 G 到 A 的 7 个顶点中一个。对于虚线所示的线性利润函数，最大值出现在顶点 D。这种图示方法可以推广到超过两个输入量的优

化问题，因为操作窗是一个近似凸区，其中过程模型、成本函数和不等式约束等均为线性的。利用式(21-25)，可以从 u^{opt} 来计算最优设定值 y_{sp}。

在有约束最优问题中，独立变量的数目可以通过自由度分析来得到。假设无约束，如果有 N_V 个过程变量和 N_E 个独立方程组成的过程模型，那么独立变量的数目 $N_F = N_V - N_E$，意思是 N_F 个设定值可以独立地确定，即最大（或最小）化目标变量函数。$N_V - N_F$ 个剩下的变量值可以从过程模型来计算。然而，有约束存在时可能成为一个可变情况，因为 N_F 个设定值不可能任意选择，它们必须满足所有等式与不等式约束。

标准的线性规划问题可以表示为

$$\min f = \sum_{i=1}^{N_V} c_i x_i \tag{21-26}$$

$$\text{s. t } x_i \geqslant 0, i = 1, 2, \cdots, N_V$$

$$\sum_{j=1}^{N_V} a_{ij} x_j \geqslant b_i, i = 1, 2, \cdots, N_I \tag{21-27}$$

$$\sum_{j=1}^{N_V} \widetilde{a}_{ij} x_j = d_i, i = 1, 2, \cdots, N_E \tag{21-28}$$

此线性规划的解可用单纯形算法来求解。单纯形法实际上可以处理目标函数中任意数量的不等式约束和变量。对于最大化问题，可以将目标函数乘以 -1 转换为式(21-26)的形式。不等式约束可以用松弛变量来处理，它可以在式(21-27)所示不等式约束的每个不等式左边减去一个非负的松弛变量，以便将其转换为等式约束。此松弛变量对一组给定的变量将测出其与约束的距离。这些人为定的松弛变量将在计算中引用。当松弛变量为零时，则不等式约束又重现了。由于最优值出现的那些约束边界的交点数目有限，所以相对更通用的非线性优化问题而言，这种优化搜索所需的计算时间显著减少了。因此，许多非线性优化问题常常加以线性化，以便利用线性规划算法。这种算法可以解决超过 100000 个变量的优化问题。

在 20 世纪 80 年代，当在各种计算机上的线性和非线性规划解算器与电子数据表相接时，优化软件发生了一个重要变化。电子数据表成为一个大众化的用户界面，能够输入和处理数据。电子数据表软件迅速与分析工具相结合，从而通过此软件到达外部数据库。例如，Microsoft Excel 与称为解算器的基于优化的程序相结合，可以在电子数据表模型的数值和公式上运行。为了解决线性和非线性问题，包括了 LP 和 NLP 解算器以及混合整数规划（简称 MIP）。这些优化算法都有商品化的软件可选购。

21.3.3 二次规划和非线性规划

在目标函数和约束均为非线性时，有许多优化求解方法，其中一种称为非线性规划（简称 NLP）。这种求解的约束优化方法包括二次规划、广义降梯度、连续二次规划和连续线性规划。

（1）二次规划 在二次规划（Quadratic Programming，简称 QP）中，目标函数是二次的，其约束是线性的。虽然求解是迭代的，但可以像线性规划那样很快地得到解。

一个二次规划问题可最小化 n 个变量，并满足 m 个线性不等式或等式约束。一个凸的 QP 是具有不等式约束的非线性规划问题中最简单的形式。大多数实际优化问题属于 QP 问题。

二次规划问题是

$$\min f(x) = c^{\text{T}} x + \frac{1}{2} x^{\text{T}} Q x \tag{21-29}$$

$$\text{s. t } \boldsymbol{Ax} = \boldsymbol{b} \tag{21-30}$$
$$\boldsymbol{x} \geqslant 0$$

其中，c 是一个向量（$n \times 1$）；A 是 $m \times n$ 矩阵；Q 是对称的 $n \times n$ 矩阵。

式(21-30) 的等式约束中可能有一些原来是不等式约束，但如 LP 问题所做的那样，在引进松弛变量后转换为等式约束。二次规划的计算机编程允许对 x 有任意上界和下界。为了简化，这里假设 $x \geqslant 0$。利用 LP 运算，QP 软件可最小化受约束的总和而得到优化解。因此，LP 算法用来作为 QP 计算的一部分，许多商用 LP 软件也包含了 QP 解算器。

（2）非线性规划算法　古老而又易于理解的 NLP 算法之一是利用迭代线性化，又称为广义降梯度（简称 GRG）算法。GRG 算法用于线性或线性化约束，利用松弛变量将所有约束转化为等式约束。在等式变号后消除了一些变量子集，从而给出一种递降基算法。梯度或搜索方向则根据这种递降基来表达。

连续二次规划（简称 SQP）解决了一些二次规划问题，在利用线性化约束和对目标函数采用二次近似后可得到趋近原来 NLP 的解。引入拉格朗日乘子来处理约束，而搜索程序一般采用变形的牛顿和采用一阶导数的近似黑森（Hessian）矩阵的二阶法。

◎ 21.4　统计过程控制

在工厂的正常生产中，许多过程变量需要控制在一定范围之内。当某些关键变量超出其设计范围后，工厂在安全、环境、产品质量和效益方面就会受到严重的影响。过程监督（process monitoring）是一项用来保证工厂运行达到操作目标的重要控制技术。

过程监督的一般内容包括：常规监督，保证过程变量在规定限制值范围内；故障检测和诊断，发现异常的过程操作并诊断出其根本原因；故障预防性监督控制，提早发现异常的过程操作并采取控制，以避免出现严重的过程故障。

传统的过程监督方法是把测量值与规定限值进行比较，这种限制检查技术是计算机控制系统的标准功能之一。它常用于检验过程变量如流量、温度、压力和液位等的测量值是否超限。过程变量的采样时间一般远小于过程结束时间，然而，对于大多数工厂而言，有一些与质量相关的过程变量是无法在线测量的，通常是将样品送往分析实验室进行质量分析。这时统计过程控制技术就可以用来保证产品的质量达到生产要求。

统计过程控制（Statistical Process Control，简称 SPC）和统计质量控制（Statistical Quality Control，简称 SQC）是利用质量控制图的统计技术来监测产品质量。

统计过程控制的主要目标是利用过程数据和统计技术来判断过程操作是否正常。统计过程控制方法基于这样一个基本假设：正常的过程操作可描述为一种围绕平均值的随机波动。如果假设成立，那么这个过程称为处于统计控制状态，而且控制图中的测量值是以平均值为中心的正态分布。相反，控制图中超过规定限值情况的频繁出现，反映的是异常的过程操作或者是一种控制失效的情况。这时就需要进一步分析出现异常过程操作的根本原因。

统计过程控制的概念已有 60 多年的历史，只是在最近 10 年随着计算机控制系统广泛应用以后，SPC 和 SQC 才得到大量的应用。如果过程控制是满意的话，那么，产品质量的波动，例如产品的组成或纯度是在允许的范围之内。但是，工业生产过程存在着各种变化，例如随机性的产品质量变化，外界条件，如环境温度和湿度的变化，过程本身的特性变化，如催化剂老化以及原材料性质的变化。另一种类型的变化是控制系统本身的变化，如测量传感器、执行器特性随着生产过程的进行也将发生变化。因此，如何根据生产过程历史数据和变量的变化趋势，应用随机统计的方法监测、识别过程的变化，并找出引起变化的原因，从而自动地对控制系统进行调整，如设定值修正、控制器参数调整，或者发出报警信息，提醒人们注意以及给出改进措施，这就是统计过程控制的任务与作用。

21.4.1 统计过程控制的基本原理

在正常的稳定操作条件下，一个控制系统的过程被控变量 y 的波动可用图 21-12 来表示，即过程变量 y 的采样数据符合正态分布的统计特性，其采样数据样本在平均值左右呈正态分布。采样数据的平均值 $\bar{y}$ 和方差 σ 可从 J 个观测到的数据 y_1，y_2，$\cdots$，$y_i$$\cdots$中计算出来，即

$$\bar{y} = \frac{1}{J} \sum_{i=1}^{J} y_i \tag{21-31}$$

$$\sigma = \left[\frac{1}{J} \sum_{i=1}^{J} (y_i - \bar{y})^2 \right]^{1/2} \tag{21-32}$$

方差 σ 也称为标准偏差，它是用来衡量观测值离开平均值的偏离度。σ 值大，则表示采样值有很大的波动。其被控变量 y 在允许控制的上下范围内的可能性，可由图 21-12 统计分布特性曲线下的面积来表示。根据随机统计特性中心极限定理，其被控变量的 99.7% 是在平均值的 $\pm 3\sigma$ 之内，如图所示。这一上限和下限的值用来决定被控变量所允许的上、下范围。因此，被控变量的设定值应该选在接近平均值 $\bar{y}$ 上，这样产品的质量就会比较一致。换句话说，上、下控制限应在操作约束范围之内。如果被控变量超过了上限或下限，即 $\bar{y} + 3\sigma$ 或 $\bar{y} - 3\sigma$，则表示控制系统有故障，需要进行监控，即查找原因同时采取相应的调整措施。

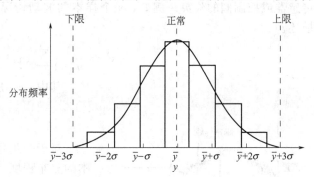

图 21-12 随机数据正态分布图

例如，有一 50 天的 pH 控制过程的数据图如图 21-13 所示。假设 pH 控制过程的平均值 $\bar{y}$ 和 σ 可根据以前的采样数据值计算出来，若所有的新的 pH 数据都在 $\pm 3\sigma$ 之内，那么就可以说在所记录的时间内，该控制系统没有异常情况发生，相应的过程环境没有发生变化，产品质量都在规定范围之内。换句话说，若 pH 值超过 $\pm 3\sigma$ 范围，例如在图 21-13 中的第 25 天，过程环境有变化，产品质量超出了规定的范围。因此，统计过程控制是用来监视过程控制性能的一种很好的诊断工具。

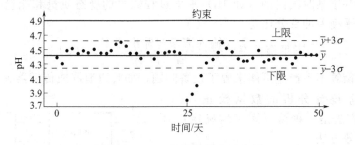

图 21-13 pH 控制过程日平均图

21.4.2 过程变量限值检查法

对过程变量实时监视的最简便方法是限值检查法。检查被测量值是否位于规定的限值之

内。最常用的类型包括测量值上下限检查、测量值变化率绝对值的上限检查以及采样波动的下限检查。

限值的选择是综合考虑安全、环保、设定的操作目标以及设备约束条件等方面的要求来确定的。例如对一个反应器温度上限的选择取决于构建反应器的材料或抑制不良副反应的要求；再如，在一个储液罐中，当液位下降到15%（下限）时，进行下限报警，但是当液位下降到5%，即下下限时，系统会产生一个更高级别的报警信号。与此相反是，为了避免液体溢出，可以设定85%的上限和95%的上上限报警。

在实践中，有时需要对相邻采样时刻之间的测量值变化幅度采取物理限制。例如，可以根据热平衡原理和过程的动态特性来推断出相邻两个采样点的温度变化不会超过2℃。于是这个**变化率上限**可以用来检测诸如噪声尖峰和传感器失灵等异常情况。

即使在稳态情况下，测量值也会带有一些波动，这种起伏变化来自于测量噪声、传感器周围的紊流以及其他过程扰动情况。但是，当波动幅度变得过分小时，很可能出现了诸如传感器掉线或控制阀黏滞等异常情况，因此通常会监视测量值的方差和标准方差的变化来监视传感器或控制阀的失灵。例如，n 个样本的波动情况可以用样本标准差 s 或样本方差 s^2 来描述。

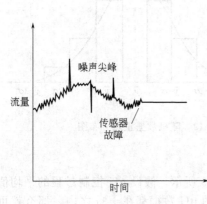

$$s^2 \overset{\triangle}{=} \frac{1}{n-1}\sum_{i=1}^{n}(x_i - \bar{x})^2 \qquad (21\text{-}33)$$

其中，x_i 是第 i 个被测量；$\bar{x}$ 是样本均值。

$$\bar{x} \overset{\triangle}{=} \frac{1}{n}\sum_{i=1}^{n}x_i \qquad (21\text{-}34)$$

对于一组数据，$\bar{x}$ 代表平均值，而 s 和 s^2 表示样本的分布程度。s 和 s^2 的值都可以用来监测样本波动情况，以保证其在规定的阈值之上。

图 21-14 中的流量数据包括三个噪声尖峰和一个传感器失灵现象。对变化率上限的监测可以探测到噪声尖峰，而过低的样本波动会表明为传感器的故障。当出现超出限值的情况时，报警信号可以通过不同的方式传递给操作员。

图 21-14 流量测量值

21.4.3 一般过程监控方法

（1）平衡计算法 很多不同的性能计算方法可以用来判断过程和设备是否运行正常，其中特别重要的是基于某时段内的（如 1h）平均过程数据的稳态质量和能量平衡计算。一个物料衡算系统不平衡差的百分比是

$$不平衡差率 \overset{\triangle}{=} \frac{输入流率 - 输出流率}{输入流率}\times 100\% \qquad (21\text{-}35)$$

较大的物料衡算不平衡差可能来源于设备问题，如管道泄漏或传感器失效。基于物料衡算系统不平衡差统计分析的数据校正（data reconciliation）方法是一种可以系统地确定可疑被测量位置的有效方法。

冗余的测量和守恒方程也可以用在过程的性能计算中。例如，图 21-15 中有两个互逆流的操作单元。基于它可以写出三个物料平衡公式，其中两个基于操作单元，一个基于系统总平衡。尽

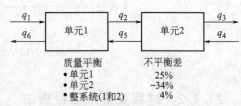

图 21-15 物料互逆流流动过程

管这三个平衡不是相互独立的，但仍可以在监测中充分加以利用。从图中可以看出总的物料衡算系统不平衡差很小，而每个操作单元的物料衡算系统不平衡差却很大，这意味着 q_2 或 q_5 流量传感器可能出现了故障。

过程性能计算对于监测和诊断是很有效的。例如，一个冷冻装置的热效率或者一个反应器的选择率可以定期计算。当其与正常值相比出现较大偏差时，可以推断出是过程出现了变化，或是测量传感器出现了故障。

（2）质量控制图法　无论生产过程的设计和操作多么完善，其产品的产量和质量都不可避免地会产生波动。在统计过程控制中，要特别注意区分随机（正常）变化和非随机（反常）变化的情况。随机变化源于一些基本上无法避免的如电子仪表的噪声、湍流、进料的随机变化等的累积效应。随机变化可以看成是生产过程中的背景噪声。非随机变化则是由过程变化，例如热交换器的结垢、催化剂活性的消失、仪表的故障或人为错误造成的。这种造成非随机变化的根源可以是特殊原因或可认定原因。

在 21.1 节中介绍了统计过程控制的基本原理是基于生产过程变量的变化符合正态分布（又称高斯分布）的随机统计特性。

若假设随机变量 x 服从均值为 μ、方差为 σ^2 的正态分布，记为 $N(\mu, \sigma^2)$。那么，x 的值位于任意两个常数 a 和 b 之间的概率为

$$P(a < x < b) = \int_a^b f(x) \mathrm{d}x \tag{21-36}$$

其中，$f(x)$ 是正态分布的概率密度函数。

$$f(x) = \frac{1}{\sigma\sqrt{2\pi}} \exp\left[-\frac{(x-\mu)^2}{2\sigma^2}\right] \tag{21-37}$$

则可以得到下述正态分布的概率结果：

$$\begin{aligned}
P(\mu - \sigma < x < \mu + \sigma) &= 0.6827 \\
P(\mu - 2\sigma < x < \mu + 2\sigma) &= 0.9545 \\
P(\mu - 3\sigma < x < \mu + 3\sigma) &= 0.9973
\end{aligned} \tag{21-38}$$

其中，$P(\bullet)$ 表示 x 的值位于任意两个常数 a 和 b 之间的概率。它们的值相当于图 21-16 中 $f(x)$ 曲线之下的阴影面积。式（21-38）和图 21-16 说明，当随机变量 x 为正态分布时，其某个样本的值位于均值 $\pm 3\sigma$ 区间内的概率为 0.9973。这个结论是统计过程控制的理论依据。可以得到关于其他正态分布的相似结论，例如可以使用标准正态分布 $N(0, 1)$ 和标准正态变量 z，$z \overset{\Delta}{=} (x-\mu)/\sigma$ 来描述正态分布特性。

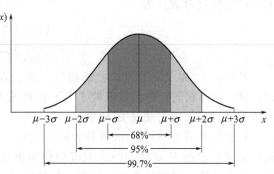

图 21-16　与正态分布相关的概率

区分理论均值 μ 和样本均值 $\bar{x}$ 是十分重要的。如果过程变量的一系列测量值服从正态分布 $N(\mu, \sigma^2)$，那么其样本均值等于其理论均值。但是，对于某一特殊的样本，它的样本均值 $\bar{x}$ 不一定等于其理论均值 μ。

① $\bar{x}$ 控制图法　在统计过程控制中，控制图，又称质量控制图可用来判断过程操作是否正常。在下面的示例中将介绍广泛使用的 $\bar{x}$ 控制图，此图又称为 Shewhart 控制图。

例如，一个工厂每天生产 10000 个瓶子。由于产品的低价值且日常生产操作一般能够令人满意，工厂不愿意检验每个瓶子的质量，而是每天检查随机抽取的 n 个瓶子。这 n 个瓶子构成一个子群体，而 n 表示了这个子群体的大小。检查内容包括测量某个子群体中的瓶子的

573

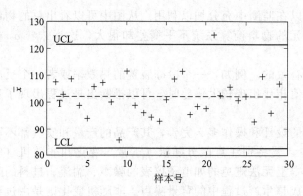

图 21-17　瓶子质量的 $\bar{x}$ 控制图

硬度并计算出样本均值 $\bar{x}$。

图 21-17 中的 $\bar{x}$ 控制图显示了某 30 天内的数据。控制图有一个目标、一个上控制限（简称 UCL）和下控制限（简称 LCL）。控制目标是中线，也就是 $\bar{x}$ 的期望值（预期值），而上控制限和下控制限之间的区域表示 $\bar{x}$ 的正常波动范围。如果所有 $\bar{x}$ 都在控制规定限之内，则过程操作是正常的，或者说属受控状态。控制限之外的数据是异常的，说明过程出现了失控情况。这种情况发生在第 21 个样本处。对于单个测量值稍微超出控制规定限的这种情况不必特别关注。但是，当经常出现这种情况或其超出规定限幅度较大时，需要找出失控情况的可认定原因。

设计控制图的第一步是选取在一段时间内具有代表性的数据。这段时间内认为过程操作是正常的，换言之过程是处于控制中的。假设测量数据由 N 个根据定时采样（如每小时或每天）的子群体组成，每个子群体含有 n 个随机抽取的测量值。用 x_{ij} 表示第 i 个子群体中的第 j 个测量值。这样，子群体的样本均值是

$$\bar{x}_i \overset{\Delta}{=} \frac{1}{n} \sum_{j=1}^{n} x_{ij} \quad (i = 1, 2, \cdots, N) \tag{21-39}$$

总体均值 $\bar{x}$ 为所有子群体的样本均值的平均值，即

$$\bar{\bar{x}} \overset{\Delta}{=} \frac{1}{N} \sum_{i=1}^{N} \bar{x}_i \tag{21-40}$$

上下控制限通常表达为

$$\text{UCL} \overset{\Delta}{=} T + c\hat{\sigma}_{\bar{x}} \tag{21-41}$$

$$\text{LCL} \overset{\Delta}{=} T - c\hat{\sigma}_{\bar{x}} \tag{21-42}$$

其中，$\hat{\sigma}_{\bar{x}}$ 为 $\bar{x}$ 的标准方差的估计，而 c 是一个正整数，一般选择 $c=3$。选择 $c=3$ 和式（21-38）意思相同，即测量值处于上下控制限内的概率为 99.73% 的正常操作范围。目标 T 一般选择为 $\bar{\bar{x}}$，或者是 $\bar{x}$ 的期望值。

$\bar{x}$ 的标准方差估计 $\hat{\sigma}_{\bar{x}}$ 的计算方法有两种：使用标准方差计算方法；使用范围计算方法。根据定义，范围 R 是样本的最大值和最小值之差。R 计算方法受到重视的原因是 R 比标准差 s 在手工计算时容易许多。然而，标准方差计算方法更准确，因为它使用了子群体中的所有数据，而不仅仅是最大和最小两个数据点，而且这种方法对坏数据点的敏感度较低。标准方差计算方法如下所述。

对于 N 个子群体的平均样本标准差为

$$\bar{s} \overset{\Delta}{=} \frac{1}{N} \sum_{i=1}^{N} s_i \tag{21-43}$$

其中第 i 个子群的标准差为

$$s_i \overset{\Delta}{=} \sqrt{\frac{1}{n-1} \sum_{j=1}^{n} (x_{ij} - \bar{x}_i)^2} \tag{21-44}$$

如果 x 数据是符合正态分布的，那么 $\hat{\sigma}_{\bar{x}}$ 和 $\bar{s}$ 的关系为

574

$$\hat{\sigma}_{\bar{x}} = \frac{1}{c_4\sqrt{n}}\bar{s} \tag{21-45}$$

其中，c_4 是一个与 n 有关的常数，见表 21-1。

表 21-1　控制图常数表

σ 估计		s 控制图	
n	c_4	B_3	B_4
2	0.7979	0	3.267
3	0.8862	0	2.568
4	0.9213	0	2.266
5	0.9400	0	2.089
6	0.9515	0.030	1.970
7	0.9594	0.118	1.882
8	0.9650	0.185	1.815
9	0.9693	0.239	1.761
10	0.9727	0.284	1.716
15	0.9823	0.428	1.572
20	0.9869	0.510	1.490
25	0.9896	0.565	1.435

② s 控制图法　除了监测过程的平均性能指标外，还希望了解过程中发生的变化。子群体的样本波动可以用它的范围、标准差或样本方差来描述。控制图可以根据其中任何一个统计量来设计，在此仅介绍基于标准方差的控制图，称为 s 控制图。

s 控制图的中线是 $\bar{s}$，它是测试数据的平均样本标准方差，其控制限为

$$\text{UCL} = B_4\bar{s} \tag{21-46}$$

$$\text{LCL} = B_3\bar{s} \tag{21-47}$$

常数 B_3 和 B_4 取决于子群体的大小 n，参见表 21-1。

式(21-41)～式(21-47) 中 $\bar{x}$ 控制图和 s 控制图中的控制限，是根据 x 数据服从正态分布的假设来设置。尽管 $\bar{x}$ 也是服从正态分布的，但 s 是不服从正态分布的。另一种关于 s 控制图控制限的设置方法是基于控制限的概率来设置，这种方法更符合 x 为正态分布的假设。

当使用个体测量值时（$n=1$），子群体的标准方差是不存在的。在这种情况下，两个连续测量值移动范围（简称 MR）可以用来描述过程的变化率。移动范围的定义是两个连续测量值之差的绝对值。因此，对于第 k 个样本，$\text{MR}(k) = |x(k) - x(k-1)|$。

现用例子说明 $\bar{x}$ 和 s 控制图的构建。

例如，在半导体加工中，影印法用来把电路设计转移到晶片上。在过程的第一步中，一定量的聚合体溶剂（称为光刻胶）要涂在高速旋转的晶片上。光刻胶厚度 x 是一个关键的过程变量。表 21-3 中显示了 25 个表示光刻胶厚度 x 的子群体。每个子群体有 3 个随机选取的晶片。画出 $\bar{x}$ 控制图和 s 控制图，并进行分析。

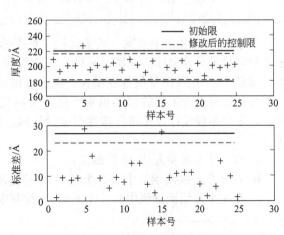

图 21-18　$\bar{x}$ 控制图和 s 控制图

575

由表 21-3 的数据，可得到样本的统计量：$\bar{\bar{x}}=199.8\text{Å}$ [1]，$\bar{s}=10.4\text{Å}$。因为 $n=3$，从表 21-1 中得到 $c_4=0.8862$，$B_3=0$ 和 $B_4=2.568$。根据式(21-41)～式(21-47) 计算出 $\bar{x}$ 和 s 的控制限。在式(21-41) 和式(21-42) 中，选择 $c=3$。计算结果表示为图 21-18 中的"初始限"。图 21-18 表明第 5 个样本位于 $\bar{x}$ 控制图和 s 控制图的上控制限之外，而第 15 个样本非常接近于 $\bar{x}$ 控制图和 s 控制图的上控制限。因此，需要确定这两个样本是否属于应该被放弃的坏点。在表 21-3 中，第 5 个样本有一个很大值（260.0），而第 15 个样本有一个很小的值（150.0）。然而，仅从大小异常的数值本身来讲，不能确定它们是否应该丢弃，因此要作进一步分析。

假设经过调查后发现了应该把这两个样本放弃，则基于 23 个样本重新计算出控制限。它们在图 21-18 中的"修改后的控制限"见表 21-2。

表 21-2　修改后的控制限

项　目	初始限	修改后的控制限（去掉第 5 号和 15 号样本后）
$\bar{x}$ 控制图控制限		
上控制限	220.1	216.7
下控制限	179.6	182.2
s 控制图控制限		
上控制限	26.6	22.7
下控制限	0	0

表 21-3　厚度数据　　　　　　　　　　　　　　　　Å

样本号	x 数据			$\bar{x}$	s	样本号	x 数据			$\bar{x}$	s
1	209.6	207.6	211.1	209.4	1.8	14	202.9	210.1	208.1	207.1	3.7
2	183.5	193.1	202.4	193.0	9.5	15	198.6	195.2	150.0	181.3	27.1
3	190.1	206.8	201.6	199.5	8.6	16	188.7	200.7	207.6	199.0	9.6
4	206.9	189.3	204.1	200.1	9.4	17	197.1	204.0	182.9	194.6	10.8
5	260.0	209.0	212.2	227.1	28.6	18	194.2	211.2	215.4	206.9	11.2
6	193.9	178.8	214.5	195.7	17.9	19	191.0	206.2	183.7	193.7	11.4
7	206.9	202.8	189.7	199.8	9.0	20	202.5	197.1	211.1	203.6	7.0
8	200.2	192.7	202.1	198.3	5.0	21	185.1	186.3	188.9	186.8	1.9
9	210.6	192.3	205.9	202.9	9.5	22	203.1	193.1	203.9	200.0	6.0
10	186.6	201.5	197.4	195.2	7.7	23	179.7	203.8	209.7	197.7	15.8
11	204.8	196.6	225.0	208.8	14.6	24	205.3	190.0	208.2	201.2	9.8
12	183.7	209.7	208.0	200.5	14.7	25	203.4	202.9	200.4	202.2	1.6
13	185.6	198.9	191.5	192.0	6.7						

③ 模式测试和西电规则　前面讨论了把个体的测量值与 $\bar{x}$ 和 s 标准控制图限值进行比较来检测过程异常操作的方法。另外，测量值所表现的变化模式也可以提供有用的信息，例如，如果 10 个连续测量值都在增长，那么过程很可能处于失控的状态。

另外还有多种不同的模式识别方法，又称区域规则，这些方法都是基于独立同分布假设、正态分布假设以及正态分布性质来设计的，例如西电规则。如果以下条件中至少有一个成立：

a. 有一个测量值超出 3σ 控制限；

b. 在 3 个连续测量值中有 2 个超出 2σ 控制限；

c. 在 5 个连续测量值中有 4 个超出 1σ 控制限，而且位于中线的同一侧；

---

[1]　$1\text{Å}=10^{-10}\text{m}$，下同。

d. 有 8 个连续测量值位于中线的同一侧。

则这个过程处于失控状态，注意，第一个条件是对应于 Shewhart 控制限，另外三条模式识别方法适合于非随机的行为，这些模式识别方法可以作为 Shewhart 控制图的补充。这种组合可以尽早检测出过程的失控状态，但是误报警率也比仅使用 Shewhart 控制图要高。

④ 累积和控制图法　尽管使用 3σ 控制限的 Shewhart 控制图可以很快检测出大幅度变化过程的波动，但是它对于持续的小幅过程变化，例如小于 1.5σ 的变化是无能为力的。累积和控制图是针对检测小幅度过程变化而设计的。虽然也可以用来检测大幅过程变化，但是其快捷性比 Shewhart 控制图差。由于 CUSUM 控制图能够有效检测小幅度和大幅度过程变化，所以可作为 Shewhart 控制图的替代品。

累积和简称 CUSUM，定义为测量值相对于其期望值的偏差量的移动总和。如果对样本均值作图，累积和值 $C(k)$ 为

$$C(k) = \sum_{j=1}^{k} [\bar{x}(j) - T] \tag{21-48}$$

其中，T 是 $\bar{x}$ 的目标。在正常的过程操作中，$C(k)$ 是在零值左右波动的，但是，如果某个过程变化造成了 $\bar{x}$ 的小幅度变化，$C(k)$ 会向上或向下偏移。

累积和控制图最初是从一种基于 V-masks 技术的图形方法中发展而来的。然而对于计算而言，使用等价的迭代型代数公式更合适：

$$C^+(k) = \max[0, \bar{x}(k) - (T+K) + C^+(k-1)] \tag{21-49}$$
$$C^-(k) = \max[0, (T-K) - \bar{x}(k) + C^-(k-1)] \tag{21-50}$$

其中，C^+ 和 C^- 是高和低方向上的总和，常数 K 是松弛参数。累积和计算开始时设 $C^+(0)$ 和 $C^-(0)$ 为零。当相对于目标的偏差值大于 K 时，C^+ 或 C^- 会增加。当 C^+ 或 C^- 超出了规定控制限阈值 H 时，认为已违反了控制限。当出现违反控制限的情况后，C^+ 或 C^- 被重置为零或其他预设的特殊值。

阈值 H 的选择可以基于平均运行长度来选定。假设想检测的样本均值 $\bar{x}$ 偏离目标的幅度是一个较小的值 δ。

表 21-4 汇总了相对于两个 H 值和若干 δ 值的平均运行长度值的关系，其中，δ 值通常用 $\hat{\sigma}_{\bar{x}}$ 值的倍数来表示。平均运行长度（简称 ARL）值表示在幅度为 δ 的变化被检测到之前的正常样本的平均数量。因此，$\delta = 0$ 时的平均运行长度值表示两个误报警之间的平均时间，即在没有出现 $\bar{x}$ 偏离目标的情况下两次累积和控制报警之间的平均时间。理想情况下，希望在 $\delta = 0$ 时平均运行长度值尽可能大，而在 $\delta \neq 0$ 时平均运行长度值尽可能小。从表中可以看出，当 δ 值增加时，平均运行长度值在减小，因此累积和控制图能够更快地检测到过程的变化。当把 H 值从 $4\hat{\sigma}_{\bar{x}}$ 增加到 $5\hat{\sigma}_{\bar{x}}$ 时，所有的平均运行长度值都增加了。

表 21-4　累积和控制图平均运行长度

偏离目标程度（用 $\hat{\sigma}_{\bar{x}}$ 值的倍数表示）	当 $H=4\hat{\sigma}_{\bar{x}}$ 时平均运行长度	当 $H=5\hat{\sigma}_{\bar{x}}$ 时平均运行长度
0	168.0	465.0
0.25	74.2	139.0
0.50	26.6	38.0
0.75	13.3	17.0
1.00	8.38	10.4
2.00	3.34	4.01
3.00	2.19	2.57

◎ 21.5 统计过程控制技术

21.5.1 过程能力指数

过程能力指数，或称过程能力比可用于监测被控过程能否满足产品质量的指标。例如，一个质量变量 x 必须处于上规定限（USL）和下规定限（LSL）之间，以保证产品满足客户的要求。过程能力指数 C_p 定义为

$$C_p \overset{\Delta}{=} \frac{\text{USL} - \text{LSL}}{6\sigma} \tag{21-51}$$

其中，σ 为 x 的标准方差，假设 $C_p = 1$ 以及 x 是正态分布的。根据式（21-38），期待有99.73%的测量值处于上下设定限之间。如果 $C_p > 1$，则产品满足质量要求；如果 $C_p < 1$，则产品不满足质量要求。

另一个能力指数 C_{pk} 是基于过程平均性能（$\overline{x}$）和过程波动情况（σ），定义为

$$C_{pk} \overset{\Delta}{=} \frac{\min(\overline{x} - \text{LSL}, \text{USL} - \overline{x})}{3\sigma} \tag{21-52}$$

C_{pk} 和 C_p 更能描述过程指数。如果 $\overline{x} = T$，则过程是无漂移的，而且 $C_{pk} = C_p$；如果 $\overline{x} \neq T$，即使过程的运行性能在下降，C_p 还是不变的，而此时 C_{pk} 是下降的。

如果式（21-51）和式（21-52）中的标准方差 σ 是未知的，则可以用它的估计值 $\hat{\sigma}$ 来替代。如果只用到单个规定限，即只有上规定限或下规定限时，则 C_p 和 C_{pk} 的定义可以进行相应的变化。

在实际应用中，通常的目标是希望过程能力指数达到 2.0，而可接受的能力指数要超过1.5。如果 C_{pk} 过程能力指数过低，可通过减少过程波动或使 $\overline{x}$ 尽量靠近目标的方法来改进 C_{pk} 值。这些改进方法包括改进控制系统、改进过程维护措施、减少原料变化、改进人员的操作培训以及改变过程操作条件等。

21.5.2 6-Sigma 方法

对于复杂的产品或复杂的生产过程，仅有 3σ 质量标准是不够的，因此提出了 6-Sigma 方法。此方法的统计学出发点是基于正态分布的有关性。假设产品的一个质量变量 x 是属于正态分布的 $[N(\mu, \sigma^2)]$，如图 21-19(a) 所示，如果产品规定上下限为 $\mu \pm 6\sigma$，则产品有

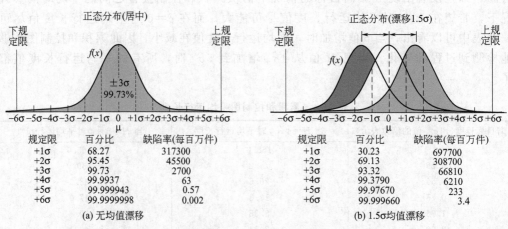

图 21-19 6-Sigma 概念

99.999998%的可能性满足质量需要。也就是说，每 10 亿个产品中只有 2 个有缺陷。现在假设过程操作发生变化，造成均值从 $\bar{x}=\mu$ 漂移到了 $\bar{x}=\mu+1.5\sigma$ 或 $\bar{x}=\mu-1.5\sigma$ 处，如图 21-19(b) 所示。这时产品有 99.99966% 的可能性满足质量需要，相当于每 100 万个产品中只有 3.4 个不合格。

总之，如果过程操作的波动小到产品的规定限等于 $\mu\pm6\sigma$，那么即使 x 的均值偏移了 1.5σ，仍可满足这些规定限，这种近乎完美的产品质量情况称为 6-Sigma 质量管理方法。

6-Sigma 方法起源于美国摩托罗拉公司在 20 世纪 80 年代初为达到 6-Sigma 质量指标和实现可持续改进而推行的一种管理策略。此后，其他大公司纷纷采纳了基于 6-Sigma 方法的全公司质量管理程序，包括制造业和非制造业领域。因此，虽然 6-Sigma 方法是数据驱动的，而且是基于统计学技术的，但它已演变为一种含义更宽的管理哲学，并且已经成功应用到许多大公司。6-Sigma 方法在公司的财务表现上也有重要作用。

总之，基于统计检测技术的 6-Sigma 方法在近 20 年来对工业制造和商业领域有重要的影响。它基于统计过程的概念，但是逐步演变为一种含义更宽的管理哲学。改进过程控制可以在 6-Sigma 项目中扮演关键角色，因此对减少过程的波动有非常重要的经济价值。

21.5.3 多元统计技术

许多重要的控制问题在本质上是多变量的，因为有多个过程变量需要控制，也存在多个操纵变量可以使用。同样，对于一般的统计过程控制问题，也会出现两个或两个以上的重要质量变量，而且它们可能是高度相关的。例如，在合成纤维生产中，通常有 10 个以上的质量变量需要进行监测。在这种情况下，多元统计过程控制技术要比单元统计过程控制技术更具有优势。在统计学教材中，这些技术称为多元方法，而标准的 Shewhart 控制图和 CU-SUM 控制图是单元方法的典型例子。关于多元统计技术，可用下例来说明。

例如，废水处理过程的流出水中有两个重要过程变量需要监测，即生物耗氧量（BOD）和含固量。表 21-5 列出一组具有代表性的数据。图 21-20(a) 和图 21-20(b) 是样本均值的 Shewhart 图。这些单元控制图显示了过程处于被控状态，因为在每个图中都没有出现超出控制限的样本。然而，图 21-20(c) 中的双元控制图表明两个变量高度相关，因为当 BOD 增加时，其含固量也随之增加，反之亦然。当把两个变量一起考虑时，它们的联合置信区域，例如 99% 的可信度是一个椭圆区间，如图 21-20(c) 所示。第 8 个样本远离了 99% 的可信度，从而表示它处于失控状态。而在两个 Shewhart 图中，两个过程变量值都在控制限之内。

由上例可知，单元统计过程控制技术在过程变量高度相关的情况下不能有效监测到异常的过程操作。而这种异常的过程操作在多元统计分析中很容易表现出来。

表 21-5　废水处理数据

样本号	生物氧化需求量 /(mg/L)	含固量 /(mg/L)	样本号	生物氧化需求量 /(mg/L)	含固量 /(mg/L)
1	17.7	1380	16	16.8	1345
2	23.6	1458	17	13.8	1349
3	13.2	1322	18	19.4	1398
4	25.2	1448	19	24.7	1426
5	13.1	1334	20	16.8	1361
6	27.8	1485	21	14.9	1347
7	29.8	1503	22	27.6	1476
8	9.0	1540	23	26.1	1454
9	14.3	1341	24	20.0	1393
10	26.0	1448	25	22.9	1427
11	23.2	1426	26	22.4	1431
12	22.8	1417	27	19.6	1405
13	20.4	1384	28	31.5	1521
14	17.5	1380	29	19.9	1409
15	18.4	1396	30	20.3	1392

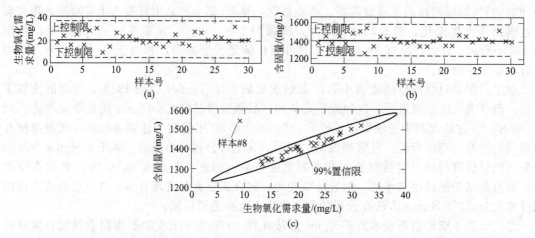

图 21-20　单元和多元的置信区域

图 21-21 对单元和多元统计过程控制技术进行了大致比较。当分别对两个变量 x_1 和 x_2 进行监测时，两组控制限定义了一个矩形区间，而多元控制限定义了一个深色的椭圆形被控区间。图 21-21 表明，当把单元统计过程控制技术应用于相关的多元数据时，可能造成误报警或漏报警。

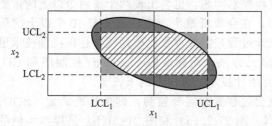

　被控区域,在两种控制图中都进行了正确的描述

　被控区域,在单元控制图中被误认为处于失控状态

　失控区域,在单元控制图中被误认为处于被控状态

　失控区域,在两种控制图中都进行了正确的描述

图 21-21　关于变量 x_1 和 x_2 的单元和双元置信区域

（1）T^2 统计量　当用多元统计过程控制技术来监测 p 个相关的且正态分布的变量时，取 $\boldsymbol{x}$ 为包含 p 个变量的列向量，$\boldsymbol{x} = \mathrm{col}[x_1, x_2, \cdots, x_p]$。在某个采样时刻，对于每个变量，得到含 n 个测量值的子群体。在 k 时刻子群体的样本均值可以用列向量表示为 $\overline{\boldsymbol{x}}(k) = \mathrm{col}[\overline{x}_1(k), \overline{x}_2(k), \cdots, \overline{x}_p(k)]$。其多元控制图通常是根据 Hotelling 的 T^2 统计量来设计。

$$T^2(k) \stackrel{\triangle}{=} n[\boldsymbol{x}(k) - \overline{\boldsymbol{x}}]^{\mathrm{T}} \boldsymbol{S}^{-1}[\overline{\boldsymbol{x}}(k) - \overline{\boldsymbol{x}}]$$

（21-53）

其中，$T^2(k)$ 是 T^2 统计量在第 k 个采样时刻的值。总平均值的列向量 $\overline{\overline{\boldsymbol{x}}}$ 以及协方差矩阵 $\boldsymbol{S}$ 是根据一组在被控状态中获得的测试数据来计算。根据 S_{ij} 的定义，$\boldsymbol{S}$ 矩阵中的第 (i, j) 个元素是 $\boldsymbol{x}_i$ 和 $\boldsymbol{x}_j$ 的样本协方差：

$$S_{ij} \stackrel{\triangle}{=} \frac{1}{N} \sum_{k=1}^{N} [\boldsymbol{x}_i(k) - \overline{\overline{\boldsymbol{x}}}_i]^{\mathrm{T}} [\overline{\boldsymbol{x}}_j(k) - \overline{\overline{\boldsymbol{x}}}_j]$$

（21-54）

式中，N 是子群体的数量；$\overline{\overline{\boldsymbol{x}}}_i$ 表示 $\overline{\boldsymbol{x}}_i$ 的平均值。

在第 k 个采样时刻，当 $T^2(k)$ 超出了上控制限（UCL）时，则该多元过程被认为处于失控状态。

仍然以废水处理问题为例，计算出 T^2 控制图如图 21-22 所示。99% 控制限对应的 T^2 是 11.63。除了第 8 个样本，都在 99% 的

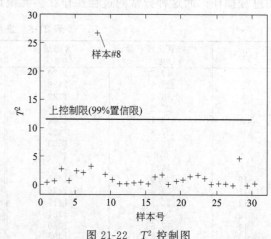

图 21-22　T^2 控制图

置信范围内。

(2) 主元分析法和偏最小二乘法　当数据不是高度相关的，并且变量数量 p 较小（$p<$ 10）时，基于 Hotelling 的 T^2 统计量的多元统计过程控制技术是有效的。对于高度相关的数据，协方差矩阵 S 是病态的，此时 T^2 统计方法会遇到问题。此时其他多元监测技术如主元分析法（PCA）和偏最小二乘法可以应用于数据高度相关而且变量数较大过程的监控。这两种方法都可以用来监测过程数据如温度、液位、压力和流量以及产品质量变量等。这些方法在控制图中监测到异常的过程操作后能够提供进一步的诊断信息。

21.5.4　过程控制和统计过程控制的关系

过程控制和统计过程控制可用来解决生产过程控制中的不同控制问题，在被控变量偏离设定值时，过程控制技术会设法纠正偏离。如果有必要，这种纠正行为在每次采样时刻都会发生。因此，对过程控制而言有一个潜在的假设，那就是采取这种纠正行为所付出的代价相对较小。过程控制在过程工业中得到了广泛使用，因为它并不需要了解过程扰动的根源和类型等有关信息。当采样周期远小于过程过渡时间并且过程扰动是确定型时，过程控制是最有效的。

在统计过程控制中，其目标是确定过程是否处于正常运行状态。如果不是，则判断出造成异常过程操作的特殊原因。与过程控制相反，在测量值处于控制限范围内时，统计过程控制不需要纠正行为。这种处理是合理的，因为这里为纠正行为所付出的代价往往很高，诸如关闭一个生产装置或把测量仪表送去维修等。从工程的角度讲，统计过程控制是一项监测技术，而不是控制技术。当正常的过程操作可以用围绕均值的随机波动来描述时，统计过程控制是最有效的。统计过程控制适用于监测过程中出现的问题，统计过程控制在离散制造工业和过程工业中都有广泛的应用。

总之，统计过程控制和自动过程控制应该是互补的，而不是互相竞争的技术，把两种技术结合起来使用很有效。它们用于处理不同的问题，并且在过程工业中都有成功的应用。例如，在基于模型的控制中，过程控制可以应用于反馈控制，而统计过程控制可以应用于监视模型的残差以及模型预测值和实际过程值的差异等。

第22章
企业综合自动化

随着计算机和自动控制等技术在工业生产过程中的广泛应用，如何将企业的管理信息和实时控制信息加以综合集成，形成管控一体化，实现企业优化管理和控制，降低能耗和生产成本，已成为当今企业的重要任务。20 世纪 60 年代计算机开始在机械制造工业管理中应用，提出了物料需求规划 MRP（Material Requirements Planning），到 70 年代产生了制造资源规划 MRPⅡ（Manufacturing Resources Planning），20 世纪 80 年代在机械制造行业提出的计算机集成制造系统 CIMS（Computer Integrated Manufacturing System），在流程工业中推广应用的计算机集成过程系统 CIPS（Computer Integrated Process System），90 年代提出的企业资源规划 ERP（Enterprise Resource Planning），以及近几年提出的供应链管理 SCM（Supply Chain Management）和制造执行系统 MES（Manufacture Execution System）等都是用信息技术来改造和带动传统工业进一步发展的重要技术创新。

◎ 22.1 计算机综合集成控制概述

工业生产企业的目的是根据用户的需求，在企业内部管理人员和操作人员共同控制与操作下，经过一定的生产设备，把一些物资的形态转变成为用户所要求的具有使用价值的产品，如图 22-1 所示。在转变过程中，使产品高于原材料的价值。

图 22-1 工业企业的运作过程

在这一转变过程中，要能做到满足生产过程的各种安全规程；提高设备的利用率；尽量减少废气、废水等有害环境的物质产生，满足环境污染法规的要求；保证产品的规格质量对客户需求的响应能力；保持和提高产品的生产速率；降低原料和公用工程的消耗；节省人力资源，减少原料和产品的库存量等。

因此，企业的效益，其核心是企业的生产系统。在这一生产过程中占用企业的大部分财力、人力和物资。生产系统效率的高低，决定着这个企业在市场上的竞争能力。

22.1.1 流程工业生产过程运作特点

流程工业其生产工艺和产品品种相对比较固定，虽然有些生产过程是批处理模式，但是物料流和能量流是连续的，前一个生产单元的产品可能是后续生产过程的原料。在生产单元内部，被加工物料存在着物理的或化学的变化，也进行着物质与能量的转换。生产过程管理运作的重点是保证物料、能源及公用工程（如水、电、汽、气）等连续供应及每个生产单元在生产期间稳定地运行。任何一个单元、装置或设备运行过程中的故障都会影响整个生产过程的运行。

由于流程工业生产规模大，工艺流程复杂，若由人力直接参与操作或控制，劳动强度大，容易出事故，因此，底层一线生产过程自动化程度比其他行业要高，大多数都采用仪表控制，特别是采用集散控制系统（DCS）或可编程控制器（PLC）来控制底层的工业生产过程。有些企业已采用先进控制技术，以保证生产单元和装置的平稳优化控制。

从企业生产管理信息来看，流程工业可大致分为三个部分，即企业的管理信息系统MIS（Management Information System）、工业生产过程控制系统PCS（Process Control System）以及工厂（或车间、工段）运行系统POS（Plant Operation System），如图22-2所示。工厂运行系统是整个流程工业企业管理的重要部分，其中有大量的人参与对管理信息和过程控制信息的处理与加工，如图22-3所示。传统的企业运行系统信息的处理方式，由于底层信息不能及时上达，上层的管理决策用的是过时的信息，迟后于实际生产过程，起不到指导生产的作用。而人在中间往往为处理这些信息而苦恼，发挥不了信息的优势与作用。

图 22-2　流程企业综合管理信息系统　　　图 22-3　传统的企业运行系统信息处理方式

22.1.2　计算机综合集成控制

过程控制系统信息与企业管理信息系统信息之间如何综合集成，构成管理控制一体化，进行实时的优化运行与控制，这就是计算机综合集成控制的任务。计算机综合集成控制的目标包括：①从企业全局出发，对企业各环节进行优化；②综合集成技术是将传统的工业生产过程与现代的信息、计算机、管理、自动化、系统工程等技术有机地结合起来，如图22-4所示。

集成结果是提高企业生产的柔性、强壮性、敏捷性，使企业产品上市快、高质量、低消耗、服务好、清洁生产，从而提高企业的经济效益和市场竞争能力。

流程工业计算机综合集成控制技术和方法具有自己的特点，其信息集成的功能结构如图22-5所示。公司企业的经营决策系统MDS（Management and Decision System），是对整个企业的经营决策、资金投资、新产品与新工艺的开发、企业的技术改造、企业的产品策略与运行等作出优化决策。在图22-5中，单就企业的生产过程管理与控制运行进行讨论。当企业经营管理决策层给出企业产品策略，其中包括产品品种、数量、上市时间等指标后，再由企业管理层，根据管理信息系统优化排出生产计划。生产计划的执行，又要根据企业的设备、原材料等情况，由生产调度系统PSS（Production Scheduling System）编制生产调度指令。监控层，即过程监控系统SCC（Supervisory Computer Control）对各生产装置（或单元）进行优化计算，给出优化配方或生产方案（设定值），从而使控制层（DCS）按照优化的配方或生产方案对底层工业生产过程进行实时操作与控制。

由于各个层次的任务和目标不一样，其控制周期亦不同，如图22-6所示。一般的底层

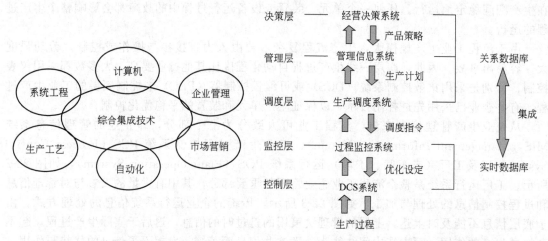

图 22-4 计算机综合集成技术　　　　　　图 22-5 流程工业信息综合集成功能图

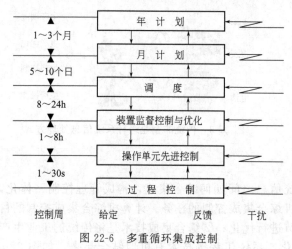

图 22-6 多重循环集成控制

控制实时性要求强，以秒级，甚至于毫秒级进行控制与校正。先进控制与单元的优化控制，根据过程要求，若先进控制信号直接作用在执行机构（如调节阀门）上，那么其控制周期要求迅速，而当先进控制用来改变 DCS 的 PID 控制回路的给定值，则可以稍慢一些，如以 min 为单位进行调整。装置优化层，一般根据物流和能量流信息以及优化指令及各种约束条件，进行稳态（静态）优化，一般的动作周期以 min 或 h 为单位。生产调度层，一般进行三天或一周调度一次。生产计划的排定，一般以季度或月作出优化计划。管理层次是以年或季度作出产品经营与运作的策略。

◎ 22.2 信息源与信息集成系统

22.2.1 企业信息和数据来源

企业信息的综合集成，首先要知道有哪些企业信息和数据，这些信息和数据怎么才能获得，怎样进行集成。企业的信息和数据是企业信息集成的基础，这些信息和数据越完备，越能发挥信息集成的效果。一个企业的信息和数据包括三大部分：一是企业的管理信息；二是实时生产数据信息；三是原料、半成品、产品质量信息。如图 22-7 所示。

（1）企业管理信息　这部分信息包括企业供应与销售合同、库存信息、企业财务资金信息、市场信息、企业决策信息、生产计划与方案以及企业生产设备管理信息等。这些信息大多数来自企业内部，有些来自外部。这些信息属于管理类型，一般都存放在关系数据库中。

（2）生产数据　在流程工业中，实时的生产过程数据和设备运行状态的信息是底层自动化的基础，其中包括物流数据、能量流数据、各种操作条件，如反应温度、操作压力、液面、pH 值等，以及设备运行状态，如运行、停止及事故状态等。通过传感器和仪表测量生产过程的数据和信息，通常由 DCS 采样（或计算机系统采样），测量仪表直接测量、在线流程分析仪的分析测量，报警信息以及各种设备状态信息，如泵的开启和停止。这些数据和信息都是实时的生产数据和信息，具有很强的时间特性，通常由实时数据库存储这些数据和信息。在生产数据中，特别重要的是进出装置和储罐的物料流和能量流的数据及储存量。根据这些数据和信息，就可以知道物料和能量在各生产装置的移动、转化、消耗等情况。

（3）质量和实验数据信息 企业产品、半成品及原材料的组成和性质是企业质量管

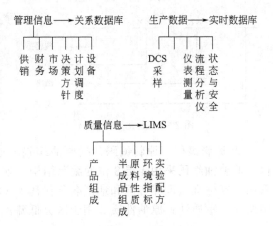

图 22-7 企业的信息和数据来源

理的重要信息和数据，这些信息不仅是产品质量的依据，而且也是物料流和能量流进行质量平衡计算的重要信息，例如炼油工业中的原油评价数据库，是建立各种生产方案、流程模拟、优化排产及原油采购的基础。在质量信息中还包括企业所排放的"三废"对环境影响的指标信息数据。还有一类信息和数据是产品配方、生产方案和实验室（或中试工厂）试验数据和信息。这些信息是可直接用来指导生产的非常宝贵的经验数据和信息。

22.2.2　信息分类与编码

企业的信息要达到统一、标准、准确、可信和共享的目的，必须对信息的命名、描述、分类和编码做到一致性，使信息的名称和术语含义同一化、规范化和标准化，从而保证信息的可靠性、可比性和可用性。流程工业的数据还必须经过数据调理，以消除过失误差数据以及测量误差，满足整个流程物料与能量的平衡，确保这些数据的真实性、准确性、一致性和可靠性。

（1）信息分类 信息的分类原则包括标准性、科学性、系统性、柔性和兼容性。标准性，就是企业信息分类对国家标准、行业部门标准及企业标准的符合性与一致性。在分类时，首先要选用国家标准中规定分类的约定，其次是行业部门标准，最后是公司企业标准。如果这些标准不能满足分类需要，则在与前述分类约定不冲突的前提下，自行约定分类方法。

（2）信息分类方法 企业信息分类方法常用的有三种，即线性分类法、面分类法和混合分类法。

线性分类法也称为层级分类法。它是将初级的分类对象，按选定的属性作为分类的基础，逐次地分成相应的若干个层级类目，并排成一个有层次的逐级展开的分类体系。它可分成大类、中类和小类等。

面分类法是将给定的分类对象，依据对象本身固有的各种属性，分成没有隶属关系的面，每个面中包含一组类目。把某个面中的一种类目和另一种类目组合在一起，即形成了一个复合目。

将线性分类法与面分类法结合在一起的分类方法称为混合分类法。

（3）信息编码

信息编码是将企业运行中的各种事物、数据、信息等赋予一定规律性的并易于为人或计算机识别和处理的符号、图形、颜色及缩写文字等，是人（或计算机）用于统一认识和交换信息的一种技术手段。信息代码应具有识别功能、分类功能、排序功能、统计功能等。

585

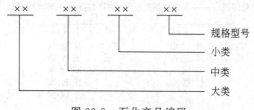

图 22-8 石化产品编码

现以炼油企业为例介绍有关信息编码方法。

① 石化产品编码 石化产品编码是在《中国石化总公司石化物资统一分类与代码》（SH 2209—91）的 3 层 6 位编码体系基础上增加 2 位代表物资的规格型号代码，因此，产品代码为 4 层 8 位编码结构，如图 22-8 所示。

② 原料编码 原料编码包括原油编码和原料油编码，原油编码采用 5 层 8 位的编码结构，原料油编码采用 4 层 8 位的编码结构，如图 22-9 和图 22-10 所示。其中，国内外国别码采用国家标准《世界各国和地区名称代码》（GB 2659—81）；原油性质 1 用于区分轻质油、中质油、重质油；原油性质 2 用于区分低硫油、高硫油等。

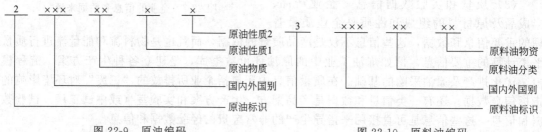

图 22-9　原油编码　　　　　　　　　　　　　　图 22-10　原料油编码

③ 半成品编码 由于半成品物资的编码没有一个统一的编码标准，为了与成品物资相对应，仍采用 SH2209—91 标准的分类，但加以改进区别，编码结构如图 22-11 所示。

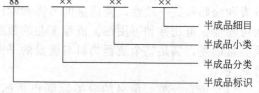

图 22-11　半成品编码

22.2.3　企业信息系统综合集成技术

（1）系统数据管理技术 在企业信息系统综合集成中，各类信息系统的永久数据的操纵与维护，称为系统数据管理。系统中每个信息系统都有其自身的数据管理系统，它们可以看作是系统数据管理的子集，同时要提供与永久数据集之间的接口。系统数据管理可在各类信息系统内完成永久数据的创立、更新和查询等系统操作，也可以完成数据访问权限、完整性约束规则的建立和维护等。为了使信息资源共享、信息交换具有良好的操纵性，实现系统数据管理时应采用标准化管理，包括系统数据参考模型、接口标准以及远程访问的标准等。

（2）计算机网络技术 企业系统综合集成往往存在着多种网络之间的集成，特别在大型企业，存在着协议体系结构完全不同的网络。在异构和分布环境下，存在着网内或网间的设备互相连接、传输介质互用、网络软件互操作以及数据通信等问题。计算机网络技术包括网络互联技术和网络管理技术。网络互联要解决地址方案、路由选择和通信速度匹配等。一般是用标准的网络协议和路由器、网桥、网关等网络设备来实现，网络管理是对网络资源的管理，其中包括对资源的控制、协调和监视。

（3）系统集成平台技术 在一大型企业中，有关系数据库、实时数据库等多种数据信息管理系统，成千上万的企业应用软件以及系统软件间的集成接口怎么解决，是否可有一标准化的平台能进行综合集成，完成互访功能？集成平台是一组集成的基础设施和集成服务器，其中包括信息服务器、通信服务器、前端服务器和经营服务器等，该集成平台是系统过程及应用的开发环境。优良的集成平台应具备能实现全企业的信息集成和功能集成；能适用于各种不同的计算机系统；能实现应用软件和系统内所用的计算机系统独立，各类数据可以在计算机系统间转换；符合各种软件标准。

例如有些企业应用数据仓库（Data Warehouse，DW）作为综合集成平台，因为数据仓库是面向主题的、集成的、稳定的、不同时间的数据集合，用于支持企业经营管理中决策制定过程。也就是说数据仓库能把分布在企业网络中不同信息岛上的数据集成到一起，存储在一个单一的集成关系数据库中。利用这种集成信息，可方便用户对信息的访问，也可以使决策人员对一段时间内的历史数据进行分析和研究其发展趋势。

◎ 22.3 数据校正技术

22.3.1 概述

现代流程工业是以处理物料流、能量流和信息流为主的柔性系统。企业数据库中每天都有大量的数据，这些数据是企业生产控制、生产管理、计划调度、经营决策的基本信息源。然而实际测量数据不可避免地带有误差，使本应满足的化学反应计量、物料和能量等平衡关系不再成立；另外，设备泄漏等不正常工况也会极大地破坏平衡关系。这两种现象统称为测量数据的不平衡，它体现了测量数据中存在着不可靠因素。另一方面，由于测量技术、仪表因故不工作等原因的限制，从生产过程中采集到的数据往往不完整。这种测量数据的不平衡、不可靠和不完整给过程分析、监控、优化、计划调度和决策分析带来困难。因此，保证信息真实性的数据协调技术，已成为流程工业计算机综合集成控制的关键。

数据校正（data rectification）技术主要由测量网冗余性分析（redundancy analysis）、显著误差检测（gross error detection）和数据协调（data reconciliation）组成。利用冗余信息，剔除原始数据中的显著误差，降低随机误差对测量值的影响，并设法估计出未测变量，这些是数据校正的任务。对同一变量的多次测量，构成了数据的时间冗余信息；不同的变量之间又满足各种平衡关系，构成了空间冗余（解析冗余）信息。没有冗余关系的存在，数据校正就无法进行，且冗余度越高（过程系统的测量点越多），数据校正的效果也越好。

22.3.2 数据校正原理

假设工业生产过程在稳定状态下运行，所有的测量值都是可以校正的，也就是说其测量误差符合高斯分布统计特性，未测量值也可以估计，数据校正的目的是获得一组既能满足平衡（如物料、能量）关系又精确的工业生产过程数据。这种平衡关系可表示成

$$F(\hat{X}, U) = 0 \tag{22-1}$$

式中，$\hat{X}$ 是已测数据的校正值向量；U 是未测数据或待估计的向量；F 是函数向量，用一组代数方程式表示。数据校正的依据是相信已测量数据的可靠性，因此，不仅使已测量数据的校正值和未测数据的估计值满足式(22-1)，而且使校正值与测量值的偏差最小，即

$$\min_{\hat{x}_i} \sum_{i=l}^{n} \frac{(\hat{x}_i - x_i)^2}{\sigma_i^2} \tag{22-2}$$

式中，x_i 是测量值；$\hat{x}_i$ 是校正值；σ_i 是测量误差的方差。式(22-2)的矩阵表达式为

$$\min_{\hat{x}_i} (\hat{X} - X)^{\mathrm{T}} Q^{-1} (\hat{X} - X) \tag{22-3}$$

式中，Q 是测量误差的方差——协方差矩阵，它的对角元是 σ_i^2。式(22-3)是一个带等

式约束的最小二乘问题。若约束方程（22-1）中 $\hat{X}$ 和 U 是线性的，则可写成

$$A\hat{X}+BU+C=0 \tag{22-4}$$

这样可把稳态工业过程数据校正问题描述成一线性的数学问题。换句话说，工业过程数据校正是根据已测量到的数据 x_i 和已知的测量误差方差 σ_i，求得校正值 $\hat{x}_i$，同时使式（22-3）为最小，而且要满足方程（22-4）。

22.3.3 过失误差的侦破原理

在数据校正原理中，假设测量数据中仅含服从正态分布的随机误差，然而在实际测量过程中，由于仪表故障、管道或设备的泄漏等原因，造成测量数据严重失真，使测量到的数据与其真实值之间存在着显著的误差，通常称为过失误差，这种误差是不满足正态分布的大误差。若在测量数据中存在过失误差的话，就会与数据校正原理的假设不符，失去数据校正的意义。因此，在进行数据校正之前，必须进行过失误差的检查与侦破，并且剔除含有过失误差的数据，用合适的数据来填补，从而确保校正和估计数据的可靠性和可信度。另一方面，通过过失误差的检查和侦破，也可以发现工业生产过程的故障，例如测量变送仪表失灵以及管道和设备的泄漏，从而及时对仪表和设备进行维修。

对于过失误差的检查和侦破有不同的方法，即对导致过失误差的因素进行理论分析，对同一过程变量用不同的方法进行测量和比较，或根据测量数据的统计特性进行检查。

由于不同的工业生产过程其测量网络和测量仪表都各不相同，情况比较复杂，因此，采用测量数据的统计特性，即误差的显著性进行过失误差检测比较好，但是，这种方法还需与实际要求校正的工艺过程和测量系统相结合，才能真正发现过失误差数据及原因。

根据测量数据统计特性侦破过失误差的方法是基于对测量数据统计误差的描述，若不存在过失误差，则其误差均值

$$E(r)=0 \tag{22-5}$$

若存在过失误差，则其误差均值

$$E(r)\neq 0 \tag{22-6}$$

式中，r 为误差。

构造适当的具有已知分布的误差均值检验统计量作为临界值，然后根据实际测量到的数据误差与临界值作对比分析，从而确定测量数据中是否存在过失误差。

由于误差的不同表示方法，可构造出各种具有不同分布特性的检验统计量，因此对过失误差的侦破有不同的统计检验方法，常用的有整体检验法、约束方程检验法和测量数据检验法。

22.3.4 过程数据校正技术的工程应用实施

数据校正的工业应用主要分为两类：第一类是生产装置级或操作单元级数据校正，主要为流程模拟、优化和先进控制提供满足物料、能量平衡的操作数据；另一类是全厂级数据校正，为全厂物料、能量平衡计算、生产统计、计划调度及计算机信息集成系统的其他应用提供一致、准确的物料流和能量流数据。

一个数据校正工程化软件应包含四个方面的功能模块，即数据输入模块、平衡方程组态模块、数据校正算法模块和结果输出模块。

（1）数据输入模块　由数据库接口和人机界面组成，实现过程数据计算机自动集成和人机交互集成，包括下述几个方面。

① 数据校正软件系统与关系数据库接口　支持网络分布式、通过人机界面的数据输入，

用于集成生产过程中人工读取的数据，如化验数据、油罐区人工检尺数据和其他现场仪表数据；生产过程物料平衡模型的组态数据；反映生产方案切换的数据、装置开停的操作事件信息等。

② 数据校正软件系统与实时数据库接口　支持网络方式下与实时数据库如 InfoPlus、OSI、PI 等的连接，高速访问由实时数据库通过 DCS 和数据采集系统集成的生产现场数据。

③ 数据校正软件系统与办公软件 Excel 接口　数据校正软件是流程工业综合自动化系统中的关键应用软件之一，担负全厂数据整合任务，因此，数据校正软件必须与其他综合自动化应用软件（如实验室信息管理系统、生产计划优化系统、生产调度优化、流程模拟、生产设备管理、供应链分析、企业资源管理 ERP 等）有机集成。除了通过数据库接口实现数据共享之外，数据校正软件系统与办公软件 Excel 接口可以方便地建立起应用软件之间的数据传输的通道。

④ 网络系统管理工具　系统在本地或者在网络环境中均能运行，针对不同的用户提供多种访问权限，能够方便地实现用户角色和权限管理，以保证整个系统的安全性。

(2) 平衡方程组态模块　平衡方程组态模块用于支持全厂物流、能量流模型的建立。这类模型包括所有主要加工装置、储罐以及它们之间的所有物流和能量流的连接。平衡方程组态模块均利用 Microsoft Windows 图形化用户界面，支持指向、单击、拖动等鼠标操作，同时还支持热键、快捷命令和复制、剪切和粘贴操作。图形化用户界面包括一个图标工具条，允许用户选择特定对象类型（例如储罐容器、多支管头、管道接头、流量仪器、测罐的仪器等），一旦选定对象类型，用户就可以在屏幕某一位置上单击鼠标，建立所选择的对象。对于所选择的对象，需收集并输入平衡方程配置所需求的全部组态数据。这些数据包括下列的实际属性。

① 储罐、罐量表、储罐产品编码容量、最小和最大值。

② 加工装置的标志、描述、容量、最小和最大吞吐量。

③ 计量仪器的精度、量程、仪表系数、设计条件。

④ 所有管道的连接、工作介质。

⑤ 产品编码标志、描述、状态（例如气体、液体）、类型等。

⑥ 产品物理性质和成分。

流程图所有配置数据、输入和结果都能通过图表在用户界面进行查看和操作。生产工艺方案的切换，通过流程图（即平衡方程）的不同定义来区分。

(3) 数据校正算法模块　数据校正算法模块利用数据校正技术原理，结合工程实际，进行冗余性分析、显著误差检测和数据协调。

(4) 结果输出模块　提供多种标准报表，增加新的报表和修改标准报表，可以输出各种格式文本文件和 Excel 电子表格式的文件。

22.3.5　炼油厂的物流数据校正工业应用实例

石油化工企业正逐步采用生产管理和过程控制一体化计算机综合集成控制系统，实行产供销全方位信息化和最优化，以创造最大效益。原油采购和产品销售决策是以市场价格信息为依据，以装置生产能力为约束，寻求投入产出为最优的生产计划，然后通过生产装置的安全平稳运行和优化操作使生产计划高效地实施。这样一个大型计算机信息系统的运作，其核心就是数据。

通常一个炼油厂油品物流数据主要有三种：一是实时数据库中的质量或体积流量表数据；二是罐区录入的人工检尺数据（8h 一次）；三是关系数据库中的分析数据（主要是密度数据）。这些物流信息主要有三种用户：一是装置中班组需要从流量累计值来估计本装置的生产情况；二是调度需要罐区数据来进行原料、中间产品和成品的调拨；三是计划部门为了从市场的角度来及时调整方案，需要从总体上准确把握装置的生产情况和罐区的储存量。为了给用户提供高质量的数据信息，必须把各种计量方法所得到的信息统一起来，再用数据校正软件包对原始数据进行综合分析，从矛盾的数据中找到出错原因并加以校正。校正结果既可以为仪表检修部门提供仪表故障信息，又使得物流数据更加可靠和一致，从而满足全厂综合自动化的需要。

建立合理有效的全厂物料静态平衡模型是数据校正技术得以有效实施的基础，因此全厂物流模型是工业应用成败的关键所在。

一般模型建立的经验性原则是排除与物料平衡无关的装置（如换热器、泵等）；仅仅视为管线，消去在稳态情况下不影响物料平衡关系的流量（如循环流量等），尽量避免引入测量很不准确的流量与计量困难的罐（如丙烯罐、液化石油气罐等），减少未测流量、部分未测流量（如催化焦炭量、各种不燃气）以经验收率估算值作为其测量值。

数据校正原理框图如图 22-12 所示。核心算法包括求取投影矩阵、未知的可估性分析、网络冗余性分析、权因子的初步确定、显著误差检测、组合决策、数据协调最终计算、可估未知的估算和生成显著误差检测结果。通过数据校正软件发现生产装置泄漏，使计量仪表的正常运行率由原来的 95% 提高到 98%，计划调度部门通过物料平衡数据，对车间的物料统计进行考核，编制合理、准确的生产计划方案，从而提高了管理的科学水平，为生产计划优化创造了条件。

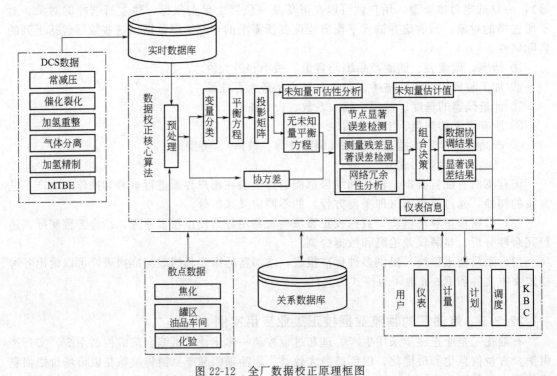

图 22-12　全厂数据校正原理框图

◎ 22.4　信息（数据）驱动下流程工业的运作

作为一个流程工业，对于给定的过程设备、控制方法和信息系统，如何组织运作生产出满足市场需要的产品（产品品种、数量和质量），即要做到时效性好（T）、产品质量好（Q）、生产价格低（C）、服务要好（S）、对环境污染少（E）以及灵活性（F），是企业运行的目标。所有这些，全靠企业及时、有效、充分利用各种信息来组织整个企业的运行操作。

22.4.1　企业运行概述

生产过程中有各种各样的操作和控制，所有这些操作功能的实现都是由人来实施，或通过机器来操作。对于一个计算机控制的生产过程，有些是由人来完成操作任务，有些由计算机来实现，或者是人机协同完成。流程工业多种多样，各企业运行的方式不尽一样，但是，大致上的形式如同图 22-13 所示，即可分成从上到下、从下到上以及过程的各种测量运作报告（报表）三个类型。从另一种方式来分类，可分成上层、中间和底层操作三种类型，即上层的企业决策功能、中间的期望目标运作以及底层的监督控制。

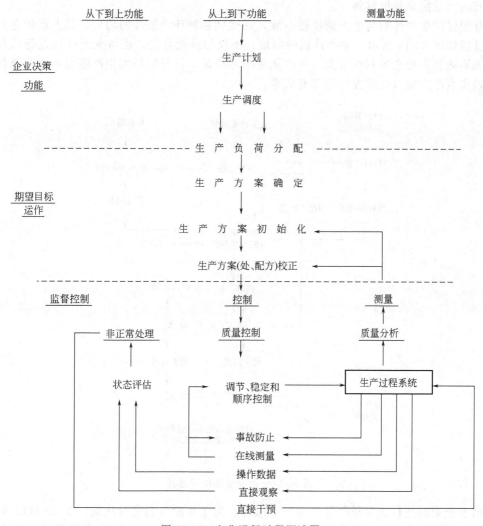

图 22-13　企业运行过程概述图

22.4.2　企业决策功能

一个企业上层的决策过程及功能，大多进行逻辑分析与决策，其中包括生产计划的制定（planning）及生产计划的调度（scheduling）。整个生产计划的制定运作，具体包含原材料的采购、组织生产、产品的销售以及产品与中间产品的储运。这些与外部市场环境有着密切的关系。这就要求原料的购买与供应商、产品的销售与客户都要能协调一致，并通过协议形式加以约束。在组织生产时考虑，原料的到达与产品的销售，生产过程的消耗与增值以及生产过程瓶颈的预测。因此，生产计划的制定与原料供应和产品销售有关系。例如，一个炼油企业其生产计划制定往往要提前一年，因为原油和产品从海上运输，其周期很长，所制定的计划要有可操作性。

一个生产计划的执行，需要根据原料供应和产品销售状况进行短时期的规划调度。它的任务是把长期的生产计划，根据供销和库存情况，分阶段制定生产设备的运行和生产负荷的分配。通常把生产调度也称为库存控制。原料和产品库存的多少，决定着流程工业连续生产周期的长短，在炼油工业中，库存量比较大，其周期可以是一个月，而有些精细化工企业，其调度周期可能是几天。生产调度包含着优化的问题，因为动态地改变生产负荷与公用工程可以节约大量能源及原材料。

要使好的生产计划与生产调度相一致，还受到各种环境条件的约束，其上层的企业决策运行过程如图 22-14 所示。生产计划的制定，不仅与供销有关，还与生产过程设备以及生产过程的消耗及所带来的利润有关。生产调度与库存量、设备的最大生产能力、生产操作运行顺序以及生产方案（或配方）等都有关系。

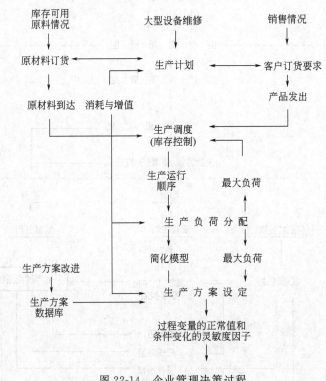

图 22-14　企业管理决策过程

由于企业的运行决策是很复杂的一个过程，为了帮助人们进行决策，从 20 世纪 80 年代起，在计算机科学中，决策支持系统（DSS）得到迅速的发展。决策支持系统的结构如图 22-15 所示，它由三大部件组成，即用作人/机对话的人/机交互系统，数据部件（数据库管理系统和数据库）以及模型部件（模型库管理系统和模型库）。这种决策支持系统具有很好的开发工具和环境，关键问题是如何结合一个企业、一个部门，建立合适有用的模型（或模型库），采用哪些数据进行综合决策。

22.4.3 期望目标（运行）实施

企业决策部门给出生产调度指令，如何实现这些目标，这就是在中间层次所进行的生产方案确定。其生产方案包括的内容有生产工艺技术路线、生产模式的切换、工艺参数或配方的确定等，也就是工艺技术、生产组织和物流体系的建立与确定，例如控制回路优化设定值的确定、进料轨迹的确定等。这部分工作大多由生产技术部门来完成。

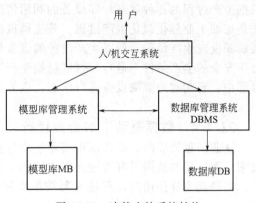

图 22-15　决策支持系统结构

技术部门一般根据原有生产方案稍加改进作为现在的生产方案，这种方案是否可行或者是否能达到预期的生产目标，这要工业生产过程实际结果来检验，也就是经过生产过程系统有关的质量分析信息来修正生产方案的初始值（或操作程序），并校正现有的生产方案，如控制回路的设定值等。另一方面，还要

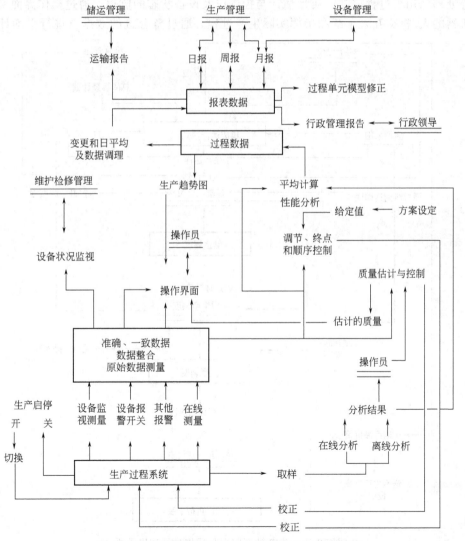

图 22-16　数据驱动下的企业生产处理运行信息结构

593

根据生产过程的各种状态，如设备的利用情况、设备运行状态来修正生产方案。很典型的例子是炼油工业催化裂化生产过程，若主风机已全开，还不能满足烧焦要求，那只好适当降低裂解深度或生产负荷。所以生产过程的设备是确保生产进行的基本条件，一定要使生产设备处于安全的生产条件下运行，否则将给生产过程带来不可估量的损失。因此，在目标的执行过程中，要实时地观测设备运行状态，以修正生产方案，确保生产安全有效地运行。

22.4.4 数据驱动下的企业运行

企业信息集成的目的是依据实际生产过程数据来指挥企业生产过程的运行和企业的管理决策。而信息和数据只有通过人来决策和运作，方能产生经济效益。因此，在信息集成系统中，人是起主导作用的，不过人要按照实际的生产过程信息和数据进行科学的组织管理和运行。

首先来讨论数据驱动下的企业生产过程运行，图 22-16 是一般流程工业的生产过程的信息结构。由图可知，人参与储运、生产和设备的管理，还有是在生产现场的操作人员。生产过程各种信息数据和质量数据来自实际的生产过程，这些原始的数据要进行数据滤波、数据整合等处理，用于过程控制、质量估计与控制以及设备状态的监视。通过操作界面实现操作员与机器的人/机交互，了解和指挥实际生产过程。通过整合过的数据再进行平均计算和各

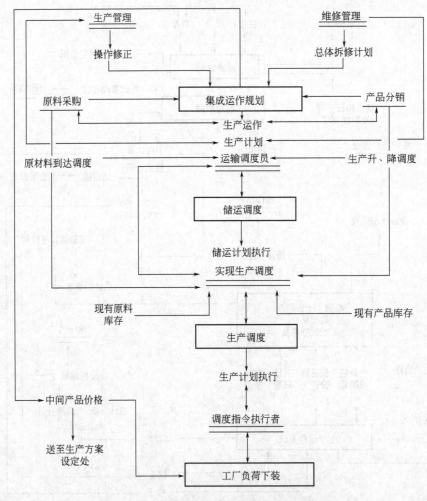

图 22-17　生产计划制定与运作过程逻辑关系

594

种生产过程性能计算，如投入产出效率、转化率、产品收率等计算，然后送到过程数据库。这些数据再进行平衡计算、数据调理，生成报表数据存入报表数据库，从而得到各种报表，为各管理部门所应用，以及用来修正过程单元的有关模型等。所有这些运作过程都是在数据驱动下运行。

生产计划的实施过程，即生产计划制定、生产调度、采购、销售及运输的组织都与原料、产品储存有密切关系，如图 22-17 所示。图中的左边为原料的供应情况，右边是产品的生产情况，中间是生产计划调度的运作过程。从生产计划变成工厂生产负荷落实分配和定位，中间要经过储运调度和生产调度，而参与的人员有储运调度员、生产调度员以及调度指令执行者。整个运作过程，有时称为库存控制运作，即原材料的库存和产品的库存。若原料不足，则不能组织起生产，同样，产品库存太多，销售不出去，也无法组织生产。其调度过程实际上是对原料和产品库存的综合平衡过程，这一过程与市场紧密相连。

◎ 22.5　炼油企业综合自动化应用示例

22.5.1　某炼油企业信息化概况

（1）现状分析　从企业信息化建设的角度来看，所介绍的炼油企业，虽然从 20 世纪 90 年代中期开始主要生产装置已经实现了基于 DCS 的过程控制，建立了覆盖全公司的光纤网络，建成了管理信息系统，但从总体上看，各类信息缺乏有效的整合，综合集成度还相当低，还不同程度地存在"孤岛"和"瓶颈"现象，亟待克服和改进。

① 炼油装置的过程控制的集成度还不够高，部分老装置仍采用常规仪表控制，需要加速实现 DCS 改造，并在此基础上实施区域化集成，加强现场远程监控，全面推进系统化操作，积极采用先进控制技术。

② 数据源建设严重制约着企业的信息集成工作，迫切需要建设实时数据库平台，实现包括装置现场生产数据、实验室分析数据、油品罐区生产数据的综合集成，并实现实时数据库与关系数据库的互联，为上层的应用集成以及辅助决策管理提供强有力的支撑。

③ 大量分散的数据没有形成有机的关联，这些数据中所蕴含的大量有用信息难以发挥作用。由于数据来自各个部分，数据统计过程中人为干预现象比较突出，使得数据的唯一性、准确性受到影响。需要借助于先进的数据调理和整合手段，保证数据的唯一性和真实性。应用先进的数据仓库技术，开展数据分析、数据挖掘与呈现，使大量的生产实时数据和经营管理数据能够有效地转化为有价值的信息和知识，努力实现生产过程控制与管理系统的综合集成。

④ 由于缺乏系统在线和离线的装置全流程模拟、生产计划优化、生产调度作业排程优化和罐区油品移动的综合应用，使得生产经营缺乏柔性，应变能力不强，难以实现原油采购、生产方案、产品收率和油品库存的综合优化，严重影响企业经济效益的提高。

⑤ 内部的组织结构还不尽合理，由于层次较多，导致效率降低。财务体系在日常运作过程中，财务人员需要将大量的精力花费在凭证、报表的制作上，而对资金运作等重要的管理业务却往往关注不够，物流、资金流、信息流缺乏有效的融合，直接影响到资源的合理优化配置，距离实现企业整体优化的目标尚有较大差距。

（2）综合自动化系统总体框架　早在 20 世纪 90 年代中期企业就结合 MIS 系统建成了覆盖全公司管理部门和主要生产装置的高速以太网，其后又对网络进一步进行了扩容和提速，到 2002 年底为止，已经建成了千兆高速以太网。其中，生产区的光纤网络已经连接到各运行部、科室，总长度达五十多公里，并与 Internet 及有关外部专业网站连接；拥有十多台小型机、三十多台 PC 服务器和两千多台 PC 机；建成了以 Oracle 为主的数据库数据，以及多个先进的应用开发平台；在集成了实时数据、关系数据、物料平衡、数据整合、实验室信息管理、油品移动、生产计划优化等系统的基础上，又成功地实施了 ERP 项目。

22.5.2　实时数据库系统

（1）生产实时信息集成　生产数据是企业数据源建设的重要组成部分，也是企业信息集成的核心内容，只有把这项工作做好了，使底层信息建设平台构筑坚实，才能在此基础上做好其他深层次的应用工作。

炼油企业作为过程工业企业的典型代表，具有大型化、管道化、连续化生产特点，生产装置繁多，地域分布广，虽然大部分生产装置近些年来都已经普遍采用了 DCS 控制系统，但是由于种种客观原因，各套 DCS 控制系统可能来自不同的厂家，因此往往相互孤立，互不连通，这样就形成了信息孤岛。要提高企业的管理水平和应变能力，拉近管理层与生产装置的距离，就必须打破这一信息孤岛的现状，而采用实时数据库技术是解决这个问题的一条有效途径。

实时数据库系统是过程工业企业的生产信息集成平台，是工厂底层控制网络与上层管理信息网络连接的桥梁，也是流程企业 MES 技术应用的重要组成部分。近几年来在过程工业企业中已得到广泛的应用。

（2）PI 实时数据库系统结构　由于历史原因，所引进的 DCS 控制系统种类较杂，除了 Honeywell、Yokogawa、Foxboro、Moore 等多家国外厂商的产品以外，还有国内浙大中控公司的 300X 系列产品。因此，多种类接口连接曾经给生产装置数据集成带来了一定的困难。

PI 实时数据库系统为三层结构，即接口层、服务器层和客户端应用层，如图 22-18 所示。

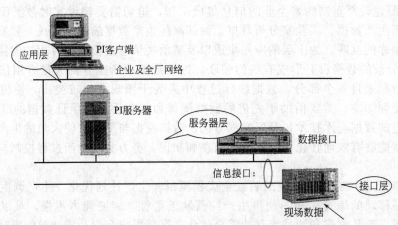

图 22-18　PI 实时数据库系统三层结构示意图

该系统采用了分布采集、集中控制、信息互通的方式，使用一台 PI 主服务器，所有接口机和用户客户机都和服务器连接，是一种典型的 C/S 结构。在每套装置的 DCS 现场控制室有一台 PC 机与 DCS 连接作数据接口，并且通过光缆与 PI 服务器连接。服务器原先使用的是 Alpha 4000 小型机，操作系统采用 Windows NT 4.0。系统扩容改造后服务器已改用两台 SUN4800，组成 CLUSTER，操作系统采用 UNIX。扩容后服务器上加入的数据点也从原来的 20000 点（PI 系统支持的最大数据点数是 10 万点）增加到 50000 点。

需要说明的是，PI 系统中数据点的定义与 DCS 控制系统中的点的定义是不相同的，它是最基本的不可再细分的数据点，如要取 DCS 系统中某一工艺点的 PV 值，在 PI 系统中要建一个相应的位号，如果还要取该点的 SP 值，则在 PI 系统中要另建一个位号与之对应。

PI 系统中集成了多种数据，有测量值、操作值、设定值、工艺计算值、机泵运行状态信号、联锁旁路信号、联锁动作信号、报警信号、化验分析数据等，其中测量值占了绝大部分，这些数据在接口机上被采集的刷新频率为 5～30s。必要时，系统管理员还可以根据用户的要求把某些重要数据的刷新频率设定为 1s。

用户在服务器上要创建若干个历史数据库文件，用来保存历史数据。当这些文件存满数据时，最早的那个文件将被清空用来保存最新数据。由于这些历史数据库文件是在循环使用，因此如果用户想保留某段时间的历史数据，应在文件被清空之前先将它们备份。

PI 接口机送给 PI 服务器的数据并不是全都保存下来，必须先进行过滤。过滤分两级进行：第一级过滤在 PI 接口机上完成；第二级过滤在 PI 服务器上完成。过滤的目的是防止"噪声"数据，节省磁盘空间，节省服务器内存资源和减少网络通信量。PI 实时数据库的数据过滤机制考虑了两方面的因素：一是数据的变化幅度；二是保存数据的时间间隔。用户可以根据需要对每个数据点设定不同的过滤方式。

(3) PI 实时数据库的功能　整个企业的信息流通常可以分三个层次：底层的生产数据通常由 DCS 提供；第二层是实时数据库和关系数据库，整个企业的信息主要集成在这两个数据库中；第三层是应用层，主要对集成的大量信息进行加工处理。

PI 系统与其他系统之间具体连接情况如下。

① PI 系统与 Oracle 系统实现了数据双向流通，公司所有与生产有关的统计报表的基础数据都自动从 PI 系统中获得，增强了统计数据的正确性和有效性，同时也大大降低了统计员的工作量。

② 与 DCS 系统实现了数据双向流通。

③ 与数据调理软件实现了连通，数据调理软件本身提供与 PI 系统的数据接口，两个系统间数据交换非常方便，调度人员可利用该系统计算全厂级物料平衡。

④ 与流程模拟软件也实现了连通，流程模拟软件提供了与 PI 系统的数据接口，装置工艺技术人员利用流程模拟软件建立装置运行模型，与 PI 系统连接后就可将源源不断的实时数据导入模型进行计算，然后即可分析出装置的运行规律，为调整工艺参数提供依据。

⑤ 与计划优化软件相连，并为该系统运算提供必要的装置生产数据。

⑥ 与实验室管理系统 LIMS 通过 Oracle 数据库也实现了连接。装置的大部分化验分析数据都及时自动送入 PI 系统。生产管理层通过 PI 系统既可以查看现场生产数据又能查看化验分析数据。化验分析数据还可以回写到 DCS 系统。

⑦ PI 系统还与炼油厂油品罐区数据采集系统实现了连通，使罐区大量的实时生产数据都得到了集成。

⑧ PI 系统与 ERP 系统通过 Oracle 数据库也实现了连接，为 ERP 系统中的 MM 等模块的运行提供了数据支持。

由于 PI 系统与上述各系统之间较好地实现了数据互通，使企业内部的信息流动十分通畅。从纵向看数据能上通下达，横向看各个应用系统数据能互相流通，达到信息共享的目的。

(4) 工艺流程画面的开发　工艺流程画面的开发是 PI 系统实施过程中的一个要点，其画面内容的丰富与否和质量的优劣直接影响到具体应用的深度与广度。

在开发生产装置流程画面时要力求把握两个要点：一是要通盘考虑各个层次用户的需求；二是要充分利用 PI 实时数据库集成信息种类多、数据全的优势。因此，在作需求分析时，应认真倾听不同层面、不同对象的需求，把流程画面分成若干层次，尽量照顾到各个层面上的需求，并规定必要的审批程序。PI流程画面主要有以下几类。

① 装置流程细节画面　这些画面基本上是参照DCS控制系统画面进行开发，但又不完全相同，画面信息比DCS画面更丰富。例如在画面上增加了重要生产数据的8h趋势图，增加了流程画面之间的关联按钮等。由于化验分析数据也进入到PI实时数据库中，在流程图中除了生产数据外还可加上化验分析数据的画面，这就更有利于管理人员和岗位操作人员及早觉察问题，并有机会迅速采取行动去加以解决。

② 开发一些在DCS控制系统中完成不了的全局性画面　例如炼油、化肥全厂性的工艺流程画面，它集中了生产装置最主要的一些生产数据，这样就便于有关领导及管理部门浏览数据，从而对生产中出现的问题能够及时察觉，而及早作出决策。

③ 全厂各装置污水废气排放监测画面　帮助环保部门对装置污水废气排放情况作全程跟踪，超标报警，统计累计排放量等工作。

④ 全厂蒸汽、高压瓦斯、氮气、氢气管网物料平衡画面　帮助调度部门做好全厂物料的协调分配工作。特别是在装置运行不平稳或装置开停车时，这个画面可以帮助调度人员及早发现问题，并根据问题及早采取相应措施，避免问题进一步扩大。

⑤ 全厂关键机组、机泵运行状况监测画面　有助于设备管理人员做好设备的监测、维护工作。

总之，应充分利用数据集成的优势，尽可能按各个管理部门的职能来开发画面，这样才能在实际应用中更好地发挥作用。

(5) 生产数据的二次开发利用　PI实时数据库系统及时准确地采集和保存了大量的实时生产数据，充分地挖掘和利用这些生产数据，对指导生产、实现降本增效具有十分重要的意义。PI系统为了让用户能取出实时数据库中的数据进行处理，提供了一个客户端产品PI-Datalink，该软件安装后嵌入在微软的Excel电子数据处理软件中，通过它可以把PI实时数据库中的数据取到Excel中，由于Excel数据处理功能非常强大，故基于这样一个简单易用的平台就能帮助操作和管理人员结合自己的业务需求开展大量的二次开发应用工作。

自PI实时数据库投用以来，在二次开发方面的一些成功应用已经在全公司范围内推广，从而取得更为广泛的经济效益。实践证明，生产数据的集成和开发利用前景广阔，效益显著。下面举几个比较典型的应用案例。

① 开发班组成本核算　炼油一部拥有1000万吨/年常减压、300万吨/年催化裂化、100万吨/年连续重整、加氢精制、芳烃抽提和PSA六套大型装置，这六套装置的生产数据和相应的化验分析数据都已经集成到PI系统中。利用PI的客户端工具PI-Datalink，将PI实时数据库和Excel之间建立连接，把PI实时数据库中的数据直接取到Excel电子表中，再利用Excel所具有的功能，进行数据的二次加工，实现当班的操作平稳性、物料平衡、能耗物耗、生产成本和内部利润的量化统计。每个班组从上班开始就可以随时用该软件进行实时统计，也可以利用历史数据查询功能了解当前几个班次乃至数周前的统计结果来进行对比。

a. "成本统计表"的构成。"成本统计表"是班组经济核算的核心组成部分。它由装置物料平衡、物耗能耗、成本与利润三大部分组成。其主要内容包括：产品产量、收率、损失率等生产指标；水、电、蒸汽、燃料等消耗指标；成本及内部利润和内部吨油利润等成本利润指标。利用"成本统计表"可以很方便地做到"班班有统计、旬月能汇总"，这样既可大大减轻统计人员的工作量，又能使运行部的管理人员随时了解情况。

b. "成本统计表"的建立与完善。在"成本统计表"的建立过程中，首先将原始数据从PI数据库准确地取到Excel电子表中，然后对原始数据进行校准和处理，以保证数据统计的准确性，这是成功实施"成本考核"的关键。为此，在建立与完善"成本统计表"的过程中，利用Excel中的Visual Basic编程功能，编制了相应的小程序，着重解决以下几项问题。

  ⅰ．液相和气体物料流量数据的校准。

  ⅱ．塔、容器等设备内的物料量的计算和校准。

  ⅲ．异常数据的自动剔除。

  ⅳ．数据的时效性。

  ⅴ．数据处理速度与自动化控制。

  此外，在编程中还要考虑计算公式及数据的保护问题，以防遭到非授权人的修改或破坏。通过成本表所提供的分析统计结果，使管理人员和操作工能直观看出班与班之间的差距，以及影响装置经济效益的原因，便于统一改进操作，提出并实施合理的节能降耗措施，从而达到提高装置运行综合经济效益的目的。

  ② 物耗和能耗的标定 化肥生产过程的合成、尿素、水汽工段以及相应的化验分析数据均已集成到 PI 系统中。利用这些数据可开发装置物耗、能耗标定的应用，随时统计出装置在某一段时间内的能耗物耗，通过分析统计结果可以找出装置运行存在的问题，从而为管理人员提出合理的节能降耗措施提供依据，大大降低传统装置标定所需投入的人力、物力，标定结果的正确性、时效性和工作效率明显提高。

  ③ 炼油瓦斯平衡 石化企业既是产能大户，又是耗能大户，在其加工过程中，要产生和消耗大量的瓦斯。同时，由于生产工艺和安全保障的原因，石化企业通常都要设置若干火炬，以便使系统内瓦斯压力保持稳定，但是此举既造成大量宝贵资源白白浪费，影响到企业经济效益，又严重污染了周边的大气环境。因此，如何实现系统瓦斯平衡，多年来一直是石化企业想要努力攻克的一道难题。现在可利用 PI 实时数据库在生产数据集成方面的强大功能，为解决这个难题进行尝试。

  由于加工的原油品种多、硫含量高、加工深度大、生产方案多变、生产条件苛刻，因此，系统瓦斯平衡难度很大。应用 PI 实时数库中的实时信息，结合工艺改进、新增技措以及一系列精细管理手段，可以较好地实现全公司的瓦斯平衡。

  a. 确定瓦斯平衡的原则。瓦斯平衡是一项系统工程，涉及面广，影响因素多，过程控制时效性强，控制难度大，因此，首先应确保瓦斯质的平衡，要求催化裂化等装置提高气体的分离效果，瓦斯气体要尽量不含 C_3 及其以上组分，同时使液化气或拔头油尽可能不补入瓦斯中。在此基础上，再搞好瓦斯产量和耗量的平衡。首先做好高压瓦斯系统的平衡，不仅要尽可能降低高压瓦斯产量，让各装置尽量多烧高压瓦斯，而且要做到高压瓦斯不窜入低压瓦斯管网，杜绝瓦斯直接排放火炬；其次是要利用好油品干式气柜的缓冲功能，精心平衡，辛勤调节，尽量加强对气柜的管理，实行气柜液位液警戒线制度，尽可能使气柜保持在低液位运行。通过瓦斯量的平衡，可以降低加工损失，提高实际商品率。

  b. 从源头上控制瓦斯的排放量。由于生产装置众多，油品储运及热电站等公用系统十分庞大，因此，高、低压瓦斯系统管道纵横交错，流程十分复杂，加上计量手段也不够完善，这就给瓦斯系统的平衡增添了很多困难。为此对所有的瓦斯生产点以及重要的消耗节点的计量仪表安装情况进行详细调查，从源头上基本弄清全厂瓦斯的排放情况。在此基础上，利用装置大检修时机，使每套生产装置边界的低压瓦斯总管上都安装瓦斯排放监测头，并将装置各监测点和罐区、电站锅炉等相关点的数据都集成到 PI 中，专门组建全公司瓦斯实时监控系统，使公司生产调度及有关单位的操作人员都能从联网的计算机上实时了解瓦斯系统平衡状况。一方面搞好装置的平稳操作，严格控制瓦斯排放量；另一方面，密切关注各用户单位的瓦斯消耗量，尽量保持瓦斯产、耗总量的平衡，从而使各装置低压瓦斯排放情况始终处于受控状态。

  ④ 化验分析数据回写 DCS 控制系统 以往化验室把 4h 的样品分析结果通过小票的方

式送到现场控制室供操作工调整操纵参数使用，这一方式的弊病是工作效率低下并且容易出差错，小票送达不及时，历史分析结果查询不方便，这些都会对操作工的正确操作产生不利影响。当实时数据库系统 PI 和实验室分析数据集成系统 LIMS 通过接口连通起来后，首先把 LIMS 系统中化验分析数据写到 PI 系统中，再通过 PI-DCS 接口把化验分析数据回写到 DCS 控制系统中，并在 US 控制站流程画面上与生产数据同时显示。操作工在控制画面上能够最快最直观地看到化验分析数据，这对调整操作将起到直接指导作用。此外，化验分析数据通过 PI 系统回写到 DCS 控制系统的另一个好处是，先进控制软件需要用到的化验分析数据可以直接在 DCS 控制系统中获得，从而保证先进控制软件的正常运行。

22.5.3 实验室信息管理（LIMS）系统

在激烈的市场竞争环境中，产品质量的优劣往往关系到企业的兴衰成败，因此质量管理是企业管理至关重要的一部分。

为了提高实验室的管理水平、工作效率和分析数据的利用效率，更好地为企业生产服务，企业引进了实验室信息管理系统（Laboratory Information Manage System，LIMS）和色谱工作站（CDS）系统。

（1）LIMS 的概况 在传统的实验室管理模式中存在着实验室内部数据流动性差、差错率高、分析漏项、数据可追溯性差等问题。分析数据处理的时延问题相当突出。

LIMS 系统以数据管理为中心，集工作管理、样品管理、仪器管理、人员管理、试剂管理等功能于一身，系统地管理实验室整个工作流程，以电子化的介质取代手工记录，把实验室的整个管理提升到对实验室的整个信息流管理。它能够记录数据流动过程的所有分析仪器的使用效率和样品的利用效率，加快分析数据的周转速度，减少分析数据的差错率，降低分析成本。

（2）LIMS 系统的主要功能

① 数据管理 实验室的主要工作就是及时为用户提供可靠的分析数据。LIMS 系统提供了强有力的实验室数据流监控、审核把关、相关信息记录追踪等功能。

② 样品管理 随着分析工作量的逐年增加，分散的样品管理模式已不适合大生产的需要。根据提高岗位工作效率的要求，某一岗位采取的一份试样应当尽量同时满足各个班组的分析需要，以便尽可能减少重复采样的工作量。LIMS 系统中的样品位号管理模式解决了传统分散的样品管理方式，从而实现了变样品的无序管理为有序管理的目标，提高了样品查找效率和样品的利用率。

③ 仪器管理 仪器及其部件的校验状态、精密度直接关系到分析数据的准确性。在 LIMS 系统中，仪器管理分为静态、动态、数据管理三大模块。静态模块中可以录入仪器的所在地点、序列点、部件号等一些文本信息，方便仪器的日常管理。动态管理模块用来设定在用仪器的校验周期和服务周期，避免再继续使用超出服务周期和校验周期的仪器来提供分析数据，从而减少分析差错率。

LIMS 系统的工作流概念可把各种有用的信息都集成于工作流中。班组长只需登录相应的工作流，就完成了工作的安排。各分析人员则根据班组长登录的工作流看到本岗位需完成的工作及与该工作相关的信息。

（3）LIMS 系统应用展望

① 采用国际准则进行实验室认可已成为未来强化质量管理的必然趋势，LIMS 系统的应用有助于为实验室认可奠定基础。

② LIMS 系统可以为计算机先进控制系统提供完整准确的生产过程质量信息。在连续重整装置实施多变量预测控制先控系统过程中，模型所需的大量质量数据可以很方便地通过

LIMS 系统实时进行调用。另外，在计算机先进控制中的质量卡边控制过程更离不开实时的质量分析数据及质量数据的趋势分析。

③ 由于 LIMS 系统与 MIS 系统关系数据库及 PI 实时数据库的数据接口开发成功，使企业中最重要的生产数据（包括装置和罐区）和质量数据能有机结合，为企业的数据深加工，建立各种相关数学模型，以便更好地指导生产，获得更大的经济效益。在全厂物料平衡、数据调理的软件实施过程中也需要通过 LIMS 系统获取大量质量数据进行各类平衡计算和补偿计算。

④ LIMS 系统的应用使公司质量部门能实时动态地掌握炼油生产的原材料及产品质量情况，由于分析数据能回写到 DCS 上，使生产岗位操作人员能及时准确地进行生产调控。

⑤ LIMS 系统的应用能提高仪器的利用率及人员的工作效率。

⑥ LIMS 系统的可以对流程模拟软件（如 Hysys、Aspen Plus）、计划优化软件（PIMS）的应用提供积极的支持。

22.5.4 罐区自动化系统

（1）概述　罐区自动化既是石化企业过程控制的重要组成部分之一，也是企业生产数据集成的一个重要来源，它能够为企业进行物料平衡、成本和效益的核算提供翔实可靠的依据。

早在 20 世纪 70 年代末，BP、MOBIL、EXXON 等一些国际知名的石油公司就已经开始纷纷应用计算机控制技术来推进油罐区自动化，并不断取得重大进展，使油罐区油品收付、调和、储存、出厂等环节均实现了自动化，不但提高了油品储运系统的工作效率，而且还有效地降低了人为操作的差错率。

（2）油罐数据采集系统　油罐数据采集系统实时采集并显示油罐的油尺、油温、液压和气压等现场数据，使操作人员能实时掌握油罐的动态。因而该系统也是罐区监控系统、油品移动管理系统、PI 实时数据库系统、Advisor 数据调理系统的主要数据源，其控制流程如图 22-19 所示。

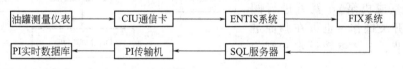

图 22-19　油罐数据采集系统流程框图

① 油罐测量仪表　目前，厂区所有油罐都安装有液位计和温度计两种测量仪表，球罐还安装有压力变送器，其中重要油罐安装有 SABB 或 ENRAF 雷达液位计，其余油罐都安装有 ENRAF 伺服液位计，两类液位计的使用效果都比较好，均能达到计量精度；部分成品油罐还安装有多点平均温度计，其余油罐都安装有单点热电阻温度计。由测量仪表测得的液位、温度和压力通过通信电缆传送到操作站 CIU 通信卡件，再传送到上位机 ENTIS 系统。

② ENTIS 系统　ENTIS 系统是荷兰 ENRAF 公司开发的基于 MS-DOS 的工业监控系统。每个操作站拥有各自的 ENTIS 系统，可以实时监视油罐的油尺、油温和压力参数。ENTIS 系统具有以下两大主要功能：具有历史趋势图绘制功能，操作人员借助趋势图可以分析、判断油罐收付流程是否正常；具有软报警设置功能，当油尺超过安全高度或低限值时，弹出报警画面，并发出报警声音。

四个操作站 ENTIS 系统油罐数据通过电话线和调制解调器进行网络通信，实现各操作站油罐数据共享，在跨站倒罐操作时可以实时监视两台动罐数据，并判断倒罐流程是否正常。

601

③ FIX 系统　FIX 系统是基于 Windows NT 4.0 WorkStation 平台的工业控制软件。每个操作站拥有各自的 FIX 系统，FIX 系统通常 20s 轮询一次 ENTIS 系统中的油罐油尺、油温、密度等数据，并将数据传送到 SQL 服务器。FIX 系统与 ENTIS 系统，通过 RS-232C 接口协议进行通信。

④ SQL 服务器　SQL 服务器软件是基于 Windows NT4.0 Server 平台的数据库系统。服务器数据库建有一个数据表，实时储存四个操作站 FIX 系统传送的油罐的油尺、油温、密度等数据。

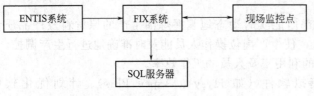

图 22-20　罐区监控系统流程框图

⑤ PI 传输机　PI 传输机实时读取 SQL 服务器油罐数据，传送到公司 PI 实时数据库实现信息共享。

(3) 罐区监控系统　罐区监控系统控制流程如图 22-20 所示。

① 现场监控点　目前，油品罐区内约 70％气动阀、100％调节阀、30％机泵实现了远程监控，部分关键控制点的重要参数如液位、温度、压力、流量也均实现了远程监视。

② FIX 系统　FIX 系统是集组态、控制于一身的工业控制软件，通过它的过程数据库和 PLC，实现对现场的监控。在罐区自动化系统中，它既能与 ENTIS 系统通信，又能与罐区管理系统和 SQL 服务器系统通信。

(4) 油品移动管理系统　油品移动管理系统主要由罐区管理系统和油品移动数据库系统组成，其流程如图 22-21 所示。该系统包括罐区管理系统、SQL 服务器、操作站油品移动数据库、管理站油品移动数据库和 Oracle 接口机组成。

FIX 系统具有良好的绘图功能，该系统中绘制有油品储运所有带监控的工艺流程图。操作人员只要在画面上点击阀门（或机泵），就可进行阀门和机泵的开关操作；也可在画面进行调节器调节、工艺参数设定和阀门开度调整等。

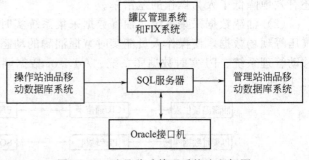

图 22-21　油品移动管理系统流程框图

罐区自动化系统改变了以手工为主的油品操作与管理的方式，实现了罐区操作与管理的自动化，提高了劳动效率，提高了油品储运系统的安全管理水平。同时，罐区自动化系统是 PI 实时数据库系统、Advisor 数据调理系统和 PIMS 计划优化等管理软件的重要数据来源，同时也为成功实施 ERP 系统提供了强有力的支撑。

22.5.5　无铅汽油管道自动调和系统

(1) 概述　无铅汽油管道调和系统设计有四路组分油输入，汽油组分分别为烷基化汽油，Ⅰ、Ⅱ套催化汽油，Ⅱ、Ⅲ、Ⅳ套重整汽油和甲基叔丁基醚（MTBE）四种，每路组分油均设置了流量、压力控制系统，组分油通过管道混合器混合，产品经过辛烷值仪的在线检测，测得的产品辛烷值反馈到 DCS 中，通过辛烷值控制器的调节，自动改变各路组分油流量，从而使产品辛烷值得到控制，调和后的产品油最终进入汽油成品罐。汽油调和控制原理如图 22-22 所示。汽油管道调和优化控制系统由 DCS 系统、客户机 PC、管道调和器以及辛烷值在线分析仪等组成。其中客户机用来设定调和配方、分配汽油调和任务和支持汽油辛

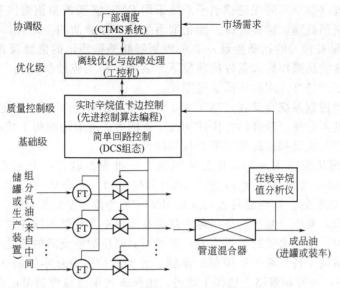

图 22-22　汽油管道调和优化控制系统结构

值的质量卡边控制；DCS 系统实现组分流量比值控制和执行其他调和操作。

　　控制系统的调和原则是节约辛烷值资源，尽量多用低辛烷值的烷基化汽油和催化汽油，其次用辛烷值较高的重整汽油，尽量少用高辛烷值的 MTBE 组分。当在线辛烷值大于设定值时，调和控制系统按照辛烷值递减的顺序，减小各汽油组分的调和比例。该设施可调 90#、93#、95#、97# 等多种牌号的无铅汽油。

　　在线辛烷值仪按每 5min（或 10min）的频率采取样品，通过对采样油品进行在线分析，测出其在线辛烷值，控制系统就可根据在线辛烷值相应调整各类汽油组分的比例，使在线辛烷值充分接近辛烷值设定值，达到调和目标。

　　（2）运行状况　系统投运后运行情况良好，能够将多种汽油组分通过在线辛烷仪调和成不同牌号的高标号清洁汽油，产品辛烷值能控制在目标值的 +0.2 范围内，减少了成品汽油中辛烷值资源的过剩现象。在保证产品质量的前提下尽量节约 MTBE 等价值比较昂贵的高辛烷值组分，既满足了用户多层次的需求，又增加了企业的经济效益。

22.5.6　集中控制与先进控制

　　（1）炼油生产区域化集中控制　公司将新建的 800 万吨/年常减压、300 万吨/年催化、100 万吨/年连续重整等六套大型装置的控制系统合并在一个操作室，实行新区的区域化集中操作控制。操作人员已经完全打破原来的岗位设置，全部实行系统化全流程操作。同时，分期分批将老区 500 万吨/年常减压、180 万吨/年重油催化裂化以及加氢裂化、烷基化等 10套装置的 DCS 操作站移入老区中央控制室。

　　（2）先进控制的应用　先进控制技术自 20 世纪 70 年代开始提出以后，其发展势头很猛，并取得了令人瞩目的成绩。我国石化企业为了进一步挖潜增效，提高市场竞争能力，也加快了先进控制技术的应用步伐，使生产装置能够在安全平稳运行的前提下以及设备和操作的一定约束条件内，通过实行卡边操作，有效地提高经济效益。

　　早在 90 年代前期就开始对气体分离装置丙烯精馏塔尝试基于 DCS 资源的先进控制系统研究，并取得一定成果。90 年代后期为配合炼油 800 万吨/年新区建设推行区域化集成的需要，在连续重整装置和芳烃抽提装置实施先进控制项目，并将其列为 CIMS 一期工程项目的一个分系统。

603

连续重整装置（CCR）的先进控制子系统采用DMC多变模型预测控制软件，项目实施包含该装置的原料预处理、重整反应、催化剂再生及产品分馏四个单元，设置73个被控变量，26个控制变量及相关的扰动变量，要求控制器能根据测试的模型及在线分析或化验分析数据的校正，在满足操作约束条件的前提下对装置操作实施控制优化，提高装置处理量，改善产品质量，增产氢气，同时降低装置能耗。

芳烃抽提先进控制系统直接在 TDC 3000 DCS 的 APM 中实现，可充分发挥 DCS 的潜力，并具有较高的可靠性、较强的鲁棒性和抗干扰能力，有效地改善了控制性能，从而达到平稳操作、确保产品质量和提高邻二甲苯收率的目标。

2001 年，我国从美国 Honeywell 公司引进了一批先控软件，分别安排在Ⅲ套常减压（设计加工能力为 800 万吨/年，后改造为 1000 万吨/年）、Ⅱ套催化裂化（设计规模为 300 万吨/年）装置开展实施。这两套装置均采用 RMPCT 鲁棒多变量控制器。

按照设计要求，常压、减压炉采用各支路进料流量平衡控制的软件包，取得了较好的效果。尤其是减压炉，由于火嘴配置不均匀，很难控制减压炉各支路的流量平衡，运用支路平衡的控制技术，解决了各支路平衡控制的难题，各支路的温差基本控制在 1～2℃（指标不大于 10℃）。另外，在控制策略上也作了改进，由原来的用流量控制温度改为用温度控制流量，减少了操作波动，改善了控制的品质。原先原油切换一般都要将控制器撤出，待平稳后再予以投用，现在则不需撤出就可以自动调节过来，从而大大减轻了操作工的负担。Ⅱ套催化装置的先进控制系统分设反再、分馏、稳定吸收和气分四个控制器。

APC 作为在过程控制领域的一项多变量控制技术，正在加速得到推广应用。自从四套装置 APC 投运后都取得了较好的经济效益。特别是先进控制的概念已逐步深入人心，装置操作人员对先进控制技术的认识已经发生了很大的变化，这为公司未来更多的装置实施 APC 打下了扎实的基础。

22.5.7　数据调理与整合

石油化工行业具有大规模、连续性、管道化生产的特点，工艺流程极为复杂，装置及公用工程系统均十分庞大，由于仪表设置不全、本身计量误差等一系列问题，使得集成上网的生产数据难以全面、准确地反映装置运行的真实情况，需经各级统计人员根据自身多年积累的经验进行人为协调，才能生成基本平衡的报表。由于人为干预太多，往往与实际生产过程的信息出现较大差异，甚至还会出现信息丢失现象。因此，必须对生产现场各类物流、能量流原始数据的集成方式进行科学的规划和必要的调整，对数据集成的路径进行监测，根据物料平衡和能量平衡原理，进行仪表显著误差检测、数据集成误差识别，以及数据协调计算和专家推理，确保现场数据的准确性。

（1）数据调理系统的结构　数据调理有各种商用软件，公司采用 Advisor 的数据调理软件。

数据调理系统主要由数据集成接口、平衡方程生成及维护、显著误差检测、数据协调计算四个功能模块组成。系统的结构及各模块的具体功能如图 22-23 所示。

数据调理系统的关键技术包括以下几方面。

① 物流数据集成　物料流量数据集成原则是及时性、一致、可靠性和数据误差可追溯性。物料流量原始数据主要取自实时数据库，流量均应经温度、压力补偿，包括仪表级补偿、DCS 级补偿或软件补偿。通过关系数据库 MIS 系统增加必要的化验数据、罐区储量等散点测量数据。

② 流程分解　利用网络冗余设计方法对测量网的冗余性进行分析。研究网络冗余度与数据协调有效性的定量关系，提出网络数据协调精度的概念。依据数据协调精度和经济指标

优化设计测量网络、进行大系统的降阶、简化数据校正命题，协调系统数据量、约束关系数目降低计算负荷。

③ 过程测量模型建立　根据装置、油罐和管线互连结构建立准稳态物料平衡方程，特别考虑生产方案切换，进行物料平衡方程的自动变更和人工修改。通过装置、油罐和管线互连结构的配置数据组态，建立配置数据历史数据库，支持过程测量模型的查询和访问。

④ 显著误差检测及校正　采用有效的高置信度显著误差综合检测方法。

⑤ 数据协调参数估计和专家推理　准稳态数据校正问题求解算法和专家推理结合。

⑥ 物料平衡模型　全厂物料平衡模型涉及炼油厂全厂常减压、催化裂化、连续重整等 29 套装置；包括原油罐、汽油罐、液化气罐等共计 176 罐。另外，为了实际生产的需要，一条管线通常存在多条侧线或者支路，建立全厂物料平衡模型必须详细了解所有可能的走向。

⑦ 生产方案定义　对影响物料走向、装置开停的典型生产方案进行定义。

（2）数据调理分系统的运行平台及与其他系统的接口

① 运行平台　数据调理系统运行在一台 HPPC 服务器上，运行环境为 Windows NT，服务器端数据库采用 SQL Server 7.0。客户端运行环境为 Windows 98/NT，用于协调结果及显著误差显示、人工确认、报表打印、手工数据输入。

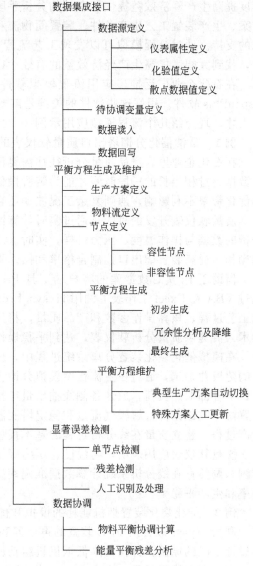

图 22-23　数据调理系统功能模型

② 数据源的集成方式　物流所涉及的基础仪表→DCS→PI→数据调理服务器。

化验值→LIMS→Oracle 关系数据库→文本文件→数据调理服务器。

散点测量、人工读表值→Excel 文件→文本文件→数据调理服务器。

罐区数据→Oracle 关系数据库→文本文件→数据调理服务器。

生产方案→Oracle 关系数据库→文本文件→数据调理服务器。

③ 数据库接口　数据调理服务器与 PI 实时数据库接口提供支持定时读取和随机读取。

数据调理服务器与 Oracle 关系数据库的接口利用文本文件读入方法实现，在数据接口设计了文本文件转发器。

22.5.8　流程模拟软件的应用

炼油化工过程是连续加工的复杂物流过程，通过物质流动和能量流动产生大量信息，这些信息中隐藏着大量深层次的问题。流程模拟与优化技术为有效解决众多生产实际问题，大幅度提高生产经济效益提供了有效的分析手段。例如各种品质的原油资源的合理搭配，生产方案、生产装置工艺生产条件、装置间物流和能流的分配与优化，都需要流程模拟和优化技术的支持。通过流程模拟可以发现工艺流程中制约产品收率、质量、能耗和处理能力的瓶颈，找到大幅度提高生产经济效益的有效途径。

在石化企业广泛推广应用流程模拟软件有 HyporTech 公司的流程模拟软件 Hysys 和 AspenPlus 软件。用好这些软件的关键是需要有大量比较完备的、可靠的基础数据和高素质的人才。现介绍几个流程模拟应用示例。

例 1 重油催化分馏塔出口质量软仪表的开发与应用

在石化企业里，产品质量分析往往需要经过采样、分析、确认和通知等多个过程，使分析数据经过相当长的一段时间才能为装置操作人员和技术人员所知悉，这就会对操作的调整和优化带来不利影响，遇到复杂工况波动还会经常造成馏出口质量超标。

质量软仪表开发的目的是通过实时计算馏出口质量，跟踪装置馏出口质量变化，使质量分析的数据与操作温度、压力一样，实时显示、监测装置生产现状，及时调整分离系统的单元操作，提高装置馏出口控制合格率和操作平稳率。

借助于 PI 实时数据库的客户端工具 Processbook，将装置实时生产数据采集到 Excel；通过 VBA 在 Excel 工作表上调用 Hysys. Process（以下简称 Hysys）流程模拟软件，模拟装置工艺过程、核算操作参数和产品质量，将计算结果返回 Excel 工作表，为操作人员和工程技术人员提供质量分析软仪表，达到平稳操作和及时优化操作。

在模拟催化裂化装置分离系统过程中，分馏塔能否快速计算并收敛至关重要。经过一年多的建模并筛选，通过在主流程中模拟分馏主塔，塔顶油气系统在子流程中模拟及控制上、中、下各部取热负荷，放开各侧线抽出量等技巧，解决了分馏塔收敛难的障碍；稳定系统仅设置两个收敛条件：解吸气流量和稳定塔底温度。在此基础上利用装置标定数据，模拟装置生产过程，建立质量在线分析过程的基本模型，为开发质量软仪表创造了前提。

质量软仪表应用表明，与温度、压力等操作参数一样，质量数据能实时显示，方便工况监测和调整；在线分析系统计算数据准确率高，接近化验分析数据，能够提高装置馏出口合格率和生产平稳率。

例 2 催化裂化装置烟机能耗的模拟和优化

利用 Hysys 软件对 FCC 装置的再生器和烟机机组进行模拟，试图找出实际运行结果偏离设计工况的原因，并探讨降低烟机机组功耗的途径，以降低装置的整体能耗。

（1）建立模拟过程 进入 Hysys 模拟软件主界面，建立新模拟，进入流体环境。选择 PR 方程，然后选择组分，包括库组分（H_2，O_2，N_2，C，H_2O，CO，CO_2）及非库组分（催化剂）。按建立非库组分的最少要求建立模拟催化剂，采用经验比热容公式，使模拟的催化剂比热容与真实催化剂比热容相近。然后在流体包环境中选中 Reactions 页面，加入焦炭中的氢和主风中的氧的反应、碳转变为一氧化碳和二氧化碳的反应，将所建的反应加入到流体包中，返回到 Flowsheet 流程模拟画面，按装置实际流程走向建立模拟流程，规定好主风机入口主风的组分、温度、压力，按实际烟气分析数据建立反应器来模拟再生器的烧焦过程，然后安排烟机和双动滑阀。

（2）数据核算 根据 FCC 装置的烟机机组的设计数据（包括主风流量、温度、压力，烟机出口温度、压力，主风机、烟机效率等）输入 Hysys 模拟流程，并核算其计算结果和设计给予的值。

从数据比较情况看，Hysys 对烟机设计参数的模拟结果与设计值相当接近，这为下步对实际烟机运行状况的模拟提供了较高的可信度。

在上述基础上，再对烟机机组的实际运行状况进行模拟。模拟数据采用标定的现场操作数据。从 Hysys 模拟及核算结果看，实际烟机机组运行的效率要低于设计工况。在核对了烟气的组成、温度、压力以及主风出入口温度、压力及电动机功耗的情况下，Hysys 计算的主风机及烟机运行功率分别为 85% 及 74%，分别低于设计值 5% 和 6% 以上。

烟气双动滑阀根据现场数据看开度不大，但模拟结果烟气泄漏量却比较大。因此怀疑双动滑阀全关时所余留的空隙太大或临界流速喷嘴磨损严重，导致烟气跑损。

（3）模拟优化操作的结果　基于上述分析判断，因此针对实际中的烟气旁通量大进行了理论上的优化操作模拟，在主风入口条件及主风机、烟机效率保持在实际模拟结果（85% 和 74%）的情况下，对减少烟气泄漏量进行了模拟：减少双动滑阀烟气泄漏量（临界流速喷嘴）至泄漏比 7% 左右（设计值），并提高烟机入口烟气压力。模拟结果显示，烟机机组在较低的效率下仍然可以发电。

从总体上看，Hysys 软件对于烟机系统的模拟情况基本符合实际操作情况。从模拟结果上看，操作中完全可以通过提高再生器压力，减少烟气旁通量来达到降低烟机功耗的目的。

参考文献

[1] Dale E Seborg 等著. 过程的动态特性与控制. 第 2 版. 王京春, 王凌, 金以慧等译. 北京：电子工业出版社, 2006.

[2] Shinskey F G 著. 过程控制系统——应用、设计与整定. 第 3 版. 萧德云, 吕伯明译. 北京：清华大学出版社, 2004.

[3] 王树青等编著. 工业过程控制工程. 北京：化学工业出版社, 2003.

[4] 李海青, 黄志尧等编著. 软测量技术原理及应用. 北京：化学工业出版社, 2000.

[5] 刘金琨著. 先进 PID 控制 (MTLAB 仿真). 第 2 版. 北京：电子工业出版社, 2004.

[6] 高钟敏编著. 机电控制工程. 第 2 版. 北京：清华大学出版社, 2002.

[7] MacGregor J F. On-line Statistical Process Control. Chem. Eng. Prog., 1988, 84 (10): 21.

[8] 褚健, 荣冈编著. 流程工业综合自动化技术. 北京：机械工业出版社, 2004.

[9] Richalet J, Industrial Applications of Model Based Predictive Control. Automatica, 1993, 29 (5): 1251-1274.

[10] Dale E Seborg, Thomas F Edgar, Duncan A Mellichamp. Process Dynamics and Control. John Wiley & Sons, Inc., 1989.

[11] 王树青等编著. 先进控制技术及应用. 北京：化学工业出版社, 2001.

[12] 王骥程, 祝和云主编. 化工过程控制工程, 北京：化学工业出版社, 1991.

[13] 金以慧主编. 过程控制工程. 北京：清华大学出版社, 1993.

[14] 蒋慰孙, 俞金寿编著. 过程控制工程. 第 2 版. 北京：中国石化出版社, 1999.

[15] 席裕庚. 预测控制. 北京：国防工业出版社, 1993.

[16] Jhon E Rijnsdorp. Integrated Process Control and Automation. Elsevier Science Publishers B. V., 1991.

[17] Donald R Coughanowr, Lowell B Koppel. Process Systems Analysis and Control. McGraw-Hill Book Company, 1965.

[18] TSAI T H, LANE J W, LIN C S. Modern Control Techniques for the Processing Industries. Marcel Dekker, Inc., 1986.

[19] STEPHANOPOULOS G. Chemical Process Control an Introduction to Theory and Practice. Prentice-Hall, Inc., 1984.

[20] Luyben W L. Process Modeling, Simutation, and Control for Chemical Engineers. McGraw-Hill, Inc., 1973.

[21] Page S Buckley. Techniques of Process Control. John Wiley & Sons, Inc., 1964.

[22] Donald P Campbell. Process Dynamics. John Wiley & sons, Inc., 1958.

[23] 周春晖主编. 化工过程控制原理. 第 2 版. 北京：化学工业出版社, 1998.

[24] 邵惠鹤编著. 工业过程高级控制. 上海：上海交通大学出版社, 1997.

[25] 袁璞著. 生产过程动态数学模型及其在线应用. 北京：中国石化出版社, 1994.

[26] F G 欣斯基, 过程控制系统. 第 2 版. 方崇智译. 北京：化工出版社, 1982.

[27] 许大中等. 电机的电子控制及其特性. 北京：机械工业出版社, 1988.

[28] 陶永华, 尹怡欣, 葛卢生. 新型 PID 控制及其应用. 北京：机械工业出版社, 1998.

[29] Astrom K J, Hagglund T. Automatic Tuning of PID Controllers. Instrument Society of America, 1988.

[30] 舒迪前编著. 预测控制系统及其应用. 北京：机械工业出版社, 1996.

[31] 王伟著. 广义预测控制理论及其应用. 北京：科学出版社, 1998.

[32] 杨马英, 王树青, 王骥程等. 催化裂化反应再生系统的预测控制研究. 自动化学报, 1998, 24 (3): 359-362.

[33] 韦巍. 智能控制技术. 北京：机械工业出版社, 2000.

[34] 易继锴, 侯媛彬. 智能控制技术, 北京：北京工业大学出版社, 2001.

[35] 杨汝清. 智能控制工程. 上海：上海交通大学出版社, 2001.

[36] 孙增圻. 智能控制理论与技术, 北京：清华大学出版社, 2000.

[37] 张乃尧, 阎平凡. 神经网络与模糊控制. 北京：清华大学出版社. 1998.

[38] 张杰, 阳宪惠. 多变量统计过程控制. 北京：化学工业出版社, 2000.

[39] 杨志才. 化工生产中的间歇过程——原理、工艺及设备. 北京：化学工业出版社, 2001.

[40] 王树青, 元英进. 生化过程自动化技术. 北京：化学工业出版社, 1999.

[41] 何衍庆, 俞金寿. 可编程序控制器原理及应用技巧. 北京：化学工业出版社, 2001.

[42] 陆德民. 石油化工自动化控制设计手册. 北京：化学工业出版社, 1999.

[43] 侯祥麟. 中国炼油技术. 北京：中国石化出版社, 1991.

[44] 林世雄. 炼油炼制工程. 第 2 版. 北京：石油工业出版社, 1988.

[45] Singh, Forbes J F, Vermeer P J, Woo S S. Model-based Real-time Optimization of Automotive Gasoline Blending Operations. Journal of Process Control, 2000, 10: Hydrocarbon processing, 1999, 9: 95.

[46] 于静江, 周春晖. 过程控制中的软测量技术. 控制理论与应用, 1996, 13 (2): 137-144.

第5篇
工业生产过程自动控制应用示例

第23章
化工单元过程控制

◎ 23.1 流体输送过程控制

在生产过程中，常用的流体输送设备有泵和压缩机。泵和压缩机的出口压力和流量控制有多种方法。泵又可分成两种类型，即离心泵和容积式泵。对于流体输送设备的控制，主要是为了实现物料平衡的流量、压力控制。由于流体输送设备的控制主要是保证物料平衡的流量控制，而流量控制对象的被控变量与操纵变量是同一物料的流量，只是处于管路的位置不同，因此控制通道的特性由于时间常数很小，可以近似认为放大系数为 1 的放大环节。这时，广义对象特性中的测量变送与控制阀的惯性就不能忽略，使得对象、测量变送和控制阀的时间常数在数量级上相同，并且数值不大，组成的控制系统可控性很差，频率较高，所以一般控制器的比例度应放得大一些。为了消除余差，有引入积分作用的必要。

23.1.1 容积式泵的控制

容积式泵有两类：往复泵，包括活塞式、柱塞式等；直接位移式旋转泵，包括椭圆齿轮式、螺杆式等。

往复泵的排量取决于单位时间内往复次数以及冲程的大小，而容积式泵的排量仅取决于泵的转速，而与管路系统没有关系。

主要控制方案有如下。

① 控制回流量，在泵出入口之间安一个控制阀，控制这个阀的开度，实现出口流量的稳定。

② 旁路控制，在泵出入口之间安一个控制阀，控制这个阀的开度，使出口压力稳定，从而实现出口流量的稳定。

③ 改变原动机的转速，满足出口流量的需要。

④ 改变往复泵的冲程，计量泵通常都采用这种方法。

23.1.2 离心泵的控制

(1) 离心泵的特性　泵总是与一定的管路连接在一起工作的，因此其排量与压头的关系既与泵的特性有关，又与管路特性有关。管路特性是流体流量与管路系统阻力之间的关系，包括以下几个部分：①管路两端的静压差引起的压头 h_p；②管路两端的静液柱高度 h_1；③管路中的摩擦损失压头 h_f；④控制阀两端节流损失压头 h_r。管路总阻力为：$H_1 = h_p + h_1 + h_f + h_r$。离心泵在稳定状态下，管路特性和泵的特性建立平衡。

(2) 离心泵的控制方案

① 离心泵的出口节流法　如图 23-1 示，控制阀装在泵的出口管线上，而不装在入口管线上，否则会产生"气缚"或"汽蚀"现象。当节流元件与控制阀在同一管线上时，一般把节流元件安装在控制阀的上游，该方案的特点是简单易行，应用广泛，但机械效率低，能量损失很大，对于大功率的泵，从经济角度来讲造成浪费巨大。

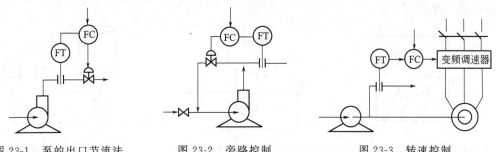

图 23-1　泵的出口节流法　　　图 23-2　旁路控制　　　图 23-3　转速控制

② 改变回流量　如图 23-2 示，将泵排出的液体通过旁路阀部分回流，经旁路返回的液体，将从泵内获得的能量消耗在旁路的控制阀上，所以总的机械效率也很低。

③ 控制泵的转速　如图 23-3 示，利用变频调速器调整电动机的转速来控制流量，可以提高机械效率，也是一种节能的有效形式。

23.1.3　离心式压缩机的控制

离心式压缩机具有体积小、重量轻、效率高、维护方便、运行可靠、传输气体不会被润滑油污染等一系列的优点，所以在工业中应用十分广泛。但受其本身结构特性所致，也有一些固有的缺点，例如喘振、轴向推力大等。而且在生产过程中，常常是处于大功率、高速运转，有时单机运行，因而确保它的安全运行是极为重要的。

通常一台大型离心式压缩机需要建立以下控制系统。

（1）负荷控制系统　也就是气量控制系统，控制方式与离心泵的控制类似，例如改变旁路回路，改变转速和直接节流法等。对于多级压缩机，通常设置多级回流控制系统，而不是从出口直接回流到入口，因为这样压差太大，不仅阀座容易磨损，而且会产生很大噪声。

（2）防喘振控制系统　喘振现象是离心式压缩机结构特性所引起的，对压缩机的正常运行危害极大，因此需要专门设置防喘振控制系统，确保压缩机的安全运行。

（3）压缩机的油路控制系统　离心式压缩机的运行系统需要用密封油、润滑油及控制油等。这些油的油压、油温需要有联锁报警控制系统。

（4）压缩机主轴的轴向推力、轴向位移及振动的指示与联锁保护系统

23.1.4　离心式压缩机的防喘振控制

（1）喘振现象　对于离心式和轴流式压缩机，当入口吸入气体流量低于正常水平，不能维持其压力时，会导致压缩机排出管中压力比内部压力高，气体发生瞬间倒流，这种倒流就导致喘振。当喘振发生时，气体的倒流又使得排出管件气体压力降低，内部压力升高，这样气体流量又恢复。等到出口压力升高达到喘振点时，下一喘振循环开始。在压缩机的喘振过程中，压缩机的入口流量和出口压力会周期性地波动，造成压缩机入口和出口的温度急剧升高，机体振动增大，出口压力波动，使生产造成波动，严重时会损坏压缩机本体，使整个生产装置停车。

（2）防喘振控制　压缩机喘振的主要原因是负荷的减少，因此，要确保压缩机不出现喘振，必须在任何转速下，通过压缩机的实际流量都不能小于喘振极限所对应的最小流量。其

防喘振控制可以采取压缩机循环流量法，也就是从排出口的气体返回吸入口，这样就可满足压缩机负荷的要求，又能使流量大于喘振最小流量。不过这时回流控制阀两端的压差很大，会产生很大的噪声，需要采用低噪声阀。

离心式压缩机的特性曲线指的是出口绝压与入口绝压之比 p_2/p_1 和入口体积流量 Q 的关系曲线（见图 23-4）

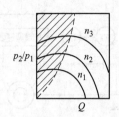

图 23-4　离心式压缩机的
特性曲线

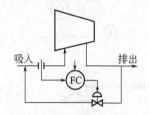

图 23-5　定极限流量防喘
振控制系统

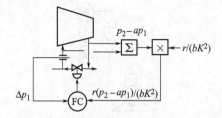

图 23-6　变极限流量防喘
振控制系统

常见压缩机喘振的"安全操作线"如下。

①
$$\frac{p_2}{p_1} = a + b\frac{Q_1^2}{T_1} \tag{23-1}$$

②
$$\frac{p_2}{p_1} = a_0 + a_1 Q_1 + a_2 Q_1^2 \tag{23-2}$$

据此又可演变出如下几种形式。

$$\Delta p_1 = \frac{r}{bK^2}(p_2 - a p_1) \tag{23-3}$$

$$\Delta p_2 = \frac{r}{bK^2} \times \frac{p_1 T_2}{p_2 T_1}(p_2 - a p_1) \tag{23-4}$$

常用的防喘振方法如下。

a. 定极限流量防喘振控制，如图 23-5 示。

b. 变极限流量防喘振控制，如图 23-6 示。

实际安全操作线是在变化的，故变极限流量防喘振控制是比较符合现场应用的，只是结构稍复杂一些。

任何一台机组在发生喘振时，都希望防喘振控制器能快速响应，快速打开防喘振阀门，以防止危险发生；但在关闭阀门的过程中，也希望能慢慢地关闭，以防再次发生喘振振荡。这种快开慢关的功能，既避免了喘振的发生，又使得工艺波动更小。在某厂压缩机上应用的可变极限防喘振控制系统，如图 23-7 所示。基于压缩机的入口流量、入口压力及出口压力三个量来实现精确的防喘振控制。这样，当分子量变化时，不会引起任何错误，严格地按防喘振控制线（见图 23-8）工作，减少了不必要的气体回流。当温度、压缩比、压力等条件发生改变时，防喘振控制器自动进行补偿，减少不必要的回流来优化防喘振保护，并增加了整个装置的运行效率。

该控制系统通过设定不同的控制线，根据不同的工况，形成独特的控制方案，提高了机组控制的灵敏度和稳定性。既能防止喘振，使工艺波动较小，又减少能源消耗，具有经济性。

23.1.5　离心式压缩机的三重冗余容错紧急停车系统

通常，一台大型离心式压缩机需要建立前面已经提到的四种控制系统，即

负荷（气量）控制系统，防喘振控制系统，压缩机的油路控制系统，压缩机主轴的轴向推力、轴向位移及振动的指示与联锁保护系统。

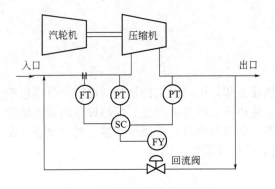

图 23-7　压缩机防喘振流程图
PT—压力变送器；FT—流量变送器；
SC—喘振控制器；FY—流量控制阀

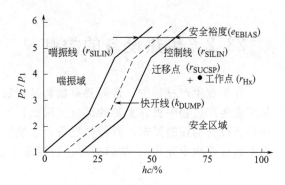

图 23-8　防喘振控制曲线

因为大型离心压缩机的安全性非常重要，一旦轴向位移及振动偏大或引起喘振，不能得到及时控制，就可能毁坏压缩机，因此一些大企业的大型离心压缩机都设置三冗余容错紧急停车系统（Emergency Shut Down System，ESD）。ESD 是一种经专门机构认证、具有一定安全度等级，用于降低生产过程风险的安全保护系统。它不仅能响应生产过程因超出安全极限而带来的危险，而且能检测和处理自身的故障，从而按预定的条件或程序使生产过程处于安全状态，以确保人员、设备及工厂周边环境的安全。组成 ESD 的各环节自身出现故障的概率不可能为零，且供电、供气中断亦可能发生。当内部或外部原因使 ESD 失效时，被保护的对象（装置）应按预定的顺序安全停车，自动转入安全状态（fault to safety），这就是故障安全原则。并通过硬件和软件的冗余和容错技术，在过程安全时间（Process Safety Time，PST）内检测到故障，自动执行纠错程序，排除故障。

容错（fault tolerant）：具有内部冗余的并行元件和集成逻辑，当硬件或软件部分故障时，能够识别故障并使故障旁路，进而继续执行指定的功能，或在硬件和软件发生故障的情况下，系统仍具有继续运行的能力。它往往包括三方面的功能：①约束故障，即限制过程或进程的动作，以防止在错误被检测出来之前继续扩大；②检测故障，即对信息和过程或进程的动作进行动态检测；③故障恢复，即更换或修正失效的部件。容错系统（Fault Tolerant System）：具有容错结构的硬件与软件系统。

通过冗余和故障屏蔽的结合来实现容错。容错系统一定是冗余系统，冗余系统不一定是容错系统。容错系统的冗余形式有双重、三重和四重。图 23-9 表示三重冗余容错系统。该系统表决器为 2003（3 选 2），可兼顾安全性和可用性，结构较复杂，成本高。离心式压缩机的三重化冗余容错紧急停车系统就可选这种系统，它已经在一些石化系统得到较广泛的应用。

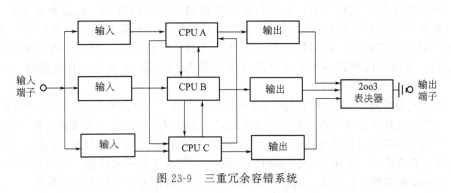

图 23-9　三重冗余容错系统

613

◎ 23.2 传热设备的控制

在工业生产过程中，常需要对物料进行加热或冷却，维持一定的物料的温度。传热过程是工业生产过程中极其重要的部分。因此，了解传热设备的基本类型、传热设备的动态特性和传热设备的控制要求，对传热设备，如换热器、蒸汽加热器、冷凝冷却器、锅炉设备（在火电过程控制中介绍）、加热炉等进行控制也就显得格外重要。

23.2.1 传热设备的类型

传热设备的类型很多。从热量的传递方式来分可分为热传导、对流和热辐射三种类型；从结构形式来分可分为列管式、蛇管式、夹套式和套管式等；从进行热交换的两种流体的接触关系来分可分为直接接触式、间壁式和蓄热式三类；从冷热流体进行热量交换的形式来分，可分为在相变情况下的加热或冷却和在无相变的情况下加热或冷却。实际的传热过程，很少使用单一的热传方式，往往是由两种或三种方式综合而成。

根据传热设备的传热目的，传热设备的控制主要是热量平衡的控制，一般取温度作为被控变量。对于某些传热设备，也需要有约束条件的控制，对生产过程和设备起保护作用。

23.2.2 换热器的控制

换热器的基本控制方案有两类：一类是对工艺介质进行旁路控制，另一类是以载热剂的流量为操纵变量。换热器的动态特性可用典型的一阶环节来表示，而且输入输出的响应速度主要取决于冷液在换热器内的停留时间。

（1）调节热载体流量 如图 23-10 所示。随着 G_2 的增大，一方面使传热系数 K 增大，同时温差 ΔT 也增加了。这样从传热速率方程 $Q = KF\Delta T$ 可以看出，K 和 ΔT 同时均增大，必将使传热量 Q 增大，从而达到当工艺介质的出口温度下降时，通过开大控制阀，增加 G_2，增大传热量，使出口温度控制在给定值上。

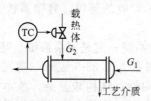
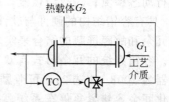

图 23-10 控制载热体流量方案　　　图 23-11 合流形式载热体流量控制

上述方案的主要特点是简单，在换热器温度控制方案中最常用。但这种方案的 G_2 已经很大，当载热体的入口、出口温度较低时，进入饱和区的控制就很迟钝，此时不宜采用这个方案。另外需要注意的是，载热体流量不允许节流时，例如为废热回收，载热体本身也是一种工艺物料。为此可以对载热体采用分流或合流形式，图 23-11 为合流形式控制方案。

（2）工艺介质的旁路控制

工艺介质的旁路同样可以分为分流与合流形式，图 23-12 为分流形式的工艺介质旁路控制。其中一部分为工艺介质经换热器，另一部分走旁路。这种控制方案是一个混合过程，所以反应迅速及时，适用于停留时间长的换热器。但需要注意的是换热器必须有多余的传热面，而且载热体流量一直处于高负荷下，这在采用专门的热剂或冷剂的情况下是不经济的。然而对于某些热量回收系统，载热体是某种工艺介质，总量本来不好调节，这时该方法还是十分适用的。

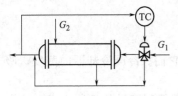
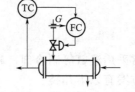
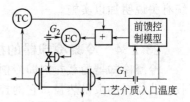

图 23-12　将工艺介质分路方案　　　图 23-13　换热器串级控制　　　图 23-14　换热器前馈-串级控制

在实际生产过程中，除了上述两种换热器基本控制方案外，还有一些复杂的控制系统，如串级、前馈等。图 23-13 即为工艺介质出口温度与蒸汽流量组成的串级控制系统，用于克服蒸汽流量的波动。图 23-14 为换热器的前馈-串级控制系统，用于及时克服工艺介质的入口温度和流量两个扰动因素。

23.2.3　蒸汽加热器的控制

水蒸气是最常用的载热剂，根据加热的温度不同，也可以采用其他的介质蒸气作为载热剂。

（1）控制载热剂蒸汽的流量　图 23-15 所示为控制蒸汽流量的温度控制方案。蒸汽在传热过程中起相变化，其传热机理是同时改变传热速率方程中的 ΔT 和传热面积 F。当加热器的传热面没有富裕时，以改变 ΔT 为主；而在传热面有富裕时，以改变传热面为主。这种控制方案控制灵敏，但是当采用低压蒸汽作为热源时，进入加热器内的蒸汽一侧会产生负压。此时，冷凝液将不能连续排出，采用此方案需要谨慎。

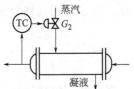
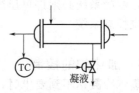

图 23-15　控制蒸汽流量的方案　　　图 23-16　控制冷凝液排量方案

（2）控制冷凝液排量　图 23-16 所示为控制冷凝液排量的控制方案。该方案的机理是通过冷凝液的排放量的控制，改变加热器内凝液的液位，导致传热面 F 的变化，从而改变传热量，以达到对出口温度的控制。这种方案利于凝液的排放，传热变化较平缓，可以防止局部过热，有利于热敏介质的控制。此外，排放阀的口径也小于蒸汽阀。但是这种改变传热面的控制方案比较迟钝。

为了改善控制冷凝液排量方案的迟钝性，可以组成图 23-17 所示的串级控制方案。在这个串级控制系统中，以工艺介质出口温度作为主参数，以冷凝液液位作为副参数。

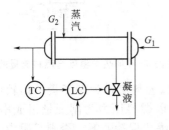
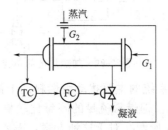

图 23-17　蒸汽加热器 T-L 串级控制　　　图 23-18　蒸汽加热器前馈-反馈控制

有时也可以采用图 23-18 所示的前馈-反馈控制系统，使用时需要按照前馈-反馈控制系统有关说明加以实施。

23.2.4 冷凝冷却器的控制

冷凝冷却器的载热剂即冷剂，常采用液氨等制冷剂，利用它们在冷凝冷却器内蒸发，吸收工艺物料的大量热量。它的控制方案有以下几类。

（1）控制载热剂流量 如图23-19所示为冷凝冷却器调节载热剂流量的控制方案。这种方案是通过改变传热速率方程中的传热面 F 来实现。该方案调节平稳，冷量利用充分，并且对压缩机入口压力无影响。但这种方案控制不够灵敏，蒸发空间不能得到保证，易引起气氨带液，损坏压缩机。为改善上述缺陷，可以采用图23-20所示的出口温度与液位的串级控制系统，或者如图23-21所示选择性控制系统。

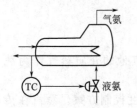 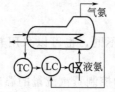 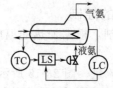 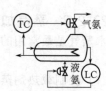

图 23-19 控制载热剂　　图 23-20 冷凝冷却器　　图 23-21 冷凝冷却器　　图 23-22 控制气氨
　　流量方案　　　　　　　T-L 串级控制　　　　　选择性控制　　　　　　排量的方案

（2）控制气氨排量 冷凝冷却器控制气氨排量的方案如图23-22所示。该方案按热传递速率方程的平均温差 ΔT 进行控制。采用这种控制方案，控制灵敏迅速。但该方案对冷量的利用不充分，制冷系统必须许可压缩机入口压力的波动。为了确保系统的正常运行，还需要设置一个液位控制系统。

23.2.5 加热炉的控制

当利用蒸汽冷凝达不到要求时，常利用加热炉来实现传热。管式加热炉的时间常数和纯滞后都比较大；而且炉的出口温度的干扰因素也很多。由于对象的时间常数和纯滞后太大，所以控制作用要经过一定的时间后才能起作用，有明显的时间滞后。通常以串级控制克服滞后，并且以主要的扰动为副变量，尽量使副回路包含更多的扰动。控制方案有以下几种。

① 当对加热炉出口温度要求不高时，可以采用图23-23所示的控制方案。但如果对出口温度要求严格时，将采用串级控制方案。

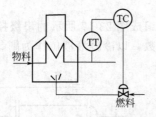 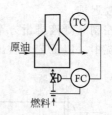

图 23-23 加热炉的简单控制　　　　图 23-24 加热炉温度与燃料流量的串级控制

② 当系统的主要扰动为燃料的上游压力时，以燃料流量为副变量是比较理想的，如图23-24所示。但燃料流量的测量比较麻烦，所以常以燃料压力为副变量组成串级控制系统，如图23-25所示。对于这种方案，需要注意燃料喷嘴要保持通畅，否则其阻力会直接影响燃料压力；但是如果扰动是燃料的成分变化时，由于成分不易测量或者不可测量，所以只好以炉膛的温度为副变量实现串级控制，如图23-26所示。虽然该方案消除干扰的能力不够及

时，但比单回路还是好很多，而且实际工程中很多干扰都是先影响到炉膛温度，然后才影响到炉口温度，以炉膛温度为副变量可以使副回路包含更多的干扰，所以这种方案也很常用。这个串级控制系统主控制器引入内部模型控制，控制质量可进一步提高。

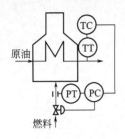

图 23-25　加热炉温度与燃料压力
　　　　　串级控制方案

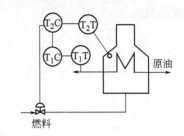

图 23-26　加热炉出口温度与炉膛温度
　　　　　串级控制方案

◎ 23.3　精馏过程控制

精馏操作是利用混合液中各组分挥发度的不同，实现液体混合物的分离。它是石油化工生产中最常见的化工操作单元，是一个传质、传热过程，其机理复杂，动态响应慢，过程变量关联性强，是一个很难控制的多变量系统。精馏塔的控制直接影响到产品质量、产量和能量的消耗。

精馏塔控制方案很多，它的常规控制系统一般有两种调节手段：调节回流比和调节再沸器热量。从精馏机理可知，精馏塔的分离效率主要与精馏塔板上的回流量有关，为了提高塔顶产品质量（纯度），常常需要加大回流量。从能量的角度来看，回流比与再沸器的加热量、塔顶冷凝器移走的热量呈正比关系，回流比越大，能量消耗越多。通过精馏塔控制既能使产品质量符合要求，又将回流比控制在最小范围内，对节能是十分有意义的。

23.3.1　精馏塔的控制目标

精馏塔的控制目标是在保证产品质量合格的前提下，使塔的总收益最大或总成本最小。一般需要从四个方面考虑设置必要的控制系统。

（1）产品质量控制　塔顶或塔底产品之一合乎规定的纯度，另一端成品维持在规定的范围内。在某些特定情况下也有要求塔顶和塔底产品均保证一定的纯度要求。

（2）物料平衡控制　进出物料平衡，即塔顶、塔底采出量应和进料量相平衡，维持塔的正常平稳操作，以及上下工序的协调工作。

（3）能量平衡控制　精馏塔的输入、输出能量应平衡，使塔内的压力维持稳定。

（4）约束条件控制　为了保证精馏塔的正常、安全操作，必须使某些操作参数限制在约束条件内。常用的精馏塔限制条件为液泛限、漏液限、压力限及临界温差限等。

精馏过程的控制主要从物料平衡关系和能量平衡关系来保证产品质量，其具体的物料平衡关系和能量平衡关系如下所示。

① 物料平衡关系

总物料平衡　　　　　　　　　　　　$F=D+B$

各组分平衡　　　　　　　　　　　　$Fz_i=Dy_i+Bx_i$

式中　　　F——进料流量；

　　　　　D——馏出物流量；

617

B——塔底产品流量；

z_i，y_i 和 x_i——分别是 F、D、B 中任一组分 i 的摩尔分数。

② 能量平衡关系

分离度的概念

$$S = \frac{y_i / y_j}{x_i / x_j} \qquad (23-5)$$

对于二元分离系统，有 $y_j = 1 - y_i$，$x_j = 1 - x_i$，则

$$S = \frac{y_i(1 - x_i)}{x_i(1 - y_i)} \qquad (23-6)$$

23.3.2 精馏塔的主要干扰因素

精馏塔的主要干扰因素为进料状态，即进料流量 F、进料组分 z_i、进料温度 T_F 和热焓 F_E。此外，冷剂与加热剂的压力和温度及环境温度等因素也会影响精馏塔的平衡操作。所以，在确定精馏塔的整体控制方案时，如果工艺条件允许，能把精馏塔进料量、进料温度和热焓加以定值控制，对精馏塔操作的平稳性十分有利。

23.3.3 精馏塔被控变量的选取

精馏塔最直接的质量指标是产品纯度，但是由于分析仪表的可靠性差、测量滞后较大，应用很有限。最常用的间接质量指标是温度，因为对二元组分来说，在压力一定的情况下，温度与产品纯度存在固定关系。采用温度作为被控的质量指标时，有以下几种方案。

（1）灵敏板的温度控制　当塔的操作经受扰动时，塔内各板的浓度和温度都将发生变化，当达到新的稳态后，温度变化最大的那块塔板即称为灵敏板。灵敏板位置可以通过逐板计算或静态模型仿真计算，依据不同的操作工况下各塔板温度分布曲线比较得出。

（2）温差控制　在精密精馏时，产品纯度要求很高，且塔顶、塔底产品的沸点差又不大时，可采用温差控制。但是此时需要消除压力微小波动的影响。在选择温差信号时，如果塔顶采出量为主要产品，宜将一个检测点放在温度变化较小的位置（塔顶或稍下一些），另一个检测点放在温度变化较大的位置（灵敏板附近），然后取上述两点的温度差作为被控变量。在石油化工生产中，温差控制已经应用于苯-甲苯、乙烯-乙烷和丙烯-丙烷等精密精馏塔系统中。

（3）双温差控制　为了克服温差控制中的不足，人们提出了双温差控制，即分别在精馏段和提馏段上选取温差信号，然后把两个温差信号相减，以差值作为间接质量指标进行控制。

23.3.4 精馏塔基本控制方案

精馏塔是一个多变量的被控过程，可供选择的被控变量和操纵变量众多，选定一种变量的配对，就组成一种精馏塔的控制方案。然而由于精馏塔的工艺、结构的不同致使精馏塔的控制方案不胜枚举。Shinskey 提出以灵敏板和 Bristol 相对增益概念作为基本分析依据，在解决精馏塔控制中变量配对问题很有成效。它可归结成以下三条准则。

① 当仅需要控制塔一端的产品质量时，应选物料平衡方式来控制该产品的质量。

② 塔两端产品流量较小者，应当作为操纵变量去控制塔的产品质量。

③ 当塔的两端产品均需要按质量控制时，一般对含纯产品较少、杂质较多的一端的质量控制选用物料平衡控制；而含纯产品较多、杂质较少的一端则选用能量平衡控制。

当选用塔顶产品馏出物流量 D 或塔底采出液流量 B 来作为操纵变量控制产品质量时，

称为物料平衡控制，而当选用塔顶回流或再沸器加热剂量来作为操纵变量时，则称为能量平衡控制。

下面介绍一些基本的控制方案，这些方案也都符合 Shinskey 的上述三条准则。

（1）传统的物料平衡控制　传统控制方案的特点是无质量反馈控制，只要保持 D/F 和 V/F 一定，它完全按照物料及能量平衡关系进行控制，仅适用于对产品质量要求不高以及扰动不多的情况，如图 23-27 和图 23-28 所示。该方案简单方便，但不满足高质量控制要求。

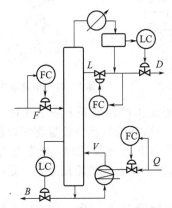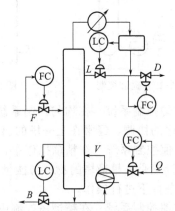

图 23-27　传统物料平衡控制方案一　　　图 23-28　传统物料平衡控制方案二

（2）质量指标反馈控制

① 按精馏段指标控制　对于具有两个液相产品的精馏塔，可采用严格控制一端产品质量，另一端产品质量控制在一定范围内的方法。未严格控制一端的产品质量变化范围可用静态特性关系进行估计。

按照精馏段指标进行控制的方案适用于塔顶采出液为主要产品场合。这时取精馏段某浓度或温度作为被控变量，以回流量 L、塔顶采出量 D 和再沸器上升蒸汽量 V 作为操纵变量，组成单回路或串级控制方式，如图 23-29 所示，根据精馏段指标控制回流量 L，保持 V 为定值；或根据精馏段指标控制塔顶采出量 D，保持 V 为定值。

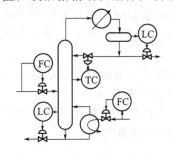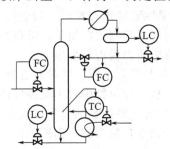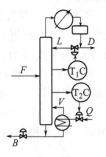

图 23-29　精馏段控制方案之一　　图 23-30　提馏段控制方案之一　　图 23-31　两端产品质量控制方案之一

② 按提馏段指标控制　按提馏段指标控制方案适用于液相进料，塔釜液为主要产品。如图 23-30 所示，按提馏段指标控制再沸器加热量，从而控制塔内上升蒸汽量 V，同时保持回流量 L 为定值；或按提馏段指标控制塔底采出量 B，同时保持回流量 L 为定值。

③ 按塔顶塔底两端质量指标控制　当塔顶、塔底产品均需达到规定的质量指标时，需要设塔顶和塔底两端产品的质量控制系统。它们均以温度作为间接质量指标，如图 23-31 所示，以塔顶的回流量控制塔顶温度，以塔底的再沸器加热量控制塔底温度。这样的两个控制系统之间存在严重的关联，需进行解耦。

（3）串级、均匀、比值、前馈等控制系统在精馏塔中的应用

① 串级控制系统　串级控制系统在精馏塔控制中经常用于质量反馈控制系统。图 23-32 和图 23-33 分别为提馏控制和精馏控制时的串级控制系统。这里设置串级控制系统的目的有两个：一是保证主被控变量的控制质量；二是作为操纵变量的流量。在一般情况下稳定有利于工艺的平稳操作。

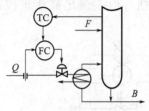
图 23-32　提馏控制

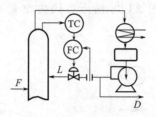
图 23-33　精馏控制

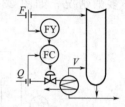
图 23-34　精馏塔中的前馈控制

② 均匀控制系统　在均匀控制系统中，精馏塔操作经常是多个塔串联在一起，因此考虑前后工序的协调，经常在上一塔的出料部分和下一塔的进料部分设置均匀控制系统。

③ 比值控制系统　在精馏操作中，有时设置 D 与 F 的比值控制，或者是 Q 与 F 的比值控制。其设置是从精馏塔的物料与能量平衡关系出发，使有关的流量达到一定的比值，利于在期望的条件下进行操作。

④ 前馈控制系统　在精馏塔控制中采用比值控制使 V/F 一定。图 23-34 所示就是一种前馈控制系统。当进料量扰动进入精馏系统中，在尚未影响被控变量——塔底产品之前，通过比值函数部件 FY 改变加热剂的流量，来克服扰动的影响。如果这种补偿适宜，就可能减少甚至免除对被控变量的影响。

④ 精馏塔塔压的控制　精馏塔的操作大多是在塔内压力维持恒定的基础上进行的。塔压波动会引起每块塔板上的汽液平衡条件的改变，使整个塔正常操作被破坏，影响产品质量。塔压的波动，也将影响间接质量指标温度与成分之间的对应关系。在精馏操作的过程中，进料流量、进料组分和温度的变化，塔釜加热蒸汽量的变化，回流量、回流液温度及冷却剂压力的波动等都可能引起塔压的波动。所以，在精馏操作中，整体控制方案必须设置压力控制系统。

① 常压塔　对操作压力的稳定性要求比较高时，设置压力控制系统，使塔内的压力略高于大气压。通常情况，常压塔的塔压控制比较简单，可以在回流罐或冷凝器上设置一个通大气的管道来平衡压力，以保持塔内压力接近环境压力。

② 加压塔　加压塔的操作压力大于大气压，其控制方案的确定与塔顶馏出物状态是气相还是液相有密切的关系。此外，也与馏出物中含不凝性气体量的多少有关。

③ 减压塔　减压塔的真空度控制主要是在抽真空系统上加以控制的，其控制方案如图 23-35 所示，其中图（a）为抽气管路上控制节流，而图（b）是控制旁路吸入气量。

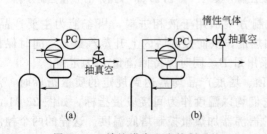
图 23-35　精馏塔真空度控制系统

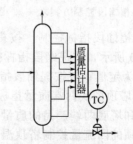
图 23-36　多点质量估计示意图

23.3.5　精馏塔的先进控制方案

为保证塔的平稳操作，满足工艺提出的各种新的要求，在精馏过程的控制中出现了许多新的控制方案，控制系统的控制指标也越来越高。

(1) 内回流控制　内回流通常是指精馏塔精馏段内上层塔板向下层塔板流动的液体的流量。内回流控制就是指在精馏过程中控制内回流为恒定量或按某一规律而变化的操作。从精馏的操作原理来看，当塔的进料量、温度和进料成分比较稳定时，内回流平稳是保证精馏塔操作良好的一个重要因素，否则会造成产品质量不合格。因此，当进料流量发生变化时，应使内回流与进料量按一定比例变化，此时再沸器的汽化量也应该作相应的变化。内回流很难直接测量或控制，但是它可以通过计算方法获得，内回流控制可以通过外回流流量或改变外回流液的温度来进行控制。

(2) 解耦控制　当对精馏塔的塔顶和塔底产品的质量都有要求时，可以采用图 23-31 所示，使两端产品质量都加控制的方案。但是这类方案却往往是失败的，关键在于两个质量控制系统相互影响。解决以上矛盾的方法是对精馏操作的被控变量与操纵变量之间进行不同的配对，选取关联影响小的配对方案；或者在控制器参数整定上寻找出路；也可以把两套系统屏蔽一套。但是如果实际工艺上不允许，而以上的方法又不能很好地解决问题，则需要采用解耦控制。由于精馏塔是一个非线性、多变量过程，准确求取解耦装置的动态特性是很困难的，而静态特性是很容易求取的。因此，解耦一般是对静态解耦，如果仍然不能达到要求，可以在静态解耦的基础上作适当的动态补偿。对于有多个侧线采出的精馏塔，将有多个质量指标需要加以控制。此时，为了克服它们之间的相互联系，需要采用多变量解耦控制系统。

(3) 推断控制　对于不可测扰动，在无法应用前馈控制的前提下，为了提高系统的控制质量，可以采用推断控制方案。在精馏过程中，推断控制主要以一些容易测量的变量，例如温度、流量等，或者推断不易测量的扰动如进料组分对被控变量产品成分的影响，通过控制、克服这些扰动对产品质量的影响，使产品质量能进一步满足工艺要求。如图 23-36 所示的推断控制，选用了六个温度检测点，质量估计器的估计模型是以生产装置的操作数据整理而成。

(4) 精馏塔的最优控制　一般来说最优控制的实现方法有两类：搜索法和模型法。前者采用反馈的方法，后者则是前馈的方法。单纯的搜索方法不能适用于精馏塔的最优控制。首先，由于精馏塔过程滞后大，每步搜索后必须等精馏塔变量变化后，才能对下一步作出判断。这样整个搜索过程就会耗费很长的时间。同时，要保证搜索判断的正确性，每步搜索之间不允许有进一步的扰动，但精馏塔是一个多变量的对象，扰动因素多且干扰是随机的，这就影响搜索判断的精确性。模型法在精馏中的应用同样受到局限。因为模型法的精确在于被控过程数学模型的精度，这一点对精馏过程来说是很难得到的。精馏塔的最优控制往往是把搜索法与模型法相结合起来进行。先建立近似模型，在计算机上离线搜索试差，充分发挥数字仿真快速搜索的优点。然后把离线搜索的结果放到精馏塔上进行在线搜索，获得适应实际过程的最优化搜索结果。

(5) 乙烯精馏塔先进控制实例　乙烯精馏塔先进控制由如下几部分组成。

① 在常规反馈控制基础上附加前馈等信号，实现对操纵变量的比值、内回流控制等，以校正过程干扰。

② 附加软限安全控制，以达到软保护，充分发挥设备能力。

③ 采用在线分析，以实现控制质量，它是以带有前馈校正的在线组分预估模块为核心的控制系统。

在乙烯生产中很多精馏塔都属于精密精馏。由于各组分之间的相对挥发度小，塔板上组分变化引起的温度变化也非常小，所以，采用温度作为间接质量指标控制就很不灵敏。在精馏塔先进控制中一般都采用两端组分直接质量控制，也就是说选择最重要的产品作为第一控制组分（称硬目标），次要产品作为第二控制组分（称软目标）。第一控制组分的控制是采用直接还是间接质量控制，取决于基本级控制系统的组成。如塔顶馏出物质量控制，可以通过改变回流量来实现，即直接质量控制；也可以通过改变再沸器输入热量来控制，即间接质量控制。

乙烯塔控制硬目标为塔顶甲烷、乙烷的含量，软目标为塔釜残留乙烯含量。

乙烯塔硬目标控制由三部分控制组成，如图 23-37 所示。第一部分为内回流控制器；第二部分为内回流量/汽化量比值控制器；第三部分为质量预估控制器。

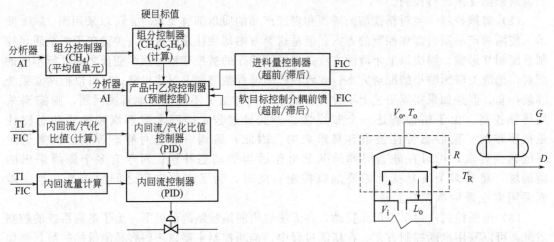

图 23-37　乙烯塔硬目标控制图　　　　图 23-38　内回流示意图

乙烯塔硬目标控制手段是直接控制乙烯采出量，实现物料平衡控制。

乙烯塔产品质量（组分）是通过内回流量/汽化量控制器来实现的，原因是乙烯精馏塔

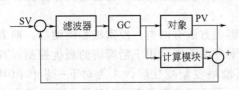

图 23-39　组分预估控制

的分离效率主要与塔板上的内回流量有关，如图23-38 所示。内回流量可从外回流量及过冷系数间接计算得到。内回流量/汽化量控制器实际上是由一个带纯滞后校正的 PID 及一个计算模块组成的按计算指标工作的推断控制模块。在乙烯硬目标控制中，重要的是找到对产品质量（组分）影响

最大的过程变量构成在线的计算模块，在此塔硬目标控制中，采用灵敏板温度及塔压等变量构成在线计算模块。

质量（组分）预估控制如图 23-39 所示。

当 $C_n = C'_n$ 时，GC 为 PID 控制器；当 $C_n \neq C'_n$ 时，GC 为 PIDDT 控制器。其中，C_n 为塔产品质量组分 n 含量的计算值，C'_n 为组分 n 含量的测量值。

PIDDT 是带纯滞后校正的 PID，是一个脉冲动态模块。为了安全，在在线分析器损坏无信号输入时，计算模块可保留原 a、b 值进行在线计算，直到由操作人员人工输入新的分析测量值为止。考虑到进料组分变化对质量控制的干扰，也常引入进料组分变化的前馈信号。显然，比常规的 PID 控制要快速得多。

乙烯塔软目标控制由四部分组成，如图 23-40 所示。第一部分为再沸器流量控制器；第二部分为约束性控制；第三部分为塔板温度控制；第四部分为质量控制器。

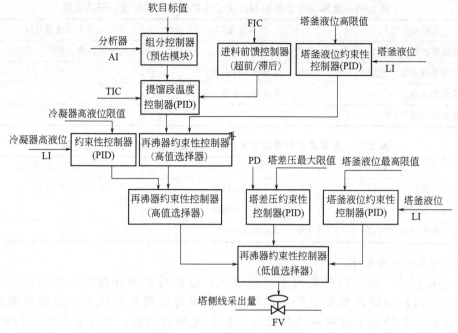

图 23-40　乙烯塔软目标控制图

用于目标控制的质量（组分）控制器的设计方法与硬目标控制相似，区别在于其输出是作为能量平衡控制的设定值。在此，增加了约束性控制。对乙烯塔操作应满足如下约束性条件：①乙烯塔压降；②塔顶冷凝器的液位高/低；③塔釜液位高/低。约束性控制可以是一个或几个约束性动作，在约束性条件范围内，控制器接受的是期望的控制作用（来自上一级控制单元）；当超出范围时，控制器输出的则是按约束条件要求的规定作用。约束性控制器一般采用 PI/P 控制器，正常情况下不带积分作用，按软目标控制要求进行工作。当检查约束条件，发现其超出范围时，整个塔操作就应按约束条件去控制，控制作用由 P 转为 PI。约束性控制在 DCS 上通过高、低值选择后实现。对乙烯塔操作，还必须考虑精馏塔塔顶、塔底控制系统之间的关联耦合问题。在先进控制策略中，塔顶、塔底两个控制系统之间常常附加一个带超前/滞后的前馈分隔器加以隔离。先进控制采用大量的仪表检测信号，故输入信号的错误影响很大。除了在控制系统模块设计时，应考虑模块功能相对独立性外，尚需在数据处理软件上考虑错误测量数据的安全替换：①非重要的过程变量数据用虚拟数据代替；②重要过程变量数据用计算数据代替。这种替代应是无扰动的。

（6）氯乙烯精馏过程的先进控制实例　氯乙烯精馏过程是聚氯乙烯生产中的一个重要环节。氯乙烯精馏过程通常由低沸塔系统和高沸塔系统构成，在低沸塔中除去轻组分杂质，在高沸塔中除去重组分杂质，该精馏过程的特点是没有外回流，其回流是通过塔顶分凝器冷却量的控制来调节的。

该过程分别采用两个多变量预测控制软件，其控制策略基于以下三条原则。

① 利用离散脉冲响应模型表示待控制的多变量过程，该模型用于在线预测。通常该模型离线建立，当然也可以在线辨识。

② 根据参考轨迹（相应于过程闭环性能）确定控制策略。

③ 一般情况下控制不是一步计算出，而是通过一个启发式的计算过程。未来输入按照基于内模的预测输出值尽可能靠近设计的参考轨迹确定。

低沸塔和高沸塔多变量预测控制器的受控变量、操纵变量、干扰变量分别如表 23-1 和表 23-2 所示。

623

表 23-1　低沸塔多变量控制系统受控变量、操纵变量、干扰变量

受控变量(CV_s)		操纵变量(MV_s)		干扰变量(DV_s)	
CV_1	低沸塔液位 LT_401	MV_1	低沸塔过料阀位	DV_1	低沸塔压力 PT_420
CV_2	低沸塔顶温度 TT_453	MV_2	低沸塔顶冷凝阀位		
CV_3	低沸塔釜温度 TT_452	MV_3	低沸塔釜再沸阀位		
CV_4	低沸塔塔压差 DPT				

表 23-2　高沸塔多变量控制系统受控变量、操纵变量、干扰变量

受控变量(CV_s)		操纵变量(MV_s)		干扰变量(DV_s)	
CV_1	高沸塔液位 LT_402	MV_1	高沸釜再沸阀位	DV_1	低沸塔过料阀位
CV_2	高沸塔顶温度 TT_454	MV_2	高沸塔顶冷凝阀位		
CV_3	成品冷凝温度 TT_455	MV_3	成品冷凝阀位		

该系统实施过程如下。

① 过程实验　测试信号应用于过程输入，以便得到估计模型参数所必需的数据。在做第一次阶跃响应之前要等待一段时间，以确定以前的变化不会影响当前的实验，加入短阶跃的目的是了解响应的起始阶段的快速响应特性，至少要使加入阶跃后，输出可以较明显地看出起了变化；一般做实验时为得到有效的数据，需连续加数个阶跃信号，以实现充分激励。

② 过程模型辨识　将由过程实验得到的数据通过软件包的多变量辨识软件预处理、辨识得到低沸塔和高沸塔的多变量过程模型，实时控制器使用这些模型来预测过程的输出。

③ 控制结构设计　根据用户指标和要求，在控制器结构中定义控制目标、变量约束和动态最优化。

④ 离线仿真　仿真测试所设计的控制器。离线测试使得在实际过程应用更容易和安全。

⑤ 在线仿真　将设计好的低沸塔和高沸塔两个控制器转到先进控制上位机，进行实时在线仿真。

⑥ 现场投运　在不同运行条件下检测控制结构，将实现的控制器应用到过程中，对生产过程进行在线实时控制。

实施先进控制之后，整个生产操作的平稳性和控制精度大大提高，大大减轻了操作人员的劳动强度。同时生产表明，氯乙烯单体的纯度由原来的 99.9% 提高到 99.99% 以上，取得了良好的经济效益，并降低了能源消耗。

◎ 23.4　化学反应过程控制

化学反应器是过程工业中最重要的设备之一，通常是整个生产过程的核心。在大多数装置中，反应器是过程的起点，它的生产率决定了负荷的大小。

23.4.1　化学反应器的类型和特性

按反应器进出物料的情况可以分为间歇式和连续式；从物料流程的排列来分可分为单程和循环；从传热情况分，可分为绝热式和非绝热式；从反应器的结构形式来分，可以分为釜式、管式、塔式、固定状和流化床等多种形式。

在化学反应器中进行着化学反应，它常伴有强烈的热效应，有吸热也有放热。对于吸热效应的对象，如果因外扰动使反应器内温度升高，则随之反应速度将加快，吸热效应加强，使反应器内温度回降。所以吸热效应的反应过程，对于温度的变化，对象本身具有负反馈性质，其开环特性是稳定的，与通常具有自衡的对象有相似的特性。但对于具有放热效应的对象，情况则完全相反。同样因外扰动使反应器内温度升高，随着反应速度的加快，释放的热量也迅速增多，最终导致温度不断上升。因此，对于这种具有正反馈性质的放热反应器，在外扰动的作用下，温度的变化将向两个极端方向发展。对于这样的放热反应过程，如果没有适当的换热措施，将是一个开环不稳定的对象。

23.4.2 化学反应器的基本控制方案

化学反应器的种类很多，控制上难易差别很大。对于反应速度快、热效应强的反应器控制难度相对较大。对于化学反应器的控制要求，除了要保证物料、热量平衡外，还需要进行质量指标控制，以及设置必要的约束条件控制。关于反应器的质量指标控制，与精馏塔的质量指标选取类似。一种是直接质量指标，常用出料的成分或反应的转化率等作为质量控制的被控变量；也有以反应过程工艺状态参数作为被控变量，其中温度是最常用的间接质量指标。反应器的基本控制方案是从热稳定性出发的，主要是为了建立一个稳定的工作点，使反应器的热量平衡。同时，使反应过程工作在一个适宜的温度上，以此温度间接反映质量指标的要求，并且满足约束条件。

（1）绝热反应器的控制　绝热反应器由于与外界没有热量交换，因此，要对反应器的温度进行控制只能通过控制物料的进口状态即浓度、温度和负荷来实现。

改变物料的进口浓度有如下几种方法：

① 改变主要反应物的量；

② 改变已经过量反应物的量；

③ 循环操作系统中改变循环量；

④ 在均相催化反应中改变催化剂的量。

改变物料的进口温度有以下几种常用的方案，分别如图 23-41、图 23-42 和图 23-43 所示。需要注意的是在采用图 23-42 的方案时，进口物料与出口物料进行热交换，这是为了尽可能回收热量。对于这种流程，如果进口温度不进行控制，则在过程中存在着正反馈作用。如果温度已经偏低，那么在热交换后，进料温度也会降低，而这又进一步使反应温度降低，造成恶性循环，使反应终止。这时应该采用进口温度自动控制，切换正反馈通道。

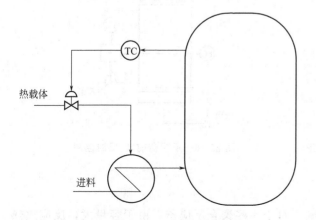

图 23-41　反应器入口温度控制方案一

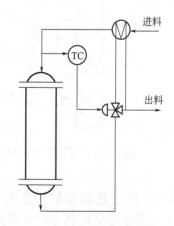

图 23-42　反应器入口温度控制方案二

625

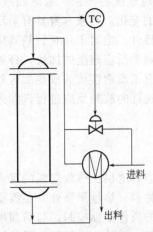

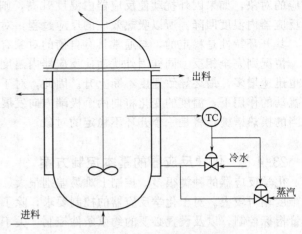

图 23-43　反应器入口温度控制方案三　　　　图 23-44　反应器的分程控制

负荷的变化同样能用来控制反应温度。改变负荷方法的机理是随着负荷的增大，物料在反应器内停留的时间减少，导致转化率降低，于是反应放热也减少，在除热不变的情况下，反应温度就会降低。在实际的控制方案中，因为实际的负荷经常变动，会影响生产过程的平稳性，并且随着负荷的增大转化率会降低，导致经济效益降低，所以这种方法一般很少使用。

（2）非绝热反应器控制　由于非绝热反应器是在反应器上外加传热控制，因此，可以像传热设备那样来控制反应温度。控制方案中常常采用分程控制和分段控制。图 23-44 所示为典型的分程控制方案；而图 23-45 所示为典型的分段控制原理图。采用分段控制的主要目的是使反应沿着最佳温度分布曲线进行，这样每段温度可以根据工艺要求控制在相应的温度上。

在某些反应中，强放热效应不能及时除去热量，就容易发生局部过热而造成分解、暴聚等现象，此时采用分段控制是有效的。

上述反应器控制方案是原则性的基本控制方案，只给出了单回路控制系统。在实际控制方案中，应当根据实际的控制质量要求，设计出各类复杂的控制系统。如果生产负荷变化较大，可以采用以进料量为前馈-反馈信号的控制系统，如图 23-46 所示。

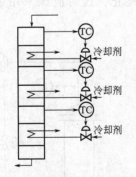

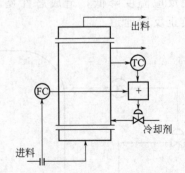

图 23-45　反应器分段控制原理图　　　　图 23-46　反应器前馈-反馈控制

23.4.3　反应器的新型控制方案

（1）聚合釜的温度-压力串级控制系统　对于一些聚合反应釜，由于容量大，反应放热效应强，因此需要克服这类反应器的滞后特性，提高对其反应温度的控制精度，有时采用一般的单回路控制和串级控制已经不能满足控制质量要求，因此常采用图 23-47 所示的聚合釜的温度-压力串级控制系统。在这个聚合釜的温度-压力串级控制系统中，因为大部分聚合反应釜是一个封闭的容器，压力改变实质上是温度变化的提示信号，而压力的变化及测量都比温度快得多，所以常常采用釜内压力作为副参数，这样系统能及时反映扰动的影响，提前产生控制作用，克服了反应釜的滞后，提高了反应温度的控制精度。为了确保这种系统的有效性能，在系统设计前，应先对反应器的日常操作数据进行分析，观察并总结其压力和温度变化的规律。如果压力变化超前于温度的变化才能按此方案设计系统。

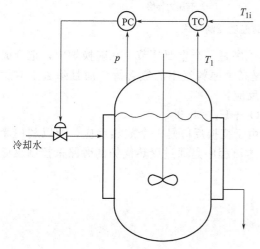

图 23-47　聚合釜温度-压力串级控制系统

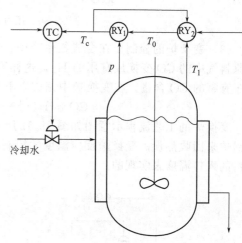

图 23-48　具有压力补偿的温度控制系统

（2）具有压力补偿的反应釜温度控制　对于反应釜的温度测量精度要求很高时，有时可以采用压力测量信号去补偿温度的测量，补偿后的控制质量比一般串级方案更好，图 23-48 所示为具有压力补偿的温度控制系统。压力补偿校正的思路首先假定温度与压力具有线性关系，这样可以通过压力计算出对应的温度值。实际上温度和压力之间还存在着非线性关系，需进行非线性校正。这种具有压力补偿的反应温度控制，对于大型的聚合釜特别有效，在使用中可以把它同反应釜釜温与夹套温度串级控制相结合，组成图 23-49 所示的控制系统。

在该控制方案中，根据反应过程的要求，由程序给定器 CT 送出温度变化的规律。开始阶段反应釜夹套中的循环水用蒸汽加热，使反应釜升温，然后在循环水中加入冷水，在釜顶部应用冷凝回流对反应釜除热，使釜内反应温度按程序要求变化。其

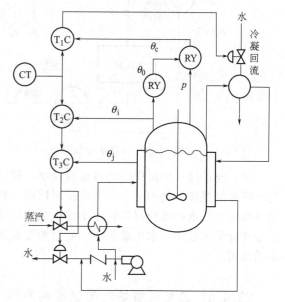

图 23-49　具有压力补偿的 θ_1-θ_j 串级控制系统

中，T_1C 温度控制器的测量信号采用有压力补偿的温度计算值，而 T_2C 与 T_3C 两个温度控制器组成通常的釜温 θ_1 对夹套温度 θ_j 的串级控制系统，它以分程方式控制蒸汽阀与冷水阀。

图 23-50 所示为有压力补偿和无压力补偿的情况下，从图中曲线可以明显地看出，有压力补偿后的釜温控制质量有明显改善。图中虚线为理想时序曲线。

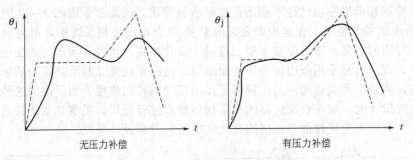

图 23-50　压力补偿的温度控制系统

（3）变换炉的控制　在合成氨生产中，变换工序是一个重要环节。在变换炉中，把合成氨原料气中的 CO 变换成有用的 H_2，这样不仅提高了原料气中的氢含量，而且除去了对后工序有害的 CO 含量。在变换炉中完成以下变换反应：

$$CO + H_2O\uparrow \longrightarrow CO_2 + H_2 + 热量$$

变换炉的工艺流程示意图如图 23-51 所示。由于变换反应是一个放热反应，所以以利用废热锅炉来回收热量。变换炉反应温度的控制，在本流程中是通过废热锅炉的旁路来控制反应物料的入口温度来实现的。

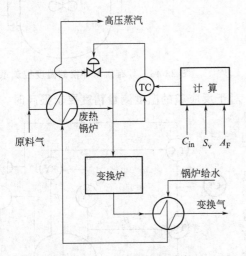

图 23-51　变换炉控制系统

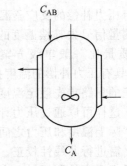

图 23-52　连续搅拌槽反应器

（4）连续搅拌槽反应器的自适应控制　图 23-52 所示为连续搅拌槽反应器，可以在一般的反馈控制系统上叠加一个自适应控制回路，构成模型参考自适应控制系统。其目的是在扰动的作用下，根据反应器的输出反应生成物的组分和参考模型的输出，计算出偏差。然后使性能指标尽可能小，求出最优值。使被控变量尽量接近参考模型的输出，也就是尽量接近预期的品质。

23.4.4　乙烯裂解炉的先进控制方案

某厂裂解炉控制可分为三大部分——炉管出口平均温度控制、进料总量（负荷）控制及稀释蒸汽（DS）与进料的比值控制，彼此都相互关联，相辅相成。

（1）炉管出口平均温度控制　某厂 6 号炉，共有 4 组炉管、4 组进料。在进料不变的情况下，DS 过多，会影响进料配比，同时会使裂解温度降低。反之，若 DS 过少或燃料气过多将使裂解温度过高，甚至裂解炉飞温，损坏炉管。该厂采用每组炉管出口共有 4 个双支热电偶进行出口温度测量,每个热电偶的双支进行低选(防止热电偶断丝而影响控制)后,再对每组炉管出口的4个温度测量的低选值取平均值,4组炉管共有4个平均值,从这4个平均值可以得到该裂解炉出口的平均温度即平均COT。然后平均COT分别作为侧壁、底部热值分配调节器设定值,同时热值分配器调节器的输出与侧壁、底部燃料气压力进行高选来调节燃料气,以满足平均COT设定值所需要的热值。并根据热值仪所测的热值变化,对炉出口温度进行调节,将这种因燃料组分发生变化产生的对控制系统的影响降为最低。原理如图23-53所示。

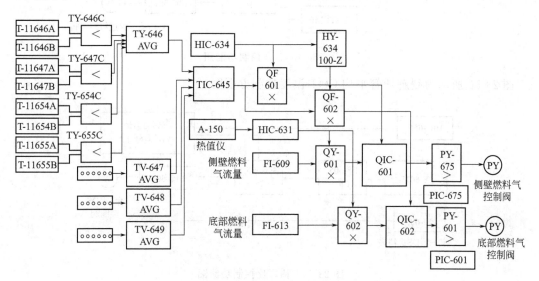

图 23-53 炉管出口平均温度控制功能图

(2)进料总量(负荷)控制 在裂解炉控制较平稳时,若要提高裂解炉负荷,只需提高进料总量,这是因为总量(负荷)自动分配到每一组炉管进料,同时根据进料所需的DS配比自动提升DS所需的量。每组炉管进料处于手动时,其PID的设定值跟踪各自的测量值,当手动向自动切换时,不会产生波动。因而总量取4组炉管进料PID的设定值之和。PID的设定值变化比较缓慢,并且较平稳,不会像测量值那样会产生突变。这样就不会使总量产生较大的瞬间变化,进料总量也就较为平稳。

以第1组炉管为例进行说明,第1个炉管出口温度(TY-646)与平均COT(TY-645)求差后,通过第1组进料(FY-601B)的偏差调节器的调节,其输出值对总量调节器偏置后,由总量调节器输出各组炉管的设定值。由偏置控制来修正各组进料的设定值,实现总进料量的分配控制,同时也降低各组炉管出口的相对偏差。使各组炉管的出口温度趋于平均温度。总量控制功能图如图23-54所示。

(3)DS与进料的比值控制 注入DS的目的是降低烃分压,增大乙烯收率;防止炉管结焦;均热炉管,降低炉管内的温度梯度,使反应更加充分。若过度地降低烃分压,增大DS量,将导致能耗加大,并且使后序水处理量加大。因而如何控制好进料与DS的稀释比也较为重要。稀释蒸汽与进料的比值控制功能图如图23-55所示。图中,FY-601B(进料量)调节器的输出在FF-605中完成比值作用,其输出与最小稀释蒸汽控制器HIC-655的设定值进行超驰控制(高选),其值作为DS调节器的设定值。因此,进料与DS按照设定的比例进入炉管,在保证产品收率的同时,最大限度地降低了能耗。HIC-655为最小DS流量控制器,FF-605完成DS与进料的分配比值,与HIC-655高选后作为FIC-605的设定值。

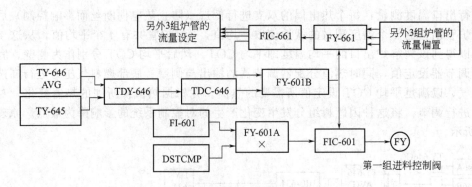

图 23-54　总量控制功能图

图 23-56 所示为裂解炉管平均 COT 温度控制方框图。

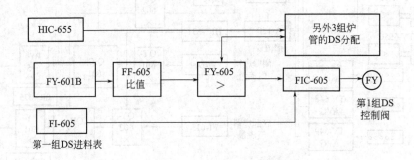

图 23-55　稀释比控制功能图

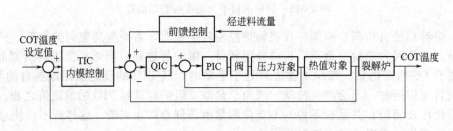

图 23-56　裂解炉管平均 COT 温度控制方框图

前面详细剖析了裂解炉高级控制，高级控制的投用使裂解炉控制十分平稳，并且炉管间的偏差小于 1℃，这就保证了后序工艺流程的控制及半成品的质量。

◎ 23.5　间歇生产过程控制

23.5.1　间歇生产过程特点

间歇生产过程又称批量生产过程，它由一个或者多个按一定顺序执行的操作步组成，这个生产过程就认为是一个间歇生产过程。间歇生产过程按照配方规定的顺序批量进行，并且设计成可以生产多种产品，其工艺条件是可变的，在两个操作之间经常发生剧烈的变化，现场数字量信号与模拟量信号之比约为 60∶40，在生产过程中人工干预是正常的生产操作的组成部分。间歇生产过程最大的好处就是柔性好，这一点在化工、食品和医药等行业中反映明显。

23.5.2　间歇生产过程的控制要求

在化工生产过程中，无论是连续生产过程还是间歇生产过程，都可以视为单元操作的组合，如图 23-57 所示。

在现实生活中间歇过程一般都安装多台反应器，配置大小不同的多种兼用设备，用来生产多种产品或者是一系列不同规格的产品，因此常把间歇生产过程按照

图 23-57　化工生产操作示意图

其生产的产品分为单产品、多产品和多用途三类。单产品间歇生产过程自动化比多产品间歇生产过程容易，而多用途间歇生产自动化最复杂。间歇生产过程也可以按照其设备结构分为串联和并联两大类，在实际生产中大部分是采用串并联接构。

间歇生产过程的生产环境及其动态特性与连续生产过程有明显的区别，需要频繁地改变生产的产品和工艺操作条件，与连续生产过程相比需要满足以下特性。

① 不连续性　在间歇生产过程中不仅表现在物料是单元操作是顺序的，其设备运行也是尖端的；此外，不连续性的另一个表现是在间歇生产过程中大量使用通/断二位式控制器件。

② 非稳态性　与连续生产过程不同，间歇生产过程优化操作一般不是一种恒定的稳态值，而是随机变化的优化轨迹线。所以间歇生产过程中不存在进行线性化的稳定工作点，常常从一个稳定的状态转换到另一个稳定的状态，或者根本没有稳定状态，存在多种状态组合。只能使用基于实际测量值的非线性模型，或者基于人工智能建立非线性递推模型。因此在控制系统的设计中常常要改变控制器的机构或者增益来补偿对象的时变特性，但有时还是会出现意外的变化，控制系统也会发生不可预测的相互作用，操作工人此时对系统进行及时的人工干预是十分必要的。

③ 确定性　任何一种产品生产需要综合考虑产品市场、生产任务和完成生产任务的设备三个要素。而往往对于一个间歇生产过程，这三个要素都是很难确定的，它们之间的联系经常是模糊的，即间歇生产过程的不确定性或柔性。因此在设计一个间歇生产过程必须要进行全面综合的考虑，不仅要能满足当前市场的需求，还要能满足将来的需要，常常赋予各个生产设备的生产任务可能经常变化来适应市场需求的变化。处理不确定性是间歇生产过程设计、运行及控制的一个特点。

④ 共享资源处理　一个资源供两个或者两个以上设备使用称共享资源，间歇生产过程中物料常常是多路并行流动，在同一时刻，几种不同的产品处在不同的操作阶段。任何一个并联或串联的间歇过程中，总是存在共享资源。单独使用和兼用是共享资源处理的两种方法，单独使用即在单位时间内只有一个设备可以使用这个资源，这会降低系统设备的利用率，同时相对原系统使系统发生故障的可能性增大，因此使用单独共享资源的控制系统必须具有更高的可靠性；兼用即几个设备可以同时使用共享资源，但是必须注意，当其他设备使用资源时，一个设备不能断开和停止资源的工作，同时资源的容量不能小于设备的容量。

⑤ 配方及其管理　配方是标题、程序、设备要求和计算式的组合。间歇生产是按照配方规定进行操作的，但是经常需要修改产品配方。因此对于一个间歇系统而言配方管理是十分重要的，配方管理里工作一般包括配方的建立、编辑、传递、存取和配方的在线修改等工作。

以下结合图 23-58 具体说明间歇生产过程的基本特征和间歇控制的主要功能。

① 顺序控制功能　间歇生产过程有一个确定的操作顺序，例如加料、反应、排料。这些操作及其执行的顺序是由产品的配方规定的，它随生产的产品改变。所以要求间歇控制系统具有的一项基本控制功能是驱动生产过程一步步地顺序执行不同的生产操作。前一步操作

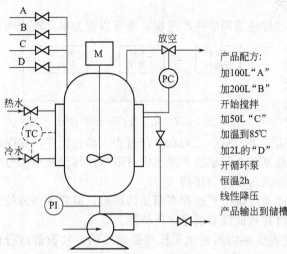

产品配方：
加100L"A"
加200L"B"
开始搅拌
加50L"C"
加温到85℃
加2L的"D"
开循环泵
恒温2h
线性降压
产品输出到储槽

图 23-58　单产品间歇生产过程及其产品配方示例

结束后向后续操作进展由转移条件决定。这种控制模式成为顺序控制，其步转移条件取决于时间（例如停留时间、反应时间等），称为时间驱动顺序控制；步转移条件由被控对象的状态或发生的时间决定，称为事件驱动顺序控制。而在实际中顺序控制往往表现为二者的组合。

② 离散控制功能　间歇生产过程中大量使用二位式控制器件，例如通/断型二位阀控制各种物料传输。每个进口阀和出口阀上都装有位置开关，在开始传输物料时用来检查阀门位置。间歇生产过程的现场输入/输出信号 60%～70%是开关量或数字量，模拟量仅占 15%～40%。常用的二位控制设备还有电机和泵。

③ 调节控制功能　在间歇生产中也要用连续控制回路来控制温度、压力等工艺参数，但是它们的工作方式与连续生产过程不同。在此例中反应器温度由一个连续控制回路控制，在加料阶段，温度控制回路不工作，在反应器操作的加热的阶段，温度控制回路控制流入反应器夹套的热水流量，防止出现温度超调。一旦反应开始，这个温度控制回路控制冷水流量，保持反应温度恒定。在加热阶段向冷却阶段转移时，温度控制回路的参数可能需要重新整定。所以在间歇生产过程中常常要求控制回路具有易于重新整定或重新组合的功能。

④ 人-机接口　在间歇生产过程中，操作工人的干预是正常操作顺序的一部分，在生产中起十分重要的作用。一个关键的操作常常是由操作工人操纵控制系统启动的，而不是控制系统自动触发。在本例中反应阶段结束后，操作工人采样，然后根据样品测试数据来决定是继续反应还是开始排料操作。在间歇生产中，操作工人不仅需要知道过程现在的状态，还必须了解下一步将做什么。此时设计一个与用户沟通的人-机接口是十分必要的，向操作工人提供间歇生产真实的动态信息是决定间歇控制系统成败的一个关键。

工业上许多间歇生产过程常常比上述例子更复杂。间歇生产过程的相对复杂性可以用一个双坐标体系来表示。产品坐标表示工厂生产的产品品种及其不同的规格，范围从单一产品连续的批量生产到一个生产周期内进行多产品多批量生产。对于一些复杂间歇生产过程还要对配方处理功能、共用设备管理和生产的调度和跟踪等一些附加特性以及对控制系统作特殊的要求。此外间歇生产过程在控制策略、控制功能和自动化技术等方面也有相应的特殊要求。因此，在实际工程中采用常规仪表和控制器来完成间歇生产过程的控制任务，每一项都有困难，或者是不可能的，所以采用计算机或者微处理器为基础的控制系统，才能完美地执行这些任务。此外，间歇生产过程的生产规模一般比较小，自动化投资不可能太高，因此也只有随着电子技术的发展，计算机价格大幅度下降，间歇生产过程自动化有普及和推广的趋势。

23.5.3　间歇生产过程的自动控制

间歇生产过程的控制主要在间歇反应器的控制。进行间歇生产的反应器通常是放热反应器，因此温度的控制非常重要，另外，系统的简单和鲁棒性也是很重要的。下面讨论一个间歇反应器的温度控制的例子。

（1）温度控制　大多数反应在一定的温度下进行，因此，在反应开始前需要加热到较高的温度，以便进行反应。多数反应是放热的，反应开始后，需要加以冷却，以带走反应热。这样的间歇反应器控制系统既能控制加热又能控制冷却，如图 23-59 所示。

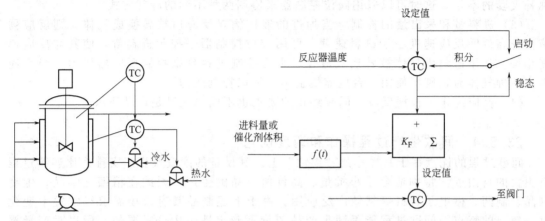

图 23-59　间歇反应器的温度控制　　　　图 23-60　间歇反应器所用的串级控制系统

如果容器向预期温度加热时尚未加进反应性物料，则该过程是自衡的。达到设定值后，冷却剂温度应等于反应器温度，且两个阀都关闭。主控制器可选择 PID 控制，并将设定值接至积分反馈，这样便构成了能正确进行偏置而无余差的 PD 控制。副控制器也可以用 PD 控制。

图 23-60 是上述间歇反应器所用的串级控制系统。达到设定值后，积分反馈即切换至控制器的输出，以便它能完成积分作用。然后，可送入第二种反应物料或注入一定数量的催化剂，使反应开始进行。反应是放热或吸热的，则物料温度开始变化。为了使之保持在设定值上，设定的夹套温度必须和反应温度不同。如果在达到温度设定值之前就开始进料，这时温度必须足以使反应按进料的速度进行。否则未反应的物料会累积起来，以至于当温度达到设定值时可能会产生超过冷却系统能力的热量。当添加物料或催化剂时，为了保护放热反应器，通常把加热阀锁死或限制副控制器的输出，以免意外升温。如果反应器在加热之前已装够所需的物料，那么就存在一个潜在的爆炸危险。由于反应速度取决于温度，所以避免超调至关重要。

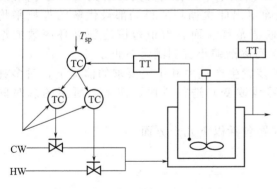

图 23-61　MMA 聚合反应过程

一种双 PID 串级控制在异丁烯酸甲酯（MMA）聚合过程中得到应用，控制系统如图 23-61 所示。该反应为间歇聚合过程，反应器具有一个夹套，通过调节反应器夹套的冷热水流量来控制反应器温度。用一个包括两个 PID 控制器的串级控制系统来控制反应器温度。通过采用不同的反应温度和不同的引发剂含量，可以得到不同规格的产品。需要预测的质量变量为反应结束时的产品数均分子量 M_n 和重均分子量 M_w，它们不能在线测量，只能通过离线分析得到。为此采用软测量技术，通过在线可测量到的间接过程变量对它们进行预测，而且最好在反应初期就能预测出最后产品的质量，以使操作工及时得知产品质量，从

633

而可以及时根据情况进行调整。

（2）辅助冷却 带夹套的反应器受到其传热面积和反应体积之比的限制。如果要提高产量，可采用回流冷凝器来增加额外的传热面。控制冷凝量的方法是使冷却剂离开夹套后先通过冷凝器，再送至循环泵。也可以在容器内设置一个浸没的冷却盘管来弥补夹套的不足，这时可以采用阀位控制器来协调两种不同的冷却方式。

（3）进料量和采出量的控制 当加进的液体物料反应后被转换成气体，则反应器液位升高说明反应速度小于进料速度。可用液位控制器来控制进料量，使其与反应速度相等。如果进料为气体被转换成液体，则可控制进料量来控制反应器压力。当反应生成一种气体时，则可使用一台压缩机引出气体以控制压力。

（4）反应终止 根据反应不同其终止的要求也不同，关键是产品质量。

23.5.4　间歇生产过程操作和调度优化

间歇过程的优点在于其操作的"柔性"上。其设备的配置及生产安排都比连续过程有更大的自由度，特别适合于小批量、高价值产品的生产，因此在精细化学品、生物制品、制药、微电子材料等领域广泛应用。由于上述制品具有市场需求经常发生变化这一突出的特点，间歇过程能否满足产品产量不确定性是十分重要的。所以对产量要求不确定的间歇过程的优化设计逐步受到人们的重视，它是指在产量要求服从一定概率分布的条件下，对间歇过程进行优化。

对于产量要求不确定的单产品周期间歇过程，在采用覆盖方式操作、忽略设备的辅助时间或将辅助时间包含在操作时间内、每阶段可设立异步平行单元并且每阶段平行单元的尺寸都相同和只考虑间歇设备等假设条件下，以一定期限内的折扣资金回流（产品销售收入减去投资折旧费）的期望值为目标函数，建立两阶段随机规划模型。并且可以将原问题转化为整数规划问题。这时就可采用模拟退火算法求解。由于搜索空间太大，大规模条件下模拟退火算法所求的解不理想。为此，采用多个不同的初始点同时退火，并求出对应的局部最优解和局部最优值，并假设全局最优解在这些局部最优解的某一个邻域之内的基本策略，提出首先，随机选取多个初始点进行模拟退火计算，得到多个局部最优解和对应的最优值，考虑到局部最优值大的解是全局最优解的概率较大（对于求最大值的优化），因此先确定出此次循环所得局部最优解的加权平均值。然后据此确定出下次循环时各变量的取值范围。而且取值范围应随循环次数的增加而减小，以逐渐缩小搜索空间，使搜索空间逐渐缩小直到满足终止条件。

间歇生产过程调度的优化，就是在满足装置生产能力和工艺要求的前提下，对多种可行产品在生产时间和空间上（即生产流程线改变）进行排序，使生产所用的总时间最短或生产总成本最低。

一般来讲，一个间歇过程的生产调度问题包括以下几个方面。

① 一组 N 个需要处理的产品。

② 一组 M 个可供使用的处理单元。

③ 一种用于优化调度的性能指标。

④ 一个生产时间矩阵，该矩阵中元素 $T_{i,j}$ 是指第 i 个产品在第 j 个单元中的处理时间。

⑤ 一组控制生产过程的规则：产品的具体操作次序；处理单元的储藏方式的调节；对某些产品生产时序的限制（优先限制）。

⑥ 处理系统是网状结构。

目前，实际调度规则问题总是假定在静态的情况下，而很少考虑随机和动态的情况，在特殊情况下，生产调度问题还可以加上一组每个产品的交货日期或每个有序产品对切换次数（费用）的矩阵。

间歇过程最优生产调度问题的数学模型包括目标函数和约束条件两项，目标函数可选为利润、能耗、生产总时间等，约束条件可以是市场需求、原料现状、生产能力等，这可归结为整数规划问题，通过求解整数规划可获得最优方案。整数规划，简称 IP，是近 20 年发展起来的规划论的一个分支，可用分支定界法、割平面法等以线性规划为基础的方法求解，对变量较多的问题，可采用分段 Monte-Carlo 法求解。

Monte-Carlo 优化法是利用计算机产生的伪随机数，随机产生若干个实验点，并根据约束条件找出可行点，然后计算目标函数，选择最优者。它是一种随机抽样试验和统计计算的渐近最优解的一种方法。

用 Monte-Carlo 法求解整数规划问题，由于随机函数所产生的随机数的序列不同，每次得到接近最优解不同，可以通过多次运行程序，找到最优解存在的区域，然后在该区域内再用 Monte-Carlo 优化法求解，使得在越来越小的可行解区域内使用 Monte-Carlo 优化法，最终得到问题的最优解。

由以上算法可确定 Y_i，计算目标函数值，根据目标函数值的比较结果，找出某阶段的最优解 $Y_i = A_i$，继续循环，从而找出最终的最优解。

Monte-Carlo 算法是一种可信度较高的求解整数规划问题的方法，可解决所有的整数规划问题，与其他方法如修正单纯形法、分支定界法、割平面法等相比，该方法有效、快速，所求解是接近最优解的"满意解"，对于实际问题来说，这种解是合理的。

在煮糖间歇过程中的应用实例可以看出，在不考虑外在因素如蒸气供给量、设备运行情况及人为因素等影响的条件下，通过科学方法可最大限度地利用设备的处理能力，从而提高生产效率。

23.5.5 间歇生产过程监控

由于间歇过程启停频繁，状态变化反复，与连续过程相比较复杂，引起间歇过程产品质量波动的因素众多，如运行轨迹的偏差、原材料纯度和配比差异、设备的磨损以及操作不当等均会使批产品质量不一致。若出现了大的偏差未能及时排除，会导致一批甚至多批产品质量下降。因此，必须对间歇过程进行监视和故障检测，以发现早期的异常情况。

针对间歇过程特点，采用最小窗口多模型结构的非线性建模方法，开发间歇过程实时在线监视和诊断软件，用于辅助操作人员实时监视生产过程的运行，在异常情况下，提示故障发生时间、引发故障的过程变量等信息，起到很好的监控作用。

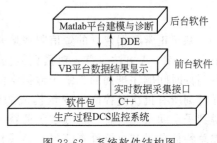

图 23-62　系统软件结构图

该软件系统采用在 VB 环境中编制画面、简单计算、显示数据，而在 Matlab 环境中进行大量复杂计算的前后台软件混合编程的开发框架、后台软件监视和诊断模块产生的信息通过 DDE 机制供前台软件用户操作界面显示，前台用户信息也可以传递给后台模块。软件结构图见图 23-62。

过程监视和故障诊断模块设计如图 23-63 所示。根据间歇过程批次生产的特点，过程性能监视和故障诊断软件系统采取离线和在线两种工作模式。工作模式不同，模型数据矩阵结构和表达形式也不同。离线模型数据库是三维数据矩阵 $X=(I \times J \times K)$ 沿时间轴方向依次

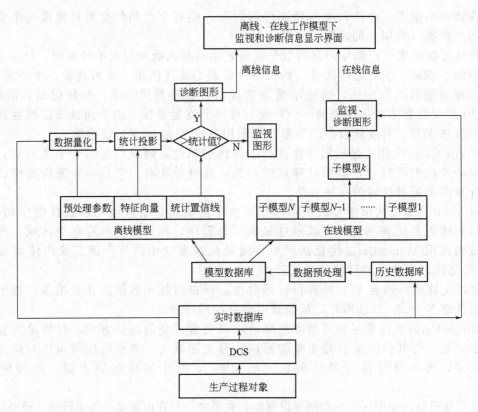

图 23-63　过程监视和故障诊断模块设计

向右展开构成的两维数据集合 $X=(I \times J \cdot K)$；在线模型数据库由一系列子数据空间构成，每个子数据空间是由采样时刻所有批次过程测量变量构成的数据阵列。离线建模的实质是将三维数据空间展开成两维数据空间后利用线性 PCA 分解模型数据空间，抽取主要数据信息，包括原始数据量化信息（均值、方差），得分向量 T 和载荷向量 P。得分向量 t_r 和载荷向量 p_r 乘积和代表间歇过程主要变化信息，是批量、过程变量和时间的函数，残差部分 E 表征间歇过程数据中次要变化，在最小二乘意义上尽可能小，即

$$X = \sum_{r=1}^{R} t_r \otimes p_r + E \tag{23-7}$$

基于正常数据建立的置信限或域是衡量模型正常与异常的分界线。在线建模方法采用最小窗口 MPCA 方法。首先对模型数据库进行数据空间重组，将大型三维数据空间划分成一系列按时间顺序排列的二维子数据空间 $X_k (I \times J)$，$k=1, 2, \cdots, kX_k (I \times J)$ 代表 k 采样时刻所有批次过程测量变量构成的数据阵列。然后，分别在子数据空间进行 PCA 分解，得到子空间量化信息、得分和负荷特征向量以及统计置信限。最后，由各子负荷特征向量构成总特征向量和总统计置信限。离线建模和在线建模方法的不同决定了离线模型和在线模型数学结构不同。离线监视模型是单模型结构的线性模型，在批量过程结束后应用；在线建模方式解决了 MPCA 方法线性建模的局限性，同时将单模型结构拓展到多模型结构，所以说最小窗口 PCA 方法是一种非线性的动态多模型结构的建模方法，在间歇反应过程中实时在线应用。新批次过程性能监视和故障诊断过程中，新批次数据投影到离线模型后，比较新批次统计控制量和统计控制指标，评价过程性能；故障条件下分析时间子 SPE 和变量子 SPE 图找出故障发生的原因。在线监视比较 k 时刻的数据轨迹和对应时刻子模型，根据当前数据和模型参数之间的接近程度，实时检测和判断新批量过程数据统计特征和正常数据统计特征

的一致性。子模型的统计投影和过程性能监视原理与 PCA 方法类似。在线模式过程监视和故障诊断不必预报未来时刻测量变量时间轨迹，因此，消除了预报未来测量值带来的误差，提高了监视精度和故障诊断的正确率。

该系统已经在聚氯乙烯生产过程中得到应用。生产聚氯乙烯的主要原料氯乙烯单体（VCM），经聚合反应后生成聚氯乙烯产品。聚氯乙烯生产过程具有确定生产操作周期。每一次聚氯乙烯生产都包括上料、聚合反应、卸料回收、干燥包装等步骤。聚合反应阶段是 PVC 间歇生产过程的核心，是保证生产安全和影响产品质量的关键。依据聚氯乙烯生产过程的工艺特点，确定 10 个关键过程变量。下面以聚合反应实例说明过程检测和诊断过程。图 23-64 为离线 SPE 图，可以看出批次过程 SPE 统计控制超出了 95% 和 99% 的统计控制限阈值，故障类型为"动作报警"；图 23-65 为在线 SPE 结果图。可以看出故障类型（"动作报警"）、故障发生时间（中期）。分析每个异常时刻，还可以识别故障变量。图 23-66(a) 表明引发异常变化的变量是釜内温度（变量 2）和釜内压力（变量 7），图 23-66(b) 表明故障发生时间为聚合反应过程中期（800～1100s）。根据现场工程师的先验知识，并通过变量 2、变量 7 的轨迹和平均轨迹的比较结果，可以验证离线、在线过程监视和故障诊断的有效性。

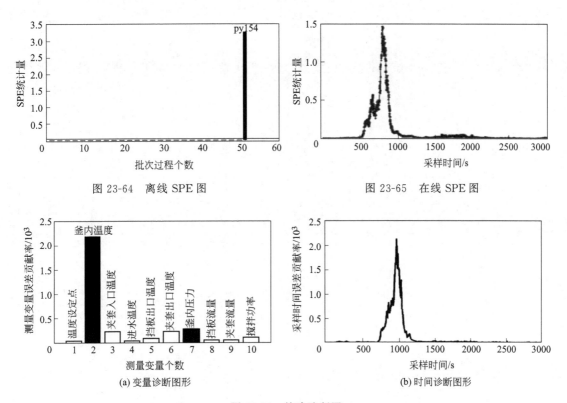

图 23-64　离线 SPE 图　　　　　　　图 23-65　在线 SPE 图

(a) 变量诊断图形　　　　　　　(b) 时间诊断图形

图 23-66　故障诊断图

相关文献指出，传统的基于 PCA 的系统性能监控方法都是直接根据过程的测量变量 y 建立相应的统计模型，由于变量之间往往存在复杂的非线性关系，导致建立的模型对故障不够灵敏，造成误报和漏报。采用过程与模型的残差建立相应的模型，如图 23-67 所示。图中，d 为未知扰动，y_s 为设定值向量，e 为过程实际输出 y 与模型预测输出 $\hat{y}$ 的差值。图中的模型可以是用微分方程形式描述的机理模型，也可以是用神经网络建立的黑箱模型。由于各种因素的作用（如干扰、模型简化近似等），在正常操作条件下，残差 e 只能是接近于零

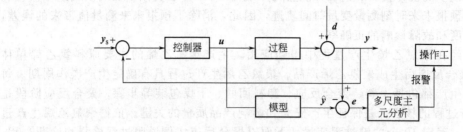

图 23-67　基于模型的系统性能监控示意图

的向量，由中心极限定理，可以认为其服从正态分布。当过程出现故障时，过程输出与模型预测输出的差值 e 将显著增大。残差 e 对于由过程的非线性和设定值引起的变化相对不敏感，从而大大增强了故障的识别能力。这里使用多尺度主元分析（Multiscale PCA，MSP-CA），将小波分析在不同尺度上提取信号特征的能力与主元分析去除变量间相关性的能力结合起来，比单纯使用 PCA 具有更好性能。

第 24 章
炼油工业生产过程控制

◎ 24.1 炼油工业概述

石油是十分复杂的烃类及非烃类化合物的混合物。组成石油的化合物的相对分子量从几十到几千，相应的沸点从常温到 500℃ 以上，其分子结构也是多种多样。因此，石油不能直接作为产品使用，必须经过各种加工过程，炼制成多种在质量上符合使用要求的石油产品，如各种燃料、润滑油、有机化工原料、工艺用油、沥青、蜡、石油焦炭等。

确定原油的加工方案是炼厂设计和生产的首要任务。综合分析原油的性质、市场对产品的要求、加工技术的先进性和可靠性，以及经济效益等方面的因素，各炼油厂的加工方案和工艺流程有所不同。原油加工方案基本上可分为燃料型、燃料-润滑油型和燃料-化工型。图 24-1 和图 24-2 是两种原油的加工方案。近年来，为了合理利用石油资源和提高经济效益，许多燃料型炼油厂的加工方案逐渐向另外两种类型转换。

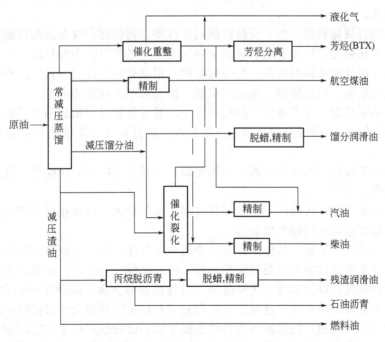

图 24-1 典型的燃料-润滑油加工方案

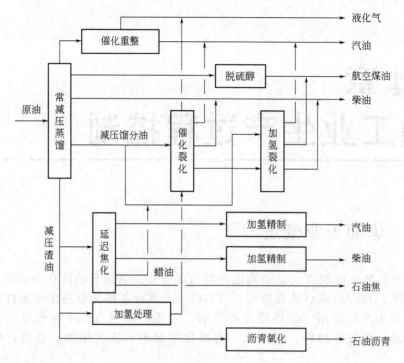

图 24-2　典型的燃料加工方案

炼油厂主要由炼油过程和辅助设施两大部分组成。通常，每个炼油过程相对独立地自成为一个炼油生产装置。为了保证炼油生产的正常进行，炼油厂还必须有完备的辅助设施，例如供电、供水、供水蒸气、供风、废物处理、储运等系统。

各种炼油生产装置大体上可按生产目的分为以下几类。

（1）原油分离装置　原油蒸馏是原油加工的第一道工序。原油经过常减压蒸馏分离为多个馏分油和渣油。

（2）重质油轻质化装置　为了提高轻质油品收率，需将部分或全部减压馏分油及渣油转化为轻质油，催化裂化、加氢裂化、焦炭化等裂化反应过程可实现此目的。

（3）油品改质及油品精制装置　此类装置的作用是提高油品的质量以达到产品质量指标的要求，如催化重整、加氢精制、电化学精制、溶剂精制、氧化沥青等。

（4）油品调和装置　为了达到产品质量要求，通常需要进行馏分油之间的调和（有时也包括渣油），并且加入各种提高油品性能的添加剂。油品调和方案优化对提高现代炼厂的效益具有重要作用。

（5）气体加工装置　如气体分离、气体脱硫、烷基化、C_5/C_6 异构化、合成甲基叔丁基醚（MTBE）等。

（6）制氢装置　在现代炼厂，由于加氢过程的耗氢量大，催化重整袋置的副产氢气不能满足需要，有必要建立专门的制氢装置。

（7）化工产品生产装置　如芳烃分离、含硫化氢气体制硫、某些聚合物单体的合成等。

我国的炼油工业经过半个世纪的发展，已形成完整的工业体系。在炼油工艺、石油产品的品种、数量、质量，以及节能、污染防治、过程控制等方面，取得了全面的发展和提高。近些年来，由于常规石油资源日益减少，如何充分利用重油资源和大量的减压渣油，重油轻质化成为石油加工和炼油厂提高经济效益的重要手段。沿海炼厂加工高硫原油增多，环境保护要求日益严格，清洁燃料的需求，石油化学工业的发展在原料品种和数量上的要求，都对炼油工业的发展提出了新的课题。

自形成大规模连续生产的炼油工业以来，自动控制就成为炼油过程保证产品质量，提高产率不可缺少的部分。在生产工艺、控制理论和检测及计算机技术的推动下，过程控制有了长足的进步，由简单的常规控制发展到复杂控制、先进控制、过程优化以及目前正在大力发展的综合自动化系统。从硬件上看，各炼油装置的操作控制由气动单元组合、电动单元组合等常规仪表发展到集散型控制系统（DCS）。有的炼厂实现了多套装置集中控制，进一步提高了控制管理水平。在主要炼油装置上，如常减压蒸馏、催化裂化、催化重整等应用了多变量预测控制器等先进控制系统，有的装置实现了在线优化，对提高目的产品收率，提高质量，降低能耗和提高经济效益等方面有明显效果。计算机在油品储运与调和以及生产与企业管理上也得到广泛应用。应用先进的过程控制技术和信息技术，解决生产中的实际问题，是炼油企业技术进步中一项投入少、回收快、挖潜增效的重要措施。

◎ 24.2 常减压蒸馏生产过程控制

常减压蒸馏是炼油工业的龙头装置，其主要任务是采用蒸馏方法，将原油按沸点不同分割成为若干不同馏程范围的产品或半成品，为原油的深加工提供原料。常减压蒸馏的主要设备包括分馏塔（通常有初馏塔、常压塔、减压塔）和加热炉。常减压蒸馏的处理量大，变量之间耦合严重，其控制的好坏，不仅对本装置的产品质量、产品收率有很大影响，而且影响到整个企业对原料的利用。

24.2.1 加热炉的控制

常压炉和减压炉是原油蒸馏装置的主要能耗设备，常减压蒸馏装置的热源几乎都来自加热炉。炉型有圆筒炉、卧管立式炉和立管箱式炉等。

（1）炉出口温度的控制　加热炉主要的质量指标是炉出口温度，常压炉、减压炉一般要求温度精度±1℃。常采用的控制方案是把炉膛温度作为副参数、炉出口温度与炉膛温度的串级控制。此时，燃料的压力、流量和热值等干扰因素的影响都反映在炉膛温度上，可以起到超前作用，克服炉出口温度的滞后。当燃料油压力（流量）的波动较大时，常采用以燃料油压力（流量）为副参数的炉出口温度与燃料油串级控制，比较而言，燃料油压力易于测量，但燃烧火嘴的结焦可能造成调节阀后压力升高，造成误操作。

为了克服进料量和进料温度干扰，可采用前馈控制。

常减压炉一般采用多路进料，出口温度控制为总管温度，为避免支路间温度偏差过大，可采用支路平衡控制。若每一支路温度单独可调，则对每一支路分别控制温度。

（2）加热炉进料流量控制　对具体的加热炉，有一推荐的冷油流速，以利于传热和防止结焦。一般加热炉进料采用单参数控制。对多路进料加热炉，设计原油提降量控制系统，在炉进料总流量需改变时，能依据当前操作状况合理均匀地分配各路流量，使炉出口温度控制在要求的范围内。入炉总进料量的变化为

$$G = \Delta QT \tag{24-1}$$

式中　G——提降流量的变化值；

　　ΔQ——每执行周期改变的量；

　　T——达到 G 值所需要的执行周期数。

同时，需要满足炉出口温度变化 ΔT 的约束为 $\Delta T < \Delta T_{max}$。

（3）燃烧控制系统　加热炉的燃烧控制系统包括有燃料油（或气）的压力控制；使用燃

料油时的雾化蒸汽压力控制；炉膛负压控制。其首要目的是保证燃料充分、完全地燃烧，以便发挥燃料的热效。

提高加热炉的燃烧效率是降低蒸馏过程能耗的主要途径。为维持加热炉高效运行，需要一理想的空气/燃料比，即保持理想的过剩空气系数 α。通常采用空气和燃料比值控制，但当燃料性质波动比较大时，不能保证加热炉的热效率最佳。烟气中 O_2 的含量是过剩空气系数 α 大小的直接体现，所以产生了变比值的控制方法，即通过控制烟气中 O_2 的含量来调节空气/燃料比，间接控制燃烧效率。由于影响烟道气中 O_2 含量的干扰因素主要是燃料流量的大小，因此把燃料量的变化作为主要干扰进行前馈补偿。但 O_2 含量测量仪容易损坏，O_2 含量控制系统难以长时间稳定运行。因此进行热效率的优化需要建立合理的热效率在线估计模型。

（4）安全联锁系统　加热炉常规联锁项包括进料流量过低或中断；燃料压力低；燃烧器熄火；雾化蒸汽压力低；烟风系统失灵。

24.2.2　常压塔塔底液位非线性区域控制

常压塔塔底液位对于稳定常减压装置的操作很重要。液位平稳反映了常压塔操作比较平稳；另一方面，常压塔塔底重油是减压炉进料，它的稳定与否对于减压炉乃至减压塔的操作是否平稳都很关键。因此，常压塔塔底液位控制器的控制目标是稳定塔底液位在一定范围内变化，尽可能减少塔底重油的调节对减压炉和减压塔操作的影响。这是典型的均匀控制问题，传统上采用简单或串级控制回路，通过参数整定实现控制目标。

近年来，针对均匀液位控制问题出现了一些采用预测及优化控制的先进控制方案，并形成了商品化软件，控制效果比传统的方案有了明显的提高。非线性液位控制具体的算法可能不同，但其基本特点是，在正常操作情况下，允许液位在高、低限范围内波动，来保证流量控制器平稳地输出。通过预测将来的干扰来满足液位高、低的约束。如果液位超限，能快速控制使液位回到高限。下面给出一种变周期单值预估控制器的算法。

先作如下定义。

容许容量 $\Delta\Phi_{\text{lim}}$：表示被控变量从当前值到区域上限或下限系统具有的容量。

调整容量 $\Delta\Phi_{\text{sp}}$：表示被控变量从当前值到给定值时系统具有的容量。

由于非线性液位控制器要求液位在一定的范围内变化，其动态控制不需要精确地控制在某一个给定值上，这种实际要求正好增加了控制器自由度，使得系统鲁棒性增强，并且增加的控制器自由度，为进一步的经济目标优化提供了基础，定义控制器性能指标如下。

$$\min_{\Delta u(k)} J = \| \Delta u(k) \|_R + \| e(k+P|k) - y(k) + \hat{y}(k|k-P+1) \|_Q$$

$$\text{s.t.} \begin{cases} u_{\min} \leqslant u(k) \leqslant u_{\max} \\ \Delta u_{\min} \leqslant \Delta u(k) \leqslant \Delta u_{\max} \\ y_{\text{HL}} \leqslant y(k+P) \leqslant y_{\text{LL}} \end{cases} \tag{24-2}$$

在式（24-2）的指标函数中引入了反馈校正，控制作用及其变化速度有硬约束，输出具有软约束，$\hat{y}$ 为预估输出，y 为系统的实际输出。这里仅对未来第 P 步的预估误差进行惩罚，既可降低在线优化计算量，又为智能控制提供一个简便的实施目标。区域定义如下：

$$e(k+P|k) = \begin{cases} y_{\text{HL}} - y(k+P|k) & y_{\text{HL}} < y(k+P|k) \\ y_{\text{LL}} - y(k+P|k) & y_{\text{LL}} < y(k+P|k) \\ 0 & y_{\text{LL}} \leqslant y(k+P|k) \leqslant y_{\text{HL}} \end{cases} \tag{24-3}$$

变周期单值预估控制技术实施的策略如图 24-3 所示。

图中，HL 表示控制系统希望将被控变量控制在上限；LL 表示控制系统希望将被控变量控制在下限；SP 为被控变量的期望值，一般该值位于区域的中心。

控制方案如下。

IF 被控变量 $y(k)$ 处于区域内 THENIF 根据变化速度预估在时间 T_1 内超出上限 HL 或下限 LLTHEN

按在 T_2 时间内到达给定值计算控制输出

ELSE

维持当前控制作用

END

ELSEIF 当前液位 $y(k)$ 位于区域外 THEN

在准确判断被控量变化的基础上，按在 T_2 时间内到达给定值计算控制输出

END

根据被控量的变化，可以计算出系统容量的变化速度 $\Delta\Phi$，由此可以对被控量何时超出区域进行单值预估。对被控变量预估转化为利用系统的"容量"预估变化时间。

$$T_{\text{pre}} = \frac{\Delta\Phi_{\lim}}{\Delta\Phi} \tag{24-4}$$

如式（24-4）计算被控量何时超出区域，控制律计算为

$$u(k) = \begin{cases} u(k) = u(k-1) + \Delta u(k), & T_{\text{pre}} < T_1 \\ u(k) = u(k-1), & T_{\text{pre}} > T_1 \end{cases} \tag{24-5}$$

$$\Delta u(k) = \begin{cases} \dfrac{|\Delta\Phi_{\text{sp}}|}{C_p T_2} + \dfrac{\Delta\Phi}{C_p}, & \Delta\Phi[y(k) - y_{\text{sp}}] > 0 \\ -\dfrac{|\Delta\Phi_{\text{sp}}|}{C_p T_2} + \dfrac{\Delta\Phi}{C_p}, & \Delta\Phi[y(k) - y_{\text{sp}}] < 0 \end{cases} \tag{24-6}$$

其中，C_p 为容量系数。控制器的非等周期体现在以下两个方面：一是被控变量在区域内时，只要在预估时间内不超出区域，控制作用就维持不变；二是在 k 时刻计算一次控制作用后，即使在 $k+1$ 采样时刻液位仍然超出了区域，在 $k+1$ 不一定必须计算控制作用，下一次的控制作用计算是在 $k+M$ 时刻，M 的确定根据被控变量以前的变化速度和当前的变化速度，如果变化速度快，M 取值小，如果变化速度慢，M 取值大。由此形成一个变周期的策略。变周期单值智能预估控制引入了专家控制的思想，实现了非等周期的控制策略，即并不一定每个周期都控制，而是只有对被控变量的变化情况判断准确时才发生调节作用，因此这种控制策略在一定程度上能克服测量仪表存在的滞环和死区现象。实际应用取得了良好的控制效果。

24.2.3 支路平衡控制

常压炉或减压炉进料一般分为几个支路。常规的控制方法是在各支路上都安装各自的流量变送器和控制阀，而用炉出口汇合后的温度来调节炉用燃料量。这种调节方法，仅能将炉子总出口温度保持在规定的范围内，而各支路的出口温度则有较大的变化，某一路炉管有可能局部过热而结焦。为了改善和克服这种情况，采用支路平衡控制。

加热炉支路平衡控制器根据被加热支路的温度，通过调整各支路流量的分配，来控制常压炉和减压炉中被加热支路间的温度平衡。调节方法为：保持通过炉子的总流量一定，而允

许支路流量有变化；各支路的出口温度和炉总出口温度比较，通过计算自动调节各支路的进料流量，维持各支路的温度均衡。在加热炉支路平衡控制中，同时调整加热炉各支路流量的设定值，以保证各支路的温度平衡。其控制原理如图 24-4 所示。

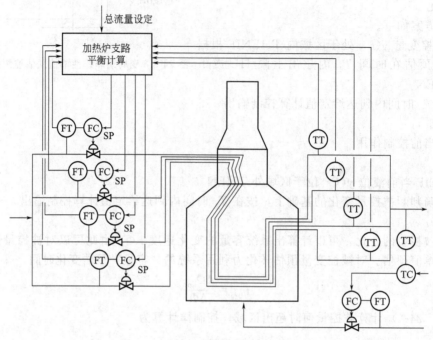

图 24-4 加热炉支路平衡

控制算法如下。

$$\Delta F_i = K F_i \left(\frac{T_i}{T_{wa}} - 1 \right) \tag{24-7}$$

$$T_{wa} = \frac{\sum (F_i T_i)}{\sum F_i} \tag{24-8}$$

$$F'_{TARGi} = F_{TARGi} + \Delta F_i \tag{24-9}$$

其中，F_i 为第 i 个支路的流量值；T_i 为第 i 个支路的出口温度；K 为整定常数；T_{wa} 为加权平均出口温度；ΔF_i 为第 i 个支路的流量修正值。F_{TARGi} 为第 i 个支路旧的流量设定值；F'_{TARGi} 为第 i 个支路新的流量设定值。

整定常数 K 为一大于零的常数，通过它可调整控制器调节的幅度，通常选择 $K=1$。

在执行支路平衡计算时，有以下约束条件：

① 每个控制周期最大允许的流量变化；

② 各支路流量调整之和应等于 0，以保证总的流量不变；

③ 支路流量的最大和最小值，保证加热炉工作在合适的范围内。

也可以用模型预测控制或差动方法实现加热炉支路平衡控制。

24.2.4 常减压蒸馏装置的先进控制

以清华大学开发的 SMART 控制器在某常减压蒸馏装置的应用为例进行介绍。

（1）先进控制控制目标

① 平稳装置操作，安全连续生产，减少产品质量波动。

② 平衡加热炉支路出口温度，降低炉管结焦可能性，延长炉管使用寿命。

③ 保证产品质量，实现在线产品质量监测。

④ 实现卡边优化控制，提高常压轻油收率，提高减压拔出率。

⑤ 实现过程设备约束操作，减少装置瓶颈效应。

⑥ 提高装置处理量。

针对常减压装置的状况，先进控制系统用两个多变量预估控制器，即初馏、常压塔多变量控制器和减压塔多变量控制器。常压炉和减压炉的控制可采用支路平衡控制器，使控制支路的负荷平衡，并满足蒸馏塔的需要。对塔底液位和塔顶回流罐液面可以用非线性液位控制器进行控制，以保障分馏塔的平稳运行。装置的流程及先进控制示意图如图 24-5 及图 24-6。

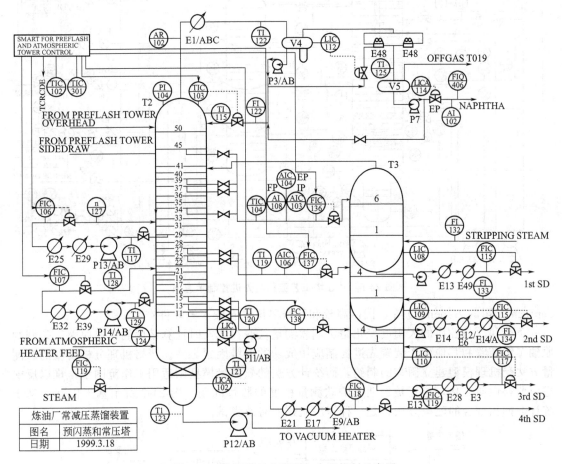

图 24-5　常压塔工艺流程与先进控制示意图

（2）产品质量指标的软测量　在没有在线质量分析仪表的情况下，对作为被控变量的产品质量指标采用软测量仪表进行在线实时计算，再用实验室化验数据进行校正是一种实现产品质量指标直接闭环控制的替代方案。已有在线质量分析仪表时（如倾点仪、黏度仪等），为减小在线质量分析仪表的测量滞后，避免在线质量分析仪表出现故障而使先进控制停运，采用软测量仪表进行产品质量的在线实时计算，用在线质量分析仪表进行校正的方案也是一种提高控制质量和提高先进控制投运率的好的选择。

软测量仪表有基于机理分析模型的软测量和基于实验模型的软测量两种，基于机理分析模型的在线实时工艺推断计算的软测量软件有 Honeywell 公司的 Fractionator Toolkit，国内高校和科研单位也研发出了基于机理模型的软测量软件产品。基于实验模型的软测量，基本上各个先进控制软件产品都有相应的软件产品，如 Honeywell 公司的 Profit Sensor、As-

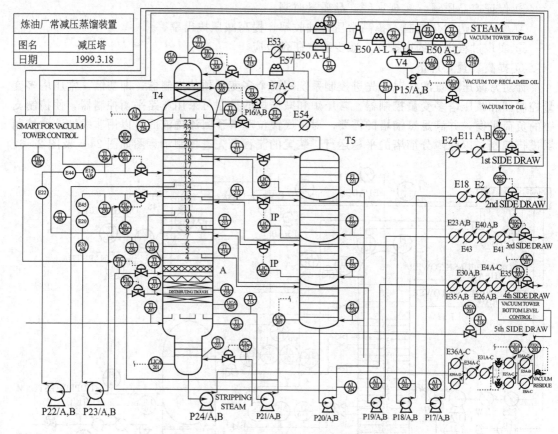

图 24-6　减压塔工艺流程与先进控制示意图

pentech 公司的 Aspen IQ 等，国内高校和科研单位也有较多的软件产品。

　　负荷和原料性质的大幅度变化是影响软测量仪表在线实时计算精度的主要原因，是制约原油蒸馏装置和其他生产装置先进控制应用成功的关键因素之一。严格机理分析模型的软测量方法受机理模型建立困难的制约，而统计方法的软测量模型则适用工作范围小，难以反映进料原料性质变化，这正是长期影响软测量精度的瓶颈问题。图 24-7 所示基于机理和基于统计数据相结合的建模方法，是一种解决瓶颈的有效尝试。

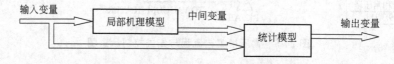

图 24-7　机理建模和统计建模相结合的软测量模型结构

　　对于像油品性质较重的常三线产品的干点这个较难计算准确的产品质量指标，用这种软测量的精度较常规软测量的精度有显著提高，其他产品质量指标的软测量精度也有明显的提高。表 24-1 是常三线干点软测量计算点在线运行后 81 次（27 天）与采样化验结果的计算误差统计结果。

表 24-1　模型在线运行效果表

项目	标准差/℃	最大误差/℃	误差<1℃ 所占百分数	误差<2℃ 所占百分数	误差<3℃ 所占百分数	误差<4℃ 所占百分数
常三线干点	1.91	4.07	43.21%	71.60%	87.65%	93.83%

（3）初馏、常压塔控制器（ATMCON）（见表 24-2）

表 24-2　初馏与常压塔控制器变量划分

序号	被控变量	操纵变量	干扰变量
1	初馏塔汽油干点（卡上限）	初馏塔顶温度控制器	初馏塔到常压塔第 33 层塔板量
2	航煤初馏点（卡下限）	常压塔顶温度控制器	常压塔进料量
3	航煤干点（卡上限）	常压炉温度控制器	初馏塔顶压力
4	航煤闪点（卡下限）	常压一线抽出量（卡上限,提高收率）	
5	航煤冰点（卡上限）	常压二线抽出量（卡上限,提高收率）	
6	轻柴 95％点（卡上限）	常压三线抽出量	
7	轻柴 90％点（卡上限）	常压一中流量	
8	常三线黏度	常压二中流量	
9	常三线闪点	常压三中流量	
10	常压塔过汽化率		
11	常压塔塔顶压力		

注：括号内表示优化目标。

（4）减压塔控制器（VACCON）（见表 24-3）

表 24-3　减压塔控制器变量划分

序号	被控变量	操纵变量	干扰变量
1	减一线闪点	减压塔顶温度	减压塔进料量
2	减一线黏度	减一线出装置流量	
3	减一线馏程	减二线出装置流量	
4	减二线闪点	减三线出装置流量	
5	减二线黏度	减四线出装置流量	
6	减二线馏程	减一中流量	
7	减三线闪点	减二中流量	
8	减三线黏度	减压炉出口温度	
9	减三线馏程	减压塔顶温度	
10	减四线闪点		
11	减四线黏度		
12	减四线馏程		

（5）应用效果　投用 SMART 控制器实现了平稳控制和卡边控制的目标。高价值产品航空煤油在保证产品质量的前提下，在操纵变量容许范围内，尽可能地实现了航空煤油初馏点卡下限、干点卡上限、闪点卡下限、冰点卡上限的目标，通过将塔顶汽油中的航空煤油组分下压到一线航空煤油产品中，二线柴油组分中的航空煤油组分上拨到一线航空煤油产品中，最大限度地达到了多出航煤产品。减压塔实现了多出润滑油、提高总拔出率的目标，提高了装置的经济效益。

◎ 24.3 催化裂化生产过程控制

催化裂化装置（FCCU）是最重要的重质油轻质化过程之一，在我国其处理量仅次于常减压装置，是炼油厂的关键效益装置。传统的催化裂化原料是减压馏分或焦化蜡油等重质馏分油，当掺炼更重质的原料时，如减压渣油、脱沥青的减压渣油等，称为重油催化裂化。主要产品有液化气、汽油、柴油。

催化裂化生产过程工艺复杂，规模日益大型化。由于常减压深拔和多掺渣油，原料性质日趋变差，而生产上希望进一步提高轻油收率，灵活调整目的产物收率以适应市场多变的需要。从操作上看，工艺参数强烈耦合，如反再系统的催化剂热循环；存在多种约束，非线性强。另外，许多重要的变量不能实测。所有这些对过程控制提出了很高的要求，也为先进控制和优化提供了很好的机会。

24.3.1 反应-再生系统的控制

（1）反应-再生系统（反再系统）的控制问题　反再系统是催化裂化装置中最重要的部分。反再系统的操作必须保持几种平衡：物料平衡、能量平衡和压力平衡。另外，还需要自保措施，保证在事故状态下能切断进料，使两器独立，保证装置安全。在平稳操作的基础上，调整反应深度，提高目的产品产率。

反应深度决定了产品的产率和质量。原料性质、催化剂的活性和选择性、雾化效果和流动状况、反应温度与压力、剂油比、原料预热温度、回炼比等，都对反应器的转化率有很大影响。由于目的产物汽油、柴油和液化气是反应的中间产物，采取合适的反应条件以尽量减少这些目的产物的进一步裂化可提高其收率。

反应器和再生器的耦合严重。待生催化剂烧焦产生的热量由再生催化剂循环带入反应器，为反应提供所需热量。再生催化剂的含焦量直接影响着催化剂的活性。因此，再生器的操作，保证催化剂正常循环的压力平衡，都对催化裂化的反应和装置正常运行有很大影响。

（2）反再系统的常规控制　图 24-8 是带烧焦罐的 FCCU 反再系统典型常规控制方案。

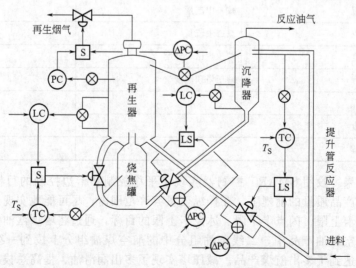

图 24-8　反再系统典型常规控制方案

① 提升管反应器出口温度的控制　提升管出口温度和再生滑阀两端差压组成低值选择控制。正常工况下，根据提升管出口温度来控制阀的开度，以调节温度，控制产品质量。当再生滑阀开度过大，再生滑阀压降调节器输出信号降低至低于出口温度的输出信号时，选择器将选择差压控制器输出信号控制再生滑阀开度，以防止催化剂倒流。

② 反应沉降器料位控制　沉降器料位与再生滑阀压降构成低值选择控制，保持两器催化剂藏量。正常情况下根据沉降器料位变化调节再生滑阀的开度达到平衡；异常情况，选择根据再生阀压降调节。

反应器温度和反应沉降器料位控制回路，组成了反应器与再生器之间的催化剂循环控制系统。

③ 再生器压力和反应器、再生器的差压控制　两器差压是控制反应再生系统压力平衡的重要变量。若再生器压力过高，大量空气将窜入反应器，引起爆炸；若反应器压力过高，则大量油气将窜入再生器，引起剧烈燃烧，甚至爆炸。一般反应器压力通过气压机入口压力进行控制，两器差压通过调节再生器顶烟气排放量进行控制。沉降器与再生器的压差和再生器压力构成选择性控制。正常情况下根据两器差压的变化来控制双动滑阀；出现异常时选择直接根据再生器压力变化来调节压力平衡。

④ 再生器藏量与烧焦罐的温度选择性控制　正常情况下根据二再再生器藏量调节，异常时选择烧焦罐的温度来进行控制。

随着外取热技术的发展，对于生焦量大的 FCCU，再生器密相温度可以通过调整外取热器的取热量来控制。其他还有汽提蒸汽等辅助控制回路，主风机和富气压缩机的控制等。

(3) 反再系统的先进控制　反再系统实施先进控制，其目标为：满足装置约束，平稳操作；调整反应深度，改变产品分布，提高目的产品产率和质量，以获取最大的经济效益；控制再生温度稳定，保障设备安全，控制烟气中过剩氧含量，避免二次燃烧；在不同的焦炭产率下达到热平衡，为提高装置处理量或渣油掺炼量创造条件。

目前已有多种成熟的商品化软件包用于催化裂化的先进控制，如 AspenTech 公司的DMCplus，Honeywell 公司的 RMPCT，早期 Setpoint 公司的 IDCOM、SMCA 等。其实施方案是在基本控制回路的基础上增加多变量预测控制，还可提供机理模型，进行稳态优化。反应再生系统多变量动态模型一般通过现场测试获得。一些重要的不可测变量通过软测量方法来解决。我国催化裂化装置引进的第一套先进控制软件是 Setpoint 公司的 IDCOM-M。

另一条技术路线是采用机理建模的方法。石油大学袁璞教授及其同事和学生提出了反应热控制和动态实时优化。以 FCC 反应过程中单位进料所需的热量（反应热）作为衡量反应深度的标志；从机理分析出发，建立反应过程的动态模型，用实测数据估计参数，不施加人为的测试信号，对动态模型进行现场验证或修正；以观测器方法实时地给出催化剂循环量、反应热、生焦量等不可测变量的数值和变化情况；利用状态空间模型的单值预估控制算法，实现了反再部分反应深度多变量预测协调控制。利用实测数据和过程动态数学模型，实现了基于反馈机理的动态实时优化。

实施先进控制和优化，关键是获得足够精度的模型。尽管已经有了很大进展，但催化裂化的工艺发展迅速，还应该继续深入的研究，尤其是动态机理模型的研究。

24.3.2　主分馏塔的控制

(1) 控制问题　FCCU 的主分馏塔是一个多侧线的分馏塔，不同于常压塔，其特点是进料直接来自反应器，进料组成和状态由反应器工况所决定，而非独立变量。进料组分包括干气、液化气、汽油、柴油、循环油和油浆，还有催化剂粉末。进料是约 $460\sim510℃$ 的高温过热油气，这决定了主分馏塔热量过剩，需要通过循环回流取走多余的热量。另外，分馏塔

649

的循环回流还是吸收稳定部分的热源，前后关联，增加了控制的难度。

对 FCCU 主分馏塔主要应解决装置平稳操作、产品质量控制和热量平衡优化的问题。FCCU 主要的质量指标是粗汽油干点，柴油的凝固点，闪点。一般以塔顶循环取热和中段取热负荷作为调节分离品质的手段。

（2）常规控制方案　图 24-9 是催化裂化主分馏塔典型的常规控制方案。

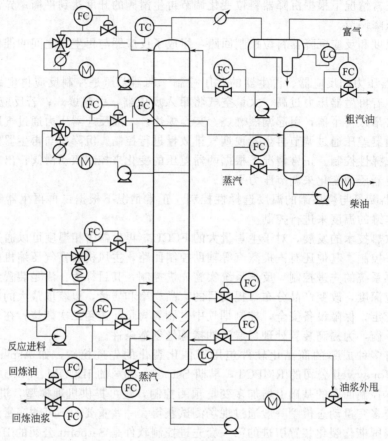

图 24-9　主分馏塔的典型常规控制方案

① 分馏塔底液面自动控制　液面调节器调整油浆外甩量大小来控制分馏塔底液面，也有的主分馏塔通过调整油浆取热量来控制塔底液面。

② 轻柴油抽出温度自动控制　轻柴油凝固点主要由轻柴油抽出层以下的一中回流调节取热量来控制的，一般以调节返塔温度为主，调节返塔流量为辅。

轻柴油闪点是通过调节轻柴油汽提塔汽提蒸汽量来控制的。

③ 分馏塔顶温度自动控制　粗汽油干点主要由分馏塔顶循环回流调节取热量来控制的，一般以调节返塔温度为主，调节返塔流量为辅。

④ 分馏塔顶回流罐液面与粗汽油至稳定流量串级控制

（3）主分馏塔的先进控制　反再决定了油品的分布，而主分馏塔的控制对产品的质量指标和收率有很大影响。通过先进控制，实现产品质量卡边，提高目的产品收率，优化取热，可获得显著的经济效益。

文献［18］针对催化主分馏塔开发了粗汽油干点多变量协调控制系统。被控变量为汽油干点或温度给定。在控制偏差较大时，使用顶循流量（或冷回流）作为操纵变量使干点（或塔顶温度）尽快回到给定值。在控制偏差被调至较小之后，则要使冷回流（或顶循流量）尽可能低（慢速协调），使顶循尽量走换热器。在协调的同时，由于冷热旁路控制的自动调节，仍保证控制偏差较小。最终使汽油干点（或塔顶温度）、顶循和塔顶冷回流都达到并维持在理想值上。这样，实现了动态快速控制与稳态多回收热量的一种协调。其原理框图如图24-10。

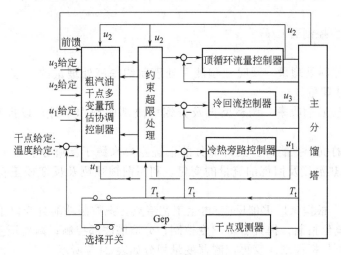

图24-10　粗汽油干点多变量协调控制系统

24.3.3　催化裂化先进控制实例

某炼油厂RFCC(Reside Fluid Catalytic Cracker)装置采用提升管反应器和内外取热的催化裂化技术，掺炼减渣，年加工能力为800kt，引进美国Honeywell公司的RMPCT控制策略。整个装置划分为三个大的控制器：反应-再生控制器，主分馏塔控制器，吸收稳定部分控制器。下面主要就反再和分馏部分进行介绍。

（1）重油催化裂化装置简介及控制需求　如图24-11所示，反再部分采用外立管式提升管设计。再生器为两段再生模式：一段再生（一再）贫氧，二段再生（二再）富氧。一再配有上流式外取热器。一再、二再烟气分流。

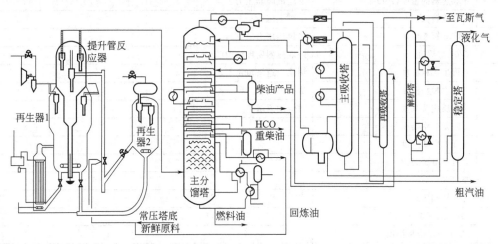

图24-11　RFCC工艺流程简图

装置存在以下三个约束瓶颈。首先，在高处理量以及多产轻烃方案下（或者携带烟气量大及金属污染的情况下），压缩机的负荷明显受限，反应压力因此受限，进而影响转化率及

651

产品分布。分馏塔顶冷凝负荷和顶循环取热负荷的不足更进一步加大了压缩机的负荷。第二，在高处理量及其原料变重以及重金属污染情况下，生焦量提高，这时主风机成为"瓶颈"，制约着原料处理量以及转化率的提高，在这种情况下，一再、二再主风分配尤为重要。第三，在高处理量以及高反应温度情况下，主分馏塔底油浆系统取热负荷不足，这必然要影响装置的转化率。

（2）反应-再生控制器

① 控制目标

a. 提高新鲜原料处理量。及时地预测并处理制约提高处理量的约束，调整反再操作条件，以利于提高处理量。

b. 提高装置轻质油收率。调整反再及分馏塔底部的操作条件，以提高重油转化能力，提高轻质油收率。

c. 提高装置的抗干扰能力。反再部分的干扰主要来源于新鲜原料性质（常压蒸馏塔的拔出率）、原料预热温度及回炼油流量的变化。利用前馈预测及反馈校正功能实现装置抗干扰能力的提高。

② 控制策略　根据该厂重催反应/再生工艺特点，把控制功能分为以下几个有机相连的子功能：再生器烧焦控制；提升管苛刻度控制；分馏塔底部控制；两器压差及阀位控制；产率极限控制即简单目标控制。反再控制器变量划分如表 24-4 所示。

表 24-4　反再控制器变量划分

序号	被控变量	操纵变量	干扰变量
1	一再生密相温度	新鲜进料	外取风流量
2	一再生稀相温度	终止剂流量	总风流量
3	一再生氧含量	回炼油流量	分馏塔中段热负荷
4	二再生氧含量	预热温度	分馏塔中段热负荷
5	一二再生压差	提升管出口温度	回炼油流量
6	待生立管塞阀阀位	二再生主风流量	反应温度
7	再生滑阀阀位	塔底温度控制输出	反应压力
8	外取热器的密度（PV）	反应沉降器压力	
9	气压机转数	一再生压力	
10	回炼油罐液位	二再生压力	
11	T201 底温度	外取热器密度（OP）	
12	二再生密相温度	油浆上返塔流量	
13	二再生稀相温度	油浆外甩量	
14	计算反应苛刻度	回炼油返塔量	
15	反应器再生器压差		
16	提升管中部温度		
17	半再生滑阀阀位		
18	外取热负荷		
19	再生滑阀压差		
20	T201 的液位		
21	T201 一层塔板温度		
22	预测干气产率		
23	预测粗汽油产率		
24	预测液态烃产率		
25	预测轻柴产率		

a. 再生器烧焦控制。再生器烧焦控制的最终目标是满足再生催化剂碳含量（CRC）小于 0.1%，并向反应提供合理的热源。烧焦控制属于热平衡控制的范围。CRC 与再生器床层温度、氧含量有关。一般认为 O_2 与 C、H_2、CO 的反应服从一级反应动力学，温度的影响体现在反应速度常数，而氧含量的影响体现在（动力学）氧分压。烧焦控制一般体现在两个方面：其一是总进料的流量及性质和转化率的控制，进料量对再生器的操作有明显影响；其二是控制再生器操作，亦即通过调节再生条件保证 CRC 并保证床层及烟气温度、氧含量满足指定约束。

b. 提升管的苛刻度控制。提升管的苛刻度控制即是控制裂化反应的深度，裂化深度主要受催化剂、操作条件、原料性质三方面因素的影响。催化剂方面的影响体现在平衡剂的活性以及再生剂 CRC。平衡剂的活性影响需要以反馈方式处理。操作条件的影响包括反应温度、压力、反应时间、剂油比等。反应温度是最重要的影响因素，它决定了裂化反应的反应动力学速度常数，反应压力影响裂化反应时间和油气分压，这两者都将影响反应动力学结果，反应压力还对原料雾化、汽提效率等非动力学因素有重要影响。在同样的反应温度下剂油比的大小影响着催化剂的重油转化能力，因而影响剂油比的因素都应加以控制。由于回炼油的性质和新鲜进料的差异很大，回炼油流量的大小将影响原料的组成，如总进料的康氏残炭和芳烃组成都与回炼油量关系很大。由于裂化深度与以上三方面存在着非线性关系，因而炼油厂经常采用反应温度作为裂化深度的间接控制目标，正因为其他操作条件对反应深度的干扰，固定不变的反应温度并不能保证转化率的恒定，因而应直接使用转化率作为控制目标。但由于裂化深度很难直接迅速地进行测量，并且直接的物料平衡数据存在很大的时间滞后，因此使用在线工艺计算以提供所需要的实时转化率。

③ 分馏塔底的控制　分馏塔底的控制目的是保证塔底的相关温度和液位，并从塔底油浆回路取走足够的热量以保证分馏塔的总体热量分配。分馏塔底的控制受反应条件、分馏中段操作条件、分馏塔底的操作三方面的影响，其中分馏塔中段因不属于反再系统控制，只能作干扰变量来处理。塔底控制目标为回炼油（RCO）罐液位、分馏塔底液位、一层板下温度、塔底温度等，其中塔底液位及塔底温度应控制在较低的狭窄的范围内，以防止塔底油浆结焦。反应条件对塔底的影响，主要体现在反应深度与反应压力上。反应深度对一层板下温度、RCO 罐液位、分馏塔底液位及温度均有影响，它对两个液位的影响尤为重要，为此在分馏塔底自身调节困难时，用反应深度来调节两液位。反应压力也明显地影响两液位，尤其是塔底液位，这主要是由于压力改变了产品的分布。

④ 压力平衡及阀位控制　压力平衡及阀位控制的目的是保证催化剂在各反应器间的流动，并兼顾压力对反应动力学的影响。沉降器压力，一再、二再压力分别影响相应反应器间的压差以及相应特种阀阀位，压力平衡还在短时间内影响催化剂藏量的分布。反应压力与二再压力影响再生剂的流动，进而影响提升管反应温度，后者又反过来影响反应压力。一再、二再压力均影响旋风分离器的情况。从动力学角度看反应压力改变了油气分压与反应时间以及油与催化剂的接触面积，进而影响裂化反应。

⑤ 收率的极限控制（简单经济目标优化）　收率的极限控制指在满足前面各种约束控制的前提下，尽可能地调整相关可用的调节手段按指定简单经济指标，把产率指标（或其组合）推向极限。转化率是重要的约束，作为直接的调节手段有新鲜进料量、回炼油量、提升管出口温度和反应压力等。新鲜进料量的调整则完成了装置处理量最大化问题，这也是最重要的效益来源之一。

（3）主分馏塔控制器

① 控制目标　提高分馏塔处理量；提高装置的轻质油收率即轻柴及粗汽油回收率；提高产品质量即轻柴倾点及粗汽油 90% 点；为下一工艺过程进料消除扰动。

653

② 控制策略　主分馏塔控制器变量划分如表 24-5 所示。

表 24-5　主分馏塔控制器变量划分

序号	被控变量	操纵变量	干扰变量
1	汽油 90%点	分馏塔顶循热负荷	新鲜进料流量
2	分馏塔顶温度	分馏塔顶循流量	提升管出口温度
3	轻柴倾点	分馏塔中循热负荷	分馏塔油浆上返塔
4	轻柴抽出温度	分馏塔中循流量	回炼油返塔
5	轻柴闪点	轻柴产品流量	轻柴作吸收油流量
6	分馏塔底液位	轻柴汽提塔蒸汽量	解吸塔底温度
7	分馏塔顶循返回温度	分馏塔顶冷回流	反应沉降器的压力
8	分馏塔中循返回温度		稳定塔底温度

（4）投运效果　整个装置的控制平稳率得到了很大提高；提高了装置产品质量合格率；提高装置产品收率；降低了装置能耗；实现了卡边控制，提高装置的处理量。

◎　24.4　催化重整生产过程控制

催化重整以石脑油为原料，生产高辛烷值汽油或轻芳烃（苯、甲苯、二甲苯，简称BTX），同时副产氢气。重整汽油是高辛烷值汽油和清洁汽油一种重要的调和组分，BTX 是一级基本化工原料，副产氢气是炼厂加氢工艺的重要廉价氢源。随着环境保护的日益加强，石油化工的发展和炼厂加氢装置处理能力的不断增加，催化重整在炼油工业中占据了重要的地位。

由于生产目的不同，催化重整的工艺流程也不同。当以生产高辛烷值汽油为主要目的时，工艺流程主要包括原料预处理和重整反应两大部分。而当以生产轻芳烃为主要目的时，后续工艺流程还有芳烃分离部分。重整反应单元是催化重整的核心单元。目前工业上广泛采用的反应系统流程可分为两大类：固定床反应器半再生式工艺流程和移动床反应器连续再生式工艺流程。前者采用 3～4 个固定床反应器串联，在生产中根据催化剂活性变化，改变反应器的操作，必要时停工，全部催化剂就地再生一次；后者设有专门再生器，反应器和再生器均采用移动床反应器，催化剂在反应器和再生器之间不断地进行循环反应和再生，一般每3～7 天全部催化剂再生一遍。

催化重整过程的产品附加值高，催化剂价格昂贵，装置工艺复杂，条件苛刻，反应温度在 500℃以上，生产的物料具有潜在危险性，对过程控制的要求很高。下面主要以生产高辛烷值汽油的流程介绍催化重整的控制。

24.4.1　原料预处理控制

（1）预处理工艺流程简介　由于重整催化剂价格昂贵，对杂质要求有严格限制，同时为得到馏分范围合乎要求的重整原料，设置了原料预处理单元，包括原料的预分馏、预脱砷和预加氢三部分，如图 24-12 所示。

（2）典型的控制方案

① 预分馏塔的压力控制　如图 24-13 所示，采用压力分程控制方案，优点是：塔压可以维持较高，不受塔顶产品组成和冷凝温度的影响，塔顶拔头产品可以全部冷凝成拔头油，

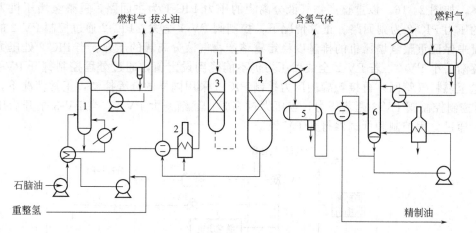

图 24-12 原料油预处理典型工艺

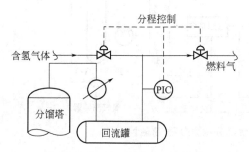

图 24-13 预分馏塔压力控制图

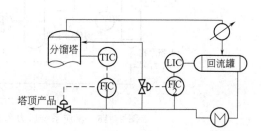

24-14 预分馏塔直接物料平衡控制图

减少了轻组分的损失，操作比较平稳。

② 预分馏塔直接物料控制 这种控制方案常用于回流比大于 1 的情况，如图 24-14。

③ 重沸炉出口汽化率控制 对重整装置的预分馏塔、汽提塔等处理窄馏分物料的分馏塔来说，重沸炉出口温度不能灵敏反映汽化率和加热炉供热量的多少。因此，采用在加热炉出口安装适用于气液两相的偏心孔板，根据孔板差压调节加热炉的燃料量，以控制加热炉出口汽化率，从而实现塔的平稳操作，如图 24-15。

24.4.2 重整反应器控制

① 反应器入口温度控制 反应温度是控制重整反应转化深度的重要参数。一般采用出口温度与燃料压力串级控制。对多个反应器串联，各反应器入口温度（加热炉出口温度）目前一般采取相同的温度，或逐个递增。

② 反应系统压力、再接触部分压力分程-超驰控制 低压连续重整中，设有提纯氢气的油气再接触系统，使含氢气体和重整生成油在较高的压力和较低的温度下建立新的汽液平衡，吸收气体中的烃类，以提高外送氢气的纯度和重整生成油的液体收率。由于在一定温度条件下，外送氢气的纯度随再接触系统的操作压力变化而变化，所以重整反应及再接触系统的压力控制很重要。

压力控制采用串级加分程及低选的复杂控

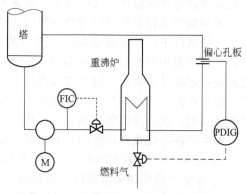

图 24-15 重沸炉出口汽化率控制方案

制方案，如图 24-16。以重整产物气液分离罐的压力 PIC-1 为主回路，重整氢增压机入口分液罐的压力 PIC-2 为副回路。正常情况下，控制阀 PV-1 全关，PIC-2 通过控制 PV-2 的返回氢气量来保证重整氢增压机的排量以稳定重整产物气液分离罐的压力。当 PIC-2 处压力过高时，逐渐关小 PV-2，若 PV-2 全关后压力仍不能降到设定值，通过分程控制打开 PV-1，将气体送至燃料气管网。再接触罐的压力控制 PIC-3 采用同样的分程控制，正常情况下，PIC-3 通过控制控制阀 PV-3 调节压力，当压力过高时，逐渐开大 PV-3，当 PV-3 全开后压力仍高时，通过分程控制和低选器打开 PV-2。

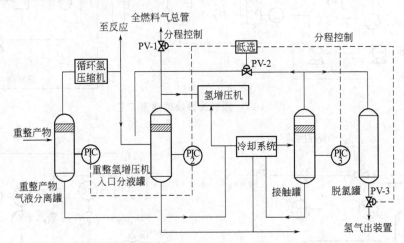

图 24-16　反应系统压力和再接触部分压力分程-超驰控制

整个系统的压力控制，首先是调节后一级高压气体返回线调节阀，在系统内部互相调节和补偿以维持系统压力的平衡，当整个系统压力高时，打开 PV-1，部分氢气放空；系统压力低时，关小或关闭 PV-3，少产或不产氢气。该控制方案满足了工艺要求，使氢气的损失减少，烃回收率提高。

有些重整装置为增加可调范围，PV-2 处又设置了分程控制，用两个阀取代了 PV-2。对采用两个再接触罐的流程，还要增加相应的压力控制回路。

24.4.3　重整反应器的先进控制

（1）先进控制的目标　重整反应的主要目标是生产高辛烷值汽油或轻芳烃。影响重整反应的主要因素有催化剂、原料性质和各种工艺条件。在催化剂和原料确定的情况下，生产操作的主要任务是在生产操作约束范围内，设定和维持最佳操作条件，以提高经济效益。主要的操作参数有反应温度、反应压力、空速和氢油比。

反应温度是控制产品质量最重要的操作手段。重整反应器的常规控制方案就是在维持反应压力的情况下，控制反应器的入口温度，从而保证产品的质量。但由于影响反应的因素多，各反应器中发生的反应也不同，当进料性质、催化剂活性等条件发生变化时，控制反应温度在给定值并不能保证处于最佳操作条件。更合理的目标是通过控制四个反应器的反应深度，保证产品的质量指标，如辛烷值，或实现一定的优化目标，如液收最大。这需要解决两方面的问题：反应深度如何衡量；反应深度控制的目标是什么。

以生产高辛烷值汽油为例，有如下主要的控制和优化目标。

① 在生产工况波动的情况下，将重整产品的辛烷值控制在设定值，使偏差最小。

② 在生产操作约束范围内，寻找最佳反应深度，在保证辛烷值满足要求前提下，获取最大的重整产品液收，这是一个优化问题。

③ 在生产操作约束范围内，保证一定的辛烷值的前提下，提高装置的处理量。

④ 控制氢油比，以减少催化剂结焦和压缩机能耗。

辛烷值、液收、催化剂结焦速率的在线计算，是实现这些目标的关键之一。加权平均温度是反应深度的一种衡量，又分为加权平均入口温度和加权平均床层温度。定义如下：

$$WAIT = C_1 T_{1i} + C_2 T_{2i} + C_3 T_{3i} \qquad (24\text{-}10)$$

$$WABT = C_1(T_{1i} + T_{1o})/2 + C_2(T_{2i} + T_{2o})/2 + C_3(T_{3i} + T_{3o})/2 \qquad (24\text{-}11)$$

式中　C_1，C_2，C_3——分别为第1、2、3反应器内装入催化剂量占全部催化剂量的分率。

T_{1i}，T_{2i}，T_{3i}——分别为各反应器的入口温度；

T_{1o}，T_{2o}，T_{3o}——分别为各反应器的出口温度；

（2）先进控制应用实例　某炼油厂连续重整装置加工能力为100万吨/年，采用美国环球油品公司（UOP）第二代连续重整技术和石脑油加氢技术，是目前国内已建成的规模最大，生产高辛烷值汽油的催化重整装置之一。采用 AspenTech 公司的 DMCplus 先进控制技术，除再生系统外，采用一个大的控制器，包括预加氢汽提塔及重沸炉控制器、预加氢脱丁烷塔控制器、CCR 反应器子控制器和 CCR 稳定塔子控制器共四个子控制器，子控制器可独立操作运行。再生系统采用一个控制器。下面主要介绍重整反应子控制器。

① 工艺流程简介　经预处理单元精制的重整进料在混合换热器 E-301 内与循环氢混合并与第四反应器出料换热，混合物料逐次进入四合一反应炉和四合一反应器（分别从第一反应炉和反应器至第四反应炉和反应器）。反应后的油气在 V-301 中分离，并经二次再接触后经稳定塔脱除丁烷馏分，作为重整汽油或芳烃抽提的原料。

② 重整反应控制目标

a. 通过调节重整反应器进料加权平均温度（WAIT），实现重整汽油的辛烷值控制。

b. 氢气压缩机的卡边控制使反应器压力最小化。

c. 降低重整反应器的峰值温度，延长催化剂的使用寿命。

在连续重整稳定塔底增设在线分析仪实现重整汽油全馏分分析，确保辛烷值控制的正确性。

③ 控制器设计　控制器有8个操纵变量，包括4个反应器入口温度控制、反应进料、反应系统压力控制和40个被控变量，5个扰动变量。图24-17是反应器子控制器控制图。通过对8个操纵变量的操作，实现对 CCR 装置的辛烷值、苛刻度、氢油比、分离器压力、进料量等控制。

a. 重整产品的控制。辛烷值是通过 T-301 底的在线分析仪的各组分值，运用 DMCplus 提供的推理计算子程序而得出。而控制辛烷值是通过4个反应器入口温度的分布控制而实现的。TRC-306、TRC-302、TRC-310、TRC-314 测量值变化代表了反应器加权平均温度（WAIT）的改变，根据不同要求的辛烷值，通过模型计算出各反应器所需的入口温度，从而确定了反应器的加权平均温度。当反应器进料量发生变化或进料组分发生变化时，为使辛烷值保持不变，DMCplus 调整各反应器入口温度的给定值，以补偿辛烷值的改变，从而实现了辛烷值的稳定控制和给定控制。

辛烷值推理计算如下：

$$CCRRON = f(C_4, C_5, C_6A, C_6PN, C_7A, C_7PN, C_8A, C_8PN, C_9, BIAS) \qquad (24\text{-}12)$$

其中，$C_4 \sim C_9$ 是在线分析仪测得的各组分体积分数；BIAS 用于化验分析数据修正值。

b. 反应器苛刻度控制。在保持辛烷值不变，并满足压缩机及各反应炉最高温度的约束条件下，尽可能地增大反应器进料量。这一控制通过4个炉膛最高温和3个温差的约束控制实现。三个温差是二反与一反入口温差、三反与二反入口温差和四反与三反入口温差。由于

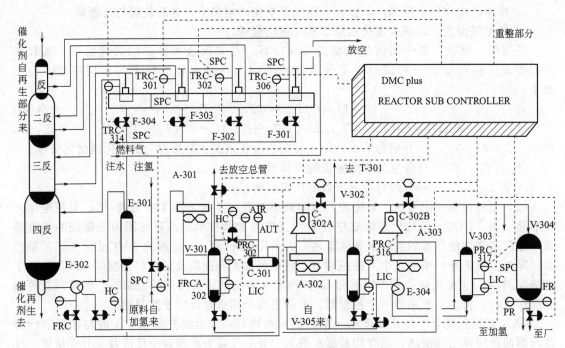

图 24-17　反应器子控制器

辛烷值控制功能，使辛烷值保持不变。随着进料量的不断增加，该控制处于卡边控制，为确保辛烷值不变，控制器将牺牲温度控制的要求，使温度尽量接近操作人员输入的目标。如果炉温达到约束极限时，TRC-306/TRC-302/TRC-310/TRC-314 的给定值将不再增加。

c. 氢油比控制。在催化重整中，使用循环氢的目的是抑制生焦反应、保护催化剂，同时也起到热载体的作用，减小反应床层的温降。总压不变时，增大氢油比可提高催化剂的稳定性，但增加了循环氢压缩机的负荷和能耗，氢油比过大时还会由于减少了反应时间而降低转化率。DMCplus 控制器根据预测模型计算出循环氢压缩机 C-301 的转速，在保证适当的催化剂稳定性条件、压缩机转速低限约束下，调节 C-301 转速使氢油比最佳。

d. 反应器压力最小化控制。降低反应器的压力，可提高 CCR 氢气产率和重整汽油收率，可降低反应温度的要求，但同时会提高催化剂结焦速度。根据焦炭模型预测的结焦速率和沉炭作为本控制的约束条件，压缩机最低允许转速作为限制的条件，还应考虑 PRC-302，PRC-316，PRC-317 反应系统压力控制阀位的限制。DMCplus 将在约束的范围内使 PRC-302，PRC-316，PRC-317 处于最低压力值。

这一控制需要建立催化剂的结焦速率和沉炭的推理计算模型。

④ 投运效果　投用先进控制系统后，装置的主要技术经济指标明显好转：

a. 通过物料平衡核算，重整进料量由不足 100t/h 提高到 103t/h，增幅至少为 3%；

b. 重整汽油液体收率由 88.09% 提高到 89.2%，增幅为 1.05%；

c. 重整反应转化率由 142.5% 上升到 143.6%，

d. 根据化验分析，重整汽油的辛烷值为 98.4(RON)，比投用前约提高 1 个单位。

先进控制提高了重整反应转化率，在获得同等产品辛烷值的条件下，重整液收率及氢产量明显提高，降低了装置综合能耗，提高了装置产品质量，装置生产平稳率大幅度上升。操作人员的劳动强度得到改善，不需随原料、气候等的变化不断调节操作条件。

◎ 24.5 延迟焦化生产过程控制

延迟焦化是将渣油在高温下经深度裂化和缩合反应转化为气体和轻、中质馏分油及焦炭的一种热加工过程。延迟焦化工艺技术成熟，可以加工残炭值和重金属含量很高的劣质渣油，投资和操作费用较低，液体收率高，有利于提高炼厂柴汽比，并可生产特种石油焦，在现代炼厂中占有重要地位。

延迟焦化装置加工的是劣质重质原料油，具有连续-间歇、高温操作的特点，装置相互关联严重。延迟焦化加热炉的结焦是制约装置长周期平稳运行的主要因素，而焦炭塔的切换会对装置产生周期性的影响。这些因素对延迟焦化的安全和平稳控制提出了很高的要求。长期以来，延迟焦化的控制较其他装置来说，处于落后的水平。提高延迟焦化装置的控制水平可以使加热炉的操作平稳，延缓其结焦速度，延长开工周期；消除或减弱焦炭塔切换对分馏塔操作的影响，明显降低操作人员劳动强度，带来明显的经济效益。

24.5.1 延迟焦化装置的工艺特点

延迟焦化装置的工艺流程有不同的类型，有一炉两塔、二炉四塔等，一台加热炉和两座焦炭塔相连为一套。随着装置的大型化发展，我国新建一炉两塔焦化装置的加工能力已超过100万吨/年。延迟焦化的工艺可分为焦化和除焦两部分，焦化为连续生产，除焦为两塔交替间断操作。图 24-18 为延迟焦化装置的工艺原理流程图。

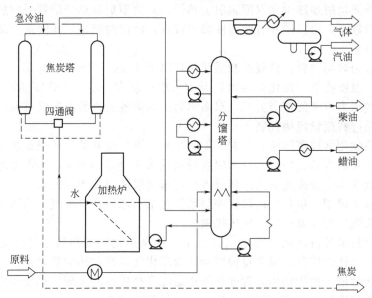

图 24-18 延迟焦化装置工艺原理流程图

焦化部分的加热炉是延迟焦化装置的核心设备，它为整个装置提供热量。由于要把重质渣油加热至 500℃ 左右的高温，必须使油料在炉管内具有较高的线速，缩短在炉管内的停留时间，同时要提供均匀的热场，消除局部过热，以防止炉管短期结焦，保证稳定操作和长周期运转。通常采用在加热炉辐射段注水或水蒸气的措施来提高流速和改善流体的传热性。对焦化炉总的要求是要控制原料油在炉管内的反应深度，尽量减少炉管内的结焦，使反应主要在焦炭塔内进行，延迟焦化也由此得名。

延迟焦化的化学反应主要是在焦炭塔内进行。焦炭塔提供了反应的空间，生成的焦炭也都积存在塔内。随着油料的不断引入，焦层逐渐升高；为了防止泡沫层冲出塔顶而引起油气管线及分馏塔的结焦，一般在料面达 2/3 时焦炭塔就停止进料，进行切换。停止进料后的塔进行吹气、冷焦、除焦和预热等操作。充分利用焦炭塔空间有利于增加处理量。

焦化分馏塔类似于催化主分馏塔。但定期的焦炭塔预热、切换过程严重影响主分馏塔的平稳操作。

在原料一定的情况下，焦化产品性质决定于焦化操作参数：温度、压力和循环比等。

适当增加反应温度有利于提高液体收率。但加热炉出口温度的增加要考虑到加热炉管的结焦速率和焦炭塔的除焦能力。温度太高，汽油、柴油馏分进一步裂化，轻油收率下降，焦炭塔内形成的焦炭过硬。温度太低，则焦炭中 VCM 含量高。因此，需要选择合适的反应温度。

压力高，反应深度加大，气体和焦炭收率增加。低压设计和操作时要注意焦炭塔与分馏塔部分的系统压力平衡。

循环比影响蜡油的干点。循环比增加，汽油、柴油收率增加，焦炭、气体收率也略有增加，而重馏分油收率下降。目前的趋向是低循环比，如 Foster Wheeler 公司的延迟焦化装置循环比为 0.05，甚至零循环。但降低循环比会使循环油的干点、残炭和金属含量增加，原料质量较差时，还会产生弹丸焦。

24.5.2　焦化炉控制

焦化炉有单面辐射加热炉和双面辐射加热炉。双面辐射加热炉炉管平均热强度高，热强度周向不均匀系数小，边界层和管壁温度峰值较低，停留时间短，压降低，新建装置一般采用双面辐射加热炉。

焦化炉一般为多路进料，常规控制系统包括以下几项。

（1）炉出口温度控制　焦化炉的出口温度一般控制在 495～505℃ 之间，采用炉出口温度与炉膛或燃气压力串级的调节方式，双面辐射加热炉各支路温度独立可调。

（2）各支路进料流量定值控制

（3）各支路软化水或蒸汽注入控制　炉管注水（汽）控制的目的是延缓结焦。双面辐射加热炉一般采用对流入口、辐射入口和辐射段采用多点注水（汽）。而早期建造的装置一般在辐射入口一点注水，经改造后采用辐射入口与辐射段两点注水（汽）。

（4）燃烧系统控制　焦化炉的燃烧控制系统包括有燃料油（或气）的压力控制；使用燃料油时的雾化蒸汽压力控制；炉膛负压控制。

焦化炉的燃料消耗占焦化总能耗 65% 以上，提高焦化炉的热效率是焦化装置节能的关键。采用燃料空气比值控制、氧含量控制和热效率优化提高加热炉热效率。

焦化炉运转后期，由于结焦，管壁和炉膛温度升高接近约束限。采用预测控制可以提高控制效果，并能处理炉膛和管壁温度的约束，尽量不超约束。

由于焦化炉炉管结焦，还发展了在线烧焦的技术。在线烧焦是在不停焦化加热炉的条件下，对多管程加热炉中某一列管进行空气-蒸汽烧焦。采用在线烧焦技术可以延长焦化炉的连续运行时间，缩短停炉烧焦次数。

24.5.3　塔顶急冷温度控制

为减少塔顶管线焦炭生成和腐蚀，需要打入急冷油压住泡沫层。采用急冷油流量控制或以焦炭塔顶温度为主回路与急冷油流量串级。急冷油一般采用循环蜡油。

24.5.4 焦炭塔切换扰动前馈控制

（1）焦炭塔的周期性切换对分馏塔的影响

① 油气预热新塔时，从焦炭塔顶部至分馏塔的油气量要减少，油气温度低于正常温度，此时分馏塔各部的温度有显著下降，蜡油出装置明显减少。

② 切换时，焦炭塔顶部来的油气量又有一大的变化。切换后焦炭塔汽提，水蒸气与油气从焦炭塔顶部逸入分馏塔，导致分馏塔汽速增加，气相负荷增大，气体夹带许多液体进入上层塔板，产生雾沫夹带，会降低分馏效果。

③ 切换汽提结束后，水蒸气改往放空系统，而不进入焦炭塔，又对分馏塔产生影响。

（2）焦炭塔切换扰动的检测　应用焦炭塔塔顶温度与塔底温度以及它们的变化率，焦炭塔顶压力等在线测量信息可在线准确地确定开始预热、切换等事件。可能的一种方法是：监测焦炭塔顶压力来判断预热事件；监测焦炭塔顶温度的变化检测切换事件；应用放空塔和焦炭塔的压力来检测汽提蒸汽切换事件。在检测时要选择具有代表性的变量，避免误判断和多次判断。

（3）焦炭塔切换扰动前馈补偿　在先进控制中，一般将焦炭塔的切换采用离散事件变量进行前馈补偿。一种方法是采用计数变量描述切换事件。例如，当在线确定开始切换时，相应的计数变量自动加一，也即产生一阶跃变化。建立切换与相应被控变量的模型，当切换开始时，对分馏塔相应的回流、抽出等进行调整，保证产品质量和工艺参数不超出约束。

需要说明的是当把离散事件进行前馈补偿，要求响应曲线具有一定的重复性及一致性。由于焦炭塔的预热、吹气时间等并非严格限定，离散事件干扰模型是一个平均模型。

24.5.5 延迟焦化装置的先进控制

（1）延迟焦化装置先进控制的目标　根据延迟焦化装置的工艺特点，实施先进控制可能的目标为：

① 增强整个装置处理新鲜原料的能力；

② 提高装置液收，降低焦炭产率；

③ 在满足产品质量的前提下，提高高价值产品的产率；

④ 平稳加热炉操作，提高热效率；

⑤ 缓解因焦炭塔切换操作对主分馏塔正常生产的影响。

具体装置实施先控的目标需要实际情况加以确定，如在低处理量情况下，应从平稳操作、提高液收或轻收这些方面考虑。延迟焦化装置的汽油、柴油和蜡油都不是最终产品，质量要求没有其他装置严格，但实施质量卡边控制，仍能获得可观的效益。

国外延迟焦化先进控制的主要策略一般包括加热炉的控制，焦炭塔切换事件的前馈控制，分馏塔的质量控制和进料最大化控制。

C. F. Picou Associates 公司焦化装置的控制目标是稳定焦化炉和主分馏塔的操作；改善侧线产品质量，尤其在预热和切换时；在恒定转化率情况下进料最大。进料最大是重要的操作目标，基于原料性质和实时操纵变量，使用模型预报焦炭产率，使进料最大化同时保证焦炭塔不过满，若加热炉是进料最大的"瓶颈"，采用约束控制保证加热炉壁温和热强度不超约束。主分馏塔采用常规的控制方案，与推理控制相结合，稳定分馏塔操作。当预热和切换发生时，采用超驰控制，以减少对过程的影响。

Aspen Tech 公司采用一个 DMCplus 控制器对包括焦化炉、焦炭塔、主分馏塔和气分的整个装置进行控制，实行先进控制的主要目的是提高产量、保证产品质量和稳定操作。通过对焦炭塔的预热、切换等事件引入前馈控制，稳定了操作；在满足焦炭塔空高、加热炉、主分馏塔和气分约束的条件下，使进料最大；产品质量模型使用 AspenIQ 软件包。

Honeywell 公司的 RMPCT 应用于延迟焦化装置，其策略包括：焦炭塔切换事件检测及前馈；进料最大化与焦炭塔空高控制；产品质量计算；中间调节控制，如支路平衡，非线性液位等。

ABB Simcon、YOKOGAWA 等公司也有类似的技术。

（2）应用实例　Koa Oil 公司的 2 号延迟焦化装置采用 RMPCT 技术，稳定了操作，提高了进料量。

① 工艺概况　Koa Oil 公司的 2 号延迟焦化装置由一个加热炉、一组焦炭塔、主分馏塔和气体分馏。低含硫量和高含硫量的原料混合后进入原料缓冲罐，泵抽出后与循环油和蒸汽在加热炉中混合，经加热送入焦炭塔。在生焦周期中，焦炭沉积在塔中。焦炭塔的气体产品在主分馏塔中分馏得到干气、汽油、轻瓦斯油（LGO）和重瓦斯油（HGO）产品。产品质量规格包括：焦炭硫含量的百分比；汽油的雷德蒸气压（RVP）；汽油干点和轻瓦斯油干点。主要工艺约束包括：在生焦周期结束时焦炭塔的空高最小；加热炉炉管金属温度；重瓦斯油塔板液位；塔底液位和主分馏塔及气分装置脱丁烷塔的一些温度。

焦炭塔波动和在暖塔过程中收集的冷凝液的注入，以及向主分馏塔中注入蒸汽也是焦化装置操作的主要干扰因素。

② 控制器设计

a. 控制目标。在焦炭塔空高最小和装置操作的约束条件下，使装置处理量达到最大。

调节原料掺和，使装置操作满足最大焦炭含硫量的限制。

在焦炭塔出现大的波动时，控制和改进产品质量，并稳定主分馏塔和气分装置脱丁烷塔的操作。

b. 控制器设计。共设计加热炉、主分馏塔和气分三个控制器。

i. 加热炉控制器。加热炉控制器的操纵变量包括支路流量、出口温度、注气流量和高、低含硫进料流量。被控变量包括加热炉总进料量、焦炭中的含硫量、进料加权温度、管壁温度以及原料罐液位等。如图 24-19，按进料最大值策略计算出满足焦炭塔最小空高和生焦周期的最大安全进料量。

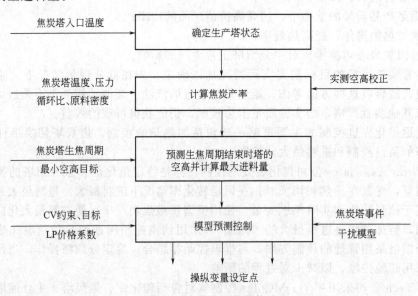

图 24-19　最大进料量策略

实现进料最大化，需要准确地预测焦炭塔的空高。根据实际的焦炭塔温度 T、压力 p、循环比 RR 和原料生焦因子 CF 计算，原料生焦因子根据在线密度分析仪的数据来计算，在

线密度分析仪提高了预测的精度。其计算公式为

$$C_k = M\_bias * f(T, p, RR, CF) + A\_bias \tag{24-13}$$

其中，M_bias、A_bias 为校正系数。

可以通过分馏塔出装置的量与进料量的差经过补偿来计算焦炭塔空高，还可以通过中子料位计来测量。

ⅱ. 主分馏塔控制器。用于主分馏塔的多变量预估控制的操纵变量包括塔顶温度、轻瓦斯油和重瓦斯油的产品流量、轻粗瓦斯油和重瓦斯油的循环回流流量以及循环油流量。被控变量包括石脑油干点、轻瓦斯油干点、轻瓦斯油汽提塔液位、重瓦斯油塔板液位、塔底液位、几个阀位和塔温。在线测量计算汽油的雷德蒸气压、石脑油干点和轻瓦斯油干点。用实验室样品分析的结果定期校正计算结果。

使主分馏塔操作稳定，特别在焦炭塔有干扰时，是关键控制目标。建立了三个焦炭塔干扰事件：焦炭塔预热、焦炭塔切换和焦炭塔汽提蒸汽改流程。通过建立这些干扰的模型进行前馈，减小了切换对分馏塔的影响。

当焦炭塔切换事件发生时，主分馏塔的许多 CV 在短时间内达到约束限，需要大的

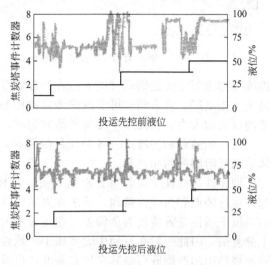

图 24-20　先控投运前后液位响应

MV 调节作用，如主分馏塔塔底液位在焦炭塔切换后的几分钟内，会有 30%～40% 的变化，人工操作很困难，先进控制解决了这一问题，如图 24-20 所示。

（3）应用效果　稳定了分馏塔的操作，装置进料增加了 2.5%。

◎ 24.6　油品调和

油品调和是将各种油品基础组分按预定的比例均匀混合，或与添加剂混合，成为成品或作为进一步加工的原料。油品调和的作用和目的在于，使油品全面达到产品质量标准的要求，并保持产品质量的稳定性；提高产品质量等级，改善油品使用性能，增加经济效益；合理使用各种组分，提高产品收率和产量。油品调和是炼油厂各种石油产品的最后一道生产工序。

由于调和与石油炼制过程相比相对简单，过去对环保指标要求不严格，因此，调和的控制系统相对简单和技术落后。随着清洁燃料生产的要求越来越严格，油品的质量指标规范增多，完全从加工装置中生产出合格的产品是不经济的，有时也不能做到，凭经验和半经验的方法进行油品调和容易产生质量过剩或不合格。

实施油品调和的优化控制可在下列方面产生效益：减少质量过剩；组分的优化使用；降低成品油和组分油的库存；减少修正和重调；产品质量指标更符合环保要求；提高调和效率，对市场机会快速响应。因此，越来越多的炼油厂开始重视调和控制。计算机控制和分析仪表技术的发展，为在线油品调和的优化控制创造了有利条件。

24.6.1　油品调和工艺

（1）油品调和的工艺　油品调和工艺相对简单，主要有罐式搅拌调和和管道调和两种方式。

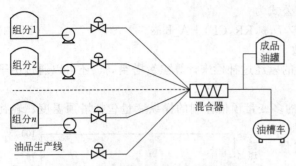

图 24-21　管道调和工艺流程示意图

罐式搅拌调和是把待调和的各组分油、添加剂等按所规定的调和比例，分别送入调和罐内，再用泵循环、机械搅拌等方法将它们均匀混合成为产品。这种方法要占用大量的中间组分油罐、调和罐，调和时间长，油品损耗多，能耗大。有时质量得不到保证或质量"指标过头"，此外，成品油久存也会使其质量劣化。

管道调和（图 24-21）是使各个组分连续地按照预定的比例同时进入总管和管道混合器内进行调和，即进行比值控制，混合后油品可直接出厂。管道调和可实现连续自动控制，混合比准确，减少储存容器，占地面积小，节约投资和人力。在操作中改变产品方案时，调整方便灵活。

（2）油品调和的特点　各种油品的调和，除个别加入添加剂的调和外，基本上是液-液体系相互溶解的均相调和。

调和油品的性质与各组分性质有关。调和后油品的性质若等于各组分的性质按比例叠加，称这种调和为线性调和，反之称为非线性调和。调和后的数值高于线性估算值的为正偏差，低于线性估算值的为负偏差。这些偏差的出现与油品化学组成有很大关系。油品的组成十分复杂，因此一般在调和中大多属于非线性调和。例如车用汽油，当用几种组分调和后，其燃烧的中间产物既可使其自燃点降低，也可能使其自燃点升高，结果车用汽油的调和辛烷值不再和所含组分的辛烷值成线性关系；一般烷烃和环烷烃的辛烷值基本上是线性调和，而烯烃和芳香烃则表现为非线性调和。因此直馏汽油、催化裂化汽油、烷基化汽油和重整汽油之间调和比例或组分改变时，调和辛烷值也随之改变。又例如油品的闪点与油品中所含最轻部分组成有关，当闪点较高的重组分中调入很少量（如 0.5%）的低沸组分时，调和油的闪点就会大大降到接近纯沸组分的闪点而远远偏离线性调和，呈现出严重的偏差。

24.6.2　油品调和控制

（1）常规控制

① 随动流量比值控制　在这种系统中，组分 A 的流量（主流量）往往在前一工序中已经确定，或在操作中由操作人员确定。而组分 B 的流量（副流量）随组分 A 的流量变化而成比例地变化。组分 B 的流量由组分 A 的流量变送器的输出信号经比值器给定。各组分的用量和它们之间的比例，根据一定的模型（通常是最简单的线性调和模型或经验公式）计算出。

图 24-22 中组分 A 未设流量控制器，受干扰时流量可能变化大，组分 B 流量也随之变化，两组分流量不易保持稳定平衡，总流量也不固定。图 24-23 组分 A 设有流量控制器，调和的总量是固定的。

② 由总量给定的流量比值控制　图 24-24（a）中，调和后物料总流量控制器 FC 的输出作为组分 A 流量控制器 F_1C 的给定值，而组分 B 的流量则与组分 A 成比例。图 24-24（b）中，组分 A、B 的流量控制器均由调和后总流量调节给定值，保持 A、B 的流量成比例。

两种方案均设有高精度的流量累积仪表（如涡轮流量计）及定量自动切断装置和流量报警等。这种调和系统实现了批量管道调和，用于石油产品调和直接装车、装船的作业中。其中 FC 称为总（批）量控制器，通过设定 FC 的给定值曲线控制整个调和过程，当调和产品总量达到预定量时，即将系统切断。

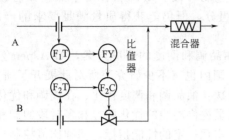

图 24-22　单闭环比值调和系统

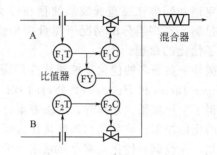

图 24-23　双闭环比值调和系统

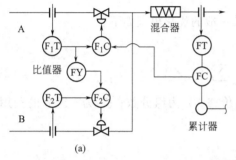

(a)

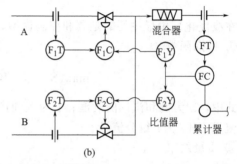

(b)

图 24-24　总量给定的流量比值控制

③ 由成分分析仪表给定的流量比值控制　以上调和控制方案对产品质量实际是开环的。为了随时保证调和产品的质量合格，采用工业成分分析仪表在线分析调和后成品的某种关键质量指标，如辛烷值、倾点（凝固点）、黏度等，然后根据质量指标进行调和，如图 24-25 所示。

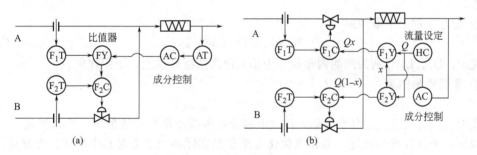

图 24-25　调和质量闭环控制

图 24-25(a) 中，按照调和质量与给定值偏差的大小自动修改比值器的比值，从而实现按质量指标进行调和的目的。图 24-25(b) 中，可对总流量进行设定，并且组分 A、B 的流量间具有无限可调范围。成分控制器 AC 决定组分 A 占总流量的分率 x，当 x 在 $0 \sim 1$ 范围内变化时，可调范围为 $0 \sim \infty$。

目前国内使用较多且质量较好的国产分析仪有汽油辛烷值分析仪、倾点分析仪等。近年来出现了近红外分析仪（NIR）测量辛烷值，测量准确快速，便于对生产进行实时控制；但需要根据实际油品建立数学模型，当油品组成变化较大时，需要进行校正。近红外分析仪测量辛烷值的在线控制调和系统已得到成功应用。

（2）调和优化控制　随着清洁燃料生产的要求越来越严格，油品的质量指标要求增多，而油品的调和往往是多组分调和过程，组分油性质可能经常波动，油品的一些性质指标存在非线性调和效应，调和问题因此变得复杂。传统的根据小调试验和调和人员经

665

验确定调和配方往往造成成品油存在较大的质量过剩，或一次调和合格率低。如何减少质量过剩，在多组分的情况下尽量少用价格高的组分，但仍能获得质量满足要求的产品，提出了优化的命题。

国外一些著名的优化及控制软件厂商提供了油品调和调度的解决方案，如 Aspen 公司的 Aspen Blend 和 Honeywell 公司的 Blend 套件，国内也有不少研究院所对此展开了研究，并取得了应用成果。总体看，解决方案分为三个层次：油品调和调度优化、在线调和优化和基础的比值控制。油品调和调度优化为调和调度人员提供离线的优化配方和多时段的调和调度计划，在线调和优化在满足质量指标的前提下，实现一定的性能指标。基础比值控制执行优化的设定值。在线调和优化决定了最终的配方和实时优化系统的性能，是调和自动化的核心。

在线优化层中最主要的是调和控制模型，其一般的优化模型如下。

① 目标函数

$$\max(S) = J \times W - \sum_{i=1}^{n} (J_i \times W_i) \tag{24-14}$$

式中，S 为调和汽油的利润；J 为汽油产品价格；n 为组分数；J_i 为 i 组分的费用；W 为总流量；W_i 为 i 组分流量。

② 质量约束

$$W \times K_j = \sum_{i=1}^{n} (K_{ji} \times W_i)\} + P_j \qquad j = 1, 2, \cdots, m \tag{24-15}$$

式中，m 为汽油产品质量指标的总项目数，常见的质量指标有马达法辛烷值（MON）、研究法辛烷值（RON）、雷德蒸气压、苯含量和烯烃含量等。K_j 为汽油产品调和时所要达到的第 j 个质量指标目标值，K_{ji} 为第 i 种组分第 j 个质量指标值，P_j 为第 j 个质量指标的纠偏参数。

③ 配方比例上下限约束

$$W \times L_i \leqslant W_i \leqslant W \times U_i \tag{24-16}$$

式中，U_i、L_i 分别为汽油调和配方中第 i 种汽油组分的上、下限比例。

④ 管道流量约束

$$V_{\min,i} \leqslant W_i \leqslant V_{\max,i} \tag{24-17}$$

式中，$V_{\min,i}$、$V_{\max,i}$ 分别为第 i 种汽油组分在管线中所允许的最小、最大流量。

这是一个线性规划问题，但在线优化需要根据实际调和结果对其中的部分方程进行修正实现实时动态优化。

（3）油品调和优化控制实例

① 控制目标　清洁汽油优化调和系统的设计目标是合理利用调和组分，降低高成本组分油的用量，消除重调，降低调和成本。清洁汽油优化调和控制包括静态优化控制和动态优化控制两部分。静态优化控制是离线进行的，根据各调和组分汽油的实验室数据和调度指令确定初始的调和配比。动态优化是根据在线分析仪表测得的调和汽油性能指标及有关化验值，动态修改调和配比，使得调和汽油在满足清洁汽油环保指标的条件下辛烷值稳定在设定值上。

② 静态优化控制　汽油调和优化模型：

$$\min_{F_i} J = \sum_{i=1}^{n} p_i x_i \tag{24-18}$$

约束条件：

$$l_i \leqslant x_i \leqslant h_i$$
$$oct = a(x_1, x_2, \cdots, x_n), oct_{min} < oct < oct_{max}$$
$$sul = b(x_1, x_2, \cdots, x_n), sul < sul_{max};$$
$$ben = c(x_1, x_2, \cdots, x_n), ben < ben_{max}; \qquad (24\text{-}19)$$
$$ole = d(x_1, x_2, \cdots, x_n), ole < ole_{max};$$
$$hyd = e(x_1, x_2, \cdots, x_n), hyd < hyd_{max};$$
$$rvp = f(x_1, x_2, \cdots, x_n), rvp > rvp_{min}$$

式中，J 为调和成本；p_i 为各路原料汽油的成本价格；x_i 为各路原料汽油的体积组分；l_i，h_i 分别为各路原料汽油的流量分数上下限；oct 为调和汽油的辛烷值；sul 为调和汽油的硫含量；ben 为调和汽油的苯含量；ole 为调和汽油的烯烃含量；hyd 为调和汽油的芳烃含量；rvp 为调和汽油的饱和蒸气压。

调和系统根据操作人员输入的系统参数，求解优化命题，计算出一组优化的流量设定值，作为调和开始时的初始配比。

③ 动态优化控制　汽油调和动态优化控制根据所要求的产品汽油性能指标，采用最小成本优化性能指标来调整各路原料汽油控制器的设定值以得到优化的目的。它根据在线仪表测得的调和汽油辛烷值及有关化验数据动态修改调和配比，使得调和汽油的辛烷值稳定在设定值上，同时有关清洁汽油的环保指标满足要求。在汽油调和动态优化过程中，当发现在流量限制范围内无法满足全部性能指标时，系统将报警并停止调和。

④ 清洁汽油优化调和系统设计　调和系统由管道调和器、辛烷值分析仪、下位机 DCS 控制系统和上位工业 PC 机

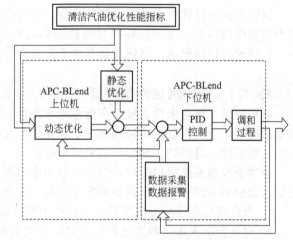

图 24-26　清洁汽油优化调和系统结构图

组成。汽油优化组合软件在上位机根据油品数量和性质，以及优化调和模型，计算出优化调和配方比例和有关参数，设定各参调组分油的流量。下位机 DCS 根据优化配方设定的流量进行实时控制，并且根据辛烷值在线分析仪的测量值，反馈给上位机，再进行修正优化配方，从而确保汽油的辛烷值符合规定。其中调和配方优化计算采用非线性方法，根据汽油调和实际生产情况建立优化调和模型，考虑汽油各种指标的约束与实际生产过程的约束，使配方模型符合实际生产情况。

其系统结构图如图 24-26 所示。

⑤ 应用结果　基于相同核心算法的系统在某炼油厂得到成功应用，有效地控制了超调过头的现象，节约了高价值组分。

第25章
火力发电过程控制

◎ 25.1 锅炉设备的控制

锅炉是火电过程的一个重要传热设备。它的控制任务是根据生产负荷的需要,供应一定压力或温度的蒸汽,保证汽轮机发电机组的运行,同时要使锅炉在安全、经济的条件下运行。按照这些控制要求,锅炉设备有如下主要的控制系统。

25.1.1 锅炉汽包水位控制

被控变量是汽包水位,操纵变量是给水流量。它主要是保持汽包内部的物料平衡,使给水量适应锅炉的蒸汽量,维持汽包中水位在工艺允许范围内。这是保证锅炉、汽轮机安全运行的必要条件,是锅炉正常运行的重要指标。

单冲量控制系统结构简单,由于汽包内水的停留时间长,对于负荷变化小的小型锅炉单冲量水位控制系统可以保证锅炉的安全运行。但是单冲量控制系统存在以下三个问题。

① 当负荷变化产生虚假液位时,将产生控制器反向错误动作。

② 对负荷不灵敏。即当负荷变化时,需要引起汽包水位变化后才起控制作用,由于控制缓慢往往导致控制效果下降。

③ 对给水干扰不能及时克服。当给水系统出现扰动时,控制作用缓慢,需要等水位发生变化时才起作用。

为了克服以上问题,除了依据汽包水位以外,有时也可以根据蒸汽流量和给水流量的变化控制给水阀,形成三冲量控制系统,如图 25-1 所示,将能获得良好的控制效果。该三冲量控制系统实质上是前馈-串级控制系统。这是一种应用比较广泛的接法,除此之外三冲量控制系统还有其他的接法。

25.1.2 蒸汽过热系统的控制

蒸汽过热系统包括一级过热器、减温器、二级过热器。控制任务是使过热器出口温度维持在允许范围内,并且保护过热器使管壁温度不超过允许的工作温度。

影响过热器出口温度的主要扰动有蒸汽流量扰动、烟气侧传热量的扰动和喷水量的扰动。

图 25-2 是某厂第二级减温器温度控制系统简图。为了提高系统的控制性能,它的控制采用了三项有效的措施。

① 设定值回路 在低负荷运行时,主蒸汽温度达不到额定温度,因而需要建立蒸汽温度设定值与蒸汽流量之间的函数关系。经蒸汽流量校正后的设定值与手动上限设定值一起组

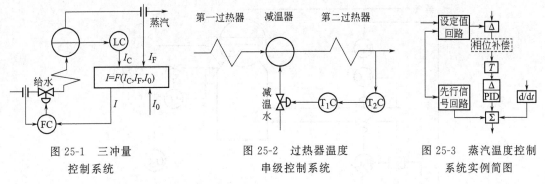

图 25-1 三冲量
控制系统

图 25-2 过热器温度
串级控制系统

图 25-3 蒸汽温度控制
系统实例简图

成设定值回路，向温度控制器提供设定值。

② 先行信号回路 采用了反映外扰的先行信号，它建立在蒸汽流量与喷水控制阀门开度的函数关系的基础上，经过蒸汽流量和各种燃料混烧比等外扰修正后得到的喷水阀门开度信号，直接控制喷水阀的动作，起到前馈的作用，提高了系统克服扰动的能力。

③ 主蒸汽温度的相位补偿回路 在喷水量的扰动下，蒸汽温度的响应有较大的相位滞后，因此在前向通道中加入一个相位补偿回路，如图 25-3 中的虚框所示。它实际上是由两个控制器。两个加法器组成的二阶导前-滞后环节。只要根据蒸汽温度对象的动态特性适当选择这些参数，就可以对主蒸汽温度与其设定的偏差进行相位滞后补偿，改善控制品质。

25.1.3 锅炉燃烧过程的控制

锅炉燃烧过程的控制与燃料的种类、燃烧设备以及锅炉形式等有密切的关系。

（1）燃烧过程控制的基本要求

① 保证出口蒸汽压力稳定，能按负荷要求自动增减燃料量。

② 保证燃烧状况良好，即要防止空气不足使烟囱冒黑烟，也不要因空气过量而增加热量损失。

③ 保持锅炉有一定的负压，以免负压太小，造成炉膛内热气向外冒出，影响设备和工作人员安全。

（2）锅炉燃烧过程的主要控制系统

① 燃料量控制；

② 送风控制；

③ 负压控制。

（3）燃烧过程控制系统示例

① 图 25-4 给出了燃烧控制系统的基本方案。

蒸汽压力控制器 P_1C 的输出去改变燃料量控制器 F_1C 和进风量 F_2C 的设定值，使燃料量和进风量成比例变化。氧量控制器 O_2C 的输出作为乘法器的一路输入，起到修改燃空比的作用。该方案适用于燃料量和进风量均能较好检测的情况。P_fC 是炉膛负压控制器。

② 图 25-5 给出了锅炉负压控制与防止锅炉的回火、脱火控制系统。引用蒸汽压力作为前馈信号，组成炉膛负压的前馈-反馈控制系统。背压控制器 P_2C 与蒸汽压力控制器 P_1C 构成选择性控制系统，用于防治脱火。由 PSA 系统带动联锁装置，防止回火。

在锅炉燃烧系统中，燃料量和空气量需要满足一定的比值关系。为了使燃料完全燃烧，在提负荷时，要求先提空气量，后提燃料量；在降负荷时，要求先降燃料量，后降空气量。为此，可采用选择性控制系统，设置低选器和高选器，保证燃料量只在空气量足够的情况下才能加大，在减燃料量时，自动减少空气量。从而，提量过程中，先提空气量，后提燃料

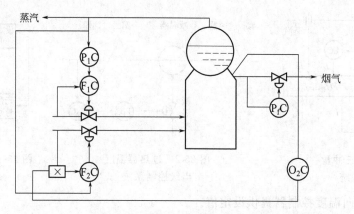

图 25-4　燃烧控制系统基本方案

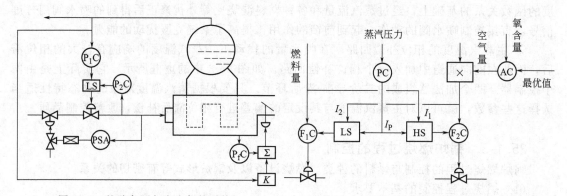

图 25-5　炉膛负压与安全保护系统　　　　图 25-6　烟气中氧含量的闭环控制方案

量。反之，在系统降量过程中，则先降燃料量，后降空气量，从而实现了空气和燃料量之间的逻辑要求，保证了充分燃烧，不会因空气不足而使烟囱冒黑烟，也不会因空气过多而增加热量损失。

③ 为了保证经济燃烧，可用烟道气中氧含量来校正燃料流量与空气量的比值，组成变比值控制系统。图 25-6 就是使锅炉燃烧完全，并用烟气氧含量修正比值的闭环控制方案。该方案中，氧含量 A_0 作为被控变量，构成以烟道气中氧含量为控制目标的燃料流量与控制硫量的变比值控制系统，通过氧含量控制器来控制空燃比的系数 K。只要使氧含量成分控制器的给定值按正常负荷下烟气氧含量的最优值设定，就能保证锅炉燃烧最完全、最经济和热效率最高。

◎ 25.2　汽轮机控制

　　随着火电机组向大容量、高参数发展，机组的自动化程度也相应地不断提高，各类自动化方面的新技术、新系统相继出现并得以成功应用。

　　汽轮机作为热力发电厂的重要设备，在高温高压蒸汽的作用下高速旋转，完成热能到机械能的转换，并驱动发电机转动，将机械能转换为电能，并且在这些能量转换的过程中，为了保证电能质量，维持电网频率，通常要求它的转速稳定在额定转速附近很小的范围内变化，这就对汽轮机的控制提出更高的要求。目前 300MW 以上大机组，一般均采用数字电液控制系统（DEH），使单元机组的运行操作发生了质的飞跃，为协调控制系统（CCS）、自动发电控制（AGC）等系统的顺利实施创造了条件。汽轮机数字电液控制系统在我国属于近十年才逐渐成熟应用的技术。目前一个完善的汽轮机控制系统应有如下内容。

（1）控制系统　汽轮机的闭环自动控制系统包括转速控制系统、功率控制系统、压力控制系统（如机前压力控制和再热汽压力控制）等。闭环控制则是汽轮机控制系统的主要功能，控制品质的优劣将直接影响机组的供电参数和质量，并且对单元机组的安全运行也有直接影响。

（2）热应力在线监视系统　汽轮机是在高温高压蒸汽作用下的旋转机械，汽轮机运行工况的改变必然引起转子和汽缸热应力的变化。由于转子在高速旋转下已经承受了比较大的机械应力，因此热应力的变化对转子的影响更大，运行中监视转子热应力不超过允许应力显得尤为重要。热应力无法直接测量，通常是用建立模型的软仪表方法，即通过测取汽轮机某些特定点的温度值来间接计算热应力的。热应力计算结果除用于监视外，还可以对汽轮机升速率和变负荷率进行校正。

（3）液压伺服系统　液压伺服系统包括汽轮机供油系统和液压执行机构两部分。供油系统向液压执行机构提供压力油。液压执行机构由电液转换器、油动机、位置传感器等部件组成，其功能是根据电液控制系统的指令去操作相应阀门的动作。

（4）监视系统　监视系统是保证汽轮机安全运行必不可少的设备，它能够连续监测汽轮机运行中各参数的变化。属于机械量的有汽轮机转速、轴振动、轴承振动、转子轴位移，转子与汽缸的相对胀差、汽缸热膨胀、主轴晃度、油动机行程等。属于热工量的有主蒸汽压力、主蒸汽温度、凝汽器真空、高压缸速度级后压力、再热蒸汽压力和温度、汽缸温度、润滑油压、控制油压、轴承温度等。汽轮机的参数监视通常由数据采集系统（DAS）实现，测量结果同时送往控制系统作限制条件，送往保护系统作保护条件，送往顺序控制系统作控制条件。

（5）保护系统　保护系统的作用是，当电网或汽轮机本身出现故障时，保护装置根据实际情况迅速动作，使汽轮机退出工作，或者采取一定措施进行保护，以防止事故扩大或造成设备损坏。

大容量汽轮机的保护内容有超速保护、低油压保护、位移保护、胀差保护、低真空保护、振动保护等。

（6）汽轮机自启停控制系统　汽轮机自启停控制（Automatic Turbine Control，简称ATC）系统是牵涉面很大的一个系统，其功能随设计的不同而有很大差别。原则上讲，汽轮机自启停控制系统应能完成从启动准备至带满负荷或者从正常运行到停机的全部过程，即完成盘车、抽真空、升速并网、带负荷、带满负荷以及甩负荷和停机的全部过程。可见，实现汽轮机自启停的前提条件是各个必要的控制系统应配备齐全，并且可以正常投运。这些系统为自动控制系统、监视系统、热应力计算系统以及旁路控制系统等。

由上述汽轮机控制所涉及的内容可以看出，现代大型单元机组的汽轮机控制系统涉及面很广，系统复杂，技术要求高，既包括了模拟量的反馈控制，又包括开关量的逻辑控制，是集过程控制、顺序控制、自动保护、自动检测于一体的复杂控制系统。

◎ 25.3　汽轮机转速控制

25.3.1　汽轮机转速控制的概况
（1）汽轮机转速控制的发展情况
① 早期的汽轮机控制系统是由离心飞锤、杠杆、凸轮等机械部件和错油门、油动机等

液压部件构成，称为机械液压式控制系统（Mechanical-Hydraulic Control，MHC），简称液调。这种系统的控制器是由机械元件组成的，执行器是由液压元件组成的，通常只具有窄范围的闭环转速控制功能和超速跳闸功能，并且系统的响应速度低。其转速-功率静态特性是固定的，运行中不能加以控制。

② 电气液压式控制系统（Electro-Mechanical-Hydraulic Control，EHC），简称电液控制装置，亦称电液并存式控制系统。20 世纪 50 年代中期，出现了不依靠机械液压式控制系统作后备的纯电液控制系统。开始采用的纯电液控制系统是由模拟电路组成的，称为模拟式电气液压控制系统（Analog Electro-Hytraulic Control，AEC），也称模拟电液控制装置，这种系统的控制器是由模拟电路组成的，执行器仍保留原有的液压部分，两者之间通过电液转换器连接。

③ 20 世纪 80 年代出现了以数字计算机为基础的数字式电气液压控制系统（Digital Electro-Hytraulic Control，DEH），简称数字电液控制装置。其组成特点是控制器用数字计算机实现，执行器保留原有液体部分不变。它又可分为专用型与通用型。早期的数字电液控制大多是以小型计算机为核心的专用型数字式控制系统。由于专用化程度高，电厂运行人员和维护人员对系统的了解较差，使其功能大都未全面发挥。其中特别是美国西屋公司的 DEH-Ⅱ 型，仅限于转速控制、负荷控制和超速保护等基本功能，故其使用情况不如通用型数字式控制系统，许多专用型数字式控制系统生产厂家已改用通用型，如上海新华控制工程公司生产的 DEH-Ⅲ 型已不再生产，而改进为通用型的 DEH-Ⅲ A。以微机为基础的分散控制系统出现后，近期的汽轮机 DEH 系统逐步转向以分散控制系统（DCS）为基础的通用型，它具有对汽轮发电机的启动、升速、并网、负荷增/减进行监视、操作、控制、保护，以及数字处理和 CRT 显示等功能。通用型数字式控制系统采用分散型控制系统组成，工程师站和操作员站采用 Windows 平台，控制软件采用组态方式，通信方式由原来普遍采用的串行通信改进为以太网通信。其发展的主要特点是软件和硬件都广泛采用标准化产品。

（2）DEH 的基本的和附加的控制功能

① 转速控制和功率控制；

② 转速和功率给定值和变化率的控制；

③ 主蒸汽压力控制（TPC）；

④ 超速保护控制（over speed protection controller，OPC）；

⑤ 主汽阀和控制阀切换功能；

⑥ 自动减负荷（runback）。

从以上几种电液控制系统的总体使用情况来看，通用型数字式控制系统的使用情况最好，绝大部分功能都能投入运行。而做到这一点的主要原因是通用型数字式电液控制的软件透明、直观，硬件通用性强，使运行人员及维护人员对系统的结构能有较深入的了解，以便于熟练地查找问题、解决问题。

（3）基于 DCS 的 DEH 系统的特点

① 用操作员站的 CRT 和打印机来监视机组各种参数及其变化趋势。

② 具有转速控制、功率控制功能。

③ 可进行主蒸汽压力控制、超速保护控制、阀门快关控制等。

④ 具有阀门管理功能。

⑤ 具有按热应力升速和加载的功能。

⑥ 软件的模块化和硬件的积木式结构使系统的组态具有极高的灵活性；事故追忆打印功能有利于对事故的实时分析。

25.3.2 汽轮机转速控制

电力生产对发电用的汽轮机控制系统提出了两个基本要求：一是保证能够随时满足用户对电能的需要；二是使机组能维持一定的转速，保证供电的频率和机组本身的安全。

（1）影响转速的主要因素 通过对汽轮机调速系统控制原理的分析，认为影响转速的主要工艺基本参数有6个。外因主要有蒸汽压力、蒸汽温度、风机出口压力。当蒸汽压力或者蒸汽温度突然升高或下降时，由于阀门开度不变，进入调门的蒸汽热值发生变化，会影响转速。同样，当风机负荷发生突然改变时，由于影响到汽轮机的出力，因此会对转速有很大影响。内因有控制电液转换器的电流、调速汽门行程、二次脉动油压。以上测点除调速汽门行程以外，其他测点在风机DCS控制系统都有显示和历史趋势记录，调速汽门行程在现场有标尺，在精度允许的范围内，可以粗略地读出其行程的数值。此外，控制油的油质、汽轮机本身的力学性能等也是影响转速的重要原因。

（2）汽轮机转速控制 汽轮发电机组的电功率与汽轮机的进汽参数、排汽压力、进汽量有关。如果汽轮机的进汽参数和排汽压力均保持不变，那么机组发出的电功率基本上与汽轮机的进汽量成正比，当电力用户的用电量（即外界电负荷）增大时，汽轮机的进汽量应增大，反之亦然。如果外界电负荷增加（或减少）时，汽轮机进汽量不作相应增大（或减小），那么，汽轮机的转速将会减小（或增大）。为使汽轮发电机发出的电功率与外界电负荷相适应，机组将在另一转速下运行，这就是汽轮机的自调整性能，也就是它的自衡能力。但自衡能力是有限的，必须在汽轮机上安装自动控制系统，利用汽轮机转速变化的信号对汽轮机进行控制。汽轮机控制系统总体上可划分为无差控制系统和有差控制系统两种。

① 无差控制系统 一台汽轮发电机组单独向用户供电时，即构成孤立运行机组。根据自动控制原理，汽轮机控制系统可以采用无差控制系统。采用无差控制系统的汽轮发电机组不利于并网运行，因此并网运行的汽轮发电机组几乎都采用有差控制系统。无差控制常被应用于供热汽轮机的调压系统中，使供热压力维持不变。

② 有差控制系统 对于发电用的汽轮发电机组，其转速控制系统一般为有差控制系统。一个闭环的汽轮机转速控制系统由下列四个部分组成。

a. 转速感受机构。用来感受转速的变化，并将转速变化转变为其他物理量的变化。图25-7系统中的离心飞锤调速器就是转速感受机构的一种形式，它接受转速变化信号，输出滑环位移的变化。

b. 传功放大机构。它是处于转速感受机构之后、配汽机构之前的，起着信号传递和放大作用的控制机构。图25-7系统小的滑阀、油动机以及杠杆都属于传功放大机构，它感受调速器的信号（滑环位移），并经滑阀和油动机放大，然后以油动机的位移传递给配汽机构。

c. 配汽机构。接受由转速感受机构通过传动放大机构传来的信号，并能依此来改变汽轮机的进汽量。图25-7系统中的控制汽阀以及与油动机活塞连接的杠杆就属于配汽机构。

d. 控制对象。对汽轮机控制来说，控制对象就是汽轮发电机组。当汽轮机进汽量改变时，汽轮发电机组发出的功率也相应发生变化。

（3）汽轮机数字式电气液压控制系统DEH组成

图25-8为DEH的计算机控制总系统图，也就是目前的DCS系统。DEH系统的计算机系统的组成与一般控制系统相同，是由控制器、外围设备、测量元件、输入通道、输出通道、控制对象和执行机构组成。具体组成如下。

① 计算机（CPU）。即控制器，是控制系统的核心，主要用于数据处理、数字运算（如P、I、D等）。用于代替常规的控制器，布置在专用的计算机房内。

② 外围设备。DEH的外围设备主要包括一套CRT智能图像站和打印机等。为控制系统提供人机接口。

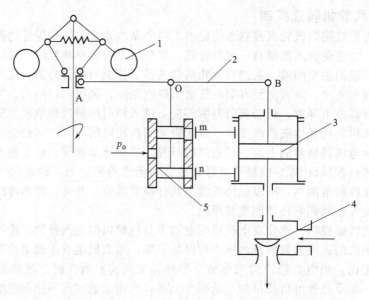

图 25-7　间接控制系统示意图
1—调速器；2—杠杆；3—油动机；4—调节汽门；5—错油门

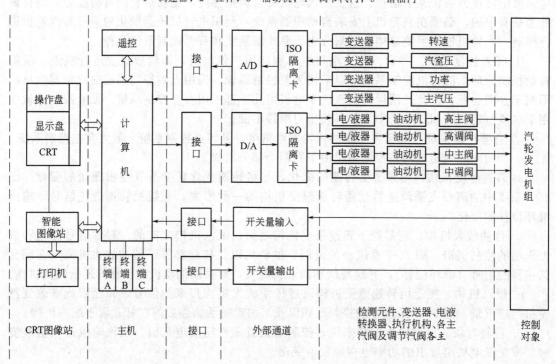

图 25-8　DEH 的计算机控制总系统图

③ 测量元件。根据被测参数确定，主要是由转速、发电机功率、第一级压力、主蒸汽压力传感器和变送器等组成的数据采集通道。

④ 输入通道。在控制系统的输入通道中，有模拟量输入通道和开关量输入通道两种。

开关量输入通道只需把检测到的开关量经接口送给计算机即可，而模拟量输入通道还有 A/D 转换，在两种输入通道中均有隔离元件。

⑤ 输出通道。计算机发出的控制指令，经过输出通道送给执行机构。输出通道中有

D/A转换。

⑥ 执行机构。主要是由伺服放大器、电液伺服阀、油动机和线性位移变送器 LVDT 组成的液压伺服系统，分别控制高压主汽阀和调节汽阀、中压主汽阀和调节汽阀。

⑦ 控制对象。汽轮发电机组。通过控制，发电机组供应合格的电能，同时保证机组的安全。

⑧ UPS 电源。为计算机系统提供一定时间的不间断电源。

⑨ 软件系统。软件是完成各种功能的计算机程序的总称。DEH 的计算机软件系统包括系统软件、应用软件和数据库。

对于目前运行的 DEH-ⅢA 系统来说，它具有如下的基本功能。

① 汽轮机挂闸（ASL）、开主汽阀、摩擦检查。

② 自动和手动升速。

③ 转速闭环控制（冲转、刀速、暖机、转速保持、自动冲过临界转速）。

④ 自动、手动同期（A5）。

⑤ 超速试验（103%、110%、112%）。

⑥ OPC 超速保护、跳闸保护。

⑦ 并网后自动带初负荷。

⑧ 闭环控制（发电机功率、控制级压力和主蒸汽压力）。

⑨ 协调控制系统（Coordinated Control System，CCS）；自动发电控制（AGC）方式运行。

（4）主要控制回路 转速控制系统见图 25-9，可由 DCS（如 INFI90）硬件和软件来实现。在协调控制系统，它的相关模件中增加转速控制回路和控制逻辑，采用测速子模件实现转速回路闭环控制。CCS 的给水控制系统的输出信号作为控制系统的转速

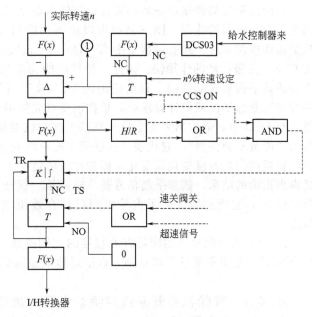

图 25-9　转速控制原理图

给定值。当转速在 3000r/min 以下时，其给定值为操作盘上的"暖机"（1500r/min）和"目标"（3000r/min）开关控制，3000～5900r/min 时可由 DCS 操作站控制，并实现给水回路控制和暖机/目标以及手动升/降速等功能。

为使系统可靠，在转速测量回路中设置了高值选择器以及转速信号质量判别和选择逻辑；在给定值形成回路设置了切换跟踪及速率限制功能（见图 25-10）。给水控制回路切/投跟踪已由给水控制系统实现，保证了给水控制回路切/投的无扰动和速率变换的平稳。在控制回路中设置多个函数块以确保控制回路

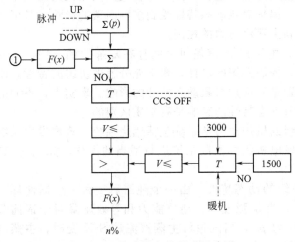

图 25-10　转速给定值形成回路图

之间的信号匹配；在控制器输出设计了速率限制和限幅功能，当控制器的输入偏差过大时，控制器的输出将保持不变。确保汽轮机不因控制系统故障而发生超速或失控现象。

为安全设计超速保护，由 INFI90 软件 3 取 2 实现后，送至汽轮机跳闸保护装置，当 2 个测速信号故障时也发出超速停机信号，其超速保护在调试时可设定在 6100r/min（保护值 6250r/min）。

◎ 25.4 机炉协调控制

机炉协调控制就是统一协调安排锅炉输入的燃料、空气、给水和汽轮发电机组的运行来满足出力与负荷的匹配。DCS 系统可以按不同控制策略设计，以适应不同形式火电机组的机炉协调控制系统。用直接能量平衡（Direct Energy Balance，DEB）概念设计协调控制系统 CCS，克服扰动的作用快。因此，把机组的需求信号作为锅炉输入的要求信号，这就是直接能量平衡概念的基础。目前应用的 DEB 除了可维持锅炉和汽轮机稳定状态的平衡外，还可以在紧急情况或设计要求下，单独改变汽轮机的运行工况，继续维持锅炉汽轮机间的平衡。在 DEB 中，锅炉出力需求信号是基于汽轮机对能量的要求计算出来的，这个能量要求称为"能量平衡信号"，它代表了在任何工况下汽轮机对蒸汽的需求量。"能量平衡信号"随着汽轮机阀门的开度变化而变化，即使在故障情况下或手动控制汽轮机阀门时，上述计算也能得出正确的结果。能量平衡信号是汽轮机第一级压力与节流压力之比（p_1/p_r）乘以压力设定值 p_0，它线性地代表了汽轮机阀门的有效位置，因此可用来作为控制锅炉输入量的基准。

p_1 与输入至汽轮机的能量有着直接的比例关系，因而与机组输出的兆瓦数成比例。当 p_r 下降后，能量平衡信号将增加，以适量地加强锅炉的燃烧，补偿锅炉储能的流失。

25.4.1 汽轮机控制系统对锅炉汽压对象动态特性的影响

大型火电单元机组是一个复合对象，受控过程是一个多输入、多输出的过程，在输入和输出之间存在着相互关联和耦合，在认定锅炉系统正常燃烧和正常给水前提下，锅炉锅筒单元机组可简化为一个具有双输入双输出的被控对象，机组的输出功率和机前压力为被控量，主汽门开度和燃料量为控制量。

机炉主要特性表现为锅炉是一个相对慢速的响应过程，热惯性较大，汽轮机则是一个相对快速的响应过程，热惯性较锅炉小得多；锅炉对象动态特性受到多种因素的影响，是可变的和复杂的，这种特性阻碍了对机组负荷和主蒸汽压力的控制。

在汽轮机和锅炉本身进行自动控制时，由于锅炉-汽轮机之间存在复杂的耦合性，这些控制会影响到对方的对象动态特性。因此，控制系统的设计，要求充分考虑机组的特性，研究控制系统对机炉对象动态特性影响，特别是对锅炉对象动态特性的影响。事实上，不同的汽轮机控制系统（或控制方式）对锅炉对象动态特性的影响是有本质区别的。

(1) 汽轮机组机炉动态特性　汽轮机组的机炉动力学系统包括燃烧系统、蒸汽发生系统和汽轮发电机等，为了便于讨论，将汽轮发电机组的控制系统进行适当的简化，如图 25-11 所示。

① 蒸汽锅炉系统的动态特性　燃烧系统的动态特性，由一个纯滞后 τ 和一个惯性环节组成，T_F 为时间常数。在蒸汽发生系统中，燃烧强度 F、储热能力和等效压降对于锅筒蒸发量 S_V、锅炉汽压 p_B 以及汽轮机主蒸汽压力 p_T，当汽轮机主蒸汽流量 S_a 不变时，主蒸汽压力 p_T 对燃烧强度 F 的传递特性为无自平衡对象特性。

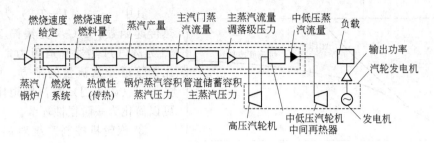

图 25-11　汽轮发电机组控制过程简化图

② 汽轮发电机与主汽压的特性关系

T_{RH} 为中间再热器储热特性时间常数，h 为有效总焓降。在火电机组中发电机功率（或负荷）和燃料量（或燃烧强度）是扰动变量参数。在燃料量（或燃烧强度）不变的情况下，主蒸汽压对发电机功率的扰动表现为无自平衡方式。

（2）汽轮机控制系统对锅炉汽压对象动态特性的影响

① 汽轮机组控制和对象系统　在锅炉跟随系统（BFC）中，锅炉主控制器的主要任务是控制主蒸汽压力，而汽轮机主控制器则控制机组的功率，见图 25-12(a)。

其中，$G_B(s)$ 为锅炉主控制器传递函数，$G_T(s)$ 为汽轮机主控制器传递函数。理论和实践都证明汽轮机对象的动

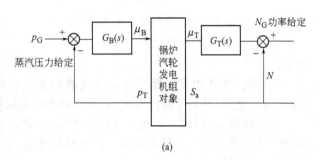

(a)

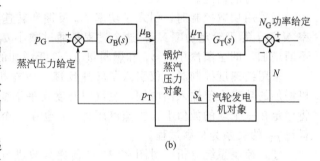

(b)

图 25-12　汽轮机组（BFC）系统框图

态特性相对于锅炉要简单得多，受外界影响相对较弱、较小。根据这一特性，汽轮机对象可以从机组系统对象中分离出来，见图 25-12(b)。

② 相对于主汽压控制的锅炉蒸汽系统　锅炉蒸汽系统包括了燃烧、传热和热辐射、蒸汽蒸发、管道阻力等，其蒸汽系统传递函数见图 25-13。

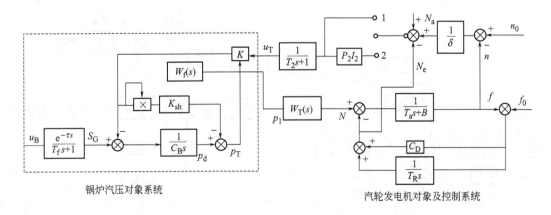

图 25-13　锅炉跟随系统（BFC）的汽轮机组的传递函数

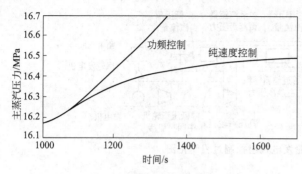

图 25-14 汽轮机控制系统对锅炉汽压
对象动态特性的影响

其中，$e^{-\tau s}/(1+T_f s)$ 为燃烧和传热传递函数；$1/C_R s$ 为锅筒蒸汽容积；k_{sh} 为蒸汽过热器管道阻力，其特性正比于管道蒸汽流量的平方；$W_f(s)$ 为主汽门（调节门）蒸汽管道阻力特性，可以简化为一阶惯性环节。

③ 汽轮机控制系统对锅炉汽压对象动态特性的影响　锅炉跟随系统的汽轮机组的传递函数系统见图 25-14，采用了中间再热器的汽轮机动态特性，以及低级同步发电机组模型和无穷大电网假设。

汽轮机 DEH 主控制器采用的方式有两种：一种是功频控制方式［即采用功率和频率（或转速）反馈，用 PI 控制方式］；另一种为纯速度控制方式（采用频率或转速反馈）。

当燃料量 μ_B 出现一个扰动（阶跃增加），势必引起蒸汽量（S_G）增加，进入汽轮机做功的蒸汽流量（S_a）也随之增加，汽轮机功率也增加。下面分别分析汽轮机主控制器采用不同方式时的情况。

当采用功频控制时，引入了功率 N_e 反馈和转速反馈，在控制器作用下，将使汽轮机功率 N 趋于等于给定功率 N_0，这个过程是通过减小 μ_T 关小主汽门来实现的，同时引起 p_T 的不断增加，即主蒸汽压力 p_T 和燃料量 μ_B 阶跃增加的关系为无自衡过程。

采用纯速度控制时，仅引入了转速反馈，汽轮机功率 N 增加引起转速差值增大，汽轮机增加的功率全部输入给电网，主汽门开度几乎不变，进入汽轮机的蒸汽流量（$S_a = \mu_T p_T$）将稳定在一个新的数值上，主蒸汽压力 p_T 也在一个新的值上稳定，即主蒸汽压力 p_T 和燃料量 μ_B 的关系为自衡过程。

（3）控制系统分析　对图 25-13 的传递函数进行仿真研究，可得出图 25-14 汽轮机控制系统对锅炉蒸汽压力对象动态特性的影响，燃料量 μ_B 的扰动为阶跃增加 2% 的情况，当采用功频控制时，锅炉汽压对象动态特性为一无自平衡过程；采用纯速度控制时，锅炉汽压对象动态特性为一有自平衡过程，这种现象和前面的分析是一致的。

对单元机组（BFC）进行仿真试验，锅炉主控制器为 $p_1 I_1$，如图 25-15 所示，当燃料量 μ_B 出现 2% 的扰动时，DEH 采用纯速度控制和采用功频控制对锅炉汽压对象的影响有显著差别；当发电机功率 N 出现 2% 的扰动，DEH 采用纯速度控制和采用功频控制对锅炉

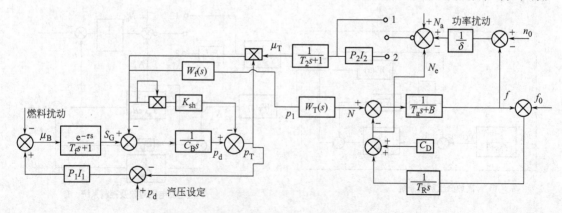

图 25-15　单元机组（BFC）控制系统传递函数框图

汽压对象的影响同样有显著差别。结果表明采用纯速度控制对燃料量 μ_B 和发电机功率 N 扰动的控制特性比功频控制要好，如图 25-16 所示。

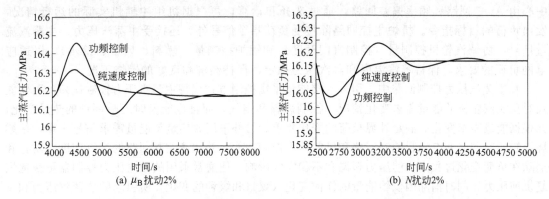

(a) μ_B 扰动2%　　　　　　　　(b) N扰动2%

图 25-16　单元机组（BFC）蒸汽压力对象时域特性

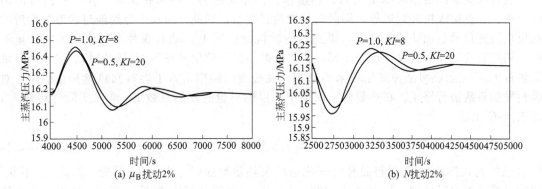

(a) μ_B 扰动2%　　　　　　　　(b) N扰动2%

图 25-17　不同功频控制器的蒸汽压力对象时域特征

汽轮机主控制器采用功频控制，其比例系数 P 和积分系数 KI 不同，对锅炉汽压对象的影响有差别，比例系数 P 减小，波动幅值相应减小；积分系数 KI 增加，稳定时间增长，见图 25-17。

锅炉-汽轮机之间存在复杂的耦合性，不同的汽轮机控制系统（或控制方式）对锅炉对象动态特性的影响是有本质区别的。汽轮机主控制器采用功频控制时，锅炉汽压对象动态特性为无自衡过程；采用纯速度控制时，锅炉汽压对象动态特性为自衡过程。

锅炉跟随系统方式的单元机组，汽轮机主控制器采用纯速度控制对燃料量 μ_B 和发电机功率 N 扰动的控制特性比功频控制要好，汽轮机主蒸汽压力 p_T 的波动要小得多，稳定时间短得多。功频控制时，发电机功率反馈对系统稳定有不良影响。

大型机组运行中，出现锅炉、汽轮机的工况不稳定，外界扰动（如煤质变化、电网波动等）频繁时，采用纯速度控制、功频控制器跟踪、无扰动切换方式，是有利于机组安全稳定运行的。适当选择汽轮机主控制器比例系数 P 和积分系数 KI，对锅炉运行的稳定性控制是有效的。

通过上面分析，也说明了大型火电机组工作时，锅炉运行人员不希望汽轮机 DEH 功频控制投入使用的本质原因。

25.4.2　机炉协调控制系统

机炉协调控制系统可通过蒸汽焓值计算的能量平衡原理，协调控制系统对负荷、汽压、煤量、风量、炉膛压力、氧量、汽包水位等机组主要参数进行正常控制。这种系统克服扰动的作用很快很强。如进行定值扰动一般经过 4min 左右就基本上能稳定在新的定值上。

（1）直接能量平衡原理　协调控制系统由负荷处理中心和机炉主控回路组成。负荷处理中心由 AGC 回路和频率偏差回路，通过选择和运算，再根据机组主辅机实际的运行情况，发出负荷的目标指令。机炉主控回路除接受负荷指令信号外，还接受主蒸汽压力、主蒸汽流量信号，协调汽轮机控制量（控制汽门开度）和锅炉控制量（燃料、风量、给水），以适应电网负荷的要求，保持蒸汽温度和蒸汽压力稳定，保持经济和良好的燃烧工况。

在主蒸汽压力控制回路中，引入直接能量平衡控制方式代替主蒸汽压力控制偏差，不仅能及时反映汽轮机的能量需求变化情况，控制燃料和空气，而且也能及时反映锅炉的热量变化，并根据能量需求变化，满足外界负荷的变化要求。另外采用放热量与能量需求信号平衡，使燃烧控制回路同时兼有燃料控制回路和机前压力控制功能，并加速控制回路的控制速度，防止和消除在负荷变化过程中机前压力超调和不稳定的影响，比通常采用的独立压力控制器更快地恢复机前压力，同时消除因供给能量的任何变化（煤量和煤种的变化）所引起的主蒸汽压力和负荷的扰动，取消了常规所采用的 BTU 校正煤量的方法，使控制调节进一步精确。

燃料控制系统由燃料测量回路、热量修正回路及燃料控制回路组成。在燃料测量回路中，由于 5 台磨煤机并列运行，同时向炉膛输送煤粉，因此，由 5 个分别经过动态补偿后的给煤机转速信号经加法器求和后，得到总的燃料量信号 I_n。随着煤种不同，煤的发热量不同，相同负荷下所需的煤量也应不同，为了使燃料量反馈信号在不同煤种时均能代表燃料量发热量 I_m，克服燃料品种变化带来的影响，在控制回路中引入了燃料发热量修正回路，对燃料发热系数进行修正。在热量修正回路中，以燃料量的发热系数 K_q 乘以实际燃料量 I_n，即 $I_m = K_q I_n$。

I_m 能否正确反映燃料的总发热量，则由发热系数 K_q 决定。$K_q = \int_0^t (I_q - I_m) \mathrm{d}t$（式中，$I_q$ 代表炉膛发热量），若燃料品种的变化造成发热量增加时，由于 I_n 不变，因此 I_m 不变；但随着炉膛发热量增加，I_q 增大，因此，$I_q > I_m$，由积分器增大 K_q，使 I_m 增大，直至达到新的平衡。若因负荷变化而增加燃料量时，实际燃料量信号 I_m 增加，I_m 与 I_q 同时增大，因此 K_q 不变。用煤热值信号校正送风、燃料主控，亦即当其他参数不变时，煤热值增大，则将增大送风指令，减少给煤指令，最终达到新的平衡。

（2）过热蒸汽焓值的实现　由于过热蒸汽焓值代表了蒸汽的做功能力。过热蒸汽的焓值是主蒸汽压力和主蒸汽温度的函数，除了温度影响焓值外，在不同负荷下蒸汽压力不同其焓值亦不同。蒸汽焓值比热量信号灵敏度高，特别是主蒸汽接近饱和温度时，可较大比例地修正热量信号，这样有利于燃料、送风、引风各量快速协调变化，以保证炉膛发热量与负荷指令相适应。过热蒸汽焓值计算所采用的数学模型为

$$H = \sum_{j=0}^{2} \sum_{i=0}^{2} A_{ij} p^i T^j \tag{25-1}$$

式中　H——过热蒸汽热焓，J/g；

A_{ij}——多项式系数，数值见表 25-1；

p——过热蒸汽压力，MPa；

T——过热蒸汽温度，℃。

表 25-1　焓值计算公式系数

i	j		
	0	1	2
0	2489.87	1.917664	1.621002×10^4
1	-12.05829	4.259595×10^2	-4.08569×10^{-5}
2	1.735317×10^{-2}	-1.07794×10^{-4}	1.410×10^{-7}

其在控制逻辑中实现的方法如图 25-18 所示。

(3) 能量平衡在送风系统的实现 送风量控制系统由风量控制回路、总风量测量回路及烟气氧含量校正回路组成。风量的给定为煤发热值校正后的总燃料量与氧量校正后的信号经大值选择器的输出值。在控制回路中引入了两个大值选择器，主要是保证负荷增加时，先增风量；而降低负荷时，则首先减少燃料，然后才减风。在控制回路中还引

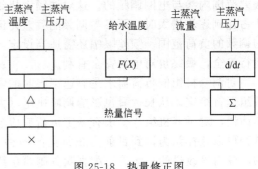

图 25-18 热量修正图

入了风箱差压，A、B 侧出口风压信号，以保证燃烧的稳定。风量反馈由 4 个冷热风量相加而成。根据烟气氧含量与给定值的偏差，对风量进行校正，以保证最佳的过剩空气。

燃烧控制系统由主蒸汽压力控制和燃烧率控制组成串级型系统。燃烧率控制回路是由多个并列的子系统组成的多参数比值控制系统，按照压力控制给出的燃烧率指令，燃料、送风、引风各量按适当比值协调变化，以保证炉膛发热量与负荷指令相适应。

25.4.3 机炉协调控制系统的完善以及自动发电控制

(1) 当前机炉协调控制系统与自动发电控制所存在的问题 对以火电机组为主的电网，要实现自动发电控制，就要求网内应有相当比例容量的机组实现了正常的机炉协调控制，并解决了机炉协调控制系统与电网调度的接口问题。对已实现机炉协调控制的单元机组来说，AGC 只是一种负荷调度（或负荷给定）方式。如果机炉协调控制系统已能满足单元机组各种运行方式、各种工况的要求，它也一定能满足 AGC 的要求。

近十余年来投产的 300MW 及以上容量机组，一般都配置了先进的 DCS。控制设备的换代、升级，电站主、辅设备与控制设备的逐步完善，为火电机组自动化水平的提高打下了基础。近几年投产的大机组，经过基建调试、试生产期内的完善化以致生产调试，较多机组的机炉协调控制系统已投入运行。而前些年投产的机组，由于多方面原因，机炉协调控制系统未能投入正常运行，甚至从未投过的情况不在少数。这不仅不利于这些机组本身的安全、经济运行，也影响相关电网开展 AGC 工作。

功能强大、性能可靠的 DCS 系统的普遍采用，为在实现各种自控系统方案、采用各种技术措施时提供了方便、灵活的手段。但众所周知的一些基本问题，诸如机炉主、辅设备及某些重要控制设备可控性存在缺陷；某些重要信号不可靠、不准确；控制方案中某些关键部分不够完善，或未能安排足够时间进行精心调试；有关规章制度不健全，运行管理水平不高，甚至人员（热工人员、运行人员等）培训工作未跟上等，仍然是影响机组热控系统，尤其是模拟量控制系统（MCS）能否按设计要求长期、稳定投入的关键问题。

(2) 关于调频调峰 电网对网内机组的负荷要求，是通过网内一定比例容量的机组参与电网调频调峰而实现的。单元机组机炉协调控制系统，一般都设计有调频调峰功能。在机炉协调系统投运时，两项功能都应正常投入。电网内用电负荷的随机变化，首先靠网内机组调频（一次调频）去响应，然后再以部分机组调峰（二次调频）去满足。对计划中的负荷需求，则主要靠调峰去满足。

并网运行的机组，一般都参与电网一次调频。采用机炉协调控制的大机组，其调频功能亦应投入。大机组不参与电网调频，对电网周波稳定不利。当调频调峰机组较少，或者说在电网中按调频调峰要求设计的机炉协调控制系统能正常、连续投运的还较少时，其调频能力一般应有限制。对频差而言，加死区，有限幅；对负荷，有限幅。即机组只是在一定负荷、

频差范围内参与电网调频的。这对调频大机组运行稳定有利。当网内参与调频的大机组容量所占比例逐步增大时，不参与调频的频差死区应逐步减小，这将有利于电网周波稳定。但参与调频的负荷范围，频差限幅还需适当设定，以保证电网发生某些异常时，不危及调频机组运行安全，最终也对电网安全有利。

对调峰机组的负荷需求是有速率限制的，且一般并不要求其速率很高。速率过快不利于机组运行稳定，从长远看也影响调峰机组（尤其是配汽包锅炉的单元机组）的运行寿命。换句话说，对调峰机组，要求有一定负荷响应速度，但并不是越快越好，也不要求越快越好。是否可以这样认为，到目前为止常见的各种设备配置方式的单元机组无论是国产的、进口的，或引进改进的；无论是配直吹制制粉系统，还是配中储制制粉系统的燃煤机组，或是燃油燃气机组，对于目前所见各种 DCS 系统所采用的机炉协调控制系统，无论是基于炉跟机的，或是基于机跟炉的，只要机组主、辅设备和控制设备状态良好，运行正常，其机炉协调控制系统经过认真仔细调整，能长期稳定投入运行，其功能和性能能达到有关标准要求，一般都能满足电网调峰的要求，也能满足 AGC 的要求。

(3) 关于风煤交叉限幅　在现有多种机炉协调控制系统方案中，在锅炉主控的执行级——燃料与送风控制系统之间，一般都按使烟囱不冒黑烟的过量空气原则，引入交叉限幅，以实现加负荷时先加风后加燃料，减负荷时先减燃料后减风。在机炉协调控制中，取消该交叉限幅更为有利。

① 在单元机组机炉协调控制系统中，限制系统控制品质提高的主要环节在于锅炉机组惯性较大。为此，各种机炉协调控制系统方案，均不同程度地引入了若干加快或动态加强锅炉侧控制作用的技术措施。而"先加风后加燃料"却会抑制上述技术措施的作用。在有交叉限幅时，当机组负荷指令或主蒸汽压力等变化时，虽然前馈通道和锅炉主控的控制作用中含有微分分量，但由于送风量信号响应有惯性，使上述微分控制分量对锅炉侧主要控制手段——燃料量控制不起作用，使得燃料量控制速度难以提高。而当去掉交叉限幅后，控制作用中的微分分量将加强燃料量控制作用，从而有利于改善锅炉侧的控制品质。

② 燃煤机组过量空气系数一般取得较大，变负荷时，风煤同时控制，一般不会欠风。对燃油燃气机组，其过量空气系数一般较小。为保证在变负荷时空气过量，可保留送风控制系统中之大选，并在送风量指令中增加一比例加微分环节，从而实现加负荷时风与燃料同时加，但动态中风量多加一些；减负荷时先减燃料后减风。

③ 目前国内电厂送风控制系统，因故不能甚至不愿投入自动的情况不在少数。采用交叉限幅时，如果送风控制系统不投自动，压力、燃料控制系统将不能正常工作，除非将过量空气系数提得更高，而后者对机组运行经济性是不利的。

(4) 有关机组自动减负荷工况的几个问题　机炉协调控制系统一般都设计有多种辅机局部故障时的机组自动减负荷（Run Back，RB）系统。其功能在于，当机组正常运行时，一旦发生 RB 系统包含的某一辅机故障，机组主要热控系统（MCS、SCS、DEH 等）可相互配合，将机组负荷快速、安全地降低到实际所能达到的最大数值上稳定运行。

RB 功能是一项保护性功能。在进行机炉协调控制系统完善化工作时，应将其 RB 功能调试正常，以使其能投入在线备用，必要时，保证机组运行安全。

机组正常运行时，控制方式为机炉协调方式。在 RB 工况下，控制系统一般有两种构成方式：一为汽轮机侧保主蒸汽压力，锅炉侧按 RB 指令快速减负荷的机跟炉方式；二为机、炉两侧按各自给定的 RB 速率，同时快速减负荷的方式。实践表明，一般情况下，这两种运行方式能满足 RB 工况的要求。但它们也有不足，在某些工况下，有可能不能满足 RB 之要求。例如以下几种情况。

① 对机跟炉系统，由于未利用机组储能，机组功率下降速度受限，RB 过程加长。在

RB 过程中，由于燃料急减引起汽包水位虚假现象严重，致使在一般 RB 工况（如送、引风机，一次风机 RB 时）下，汽包水位波幅可达±150mm 左右，而在给水泵 RB 时水位波幅更大。常因水位负偏差越限，引起锅炉主燃料跳闸（MFT），导致 RB 工况失败。

② 对机炉按各自给定的 RB 速率同时减负荷的系统，没有主蒸汽压力控制系统，其主蒸汽压力是靠机炉双方实际的减负荷速率相互配合间接保持的。若速率选择不当（常见的是为快速减小机组功率，DEH 所设定的 RB 速率一般较大，致使机侧实际 RB 速率远大于炉侧），在 RB 过程中，会发生主蒸汽压力迅速、大幅度上升，迫使高压旁路保护性开启。接着又会因虚假水位严重、控制失当，出现汽包水位急剧上升，最终导致锅炉事故放水系统动作。如果上述保护系统失灵，或者运行人员处理不当，也会导致 RB 工况失败。

对采用机跟炉方式的系统，可用动态提高主蒸汽压力给定值来改善其控制品质。在 RB 工况发生时，通过 RB 指令，引入一主蒸汽压力给定值增量。这有两个主要作用：其一，在锅炉侧快速减少燃料量，降低锅炉出力的同时，汽轮机侧关小汽轮机调门，提高主蒸汽压力，同时也减小了机组功率。此即是利用机组储热能力，加快机组功率下降速度；其二，主蒸汽压力，从而汽包压力的提高将抑制由于锅炉燃料量急减而造成的汽包虚假水位。其结果是既加快了机组负荷下降的速度，又可以大大改善汽包水位控制的品质。机组功率下降到 RB 目标值所用时间约可减少一半，在送、引风机以及一次风机 RB 时，汽包水位偏差可控制在≤±100mm。而在给水泵 RB 时，如果给水泵出力问题已解决，则可保证不会因水位偏差超差而引起锅炉 MFT，使主要辅机的 RB 功能均能达到设计要求，以保证机组安全运行。

需要指出的是，采用气动给水泵的机组，给水泵 RB 时水位负向偏差很大，除上述原因外，常常还与给水泵的出力有关。气动给水泵一般配两路汽源：高压新蒸汽（如冷再热器入口蒸汽）和高压缸某段抽汽。为经济计，在机组正常运行的各个阶段，诸如机组启、停，低、高负荷阶段，一般均采用高压缸抽汽为汽源，能满足运行要求。然而在给水泵 RB 工况（两台运行中的气动给水泵一台故障跳闸，备用电动给水泵因故未能启动）时，随着机组负荷下降，汽轮机抽汽压力会降低，给水泵出力将下降。当机组负荷降低到 50％左右时，由于抽汽压力下降，一台给水泵的出力可能达不到 50％额定负荷所需要的出力。此时，即使维持机组 50％负荷稳定运行也有困难，更不可能满足机组负荷从 100％急剧下降到 50％过程中汽包水位控制的要求。如果给水泵出力有问题，必须首先予以解决：将给水泵 RB 逻辑指令引入给水泵汽源切换回路，当发生给水泵 RB 时，给水泵汽源自动切向高压汽源。

对机炉同时减负荷的系统，由于机炉动态特性差别较大，要二者实际减负荷速率相适应，必然要求二者给定的减负荷速率有较大差别。也即是说，要求汽轮机侧 RB 速率设定远小于锅炉侧 RB 速率设定。如果这样，机组的 RB 工况将比较平稳，在机组负荷快速下降过程中，机组的高压旁路系统、事故放水系统将不会动作。还应指出的是，RB 工况是一种故障工况。机组负荷的大幅度、快速下降，对于已能适应机组负荷正常变化的机炉协调系统及其子系统仍将是一种考验。在 RB 系统试投过程中，可能需要对机炉协调系统的某些部分进行适当再调整。对燃料、给水、蒸汽温度等控制系统，适当增大其中间反馈信号（如燃料量、给水量、减温器后蒸汽温度等信号）的惯性，可改善其在 RB 工况下的控制品质。在送、引风机控制系统之间，适当增大送风前馈量，可大大减小送风机 RB 时炉膛压力的负向偏差。在一次风机和引风机控制系统之间，在一次风机 RB 时引进一前馈信号，也可减少一次风机 RB 时炉膛压力的负向偏差。

从大机组机炉协调控制系统设计看，包含五种方式，即所谓炉跟机协调、机跟炉协调、炉跟机、机跟炉和手动的方案较普遍、适用。以经典的前馈-反馈复合控制系统为基础，辅以若干带自适应、自校正性质技术措施的各主要子控制系统，一般能满足在较大负荷范围内机组运行的要求。控制系统设计既要考虑满足机组各种运行方式的要求，又要简洁适用。过

683

多的校正、补偿，将会增加调试的难度。补偿校正不当，可能适得其反。当然，先进过程控制在炼油、化工与石化行业已经得到成功应用，在火电行业推广应用尚需要试验与适应过程。

25.4.4 机炉协调控制系统 AGC 控制中值得深思的问题

（1）影响 AGC 变负荷速率的原因　依据前电力部颁发的 DL/657—1998《火力发电厂模拟量控制系统在线验收测试规程》，在协调控制系统方式下进行了 3％MCR/min 变负荷速率（对于 20MW 机组为 6MW/min、对于 300MW 机组为 9MW/min）的模拟量负荷变动试验，但是在 AGC 方式下，设置的变负荷速率都不超过 4.5MW/min，主要是基于以下几方面原因考虑的。

① AGC 的控制方式是全电网控制，目前尚没有考虑机组的类型、容量对负荷指令响应特性的不同，因此不可避免地有时使机组运行在不经济或者不稳定的工作区域。

② AGC 的控制特点是负荷指令变化频繁。从燃烧的稳定性考虑，协调控制系统没有设计磨煤机（直吹式锅炉）或给粉机（中储式锅炉）的自启停逻辑，在负荷变化过程中需要运行人员配合负荷的变化频繁地启停磨煤机或给粉机，增加了运行人员的劳动强度。

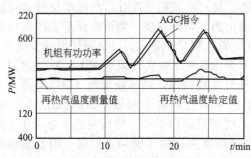

图 25-19　1 台 220MW 机组投入 AGC 方式后负荷指令频繁波动的曲线

③ 由于受短期负荷预测能力的限制，在控制联络线偏差的过程中，AGC 送至发电厂的指令常常在小周期内上下波动。AGC 投入后，由于机组负荷变化频繁，使汽轮机内壁金属温度变化率增加，增大了汽缸金属材料所受的热应力，影响了机组的寿命。当 AGC 的指令频繁变化或连续增减负荷的工况超过协调控制系统的承受范围时，协调控制系统的控制品质就会降低，严重时会引起锅炉过热器和再热器超温。图 25-19 为 1 台 220MW 机组在投入 AGC 方式后负荷指令频繁波动的曲线。

（2）提高 AGC 响应速率的建议　为了提高 AGC 的响应速率，提出以下建议。

① 对于调度侧，应进一步增强负荷预测的准确性，减少 AGC 指令的振荡次数，最好能对电厂机组按照容量、类型的不同进行分类控制，电网调度中心与机组协调控制系统的控制信号由 3 个增加到 7 个，新增加的信号名称及用途，如表 25-2 所示。

表 25-2　建议增加 AGC 与协调控制系统的联系信号一览表

信号名称	信号类型（针对机组 DCS）	信号用途
协调投入	数字量输出（DO）	通知中调机组具备 AGC 投入条件
负荷上限	模拟量输出（AO）	给中调提供 AGC 方式下全网可调负荷的数据
负荷下限	模拟量输出（AO）	
变负荷速率	模拟量输出（AO）	为中调计算 AGC 的全电网可调节速率提供依据

② 各发电厂要进一步优化协调控制系统的控制品质，可以通过采用先进的控制策略改善协调控制系统和再热汽温度控制系统的自动控制品质，使机组在频繁的负荷变动工况下，参数能够保持在允许的波动范围之内。

③ 对于已经使用火电厂厂级实时监控信息系统（Supervisory Information System in Plant Level，SIS）的电厂，应该将送给各台机组的 AGC 指令改为发送一个负荷指令给厂 SIS，再由 SIS 的全厂负荷优化分配系统分给各台机组。

全厂负荷优化分配是 SIS 的一个最重要的功能，其任务是优化分配全厂机组的负荷，使全厂综合运行成本最低。它充分考虑了机组运行的经济性、稳定性、机组寿命的损耗、机组的负荷控制余量等因素，并顾及了全厂的负荷控制性能，其优点体现在提高了机组运行的稳定性、延长了机组的使用寿命及实现了负荷的经济分配。

电网调度中心发送的 AGC 指令中，大部分是频繁的小幅度变化指令，如果这种负荷指令直接作用于某一台机组，则该机组难以稳定运行。对此，全厂负荷控制系统采用轮流控制的方法，以投入最少的机组来完成负荷控制任务，最大程度地减少机组变负荷的频度。在选择机组增加或减少负荷时，为避免机组在短时间内反方向改变负荷，在机组完成一次增加负荷的任务后，保持稳定运行一段时间之后再去承担减少负荷的任务，从而减少机组因热负荷上下波动产生的疲劳损耗，有效地延长了机组使用寿命和检修周期。

负荷的经济分配计算是指在机组运行期间，SIS 接受调度传送过来的负荷指令后，在满足全厂机组出力限制的条件下，考虑机组运行状态的影响，采用合适的优化算法，合理地分配各运行机组的负荷指令，使得整个火电厂的供电综合成本最低。

由于电厂各台机组的煤耗与负荷曲线有一定的差异，所以不同负荷下分配的运行成本是有差异的。SIS 根据每台在线机组的供电煤耗或发电成本与负荷的函数关系，计算出全厂不同负荷下最经济的机组负荷分配。

从实际运行情况来看，如果每个负荷点都要达到最经济分配，则要求变负荷时有些机组加负荷，有些机组减负荷，这将会严重降低全厂负荷的响应性能，并且如果每台机组都不停地变负荷，将对机组寿命和设备损耗带来不利的影响；若经济性好的机组始终在高限点，而经济性差的机组始终在低限点，也会影响全厂的负荷控制性能。基于这些原因，SIS 的负荷优化分配应该是一个综合指标，而不是一个纯经济指标。在实际运行中，全厂机组负荷分配是在经济点附近。

随着电网容量的增大和自动控制水平的提高，对 AGC 的控制也提出了更高的要求，由保证 AGC 的投入率提高到在保证机组的安全性和经济性的前提下如何提高对 AGC 的响应速率和加大 AGC 的投运范围。目前各机组的 AGC 都能够在协调控制系统方式下投运，在此前提下，如何在 AGC 方式下进行经济、安全、快速控制是今后一段时间内的研究方向，这需要电网调度中心、电力研究院和火力发电厂共同努力才能实现。

◎ 25.5　负荷频率控制（load frequency control）

电力工业引入竞争机制，建立电力市场应具备的条件之一是电网公平开放。实现电网公平开放不仅要求有一个公平的输电价格及辅助服务价格，而且要求有一个有效的负荷频率控制方法及实施方案。与传统的电网运营模式相比，在电力市场运营模式下会有第三方进入电网，要求电网公平对待所有使用电网的用户，因此其负荷频率控制的方法要复杂得多。为适应我国未来的电力市场运营模式，下面讨论负荷频率控制（以下简称 LFC）方法及实施方案。

我国电力工业市场化改革方案，已明确规定"厂网分开，竞价上网"是改革的第一步，因此所有发电企业都将成为独立发电企业，即 IPP，它们将在发电市场中以竞价方式卖电给电网经营企业，以图 25-20 所示的电力市场结构及相应的运作模式为基础（售电侧暂不形成市场，终端用户无选择权）来分析 LFC 问题。图 25-20 中输电公司承担发电公司与配电公司之间的输电服务业务。根据我国实际，一些地区在一段时间内将保持输配一体化运营，但这并不影响所提出的 LFC 方法及实施方案的有效性和通用性，例如，批发电力转供和零售

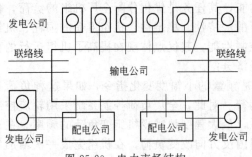

图 25-20 电力市场结构

电力转供的差别仅仅是交易的数目和数量，而不是 LFC 技术（至于两种交易由于数目不同而产生的计算量不同，则是另一种技术问题，不是 LFC 本身的问题）。如果只考虑发电公司和配电公司之间的双边合同，那么所提出的 LFC 方法和实施方法及实施方案，对于售电侧引入竞争机制（即零售竞争，终端用户有选择权）下的电力市场也是适用的，因为终端用户和发电公司之间的直接合同，从 LFC 技术角度来看与所讨论的双边合同是相同的。

图 25-20 给出的只是一个输电公司，而我国目前是每个区域电网下属几个互联的省级电网。省际之间有电力交易，也就是说，交易可能要经过一个以上的输电公司。如果电网只有一个输电公司，那么 LFC 技术问题较好解决，因为对控制电网安全稳定的责任和权力可以完全落在一个机构中。根据我国实际，以多个输电公司并存，形成多个双边合同（在发电商和配电商之间）为基础来分析研究 LFC 技术方法和实施方案。

目前和今后相当长一段时间，多数零售用户仍执行固定电价，不能执行其负荷随时间动态变化而产生不同成本的实时电价。对趸售（批发）用户可以根据功率因素、最大需量和其他负荷特性参数来确定电价，因此只考虑三种类型的合同。

（1）固定功率合同　这是一种最简单的合同，在固定时间上固定功率，但实际上很少有用户会以固定的比例耗用电功率。

（2）可变功率合同　用户可以要求在合同规定的参数范围之内改变功率，但用户可以将负荷需求与功率购买相匹配。

（3）负荷匹配合同　提供负荷跟踪服务，在传统的电力工业模式下，负荷跟踪是电力公司（VIU）的责任，不需要用户支付。在电力市场环境下，这类合同如何运作是需要研究的问题，一个可行的办法是用户负责自己负荷的跟踪；用户和发电商签订负荷匹配（跟踪）合同；发电商按合同要求根据用户负荷变化来匹配发电出力。

25.5.1　负荷频率控制方法及实施方案

电网控制的基本问题之一就是有功功率要时刻和负荷需求加上线损保持平衡，以使频率合格，或称频率控制。频率是电力系统运行的一个重要质量指标，它反映了电力系统中有功功率供需平衡的基本状态：当电力系统中有功功率的总供给满足全网电力负荷的总需求，并能随负荷的变化而及时调整时，电网的运行频率将保持为额定值；如果电力系统的有功功率供大于求，电网的运行频率将高于额定值，反之，将低于额定值。LFC 方法主要是调整发电功率和负荷管理。调整发电功率由频率的下述三次调整来完成：①动力系统的自然属性，依靠调速器完成；②由系统中的自动发电控制机组承担，为避免系统间联络线的过负荷，可同时对联络线功率进行监视和调整；③实质是完成在线经济调度，是系统中所有按给定负荷曲线发电的发电机组分担的调整任务。

（1）电力市场中可能采用的三种 LFC 运营模式分析　在电力市场条件下，LFC 方法、管理体制、运行机制和实施方案可以有多种，这取决于由谁控制发电厂，谁有义务承担 LFC，以及市场机制完善程度。根据我国实际以及国际上电力工业市场化改革历程，研究提出三种 LFC 运营模式，即免费 LFC、收费 LFC 和双边合同 LFC。免费 LFC 模式是传统电力工业采用的模式，收费 LFC 模式可以作为电力市场初级阶段采用的模式，而双边合同 LFC 模式是在有了较完善的电力市场机制之后可采用的模式。

在传统的电力工业模式下，由 VIU（或者输电公司）向自己拥有的发电机组发布实施 LFC 的命令，这些发电机组免费提供 LFC 服务。而 IPP 或者也受 VIU 控制，按技术合同要求有义务提供 LFC 服务，或者没有义务实施 LFC。采用这种免费 LFC 运作模式，从经济角度看存在不公平性，但从技术角度看，不存在明显问题。只有当总装机容量中 VIU 拥有控制的发电机组的 LFC 能力减少到接近最大负荷变化比率值时才会出现控制能力不足的技术问题。

在收费 LFC 模式下，输电公司不再拥有自己的发电机组（厂网分开），但输电公司有义务提供 LFC 服务。因此输电公司必须从发电公司实时（以 s 为单位）购买有功功率，再转售给配电公司。在这种 LFC 模式下，输电公司可以采用自主方式买卖 LFC 服务，也可以和双边合同 LFC 并存，也可以没有双边合同 LFC。

在双边合同 LFC 模式下，输电公司没有义务提供 LFC 服务。配电公司必须自己与发电公司签订购买负荷匹配（简称 LM）服务的合同。也可以双边 LM 合同与上述输电公司收费提供 LFC 两种模式并存。对于没有签订双边 LM 合同的配电公司，输电公司有责任为它们提供 LFC 服务。

（2）收费 LFC 运作模式及实施方案分析　在收费 LFC 模式下，是由输电公司实施 LFC。由输电公司度量频率偏差和互联网净功率交换偏差，然后向发电机组发布控制信号，以调整其出力。控制误差的计算方法与免费 LFC 模式下的计算方法相同，因为控制区边界相同。控制区包含输电、发电和配电三个部分，如图 25-21 所示。控制误差计算公式如下：

$$E_{ac} = (N_{sked}^i - N_{act}^i) - 10B(f_{sked} - f_{act}) \tag{25-2}$$

式中，E_{ac} 为区域控制误差，取正值；N^i 为净功率交换值；B 为偏差系数，10MW/Hz，取负值；f 为频率值。

第一个要解决的问题是，针对控制区域之间的交易来计算 N_{sked}^i：

$$N_{sked}^i = \sum N_{gs} - \sum N_{db} \tag{25-3}$$

式中，N_{gs} 和 N_{db} 分别为发电商出售功率和配电商购买功率。

在图 25-21 中配电公司 DX 从发电公司 G1 购买的功率要加到 N_{sked}^i 中，而配电公司 DA 从发电公司 G0 购买的功率要从 N_{sked}^i 中减去。这些控制区之间的交易可以分别作为售电和购电，加到目前的 LFC 系统中，基本方法不需改变，只是交易数目明显增加，会产生一些实际操作问题。

根据国际上已进行电力工业市场化改革的一些国家的经验，在电力工业引入市场机制后，控制区域之间的交易将大量增加。对于净交换为进口的控制区，每个配电公司签订的跨区域交易合同数量就有可能和改革前整个控制区域的合同数量一样多，而发电公司

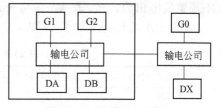

图 25-21　收费 LFC 模式

就有可能就地售电（因为是净交换为进口的区域）。对于净交换为出口的控制区，配电公司将在本区域内购买大部分电力，而发电公司将同时在本地区内和本地区外售电。因此跨区域交易的数量将达到与输电公司联网的配电公司或者发电公司的数量，通常为几十个。

因此要对现行的交易运作方法进行改进，以保证其能够适应交易数量的增加。尤其是交易数据的输入以及与控制中心的通信方式和技术需要改进，以减少输入误差。

第二个要研究的问题是，在收费 LFC 模式下，对各发电机组如何分配控制任务。在免费 LFC 模式下，是根据经济调度来对机组分配控制任务的，也就是说，按照各个机组提供控制服务所需成本高低进行排序来分配控制任务。在收费 LFC 模式下，控制任务的分配也是按成本最低原则进行，但这个成本是指输电公司从发电公司购买控制服务的成本（价格），这个价格通过市场（招标）形成。尽管控制任务分配的数学问题比免费 LFC 模式下的简单，

但是控制任务分配规则和运作模式取决于价格结构。例如，如果上网电价是每负荷块价格固定，那么就要按照价格由低到高将负荷块排序，价格最低的负荷块首先承担控制任务，顺序分配控制任务。如果是采用各个发电机组成本连续变化曲线招标，那么为达到以最小成本实施LFC，就需要对各个发电机组（而不是负荷分块）分配控制任务。

第三个要研究解决的问题是，合同结算和支付的问题。输电公司必须计算确定每个配电公司要求的LFC数量，从每个发电公司购买的LFC数量（以什么价格购买的），然后计算确定每个配电公司要为购买LFC支付的数量。LFC的价格要受管制，LFC的结算需要知道每个配电公司使用的LFC资源的信息，如何采集这些信息是一个技术问题。

现在针对图25-21所示的收费LFC运作模式，假设发电公司G1和G2分别有对配电公司DA和DB供电100MW的合同，除此之外没有其他合同。进一步假设，输电公司从G1购买所有的LFC服务；控制区之间净交换计划值为0；DA和DB的负荷正好为100MW，总发电出力将大于100MW，因为还有线损。由G1承担这个控制任务以补偿线损，如表25-3所示。

表 25-3　情形 1 的 LFC 的供求平衡

发电公司	发电出力/MW	预置点/MW	配电公司	负荷/MW
G1	102	102	DA	100
G2	100	100	DB	100
			线损	2
总计	202	202		202

在这个控制周期中，输电公司从G1购买了2MW的LFC，将这2MW的LFC用于部分地补偿输电损失，因为输电公司负责自己的输电损失，输电公司已有合同来部分地补偿这个输电损失，而不是完全依靠购买LFC电力。因此，用于补偿输电损失的LFC售电功率为

$$L_s = \sum P - \sum D - \sum N_i - \sum P_C \tag{25-4}$$

从G1购买的LFC功率为

$$L_{pg1} = P_1 - \sum P_{C1} \tag{25-5}$$

式中，P 为发电机组出力；D 为负荷；P_C 为补偿输电损失合同的电力；P_1 为发电公司G1预置发电出力；P_{C1} 表示与发电公司G1签订的合同电力。

假设DA的负荷增加了2MW，控制中心将让G1提高出力至104MW，如表25-4所示。

表 25-4　情形 2 的 LFC 的供求平衡

发电公司	发电出力/MW	预置点/MW	配电公司	负荷/MW
G1	104	104	DA	102
G2	100	100	DB	100
			线损	2
合计	204	204		204

这时输电公司从G1购买4MW的LFC，其中2MW转售给DA，2MW留给自己。出售给配电公司DA的LFC计算如下：

$$L_{da} = D_A N_{da} \tag{25-6}$$

式中，D_A 为配电公司DA的负荷；N_{da} 为DA拥有的合同功率。

不同的配电公司其负荷变化不同，有的配电公司负荷会增加，有的配电公司负荷会减少。因此输电公司出售LFC正容量给一些配电公司，出售LFC负容量给另一些配电公司。

当配电公司DA的负荷首先增加时，机组G1和G2的调速器动作，使G1和G2的功率在LFC对G1作用之前增加。如果每台机组的调速性能相同，那么实施LFC之前发电公司

和配电公司达到的各值如表 25-5 所示。

表 25-5　情形 3 的 LFC 的供求平衡

发电公司	发电出力/MW	预置点/MW	配电公司	负荷/MW
G1	103	102	DA	102
G2	101	100	DB	100
			线损	2
合计	204	202		204

输电公司将从 G1 购买 3MW 的 LFC，从 G2 购买 1MW 的 LFC（即使 G2 并没有投标出售 LFC，也是如此）。因此电网内各个发电公司都隐含着一个对输电公司的 LFC 投标。不能让发电公司自行决定出售 LFC 的价格，否则发电公司会把价格定得很高。也不能让输电公司决定这个价格，否则它会把价格定得很低，甚至不支付。这个价格应由管制机构调控。

假设输电公司向 G1 发布控制命令，而 G1 未作出反应，情形见表 25-6 所示。

表 25-6　情形 4 的 LFC 的供求平衡

发电公司	发电出力/MW	预置点/MW	配电公司	负荷/MW
G1	103	104	DA	102
G2	101	100	DB	100
			线损	2
合计	204	204		204

在原来情形下，输电公司承担超额的 LFC 成本，因为它还没有向发电机组发布控制信号。在现在情形下，输电公司将从 G1 购买 4MW 容量的 LFC，从 G2 购买 1MW 容量的 LFC，并且出售 1MW 给 G1，出售 2MW 给 DA，2MW 留给自己。G1 将对未作出反应支付成本。出售给 G1 的 LFC 计算如下：

$$L_{\mathrm{sg1}} = P_{\mathrm{sg1}} - P_{\mathrm{pg1}} \tag{25-7}$$

式中，P_{sg1} 为预置点出力；P_{pg1} 为 G1 实际出力。

为达到准确的计算与支付，需要应用结算软件在每个控制周期内连续追踪各个市场参与者（发电公司、输电公司、配电公司）购买和出售的数量以及价格，需要知道每个控制周期内发电出力和负荷的实际值，交易的参与者和所有合同确定的交易值以及 LFC 的价格机制。

配电公司有可能不只从输电公司购买 LFC，有可能还和发电公司签订 LM 合同。如果这样，配电公司必须在每个控制周期向发电公司发送所需发电出力值的信号。由于这个发电出力值是控制周期内的 LM 合同规定的发电出力值，因此控制中心也必须知道这个发电出力值。如果合同规定的发电出力是配电公司负荷的简单函数（而配电公司负荷或者合同出力二者之一已遥测到控制中心），那么就可以在计算工作量与通信工作量之间进行折中。如果 LM 合同是跨区域的，那么就需要知道每个控制期内的交易数量。

（3）双边合同 LFC 运作模式及实施方案分析　采用双边合同 LFC 运作模式将没有集中控制。每个配电公司通过 LM 合同从一个或多个发电公司那里购买 LFC 服务，实行控制分散化。每个 LM 合同需要一个单独控制，但这些控制必须协调，以维持电网频率合格和时间误差最小。美国在 VIU 结构下的互联电网中已经实现了分散协调 LFC（尽管参与交易者很少）。在这个互联网中，每个控制区域内有一个单独的控制设施。由于每个 LM 合同需要一个单独的控制，因此每个 LM 合同必须有一个相关的控制区域。

这个控制区域随着 LM 合同的生效而开始存在，随着合同的结束而消失。这个虚设的控制区（简称 VCA）包含与 LM 合同相关的发电公司和配电公司。区域间的联络线潮流将不是度量值，而是将它变成合同规定的功率的一部分。

图 25-22 说明了下列合同情景下的 VCA 边界构造：

① DA 对 LFC 需求的 60％由 G1 提供；

② DA 对 LFC 需求的 40％由 G2 提供；

③ DB 对 LFC 需求的 100％由 G2 提供；

④ G1 与 DB 有一个 90MW 固定功率的合同；

⑤ G2 与 DA 有一个 80MW 固定功率的合同；

⑥ 输电公司为补偿其输电损失，对 LFC 需求的 100％由 G2 提供；

⑦ DA 和 DB 各自负荷为 100MW；

⑧ G1 和 G2 按其预置点设定的出力值提供出力；

⑨ 联络线上没有潮流。

图 25-22 示出了配电公司和发电公司的实际功率流的数值，以及 VCA 的交换功率值。

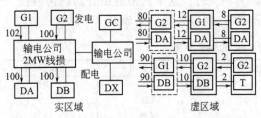

图 25-22 双边合同 LFC 模式下的虚控制区域

实线 VCA 边界表示 LM 合同，而虚线 VCA 边界表示固定功率合同或变动功率合同。

固定功率或变动功率合同的运作就是按照合同确定的功率来发电和用电。如果在每个控制周期内功率值可以预测，那么实施合同就不需要实施控制（LM），也不需要通信。合同确定的功率的大小将影响 VCA 之间的实际功率流的分配。

每个 VCA 的控制在发电侧实施，因为最终是由发电公司调整其机组的调速器预置点来实施 LFC。在 VCA 的配电侧要求安装一个合适的智能型电表来度量和采集功率值数据，并减去所有的固定功率和变动功率合同上确定的功率值，这样得到 LM 需求值（也可能是负值）。然后在各个 LM 合同之间分配这个 LM 需求值，并且将 LM 合同确定的需求值发送给 LM 合同的供应方，即相应的发电公司。

输电损失的计算比较容易，将所有发电出力加起来再减去负荷和净交换功率值，就是输电损失。计算方法和在收费 LFC 模式下相同，有可能根据状态估计电压求解法（state estimator voltage solutions）来计算输电损失，采用输电损失系数在新解之间修正输电损失值，这样做增加了计算工作量而减少了通信工作量。

上面分析了与不同的电力市场模式相适应的几种 LFC 运作模式和相关的技术实施方案。我国厂网分开、竞价上网之后，免费 LFC 模式将结束，取而代之的将是收费 LFC 模式。采用收费 LFC 模式主要发生的变化是结算方面的变化。根据国际经验，收费 LFC 模式和双边合同 LFC 模式可能会在相当一段时间内共存。

各个市场参与者之间的合同数据、负荷和发电数据度量值的通信标准以及标准控制规则的确立，对于收费 LFC 模式和双边合同 LFC 模式的顺利实施都是必不可少的。

25.5.2 多区域互联电力系统的 PI 滑模负荷频率控制

联络线偏差控制在电力工业中已得到实现，它是根据区域控制偏差实现的，这种基于传统区域控制偏差的辅助控制器虽然能够有效地控制联络线功率偏差 ΔP_{tix}、频率偏差 Δf 和区域控制偏差 ACE 到零，但很难同时维持频率偏移引起的电钟误差累积值 ε 和净交换功率偏差引起的交换电量偏差累积值 I 为零。

Kothari 等学者提出了基于新区域控制偏差 ACEN 的负荷频率控制 LFC 方法，基于 ACEN 的 PI 辅助控制器除了具有传统 PI 辅助控制器的特点外，还可同时控制电钟误差累积值 ε 和交换电量偏差累积值 I，并使其达到最小值。但该方法没考虑发电机变化率约束 GRC

（Generation Rate Constraint）和死区非线性的影响及系统的鲁棒性等问题。

变结构系统具有反应快，对对象参数不敏感及对外界干扰鲁棒性好等特点，变结构控制器对参数 T_p 变化 20% 时，系统的动态特性几乎不受影响，但该方法在考虑 GRC 及死区非线性的影响时，系统往往不收敛，且有时还会引起不稳定。

结合基于 ACEN 的 PI 控制和滑模变结构控制二者的优点，提出一种多区域互联电力系统 PI 滑模综合负荷频率控制的方法，采用积分滑模控制思想，使系统从一开始就直接进入滑模状态，滑模存在于整个控制过程中。对于滑模控制系统，当系统进入滑模状态后，系统的动态性能完全由滑动模态决定，这种控制方法具有所希望的动态特性，并且对系统参数和外部干扰的变化具有完全的鲁棒性，消除了抖振，且在出现 GRC 和具有控制死区时，仍能保证系统具有较好的性能。

在多区域互联电力系统中，每个区域必须装设一台局部负荷频率控制器，此局部控制器的作用是维持该区域的频率及流进、流出该区域的功率为给定值。每个局部负荷频率控制器仅使用该区域的状态量测时，不使用来自其他任何区域的状态反馈信息，这样整个 n 区域互联电力系统的稳定问题，就变成了所有局部负荷频率控制器都一起工作时整个系统的稳定问题。利用基于新区域控制偏差的 PI 控制，在考虑 GRC 和死区非线性时收敛特性好的特点及简单易实现性，结合滑模控制的鲁棒性，选取 $C_i = B_i^T$，设计了 PI 滑模综合负荷频率控制器，使系统从一开始就进入滑模状态，从而保证系统具有较强的鲁棒性；滑模控制的实现是极其简单的，且各区域控制器和滑模面的设计只与本区域的状态有关，不涉及其他区域的状态信息，从而可实现系统的分散控制。

第26章
钢铁行业自动控制系统

◎ 26.1 钢铁生产工艺及自动化简述

钢铁企业大都由一系列工厂组成，规模大，是联合企业形式，其工艺流程如图 26-1 所示，包括采矿，选矿，然后把选得的精矿烧结或制成球团，造成适合于高炉所需块度的原料，经高炉炼成生铁，再由转炉或电炉炼成钢，铸成锭以后，经各式轧机轧成板材、管材、型材和线材等。

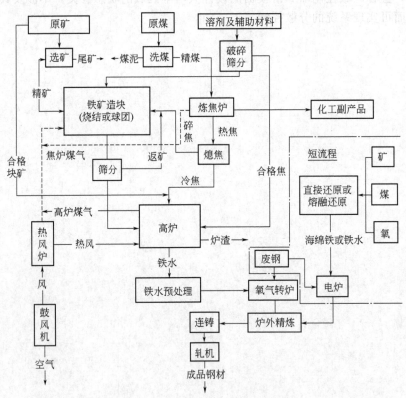

图 26-1 钢铁联合企业生产流程图

从图 26-1 中看出，由矿石到钢材的生产可分为两个流程：烧结球团和焦化—高炉—转炉—轧机流程；直接还原或熔融还原—电炉—轧机流程。前者称为长流程，是目前的主流程，后者则称为短流程。两者都是由一系列分厂或车间组成的钢铁总厂，前者一般分为原料场、烧结、球团、焦化（或炼焦、化工）、炼铁、炼钢（含铁水预处理、转炉或电弧炉、炉外精炼、连续铸钢）和各类轧钢（钢管、热轧带钢、冷轧板带、线棒材、型钢、轨梁、中厚板等）等分厂；此外还有一些辅助分厂，如动力部（包括发电、供电、煤气、氧气、给水等分厂）。选矿厂一般在矿山附近（一般与采矿合为矿山公司）。

现代钢铁工业自动化的内容是基础自动化、过程自动化、管理自动化和全球化的信息网络。

基础自动化主要是执行生产过程所必需的监控，如参数检测、自动控制（温度、流量压力、物位、成分、尺寸等控制，工艺设备动作的顺序控制等）、报警保护和联锁、监控（收集生产数据、整理、显示和打印生产报表）。一般分为过程检测及控制（亦称仪表测控）、电气传动控制与监控人机对话三部分。

过程自动化主要是执行优化和某些管理功能，如接受上位机指令并向基础自动化级发指令或 SPC 控制、过程跟踪、技术计算、数学模型运算与优化控制、某些设备或工艺参数管理、数据采集储存与整理、数据显示（含专门显示、趋势曲线、历史数据等大规模的数据储存与显示）与记录（打印各种报表）、向上位机反馈、数据通信等。

管理自动化主要是生产管理（如基于订单的生产管理，以 CAD、CAM 等进行计划编制和组织生产并监视实况和及时调度等）与事务管理（如财务管理、设备管理等）以及近来的全球化的信息网络（与钢铁企业外的信息系统和电子商务）。

由于自动化的经济效益很大，故钢铁企业自动化程度都较高，且自动化日益发展，国外已出现如烧结、热连轧等无人化工厂。

现代冶金工业自动化系统都是按照图 26-2 所示 CIMS（计算机集成制造系统，我国亦有称为管理控制一体化系统）结构的多级分层计算机系统。

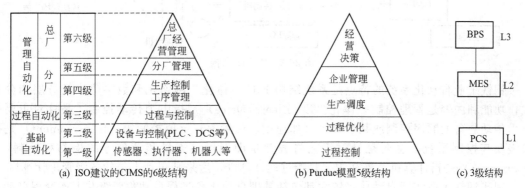

图 26-2　CIMS 结构

流程工业的 CIMS 体系结构按 ISO（国际标准化组织）如图 26-2(a) 所示分成 6 级，后来又有 5 级[图 26-2(b)]、3 级[图 26-2(c)]之分，但实质是把功能分配在不同级别。现在流行 3 级结构，其中 BPS（Business Planning System，业务规划系统）级是单纯考虑企业经营管理问题，近来应用 ERP（企业资源规划），它主要是利用以财务分析决策为核心的整体资源优化技术；MES（Manufacturing Execution System，制造执行系统）级是考虑生产与管理结合问题的中间层系统，主要利用以产品质量和工艺要求为指标的先进控制技术和以生产综合指标为目标的生产过程优化控制与优化管理技术，PCS（Process Control System）级是单纯考虑生产过程问题的过程控制系统，即过程自动化和基础自动化系统。

近年来由于要适应激烈的市场竞争需要，互联网和信息技术的发展，全球化的趋势，钢铁公司的自动化已从公司内部到顾客和社会。实行生产—物流—销售一体化，不仅内部联网，且与最终用户（汽车、机电制造等工厂）以致税务部门和海关联网，使信息更广域化和高效化，甚至通过卫星监视船舶到达地点，以为用户服务。此外，电子商务的发展，即在互联网上进行的商务活动，包括网上的广告、订货、付款、客户服务和货物递交等销售、售前和售后服务、市场调查分析、财务核算及生产安排等多项商业活动。这就要求自动化系统能适应这些进展。为此，出现网络集成制造系统 WIMS（图 26-3）。WIMS 是以 Web 和智能技术为基础，能充分利用互联网的资源、实现全球化供销链、远程技术支持和远程诊断等，M2-N2 是常规控制和智能控制，M3-N3 是监控、复杂的数学模型和人工智能等运算，M4-N4 以上是智能信息处理系统，M4-N5 服务器运行生产经营管理软件，如 ERP、MES 等，M5-N5 是电子商务。至此，钢铁工业自动化已经成为自动化与信息化相结合的系统。

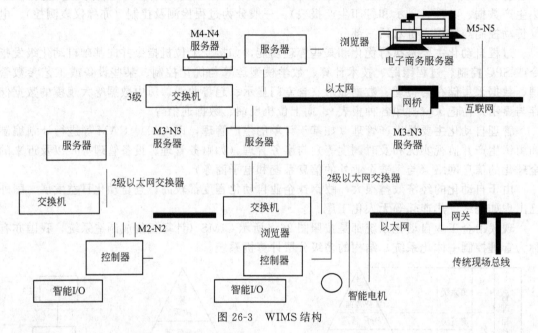

图 26-3　WIMS 结构

钢铁工业自动化系统的特点是系统结构 EIC 一体化、网络化和数字化以及分层和分布式，功能和内容是管理控制一体化。E（ElectricDrive）是指电力传动控制，是针对主要是电力传动装备的顺序控制或某些参量（如速度、位置等）定值控制等；I（Instrument）是指仪表及其控制系统，主要是针对工艺过程参量即温度、流量和液位等的检测和控制，C（Computer）是指计算机，最初主要是指过程计算机，后来则包括上位的各级管理计算机。

现代钢铁工业实际自动化系统大都包括基础自动化和过程自动化两级并上连管理自动化的制造执行级 MES，这是大型机组常用的系统配置（图 26-4），中小型机组大都只有基础自动化级（图 26-5）。

基础自动化系统的构成有三种形式：①电气逻辑顺序控制与仪表连续调节控制功能分别由不同类型控制器进行控制的 PLC＋DCS 形式（图 26-4）；②电气逻辑顺序控制与仪表连续调节控制功能都由 DCS 进行控制的全 DCS 形式（图 26-6）；③电气逻辑顺序控制与仪表连续调节控制功能都由 PLC 进行控制的全 PLC 形式（例如图 26-7 等）。上述三种形式，各有优缺点，至于利用哪种方案需按具体情况来定。

过程自动化级的构成有四种形式：

① 单机集中控制型（图 26-6）。过去由于设备昂贵，且许多冶炼过程是较缓慢过程，其操作的关键问题在基础自动化大部分获得解决，过程自动化级包括数学模型大都是操作指导形式，故采用一台过程计算机承担过程自动化级全部功能。这种形式的优点是结构简单，加以工控机的能力，可靠性都大大增强，故今后预计还会使用这样的方式。

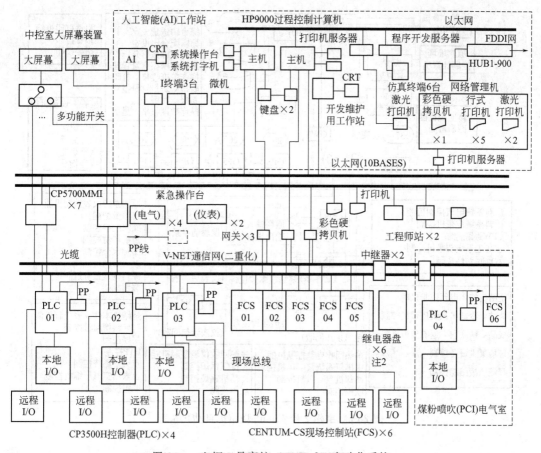

图 26-4　宝钢 1 号高炉（4000m³）自动化系统

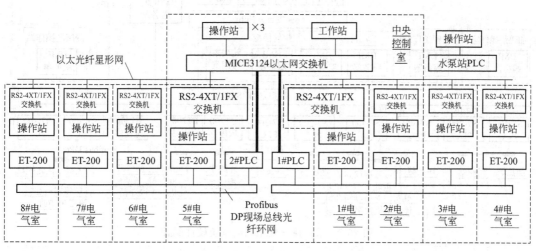

图 26-5　某钢铁公司原料场的自动化系统
（采用西门子 S7-400 型 PLC 及工控机，Profibus）

②双机集中控制型。由于设备大型化，如宝钢 1 号、2 号、3 号高炉容积都超过 4000m³，操作稍有不正常，损失就很大，过程计算机的功能越来越多，越来越重要，数学模型也趋向闭环，许多数据不容丢失，加以中型计算机的价格也在下降，故集中型大多是双机集中控制形式。

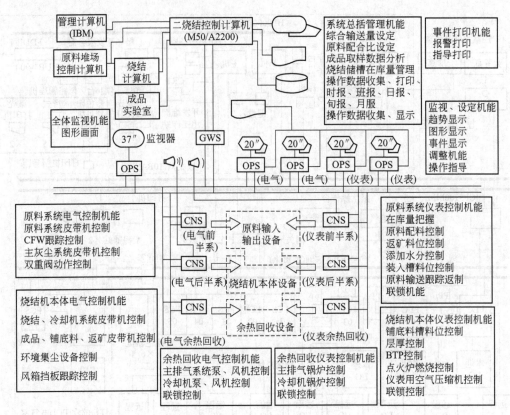

图 26-6 宝钢 2 号 450m² 烧结机自动化系统

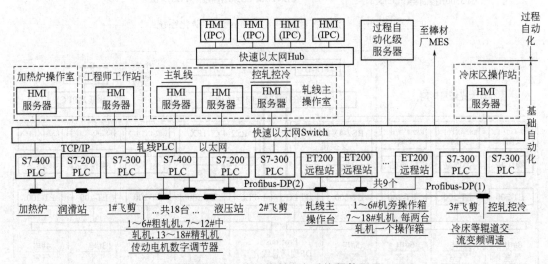

图 26-7 某厂棒材轧制三电系统硬件配置

③ 分散控制型。即过程自动化级的功能由多台计算机分担。

④ 客户机-服务器（Client-Server）型（图 26-8）。Server 端在主机，Client 端由众多 PC 机组成，这些微机根据现场环境的不同，分别采用工业微机和办公室微机，主要应用在画面显示和操作上。固定和变更少的数据（如窗口的管理和描述性数据库中的数据）放在 Client 通过网络向 Server 进行数据交换，这样减少了 Server 的负担，系统软件采用通用的软件。这种方式是目前最流行的结构。

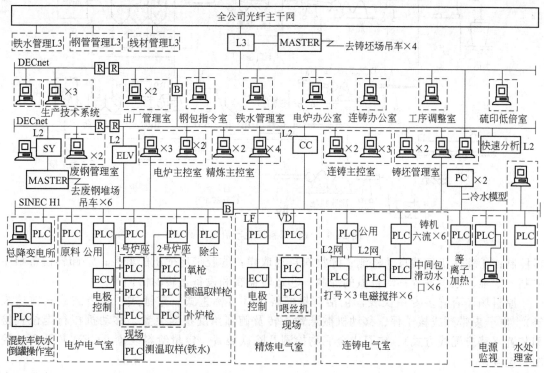

图 26-8　电弧炉、圆（方）坯连铸自动化系统

　　由于自动控制主要集中在基础自动化，且限于篇幅，本章主要叙述基础自动化中的自动控制系统。

◎ 26.2　炼铁生产自动控制

26.2.1　原料场自动控制

26.2.1.1　原料场工艺流程和自动控制概述

　　原料场作用是储备供给高炉、烧结（或球团）、焦炉和转炉等冶炼设备所需的原料，承担全厂铁矿石、焦煤、动力煤等主副原料的输入、储备、破碎、匀矿以及向各生产厂供料，是使炼铁等获得成分均匀的精料和高的技术经济指标必不可少的车间。此外，钢铁生产一般需要有存储2~3个月原料用量，故现代钢铁工厂都设有原料堆场。现代化大型原料场的工艺流程（图26-9）是：由卸料机把原料从船上卸到岸上，或陆运车辆卸在料槽中，再用堆料机（ST）把原料堆积到矿石场、辅助原料场和煤场（这些料场合称为一次料场）。大块矿石等原料由取料机送破碎、筛分，把筛选矿送到精矿场，筛下粉料送分层储料场（二次料场），在那里把不同牌号的精矿粉等，用均匀矿堆料机均匀，并分层堆放，取料时则由均匀矿取料机从其侧面垂直截取以得到均匀的原料。最后，由料场取出的原料分别由胶带运输机送相应生产厂，例如高炉、烧结等的矿槽。此外，料场还接受厂内产生的落地焦、落地烧结矿等返原料和外运料。

　　原料场检测和自动控制主要有：①储矿槽料位检测；②作业过程中输送检测；③定量给

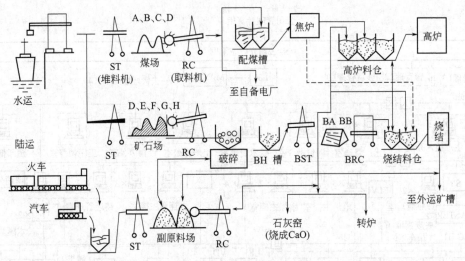

图 26-9　现代原料场生产流程举例

料控制；④输送机运载自动检测；⑤物料自动取样；⑥胶带运输机的群控；⑦卸料设备顺序控制；⑧堆、取设备等移动机械的控制；⑨运转监视和设备运转的协调等。

原料场还有许多专用仪表，包括：料槽料位计（称重式、重锤式、超声波式、雷达式等）、电子皮带秤或核子秤、移动机械悬臂旋转及俯仰角度检测装置、移动机械行走位置检测装置（感应无线方式）、矿石中金属物检测及除铁装置、定量给料装置（CFW）及自动控制系统等。

现代原料场就是通过上述自动化系统把众多的分散设备按规定的任务和计划进行有条不紊的操作，它是集中控制、集中监测并远距离连动控制、人员极少的和高度自动化的系统（图26-10）。

26.2.1.2　原料场主要自动控制系统

（1）胶带运输机等设备群控　胶带运输机群控目的是控制各个胶带运输机及其相关设备，按照工艺要求把原料从一个地点运送到目的地，是原料场控制的最关键部分，是集中在中央控制室统一控制。

目前原料的运送多按照流程来划分，大型原料输送系统一般编排百多个流程（路径），中型原料输送系统也有 40～60 个流程，每个流程对应着 PLC 的一个运转系统。胶带机群控是从诸多的胶带运输机中选出该系统的全部设备，使之按照 PLC 预先排好的程序顺序进行。由于原料场设备的特点，胶带机等设备群控的各个流程的各个设备，为节省投资、减少设备数量和占地面积，许多是共用的，例如唐钢原料车间共有皮带运输机 143 条，组成 140 个各种不同的流程，由于 140 个流程纵横交错，为了节省皮带运输机，一条皮带运输机最多为 37 个流程所用，其中 1 个流程运行，其他 36 个流程均需等待，形成了流程之间的"干扰"，再加上各流程的紧急程度不同例如破碎筛分流程停止运行影响不大，而高炉料仓需要料若供不上，高炉将休风，因此，紧急程度高的流程一请求，紧急程度低的流程虽未运完料，也必须停下来"让路"。这些都增加了调度和控制的复杂性。针对这种"竞争"，故原料场胶带机群控不仅是一般顺序控制与联锁，而且还有判别（是否占用）和优先问题，设计时必须考虑。

（2）堆取料机、混匀堆料机和混匀取料机等移动机械控制　其控制方式分为机上方式（机上有人）和控制中心控制方式（机上无人）。目前国外先进原料场都是采用后一种方式，无论哪一种方式，都是机上设 PLC 进行控制。机上方式时，控制中心发出作业指令和收集实况；控制中心控制方式则由过程计算机全自动控制或远距离半自动控制。移动机械的控制

698

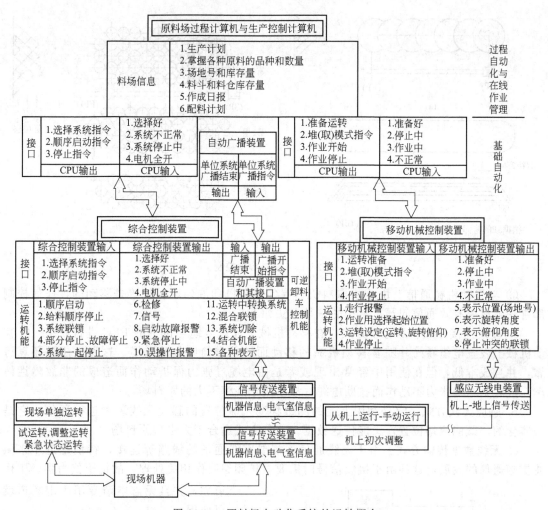

图 26-10　原料场自动化系统的运转概念

相当复杂，主要包括下列部分。

① 堆料形状自动控制　可在 PLC 程序设定下列三种堆料形状进行自动控制。

a. 定点移动，一层堆料。堆料机的悬臂按原料堆积高度，依次升高，直到最后堆积高度为止。其俯仰角按一定间距行走方向移动，作同样堆积，反复这项动作，直到堆积终点，卸料堆积结束［图 26-11(a)］。

b. 定点行走，多层堆积（草包堆积）。移动堆料机依次堆积小堆在堆积预定范围内，全部堆积完成后，变化俯仰角度，向各堆积的凹部，重新进行堆积，直到最终的堆积高度，卸料堆积结束［图 26-11(b)］。

c. 连续行走，一层堆积（混匀堆料场用）。混匀堆料机定速行走，边堆料反复移动俯仰动作，在整个堆料场范围内堆料，在悬臂前端装有根据俯仰角度来修正悬臂前端位置的装置，且按俯仰高度的出料侧行走点修正［图 26-11(c)］。

② 防冲撞控制　由 PLC 收集有冲突的其他移动机械的现在位置及其悬臂角度信息以进行监视。PLC 经常测定并按一定公式计算本移动机械的机体及悬臂前端与其他机械之间相互距离，当靠近到一定间隔以内就在控制台和堆取料机内的操作室报警和显示。如仍继续下去，接近危险区域则再次报警及显示，并同时停止有冲突危险的堆取料机，直到移动继续相互达到安全距离为止。

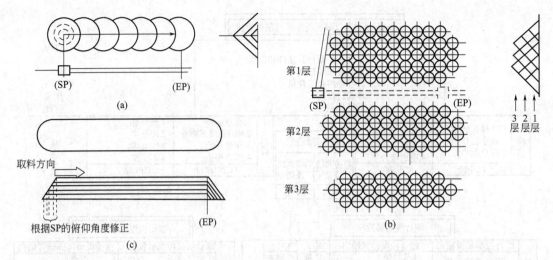

图 26-11　堆料形状控制

③ 与移动机械通信　由于堆取料机、混匀堆料机和混匀取料机等是移动的，任何控制都首先要解决有效通信问题，常用的三种方法如下。

a. 硬线连接方式。是有线方式，在移动机械上通过电缆与机下的 PLC 进行联络，在移动机械上设置电缆卷筒并随着移动机械的移动而转动卷筒以收放电缆。这种方法虽还算可靠，并且成本低，但在使用中经常出现或者是由电缆过张力保护动作而造成的非故障性停车，或者是电缆张力不动作而拉断电缆，故多用于规模不大的原料场。

b. 感应无线方式。它是利用上述的测量移动机械位置的感应无线装置进行通信，它是一体化的，既能测量位置，又能传送数据，这种方式适合于大中型原料场.

c. 无线数据传输方式。由于无线通信不需要有线通信的线路等连接，特别是近年来微波扩频通信的发展，这种由于接收信号时需要对扩频编码作相关处理，故抗干扰强，工作可靠，并且无需申请专用固定频道就可使用。

（3）往复式卸料机控制　往复式卸料机控制就是把各种原料通过往复式卸料机卸到相应的料仓中，它是与胶带运输机分开的单独系统，其原理见图 26-12，由 PLC 控制或过程控制机通过 PLC 控制，其主要功能是根据 PLC 的指令（一般是根据料位已达下限的信号）往指定的槽上行走，在选槽上停止并卸料，它也是一个顺序控制系统。卸料机上装有槽料位检测装置，在卸料过程中，随时可以测量料位。

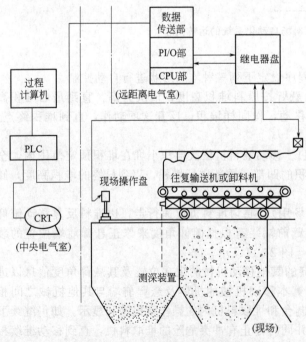

图 26-12　卸料机控制原理图

26.2.2　烧结自动控制

26.2.2.1　烧结工艺流程和自动控制概述

由于天然富矿越来越少，高炉不

得不使用大量贫矿，但贫矿必须经过选矿才能使用。而选矿后得到的精矿粉以及富矿加工过程中产生的富矿粉都不能直接入炉冶炼，必须经烧结或球团造成块然后入炉。烧结生产流程（图 26-13）为：铁矿粉、熔剂和燃料按一定配比，并加入一定的返矿以改善透气性，配好的原料按一定配比加水混合，送给料槽，再到 DL 烧结机，由点火炉点火，使表面烧结，烟气由抽风机自上而下抽走，在台车移动过程中，烧结自上而下进行；当台车移动接近末端时，烧结终了，烧结块由机尾落下，经破碎、筛分和冷却后成为多孔块矿，筛上物送高炉，筛下物作为返矿和铺底料重新烧结。

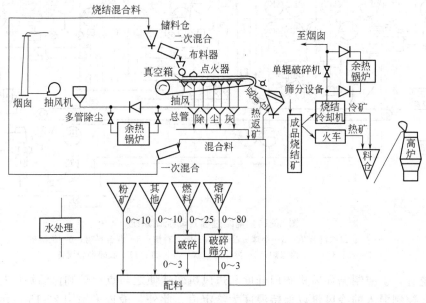

图 26-13　烧结工艺过程流程

烧结生产包括烧结主工艺线、抽风机、水处理和废热回收等部分，其自动控制如下。

（1）烧结过程主工艺线过程检测和自动控制系统　如图 26-14 所示，它包括以下几个。

① 原料系统　配料槽定量给料、一次和二次混合加水控制、配料槽料位给定、设备（含熔剂子系统、铁料子系统、燃料子系统、配料子系统、混合料子系统）启动和停止顺序控制等。

② 烧结机系统　铺底料料槽料位检测及控制、给料槽料位检测及控制、给料槽混合料水分检测、台车料层厚度测量及控制、台车速度测量及控制、真空箱温度测量、真空箱压力测量、点火炉和保温炉燃烧控制、设备（含烧结机本体、冷却机、混合料、铺底料、返矿、破碎、筛分、成品胶带运输机等设备以及环境集尘设备等子系统）启动和停止顺序控制等。

③ 冷却机系统监控。

④ 抽风机系统监控等。

（2）抽风机系统检测仪表系统　包括以下几个。

① 抽风机本身（电除尘入口温度测量，主抽风机系统的温度、压力和抽出废气流量测量，主抽风机的轴承温度、设备振动测量，蒸气流量测量等）；② 环境保护监视。

（3）水处理设备检测仪表系统　主要是温度、流量、压力、水位等监测，并在越限时报警。

（4）废热回收系统的检测仪表和自动控制系统　烧结机风箱抽出热风和冷却机排出气体温度达 400℃，过去大量高温气体从烟道排出，不仅高温气体对抽风机等设备有影响，且浪费能源。近年来有环冷机排出的热风作为点火炉用助燃空气，亦有用以预热煤气，此时的自

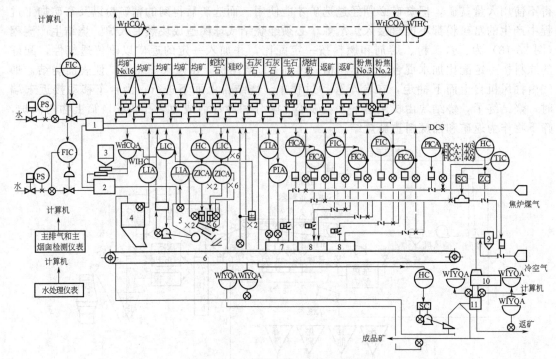

图 26-14 烧结过程自动控制系统

1，2——、二次混合机；3—小球成品槽；4—铺底料槽；5—混合料槽；6—烧结机

7—点火炉；8—保温炉；9—除尘器；10—环冷机；11—破碎筛分设备

动控制系统有：①控制循环风机阀门开度和送风机转速使之与点火炉和保温炉所耗风量成比例控制；②控制混入的冷风量以保持温度为给定值。此外，最近采用图 26-15 所示的抽出的风和冷却机排气余热回收系统，其主排气余热锅炉和冷却机排气余热锅炉检测仪表及自动控制系统与一般锅炉控制系统类似，共包括六部分：①锅炉进出口排气的温度，压力和出口排气流量监视；②锅炉循环泵的温度，流量监视；③锅炉给水量和汽包水位串级控制系统；④过热蒸汽温度，压力和流量检测；⑤过热蒸汽温度自动控制系统；⑥脱气器系统控制等。

烧结专用仪表有：混合料水分检测（中子式和红外线式，还有失重式和电导式等）、混合料透气率检测、料位和料层厚度检测、烧结矿 FeO 含量检测仪、矿石中金属物检测及除铁装置、烧结机尾图像分析，国外还有碎焦炭粒、原料中游离碳含量、烧结层内温度状态、烧结机风量分布等检测和漏风的诊断。

26.2.2.2 烧结主要自动控制系统

（1）配料自动控制系统 目前大都是按图 26-16 的系统按重量配比，该系统配置圆盘给料机六台，五台用于精矿给料，一台用于高炉灰给料。七台自动定量胶带给料机用于辅助原料的给料，各圆盘和定量胶带给料机给出的物料卸至同一条集料胶带机上送混合机。配料系统中的铁精矿是从集料胶带机上的电子皮带秤得出流量信号进行比较的，通过控制器改变圆盘给料机（两台可切换）的转速以保持精矿配料量不变，而辅助原料则是通过定量胶带给料机实现定量配料的。系统设有各种原料的配比设定和总给料量的设定，可根据各原料情况对烧结矿的要求灵活改变配比。本系统主原料只用一台胶带机而节省投资。

（2）混合料添加水自动控制系统 配料后的原料，通常要经过两次混合，且每次混合都要加一定的水。其中一次混合加水，使混合料的含水量达到一次混合加水设定的目标值，加水量与原料量和原料的原始含水量有关；二次混合加水，使混合料的含水量达到二次混合加水设定的目标值，以利于混合料造球，保证烧结时的良好透气性，提高烧结矿的产量和质

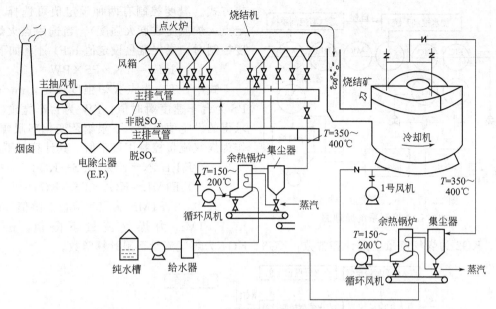

图 26-15 烧结余热回收设备系统图

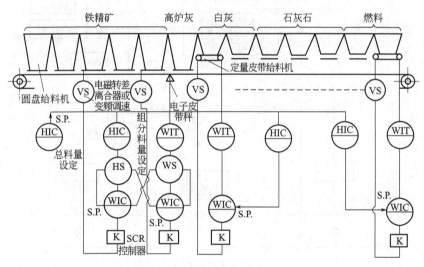

图 26-16 配料自动控制系统

量。图 26-17 示出了一、二次混合机添加水控制系统原理图。其中一次加水按粗略的加水百分比进行定值控制，二次加水是按前馈-反馈复合控制的，计算机根据二次混合机的实际的混合料输送量和含水量和目标含水量比较，算出加水量，作为二次加水流量设定值，这是前馈作用，然后由给料槽内的中子水分计测得的实际水分值，其与给定值的偏差进行反馈校正，为了获得最佳透气率，它还把透气率偏差值串级控制混合料湿度自动控制系统。

（3）点火炉燃烧自动控制系统　混合料给到烧结机台车上后，首先通过点火炉将其点燃。温度过高，会使料层表面熔化，透气性变差；温度太低，料层表面点火不好，影响烧结矿的燃烧。故为了保证混合料很好烧结，要求料层有最佳的点火温度，同时，为了使燃气充分燃烧，还需要有合理的空-燃比值。

点火炉的燃烧控制是通过调节点火炉的燃气供给量和空-燃比来实现的（图 26-18），是一个串级的自动控制系统，包括外环温度控制回路和内环的空-燃比回路，后者采用交叉限

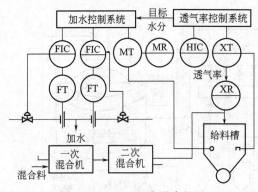

图 26-17 一、二次混合机添加水自动控制系统原理图

幅方式。温度控制有两种设定值可选择（设定点火炉温度或点火强度）。当选用点火炉强度控制时，煤气流量设定值 F_iF1 计算如下：

$$F_iF1 = TK \times PS \times PW$$

式中，TK 为点火炉强度设定，m^3/m^2；PS 为台车速度瞬时值；PW 为台车宽度。将求得的设定值经上、下限幅及变化率限幅后，作为煤气流量控制用设定值，其计算见下式：

$$F_iF1MN = KG1 \times PS + KG2$$
$$F_iF1ML = KG3 \times PS + KG4$$

式中，F_iF1MN 为煤气流量上限值，m^3/h；F_iF1ML 为煤气流量下限值，m^3/h；KG1、KG2 为煤气流量上限计算常数；KG3、KG4 为煤气流量下限计算常数。

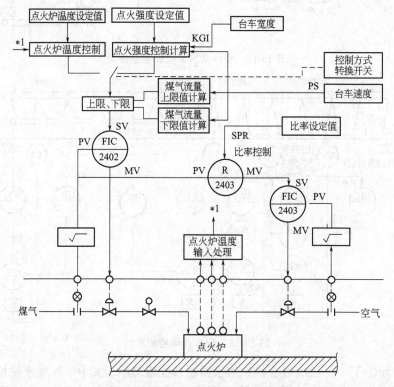

图 26-18 点火炉燃烧控制系统构成

（4）烧结终点（BTP）自动控制系统 烧透点位置是烧结机尾几个风箱里的废气温度函数，用计算机根据烧透点的位置来给定烧结机台车速度，使烧透点尽量接近于机尾。这就保证了抽风面积充分利用，从而提高产量，避免料层烧不透或落到冷风机后仍在燃烧。控制台车速度，使烧透点在废气温度典型曲线的规定最高点位置，有各种计算方法，常用的方法是如图 26-19 所示把废气温度的最高点附近看作是二次曲线，当 X_1、X_2、X_3 位置的风箱温度分别为 T_1、T_2 和 T_3 时，则二次曲线的顶点可按下式求得：

$$X_0 = (T_2 - T_1)/[(T_2 - T_1) + (T_2 - T_3)] - 0.5$$

式中，T_1、T_2、T_3 可测出来，X_0 也就可求得，借此以控制台车速度。由于单纯负反馈方法时滞大而效果不佳，故引入第 6 个风箱温度变化率作为前馈，该方法在欧洲获得良好效

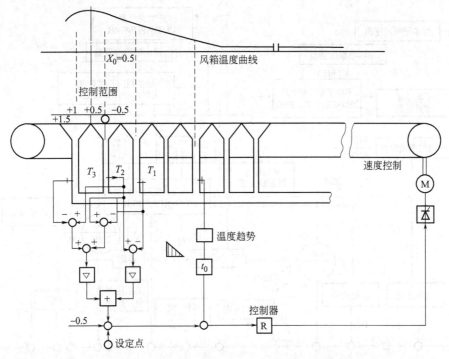

图 26-19　某公司的烧结终点自动控制系统

果。我国原料及操作多变，烧结机漏风严重，要引入更多的补偿，已知混合料透气率及料层厚度等变化会影响烧结终点；且当烧结终点发生改变时，上游风箱废气温度和流量会改变，故可利用这些量变化进行前馈控制。目前，大中型烧结机大都只进行终点位置计算并在CRT上显示，以供操作人员参考，而没有闭环控制。

（5）烧结料层厚自动控制系统　烧结层厚控制包括层厚纵向控制和横向控制。纵向控制是通过调节圆辊给料机的转速或主闸门开度来控制（圆辊排料机转速作为小范围调整，控制给料量，当不能满足层厚要求时，由主闸门作大范围控制，故它是分段控制系统）以满足层厚要求的；横向控制是通过调节辅助闸门的开度控制横向下料量，以满足台车横向均匀布料的要求。控制系统构成见图 26-20。

26.2.3　球团自动控制

26.2.3.1　球团工艺简述

球团生产是使用不适宜烧结的精矿粉和其他含铁粉料造块的一种方法。球团生产大致分三步：①细磨精矿粉、熔剂、燃料（1%～2%）和黏结剂（皂土等约 0.5%）等原料进行配料与混合；②在造球机（圆盘或圆筒造球机）上加适当的水，滚成 10～15mm 的生球；③生球在高温焙烧机上进行焙烧，焙烧好的球团矿经冷却、破碎、筛分得到成品球团矿。有关工艺流程和球团焙烧各阶段反应见图 26-21。第一步是干燥生球，以免加热到高温时，水分大量蒸发而引起生球破裂。第二步是焙烧，焙烧分为预热（去除残余水分）、焙烧（高温固结，提高球团机械强度和提高氧化度及去硫）和均热三个阶段。

球团焙烧设备主要有三种：①竖炉；②带式焙烧机；③链箅机-回转窑。竖炉是按逆流原则工作的热交换设备。生球装入竖炉以均匀速度下降，燃烧室的热气体从喷火口进入炉内，自下而上与自上而下的生球进行热交换。生球经干燥、预热后进入焙烧区进行固结，球团在炉子下部冷却，然后排出。带式焙烧机基本结构形式与带式烧结机相似，但两者的生产

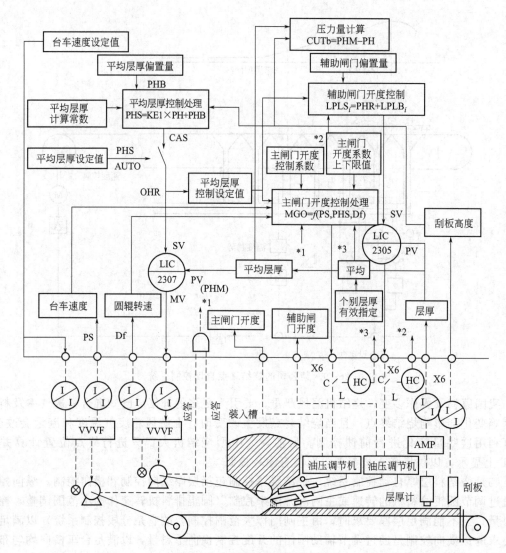

图 26-20　层厚控制系统构成图

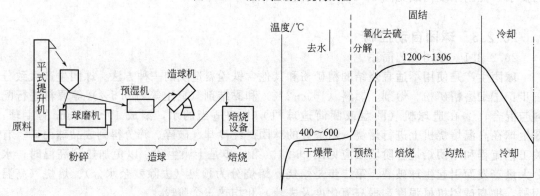

图 26-21　球团的生产流程和球团焙烧各阶段反应

过程完全不同，球团带式焙烧机是密封的，有多个风机，整个长度上可依次分为干燥、预热、燃料点火、焙烧、均热和冷却六个区，采用鼓风与抽风混合流程干燥生球，球团矿冷却采用鼓风方式，冷却后的热空气一部分直接循环，一部分借助于风机循环，循环热气一般用于抽风区，各抽风区风箱热废气，根据需要作必要的温度调节后，循环到鼓风干燥区或抽风预热区。链箅机-回转窑焙烧是由链箅机、回转窑和冷却机组合成的焙烧工艺。生球的干燥、脱水和预热过程在链箅机上完成，高温焙烧在回转窑内进行，而冷却则在冷却机上完成。

竖炉一般为 $8\sim10m^2$，优点是结构简单，热效率高，缺点是温度控制难，局部温度易过高而易结块，料层高易使球团破损，故单炉规模很难大型化，适合中小企业。带式焙烧机能调整加热焙烧制度，对原料适应性强、生产的球团矿质量好和粒度均匀。但因台车和箅条在高温运行，需要耐热钢制造。它是大型球团厂的主要焙烧设备。链箅机-回转窑优点是：对原料适应性强，生球在高温焙烧带停留时间较带式焙烧机长，有助于获得高强度产品，另外，它不需要用高级耐热合金钢。缺点是投资费用大，回转窑易结圈。目前链箅机-回转窑的球团矿占总产量的比例日益增多。

26.2.3.2 球团检测及自动控制系统

（1）装有带式焙烧机的球团厂自动化系统（图 26-22）包括下列几个主要系统。

① 配料、运输及台车速度控制包括以下部分。a. 精矿槽及返矿槽料位信号装置 LA2-1～LA4-1 及 LA/1-1。b. 皂土矿槽料位信号装置 LA5-1。c. 原料称量及比例配料装置 WR-SA20、WRCSAA2-1、WRCSAA2-7。d. 中间矿槽料位检测及控制装置 LICA7～LICA10，它检测中间矿槽料位并在料空时发出信号，使卸料机往空的料槽装料。e. 铺底铺边矿槽及成品料槽料位信号装置 LICA12～LICA13。f. 中间矿槽精矿水分测定装置 MR1，它使用中子水分计来测量。g. 向造球盘定量给料称量装置 WRCSAA7-1～WRCSAA7-4。h. 焙烧机台车速度控制。如图 26-23 所示，它实质是使台车速度 v 与供生球量成比例，即 $v=W/[60(L_0-l)\times a\times Q]$ m/min，式中，W 为给矿量（总球量与废品球量的重量差，t/h）；a

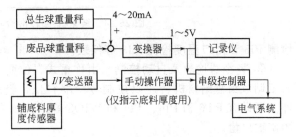

图 26-23　焙烧机台车速度控制原理图

为台车宽度，m；L_0 为台车高度，m；l 为铺底料厚度，m；Q 为生球密度，t/m³。

② 风温风压及油量调节。包括：a. 废气温度控制系统 TIRC1；b. 上抽风干燥段风温控制系统 TIRC2；c. 一次风温控制系统 TIRC3；d. 均热段风箱温度控制系统 TIRC4，它把三个风箱的温度串联，控制 1♯、2♯ 串联风机的闸门以保持温度稳定；e. 上抽风干燥段罩内压力控制系统 PIC1；f. 其他压力控制系统 PICA2、PIC3～7 等；g. 燃烧室温度控制系统；h. 燃烧室一次空气与重油配比控制系统及燃烧自动控制信号系统。

（2）装有链箅机-回转窑的球团厂自动化系统（图 26-24，配料、造球等原料部分与带式焙烧机同，未列出）其自动化系统分三部分。

① 链箅机检测及自动控制　在生球胶带运输机和返球胶带运输机上分别装两台电子秤 WT1 和 WT2，对生球瞬时流量和返球瞬时流量进行称量，两称量信号之差即成品瞬时流量送给指示控制器 WCA1。由于链箅机的宽度和铺底料均为定值，因此将生球瞬时流量作为指示控制器的机速设定值即可使链箅机速度随生球瞬时流量而成比例变化，以使链箅机上的铺料厚度保持稳定值，以利于生球的干燥和预热。此外，还设有链箅机和除尘器各部分的温度、压力检测，并在中央监视 CRT 上监视干燥过程。

② 回转窑检测和自动控制　由燃烧室的测温装置通过 TCA4 控制器，控制喷油量以保证燃烧室内温度稳定，由 FT1、FCA1、FT2、Ff1 和 M 组成空燃比控制系统，以保证充分燃烧。由于回转窑是连续转动的，为测量窑温而用"滑环"装置将测温热电偶的热电势导出，送 TIR2-1～TIR2-5（图中未列出）进行温度检测。此外，在窑头车上还设有窑内压力

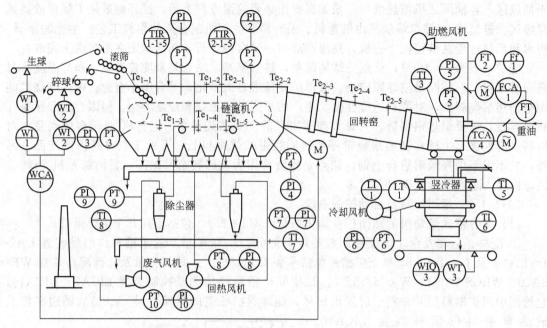

图 26-24　链篦机-回转窑检测及自动控制系统图

检测 PI5 和出口温度检测 TI3 等仪表。

③ 竖冷器检测及自动控制　由称重式料位变送器 LT1 和 LI1 监视竖冷器内部料位,由人工调节圆盘给料机转速以控制竖冷器料位,竖冷器料位亦可由控制器进行自动控制。此外,还设有 PT6 和 PI6、TI6 和 WIQ3 等以检测冷却风机出口压力,下部排矿温度和积算球团矿输出量。

(3) 装有竖炉的球团厂自动化系统 (图 26-25,配料、造球等原料部分与带式焙烧机同,未列出)　包括以下几项。

① 竖炉检测及自动控制　包括炉顶烟囱废气温度检测 TI3、干燥床下温度检测 TIR4~7、导风墙上下部和左右火道口以及冷却带温度检测和记录 TIR8~11、TIR14~21,两台冷风机出口压力和流量 PT5~6、FT5~6,左右燃烧室压力 PT1~2,以及燃烧室温度控制和空燃比控制 TCR1~2、FT1~4、Ff1~2、FCR1~2。

② 竖冷器工艺参数检测　由两台冷却风机把冷风自竖冷器下部鼓入,热球团矿从上部加入,然后从下部排出冷球团矿。在竖冷器中部排出废气经除尘器和引风机排入烟囱中。顶部排出的废气经除尘器送空气和煤气预热器。其检测项目有:冷却风机出口流量和压力 PI7~8、FIR7~8;竖冷器出入口温度 TIR20,27 及 TIR22,25;排放废气压力和温度 PI11~12、TI32~33。

③ 空气和煤气预热器工艺参数检测　它包括空气预热器前后助燃空气温度 TI34 和 TI36、前后废气温度 TIR29~30、前废气压力 PI9、煤气预热器前后温度 TI35 和 TI37、前后废气温度 TIR29 和 TIR31、前废气压力 PI10 等检测。

④ 冷却水系统工艺参数检测　如在冷却水出入口处设有压力、流量检测以保证设备安全运行。

26.2.4　炼焦自动化

26.2.4.1　炼焦工艺流程和自动控制概述

焦炭是焦煤在焦炉内干馏得到的一种多孔炭质固体,是高炉的基本燃料,熔化矿石和将

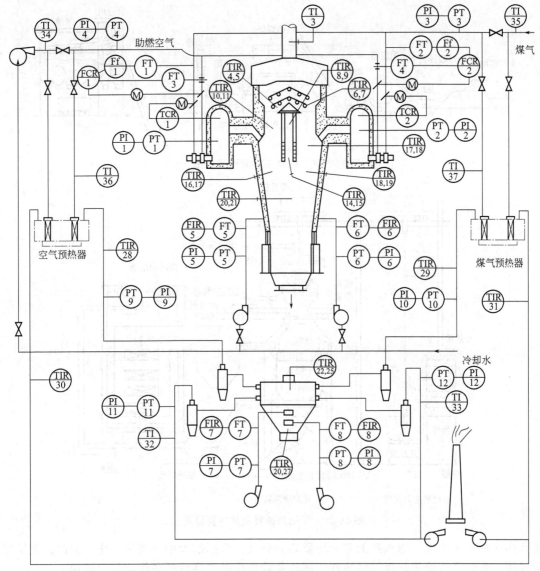

图 26-25　竖炉过程检测及自动控制系统

氧化铁还原成金属铁的热源，具有作为高炉料柱骨架，保证料柱透气性等作用。炼 1t 生铁约需 0.4～0.6t 焦炭。

　　图 26-26 示出了炼焦车间工艺流程。其中焦炉下部是蓄热室，上部是交替排列的炭化室（一组焦炉有几十个炭化室，并连成一列）和燃烧室。煤料配煤后运到储煤塔，然后卸到煤车分别送至各炭化室装炉，煤在炭化室内由两侧燃烧室经硅砖壁传热进行单向供热干馏。煤加热至 100℃时放出水分及少量吸附气体，升温至 350℃，开始熔融且放出焦油和以甲烷为主的煤气，再升温形成胶质体。煤的软熔大致到 500℃时结束。形成液相变稠与分散固体颗粒融成一体，缩聚固化为半焦，以后放出以氢气为主的煤气，开始发生焦炭收缩和产生裂纹。约 700℃逸出氢达最高值，以后逸出煤气减少，至 900℃以上成为焦炭，整个结焦周期一般为 14～18h，之后打开炭化室前后炉门，由推焦机自一侧把焦向另一侧推出。推出的焦炭，由熄焦车送去喷水熄焦、凉焦或采用干法熄焦（CDQ），干法熄焦（图 16-27）是用惰性气体逆流穿过红焦层进行热交换，焦冷却到 200℃左右，惰性气体则升温至 800℃左右，

709

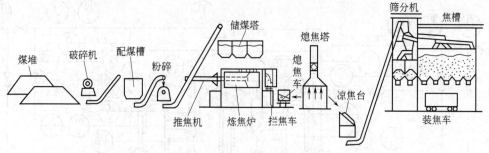

图 26-26　炼焦工艺流程示意图

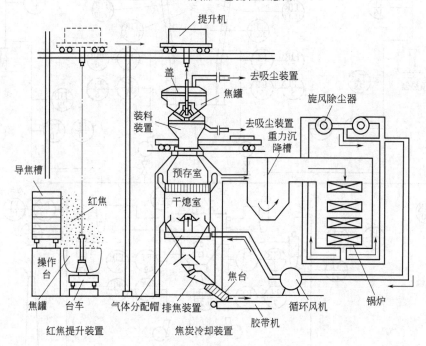

图 26-27　干熄焦流程及其主要设备

送余热锅炉产生蒸汽。熄焦后的焦炭还要筛分分级，分别供大中小高炉、化工部门、烧结原料等用。焦炉产生的焦炉煤气经冷却、回收各种焦化副产品后送各使用部门使用。

　　炼焦自动控制有备煤系统控制、成型煤系统控制（含定量给料控制、加水加黏结剂控制等）、焦炉系统控制（含加热控制、集气管压力控制、放散及点火控制，交换机换向控制，移动机械控制的装煤车控制和推焦车、拦焦车、熄焦车三大车控制等，其检测及自动控制系统见图 26-28）、干熄焦控制（含干熄槽预存段压力控制，过热器出口蒸汽压力控制和温度控制以及放散控制，除氧气压力控制，进除氧器低压蒸汽压力控制，纯水槽液位控制，汽包水位和给水流量三冲量控制，装运和排出顺序控制等）。

　　炼焦过程主要检测仪表如下。

　　① 备煤工序　料位计（测量各料槽料位）、定量给料装置（配料）。

　　② 成型煤工序　料位计、定量给料装置、测量成型煤反压力装置、水流量压力等仪表（原料煤加水加黏结剂控制用）。

　　③焦炉工序　流量、压力、温度、吸力、烟道废气残氧测量（机侧、焦侧加热控制用），CO 测量（焦炉地下室煤气泄漏报警），集气管压力测量，装煤车称量，全炉平均温度及火落时间测量，焦饼温度测量，炭化室炉墙温度测量以及移动机械位置测量等。

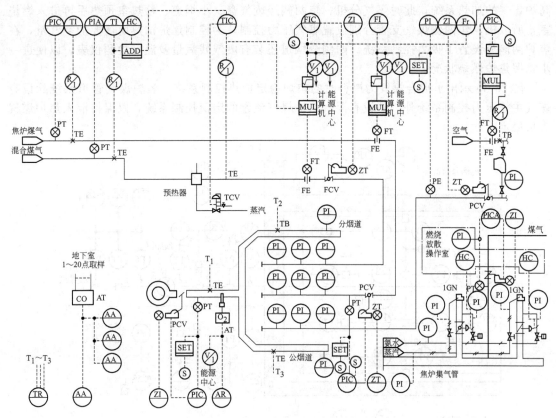

图 26-28 焦炉检测及自动控制系统图

④ 干熄焦工序 干熄焦循环气体成分测量，干熄槽预存段、过热器出口蒸汽、除氧器和进除氧器低压蒸汽压力等测量，过热器出口蒸汽温度测量，预存段料位测量，汽包水位、纯水槽液位测量以及汽包给水流量测量等。

26.2.4.2 炼焦主要自动控制系统

(1) 焦炉加热自动控制 有以下五种类型：稳定加热型、燃烧室温度控制型、结焦终点控制型、热平衡控制型和总热量输入控制型。最常用的是稳定加热型，它只稳定加热用煤气压力（压力稳定意味着流量稳定）或流量（测量流量时加入温度、压力补正，有的还加入热值补正）与烟道吸力等。后四种类型的加热自动控制，也是以煤气量和烟道吸力自动控制为基础，只是自动测量炉温参数，由过程计算机按数学模型进行设定。稳定加热型的焦炉加热系统根据焦炉所用燃料及方式（燃烧发生炉煤气和焦炉煤气的混合煤气方式，单烧发生炉煤气、高炉煤气或焦炉煤气方式）不同而有不同的系统。

图 26-29 示出了单烧发生炉煤气或

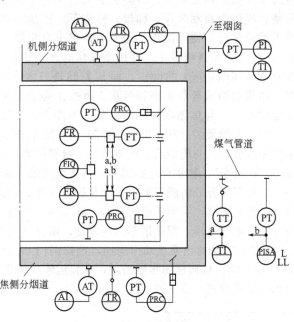

图 26-29 只稳定加热用煤气压力的焦炉加热系统图

高炉煤气的加热系统，此时煤气分机、焦两侧经废气盘、小烟道、蓄热室预热后再进入燃烧室，所以机、焦两侧煤气支管分别设置煤气压力控制。为控制焦炉加热所需的空气量，在焦炉两侧分设置了吸力控制系统。两侧分烟道还装有废气残氧量及温度检测仪表，以便进一步掌握焦炉燃烧状况。

图 26-30 示出了混合煤气为燃料时的焦炉稳定加热控制系统。焦炉煤气管道系统除设有煤气主管压力控制系统外，还设有混入焦炉煤气流量的定值控制系统，以保持混入焦炉煤气流量稳定。

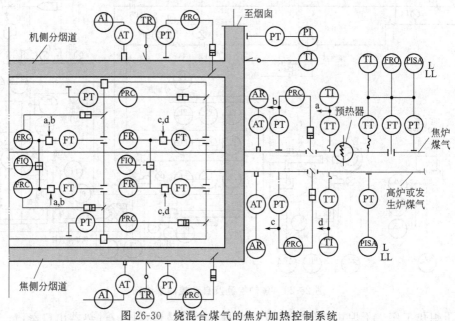

图 26-30　烧混合煤气的焦炉加热控制系统

（2）焦炉移动机械控制　炼焦厂的移动机械主要是装煤车、推焦车、拦焦车和熄焦车。装煤车在焦炉顶上操作，给焦炉装煤，大都采用 PLC 进行顺序控制，执行螺旋给料、电磁打盖、使煤塔自动放煤、称量。推焦车、拦焦车和熄焦车的安全操作就复杂得多了。煤在焦炉干馏成焦后，便需出焦，通常由推焦车自焦炉一侧（机侧）把焦炭从焦炉另一侧推出（焦侧），经导焦车送焦罐车（使用干熄焦时）或熄焦车。在出焦过程中，其操作是在三大车对准时进行如图 26-31 的操作，而其关健是三大车对准，如导焦车一侧未准备好，误将焦推出，结果会造成导焦车倒翻等重大事故。必须对准三大车位置并进行联锁，并使焦罐车停在指定位置上，导焦栅在炉门口待装的条件下，可以推焦才解除联锁。

（3）干熄焦装运和排出顺序控制　图 26-32 示出了焦炉干熄焦装运系统的动作周期，电车定位完毕后，上一周期的空焦罐已处于待料位置，电车移动，将满焦罐对准移车台；操作人员发出"往指令"，移车台挂钩提升，钩住满焦罐，牵引装置动作，将满焦罐从拖运车拉入卷扬塔下，吊车提升，将满焦罐提升到卷扬塔顶部，随后移至装料塔上方（定中心），炉顶装料门打开，吊车下降，满焦罐底门开启，红焦落入炉内，完毕后，按上述程序返回待料位置，如此时电车再定位完毕，即拖运车对准车站，由操作人员发出"复指令"，空焦罐就一直推出到车上。图 26-33 为排出系统动作周期。放焦闸门 G_1 和 G_2 交替开闭，以使排出焦炭均匀；G_3 和 G_4 顺序开闭，以确保熄焦塔密封；螺旋运输机输送 G_1 排出的余焦，交换台车控制移动溜槽往两侧胶带机放焦。高压油系统（135kgf/cm²❶）操作 G_1 和 G_2、排焦闸门和交换台车。

❶　1kgf/cm² ＝ 98.0665kPa，下同。

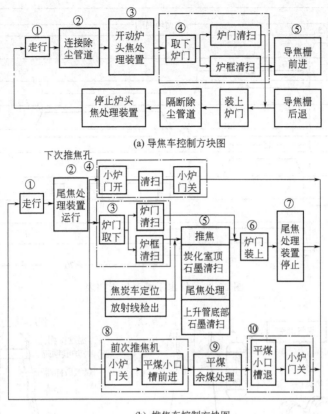

(a) 导焦车控制方块图

(b) 推焦车控制方块图

图 26-31　焦炉三车控制示意图

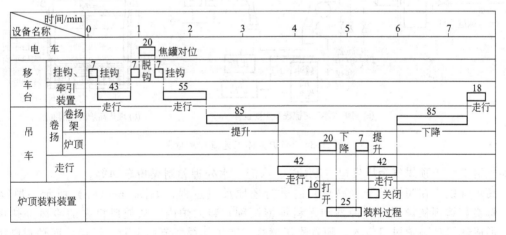

图 26-32　装运系统动作周期表

干熄焦使用一台 PLC 按上述图表进行顺序控制并加上如防止吊车相撞等安全联锁等。

26.2.5　高炉炼铁自动控制

26.2.5.1　高炉炼铁工艺流程和自动控制概述

高炉是用以生产生铁的机组。现代大型高炉车间包括主体和辅助系统，主体系统如图 26-34(a) 所示，共五部分：高炉本体、储矿槽、出铁场、除尘器和热风炉。辅助系统则

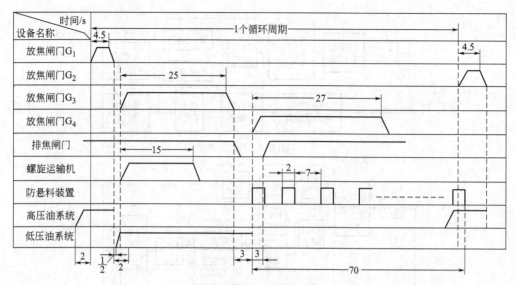

图 26-33　排出系统动作周期表

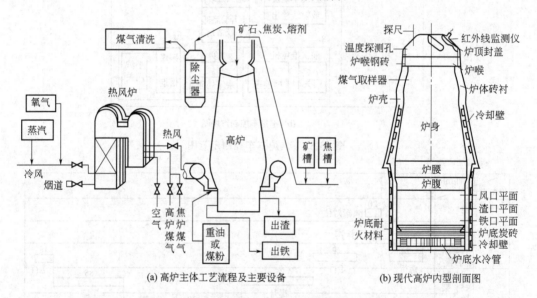

(a) 高炉主体工艺流程及主要设备　　　　(b) 现代高炉内型剖面图

图 26-34　高炉主体工艺流程示意图

有煤气清洗、炉顶煤气余压发电（TRT）、水渣、水处理和制煤粉车间等。

高炉炼铁是在筒形炉子（高炉）内进行还原反应过程，如图 26-34（b）所示，炉料-矿石、焦炭和熔剂从炉顶（有钟型和无料钟型两种）装入炉内，从鼓风机来的冷风经热风炉后，形成热风从高炉风口鼓入，随着焦炭燃烧，产生热煤气流由下而上运动，而炉料则由上而下运动，互相接触，进行热交换，逐步还原，最后到炉子下部，还原成生铁，同时形成炉渣。积聚在炉缸的铁水和炉渣分别由出铁口放出。

高炉自动控制：高炉和热风炉控制（含炉顶压力控制，放散控制，均排压控制，炉顶洒水控制，密闭循环水的膨胀罐水位和压力控制，冷风湿度和富氧控制，热风温度控制，热风炉燃烧控制，煤气混合控制，助燃风机出口压力控制，煤气压力控制，槽下配料、放料和上料及炉顶设备顺序控制，热风炉换炉顺序控制，出铁场除尘控制等）、喷吹煤粉控制（含制粉系统的干燥炉和磨煤机出口温度控制、磨煤机负荷控制、磨煤机前负压控制等，喷吹系统的中间罐和喷吹罐的重量和压力控制、煤粉吹入量控制、煤粉输送管道闭塞报警、气体混合控制、倒罐及各阀门联锁顺序控制以及喷煤安全联锁等）、煤气净化控制（含湿法煤气净化的文氏管洗涤器的水位控制和文氏管洗涤器压差控制；干法煤气净化的反吹顺序控制等）、高炉水渣生产控制（含水量、压力、水温和水位控制、闭路循环水系统及皮带机的控制、脱水转鼓的速度控制等）、给排水控制、高炉炉顶余压透平发电装置（TRT）控制（含透平转速、发电机负荷自动控制、紧急开放阀控制、N_2 轴封差压控制、密封罐液位控制、透平机组自动启动控制、透平机组紧急停车控制等）、高炉鼓风机控制（含防喘振控制，防阻塞控制，风压保持控制，紧急放风减压控制，定风量和定风压控制，鼓风脱湿控制的冷冻机运转台数控制、脱湿器温度控制和冷冻机压力控制，静翼角度、氮注入和富氧系统安全联锁等）。

高炉主要检测仪表：炉顶煤气 CO、CO_2、H_2 等成分，炉顶上升管煤气温度，炉内炉料高度及料面形状和温度，炉顶压力，大小钟间或无料钟炉顶料罐压力，炉喉半径、炉身、炉缸、炉基温度，炉内焦、矿层厚度，垂直探测器，水平探测器，炉身冷却壁温度，风口冷却水套前端温度，风口检漏，炉身、炉缸砌体烧损，热风温度、压力，冷风压力、流量、温度，各风口支管流量，炉身各层静压力，全差压、半差压，喷吹煤粉量、载气流量和压力，富氧流量和压力测量，热风炉煤气总管流量和压力，热风炉煤气、助燃空气支管流量，热风炉拱顶、格子砖、废气温度和残氧，热风阀冷却进出水温度，焦、矿槽放料重量，焦炭水分等测量。其他辅助机组基本是常规温度、流量、压力、液位等仪表，这里不再叙述。

26.2.5.2　高炉炼铁主要自动控制系统

（1）高压操作自动控制系统　见图 26-35，其功能如下。

① 放散自动控制　当炉顶压力超过报警上限时自动报警，当超过报警定值 10%、15%、20% 时分别将相应的放散阀自动开启并泄压。

② 炉顶压力自动控制　它是一个负反馈系统，由于炉顶压力很高，煤气管道直径很大，故调节阀是成组式的（即由 3～5 个阀组成），由于煤气含尘量大，故除取压口采用连续吹扫以外，还在炉顶、上升管两处取压并用手动或高值选择器选择最高压力作为控制信号，其控制方式有三种方案，可按不同情况采用。方案一是由控制器和接近开关组成。1号阀作连续控制，当 1 号阀开启到某一程度时，接近开关接点闭合而使 2 号阀开启，如果此时 2 号阀已开启则使 3 号阀开启。反之，如 1 号阀关闭到某一程度，另一侧的

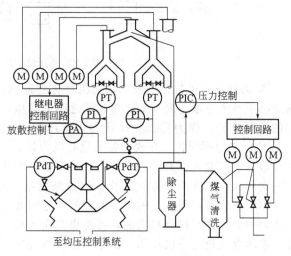

图 26-35　高压操作自动控制系统图

接点闭合，将使 2 号、3 号阀类似于上述方式关闭，这样做的目的是使炉顶压力在任何定值下都可全自动而无需人工干预（过去是只有一个阀自动控制，其余阀是手动的，按炉顶压力设定值的大小来决定这些阀的开度）。方案二是按炉顶压力设定值不同而使 3 号、4 号阀开启到某一角度，以便与设定压力值相适应，1 号、2 号阀是分程控制的。方案三与方案一原理类似，1～4 号阀门均为全自动，但各阀是分程控制的。

由于现代大型高炉的炉顶压力自动控制均采用 DCS 来执行，故可任意选择或定义某个阀为自动或手动，还要考虑使用炉顶余压发电装置（TRT）的场合，后者可以全用 TRT 静

叶可调的功能来自动控制炉顶压力，或只少量调节减压阀组的一两个调节阀以自动控制炉顶压力并使之稳定，此外还需考虑 TRT 突然故障时停车或其他处理以及为避免炉顶压力突然升高而需紧急排放等（见图 26-36）。

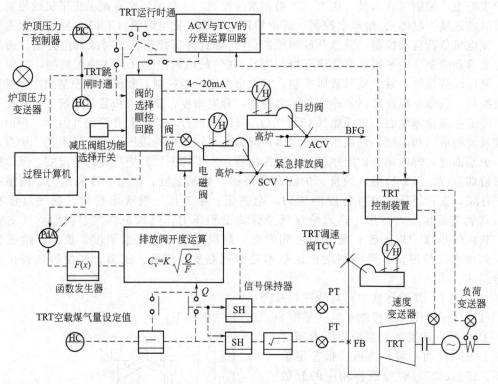

图 26-36 带 TRT 的高炉炉顶压力自动控制原理图

③ 均排压自动控制　胶带输送机首先将原料送入上料斗存储（图 26-37）。原料要进入高炉必须首先克服上料斗与称量料斗之间的差压，因而上密封阀开启之前，先要将称量料斗中的煤气放掉，称为排压。排压时，排出的煤气经旋风除尘即均压煤气回收设施（简称"TGR"）进行再回收，在放散管上设有压力计，当压力低于设定值时，发出回收结束指令。在放散管上同时也设有压力开关，当压力接近大气压时接点闭合，发出放散结束信号。排压以一次回收，二次放散方式工作。放散结束指令送电控系统打开上密封阀。上密封阀打开后，原料进入称量料斗，关闭上密封阀。原料要进入高炉又必须克服称量料斗与高炉之间的差压，因而下密封阀开启之前，再将煤气充入称量料斗中，称为均压。在密封的称量料斗中充入半净煤气进行一次均压，由于半净煤气经过清洗后压力低于炉顶原煤气压力。故均压到一定程度后即充氮气进行二次均压。二次均压调节采用自力式调节阀，以炉顶煤气上升管的压力代替炉内压力，设定为控制压力。当煤气上升管压力与称量料斗之间差压低于设定值，发出均压结束信号送电控系统打开下密封阀。均压时，均压煤气经旋风除尘器后进入料斗，将排压时沉积的灰尘强制吹回料斗中。另外，二次均压也可以转定时控制，即充氮气一定时间后发出均压结束信号。

④ 无料钟炉顶监控　无料钟炉顶有并罐（左右料斗轮流工作）和串罐两种，串罐无料钟炉顶的示意及检测和控制图见图 26-38，现代高炉大多使用串罐方式。

（2）热风温度自动控制　从鼓风机来的风温约 150～200℃，经过热风炉的风温可高于1300℃，而高炉所需的热风温度约为 1000～1250℃，且需温度稳定。单炉送风时，其温度控制根据混风调节阀配置而异，有两种方式：一种是图 4-39(a) 所示的控制公用的混风调节

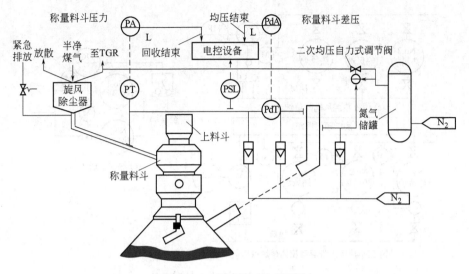

图 26-37　均压自动控制系统

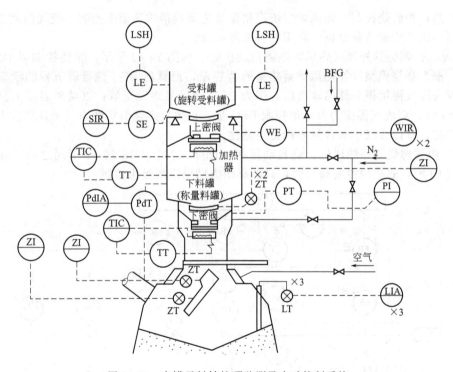

图 26-38　串罐无料钟炉顶监测及自动控制系统

阀位置，改变混入的冷风量以保持所需的热风温度，系统还设有高值选择器和手动设定器，以避免在换炉时出现过高的风温，预先打开混风调节阀；另一种是控制每座热风炉的混风调节阀，即如图 26-39（b）所示，用一台风温控制器切换工作，不送风的热风炉，其混风调节阀的开度由手动设定器设定。并联送风有两种方式，即热并联和冷并联。一般先送风的炉子输出风温较低，而后送风的炉子输出风温较高，故热并联时调节两个炉子的冷风调节阀以改变两个炉子输出热风量的比例即可维持规定的风温〔图 26-39（c）〕，在冷并联时，两个炉子的冷风调节阀全开，和单炉送风类似，控制混风管道的混风调节阀开度改变混入冷风量以保持风温稳定。

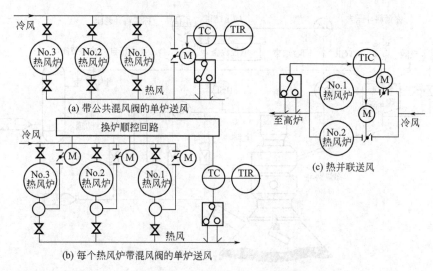

图 26-39　热风温度自动控制系统

（3）热风炉燃烧控制　热风炉燃烧控制系统主要包括拱顶温度控制、废气温度控制、空燃比控制、废气中氧含量分析。常用的有两种系统。

① 配三孔燃烧器外燃式热风炉燃烧自动控制。如图 26-40 所示，燃烧控制以 BFG 流量为主导，根据燃烧模型计算热风炉蓄热室的蓄热量，推算出 BFG 流量调节器的设定值，再从其中减去废气温度调节器的输出后，作为 BFG 流量最终设定值；以拱顶温度为目标值来控制 COG 量，以废气温度为目标值控制 BFG 量；以煤气燃烧所需的空气量计算或人工设定所需空燃比，并以废气中氧含量来修正空燃比。

② 配两孔燃烧器的热风炉燃烧自动控制（图 26-41）。与图 26-40 不同之处，在于没有焦炉煤气 COG，故拱顶温度超限时，只能靠增大助燃空气量来控制。

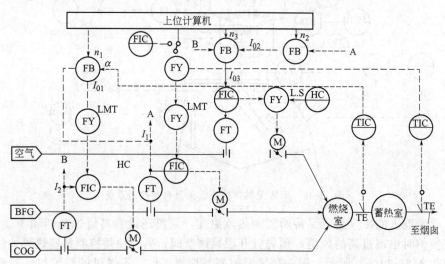

图 26-40　配三孔燃烧器的热风炉燃烧自动控制系统

（4）喷吹煤粉自动控制　按工艺布置有串罐式和并罐式两种。串罐式自动控制（图 26-42）包括以下几项。

① 中间罐和喷吹罐的重量和压力控制　由于中间罐和喷吹罐内压力变化对重量值有影响，需采用压力补偿它对重量的影响，中间罐重量受喷吹罐压力的作用力影响，故采用正压

718

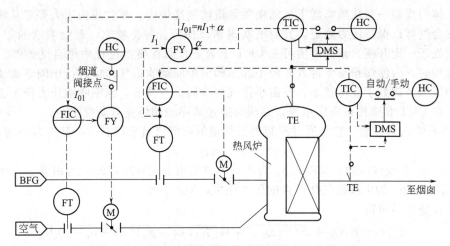

图 26-41 配两孔燃烧器的热风炉燃烧自动控制系统

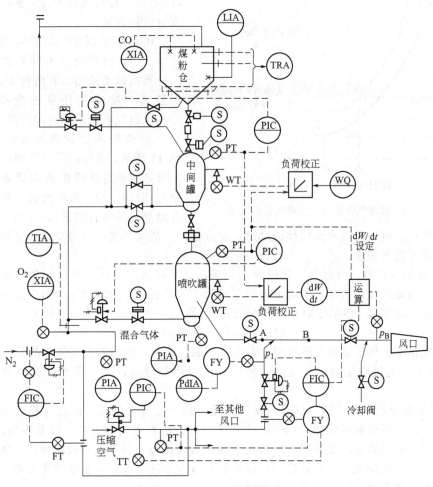

图 26-42 喷吹煤粉自动控制系统图

力补正，而喷吹罐重量受中间罐压力反作用影响，故采用负压力补正。由于中间罐要从煤粉仓受入煤粉并向喷吹罐投入煤粉，所以需要对中间罐进行排压或加压、均压。当与喷吹罐均压后，压力很高，故对中间罐的压力排放采用压力控制系统。喷吹罐在喷吹过程中，由于喷吹罐内气体与煤粉一起从喷吹罐下部的喷嘴管道吹到高炉内，喷吹罐内压力要靠从喷吹罐下部吹进混合气体以保持压力稳定，且对喷吹罐初回加压，等待喷吹、开始喷吹的加压过程，使调节阀处于一定开度，该开度值可在 CRT 上设定，而在喷吹过程中则自动控制。在喷吹罐受入煤粉时，为使煤粉易于落入，经小加压阀向中间罐吹进气体以进行中间罐加压，此时喷吹罐加压调节阀处于保持状态，并由小排气调节阀进行调节。当喷吹罐压力低于正常喷吹压力时，在 CRT 和操作台发出报警，并同时通过顺序控制停止自动喷吹。

② 煤粉吹入量控制　它是通过控制每根管道的载气流量来控制的，其压力平衡式为

$$p_T = \Delta p_C + \Delta p_A + p_B$$

式中，p_T 为喷吹压力，MPa；p_B 为高炉风口前压力，MPa；Δp_C 为由煤粉产生的压力损失，MPa；Δp_A 为由载流气体产生的压力损失，MPa。

经展开整理后可得

$$Q_A = -K_2 \dot{Q}_C + \sqrt{(K_2 Q_C)^2 + 1/[K_1(p_T - p_B)(p_T + p_B + 2)]}$$

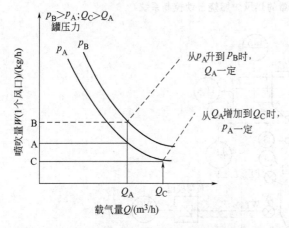

图 26-43　载流气体量与煤粉喷吹量的关系

式中，Q_A 为各支管载流气体量；Q_C 为各支管喷吹煤粉量；K_1、K_2 为各支管特性常数。

由此绘出图 26-43 的特性曲线，改变 $p_T - p_B$ 值可得出不同的曲线，并存入计算机以备选用。有两种方式可选用：①各风口喷吹量任意分配控制方式；②各风口喷吹量均等分配控制方式。

③ 煤粉输送管道闭塞检测　如图 26-43 所示，若 $p_T - p_1$ 急增超过某规定值时则意味着煤粉在 A 点阻塞（喷嘴阻塞）。若 $p_T - p_1$ 出现负值，则煤粉在 B 点阻塞（输送管阻塞），此时不仅影响喷吹罐压力控制，且一旦喷枪无气体流动时，就会烧坏，故要迅速打开冷却阀，关闭喷枪元阀以保护喷枪并发出报警。

④ 气体混合控制　这是为了防爆而必须采用低氧浓度的气体（空气与氮气混合）作为喷吹罐及中间罐的加压气体，为此要设置氮流量控制回路，其定值将在 CRT 流程画面设定混合气体的氧浓度 a（体积分数），自动下公式运算：

$$Q_{N_2} = Q_A(20.99 - a)/a$$

而使混入氮量 Q_{N_2} 与压缩空气流量 Q_A 成比例控制。式中，20.99 为空气中的氧浓度（体积分数）。为了稳定氮和压缩空气压力，各设有压力调节回路，并当压力过低时报警和停止喷吹。

⑤ 喷煤安全及联锁系统　煤粉是易燃易爆物质，尤其是烟煤，因此煤粉的制备及喷吹整个过程都应有安全联锁保障。同时由于喷煤与高炉有着密切的关系，通常不能随意停喷。为消除火源，必须防止产生静电。要求工艺设备可靠接地，另外，在极端情况下为了不至于造成重大损失，应设置必要的防爆膜，以控制事故发生在局部。安全联锁主要有电源、气源故障，温度、氧含量、一氧化碳含量超限等。

（5）上料设备顺序控制系统　上料设备，包括称量配料、装料和上料设备等。称量配料设备要求按高炉每批料的矿石、燃料、熔剂等的需要量进行称量和配料，现代高炉都是使用固定式的称量料斗。原料从储料槽中通过可控闸门放料到称量装置上，按要求计量称量并配料后送往炉顶上料设备；送往高炉炉顶，并装入炉顶装料设备。上料设备分料车式、料罐式

及胶带式三种。新建的现代大中型高炉都是胶带式上料，小型高炉及旧的大中型高炉使用料车式上料，以下将叙述胶带式上料。

如图 26-44 所示，配料、放料和运送过程为按设定图表称量焦炭、烧结矿和杂矿。焦炭称量过程如下：被选取焦炭槽的振动筛动作，焦炭卸入 Y101 号胶带机，运送到焦炭转换溜槽（该槽可左右移动），将焦炭卸入左或右（1C、2C）焦炭中间料槽，该中间料槽装有称重压头称量，当达到给定重量的 95% 时，振筛减速，达 100% 时振筛停止，记下实际重量，至此称量完毕，等候放料指令以便放料，振筛筛下的粉焦至粉焦带运输机 Y102、Y103 把碎焦送碎焦仓。同样，选取某烧结矿槽后，开动两台振动给料机，经烧结矿筛把烧结矿卸入称量料斗，当重量达设定值 95% 时，先停一台给料机。达 100% 时停另一台给料机和振筛，至此称重完毕。杂矿称重与烧结矿类似（但无振动筛）。通常除空置或检修某个料槽外，各矿槽的称量料斗都是装满称重完毕的炉料等待卸料的。放料时打开该料斗的排出闸门，矿石落入胶带运输机，当该料斗重量降到设定重量值的 5% 时就认为放料完毕，关闭排料闸门，并记下放出量及与规定值之差，把这差值（未放出残余量）加在下次称量值上以补正批重误差。胶带运输机把矿石送矿石转换溜槽而卸入矿石中间溜槽，当按设定把炉料送至中间溜槽后，将按规定顺序分别把矿石和焦炭中间料槽的排出阀门打开而把炉料放入主胶带运输机 Z101 运至炉顶。主胶带在不同位置设有料头料尾检测 O.K. 点（带接点信号器，有压头式和布帘式，后者是利用橡胶片做成可转动的帘，当炉料到来时，触及帘使之转动，而带动微动开关发出接点信号）。当该批炉料头到达炉顶料头 O.K. 点后，若炉顶设备未准备好，则停止主胶带待机。料尾检查 O.K. 点主要是检查即将入炉内的该批料是否结束，并作为记录料批之用。

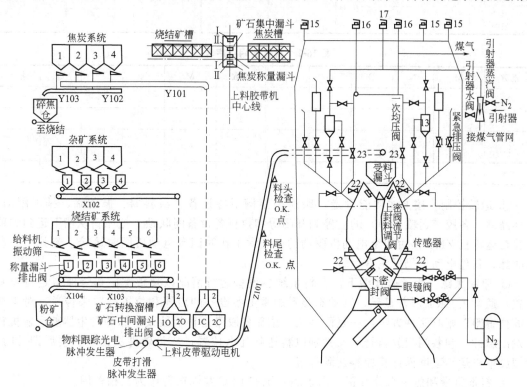

图 26-44 某厂高炉槽下、上料、炉顶系统布置

系统是由探尺启动的，即探尺探到高炉内料位已下降到达规定料线并要求装料时启动。

该高炉上料系统工艺要求为：装料制度，有 M、N、P、Q 四种基本形式，即 CC↓OO↓，C↓C↓O↓O↓，C↓C↓OO↓，CC↓O↓O↓；小批周期程序是用来确定每批料中焦炭（C）和矿石（O）的上料顺序，并作为控制槽下放料方式；小批程序设 A、B 两种程序，各 10 个位置可供选择，每个位置可任选 C_1、C_2、Q_1、Q_2 越位及空行；装料周期程序，设 20 个位置，即最多 20 批，每个位置可任选 M、N、P、Q 四种装料程序中任一种或越过，并允许在程序上加"空焦"，恢复时继续回到中断前的正常料批周期程序；放料程序是用来控制槽下设备的动作顺序，是根据高炉装料指令及预先选定的小批程序进行工作的，可分 A（块矿④→③，烧结矿 1→2→3→4→5→6，熔剂②→①）和 B（块矿①→②，烧结矿 1→2→3→4→5→6，熔剂③→④）两种排料方式；配料时只需填入各种炉料设定值。

槽下配料、放料和上料自动控制就是执行上述工艺要求，且能方便选择和设定顺序以及称量值等。现代高炉上述系统均由 PLC 执行，通常由两台 PLC 来实现，一台执行本控制系统（简称槽下 PLC），另一台执行无料钟炉顶控制（见下节）。槽下 PLC 的功能如下。

① 执行装料制度、小批周期、装料周期、放料和配料程序　其软件是编制成周期程序表（表 26-1 及表 26-2）形式，在 CRT 上显示，由操作人员用键盘填入符号"√"后，PLC 执行。

表 26-1　小批周期程序表

| 批数 | A | | | | | | B |
	C_1	C_2	O_1	O_2	越位	空行	同左
001							
002							
……							
010							

表 26-2　料批周期程序表

批数	M	N	P	Q	越位	批数	M	N	P	Q	越位
001						009					
002						010					
……						……					
008						020					

② 运转控制　按上述功能设定，顺序控制槽下各设备（给料器、振动筛、排出闸门、转换溜槽、各胶带运输机等）的启停和开闭等和执行各设备间联锁。把原料从槽下运到炉顶的胶带运输机 Z101 是由四个电动机驱动的。正常工作时四台电动机同时运转，若其中一台出故障，其他电动机仍可正常运转。

③ 原料跟踪　为了监视槽下，上料系统各设备运行情况以及跟踪矿焦等原料走行及其位置，通常由 CRT 屏幕显示，其动态显示通常由各设备的启停和位置开关来传送，对于焦矿等位置跟踪则有两种方法：一是硬件法，依靠各胶带运输机装设的脉冲发生器随运输机转动发出脉冲，和各闸门放料开始而判别原料达到什么位置；二是软件法，当放料后即计时，模拟胶带机运转速度而计算原料达到位置。

④ 料批重量和焦炭水分补正　由仪表系统和 PLC 共同执行作为互相备用。

⑤ 通信　与炉顶 PLC 通信，以及过程计算机、DCS 等通信。

⑥ 显示打印　包括各种工艺设备等画面以及装料报表和故障报警打印。

（6）无料钟炉顶自动控制系统　如图 26-44 所示的并罐式无料钟的阀门系统，其中料流调节阀、眼镜阀、上下密封阀开闭和受料漏斗的移动是液力传动并装有位置伺服系统，均排压系统各阀采用气动驱动，布料溜槽的回转和倾动是电动，其中溜槽倾动使用 VVVF 调速装置。为了避免均压放散污染大气，设有均压煤气回收设施。为保证密封效果，上、下密封阀在工作周期内用氮气吹扫。

整个无料钟炉顶由 PLC 来控制，可进行单罐工作和双罐交替工作，可实现以探尺到位为启动信号的槽下-炉顶全自动上料，也可根据工长操作意图实现一批料自动或一罐料自动等分步上料。为适应高压炉顶的需要，料罐均排压系统设有高压操作或常压操作选择以及均压回收和排压放散等。控制功能如下。

① 数据采集　采集均排压系统阀门和上、下密封阀及其吹扫阀，移动受料斗小车等启动状态的信号以及料流调节阀和溜槽回转以及倾动位置信号等。

② 布料方式控制　可实现单环、多环、定点、扇形等多种布料方式。操作员可在 CRT 上设定布料周期表，周期最长 16 批布料，每批布料可任意选择单环 1～8，多环 1 或多环 2 等。若希望取消某批事先选好的布料方式或修改周期，可将周期表上的对应位置上预置为"越位"。单环布料是指在布料过程中，布料溜槽的倾动角停留在某个溜槽事先选定的某一角度上连续回转，直至一罐料全部布完在炉内并形成一个环形料带。多环布料时，溜槽不停地旋转，溜槽倾动角在布料过程按设定的每圈炉料重量控制。溜槽倾角共 11 个位置，位置间的角度差是不等的，以保证每圈下料量相近。定点布料是将炉料集中布到炉喉某一位置；扇形布料是将炉料布到炉喉某扇形区域。这两种布料方式均供工长处理特殊炉况之用。

③ 探尺控制　探尺控制分点动检测和连续检测方式，并控制探尺下降和提升，当测得料线低于某一设定值时，炉顶装料设备动作，向炉内装料，同时槽下和上料开始工作。

④ 设备顺序控制　即料线达到某一预定值后，自动提升探尺，装料设备溜槽转动按设定布料形式向炉喉布料（包括料流调节阀和下密封阀开启等），炉料卸完后关闭料流调节阀和下密封阀。料罐均压放散后，接收下一批炉料。有关各阀联锁按规定进行。

⑤ 监视和报警　在 CRT 上显示工艺流程，主要参数，当出现布料阀门启闭故障时（包括过电流、线路故障、开闭超时和不到位等）报警。

⑥ 通信　通信包括向槽下发出炉顶准备好和接收料头料尾信号及炉料跟踪信号等。

26.2.6　非高炉炼铁自动控制

高炉生产的铁占世界生铁总产量 90％以上。非高炉炼铁法，即不用焦炭，以煤、燃油、天然气、电为能源的炼铁方法，适用缺乏焦炭资源的国家和地区。主要有直接还原法和熔融还原法，此外还有电炉炼铁法。直接还原法有气体直接还原法（竖炉法）和固体还原剂直接还原法（主要是回转窑法）。我国主要采用固体还原剂（煤基）直接还原法，熔融还原法在试验或引进中。

26.2.6.1　煤基直接还原炼铁工艺流程以及自动控制概述

煤基直接还原法的工艺流程（两条生产线）如图 26-45 所示，铁矿石、煤和石灰石按规定配比从入料口加入回转窑，回转窑慢速旋转，原料被加热和还原；供煤燃烧所需的空气，由设在窑壳上的风管轴向吹入窑内；除煤作为工艺过程的热源和还原剂外，还有一部分煤粉从窑的出料端喷

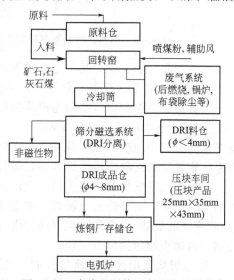

图 26-45　直接还原铁厂主要工艺流程

入窑内；从入料口喂入的原料，经窑内预热段、还原段，还原成直接还原铁（DRI）并从回转窑出料口排出，然后进入冷却筒内冷却，再输送到筛分和磁选系统，把产品和残炭、灰分等非磁性物分开，并按粒度分级入仓，细颗粒的 DRI 粉经压块后供炼钢使用；回转窑生产过程从窑尾排出的高温废烟气经余热锅炉产生蒸气，以回收显热，同时废气被冷却和降温后经布袋除尘器净化，由风机抽出并经烟囱排到大气。

自动控制主要包括以下几项。

（1）日用料仓、供料、窑和冷却筒控制　其工艺流程见图 26-46，自动控制包括以下几项。

① 各个设备顺序控制、联锁、自动启停及事故报警

② 各个料仓料位测量及高低越限报警

③ 原料（煤、石灰石、矿石）配比控制

④ 窑压力控制

⑤ 窑温测量与控制　窑的各段温度是通过 12 根热电偶和滑环，经温度变送器送 DCS，操作员根据相应画面能观察到窑各段温度，如某段不符合工艺要求时，可通过改变该段窑壳风机（窑壳上装有 10 台窑壳风机）进口文氏管挡板开度，调节窑壳风机喷入风量和窑头喷煤量，可控制沿窑长度的温度分布。

⑥ 喷煤量控制及喷煤一次风量控制

⑦ 回转窑 300kW 直流电动机转速控制

⑧ 打印报表。

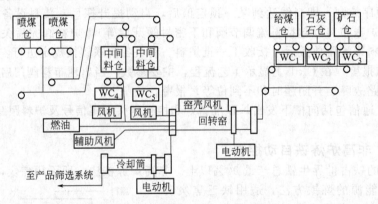

图 26-46　供料，窑和冷却筒工艺流程（1#，2# 窑除喷煤仓共用外，余均相同）

（2）产品筛选控制　其工艺流程见图 26-47，自动控制包括以下几项。

① 各个设备顺序控制、联锁、自动启停、事故报警

②各料仓料位测量（使用超声波料位计）和越限报警

③ 缓冲仓给料定量控制（WC₆）　如果筛分和磁选系统出故障时，物料经双通溜槽把冷却筒来的直接还原铁产品送缓冲仓，当筛分和磁选系统恢复工作时，缓冲仓的物料经称重给料系统定量给料到胶带运输机和斗式提升机送回到筛选系统。

（3）废气系统控制　它包括后燃烧室（把回转窑尾排出的高温气体加入助燃空气，将烟气的 CO 和煤中挥发分充分燃烧，并设有汽水雾化喷洒装置以防止温度过高）、余热锅炉（回收废气的显热）、布袋除尘（净化废气）和废气风机（把洁净废气抽出并经烟囱排出）的控制。自动控制包括以下几项。

① 后燃烧室助燃空气流量控制　上下共两路，由一台风机供风，每路设有流量孔板、风量调节阀，风机入口还设有挡板和位置指示，可在 OIS-41 监视和远距离控制。

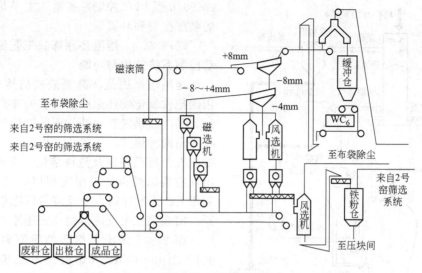

图 26-47　1# 窑直接还原铁成品筛选工艺流程

② 后燃烧室温度控制　目的是控制在 900～1000℃，共三个温度控制回路，分别控制燃烧室上下部及到锅炉总管温度，它分别由下列控制回路组成，即燃烧室温度调节器串级控制高压水支管流量控制回路，与高压水支管流量成比例控制的雾化用的压缩空气支管流量控制回路。高压水和压缩空气总管、支管均设有流量和压力测量。此外还设有 CO 和氧分析器分析废气成分。

③ 后燃烧室放散控制　由气动水封放散阀在事故和停电时自动打开把废气直接排到大气以保证安全，水封槽还配有低水位报警装置。

④ 余热锅炉汽包水位控制　采用水位（取负）、水量（也取负）、蒸汽信号（取正）三冲量控制方式。

⑤ 余热锅炉外送蒸汽温度控制和越限报警。

⑥ 余热锅炉外送蒸汽压力控制和除氧器水位以及压力控制。

⑦ 余热锅炉工艺参数采集与监视。

⑧ 布袋除尘器及引风机工艺参数采集与监视　包括进口烟气温度、清灰反吹风量、布袋除尘器差压、出口总管温度和压力、引风机液力偶合器冷却水量、废气排出前的 CO 和氧等分析。

⑨ 布袋除尘器及引风机顺序控制、启停、联锁、保护和越限报警　包括布袋除尘器清灰反吹，灰粉经螺旋输送机、提升机送入灰仓，布袋除尘器进口烟气越限报警，再高时打开放散阀并切断进口阀，关闭提升阀等保护，引风机液力偶合器及反吹风机和电动机轴承温度越限联锁等。

（4）公用系统控制　包括柴油系统（供烤窑和点燃喷煤用，包括油箱、油泵、油枪、输送站、管线等。只有油箱设有油位开关、低限报警、联锁和油泵出口压力等仪表）、压缩空气系统（包括仪表用空气和生产用空气，只装有总管压力仪表）、蒸汽系统（只在总管设有自力式压力调节阀，压力、温度检测和流量计量等装置）以及给水系统（主要是供设备冷却之用，是循环的，冷却后的水流到热水井，再用泵打回到冷却塔供再使用。新水只补充损失。监视点比较多，主要有新水的流量、温度和压力以及回水池水位控制，回水池水位开关及低限报警，各个水泵出口压力，并联后管道压力，各个水井水位和越限报警，回到冷却塔回水温度，还有水泵电力传动方面的联锁和控制等）等控制。

（5）压块车间（使用西门子 S5-115U 型 PLC 控制）、原料厂（使用美国 GE 公司

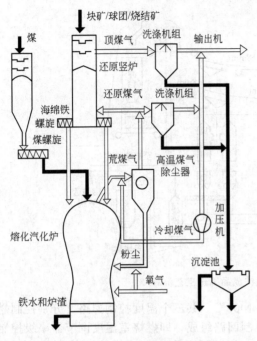

图 26-48 COREX工艺系统流程图

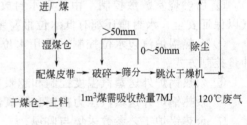

图 26-49 装煤系统流程图

GE9070 型 PLC 控制）控制　主要是各个设备的顺序控制和联锁等。

26.2.6.2　熔融还原炼铁工艺流程以及自动控制系统结构与功能

熔融还原法是在高温渣铁的熔融状态下，用碳把铁氧化物还原成金属铁的非高炉炼铁方法。其产品是液态生铁。现阶段熔融还原法主要采用两种形式：一步法（用一个反应器完成铁矿石的高温还原及渣铁熔化，生成的 CO 排出反应器以外再加以回收利用），二步法（先利用 CO 能量在第一个反应器内把铁矿石预还原，而在第二个反应器内补充还原和熔化）。

图 26-48 示出了南非的伊斯科比勒陀利亚厂 C1000-COREX 熔融还原二步法的炉子本体系统。其炼铁系统是拆除原 1 号高炉，并在其原址建成，建设中利用原有的高炉进料线、矿槽、铁水线、渣线和水处理等设施，炼铁车间包括：①炉子本体系统；②煤干燥系统；③上料系统；④渣铁系统；⑤除尘及水处理系统。由于③、④、⑤系统和高炉类似，下面将只介绍炉子本体系统（图 26-48）和煤干燥系统（图 26-49）。

炉子本体系统包括竖炉顶部受料（矿、熔剂等）密封串罐、还原竖炉和海绵铁排料螺旋机组；受煤密封串罐、加煤螺旋机组和熔化汽化炉；粉尘返吹和煤气处理系统（含荒煤气放散和调温除尘、冷却煤气洗涤加压、还原煤气管路、炉顶煤气洗涤和输出以及煤气洗涤污水管路等）。主塔顶部由上料小车卸料经串罐密封料罐、布料管装入竖炉，还原竖炉炉内衬耐火材料，炉顶温度约 215℃，压力 0.24MPa，底部以上约 5m 为还原煤气入口围管，有 36 个均匀分布的煤气入口，将还原煤气鼓入竖炉，煤气入口温度为 850℃，压力为 0.32MPa，还原煤气含 CO 73%，H_2 23.1%，煤气量约 76000m^3/h。铁矿石在竖炉内停留 6～8h，即可还原成金属化率达 93% 的海绵铁。然后，由竖炉底部的 6 台直径为 900mm 的液压驱动的螺旋机将热态海绵铁排到熔化汽化炉中，同时，另一上煤小车把煤经东侧塔顶部经螺旋机加入熔化汽化炉顶部。熔化汽化炉炉外淋水冷却，底部以上约 4m 处有 20 只氧气风口，风口以上约 4m 处为除尘器粉尘喷入口，炉顶有一外径为 1200mm 的荒煤气放散管（图中未示出）。COREX 炉用煤需经配煤（满足要求的固定碳和挥发分，挥发分低则炉温高，但煤气量不足，成分满足不了要求，反之，则煤气量足，性能好，但炉温下降）、破碎（满足煤的粒度小于 50mm）和烘干准备（使入炉煤水分小于 5%）。故设有煤干燥系统。

自动控制包括下列三大部分。

（1）电气传动控制

① 矿槽配料自动控制

② COREX 炉上料顺序控制与联锁（按工艺要求进行顺序控制：主塔顶部接受上料小车卸入铁矿石和白云石，每小时约 6 批料，每批料包括 11t 铁矿石和 4t 白云石。串罐密封料罐按还原竖炉的料位信号通过 12 根布料管向竖炉加料）

③ 熔化汽化炉供煤顺序控制与联锁（在海绵铁落入熔化汽化炉时东侧塔顶的串罐密封罐接受上煤小车供煤，并经一开一备的双螺旋机后，再经单螺旋加煤机将煤加入熔化汽化炉顶部）

④ 荒煤气放散控制

⑤ 干煤仓上料控制

⑥ 配煤控制

⑦ 配煤胶带运输机、破碎、筛分、跳汰干燥机等顺序控制与联锁以及故障报警等

（2）检测及自动控制　主要包括以下几项。

① 数据采集　包括煤的入炉水分、熔化炉煤气成分、固定床高度以及炉内压力温度等监测。

② 海绵铁的金属化率和加入速度控制　根据海绵铁金属化率是否达到要求的约 93%，控制螺旋机转速以调节加入速度，即调节铁矿石在竖炉中的停留时间和产量。

③ 加煤速度控制　按煤气参数和固定床高度调整供氧量，如煤气中氧含量大于 3%，就报警并自动切断氧气。

④ 熔化炉温度和煤汽化控制　温度控制在 1000～1050℃，低于 850℃则有焦油析出，高于 1100℃会引起粉尘黏结，高于或低于都会造成热旋风除尘器和煤气管道堵塞，故采用调节供煤量、供氧量和炉压来调节炉温。

⑤ 固定床高度控制　正常高度为 2～3m，如低于 2m，说明炉温向凉，应调节加煤量和供氧量来调整高度，太高，将使风口热区影响上部的作用减小，且易烧坏粉尘喷嘴。

⑥ 炉内压力控制　如炉温偏低，可调节还原竖炉炉顶煤气文氏管调压阀升高炉内压力以使炉温升高。

⑦ 熔化炉煤气成分控制　汽化正常，煤气成分稳定，如汽化有问题，则首先反映为 CO_2 上升，表征炉温向凉，此时应首先调高压力，或调煤量、氧量，正常时竖炉煤气 CO_2 约为 35%。

⑧ 辅料和炉渣成分控制

上述控制均为一般负反馈、串级或比值控制，其定值由操作员设定。

（3）监控部分　由工作站执行，包括数据采集、数据显示（含趋势曲线、历史数据、报警数据、工艺流程动态画面等）、数据记录（打印班报、日报，显示屏幕硬拷贝，报警等）、数据通信、配煤优化数学模型（包括配加焦分等配料计算，以成本最低为目标函数的线性规划模型等）等。

整个自动化系统由 5 套 PLC 执行，其中 3 套用于 COREX 炉，2 套用于煤干燥控制。

◎ 26.3　炼钢生产自动控制

26.3.1　铁水预处理自动控制

26.3.1.1　铁水预处理工艺流程和自动控制概述

铁水预处理在 20 世纪 80 年代以前是进行预脱硫处理，80 年代以后发展为三脱（脱硫、脱磷和脱硅）处理。脱硫剂主要是石灰和萤石或碳化钙。脱磷剂主要采用 $FeO\text{-}CaO\text{-}CaF_2$ 或 Na_2CO_3。脱硅剂主要采用 CaO、氧化铁粉并吹氧。脱硅可以在高炉出铁场中连续或半连续

进行，也可以在运送工具如鱼雷罐车或铁水罐中进行，主要方法是喷入脱硅剂进行脱硅。脱磷一般是在运送工具如鱼雷罐车或铁水罐喷入脱磷剂进行脱磷。脱硫主要有喷吹法和搅拌法两种。喷吹法的脱硫作业是在鱼雷罐车或铁水罐车内进行，以氮气为载流气体，采用顶喷法将脱硫剂喷入铁水以进行脱硫，脱硫率可达 $60\%\sim80\%$，本法应用最广泛，特别是大型钢厂中几乎都是采用这种方法。KR 搅拌脱硫法的设备维修费用较高，用于搅拌桨耐火材料消耗也较高，处理铁水量（50～330t）比喷吹法要小，一般认为脱硫成本略高，但脱硫率可达 90%，处理后铁水 [S] < 0.005%，而适合冶炼低硫和超低硫钢种（[S] < 0.005% ～ 0.002%），如电工钢、耐低温钢、原子能工程钢等，KR 搅拌脱硫法是把脱硫剂由槽车用氮气压送到储料罐内，再经压送泵通过流槽加入铁水罐的铁水中并把搅拌桨也下降到铁水罐的铁水中进行搅拌脱硫，在铁水进行脱硫前和后，要进行扒渣。

铁水预处理自动控制主要有高炉炉前脱硅、喷吹法铁水单脱硫以及搅拌法铁水单脱硫等自动控制。

检测主要有：①铁水温度检测；②铁水成分（硅、硫、磷含量）检测；③铁水车砌体形状检测；④铁水液位检测；⑤铁水车车号检测；⑥铁水重量检测等。

26.3.1.2 铁水预处理主要自动控制系统

由于铁水预处理有多种工艺流程，故只能举例说明。

（1）高炉炉前脱硅自动控制系统　它是在铁水沟处喷脱硅剂，其自动化系统见图 26-50，喷吹自动控制是按脱硅剂的质量变化除以时间（$\Delta W/\Delta T$）即得出脱硅剂的喷吹速率并加以控制。

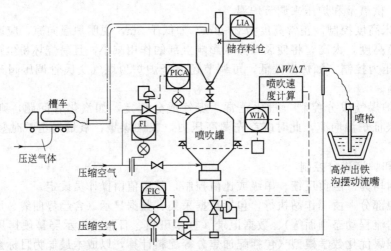

图 26-50　高炉炉前脱硅自动化系统

（2）喷吹法铁水单脱硫预处理自动控制　典型的喷吹法铁水脱硫间作业流程见图 26-51。图的下方通常是手动控制的，上方是自动控制并由 PLC 执行，自动控制系统包括以下几项。

①单脱硫过程量自动控制　见图 26-52，包括喷吹量控制、喷吹罐差压控制、喷吹氮气流量控制等。

②喷吹系统的顺序控制　包括混铁车送入（时间为 2min）→密封卷帘门关闭（1min）→防溅盖及喷枪下降（1min）→喷吹（约 15min）→防溅盖和喷枪上升（1min）→密封卷帘门打开（1min）→取样（2min）→试样交分析（5min）→混铁车运出（1min）的顺序控制。其中喷吹时喷枪位置及各阀动作顺序见图 26-53。

③脱硫剂储料仓受料顺序控制　脱硫剂由槽车运来，进入脱硫间的储存仓库后，与供

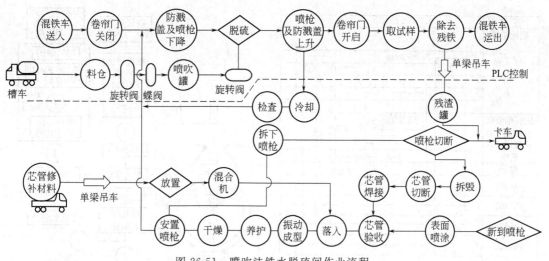

图 26-51　喷吹法铁水脱硫间作业流程

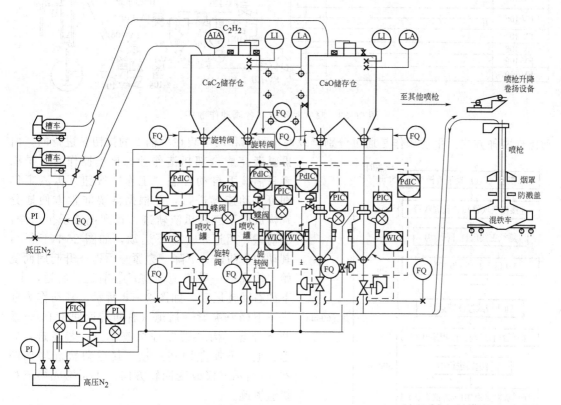

图 26-52　混铁车脱硫间受料和喷吹设备自动化系统

氮软管、受粉软管及槽车的快速接头连接，然后打开手动阀门，氮气充入槽车缸内加压，并使槽车内的脱硫剂在氮气搅拌下流态化，打开受料自动阀，经压送管道输入储存仓（图 26-54）。由 PLC 执行顺序控制。

（3）搅拌法铁水单脱硫预处理自动控制　典型的搅拌法脱硫设备系统见图 26-55，对于搅拌法脱硫，在脱硫前后需进行扒渣，操作较为复杂，其脱硫剂储存仓受料顺序控制与喷吹法类似，脱硫部分略异于喷吹法，主要差别在搅拌和扒渣，搅拌主要是开动搅拌桨，有关其脱硫顺序和时序见图 26-56。PLC 将按此编制程序并进行控制。扒渣机操作分手动操作和自

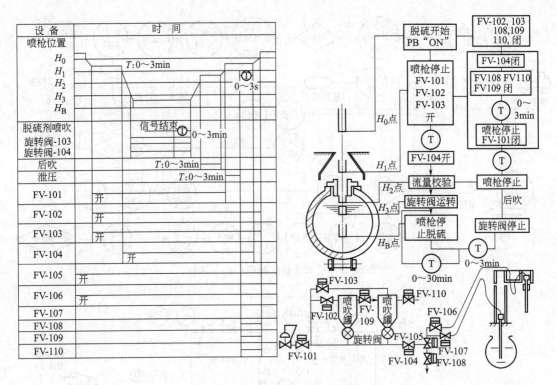

图 26-53 喷吹时喷枪和各阀动作顺序

动操作两种方式。手动操作是通过分别操纵两个手柄和两个装在手柄上的按钮来进行的。由

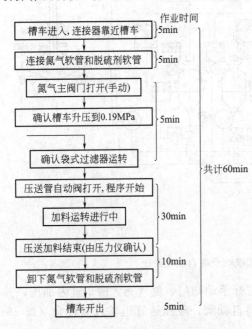

图 26-54 脱硫剂储存仓受料顺序

操纵者完成全部扒渣作业。自动操作时，操纵者只需按下自动控制"工作"按钮，扒渣工作即可自动连续进行，并根据需要非常方便地分别构成以下三种扒渣轨迹，直到把渣子扒干净：①前进，后退，上、下运动，如图 26-57 所示，其动作为前进→下降→夹紧→后退→升起周而复始，构成第一种扒渣轨迹；②前进，后退，上、下加右回转运动，如图 26-58 所示，其动作为前进→下降→夹紧→后退（右回转返回中心）→松开→升起，构成第二种扒渣轨迹；③前进，后退，上、下加左回转运动，其运动轨迹均如图 26-58 所示，仅改变回转方向，从而构成第三种扒渣轨迹。

26.3.2 转炉炼钢自动化

26.3.2.1 转炉炼钢工艺流程和自动控制概述

转炉是炼钢主要设备，按吹炼工艺有顶吹转炉、底吹转炉、顶底复合吹转炉（图 26-59）等。

转炉炼钢主要是将铁水中的硅、锰、磷、硫、碳等杂质氧化，使其进入废气、炉渣并排除，从而得到成分及温度合格的钢水。炼钢时，先将废钢装入炉内，兑入铁水（两者均为主

730

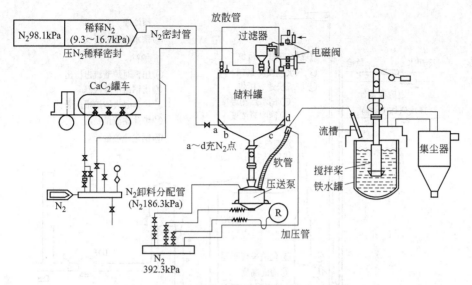

图 26-55　KR 搅拌法铁水预处理设备示意图

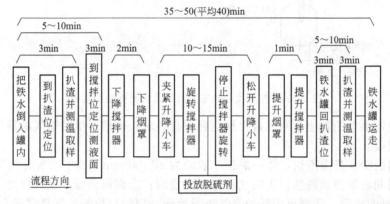

图 26-56　搅拌法 KR 脱硫工艺操作顺序及时间图

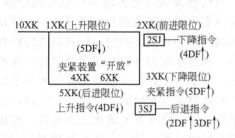

图 26-57　前进、后退运动顺序控制

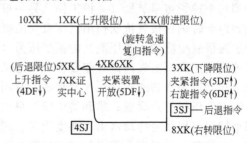

图 26-58　前进、后退加回转运动顺序控制

原料），再加入第二批造渣料（主要是石灰，为副原料），然后下降水冷氧枪（吹氧用的），氧气经氧枪头部的超音速喷嘴向下吹入熔池，氧化硅、锰、碳等元素并放出热量，供冶炼之用。造渣的目的是将硅、锰、磷、硫等杂质氧化成氧化物而进入渣中。到终点时（熔炼结束前），倾斜炉体，进行测温和取样工作。如温度和含碳量经测定已达要求，即可出钢。如温度或含碳量尚未达到预定值，则需将已倾斜的炉子重新摇正，继续吹炼，这叫"后吹"。这时炼钢工用矿石、铁皮或转炉渣来调整温度或改变氧枪位置（氧枪离熔池的距离）和改变吹氧量来调整工艺过程。其目的是使钢水达到预定的温度和成分。出钢时在炉后加铝脱氧，且

731

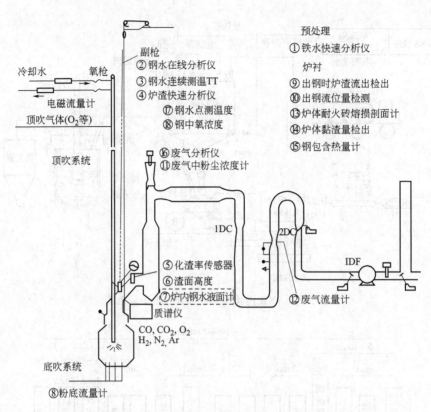

图 26-59　复合吹转炉工艺流程及仪表配置示意图

加入铁合金使钢水中的其他金属元素含量达到预定要求。炼钢产生的烟气由排风机抽出、清洗后放散或回收。

转炉炼钢的特点是速度快，炼一炉钢一般约为 20～40min，其中吹氧时间仅 10～20min。

转炉检测和自动控制包括：①氧气总管压力检测；②到每个转炉氧气压力（调节阀前与后各一点）、温度检测；③到每个转炉氧气流量检测、记录与控制，流量带压力与温度补正；④到每个转炉每根氧枪（一根工作、另一根备用）氧气切断阀远程控制和联锁及阀位显示；⑤到每个转炉每根氧枪吹扫用高压氮气的氮气切断阀远程控制和联锁及阀位显示；⑥到每个转炉每根氧枪吹扫用高压氮气的氮气压力（调节阀前与后各一点）检测；⑦到每个转炉每根氧枪吹扫用高压氮气的氮气流量检测、记录与控制，流量带压力补正；⑧到每个转炉每根氧枪冷却水进出水切断阀远程控制和联锁及阀位显示；⑨到每个转炉每根氧枪冷却水进水压力检测、低压报警及联锁；⑩到每个转炉每根氧枪冷却水进水流量检测，含指示与记录；⑪到每个转炉每根氧枪冷却水出水温度检测、超限时报警；⑫设备冷却水进水压力检测、低压报警；⑬炉前钢水温度及钢水包钢水温度检测；⑭萤石料重检测，记录、指示及控制；⑮石灰料重检测，记录、指示及控制；⑯矿石料重检测，记录、指示及控制；⑰镁球料重检测，记录，指示及控制；⑱左右汇总料斗料重检测，记录与指示；⑲铁水称量，记录与指示，吊车秤方式；⑳钢水称量，记录与指示，吊车秤方式；㉑废钢称量，记录与指示，吊车秤方式；㉒铁合金称量，记录、指示及控制，平台秤方式；㉓萤石储槽料位检测，超限时报警与联锁；㉔矿石储槽料位检测，超限时报警与联锁；㉕石灰储槽料位检测，超限时报警与联锁；㉖镁球储槽料位检测，超限时报警与联锁；㉗转炉倾动控制；㉘氧枪自动控制；㉙副枪自动控制（含冷却水出水温度检测、超限时报警，50t 以下的转炉，一般难以设置副枪，故没有此功能）；㉚上料自动控制；㉛煤气回收的检测和控制，含裙罩位置控制、密闭冷却水检测及报警、膨胀箱压力检测控制、膨胀箱水位检测控制、汽化冷却检测和自动控制、炉口微差压调节、回收各阀门顺序控制与联锁等；㉜煤气回收抽风机交流变频调速及其控制。

26.3.2.2 转炉炼钢主要自动控制系统

(1) 供氧系统自动控制 包括一次压力、流量调节，氧枪冷却监控和氧枪升降位置控制。

① 氧气一次压力自动控制 为实现氧压一次调节，由压力变送器检测出阀后氧压力并送 DCS，DCS 按照 PI 控制规律控制压力调节阀的开度，使阀后压力保持在工艺要求的数值。为减少因开吹时阀门开度突然开大造成的扰动，一般在开吹后先将调节阀放在一规定的开度，过一段时间再投入压力自动控制。

② 氧气流量自动控制 吹氧流量是以控制流量调节阀的开度实现的，是一般的负反馈系统。和压力调节一样，为得到较好的调节品质，氧流量调节也加有阀门固定开度控制。

③ 氧枪冷却水检测和越限报警及自动控制 冷却水系统采用电磁流量计或孔板式流量计检测氧枪进、出水的流量，流量信号送 PLC，算出流量差，与进出水流量值一并显示在 CRT 上。此外还测量氧枪进、出水温度。当出水流量低于设定值和流量差以及出水温度大于其设定时，发出报警信号。如此时正在吹炼，将紧急提枪停吹，同时使煤气回收 OG 系统紧急停止工作。

④ 吹氧枪升降位置控制 每座转炉有两套氧枪升降设备，一套在运行，另一套在维修或备用。氧枪升降传动装置由电动机、卷扬滚筒、升降台车等组成。氧枪固定在台车上，台车由卷筒用钢丝绳带动升降。在电动机同轴（或经减速机）上装有脉冲传感器，用脉冲计数来检测氧枪升降的距离。

氧枪通常有四种控制方式：全自动、半自动、手动、机旁手动。全自动方式是由过程计算机通过模型计算给定氧枪位置设定值，并发出控制命令，由 PLC 自动控制。半自动方式是操作人员在操作台通过键盘或数码开关给出氧枪位置设定值（或给出液面高度和氧枪喷头与液面之间的间隙的设定值），由 PLC 自动地完成控制操作。手动方式是操作人员在操作台上手动操作键盘由 PLC 操作氧枪升降。机旁手动方式为强电操作，用于现场维修以及故障紧急处理。氧枪升降位置控制的原理为：先通过副枪测出本炉次的液面高度，或者每班由人工测定一个炉次的液面高度，通过模型计算推出其他炉次的液面高度，然后根据工艺要求设定间隙值（氧枪喷口与液面之间的距离），间隙值与液面高度相加就是氧枪吹炼点的设定位置；PLC 对脉冲传感器发出的脉冲进行计数得出氧枪实际位置，它与设定值比较得出偏差值按速度-偏差控制曲线算出一个 APC 电压（自动位置控制电压）作为晶闸管传动装置的速度给定值，控制氧枪升降。

为达到氧枪准确位和安全运转的目的，在氧枪不同的高度位置上设有多个控制点（见图 26-60，一般设有工作上限点、快慢速转换点、等待点、基准修正点、吹炼点、开关氧阀点、工作下限点）。正常吹炼情况下，在废钢、铁水装入后，操作人员确认"吹炼启动条件完"指示信号，按

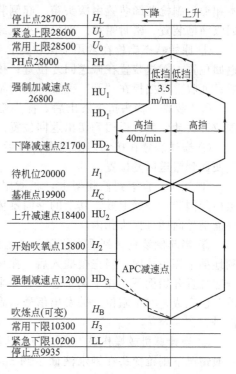

图 26-60 大型转炉氧枪高度位置图

停止点28700	H_L
紧急上限28600	U_L
常用上限28500	U_0
PH点28000	PH
强制加减速点 26800	HU_1
	HD_1
下降减速点21700	HD_2
待机位20000	H_1
基准点19900	H_C
上升减速点18400	HU_2
开始吹氧点15800	H_2
强制减速点12000	HD_3
吹炼点(可变)	H_B
常用下限10300	H_3
紧急下限10200	LL
停止点9935	

"吹炼开始"按钮，氧枪开始下降，由等待点 H_1 到 H_2 点，打开氧气开关阀、关闭 N_2 密封阀、旁通吹扫阀、水封逆止阀等，氧枪下降到吹炼点 H_B 停止。操作人员在按"吹炼开始"17s 后按"着火"按钮，正常吹炼开始。

由于氧枪升降行程是由脉冲计数器通过脉冲计数来检测的，当在换枪、氧枪长度发生变化时或者钢丝绳长度伸缩的情况下，如不加修正就会产生较大的检测误差。为此，通常采用两种修正方法：一种是在氧枪某一高度位置上安装激光检测器，当氧枪端头经过此点时发出信号，强制地将此时的氧枪位置设定成此点的绝对位置（距地面的实际高度）；另一种方法是在氧枪台车上装有非接触式定位开关，台车到达此点时，发出信号作为氧枪端部的基准点。对于中、小转炉都采用第二种比较简便的方法；而对于大型转炉，为提高控制精度和使PLC 以有限的字长有效地控制氧枪全行程，往往两种方法都采用。

为保证转炉正常吹炼，氧枪控制设有下列联锁。

① 当供氧压力低于某一定值、冷却水进水压力低于某一定值、出水温度高于50℃以及进水流量大于出水流量时，氧枪不能下枪吹炼。如氧枪正在吹炼，应及时提枪停氧，并发出报警。

② 当转炉位置不在 0±2℃时不能下枪；如氧枪正在吹炼时转炉不能倾动。只有氧枪提出炉口一定距离后才允许转炉倾动。

③ 当汽包水位不正常或者烟罩漏水时，不能下枪吹炼。氧枪下枪吹炼前要给汽化冷却系统、煤气回收系统发出信号，使它们进入吹炼位置。

（2）副枪系统自动控制　副枪是用于 80t 以上转炉进行不倒炉测温定碳等和由数学模型进行动态控制之用。副枪由台车、升降装置、副枪本体和探头接插件等组成。

① 氧副枪系统检测及报警　包括钢水温度、钢水定碳、钢水溶氧和钢水液位检测。副枪也设有冷却水系统，其检测和报警以及控制和氧枪相同。

② 副枪位置控制和探头装卸程序控制　均用 PLC 控制，副枪高度的位置控制与氧枪基本相似。副枪装卸装置由探头箱、起倒装置、拔取装置以及切断装置等组成。附属装置还有回收溜槽装置、密封帽等。副枪探头装卸程序控制如下。

① 原始状态副枪在常用上限位置；起倒装置在倒下位置；探头箱下的切出装置在切出返回位置；搬送装置在搬送回复位置；拔取装置在拔取"开"位置；切断装置在切断返回位置；回收上部挡板在"开"位置；密封帽在"闭"位置等。

② "装着"探头指令发出后，探头箱中四种探头中的一种便由切出装置切出一个，在其限位开关动作后，返回到切出返回位置。

③ 搬送装置在接到切出探头信号后，便把探头推到起倒装置的积载架上，然后搬送装置便回到搬送回复位置。

④ 探头一旦滚到积载架上，积载限位开关动作，起倒装置的探头夹持器把探头夹住，然后起倒装置开始上升，其上的导向锥体从"开"变为"关"，以便副枪下降时其探头接插件能被导向插进探头孔内。

⑤ 当起倒装置升到垂直位置，副枪以低速下降，其端部的探头接插件通过导向锥体顺利地插进探头孔内，当完全插入后，探头夹持器从夹持状态回到放开状态。起倒装置自动从升起位置开始倒下，在半倒状态时有一半倒限位开关动作并发出信号，表明副枪探头的"装着"已完成，并由限位开关发出信号，副枪停止下降。此时装有探头的副枪将等待"测定"信号。

⑥ 当计算机或操作员发出"测定开始"后，副枪就自动由位置控制系统进行定位控制，一般情况下副枪探头在钢水液面下约 $500\sim700$mm 处停数秒钟后便迅速上升。探头测得的信号便通过探头接插件送到仪表装置并传送到计算机。

⑦ 副枪上升到拔取位置时，自动停止，拔取装置动作，把探头夹住（称为"拔取夹持"），同时切断装置的锯片马达启动，把探头下部的试样部分切断，回收上部挡板翻到"闭"位置，试样被切断后便通过回收溜槽落到操作平台上。

⑧ 当切断装置把试样切断后，副枪便自动上升，由于上半截探头被"拔取夹持"装置夹住，故在副枪上升时，探头便从副枪接插件中拔出，副枪本体回升到常用上限。

⑨ 副枪接插件从探头中拔出后，回收上部挡板又从"闭"位置翻到"开"位置，此时拔取夹持装置松开探头，上半截剩余的探头便落入炉内。

⑩ 密封帽在"测定开始"指令条件下，当回收上部挡板处于"开"状态下便自动打开，便于副枪下枪测定；在拔取夹持装置松开探头后一段时间便又把密封帽"闭合"，以免炉内火焰窜出。

（3）炉体倾动控制　转炉倾动可以采用交流传动，也可采用直流传动。为确保生产安全，转炉倾动都由2个（小转炉）或4个（大转炉）电动机驱动并考虑事故状态下的运行方式。使用交流电动机传动时，为确保生产安全，有两种供电方式：①装设两台变频调速装置给4台倾动电动机供电，1台工作，1台备用；②装设1台带一主三从的变频调速装置给4台电动机供电，并装设1台小的变频调速装置作为备用。

转炉的每个冶炼周期一般由以下的操作组成：①转炉倾动至炉前，进行兑铁水和加废钢；②转炉转至直立位置，吹氧，加熔剂（造渣料）；③转炉前倾，取渣样；④吹氧；⑤转炉前倾，测温取样；⑥根据炉前化验结果，确定是否补吹；⑦转炉转向后的出钢位置，出钢；⑧溅渣护炉；⑨转炉前倾，出渣。转炉平均冶炼周期为 $28\sim30\text{min}$，每个周期内一般前倾4次，后倾1次。转炉倾动速度约为 $0.1\sim0.8\text{r/min}$，根据操作要求，在兑铁水、加废钢、测温取样、出钢、出渣时采用慢速，其他操作为快速。转炉可在 $\pm360°$ 范围内选择 $0.1\sim0.8\text{r/min}$ 的任意速度操作，其速度调整由变频调速装置来执行。

转炉倾动操作主要有如下几种。

① 主控室主操作台操作　是炼钢工主要操作，操作台上设有选择开关，正常操作时放在"主操作台操作"位置，在出钢或出渣时切换到相应的"炉后摇炉室操作"位置和"炉前操作台操作"位置。当选择开关放在"主操作台操作"位置，如果转炉倾动条件满足并给出指示信号后，炼钢工将可操作主令控制器手柄，通过PLC给定转炉倾动方向、速度以及位置，完成转炉启停和倾动速度的调整以进行转炉倾动操作。当炼钢工发现有紧急情况，可按"紧急停车"按钮以便倾动电动机抱闸抱紧停车。

② 炉前操作台操作　主要为转炉向前倾动操作，工作状态同样分为正常操作和紧急停车操作。出渣时，炼钢工将在炉前操作台对转炉进行操作，炼钢工可根据转炉的状态通过PLC对转炉进行启动、停止及倾动速度调整。

③ 炉后摇炉室操作　一般只在出钢或使转炉向后倾动时才进行操作，但也可驱动转炉在 $\pm360°$ 范围内倾动。工作状态同样分为正常操作和紧急停车操作。出钢时，炼钢工将在炉后摇炉室对转炉进行操作，炼钢工可根据转炉的状态通过PLC对转炉进行启动、停止及倾动速度调整。

④ 吹炼过程中操作　在转炉吹炼过程中，禁止主控室主操作台、炉前操作台、炉后摇炉室对转炉进行倾动操作，因为氧枪并没有提升到待吹位置，此时转炉处于垂直状态，即"零"位状态。

⑤ 润滑系统故障时的倾动操作　当转炉冶炼过程中润滑系统发生故障时，转炉倾动速度将减小到最小速度即 0.1r/min，维持这炉钢完成冶炼。

⑥ 转炉检修时的倾动操作　转炉检修时按下主控室主操作台上的"零"位联锁解除按钮，解除联锁，就可由各操作台单独控制转炉的倾动。

转炉在冶炼周期内倾动过程如下。

① 兑铁水和加废钢过程 主控室手动操作转炉前倾至约 45°～60°兑入铁水，兑完铁水后加废钢（或生铁），完成加入铁料后，手动操作将转炉摇向"零"位，这一操作执行时间约为 2.5～3min。

② 第一次取样过程 主控室手动操作摇炉前倾达到取样位置，待取样操作完成后，手动操作将转炉摇向"零"位，手动摇炉这一操作执行时间约为 1.4min。

③ 测温取样过程 主控室手动操作摇炉前倾达到取样位置，待取样操作完成后，手动操作将转炉摇问"零"位，手动摇炉这一操作执行时间约为 1.5min。

④ 出钢过程 在炉后摇炉室手动操作摇炉后倾达到出钢位置，待出钢操作完成后，手动操作将转炉摇向"零"位，若不进行溅渣护炉，可再发出指令至出渣过程。由出钢至零位时间约为 2.5min。

⑤ 出渣过程 在炉前操作台手动操作，摇炉前倾，并完成出渣，然后手动操作将转炉摇向"零"位，并停在零位，等待下一个冶炼周期，该过程约为 2min。

转炉倾动操作为手按按钮电动远距离控制操作，并由 PLC 执行必要的安全联锁，包括：①倾动电动机运行时，抱闸要松开，电动机停止时，抱闸抱紧，使电动机停止并固定转炉所在位置；②稀油站工作正常（出口压力等正常）；③转炉活动烟罩提升到初始位置；④氧枪提升至待吹位置以上；⑤汇总称量漏斗插板阀关闭；⑥与主令控制器位置联锁等。

（4）底吹系统检测和自动控制 检测项目有：总管压力、流量、温度、各支管的压力和流量。控制项目有：总管压力控制、支管流量控制、供气种类切换。图 26-61 示出底吹供气自动控制的示意图。其压力和流量的控制原理与氧气的压力和流量调节基本上相同，但考虑到底吹工艺特殊要求，在设计上有以下特点。

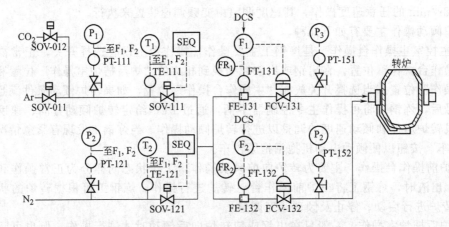

图 26-61 底吹供气检测及自动控制原理图

① 底吹工艺要求根据钢种不同底部供强度在 0.01～0.10m³/(t·min) 范围内改变，有的甚至达 0.15m³/(t·min)。因此要求各支管流量有很宽的调节范围，一般为 10 倍以上。有的厂家采用两套系统，一套用于小流量调节；另一套用于中、大流量调节。

② 如采用孔板流量计，由于各支管直径较小，需要对小孔板作专门设计，并作标定。

③ 在某一支管堵塞时，应相应增加其他各支管的流量，使吹入炉内的总底吹强度不变。

④ 底吹供气制度可存于过程计算机，由过程机向 DCS 实行设定值控制；也可将不同的底吹曲线存于 DCS 内，由过程机按钢种需要选择，由 DCS 按所选的曲线自动执行操作。

（5）炉口微差压自动控制 它通过控制器控制第二文氏管喉口 R-D 阀的开度，使炉口压力保持在一定范围内，一般控制在±20Pa 左右。为使微差压控制系统获得良好的控制性能，在吹炼初期将 R-D 阀的开度固定在某一位置上，开吹后过一定时间才投入自动。由于炉口间隙受转炉喷渣的影响，该系统的增益是可变的。设定值和系统调节参数要根据操作条件变化适当地调整。国外有的系统采用预估烟气发生量进行前馈以及按最佳控制策略计算和整定系统参数。

炉口微差压的取压点一般设在下部烟罩上，用四点取压，取压管的管径为 $\phi 40mm$，取压管引出后再由一根 $\phi 50mm$ 环形管将四根取压管连通，取其平均压力。变送器为电容式，测量范围为 $-300 \sim +300Pa$，精度为 $\pm 0.25\%$。为减少执行机构的响应时间（R-D 挡板从全开到全关时间小于 10s），采用液压驱动机构带动第二文氏管喉口的 R-D 阀。为保证畅通，在取压口处设置氮气吹扫设施以便在转炉停吹时吹扫。

（6）副原料输送和投料系统的自动控制　包括以下几项。

1）输送系统的自动控制　几座转炉共用一套输送系统，采用一台 PLC 对供料皮带机、地上或地下料仓的振动给料器、卸料小车等进行控制，其主要功能如下。

①　向高位料仓输送顺序控制　根据高位料仓料位状态和工艺要求决定向高位料仓供料的顺序。各高位料仓都被规定一个"优先顺位"的输送顺序号，即如果二座以上转炉同时对某一种副原料发出"输料请求"时，则事先规定输送顺序，例如 $1^{\#}$ 炉→$2^{\#}$ 炉→$3^{\#}$ 炉等。当几个料仓先后发出"料空"信号，输送顺序仍按"优先顺位"顺序输料，与发出输料请求信号的先后无关。

②　皮带机和地上或地下料仓给料器控制　按"优先顺位"号确定相应的地上或地下料仓，并向卸料小车发出移动命令，使之停在指定的料仓上。与此同时，先后启动各条皮带和地上或地下料仓的给料器，将副原料输送到炉顶高位料仓。

③　皮带秤称量控制　在输送皮带的头部装有皮带秤。在向炉顶高位料仓送料时，皮带秤连续向 PLC 发出称重脉冲信号，经 PLC 计算并在操作站上显示每次输送量值和瞬时输送量，当脉冲计数达到设定值时，PLC 控制地上或地下料仓给料器及皮带，停止送料。

④　卸料小车运行控制　根据炉顶高位料仓上设置的检测点来控制卸料小车准确地停在指定的料仓位置。

⑤　皮带上原料跟踪　供操作人员监视输送过程，避免混料、错装等。

2）投料系统自动控制　转炉投料系统（把石灰、白云石、萤石、矿石、铁皮等副原料从高位料仓经称量料斗称重后在中间料仓汇总，然后再经溜槽投入炉内）由高位料仓、电磁振动给料器、称量料斗、卸料闸门、汇总斗等组成。每个称量料斗装有一组称重传感器。电磁振动给料器用晶闸管驱动，可使副原料以不同的投入速度下料。为称量准确，称量动作可以用强振粗调和弱振细调两种方式。每座转炉分别由各自的 PLC 控制投料，其控制内容如下。

①　副原料称量控制（图 26-63）　投料 PLC 接受来自过程机或人工给定的设定值后，控制高位料仓下面的振动给料器，向称量料斗内下料。在下料量达到 90% 设定值以前，给料器以强振方式运行。当达到 90% 设定值时，转为弱振进行细调。当达到 95% 设定值时，给料器停振。由于惯性，停振后仍有少量料落入称量料斗，这部分料称为落差量。此时下料量＋落差量≈设定值。通过每次测量下料误差，对落差量进行逐次补正，可获得较高的称量精度。

②　卸料控制　当某种副原料称量完毕，PLC 接受过程机或人工给出的卸料命令，先后开启称量料斗下面的水平阀和扇形阀，将副原料经溜槽卸至汇总斗。当本批料都汇入汇总斗后，开启其阀门将料投入炉内。

③　高位料仓在库量管理　在每次投料后对各高位料仓现存的在库量进行计算。为此，输送系统 PLC 和投料系统 PLC 需要信息交换。由输送 PLC 把"输送量"送投料 PLC；投料系统的"输出量"由投料 PLC 对每次称重进行累加求得。

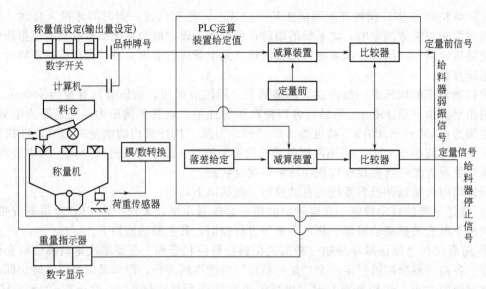

图 26-62　投料系统称量控制示意图

26.3.3　电弧炉炼钢自动控制

26.3.3.1　电弧炉炼钢生产工艺流程和自动控制概述

电炉炼钢主要是指电弧炉炼钢，是生产特合金钢、低合金钢和优质碳素钢的主要生产手段，有交流电弧炉和最近发展起来的直流电弧炉两种设备。目前交流电弧炉的冶炼周期为数十分钟，炉容达到 400t。

交流电弧炉的设备见图 26-63，顶盖可旋转打开，以便装料；电极可升降以调整输入。

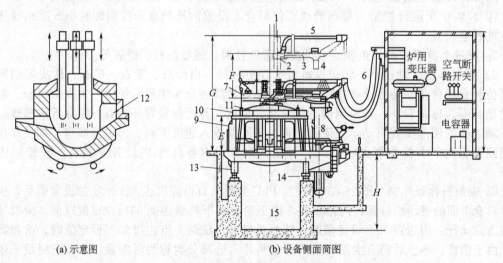

(a) 示意图　　　　　　　(b) 设备侧面简图

图 26-63　交流电弧炉设备简图

1—电极；2—电极把持器；3—电极把持器臂；4—立柱；5—导电管；6—水冷电缆；7—炉盖吊挂；
8—回旋机械；9—炉壳；10—炉盖圈；11—炉盖；12—出渣口；
13—炉床；14—倾动装置；15—渣罐坑

电弧炉炼钢一般都以废钢作为原料，在钢铁联合企业也有全部或部分用铁水为原料的。交、直流电弧炉炼钢的工艺过程相似，都是将电能转化为热能，使炉料熔化，经过吹氧、脱硫、加合金料、还原后形成合金钢。电弧炉炼钢的生产工艺过程可简单归纳为：①废钢称重配料、装料入炉；②散装料、铁合金按冶炼过程需要称重、配料入炉；③冶炼。每炉钢的冶炼大体分三个阶段。第一阶段，用一定的功率使电极在炉料中"打井"，即先造成熔化区；第二阶段，提高电压以最大功率使炉料全部熔化，这一阶段为缩短熔化时间，往往另加氧燃烧嘴助熔，原料中若有铁水，在此时加入炉内；第三阶段，吹氧脱碳精炼。如果由电炉直接炼出成品钢，要加辅料造渣调整成分，冶炼到预定的成分与温度后出钢。在配有炉外精炼的车间，钢水达到预定温度后即出钢送炉外精炼设备继续冶炼。

电弧炉炼钢的自动控制主要包括：配料（废钢、散装料、喷炭粉和铁合金称量与配料）、电弧炉本体（氧燃助熔、吹氧和氧枪、炉压、电极升降、电工制度等自动控制，冷却水流量、压力、温度和温差监控，炉壁、炉盖、短网断水自动保护等）、电弧炉排烟与除尘系统（含第四孔排烟除尘的控制以及大烟罩式排烟处理系统控制等）等自动控制。电炉用的传感器和仪表大致有：①钢水成分和温度仪表；②监视钢水和炉渣仪表；③电弧炉冷却系统仪表；④喷吹系统仪表；⑤排烟和除尘系统仪表；⑥电极升降仪表；⑦其他（计量设备、副原料投入设备等）。

26.3.3.2 电弧炉主要自动控制系统

(1) 电弧炉炼钢原料的称量与控制　包括以下几项。

① 废钢的配料与称量　由平台电子秤或吊车电子秤将本批次配好的废钢品种、单品种重量、累计重量等信息传送到电炉控制系统（DCS 或 PLC）中。一炉钢根据炉容和废钢情况一批次或多批次配料。

② 散装配料测控（图 26-64）　散装料是指造渣、助熔、补炉用的粉状或粒状原料，例如冶金石灰、萤石、焦粉、矿石等。用 PLC 进行控制，它完成的功能包括：按冶炼需要，接受需送入炉内料种和重量设定；按选定料开动给料机向称量斗送料；监测称量斗内该料种料重情况，在料重的设定值 90% 之前给料机快速给料，当料重达到 90% 以上时转为慢速给料，达到设定值 100% 时停止给料（快慢比约为 10:1）；放料控制，称量斗内物料已配好，启动称量斗下的给料机，将料放到皮带机并送入炉内；可一批次配多种料，以缩短配料时间；将本炉次送入电弧炉内的料种、重量信息送到电弧炉的工艺过程控制系统中。

③ 喷炭粉控制系统　喷炭粉过程控制流程图如图 26-65 所示。其工作过程为：开 WV-1，关 WV-2，炭粉进入称量罐达到设定重后关闭 WV-1、开 SV-2，称量罐充压；开 SV-1、WV-2，压缩空气将炭粉送至喷枪喷入炉内。这一过程可用 PLC 自动控制。控制 WV-2 的开度还可调节喷粉速率。

④ 铁合金配料　用装有电子秤的称量车，平台电子秤或机械式台秤配料。

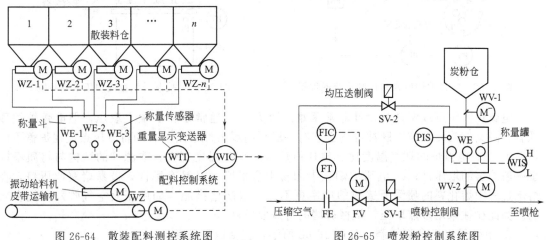

图 26-64　散装配料测控系统图　　　　图 26-65　喷炭粉控制系统图

（2）电弧炉本体的控制　包括以下几项。

① 氧燃助熔系统控制　在熔化期，为了加速熔化、降低电耗，大型电弧炉一般配有氧气-燃料助熔系统。所用燃料是燃料油、天然气、焦油、废油、煤粉等。氧气-燃料助熔的控制是一套燃气和氧气流量配比的调节系统，比值由比值给定器确定。燃气和氧气流量都经过温度和压力补正计算后得出。

② 吹氧和氧枪控制　用氧目的为助熔以节约电能，加快脱碳以缩短冶炼周期。吹氧不仅影响到电极和耐火材料的消耗，而且在精炼期还会影响到钢液化学成分和温度预测的准确性，因此必须有效控制。目前向电弧炉内吹氧有两种方式：一种是用自耗式氧枪（钢管）从炉门向熔池吹氧；另一种是控制升降机构从炉顶向熔池吹氧。自耗式氧枪的检测控制和上述的转炉类似，即氧气一次压力自动控制和氧气流量自动控制。吹氧量根据熔池钢水温度和碳含量由计算机或人工设定后，给吹氧信号使氧气切断阀开启，压力自动控制系统稳定压力，氧气流量自动控制系统按设定氧量吹氧。氧气吹管由人工操作。升降式氧枪是用炉顶上方的升降机构驱动，吹氧信号由氧枪位置信号发出，其检测与控制与自耗式氧枪相同，如果是水冷式氧枪，还应有冷却水的流量、压力和进出水温控制。为保证氧气喷口与熔池液面之间处于最佳吹氧距离，还设有利用吹氧时发出的噪声来自动保证氧枪的最佳喷吹位置的装置。

③ 电弧炉的炉压控制　见图 26-66，电弧炉内烟气由排烟口进入烟道。排烟口与烟道之间有一定的空隙，这一方面是由于排烟口要随电炉倾动，不可能与烟道紧密对接，另一方面需要吸入助燃空气使烟气中的可燃物质在烟道中燃烧掉，然后冷却到除尘系统可以承受的温度再过滤除尘，达到排放标准后由抽烟机抽出排入大气。炉压由补偿式取压装置取压经微差压变送器转换为统一信号至调节器，其控制输出至变频调速器控制抽烟机的速度以调节抽力。由于烟道、烟气的燃烧、冷却、除尘都是庞大设备，炉压调节器（PIC）控制的是一个特大滞后的对象。为了克服这缺点，国外有利用控制电弧炉排烟孔烟量的方法控制炉压（图26-67）。由于电弧炉内的压力仅为几十帕，它在压力出口设置一个气幕，控制气幕作用的强弱足以控制炉内压力。它的最大好处就是克服了图 26-66 所示控制抽吸能力的方法所产生的特大滞后。由于烟温高达 1200～1500℃，一般节流装置都难以胜任，这一方法利用气幕节流，避开了调节机械不能胜任高温介质这一难题。气幕作用的强弱由炉膛压力调节器控制。

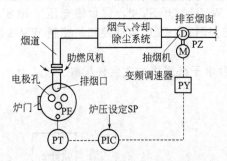

图 26-66　电弧炉炉压自动控制系统流程图

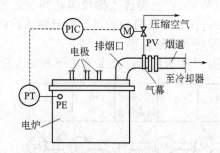

图 26-67　控制排烟量的炉压控制系统

电弧炉测炉压取源件的设计非常困难。因为：a. 通常是在炉顶上取压，但电弧炉炉顶既有升降又有旋转动作，脉冲导管必须有一段耐高温柔性管路，有的将测压点设在炉盖下的炉壁上；b. 电弧炉的烟气温度比其他任何炉窑的烟气温度都高，取源件的结构与材质不同于一般炉窑的取压件；c. 电弧炉烟气中的粉尘含量既大又具有黏性，极易堵塞取压口，在熔炼过程中熔化料的喷溅所造成的堵塞更不是一般防堵措施（如用压缩空气吹）所能奏效的。为此往往采用多点取压、机械通堵的特殊取压件。

④ 电弧炉电极升降控制　如图 26-68 所示，包括以下几项。

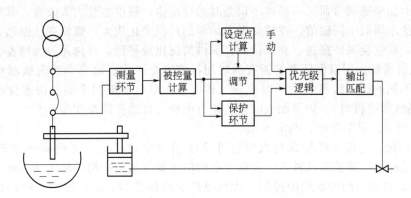

图 26-68 电极升降自动控制系统功能结构

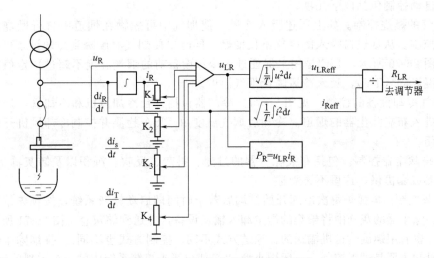

图 26-69 电极调节测量系统原理图

a. 数据测量。主要是电弧弧压和弧流的测量。弧流瞬时值的测量可直接通过在变压器次边的各相电流互感器得到。弧压的测量则困难得多，不能直接得到。因为变压器二次相电压不能反映弧压，而是弧压和大电流电抗器上压降之和。电抗器上压降包括阻性和感性两部分，而后者较大且是时变的，与三相电流的电流变化率（di/dt）有关。冶炼过程中电流的变化和弧流中很大的谐波含量导致感性压降，有很大的变化，由于这种变化无规律可循，因而不能通过补偿来校正。弧压的测量误差将导致工作点的偏移，从而使得三相有功功率不平衡和不一致的炉壁损坏。国外采用图 26-70 所示的方法，测量电极臂的电压和使用 Rogowski 线圈精确地确定二次电流弧形和相位的变化，计算出弧压瞬时值。因而可以计算出有效值。

b. 设定点和被控量的计算。电炉工作点（有功、无功、功率因数）的准确设定对于充分利用变压器的容量是十分重要的。工作点取决于变压器电压级和相应的弧阻。有关工作点的设定将由过程计算机按数学模型计算。被控量的计算取决于电极升降调节的方式，根据采用的控制方案是阻抗控制、功率控制还是弧流控制，被控量的计算分别是弧压除弧流（即弧阻）、弧压乘弧流（即弧有功功率）和弧流本身。

c. 调节器算法。目前流行的是 IER 型算法（即积分误差调节器），它是一个带可调限的比例调节器，与以前调节器相比，其不同点在于对小误差信号区引入了积分。当误差较小时，把此误差积累起来直到一个可调的限定点，然后执行校正。这样，增益可选得大一些以保证误差大时能全速调节而又不牺牲小误差时的稳定值，精度也就大大改善，其增益也可随着冶炼过程的不同取不同的值。在熔化期，炉料的料位变化较大，弧流变化剧烈，此时应选较小的增益，以避免系统振荡。在熔清后，炉内情况比较平稳，可选用较大增益。

d. 优先级逻辑。用以保证系统所有的时间都能安全工作。对每个优先级都设置了一个最高速度。不同的优先级有手动同时控制三相电极、单个电极的手动、快速自动提升电极（当发生短路或断电极时）、炉子断电时慢速提升电极、自动控制操作等。

e. 保护环节。短路保护、断电极保护。

f. 输出匹配。电极升降的执行机械有可控硅-直流电动机式、可控硅-电磁转差离合器式、电液随动阀液压传动式几种，因此调节器的输出要与执行机构的输入相匹配。

⑤ 电弧炉排烟与除尘系统的控制　大型电炉有两种排烟方式，第四孔排烟和大烟罩式排烟（即把电炉完全置于封闭的大烟罩中，烟气从罩顶抽出送布袋除尘器过滤）。第四孔排烟除尘的自动控制包括以下几项。

a. 烟气的燃烧控制。如上所述吸入冷风，使烟气中可燃物在烟道中自行燃烧，这个燃烧不需要控制。从烟道口吸入的空气不仅助燃，同时也使烟气温度降到冷却设备可以承受的数值。如图 26-70 所示，TIC 是用来保证进入冷却设备前的烟气温度不超过预定值，如果超过即打开混风阀（TV），吸入冷风降低烟气温度。

b. 烟气冷却设备的控制。见图 26-71。冷却器包括三台冷却风机和冷却管，烟气经冷却管冷却后进入布袋除尘器的烟道。冷却后烟气温度由 TISA 检测并控制冷却风机开启数量和吸风阀启闭。

c. 布袋除尘器控制。包括布袋除尘器的过滤、抖灰、反吹、沉积以及卸灰输灰等控制，它与除尘器成套提供，这里不再叙述。

d. 卸灰控制。电弧炉每次冶炼开始排烟后若干时间即启动输灰系统，按预先编好的程序从冷却器、除尘器的灰仓中将聚集的烟尘卸入输灰设备，并送到储灰仓（图 26-71 所示为风力输送方式，也有用螺旋输送机输送的，输送方式不同，控制方式也不同）。排烟除尘系统的控制由上述可知主要是逻辑控制，一般用小型 PLC 或电弧炉控制系统中的一个控制单元来完成。

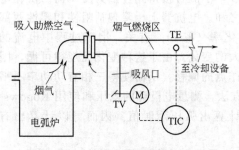

图 26-70　电弧炉烟气燃烧控制系统图

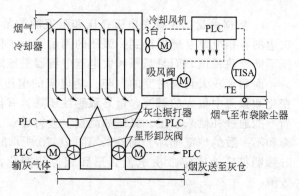

图 26-71　烟气冷却的控制系统流程图

26.3.4　炉外精炼自动控制

26.3.4.1　炉外精炼生产工艺流程和自动控制概述

炉外精炼是在一次熔炼炉（转炉、电炉等）外进行的冶炼过程，从而达到：①精确控制钢的成分；②使钢水温度和成分一致和达到规定要求；③去除钢中的气体（H_2、N_2、O_2 等）；④脱硫和脱磷到最低程度；⑤脱碳到规定程度；⑥去除钢中的杂质等。

炉外精炼有多种形式，常用的有以下几种。

① 钢包吹氩　在钢水包底部砌一块或数块透气砖，出钢后从透气砖吹入氩气而造成钢水包中钢液的搅动，使乳化渣滴和钢中夹杂上浮，部分去除钢中的气体和均匀成分。

② 喷粉　把粉料用载气通过喷枪直接加到钢液内部进行精炼的方法，主要是脱硫。有多种方法，如 IRSID（法国钢铁研究院）法、TN（德国 Thyssen-Niederrhein 公司）法、SL（瑞典斯堪的那维亚喷枪公司）法、KIP（日本钢铁公司君津厂）法等，它们原理类同，只是设备布置、流程等稍有不同。

③ RH 循环真空脱气处理　是由德国鲁尔（Ruhrstahl）公司和海罗尔斯（Heraeus）公司设计的，故名 RH 法。如图 26-72 所示，下部设有两根环流管的脱气室，脱气处理时，将环流管插入钢水，靠脱气室抽真空的压差使钢水由管子进入脱气室。同时从两根管子之一（上升管）吹入驱动气体（通常为氩气），利用气泡泵原理抽引钢水通过脱气室和下降管产生循环运动，并在脱气室内脱除气体。由于 RH 法的技术不断扩展而为 RH-KTB（KTB 意为川崎钢铁公司顶吹氧）、RH-OB（带升温的循环真空脱气处理）、RH-PB（循环真空脱气-喷粉处理）等。

④ CAS 法的工艺流程　如图 26-73 所示，吊车将钢水包运到 CAS 处理站，由台车将钢水包开到处理位置，接通钢水包底部的吹氩气快速接头，进行吹氩气，当钢液面上的渣层吹开一定面积后放下浸渍管，此时管内已无钢渣，再加入铁合金或冷却剂进行成分（C、Mn、Si、Al）调整和温度调整，它主要用于生产普通钢的大型钢铁厂。

⑤ LF 钢包炉精炼　LF 炉精炼设备简单，操作灵活，精炼效果好。它主要和电炉配合，以取代电炉的还原期，也可以与转炉配合，生产优质合金钢。LF 炉是把盛有要处理的钢水的钢包运送到处理工位，加上带电极的盖，进行冶炼，它主要靠包内的白渣，在低氧的气氛中，由包底吹氩气搅拌，电极加热实现冶炼。可使钢中的氧、硫含量大为降低（约为 1×10^{-5}），夹杂物按 ASTM 评级为 0～0.1 级。LF 炉亦可抽真空进行冶炼，即 LFV 法。

⑥ 氩氧精炼炉（AOD 法）　是在大气压下向钢水吹氧的同时，吹入惰性气体（Ar、N_2），通过降低 p_{CO} 以实现脱碳保铬的重要精炼方法。用于生产低碳钢、超低碳钢和不锈钢等。其设备包括炉子本体、供气系统、供料系统和除尘系统等。

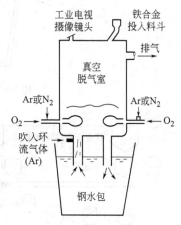

图 26-72　RH-OB 设备示意图

26.3.4.2　炉外精炼主要自动控制系统

炉外精炼的设备和工艺流程有多种形式，本节将叙述常用工艺流程的自动化系统。

（1）KIP 喷粉脱硫　其工艺流程与图 26-50 类似。自动控制包括：压送管线 N_2、Ar 总管及加压支线流量检测，粉体堵塞报警，各喷吹罐及储藏罐压力、布袋除尘器差压、上料罐压送罐压力和料位、储料仓和上部料仓温度检测及 C_2H_2 含量分析，料罐、喷枪、阀门开闭等顺序控制和喷粉量控制等。

（2）CAS 或 CAS-OB 密封氩吹气成分微调装置的自动控制　如图 26-73 所示，自动控制包括：搅拌用氩气流量和搅拌时间设定等控制、铁合金和冷却剂等称量及投入控制、钢水升温用氧气流量和压力以及吹氧时间控制、测温取样装置及液位检测装置动作控制、除尘装置动作控制、钢包台车行走位置控制、浸渍管升降、氧枪升降和旋转控制等。

（3）LFV 钢包炉真空精炼的自动控制（图 26-74）　包括：搅拌用氩气流量和搅拌时间设定等控制、铁合金称量及投入控制、测温取样装置和定氧及液位检测装置和更换测量头等动作顺序控制、钢包台车行走位置（包括到真空吹氩搅拌、加热升温等工位）顺序控制、包

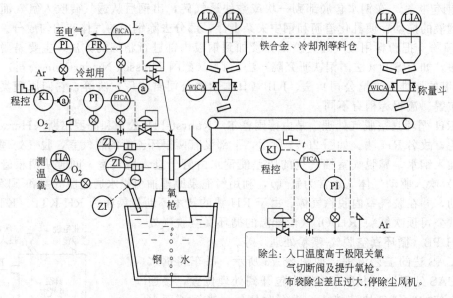

图 26-73 CAS 处理系统示意及自动化系统图

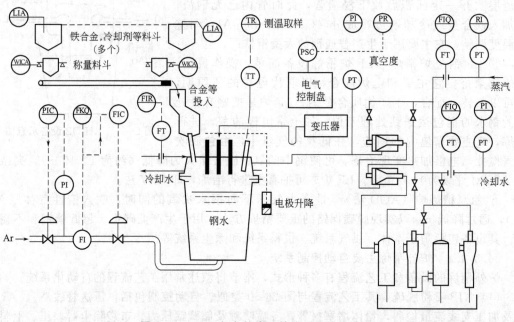

图 26-74 LFV 钢包炉真空精炼的自动化系统

盖升降顺序控制、真空系统操作顺序控制、喂丝机操作顺序控制、可移动弯头小车动作顺序控制、各料仓上料控制、除尘装置动作控制、扒渣机动作顺序控制以及电极升降控制（数字阻抗调节方式，按上位机预测阻抗和电参数的数学模型进行控制或按三相电极的电流平均值进行控制）等。比较复杂的自动控制系统如铁合金称量及投入控制、测温和定氧及液位更换测量头顺序控制、电极升降控制等与上述的转炉、电弧炉的相应系统大同小异，这里不再叙述。

（4）RH 真空处理装置的自动控制 其工艺流程及自动化系统见图 26-75，分为 7 个系统：钢包运输系统、钢包处理站、真空系统、真空室加热系统（图 26-75 未示出）、合金上料系统、真空室部件修理和更换系统（图 26-75 未示出）以及真空室部件修砌系统（图 26-75 未示出）等。钢液是在钢包处理站中进行 RH 真空处理的，其操作为：从转炉或清洗站来的钢包通过吊车送到运输车上，钢包移送到处理位置，并与运输车一起升起。导入钢液进入真空室中的插入管的气体由氮气换为氩气。钢包在插入管浸入熔池中至少400mm后才升起。真空泵启动（如泵已启动，则打开吸管阀门），真空室中的压力降低。钢液被吸入真空罐中，由于上升管导入氩气，产生钢液循环，然后人工测温取样。真空室中处理情况将由工业电视监视。如果要强制脱碳或化学加热，可通过顶枪向循环钢液吹氧，达到需要的真空度后，各种处理就可进行，包括合金料添加，真空处理完毕后，钢包下降并移至转盘处，旋转90°，被吊车吊起，送连铸设备进行连铸。

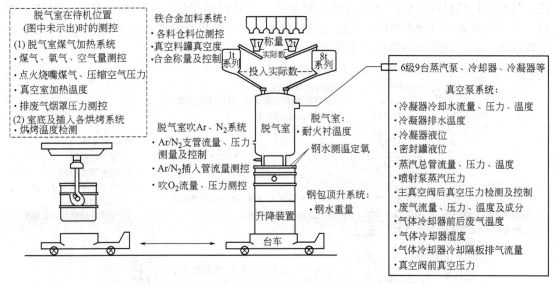

图 26-75　RH 真空处理主要工艺流程及自动化示意图

主要自动控制包括主真空阀后真空度控制，真空室加热温度及空燃比控制，排废气烟罩内压力控制，插入管氩气流量控制，铁合金称量控制，氧气、氩气、氮气以及焦炉煤气等总管压力控制，真空室底部烘烤加热温度控制等。

（5）AOD 氩氧炉冶炼不锈钢装置的自动控制　包括：炉体及加料系统控制（包括主枪的 O_2、Ar、N_2 气体流量测控，副枪的 O_2、Ar、压缩空气流量测控，主副枪流量配比控制及流量累计，主副枪的 O_2、Ar、N_2 气体等压力测控及气源低压报警，吹炼气体的快速切换，散装料上料及配料控制，料量称量及料车到位指示，钢水温度测量等）、AOD 炉顶吹氧系统控制（包括 O_2、N_2 压力显示及流量累计和控制，N_2 压力测控及流量累计和控制，高中压水进水压力温度测量及流量控制和累计，高中压水出水温度测量，高压水出水流量测量及进出水流量差测量，氧枪和烟罩位置及旋转显示，热水池和冷水池水位测量，冷热水泵出口压力、流量及温度显示，补水流量累计和显示）、布袋除尘系统控制（包括烟气入口温度测量，二次混风量和除尘风机控制，烟气入口和混风温度以及布袋差压越限报警，摇炉和停吹联锁）等。

26.3.5　连续铸钢自动控制

26.3.5.1　连续铸钢生产工艺流程和自动控制概述

连续铸钢的作用是把钢水铸成板坯、方坯、圆坯或异型坯。其工艺流程见图 26-76。钢水先经吹氩站吹氩搅拌，并加入废钢调温，使钢水温度调整到该钢种液相线上 30～50℃，然后送到钢水包回转台，将钢包对准中间包，使钢水注入中间包，再通过浸入式水口注入结晶器（浸入式水口的作用是防止钢水氧化）。中间包的作用是保持一定的钢水量，从而使注入结晶器的钢水压力一定和使钢水中的夹杂物及渣子有机会上浮，还可以通过中间包进行多流连铸及多炉连铸，也可以调节钢水温度。结晶器是铜或耐较高温度的铜合金制的方形或圆形夹层无底的筒，有的还内表面镀铬以减少结晶器的磨损。结晶器用高压软水冷却，使钢水外层在此凝成外壳和使铸坯与结晶器脱离。浇注前，引锭装置将引锭头送入结晶器作为底部以免钢水流出，浇注开始后，由引锭装置将初步凝成外壳的铸坯拉引出结晶器。已形成薄外壳的铸坯（内心是流体），进入二次冷却区，喷水继续冷却，直至全部凝固。当连铸坯头部进入拉矫辊后，引锭装置便被脱开，安放在固定位置，由拉矫辊直接拉铸坯，使铸坯继续前进。铸坯经拉矫辊矫直后，再经切割装置剪成一定长度的铸坯，然后打上编号、冷却、堆放。某些铸坯表面可能有缺陷，还需送精整处理，一般采用火焰清理的办法来消除。近来为节能高效，把无缺陷的热铸坯直送轧钢加热炉加热或直接轧制。

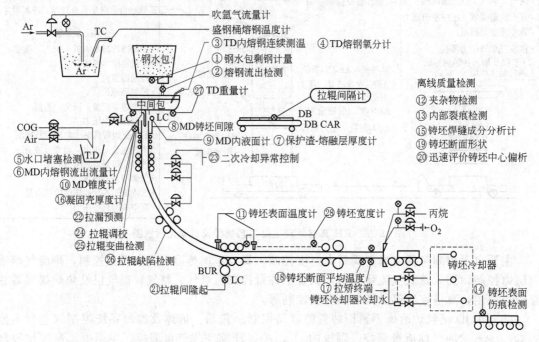

图 26-76　连铸流程工艺示意及检测仪表配置图

铸坯的浇注速度，是由铸坯的尺寸、钢种和产量来决定的，大板坯浇注速度一般为 $0.5\sim1.5m/min$，小方坯高些，高效连铸就更高了。此外，为了改善合金钢坯的质量，在二次冷却区及其他地点装有电磁搅拌装置等。

连续铸钢检测及自动控制见图 26-76 及图 26-77。

26.3.5.2　连续铸钢主要自动控制系统

（1）中间包钢水液位自动控制　控制系统见图 26-78，用装在中间包小车轨道上的压头测量中间包内钢水重量，然后换算成液位，与设定值比较，如果有偏差，送入控制器，经液压或电动执行器［使用电动执行器时，将使用交流电动机和脉冲宽度调制的 VVVF（变压变频装置）供电，从而省去沉重的减速机械］，控制塞棒或滑动水口开度，改变流入中间包钢水流量，以使中间包钢水液位保持在规定高度上。钢水包水口的执行机械要装卸方便，以便在钢水包水口等发生故障时能迅速处理或改为手动。此外，由于水口侵蚀，开度位置与钢流关系是变动的，故必须改善水口质量并在控制系统采用补偿措施。

（2）结晶器钢水液位自动控制　常用的有三种方法：①流量型，控制进入结晶器钢水流量（改变塞棒或滑动水口位置，亦有塞棒和滑动水口均控制）以保持液位稳定；②速度型，

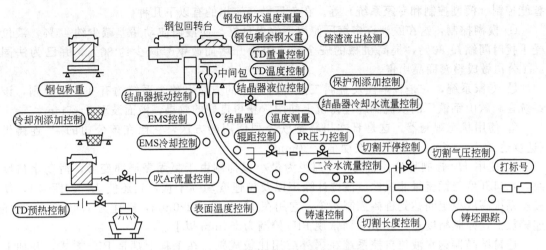

图 26-77　连续铸钢自动控制示意图

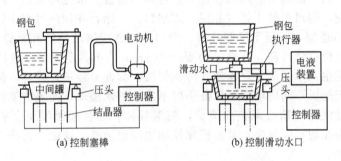

图 26-78　中间包钢水液位自动控制系统

控制拉坯速度以保持液位稳定，这种方法，喷溅较少，主要用于小方坯连铸；③混合型，即一般控制拉坯速度以保持液位稳定，当拉速超过某一百分比仍不能保持给定液位，则控制塞棒或滑动水口位置，亦有两者可选择的。同样，它主要用于小方坯连铸。典型的结晶器钢水液位自动控制系统见图 26-79，串级控制，内环是位置环，外环是液位环，当液位偏离给定值时，偏差信号改变位置环的给定值，以改变塞棒或滑动水口位置，使钢水液位回到给定值，并加入前馈控制、防止水口堵塞控制、系统放大系数补正以及其他非常处理等。

　　由于连铸过程复杂（特别是水口和塞棒粘上凝固钢液会突然脱落以及水口堵塞和烧损等，以致流量变化很大和突然使系统失控）、生产条件苛刻（高温、高粉尘，且要更换中间包而要求安装和拆卸方便），而使常规系统不好使，或控制质量不好、波动很大（超过10mm），不能满足工艺要求，因而世界各国都致力研究有效的、调节质量高且鲁棒性良好的自动控制。在控制算法方面有基于常规PID方法的补正和改良方法（使用自动调整PID参数方法、带死区变增益的非线性控制、非线性及线性串联补偿、引入振动信号并自动调整其振幅和周期，以消除塞棒或滑动水口摩擦和死区等抖动补偿）、采用现代控制理论的算法（如相角超前滞后补偿控制、扰动补偿控制、自校控制器、预测控制，自适应控制策略以及 H^∞ 控制策略和状态观测器等）、

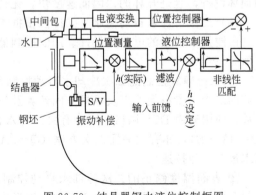

图 26-79　结晶器钢水液位控制框图

747

智能控制（模糊控制和专家系统）等。在工厂已经实用的有以下几种。

① 模糊控制，这在欧洲许多钢厂使用，效果良好，使液面波动超差减少约40％，液位受干扰时间缩短80％，提高机械的安全性，因为开堵而改钢号减少约80％，并已为法国sert公司做成整套商品出售。

② 专家系统，它是日本住友金属工业公司采取的方法，整个系统约有300条规则，该系统在和歌山钢铁厂的双流圆坯连铸机上使用，获得良好的效果，液面波动4～5mm。

③ 使用状态观测器，这是日本川崎钢铁公司使用的方法，它已在该公司的 $4^\#$ 连铸机（速度达2.5m/min）上使用，波动小于20mm。

④ 使用 H^∞ 控制理论，它使 H^∞ 判距为最小以抑制由于凝固壳局部变形，滑动水口堵塞，水口开度与钢流量非线性、液位计噪声以及拉速变动等干扰，它还使 H^∞ 判距<1，使控制系统高度稳定而达到鲁棒控制系统，它用在1550mm×270mm，控速为1.4m/min板坯连铸机上，控制精度达±2mm，而常规PID控制为±4mm以上。

连铸结晶器钢水液位自控系统在国外应用比较成熟，在工程上都是PID方式，并加上各种补偿或模糊控制，国内引进的系统也都是这样的系统，都是可用的。PID算法在正常情况下应用没有问题，但对突然干扰（如浸入式水口开、堵，在拉坯过程中强烈的冲击等）常规的PID控制难以适应，甚至不可能控制，例如开堵造成流动特征和塞棒位置的显著变化，而导致在开堵时液位突然升高，常规PID要经历1min的不稳定期之后液位才渐渐地恢复正常，这样往往会发生钢水溢流，可能使连铸机停机。为此必须进行补偿，例如当钢水液位超过高位、高高位应加以不同的前馈以保证不但不发生钢水溢流，而且能使钢水液位尽可能平稳和波动最小，这就需要精心调整前馈量，摸索规律，而且随时间而会变化，必须随时修正。有人认为模糊控制可以解决，其实模糊控制也需要调整，这就是为什么国外大多仍然使用PID系统的原因。

在执行器方面，目前有以下三种方式。

① 液压执行器方式 它速度快、线性好，国外及进口的连铸结晶器钢水液位控制系统，大多是这种方案，由于中间包的移动，而油泵、油箱等在地面，虽然使用软管连接，但终究不方便，且为了实现位置控制，需要位置传感器（一般为差动变压器），且大都是模拟量，数字控制时需要变换，会带来误差。

② 电气交流无刷伺服电机执行装置方式 这是近年来发展起来的，我国兰钢薄板坯连铸的结晶器钢水液位自控系统就是采用这种方式，但由于有减速机而难以做到体积小、重量轻，且会堵住而易损坏电动机。

③ 高精度气动数字缸方式 这是最近我国开发的连铸结晶器钢水液位自控执行器，它是把机床的气动数字缸方式技术用于连铸，其优点是全数字、脉冲控制，精度高、不怕堵住和损坏设备，且是开环的，因而速度快，无位置测量装置而简化并便于维护。

（3）二次冷却水自动控制 二冷区根据工艺要求分为若干段，每段装设流量自动控制系统（由测量水流量的电磁流量计、PID控制器、执行器和调节阀门等组成），各段水流量设定值有下列方式。

① 拉速串级控制的二次冷却水自动控制系统 在DCS或微机中存入按钢种和铸坯尺寸所需的二冷水量设定值以及根据凝固计算及浇注经验确定修正二冷水量与拉速的关系式及其常数，使用时由DCS调出即可。有关二冷水量与拉速的关系式如下所示有用一元一次方程（$Q=AV+B$），亦有用一元二次方程（$Q=AV^2+BV+C$，式中，A、B、C为常数；Q为冷却水量；V为拉速）。

② 表面温度修正的二次冷却水自动控制系统 实质上是在拉速串级控制的二次冷却水控制系统加上铸坯表面温度修正，如表面温度超出规定值则对各段二冷水流量进行修正。控

制系统的冷却水量计算式为 $F_i = F_i^0(1 + A_i B)$，式中 F_i 为 i 段控制输出；F_i^0 为速度串级控制时 i 段冷却水基本流量；A_i 为 i 段冷却影响系数；B 为修正系数。

③ 温度推算的二次冷却水自动控制系统　由于表面温度修正的二次冷却水控制受到装设温度计台数的限制和准确测温的困难，于是出现温度推算法以解决表面温度修正法中的问题。它在铸坯长度方面虚拟了很多小段，按本连铸机的实测数据和热传导理论，以每隔 20s 一次的速度计算虚拟段的温度，然后与事先设定的目标温度比较，给出最合适的冷却水流量供二次冷却水流量控制系统作为设定值。

（4）二铸坯定长切割自动控制　铸坯定长切割自动控制系统框图见图 26-80，它是一套顺序控制系统，首先由光电脉冲计数器计数（或其他定长方法，如碰球开关、热金属探测器等）以测定铸坯长度，当达到设定长度时，开动切割装置，使之随铸坯移动，当位置探头探得钢坯边缘时，系统自动开气，并开始切割和横走，当切割到另一边缘时，自动停止，而切割装置则返回到起始位置，然后当铸坯又延伸到设定长度时重复上述动作，又进行钢坯切割。对于小方坯连铸机，是使用飞剪切割的，此时，控制系统就简单多了，只需测定铸坯长度，并当到达设定长度时，给出接点信号，使飞剪动作即可。图 26-81 示出了小方坯连铸机使用液压剪的自动控制剪切示意图，当红钢（即热铸坯）达到设定长度时，启动液压剪压紧电磁阀夹紧红钢，使液压剪随动，启动剪切电磁阀，剪断钢坯，再由电磁阀控制剪刀复位，压紧装置松开红钢，由横移装置使液压剪复位，完成一个定长剪切过程。

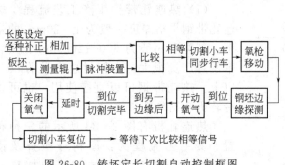

图 26-80　铸坯定长切割自动控制框图

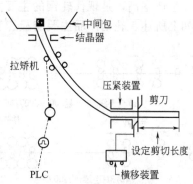

图 26-81　使用液压剪的铸坯定长切割自动控制示意图

◎ 26.4　轧钢生产自动化

26.4.1　轧钢生产工艺流程及自动控制概述

轧钢的任务是把钢区来的铸坯轧制或用其他工艺生产各种成品钢材，主要是板（热轧板带、中厚板、冷轧板带、各类涂层镀层板等）、管（无缝钢管、电焊钢管、大口径钢管、各种异型钢管等）、型材（棒、线、重轨、H 型钢等）和其他钢材（火车轮箍等）。

轧制如图 26-82(a) 所示，由电机带动上下轧辊，使通过的钢坯变形，成为所需形状的钢材；对于钢板则调整上下轧辊的距离（辊缝或称轧辊开口度）而得到所需厚度的钢板；对于无缝钢管则如图 26-82(b) 所示用顶杆使圆坯穿孔轧成毛管，然后经轧管、定（减）径等设备轧制成所需直径的无缝钢管；对于型材，如线材、棒材等则用带孔型的轧辊轧成所需的形状，H 型钢还需如图 26-82(c) 所示用万能轧机（带水平轧辊和立辊，能进行两个方向轧制）轧制。

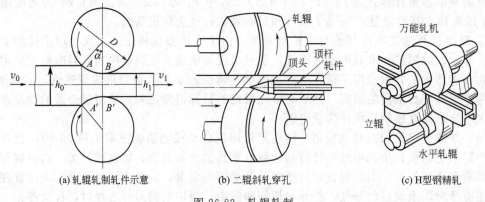

(a) 轧辊轧制轧件示意　　　　(b) 二辊斜轧穿孔　　　　(c) H型钢精轧

图 26-82　轧辊轧制

轧制有热轧（把钢坯在加热炉加热，轧制温度约为 1050℃）和冷轧（常温轧制），后者主要适合于轧制较薄的钢板。由于轧件轧制时，每次变形量不能太大，这样，把钢坯轧制到成品，需要轧制多次，解决方法可以用一台可逆式轧机，来回多道次轧制，也可以用多台轧机串列布置，每台轧机只轧一个道次，轧件往前走，出末台轧机，就变成成品。前者速度慢，对热轧，由于温降大，要使用炉卷轧机（轧机前后有保温炉，以使轧件保温）；后者速度快，生产率高，是现代轧钢的主要方式。

如上所述，轧钢产品主要有板、管、型材等，其工艺流程亦不相同，以下将分别简述。

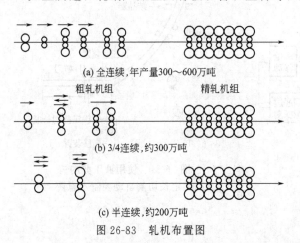

(a) 全连续，年产量300～600万吨

粗轧机组　　　　精轧机组

(b) 3/4连续，约300万吨

(c) 半连续，约200万吨

图 26-83　轧机布置图

（1）热连轧带钢生产工艺流程　热连轧带钢是指厚度一般为 1～20mm 的带钢，其宽度一般为 600～2000mm。热轧带钢总产量很大，占钢材总产量的 50%以上。热轧带钢可以直接使用，也可供冷轧机轧制冷轧带钢。

热连轧机有图 26-83 所示的三种布置。其工艺流程为：原料→检查及清理→在步进式或推钢式加热炉加热→除鳞（除去加热时钢坯表面的氧化铁皮，除鳞机有平辊式、立辊式和高压水式）→粗轧（其作用是压缩轧件，使之延伸到某一长度和宽度的轧件的粗略轧制）→切头（切去温度较低的不规则的头部，便于精轧机咬入轧制）→高压水除鳞→精轧（进入串列布置的多架四辊轧机轧制，逐步减厚至成品厚度）→冷却（冷却区长约 120～190m，使用层流或水幕式喷水把钢带冷却到卷取温度约 650℃）→卷取→卸卷→冷却和取样→检查→入库。

（2）冷轧带钢生产工艺流程　冷轧带钢是以热轧板卷为原料，在室温下进行轧制，冷轧带钢一般都是成卷轧制。冷轧机多为四辊轧机，其布置形式有单机架（图 26-84）、双机架和多机架布置（图 26-85）。

冷轧带钢主要是厚度较薄的产品，其规格为：带材厚度为 0.2～4mm，宽度为 600～2500mm；箔材厚度为 0.001～0.2mm，宽度为 20～600mm。冷轧带钢没有热轧常出现的麻点和氧化铁皮等缺陷，表面质量好、光洁程度高、尺寸精度高，产品的性能和组织能满足特殊的使用要求，如电磁性能、深冲性能等。冷轧板带的用途很广，汽车制造、电气产品、机

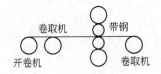

图 26-84 单机架冷轧机布置图

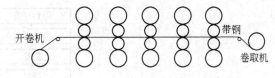

图 26-85 5 机架冷连轧机布置图

车车辆、航空、精密仪表、食品罐头等行业都需要冷轧钢板。冷轧钢板品种主要有碳素结构钢板、合金和低合金钢板、不锈钢板、电工钢板等。

冷轧带钢生产流程见图 26-86。对于要生产镀锡、镀锌、涂层等冷轧板的工艺流程见图 26-87。

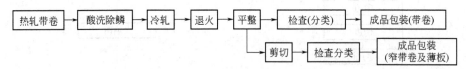

图 26-86 冷轧钢带生产工艺流程图

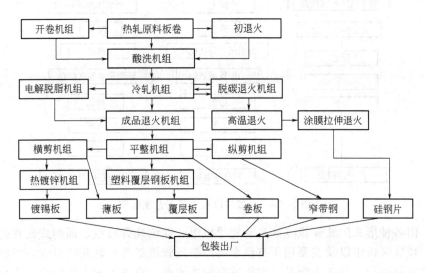

图 26-87 冷轧生产综合工艺流程图举例

（3）中厚板生产工艺流程 中厚板的规格为：厚度为 4.5～200mm，宽度为 600～3800mm，长度为 1200～12000mm。中厚板所用轧机有三辊劳特式轧机、二辊轧机和四辊轧机，现代中厚板厂都是使用两台四辊轧机分别作为粗轧和精轧用，或一台两辊作粗轧、一台四辊作精轧，三辊劳特式轧机已基本淘汰。

中厚板的生产可分为一般中厚板（普通结构钢板、造船板、桥梁板等）和特殊中厚板（不锈钢板、高压锅炉容器钢板等）生产工艺，原料一般为连铸坯。图 26-88 示出了一般中厚板生产工艺流程作为例子。

（4）钢管生产工艺流程 钢管广泛用于石油钻采、输送液体气体、化学、建筑、机械和军事工业等，在钢材总产量中，约占 10％～15％。钢管的品种规格，按断面形状可分为圆形和异形钢管。异形钢管有方形、三角形、矩形、弓形等。钢管的材质可分为普通碳素钢管、碳素结构钢管、合金结构钢管、合金钢管、轴承钢管、不锈钢管及双金属管等。钢管的外直径范围为 0.1～4000mm，壁厚为 0.01～100mm。

钢管按生产方法，可分为无缝钢管和焊接钢管。无缝钢管是由实心的管坯经穿孔机穿制

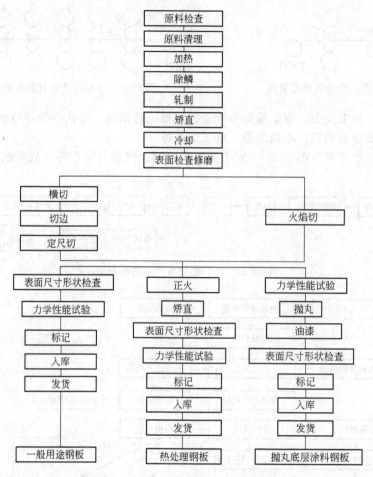

图 26-88　一般中厚板生产工艺流程图

成毛管后，由各种形式的轧管机（如自动轧管机组、连续轧管机组、周期式轧管机组、三辊轧管机组、顶轧管机组以及主要用于有色金属的挤压管机组等）轧制成钢管，再经定、减径加工成最终成品钢管。焊接钢管是以钢板或带钢为原料，通过各种方法成型后进行焊接而制成各种规格的管材。钢管的冷加工，是以热轧无缝钢管为原料，为提高钢管的尺寸精度、表面光洁程度及使用性能，扩大品种规格，要进行深加工，如冷轧、冷拔和冷旋压等。限于篇幅，下面将以热轧无缝钢管作为例子，说明钢管生产流程。

　　① 使用自动轧管机的生产工艺流程　　如图 26-89 所示，包括管坯准备（管坯检查、管坯切断、定心等工序）、管坯加热（一般在环形炉中加热，环形炉炉体呈圆形，炉底可以转动，管坯通过机械手装入炉内，炉底不断慢慢旋转，将加热好的管坯由机械手从出钢口中夹出，放置在辊道上运至穿孔机）、穿孔（一般采用二辊斜轧穿孔）、毛管轧制（目的是实现减壁，使毛管外径和壁厚轧制到接近成品管的尺寸。一般自动轧管机在同一孔型内轧制 2～3 道，每轧一道毛管要旋转 90°。轧前需要往毛管内撒食盐和木屑的混合物，目的是食盐受热爆炸将毛管内壁的氧化铁皮除掉，同时也起润滑作用。在轧制第二道时，需更换另一规格的顶头以实现继续减壁，第三道不换顶头，目的是消除椭圆度）、均整（均匀壁厚、加工内外表面、消除和减小钢管的椭圆度）、定减径（由输送辊道将均整后的毛管送入定径机，定径，如需减径，则需进入再加热炉进行加热后，再由多机架减径机减径）、冷却（在冷床上冷却，空冷）、矫直（在斜辊式矫直机上进行）及精加工（包括切管机切定尺、切头切尾、倒棱，

752

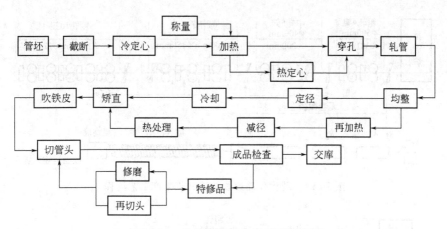

图 26-89　自动轧管机生产工艺流程图

检查、称量和包装）等。

②　使用连续式轧管机的生产工艺流程　如图 26-90 所示，与自动轧管机组相比，只是轧管工序有所区别，其他工序基本上相同。连续式轧管机由于多机架连轧，而且相邻机架的辊缝交错布置，使轧后毛管壁厚均匀，故不需均整机。

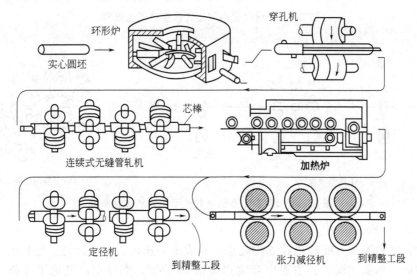

图 26-90　连续式轧管机生产工艺流程图

（5）型钢生产工艺流程　型钢是钢材中品种规格最多的钢材。按照生产方法可分为热轧型钢、冷弯型钢和焊接型钢。热轧型钢具有生产规模大、效率高、能耗少和成本低等优点，故为型钢生产的主要方式。型钢用途广泛，品种规格多。我国型钢的产量约占钢材产量的 50% 左右。

热轧型钢按其使用的范围可分为常用型钢（如方钢、圆钢、扁钢、工字钢、槽钢、角钢等）和专用型钢（如钢轨、钢桩、球扁钢、窗框钢等）；按断面形状的不同可分为简单断面（如方钢、圆钢、扁钢等）、复杂断面（如工字钢、槽钢、钢轨等）和周期断面（如螺纹钢、犁铧钢等）。型钢种类虽然很多，但现代化的型钢生产工艺主要有两种模式，即多机架连续轧制和可逆连轧，分别适用于不同品种规格型钢的生产。

①　连轧工艺　在小型型材、棒材和线材普遍采用。见图 26-91 及图 26-92。

②　可逆连轧生产工艺流程　现代 H 型钢生产中，大都采用图 26-93 所示的可逆连轧生

753

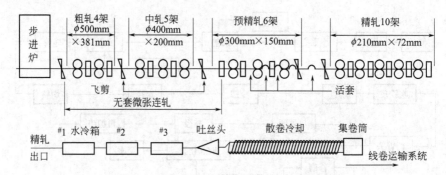

图 26-91　现代化高速线材连轧机生产工艺流程

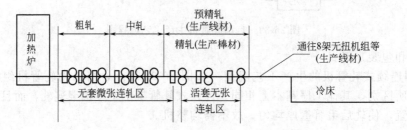

图 26-92　现代化小型连轧机生产工艺流程

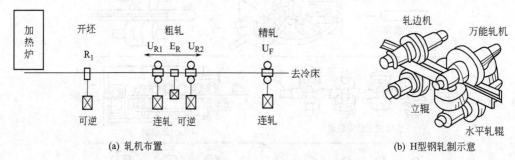

图 26-93　现代 H 型钢及其他型钢轧机布置举例

R_1—两辊开坯轧机；U_{R1}，U_{R2}，U_F—万能轧机；E_R—轧边机

产工艺。粗轧区紧凑式万能轧机及立辊轧边机构成多架连轧、可逆运行。精轧区由同型一架万能轧机构成，单道次通过。主要生产宽边薄壁 H 型钢，亦可生产其他工字钢、槽钢、角钢等型钢。

　　整个 H 型钢生产工艺流程为：坯料—称重—上料台架—上料辊道—撞齐—入炉加热—出钢机出钢—除鳞机—高压水除鳞—开坯可逆轧制—热锯切头尾-3 架串列式轧机-精轧-热锯切尾和倍尺分段-上冷床冷却-下冷床矫直-编组台编组-冷锯定尺锯切-检查台检查-码垛机收集-打捆机包装-称重-挂标牌-成品入库。

　　现代轧钢生产的自动控制系统因产品不同而不同，大致如下。

　　（1）热连轧板带生产的自动控制系统　主要有加热炉控制、粗机区设备的逻辑及顺序控制、粗轧机压下及侧导板 APC（位置自动控制）、粗轧机后中间辊道速度控制、飞剪切头切尾控制、精轧机压下及侧导板 APC、精轧机 AGC（厚度自动控制）、活套自动控制、精轧机速度主干控制、带钢板形控制、带钢宽度控制、热输送辊道运转控制、终轧及卷取温度控制、卷取侧导板和夹送辊以及助卷辊 APC、卷取机张力控制、运输链运转控制、打捆机和喷印控制、快速换辊控制、润滑剂系统控制、液压系统控制等。

（2）冷连轧板带生产的自动控制系统　冷连轧板带生产由于产品品种不同，其组成也不同，一般为酸洗机组、冷连轧或酸洗-冷连轧联合机组、退火机组（罩式退火炉、连续退火机组）、平整机、涂层或镀层机组（彩色涂层机组、热镀锌机组、电镀锌机组和电镀锡机组）、横剪切机组、纵剪切机组、重卷检查机组、压形机组以及包装机组等。其中冷连轧机的主要自动控制系统有轧机进口钢卷运输顺序控制、轧机进口段上卷及喂料控制、带钢穿带控制、主令速度设定、轧机速度控制、轧机张力控制、轧机压下 APC、轧制力控制、乳化液喷射量控制、带钢厚度控制、带钢板形控制、轧机辅助机构的位置与行程控制、快速换辊控制、自动甩尾控制、带尾在卷取机上自动定位、轧机出口段出料及钢卷运输顺序控制、防带钢跑偏控制、润滑剂系统控制、液压系统控制等；酸洗机组的主要自动控制系统有酸洗液温度控制、热交换器漏酸控制、新酸补充量控制、漂洗水量控制、酸洗入口钢卷运输顺序控制、酸洗入口段和化学段以及出口段控制、张力控制和速度控制等；罩式退火炉的主要自动控制系统有退火过程程序控制、退火温度控制、冷却器排水温度控制等；连续退火机组的主要自动控制系统有预热炉温度控制、还原炉温度控制、冷却炉温度控制、带钢张力控制等；平整机的主要自动控制系统有延伸率控制、张力控制、卷取控制和速度控制等；连续涂层机组的主要自动控制系统有烘烤炉温度控制等；连续热镀锌机组的主要自动控制系统有预热通道和无氧化预热段的温度和燃烧以及压力控制、锌层厚度控制、开卷（卷取）控制、带卷定位控制、张力控制、自动定尺剪切控制等；连续电镀锌机组的主要自动控制系统有电镀锌段溶解沉淀槽及电镀液循环槽液位、浓度、pH 值和相对密度控制，化学处理段气刀压力控制等。

（3）中厚板生产的自动控制系统　主要有加热炉控制、粗轧及精轧机速度控制、粗轧及精轧机压下及推床位置控制、粗轧及精轧机道次跟踪、精轧机 AGC、宽度控制、轧线设备顺序控制、轧线辊道速度控制、水幕开关控制、水幕水流量控制、冷床控制、矫直机启停和压下以及速度同步控制、剪切线顺序控制、钢板喷印控制、快速换辊控制、润滑剂系统控制、液压系统控制等。

（4）高速线材（含棒材）生产的自动控制系统　主要有加热炉控制、粗中轧及预精轧机控制及保护、粗中轧机架间微张力控制、机架间速度和级联以及阻断控制、中轧末架前活套控制、预精轧机活套控制、精轧机活套控制、飞剪切头切尾及碎断控制、剪断控制、水冷段水量控制、夹送辊恒张力控制、夹送辊联动控制、风冷辊道控制等。

（5）H 型钢生产的自动控制系统　主要有加热炉、粗轧机翻钢、粗精轧机辊缝、机架间微张力、H 型钢尺寸、快速换辊、润滑剂系统、液压系统等自动控制系统。

（6）热轧无缝钢管生产的自动控制系统　主要有加热炉控制、管坯锯切及运输控制、穿孔机速度控制、穿孔机区机械逻辑顺序控制及 APC、顶管机组速度控制、延伸机组速度控制、连轧机组（或周期轧机）速度控制、轧管区机械逻辑顺序控制及 APC、脱管机速度控制、定径及减径机组速度控制、张力减径张力（竹节）控制、钢管长度优化切割控制、钢管壁厚控制、钢管尺寸控制、管加工钢管输送控制、管加工机床数控、矫直机速度控制、管坯库和发货库吊车位置控制、中间库运输机械位置控制。

26.4.2　轧钢过程主要自动控制系统

26.4.2.1　加热炉、退火炉主要自动控制系统

（1）连续式加热炉自动控制系统　供给热轧的钢坯一般用连续式加热炉把炼钢厂连铸机生产的钢坯加热（亦有不经加热炉，热坯直接轧制），加热炉的炉内分成 3～6 段（区或带），当钢坯依次通过预热带、加热带和均热带时，内外部均被加热到相同的温度。其自动控制系统见图 26-94。它包括以下几项。

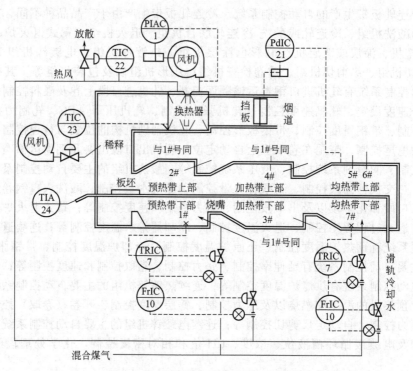

图 26-94 连续加热炉自动控制系统图

① 炉内温度自动控制 图 26-94 的加热炉有两个上加热段、两个下加热段和上下均热段。用 PLC 控制炉温，若不符合规定时将由温度控制器改变燃料流量（空气量随之改变），使温度复归恒定。

② 燃料、空气流量比例自动控制 在加热炉操作中，保证燃烧在最佳空燃比条件下进行是必不可少的，空燃比过高使钢坯表面氧化，损失增加，空燃比过低，燃料不能完全燃烧，产生黑烟，浪费燃料和污染环境。燃烧控制系统有三种方式：a. 并列方式，即温度变化时时，同时改变燃料和空气流量（空气流量经比率器，使燃料和空气流量成设定比例），这种方式能防止温度变化时产生黑烟，但无法克服燃料和空气回路出现扰动时所产生的黑烟；b. 燃料先行方式（图 26-94），这种方式当燃料控制回路出现扰动时，空气能随动修正，防止黑烟的产生，但当炉温低时，控制的瞬间燃料增加，但空气尚待跟上，这将产生黑烟；c. 空气先行方式，这种方式则相反，在炉温高时产生黑烟。目前使用性能最佳的是交叉限制式串级燃烧自动控制系统（见图 26-95）。其特点是利用最大、最小值选择器，当炉温低于设定值时，使系统为空气先行方式，而炉温高于设定值时则为燃料先行方式，它可有效地防止黑烟的产生。

交叉单限幅 SCL 是当温度调节器输出增加时，开通高值选择器 HS，使空气流量调节设定值先行升高；当温度调节器输出减少时，开通低值选择器 LS，使燃料流量调节设定值先行降低，达到变化过程始终维持足够的空气量的目的。反之，则燃料先行。这种方式使瞬态响应能保证足够的空气量。但是，两个流量系统的控制响应不同，虽然加有限幅器，振荡仍较剧烈。为减轻振荡和跟踪设定值带来的超调，在 FIC 前加有两个设定值滤波器 SVF。当负荷增加空气先行时，因空气系统惯性，致使流量实际值来不及变化，低值选择器 LS 选择 $F_A(1+K_1)/(\beta\mu)$ 作为燃料侧设定值。式中，F_A 为实际空气量；K_1 为燃料侧设定限幅值，取 $3\%\sim5\%$；β 为理论空燃比；μ 为空气过剩系数。此时空燃比处于低限，将要发生黑烟，这种现象一直持续到过渡过程结束；当负荷减少燃料先行时，高值选择器 HS 选择 $F_F(1-$

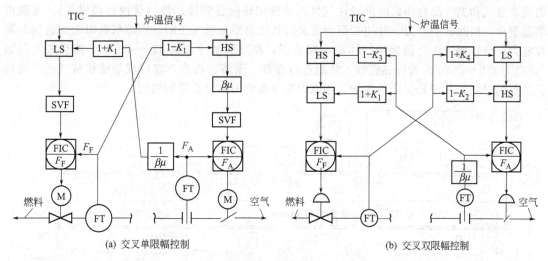

图 26-95　交叉限制式串级燃烧自动控制系统

K_2），式中，F_F 为燃料流量；K_2 为空气侧设定限幅值，取 3%～5%，空气过剩偏多，这种现象一直持续到过渡过程结束。交叉单限幅的限幅值 K_1 和 K_2 只限定发烟界限，在负荷突减时空气过剩不受控制，使过渡过程排烟热损失和公害变大。和双限幅相比，单限幅的优点是系统响应快。

交叉双限幅 DCL 是在单限幅控制设置发烟界限限制 $K_1 = K_2 = 3\%\sim5\%$ 的基础上，增加空气过剩界限限制，限幅值 $K_3 = K_4 = 5\%\sim10\%$。双限幅可消除单限幅空气过剩和减轻流量系统互相影响引起的振荡，当温度调节器 TIC 输出变化时，空气和煤气流量设定值不直接跟踪 TIC，在 TIC 输出增加时，同时取上限限幅值 $F_A(1+K_1)/(\beta\mu)$ 和 $F_F(1+K_4)$；在 TIC 输出减少时，同时取下限限幅值 $F_A(1-K_3)/(\beta\mu)$ 和 $F_F(1-K_2)$。由于空气流量或燃料流量都受到发烟界限与空气过剩界限的限制，故称双限幅。双边的流量实际值交替地跟踪对方的流量实际值变化，变化速度取决于双边系统惯性，和无限幅的系统相比是将 TIC 输出对下面直接大幅度设定改成由对象时间常数规定的逐次的小幅度设定，是等待对方流量变化后再进行己方控制的过程。从而使动态响应时间变长，超调量减小。其限幅值越小，超调量越小，动态响应时间越长。为加快动态响应时间有许多改进型的交叉双限幅控制系统，包括日本东芝公司的快速 DCL 系统等，限于篇幅，不再叙述。

③ 炉膛压力自动控制　炉膛压力值直接影响钢坯的加热质量、炉温分布、燃料消耗及炉体寿命。一般加热炉控制炉膛为微正压状态，以使炉子既不吸入冷空气，炉气也不大量外溢。炉膛压力控制是靠控制器升降烟道闸板，即改变烟囱抽力来实现的，系统串入阻尼器以提高其稳定性，又由于炉膛压力数值很小，故取压管用较粗的管子，且从取压装置至变送器之间的导压管设置了补偿导管。有些加热炉在烟道中装两组调节翻板，其中一组装有比值设定器，可根据气流来调节比值，保证烟道内气流均匀。

④ 热风温度自动控制系统　采用控制放风量的方法以保持热风温度在一最大限制值内。系统还设有废气温度控制系统，它用热电偶测量废气温度，通过控制器动作冷风阀向烟道里加入冷风以保证废气温度不高于换热器允许值，和防止烧坏炉子设备。

此外，有些加热炉还设有废气中氧含量和 CO 浓度控制，烧嘴间隔控制等。

（2）镀锌连续退火炉自动控制系统　炉子由三部分组成（图 26-96）：预热炉，还原炉和冷却炉。带钢首先通过用煤气直接加热的预热炉，火焰将带钢表面上残余的乳化液及杂物烧掉，炉内是非氧化气氛（空气过剩系数为 0.9～0.95）。而后带钢进入还原炉，还原炉是密封的，炉内通有氢气和氮气混合而成的保护性气体。炉内用辐射管间接加热（管内燃烧煤气），实现再结晶退火，消除轧制应力，并使带钢表面上的氧化薄膜被氢气还原成海绵状铁以增加镀层的附着能力。带钢再进入充满保护气体的冷却炉中，在那里被冷却到 470～520℃，然后进入锌锅（锅温为 450～460℃）进行热镀锌。然后进行冷却、重熔、切边，卷取成卷或横剪成板。镀锌板质量的好坏，关键是保证预热炉、还原炉和冷却炉内温度及带钢温度。

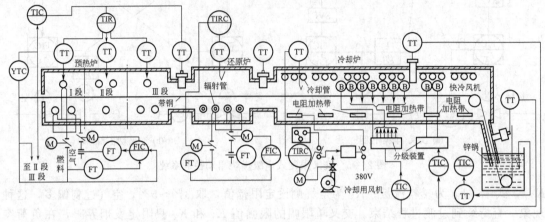

图 26-96　镀锌连续退火炉自动控制系统

自动控制系统包括以下几项。

① 预热炉温度自动控制　它分为三个串联控制段，控制信号来自通道内测量带钢温度（480～580℃）的辐射高温计，同时将炉内温度维持在 1300℃ 左右。为使预热炉内无过剩空气，必须保证在减少煤气之前先减少空气。为充分利用热能和使炉压稳定，升温时燃烧顺序为Ⅲ段→Ⅱ段→Ⅰ段，降温时关闭顺序则相反，突然停电时，保护气体以 $1400m^3/h$ 充入炉内以防止带钢过热烧坏。

② 还原炉温度自动控制　煤气在辐射加热管内燃烧，以对钢材加热。用热电偶测量炉内温度，并送到控制器。在炉子出口处用辐射高温计监视带钢温度（约 720～760℃）。并对炉内保护气体的露点进行测量和控制（图上未示出）。

③ 冷却炉温度自动控制　为保证镀锌板的质量，工艺要求严格控制锌锅的温度（450～470℃）和带钢入锌锅之前的温度（470～530℃），并用带钢的热量补偿锌锅的热损失。当带钢温度过高时，启动快速冷却系统进行冷却；反之，过低时，启动电阻加热器加热。在入锌锅之前的炉子尾部设有快速冷却自动控制系统。前 7 台冷却风机为第一控制系统，控制信号由冷却炉 4～5 段间测量带钢温度的辐射高温计提供；最后 2 台风机为第二冷却系统，控制信号来自测量炉尾出口带钢温度的辐射高温计。为准确控制锌锅温度，采用锌锅温度串级给定。

（3）罩式退火炉自动控制系统（图 26-97）　在炉基（亦称炉台）一般装有 2～3 个钢卷，在炉基上及钢卷中间各装有热电偶，扣上内罩，试验气密合格后，充保护气体，启动炉台风机，然后罩上外罩，打开煤气切断阀，点火升温（加热），当钢卷温度到规定均热温度时，就自动切换到均热期。均热完了时，停止燃烧，吊走加热外罩，扣上冷却罩进行自然冷却，当温度下降到一定值（例如 500℃时），开始强制冷却，待温度下降到 150℃时，即可吊走冷却罩，最后再吊走钢卷。自动控制系统由两级组成，基础自动化由 PLC 执行，其功能为数据采集，热处理程序（气密性试验、冷吹、热吹、加热、保温、冷却以及快速冷却等）的自动控制，煤气压力控制，外罩温度控制，钢卷温度串级控制和程序控制（对应于该钢种热处理温度曲线）等；过程自动化级由工控机执行，它可直接数字控制，也可对 PLC 进行钢卷温度设定控制，这是因为内罩将火焰与钢卷分隔开来，内罩充有保护气体，故从燃料的变化到影响钢卷温度的变化要较长时间,为此采用了钢卷(或用炉基)温度的串级调节系统,并由计算机依一定数学模型来设定炉温。

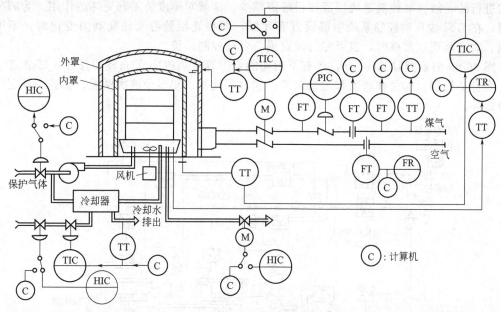

图 26-97 罩式退火炉自动控制系统

26.4.2.2 板带轧机主要自动控制系统

(1) 厚度自动控制(AGC)系统 要使板带纵向厚差很小,就要采用 AGC,AGC 系统常用的有三种方式:①用测厚仪测得轧机出口钢板的厚度进行反馈控制(图 26-98);②按轧制力和辊缝值,即所谓 GM 法进行控制(图 26-99);③用入口测厚仪测得来料厚度进行预控。也有三者配合使用。第一种方法简单,但因时滞大,不能满足高速轧制的要求。第二种方法较常用,它是根据轧机弹跳方程(BISRA 公式)而设计的,即

$$h=S_0+F/K+\Sigma\delta$$

该公式称为厚度计(GM)公式,或称 BIS-RA 公式。由于轧机弹跳曲线是非线性的,且每

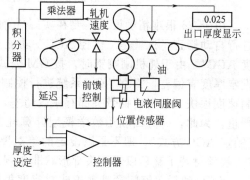

图 26-98 用测厚仪前馈-反馈的 AGC 系统

次换辊后均有差别,很难准确加以公式化,故通常加一个预靠压力 F_0,即把两轧辊压靠并出现压力 F_0,然后在此压力下把辊缝值拨零。此时,上式变为

$$h=S+(F-F_0)/K+\Sigma\delta$$

式中,h 为轧机出口钢板厚度,mm;S_0 为空载时的辊缝值,mm;S 为辊缝值,mm;F 为轧制力,tf[❶];F_0 为预靠压力,tf;K 为轧机刚度系数,tf/mm;$\Sigma\delta$ 为视轧辊磨损、受热膨胀、油膜轴承、油膜厚度等变化而定的修正值,mm。

要保持出口厚度一定,必须保持 $S+(F-F_0)/K+\Sigma\delta$ 为一定值,这就是 GM 法控制的

---

❶ 1tf=1000kgf=9806.65N,余同。

基础。通常轧辊都有 $10\sim40\mu m$ 的偏心,当轧辊旋转到偏心在下时,辊缝值变小,钢板减薄,轧制力变大,此时应使辊缝值加大,以使厚度回到设定值,但 GM 控制方式是按 GM 公式进行的,故自动控制系统反而使辊缝值减少,这就对厚度公差起更坏的作用。为解决此问题,在 GM 法自动控制系统中都设置有死区,即在轧辊偏心而使轧制力变化时,不进行控制。对产品要求严格时,也可专门设置偏心自动控制系统。

图 26-99 的系统除 AGC 外,还有下列功能:①辊缝 APC;②自动预压靠;③轨迹(纠偏)半自动控制;④位移超限和过载保护;⑤恒压轧制;⑥多个道次厚度、辊缝、预定轧制力设定等。

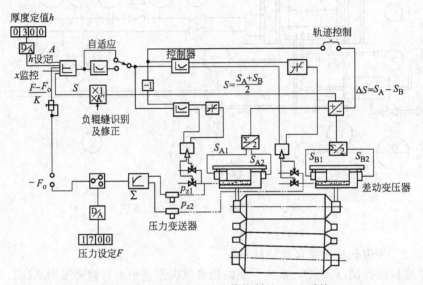

图 26-99　按轧制力和辊缝值控制的 AGC 系统

由于 $\Sigma\delta$ 很难精确设定,要在实际轧钢中修正,也有在轧机出口设置测厚仪实测厚度,进行自动修正,这就是"监控 AGC"功能。此外,上式是控制绝对厚度,故称为"绝对厚度 AGC",由于轧机刚咬钢时,按 GM 公式及预设定辊缝就会产生一个厚度,但此厚度会与设定厚度有偏差,得靠 AGC 系统进行控制使偏差回到设定厚度,由于调节需要时间,而轧制速度很快,就会使钢带头部有一段超差,而降低收得率,这在加速较缓慢的电动压下更为严重,为此,一方面利用数学模型计算轧制压力,使预设定辊缝更准确,另一方面还采用"锁定 AGC 方式",即不是以设定的绝对厚度作为 AGC 系统的厚度设定值,而是以咬钢时(一般延时若干毫秒以避免头部形状非正规)的实际厚度作为 AGC 系统的厚度设定值。

AGC 的最关键问题是由于轧制速度很快,系统必须响应快,主要是压下机构加速度必须大于 $0.8mm/s^2$ 才能有效,一般电动压下必须改造,即减小减速机构的惯性和使用长条形的电动机,并恰当选择转速等。

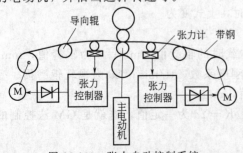

图 26-100　张力自动控制系统

(2) 位置自动控制(APC)系统　位置控制是把辊缝(或其他要控制位置的设备的参数,如侧导板开度、推床开度等)的实际值与设定值进行比较,当有差时,APC 系统控制压下装置使辊缝值保持在设定值。电动压下的 APC 系统定位精度可达 $\pm20\mu m$,液压压下 APC 系统定位精度更可高于 $\pm5\mu m$。

(3) 张力自动控制(ATNC)系统 (图 26-

100) 　在冷轧中主要靠张力轧制来控制厚度，因此张力控制成为重要环节。张力控制是用张力计控制开卷机或卷取机所用电动机的转速，以保持张力恒定。在板带热连轧机上，一般用小张力轧制，在轧机各机架间的钢带要保持一定活套。为控制活套量的大小，用控制器控制活套支持器的高度，当活套量增加时，活套支持器的高度增大，它带动变送器发出高度信号，控制前一架轧机的主电动机减速，使活套量保持在设定值上。

（4）板带轧机温度自动控制系统　主要是终轧温度控制及卷取温度控制，特别是卷取温度决定钢材的物理性能，因而得到充分重视。在使用可逆轧机的中厚板生产中，为严格控制终轧温度，则在终轧前要等轧件温度降到要求范围时才进行最后一道轧制，或者采用人工控制冷却水量的方法，以达到目标终轧温度。在使用连轧机的生产线中，终轧温度控制是较复杂的，影响终轧温度的因素很多，如入口轧件温度，轧件的辐射热损失和向轧辊的传热损失，各机架间的喷水降温，轧件变形热使轧件温度升高等。通常是控制轧制速度（即升速轧制，以达到钢带头尾温度一致）或控制喷水量来达到控制终轧温度的目的。

目前，带钢热连轧机终轧温度控制都是采用计算机控制。计算机首先收集下列数据：钢种、轧件尺寸、轧制速度、加速度、初始和最大喷水量，入口温度和目标终轧温度等，然后按预先存入的模型，设定轧机的升速或冷却水的喷嘴个数。当轧件头部到达轧机出口时，计算机根据出口速度计的实测秒流量和温度计的实测终轧温度对设定值进行修正，使轧件达到目标温度。

当采用计算机控制冷却水来控制终轧温度（图 26-101）时，使用下列数学式：

$$\Delta T = T_0 - T_终 = \alpha_1 + \alpha_2 T_0 + (\alpha_3/h_终) + (\alpha_4/V) + \alpha_5 p + \alpha_6 Q - \alpha_7 \beta$$

式中，T_0 为轧机入口处轧制温度，℃；$T_终$ 为轧机出口处终轧温度，℃；$h_终$ 为出口侧的轧制厚度，mm；V 为轧制速度，m/s；p 为冷却水压力，kgf/cm²；Q 为冷却水量，m³/h；β 为轧件的总压下率，%；$\alpha_1 \sim \alpha_7$ 为需经实际测定的常数项。

卷取温度控制通常多采用低压力（1.5kgf/cm²），大流量（130m³/min）的冷却水，通过上下各 60 组喷嘴喷向带钢，形成层流以提高冷却效果（层流冷却）。影响卷取温度的因素有：带钢成品厚度，终轧温度，热输出辊道的传送速度，冷却水温，钢材化学成分等。其自动控制系统见图 26-102。有三种方案供选择：①前段冷却，上下喷嘴对称喷水，所需喷水段数分别从轧机出口到卷取入口对称地增减，此法用于厚度大于 1.6mm 的普碳钢和要快速冷却的电工钢；②后段冷却，只用上部喷嘴，所需喷水段数从卷取机前开始增减。此法用于厚度小于 1.6mm 的普碳和硅钢板；③综合冷却，在上面两种方案的基础上再加其他控制功能，如带钢头部 10m 或带钢尾部 10m 不冷却，也有头尾都不冷却的。这些功能都由计算机完成。

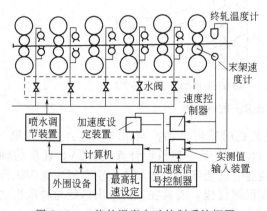

图 26-101　终轧温度自动控制系统框图

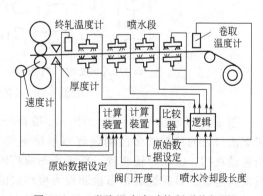

图 26-102　卷取温度自动控制系统框图

761

卷取温度控制规律的数学表达式为

$$N = \{N_1 + K_V(V - V_1) + [\alpha_1(T_{终} - T_{标终}) - (T_{卷} - T_{标卷})](h_0 V/Q)\}\alpha_2$$

式中，N 为所需的冷却喷水段数；N_1 为按成品厚度取的预喷段数；K_V 为带钢的速度影响系数，s/m；V 为带钢速度，m/s；V_1 为标准穿带速度，m/s；α_1 为常数（0.8）；$T_{终}$ 为实测终轧温度，℃；$T_{标终}$ 为标准终轧温度，℃；$T_{卷}$ 为卷取目标温度，℃；$T_{标卷}$ 为标准的卷取温度，℃；Q 为常数，℃·mm·m/s；α_2 为冷却水温、硅含量的函数，$\alpha_2 = (1 - K_1 Si\%)[1 + K_2(T_{水} - T_{水标})]$；$K_1$、$K_2$ 为常数，后者的单位为℃$^{-1}$；$T_{水}$ 为冷却水温度，℃；$T_{水标}$ 为冷却水标准温度，℃；$Si\%$ 为硅含量，%；h_0 为成品厚度，mm。

（5）板形自动控制（AFC）系统　通常板形是指轧制板带材的平直度（如中浪、边浪、筋浪等）和横断面形状，前者可用平直度或称波浪度来表示，后者则包括板凸度、边部减薄和局部高点等。影响板形或造成板形缺陷的因素很多，例如原料的板形，工作辊的表面粗糙度、凸度、温度、磨损，轧制条件（轧制力、带钢张力、板宽变化、速度变化、焊缝），辊冷却液的温度和分配量等。简单地说，板形是由辊缝来决定的，辊缝的形状必须与希望的带钢断面形状一致，并在带钢宽度方向均匀地压下，带钢就平。但是，由于带钢在宽度方向（横向）压下率的不同而造成的延伸率差异，可能在中部、边部或1/4处形成波浪和瓢曲。

板形自动控制是一种典型的轧机计算机自动控制系统，在给定板形目标值后，计算机可根据板形仪实测值与目标值比较所产生的偏差，输出信号来控制板形控制装置，使板形达到目标值，同时显示板形状态，这属于典型的反馈控制系统。一般板形自动控制系统由以下三大部分组成：一是板形控制装置；即执行装置；二是板形仪，即板形检测与显示；三是板形自动控制系统，包括板形模型与控制系统。

在以前传统的四辊板带轧机上，板形控制手段很少且效果有限，主要靠轧辊原始凸度、热凸度和轧制规程控制，可控性差，到20世纪60年代开始有液压弯辊装置，成为当时唯一可调可控的板形控制装置。近十余年来又发展了许多新的板形控制装置，这才使板形自动控制成为可能。它主要有下列几类：①改变轧辊凸度，如把轧辊外部或芯部加热或冷却、轧辊辊套油压扩胀（VC轧机）、轧制规程在线修正等；②轧辊弯曲，如轧辊液压弯辊（图26-103利用液压缸使轧辊弯曲造成横向辊缝不同）、分段支撑辊辊套弯曲、工作辊水平支撑弯曲、改变轧辊辊颈轴承支持点距离等；③轧辊轴向移动，改变轧辊间接触应力和辊缝形状，如中间辊轴向移动的六辊轧机（图26-104的HC、UC轧机）、工作辊轴向移动（图26-105的HCW或K-WRS、CVC、UPC轧机）；④轧辊成对交叉以改变辊缝形状，如工作辊和支撑辊成对交叉的PC轧机等。

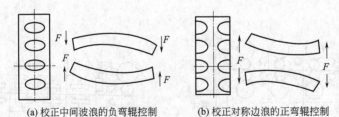

（a）校正中间波浪的负弯辊控制　　　　（b）校正对称边浪的正弯辊控制

图26-103　液压弯辊及其控制功能

图26-106示出了某厂的2030mm带钢冷连轧机的板形自动控制系统，它由安装在第5机架出口处的接触式多段测量辊板形检测仪、330-R10型小型板形计算机、CVC轧辊的轴向移动机构、液压弯辊装置、轧辊冷却液喷射装置、轧辊倾斜机构和工作辊弯辊装置等执行机构所组成。该系统的板形检测仪为接触式的多段测量辊，安装在末机架出口侧与卷取机之间的导向辊位置处。测量辊沿带钢宽度方向被分成36段独立的测量区域，每段宽度为

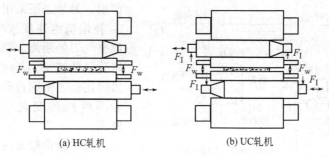

(a) HC轧机　　　　　(b) UC轧机

图 26-104　中间辊轴移六辊轧机示意图

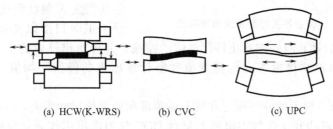

(a) HCW(K-WRS)　　　(b) CVC　　　(c) UPC

图 26-105　工作辊轴移轧机示意图

52mm，总的测量宽度为 $52 \times 36 = 1872$mm。当带钢通过测量辊时，其测量辊便可测得沿带钢宽度方向的张力分布，从而间接测量了带钢的板形。由测量辊所测得的带钢平直度的信号，按 36 个测量区段划分，经信号处理单元周期地输送给 330-R10 型小型板形计算机。计算机对板形的实测信号进行可信度和极限值的检查，然后进行数学分析，以确定各种平直度偏差的分量。其测量辊的每一测量区段上的平直度偏差，可由如下的多项式来表示，即

$$y_i = A_0 + A_1 x_i^1 + A_2 x_i^2 + A_3 x_i^3 + A_4 x_i^4$$

式中，x_i^1 为线性分量；x_i^2 为抛物线分量；x_i^3 为剩余分量；x_i^4 为 4 次曲线分量；y_i 为在第 i 测量区段上的平直度偏差；$A_0 \sim A_4$ 为计算用的系数。

然后采用相应的控制模型，向轧辊倾斜机构、CVC 辊的轴向移动机构、工作辊液压弯辊装置、轧辊冷却液喷射装置 4 个不同的执行机构发出控

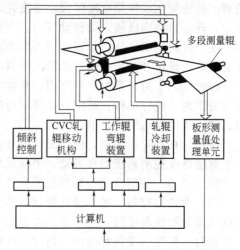

图 26-106　2030mm 带钢冷连轧机的板形控制系统原理框图

制命令。通过轧辊的倾斜机构来修正平直度偏差的线性分量；通过 CVC 轧辊的轴向移动机构和工作辊液压弯辊装置来补偿带钢平直度偏差的抛物线分量；4 次曲线分量由工作辊液压弯辊装置来补偿；而剩余分量则由轧辊冷却液喷射装置来补偿。

（6）冷轧的热镀锌镀层厚度自动控制系统　下面以加拿大 SENTROL SYSTEM 公司的 SENTRY300-NDS 镀锌层厚度控制系统为例（图 26-107）。锌层厚度控制系统一般是以带钢宽度方向上所获得的平均锌层为基础来控制的，可以分开为两面的锌层厚度或以总锌层重量为基础控制。

系统采用自适应增益数学模型。由于测厚仪离气刀的安装距离约为 130m，因此反馈控制系统滞后时间较大，为减少滞后时间，系统的算法对正向和反向扫描的平均锌层厚度都起

763

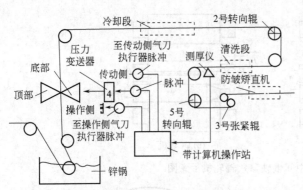

图 26-107 镀锌层厚度控制系统原理框图

作用。另外，还采用了前馈控制，每隔 3s 补偿机组速度或气刀压力的变化以调整气刀的距离。综合前馈和反馈控制得到最佳控制。任何重大的变化（如张力给定值、带钢板形及工艺线上非随机和不可控的变化）均由反馈控制来修正。

为了获得较高的测量精度（测量仪表采用该公司生产的反射式无接触的 γ 射线激发 X 射线荧光式测厚仪），在测量头正向扫描以及反向扫描停留三点（即前端、中部、后端）时，测量出锌层厚度的曲线，并计算出停留的平均值。为达到控制目的，仅使用反向扫描停留三点的测量值和所计算出来的停留平均值，以保证滞后时间最小。

镀锌控制因素是气刀的空气压力和气刀离顶部和底部锌层的距离，一般有 6 个被控制装置：2 台压力执行机构和 4 台气刀电机。每台 DDC 气刀电机用作倾斜控制，使带钢的两端镀层厚度差减小。气刀位置用作产品改变或锌层厚度变化大时的粗调，而气刀的空气压力用作细调，并在机组速度变化时能保证锌层厚度。由于机组速度的变化（如焊接新钢卷）常伴随着产品的变化或锌层厚度的设定值变化，这时用前馈控制，调节气刀压力，保证锌层厚度恒定，若压力达到极限，则移动气刀。因此，控制系统只根据它的传感器提供的信息，即锌层厚度、机组速度、气刀位置和气刀压力来工作，这些因素均影响锌层厚度。为了使控制系统更有效，操作者必须根据生产情况采取相应的控制对策，调节控制器的有关参数，例如板形不好时，为了防止带钢碰着气刀，操作者必须设定一个较大的锌层厚度设定值，即在较大的气刀距离下进行工作。机组在正常运行时，在线的测厚仪测量锌层厚度，控制器起修正作用，使锌层厚度达到设定值。首先调节气刀压力，若气刀压力高于或低于一定值时，才调节气刀位置，在中间压力时，能保证操作处在线性的压力范围内。

锌层厚度控制系统能在自动、手动或就地控制方式下操作。

26.4.2.3 型钢及钢管轧机主要自动控制系统

（1）微张力控制　粗、精轧机组，由于轧件断面过大，难以使用活套，一般采用转矩记忆法（又称初始电流法）进行微张力控制（FTC）。转矩记忆法的原理如下。相邻两机架形成连轧时，转矩的变化都是由于速度不匹配引起拉力或推力变化引起的。当轧件头部进入第一架轧机，电动机动态速降恢复后，直到进入第二架轧机前，对第一架轧机而言，相当于无前张力自由轧制，记下此自由轧制转矩，当该轧件头部进入第二架轧机时（由负载继电器带载信号作为启动信号），若速度不匹配引起第一架轧机力矩变化，此时通过调节第二架轧机的速度（附加速度补偿值）使第一架轧机力矩回复到记下的自由轧制转矩，同时记下第二架轧机的当前转矩，当轧件头部进入第三架轧机时，以第三架轧机的负载继电器带载信号作为 FTC1（第一、二架轧机间的微张力控制）的停止信号，速度补偿保持当前值，同时，把该信号作为 FTC2（第二、三架轧机间的微张力控制）的启动信号，以此类推，这就是微张力控制的方法。

下面进行微张力计算：

$$\Delta T_n = 2\eta i N / (DN_e)[T_n - (T_0/K_n)]$$

式中，ΔT_n 为第 n 架的张力偏差；i 为减速比；η 为机械系统的传动效率；D 为轧辊直径；N 为第 n 架的速度；N_e 为第 n 架的额定速度；T_n 为第 n 架的采样转矩；T_0 为第 n 架的自由轧制转矩；K_n 为张力系数的给定值，由轧制规程给出。

轧制要求是

$$\Delta T_n S_n < K$$

式中，S_n 为第 n 架孔形截面积；K 为常数，由工艺决定。

第 n 架的速度调节量为

$$\Delta V_n = (V_{n+1}/E_{n+1})[K_p \Delta T_n + \Sigma K_i \Delta T_n + K_d(\Delta T_n - \Delta T_{n-1})]$$

式中，V_{n+1} 为第 $n+1$ 架速度设定值；E_{n+1} 为第 $n+1$ 架延伸率；K_p、K_i、K_d，为 P、I、D 常数。

第 n 架速度设定值为

$$V_{n设} = V_{n规} + V_{n手调} + \Delta V_n + V_{n速降补偿}$$

（2）型钢轧制级联速度控制　采用级联调速是为了使控制系统或操作人员能够调整轧线某一对相邻机架的速度关系，而不影响轧线其他机架间已有的速度关系。以成品机架（末机架）作为基准机架，保持其速度不变，并作为基准速度设定，其前面各机架速度按金属秒流量相等的原理，自动按比例设定；在轧制过程中来自活套闭环控制的调节量、手动干预量，依次按逆轧制方向对其前面机架速度作增减，从而实现级联控制。在轧制不同规格的钢材时，从轧制表中得到指定的末机架号及该末机架在此规格的最高轧制线速度 V_{LMAX} 及当前选择的轧制总量百分比 $V_{L\%}$，计算出末机架速度（基准速度）为

$$V_{LS} = V_{LMAX} V_{L\%} \tag{26-1}$$

式中，$V_{L\%}$ 限制在 $0 \sim 85\%$ 范围内，即为活套调节、手动干预调节及张力调节留 15% 余量。

根据各机架秒流量相等的原理：

$$S_1 V_1 = S_2 V_2 = \cdots = S_{n-1} V_{n-1} = S_n V_n \tag{26-2}$$

$$V_{n-1} = (S_n/S_{n-1}) V_n \tag{26-3}$$

式中，$S_1 \sim S_n$ 为各机架孔形截面积；$V_1 \sim V_n$ 为各机架线速度；n 为机架号。

按延伸率定义：

$$E_n = S_{n-1}/S_n$$

式中，E_n 为 n 机架的延伸率，$E_n > 1$。这样可得

$$V_{n-1} = V_n/E_n \tag{26-4}$$

式（26-4）即为速度级联设定和速度级联调节的基本关系式。由式（26-1）计算出末机架速度，再根据式（26-4）依次计算出前面各机架速度，即可实现速度自动设定。在轧制过程中，保持末机架速度不变，来自动操作或手动干预以及各机架间活套调节的调节量也遵循式（26-2）或式（26-3）关系，对各机架速度进行调节。根据线速度和电机转速之间的关系，即可求得电机转速设定值 N_{SET} 为

$$N_{SET} = 60iV/(\pi D) \tag{26-5}$$

式中，V 为轧辊线速度，其余同前。

（3）型钢轧制轧线速度设定自适应　机架间自动调节系统（活套）产生的速度修正信号反映设定的机架间速度关系（伸长率）的误差，速度设定自适应系统根据稳定轧制时这一误差的大小修正对应机架的伸长率，这一修正后的伸长率将使下一根钢到来时，机架间的速度配合关系处于最佳状态。

为了把操作员的经验融入自动化系统中，操作员可利用操作台上的各机架的手动调节微调旋钮对各机架进行手动调节，调好机架间的级联关系，经取而代之后，系统将存储此时的各机架速度，作为该规格轧件的级联速度设定。

（4）型钢轧制级联阻断控制　在连轧生产中，节奏很快，上一根钢尾还在连轧机组中

时，下一根钢头已进入粗轧机，为使上一根钢的级联调速不影响下一根钢，在钢尾从第一架轧机离开时，就对第一架轧机速度实行级联阻断控制，即下游轧机速度联调不对第一架轧机起作用，以此类推到下游轧机。当轧件头部穿过机架并连接下一机架时对应自动调节级联关系重新接通。

（5）型钢轧制活套自动控制 轧机上的活套是用来检测和调整相邻机架间的速度关系从而实现无张力轧制的一种手段，适合于轧件截面较小的场合。它包括下列几部分。

① 活套套量设定 活套间所存储的套量 L，定义为活套前后辊间轧件总长度 L_2 与活套前后辊间直线距离 L_1 之差，即 $L = L_2 - L_1$。在实际工作中只能通过检测活套高度的方法，间接地求出套量。活套高度检测由活套高度扫描器来完成。套量与套高的函数公式为：

$$L = \pi^2 \times H / (4L_1)$$

式中，H 为套高。

套量调节方法：活套入口轧件速度与出口处轧件线速度之差的积分。当入口速度大于出口速度时，套量就逐渐增加；反之套量就逐渐减少；相等时套量维持不变。活套调节器的作用是维持活套高度（活套量）在给定值上不变，从而实现其前后机架间正确的速度配合。精轧机机架间立活套的变化信号均可改变其后一机架的速度，并以同样的比率向该机架以及下游机架进行速度级联控制。

② 活套控制过程 当棒材进入活套的下一机架时，在下游轧机的咬钢冲击速度的作用下形成一定的初始套量。起套辊达到伸出极限位置时帮助形成正确的活套形状。当活套高度超过设定值时，活套调节器开始工作，否则延时一段时间后活套调节器开始工作。当棒材尾端接近活套的前一机架时，开始收套，活套高度给定信号将以一定的变化率逐渐降为零，同时起套辊收回。

③ 起套辊控制 起套辊用于改变进入活套装置的棒材运动方向，以产生理想的活套形状。其工作逻辑为：起套辊伸至极限位置和缩回到原始位置的信号来自跟踪系统。考虑到起套辊动作执行机构的机电延迟，起套辊伸出信号应提前其动作延迟时间发出（该信号根据轧件头部位置产生）。为适应不同的轧制速度，起套辊延迟时间随时被换算为对应于当前轧制速度的延迟距离。当轧件头部位置大于预定距离减去起套延迟距离时发出起套辊伸出信号。起套辊收回控制同样要考虑起套辊动作执行机构的机电延迟，因此收套信号应在轧件尾部离开上游机架之前，提前一个动作延迟时间发出。起套辊的下降延迟时间同样被实时地换算为对应于上游前一机架线速度的延迟距离，在轧件尾部到达前两机架间距减去该延迟距离时发出起套辊收回信号。与此同时，活套高度给定在对应的延迟时间内逐渐下降为零。

（6）热轧无缝钢管穿孔机自动控制 包括荒管尺寸控制和质量控制，并在更换轧批时根据各种传感器信息和数模进行穿孔机的预设定值计算和预设定控制。

① 尺寸控制（图26-108） 根据顶头形状测量仪实测的顶头长度值，并考虑到顶头温度和长度值，求出顶头位置变化量，再考虑由管坯温度变化引起的尺寸变化，对穿孔机设定值进行前馈修正。此外，根据穿孔机后部荒管外径测量仪和测长仪的实测值进行自学习计算，保证每根荒管的长度和外径达到目标值。

② 质量控制 质量控制包括压下量调节和模数控制。调节辊缝和顶头位置使顶头端部前的压下量保持不变，防止斜轧锻压时造成钢管内壁缺陷，达到稳定穿孔，这就是压下量调节。

调节辊缝、顶头位置、交叉角和倾斜角，使顶头端部前的管坯转速保持不变，防止斜轧锻压时造成钢管内壁缺陷，这就是模数控制。质量控制框图见图26-109。

（7）热轧无缝钢管轧管机自动控制 限动芯棒式连轧管机的控制框图见图26-110，包括以下几方面。

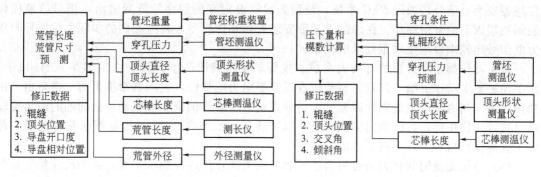

图 26-108　穿孔机尺寸控制框图　　　　图 26-109　穿孔机质量控制框图

① 延伸控制　把影响轧材伸长率的管坯参量和荒管的尺寸等信息前馈给连轧管计算机，进行预设定值计算。同时利用芯棒外径测量仪测出芯棒实际外径，进行前馈修正。此外，针对荒管进行过程中的温度变化，利用荒管温度预测值来修正设定值。

② 壁厚均匀控制　因芯棒外径分布、荒管温度分布以及轧制状态发生变化而带来的机架间的张力会导致管子纵向壁厚变化。为减少壁厚变化，用芯棒外径实测值和荒管温度分布预测值控制辊缝和转速，并每隔 8ms 采集一次轧制压力、自整角机值和芯棒限定位置等数据，计算出管子壁厚，修正控制模型，以提高壁厚控制效果。

由于采用上述控制，减少了钢管头部壁厚偏大的现象，提高了产品收得率，减少了纵向壁厚变化。

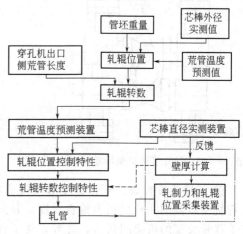

图 26-110　连轧管机控制框图

中口径无缝钢管厂还设有连轧管机钢管壁厚 AGC（尺寸自动控制）系统。如图 26-111 所示，连轧管机由一对轧辊（构成孔型）、压下调整油缸、闭口机架和轧辊轴承座平衡油缸等组成。连轧管机辊径孔型不同，轧制出钢管尺寸不同，开口度尺寸 A 也相应不同。其原理和板带连轧管机类似，理想状态希望无论轧制力怎样变化其开口度不变，但在轧制过程中开口度不是理想的恒定值，会随着轧材中材质的构成因素如"硬疵点"、加热温度不均匀、材料的均匀度差别等因素而变化。这就要求当轧制时出现某种因素使轧制力变化而导致连轧管机开口度变化时，压下油缸能快速动作以消除这一变化，使轧制尺寸回到设定值。实现上述功能的执行件是连轧管机的四个压下油缸。如图 26-111 所示，轧制时压下油缸杆受轧制力的作用，将轧制力传递到油液，通过装在压下油缸油路上的压力传感器 PD 组件测得油压的变化，经过换算之后反映轧制力 ΔF 的变化，再经下式换算出开口度变化量 ΔA：

$$\Delta A = \Delta F / K = (\Delta F_1 - \Delta F_2) / K$$

式中，ΔA 为由于轧制力突变引起的开口度变化量；ΔF_1 为正常轧制时的平均轧制力；ΔF_2 为实际轧制时的轧制力；K 为机架的刚度系数。

上式中机架的刚度系数是一个恒定值。正常轧制时的平均轧制力可以通过计算机系统经过一个周期轧制时测得并计算出。通过该式可知，ΔA 为正说明轧材"疏松"，开口度变小，需要增加开口度；ΔA 为负时相反，需减小开口度。这样连轧管机的位移量按上式通过压力传感器变为电信号，通过 PLC 系统，经预先编制设定好的程序计算后输出电信号给液压伺服阀控制压下油缸的动作。在油缸上还要安装有位移传感器，将检测到的实际位移信号与压力电信号比较来修正位移至要求的变量。

以上动作都是在极短的时间内完成。故要求使用液压压下，其响应频率在 80Hz 以上，压下油缸要求动作灵敏，其密封材质应有低摩擦阻力的特性，以降低摩擦阻力，避免由于用油压代表轧制力所产生的附加误差。为提高系统的可靠性伺服要求驱动油缸的油的清洁度较高（这可在使用前，进行油的多次大循环以使液压系统滤去杂质），控制阀组及蓄能器组件应不远离执行机构，以提高系统的响应。

（8）热轧无缝钢管张力减径机自动控制　张力减径机的控制水平对产品的尺寸精度和金属收得率影响很大。先进的采用自动控制系统见图 26-112，包括以下几方面。

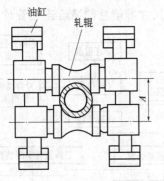

图 26-111　连轧管机机架示意图（AGC）

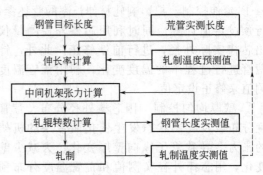

图 26-112　张力减径机控制框图

① 延伸长度控制。荒管长度的变化通常反映在精轧管长度的变化上。因此用设置在连轧管机出口侧的测长仪测出荒管长度，并把实测值前馈给张力减径机设定轧辊转速，获得适应于荒管长度的机架间张力。此外，为了在管子冷却后得到目标长度，根据再加热炉的出炉温度和除鳞机的压力预测精轧温度，设定对应于此温度的目标长度，这样可大大改善精轧管长度随荒管长度变化而变化的状况。

② 在张力减径机中还有管子纵向壁厚控制和管端壁厚控制，提高管子壁厚精度和金属收得率。

③ 具有在线钢管探伤功能。在机架中设有热态涡流探伤器，探精轧钢管的缺陷，以便早期把探伤结果用热态彩色喷涂器印在钢管上，同时将缺陷信息前馈给精整线，在钢管质量检查时作为质量异常报警。

第27章
轻工造纸生产典型过程控制

制浆造纸生产过程是典型的轻化工生产过程，制浆造纸生产过程自动化是提高产量、保证质量、减少原材料和能量消耗、降低生产成本、安全生产的可靠保证。随着新技术的不断涌现，特别是先进检测技术、现代传感技术、现代控制技术、计算机网络控制技术等的出现及其在制浆造纸工业过程自动化中的应用，使制浆造纸工业规模、技术和污染治理方面有了较大改善，收到了良好的经济效益和社会效益。

在制浆造纸生产过程中，除了如物位、流量、温度、压力常见变量的测量与控制以外，还有许多特殊变量的测量与控制，如纸浆浓度、打浆度、电导率、水分等。同时，制浆造纸是一个复杂的传热传质过程，过程控制中的棘手问题，如大滞后、强耦合、大惯性、多干扰、时变非线性等在这一生产过程控制中都可以碰到，因此在这一生产过程中，从简单控制系统到复杂控制系统乃至先进的智能控制系统都能够鲜明地体现。

硫酸盐法制浆是国内目前应用最广泛的碱法制浆工艺，图 27-1 所示为采用连续蒸煮的碱法制浆的典型工艺流程。

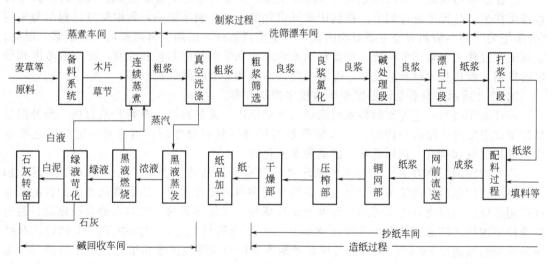

图 27-1 制浆造纸过程典型工艺流程

由图 27-1 可以看出，制浆造纸主要包括两大过程，即制浆过程和造纸过程。制浆过程主要包含蒸煮和洗筛漂车间，造纸过程分为纸浆制备和纸张抄造两个工段。碱回收车间是出于对环保的考虑而必须设置的，主要包括蒸发、燃烧和苛化三个工段。制浆造纸全过程工艺流程可以描述为：麦草、芦苇等造纸原料经干、湿法备料，同蒸煮液（黑液和白液）混合后被送往蒸煮部进行高温蒸煮，通过蒸煮反应生成粗浆；粗浆经过洗涤和筛选，除去其中的黑液、渣质和粗大纤维，变成良浆，然后被送往漂白工段，经过 CEH 三段连续漂白变成纸浆；从洗筛漂车间过来的纸浆，经过盘浆机打浆，变成具有一定打浆度的纸浆，然后同其他浆种，如木浆、草浆和抄造工段过来的损纸按一定的比例配合，并与填料、胶料和染料等添加物料混合，形成混合浆，以适应抄造不同要求的纸种；混合浆被打入成浆池，被清水和白水稀释成规定浓度的纸浆，再与明矾等填料混合，经调浆箱、除砂器、稳浆箱和流浆箱上网，再经压榨、烘干、施胶、压光和卷取便形成成品纸。另外，洗涤工段产生的黑液经过蒸发浓缩变成的浓黑液，其中含有机物质（木素和细小纤维等）和无机物（NaOH 和 Na$_2$S 等蒸煮化学药剂）等，浓黑液经过燃烧，除去其中有机质变成绿液（主要成分为 Na$_2$CO$_3$）；绿液经苛化反应后生成白液（NaOH），被送往蒸煮工段；白泥（CaCO$_3$）经石灰转窑高温焙烧生成生石灰（CaO），供苛化过程回用。

由于制浆造纸流程因采用的原料、蒸煮方法等不同，其工艺要求和自动化控制方案略有不同，因篇幅限，本章仅对制浆过程、造纸过程和碱回收过程中的典型环节控制方案作一介绍。

◎ 27.1 制浆过程的自动控制

27.1.1 间歇蒸煮过程自动控制系统

蒸煮是制浆造纸生产过程中的重要环节，早期的碱法制浆多采用间歇蒸煮方式，典型的蒸煮设备有固定式蒸煮立锅和回转式蒸球。

蒸煮过程是一个复杂的多相反应过程，主要影响因素有原料的种类、质量、数量和水分；蒸煮药液的成分、浓度和数量；蒸煮温度和压力；蒸煮时间；蒸煮设备的类型和容积的大小。在这些影响因素中，除原料的种类和质量、蒸煮设备的类型和容积的大小外，其他因素都可在生产过程中进行调节。在利用常规仪表的自动控制系统中，间歇蒸煮过程常常采用"分头把关"的办法调节好主要影响因素，稳定蒸煮条件，以期获得质量均匀的纸浆。因此，常规蒸煮过程的自动调节系统，主要包括原料水分和装锅量的测量和控制，蒸煮液浓度和用量的控制，液比和用碱量的控制，蒸煮温度、压力和蒸煮时间的控制等。

图 27-2 所示为蒸煮立锅温度和压力程序控制方案。

将纤维原料与一定配比的蒸煮药液装入蒸煮锅内，盖好锅口，开始升温加热。当升温至最高蒸煮温度时，保温一段时间，以使药液与纤维原料充分作用。当达到一定的工艺要求后，进行放气和喷放，得到纸浆。这就是蒸煮过程。

蒸煮过程的加热方法通常是利用循环泵将蒸煮药液从蒸煮锅中抽出，送入加热器中加热，经间接加热后的药液再分别经上、下循环管路返回蒸煮锅内，达到蒸煮加热的目的。温度控制是以加热器出口的循环药液温度为被控变量，以加热器的蒸汽输入量为操纵量。通过自动控制加热蒸汽流量的大小来保证被加热后循环药液的温度，如图中 TC-01 回路。蒸煮压力的控制如图中 PC-01，其目的是使蒸煮锅内的压力与蒸煮温度相适应。由于装锅后，蒸煮锅内还存有空气，蒸煮过程中原料也会排出其他不凝性气体，这些气体不排掉，不但不能得到正确的压力-温度关系（存在假压），而且还会影响药液对原料的渗透，因此蒸煮过程中必须排除不凝性气体。蒸煮温度和压力控制系统属于程序控制系统，采用智能调节器或可编程控制器可方便实现。

为了稳定换热器的传热效果，设置了换热器冷凝水液位（LC-01）系统。为了监测冷凝水是否受污染，在冷凝水出口处装有电导仪（DIS-01）。在正常情况下，冷凝水回送锅炉使用，以节约能源。如果冷凝水受污染，测量电导仪发出信号改变装在冷凝水管上的三通阀的流向，把它排至污水沟。安装了进出换热器的药液温度差测量（T$_d$I-02），因为二者的差值

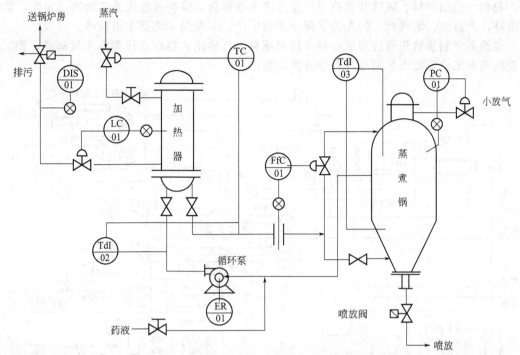

图 27-2　立锅强制外循环间接加热蒸煮过程控制方案

可以作为换热器列管内结垢情况监测。为了监测药液循环系统，即监测循环泵、蒸煮锅过滤器和换热器管子的运行状况，对循环泵的电机功率进行检测记录（ER-01）。为了保证蒸煮锅内温度的均匀和药液的正确分配，上下循环药液流量设置了配比控制系统（F_fC-01）。对蒸煮锅上部和下部温度进行自动记录（T_dI-03），以监测两者的温差。因为二者的温差与浆的粗渣率和硬度有密切关系，温差越大，粗渣越多。可通过改变上下循环药液流量配比调节系统的配比度去调整蒸煮锅上下温度差。

此外，还有蒸煮压力和温度的偏差控制，其目的是为了使蒸煮锅内的压力与蒸煮温度相适应，在蒸煮锅上部分别装上温度和压力变送器，测量蒸煮锅内气相的温度和压力，它们的信号同时送偏差调节器。如果蒸煮锅的气相中没有不凝性气体（100%蒸汽），则其温度与压力符合饱和蒸气的压力-温度相应的关系，没有偏差。如果存在不凝性气体，则其温度与压力不符合饱和蒸气的压力-温度相应的关系，存在偏差，这时调节器自动发出控制信号，开启放气阀门放掉"假压"，直至偏差消除为止。在实际生产中，为了节约蒸汽和由于蒸煮液相对密度较大而引起的沸点上升，允许有不大于 $9.81 \times 10^4 Pa$ 的"假压"存在。

通过上述几个调节和测量系统，能基本保证蒸煮温度均匀地按预定的温度-时间曲线变化，这为蒸煮质量的稳定提供了必要保证。

用常规仪表控制蒸煮过程，把互相关联的影响因素割裂开来分别控制。这种"分头把关"的办法不能适应生产条件变化较多的状况，效果不甚理想，采用计算机能对蒸煮过程实行最优控制，把主要影响因素归纳成数学模型，根据纸浆的质量要求和生产过程中参数变化由计算机算出最优生产条件，按此条件自动地控制有关参数，使蒸煮过程在优质、高产、低消耗的最优条件下进行。

27.1.2　连续蒸煮过程自动控制系统

近年来，新投产的中、大型制浆生产线一般都采用连续蒸煮器制浆。同间歇制浆过程相

771

比，物料（包括草料、碱液和蒸汽等）连续进入连蒸管，浆料排放也是连续的，因此，蒸煮效率高，产量大，能耗低，但是为了保证连续生产，对控制系统要求也较高。

连续蒸煮制浆首先通过湿法备料工段对原料进行净化，然后送往蒸煮工段蒸煮，图27-3为连续蒸煮工段典型工艺流程及控制方案示意图。

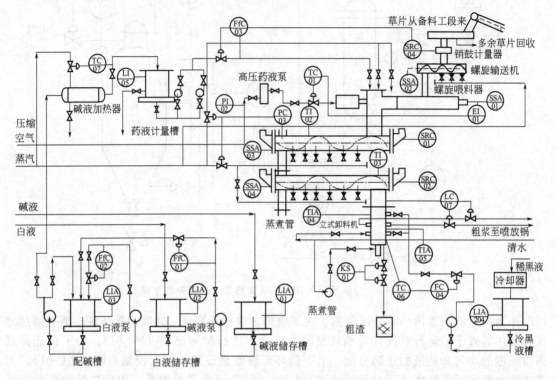

图 27-3 连续蒸煮工艺检测控制流程图

由备料工段来的草片被送往销鼓计量器定量地送入蒸煮设备，多余的草片被送回备料工段。计量器由变频器 SRC-04 来加以控制，为了使加料量与加药液量成一定的比例，SRC-04与药液流量 FfC-03 是比例控制关系。草料经计量后被送至螺旋输送机进行预热。在这里设置有温度控制点 TC-01 及断链零速报警 SSA-02。接着草料被送往螺旋喂料器，将草片加压形成料塞，在不断送往气蒸煮管的同时，有保证不反喷的作用。EI-01 为喂料器电机的功率检测，它在一定程度上反映了料塞的紧密程度，如果功率太小，则表示料塞太松，有反喷的危险。此时，会自动通过 HIS-01 开启压缩空气，将气动止逆阀顶到料塞扩散管上阻止反喷。喂料器还设置有断链零速报警 SSA-01。在扩散管中还通入药液及蒸汽。以后，拌有药液的草料在蒸煮管中被连续蒸煮。根据产量的不同，有二管式，也有三管式。图中以二管式为例，在每个管上，设置有温度测点 TI-02、TI-03，并设置有压力控制回路 PC-03，它由压力检测、通往蒸煮管的调节阀及通往喂料器的调节阀组成。蒸煮管还设有转速控制点 SRC-01、SRC-02，以此可控制草料在蒸煮管内蒸煮的时间。SSA-03、SSA-04 为断链零速报警点。蒸煮后的浆料被送往"立式卸料器"。TIA-04、TIA-05 是卸料器中间管的上、下温度检测点。为了便于喷放，需要将浆料进行适当冷却和稀释，为此，将来自洗筛工段的稀黑液冷却后，送往卸料器，FC-04 控制进入卸料器的冷黑液流量，而与 TC-06 组成温度-流量串级控制系统，以温度为最终控制量。LC-07 是通过控制喷放阀的开放，来维持卸料器内浆料的液位。KS-01 是排渣控制。

药液由碱液、白液配制而成（有的还加入一定量的黑液）。配制比例由 FfC-01（碱液）、

FfC-02（白液）加以控制。LIA-01、LIA-02、LIA-03 分别是"碱液储存槽"、"白液储存槽"、"配碱槽"的液位检测、报警。配制好的药液经"碱液加热器"加热后送往"药液计量槽"，然后被泵往"喂料器"。TC-07 是药液的温度控制，LI-05 是"药液计量槽"的液位检测。FfC-03 控制泵出的药液量，与前述的 SRC-04 成比例控制。

27.1.3　洗涤、筛选、漂白过程控制

经蒸煮后的浆料中，含有大量的有机物及可溶性无机物，如果不将它们从浆中去除，将有害于漂白和抄纸。通过洗涤将可溶性固形物的黑液与浆料分离，黑液再去碱回收工段燃烧、回收。筛选净化的目的是除去未蒸解的木片、草节等粗渣和砂石等杂质，再去后续工段。漂白过程的任务是用漂白剂除去纸浆中的部分色素，使纸浆达到要求的白度。

（1）洗浆过程控制　洗浆的目的一是把纸浆中的黑液洗干净，以利后续工序的顺利进行；二是尽可能获得高浓度的黑液，以利蒸发回收，减少环境污染。这两个要求是相互矛盾的，增加洗净度将可能降低黑液浓度。为了把它们统一起来，目前大多数工厂采用多台串联的真空洗浆机或压力洗浆机逆流洗涤，以提高洗浆效果。

图 27-4 是真空洗浆机串联洗浆的典型自动控制方案。

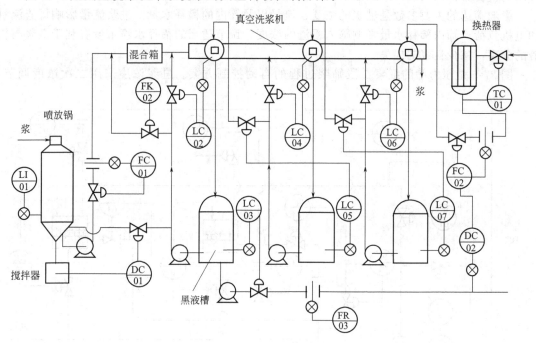

图 27-4　真空洗浆机串联洗浆自动控制

这个方案的控制思路是：稳定送到洗浆机的纸浆浓度和流量（即稳定进浆的绝干纤维和黑液量），然后用温度和流量稳定的热水进行逆流洗涤，只要洗浆机台数和洗浆面积选得合适并且保持浆层厚薄均匀，便能达到洗干净纸浆又获得浓度一定的黑液的目的。

喷放锅内的纸浆浓度一般为 9%～13%，装有浆位自动测量系统（LI-01）以了解喷放锅的浆量。在其底部加入由第一段黑液槽来的黑液，使浓度稀释到 3.5%左右。装在搅拌器电机上的负荷感测器能发出与纸浆浓度成比例的信号，通过自动控制系统（DC-01）控制稀释黑液量以稳定送往洗浆机的纸浆浓度。

浓度稳定的纸浆用离心泵送至除节机或混合箱，通过流量自动调节系统（FC-01）稳定送浆流量。浓度为 3.5%的纸浆在除节机或混合箱通过由人工遥控调节阀（FK-02）调节第

一段黑液进入量，使纸浆稀释到 1.5%，并流进第一段洗浆机的浆槽。浆槽装有液位自动控制系统（LC-02）以保证洗网上浆层的厚薄稳定。第一段的滤液（黑液）流至第一段的黑液槽（浓黑液槽），该槽内的黑液除了用于稀释喷放锅的纸浆外，其余泵送蒸发工段。浓黑液槽装有液位控制系统（LC-03）以保持浓黑液槽液位的稳定。第一段的洗涤液来自第二段黑液槽的黑液，洗涤液的流量由第二段黑液槽的液位稳定为根据进行自动调节（LC-05）。从第一段剥下来的浆层进入第二段的再碎槽，并用第二段黑液加以稀释，黑液进入量由第二段浆槽的液位进行自动调节（LC-04）。由于第一段剥下来的纸浆绝干量流量是稳定的，因此稳定第二段浆槽的液位，则第二段的上浆浓度和浆层厚薄也将稳定。第二段的洗涤液来自完成段（第三段）。同样，其流量是受第三段黑液槽液位控制的（LC-07）。

第三段用热水进行洗涤。洗涤效果很大程度上决定于洗涤水的温度和流量，第三段洗涤热水设置了温度自动调节系统（TC-01），稳定热水温度在 70℃ 左右。为了补偿洗涤过程中其他干扰因素的影响，在送蒸发工段的浓黑液浓度与洗涤热水流量之间设置串级调节系统（DC-02/FC-02）串级调节系统，稳定了黑液的浓度和洗涤热水的流量。

（2）筛选过程控制　筛选的目的是除去未蒸解的木片、木节等粗渣和砂石，净化纸浆。常用的设备有筛浆机和锥形除砂器。

影响筛选的主要参数是进浆的浓度、流量以及筛内的稀释水量。进浆流量影响排渣流量和电机负荷。筛内稀释水量影响筛内粗渣的浓度，调节适当的稀释水喷水量有利于良浆与粗渣的分离，减少良浆的损失。

图 27-5 是压力筛的纸浆二段筛浆过程的自动控制方案。进浆浓度采用二次浓度调节，

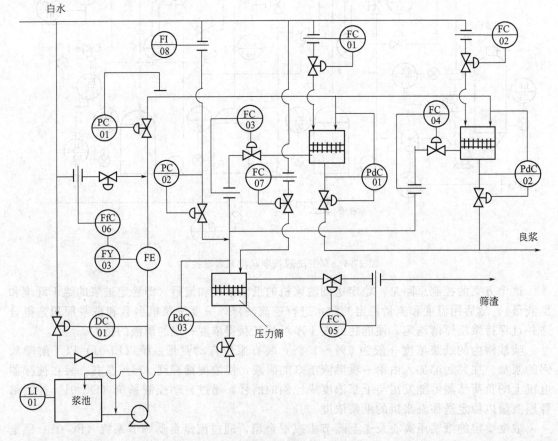

图 27-5　二段筛浆过程的自动控制方案

先用纸浆浓度调节系统（DC-01）使纸浆浓度稳定在3%，后用浆流量与稀释水的流量配比（FfC-06）调节，使纸浆浓度稳定在0.5%。控制进浆压力（PC-01）以稳定进浆流量。进每台压力筛的稀释水量设置了流量控制（FC-01，FC-02，FC-03），每台压力筛的进出口设置了压力差控制（PdC-01，PdC-02，PdC-03，）和出口良浆的流量控制（FC-04，FC-05，FC-03）以稳定工作条件，保证筛浆质量。

（3）多段漂白过程控制　现代化漂白过程都是由多段漂自组成的连续化学反应过程。典型的过程是Cd（氯化）、E（碱处理）、H（次氯酸盐）三段漂白过程，随着人们对纸白度要求的提高也出现了五段漂白过程，这里以三段漂白过程为例简述其控制方案。

① 氯化段　如图27-6所示是氯化段常规自动控制系统。自未漂浆池泵出的纸浆经浓度控制系统（DC-01）和流量控制系统（FC-01），绝干量稳定的纸浆在混合器中与加入的氯水混合。氯水是在喷射器里由氯气与流量一定的水混合而成，水的流量设置流量控制系统（FC-02）。氯气进入管装有氯气流量控制系统（FC-03），以保证用氯量的稳定。通氯量是根据纸浆硬度和绝干量决定的关键参数，因此设置了通氯量的串级调节系统。通氯量由流量调节系统（FC-03）作为副环加以稳定，由氧化还原电位（ORP）调节系统（OC-01）作为主环，调整氯气流量调节系统的给定值，以改变通氯量从而满足氯化反应的用氯量。由于氯化的速度很快，为了缩小滞后，ORP测量电极装在由混合器出口引出的取样管上。在通氯过程中设有氯气安全控制系统，即在氯气管道上装有安全控制阀（FV-04），它是由电磁气阀控制的气开式调节阀，当电磁气阀通电时，安全控制阀才能开启，而电磁气阀只有在有纸浆流量通过（FS-01接通）同时又有水流量通过（FS-02接通）时才能通电。因此，安全控制系统保证了在无浆流和无水流通时不会有氯气放出。另外，对氯气管内氯气的压力和温度设置了测量系统，作为氯气流量测量值的修正参考。

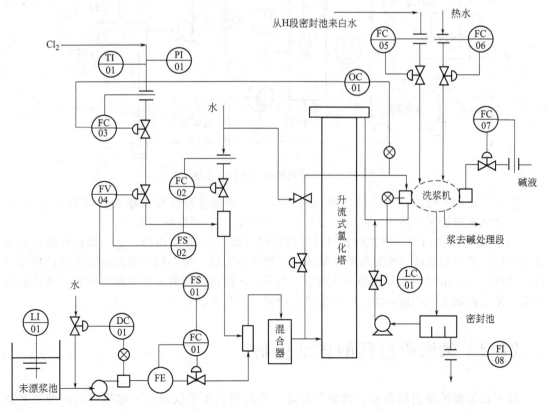

图 27-6　氯化段常规自动控制系统

与氯水混合后的未漂浆送升流式氯化塔。纸浆从混合器到出氯化塔所停留的时间，由纸浆流量决定。由于纸浆流量设有自动控制系统，所以氯化时间也得到了控制。从氯化塔出来的纸浆送真空洗浆机洗涤，为了保证洗涤干净，设置了浆槽浆位调节系统（LC-01）和洗涤水及热水流量调节系统（FC-05，FC-06）。洗净后的纸浆送碱处理段。

② 碱处理段　如图 27-7 所示，浓度稳定（5％）的碱液由流量控制系统（FC-01）调节一定的流量加到氯化段洗浆机的再碎槽中，然后在混合器中用蒸汽直接加热纸浆，碱处理的温度由温度控制系统（TC-01）加以调节。与碱液混合良好，温度一定的高浓纸浆由浆泵送到降流式碱处理塔，通过塔内浆位自动控制系统（LC-01）去控制碱处理时间。在塔底部用流量一定的稀释水（由流量控制系统 FC-02 控制）将高浓纸浆稀释，稀释水量是否合适可用塔底稀释区两个垂直位置的温度差判断。由于高浓区的温度较高，稀释区的温度较低，因此测量出温差（TdI-02），可间接说明稀释区的位置以及稀释水量是否合适。

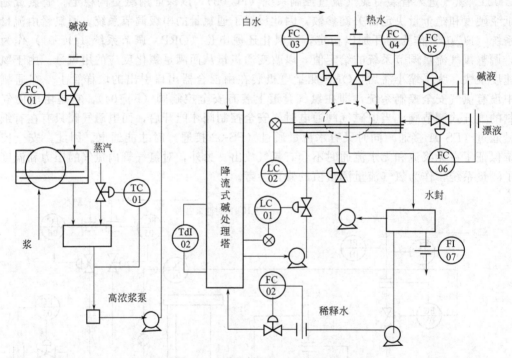

图 27-7　碱处理段自动控制系统

浆泵从塔底把纸浆送真空洗浆机内进行洗涤。洗浆过程设有浆槽液位调节系统（LC-02）和洗涤水流量调节系统（FC-03、FC-06、FC-07），以保证洗浆要求。

③ 次氯酸盐漂白段　次氯酸盐漂白段的控制方案与图 27-7 相似，它们都是在降流式漂塔中漂白，都设有漂液（次氯酸盐）加入量、纸浆 pH 值、漂白温度和时间等参数的控制系统。漂液加入量由漂液流量控制系统控制，纸浆 pH 值由碱液流量控制系统控制，漂白温度由蒸汽流量控制系统控制，漂白时间由漂白塔浆位控制系统控制。

◎ 27.2　碱回收过程的自动控制

碱回收过程控制包括蒸发、燃烧和苛化三个过程。本节仅对这一过程中的典型工艺原理、测控要求、控制方案作一介绍。

27.2.1　蒸发控制典型控制系统

碱回收的第一步是通过蒸发将黑液浓缩。从纸浆洗涤工段过来的黑液约为10％左右，统称为稀黑液。经过本工段的多效蒸发器，可浓缩到45％左右，然后再在圆盘蒸发器中利用烟气的热量，进一步浓缩到50％后即可入炉燃烧。

蒸发过程自动控制的目的是，稳定蒸发过程运行条件，使出效黑液浓度均匀，获得最大的黑液固形物产量，提高蒸发效率即提高蒸汽的经济效益。因此，蒸发工段工艺控制要求主要有以下几个方面。

① 出效浓黑液浓度保持稳定　不稳定的入炉浓度将会给燃烧工段带来很大的麻烦，影响浓黑液的浓度的主要因素有：进效的稀黑液浓度和流量及多效蒸发器的总有效温差。当由于受到干扰使黑液浓度偏离设定值时，如果蒸汽条件有限制的话，可控制进效的稀黑液流量来调节出效的浓黑液浓度。如果蒸汽条件没有限制，则可通过浓度-蒸汽压力串级调节回路，用控制新鲜蒸汽的流量或压力来调节浓黑液浓度。

② 稳定总有效温差　各效的热量传递及流动是依靠有效温差加以推动的。所谓有效温差是指进入蒸发器的饱和蒸气温度与黑液沸腾温度之差，任何一效的起点温度将低于前一效的黑液沸腾温度。为了保证各效有足够的温差，必须保证有稳定的总有效温度，而总有效温度取决于Ⅰ效蒸发器的新鲜蒸汽压力与末效的二次蒸汽的真空度。

③ 冷凝水系统的控制　整个冷凝水系统是密封的，而且允许冷凝水发生自蒸发，因此对各效的冷凝水罐的液位必须加以控制。

④ 重要参数的集中显示　各效的温度及二次汽压力都必须加以检测并集中显示。

图 27-8 是典型多效混流真空蒸发过程的自动控制方案。稀黑液经密度（重度）调节系统（DC-01）调节与浓黑液的混合量，把浓度稳定在22％左右。然后经比值调节系统（FC-01）分别送进Ⅲ、Ⅳ效蒸发器，出Ⅴ效的半浓黑液经液位自动调节系统（LC-01）后泵送到半浓黑液槽。半浓黑液经流量调节（FC-02）后经加热器进Ⅰ效和Ⅱ效蒸发。出Ⅱ效和浓黑液经液位自动调节（LC-02）后送浓黑液槽储存。

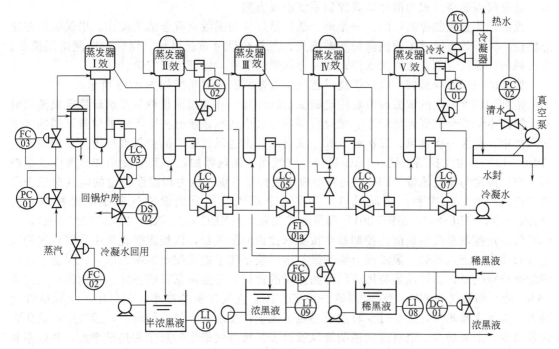

图 27-8　黑液蒸发自动控制方案

稀黑液的流量采用电磁流量计测量。稀黑液浓度可用黑液浓度折光仪或红外黑液浓度仪测量。浓黑液浓度的在线测量可用红外黑液浓度仪测量，通常利用黑液的沸点随其浓度的增大而升高的特性间接地测量，测量出浓黑液沸点升高值便是其浓度的量度。

进Ⅰ效的新鲜蒸汽装有压力调节系统（PC-01）和流量调节系统（FC-03）。Ⅴ效二次蒸汽真空度的调节系统（PC-02）视使用的真空设备不同而不同，有的采用直接调节真空度的方法；有的采用调节表面冷凝气出口冷却水温度的办法；有的则采用控制喷射冷凝器喷水量的办法，以稳定真空度。

出各效的冷凝水设有液位自动调节系统（LC-03，LC-04，LC-05，LC-06，LC-07）。出Ⅰ效的冷凝水设有电导率检测控制系统（DS-02），当电导率低于标准时，则冷凝水送往锅炉房回用。

此外，在每效蒸发起的气相和液相都安装铂电阻温度计显示记录各点温度，根据这些温度可以知道系统的热平衡，以分析系统的运行状况。

如果采用计算机集散型控制系统，有条件对整个蒸发过程实施优化控制，其主要方案是建立多效蒸发器的数字模型，通过对热量传递的运算以获得最佳的蒸发效率。

27.2.2 燃烧过程控制

蒸发工段浓缩后的黑液送到燃烧工段的直接接触蒸发器或浓黑液蒸发器再把浓黑液浓缩到 65％～70％ 的浓度供燃烧。在黑液固形物中，约有 70％ 为可以燃烧的有机物质（如木素、细小纤维素等），30％ 为无机物（NaOH、Na_2S 等蒸煮化学药品）。燃烧工段的目的是：①回收蒸煮化学药品再用于生产，并在燃烧过程中把补充的芒硝还原为 Na_2S，以补充蒸煮过程中药品的损失；②有机物燃烧产生的热量以蒸汽方式回收；③减少废气和废水对环境的污染。

黑液燃烧过程包括浓黑液再浓和喷射、黑液燃烧和送风、蒸汽生成和绿液生成四个部分，这里仅以燃烧过程为例介绍其控制系统组成方案。

黑液燃烧过程的控制目的：一是调节送风量，并与黑液量有合适的配比，以保证黑液充分燃烧，又不致造成过多的热损失和碱流失；二是合理分布进风量，保证炉中融熔层温度，为芒硝的还原反应创造良好的条件；三是监测燃烧过程，保证生产安全。

典型的现代大容量碱回收炉燃烧过程的主要监测和控制系统如图 27-9 所示。

浓度和黏度一定的浓黑液流量用电磁流量计测量，并通过流量调节系统以稳定黑液喷射量。黑液由喷枪分散到燃烧炉中。燃烧所需的空气由送风系统分三个不同的位置不同的风量送入炉中，称为一次通风、二次通风和三次通风。由送风机送入的空气设压力自动控制系统（PRC-112）和温度控制系统（TRC-110），空气通过加热器加热，其温度用加热蒸汽流量控制。空气温度与蒸汽流量（FRC-190）组成串级控制系统。压力和温度稳定的空气分三个通风管送到一次、二次和三次通风口，并在三个通风管上分别设空气质量流量控制系统（MRC-101，MRC-201，MRC-301）和风速控制系统（XRC-102，XRC-202，XRC-302），三个空气质量控制系统组成配比控制系统按要求比例分配风量，以稳定燃烧炉中不同位置的风速分布要求。进入燃烧炉黑液固形物流量与送风质量流量组成配比控制系统，以保证合适比例的燃烧空气量。总送风量与黑液固形物流量的比例，还应根据安装在除尘器前的一氧化碳（AR-162）和氧气（AR-163）监测值去决定。随着空气比例的变小，烟气中一氧化碳含量增大，余氧含量减少，余氧过少将造成燃烧不完全；反之，空气比例增大，烟气中一氧化碳含量减少，余氧增大，余氧过大说明通风量过多，被烟气带走的灰尘和热量增加，热效率和碱回收率减少，空气污染增加。

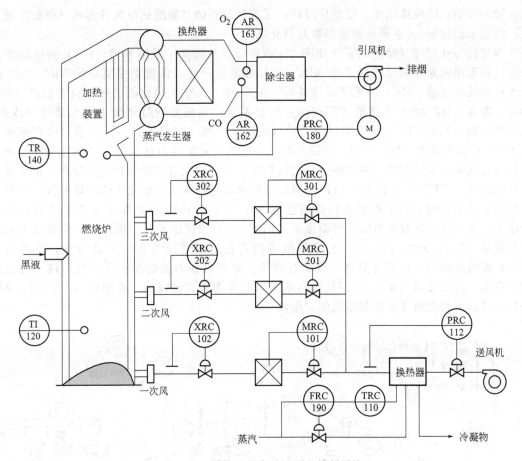

图 27-9　燃烧过程自动监测和控制系统

炉膛应处于负压运行以保持车间环境卫生，因此设炉膛真空度控制系统（PRC-180）调节引风机转速。熔融层温度直接影响到芒硝与碳起反应还原为硫化钠的生成率，设熔融层光学温度测量仪（TI-120），以此信号决定一次风质量流量控制系统的给定值，温度偏低，则增加一次风量即增加垫层中碳的燃烧使温度升高。为了保证燃烧炉运行安全，应设置安全联锁系统。

黑液燃烧后生成的热量通过锅炉换热管和蒸汽生成器（汽鼓）生成蒸汽供工厂使用。主要的被控变量是蒸汽的压力、温度和汽鼓（汽包）的液位。主要的自动控制系统是汽包液位、蒸汽流量和给水流量三冲量控制系统，以控制给水流量、稳定汽包液位、保证安全运行。另外，装有给水压力、温度和电导率的监测，蒸汽温度的自动控制以保证在不同负荷和燃烧条件下的蒸汽温度的稳定，这部分内容类似工业动力锅炉的控制，这里就不再赘述。

27.2.3　绿液苛化和石灰回收过程控制

绿液苛化过程包括如下的消化反应和苛化反应：

$$CaO + H_2O \Longleftrightarrow Ca(OH)_2$$
$$Ca(OH)_2 + Na_2CO_3 \Longleftrightarrow 2NaOH + CaCO_3 \tag{27-1}$$

苛化过程控制的主要目的：一是使苛化反应向最有利于生成 NaOH（苛性钠）的方向进行，提高苛化率；二是使白液浓度尽可能高且稳定；三是碳酸钙与白液尽可能地分离。为此，必须控制好如下参数：①反应物量及其比值，即分别控制好绿液的浓度和流量与石灰的加入量和比值；②反应温度；③反应时间；④有利苛性钠与碳酸钙分离的参数（例如过滤浓度、洗涤水温度等）。主要的质量参数是苛化率。

典型的苛化过程自动控制系统如图27-10所示。从燃烧工段溶解槽（D-1）送来的浓度一定（设有绿液重度自动控制系统 ARC-102）和流量一定（设流量控制系统 LRC-100）的绿液经绿液澄清器（C-1）后置于绿液储槽（S-1）中。泵送至消化器的绿液设有温度（TT-204）、浓度（DT-206）和流量（FT-210）控制系统。其温度通过调节进换热器冷（或热）水流量控制（FRC-215），浓度通过调节稀绿液流量控制（FRC-210），流量通过储存槽液位（LT-230）调节泵速（M）控制。绿液在消化器中与石灰进行消化反应。必须控制好绿液加入量与石灰加入量的配比。有两种方法进行控制。由于消化过程是放热反应过程，消化器进出口的温升（TT204，TT230）可作为消化过程绿液与石灰加入量配比的测量参数。一种方法是当温升增大时，调节石灰进料器的速度（WT-250，WT-260）减少石灰进入量直至温升稳定。另一种方法是调节绿液旁路流量（FRC-220）以稳定温升。消化后的溶液流入由四个苛化器（R-1，R-2，R-3，R-4）串联组成的苛化过程进行约 2～4h 的苛化，经澄清槽（C-3）澄清分离后，白液送蒸煮工段储存使用。苛化过程的关键控制质量是白液有效碱浓度。在第一段苛化器（R-1）出口处和白液出口处分别装有效碱 AA 检测仪（AR-302，AR-301），其值可作为苛化率控制系统的测量值。

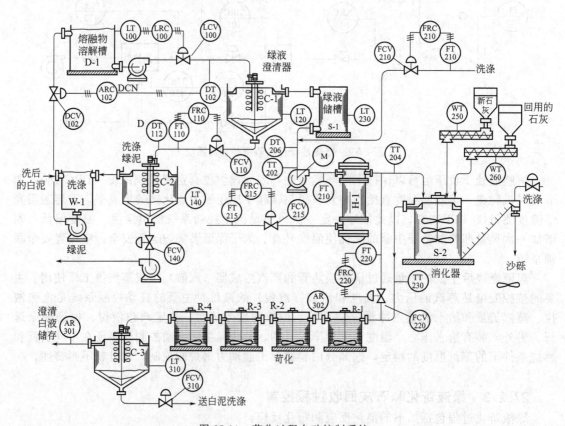

图 27-10　苛化过程自动控制系统

石灰回收过程控制的主要目的是在保证焙烧温度的条件下，提高热效率，以最少的燃料消耗获得高质量的石灰。主要被控变量如下。①焙烧炉（转窑）的白泥进料量和水分，水分在苛化工段过滤机控制，进料量由螺旋喂料机控制。②燃油和空气的调节：白泥在高温下焙烧成石灰，由燃油提供热能，设有燃油流量控制和温度控制系统。燃烧所需的空气分一次风和二次风进入，一次风量由燃烧区的温度作为依据进行调节，并与燃油流量控制组成配比控制系统。在转窑喂料端设氧气测量装置，以此为依据去调节第二次风量，以避免空气的过量或不足。设引风控制系统以稳定转窑内压力。

◎ 27.3 造纸过程的自动控制

由任何一种制浆方法或其组合的方法所生产的纸浆，需在造纸车间抄制成纸张。当纸浆由制浆车间送到抄纸车间时，大多数都不能直接用于抄纸，而且，为了使成纸具有某些特性，还必须由其他浆厂购入某些具有不同特性的纸浆。另外，人们还需添加染料和添加剂以获得所需的颜色和物理性能，这些操作通常称为配浆（或纸浆的混合）。

为了赋予纸张一定的机械强度，纸浆需在多种机器中进行磨浆，其中具有代表性的机器是磨浆机、锥形精浆机和打浆机。这一操作实质上是让纸浆在锋利且运动的一组刀片间反复通过，由刀片对纤维产生切短和压溃作用。这组刀片可通过调节其刀刃的锋利程度生产出不同长度的纤维。打浆可以改善纤维之间的结合，使匀度和紧度得以提高并降低多孔性或提高透明性，但这些要根据纸的种类来确定。

在上纸机之前，制备好的纸浆还需经过筛选，有时还要对纸浆进行净化，即通过离心式除渣器除去浆中尚未除净的重杂质。

造纸机分圆网造纸机和长网造纸机两大类型。圆网造纸机大多比较简单，主要生产中低档纸和纸板，车（抄）速和产量都比较低，控制要求也比较低。长网造纸机多为大中型纸机，主要生产中高档纸，车（抄）速和产量都比较大，控制要求高。

图 27-11 所示为典型普通长网造纸机的生产过程及流程简图。

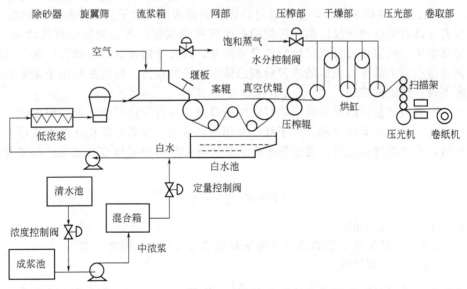

图 27-11 普通长网纸机抄纸工艺流程简图

从打浆段送来调配好的中浓（3％～5％的浓度）纸浆首先进入流送部，在混合箱中与网部滤下的白水（白水中含有小纤维，故名）混合，并补充适量的清水，配制成低浓（0.2％～0.3％的浓度）纸浆悬浮液，再送入流浆箱（网前箱）。在流浆箱内保持一定的液位或气垫压力，使稀浆液以一定的速度从其下部的堰板喷口处喷向同方向运动着的造纸网，并使喷浆速度与造纸网速度有一个适当的比例，这就是所谓喷浆，改变流浆箱内的液位或气垫压力即可改变速度与网速比，从而可以影响纤维在纸中的纵向排列。

在网部，喷在网上稀纸浆，在一系列案辊的帮助下滤水的同时，还借助于摇振装置使网案左右摇动，以便纤维横向交织，提高成纸的横向强度。在网部的后部设有真空吸水箱，使刚形成的湿纸层更有效地脱水。最后，通过真空伏辊强有力的脱水后形成湿纸页，脱离网部引入压榨部。在网部脱水下收集于白水盘中循环使用，流失的部分用清水补充。

在压榨部，一般经过3~4道压榨辊挤压脱水后，纸页中的水分已不能再用机械方式排除，而必须用加热烘干的方法把剩余的水分除去。

纸页进入干燥部后，首先把湿纸页预热到一定温度，然后边热边通风使纸页中的水风蒸发而干燥。一般烘缸的数目多达几十个，分为2~3组，上部装有排风罩，以便通风强化干燥。干燥后的纸页温度很高，需经过冷缸使其冷却后再进入压光部。

干纸页进入多辊压光机的上辊，逐辊左右缠绕于各辊之间，靠机械挤压作用把纸压光，使成纸平滑光泽。压光后的成纸从压光机的下辊处引出送入卷取部（卷纸机），借助于卷纸缸的转动把成纸卷成纸卷。在定量水分控制系统中，装有定量仪和水分仪的扫描架，一般就安装在压光机和卷纸机之间，以便检测成纸的定量和水分。

需要附带说明，造纸机的电气传动部分也是一个相当复杂的、要求很高的自动控制系统。对于大中型造纸机多采用分部传动，一般分5~10几个分部，每个分部至少用一台电动机拖动，各分部之间需保持稳定速度差的协调跟踪控制。不但要求各分部都能无级调速，而且要有高精度的自动稳速性能。由于此部分内容已超出本书范围，故不讨论，但成纸的定量、水分等参数都与车速密切相关，必须提出并注意到这一点。

27.3.1　打浆控制

打浆是纸浆通过机械作用以改变其物理特性的加工过程，需要控制的主要指标是打浆度（SR°）。影响打浆度的因素很多，主要有打浆设备的形式以及定子与转子的刀间间距。

在没有在线打浆度测量仪以前，传统的打浆度控制系统，多是利用打浆机的传动负荷、纸机伏辊真空度、纸浆通过打浆机后的温升等因素，或几个因素的综合作为反映打浆度的指标，根据这些指标去操作打浆机的进刀量或磨浆机转子的位置，即改变作用于纸浆上机械功的量，来实现打浆度的控制。

例如，纸浆打浆前后的温差可反映打浆度的高低。在打浆过程中，纸浆温度的升高是由于打浆设备所消耗功率只有少部分用于纤维的切断和帚化，大部分消耗在摩擦发热上而使纸浆温度升高，在忽略热损失时，通过热平衡关系可近似推得打浆度变化量 ΔF 与温升 ΔT 的关系为

$$\Delta F = K_1 \frac{\Delta T}{C} + K_2 \tag{27-2}$$

式中　K_1，K_2——比例系数；

$\qquad\quad \Delta T$——打浆后纸浆的温升（为纸浆出口温度和入口温度之差）；

$\qquad\quad C$——纸浆浓度。

上式表示，通过打浆机打浆度的变化与 $\frac{\Delta T}{C}$ 成比例。因此，如果纸浆浓度恒定，温差的大小可反映打浆度的变化。实验也证明了上述描述是正确的，在纸浆流量一定时，打浆机的传动负荷，即打浆消耗的电机功率，决定着打浆程度。

在纸浆流量一定时，打浆机的传动负荷，即打浆消耗的电机功率，决定着打浆程度或纸浆温升的大小，因此也可直接采用电机负荷作为打浆度的指标。

如果纸机的其他运行条件（例如纸页定量、真空系统运行状态等）比较稳定时，可直接

用纸机真空箱或真空伏辊的真空度作为打浆度指标。显然，这是纸浆滤水性能的最直接反映。

图 27-12 所示就是一种典型的把驱动电机的功率和通过锥形磨浆机纸浆的温升结合起来操作磨浆机转子位置的打浆控制系统。两个温度检测量元件（铂电阻）安装在磨浆机的进出口，由温度（差）变送器 TdT 测量出温差信号，送到温度（差）调节器 TdC 进行控制运算，其输出的控制信号通过脉冲转换器 TdY 转换成脉冲信号，去触发转子移动，用齿轮电机的可逆启动器，使转子向里或向外移动，以维持转子具有合适的机械作用（做功），满足打浆度要求。

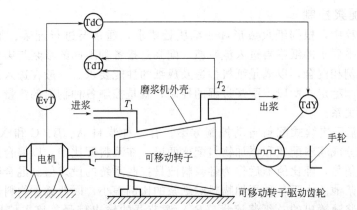

图 27-12 根据纸浆温升和电机负荷操作的打浆度控制系统

电动机负荷功率信号由变送器（由电流互感器和信号转换器组成）EwT 测量，作为前馈信号也送到温度（差）调节器上。显然，这个系统是一个前馈-反馈控制系统，来自负荷的扰动（如纸浆流量波动），能够被电机负荷功率变送器及时检测到，使系统对这类干扰克服及时。其他引起温差变化的扰动由温差反馈控制系统克服。

采用温差、电机传动负荷或真空伏辊的真空度控制代替打浆度控制必须满足要求的稳定条件，而这些条件实际上不可能完全做到，因此，上述系统有一定的局限性。如果采用断续或连续式打浆度测量仪获取打浆度信号，可直接送到打浆度调节器去操纵磨浆机转子位移。这种系统能克服各种影响打浆度的干扰因素。但由于打浆度测量仪测量滞后或纯滞后较大，这样组成简单控制系统难以满足工艺要求，一般要组成复杂控制系统，如图 27-13 所示。在上述温差系统的基础上，组成以打浆度为主变量，温差为副变量的串级-前馈控制系统。打

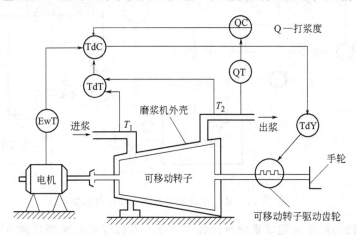

图 27-13 打浆度串级-前馈控制系统

浆度调节器 QC 作为主调节器，其输出信号作为副调节器 TdC 的设定值。再由温度（差）调节器去操纵转子的移动，以保证磨后浆料达到所要求的打浆度。这种系统弥补了上述两类系统的不足。

上述打浆过程自动调节系统是针对单台设备的方案，但是打浆过程往往是由多台设备串联起来完成的。除最后一台打浆设备考虑使用打浆度测量仪组成串级调节系统以稳定纸浆的打浆度外，其余打浆设备都采用简单的负荷调节系统或温差调节系统。由于打浆设备的种类和结构不同，操作技术不同，因此打浆过程自动调节方案是多种多样的。

27.3.2 配浆控制

造纸生产过程中，根据纸页成形和成纸质量要求，通常要进行配浆、加入填料及染料等。经过处理合乎要求的纸浆再进入流浆箱。配浆是指各种不同的纸浆与染料、填料、矾土液等按一定的比例相混合，以满足纸机抄造及成纸的性能要求。一般在进入配浆池前，各种物料的浓度已控制稳定。所以，配浆过程的控制，就是控制各种物料的流量，并使它们之间具有稳定的比例关系。

图 27-14 为某厂连续式配料自动控制方案。有三种浆料 A、B、C 和 X、Y 两种填料。常常把配浆系统分成浆料配比和添加物料配比两段。在浆料配比中，以混合浆池液位调节器输出信号作为主信号，经比值器后作为各浆料流量控制系统的设定值。混合浆池中已配好的纸浆再送到纸机浆池。由于各种添加物料对纸浆的比例很小，因此添加物料比值控制系统的主信号采用混合浆池输出的总纸浆流量（F_5）调节器的输出信号，该主信号经过比值器后作为各添加物流量控制系统的设定值。因此，总纸浆流量变化时，各添加物的流量也跟随变化，保持添加物流量与总纸浆流量的固定比值。从混合浆池到纸机浆池的纸浆总流量受纸机浆池液位（L_2）的控制。在一般的控制方案中，液位测量选用法兰式差压变送器，流量测量选用电磁流量计。

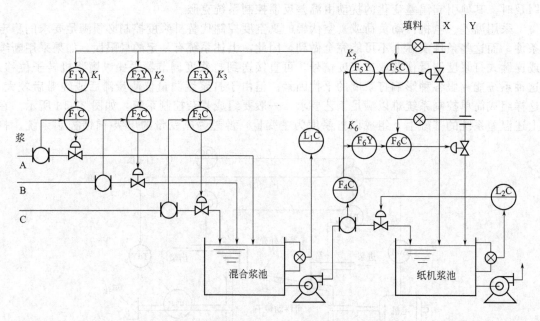

图 27-14　某厂连续配料系统自动控制方案

图 27-15 是较为简单的配浆系统自动控制方案。它以混合浆池液位调节系统作为主调节回路，液位调节器的输出信号经比值器（由分流器实现）去控制各物料的调节阀门。根据各

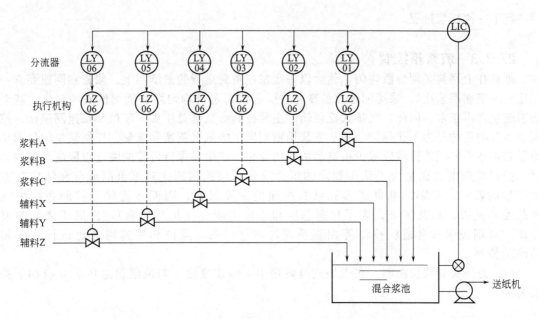

图 27-15 简单连续配料过程控制

分流器不同的分流比，各种物料之间便按预定的比例，随供浆量的增减同步增减。

在连续式配浆系统中，正确地选择各流量计的量程和各物料的配比度是非常重要的。这要根据纸机生产能力、各物料的浓度和各物料的配比范围进行选择。

图 27-16 是间歇式配浆系统的自动控制方案。这是有 A、B、C 三种浆料和 X、Y 两种添加物料的配比系统。它们都在混合浆池中混合。由于浆料加入的体积较大，因此可以用混合池的液位法去测量加入量。而添加物料的加入量很少，因此用计量桶去测量，这些计量桶能自动计量和重新装料，其工作原理类似蒸煮液自动送液系统。

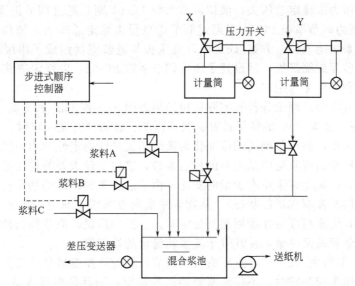

图 27-16 间歇式配料系统的自动控制方案

这种控制系统的主要装置是步进顺序控制器，它按各种配料用量和加入顺序发出信号去开关各种物料调节阀的电磁阀。这样就能依次把各种物料一个接一个地送入混合浆池内。配浆的浆料由混合浆池液位变送器自动地启动送浆泵，把混合池内的纸浆送到纸机浆池，送完后进行下一次配浆过程。

27.3.3　流浆箱控制

纸料在上网前必须分散均匀，然后以一定浆速喷到运行的造纸网上。浆速和网速要有一定比例（浆速网速比）。浆速网速比的变化会引起纸页定量均匀度和纸页性质的变化，甚至会引起生产不正常。因此，气垫式流浆箱的主要控制参数是总压头、浆位和浆速网速比。控制总压头的目的是为了获得均匀地从流浆箱喷到网上的纸浆流速和流量。控制浆位的目的是为了获得适当的纸浆流域以减少横流和浓度的变化，产生和保持可控的湍流以限制纤维的絮聚。控制浆速网速比是为了获得稳定的纸页质量。浆速网速比对纸页的成形和结构有着决定性的影响，是影响纸页成形和纸页性质的重要因素，因而在流浆箱控制系统中越来越受到重视。近几年来，为了克服总压和浆位的耦合（相互影响），发展了诸如前馈控制、解耦控制和自适应控制等控制系统，对总压头、浆位和浆速网速比进行快速和精确的控制。

（1）总压头和浆位控制　在气垫式流浆箱中，喷浆速度 v 与流浆箱总压头 p 有如下关系式：

$$v = k\sqrt{2gp} \tag{27-3}$$

式中，k 为与纸料性质和网前箱形状有关的系数。

总压头 p 是气垫压力（$p_气$）和浆位静压（$H_浆 r$）之和，即

$$p = p_气 + H_浆 r \tag{27-4}$$

因此，调节浆位与气垫压力或调节总压头，都可以调节喷浆速度。在总压头和浆位两个参数的调节中，关键是稳定总压头，以稳定浆速。浆位控制的目的仅仅是为了纸料在网前箱输送过程中保持所需要的流动特性，在总压头不变的前提下，小范围的浆位波动是允许的。图 27-17 所示是流浆箱液位和总压头的三种控制方案。方案（a）中，压力调节系统 PC-01 是通过调节气垫压力来稳定总压头，液位调节系统 LC-01 则是通过调节进浆量来稳定液位。方案（b）中，压力调节系统 PC-01 是通过调节进浆量来稳定总压头，液位调节系统 LC-01 是通过调节气垫来稳定液位。方案（c）中，总压头与进浆流量组成了串级调节系统，并且在净化装置（除砂器或筛浆机）后设置了压力调节系统 PC-02，以稳定进浆压力。这将使流浆箱中的总压头和液位更为稳定。

在上述三种方案中，理论分析和实际应用结果表明，方案（b）和方案（c）的控制效果均比方案（a）好，方案（c）的效果最好。其原因是：在唇口开度一定时，总压头决定了流浆箱流量和喷浆速度，而小范围的浆位变化对流浆箱流量的稳定性和均匀性不会产生明显的影响，所以，总压头是流浆箱中最重要的控制参数，浆位是较次要的控制参数。为了把总压头控制在最佳状态，应允许浆位有少量的变化（由于总压头和浆位的耦合作用，用常规调节系统难以使它们同时控制在最佳状态）。从物料平衡角度来说，只有在流入和流出流浆箱的浆料达到平衡时，流浆箱液位才能回复到稳定状态。换句话说，流浆箱自动调节的关键是准确地调节流入流浆箱的浆料量，使其等于流浆箱流量的给定值。

在方案（b）和方案（c）中，总压头自动调节系统的被控变量是总压头，调节量是进浆量。因此在把总压头控制好时，不仅流浆箱的流量稳定，而且浆料流入量与流出量相平衡。在这两种方案中，浆位虽有些波动，但这种波动是流浆箱内浆料存储量变化的反映，对流入和流出流浆箱的浆料不平衡反而有缓冲或补充作用。这显然对流浆箱的被控变量控制是有利的。而在方案（a）中，总压头自动调节系统的被控变量是总压头，调节量是空气流量，即调节作用直接作用在气垫压力上，也就是作用在被控变量总压头上，而浆位自动调节系统的

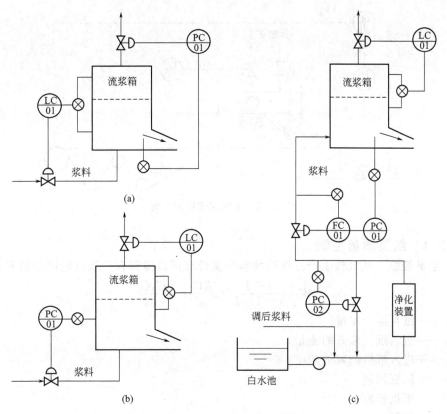

图 27-17　流浆箱液位和总压头的控制方案

调节量是进浆量。要在两个独立而被控变量又具有耦合性的调节系统中，同时准确地控制总压头和进浆量显然是比较困难的。在方案（a）中，虽然浆位得到准确控制，但却失去了浆位对进浆料流入和流出平衡的补偿作用。方案（b）和方案（c）的另一个优点是在流浆箱处于刚开机或浆料阀门达到极限位置时，不会有浆料溢出或排空的危险。

（2）浆速网速比控制　在造纸过程中，浆速网速比（简称浆网速比）对纸页的成形、结构和性质有着决定性的影响，它不仅影响纸页的均匀度、定量和强度性质，而且影响网部的纤维保留率和纸页从网上剥离。影响浆网速比的主要因素是纸机网速和流浆箱的总压（即流浆箱的喷浆速度）。对气垫流浆箱来说，流浆箱总压又受进浆量、气垫空气压力和浆位等因素的影响。因此浆网速比值的控制是多参数的控制。如果把网速的变化看成是一种干扰因素，则浆网速比控制的焦点便落在流浆箱的控制上。在过去的流浆箱常规控制系统的设计中，通常假设网速是稳定不变的，因此只要把流浆箱总压控制稳定，浆网速比也就是稳定的，然而网速在生产过程中并不是稳定不变的，因此图 27-17 中的三种方案在实际运行中不能保持浆网速比的稳定。当网速增加时，浆网速比减小，纸页的定量也减少。

图 27-18 是浆网速比控制方案，以浆网速比调节器（SC-01）为主环，总压头调节器（PC-01）为副环组成串级调节系统。处于主环中的网速干扰将由自动改变总压头调节器的给定值去加以克服，而处于副环中的影响总压头的干扰，则在其尚未影响浆网速比之前由副环系统加以克服。因此，串级调节系统能克服各种干扰，保持浆网速比稳定。实际运行证明该方案能有效地克服供浆压力、压缩空气罐压力和网速等干扰，使浆位、浆网速比和纸页定量很快地回复到给定值，因而具有良好的控制效果。

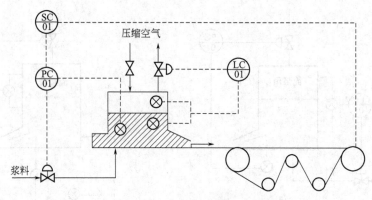

图 27-18　浆网速比控制方案

27.3.4　纸页质量控制

(1) 定量控制　从纸机生产过程的物料平衡计算可以得到有关纸页定量的如下方程：

$$W=\frac{1-T}{1-T+L}\times\frac{G_t C_t}{vd}=k\frac{G_t C_t}{vd} \tag{27-5}$$

式中　W——纸页绝干定量；

$\quad\quad G_t$——进入纸机浓浆的流量；

$\quad\quad C_t$——进入纸机浓浆的浓度；

$\quad\quad v$——纸机网速；

$\quad\quad d$——纸机抄宽；

$\quad 1-T$——保留率；

$\quad\quad L$——浆流失率。

式(27-5) 中，在纸机正常运行时，保留率、浆流失率、网速、抄宽一般变化不大，因此影响定量的主要因素是进入纸机的纤维绝干量（流量和浓度）。如果纸浆浓度也稳定，则调节进浆量便可改变纸页定量。因此，通常选择进浆量作为定量参数的调节量。在组成定量调节系统时，定量的测量在卷纸机前，而纸浆流量则在纸机前面调节，纸机的容量滞后和传送滞后都较大，因此采用简单调节系统不能满足要求。

在用常规仪表的控制系统中，常常采用图 27-19 所示的串级调节方案。纸浆浓度有单独的浓度调节系统（CC-01）使之稳定。定量调节（WC-01）与纸浆流量调节（FC-01）组成串联调节系统，流量调节为副环，定量调节为主环。定量的串级调节能基本满足一般纸机的控制要求。

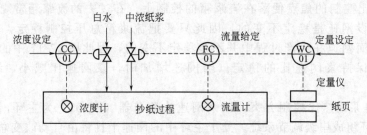

图 27-19　纸张定量控制常规方案

应用计算机控制纸页的定量可用如下所示的数学模型：

$$W=\frac{1-T}{1-T+L}\times\frac{G_t C_t}{vd} \tag{27-6}$$

$$G_t(\text{SP}) = k\frac{Wv}{C_t} \tag{27-7}$$

式中　W——纸页定量的给定值;

　　　v——纸机网速的测量值;

　　　C_t——中浓纸浆浓度的测量值;

　$G_t(\text{SP})$——中浓纸浆流量的计算校正值;

　　　d——流浆箱唇口宽度;

　　　k——常数,与保留率、流失率等因素有关,根据纸机结构和生产经验得出。

　　若采用计算机控制方案,可预先把 k 值、纸页定量 W、纸浆流量 G_t、浓度 C 的给定值输送到计算机,同时把生产过程中纸页定量、纸浆浓度、纸机车速的测量信号输送到计算机。如果由于车速(v)、纸浆浓度(C_s)出现偏差,计算机根据数学模型和定量给定值计算出纸浆流量的校正值,通过改变纸浆流量去克服这些干扰,使纸页定量稳定在给定值上。这实际上是前馈调节作用,在车速、浓度等干扰因素尚未影响到定量时,在流送过程中加以解决,大大地减少了滞后时间。与此同时,计算机不断地比较定量的给定值和测量值,如果出现偏差,则通过修正模型中的 k 值去改变纸浆流量的校正值,进而消除偏差,这是反馈调节过程。通过前馈-反馈调节作用,纸页定量能稳定在给定值上。

　　(2)纸页水分和干燥部干燥曲线的控制　湿纸页进入干燥部与烘缸接触干燥,要求干燥温度按一定的规律变化,称为干燥曲线。要在生产过程中得到合适的干燥曲线,首先要选择好烘缸的分组和各组的烘缸个数,其次是用自动化仪表去调节和稳定干燥曲线。为了便于排除烘缸内的冷凝水,还必须保持烘缸内汽压和冷凝水箱汽压之差,即跨过吸管的压力之差的稳定。

　　图 27-20 是新 3150 纸机烘缸通汽和冷凝水自动控制方案。

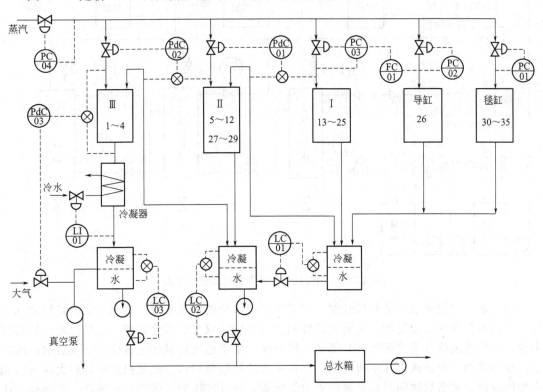

图 27-20　纸机烘缸通汽和冷凝水自动控制方案

789

该方案采用"导缸"法去稳定第Ⅰ段烘缸（13～25 号缸）的气压 PC-03，第Ⅰ段与第Ⅱ段烘缸之间的压差由 PdC-01 压差调节系统控制，第Ⅱ段与第Ⅲ段烘缸之间的压差由 PdC-02 压差调节系统控制，第Ⅲ段烘缸与冷凝器之间的压差由 PdC-03 压差调节系统控制，该系统控制真空泵的真空度。三个冷凝水箱设有液位调节系统 LC-01、LC-02 和 LC-03，以保证冷凝水位的稳定。

　　在造纸机干燥部现通常采用蒸汽喷射式热泵供汽系统。在热泵供汽系统中，蒸汽喷射式热泵作为引射式减压器用于热力系统，同时作为热力压缩机将低品位的二次蒸汽增压后再使用。蒸汽喷射热泵是一种没有运转部件的热力压缩机，它利用工作蒸汽减压前后的能量差为动力，将汽水分离罐中产生的二次蒸汽增压后回收再利用，从而降低了汽水分离罐的工作压力，加大了纸机烘缸的排水压差。

　　图 27-21 是热泵供汽干燥系统自动控制方案。其特点是各段烘缸出来的乏汽，经汽水分离器，将闪蒸出来的蒸汽通过热泵升压后又回到本段使用，而烘缸中的冷凝水则送往下一段的汽水分离器，闪蒸后的蒸汽供下一段使用。这样，各段之间的供汽回路互相独立，因此调整方便，各段能保持稳定的差压。整个干燥系统烘缸温升曲线合理，热能充分利用，降低热风罩通风负荷，解决了烘缸积水问题，有利于提高纸机车速和提高产品产量，节约蒸汽能源。

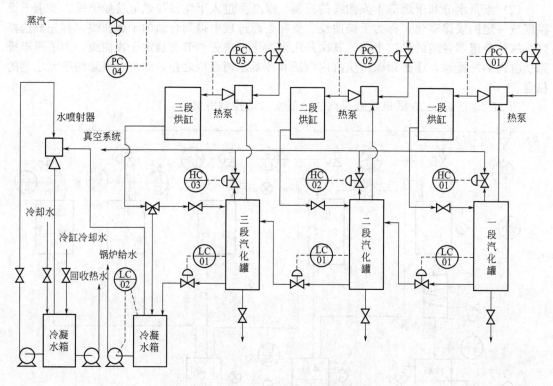

图 27-21　热泵供汽干燥系统自动控制方案

　　(3) 纸页定量和水分的解耦控制　对于定量和水分的控制来说，被控对象的特性实际上是一个比较复杂的、多变的、具有大惯性和大纯滞后的双变量耦合系统。如果仅对定量控制来说，整台造纸机（卷取部除外）都是被控对象。由于检测定量的定量仪在纸机后部，而控制定量的浆阀（定量阀）在纸机前部，存在很大的测量滞后，故此被控对象具有大纯滞后和小惯性特性。纯滞后时间就是从浆阀放出的纸浆，经过流送部、网部、压榨部、干燥部、压光部到扫描架形成纸张所需的整个运动时间。因此，它除与从浆阀到扫描架之间的运动距离有关外，还与纸机车速密切相关。一般纸机的纯滞后时间 $t=60\sim100s$，惯性时间常数 $T=8\sim30s$。而仅对水分控制来说，干燥部和压光部是其被控对象。纯滞后时间是纸页从烘缸后部经过冷缸、压光机到扫描架所需的时间，一般 t 约为几秒。由于烘缸的热惯性较大，故其时间常数也较大，一般 $T=50\sim250s$。因此，该被控对象具有大惯性和小纯滞后的特性。

定量和水分两个被控参数（变量）同时具有相互耦合的特性。一是纸页定量的变化必然引起水分的变化。如果干燥部的干燥能力不变，定量增大使纸页厚度增大，纸页中含水量也增大，必然使纸页干燥不足，造成纸页水分上升，反之，使纸页水分下降，这就是定量对水分的耦合作用。二是水分的变化对绝干定量没有影响，但对非绝干定量（检测出的定量）有影响。水分增大使定量也相应增大，反之则减小，这就是水分对定量的耦合作用。如果采用绝干定量控制，此种耦合就不存在了。此外，车速的改变，浆料及其配比的改变，添加物的改变，网部或压榨部脱水能力的改变，烘缸排水的改变等因素都会对被控对象的特性产生影响。有些是慢时变的。同时，又有多种外部干扰变量作用于被控对象上，外扰因素很多，但最主要的是车速波动、中浓纸浆浓度和供浆压力的波动、烘缸供汽压力的变化和车间室内温度和湿度变化等。

根据上述被控对象的复杂性，必须采用有效的措施对外部干扰进行强有力的抑制，并对两参数的耦合进行解耦控制。一个较常用的控制方案如图 27-22 所示，实际上是一个前馈-串级双变量解耦控制系统。

对定量采用纸浆浓度前馈，内环为纸浆流量控制，外环为成纸定量控制的前馈-串级控制系统。对于最严重的供浆浓度干扰采用前馈补偿予以消除或抑制；对供浆压力波动所造成的供浆流量干扰，被包围于串级内环之中，可以有效地抑制，作用于外环的其他干扰，如车速、混合箱中白水和清水流量、流浆箱液位和气垫压力等，也必须采用相应的控制措施。例如车速靠纸机传动系统的稳速控制，流浆箱液位和气垫压力另设液位和控制，白水和清水流量也需采取稳定措施等。

对水分采用内环为蒸汽压力控制、外环为成纸水分控制的串级控制系统。对最主要的供汽压力干扰，被包围于串级内环之中，可更有效地抑制它。除车速外的其他干扰，如室内温度和湿度、供缸积水、湿部脱水能力等变化，多属于变化缓慢地慢时变干扰，通常由串级外环反馈控制即可较好地间接控制。一般不需另外采用控制措施。

对定量和水分的耦合作用，通常采用双变量对角线矩阵或单位矩阵综合法进行静态解耦即可。更为简单的方法是把其耦合影响视为干扰，用前馈解耦法进行前馈补偿解耦。

还需说明，定量和水分沿纸页的横幅方向是不可能一致的，而是按一定的横向分布曲线分布的，因此定量和水分的检测必须采用安装在扫描架上的定量仪和水分仪，沿着纸页的横幅方向往复扫描而采集到的全幅多点检测值，并把这些全幅检测值存储于计算机内存。全幅扫描检测完毕后求出此全幅定量和水分的平均值，并用此平均值作为定量和水分串级外环的反馈信号与其设定值进行比较，取得偏差进行控制。这也是与通常的过程控制相比较为特殊的地方。

图 27-22 的控制方案的优点是，在计算机系统出现故障时，常规模拟调节器仍可对纸浆流量和烘缸供汽压力进行定值调节，继续维持生产。当然，如果采用 DCS 系统，所有控制功能均可由计算机完成。

在造纸机生产过程中，除了上述介绍的控制系统以外，还有其他多种控制系统，如灰分控制、纸种变更控制、厚度横向控制、定量和水分横向控制等，在此就不一一赘述。

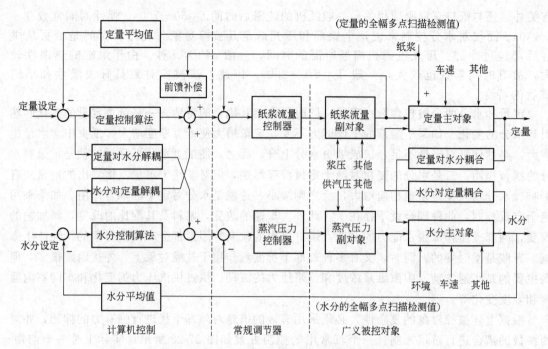

图 27-22 定量水分前馈-串级解耦控制系统

参考文献

[1] 潘立登. 石油化工自动化. 北京：机械工业出版社，2006.

[2] 孙洪程，李大字，翁维勤. 过程控制工程. 北京：高等教育出版社，2006.

[3] Shinskey F G. 过程控制系统—应用、设计与整定. 萧德云，吕伯明译. 第3版. 北京：清华大学出版社，2004.

[4] 王骥程，祝和云. 化工过程控制工程. 第2版. 北京：化学工业出版社，1991.

[5] 邵惠鹤. 工业过程高级控制. 上海：上海交通大学出版社，1997.

[6] 金以慧. 过程控制. 北京：清华大学出版社，1993.

[7] 王树青. 工业过程控制工程. 北京：化学工业出版社，2003.

[8] 周春晖主编. 过程控制工程手册. 北京：化学工业出版社，1993.

[9] 王鑫，李文仁，曲速. 1350Mt/a 催化裂化装置压缩机组的防喘振控制. 石油化工自动化，2004（2）：45-48，55.

[10] 王岚，皮宇. 催化裂化装置主风机防喘振计算机控制系统. 炼油技术与工程，2004，34（10）：42-45.

[11] 龚剑平. 蒸馏塔的自动调节. 北京：化学工业出版社，1984.

[12] 沈世昭，顾亚萍. 乙烯生产中精馏塔的先进控制. 化工设计，1998，5：37-40.

[13] 马俊英，罗元浩，潘立登. 用改进的 NLJ 方法辨识闭环系统的模型参数及滤波器设计. 北京化工大学学报，2003，30（4）：95-97.

[14] 宋建成. 间歇过程计算机集成控制系统. 北京：化学工业出版社，1999.

[15] 臧亮运. 新型乙烯裂解炉的温度控制. 山东科学，2004（1）：70-72.

[16] 孙兆山. 乙烯裂解炉高级控制. 石油化工自动化，2003（6）：26-28.

[17] 高峰，郭林，胡鹏飞，李平. 乙烯裂解炉先进控制系统开发与应用. 抚顺石油学院学报，1999，19（Sup）：103-106.

[18] 刘斐. 间歇过程的最优调度策略及应用. 洛阳工学院学报，1998，19（2）：76-80.

[19] 郭明，谢磊，王树青. 基于模型的多尺度间歇过程性能监控. 系统工程理论与实践，2004，1：97-102.

[20] 李春富，叶昊，王桂增. 基于多向 PLS 方法的间歇过程质量预测. 系统仿真学报，2004，16（6）：1168-1170，1174.

[21] 林世雄. 石油炼制工程. 第3版. 北京：石油工业出版社，2000.

[22] 侯祥麟. 中国炼油技术. 第2版. 北京：中国石化出版社，2001.

[23] 金以慧. 过程控制. 北京：清华大学出版社，2004.

[24] 王树青等. 工业过程控制工程. 北京：化学工业出版社，2003.

[25] 王树青，金晓明. 先进控制技术应用实例. 北京：化学工业出版社，2005.

[26] 钱家麟. 管式加热炉. 第2版. 北京：中国石化出版社，2003.

[27] 高东杰编著. 应用先进控制技术. 北京：国防工业出版社，2003.

[28] 王宇红. 复杂工业过程新型先进控制方法研究 [D]. 北京：中科院研究生院，2004.

[29] 吕文祥，黄德先，金以慧. 常压蒸馏产品质量软测量改进方法及应用. 控制工程，2004，11（4）：298-298.

[30] 孟志光，常减压蒸馏装置先进控制的实施. 炼油设计，2000，30（2）：12-17.

[31] 陈俊武. 催化裂化工艺与工程. 第2版. 北京：中国石化出版社，2005.

[32] Advanced Control and Information Systems. Hydrocarbon Processing，2001，80（9）：83-110.

[33] Lin T D V. FCCU Advanced Control and Optimization. Hydrocarbon Processing，1993，72（4）：107-114.

[34] 陈寿柏，陈长余，徐付桃. 胜利炼厂 FCCU 先进控制技术的应用. 炼油化工自动化，1997（1）：44-49.

[35] 郭锦标. MPC 在重油催化裂化装置过程控制中的应用. 炼油设计，2000，30（2）：32-36.

[36] 马学增，刘为民，刘德佳. 先进控制在重油催化裂化装置的应用. 石油化工自动化. 2001（5）：17-22.

[37] 丛松波，袁璞，于佐军等. 催化裂化装置主分馏塔产品质量协调控制. 化工自动化及仪表，1998，25（6）：5-9.

[38] 胡永有，苏宏业，褚健. 催化重整装置模拟研究综述. 化工自动化及仪表，2002，29（2）：19-23.

[39] 毛国平，卢文煜，胡国银. 先进控制技术在连续重整装置中的应用. 石油化工自动化，2001（2）：18-23.

[40] 周恒杰，李德麟等. 重整装置先进控制技术的应用. 石油化工自动化，1998（1）：33-37.

[41] 孔睿，李德麟等. 先进多变量控制在连续重整装置的应用. 炼油化工自动化. 1997（4）：36-40.

[42] 李春年. 渣油加工工艺. 北京：中国石化出版社，2002.

[43] 秦瑞岐，申世敏等. 延迟焦化装置技术标定程序. 北京：中国石化出版社，1991.

[44] 晁可绳. 延迟焦化装置的设计考虑 (1). 炼油技术与工程，2003，33 (10)：12-16.

[45] Kelley J J. Applied Artificial Intelligence for Delayed Coking. Hydrocarbon Processing, 2000, 79 (11)：114-119.

[46] Stefani A. Debottleneck Delayed Cokers for Greater Profitability. Hydrocarbon Processing, 1996, 75 (6)：99-102.

[47] 马伯文，黄慧敏，陈绍洲等. 延迟焦化装置综合优化控制策略的开发和应用. 华东理工大学学报，1999，25 (2)：127-130.

[48] 陆德民. 石油化工自动化控制设计手册. 第 3 版. 北京：化学工业出版社，2005.

[49] 伍锦荣，章云，隆亚新. 汽油调合自动控制系统综述. 石油化工自动化，2005 (1)：79-82.

[50] 谢磊，张泉灵，王树青等. 清洁汽油优化调合系统. 化工自动化及仪表，2001，28 (4)：40-43.

[51] 王爽心，葛晓霞. 汽轮机数字电液控制系统. 北京：中国电力出版社，2004.

[52] 庄肖曾，黄振鸣. 火力发电厂高级工培训教材——汽轮机控制系统检修. 北京：中国电力出版社，1997.

[53] 王扬，光卫. 现代火力发电机组仿真技术. 北京：科学出版社，1993.

[54] 陈斌. NK50/56/0 型汽轮机控制系统设计应用. 湖南电力，2001，21 (1)：39，48-50.

[55] 王勇，陈建梅，杨沛，杨成文. 汽轮机控制系统优化与研究. 黑龙江电力，2001，23 (7)：163，164，167.

[56] 赵佳，高洪军. 汽轮机转速波动原因分析与处理. 冶金动力，2005，(2)：45-47.

[57] 刘卫，段喜民. DEB 火电机组机炉协调控制系统策略. 黑龙江电力，2001，23 (3)：189，190，197.

[58] 张炳聪. 200MW 机组机炉协调控制系统应用策略分析. 广西电力技术，2001 (1)：45，46，24.

[59] 王世海. 机炉协调控制系统完善化兼及 AGC 控制. 热力发电，2001，(3)：13-15.

[60] 张秋生. 提高机炉协调控制系统 AGC 响应速率的方法. 电网技术，2005，29 (18)：49-52.

[61] 赵庆波，曾鸣，刘敏，林海英. 电力市场中的负荷频率控制方案研究. 中国电机工程学报，2002，22 (11)：45-50.

[62] 孟祥萍，薛昌飞，张化光. 多区域互联电力系统的 PI 滑模负荷频率控制. 中国机电工程学报，2001，21 (3)：6-11.

[63] 韩肖清. 电力系统运行控制与调度. 北京：中国水利水电出版社，1996.

[64] 王慧. 计算机控制系统. 北京：化学工业出版社，2000.

[65] 翁一武，徐志强，于达仁，徐基豫. 汽轮机控制系统对锅炉汽压对象动态特性的影响. 热能动力工程，2001，16 (总 91)：58-64.

[66] 《工业自动化仪表手册》编辑委员会编. 工业自动化仪表手册：第四册 应用部分. 北京：机械工业出版社，1988.

[67] 《采矿手册》编辑委员会编. 采矿手册：第 5 卷. 北京：冶金出版社，1991.

[68] 《选矿手册》编辑委员会编. 选矿手册：第 5、6 卷. 北京：冶金出版社，1993.

[69] 中国冶金建设协会编. 钢铁企业过程检测和控制自动化设计手册. 北京：冶金出版社，2000.

[70] 马竹梧等编著. 钢铁工业自动化：炼铁卷. 北京：冶金出版社，2000.

[71] 马竹梧，邹立功，孙彦广等编著. 钢铁工业自动化：炼钢卷. 北京：冶金出版社，2001.

[72] 马竹梧编著. 冶金原燃料生产自动化技术. 北京：冶金出版社，2005.

[73] 马竹梧编著. 炼铁生产自动化技术. 北京：冶金出版社，2005.

[74] 马竹梧编著. ASEA 培训与考试指定参考书——冶金自动化. 北京：机械工业出版社，2007.

[75] 王孟效等编著. 制浆造纸过程测控系统及工程. 北京：化学工业出版社，2003.

[76] 刘焕彬等编著. 制浆造纸过程自动测量与控制. 北京：中国轻工业出版社，2003.

[77] 钱承茂等编著. 制浆造纸过程测量与控制. 北京：中国轻工业出版社，1991.

第6篇
仪表控制系统设计基础

第28章
设计概论

现代流程工业技术发展很快，生产规模大，技术复杂，对生产操作要求高。一个现代化工厂是否具有先进的自动化已成为重要标志之一。设计是建设的蓝图，一个现代化工厂的蓝图如何描绘也是承担设计工作的仪表工程师的职责。

工程设计是一项涉及方方面面的细致工作，设计工程师要了解生产工艺的情况和特点，这不仅要选择先进的、安全的，同时又经济合理的控制方案，还要根据生产工艺特点选择合适的测量方法进行仪表选型。好的设计能使生产平稳运行，安全操作，提高效率以致提高效益。同样，一个考虑不周的设计也会给仪表安装、开车及生产带来隐患和影响。

◎ 28.1 设计条件及资料

（1）设计条件
① 带控制点管道流程图
② 工艺数据条件表
③ 爆炸危险区域划分图
④ 火灾危险区域划分图
（2）设计基础数据
① 测量单位
② 仪表信号
③ 仪表供电
④ 仪表供气
⑤ 仪表拌热（蒸汽、电）
（3）环境自然条件
① 温度
② 大气压
③ 相对湿度
④ 环境特点（潮湿、盐雾、雷电、风沙、腐蚀）

◎ 28.2 标准规范

一个设计工程师不管他多么有经验，总是需要一套标准规范去指导，规范及约束他的设计。何况有些是属于安全范畴内的国家强制性法规，在设计中是必须要遵循的。

工程设计涉及的标准规范包括强制性的国家法规和行业内部的推荐性规定。

工程设计中标准规范的应用，在某种意义上也体现了工程项目技术上的统一性，表征了工程设计水平，使工程设计更有规范性、通用性。

（1）国家标准

GB——国家强制性标准

GB/T——国家推荐性标准

GB 3836.1—83　爆炸性环境用防爆电气设备通用要求

GB 50058—1992　爆炸和火灾危险环境电力装置设计规范

GB 8703—88　辐射防护规定

GBJ 211　放射性防护规定

GB 50116—98　火灾自动报警系统设计规范

GB 50160—1992　石油化工企业设计防火规程

GB 2625　过程检测和控制流程图用图形符号及文字代号

GB 4208　外壳防护等级分类

GBJ 87　工业噪声控制设计规范

（2）国家部门标准

HG　原化工部标准

HGj　原化工部建设标准

HG/T　原化工部推荐性标准

SH　中国石油化工集团公司标准

SHj　中国石油化工集团公司工程建设标准

SH/T　中国石油化工集团公司推荐性标准

（3）设计规定

HG/T 20636～20639　化工装置自控工程设计规定

HG 20506　自控专业施工图设计内容深度规定

SHSG—033—2003　石油化工装置基础工程设计内容规定

SHSG—053—2003　石油化工装置详细工程设计内容规定

HGj 28　化工企业静电接地设计规范

HG 20556—93　化工厂控制室建筑设计规范

（4）自动控制设计专业技术标准

SHB—Z01—95　石油化工自控专业工程设计施工图深度导则

HG/T 20507—2000　自动化仪表选型设计规定

HG/T 20508—2000　控制室设计规定

HG/T 20509—2000　仪表供电设计规定

HG/T 20510—2000　仪表供气设计规定

HG/T 20511—2000　信号报警、安全联锁系统设计规定

HG/T 20512—2000　仪表配管配线设计规定

HG/T 20513—2000　仪表系统接地设计规定

HG/T 20514—2000　仪表及管线伴热和绝热保温设计规定

HG/T 20515—2000　仪表隔离和吹洗设计规定

HG/T 20516—2000　自动分析器室设计规定

HG/T 20699—2000　自控设计常用名词术语

HG/T 20700—2000　可编程控制器系统工程设计规定

SH 3006—1999　石油化工自动化仪表选型设计规范

SH 3006—1999　石油化工控制室和自动分析室设计规范

SH 3018—2003　石油化工安全仪表系统设计规范

SH 3019—2003　石油化工管道线路设计规范

SH 3020—2001　石油化工仪表供气设计规范

SH 3021—2001　石油化工仪表及管道隔离和吹洗设计规范

SH 3063—1999　石油化工企业可燃气体和有毒气体检测报警设计规范

SH/T 3081—2003　石油化工接地设计规范

SH/T 3082—2003　石油化工供电设计规范

SH/T 3092—1999　石油化工分散控制系统设计规范

SH/T 3104—2000　石油化工仪表安装设计规范

SH/T 3105—2000　炼油厂自动化管线平面布置图图例及文字代号

SH 3126—2001　石油化工仪表及管道伴热和隔热设计规范

SHB-206—1999　石油化工紧急停车及安全联锁系统设计导则

（5）国际有关仪表标准规范

IEC　国际电工委员会标准

ISO　国际标准化组织标准

ISA　美国仪表学会标准

ANSI　美国国家标准学会标准

API　美国石油学会标准

ASME　美国机械工程师协会标准

FCI　美国流体控制学会标准

NEPA　美国国家防火协会标准

NEMA　美国电气制造商协会标准

AGA　美国气体协会标准

TÜV　德国技术监督协会

IEEE　美国电气及电子工程师学会标准

① IEC-529-76　防护标准

② ISA S5.1　仪表符号和标志

　　S5.2　用于二进制逻辑图

　　S5.3　分散控制，共用显示仪表及计算机系统用图形符号

　　S5.4　仪表回路图图形

　　S5.5　过程显示图形符号

　　RP 12.1　危险大气里的电气仪表

　　RP 12.6　本安系统在危险区的安装

　　RP 12.10　危险粉尘场所的区域分类

　　RP 12.12　1区2类危险场所的电气设备

　　S 12.13　可燃气体检测仪表的安装，操作及维护

　　S 75.01　调节阀 C_V 计算

③ ANSI/FCI 62-1-6　调节阀 C_V 计算

　　ANSI B16.104-76　调节阀泄漏量

④ API RP500A　炼油厂电气安装用防爆场所划分

　　RP 520　炼油厂泄压系统的设计和安装

798

RP 550　炼油厂仪表及调节系统安装手册

⑤ FCI 62-1　调节阀口径计算用标准公式

◎ 28.3　工程设计程序及质量保证体系

目前，工程公司、设计院采用的工程设计体制是国际工程公司通用的设计模式，一般分几个阶段完成：

① 由专利商承担的工艺设计（基础设计）；

② 由工程公司或设计院承担的基础工程设计；

③ 由工程公司或设计院承担的详细工程设计

仪表控制系统设计同样也分几个阶段完成。

（1）设计准备阶段

① 可行性研究阶段

a. 确定装置自动化水平。

b. 主要仪表选型原则。

c. 仪表、控制系统费用估算。

② 工程项目报价阶段

a. 确定适用标准规范。

b. 确定装置控制、检测方案。

c. 确定仪表、控制系统选型原则。

d. 设计、安装工作量估算。

e. 仪表、控制系统费用估算。

（2）基础工程设计阶段

① 配合工艺专业绘制不同版次带控制点流程图（PLID）

② 编制仪表设计说明（仪表设计规定）

③ 编制仪表索引表

④ 提出 DCS/PLC/ESD 系统配置方案

⑤ 编制 DCS/PLC/ESD 技术规格书

⑥ 控制室平面布置图

⑦ 配合采购部门进行主要仪表设备的询价、采购工作

⑧ 仪表主电缆桥架走向图

⑨ 复杂控制系统图

⑩ 报警联锁原理及动作说明

（3）详细工程设计阶段　详细工程设计是基础工程设计的深化及工程化。

① 编制详细设计文件

② 仪表设计规定

③ 仪表索引表

④ 仪表回路图

⑤ 仪表数据表

⑥ 报警、联锁定值表

⑦ 顺序控制时序图

⑧ 仪表供气系统图

⑨ 仪表空气配管图
⑩ 仪表保温拌热图
⑪ 仪表供电系统图
⑫ 控制室布置图（机柜室）
⑬ 现场分析器室布置图
⑭ 现场仪表位置图
⑮ 现场接线箱电气接线图
⑯ 现场仪表配管、配线图
⑰ 仪表电缆敷设图
⑱ 报警、联锁/安全停车逻辑原理图
⑲ 仪表接地系统图
⑳ 仪表安装说明
㉑ 仪表安装图
㉒ 安装材料表
㉓ 电缆表

上述为主要工程设计文件，工程规模有大有小，设计文件也略有不同。若采用大型控制系统 DCS/FCS、PLC/ESD，要增加以下相应设计文件。

① DCS/FCS、PLC/ESD 工程设计说明
② 系统配置图
③ 硬件清单及说明
④ 软件清单及说明
⑤ 机柜电气配线图
⑥ 控制室、机柜室布置图
⑦ 监控数据表（I/O）

◎ 28.4 设计质量保证体系

(1) 工程设计是通过设计评审和设计验证程序来保证设计质量

a. 设计方案评审。
b. 设计条件校审。
c. 基础工程设计文件校审。
d. 详细工程设计文件校审。

① 自控专业工程设计，为保证设计质量对设计程序作了一系列规定：

HG/T 20636.6 自控专业工程设计的任务；
HG/T 20636.8 自控专业工程设计文件内容深度规定；
HG/T 20636.9 自控专业工程设计校审提要；
HG/T 20636.8 自控专业工程设计质量保证程序。

工程设计文件的质量保证，主要依靠在设计工序运作过程中必须按照规定要求，程序化运作。在运作工序中校审是很重要的环节。

② 设计文件校审的主要内容是：

a. 设计原则；
b. 控制方案及主要技术问题；

c. 主要设计计算书；

d. 复杂控制系统；

e. 联锁、停车安全控制原理；

f. 标准规范的选用；

g. 设计文件组成及内容深度；

h. 设计文件完整性及符合施工要求；

i. 设计工时控制；

j. 工程费用控制；

③ 设计、校核、审核及各级设计主管人员职责如下。

a. 设计。按照设计工序及相关标准规范，输入设计条件，开展设计工作。设计人员应对设计负全面责任。

b. 校核。参加设计方案评审，与设计人员共同研究设计原则、设计方案，负责校核全部设计文件，对设计成品质量及完整性负责。

c. 审核。参加设计方案及主要技术问题的评审，帮助校核解决设计中的困难问题。对主要设计文件审核。

d. 专业负责人。对接收和提交的设计条件审查。

负责本项目仪表设计规定的编写。

负责主要控制方案的制定及重大技术问题落实解决。

负责本专业设计文件质量保证体系的贯彻实施。

负责本项目工程设计质量，设计人工时及工作进度控制。

(2) 设计验证　工程设计正确与否，必须在现场安装及开车阶段经过实践的检验。设计中暴露的问题，引起的设计变更，应以设计变更书形式由现场设计人员整理归档，作为今后设计工作的借鉴。

第29章
流程工业过程控制及工程设计

对于同一个被控对象，由于选择的被控变量、控制变量不一样，可能会有几种不同的控制回路方案。但是设计只能选择一种，那就是最合理的方案。尽管单回路反馈控制回路是最常见的一种形式，但不是唯一的一种形式。尽管单回路反馈控制解决了过程控制绝大部分问题，但是对于一些特殊对象，单回路反馈控制已得不到预期的效果。对于这些特殊情况，将设计一些复杂控制回路来解决这些难题。

◎ 29.1 单回路反馈控制回路

该回路结构简单，解决了过程控制中大量问题，是应用最为广泛的一种控制回路形式。

被控变量、控制变量选择是控制回路设计的核心问题。选择正确与否会直接影响控制回路的控制品质。

选择被控变量一般应考虑以下几点。

① 最好选择质量指标的变量为被控变量。

② 当无法选择质量指标的变量为被控变量时也要找到一个与它有单值关系的间接质量指标的变量为被控变量。

③ 选择的被控变量要有足够大的变化灵敏度，能灵敏反映出质量的变化。

④ 是能够测量的。

选择控制变量应考虑到以下几点。

① 必须是可控的。

② 控制通道放大系数要大，要大于干扰通道的放大系数。

③ 控制通道时间常数、纯滞后越小越好。

④ 控制通道的干扰点应远离被控点而靠近控制阀。

单回路反馈控制适合时间常数、纯滞后不大的被控对象，负荷干扰变化频率低、对控制要求不高的场合，是控制回路形式选择中的首选方案。

◎ 29.2 串级控制回路

生产过程中要设计一个完全没有滞后的控制系统是不现实的。但是在工程设计中考虑到纯滞后对控制系统品质的影响，可以找到解决办法。串级控制回路通过主、副两个控制器对干扰进行控制，抗干扰能力大大增强。主回路是一个定值控制回路，副回路是一个随动控制回路。主控制器根据操作及负荷变化，修改副回路给定值，以适应操作及负荷变化。

要发挥串级控制优势，副回路设计是关键。副回路设计关键在于选择一个合适的副变量。

① 系统中主要的干扰，应尽量包含在副回路中。副回路具有控制动作快，抗干扰能力强的特点，它能把最频繁、最剧烈的干扰尽可能包含在副回路中，这样就可以把干扰影响减至最小。大大提高系统控制品质。

② 尽可能将对象的非线性环节包含在副回路中。负荷干扰引起的对象非线性特性影响在副回路中被克服，使得对象非线性特性对控制系统的影响减至最小。

③ 大纯滞后对象不应包含在副回路中，以免影响副回路对于干扰克服的快速性。

④ 串级控制中，主、副回路是紧密相关的。主、副回路对象时间常数较相近，关联作用越明显。一旦受到干扰，主、副回路会产生"共振"现象。控制系统品质变差。设计时，应注意主、副回路时间常数匹配，尽可能将它们的时间常数拉开。

⑤ 干扰包含在副回路内。主、副控制器，其中一个具有积分作用，就可使被控变量无余差。一般副回路控制器可选择比例控制器。为了在干扰影响到被控变量前，提前在副回路内有效克服干扰，可选择较高的控制器增益。

串级控制应用场合：适合大纯滞后、时间常数大、干扰幅度大且频繁的对象控制且控制质量要求较高的场合，如加热炉出口温度。

◎ 29.3　前馈-反馈控制回路

石化生产中，一些大纯滞后、时间常数大的对象，它受到的干扰又常常幅度大且频繁，常规的单回路控制，控制质量令人难以满意。在工程设计中解决的办法是，找出影响被控变量的主要干扰，设计前馈-反馈控制回路。目的是在干扰未来得及影响到被控变量前，就提前产生校正作用。因此，这也是一种按干扰量进行校正的控制。

前馈控制从理论上讲，对干扰的校正作用，可以设计得很完美。但是在实际操作中，许多干扰因素是无法估计的，设计出来的前馈控制模型难免有误差。虽然前馈校正作用要比反馈作用快且及时，但是前馈回路是一个开环回路，对被控对象没有反馈作用。它可以克服干扰变化的影响，但不能消除控制回路的余差。为了取长补短，经常设计前馈-反馈控制回路。从工程角度来看，一个被控对象受到的干扰是多方面的，不可能预先知道，全部被前馈模型所校正。前馈-反馈控制回路实际上可降低前馈控制模型的精度要求。工程设计中只需考虑主要干扰，其他干扰的影响可以依靠反馈回路综合性地克服。

前馈-反馈控制回路设计要点：将主要干扰（幅度大，变化频繁的）引入前馈控制；将系统中存在的可测但不可控的、变化频繁的干扰引入反馈控制。

◎ 29.4　均匀控制回路

在流程工业中，生产过程前后工序都是紧密相连的，前后两个设备之间在物料供求关系上需要相互均匀协调。均匀控制就是为了满足工艺生产的这种要求而设计的控制回路形式。

控制回路中有两个控制变量，控制作用使其同时缓慢变化，目的是缓和前后供输关系，使前后相关设备的操作相对平缓。从回路结构上分有以下两种形式。

（1）简单均匀控制回路　采用单回路控制形式。为了达到均匀控制目的，只是在控制器参数整定作些变化，一般是希望有较大的比例度和积分时间。

适用于干扰不大、要求不高的场合。当对象自衡能力较强时，简单均匀控制效果就不明显。

（2）串接均匀控制回路　有些生产装置工艺流程中常会遇到几个精馏塔串联运作，甲塔的出料同时又是乙塔的进料，为了让串联运行的精馏塔协调平稳地生产，可以设计串级均匀控制回路。控制目的是使精馏塔的进料和前塔液位保持在一定范围内缓慢变化。

设计液位-流量串接均匀控制回路与常规的串接控制回路控制目的不一样。均匀控制并不是提高主被控参数（液位）的控制质量。引入副回路也只是为了使被控参数（流量）变化平缓。主、副控制器一般都选择比例特性（有些场合中副控制器也有选择比例加积分特性）。

均匀控制有下列特点。

① 主控变量、从控变量都是允许在一定范围内变化的。

② 主控变量、从控变量变化是缓慢的。

由此可见，均匀控制是一种兼顾性的协调控制。主控回路实际上是降低控制品质要求而取得整个控制回路的协调性。因此设计中变送器量程可选大些，可选用比例控制特性。若选用比例加积分控制特性时，积分时间可选长些。

◎ 29.5　比值控制回路

在实际生产中，常常会遇到两种物料始终需要保持一定的比例关系，如化肥厂的合成塔操作，始终需要保持进合成塔的氢气、氮气成一定的比值关系。实施这种目的控制回路，称为比值控制回路。

比值控制回路设计要点如下。

① 注意测量环节的非线性影响。如流量测量时，习惯采用孔板流量计。测量压差与流量间的关系是非线性的，会影响到比值控制的比值。小负荷变化时这种影响可能并不显著，但在大负荷变化时往往会影响比值控制质量。孔板测量流量最好选择流量变送器。

② 测量变送器输出若是非线性，可能会影响到比值控制回路中比值系数的计算。为了避免非线性影响，可在变送器后面加开方器来解决。

③ 两个流量回路设计时要注意变送器量程选择要合适，以满足输出信号匹配。

④ 流量测量是比值控制的基础。流量测不准根本谈不上比值控制。流量测量往往受到测量介质温度、压力、密度变化的影响。设计工况与生产现场工况差异都会给比值控制精度造成影响。设计时要考虑流量测量的温度、压力补偿。

⑤ 设计时要注意主变量和从变量的选择。一般总是将主要物料设计为主变量，其他物料设计为从物料。一般从变量可控，而主变量不可控。有时从生产安全角度来看，这样的方案不可取，如合成氨生产中石脑油与蒸汽的比值控制回路，从常规的观念来看，应该是石脑油为主变量，蒸汽为从变量。但这样的选择，从生产操作安全性来看是不可取的。若是蒸汽作为从变量，当它受到某种工艺制约条件约束，需要减负荷，但是主变量石脑油不可控，并不因为蒸汽减量而减量。在合成氨生产中，水碳比的失控减少是很危险的，是引发事故的隐患，因此在合成氨生产中，常以蒸汽作为主变量。

◎ 29.6　分程控制回路

反馈控制回路中，控制器输出控制的只是一个控制阀。但是在实际工艺生产中，控制器输出要根据操作要求去控制不同的控制阀。石化生产中常会遇到的化学反应器的反应温度控制。反应温度恒定是靠蒸汽加温，冷却水降温，为了满足生产这一操作要求，常常设计 两个分程控制。

分程控制常常适用下列场合。

① 工艺生产需要不同工况时采取不同的控制手段。

② 一种控制手段达到极限时（控制阀全开/全闭），需要靠另一个控制手段继续控制。

③ 为扩大控制阀的可调范围，有时工艺操作需要很大的可调范围，如开车初期，流量达不到设计值，需要采用两个阀，流量小时用一个阀，流量大时再开第二个阀。采用分程控制可提高控制回路控制精度，改善控制品质。

控制阀是在 $0.2 \sim 1.0 \mathrm{kgf/cm^2}$ ❶ 气动信号下工作的。为了实现分程的目的，常常通过阀门定位器把气动信号分成几个信号段。

分程控制回路设计要点如下。

① 选择合适的控制阀特性。控制阀信号分段操作，必然会带来两个阀动作的交替点。由于阀的特性，在这个交替点，阀的放大系数有可能会发生突变。当两个阀都是线性特性的情况下，尤为明显。设计时为消除这种影响常常采取：控制阀采用对数特性；控制阀信号段有一部分重叠。

② 为了扩大控制阀的可调范围，常选择一个大阀和一个小阀，要注意大阀的泄漏量。大阀的泄漏量太大，小阀就起不到控制作用。

◎ 29.7　选择性控制回路（取代控制）

在大型生产过程控制中，不仅要满足正常工况下的连续、平稳的生产，还需要在非正常工况下，采取相应保护性措施，增强克服外界干扰的应变能力。按照正常生产条件设计的过程控制系统，往往适应不了非正常工况。为了处理非正常工况下的操作，过去只能采取联锁、停车的办法或将生产操作切换到人工处理。操作紧张又可能会造成大量原料、产品的浪费。

一般在工艺生产中，都可以找到安全性操作的极限值，如压缩机操作中的"喘振值"，精馏塔操作中的"液泛值"。这些都是生产操作的约束性条件。当生产操作达到这些安全极限条件时，系统必须要有安全性的措施，使生产迅速离开安全极限值，直至恢复到正常生产。这种保护性措施可以是硬保护或软保护。

(1) 硬保护措施　当生产达到安全极限值时，设计声光报警。这时操作员可采取措施，如将自动切换手动，或是自动启动联锁保护系统实现自动停车。硬保护能对生产过程起到保护作用，但动辄停车对生产影响太大，易造成大的经济损失。

(2) 软保护措施　指在过程控制系统设计时，设计一套选择性控制系统。当生产操作达到某安全极限值时，会自动选择另一套控制规律的控制回路来取代正常条件下工作的控制回路。生产装置不需要停车，同时又起到生产装置安全保护作用。选择性控制回路设计时，已经考虑了生产工艺过程中，各种约束性限制条件及它们之间的逻辑关系。

选择性控制系统可以有不同结构形式。

① 选择最高测量值　如反应器催化剂温度，从反应器安全操作考虑，选择最高的催化剂层温度控制进反应器冷剂量。

---

❶　$1 \mathrm{kgf/cm^2} = 98.0665 \mathrm{kPa}$，下同。

②选择不同的控制器　如乙烯生产中乙烯塔塔顶压力控制是通过控制塔顶冷凝器冷剂量来实现。当出现冷凝器液位过高时，可能出现冷剂蒸汽带液现象，会给压缩机造成不安全因素。从生产安全角度出发，设计了乙烯塔塔顶压力控制。

③冷凝器液位选择性控制系统　在非正常工况时由冷凝器液位控制代替塔顶压力控制。

④选择不同操作变量　如储罐氮封压力控制。正常时为保持储罐氮封压力是靠控制进储罐氮气量来实现。但当氮封压力太高，为安全起见却需要打开储罐放空阀，来稳定储罐压力。

选择性控制回路设计要点如下。

①通过对生产过程中对生产操作的约束性条件及不安全因素的分析，设计选择性控制回路。

②根据生产操作安全要求，选择控制阀的气开/气关形式。

③具有积分作用的控制器，处在开环状态下，当有偏差信号输入时，会产生"积分饱和"现象。设计时必须要有防积分饱和措施。

◎ 29.8　多变量介耦控制回路

现代生产规模大，技术复杂，生产过程控制中经常会碰到"多变量"、"强耦合"问题。一个设备上有多套控制回路，变量与变量之间关联性十分严重，甚至会影响到控制回路的正常运行。

为了减弱多变量系统中变量间的关联作用，设计时要注意到以下几点。

①控制变量与被控变量合理选择搭配，使它们的相对增益接近1。如一根管线上有压力控制又有流量控制。两个控制回路间存在关联性，互相影响。设计时就要注意两个控制回路控制变量与被控变量之间的选择搭配。

②通过控制器参数整定，将两个控制器的比例、积分时间扯开。

③改变常规控制方案，将两个控制回路的控制变量互换，这也称为交叉控制。

④设计介耦装置。设计中有时为了简化，仅考虑静态耦合影响，这时可选择一个乘法器和一个加法器来构成静态介耦装置。

如乙烯生产中裂解炉出口炉温控制，采用了介耦控制，取得了很好效果。

◎ 29.9　非线性控制回路

很多的化工对象都具有不同程度的非线性特性。对于非线性不太严重的场合，有时通过选择合适的控制阀特性，也能取得较为满意的控制效果。但是对于严重的非线性对象，如pH值控制，若按常规的PID控制，就很难得到满意的效果。为了解决这些非线性对象的控制问题，可以采用非线性控制器。在单元组合仪表系列中可以找到非线性控制器。在DCS系统中可以选择非线性模块来实现。

非线性控制除了应用于非线性特性对象外，也可在某些液位控制中，起到均匀控制的作用。液位对象虽然是线性或近似线性的对象，但是在液位控制中引入非线性环节却起到均匀控制作用。在非线性液位控制系统内，非线性控制是在预设的间距范围内运行的。可以通过改变控制器增益加大或减弱控制作用。

非线性液位（PID）控制器的输出变化＝(1＋ANL)＋i＋D

$$ANL = KN \cdot ERR/SPAN$$

式中，KN 为液位控制器增益；ERR 为液位偏差值；SPAN 为液位控制范围。

非线性液位控制常见于精馏塔再沸器液位，出口流量控制。非线性控制器输出增益随液位偏差（ERR）而变，液位偏差越大，控制器输出增益也越大，出口流量变化也大。当液位在设定值附近变化时，出口流量变化几乎为零。

设计非线性控制器是在常规控制器基础上，增加一个非线性单元，目的就是为了补偿对象的非线性特性。

◎ 29.10　先进控制回路

以 PID 控制为基础的常规控制回路可以说已经构成了工厂自动化的基础。但是常规控制回路对付复杂干扰的动态过程、大滞后的影响、不可测变量的影响以及工艺生产中各种约束性条件的限制，综合的控制效果不可能是最好的。先进控制及过程优化技术的应用，可有效地稳定生产过程操作，实现"卡边"控制，改善产品质量，提高产品收率，是企业提高效益的一个重要手段。

先进控制是一种基于模型的控制策略。先进控制的实施需要控制系统具有足够大的计算能力的支持平台。模型预测控制是目前工业上应用最广泛的一种方法，它采用了模型预测、滚动优化、反馈修正的模式。多变量预估控制，由于对模型精度要求不高，但对解决多变量系统变量之间的耦合，对大滞后、非线性等难题却能得到满意的解决。实施先进控制策略的核心是多变量预估控制器。

目前已有不少厂商开发了用于先进控制的工程化软件。

（1）美国 Spen Tech 公司 DMPlus 动态矩阵多变量预测控制　其特点如下。

① 具有完善的多变量动态过程辨识软件。

② 能处理大纯滞后、大时间常数及非线性等复杂控制问题。

③ 应用线性规划，实现经济性能的最优化。

④ 解决生产过程中的约束性条件处理，实现"卡边"控制。

（2）美国 Honeywell 公司 BMPCT 鲁棒多变量预估控制器　它的特点是鲁棒性好，对于耦合关联严重的多变量系统有很好的控制能力。

BMPCT 软件包包括：模型预估控制器；约束性控制器；优化控制器。

（3）美国 EMSon 公司 Deltav 系统具有嵌入控制器中的预测软件 Predict　也具有很好的鲁棒性。

（4）日本横河公司模型预测控制 EXasmoc　它是以荷兰壳牌公司开发的变量模型预测控制算法 SMOC Ⅱ 为核心的软件包。

（5）浙大中控软件公司多变量预测控制软件 advantrol-Hicom，预测函数控制软件 advantrol-PFC　在国内化工装置上取得很好的应用。

第30章
仪表控制系统选择

工厂生产自动化工程设计很重要的一个环节是根据生产装置规模及要求进行控制系统的选择及设计。随着各个时期仪表自动化技术的发展，设计所选择的仪表控制系统也经历了几个不同技术特点的阶段：

① 模拟仪表控制系统；
② 集散型控制系统（DCS）；
③ PC控制系统（IPC）；
④ 现场总线控制系统（FCS）；
⑤ 企业综合自动化解决方案。

◎ 30.1 控制系统发展动向

目前企业以DCS为核心的工业过程控制系统架构将朝着智能化、数字化、信息化、网络化方向发展。新一代的过程控制系统突出表现在开放性、集成性，实现信号传输全数字化，控制功能全分散，系统信息全开放。

① 工业PC机技术发展迅速。PC机不再局限担当人-机界面操作站角色。基于PC机的开放，日趋标准化的软件，已渗透到工控领域的各个方面。由于采用客户/服务器架构模式，Soft DCS Soft PLC取得越来越广泛的应用。

② FCS由DCS发展而来，保留了DCS特点，综合十几年来的应用经验，但又显示它的新的特点，新的发展：

a. 全数字化通信，抗干扰能力增强；

b. 现场设备状态可控，可靠性增强。

c. 开放性系统，互操性、互换性强。

d. 模块化结构，系统柔性化。

e. 远程智能I/O使系统真正分散，提高系统架构灵活性。

③ 新一代过程控制系统都支持Internet。这是网络技术发展的必然。使企业实现信息技术与工程环境的集成。Internet技术提供了快捷经济的远程监控方式。

④ 新一代过程控制系统大多基于Windows操作平台。大多支持IEC61131-3国际编程语言。图形化组态工具功能强大，编程组态方便，效率高。

⑤ 工业以太网迅速应用。变换式以太网技术在克服共享式以太网时间响应具有不确定性缺点，在实时性方面，在传输速度方面都有很大的提高，它为总线控制系统建立起一体化网络平台。

⑥ 基于TCP/IP及Client/Server架构的分布式监控系统技术已十分成熟，不少厂商正

在开发利用 Ethernet 作为工业控制网的传输主干，它用来连接现场设备与系统监控设备，可开发出不少符合 TCP/IP 信息传输协议的设备和带 Web 技术的设备。

⑦ 功能综合化。

不少厂商相继提出"Solutions"概念，基于网络技术的管控一体化方案已成为当前自动化热点。通过信息与功能的集成，综合管理和决策，最终将提供一个能适应生产环境的不确定性，市场需求多变性，实现全局范围最优，高效益，低成本的透明化的数字工厂。

◎ 30.2　影响控制系统品质的几个因素

（1）被控对象特性
① 被控对象时间常数
② 被控对象纯滞后
③ 被控对象非线性

被控对象纯滞后大，系统品质差。干扰通道放大倍数越大，系统品质也越差，但干扰通道时间常数大且干扰进入位置越靠近调节阀，干扰对系统的影响越小，控制质量会好一点。

控制通道放大倍数越大越好，克服干扰作用越大，对控制系统品质是越有好处。但控制通道时间常数越大，控制速度慢，不能及时克服干扰影响，导致系统品质变差。

（2）测量与传送滞后　测量元件都有一定的时间常数，一般称为测量滞后。多数参数的测量都会引入测量纯滞后，有的还很严重，如温度、在线分析。流量、压力测量纯滞后小一些。测量纯滞后和控制通道纯滞后影响一样，也会严重影响到控制系统品质，是非常有害的。信号传送滞后与测量滞后的影响一样，越大越会造成系统品质变差。因此在仪表控制系统设计时要注意到：选择合适的测量位置，减少测量滞后；选择惰性小的测量元件，减少测量元件的时间常数。

（3）系统关联性　现代工业，强化的生产工艺，复杂的生产流程，常碰到的问题就是多变量、强耦合。变量之间的关联性十分严重。引起变量之间相互扰动，控制质量被破坏。

（4）系统的非线性　对于一个现代化的生产装置，生产过程都存在非线性问题，只是程度不一而已。随着对生产过程综合自动化的要求越来越高，非线性对控制品质的影响将会日益凸显。

（5）控制器控制特性　在控制系统设计时，选择合适的控制器控制特性，并将参数整定在一个适当值十分重要。在装置开车时，系统投运不好，问题往往出在控制器特性及参数选择不当所造成。

控制器特性一般常用的是以下几种。

① 比例控制器　适用于对象时间常数较大如加热炉温度、储罐液位控制。

② 比例积分控制器　适用于对象纯滞后、时间常数不大，被控变量又不允许有余差场合。

③ 比例（正）微分控制器　适用于对象时间常数较大，纯滞后不大，又允许有余差的场合。它兼顾了比例积分和比例微分两种控制作用的优点。增强克服干扰的能力，系统稳定性有了很大提高。

④ 比例积分微分控制器　对容量滞后较大，纯滞后并不太大的场合，选用比例积分微分控制器可以全面改善控制品质，如温度控制、组分控制。

根据不同的对象特性，正确选择控制器控制特性，可以得到改善控制系统品质的作用。

809

① 流量。对象时间常数很小，纯滞后时间也小。选择比例积分控制器。

② 压力（气体）。单容，具有自衡能力，没有纯滞后，时间常数较大。选择比例积分控制器（积分时间比流量控制时要大一点）。

③ 压力（液体）。时间常数小。选用比例积分控制器。

④ 压力（蒸汽）。多容，对象时间常数较大，纯滞后随流量而变。选择比例积分微分控制器。

⑤ 温度。多容，对象时间常数较大，且时变。选择比例积分微分控制器（积分要放大一点，微分相对小一点。测量元件要选时间常数小一点的）。

⑥ 成分。多容，时间常数大，纯滞后大。选择比例积分微分控制器。

⑦ 液位。没有纯滞后。选择比例积分控制器或比例控制器。

◎ 30.3　仪表控制系统选择

30.3.1　模拟式仪表控制系统

长期以来，在控制系统发展过程中，模拟式仪表控制系统的应用是一个重要环节，有很重要作用。它包括基地式仪表、单元组合式仪表和组装式仪表所构成的控制系统。

单元组合式仪表从Ⅰ型发展到Ⅲ型，性能上有很大提高。由于结构简单，维护方便，价格低，目前在一些中、小型工厂中仍在应用。

在工程设计中选择气动还是电动单元组合仪表，不能一概而论。它们各有专长，设计时应根据具体条件而定。以下几点可作为设计时的参考。

① 集中操作程度，自动化水平要求。

② 响应速度。

③ 安全性要求。

④ 可靠性要求。

⑤ 环境条件及信号传输距离。

⑥ 经济性。

下列条件下以选择气动仪表为宜：信号传输距离较短；生产装置易燃易爆；维护力量较弱；投资较少。

30.3.2　集散型控制系统（DCS）

模拟式仪表控制系统虽然具有可靠性高，操作维护容易，成本低等优点。但随着生产装置规模越来越大，生产技术越来越复杂，操作要求越来越高，使用局限性就越来越明显，表现在以下方面。

控制性能上，对架构复杂控制系统的能力较差，很难满足多变量系统的要求。

面对规模大、技术复杂的大型生产装置，模拟仪表控制系统往往需要一个很大的控制室，设置很多的仪表、仪表盘以及操作台，很难实现集中显示、集中操作。

集散型控制系统解决了模拟仪表控制系统功能单一的局限性，又克服了计算机系统过于集中的问题。系统通过冗余配置，可以大大提高系统的安全性及可靠性。屏幕显示的 CRT 操作站解决了模拟仪表控制系统无法解决的人机界面问题。

特别是新一代的 DCS 更注重于信息网络和管控一体化。模块化的结构设计，架构系统更灵活，功能更齐全。由于它具有更完善的控制功能（包括先进控制及优化技术）。丰富的窗口技术，Windows 或 Unix 操作系统及故障自诊断等智能化功能。硬件的冗余配置及开放通信接口（OPC）使 DCS 的操作功能及可靠性都得到大大提高。

（1）集散型控制系统（DCS）系统构成及技术要求

① DCS 系统构成

a. 基本控制器（以微处理器为核心）。控制器是整个 DCS 系统的核心和基础，可靠性、安全性尤为重要。工程设计时，常常要采取硬件冗余配置以及掉电保护、抗干扰等保护措施。

b. 操作站。具有完善友好的人机界面设备及其他外围设备，具备操作员及工程师操作功能、通信功能。

c. 数据通道。具有与远程 I/O 通信功能。通信速率不小于 2MB/s。控制总线通信速率不小于 10MB/s。

d. 操作软件。包括实时操作系统、编程语言、编译系统、数据库系统、自诊断系统。

② DCS 系统技术要求

a. DCS 工作条件：供电电压、频率及品质要求。

b. DCS 环境条件：温度、湿度、振动、电磁兼容。

c. 输入/输出信号卡件类型，规格、精度。

d. 微处理器（CPU）：字长、内存、时钟频率、采样周期、存放数据速率、运算速度。

e. 操作站：CRT 尺寸、分辨率、内存容量、变量存储数量、显示画面更新速度，打印机形式、速率。

f. 输入信号处理：电平转换、滤波、隔离、线性化、温压补偿、限幅、坏信号检查、报警值检查。

g. 输出信号处理：限幅、隔离、保护。

h. 冗余配置方式：控制器、I/O 卡件、通信、供电系统。系统切换时间小于 1s。

i. 控制算法：PID 控制、先进控制。

j. 编程方法：支持 IEC 61131-3 标准编程语言。

k. 模块化结构设计。

l. 自诊断功能。

m. 软件分散结构设计，容错技术应用，标准化软件。支持交互式实时多用户、多任务，具有中断优先权。

（2）DCS 系统工程设计要点　控制器容量能足够处理及完成全生产装置的回路控制、批量控制、顺序控制以及联锁点事故处理能力。

控制器具有冗余配置上的灵活性。

控制器输入/输出卡件具有较大适应性（有源/无源、隔离）。

控制器全部负载不能超过每个 CPU 计算时间和存储空间的 60%。

操作站实际处理能力不大于 30%。

数据总线通信响应时间（从操作台到控制器）不大于 1s。

DCS 系统容量应保留 20% 备用量。

DCS 数据通信回路应冗余配置，两个通信回路不能共用一个通信接口，接口应隔离。

DCS 供电应冗余配置。供电能力应大于正常负荷 75%。后备电源应能保持 30min 工作时间。

DCS 输入/输出（I/O）能带电插拔，故障时输出应保持安全值，具有自诊断功能及 LED 状态显示。

用于控制的输入卡应冗余配置。

关于响应时间的要求：

数据采集、显示　　1～3s　　　　　　　　总貌显示　1～2s
　　事件报警　＜0.2～0.5s　　　　　　　PID 回路控制　0.02～1s
　　位号选择　＜0.005～0.01s　　　　　调趋势显示　＜2～3s
　　画面调出　＜0.2～4s　　　　　　　　模拟量输出更新　0.2～1s
　　画面更新　1～4s　　　　　　　　　　现场命令传输　＜0.2～2s

　　RAM 容量设计应包括：操作系统对紧急事件处理；用户软件；事故记录保存；过程控制，紧急停车；数据采集，历史数据存储；用户报告；20％备用量。
　　提供过程通信接口，如 PLC/ESD、气相色谱、罐表系统等。
　　流量输入信号小信号切除±0.2％，死区 1％。
　　模拟输入滤波器常数：0，0.37，0.5，0.72。
　　模拟输入限制值：－5％～＋105％。
　　模拟输出限制值：－17.5％～＋106.5％。
　　非线性控制器增益：0.25，范围限制 0.02％。
　　PID 参数推荐值：

	比例(%)	积分(s)	微分(s)
流量	130	6	0
压力（气相）	15	40	0
（液相）	100	12	0
温度	50	120	60
液位	100	240	0
（非线性　0.25）			
分析	100	180	60

　　流量控制。
　　输入信号处理：求方根，线性化处理。求方根后小信号切除。
　　流量校正：液体。温度校正。
　　　　　　　气体。温度，压力校正。
　　校正计算值 k 限制值：液体 0.8～1.2。
　　　　　　　　　　　　　气体 0.5～1.5。
　　液位控制。
　　输入特性：线性。
　　高/低报警值：按工艺要求。
　　控制算法：PI。
　　非线性控制增益：0.25。
　　SP 跟踪：需要。
　　操作方式：手动-自动。
　　输入坏信号处理：切换至手动。
　　　　　　　　　　按最后信号值固定输出。
　　压力控制。
　　输入特性：线性。
　　高/低压力报警：按工艺要求。
　　控制算法：PI。
　　操作方式：自动-手动。

输入坏信号处理：自动-手动切换。

按最后值固定输出。

温度控制。

输入特性：线性。

高/低温度报警：按工艺要求。

控制算法：PID。

操作方式：自动-手动。

SP跟踪：需要。

输入坏信号处理：自动-手动切换。

按最后值固定输出。

串级控制。

a. 主控制器。

控制算法：PID。

操作方式：自动-手动。

设定值跟踪：串级回路开路。

主控制手动。

输出跟踪：需要。

b. 从控制器。

控制算法：PID。

操作方式：手动-自动-串级。

输出跟踪：不需要。

设定值跟踪：按从控制回路要求。

输入坏信号降级处理：串级回路开路。

从控制器按手动-自动方式运行。

比值控制。

输入特性：线性。

比值增益：1.00。

比值刻度：4.00。

控制特性：线性。

操作方式：手动-自动。

SP跟踪：需要。

比值跟踪：需要。

降级/联锁处理：流量输入超限，自动切换至手动。

输入坏信号，输出信号固定在最后值。

(3) DCS系统性能要求

① 控制器

a. 控制器CPU至少32位，时钟频率至少25MHz，内存至少16MB。

b. 非易失性内存（RAM）供电中断至少保留数据七天以上，失电后能保存全部组态数据。

c. 冗余配置，热备份切换时间小于1s。

d. 控制器全部负载量不能超过每个CPU计算时间和存储空间的60%。

e. 过程控制器应是一个具有对等方式交换信息及独立功能的核心设备。同样应具有良好的人机界面，可以预设一些用户定义的控制模块，对输入信号进行处理。为了先进控制需要，控制器中每个点都可选择不同扫描速率。

② 过程输入/输出单元

a. 输入/输出单元应具有防信号过载、浪涌保护等措施，可带电插拔。

b. 用于控制功能的输出/输出卡件应冗余配置。

c. 输出单元应具有故障安全型设计，故障时能保持最后输出值或预定义安全值。

d. 数字量输出具有自诊断功能及 LED 状态显示。

e. 输入信号分辨率大于 12 位。

③ 操作站

a. 可以在正常工况下对本站范围内各种设备进行控制及监视。

b. 通常 CRT 画面生成小于 3s。

c. 系统响应时间（输入变化到画面显示变化）小于 3s。

d. 系统响应时间（操作站键入到系统输出变化）小于 2s。

e. 32 位 CPU，时钟频率不小于 25MHz，冗余配置，切换时间小于 1s。

f. 实际处理能力不大于 30% 满负荷。

g. 具有开放性过程通信接口（如 PLC/ESD，在线色谱，罐表系统）。

h. 具有数据传输错误指示，可在线修正组态。

i. 输入/输出卡件应留有 20% 备用量。

④ 数据通信系统

a. 要求能对整个通信网络中任何信息进行采集处理，数据保存在独立的操作单元存储器内。

b. 通信协议应满足 IEEE802.4，控制总线通信速率不小于 10MB/s，保证提供可靠的高速数据通信。

c. 通信总线响应时间（从操作台到控制器）不大于 1s。

d. 冗余配置。设备上应具有两个独立且隔离的通信接口。

⑤ 供电系统

a. 实际供电容量不应超过设计容量的 75%。

b. 后备供电能保证存储器工作 72h，系统工作 30min。

c. 由不间断供电装置（UPS）供电：

   220V±10V AC，$50^{+0.5}_{-1.0}$Hz；

   UPS 切换时间应小于 5ms；

   具有自检、故障自诊断功能及故障报警功能。

d. 冗余配置。

⑥ 软件系统

a. 操作系统能完成设备驱动、数据采集、历史数据库及过程控制，支持用户软件。

b. 支持交互式实时多用户、多任务，具有中断优先权，配有标准化、通用的操作系统。

c. 控制功能执行周期可在 1～30s 中选择。高级控制执行周期可长一些，高级控制应具有数据保护存储功能。

d. 所有控制功能在一个输出扫描周期内得到更新数据。扫描速度可在 0.1～16s 之间选择。

⑦ 可靠性要求

a. 每年失效时间不大于 2h，平均维修时间 15min。

b. 系统应进行 100% 连续运行 100h，硬、软件测试无故障。

其中硬件测试应包括：外观缺陷检查；接线检查；AC/DC 电源检查（电源故障及恢

复）；切换开关性能检查（如冗余组件切换）；通信网络满负荷检查；设备自诊断功能检查；射频信号干扰保护性试验；仿真信号回路功能试验。

软件测试包括：软件功能安全性；自诊断功能软件检测；装载数据库试验及修改数据库显示检测；通信、操作、监视功能纠错检测。

(4) DCS 系统工程设计　DCS 工程设计一般可按三个阶段进行。

① 可行性研究阶段　根据装置规模、自动控制水平及投资情况，研究 DCS 系统应用的可行性，确定 DCS 系统的初步方案。按下列内容可初步估计系统构成：控制回路数量；监测数据点数量（I/O 类型及数量）；控制形式（简单/复杂/批量/顺序/先进及优化控制）；操作及画面设计要求；生产报表格式；安全性、扩展性要求。

② 基础工程设计阶段

a. 编写 DCS 技术规格书及 DCS 投资估算。

b. 配合采购工程师编写 DCS 询价单。

c. 开展询价及采购工作。

DCS 技术规格书内容应包括以下内容。

装置工艺概况及操作要求。

工程设计资料；PID 图（带控制点管道流程图）；仪表索引表，仪表设计规定；DCS 监控数据表；复杂控制原理图；报警、联锁原理图。

适用标准规范。

供方范围

DCS 系统规模。

DCS 系统硬件要求。

DCS 系统软件要求。

DCS 系统功能要求。

报价文件要求。

技术文件交付。

技术服务。

备品、备件。

DCS 系统测试及验收。

工作进度。

质量保证。

③ 详细工程设计阶段　结束 DCS 询价及合同谈判工作，从 DCS 制造厂得到有关 DCS 的部分软、硬件资料后可以着手 DCS 部分工程。内容包括：DCS 硬件规格书及清单；DCS 软件规格书及清单；DCS 系统图；控制室、机柜室布置图；监控数据及 I/O 表；联锁/停车系统原理图；DCS 回路图；机柜端子接线图；接地系统图。

30.3.3　现场总线控制系统（FCS）

(1) 现场总线控制系统（FCS）　FCS 是在 DCS 基础上发展起来的，代表着一种自动化技术发展方向。以现场总线为基础的现场总线控制系统包括三大块内容：

现场总线设备；现场总线及附件（中继器、网关、网桥等）；控制室设备。

现场总线控制系统基本可定义为：

现场通信网络；现场总线设备可互连；可互操作性；分散的功能模块；统一的组态方式；开放的互联网络。

(2) 现场总线控制系统工程设计　现场总线控制系统是在 DCS 系统基础上发展起来的，

在系统规模、功能设计等方面有一定的相似之处，但也有其特殊之处：现场设备已被智能型总线设备所代替，成了传统 DCS 系统的过程 I/O。现场总线控制系统网络通信采用拓扑结构，增加分区布线的设计。

① 现场总线控制系统设计要点

a. 二线制现场总线设备由总线供电。

b. 现场总线网络是由主干线、支线组成。支线长度越短越好。

c. 网络上增加设备，可以通过引出支线办法解决。

d. 电缆长度超过限制值可加中继器。

e. 电缆需屏蔽，主干线与分支线屏蔽层接地线相连后一点接地。

f. 现场总线是有极性的。现场总线设备＋极、－极分别相连。

g. 传输线末端必须加终端器（阻抗匹配模块）防止信号失真或衰减。

② 现场总线控制系统配置

a. 总线接口卡件。用于现场总线网络与控制系统连接接口卡件。

b. 智能型总线设备。要求如下：全数字化通信技术；多变量处理能力；标准功能模块化；信息双向传输；适于现场安装的密封结构；开放的通信协议，具有互操作性；智能化功能，如自诊断、报警、趋势显示等。

c. 总线供电电源。包括非本安电源（为安全网供电）、普通非本安电源、本安电源。

d. 中继器。为扩展现场总线网和传输范围，同时也给总线供电。

e. 网桥。用于连接不同速率现场总线段和不同传输介质的现场总线段，是小网络到大网络的中间媒介，同时也向总线供电。

f. 网关。用于连接其他通信协议设备的中间媒介，同时向总线供电。

g. 电缆。

h. 控制室设备（DCS/IPC）。

③ 现场总线控制系统供电设计　DCS 系统向现场总线设备供电一般通过网卡。

a. 基金会现场总线 FF 的 H_1 网卡可分为有源网卡、无源网卡两种。在非防爆危险场合由有源网卡向现场总线设备供电。但大多数 DCS 系统只能提供无源网卡，若需要供电，只能采用专用的现场总线配电器向现场总线设备供电。

b. Profibus 现场总线供电。大多 DCS 系统只提供 Profibus-DP 有源网卡，不能提供 Profibus-PA 网卡。对于 Profibus-PA 供电必须通过 PA/PD 网桥来完成。

④ 现场总线区域设计　现场总线不同于 DCS 系统设计的根本点在于总线区域设计代替 DCS 系统的点对点的布线设计。考虑到现场总线仪表的区域分布及单元操作分组情况，进行现场网络结构的配置和设备数量的确定。工艺流程不同，现场总线网络拓扑结构形式及包含的现场总线设备数量不尽相同。一个好的现场总线区域设计既要考虑到安全性又要兼顾到可扩展性。

在现场总线区域设计的网段配置时，应考虑总线设备的供电，对现场总线设备保证其工作电压，可以正常工作。所以在考虑供电设计时必须要搞清每台总线设备的耗电量，设备在网段中位置，供电电源在网络中的分布位置，每段电缆的阻抗情况。

由现场总线设备特性及供电容量要求，决定每个网段上所挂设备数量。根据网络特性确定网络干线及支线长度。

⑤ 现场总线控制系统安全设计

a. 总线扫描周期大于 $1 \sim 2\text{s}$，保证重要的过程信息不会因总线负荷重而丢失。

b. 总线容错能力。

DCS 系统安全性是靠 DCS 系统的重要部件，如控制器、I/O 单元等冗余配置来实现的。现场总线控制系统 FCS 则采用风险分散和隔离的办法来代替 DCS 系统热备份冗余。但是在

FCS 中人机界面、供电、通信总线还是应该考虑冗余配置。

30.3.4 PC 控制系统（IPC）

IPC 是在工业 PC 机基础上，加上监控软件及一些必要的 I/O 硬件设备构成的控制系统。大多数 PC 平台都采用 Windows NT 操作系统，具有网络支持能力和很好的开放性。IPC 容易做到热备份，使安全性、可靠性有了很大提高。由于 IPC 开放的结构，降低成本，提高了系统构成的灵活性。

大多数监控组态软件都运行在 Windows NT 环境下。工业 PC 机具有广泛的硬、软件支持，品种丰富且能利用图形化用户界面。IPC 系统特点如下：可独立构成系统；采用标准通信接口；采取各种保护性措施，适合现场条件；Windows NT 操作系统，适合实时、多任务应用；TCP/IP 通信协议，更开放化。

PC 机具有各种特性和功能，品质档次也不一样，用户可根据自身情况自由选择。IPC 发展的关键是软件。监控组态软件是面向监控与数据采集软件平台，它包括系统组态、画面组态等。它为用户提供一个用最简单的方法，构筑控制系统的软件平台。使用方式灵活，功能强大，接口开放，最大的优点是实时多任务可以完成数据采集、数据处理、算法运算、过程控制、图形显示、人机对话、数据存储等。灵活多样的组态方式，良好的用户开发界面，且能支持各家的工业 PC 机。PC 机的监控软件，并不依赖于 PC 机，可以独立、商品化地开发生产，使产品技术成熟、更换快。

PC 控制系统包括一个开放式结构的 PC 硬件平台，实时的操作系统 Windows NT，配备 PCI、CPCI 总线采集卡，采用通用的 IEC 61131-3 控制逻辑编程标准。工业 PC 机发展很快，容易得到性价比好的产品。

IPC 也是一种软逻辑控制系统。传统 DCS 系统中的控制器、人机界面、通信等功能都可以集成到 PC 硬件平台上，进一步完成 Soft PLC、Soft DCS 任务。

Siemens Simatic 是基于 PC 机的自动化系统。通过工控软件 WinAC 将控制、数据处理、人机界面、通信等功能集成在 PC 硬件平台上。也可以通过现场总线 Profibus 和现场安装的 ET-200 远程 I/O，构筑集散型控制系统。

30.3.5 数据采集及监控系统（SCADA）

SCADA 系统是一个中、小型测控系统，系统采用分布式模块化结构。SCADA 系统可由多个中心站及支持网络的工作设备，如 PLC 或远程终端 RTU 所组成。局域网通过中心站软件管理系统及数据库，通过人机界面软件对现场工况进行数据采集及监控。

分布式模块化结构，使各种模块皆可独立运作。系统内部网络通信，都可采用总线连接，实行实时交换信息。这是一个面向设备的软、硬件平台，通过 Windows 操作系统可实现实时多任务。友好的人机界面、图形化界面为用户提供不少方便。SCADA 系统常运用于以下方面。

① 地域广的装置或设备分散的生产监控系统。如原油采集、输送系统，天然气输送系统，水厂系统，废水处理系统，电力输送系统。

② 控制点不多，但检测点很多的场合。如罐群检测系统，反应器床层温度检测系统。

③ 没有总线型变送器，但需要构筑总线控制系统（现场仪表-总线型 I/O-总线控制系统）。

新一代的 SCADA 系统采用多功能及模块化设计、强化的实时性设计，误差可做到 1ms，所有事件分辨率小于 2ms，系统动态数据可在 1s 内刷新，遥控命令可在 0.2～0.5s 内完成，中心站画面刷新时间也可小于 0.5ms。

随着 Internet/Intranet 技术发展，从某种意义上看 IPC 是一种很合适的自动化平台，它越来越广泛地承担 SCADA 系统人机界面及控制器的任务。

SCADA 数据采集监控系统应该有两个层次含义：分布式数据采集（数据采集站）；Hmi PC 监控系统（工作站）。

数据采集站常由智能远程终端（RTU）承担，包括数据采集模块和实时通信模块。利用远程终端作为现场总线接口，应用还是比较普遍的。

智能远程终端（I/O）是以微处理器、数据存储器为基础的模块化单元。它兼备了现场数据采集、处理、通信、故障检测等功能，可完成本地控制。由于这种系统通用性强，采用可视化编程，系统开放性好，成本低，容易得到发展。作为现场数据采集站，它可完成与中心站之间的网络通信和遥控。

为了适合爆炸危险场合下应用，不少公司开发了安全栅型远程 I/O 产品，如 P＋F is-RPI 远程 I/O（本安型）、Siemens ET-200X 远程 I/O（本安型）。

有的远程 I/O 还可提供支持 TCP/IP 的以太网接口。许多 PLC/OCS/PC 产品支持远程 I/O 及总线网络，作为中心站来构筑 SCADA 或集散型控制系统。目前已有不少工业产品可供选择：

和利时 MACS-SCADA 综合监控系统；

MOTOROLA MOSCADA；

ABB S-800 远程 I/O；

Siemens ET-200/ET200X；

Rockwell Flex I/O；

P＋F RPI/is-RPI；

MTL 800 系列远程数据采集系统；

E＋H 过程终端 RTU 8130；

CITEO MOX RTU 模块化远程监控系统。

30.3.6 过程安全控制系统

随着生产装置大型化、流程强化、生产操作日益复杂，潜在的事故因素越来越多，生产过程的安全控制要求越来越突出。安全控制的目的如下：

避免人员或生产设备受到损伤；

避免由于生产事故而造成周围环境的污染；

减少由于事故停车而造成经济上的损失。

为了上述目的，安全控制的任务是：

信号报警，警示操作人员，对可能出现的非常工况提高警觉；

联锁/停车，当生产可能发生事故时采取紧急措施。

在工业场合，常将事故发生的可能性及危害程度的量级大小及防止事故发生的可能性综合在一起，确定其风险等级。生产装置风险等级越高，要求仪表设备配置的安全等级也越高。

（1）国际上常见的有关安全等级划分的标准

国际电工委员会 IEC 61508，将生产装置划分为 SIL 1～SIL 4 四个等级。

德国工业标准 DIN V19250 将生产装置安全等级划分为 AK 1～AK 8 八个等级。

德国技术监督委员会 TÜV，将生产装置安全等级划分为 AK 1～AK 7 七个等级。

美国仪表协会 ISA S 84.01，也将生产装置安全等级划分为：SIL 1～SIL 4 四个等级。

这些安全等级划分相互关系可如下：

DIN	IEC	ISA S 84.01	TÜV
AK 1	SIL 1	SIL 1	AK 1
AK 2	SIL 1	SIL 1	AK 2
AK 3	SIL 1	SIL 1	
AK 4	SIL 2	SIL 2	AK 3, AK 4
AK 5	SIL 3	SIL 3	AK 5
AK 6	SIL 3	SIL 3	AK 6
AK 7	SIL 4		AK 7
AK 8	SIL 4		

在过程安全控制系统设计时，安全等级划分是设计的标准依据，必须根据生产装置的安全等级来选择合适的仪表控制系统。现在不少可用于过程安全控制系统的商品，它们都标有可用于某安全等级场所的确认标准，它可作为过程安全控制系统设计时的依据。对于安全等级不一的生产装置，应选择不同安全等级认可的安全型仪表，如按 ISA S 84.01 标准则要求：

SIL 1，安全等级生产装置应采用一个检测元件、一个逻辑单元及一个执行元件所构成的安全控制系统；

SIL 2，安全等级生产装置应采用具备自诊断功能由冗余配置的检测元件、逻辑单元必要时执行元件也应采取冗余配置；

SIL 3，安全等级生产装置应设计具有高度自检功能，冗余配置采用二取一表决方式的过程安全控制装置；

SIL 4，工程中不常碰见。

在 ISA S84.01 标准中对过程安全控制系统的逻辑元件硬件结构方式也作了规定：

1001D 一取一表决方式带自诊断；

2003 三取二表决方式；

1002D 二取一表决方式带自诊断；

2004 四取二表决方式。

逻辑表决器构成的安全控制系统常见的有以下几种。

① 1/1 系统 由单开关发讯元件、单逻辑控制单元及单执行元件组成。仪表开关发讯元件故障会使系统产生误动作。1/1 系统只适合于停车不会引起危险后果或严重经济损失的场所。

② 1/2 系统 由双开关发讯元件、单逻辑控制单元及执行元件所组成。1/2 系统中任一元件故障都会引起误动作而停车。该系统只适合误动作停车不会造成危险或经济损失场所。

③ 2/2 系统 由双开关发讯元件、双逻辑控制单元及执行元件组成，构成冗余配置的双系统。它能防止单一元件故障所造成的假停车，但这时安全系统已成了 1/1 系统。

④ 2/3 系统 三重化的发讯元件及逻辑控制单元的冗余配置，它可以防止系统中任一元件故障所引起的假停车。

逻辑表决形式是指在安全控制系统内部采用多数原则将每一支路信号进行辨识和确认的一种方法。生产故障一般可定义为两类。

① 安全性故障 指故障出现时不会引起生产装置发生灾难性事故。

② 严禁性故障 指故障发生会引起生产装置灾难性事故。

现场发讯元件二选一配置方式，能防止严禁性故障发生。但二选二配置方式虽能防止安全性故障的发生，但也增加了严禁性故障发生的可能性。从系统安全角度来看，二取二配置方式并不安全。TÜV 组织也严禁在安全控制系统上采用二取二配置方式。

冗余配置的系统虽可避免单系统中可能出现的严禁性故障，但也很容易引发安全性故障的发生。现场任何一个检测元件发来的故障信号，都可能成为系统安全停车的事故触点信号。双系统的安全故障发生率是单系统的二倍。应该说三选二配置方式是一种较为合理的选择，但成本较高。

（2）安全控制系统几个概念的认识

① 过程安全控制系统的安全性、可靠性、可用性

a. 系统的安全性是指在生产装置出现故障的情况下，避免人员、设备损伤的能力。所设计的安全控制系统希望是安全的又是可靠的，但是系统的安全性和可靠性是两个不同的概念。如设计的故障安全型安全控制系统可以起到故障出现时保证生产过程是安全的，但是系统不一定是可靠的。

b. 系统的可靠性指的是在规定的时间及条件下完成规定功能的能力。表征它的是"平均无故障时间"（MTBF）。MTBF越大，表明系统的可靠性越高。有时设计的安全控制系统的MTBF很低，但由于安全控制系统的设计采用了很多安全措施，在任何故障情况下，都不会发生危险，也可以保证系统的安全性。

c. 安全控制系统的另一个重要指标是系统可用性，可用性是指系统有效工作的能力。理想的安全控制系统希望具有100%的可用性。实际使用过程中由于安全控制系统内部电气元件的故障率不可能是零，系统的可用率也不可能是100%。

② 容错技术（Fault Tolerance） 容错是指对失效的控制元器件（包括系统的硬件及软件）进行识别和补偿，并能继续完成指定的任务。这是在不中断过程控制而又能进行补救工作的能力。在硬件上一般通过冗余配置和故障旁路来实现。软件方面也有通过故障自检及诊断，采用非易失存储器，保持输出安全电路等措施保持系统的冗余、容错性。

③ 故障安全型 故障安全型的报警、联锁、停车系统的设计是指非励磁停车设计原则。报警、联锁、停车系统的检测元件及最终执行元件操作正常时应该是励磁的，因此安全控制系统不宜采用齐纳安全栅，必须要用安全栅的场合应采用隔离式安全栅。

（3）过程安全控制系统常采用逻辑控制单元形式

① 继电器线路 可靠性很高，成本低，但是活性差，扩充系统、增加功能不易。

② 固态电路 模块化结构，结构紧凑，可在线检测。易识别故障，元件互换容易，可冗余配置。可靠性不如继电器型，操作费用高，灵活性不够好。

③ 安全PLC 以微处理器为基础，有专用软件和编程语言，编程灵活，具有强大的自测试、自诊断功能，冗余配置，容错技术，可靠性可做得很高。

④ 故障安全控制系统 专用的紧急停车系统模块化设计，完善的自检功能，系统的硬件、软件都取得相应等级的安全标准证书，配备有专用的程序事故记录仪，非常安全可靠，但价格也很高。

（4）过程安全控制系统设计原则

a. 独立设置原则：

逻辑单元独立设置；

现场检测单元独立设置；

执行元件独立设置（专用的紧急切断阀，不用调节切断阀来代替）。

b. 中间环节最少原则。

c. 关键单元冗余配置原则。

ⅰ. 检测元件的二取二方式或三取二方式设置。

ⅱ. 逻辑单元如PLC的CPU、过程输入/输出单元。

ⅲ. 供电、通信的冗余配置。

d. 故障安全型系统设计。

ⅰ. 现场检测元件接点正常闭方式。

ⅱ. 执行元件电磁阀正常通电方式。

e. 安全控制要求高的生产装置应选择专门的冗余、容错紧急停车系统。

f. 采用电偶、电阻输入时，应有断线保护设计。断线报警，避免产生误动作。

g. 采用的电磁阀应具有高可靠性，避免误动作。

h. 事故切断阀停电时应能保持安全状态位置。

i. 事故切断阀应配回讯开关，确认阀门位置。

j. 根据工艺操作要求，确定切断阀开关速度。

k. 重要的切断阀应备用储气罐，以备气源事故用。

l. 在粉尘、腐蚀性、黏稠介质场合应选择带隔离的发讯开关。

m. 系统软件设计应考虑：

ⅰ. 输入信号扫描速度应快于软件的扫描周期，否则会发生丢失信号，使系统稳定性变差。

ⅱ. 不允许相同的线圈输出重复定义。

ⅲ. 软件编写尽量短小，过长会增加系统的扫描时间，使系统的实时性变差。

（5）安全 PLC 控制系统　可编程控制器（PLC）最早是为顺序控制而专门设计的控制装置，要配备专门的硬件及逻辑控制软件。

随着微电子技术、网络技术的发展，PLC 技术也随着应用要求而提高。新一代的 PLC 其特点表现在以下几方面。

① 大容量，高速化。如 YOKOGAWA（横河）FA-M3 系列 PLC：执行时间 7.5ms，扫描时间 20000 步/ms，最小扫描周期 200μs。

② 小型化。减少体积，降低成本。

③ 多 CPU。如日本三菱采用多 CPU 模块结构，最多可插 4 个 CPU。富士电机 MicRex-SX 可插 6 个 CPU。

④ 与外部设备的数据交换速度高速化。

⑤ 提高了 I/O 模块的响应速度，分 1ms、5ms、10ms、20ms、70ms 可选。

⑥ 建立开放性网络，大大提高通信能力。

⑦ 建立以工业 PC 为硬、软件平台的软逻辑控制（Soft PLC），有很大应用前景。

⑧ 大多数 PLC 都增加了模拟模块，处理连续控制任务。

PLC 在取代继电线路实现联锁/停车逻辑控制方面已显示出能力和优势。PLC 进行逻辑运算可以非常快。但是除了需要专门设计的硬件外，为适应流程工业现场应用及用户二次开发需要，要大力开发专用的软件。

IEC 61131-3 是一个有关数字控制软件技术的编程语言的国际标准。这一标准的问世，推动了 PLC 软件技术的发展，为 PLC 走向开放化打下基础。原来处在不同硬件平台上的 PLC，随着工业 PC 机技术发展，现在可以处在同一个 PC 硬件平台上，采用同样的操作系统及同样的编程语言可以处理不同的任务。运用工控软件技术，开发出通用的系统应用软件，实现 PLC 的逻辑控制功能。

传统的 PLC 因为失效率与故障诊断等方面的原因常难以满足安全等级要求，严格说来不能用于过程安全控制。可以用作过程安全控制系统的 PLC 称为安全 PLC，它有特殊的电子线路、软件及冗余配置等一系列安全措施。经有关安全等级部门认证，安全 PLC 在工作期间，必须有措施保证其系统内部故障（如元器件）或外部影响（如电磁干扰）都不会引起对安全生产的影响。

元器件有自检、自测试、自诊断功能。

有专门认证的硬件、软件设计。

不采用可靠性低的电气元件。

系统数据更新及通信速率均应满足安全控制响应的要求。

安全 PLC 的硬、软件测试包括：中央模块（CPU）测试；开关输入模块测试；开关输出模块测试；I/O 总线测试。

（6）可编程控制系统工程设计。

① PLC 系统特点

a. 设计紧凑，体积小，可靠性高。

b. 系统结构简单，通用性强。

c. 人机界面种类多，适用于不同操作场合。

d. 抗干扰能力强，可用于恶劣环境。

e. 平均无故障时间可达 2×10^5 h。

f. 快速动作，每条二进制指令的执行时间为 $0.2\sim0.4\mu s$。

g. 编程简单、修改灵活，采用标准编程语言 IEC 61131-3。

h. 性价比优于 DCS。

i. 安全 PLC 可用于安全等级要求高的场合。

② PLC 系统构成及配置要求

a. 人机接口（操作站）。

32 位总线，主频 200MHz 以上。

32 位/64 位中央处理器（CPU）。

随机存储器（RAM）不小于 64M。

硬盘驱动器/光盘驱动器。

外围设备和系统接口应是通用的。

显示器分辨率高于 1024×768。

b. 控制器。

中央处理单元（CPU）32 位/64 位。

操作系统应存在非易失存储器内。

扫描速率：小型 0.5ms/K，大中型 0.2ms/K。

冗余配置，切换时间小于 40ms。

具有冗余通信接口，与 DCS 通信。

CPU 工作负荷不超过 50%～70%。

具有软、硬件自诊断功能。

c. 输出/输入单元。

能对系统输入状态变化进行连续监视。

模块化单元设计。

具有防瞬间电气干扰及电缆故障的保护措施。

具有模块工作状态、输入点状态显示。

具有过流保护。

信号输入应是无源接点，故障时开路。

检测信号分辨率不小于 20ms。

PLC 系统正常输出闭合（带电），停车或电源故障时开路（不带电）。

具有严格要求的输出模块应带输出状态回读线路（将实际输出命令与 PLC 的逻辑命令

比较，若不相符，系统需处于设定的"故障安全位置并报警"）。

  d. 通信系统。

  冗余配置。

  应支持主流现场总线。

  采用标准通信协议 TCP/IP。

  与 DCS 通信。

  e. 电源系统。

  220V/50Hz 不间断供电。电源总谐波失真不大于 2%。

  冗余配置。提供电源诊断。

  20ms 范围内掉电，不影响 PLC 系统运行。

  f. 软件系统。

  标准系统软件。

  配有系统安全软件，防止非技术人员进入或修改配置。

  具有在线自诊断程序，能检测模块级故障。

  应用软件。

  通用、标准的组态软件。

  ③ 工程要求

  a. 硬件模块化结构，考虑扩展性。

  b. 某个硬件或软件故障不会引起结构性大破坏。

  c. 系统中设置维修硬开关，用来维修已跳闸的设备，而不影响整个 PLC 系统工作。现场开关跳闸动作，应有信号至 DCS 报警。

  d. PLC 系统通电启动或重新启动，所有逻辑电路必须恢复到安全位置，保证在 PLC 系统启动过程中，不会有错误信息输出。

  e. 控制器 CPU 必须配置足够容量的存储器，支持输入/输出点的梯形图编程。

  f. CPU 因故障停止工作，在 DCS 操作台上应有显示报警。故障排除后，应在操作台上手动切换至原处理器工作。整个操作过程应不影响生产操作。CPU 应能独立供电。

  g. 任何电源故障，必须保证数据库的安全性、完整性。

  h. PLC 系统必须具备安全级别认证（如 TÜV）。

  （7）紧急停车系统（ESD） DCS 系统的平均无故障时间（MTBF）已足够大，故障的平均修复时间（MTTR）已足够小。应该说，DCS 系统已具备了很高的系统可用性，控制、联锁一体化是可能的。硬件的部件层层冗余配置，系统的可靠性有了很大提高。但是要注意的是 DCS 软件的可靠性，软件故障难以预测，其危害性大大超过硬件故障。

  DCS 可以执行联锁功能，问题是如何来满足生产装置的高安全要求。DCS 系统主要用来进行连续控制，它随时都会有大量的信息。要分析处理及频繁地进行人工干预，这样逻辑控制单元误触发的概率较大。而 ESD 系统则是一个静态系统，出现异常事件才会动作。DCS 系统处理信息多，通信系统复杂，出现通信系统故障的可能性较大。

  ESD 系统动作执行要求快速，DCS 系统执行相对较慢。因此，国际上有些协会对重要的、安全性要求高的装置则要求单独设置 ESD 系统。重要场合指的是：可能危及生命安全；可能引起设备重大破坏；可能引起产品严重质量事故；可能引起环境明显污染；可能造成重大经济损失。

  对于一般性的联锁安全程序，为了节省费用，可以在 DCS 系统内实行。对安全保护有高要求的联锁停车安全控制系统则应独立设置。

  现在有不少厂商推出了专用的故障安全控制系统，这些系统特点如下。

① 故障发生后，有足够时间进行故障检测，发出警报，排除故障。

② 采用容错技术，将被动故障转为主动故障。

③ 采用冗余配置，实施故障隔离。

④ 模块化设计。

⑤ 完善的自检功能。

⑥ 系统硬、软件具有相应的安全等级认证。

⑦ 配备事故记录仪。

⑧ 故障安全型设计。

⑨ 能与 DCS 系统通信。

代表性产品如下。

① ABB 产品 August CS 386/CS-300E，TÜV AK 6 认证，2003 结构方式，扫描速度 10ms。

Safeguard 1400 满足 SIL3，AK 5/AK 6 采用 1002d 结构方式。

② Regent 是美国 ICS 公司利用宇航技术开发的安全控制系统，采用三重冗余、容错结构，具有 TÜV 最高级安全认证，适用于 AK 6 以下场合使用。系统特点如下。

a. 所有关键组件都采用三重冗余配置。

b. 内部电路自动故障检测。

c. 外部输入/输出回路短路、断路诊断。

d. 故障时，模块在线更换，保持正常运行。

e. 具备监控、显示，历史数据存储、通信、报警等功能。

f. 在 I/O 模块中设置硬件表决器。

③ Honeywell FSC 故障安全管理系统。采用模块化结构，根据用途可有多种结构配置，适合 AK 1～AK 6 场合应用。硬件构成如下：中央处理器模块；通信处理器模块；监视处理器模块；诊断及电池模块；I/O 模块（可冗余配置）；总线；总线驱动器模块。

根据不同安全等级用途有以下不同配置方式：

FSC-101　单中央处理模块，适用 AK 1～AK 4。

FSC-102　冗余配置中央处理单元，适合 AK 5。

FSC-101R/100R　并列（冗余）运行系统，适合 AK 5、AK 6。

FSC-202　输入通道采用并联方式，适合 AK 6；输出通道采用串联方式。

④ QMR 系列为新推出产品 2004 结构方式，具有最高的安全性和可用性。它采取双中央处理单元，双输入/输出单元，通过四元件表决器，具有比原来 TMR 系列更高的安全性。

⑤ Moore 公司 Quadlog 安全 PLC 系统，经 TÜV AK 6 认证。可提供不同的系统架构：

1001d 方式，可用于 TÜV AK 4/ISA SIL 2，单一硬件结构，但带广泛的自测试；

1002d 方式，可用于 TÜV AK 6/ISA SIL 3，硬件结构冗余配置。带广泛自测试及由故障自诊断控制的辅机停机线路。

⑥ 天津协力高科技有限公司 ESS 紧急停车联锁系统：

ESS-3010 继电器型自保联锁系统；

ESS-3220 固态逻辑型带自诊断、自保联锁系统；

ESS-3033 三重冗余表决式 PLC 自保联锁系统；

ESS-3030 可编程逻辑控制系统。

经 TÜV AK 1～AK 6 认证。

⑦ GE Fanue GMR 三冗余容错控制系统。三个 CPU 独立程序运行。每个 CPU 对每个

输入进行三取二表决。三个输出状态中两个处于安全状态才有输出。

系统具有强大的诊断功能。

输入：高低超限，开路、短路，接线错误，偏差错误，内部错误，模块丢失等。

输出：负载开路，负载低端短路，信号线断开，负载高端短路，通道之间短路，输出过载，输出不一致，模块丢失。

⑧ 德国 HIMA 公司 H-50 系列安全 PLC 系统。它具有特殊的硬件设计，借助于安全性诊断测试技术来保证安全性。与安全有关部件如中央处理模块、I/O 模块、I/O 总线模块均需进行测试。系统具有冗余配置的中央模块、I/O 总线及可测试的 I/O 模块。两个中央单元同时接收信号，通过通信网络同步操作。同时进行综合测试，检查是否发生故障。某一组件故障实现即时系统隔离，另一冗余部件即时工作。系统定期进行切换测试。

三取二表决系统是一个可靠性、安全性很高的系统，但是在设计使用时必须注意：

设计完善的报警系统，一旦系统中某一发讯元件发生故障时，能及时报警，尽快修复；

系统结构设计上应为模块化，积木式结构，有利于发生故障时快速修复或更换。

三取二系统，当一个设备故障而又未及时修复时，这时系统已成二取二系统。这时系统的可靠性已下降很多，两个设备中再有一个设备故障或误动作都会引起系统的误动作，大大增加了误动作概率。因此三取二系统的可靠性高应该是有前提的：

a. 实际生产过程中，两个仪表设备同时发生故障的可能性必须很小；

b. 系统中一旦有一个设备出现故障能及时发现、及时修复，修复时间越短，系统的可靠性就越高。

三取二表决系统使用正确才能提高可靠性。

安全控制系统的适用安全等级 SIL 应由现场发讯元件适用的 SIL＋逻辑控制单元的 SIL＋现场执行元件适用的 SIL。安全控制系统的 SIL 应由三部分 SIL 中最低级 SIL 等级来确定。在 ESD 选型设计中只是考虑安全级别高的 ESD 系统，而忽略现场仪表的安全等级构成的安全控制系统安全性仍然不高。目前现场仪表有些不能满足 SIL 要求，可以通过选择二取一、三取二表决方式系统来提高安全等级。

（8）可编程自动化控制器（PAC） PAC 形式上与传统的 PLC 很相似，但性能上却要广泛、全面得多。这是一种开放的多功能控制平台，用户可以按照自己的需要去组合、搭配和实施系统技术的产品。PLC 的性能依赖于专用的 PLC 硬件，而 PAC 性能基于控制引擎。它采用标准、通用开放的实时操作系统、应用程序。控制引擎与硬件平台无关，它可以在不同平台的 PAC 之间"移植"。同样，应用程序也可以在不同 PCA 硬件中下载，用户可以根据功能需要和投资要求选择不同性能的 PAC 平台。根据用户的要求变化，系统可以方便地进行扩展和变化。

GE Fanuc 公司的 PAC Systems 系列产品就是一种定位于工业领域的 PAC 产品。2.1G 的通信速率，采用光纤映射内存技术。PAC 平台为统一平台，可集成多领域功能，用在一个工程中，可支持多个 PAC 目标编程。

CPU 采用 Pentium Ⅲ 300/700 MHz 处理器。PAC System 采用 VEM 64 总线，基于标准嵌入式商品化运行系统架构的控制引擎对多种硬件平台都可以灵活适应。

Rx7i 是 GE Fanuc 2003 年推出的第一个 PAC System 平台，它采用了速度很高的 PCI 底板和 300MHz 的 Pentium 处理器，通过以太网、现场总线 Profibus 支持远程分布式 I/O 单元。

Rockwell 公司也推出了 Compact Logix 1769 紧凑型多功能控制器。它采用 Logix 多功能控制引擎，采用了面向对象技术的控制编程软件，通过网络集成，实现真正意义上的一体化控制，为用户方便地构筑稳定可靠、便于使用的高性能控制平台。

30.3.7 企业综合自动化解决方案

企业综合自动化技术已进一步成为企业挖潜增效的重要手段，其主要内容应包括：先进控制与优化技术应用；实时数据库及过程监控平台技术应用；计划生产调度技术应用；设备管理技术应用；企业计量、监测及管理技术应用；原料、产品库存管理技术应用；企业资源规划、物流平衡及信息管理技术应用。

企业综合自动化解决方案，实际指的是管控一体化。企业的生产控制、过程监视、经营管理实现企业的动态管理。解决方案的基本要求是设备、系统的开放化。企业从现场生产控制层到信息管理层、决策管理层做到信息无缝集成。通过信息与功能的集成，经过综合管理和决策，最终形成一个能适应生产环境的不确定性、市场多变性、全局最优的高质量、高效益、多产量、低成本的智能性数字化工厂。

自动化领域的一个重要发展是设备管理技术的应用。EMERSON 提供的 Plant Web 数字化工厂系统其核心是 Deltav。Deltav 具有与在线 AMS 设备管理系统接口。对于现场设备小故障、维护等非控制信号的处理，提高现场设备管理、维护水平具有很大意义。

AMS 设备管理系统发展基础是网络技术，Web 技术提供了网络管理的可能性。

AMS 软件以支持 SNAP-ON 现场服务器为平台，提供图形化界面，为用户提供现场设备状态信息。

AMS 支持 OPC 技术，可以和其他系统开放地交换信息。

AMS 对现场设备的管理可提供三个层次的诊断。

a. 设备级。现场智能设备状态和规格。

b. 回路级。控制回路以及确定故障的回路因素。

c. 操作级。管理整个工厂的过程以确保所有设备运行良好，稳定性最好，偏差降至最小。

浙大中控推出的新一代基于网络技术的现场控制系统 Web Field ECS-100，采用 Web 技术，突破了传统控制系统的层次模型，实现多种总线兼容和异构系统的综合集成企业综合自动化方案。

和利时推出的 MACS SMARTPRO 融合了现场总线和开放式计算机网络技术，可以通过互联网对生产过程实现浏览、监控，进一步实现管控一体化。互联网技术将成为现场总线技术的新支持，以太网进入自动化领域，互联网技术已深深影响控制通信网络技术的发展，多家现场总线技术采用了高速以太网技术，如 FF 基金会总线-HSE，Profibus-Profinet，都是现场总线与互联网技术结合的产物。

YOKOGAWA 推出了 Exaquantum-PIMS 工厂实时生产信息管理系统。

PIMS 是通过标准的信息接口 OPC、Internet 网络将各个化工装置的实时数据采集到信息管理数据库服务器。在服务器中对相关数据进行组态。用户可以管理终端，通过浏览器监控生产过程，同时也可以通过 ODBC 或 API 方式读写工厂信息，实时数据库内容构筑 ERP 管理决策平台。

Exaquantum 数据库服务器，以直观可视化图形方式清楚地描述企业管理全过程，是企业实时生产控制层与上层企业资源规划层（ERP）之间必不可少的中间媒介系统。

作为企业综合自动化解决方案基础在于网络技术，具有开放的网络接口，能为企业提供实施管控一体化的平台。目前不少自动化厂商都相继推出解决方案产品，其共同特点是：高度的可靠性、稳定性；具有高速、大容量控制器；客户机/服务器结构模式；友好的人机界面；开放的网络接口。

自动化厂商通过提供各种应用于过程控制的 Web 技术工具，可大大改善服务品质。

和利时推出的第三代 DCS，上层采用客户机/服务器结构，支持 Profibus-OP。系统开放，支持 TCP/IP 协议，提供 OPC 接口。符合 IEC 61131-3 编程语言。与 HS 2000 ERP 即可构筑管控一体化方案。HS-2000 ERP 是和利时为流程企业开发的物流、信息流的通用软件平台，它将市场、生产、物资供应信息集成一体，根据市场进行采购，降低库存量。同时，可实时采集生产数据，分析处理构成企业的 MES 结构，提高决策效率。

浙大中控推出的 open MS ERP 分布式网络控制系统，突破了一般管理软件在管理模式和功能上的框框限制，融入了柔性管理思想，给用户以更多的灵活性、开放性。采用 JAVA 及 XML 技术，从软件到系统应用完全可以架构在 Internet 上，产品模块化，每个模块都提供开放的数据接口。

Honeywell Experion PKS 过程知识系统，包括 Honeywell 30 年来在过程控制、生产设备管理、行业过程知识等方面积累的经验，建立以过程为核心的工厂运作观念。它综合了集散控制系统的功能，也提供了企业协作的生产管理解决方案。对 Honeywell 原有的控制系统都可无缝集成。

ABB 推出的 Industrial^{IT} 石油和天然气工业信息技术解决方案，使工厂自动化和各级管理信息有机地结合在一起，统一窗口监控工厂实时信息。它可和 ABB 其他产品或第三方设备集成，成为生产过程高度集成的控制和管理平台。它也支持现场总线。

ERP（Enterprise Resource Planning）是一种面向企业供应链的管理思想，它建立的基础是信息技术。ERP 包括实时信息管理、设备管理、生产数据管理、计划管理、资产管理等，实现对设备的科学管理，生产的严格控制，减少设备的维护费用，延长设备的使用周期，降低原材料及备品备件的库存量，科学规划生产资源，降低生产成本，提高企业效率。这是一个为决策层提供决策手段的管理平台。

美国 SAP 公司是一家提供管理软件的软件公司，它的产品 SAP R/3 是一个基于客户机/服务器结构和开放系统集成的企业资源计划系列软件，它覆盖企业的财务、采购、生产、销售、质量管理、设备维护等，在国内大型石化、炼油企业得到应用，取得了好的效益。

R/3 系统的客户机/服务器结构，一般包括三个层次结构内容：

a. 第一层应用层，包括用户界面。

b. 第二层应用服务器层，用户可以开发应用程序。

c. 第三层数据库层（关系数据库）。

第31章
测量方法选择

检测仪表与执行器是生产过程自动化的基础。生产装置自动化水平越高，过程检测仪表的重要性就越突出。生产过程自动化，不仅要选择先进合理的控制方案，同样也要选择正确的测量方法。当今世界已进入信息化的新时代，微电子技术、网络通信技术都得到迅速发展，仪表控制系统领域拓宽，技术内容日益更新，IP时代的工业自动化系统已从模拟化进入了数字化、智能化。先进的生产装置自动化设计，离不开先进实用的测量仪表的选择。

◎ 31.1　测量精度及误差

衡量测量仪表正确与否，测量方法选择是否合适，常用几个指标来衡量：精度、零点漂移、响应时间、重复性、死区、分辨率、灵敏度。这些指标中最关注的是精度，仪表产品上标注的精度都是在工厂里一定的参比条件下制定的，但是与现场使用条件并不相同，这会给测量带来误差。

在设计时掌握全部与仪表有关的工艺数据有时候是很困难的，有些条件是设计时按假设条件估计的。实际生产时会发现这种条件上的差异甚至可能很大，设计时尽可能多的了解清楚工艺数据及操作条件，这种附加误差可能小一些。特别在调节阀口径计算时，重要的是找准数据，如管道尺寸，允许压力损失，流体特性数据，最大、最小流量，操作参数等设计时并不是都很清楚，有假设的成分。在液位测量中，设计时也可能某些操作条件选择不正确而带来误差，如实际操作温度、压力与设计值有差异也会造成差压法测量液位的误差。

在线组分分析测量，对生产工艺物料资料的掌握更为重要。在设计时若不清楚工艺物料特性、操作条件、环境条件对测量的影响，很难找到更适合工艺生产以及环境条件的测量方法、仪表材料及仪表结构形式。

除仪表自身的不正确性以外，还有很多原因也会造成仪表测量的不正确性。除了以上谈到的设计条件的局限性以外，仪表检测点位置、安装或使用不当也会带来测量误差。认识到这一点，则应重视在设计、安装、使用这几个环节中注意消除这些引起误差的因素。

◎ 31.2　温度测量方法的选择

温度检测技术相对比较成熟，技术发展变化相对也不大。测温技术发展主要表现在以下几方面。

① 一体化的温度变送器发展较快，步入智能化的阶段，表现在：

a. 数据处理、误差分析、修正与补偿功能加强；

b. 提高抗干扰性及产品稳定性；

c. 模块化设计，标准化，多用途；

d. 自诊断技术。

② 仪表防护性能强化（如防爆、防水、防尘、防腐蚀、防磨损等）

③ 产品标准化，与国际标准靠拢。

④ N 型热电偶被确认为性能优良、价格低廉的测温元件。

⑤ 热电偶、热电阻采用国际温标，由 ITS-90 来代替原来的 IPTS-68（1991 年开始实行）。

31.2.1 温度测量方法的比较

（1）压力式测温系统 是最早应用于生产过程温度测量方法之一，是就地指示、控制温度应用十分广泛的测量方法。带电接点的压力式测温系统常作为电路接点开关用于温度就地位式控制。

压力式测温系统适用于对铜或铜合金不起腐蚀作用场合，优点是结构简单，机械强度高，不怕振动；不需外部电源；价格低。缺点是测温范围有限制（-80～400℃）；热损失大，响应时间较慢；仪表密封系统（温包，毛细管，弹簧管）损坏难以修理，必须更换；测量精度受环境温度及温包安置位置影响较大；毛细管传送距离有限制。

（2）热电阻 热电阻测量精度高，可用作标准仪器，广泛用于生产过程各种介质的温度测量。优点是测量精度高；再现性好；与热电偶测量相比它不需要冷点温度补偿及补偿导线。缺点是需外接电源；热惯性大；不能使用在有机械振动场合。

铠装热电阻将温度检测元件、绝缘材料、导线三者封焊在一根金属管内，它的外径可以做得很小，具有良好的力学性能，不怕振动。同时，它具有响应快，时间常数小的优点。铠装热电阻可制成缆状形式，具有可挠性，任意弯曲，适应各种复杂结构场合中的温度测量。

（3）双金属温度计 双金属温度计也是用途十分广泛的就地温度计。优点是结构简单，价格低；维护方便；比玻璃温度计坚固、耐振、耐冲击；示值连续。缺点是测量精度较低。

（4）热电偶 热电偶在工业测温中占了很大比重。生产过程远距离测温大多使用热电偶。优点是体积小，安装方便；信号远传可作显示、控制用；与压力式温度计相比，响应速度快；测温范围宽；温量精度较高；再现性好；校验容易；价低。缺点是热电势与温度之间是非线性关系；精度比电阻低；在同样条件下，热电偶接点易老化。

（5）光学高温计 光学高温计结构简单、轻巧、使用方便，常用于金属冶炼、玻璃熔融、热处理等工艺过程中，实施非接触式温度测量。缺点是测量靠人眼比较，容易引入主观误差；价格较高。

（6）辐射高温计 辐射高温计主要用于热电偶无法测量的超高温场合。优点是高温测量；响应速度快；非接触式测温；价格适中。缺点是非线性刻度；被测对象的辐射率、辐射通道中间介质的吸收率会对测量造成影响；结构复杂。

（7）红外测温仪（便携式） 特点是非接触测温；测温范围宽（600～1800℃/900～2500℃）；精度高示值的 1%+1℃；性能稳定；响应时间快（0.7s）；工作距离大于 0.5m。

31.2.2 温度测量方法选择

温度测量和压力、流量、物位测量一样，常常受到被测介质各种特性及环境条件的约束，接触式测温方法尤其如此。

由于温度是物体受热程度的反映，温度测量也必须涉及测温元件与被测对象之间的热量交换，因此传热好坏、热损失、热惯性及温度场的分布都会影响到测温结果。

但是对于温度测量、生产工艺及流体特性对测量方法的影响，比起流量、液位测量要小，温度测量在大部分工况中都能工作。因此，诸如价格、精度、响应时间、可维护性，甚至某些传统习惯都可以成为选择温度测量方法的理由。

（1）就地温度仪表的选择

a. 在满足测量范围、工作压力、精度要求下，应优先选用双金属温度计。

b. 对于-80℃以下，无法近距离观察，有振动以及对精度要求不高的场合可以选择压力式温度计。

c. 玻璃温度计由于易受机械损伤，造成汞害，一般不推荐使用（除了作为成套机械配套供应外）。

（2）温度检测元件的选择　热电偶适合一般场合，热电阻适合要求测量精度高、无振动场合。

测量响应时间：热电偶为600s、100s、20s，热电阻为90～180s、30～90s、10～30s、<10s。

在温度大于870℃，氢含量大于5%的还原性气体、惰性气体及真空情况下宜选用吹气热电偶或钨铼热电偶。

设备、管道外壁、转动物体表面温度测量可选择表面热电偶或铠装热电偶、热电阻。

测量含坚固颗粒场所可选择耐磨热电偶。

热电偶形式选择如下。

a. 铂铑-铂（S型）。1300℃/短期可测1600℃。特点是精度高，稳定性好，测温范围宽，使用寿命长，高温下抗氧化性好。缺点是热电势小，灵敏度较低，高温下机械强度降低，对脏污敏感。采用贵金属，价贵。

b. 铂铑-铂（R型）。1300℃/短期1600℃。特点是综合性能与S型相仿，故国内大多采用S型而不用R型。

c. 镍铬-镍硅（K型）。最大量使用的廉金属热电偶，其特点是线性度好，热电势大，灵敏度较高，稳定性，均匀性较好，抗氧化性强，价低，适合测量-200～1300℃。

缺点是不适宜在含硫及还原性气体环境中使用，也不适宜在氧化、还原交换的过程或真空状态、弱氧化环境中使用。

d. 镍铬-镍硅（N型）。国际上公推的标准化仪器，有较好的发展前景，廉金属热电偶，线性度好，热电势大，灵敏度高，稳定性、均匀性、抗氧化性皆好，价低，综合性能皆优于K型热电偶，适合测量-200～1300℃。缺点是有些工作环境如含硫、还原性气体、真空状态不适宜使用。

e. 镍铬-镍铜（康铜）（E型）。-200～900℃。特点是热电势大，灵敏度高，居热电偶之最，适于高湿度环境，对湿度不敏感，稳定性、抗氧化性皆优，可用于氧化性、惰性气体环境中，价低。缺点是不适宜在含硫及还原性气体中使用。均匀性较差。

f. 铁-铜镍（J型）。-210～1200℃。廉金属热电偶，线性度好，热电势大，灵敏度高，稳定性、均匀性较好，可用于真空状态、氧化、还原或惰性气体环境中，但不适合含硫环境。

g. 铜-镍铜（T型）。最理想的低价测低温的热电偶（-200～350℃）。特点是线性度好，热电势大，灵敏度高，稳定性、均匀性皆好，价低，特别适于-200～0℃。缺点是高温时抗氧化性较差。

（3）温度计保护套管材质选择

① 一般无腐蚀介质　<350℃，选用H62，黄铜合金。

② 轻度腐蚀性介质　<450℃，选用10或20钢。

③ 轻度腐蚀性介质　<700℃，选用0Cr18Ni10Ti不锈钢。

④ 65%稀硫酸　<70℃，选用新10钢。

⑤ 65%硝酸，氯化氢 <300℃，选用新 2 钢。

⑥ 蒸汽 <450℃，选用 2Cr13 不锈钢；<550℃，选用 12CrMoV 不锈钢。

⑦ 有机酸、无机酸、盐、碱、尿素 <200℃，选用 0Cr17Ni14Mo2 不锈钢。

⑧ 小于 90℃硝酸或高温场合 <1000℃，选用 Cr25Ti 不锈钢。

⑨ 高温 <1100℃，选用 GH30 不锈钢；<1200℃，选用 GH39 不锈钢。

⑩ 腐蚀磨损 <1100℃，选用 28Cr 铁（高铬铸铁）。

⑪ 高温 <1600℃，选用莫来石、刚玉、工业陶瓷氧化铝。

⑫ 高压 <800℃，选用 12CrMoV 不锈钢。

⑬ 氢氟酸 <200℃，选用蒙乃尔。

⑭ 纯碱、烧碱 <200℃，选用镍。

⑮ 湿氯气、浓硝酸 <150℃选用钛、锆、钽。

⑯ 稀硝酸、稀硫酸、磷酸 常温，选用铅。

（4）一体化温度变送器 与接收标准信号的显示仪表或控制系统相配，可选用一体化温度变送器，这是一种具有高度集成化的二线制变送器，体积小，可直接安装在接线盒内。

◎ 31.3 压力测量方法选择

（1）压力检测技术发展动向

① 发展各种用途的压力检测仪表：隔膜压力表、膜盒压力表、耐振压力表、氨用压力表、氧气压力表、乙炔压力表、抗硫压力表、化学密封装置。

② 压力传感器技术发展迅速

a. 固态传感器技术开发应用。

b. 性能提高，功能扩大。

c. 智能化。采用微处理器，数字化电路设计。具有自动补偿功能、自动校正功能、自选量程功能、自寻故障功能、双向通信功能。

d. 仪表尺寸小型化。

③ 压力开关品种技术上有很大发展

a. 提供压力、差压、真空开关。

b. 测量膜片根据介质特性可提供丁腈橡胶膜片、氟化橡胶膜片、聚四氟乙烯膜片、316SS 金属膜片、哈氏合金膜片、蒙乃尔合金膜片、钛铬合金膜片、钽金属膜片。

c. 传感器（压力开关）采用焊接不锈钢膜片或焊接波纹管。提高爆炸危险区域中应用能力。

d. 外壳防护等级：NEMA4X/7/9，IP66，ExdⅡT6。

（2）压力单位换算

$1mmHg \approx 1.33 \times 10^2 Pa$

$1mmH_2O \approx 9.81Pa$，$1kgf/cm^2 = 0.1MPa = 10^5 Pa$

$1at \approx 9.81 \times 10^4 Pa$

$1bar = 10^5 Pa$

$p_绝 = p_表 + 大气压$（测量绝对压力仪表称绝压表，绝对压力小于大气压时测得为真空度）

（3）几种压力测量方法的比较

① 液柱式压力计 优点是简单可靠；精度高，灵敏度高；可采用不同相对密度的工作液用于不同场合；适合低压、低压差测量；价格便宜。缺点是不便携带；没有超量程保护；介质冷凝会给测量带来误差；被测介质与工作液需适当搭配，不能互溶。

② 弹性压力表

a. 弹簧管压力表。优点是结构简单，价廉；有长期使用经验；量程范围大；精度高。缺点是对冲击、脉动、振动敏感；正、反行程有滞回现象。

b. 膜片压力表。优点是超载性能好；线性；适于测量差压、绝压；尺寸小，价格适中；可用于黏稠条件下及浆料的测量。缺点是抗冲击、振动性能不好；维修较困难；测量压力较低。

③ 波纹管压力表　优点是输出推力大；在低、中压范围内使用效果好；适于差压、绝压测量；价格适中。缺点是需要环境温度补偿；不能用于高压测量；需要靠弹簧来精调特性；对金属材料的选择有限制。

④ 化学密封装置　优点是可防止测量元件堵塞；可避免腐蚀性介质与测量元件接触，可降低测量元件对材质的要求；可避免在测量元件内部产生汽化、凝结。缺点是增加费用；降低了测量精度，填充工作液受环境温度影响而附加测量误差。

⑤ 压力/差压变送器　当采用标准信号传输时，应选用压力/差压变送器。

a. 微小压力/负压测量宜选用差压变送器。

b. 对黏稠、易结晶或含固体颗粒、腐蚀性介质应选用法兰式压力/差压变送器，或采用隔离、吹气（液）方法。

c. 爆炸危险区域内安装的压力/差压变送器必须是防爆型或者是气动变送器。

（4）压力表的选择　在压力测量中，可较少地去注意流体的特性对测量的影响，应把考虑的重点放在精度、测量范围和材质的选择上。

① 量程选择

a. 测稳定压力时，压力表最大量程选择在接近或大于正常压力测量值的 1.5 倍。

b. 测脉动压力时，压力表最大量程选择在接近或大于正常压力测量值的 2 倍。

c. 测机泵出口压力时，压力表最大量程选择接近机泵出口最大压力值。

d. 在测高压力时，压力表最大量程选择应大于最高压力测量值的 1.7 倍。

e. 为了保证压力测量精度，最小压力测量值应在压力表测量量程的 1/3 处。

② 压力表形式选择

a. 测压大于 0.4MPa 选择弹簧管压力表。

b. 测压小于 0.04MPa 选择波纹管或膜盒压力表。

c. 测黏稠、易结晶、腐蚀性、含固体颗粒场合可选择膜片压力表，或带化学密封装置。

d. 测蒸汽或高于 60℃的介质，应选择不锈钢压力表或安装冷凝圈。

e. 脉动压力测量应附加阻尼器或选择耐振压力表。

f. 测量含有粉尘的气体，加装除尘器或选择隔膜压力表。

g. 测量含液体的气体，应设置气液分离器。

h. 测量某些化工介质要选用专用压力表：

含氨介质压力测量选用氨用压力表；

氧气介质压力测量选用氧气压力表；

乙炔气压力测量选用乙炔压力表；

含硫介质压力测量选用抗硫压力表。

（5）压力传感器

① 模拟式变送器（微位移平衡式）

a. 模拟信号单向传输。

b. 基于微位移检测技术原理。

c. 二线制，具有防爆型。

d. 测量范围宽，静压误差小。

e. 精度±0.5%/±0.25%。

f. 零漂大，线性超差最大可到5%。

② 智能型（Smart）变送器　特点如下。

a. 具有双向通信能力。

b. 混合型信号输出：4～20mA/HART 或 DE 协议。

c. 精度：数字输出±0.075%，模拟输出±0.1%。

d. 远程量程，零点设定。

e. 完善的自诊断功能。

f. 稳定的压力、温度补偿。

智能型传感器，由于电路部分采用表面安装技术，保证了电路稳定性和高可靠性。

信号双向通信，大大提高了传感器远程调整能力。智能传感器可以实现：变送器参数设定、变换、显示；量程改变，零位调整；输出方式（开方/比例）；阻尼时间常数；单位；远方控制；自诊断。

③ 现场总线变送器。采用国际上主流现场总线制通信标准。其特点是：

全数字化；

双向串行多站通信网络；

精度高，抗干扰能力强；

功能更全、更强（如变送、控制、通信等）。

微机械加工技术的发展，可以生产出各种微结构的固态传感器。传感器与微处理器的集成化推出新一代的数字化智能变送器。

（6）压力检测原理比较

① 硅微电容原理　敏感元件是由硅材料做成的电容小片。特点是：

a. 体积小，功耗低；

b. 响应快，便于集成；

c. 线胀系数小，受温度影响小；

d. 硅的弹性滞后小，不存在疲劳，零点稳定。

典型产品如苏州兰炼-富士 FCX-A/C，浙大中控 CXT 系列。

② 硅谐振原理　采用三维表面微机械加工的两个结构完全一样的 H 形硅谐振梁，测两个谐振梁的频率差。特点是：

a. 微型构件体积小，功耗低；

b. 响应快，便于和信号处理部分集成；

c. 硅材料线胀系数小，弹性好，不存在疲劳；

d. 滞后小，零点稳定。5 年不需调零点；

e. 工作几乎不受静压和环境温度变化影响；

f. 优良的单向过压特性。

典型产品如重庆横河川仪 EJA 系列传感器。

③ 双电容硅元件

a. 精度高：±0.035%。

b. 量程比宽：450：1。

典型产品如美国 Moore。

④ 扩散硅原理　在制造扩散硅过程中将硼扩散到硅的晶格中去，形成一个十分灵敏的惠斯登电桥。传感器的测量范围直接由组合电桥的硅片厚度来决定（靠化学蚀刻来保证厚度）。特点是重复性、稳定性很好。

典型产品如 FOXBORO I/A 系列智能型压力传感器。

⑤ 单晶硅原理　特点是：

a. 力学性能稳定；

b. 物理尺寸和材料蠕变很小；

c. 可靠性高，无故障时间长达 100 年。

⑥ 陶瓷电容原理　特点是：

a. 良好的温度特性；

b. 迟滞性小；

c. 稳定性高。

◎ 31.4　流量测量方法选择

流量测量有两个作用：一是作为生产过程自动化系统的检测仪表；二是作为商贸或内部生产成本核算的计量仪表。流量测量往往涉及到生产过程的安全和质量。

为了满足生产工艺众多的要求，先后开发出品种繁多的流量计，它们都有各自的使用特点。设计时重要的是要熟悉各种仪表应用特性，熟悉被测介质的特性，扬长避短，选择最适宜的测量方法。影响流量测量方法选择的因素较多，主要有以下几方面。

① 测量目的及用途（是否用作计量）。

② 流体特性：温度、压力、黏度、流速、腐蚀性等。

③ 仪表性能：精度、重复性、量程比、压力损失、响应时间等。

④ 现场安装条件：上、下流直管段，维护空间，管道布置等。

⑤ 经济因素：设备费用、安装费用、维护费用、寿命等。

31.4.1　流量测量误差分析

流量计在出厂时作为产品都标有一个标称精度，这是仪表出厂前在参比条件下确定的。对流量仪表而言，参比条件一般指如下条件。

① 环境条件　15～35℃，大气压　86～108kPa，相对湿度　45%～75%，无电场、磁场干扰，无振动。

② 电源条件　AC 220V±10%或 110V/50Hz±1Hz，DC 2.4V。

③ 流体条件　充满圆管的单相牛顿流体，无旋涡、无扰动的定常流。

外界干扰会带来测量误差，不同测量原理的仪表，影响并不相同。电磁流量计易受磁场干扰，涡街流量计易受到振动及变频干扰影响，超声流量计也容易受电磁场干扰。

实际生产操作条件（温度、压力）变化，会对容积式流量计带来测量误差；电磁流量计常会因流通面积与设计工况不一而带来误差；涡轮流量计则会因介质的温度、压力、流量计前后直管段的变化带来测量误差。设计条件与生产条件一致性是保证流量测量精度的首要条件。

仪表测量精度不同也会带来测量误差。仪表测量原理不一样，因此得到的测量精度是不一样的。常见的流量测量仪表精度如下。

节流装置±(1%～2%)　　　　　　　　　　内藏孔板变送器±(4%～5%)

弯管流量计 0.5%～1%FS　　　　　　　　冲量流量计 1%～1.5%

楔形流量计 0.5%FS　　　　　　　　　　玻璃转子流量计±(1%～2.5%)

笛形均速管±(2%～5%)　　　　　　　　金属管转子流量计±(1%～2%)

椭圆齿轮流量计±(0.2%～0.5%)　　　　　　多普勒±0.5%

刮板流量计±0.5%　　　　　　　　　　靶式流量计±0.5%(插入式±1%)

电磁流量计±(0.2%～1.5%)　　　　　质量流量计:量热式±(1.5%～2.5%)

涡轮流量计:液体±(0.2%～0.5%)　　　　　　科氏力±(0.2%～0.5%)

　　　　　气体±(1%～1.5%)　　　活塞式流量计±0.5%

涡街流量计:气体/蒸汽±1%　　　　旋转容积式±(0.2%～0.5%)

　　　　　液体±0.75%　　　　　内锥管流量计±0.5%

超声波流量计:时差法±0.5%

31.4.2　流量测量方法使用特点及比较

流量在热工参数的测量中是一个比较复杂的测量参数。影响测量的因素较多，要选择好一种合适的流量测量方法，往往需要多方面的综合比较。在影响流量测量诸多因素中，最重要的一点是流体特性，特别在石化行业内碰到的流体特性十分复杂，给流量方法的选择带来困难。测量方法一般选择如下。

髒污流体——楔形流量计、靶式流量计、电磁流量计、科氏力流量计；

含固体颗粒流体——楔形流量计、电磁流量计、科氏力流量计；

两相流体——科氏力流量计、电磁流量计、转子流量计；

浆料流体——楔形流量计、多普勒超声流量计；

腐蚀性流体——电磁流量计、金属管转子流量计、科氏力流量计；

大黏度流体——锥形入口孔板流量计、电磁流量计、椭圆齿轮流量计、科氏力流量计；

非牛顿流体——电磁流量计、科氏力流量计；

大流量流体——笛形均速管流量计、威力巴流量计、插入式流量计；

微小流量流体——椭圆齿轮流量计、电磁流量计、金属管转子流量计；

低温流体——涡轮流量计；

天然气、液化石油气——气体超声流量计；

低压损流体——道尔管流量计、文丘里流量计、弯管流量计。

(1) 标准节流装置

① 孔板　特点是测量理论较成熟，易复制，加工形成专业化生产；性能稳定、可靠；应用广泛；寿命长，价格低；信号非线性；现场安装条件较高（直管段）；压力损失大。

② 文丘里管　特点是压损小，价格高。

③ 喷嘴　特点是制造加工较困难；测量理论不够成熟，流量系数不确定性大；精度不高，已逐渐被其他流量测量方法代替。

(2) 非标准节流装置

① 1/4圆喷嘴　适用于大黏度、低雷诺数的工况（$Re_d=200\sim10000$）。

② 双重孔板　适用于大黏度、低雷诺数工况。

③ 圆缺孔板　适用于脏污、粉尘、含气泡流体。

④ 偏心孔板　适用于含固体颗粒液体。

⑤ 楔形孔板　适用脏污、黏稠流体，耐磨性能好，也可用于低雷诺数（$Re_d>100$）流体测量。

⑥ 弯管流量计　耐磨损，适合大口径、低压场合。结构简单，价格低。

a. 量程比10:1。

b. 无插入件，压力损失小。

c. 前后直管段要求不高（50/20）。

⑦ V 形锥体流量计

a. 量程比 15：1。

b. 耐磨损，黏稠性能好。

c. 信号稳定性好。

d. 压力损失比孔板小。

e. 前后直管段要求比孔板小。

⑧ 内藏孔板变送器

a. 用于 DN50 以下。

b. 安装简单。

c. 精度低（±5%）。

⑨ 一体化孔板流量计

a. DN15～700。

b. 精度±1%。

c. p_N＞1000mmH$_2$O，t＜700℃。

（3）浮子式流量仪表

① 玻璃管转子流量计适用小口径、现场流量指示及累积。

② 金属管转子流量计。适用于易汽化、易凝结、毒性、易燃易爆流体的中、小流量测量。

a. 当被测介质易结晶、易汽化、高黏度时可选择带夹套的，用以加热或冷却被测介质。

b. 对含磁性物质、纤维及磨损性物质不适合使用。

c. 量程比 5：1/10：1。

d. 输出特性线性，但精度不高。

e. 压力损失小。

f. 结构简单，价格较低。

（4）容积式流量测量仪表

① 椭圆齿轮流量计　特点如下。

a. 计量精度高（±0.2%/±0.5%）。

b. 管道条件对流量计测量没有影响。

c. 适用高黏度介质测量，精度高。

d. 量程比大（5：1/10：1/30：1）。

e. 线性读数。

f. 标定容易。

g. 体积大，笨重，特别是大口径。

h. 与其他流量计（差压、转子）相比，对被测介质性质（温度、压力）局限性较大，使用范围窄。

i. 金属部件容易热胀变形，低温时又有冷脆问题。使用温度范围较窄（-30～160℃）。

j. 适用于洁净液体，不适合脏污、含颗粒等流体。若必须使用则上游侧加装过滤器，但同时又会加大压力损失。

k. 流体流经流量计会产生流体脉动，口径大时甚至产生噪声及振动。

l. 流量计测量原理是靠转子转动，因此热胀或混有固体颗粒等情况都可能将转子卡死，安全性较差。

② 刮板流量计　可分为凹线式和凸轮式两种。流体流经流量计，由于刮板产生特殊运行轨迹并不受扰动。它通常采用双室结构，不会因为管线热胀而产生变形的现象。

在测量气体介质时刮板可做成旋叶状。主要特点是与腰轮流量计相比，能不扰动流体，噪声小。

③ 腰轮（罗茨）流量计 可分气体腰轮与液体腰轮两种。特点如下。

a. 测量范围宽（140∶1）。

b. 精度高（±0.5%）。

c. 黏度大于 0.5cP❶。

d. 温度小于 300℃。

e. 适合高温、高黏度、黏稠、糊状介质测量。

f. 有的产品可做成腰轮无接触转动，减少磨损。

④ 旋转容积式流量计 特点如下。

a. 量程比宽（100∶1）。

b. 可用于高黏度介质，测量与介质黏度无关。

c. 精度高（±0.2%/±0.5%）。

d. 温度小于 200℃/300℃。

（5）涡轮式流量测量仪表 广泛使用于石油气、液化气、天然气及低温液体（乙烯、液氨）。特点如下。

a. 精度高，重复性好（±0.2%～±0.5%）。

b. 量程范围大（10∶1/40∶1）。

c. 输出为频率信号，无零点漂移，抗干扰能力强。

d. 量程范围大（10∶1/80∶1）。

e. 可用于高压。

f. 流通能力大，产品系列化，品种齐全，如高黏度型（70～400mPa·s）、耐腐型、高温型（<300℃）、低温型（>-250℃）。

g. 不能长期保持校准特性，要定期进行校准。

h. 黏度高时，会影响到流量计输出线性度。

i. 流体特性（密度、黏度）变化会影响测量。

j. 流体应是洁净的，不含有杂质，以免造成磨损。若流体含杂质，则应加装过滤器，当然这也会增加压力损失。

k. 流量计叶轮高速旋转，易磨损。

l. 结构简单，维护方便。

（6）电磁流量测量仪表

a. 测量管是一段光滑直管，无活动及阻力部件，基本上无压力损失。

b. 输出特性为线性。

c. 合理选择衬里及电极材料，可耐各种腐蚀。

d. 前后直管段要求不高（50/10）。

e. 精度高。

f. 量程比宽（20∶1）。

g. 对介质温度、压力、流速有限制（<120℃，<1.6MPa，>0.3m/s）。

h. 介质必须是导电的，一般要求电导率大于 20μS/cm。

i. 不能测气体，不适合负压工况。

j. 易受外界干扰影响，必须接地良好。

（7）超声波流量测量仪表 为非接触式流量测量方法，作为一种解决流量测量遇到困难

---

❶　1cP＝10⁻³Pa·s，下同。

而发展的新型仪表，特别适合天然气、油田气等大型管道流量测量，且可用来作为商贸结算的计量仪表。

  a. 时差法适用于洁净流体，多普勒法适用于一定浊度流体。

  b. 可用于非导电性（油品、气体）、两相流体流量测量。

  c. 无凸出阻力件，不干扰流场，不堵塞，无压力损失。

  d. 适用于脏污、黏稠、含固体颗粒场合。

  e. 外夹式可不接触介质，适用于高压、强腐蚀、易汽化、毒性、易爆等恶劣工况。

  f. 多声道超声流量测量精度高。

  g. 气体超声流量测量已用于天然气等贸易结算。

  h. 对流态无干扰，可测脉动流。

  i. 只适合导声流体，如水、石油。

  j. 低流速，小口径，介质温度变化对测量精度都会有影响。

  （8）旋涡频率流量测量仪表

  ① 涡街式流量测量

  ② 旋进旋涡式流量测量

  a. 仪表标定系数不受流体压力、温度、密度、黏度及组分变化的影响，更换检测元件不需要重新标定。

  b. 量程比大 [15∶1（流体）/30∶1（气体）]。

  c. 仪表口径几乎不受限制，可大可小。

  d. 压力损失小。

  e. 精度较高。

  f. 输出线性。

  g. 安装简单，故障较少。

  h. 不适合测量脏污介质及脉动流体。

  i. 抗振性差。

  j. 流量计前后直管段要求较高（250/50），旋进式可小一些。

  k. 对外界电磁场干扰敏感，应注意信号屏蔽。

  （9）质量流量测量仪表 质量流量测量可分为直接质量流量测量和间接质量流量测量。间接质量流量测量主要指采用温压补偿/密度补偿的差压法流量测量，直接质量流量测量主要指以下方面。

  ① 科氏力质量流量测量 主要用于液体。科氏力质量流量计特点如下。

  a. 精度高，量程比宽（100∶1）。

  b. 线性输出，多参数输出（可同时测量温度密度、质量流量）。

  c. 适用范围广（非牛顿流体、黏稠、含固体颗粒、悬浮液、腐蚀性、两相流）。

  d. 无可动部件，可靠性高。

  e. 测量不受介质特性（密度、黏度）变化的影响。

  f. 前后直管段无要求。

  g. 零点不稳定，不适合小流量刻度下的测量，这时精度可能大大降低。

  h. 不适合低密度气体，液体中含气泡量太大会影响测量精度。

  i. 测量管腐蚀、磨损会给测量带来误差，设计时要选择好测量材质。

  j. 口径规格品种较少，目前许多厂商在开发大口径及价格便宜的品种。

  ② 量热式质量流量测量 主要用于气体。量热式质量流量计特点如下。

  a. 精度高，重复性好。

b. 仪表无活动部件，可靠性高，稳定性好。

c. 量程比大（100：1）。

d. 可用于含焦油、灰尘、脏污气体的烟气、天然气、火炬气等。

（10）大口径流量测量仪表　大口径流量测量可采用笛形均速管、威力巴流量计、弯管流量计以及插入式流量计，如插入式涡轮流量计、插入式电磁流量计、插入式涡街流量计等。其特点如下。

a. 结构简单，安装方便。

b. 流量系数稳定、可靠。

c. 精度较低。

d. 压力损失小。

e. 有些产品可用于低雷诺数（$Re_d > 2000$）层流状态下的测量。

f. 弯管流量计无插入节流件，无压力损失，适合含尘场合的测量。

g. 有些产品制造技术要求高。

（11）靶式流量测量仪表　靶式流量测量方法主要用于测量黏稠、浆料，以避免差压式流量测量方法可能产生的凝固、堵塞。

31.4.3　流量仪表的设计选型

一般流体流量测量仪表选型应注意以下几方面。

① 差压式流量计是目前流量测量首选形式。

② 对于管径不大，测量精度要求不高，量程比也不大场合，可选择转子流量计，特别用于现场指示。

③ 对于有计量要求，可选择涡轮流量计、质量流量计等高精度流量计，气体超声波流量计可用于天然气等商贸结算。

④ 旋涡流量计用于洁净的大、中流量气体、蒸汽、液体的流量测量，有替代差压式流量仪表的趋势。

⑤ 大流量测量常选择笛形均速管或插入式流量计，外夹式或多声道超声波流量计使用于大口径气体流量测量及液体质量流量测量。

下面重点介绍几类产品。

（1）容积式流量测量仪表产品　容积式流量计又称正排量流量计，精度在流量仪表中应是较高的一种。有的介质黏度往往随温度变化而变化，而且有的变化很大，对流量测量产生一定影响。在各种流量计中，容积式流量计对黏度是最不敏感的。只需要将黏度大、中、小分成几挡，如椭圆齿轮分成 0.6~2mPa·s，2~200mPa·s，>200mPa·s 三挡。从制造工艺上考虑，这主要因为容积式流量计黏度越大，测量精度越高，反之，附加误差也随之增加。

容积式流量计只能测单相。

（2）旋涡式流量测量仪表产品

① 旋涡式流量计发展动向。

a. 发展前景宽广，有取代孔板差压流量计之趋向。

b. 结构性能改进。

过去在使用中出现的最大问题是外界振动及流体扰动，将会造成仪表零漂严重。特别是压电应力方式抗振性能较差，信噪比低，不适合用于低密度、低速、外界振动大、有流体扰动的工况下测量。许多厂商现在都在着手性能的改进。Rosemount 在它的压电式旋涡流量计上采用质量平衡技术，提高了抗振性能，据称对振幅 2.21mm 管道振动对测量无影响。

在电路上增加了自适应信号处理，三重滤波，使抗干扰能力大大加强。流量计压电晶体电路都在外面，便于在线维修。

E＋H 采用的是差动开关电容原理，电容传感器置于旋涡发生体内，对于外界振动响应是同步的，不会产生差动信号。据称对于轴间振动频率小于 50Hz，测量不会受到影响。

NICE Co（美）采用了缩管技术，据称对流速限制条件大大降低，只要流速大于 0.1m/s就可测量。

c. 智能化设计，功能增加，性能提高。

Rosemount 在其智能性旋涡流量计采用了专门设计的数字调节滤波器，可动态跟踪旋涡频率信号，通过自适应信号处理器得到高分辨率的信号输出。

② 旋涡流量计的旋涡发生体形式：

a. 圆柱形（热丝、膜片、摆旗、应变片）。特点：压力损失适中，稳定性较好，旋涡强度较低。

b. 三角柱形（热敏电阻、压电晶体、电容、超声探头）。特点：压力损失适中，稳定性较好，旋涡强度较大，是使用最多的形式。

c. 方形。特点：旋涡强度大，稳定性较好，但压力损失大。

③ 旋涡频率检测方法

a. 检测旋涡发生时流速变化。检测元件有热丝、热敏电阻、超声探头。

b. 检测旋涡发生时压力变化。检测元件有压电应变元件、振片磁敏元件。

热敏检测元件灵敏度最高，但使用温度较低（<200℃），适合较低密度气体流量测量。缺点是玻璃封装，易碎，只适合洁净流体，脏污或含固体颗粒会对测量有影响。

压电检测元件耐脏，应用较广，但抗振性能较差，信噪比较低，不宜使用在低密度、低流速、环境有振动场合，介质的使用温度也有限制（－32～110℃）。

超声检测元件抗振性能较好，使用温度可到 200℃，温度太高会损坏探头。不宜使用在明显脉动流场合（如机泵出口）。

振片磁敏元件耐高温（－268～427℃）。

国内旋涡流量计常采用压电应力式（压电陶瓷），常温下绝缘阻抗一般是 10～100MΩ。但若长期工作在 300℃状态下，绝缘阻抗会急剧下降到 1MΩ，因此对 200℃以上介质不宜采用压电应力式，可改用电容式等。

旋涡流量计量程比可以做到 6：1～12：1。但测量下限常受雷诺数所限制。$Re_d > 10^4$ 是旋涡流量计最基本的工作条件。流速太低，产生不了旋涡能量，误差也大。测量上限一般受传感器的工作频率所限制（不大于 400Hz）。

（3）电磁流量测量仪表产品

① 电磁流量计发展动向

a. 精度提高。早期电磁流量计精度一般为±1.5%～±2.5%。现在电磁流量计精度提高到±0.5%～±0.1%。有的厂商已做±0.2%的电磁流量计。

b. 励磁方式改变。由最早使用的交流工频（50Hz）正弦波励磁，改变为低频矩形波励磁（6.25Hz）。最近开发的产品则采用双频波励磁（低频矩形波 6.25Hz＋高频矩形波 75Hz）。

交流工频励磁是利用市电作为励磁电源，电源频率不稳定，在测量电极上会产生一种磁通微分噪声，使仪表零点漂移。采用低频矩形波励磁可以消除电极上产生噪声问题。但是在使用中发现这种励磁方式对流体噪声的抑制能力不强，于是提出了另一种双频波励磁方式。这样做兼有高频波励磁和低频波励磁的优点，功耗小，零点稳定，对流体噪声抑制能力有很大提高。也有的厂家则推出频率可调的矩形波励磁方式（由可编程逻辑控制）。低频用于大口径，高频用于小口径。用户可在 $3\sim125\,Hz$ 范围内预设。

也有产品又重新推出频率在 $5.5\sim16.6\,Hz$ 范围内的交流脉冲励磁，这样做主要是为了适合纸浆、含磁性颗粒的浆料流量测量。

无电极电磁流量计，它完全改变了传统的电磁流量计测量原理，而采用了测量衬里和流体间的静电容方法。特点是没有电极伸入测量管内，电极不与流体接触，不存在密封泄漏问题。抗干扰能力强，适合于低电导率（$0.05\,\mu S/cm$）、脏污、黏稠介质。

非满管电磁流量计测量原理是采用不同位置的 $3\sim6$ 对电极及一个固态液位检测元件，一个电磁流速检测元件组合体装在被测管道下侧。液位、流速信号送数据处理器，计算可得流量值。

过去由于励磁功率大，在危险区使用时大多采用隔爆型。现在不少产品改用直流脉冲励磁，功耗大大减少，可做成二线制，为本安型防爆提供可能。目前已有二线制产品。

c. 响应速度提高。现在的电磁流量计产品的转换器线路中在时间常数大的场合可加大积分作用，时间常数小的场合可加大微分作用，这样有的产品响应时间可做到 $0.1\,s$。

d. 智能化。借助微处理器及软件编程技术，拓宽了量程，测量误差得到补偿，具有零点校正、自诊断功能，可支持总线技术。

e. 在绝缘材料方面，有的产品采用工业陶瓷衬里，解决了耐腐蚀、耐磨损问题。在高温、高压下不变形。通过电极与衬里间烧结解决了管壁渗漏问题。

② 电磁流量计应用特点

a. 无阻流部件，便于清洗，无压力损失。

b. 测量不受流体特性如密度、黏度、电导率变化的影响，可使用在脏污、浆料、大黏度场合，可做成防腐型。

c. 量程比大（10∶1/40∶1），可制成大口径（3m）。

d. 对介质温度，电导率有限制，如石油、有机溶剂等低电导率液体不能测量。

e. 介质含固体颗粒，流量计易受磨损。

f. 不能用于含非磁性颗粒或含纤维物质二相流，信号不稳定，易发生尖峰噪声。

g. 电磁流量计为了得到两个电极间微小电势差，必须引一个参考值——地电势。在实际应用中，流量计接地好坏是影响测量误差的关键。一般电磁流量计所测介质大多为高电阻液体，对外界电磁干扰十分敏感，可能会产生大量噪声信号。美国伟业公司 WFM 电磁流量计采用平衡电极原理，噪声信号同时被测量电极、地电极所检测，这样可以消除噪声干扰，从而可取消流量计的现场接地。

h. 电磁流量计最好不用于负压系统，以防衬里脱落。

（4）质量流量仪表产品

① 质量流量计技术发展动向

a. 科氏力质量流量计测量管的结构设计。早期的质量流量计测量管大多为单管型，缺点是易受到外界振动干扰。目前有些使用单管型测量管的厂商已将测量振动频率改为 $700\sim1100\,Hz$，与一般的机械振动频率错开，这可以抑制一些外界的干扰影响。后期开发的大多为双管型，优点是易测量科氏力产生的相位差。为了克服外界振动干扰，有些厂商的产品采用测量管与工艺管道相对位置垂直。测量管可做成多种形状的弯管，目的是降低刚性。弯管与直形管相比，在同样的刚性条件下弯管可以采用厚壁管，磨损相对可小一些。但直管易清洗，仪表尺寸可小一些。弯管型在弯管处易积存液体，引起附加误差，做成的仪表尺寸较大。

直管激励频率大多在 $1000\,Hz$ 左右，弯管可小些，$70\sim100\,Hz$ 即可，但这个频率正好与外界机械振动频率相近，因此受振动干扰影响较大。目前大多采用对外界振动不敏感的双管型测量管。

　　b. 量热式气体质量流量计发展迅速。国外厂商为了解决大口径、低流速、间歇流、流量变化范围大以及微小流量测量困难的问题，竞相开发了量热式气体质量流量计。

　　c. 开发价低的经济型及大口径的科氏力质量流量计。

　　② 科氏力质量流量计使用特点如下。

　　a. 测量管形式不一，常见的有以下几种。

　　ⅰ. 直管式。加工简单，易制造，不易启振，故管壁需薄一点，使用寿命较短。

　　ⅱ. 弯管式。容易启振，管壁可厚一点，机械加工复杂些，振动频率要选大一点。

　　ⅲ. 单管式。不用分流，零点稳定，机械加工简单，但易受外来振动影响。

　　ⅳ. 双管式。不受外来振动干扰，分流不均匀会造成零点变化，机械加工也复杂些。

　　b. 直接质量流量测量与被测介质温度、压力、密度、黏度变化无关。

　　c. 对各种流体适应性强。

　　d. 对外界振动较敏感，但对流体分布不敏感。

　　e. 压力损失较大。

　　f. 信号处理技术难度大，零点易漂移，不适合低压、低密度气体测量。

　　g. 测量管与工艺管道相对位置可以是平行的（大多数产品采用的方式），也可以是垂直的。但是只要流量传感器不在工艺管道轴向振动平面内，流量计的抗振动干扰能力可增强。

　　对于质量流量计的测量精度，很多产品上标注的是基本误差＋零点不稳定性。仪表制造厂商将流量计精度定得很高，一般是（±0.15％～±0.5％)R。但是量程比也定得很大（100∶1)，仪表流量上限取得很高。因此流量计的实际测量精度不可能这样高，特别是流量计在小量程段测量流量时，很难保证仪表有高精度。

　　为了解决大口径、低流速、低密度、间歇流流量变化范围大等困难场合下的流量测量，开发了量热式质量流量计。量热式质量流量计应用特点如下。

　　a. 传感器由一体化成形管制成，结构简单，可靠性高，使用寿命长。

　　b. 无流阻元件，压力损失小。

　　c. 工况条件变化，特别被测气体组分变化会影响测量。

　　d. 测量管壁有沉淀、结垢、黏稠都会影响测量。

　　e. 响应时间较慢，时间常数一般在2～5s之间。

　　f. 小流量测量相对受外界附加热量影响较大。

　　(5) 超声波流量测量仪表产品

　　① 超声波流量计发展动向

　　a. 超声传感技术和信号处理电路技术发展很快，测量精度明显提高。国外厂商竞相开发，带测量管段、多声道的超声波流量计，精度达±0.15％，重复性大±0.02％。

　　b. 开发适用于天然气流量测量的气体超声波流量计，能用于商贸结算。

　　c. 对一些特殊困难场合，如高温、渣油、重油、腊油、高黏度、带固体颗粒、污水测量开创良好应用前景。

　　d. 降低成本，开发经济型及高能型。

　　② 超声波流量计分类

　　a. 外夹装式。非接触式测量。安装简单，不用开孔；安装流量计的管道内壁不能有腐蚀、结垢、结晶等；安装流量计管道条件要确定（外径、壁厚、衬里材质及厚度）；精度较低。

　　b. 管道流通式。宝百声（美）Polysonic全数字时差式超声波流量计，适用于浓度小于$10000×10^{-6}$干净流体，精度±0.5％，仪表采用数字式非线性噪声滤波器，增强了抗干扰能力。

迪妙声 Dynasonics 超声波流量计，对洁净的或含悬浮粒子的液体都可测量，产品设计有专门的数字滤波和信号自动识别电路，能提高精度，稳定输出。

目前，大多数厂家只生产液体超声波流量计生产气体超声流量计只有少数几家。原因是超声波通过气体的阻力要比通过液体、固体大得多，因此对气体用的超声发生器电路要求更高。

③ 超声波流量计应用特点

a. 可以用于非导电性流体。

b. 无特殊阻力件，压力损失小。

c. 外夹式泵非接触式测量，可用于高压、高黏度、易爆、强腐蚀、易汽化等工况。

d. 时差法适合洁净液体，多普勒法适合脏污、两相流。

e. 不干扰流场，不会堵塞，因此也适用于含固体悬浮物。

f. 成本较高，但近年有所降低。

g. 开发高精度、多声道气体超声波流量计，可用作天然气、液化气等大口径流量测量，以及高精度的商贸结算。

(6) 大口径流量测量仪表　对于大口径管道流量测量一般选用：均速管流量计（用于空气、水等），插入式流量计（用于各种流体），超声波流量计（用于天然气、液化气、水等），弯管流量计（用于烟道气等），电磁流量计（用于水、废水等）。

大口径流量测量仪表的应用特点如下。

a. 现场装卸方便，压力损失小，价格较低。

b. 长期稳定性较好，直管段要求较低。

c. 大多数精度都不高，智能化后有所提高。

d. 仪表标准化难度大，仪表特性受被测介质特性变化影响较大。

e. 弯管流量计（90 标准弯管）对磨损不敏感，适用于烟道气流量测量。

f. 插入式涡轮流量计插入深度应到平均流速位置。$DN > 500mm$ 时一般选 $0.12D$。$DN < 500mm$ 时，一般选择管道中心 $0.5D$ 处。

(7) 固体流量测量仪表产品　在选择固体流量仪时通常要注意介质的特性：

固体颗粒粒度；

固体物粒堆砌角（安息角）；

固体物料容重；

固体物料的介电常数；

固体物料的含水率。

常见的固体流量测量仪表有冲板式固体流量计、数字式电子皮带秤、智能核子秤等。

◎ 31.5　物位测量方法的选择

31.5.1　物位测量技术发展动向

a. 机械类物位仪表更精密化、多样化。

b. 电子类物位仪表，电路集成化、智能化。

c. 新型物位仪表（如雷达、导波雷达、超声波、磁致伸缩等）开发、推广应用迅速。

d. 物位开关系列化：浮子液位开关（≤40MPa，≤300℃）；散热型液位开关，精度±1mm；超声波物位开关；阻旋式物位开关；电容式物位开关；微波式物位开关；音叉式物位开关；振杆式物位开关；导电式物位开关。

31.5.2 物位测量方法的选择

物位测量包括液位、界位（液-液）、料位测量。物位测量本身有以下特点。

在很多情况下，只需要测量物位的上、下限报警，因此开发了各种形式的物位开关。

有些测量场合，范围要求很宽，但是测量精度要求很高。

被测对象类型广泛，工况条件千变万化。

（1）物位测量方法分类

① 直读式液位计。

a. 反射式。适用于洁净、透明、低黏度、无沉淀物的液位指示。

b. 透光式。适用于界面指示及重质油品或含固体颗粒场合液位指示。

c. 照明式。适用于黏稠、脏污介质液位指示。

d. 防霜式。适用于易结霜的低温介质液位指示。

② 机械式物位检测技术

a. 磁性浮子液位计。适用于温度不大于 200℃，压力不大于 10MPa，黏度不大于 600mPa·s 场合液位或界位指示。

b. 浮筒液位计（内外浮筒）。适合洁净液体场合，工作可靠。测量范围有限制（0～2000mm），被测介质密度变化会引起测量误差。技术成熟，浮筒可安装在设备外侧，使用时会带来冬季需伴热防冻问题。

液位测量，介质相对密度应为 0.5～1.5；界面测量，介质相对密度差应为 0.1～0.5。可用于真空、易汽化、黏稠、凝固、结晶场合。

c. 浮球液位计。适合液位变化大，含固体颗粒或负压，密度变化不大场合下的液位测量以及界面测量（相对密度差大于 0.2）。

d. 伺服液位计。精度高（±0.7mm），体积小，重量轻，机械部件较少，维护工作量不大，检测多功能（液位、界位、密度、温度、罐底），适合大型储罐液位检测。

e. 钢带液位计。精度较高（±2mm），结构简单，适合不同罐型的储罐液位测量，但安装要求高，价格低。

③ 差压式液位检测技术

a. 液位（差压）变送器。适用于洁净液体，液位变化不大，介质密度变化不大场合下的测量。

b. 平法兰式液位变送器。适合腐蚀性、黏稠性、易汽化、含固体悬浮液场合。

c. 插入式法兰液位变送器。适合高黏度、结晶场合。

d. 双法兰液位变送器。适合有大量沉淀物、凝结物场合。

④ 电子式物位测量技术　电子式物位检测技术是利用被测物料的某些物理特性（如介电常数、电导率、热导率、声阻率、辐射与吸收）进行检测。

a. 电容技术。是一种使用多年、技术成熟、使用资料也积累较多的物位测量方法。

适合腐蚀性介质测量。被测介质有介电常数要求，易受外界电磁干扰。适合固体料位测量。

b. 超声波技术。无接触测量，适用范围广。对腐蚀性、黏稠、毒性、爆炸危险场合都可应用，特别是对相对密度小，介电常数小，别的测量方法不合适的场合。测量不受介质物性影响。但技术上不够成熟，应用数据不够充分，抗振性能也欠佳。

c. 激光（雷达）检测技术。非接触式测量，安装使用方便，没有测量盲区。

雷达波是比超声波频率更高的电磁波，它的精度可以是超声波法的 10 倍，可作为贸易交接的计量表。工作可靠，寿命长，维护工作量很小。

d. 导波雷达（TDR）检测技术。TDR 发生器以每秒 20 万个能量脉冲沿纯导体向下发射，到达被测介质表面或界位时，由于波导率在两种不同介质中导电性不一样，使波导体的阻抗特性发生变化，产生反射脉冲信号，经采集处理后可测出物位变化。导波雷达检测信号衰减小，可用低介电常数场合。测量不受液位波动、搅拌、泡沫、黏稠质料、雾气等工况影响，返回波能量比雷达法大，基本上无干扰影响。

e. 磁致伸缩检测技术。是近年来出现的一种高精度、高分辨率液位测量方法。非接触式测量，无机械磨损，可靠性高，适用介质范围宽，宜用于洁净介质的高精度测量。

⑤ 放射式物位检测技术。非接触式测量，当其他的物位测量方法难以奏效情况下才选用。对于高温、高压、强腐蚀、高黏度、易爆、毒性场合，设备上又希望少开检测孔时才选用。

（2）物位测量方法选择考虑因素

a. 测量目的及用途：计量，控制。

b. 测量范围及精度要求。

c. 介质特性及工况操作条件。

d. 设备条件及安装环境条件。

对于腐蚀性介质一般可选用电容式液位计。

在解决了电容式物位计探极污染问题后（如射频导纳液位计），电容液位计应该是浆料液位测量较合适的测量仪表。

差压式、浮筒式液位计是一般洁净介质液位测量首选品种。

对于黏稠、腐蚀、结晶、易汽化等恶劣工况可选择法兰式液位变送器，对于十分黏稠情况则可通过吹气方法测量。

对于相对密度为 0.5～1.5 的介质，可选择浮筒式液位变送器作为现场指示、控制仪表，但最大测量范围只有 0～2000mm。

对于普通液位测量仪表难以解决的腐蚀、黏稠、毒性等场合也可选择超声波、雷达等物位仪表。若这些测量方法仍不理想或设备上不允许多开安装孔，只能选择放射性物位仪表。

固体物料测量要搞清固体颗粒粒度、导电性能、料仓结构等。一般固体料位首选电容料位计；固体颗粒粒度小于 10mm 的无振动或振动很小的料仓可选择音叉料位开关作点式测量；粒度小于 5mm 粉状料仓可选择超声波物位计；对于比密度大于 0.2 的固体料仓或粉状料仓可选用阻旋式料位开关；大量程的对测量精度要求较高的料仓可选择重锤式探测仪表。

大型储罐液位测量系统一般采用高精度的罐表系统。按不同的测量目的可分类如下：

a. 有计量要求：伺服，雷达（计量级），静压式。

b. 有较高精度要求：伺服，雷达（控制级）。

c. 一般精度要求：钢带液位计。

泡沫状液位宜选择电容物位计。

液-液界位可选电容物位计。

各种物位检测方法，都是根据测量对象的特性及各种使用要求开发的。对象特性和条件千变万化，找不到一种仪表是万能的，在任何场合中都可以使用。有时候即使从技术上完全可以满足，但是从价格上不被接受也完全是有可能的。综合分析各个方面因素，最主要的还是物料特性。

液体物料特性指温度、压力、密度、黏度、含固体/含液体、介电常数/电导率、腐蚀性、易爆性。

固体物料特性指温度、压力、密度、黏附性、含水率、粒度。

环境条件指温度、大气压、振动、电磁干扰、灰尘、雨水、盐雾、爆炸危险。

（3）物位仪表分类

① 超声波物位变送器

超声波物位仪表技术发展动向如下。

a. 降低价格，扩大应用。开发能适合恶劣工况条件下应用的产品，如适合高泡沫、高粉尘、高雾气工况下工作的高能超声换能器。

b. 智能化电路设计，如自动巡检罐内情况，进行实时动态的空罐回波处理，虚假信号自动切除，锁定真空回波信号等。

c. 开发超低频（5kHz）超声探头，大大提高抗干扰能力。降低安装要求，具有很强的适应性。

d. 性能提高。如 SOR（美）公司推出 5kHz、10kHz、15kHz、20kHz、30kHz 频率可调的超声波物位计，可测最大量程 80m，精度可达 0.25%，发射角 7°，分辨率可做到 1mm，介质适合温度 -20~225℃。

超声物位检测技术由于在大能量、可调反射频率及先进的回波处理技术，拓宽了超声物位计的应用范围。由于它能克服探头上灰尘对测量的影响，故在恶劣工况下也可应用。

为了加大超声能量，一般采用：

组合式超声换能器，量程最大做到 60m。

低频高能发射器，如 HAWK 产品量程可做到 80m，精度 ±0.25%。HAWK 高能超声物位计内置通信模块，可实现外部通信，具有远程调试及自诊断功能，主要用于浆料、泥浆、固体料仓等场合。

SOR（美）公司的高能超声物位计采用 800V 高压激励电脉冲及智能化程序设计，进行实时动态空仓回波处理，虚假回波信号的自动消除，分辨率可达 1mm，适合泡沫、粉尘、蒸汽场合。它可以提供 5kHz 超低频探头，具有很高的抗干扰能力。

超声波液位变送器中应用了 CPU，可以充分发挥它的丰富软件功能的作用。对回波处理、盲区、阻尼率、单位换算、报警点设置等功能性工作，信号处理质量提高，用户应用功能扩大。

E+H（德）公司超声波物位传感器回波测量系统采用了脉冲频率自适应技术。超声波物位传感器对应某一个发射、接收状态都存在一个最佳的共振频率。在物位传感器使用过程中，电极积灰、凝结，黏附或介质湿度波动都会使传感器的共振频率发生漂移。E+H 设计的电子线路，能自动测量共振频率，根据测得数据对下一个发射脉冲波进行修正。

超声波物位传感器工作原理基于声波传送。超声波在液体中衰减较大，在固体中衰减最小。在不同介质的界面会产生折散，折散在空气中衰减最厉害。在高泡沫、高粉尘、多雾气场合中会产生超声波被吸收和折散，给超声波物位测量带来很大困难。Krohne（德）公司 UFM500 双声道超声物位变送器可用来测量 600cP 的原油、渣油、燃料油等。流体在 $1000<Re<4000$ 时对精度没有影响。

超声波物位测量优缺点如下。

无接触测量，可用于毒性、高黏度场合

结构简单，无机械可动部件，工作可靠。

适用范围宽（如相对密度小、介电常数小）。

受介质上方气流影响，液位波动、气泡及悬浮液对测量影响较大。

抗振动性较差。

汽化量大的场合不合适。

② 雷达物位计　雷达物位计测量原理基本上按以下两种方式。

a. PULSE 脉冲技术。发射固定频率脉冲信号到接收回波信号的时间差测量。特点是功耗小，精度也较低，但容易做二线制。价格也低。毫米级的雷达物位计消耗功率仅 320mW，适合制作本安型。

但是要用测量时间的办法来测量，实际上是很困难的。实际采用的是频差原理：天线发射固定频率脉冲，经被测介质表面反射回天线，这时脉冲频率发生变化，测量频率差可以用来测量距离。脉冲频率一般生产厂商大多采用 5.8~10GHz，功率都很小。

b. FMCW 调频连续波技术。测量发射连续变化的频率波与回波的频率差。特点是功耗高，精度也高，但价格贵，且不易做二线制。Krohne 公司也有用采用 FMCW 技术的二线制雷达物位计，但精度降低很多。

影响雷达物位测量因素如下：

测量与介质相对介电常数有关，相对介电常数越大，反射衰减越小；

液体湍动、气泡会造成信号衰减；

用于界面测量第一层介电常数要比第二层介电常数小才能测量；

微波传输不受介质真空、压力等条件限制，但与介质的介电常数有关，介电常数小的介质，微波信号衰减越严重，导电介质（$>10\mu S/cm$）测量与介电常数无关。

雷达物位计发展动向如下。

技术已成熟，价格下降，性能提高。高档产品量程 0~40m，精度 ±1mm。中档产品精度可达 ±(3~5)mm。经济型产品量程 20~30m，精度可达 ±10mm。

采用高频微波。雷达物位计发射的是以空间波形式沿直线传播超高频厘米波。大多采用 5.8/6.3GHz 频率，功率都很小。雷达物位计量程越大，被测介质介电常数越小，雷达物位计的天线就要做得越大。原因是信号衰减太严重，回波能量太小，要提高接收器的接收能力。雷达波频率越高，接收天线的夹射角可做得越小。如 VEGA（德）公司产品雷达频率都选在 26GHz。但也带来一些问题，高频时对泡沫、蒸汽污染的适应性会变弱。在 24GHz 频率时即使存有少量蒸汽微波也会被吸收。

开发用于固体料位测量的仪表，要解决好以下两个问题。

a. 固体料仓较大，料面不平，辐射角太大，反射信号复杂，采用 24GHz 的高频雷达波。

b. 设计更强的回波识别处理功能。

FMCW 法雷达技术约有一半时间要向振荡系统供电。消耗功率较大。而 PULSE 脉冲法雷达技术只有 1/400s 向振荡系统供电，消耗功率仅 320mW，适合制造二线制（回路供电）、本安型雷达物位传感器。

雷达物位计优缺点如下。

雷达物位计优点如下。

a. 非接触式液位测量。安装使用方便，可靠性高，寿命长，维护工作量小。

b. 适用范围广。不受高温、低温、粉尘、气雾、腐蚀、毒性、易爆等工况影响。

c. 没有测量盲区。精度高。

雷达物位计缺点如下。

a. 对使用雷达物位计最大的限制条件是介质的介电常数，大多厂商在其产品说明书上都标注有能使用的最低介电常数值（ε_r）。VEGA 公司要求 $\varepsilon_r>2$；Krohne 公司要求 $\varepsilon_r>1.5$；SAAB（瑞典）公司要求 $\varepsilon_r=1.2~1.9$。

在工厂中常碰到的介质的介电常数 ε_r 如下：

847

液化气	1.2~1.9	柴油	2.1
汽油	1.3~1.9	渣油	4.0~4.5
煤油	2.1~2.4	燃料油	2.1
苯	2.3~3.2	丙酮	20~30
液氨	2.1	醋酸	6.3
苯乙烯	2.431		
乙醇	25~30		

b. 测量介质呈湍流状态或含气泡较多时，对测量有影响。

c. 喇叭天线在有"挂避"现象的导波管内，会影响测量精度（包括导波管本身焊缝不平整性）。E＋H产品采用平面天线，能够动态平衡电磁波能量发射方向，使其不和导波管壁接触。

Enrof采用配有宽矩阵线性平面天线（WACP）用来消除容器壁反射对测量精度影响。设计时应根据被测介质介电常数、汽化、搅拌及泡沫工况情况来选择雷达天线的大小。介电常数越小，所需天线尺寸越大。若储罐是球罐，应采用导波管或旁通管，它可消除由于容器形状带来的多重回波干扰，以提高信噪比。

测量介电常数小的介质（如液化气、汽油、柴油等），为提高精度，也可采用导波管。

③ 导波雷达物位计（TDR）

导波雷达物位计发射的微波脉冲是通过导波体传播。在碰到气、液界面时，脉冲产生反射，再沿导波体回传被接收。根据脉冲传播时间可测得液位。典型产品如下。

导波雷达物位计优点如下。

无可动部件，可靠，寿命长。

不受介质特性（如密度、颗粒、温度）变化的影响。

导波杆上有黏着物，对测量无影响。

量程大，可测35m。

不受液位波动、粉尘、蒸汽、泡沫影响。

介电常数变化对测量无影响，信号衰减小，可用于低介电常数场合。

返回波能量要比雷达法大，基本上无干扰影响。

导波雷达物位计使用特点表现在以下几方面。

a. 能耗低，信号衰减小，可以在低介电常数介质测量。不受粉尘、蒸汽或液位波动、存有障碍物的影响，返回信号强，基本不受影响。

b. 不受介质特性变化（如颗粒大小、密度、温度）影响。导波杆上有黏附物对测量无影响。

c. 测量量程大（35m）。

d. 适用于低介电常数（$\varepsilon_r < 1.4$）或浆料。

④ 磁致伸缩液位计　磁致伸缩液位计测量原理是：发射电流沿导波管向下传送，同时产生向下运动的环形磁场，与磁性浮子产生的磁场相互作用，产生波导扭曲脉冲沿导波管传递，直至被接收，通过测量发射和接收脉冲的时间差来测量液位。这是近年出现的一种非接触式、高精度、高分辨率的物位测量方法。其应用特点如下。

非接触式测量，无机械磨损，可靠性高。

多参数（液位、界位、温度）测量。

高精度，高分辨率。精度为±0.005％FS。

适用介质范围宽（油品、溶剂、腐蚀性介质）。

温度、压力使用范围宽（－195～427℃，0～207bar）。

安装方便，调试快捷。

量程较大。

⑤ 电容物位计

电容物位计应用十分广泛。但长期以来受电容探头易受污染、黏挂之影响，精度受到限制。为了克服这一难题，一些开发商开发新型仪表来代替它，也有一些公司致力于探头结构的改进以及电子线路改进智能化。E＋H电容探头种类很多，能适用于各种工况。有适合高温的，也有专门设计的屏蔽型，探头尺寸较长，带有外罩，可消除汽化物凝聚及黏附对测量的影响。在电子线路对探头黏附严重时，开关信号应作补偿。

上海自仪五厂引进平迪凯特（美）电容物位计生产技术。产品最大特点是能克服探头污染。产品结构上也带有外罩，保护套上通电流。当探头上有黏附物时，保护套上通的电流很快会使电极上黏附物电饱和，使电极到容器壁等电位，无电流通过。当容器内物料上升到电容电极时，电容电极上的电流将绕过黏附物上的电饱和区到容器壁形成回路。在解决了电极黏附问题后，电容物位计应该有很好的应用前景。

射频导纳物位计（Radia Frequency）是在电容物位计基础上推出的一种液位测量仪表，目的是解决电容电极上的黏附问题。

DREXEL BROOK（美）射频导纳物位计设计有一个防挂液电路"cote-shield"目的是消除传感器电极和容器侧壁挂料对测量的影响。

⑥ 放射性物位计

放射性物位计应用特点：只用在其他测量方法不能解决的场合；器壁挂液影响测量，在宽的测量范围线性不好。

⑦ 罐表测量系统

罐表测量系统用于大型储罐的检测，计量。在石化工厂用作储罐控制计量用的罐表测量系统如下。

a. 静压式储罐计量系统（HTG）。测量方法基础是高精度的压力传感器。传感器技术的高度发展，也提供了高精度储罐计量系统实现的可能性。计量系统一般由2～3台高精度压力变送器、一台温度变送器组成。目前高精度压力变送器可提供±0.1％、±0.035％、±0.02％、±0.01％几个档次的产品，技术已经十分成熟。高精度的传感技术加上处理处实施的智能化功能的结合，能给用户提供一种不需在罐内安装，简单可靠，高精度又具有远程诊断、组态等智能化功能的罐表计量系统。

Rosemount HTG储罐测量系统由一台或多台3001型高精度（±0.02％）压力变送器及温度变送器组成。

3201型静压接口单元，可用来计算质量、密度、体积、液位。3402型应用接口单元可用来连接计算机主系统。

一般储罐制造精度是0.2％，仪表的测量精度只有大于储罐的制造精度才允许用来计量储罐的储液质量，从理论上讲HTG的测量精度可以是±0.01％。但是在实际测量应用中，HTG的测量精度还受到储液温度变化、密度分层等影响。所以大部分HTG只用来监测储罐液位变化，不用来计量。

静压式储罐计量系统特点如下。

直接测量储罐内储液的重量和密度。

系统精度较高。

适用范围广，如常压/有压罐、拱顶罐/浮顶罐。

气压变化对测量有影响。

b. 伺服式储罐液位系统。智能化伺服液位计与原来的产品相比有了很大改进：

采用了非接触性张力探测系统，可靠性、稳定性大大提高；

采用 16 位 CPU 控制的高分辨率步进电机，具有很高的测量精度。

伺服式液位计特点如下。

精度高。

检测功能多，如液位、界位、密度、罐底、温度。

体积小，重量轻。

机械传动部件较小，维护工作量较小。

c. 雷达液位计。雷达液位计特点如下。

精度高（±1mm）。

无机械传动部件，可靠性高，寿命长。

无零点漂移，稳定性好。

适用介质范围宽，可用于各种形式储罐。

对介质介电常数有要求。

价格高。

d. 钢带液位计。钢带液位计在 20 世纪 70 年代和 80 年代使用十分普遍。其优点是连续性强，抗干扰能力强，精度较高。但由于它的结构原理是靠钢带上打孔，工艺性误差难以克服，错码现象时有发生，一次表由于钢带质量容易出现故障，钢带因温度变化也会发生长度变化。

◎ 31.6 在线组分分析方法的选择

31.6.1 在线分析技术发展动向

① 以敏感技术、传感技术为代表的敏感器件，采用高精度、低功耗、低驱动、快响应的传感器技术。

② 过程分析仪器模块化、智能化设计。

③ 具有更完善的自诊断技术、自校正技术、数据处理及采集技术。

④ 先进的分析技术，包括氢火焰检测技术（FID）、热导检测技术（WLD）、火焰光度检测技术（FPD）、电子捕获检测技术（FCD）、氦检测技术（HED）。

⑤ 增加了色谱分析技术的应用范围。

⑥ 近红外光谱技术（NIR）发展很快，广泛应用于烃类组分的快速分析。

31.6.2 在线气体成分分析技术

（1）气体中氧含量分析。

① 微量氧分析，可采用电化学/热化学分析技术。

② 常量氧分析，可采用磁导/二氧化锆分析技术。

③ 电解过程中氢气中氧含量分析可采用热化学式。氧含量在 21% 以下，背景气中不含腐蚀性、粉尘或 CO/CO_2 气体时可选用磁导式分析技术。

（2）气体中 CO/CO_2 分析

① CO/CO_2 微量分析可选用电导（精度不高）/红外吸收（精度高）分析技术。

② CO/CO_2 常量分析可选用红外吸收/热导（背景气中含尘、水，精度又要求不高）分析技术。

③ 气体中若含有较多粉尘和水宜选用热导式分析技术。

④ 烟道气中 CO_2 分析可选用热导式分析技术或二氧化锆氧分析技术。

（3）气体中氢含量分析

① 背景气中各组分热导率很接近，且热导率与氢气热导率相差不大，背景气组分较稳定，这时宜选用热导氢分析技术。

② 背景气组分变化较大时，不宜采用热导式分析技术，选用专用的氢分析器。

（4）气体中 SO_2 分析

① 气体中含硫量 $0\sim15\%$，可选用热导式 SO_2 分析技术。

② 除气体中含硫量 $0\sim8\%$ 外还含有 CO/CO_2，这时可选用工业极谱式 SO_2 分析技术。

③ 微量总硫分析不大于 $1mg/L$，宜选用库仑式微量总硫分析器。

④ 气体中硫化氢含量 $0\sim15mg/m^3$、$0\sim45mg/m^3$、$0\sim200mg/m^3$，可选用光电比色硫化氢分析技术。

（5）气体中水分分析

① 背景气为空气、惰性气体、氢气、烃类气体及其他不破坏五氧化二磷及电极上不起聚合反应的微量水（$<1000ppm$❶）分析可采用五氧化二磷电解法微量水分析技术。

② 测量天然气、氢气、空气以及液体中含水分可选三氧化二铝电容法分析技术。

（6）气体中多组分分析。

① 背景气干燥洁净可用红外分析技术

CO	$0\sim20ppm$	乙炔	$0\sim100ppm$
CO_2	$0\sim20ppm$	乙烯	$0\sim300ppm$
甲烷	$0\sim100ppm$	丙烯	$0\sim300ppm$
乙烷	$0\sim100ppm$	NH_3	$0\sim300ppm$
甲醇	$0\sim1g/m^3$	汽油	$0\sim1000ppm$
乙醇	$0\sim1g/m^3$	NO	$0\sim75ppm$
SO_2	$0\sim85ppm$	NO_2	$0\sim50ppm$

② 选用工业色谱分析技术　热导池式检测器适用常量分析，氢火焰式检测器适用微量或烃类气体。

③ 背景气含 NO $0\sim100ppm$，H_2S $0\sim500ppm$，氢氧化物 $0\sim100ppm$，Cl_2 $0\sim1000ppm$，SO_2 $0\sim200ppm$，可选用紫外分析技术。

（7）大气中可燃性气体/毒性气体检测技术　大气中可燃性气体和可燃性粉尘达到一定浓度遇火时就会发生爆炸。发生爆炸的浓度范围称为爆炸浓度极限。可燃气体爆炸浓度极限通常用体积分数来表示，可燃粉尘的爆炸浓度极限采用单位体积质量来表示。

① 工厂中常遇到的可燃气体爆炸极限及沸点/闪点

甲烷	$5.0\%\sim15.0\%$	$-161.5℃$
乙烷	$3.0\%\sim15.5\%$	$-88.9℃$
丙烷	$2.1\%\sim9.5\%$	$-42.1℃$
丁烷	$1.9\%\sim8.5\%$	$-0.5℃$
环丙烷	$2.4\%\sim10.4\%$	$-33.9℃$
乙烯	$2.7\%\sim36\%$	$-103.7℃$
丁二烯	$2\%\sim12\%$	$-4.44℃$
乙炔	$2.5\%\sim100\%$	$-84℃$

---

❶　$ppm=10^{-6}$，下同。

苯	1.3%～7.1%	80.1/−11.1℃
甲苯	4.4%～1.2%	110.6/4.4℃
苯乙烯	1.1%～6.1%	146.1/32℃
CO	12.5%～74%	−191.5℃
四氢呋喃	2.0%～11.8%	66.1/−14.4℃
氯乙烯	3.6%～33%	−13.9℃
H_2S	4.3%～45.5%	−60.4℃
NH_3	16%～25%	−33.4℃
H_2	4.0%～75%	−253℃
天然气	3.8%～13%	
石脑油（轻）	＞1.2%	36～68℃/＜−20℃
（重）	＞0.6%	65～177℃/−22～20℃
汽油	1.1%～5.9%	50～150℃/＜−20℃
煤油	＞0.6%	150～300℃/≤45℃

② 工厂中可能出现的毒性气体允许浓度

Co	24ppm（0.03mg/L）
$CoCl_2$	0.1ppm（0.0005g/L）
CO_2	5000ppm
O_2	20%（煤矿）
SO_2	5ppm（矿山）
	7.5ppm（工业厂房）
H_2S	6.6ppm（0.01mg/L）
氨气	40ppm（0.03mg/L）
NO_2	2.5ppm（0.005mg/L）
Cl_2	0.032ppm（0.0001mg/L）
HCN（氢氰酸）	0.3ppm（0.0003mg/L）

③ 可燃气体检测由于所测的背景气组分不同，常有多种检测方式可供选择

a. 电化学型。

溶液导解式，适合检测 CO/CO_2、SO_2、Cl_2、卤化物、NH_3。

定电位电解式，适合检测 NO_2、CO/CO_2、SO_2、H_2S、Cl_2、卤化物、NH_3。

伽伐尼电池式，适合检测 O_2。

隔膜电极式，适合检测 NH_3。

电量法，适合检测 SO_2、H_2S、Cl_2、卤化物。

b. 光学型。

红外吸收式，适合检测 NO_2、CO/CO_2、SO_2、H_2S、烃类、NH_3。

光干涉式，适合检测 NO_2，CO/CO_2，SO_2，H_2S、烃类、NH_3。

c. 电气型。

热传导式，适合检测 CO/CO_2、烃类。

半导体式，适合检测 NO_2、CO/CO_2、H_2S、O_2、H_2、Cl_2、卤化物、烃类。

催化燃烧式，适合检测 CO/CO_2、烃类。

④ 毒性气体检测常采用方法

a. 电化学型。

定电位电解式，适合检测 Cl_2、H_2S、CO、HCN。

隔膜电极法，适合检测 Cl_2。

b. 光学型。

化学发光式，适用于 C_2H_3Cl。

红外吸收式，适合检测 H_2S、CO。

c. 电气型。半导体式，适合检测 C_2H_4O/C_2H_3N。

⑤ 各种气体检测方法比较

检测方法	灵敏度	可靠性	反应速度	稳定性	经济性
催化燃烧	优	次好	优	优	低廉
热导	良	好	优	优	中
红外吸收	次好	好	好	好	中
光干涉	好	好	好	好	中
定电位电解	好	好	好	好	中
半导体	优	差	好	差	最低廉

a. 催化燃烧式使用的检测元件是载体催化活性元件。其特点是灵敏度高，重复性好，稳定性好，响应速度较快。但若背景气中含卤化物（氟、氯、溴、碘）、硅化物、硫化物等能使检测元件中毒，降低检测器的使用寿命。

目前推出的抗毒性检测元件主要是指抗硫化物、硅化物。

一般检测氢气时也是采用催化燃烧式，但应注意氢气具有引爆性。在氢气危险场合中应采用专用的催化燃烧氢气检测器，也有采用半导体式进行检测的。

b. 气敏半导体用于低浓度检测时，灵敏度高，重复性差，稳定性差，响应速度慢，但对 H_2S、Cl_2 影响不敏感，但它使用于高浓度时灵敏度差，稳定性也差。

c. 红外吸收。开路式响应速度快，但灵敏度、重复性都一般。稳定性好，对 H_2S、Cl_2 的影响不敏感，但受雨雾影响，点式红外吸收在重复性上要比开路式好。

31.6.3 在线气体成分分析技术应用特点

① 热导氢分析仪不适用于背景气中含氧量高。特点是分析灵敏度高。

② 热化学氧分析仪主要用电解氢工业中的 H_2 含氧量分析。

③ 热磁式氧分析仪不适用于背景气中含氢或其他可燃性气体，也不适用于强振动、强磁场场合。

④ 磁力机械式氧分析仪，测量不受 H_2 及其他还原气体影响，精度较高，响应速度快。

⑤ 二氧化锆氧分析仪，响应速度快，精度较高，探头能在高温（600～800℃）下工作，但探头易老化，质脆易断。

⑥ 电导 CO/CO_2 分析仪稳定性好，维护容易。

⑦ 红外吸收 CO/CO_2 分析仪，响应速度快，灵敏度、精度比电导式高。

⑧ 红外分析器精度高（$\pm1\%$），选择性、稳定性好。

⑨ 紫外分析器适合 H_2S、SO_2、Cl_2、氢氧化物测量。

⑩ 红外分析器测量范围宽，从微量约 10^{-6}～100％浓度测量。

能分析的组分广。

精度高（$\pm1\%FS$），灵敏度高，能分辨微小组分变化。

具有良好选择性，可以同时测量几个组分。多量程测量及自动切换。

响应速度快（<10s）。

⑪ 工业色谱分析仪适合多组分混合气体分析。分离效率高，灵敏度高。

氢火焰离子检测器不能用于分析 CO_2、SO_2、H_2S 及氢火焰不能电离的碳氢化合物。

⑫ 磁导式氧分析仪适合常量 O_2 分析。热磁式、磁力机械式都存在背景气干扰问题，背景气中含有较大量的 NO、NO_2 等磁化率较高组分时，就会对测量产生较大的干扰。它对振动也是很敏感的。

热压式常用于 0～30％ O_2 快速分析，其技术指标为零点漂移 ≤±1％，响应时间 ≤2.5s，精度 ≤±1％。

热磁式常用于 0～20％ O_2 分析，其指标一般为：精度 ≤±2.5％FS，响应时间 <25s。

⑬ 采用二氧化锆氧分析仪时，若被测气体中含 H_2、CO 时会消耗 O_2，使示值偏低。在常量检测中可能偏差不太明显，测微量时则影响较大。如制氢装置中测 N_2 中含 O_2 要不大于 $1×10^{-5}$。N_2 中若含有 H_2，则测量误差就大，应考虑先除去 N_2 中 H_2/CO（加装还原性气体滤除器）。

⑭ 磁力机械式氧分析仪受环境振动影响较大。

⑮ H_2 浓度测量一般采用热导式氢分析器。它对被测气体压力、流量波动十分敏感。被测介质中水、汽、固体颗粒等杂质对测量影响都很大，应合理设计分析预处理器。

⑯ 催化燃烧式可燃气体传感器，综合性能最好，输出接近线性。测量不受水蒸气影响，是应用最广泛的一种检测器。但它不适用在含硫化物、卤化物等会引起传感元件中毒场合。

31.6.4 液体特性在线分析技术

(1) 液体浓度分析

① 硝酸浓度分析　硝酸浓度小于 10％可选择电磁浓度计（<70℃），硝酸浓度大于 35％可选择电导浓度计（30℃）。

② 硫酸浓度分析　95％～99％选择电磁感应式硫酸浓度计（50℃，±1.5％），103.5％～105％选择电导式硫酸浓度计（60℃，±5.0％），93％选择密度式硫酸浓度计（55℃，±0.1％），小于 80％选择电磁式硫酸浓度计（50℃，±1.5％）。

③ NaOH 浓度分析　0～8％选择电磁/电导式 NaOH 浓度计（20℃，1MPa），30％～35％选择电磁式酸碱浓度计（带温度补偿，±1.5％）。

④ 盐酸浓度分析　小于 10％选择电导式酸度计（20℃，1MPa，±5％），26％～36％选择电磁感应式酸碱浓度计（带温度补偿，40℃，±1.5％）。测量介质不含气泡、固体颗粒。

若被测溶液的浓度与溶液的折光度有单值线性关系，且折射率大于 1.3，均可选择光电浓度计来测量浓度（<200℃，<1MPa，±1.0％）。

(2) 液体黏度分析　工业上测量黏度常见方法如下。

① 超声波黏度计

－10～300℃，黏度 0～2000mPa·s，<1MPa，±2％；

<30℃，黏度 0～80000mPa·s，<1MPa，±3％。

② 旋转式黏度计

<300℃，常压，黏度 20～10000mPa·s，±3％；

<300℃，常压，黏度 10～2×10⁶mPa·s，±2％。

③ 振动式黏度计　<400℃，<35MPa，黏度 0.1～2×10⁶mPa·s，±2％。

(3) 液体密度分析　一般常见的有以下几种。

① 超声反射法。适用于液体密度变化会引起超声波反射时间变化的液体（±0.0005g/cm³，<0.6mPa，<50℃）。

② 振动管式。适用于不含气泡或含有较多杂质（±0.0005g/cm³）。

③ γ射线式。适合高温、高压、易燃易爆、强腐蚀介质（0～3g/cm³）。

④ 科氏力质量流量计也可测量密度。

（4）水质分析　水质分析一般是指水的pH/ORP、浓度、溶解氧、总有机碳、氨氮等指标值的分析。

水或污水中经常溶解某些气体，水中溶解氧含量多少，可反映出水受污染的程度。

① 溶解氧（DO）一般采用电池型传感器和电阻型传感器。

② 水中ORP（Oxidetion，Reduction，Potention）分析对于判断水质污染十分重要，水的ORP是一项综合指标。一般情况下采用ORP与pH计共用。调换电极可分别进行ORP、pH测量。

③ COD是指在一定条件下，水中有机物或其他溶解态、悬浮态还原性物质被强氧化剂氧化所消耗的氧化剂所对应的氧的物质浓度。它也是一项反映水质受还原性物质污染程度的综合性指标。

④ 水的电导率、电阻率。它是反映水中无机盐含量的一个重要指标，一般采用电导率仪。

⑤ 离子浓度分析

a. 钠离子浓度分析。适合锅炉水，一般采用钠离子浓度计，测量范围0.01ppb●～10000ppm。

b. 硅酸根离子浓度分析。适合锅炉水，测量范围0～100μg/L（<35℃）。

c. 磷酸根离子分析。适合锅炉水，测量范围0～20mg/L（<45℃）。

d. 氢离子浓度分析。适用于水、盐溶液氢离子浓度测量，一般采用玻璃电极工业酸度计，测量范围0～14pH。

介质不对电极产生严重污染时可选择一般的玻璃电极工业酸度计。被测介质高温时需选择耐高温冲击的玻璃电极工业酸度计。当压力小于1MPa时可选用流通式pH传感器。当被测流体有较严重污染，同时又是氧化性流体，可以选择锑电极。

电极污染会影响测量，为了解决电极污染问题，国内外制造厂商做了不少努力，如加清洗装置。

a. 超声波清洗。对清洗氧化物、无机盐、有机物、细粉末有效。

b. 刷子清洗方式。对清洗有机物、活性污泥有效。

c. 药物喷洒方式。对清洗焦油、植物油类、氧化物、硫化物、盐类有效。

d. 水喷洒方式。对清洗有机物、活性污泥、氧化物、无机盐有效。

e. 改变电子线路——5线制差分电极。

f. 改变pH计电极结构，采用双盐桥/平板结构电极。

玻璃电极pH计在线分析技术已广泛应用在流程工业中，遇到的困难点主要是：

承受高温；

承受电极污染及干扰影响；

在黏稠、浆料中使用；

测量高纯水。

pH电极抗干扰性差，是因为其高阻抗输出，若采用差分输出则可提高抗共模干扰的能力。GLI Internation（美）推出5线制差分电极pH计产品，提高了抗干扰能力。为了克服高黏度介质下测量采用了平板结构的电极技术。pH电极对氢离子非常敏感，造成了高pH测量的困难（电极对钾、钠、锂也有一定的敏感度）及造成干扰影响。高pH值的溶液中氢

● 1ppb＝10⁻⁹，下同。

离子浓度非常低，当 pH=12 时氢离子浓度小于 10^{-12}，若溶液中存在的钾、钠等离子相对电极的灵敏度相差很大，就会造成较大的测量误差。

选用差分电极，是为了加大电极的接液面积，使电极降低阻抗、低电势，可以大幅度抑制噪声，具有良好的抗共模干扰的能力。

⑥ 水中盐量分析　水中含盐量分析一般采用电导式盐量计。测量范围 0.1～0.4mg/L，0～4mg/L。适合蒸汽凝液含盐量分析。

31.6.5　液体特性分析仪表应用特点

① pH 值 2 以下、12 以上均难测量，误差大。强酸性介质在 pH 值很低情况下，会产生酸度误差——虚假的高 pH 值。

② 测量介质温度一般允许较低。90℃左右就会大大缩短 pH 电极寿命。pH 测量点处压力波动会加速电极的反渗透，影响 pH 电极电位正常建立，缩短电极寿命。

被测介质中 ClO_4^- 离子含量高（>700～800mg/L），会和 KCl 反应生成不溶性化合物，使电极电路重复性变差，增加测量误差。

③ Viscolyt 参比电解液的采用，提高了 pH 计的稳定性。因为它不会和被测介质发生任何反应。双盐桥结构可隔离游离 Cl_2 对参比电极电位的干扰。

④ 有些 pH 计产品采用三陶瓷隔膜，它可加快参比电解液的流速，确保电解液外流稳定，使 pH 计读数更为精确。使用时只要保持 $2×10^5Pa$ 压力就可防止氯气影响电极电位，同时也可限制被测介质反渗透。

31.6.6　在线分析采样系统设计

（1）采样点选择

a. 采样成分具有代表性。

b. 采样的物料不会发生成分变化。

c. 采样管路尽量短，保持采样滞后尽可能小。

d. 采样管最好采用不锈钢管。

（2）采样预处理设计　一般采样样品需经净化/汽化/稳压/稳流/恒温等步骤预处理。设计应根据采样条件及在线分析仪表的要求，对采样流体预处理程序系统设计。

（3）分析样品后处理设计　分析后的样品气应集中排放。烃类等化学类气体应至集气管排放至火炬气管线或在一定高度放空，无害气体可直接排至大气，有毒样品应集中排放至焚烧炉或经符合国家环保标准处理后排放。

31.6.7　现场分析器室设计

（1）现场分析器室设计原则

① 根据生产装置采用分析仪器种类及数量，确定是否设置现场分析器室。

② 现场分析器一般应设置在非爆炸危险区，必须要设在爆炸危险区的现场分析器室，必须采取相应防爆安全措施。

③ 现场分析器总图位置应尽量分析采样管线最短。尽量避开振动、电磁干扰场所。

④ 现场分析器室可由工程公司设计，也可作为专用设备外购。

⑤ 分析仪表应安装在独立的机架或仪表盘上，周围应留有足够的维护空间。

⑥ 现场分析器室照明应不低于 200lx。

⑦ 为满足现场分析室内仪表设备、操作人员环境要求，可设置采暖通风或空调。在爆炸危险区域内安装的现场分析器室应注意风源的安全洁净。为安全起见，室内应设置可燃/毒性气体或火灾检测器。

（2）金属结构现场分析器室　一般可外购 $2500mm(L)\times2400mm(W)\times2500mm(H)$ 的金属小尾（小尾尺寸可视需要订购）。一般采用 $\delta=1.5mm$ 的不锈钢板作为外墙，内墙则采用 $\delta=1.5mm$ 镀锌钢板，表面不改色喷漆。地板采用花纹钢板（$\delta=6mm$）。内、外墙之间充填 70mm 厚阻燃保温材料。分析器室应设主门和应急门（$900mm\times2000mm$），主门上应设安全可视镜窗，门外开型配阻尼限位闭门器，应急门应为碰撞式。

现场分析器室内设桥架，屋顶应装装卸吊杆。

现场分析器室应防尘、防热辐射。

现场分析器室外部连接设计应考虑：冷却水进出口，蒸汽进口/回水出口，采样气流入口/流出口，载气流入口/流出口，电源电缆进口，信号电缆进口/出口。

留有载气、标准气钢瓶间、空调（防爆）间。

31.6.8　可燃气体/毒性气体检测报警系统设计

（1）设计原则

① 生产或使用可燃气体的工艺装置和储运设施的工区内及附加工区内应设置可燃气体检测器。

② 生产或使用毒性介质的工艺装置和储运设施内应装置毒性气体检测器。

③ 既属可燃气体同时又具有毒性的应按毒性气体设置检测器。

④ 区域内有可燃气体又有毒性气体存在则应分设可燃气体及毒性气体检测器。

⑤ 可燃气体检测器一般有效覆盖面积半径为室内 7.5m，室外 15m。毒性气体检测器一般有效覆盖面积半径为室内 1m，室外 2m。

⑥ 可燃气体、毒性气体检测报警系统宜独立设置。

⑦ 设计细则可按"石油化工企业可燃气体和有毒气体检测报警设计规范 SH3063—1999"执行。

（2）检测点位置设置

① 可燃性或毒性流体输送机、泵的可能泄漏处。

② 可燃性、毒性流体输送管道，存储容器可能的泄漏口（采样口、阀门法兰等）。

③ 可燃性、毒性流体装卸站台处可能泄漏口。

④ 可燃性、毒性物质储罐群区阀门法兰。

（3）检测器选择原则

① 最常用的检测器形式是催化燃烧式。

② 在可能由于大气中含有会使催化元件中毒的组分 S、Cl_2、Pb、Si 等则应选用抗催化中毒型或选其他如半导体型检测器。

③ 氢气检测宜选用电化学或半导体型。

④ 毒性气体检测常见的有以下几种。

a. 硫化氢。选用定电位电解型或半导体型。

b. 氯气。选用隔膜电极型、定电位电解型或半导体型。

c. 氯乙烯。选用半导体或光子电离型。

d. 一氧化碳。选用定电位电解型或半导体型。

◎ 31.7　控制阀的选择

（1）控制阀口径计算（C_V）　一般可按 ISA S75.01—1985 控制阀口径计算方式计算。

一般工程公司及阀制造厂都有自动计算程序。

（2）控制阀形式选择

① 直通单座阀。泄漏量小。适用于小流量、前后压差较小场合，不适合高黏度、含固体颗粒场合。

② 直通双座阀。泄漏量较大。适用于大流量前后压差较大场合，不适合高黏度、含固体颗粒场合。

③ 套筒阀。适合于洁净流体，前后压差大，可能出现闪蒸或汽化的场合。

④ 球阀。适合于两位切断快开场合。

⑤ V 形球阀。适用于高黏度、含纤维、含颗粒、脏污流体，可调范围宽。

⑥ 角形阀。适用高黏度或悬浮液以及高压差、气液两相流，易闪蒸物料。

⑦ 阀体分离阀。适合高黏度，含颗粒、结晶、纤维体场合，也适用于强酸、强碱类腐蚀性流体。

⑧ 偏心旋转阀。适用于大流通能力，可调比宽的场合，也适合于大压差、严密封、高黏度流体控制。

⑨ 蝶阀。适合于大口径、大流量及低压差场合，也适用于含固体颗粒悬浮液及污浊物料、浆料、腐蚀性流体及需要严密密封场合。

⑩ 隔膜阀。适用于强腐蚀、高黏度、含纤维流体。一般作开关阀用，有温度（<150℃）、压力（<1MPa）的限制。

⑪ 波纹管密封阀。适用于有毒介质、稀有气体及真空场合，但允许压差较小。

⑫ 塑料阀、衬里阀。适用于一般金属或不锈钢不能使用的场合。

⑬ 三通阀（包括分流式、合流式）。

⑭ 氮封阀。用于储罐氮封系统的自力式调压阀。

（3）控制阀性能的比较

① 相同口径条件下，蝶阀、球阀 C_v 值最大，偏心阀次之，单座阀、套筒阀最小。

② V 形球阀可调比最大，偏心阀、单座阀、套筒阀次之，蝶阀可调比最小。

③ 套筒阀允许差压最大，单座阀、偏心阀次之，球阀、蝶阀最小。

④ 套筒阀与偏心阀工作稳定性好，单座阀次之，球阀和蝶阀最差。

⑤ 套筒阀的抗汽蚀性最好，单座阀、偏心阀次之，最差的是球阀、蝶阀。

⑥ 对于阀的泄漏量，球阀、偏心阀、蝶阀都可经过偏心结构或软密封处理，泄漏量都可做得很小。普通结构的蝶阀泄漏量大一些。

⑦ 从对流体的适应性来看，偏心阀可用于纸浆、泥浆等，适应性最好，其次是球阀，特别是 V 形球阀比球阀适应性更好，单座阀、套筒阀、蝶阀适用范围小一些。

⑧ 蝶阀价格最低，球阀、偏心阀次之，单座阀、套筒阀价格较高。

（4）控制阀流量特性的选择

① 选用线性特性场合　差压变化小；工艺系统主要参数的变化呈线性；外部干扰小，可调范围要求小。

② 选用等百分比特性场合　实际可调范围大；开度变化，阀上差压变化相对较大；工艺负荷波动幅度大；控制阀经常在小开度运行。

（5）控制阀填料形式选择

① 聚四氟乙烯。阀的工作温度在 −43～232℃ 首选填料。密封性能好，摩擦因数小。适用各种化学药品及酸、碱流体。但对易结晶或含固体颗粒流体不适用。

低温流体一般使用 V 形聚四氟乙烯。聚四氟乙烯填料也经常和石墨填料组合使用。

② 石墨填料。适用在极低温（−196℃）或高温（≥232℃）场合下应用。

③ 石棉填料。由于环保原因，正逐年被淘汰。

④ 氢气介质相对密度小，易泄漏。一般采用 V 形聚四氟乙烯与石棉填料组合使用。

⑤ 流体温度高于 200℃ 场合，一般填料函都采用双密封结构。

（6）控制阀的材料选择　材料选择需考虑的因素是：流体压力及温度，流体的腐蚀性，流体的空化、汽蚀。

① 高温控制阀材质选择

a. 标准型（≤450℃）。

b. 高温型（450～600℃）。

高温材料必须注重高温下强度、金相组织变化及耐腐蚀性。一般高温材料要求合金钢内含有铬、镍、钼，如因可耐尔。

② 低温控制阀（−250～−60℃）材质选择　控制阀材料在低温时具有脆性，奥氏体不锈钢低温力学性能较好，常采用 0Cr18Ni9 和 0Cr17Ni12Mo2。

③ 高压/大压差控制阀材质选择　对控制阀制造来说，困难不在于承受高压，而是在大压差情况下对阀内件的汽蚀。汽蚀程度常用空化系数来表征：

$$C_f = \frac{p_1 - p_s}{\Delta p}$$

式中　　p_1——阀进口绝压。

　　　　Δp——阀工作差压。

　　　　p_s——液体的饱和绝压。

$C_f > 2$ 可选用碳钢，$C_f \leqslant 2$ 可选用 Cr-Mo 不锈钢。

为了防止汽蚀对阀内件材料的破坏，也可采用高硬度材料，如碳化钨堆焊。

④ 耐磨损控制阀材质选择　为了增强阀芯、阀座的耐磨性，可采用硬化处理方法，如堆焊司太利合金，可提高阀内件的表面硬度。对于小口径阀不必采用表面喷涂司太利合金，可直接用司太利合金制造。

⑤ 耐腐蚀控制阀材质选择

a. 硫酸。一般选用材料为 316L、哈氏合金、20 合金。浓度 75%～95%，≤50℃，选用锆，钽；浓度大于 95%，≤50℃，选用钽。

b. 氯气。一般选用哈氏合金。干氯气选择碳钢，湿氯气选择钛、钽、哈氏合金。

c. 盐酸。强酸，腐蚀性很严重，不锈钢耐蚀效果不理想，一般选哈氏合金。100%、100℃ 时只有选择钽、锆，70℃ 以下时可选耐蚀、耐热的镍基合金、陶瓷、玻璃或特氟隆。

d. 海水。选择 1Cr18Ni9，1Cr18Ni12Mo2Ti，因可耐尔。

e. 硝酸。一般可选铝、C_4 钢/C_6 钢。浓度 20%～40% 可选择 1Cr18Ni9，1Cr18Ni12Mo2Ti，浓度大于 40%，≤60℃ 可选择 1Cr18Ni9、1Cr18Ni12Mo2Ti。

f. 磷酸。可选择 1Cr18Ni12Mo2Ti，哈氏合金。

g. 醋酸。小于 50℃ 可选 1Cr18Ni9Ti，大于 50℃ 可选 1Cr18Ni12Mo2Ti。当醋酸含有杂质时可选钛。

h. 氢氧化钠。小于 100℃ 时可选择 1Cr18Ni9，大于 100℃ 时可选择银、蒙乃尔合金。

i. 氨。除了不能采用铜及铜基合金外，其他金属都具有耐蚀性。碳钢即可适用。

（7）控制阀应用特点

① 控制阀前后压差较小，泄漏量小，可选用单座阀。

② 大流量、低压差场合选蝶阀。

③ 强腐蚀流体可选用塑料阀、衬里阀或隔膜阀。

④ 噪声大场合选择套筒阀。

⑤ 高黏度、含纤维、含颗粒可选用偏心旋转阀、V形球阀。

⑥ 浆料适合选用球阀、蝶阀、文丘里角阀。

⑦ 高差压场合适合选用套筒阀、角阀。

⑧ 毒性介质、稀有气体控制场合适用波纹管密封阀。

⑨ 氧气场合应注意除酯处理。

⑩ 阀内件材质一般选用1Cr18Ni9Ti/1Cr18Ni9。汽蚀、冲刷严重的才喷涂/堆焊钴铬硬质合金。强腐蚀性的介质才用镍合金、钛或非金属材料。控制阀阀体材质大多选用铸钢，碳钢占了最大的比例。在有些特殊情况下才选用铸不锈钢，如ZG1Cr18Ni9，ZG1CrNi12Mo2Ti。高温时用24CrMoV，低温时用ZG1Cr18Ni9。

⑪ 智能电-气阀门定位器技术发展很快。

a. 用压油控制阀代替喷嘴挡板机构，耗气大大减少。

b. 采用电信号比较大大提高可靠性。

c. 采用了CPU实现智能化多功能，如自动调零点行程、自诊断等功能。

d. 具有紧急保护功能（全关/全开）。

e. 具有自动检测、匹配参数、控制、监测功能。

f. 使用于各种形式阀门，不需要更换机械零件，而是通过软件组态，通过软件即可设定小流量切断功能。

g. 利用现场通信器，就可调整运行参数、选择阀特性或快速打开、关闭。

h. 支持现场总线FF、Profibus。

⑫ 零泄漏三维偏心密封阀技术发展很快，如ADAMS公司（美）广泛使用在低温液化气高密封场合。

(8) 电气阀门定位器

① Siemens SiPARTPS智能型电气阀门定位器

a. 采用CPU实现智能化功能：自动调整零点和行程，自动修改控制参数，设定正、反作用方向。

b. 设定阀流量特性。

c. 提供4～20mA阀位反馈信号。

d. 提供阀位报警、故障报警功能。

② 重庆川仪十一厂HVP智能型电气阀门定位器

a. 输入负载电压11.5V，输入负载电阻500Ω。

b. 基本误差±0.5%，回差≤0.5%，死区≤0.1%（最小值）。

c. ExibⅡCT5。

d. 具有信号超量程，输入信号中断，反馈信号中断自诊断报警功能。

③ BCH（丹麦）双切断旋塞阀

a. 金属密封。

b. 口径20～900mm。

c. 压力42MPa。

第32章
仪表控制系统设计及设计文件

◎ 32.1 仪表控制室设计

（1）仪表控制室位置选择

① 仪表控制室位置应选择在非爆炸、无火灾危险区域，符合《石油化工企业设计防火规范》要求。若受条件限制不能满足规定要求，应采取有效安全措施。

② 仪表控制室应尽可能靠近主要生产装置。

③ 对于含有易燃、易爆、有毒、粉尘、水雾或腐蚀性介质的工艺生产装置，应布置在本地区全年主导风向的上风侧。

④ 仪表控制室应远离高噪声源、振动源及较大的电磁干扰场所。

（2）仪表控制室环境条件

① 仪表控制室内应为净化的空气。净化要求：尘埃 $<0.2mg/m^3$（颗粒直径$<10\mu m$）；H_2S $<10ppb$；SO_2 $<50ppb$；Cl_2 $<1ppb$。

② 室内噪声不大于 55dB（A）。

③ 采取防静电措施（如防静电地板及防静电接地）。

（3）仪表控制室建筑、结构要求

① 对于存在爆炸危险的生产装置，仪表控制室建筑物应按抗爆结构设计。面向生产装置一侧应不开门窗，采用防爆墙。

② 仪表控制室建筑物耐火等级不应低于二级。

③ 仪表控制室应包括：操作室及辅助间（机柜室、工程师室、维修值班间、空调室、UPS 电源室等）。

④ 机柜室基础地面为水磨石地面，上为活动地板（防静电）。操作室地面一般为水磨石地面。

⑤ 控制室长度超过 15m，应设置两个方向的两个通向室外的门，并设置门斗作为缓冲区。

（4）仪表控制室采光与照明要求

① 工作面上的照明要求　操作室、工程师室：300lx。机柜室：500lx。其他区域：300lx。

② 必须设计有事故应急照明系统。

（5）仪表控制室采暖、空调要求

① 操作室、机柜室、工程师室

a. 温度：20℃±2℃（冬天），26℃±2℃（夏天）。

b. 相对湿度：50%±10%。

② 采用活动地板下方送风时，出口风速不大于 3m/s。

③ 当仪表控制室采用正压通风系统时，室内压力不小于 25Pa；室内应设置可燃气体检测器；正压通风系统发生故障时应有报警；正压通风系统应有独立的供电回路。

（6）仪表控制室安全设计

① 仪表控制室必须设置火灾自动报警装置。

② 仪表控制室周围可能出现可燃或毒性气体时应设置可燃/毒性气体检测报警器。

③ 大型仪表控制室应考虑装设自动灭火系统。

◎ 32.2　仪表控制系统供电设计

（1）仪表控制系统供电范围　仪表用电设备主要指：现场仪表设备；DCS/ESD/SCA-DA 系统；信号报警器；可燃气体/毒性气体检测报警系统；火灾报警系统；在线分析系统；工业电视系统；仪表电伴热系统；旋转设备监测系统。

（2）仪表供电分类形式

① 重要负荷供电——双回路供电。

② 一般负荷供电——单回路供电。

③ 安全供电——不间断供电装置（UPS）/柴油发电机。

仪表用电负荷大多属于有特殊供电要求的负荷。电源事故会打乱正常生产操作，甚至造成生产人员或设备的损害。因此，仪表控制系统的供电应采用不间断供电电源。

（3）仪表供电质量要求

① 普通电源供电质量要求　～220V±10％，（50±1）Hz。

② 直流电源质量要求　24V±1V；纹波电压小于 5％；交流分量（有效值）小于 100mV。

③ 不间断供电电源质量要求

交流电源：～220V±5％，（50±0.5）Hz，波形失真率小于 5％。

直流电源：24V±0.3V，纹波电压小于 0.2％，交流分量（有效值）小于 40mV。

电源瞬断时间不大于 3ms。

电压瞬间跌落不大于 10％。

不间断供电装置容量可按 DCS/ESD 等系统用电总量的 1.5 倍设计。

电源瞬时扰动主要考虑用电仪表设备对电源瞬时扰动或中断有一个允许时间要求，如继电器分别为 5ms、10ms、20ms、30ms；电磁阀（切换时间）10～50ms；电动仪表、调节器，直流小于 10ms，交流不大于 100ms；DCS 不大于 3ms，智能变送器直流不大于 5ms；ESD（英 Regent）停电时间不大于 11ms。电源瞬时扰动时间应小于设计采用仪表电源最小允许瞬时扰动时间。电压瞬间跌落：一般仪表系统小于 27％，DCS 小于 10％。

④ 安全电源装置　安全电源主要是采用静止型不间断供电装置，一般由外供工作电源并网浮充电运行。它包括直流蓄电池装置、逆变器等。根据仪表负荷、供电要求、运行方式选择 UPS 产品。由于生产装置的重要性，也可选择其他的安全电源装置，如柴油发电机。

仪表安全供电要求主要指以下几方面。

a. 保证紧急停车系统所需供电。

b. 保证生产过程中紧急事故时压力泄放及物料排放。

c. 保证大型动设备安全停车。

d. 保证可燃气体/毒性气体检测报警系统供电。

e. 火灾报警系统供电。

仪表供电系统设计要点如下。

a. 采用总供电箱/分供电箱二级供电方案，分供电箱保留不小于20%的备用回路；

b. 不间断供电装置技术要求。

ⅰ. 交流不间断供电装置技术指标。

输入电压：三相380V±15%或单相220V±15%。

输入频率：(50±2.5)Hz。切换时间小于0.3ms。

输出电压：220V±5%。整机效率不小于90%。

输出频率：(50±2.5) Hz。

过载能力不小于150%（5s之内）。

后备供电时间：15～30min。

后备电池选择：免维修铅酸电池/镉镍电池。

具有故障报警及自保护措施。

平均无故障时间（MTBF)不小于5500h。

ⅱ. 直流不间断供电装置技术指标。

输入电压：三相380V±15%或单相220V±15%。

输入频率：(50±2.5)Hz。

输出电压：24V±0.3V。

纹波电压小于0.2%。

直流分量（有效值）：＜40mV。

长期漂移：＜1%。

平均无故障时间大于16000h。

生产装置中泵、阀、电机都使用较多，这类负载启动电流会给UPS带来巨大的尖峰和脉冲影响。电机、DCS都带有较强的磁辐射，都可能干涉逆变器工作。

UPS从主回路向旁路切换、主回路向蓄电池切换的时间皆应小于8ms。

UPS应配有隔离保护设备，以克服市电尖峰脉冲等的干扰影响。

◎ 32.3 仪表供气系统设计

① 仪表用气源一般采用洁净干燥压缩空气。含尘粒径不大于3μm。含尘量小于1mg/m³。含油小于10mg/m³。

② 仪表气源系统容量可按仪表耗气总量估算。

a. 控制阀：1～2m³/h。

b. 气动仪表：1m³/h。

c. 正压通风型仪表盘：换气次数大于6次/h。

③ 仪表供气系统设计时供气总管、支管、分配器上都应留10%～20%的备用口。

④ 供气总管、支管可用镀锌钢管或不锈钢管，控制阀供气管宜用紫铜管。

◎ 32.4 仪表控制系统的接地设计

仪表控制系统接地设计目的是为了保护电气设备安全。控制设备的屏蔽及内部滤波都要求以大地为环路。接地设计的好坏，将影响到信号噪声的抑制效果。

仪表信号噪声的发生：电网上引入高频噪声；各种电源都有一定内阻，电路间电源通过内阻耦合，形成彼此的噪声源；高电压、大电流元件产生的噪声源；空间的电磁波。

噪声可以通过信号线、电源线传输，也可通过电磁波形式传播。噪声一般通过以下方式进入设备。

a. 电容性耦合（电耦合）。

b. 电感性耦合（磁耦合）。

c. 电磁辐射耦合。

d. 公共阻抗耦合。

噪声一般以串模噪声、共模噪声形式进入设备，一般对于共模噪声可采用隔离方式来解决，对于串模噪声则用滤波方式。对噪声源加一个屏蔽体，保持一点接地也是抑制噪声的方法。噪声隔离，可减少线间杂散电容及回路间互感。采取的措施如下。

① 尽量避开强信号线。若无法避免与电源线平行走线，则应拉开距离（40倍内径）。多芯电缆绝对不能将强信号线与电源线放在一根电缆内。

② 在控制设备的信号接收端采用信号隔离卡（变压器隔离/光电隔离），将同一信号的发送端和接收端进行隔离。

③ 控制设备的信号接收端之间未隔离，为了避免信号污染，信号接收端应采用信号隔离卡。

噪声干扰对 DCS/ESD（PLC）系统影响如下。

① 噪声干扰通信系统，造成通信异常，影响仪表控制系统正常工作。

② 噪声干扰进入 AI/AO 单元的信号波动。

③ 噪声干扰进入 DI/DO 单元的信号误动作。

④ 强干扰电压会造成模块损坏。

⑤ 强磁场/静电干扰会造成 CRT 图像干扰，无法正常显示。

抗噪声干扰的设计措施如下。

① 阻止噪声信号进入系统。

a. 噪声源设备加屏蔽外罩。对静电或高频干扰可选用铜、铝等材料，对磁场屏蔽则可选用碳钢作为外罩材料。

b. 屏蔽电缆屏蔽层接地。

② 进入设备的干扰信号尽量衰减，如通过滤波、浪涌吸收装置。

③ 减少或降低干扰信号强度。仪表信号传输尽量采用低阻抗方式，尽量采用电流，最好是数字信号传输，尽量不采用电压信号传输。仪表信号引线应尽量短，合理布置，防止互相干扰。引线尽可能采用双绞线，减少共模干扰。现场变送器尽量采用内部供电（二线制）。

据有关资料表明，屏蔽电缆只对因静电感应引起的干扰有用，而采用对绞方式则对防止电磁感应而引起的干扰有用。为防止静电感应而引起的噪声干扰，电缆可以选择钢带铠装电缆、铅包电缆、铜丝编织屏蔽电缆。对电磁感应引起的噪声干扰，电缆可选择对绞电缆、对绞多对电缆。

静电干扰对 DCS 硬件有极大的危害，电子元器件中对静电干扰最敏感的是 CMOS 器件。防止静电干扰的措施有两条：一是防止静电产生，如采用防静电活动地板及穿不易产生静电的衣服、器具等。二是尽快泄放静电，而泄放静电的办法是静电接地。

仪表控制系统的接地可以分成安全接地和工作接地。安全接地主要为了保护人和设备的安全，静电接地就是一种安全措施。工作接地包括屏蔽接地、信号接地、本安接地等。屏蔽接地包括电线保护管、电缆槽接地及电缆屏蔽层单点接地。其中热电偶、热电阻、pH 电极等在现场侧有接地，其他模拟信号、脉冲及数字信号等都应该在控制室侧接地。

仪表信号接地可分两种情况：隔离信号，如变送器则可不接地；非隔离信号则应以 DC 24V 电源负端为参考点接地。信号回路中应避免形成接地回路。在同一个仪表回路中若信号与接收端都不可避免地接地，则应通过隔离器将其接地分隔开。DCS 系统信号接地目的是为了使 DCS 系统信号有一个共同的基准点电位。通常做法是把 DC 24V 电源负端接在这个基准点上，它同时也能起到排除干扰噪声的作用。

信号接地的好坏，常常也会影响到模拟信号的精度。

本安接地是专为采用齐纳安全栅的本安仪表回路而设置的接地系统。本安接地系统设计不好，齐纳安全栅形同虚设。

DCS/PLC 控制系统都可分成信号处理部分和数据处理部分。信号处理部分（I/O）与控制仪表一样，属仪表信号接地。数据处理部分（操作站、工程师站）设备应属保护接地。

设计接地系统应注意的几点如下。

① 本安接地与系统接地可共用接地极，但必须是无电位差的等电位。

② 工作接地不能和保护接地连接在一起。

③ 屏蔽层接地只能单点接地，绝不能和本安接地、系统接地连接在一起，共用一个接地体。

④ 电缆的屏蔽层要作屏蔽接地。

⑤ 齐纳安全栅接地应与 DC 24V 直流电源负端相连，以确保本安回路安全。

⑥ 保护接地和静电接地可共用一个接地系统，仪表用电保护接地包括 UPS 接地应接至电气专业大接地网。

⑦ 按化工自控设计规定，仪表控制系统各类接地应汇结到总接地极。电气专业的全厂性大接地网可使整个接地系统处于等电位。

◎ 32.5　电气仪表在危险区域内的安全设计

在含有可燃性气体的场合中电气仪表有引起火灾和爆炸的危险。

根据 GB 50058—92 爆炸和火灾危险环境电力装置设计规范将爆炸危险区域划分如下。

0 区：连续或长期出现爆炸性气体场所。

1 区：正常运行时可能出现爆炸性气体场所。

2 区：正常运行时不可能出现爆炸性气体，即使出现也是短时间存在。

在爆炸危险区域内使用的电气仪表也应选择相应的防爆形式。

0 区：本安型（ia）。

1 区：本安型（ia/ib）。

隔爆型（d）。

正压型（p）。

2 区：增安型（e）。

适合 0 区、1 区防爆形式。

本安型仪表可以在现场带电调校，隔爆型仪表不允许带电开盖调校。

现场仪表工作时，仍可能有火花触点，尽管采用了本安设计，仪表仍要设计隔爆外壳或加密外壳。

对于传爆能力很强的 II C 级爆炸式气体，如 H_2、乙炔、二硫化碳等最好采用本安型仪表。若采用隔爆型仪表，使用一段时间后要注意检查密封面情况，保证安全。

危险区域内现场电气仪表的选型介绍如下。

① 测温元件

a. 热电偶信号最高不会超过 60mV，热电阻工作电流也不会超过 6mA。产生能量都在本安范围内是本质安全的。其检测回路无需外加电源，则不需再加安全栅。需要注意是要防止在安全区仪表配线时的混触，使非安全能量进入现场。

b. 本安型的一体化温度变送器，需加安全栅。

c. 当检测回路接入有源系统（如 DCS）时应加安全栅。

② 开关元件　现场开关元件属简单元件，大多为隔爆型。爆炸性混合物常用几个参数指标来表示其物理特性：爆炸浓度（爆炸上限/爆炸下限）、引燃温度、最小点燃电流、最高表面温度。这些参数对可燃气体危险程度的分级分组都有很大关系。

防爆形式的电气设备基本可分为两类：煤矿用电气设备和工厂用电气设备。

按照可燃性气体混合物的最小点燃电流比及试验安全间隙可将其分成 II A～II C 三级，根据这些混合气的最高表面温度分为 T1～T6 六组。

按国家标准 GB 3836.4—83，将本安型电气设备按其安全程度分为 ia/ib 两级，并严格规定了各自的使用范围。

ia 指在正常工作条件下，电路存在一个或两个故障时均不能点燃爆炸性气体混合物。工作电流被限制在 100mA 以下。

ib 指在正常工作条件下，电路中存在一个故障时，不能点燃爆炸性气体混合物。工作电流被限制在 150mA 以下。

每个防爆型电气设备上都应明显标出其防爆特性，如 Exia II CT6，标明仪表能满足的环境条件，作为防爆仪表回路设计的依据。

(1) 本安仪表回路设计　构成一个本安回路的必要条件是仪表回路的储能不足以产生非安全火花。

本安仪表回路一般由以下几部分构成。

① 现场本安型仪表　本安型现场仪表基本条件是：

a. 具有本安防爆标志及合格证；

b. 现场本安仪表的电感、电容应小于安全栅的允许电容及电感值；

c. 现场干触点开关，简单设备（热电偶、热电阻），无需防爆合格证。

② 连接电缆

③ 关联设备（安全栅）

④ 控制设备

现场本安设备可分两类。

a. 简单设备：指不会产生也不会存储超过 1.2V，0.1A，25mW 和 20μJ 的电气设备。如简单触点、热电偶、热电阻。

b. 非简单设备：指可能存储超过上述能量的电气设备，如接近开关、变送器、电磁阀、转换器等。

现场本安设备表征性参数如下。

a. 最大允许电压 U_{max}。

b. 最大允许电流 I_{max}。

c. 仪表内部电容 C_i。

d. 仪表内部电感 L_i。

关联设备（安全栅）作为限能元件，要能有效地保护危险场所的仪表设备不产生非安全火花。其表征性参数如下。

　　a. 最高开路电压 U_{oc}。

　　b. 最大短路电流 I_{sc}。

　　c. 允许最大外部电容 C_e。

　　d. 允许最大外部电感 L_e。

　　信号连接电缆表征性参数如下。

　　a. 本安系统最大允许电容 C_a。

　　b. 本安系统最大允许电感 L_a。

　　为了保证本安仪表回路的安全性，要做到：$U_{max} \geqslant U_{oc}$；$I_{max} \geqslant I_{sc}$；$C_e + C_i \geqslant C_a$；$L_e + L_i \geqslant L_a$。

　　从现场本安设备（变送器）电路工作特性来看控制设备有源输入卡上供电电压必须大于现场设备的工作电压＋安全栅内阻上的电压降。安全栅内阻 R_i（端电阻）若太大，则可能产生压降太大，有可能加在变送器上电压低于现场仪表的工作电压而无法工作。

　　安全栅内阻 R_i 太小，则可能短路电流 I_{sc} 太大，就有可能无法满足 $I_{max} \geqslant I_{sc}$ 的安全条件。为了提高加在现场变送器上的工作电压，就需要选择内阻小的安全栅。适合 ⅡB 环境的安全栅内阻比适合 ⅡC 环境的安全栅内阻要小很多，I_{sc} 却大很多。因此能用 ⅡB，尽可能不去选择 ⅡC。

　　ⅡB：R_i 140Ω，压降 2.8V，I_{sc} 213mA。

　　ⅡC：R_i 340Ω，压降 6.8V，I_{sc} 93mA。

　　本安仪表回路的阻抗匹配介绍如下。

　　本安仪表回路阻抗包括：

　　a. 安全栅阻抗 R_a；

　　b. 信号电缆阻抗 R_L；

　　c. 现场本安仪表设备阻抗 R_b；

　　d. 控制设备（如 DCS I/O 卡）允许的负载阻抗 R_o。

　　仪表回路正常工作条件是：

　　$R_o \leqslant R_a + R_b + R_L$

　　R_o 是由 DCS 制造厂提供的。如 FOXBORO I/A 系统的 I/O 卡输出允许负载为 735Ω。

　　齐纳安全栅选择原则：

　　a. 根据现场爆炸区域划分要求，确定安全栅的防爆级别；

　　b. 分析控制室侧仪表可能存在或产生的最高电压，选择符合最高电压要求的安全栅；

　　c. 根据现场本安设备的信号、电源对地极性确定安全栅极性；

　　d. 分析在安全栅压降情况下，现场本安仪表的工作电压是否满足；

　　e. 安全栅的分布电容/电阻是否符合匹配要求。

　　(2) 现场总线仪表本安回路设计　　现场总线仪表防爆形式只允许采用本安型，现场总线仪表设备必须有本安防爆认证。现场总线上可挂接多个现场仪表。总线网络上除主干电缆外，还可能有多个分支电缆。传统的本安回路中要确认安全参数，在现场总线网络中要考虑的是总线网络的集合安全参数。很显然，总线网络的拓扑结构会给安全参数的计算、回路的安全应用带来很多麻烦。为了简化现场总线本安仪表回路的设计，德国 PTB 组织提出现场总线本安防爆新概念——FISCO 模型，是一个利用现场总线本安防爆模型的认证规范，符合本安防爆的标准。设计人员按照规范要求，依照 FISCO 模型设计总线网络，无需对现场布线重新进行安全参数估算。

　　FISCO 模型要点如下。

① 每根本安现场总线只允许设置一台有源设备，这台设备必须是取得本安防爆认证的本安配电设备，如现场总线隔离栅、现场总线本安中继器等。

② 每根本安现场总线上最多挂 10 台现场仪表。

③ 每台现场仪表耗电不小于 10mA。

④ 本安现场总线仪表满足本安参数条件：

a. $U_o \leqslant U_i$；

b. $I_o \leqslant I_i$；

c. $P_o \leqslant P_i$。

其中，U_o、I_o、P_o 为本安现场总线。配电设备输出最大电压、电流及功率；U_i、I_i、P_i 为本安现场总线仪表允许输入的最大电压、电流及功率。

⑤ 每台现场总线本安仪表自身电容小于 50nF，自身电感小于 $10\mu H$。

⑥ 本安配电设备输出最大电压应在 14～20V DC。

⑦ 总线电缆参数应符合：

分布电容 80～200mF/km；

分布电阻 15～150Ω/km；

分布电感 0.4～1mH/km。

⑧ 每根分支电缆长度不大于 30m。

⑨ 网端参数应满足：电阻 90～100Ω，电容 0～2.2μF。

现场总线仪表本安回路设计只要满足上述要求，很容易就保证了现场总线仪表本安回路在爆炸危险区域内的安全性。

现场总线隔离栅是设在现场总线仪表与网卡 H_1 之间的隔离设备，也是总线的供电设备。

本安防爆限制了每根总线电缆上电能量，也就是说总线上能挂的现场总线仪表数量受到限制。在非防爆的现场总线配电器配电能力大约在 400mA，在爆炸危险区域内使用的本安型现场总线中继器配电能力只有 100mA，因此能挂的现场总线仪表要少很多。

现场总线仪表回路配置如下。

① 现场总线仪表设备。

② 现场总线接口卡件。用于现场总线网络与控制系统连接。

③ 现场总线供电电源。

a. 为安全栅供电的非本安电源。

b. 普通非本安电源。

c. 本安电源。

④ 中继器。为扩展现场总线网络，扩大传输范围，同时也给总线供电。

⑤ 网桥。用于连接不同速率现场总线段和不同传输介质的现场总线段，从小网络到大网络中间媒介，同时也向总线供电。

⑥ 电缆。

现场总线本安配电设备安全参数如下：

U_o：可能输出的最大电压。

I_o：可能输出的最大电流。

P_o：可能输出的最大功率。

C_o：允许总线网络的分布电容之和。

L_o：允许总线网络的分布电感之和。

为了保证现场总线网络的本质安全，除了满足 $U_o \leqslant U_i$，$I_o \leqslant I_i$，$P_o \leqslant P_i$ 外，还应满足

$$C_o \leqslant \varepsilon C_i + \varepsilon C_c$$
$$L_o \leqslant \varepsilon L_i + \varepsilon L_c$$

其中，εC_i 为现场仪表总电容；εC_c 为总线电缆分布电容；εL_i 为现场仪表总电感；εL_c 为总线电缆分布电感。

（3）现场总线电缆　现场总线电缆特性指标如下。

① 特性阻抗　特定结构和材料的电缆的波阻抗。现场总线中传输的是高频数字信号，它要求传输介质包括设备接口、连接器、耦合器、终端负载及电缆线路阻抗匹配。

② 衰减常数　表征信号传输过程中能量损耗度。

③ 传播延时　电磁波在线路上传播速度与线路参数及信号频率有关。相对传播速度表示电磁波在电缆中传播速度与在真空中传播速度之比。这个数值一般小于1，大与小取决于电缆绝缘材料介电常数的大小。传播速度小于1，表示在电缆中的传播过程存有一定的延时作用。这种传播延时不仅影响传播速度，也会影响信号传播的质量。

④ 对屏蔽电容的不平衡电容差　现场总线信号在电缆中传输也会受到外部电磁干扰（除回路之间的互干扰外）。干扰大小取决于各芯线对屏蔽电容不平衡程度。

◎ 32.6　现场仪表防护设计

现场仪表的防护设计，主要考虑以下几方面。

① 爆炸危险区域内电气类仪表的工作安全性。

② 雷电高发区电气类仪表的工作安全性。

③ 腐蚀性工艺介质中对仪表接触介质部分材质的腐蚀性。

④ 冬季环境温度下对仪表及测量管线冻结的危害性。

⑤ 工艺介质黏稠、结晶、含固体颗粒等物性对测量的影响。

⑥ 环境条件指多沙尘、盐雾、淋水等对现场正常使用的影响。

仪表防护方法介绍如下。

（1）在爆炸危险区域内使用的电气仪表及设备必须采用防爆型　根据国家标准 GB 3836—83，我国的防爆型电气设备主要有隔爆型（d）、本质安全型（i）、增安型（e）、正压型（p）、无火花型（n）。

按照国家标准 GB 50058—92 "爆炸和火灾危险环境电力装置设计规范" 中规定，电气设备防爆结构选择应符合：

0 区：本质安全型（ia）

1 区：本质安全型（ia/ib）

　　　隔爆型（d）

　　　正压型（p）

　　　增安型（e）

2 区：本质安全型（ia/ib）

　　　隔爆型（d）

　　　正压型（p）

　　　增安型（e）

（2）雷电高发区应设计防雷电措施

① 现场变送器选择防雷电型

② 进入控制室电源电缆、信号电缆安装防电浪涌保护器

（3）腐蚀性介质使用条件下的仪表材质选择　仪表常用防腐蚀材料如下。

① Cr18Ni9 不锈钢。适用于强氧化性酸、有机酸、浓度小于 30％碱液，不宜用于硫酸、盐酸。

② Cr18Ni12MO2Ti 钼二钛不锈钢。适用于硫酸、氯化物、高浓度碱液，不宜用于盐酸。

③ Ni70Cu30 合金（蒙乃尔合金）。适用于碱、非氧化性酸、氢氟酸，不宜用于强氧化酸。

④ 镍铬铁钼合金（哈氏合金）。适用于盐酸、硫酸、碱、氢氧化物。

⑤ 因可耐尔合金（Ni76Cr16Fe7）。适用高温碱液及硫化物。

⑥ 钛及钛合金。适用于氯化物、次氯酸、湿氯、氧化性酸、有机酸及碱。

⑦ 钽。适用于除氢氟酸、发烟硫酸、碱以外的一切化学物质。

⑧ 非晶体镍磷合金。适用于高温氯化氢气体、次氯酸、氢氟酸及醋酸。在常温下对盐酸的防腐性能优于哈氏合金B，对非氯化性氯化物防腐性能优于钛，对高温氟化物的防腐性能与蒙乃尔合金相仿，对热烧碱溶液的防腐性能优于钛。

⑨ 塑料（聚乙烯、聚丙烯、聚四氟乙烯、环氧树脂等）。适合于 200℃ 以下酸、碱、硫化物，一般常作喷涂或衬里用。

⑩ 橡胶。其中以氟橡胶性能最佳，常作密封垫圈及变送器、调节阀内衬用。

根据 FISCO 模型要求，现场总线电缆参数必须符合：$R_c = 15 \sim 150 \Omega/\mathrm{km}$，$L_c = 0.4 \sim 1\mathrm{mH/km}$，$C_c = 80 \sim 200\mathrm{nF/km}$，$C_c = C_{线/线} + 0.5 C_{线/屏}$（双线悬空），$C_c = C_{线/线} + C_{线/屏}$（其中一线接屏蔽）。

基金会 FF 现场总线则要求：

电缆最大电容 150nF（ⅡC），1.12μF（ⅡB）。

电缆最大电感 0.3mH（ⅡC），0.99mH（ⅡB）。

电缆最大电感/电阻比 31μH/Ω（ⅡC），93μH/Ω（ⅡB）。

仪表接液部分元件材料防腐蚀措施可以有下列几个方法。

① 选择适用的材料　主要指节流装置材料，测温保护套管材料，压力/差压变送器测量机构材料，压力表测量部分材料，调节阀材料。

② 接触腐蚀性介质的仪表元件表面喷涂、堆焊、衬里耐腐蚀的材料　主要指调节阀阀体、阀芯，测温保护套管，节流装置，如孔板、喷嘴等，分析器的测量室。

③ 采用隔离液、隔离膜片　主要用于压力/差压变送器，压力表。

④ 采用吹扫气/液隔离　主要用于长距离导压管，采用差压法测量液位。

（4）现场仪表的隔离　这是一种采用隔离液、隔离膜片或通过吹洗气/液，使被测介质不直接接触仪表元件的保护性措施。主要使用场合是：

a. 测量仪表材料不满足工艺介质腐蚀性要求；

b. 工艺介质属于黏稠，含固体颗粒，毒性，可能会冷凝、结晶、沉淀、汽化而影响到仪表测量正常工作。

① 容器（隔离液）隔离　适用于被测介质压力波动大、排液量较大的仪表。常用隔离液有甘油水混合液、乙二醇水溶液、变压器油、四氯化碳、氟油、全氟三丁胺。

② 膜片隔离　适用于被测介质属强腐蚀性又难以采用容器隔离场合。常用隔离膜片有不锈钢膜片、塑料膜片、橡胶膜片。

③ 吹气/吹液保护　通过测量管线连续，定量地向测量对象吹入气体或液体。目的都是为了被测介质与仪表部件不直接接触。一般只用在采用隔离方法无法满足要求的场合。真空对象不宜采用吹扫保护。吹扫流体通常要求：与被测介质不产生化学反应；清洁，不含固体颗粒；吹扫液体在节流减压后没有相变。

（5）现场仪表及测量管线防冻、拌热　在环境条件下，只有在仪表及测量管线中的物料不产生结冻、冷凝、结晶析出等现象时，仪表才能正常工作，否则需要加防冻拌热措施。一般防冻拌热方案有以下几种。

① 蒸汽拌热　适于环境条件会发生冻结、冷凝、结晶析出现象的仪表测量管线、取样管线及仪表的拌热。

a. 蒸汽拌热应设单独蒸汽供汽系统。

b. 蒸汽拌热管冷凝液应有集液排放装置。

c. 环境温度下不能正常工作的仪表应尽量在保温箱保温。

② 电拌热　适用于对环境清洁要求较高，电力供应又较富裕场合。

a. 电热线在敷设前应作绝缘检查。

b. 在爆炸危险区域使用应选择防爆型。

③ 热水拌热　适用于没有蒸汽源，不能采用蒸汽拌热场所。

a. 热水拌热应有单独供热水系统。

b. 热水拌热管应设集气处，应有排气装置。

（6）现场仪表外壳保护　工业上使用的仪表设备外壳大多是密封的，但是密封到什么程度，这是由仪表防护等级来规定。工业现场环境条件差异很大，针对某个现场可能会有特殊要求，如风沙大，热带潮湿，海岸边多盐雾，多雨淋、喷水。

仪表的防护能力是指对下列情况的保护能力。

a. 防止人体碰触仪表内部危险部件。

b. 防止外物进入仪表内部。

c. 防止浸水、喷水进入仪表内部。

外壳防护等级规定常采用以下几种。

① IEC 国际电工委员会 IP 外壳防护等级（与我国的外壳防护等级相仿）。IP 代码表示如下。

第一位：

0　　表示无防护；

1　　表示防直径不小于 50mm 的固体异物进入；

2　　表示防直径不小于 12.5mm 固体异物进入；

3　　表示防直径不小于 2.5mm 固体异物进入；

4　　表示防直径不小于 1.0mm 固体异物进入；

5　　表示防尘；

6　　表示尘密。

第二位：

0　　表示无防护；

1　　表示防垂直方向滴水；

2　　表示防倾角 75°～90°方向滴水；

3　　表示防淋水；

4　　表示防溅水；

5　　表示防喷水；

6　　表示防猛烈喷水；

7　　表示防短时间浸水；

8　　表示防连续浸水。

② 美国电气制造商协会 NEMA 外壳防护标准。NEMA 外壳防护标准除了规定了防尘、

防水外，还包括了防爆防护标准。

NEMA 防护标准等级主要内容如下。

NEMA1	通用型（室内）	NEMA8	防爆 1 区
NEMA2	防滴型（室内）	NEMA9	防爆 2 区
NEMA3	防雨、防尘（室外）	NEMA10	矿用
NEMA4	防雨、防尘（室内/外）	NEMA11	防腐、防滴（室内）
NEMA4X	防水、防尘、防腐（室内/外）	NEMA12	工业用防腐、防滴（室内）
NEMA6	水下、防尘、防水（室内/外）	NEMA13	防油、防尘（室内）
NEMA7	防爆 1 区	NEMA13R	防雨、冻雨（室外）

IP 防护等级和 NEMA 防护等级内容上有一定的对应关系：

IP	30	31	32	64	65	66
NEMA	1	2	3R	3	12/13	4/4X

◎ 32.7 仪表及测量管线安装设计

仪表控制系统工程设计文件中应包含仪表施工安装说明。这是一份指导施工安装的重要设计文件，主要内容应包括以下内容。

① 现场仪表位置选择。

② 仪表取源部件安装设计。

③ 仪表设备的安装设计。

④ 仪表测量管线安装设计。

⑤ 仪表信号电缆（桥架）敷设设计。

⑥ 气源管线敷设设计。

（1）现场仪表安装位置选择

① 仪表测量管线尽可能短。

② 仪表及测量管线敷设应避开高温、振动、强电磁场，无法避开时也应采取安全措施。

③ 仪表安装位置应接近地面、平台或可架活动梯子处。需要经常观察的仪表（如物位、分析、流量等）以及操作类仪表（如控制阀）更应安装在便于观察、利于操作的地方。

（2）取源部件安装设计

① 温度取源部件安装设计

a. 测温元件检测点位置应是变化灵敏，具有代表性的温度点。

b. 温度取源部件不宜装在振动较大场合。

c. 与管道相互垂直安装时，取源部件与管道轴线垂直。

d. 温度元件在管道拐弯处安装时，应逆物流流向安装。

e. 温度取源部件连接形式及尺寸：热电阻、热电偶、双金属低压 1″法兰，高压 $1\frac{1}{2}$″法兰；铠装热电偶单对内螺纹 M12×1.5，多对内螺纹 M27×2。

② 压力取源部件

a. 安装位置应选取物料流速稳定处。

b. 压力取源部件与温度取源部件在同一管段中安装时，压力取源部件应安装在上游侧。

c. 当流体检测温度高于 60℃时，应注意加冷凝弯。

d. 压力取源部件连接形式及尺寸：普通压力表或取压低压 $\frac{1}{2}''$ 焊接（管线上），高压 $\frac{3}{4}''$ 焊接（管线上），$\frac{3}{4}''$ 法兰（设备上）；膜片压力表/压力开关 $1\frac{1}{2}''$ 法兰（管线及设备上），$\frac{1}{2}''$ NPTM；压力变送器 $\frac{1}{2}''$ 焊接；法兰压力变送器 $3''$ 法兰。

③ 流量取源部件安装设计

a. 安装位置必须是在流体为单相，且是充满的圆管内。

b. 前后直管段要求符合设计要求。

④ 物位取源部件安装设计

a. 安装位置应在不使物位检测元件受到冲击的稳定位置，否则需加防护。

b. 放射性物位计安装位置应符合"放射防护规定"，充分考虑操作人员安全。

c. 物位取源部件连接形式及尺寸：

就地液位计/磁性液位计　　2″法兰

液位开关　　　　　　　　1″法兰

法兰（差压）液位计　　　3″法兰

电容液位开关　　　　　　$1\frac{1}{2}''$法兰

浮筒液位计　　　　　　　2″法兰

⑤ 分析取源部件

a. 采样位置应能测出稳定且能灵敏反映真实组分。

b. 采样管尽量短。

（3）仪表安装设计

① 温度仪表安装

a. 安装在工艺管道上的测温元件应与管道中心线垂直或倾斜 45°。插入深度应大于 250mm。

b. 压力式温度计安装，温包必须全部浸入被测介质中。

c. 表面温度计的感温面应与被测表面紧密接触。

② 压力仪表安装　　安装在高压设备和管道上的压力表，特别是岗位附近的，安装高度应在 1.8m 以上或在正面加保护罩。

③ 流量仪表安装

a. 转子流量计。必须垂直安装，流体自下而上。

b. 超声波流量计。

ⅰ. 安装在满管、单相处，所含气体或固体浓度不应超过仪表允许值。

ⅱ. 超声波换能器前后应有一定直管段。

ⅲ. 水平管上安装。

c. 质量流量计。

ⅰ. 为了防止外界振动干扰，安装地点不能有大的振动源，否则应采取加固措施。

ⅱ. 为了防止强电、磁场对流量计电路的干扰影响，应与机泵电机、变压器等大磁场设备保持至少 1m 以上距离。

ⅲ. 流量计在管道上安装时，连接处不应有扭力存在。

ⅳ. 直管式质量流量计最好垂直安装，以利测量管排空，不易结垢。弯管式质量流量计易水平安装。

ⅴ. 流量计传感器与变送器连接电缆不能太长，一般采用专用电缆。

d. 电磁流量计。

ⅰ. 可以在垂直管上或水平管上安装，前提必须是介质充满管道。

ⅱ. 流量计电极必须处在一个平面上。

ⅲ. 当被测介质中含固体颗粒时，则应考虑在垂直管上安装，可避免流量计衬里受磨损。

ⅳ. 流量计外壳、测量导管、变送器两端管道、屏蔽信号线都应单独良好接地。变送器、转换器接地在现场，信号线接地应在控制室一侧。接地电阻一般为10Ω。

ⅴ. 流量计安装应远离电磁场。

ⅵ. 流量计安装应远离振动。

ⅶ. 信号电缆采用屏蔽电缆，连线越短越好。

ⅷ. 流量计电源线与信号线应避免并列敷设，最好分开。

ⅸ. 流量计变送器、转换器必须使用同一根电源线。

e. 涡轮流量计。

ⅰ. 变送器前后要有直管段（150/50）。

ⅱ. 变送器在工艺管道上安装必须保持同轴，垫片不许突入管内。

ⅲ. 在水平管上安装。

ⅳ. 被测介质中含固体杂物，流量计前必须安装过滤器，介质中含气体时必须加装消气器。

ⅴ. 信号电缆采用屏蔽电缆，并保证良好接地。

ⅵ. 介质易汽化及考虑安装位置时，应考虑变送器下游侧必须保证有足够背压。

f. 刮板流量计。

ⅰ. 必须设置旁路，以便检修用。

ⅱ. 流体中若含杂质，前面应加过滤器。

g. 旋涡流量计。

ⅰ. 前后要有足够长的直管段。

ⅱ. 安装处应远离外界振动点，特别是横向振动。

ⅲ. 避免外部电磁场干扰。信号线应采用屏蔽线。

ⅳ. 同一条工艺管线上遇到控制阀时，流量计应安装在上游侧。当遇有脉动流时则应安装在控制阀下游侧。

ⅴ. 流量计口径与配合的工艺管线口径应一致，误差不大于3%。

ⅵ. 流量计附近要装设温度计、压力表时，必须在流量计下游侧大于50D处安设。

ⅶ. 流量计安装必须与工艺管线同轴，应防止垫片突入管内。

h. 靶式流量计。靶板中心应安装在管道中心，靶面朝向介质流向。

④ 物位仪表安装

a. 浮筒液位计安装高度应使正常液位或界面处于浮筒中心。

b. 钢带液位计钢带应垂直拉紧，且沿滑轮滑动自如。钢带导管垂直度允许偏差为0.5/1000。

c. 物位开关位置应选择在便于操作的地方。

d. 雷达液位计安装位置应避开进料口和搅拌处。

e. 测量易汽化液体及易凝结气体时气相取压管上应加装隔离器。

f. 法兰式差压变送器毛细管敷设应加保护措施。

g. 料位计安装口应远离下落物料或加保护罩。

h. 放射性物位计必须按产品使用说明书安装。

⑤ 分析仪表安装

a. 分析仪及采样系统安装应按产品使用说明书要求。

b. 分析尾气处理和放空应符合环保要求。

c. 用于检测密度大于空气的气体检测器应安装在距地面 0.3～0.6m 处，检测密度小于空气的气体检测器则应装在泄漏区的上方。检测器外壳应接地。

⑥ 控制阀安装　控制阀应垂直安装，四周有足够的安装、操作、检修的空间。

（4）仪表电气线路敷设设计

① 仪表电缆，电缆桥架敷设应按设计要求安装。

a. 按最短路径，集中敷设原则。

b. 不应敷设在易受机械损伤、有腐蚀性物质排放场所，强电磁场干扰场所及高温、潮湿场所。

c. 电缆及桥架敷设不应影响正常操作或检修。

d. 不同信号、不同电压等级及本安型系统电缆在电缆桥架内应分压、分层敷设。

② 补偿电线（缆）敷设设计

a. 补偿电线（缆）不得直接埋地敷设。

b. 补偿电线（缆）敷设一般不应有中间接头。

（5）仪表测量管线敷设设计

① 仪表测量管线包括压力、液位、流量测量中的检测导压管、分析采样管。测量管线规格大小及材质要求、安装形式应按设计要求。

② 仪表测量管线敷设应在便于操作，维修处，不易受机械损伤、腐蚀，振动及影响测量处。

③ 用于检测的导压管一般不大于 15m。

④ 导压管应根据介质分别按 1∶10～1∶100 坡度倾斜。在配管高处设排气装置或在最低处设排液装置。

⑤ 高压导压管线敷设应符合国家标准规定要求。

⑥ 毒性、可燃性介质的导压管敷设应尽量短，连接宜采用焊接。

⑦ 分析采样管线长度不大于 40m，烟气分析器分析管线不大于 10m。

⑧ 隔离管路敷设时，在管线最低点应设隔离液排放装置。

（6）仪表伴热管线敷设设计

① 轻伴热：伴热管线与仪表或测量管线之间保持 1～2mm 间距。重伴热：伴热管线应紧贴仪表设备和测量管线。

② 电伴热线应每隔 100mm 固定一点。

（7）爆炸危险场所仪表安装设计

① 爆炸危险场所使用的电气仪表、接线箱等必须具有防爆合格证。

② 在爆炸危险 1 区内的仪表配线必须保证万一发生短路、断线及接地等事故时不产生点火源。

③ 在 1 区内敷设的电线、电缆必须穿管敷设。

④ 本安与非本安线不应共用一根电缆或保护管。两个不同系统的本安电路也不应共用一根电缆。

⑤ 电缆桥架、电缆沟及电线保护管穿过不同等级爆炸危险区时，应采取密封措施。

⑥ 本安系统配线应设置蓝色标志。

◎ 32.8 仪表控制系统检验

（1）仪表安装前的外观检查

（2）仪表校验

① 基本误差符合仪表精度等级的允许误差。

② 仪表变差符合仪表要求。

③ 仪表零位正确。

④ 指针在校验过程中稳定，无抖动。

⑤ 数字显示稳定。

a. 温度仪表示值校验，温度开关检查。

b. 压力仪表精度校验，压力开关检查。

c. 流量仪表示值、累积值精度校验，流量开关检查。

d. 物位仪表精度校验，物位开关检查。

e. 控制阀气密性试验，耐压强度试验，泄漏量试验，行程试验。

f. 在线分析器量程校验，零点校验。

g. 智能型变送器可采用手操器或在 DCS 操作台上直接进行量程、零点等的校验。

（3）仪表电源系统检验

① 电源的整流、稳压性能试验，要符合产品技术性能要求。

② 不间断供电装置（UPS）自动切换试验，切换时间、切换电压值应符合产品技术性能要求。

（4）控制系统试验

① 控制点误差。

② 比例、积分、微分作用。

③ 信号处理功能。

④ 控制、操作功能。

⑤ 调节参数整定。

⑥ 组态设置。

⑦ 信号回路试验。

输入被测变量模拟信号，显示仪表的示值误差应不超过回路内各单台仪表允许的基本误差平方和的平方根。

a. 仪表控制回路试验。控制器和执行器作用方向应符合设计要求。执行器输入控制信号后检查全行程动作方向和位置正确无误。

b. 报警回路试验。报警检测开关按设计要求整定设定值。模拟输入报警信号，检查灯光、音响及屏幕显示。对系统的消声、复位及记录等功能确认。

c. 停车联锁系统试验。

ⅰ. 停车联锁系统硬件/软件功能测试。

ⅱ. 动作设定值的整定。

ⅲ. 条件判定，逻辑关系，动作时间，输出状态应符合设计要求。

d. 冗余配置功能试验。

ⅰ. 冗余电流配置。

ⅱ. 冗余 I/O 卡配置。

ⅲ. 冗余通信系统配置。

e. 网络通信试验。

◎ 32.9 仪表询价、报价及技术评估

（1）仪表询价、报价及技术评估

① 依据基础设计/初步设计阶段的带控制点管道流程图（P&ID）、仪表索引表、仪表数据表、编制仪表询价单（技术部分），进行初步询价（详细工程设计会有局部修改）。主要内容应包括工艺物料及操作数据、工艺管道尺寸及材质、仪表技术要求及接口尺寸。

② 供方报价。

③ 供方报价技术部分评估。

a. 符合仪表询价单技术要求。

b. 产品业绩。

c. 售后服务及技术支持能力。

（2）控制系统询价、报价及技术评估（包括 DCS/ESD）

① 依据基础设计/初步设计阶段的带控制点管道流程图（P&ID）、控制系统图、停车联锁原理图及操作说明、仪表索引表、控制系统技术说明书。如 DCS、PIC、ESD 技术说明书。

采购部门根据设计方提供的控制系统技术说明书编制控制系统询价单。

② 供方根据询价单提出报价。内容应包括：

a. 报价说明，包括询价单中内容偏差及替代方案的说明；

b. 系统硬件配置及功能实施说明；

c. 系统软件说明；

d. 组态环境说明；

e. 产品业绩说明；

f. 产品可靠性说明；

g. 技术支持能力及售后服务；

h. 工作进度表。

③ 根据供方报价进行技术评估。内容应包括：

a. 硬件质量指标；

b. 系统配置及外围设备配置合理性；

c. 系统软件标准化、模块化及实用性；

d. 系统安全性、可靠性、先进性；

e. 产品反映，供方业绩，技术支持能力及售后服务。

◎ 32.10 仪表、控制系统工程设计文件

32.10.1 仪表、控制系统工程设计文件组成

仪表、控制系统工程设计文件应包括仪表设备采购、DCS/ESD 系统组态、仪表安装及运行所需全部设计文件。

根据设计工程项目大小及所需自动化水平高低不一，对各类设计文件的格式及内容深度不尽一致，文件种类可作相应增减。

仪表、控制系统工程设计文件分类如下。

（1）文字类设计文件

① 仪表设计规定

② 仪表技术说明书

③ 仪表施工安装要求

（2）表格类设计文件

① 设计文件目录

② 仪表索引（见表 32-1 所示）

③ 仪表数据表（见表 32-2 所示）

④ 报警、联锁设定值表（见表 32-3 所示）

⑤ 电缆表

⑥ 仪表绝热、伴热表

仪表安装材料表

（3）图纸类设计文件

① 联锁系统逻辑图（见图 32-1 所示）

② 顺序控制系统时序图

③ 仪表回路图（见图 32-2 所示）

④ 控制室平面布置图

⑤ 仪表供电系统图（见图 32-3 所示）

⑥ 仪表供气系统图

⑦ 控制室电缆布置图

⑧ 现场仪表位置图

⑨ 仪表接地系统图（见图 32-4 所示）

⑩ 现场接线箱电气接线图

（4）控制系统类设计文件

① 控制系统（DCS/ESD）技术规格书

② DCS I/O 表

③ DCS 监控数据表（见表 32-4 所示）

④ DCS 系统配置图（见图 32-5 所示）

⑤ DCS 机柜端子布置及接线图

⑥ 仪表盘正面布置图

⑦ 仪表盘背面电气接线图

32.10.2 生产装置自控设计程序

（1）设计准备

① 自控设计人员的组织

② 熟悉生产工艺及操作条件

③ 收集涉及到的标准、规定 标准，规定包括必须遵守的国家标准和行业性的规定。有许多工程公司汲取了有关设计和应用方面的经验，编制相应的专业规定，既列出了一般采用的常规做法，也列出了本公司的优秀方案，给设计人员提供了成熟的设计经验及资料。

④ 了解配管专业有关技术规定（材料选择、压力等级温度等级等） 为了使自控设计与工艺配管专业设计协调进行，应充分了解熟悉配管专业相关的规定及设备布置，管廊架布置的相关情况，正确地选择仪表连接件的规格尺寸。

表 32-1　仪表索引

仪表位号 TAG No.	用途 SERVICE	仪表名称 INSTRUMENT DISCRIPTION	供货部门 SUPPLIER	P&ID号 P&ID No.	数据表号 SHEET No.	回路图号 LOOP DWG. No.	仪表位置图号 LOCATION DWG.	安装图号 HOOK-UP DWG.	备注 REMARKS
					(××××-×××-05)	(××××-×××-18)	(××××-×××-30)	(××××-×××-36)	
AR-401	出口气段净化 CO_2 分析					P. X			
AT-401		红外线分析器			P. X		P. X	P. X	
AR-401		记录仪		××××-××××-×	P. X				
FIC-401	入 CO_2 吸收塔贫液量					P. X			
FE-401		法兰取压孔板			P. X		P. X	P. X	
FT-401		流量变送器			P. X		P. X	P. X	
FN_1-401		安全栅			P. X				
FIC-401		指示调节器		××××-××××-×	P. X				
FN_2-401		安全栅			P. X				
FY-401		电气阀门定位器			P. X				
FV-401		凸轮挠曲调节阀		××××-××××-×	P. X	P. X		P. X	
LIA-401	汽提再生塔					P. X			
LT-401		带远传装置差压变送器			P. X		P. X	P. X	
LN_1-401		安全栅			P. X				

备注 REMARKS	安装图号 HOOK-UP DWG.	仪表位置图号 LOCATION DWG.	回路图号 LOOP DWG. No.	数据表号 SHEET No.	P&ID号 P&ID No.	供货部门 SUPPLIER	仪表名称 INSTRUMENT DISCRIPTION	用途 SERVICE	仪表位号 TAG No.
				P. X	××××-××××-×		指示报警仪		LIA-401
			P. X					入口变换器 人工段	PI-401
	P. X	P. X		P. X			压力变送器		PT-401
				P. X			安全栅		PN₁-401
				P. X	××××-××××-×		指示仪		PI-401
								贫液泵 出口	
	P. X		P. X	P. X	××××-××××-×		防腐型耐震压力表		PI-402A. B
		P. X		P. X				出工气 净化段	TI-401
	P. X			P. X			隔爆铠装热电阻		TE-401
				P. X	××××-××××-×		数字显示仪		TI-401

			项目名称 PROJECT			
仪表索引		合同号 CONT. No.	分项名称 SUBPROJECT			
INSTRUMENT INDEX			图号 DWG. No. ××××-×××-04			
（设计单位）			设计阶段 STAGE		第 2 张共 2 张 SHEET OF	

| 修改 REV. | 说明 DESCRIPTION | 设计 DESD | 日期 DATE | 校核 CHKD | 日期 DATE | 审核 APPD | 日期 DATE |

表 32-2　仪表数据表

（设计单位）	仪表数据表 INSTRUMENT DATA SHEET 自动分析器 ANALYZER		项目名称 PROJECT	
			分项名称 SUBPROJECT	
			图号 DWG. No. ××××-×××-05	
	合同号 CONT. No.		设计阶段 STAGE	第 4 张共 17 张 SHEET OF

位号 TAG No.		AT-501	AT-504	
用途 SERVICE		一吸塔出气 CO$_2$ 分析	洗涤器出口 NH$_3$ 分析	
P&ID 号 P&ID No.		××××-×××-×	××××-×××-×	
采样点设备或管道号 EQUIP. OR PIPE No.		IG-83702	NH-83723	
设备或管道规格 EQUIP. OR PIPE SPEC.		φ108×4	φ219×6	
设备或管道材料 EQUIP. OR PIPE MATERIAL		20	20	
操作条件 OPERATING CONDITIONS				
工艺介质 PROCESS FLUID		惰性气	惰性气	
操作压力 OPER. PRESSURE/MPa(G)		1.67	1.67	
操作温度 OPER. TEMPER. /℃		50	43	
操作密度 DENSITY AT OPER. /(kg/m^3)		2.20	2.09	
动力黏度 DYNAMIC VISCOSITY/mPa·s		/	/	
介质组分 COMPONENT				
No. 1	NH$_3$	99.2	32	
No. 2	H$_2$	0.2	20	
No. 3	O$_2$	0.11	8	
No. 4	N$_2$	0.5	40	
分析器规格 ANALYZER SPECIFICATION				
分析器名称 NAME		红外线气体分析器	红外线气体分析器	
型号 MODEL		GXH-101	GXH-101	
分析组分 ANALYZING COMPONENT		CO$_2$	NH$_3$	
测量范围 MEAS. RANGE		0~100ppm	0~40%	
输出信号 OUTPUT SIGNAL		4~20mA DC	4~20mA DC	
样气接管尺寸 SAMPLE CONN. SIZE		φ6×1	φ6×1	
电气接口尺寸 ELEC. CONN. SIZE		1/2″NPTF	1/2″NPTF	
电源 POWER SUPPLY		220V AC	220V AC	
功率消耗 POWER CONSUMPTION		60W	60W	
防爆等级 EXPLOSION-PROOF CLASS		/	/	
安装位置 LOCATION		仪表柜	仪表柜	
附件 ACCESSORIES		/	/	
预处理装置 PRETREATMENT UNIT		√	√	
标准气 STANDARD GAS		√	√	
配套仪表 ACCESSORY INSTRUMENT		/	/	
制造厂 MANUFACTURER		×××	×××	
备注 REMARKS		带仪表柜	带仪表柜	
修改 REV.	说明 DESCRIPTION	设计 DESD	日期 DATE	校核 CHKD	日期 DATE	审核 APPD	日期 DATE

表 32-3　报警、联锁设定值表

（设计单位）	报警、联锁设定值表 ALARM INTERLOCK SET VALUE LIST		项目名称 PROJECT		
			分项名称 SUBPROJECT		
			图号 DWG. No. ××××-×××-06		
	合同号 CONT. No.		设计阶段 STAGE		第 1 张共 1 张 SHEET OF

仪表位号 TAG. No.	用途 SERVICE	正常值 NOR. VALUE	报警值 ALA. VALUE	联锁值 INT. VALUE	备注 REMARKS
TRAS—501	甲烷化炉催化剂层温度	380℃	400℃	430℃	
ARA—502	甲烷化炉出口 $CO+CO_2$ 分析	5ppm	8ppm	/	

修改 REV.	说明 DESCRIPTION	设计 DESD	日期 DATE	校核 CHKD	日期 DATE	审核 APPD	日期 DATE

882

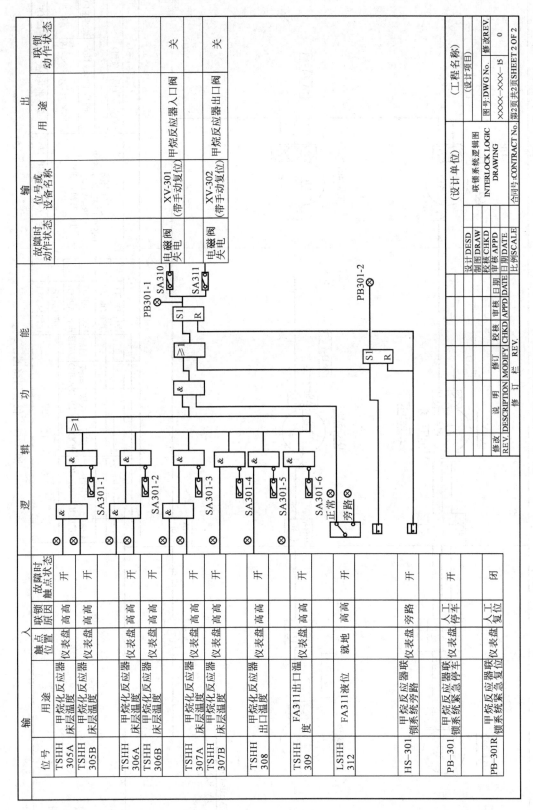

图 32-1　联锁系统逻辑图

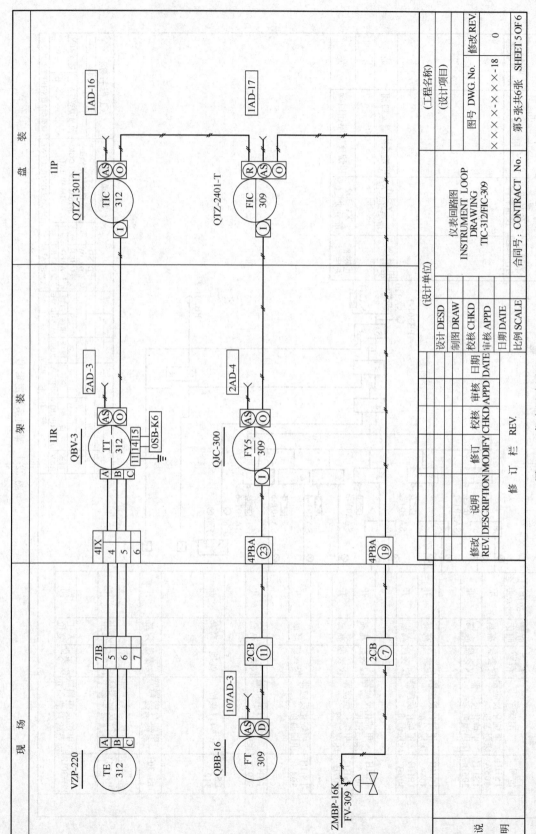

图 32-2　仪表回路图

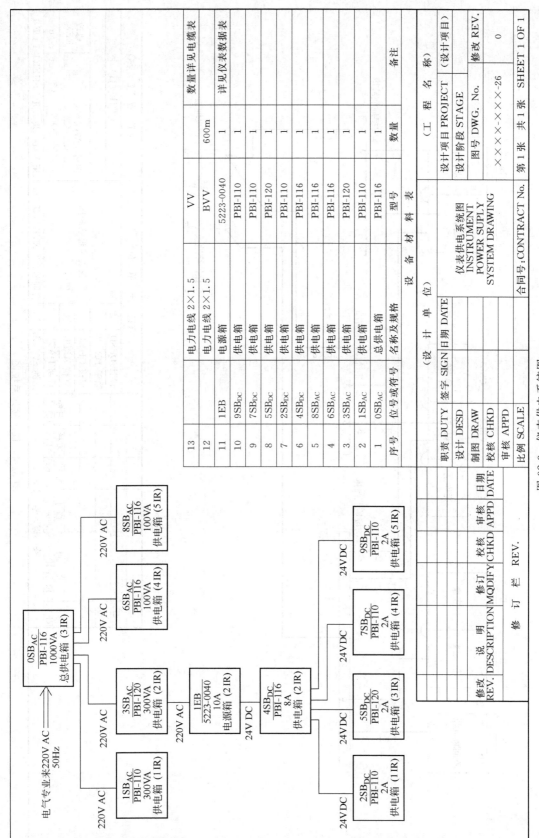

图 32-3 仪表供电系统图

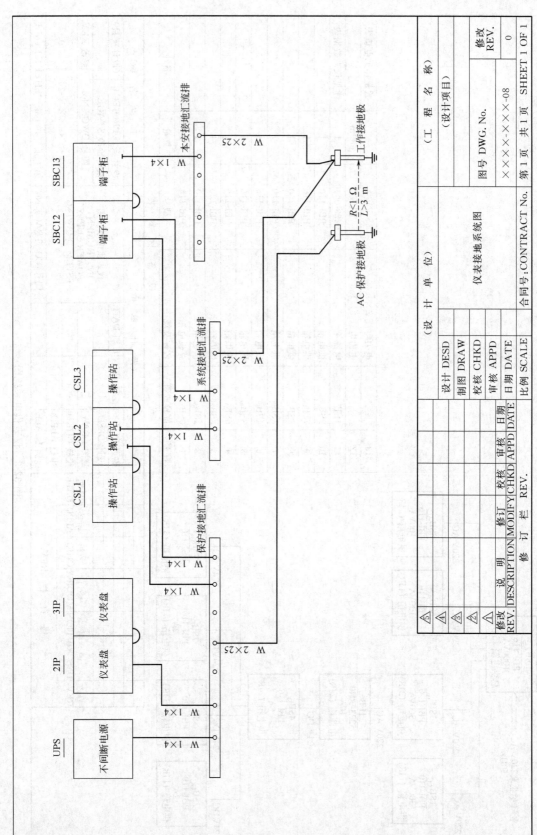

图 32-4　仪表接地系统图

表 32-4　DCS 监控数据表

仪表位号 Tag No.	用途 Service	测量范围 Measuring Range	工程单位 Eng. Unit	控制设定值 Set Point	报警设定值 高 High	报警设定值 低 Low	正反作用 正 Dir.	正反作用 反 Rev.	控制参数 比例 P	控制参数 积分时间 I.Time	控制参数 微分时间 D.Time	输入信号 Input	输出信号 Output	阀正反作用 Valve D.or R.Act.	信号处理 Sig.Cond.	趋势 Trend	流量累计 F.Tos.	记录 Record	报表 Report	备注 REMARKS
TRC-9301	L-102 尿液	0~200	℃	150			正		√	√	√	Pt100	4~20mA	反		√			√	
TR-9305	C-101 出口气相	0~100	℃		80							Pt100				√			√	
TC-9310	E-109 出口	0~150	℃	100						√	√	Pt100	contact		√					位式控制
PSXH-9104	P-101A 出口	0~30	MPa		22							常闭接点								
PIC-9203	K-101 出口 CO_2	0~20	MPa	15	18			反	√	√	√	4~20mA	4~20mA	反					√	
FRQ-9304	界区 液氨 来	0~60	kg/h									4~20mA						√	√	
LRC-9202	E-101 液位	0~100	%	60	90			正	√	√	√	4~20mA	4~20mA	正	√				√	

DCS 监控数据表　DCS SUPERVISION DATA SHEET
（设计单位）

项目名称 PROJECT
分项名称 SUBPROJECT
图号 DWG. No.：××××-×××-09
设计阶段 STAGE
合同号 CONT. No.
第 2 页/共 2 页　SHEET 2 OF 2

修改 REV.	说明 DESCRIPTION	设计 DESD	日期 DATE	校核 CHKD	日期 DATE	审核 APPD	日期 DATE

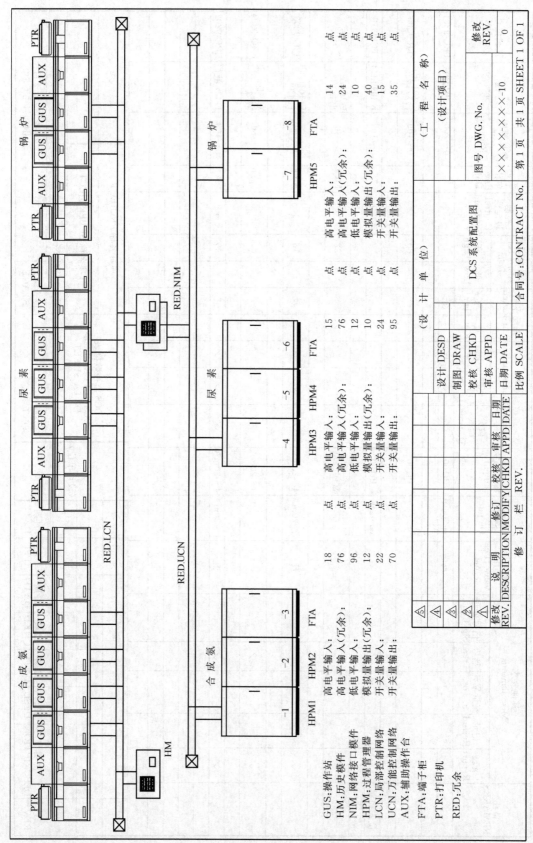

图 32-5　DCS 系统配置图

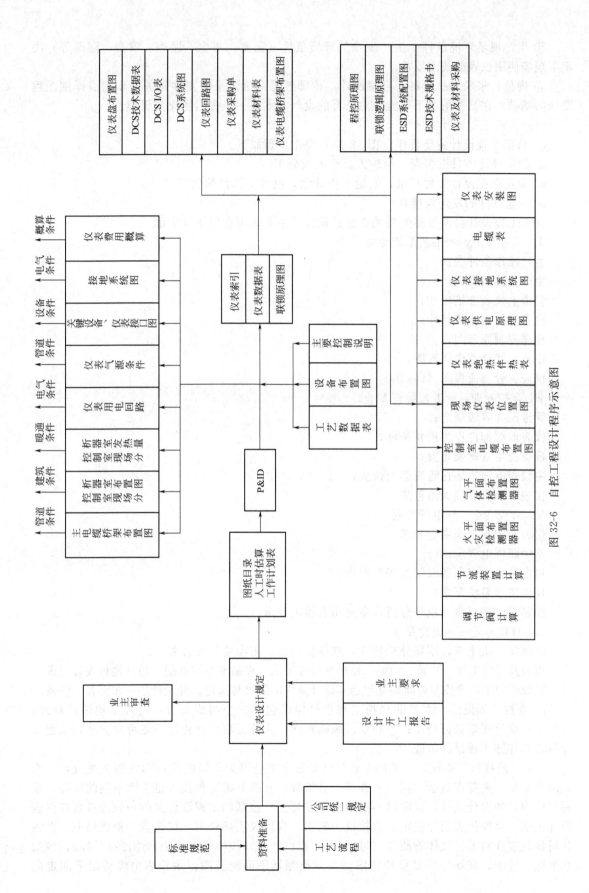

图 32-6　自控工程设计程序示意图

⑤ 生产现场环境条件　生产现场的环境条件（温度、灰尘、爆炸、雷击、潮湿等）决定了现场使用仪表的技术要求。

⑥ 询价、采购产品资料　自控设计工程师熟悉询价、采购文件是进一步完成详细工程设计的基础。在某些情况下可能会对已有的设计方案进一步提出优化或更换。

（2）自控工程设计实施

① 自控工程设计主要程序（图32-6）　操作步骤如下。

a. 制定设计项目组织表，明确人员组成及分工。

b. 确定自控设计文件目录，制定工作计划，设计工作量的估算。

c. 专业条件的发送与接收

自控工程设计会涉及多个相关专业的设计。主要表现在以下几方面。

ⅰ. 自控专业⇌工艺系统专业。

生产操作条件表；

生产工艺数据表；

管道上仪表连接尺寸；

设备上仪表连接尺寸；

程序控制原理图；

报警，联锁逻辑原理图；

仪表、管道流程图（P&ID）。

ⅱ. 自控专业⇌工艺配管专业。

管道压力等级规定；

仪表取源部件连接尺寸条件；

设备及主管廊架布置；

主仪表电缆桥架在管廊架上位置；

仪表及仪表管线保温伴热。

ⅲ. 自控专业──→电气专业。

仪表及控制系统供电要求；

不中断供电要求；

机电设备电气参数联锁及操作要求；

仪表接地系统要求；

控制室、机柜室、现场分析器室照明及供电要求。

ⅳ. 自控专业──→土建专业。

控制室，机柜室，现场分析器室，现场仪表盘、柜布置及安装要求；

仪表及管线支撑、开洞、预埋、操作平台等要求；控制室电缆夹层、活动地板安装要求。

在设计的不同阶段专业间相互渗透着设计条件的更改与满足，使设计进一步完善，协调。

d. 自控工程设计。完整的自控工程设计应该包括三个组成部分：自控工程设计程序；自控工程设计质量保证程序；自控仪表采购程序。自控工程设计程序一般可分为基础工程设计阶段和详细工程设计阶段。

ⅰ. 自控基础工程设计。基础工程设计阶段常常会因为不同的用途而编制多版设计，常见的有初版、内部审查版、用户审查版、最终版。自控基础工程设计也会因不同的需要，编写相应内容的设计文件，以满足不同用途的需要。自控基础工程设计文件一般应有自控仪表设计说明，自控仪表设计规定，自控仪表索引，自控仪表规格书，仪表盘、柜规格书，在线分析器仪表规格书，气体检测器（可燃气体/毒性气体）规格书，仪表回路图（单线），控制室平面布置图，现场分析器室布置图，气体检测器平面配置图，主仪表电缆桥架平面走向图，报警、联锁逻辑原理图，程序控制原理图，复杂控制原理图，主要材料表。

自控基础工程设计中自控仪表设计说明是一份重要的设计文件。因为它表述了自控设计的指导思想，对自控设计的重要原则进行了说明。一般在设计说明中应包括以下内容。

- 设计范围及分工。
- 设计涉及规范及规定。
- 生产装置对仪表控制系统的要求，自动化水平确定及仪表选型原则。
- 计量仪表设置及精度要求。
- 复杂控制方案及说明。
- 控制室、现场分析器室设置及要求。
- 安全控制仪表的设置及要求。
- 仪表动力供应（供电、供气）要求。
- 仪表防护措施。
- 仪表及仪表管线的保温，伴热方式

仪表规格书应按仪表分类编写，内容包括仪表位号、仪表名称、仪表用途、仪表信号、工艺操作条件、仪表材料选择、仪表防护方式。

仪表规格书内容应能满足采购部门编制采购单，进行询价、采购工作。基础工程设计中已确定的方案和选型，在详细工程设计阶段一般是不会更改的。若确实需要更改，应在详细工程设计说明中说明理由。

ⅱ. 自控详细工程设计。根据不同时间阶段，需要编制内容深浅不同的详细设计文件。一般可分为研究版、设计版、施工版。在详细工程设计阶段经常会出现更新版本的带控制点工艺管道流程图（P&ID）、工艺设备布置图。自控专业也同时需要对详细设计作相应的变化。

自控详细工程设计应按照已确认批准的基础工程设计工程化。设计文件内容和深度应达到和满足设备制造、设备采购及施工安装、运行开车的需要。详细工程设计文件一般应包括以下内容。

- 文件类设计文件：自控设计文件目录；自控仪表索引；自控仪表规格书；在线分析器规格书；仪表盘、柜规格书；气体检测器规格书；电缆表；材料表。
- 图纸类设计文件：控制室（机柜室）平面布置图；现场分析器室平面布置图；气体检测器平面配置图；仪表电缆平面敷设图；控制室电缆平面敷设图；仪表盘（柜）正面布置图；仪表盘（柜）背面接线图；现场仪表平面位置图；报警、联锁逻辑原理图；程序控制原理图；仪表供电原理图；仪表供气系统图；仪表回路图（双线）；仪表安装图；仪表及仪表管线保温伴热工程图；仪表接地系统图；现场电气接线箱接线图。

在采用集散型控制系统（DCS）等大型数字式控制系统时相应增加以下设计文件：

集散型控制系统（DCS）技术规格书；可编程控制系统（PLC）技术规格书；安全仪表控制系统（SIS）技术规格书；I/O表；机柜端子布置图；机柜端子接线图；控制系统构成图。

- 计算书类设计文件：节流装置计算书；调节阀计算书。

自控详细工程设计说明是一份重要的设计文件，它包含自控详细工程设计应阐述的主要内容为：设计范围及分工；设计涉及规范及规定；自动化水平确定及选型原则；控制室、机柜室、现场分析器室设置要求；仪表供电、供气、保温拌热方案及要求；现场环境条件及保护措施；特殊的施工安装要求说明。

为了协调自控仪表设计、采购及安装，在自控工程设计时必须按照仪表种类详细地编制仪表规格书。内容应包括：仪表位号、仪表名称、仪表用途、工艺操作条件、测量范围、供电、供气、材质、过程连接尺寸、仪表信号、仪表防护、仪表附件。在线分析器、气体检测器还应标注所测成分及背景气体组成。

集散型控制系统，可编程控制系统及安全仪表控制系统等大型数字式控制系统技术规格书都应包括对系统的总体要求，对系统硬件及软件最基本要求的说明，如系统冗余、控制器、操作站以及外围设备拷贝机、打印机通信等功能技术要求，对系统组态和应用软件的技术要求说明，也应对网络通信连接和数据存储提出要求。

控制系统技术规格书应表明对工程技术报务、系统组态、技术培训、调试验收、产品文件提供、备品备件及质量保证等多方面的要求。

② 自控工程设计质量保证程序　自控工程设计的质量保证主要体现在以下方面。

a. 设计接口条件的评审。接收条件内容及深度的评审，提交外专业接口条件的评审。

b. 自控设计方案评审。

c. 自控设计文件的校审。

ⅰ. 检测、控制方案评审。

ⅱ. 生产安全评审。

ⅲ. 投资费用评审。

ⅳ. 设计文件标识评审。

ⅴ. 设计文件深度、内容评审。

ⅵ. 标准、规范执行情况。

d. 自控设计验证。

ⅰ. 自控设计文件施工现场更改。

ⅱ. 设计文件更改单汇编归档。

③ 自控仪表采购程序　采购程序一般应包括以下内容。

a. 自控设计人员向采购部门提交自控设备及材料的规格书。

b. 采购人员编制仪表设备及材料的采购单。采购单一般由下列文件组成：仪表采购单、自控仪表统一规定、自控仪表及材料规格书；自控仪表检验及验收规定。

c. 自控仪表及材料报价文件评审。

ⅰ. 技术文件评审（技术水平、质量控制、生产能力、应用业绩）。

ⅱ. 商务文件预审（价格水平、付款方式、交货地点、质量保证、售后服务）。

d. 厂商技术澄清及解释。

e. 产品技术文件审查确认。

f. 产品检验、验收。

自控工程设计程序、自控工程设计质量保证程序、自控仪表采购程序严格地实行是做好自控设计的首要条件。

32.10.3　仪表、控制系统工程设计文件内容

（1）仪表设计规定

① 设计范围、分工

② 标准及规定

③ 设计基础数据及自然条件

④ 仪表、控制系统选型

⑤ 控制室、分析器室

⑥ 仪表动力供应（电、气）

⑦ 仪表、控制系统安全及防护设计

⑧ 仪表材料选择

⑨ 仪表安装说明

⑩ 设计遗留问题

设计依据：工程项目开工报告、业主会谈纪要、上级审批报告、厂商产品技术说明。

设计要点：

检测，控制，联锁系统方案正确，实用可靠，满足工艺操作要求；

仪表安装方法、防护措施、材料选择合理可靠；

适合现场环境要求；

连接尺寸与工艺管道及设备条件相符；

仪表动力供应质量、用量及安全性都满足需要。

（2）仪表技术说明书　文件应包括各类仪表及材料的技术说明及仪表适用标准、规范、技术条件、检验方法等。

设计依据：仪表厂商技术说明。

文件用途：仪表设备及材料采购用。

（3）仪表施工安装要求　表明仪表施工、仪表检验及验收方法。

设计依据：仪表厂商产品技术说明。

文件用途：仪表施工指导文件。

（4）仪表索引　以仪表回路为单元，编写全部检测、控制回路中的仪表设备的名称、位号、用途及相关文件编号。

设计依据：P&ID，仪表条件表。

文件用途：施工安装及生产运行中作有关仪表情况检索用。

（5）仪表数据表

① 与仪表相关的工艺、机械数据

② 对仪表的技术要求、型号及规格

③ 对于复杂的、特殊的检测、控制方案说明

设计依据：P&ID；工艺仪表条件表；管道命名表，管道材料规定；仪表产品技术说明

设计要点：

① 表明仪表位号、名称及用途与P&ID、仪表索引、仪表回路图等设计文件一致；

② 测量范围、精度、材质及技术性能能满足工艺操作要求；

③ 仪表防护符合使用环境要求；

④ 仪表连接与工艺管道及设备条件相符；

⑤ 仪表供电、供气正确。

文件用途：仪表询价、采购及安装用。

（6）报警联锁设定值表　表明工艺联锁系统编号、现场检测元件位号、用途及工艺操作正常值、报警值及联锁值。

设计依据：P&ID，工艺联锁操作说明，联锁原理图及动作说明。

文件用途：报警、联锁系统询价、采购，施工安装及调试用。

（7）电缆表

① 仪表主、支电缆编号、型号、规格及长度

② 仪表电缆起点及终点

③ 电线保护管规格及长度

设计依据：现场仪表电缆布置图，仪表电缆及桥架布置图，现场接线箱电气接线图，仪表产品技术说明。

文件用途：电缆采购及施工安装用。

893

（8）仪表绝热、拌热表　表明所有在环境温度下需要绝热、拌热的仪表的位号、介质名称、拌热形式、绝热材料、安装图号及保温箱型号。

设计依据：仪表现场环境自然条件，管道材料设计规定，管道命名表，仪表工艺条件表。

文件用途：仪表及管线绝热、拌热施工用。

（9）仪表安装材料表　按辅助容器、电气连接件、管件、管材、型材、紧固件、阀门、保护（温）箱、电缆及桥架、电线保护管、现场电气接线箱等分类统计出名称、材质、规格、数量及型号。

设计依据：管道材料设计规定，仪表电缆及桥架布置图，控制室电缆布置图，现场仪表布置图，仪表安装图

（10）带控制点工艺管道流程图（P&ID）

① 工艺生产操作所需全部检测、控制点

② 全部工艺和公用工程管线及设备

③ 工艺操作参数、管线、设备尺寸、材质及压力等级

④ 管线上的流量计及控制阀

⑤ 生产操作需要设置的开、停车报警联锁系统

文件用途：仪表专业技术设计方案的内部审查，仪表、控制系统工程设计指导性文件。

（11）联锁系统逻辑图　采用逻辑图符号表明联锁系统的逻辑关系，必要时也可加上动作说明。

设计依据：联锁系统的工艺操作说明，联锁原理图。

文件用途：用作联锁系统询价、采购及安装调试。

（12）顺序控制系统时序图　采用表格或图形表示顺序控制系统的工艺操作、执行动作的时间程序动作关系。

设计依据：有关顺序控制的工艺操作原理及说明，顺序控制原理图。

文件用途：顺序控制系统询价及采购。

（13）仪表回路图

① 采用仪表回路图图形、符号表示检测或控制回路的系统构成。

② 标出仪表位号及端子接线。

设计依据：P&ID，仪表设计规定，仪表厂商产品技术说明。

文件用途：控制系统询价及接线调试用。

（14）控制室平面布置图

① 表明控制室（机柜室）仪表设备的安装位置。

② 表明仪表辅助设备（旋转设备监控装置、可燃气体/毒性气体监视报警装置、火灾报警装置、工业电视监视装置、闪光报警屏等）的安装位置。

③ 供电装置位置。

设计依据：控制室建筑设计图，控制系统配置图，控制系统产品技术说明。

文件用途：控制系统机柜安装，辅助设备安装。

（15）控制室电缆布置图

① 室内电缆及桥架尺寸、标高及布置

② 控制室入口电缆及桥架的固定及密封

设计依据：控制室建筑设计图，仪表主电缆及桥架布置图。

文件用途：控制室电缆敷设用。

（16）仪表供气系统图　表明仪表供气总管、支管、用气仪表位号，供气管规格、材料

及数量，安装位置。

设计依据：现场仪表位置图。

文件用途：仪表空气管配管安装用。

(17) 现场仪表位置图　采用仪表位置图图形符号表明现场仪表及辅助仪表设备的平面位置及标高。

设计依据：管道平面图、立面图，仪表厂商产品技术说明。

文件用途：现场仪表安装位置内部评审，施工安装用。

(18) 仪表电缆及桥架布置图

① 表明仪表电缆及桥架平面布置、标高及尺寸。

② 电缆桥架复杂连接处局部剖面图。

③ 电缆排列剖面详图。

设计依据：管道、设备平面布置图，现场仪表布置图，仪表厂商产品技术说明。

设计要点：

① 桥架安装位置合理，便于施工及电缆敷设；

② 桥架内电缆敷设应符合规定要求；

③ 仪表电缆与电力电缆并行敷设时，相隔间距应符合规范要求。

文件用途：确定总平面图上主仪表电缆桥架位置，电缆桥架施工用。

(19) 现场仪表配线（管）图

① 表明现场仪表、接线盒（箱）、电缆桥架之间的电气配线及电线保护管的配置。

② 电线及保护管的编号、规格及型号。

设计依据：现场仪表布置图，仪表电缆及桥架布置图。

文件用途：施工安装用。

(20) 现场接线箱电气接线图

① 现场接线箱端子排列及接线

② 现场仪表电气接线

③ 至控制室多芯电缆设计

④ 屏蔽电缆接地连接

设计依据：仪表回路图，仪表厂商产品技术说明。

文件用途：施工安装及电气接线用。

(21) 仪表接地系统图

① 仪表、控制系统接地系统设计

② 接地点、接地电缆及接地极规格数量

设计依据：石油化工仪表接地设计规范，控制室平面布置图，仪表厂商产品技术说明。

设计要点：

① 符合控制系统安全运行要求；

② 大型控制系统，如 DCS/ESD 应按制造厂要求；

③ 符合仪表接地设计规定要求。

文件用途：仪表接地系统施工安装。

(22) 仪表安装图

① 现场仪表及检测取源部件在工艺管道及设备上安装详图

② 仪表检测管线连接

③ 现场仪表位号、工艺管线及设备编号

④ 安装材料名称、规格及数量

设计依据：P&ID，现场仪表位置图，仪表绝热、伴热表，工艺管道材料设计规定。

设计要点：

① 采用工艺条件（工艺管线压力等级、接触介质材质选择、使用温度等）合理正确；

② 满足工艺介质物性（介电常数、电导率、黏度、密度等）要求；

③ 安装形式及尺寸合理正确；

④ 仪表位号、工艺管线尺寸及编号标注正确；

⑤ 满足使用环境条件。

（23）仪表盘正面布置图

① 仪表盘上仪表排列布置

② 仪表盘外形尺寸及仪表开孔尺寸

③ 仪表盘仪表设备表

④ 仪表盘颜色

设计依据：仪表索引，仪表厂商产品技术说明。

文件用途：仪表盘询价及采购。

（24）仪表盘背面接线图　表明仪表盘背面端子排列及电气接线。

设计依据：仪表回路图，仪表厂商产品技术说明。

文件用途：仪表盘仪表电气接线。

大型控制系统如 DCS/ESD 等还需要下列设计文件。

（1）DCS/ESD 技术规格书

① 项目概述

② 系统规模

③ 硬件、软件技术规格、功能要求

④ 安全要求

⑤ 供方范围、质量保证、厂商责任

⑥ 备品及备件

⑦ 技术服务及培训

⑧ 检验及验收

⑨ 工作进度计划

设计依据：P&ID，仪表索引，分散控制系统设计规范，石油化工安全仪表系统设计规范，可编程控制器系统工程设计规定。

设计要点：

① 满足工艺操作要求；

② 系统软件、硬件配置技术先进、合理、可靠；

③ 重要部件冗余配置，容错设计；

④ 模块化结构设计，开放性、兼容性、互换性好。

文件用途：控制系统询价及采购。

（2）I/O 表　表明控制系统输入、输出信号名称、位号、类型、技术特性（有源/无源，隔离）。

设计依据：P&ID，仪表索引，仪表回路图。

文件用途：控制系统询价采购，控制系统组态。

（3）监控数据表　表明控制系统检测、控制、报警、联锁输入，信号测量范围、控制、报警、联锁设定，控制正反作用设定。

设计依据：仪表索引，仪表回路图，仪表工艺条件表。

设计要点：符合生产操作检测、控制要求。

文件用途：控制系统组态。

（4）控制系统配置图　表明控制系统包括操作站、控制器、I/O组件、工程师站、通信总线以及外围设备（打印机）组成的控制系统结构配置图。

设计依据：P&ID，仪表回路图，控制系统厂商产品技术说明。

文件用途：控制室设备布置。

（5）控制系统机柜端子排布置及接线

① 控制系统机柜（整理柜、安全栅）、I/O柜、继电器柜、供电柜等端子排列及电气接线

② 机柜外形尺寸

③ 端子编号及连接仪表位号

④ 设备材料表

设计依据：控制系统厂商产品技术说明。

文件用途：机柜室布置施工及电气接线。

参考文献

[1] 董莲华. 有害气体性状及监测技术. 沈阳：东北工学院出版社，1991.

[2] 马国华. 监控组态软件及其应用. 北京：清华大学出版社，2001.

[3] 黄步余. 分散控制系统在工业过程中的应用. 北京：中国石化出版社，1994.

[4] 俞金寿，何衍庆. 集散控制系统原理及应用. 北京：化学工业出版社，1995.

[5] 蔡尔辅. 化工厂系统设计. 北京：化学工业出版社，1993.

[6] 王常力，罗安. 集散型控制系统得选型与应用. 北京：清华大学出版社，1996.

[7] 化学工程手册编辑委员会. 化学工程手册，第25篇化工自动控制. 北京：化学工业出版社，1982.

[8] （美）G史蒂芬那不勒斯. 化工过程控制. 吴畅华译. 北京：化学工业出版社，1988.

[9] 朱炳兴，王森. 仪表工试题集. 现场仪表分册. 北京：化学工业出版社，2002.

[10] （美）安德鲁ＷＧ，威廉斯ＨＢ. 实用自动控制设计指南. 第2版. 化工部化工设计公司自控组译. 北京：化学工业出版社，1985.

[11] 翁维勤，周庆海. 过程控制系统及工程. 北京：化学工业出版社，1996.

[12] 陆德明主编，张振基，黄步余副主编. 石油化工自控设计手册. 第3版. 北京：化学工业出版社，2000.

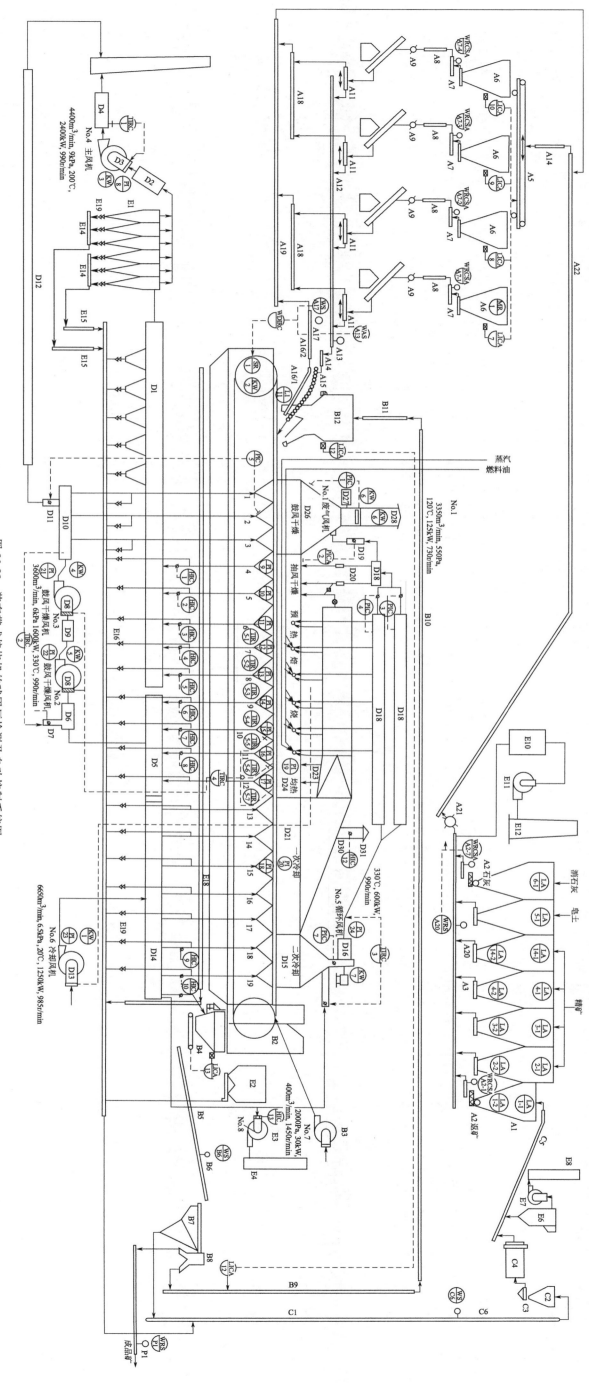

图 26-22 装有带式焙烧机的球团厂检测及自动控制系统图

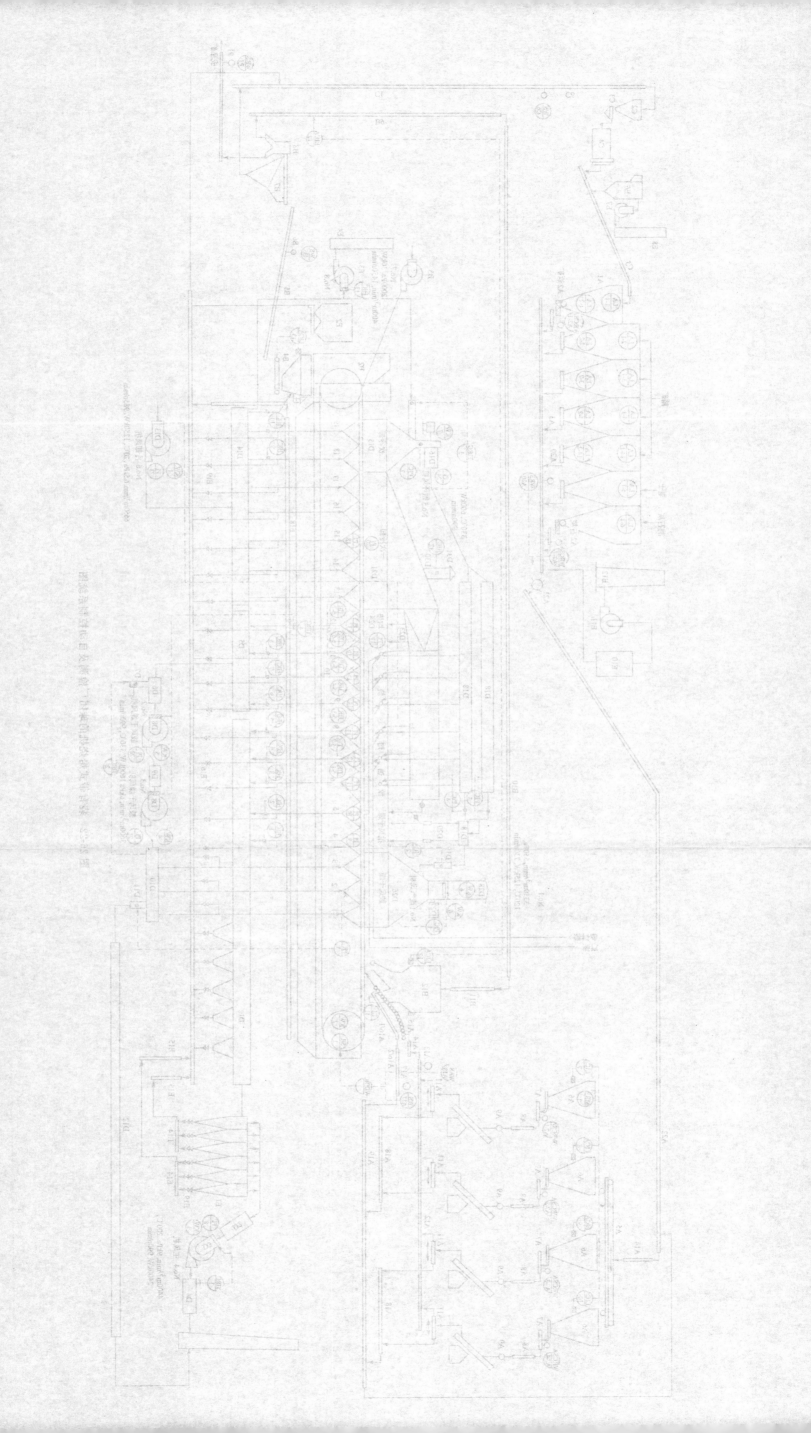